"十三五"国家重点出版物出版规划项目
国家科技基础性工作专项重点项目
国家社会公益研究专项项目
中国农业科学院科技创新工程

中国土壤剖面数据集

·上海、江苏卷

主　编　张维理

本卷主编　徐爱国　冀宏杰　许仙菊　宋　科

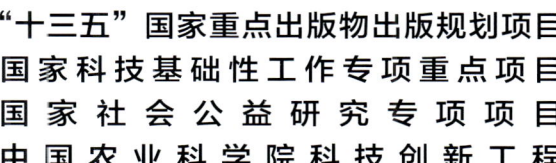

版权所有　侵权必究

图书在版编目（CIP）数据

中国土壤剖面数据集. 上海、江苏卷 / 张维理主编；徐爱国等本卷主编. -- 杭州 : 浙江科学技术出版社, 2024. 6. -- ISBN 978-7-5739-1281-7

Ⅰ. S152.2

中国国家版本馆CIP数据核字第2024UZ4183号

书　　名	中国土壤剖面数据集·上海、江苏卷
主　　编	张维理
本卷主编	徐爱国　冀宏杰　许仙菊　宋　科
出版发行	浙江科学技术出版社
	杭州市拱墅区环城北路177号　邮政编码：310006
	办公室电话：0571-85152719
	销售部电话：0571-85176040
排　　版	杭州万方图书有限公司
印　　刷	浙江新华数码印务有限公司
经　　销	全国各地新华书店
开　　本	787mm×1092mm　1/8
印　　张	55.5
字　　数	974千字
版　　次	2024年6月第1版
印　　次	2024年6月第1次印刷
书　　号	ISBN 978-7-5739-1281-7
定　　价	420.00元
地图审核号	GS浙（2024）312号

策划组稿　詹　喜　章建林	**责任编辑**　周乔俐　潘黎明		
责任校对　贾小焓	**责任美编**　金　晖	**责任印务**　吕　琰	

如发现印、装问题，请与承印厂联系。电话：0571-85155604

《中国土壤剖面数据集》
编 委 会

主　　任　赵其国
副 主 任　张维理
委　　员　（按姓氏笔画排序）
　　　　　毛达如　　史学正　　刘　旭　　刘先林　　刘更另
　　　　　孙　睿　　孙九林　　孙铁珩　　杨　鹏　　张洪江
　　　　　张维理　　周健民　　赵其国　　陶　澍　　黄鸿翔
　　　　　黄德明　　傅伯杰

《中国土壤剖面数据集·上海、江苏卷》
编写人员

主　　编　张维理
本卷主编　徐爱国　　冀宏杰　　许仙菊　　宋　科
本卷编委　（按姓氏笔画排序）
　　　　　于建光　　马　艳　　王绪奎　　田有国　　吕卫光
　　　　　朱　恩　　刘　峰　　许仙菊　　汪吉东　　宋　科
　　　　　张　莹　　张认连　　张永春　　张怀志　　张维理
　　　　　金海洋　　姚　政　　徐　茂　　徐爱国　　黄鸿翔
　　　　　梁永红　　冀宏杰

土壤大数据整合与数字制图

设　　计　张维理
制　　作　徐爱国　　张认连　　冀宏杰
程序编制　贾　萌　　吴章生　　严　豪
地图编辑　中国地图出版社集团有限公司

内容提要

本数据集以分县主要土壤类型与土壤剖面点分布图、土壤剖面理化性状表的形式，提供了我国各地详尽的土壤资源与质量的科学数据。全集共 25 卷，收录了全国 2200 多个县（市、区）的分县土壤图和 6 万多个土壤剖面的分层理化性状数据。根据各省级行政区土壤剖面数量和地域关联特征，既有一个省（自治区）的单卷，也有多个省（自治区、直辖市、特别行政区）的合订卷。各卷内容包含分县主要土类说明、主要土壤类型与土壤剖面点分布图、中心区气候特征图表，还含有全国和各卷所涉省级行政区的土壤图、土壤有机质含量图与地势图，以便读者在全国、省级和县级不同视角和尺度上，了解土壤资源与质量状况及其空间分布特征，以及土壤类型、土壤肥力与气候条件、地势、地貌之间的相互关联。

上海市位于长江三角洲前缘，年平均降水量为 1087mm，年平均气温为 15.7℃。在江海河湖沉积作用和人类活动影响下，形成田连阡陌的水网平原。土壤类型有水稻土、滨海盐土、潮土和黄棕壤。江苏省位于我国东部，南连上海，年平均降水量为 800—1200mm，年平均气温为 13—16℃。江苏省地处长江、淮河下游，主要由黄淮平原和长江三角洲构成，含水域在内的水网平原占全省陆域面积的 85%，低山丘陵分布于北部和西南部，岗地则分布于低山丘陵山前。受气候、地形、母质、水文、农耕等因素影响，主要土壤类型有水稻土、潮土、滨海盐土、黄褐土和砂姜黑土等 14 个土类。本卷收录了上海市 9 个区和江苏省 72 个县（市、区）共计 1765 个典型土壤剖面的分层理化性状数据，便于读者了解沪苏主要土壤类型的分布特征及剖面特征，可作为农业、林业、环境、气象、国土、水利、经济等领域的科研、管理和技术人员的工具书和参考书，也适合高等院校研究生参考使用。

序

万物土中生，有土斯有粮。土为万物之本，土壤的重要性是怎么强调都不为过的。现在，土壤相关数据已成为农业、林业、环境、气象、国土、水利等各部门、各行业的基础数据。土壤研究最基础、最重要的表现形式是土壤剖面数据，其反映了不同层次的土壤理化性状。然而，长期以来，我国一直缺乏一套完整的系统性表现全国各区域土壤性状的剖面数据。

中华人民共和国成立以来，我国曾开展了两次全国性土壤普查，其中20世纪70年代末开始的全国第二次土壤普查是迄今为止最完整的。当时全国挖掘了550余万个剖面，各地分县完成了大比例尺土壤图，数据完整且可靠性高；然而，限于种种因素，当时仅完成了全国范围小比例尺土壤类型图和养分图的汇总，未及时完成全国土壤剖面库的整理。这些纸质资料散落于各地，并且年代久远，面临丢失、损毁的风险。这些宝贵数据具有时空尺度的唯一性，一旦出现问题，将对国家和社会各层面造成无法挽回的损失。

自2001年起，在国家社会公益研究专项项目资助下，张维理研究员带领团队，在全国范围开始对分散存留各地的土壤调查资料进行抢救性收集和整理。2006年，科技部启动了国家科技基础性工作专项项目，"我国1∶5万土壤图籍编撰及高精度数字土壤构建"项目被列入首批重点项目并连续获得两期资助。该项目由中国农业科学院农业资源与农业区划研究所牵头，全国近20个科研单位（两期）共同承担任务，极大地加快了土壤数据抢救的进程，为编制本数据集奠定了基础。在参与本数据集编制的土壤科技工作者20年的持续努力下，在2019年度国家出版基金的资助下，在中国农业科学院科技创新工程的持续支持下，本数据集终于得以面世。

本数据集以涵盖全国2200多个县的土壤剖面分层数据为主体，首次同时展示了分县土壤图与典型土壤剖面分布图，描述了影响土壤发生的气候特征、主要土类的性状等，内容丰富，兼具专业性和科普性。全集共25卷，既有一个省、自治区的单卷，也有多个省、自治区、直辖市、特别行政区的合订卷。鉴于其数据的完整性、系统性、科学性，本数据集可成为我国资源环境领域的必备工具书之一。

本数据集至少可以应用于以下几个方面：

第一，直接服务于农业生产，保障粮食安全和食品安全。全国分县的不同土壤类型分层养分数据、土壤质地信息，可为科学施肥、土壤培肥与耕作措施的制定提供决策依据。

第二，为水利、环境、建筑、旅游等行业提供便捷、直观的土壤分层次基础信息。信息后标有剖面点经纬度，便于查询获取。

第三，对于土壤质量演变、耕地地力演变、碳储量、面源污染、气候变化等多学科研究具有土壤科学起始点数据意义。

我国疆域辽阔，编制本数据集需要对各地分县完成的大比例尺土壤图和土壤调查资料进行数字化整合，创建覆盖我国全域的高精度数字土壤，再进行分县土壤剖面表的提取与分县土壤图的缩编。本数据集的总数据处理量达到TB级且数据来源多而复杂、专业性强、处理难度大，按常规方法，需数万人历时多年方能处理完成。张维理研究员创造性地将数据科学、人工智能与人机交互设计原理引入土壤学范畴，首创土壤大数据方法，以土壤科学需求设计统领其他各层级设计，以智能化、自动化、人机交互式的数据分析流程替代人工流程，高效、精准地完成了土壤大数据的时空整合和表达，这一巨著才得以面世。作为两期项目的专家组组长，我亲历了整个项目的全过程，对张维理研究员勇于创新、踏实、勤奋、务实、敬业、有担当的优秀品质印象深刻，也深感钦佩！

本数据集的完成前后历时20年之久，直接参与数据收集、编撰人数近百人，涉及我国各省（自治区、直辖市）的土壤肥料相关单位。正是他们的付出和努力，才使得本数据集得以面世。衷心希望本数据集能在农业、林业、环境、气象、国土、水利以及肥料工业等领域发挥积极作用，更好地服务于我国经济和社会发展。

中国科学院院士 赵其国

2021年12月

前 言

土壤是农业的基础，是陆地生态系统生命过程的基础，也是维持地球上能量与水的交换、生命元素循环的重要基础。《中国土壤剖面数据集》首次以分县土壤图和土壤剖面理化性状表的形式，提供了我国陆域全覆盖的土壤资源与质量的科学数据，为农业、林业、环境、气象、国土、水利等部门和相关行业精准了解各地土壤资源分布与质量状况，科学利用土壤资源，发展绿色农业、特色农业和节水农业，进行耕地保育、科学施肥、面源污染防治和基本农田保护等提供了科学依据；也为农业科学、环境科学及地学、气象、测绘、水利等多个学科领域的科研工作者研究陆地生态系统生产力演变、地球物质循环、气候与环境变化提供了基础数据。

编入本数据集的分县土壤图和土壤剖面理化性状表主要源于对全国第二次土壤普查（以下简称"二普"）调查资料的收集、整理、提取与汇总。二普是我国现代规模最大的以查清土壤资源和土壤肥力为主要目标的土壤资源综合调查，既完成了我国迄今为止最详尽的土壤分类调查，也首次在全国范围进行了较高密度的土壤采样化验，开启了我国用土壤理化性状量化指标描述土壤资源与土壤质量状况的时代。二普地面调查采样实施于1979—1987年，通过550万个土壤剖面观测和采样，分县完成了1∶5万比例尺土壤图绘制和10万余个土壤剖面的分层采样、化验、记录，其中的土壤质量稳定性要素，如土体构造、质地、母质、成土条件、土壤类型等时效性长，CRT值（土壤特性响应时间，characteristic response time）达上千年，可长久使用；土壤有机质含量，氮、磷、钾含量，酸碱度，耕层厚度等土壤质量变化性要素为了解土壤与环境质量演变提供了重要信息。无论从数量还是质量上看，二普获取的土壤科学数据至今都是我国最详尽、最有价值的土壤资源基础数据，其精度与质量超过许多发达国家的土壤资源基础数据。

20世纪末期以来，全球性人口和经济快速增长导致的人均土地资源与水资源紧缺、环境污染、气候变化、粮食安全危机，使科学界对土壤及其形成过程的关注度不断提高，关注重点也从了解土壤与环境质量现状转变为弄清演变趋势、引致变化的内在机理和驱动因素。土壤圈处于地球大气圈、水圈、生物圈和岩石圈的交会处。土壤层中的生物过程和物质循环过程既活跃，又具有一定的稳定性，能较好地反映地球水圈、土壤圈、大气圈、生物圈及岩石圈五大圈层动态交互作用的结果。只要对近年来国际上关于碳足迹、气候变化的研究进展稍加关注，就可知晓具有时空维度的土壤科学数据对于阐明土壤与环境过程并弄清其驱动因素、预测未来土壤与环境质量变化具有无可替代的作用。本数据集编入的土壤质量数据既是我国在全国范围内首次完成的土壤理化性状的科学记载，也是40多年前对我国土壤质量变化性要素的客观记录，能帮助我们了解改革开放以来经济、农业高速发展以及农用化学品投入量高速增长对土壤与环境质量的影响，对了解我国土壤与环境质量时空演变亦具有起始点土壤科学数据的意义。本数据集编入的起始点数据使我们对全国土壤及相关过程的认识延伸了40多年。历史上的土壤调查结果不能被新的调查结果替代，这一不可替代性使得本数据集将成为我国农业与环境领域最具影响力的工具书和参考书之一。

本数据集既是我国老一辈土壤与农业科研工作者在全国土壤普查工作中取得的成果，也是数据集编制人员长期以来默默耕耘的结晶。二普完成的大比例尺土壤图件和土壤剖面理化性状主要为手绘纸质图件和非正式出版的铅印或油印资料，份数少且由各地自行保存。二普结束后，随着各地机构调整与人员变动，土壤调查资料被损毁或丢失严重，难以发挥作用。在我国多位知名科学家的倡议和推动下，"十一五"期间，"我国1∶5万土壤图籍编撰及高精度数字土壤构建"项目（2006—2017）被列为国家科技基础性工作专项重点项目。其目的是对各地宝贵的土壤科学数据进行抢救性收集、数字化和整合，提升我国科学研究与管理基础数据的条件。为实现这一目标，项目组研究人员首先对各地分散存留的纸质分县土壤调查资料进行了全面的收集、修复和整理。针对国际范围内缺少对异源、异质、异构、异形土壤大数据的提取、整合方法的难题，项目组研究人员积极探索、勇于创新，融合应用土壤学、地理信息系统技术、数据科学、人工智能、人机交互设计方法，创建了土壤大数据方法，以层级化的流程设计实现土壤科学层面的需求设计统领体系架构、数据流程及模块设计，以独立于数据流程的监控设计实现土壤科学家对全流程的掌控和人工干预，以智能化、人机交互式数据流程替代人工流程，优质、高效地完成了对各地异源土壤资料的审核、提取、过滤、分类、整合与表达，完成了覆盖我国全陆域的1∶5万比例尺土壤图绘制与土壤剖面点空间数据库建设工作。为满足各行各业准确了解我国各地土壤资源与质量状况的广泛需求，编者通过对1∶5万比例尺土壤图数据的缩编表达与10万余个土壤剖面理化性状数据的进一步提取，最终完成了本数据集的编制。

本数据集共25卷，收录了全国2200多个县（市、区）的分县土壤图和6万多个土壤剖面的理化性状数据。根据各省级行政区土壤剖面数量的多寡和地域关联特征，既有一个省（自治区）的单卷，也有多个省（自治区、直辖市、特别行政区）的合订卷。为便于读者了解全国及各省级行政区土壤资源与质量的分布特征，特别编制了全国及各省级行政区土壤图、土壤有机质含量图与地势图三个序图，读者可以方便地查询全国及各省级行政区任何地区拥有的主要土壤类型，了解其土壤有机质含量及地势、地貌特征。在各分卷中，分县土壤资源与土壤质量性状由主要土类说明、中心区气候特征图表、分县主要土壤类型与土壤剖面点分布图以及土壤剖面理化性状表共同呈现。

本数据集既可作为工具书、参考书，供农业、林业、环境、气象、国土、水利、经济等领域的管理人员和技术人员使用，也适合高等院校相关专业研究生参考使用。

我国幅员辽阔，从收集、整理全国分县土壤调查资料，到完成覆盖我国全境的1∶5万比例尺土壤图籍，再到完成本数据集的编制，来自全国近20家研究机构的科研人员组成项目组，辛苦工作了20多年。其间，本项工作得到了国家社会公益研究专项项目、国家科技基础性工作专项重点项目的长期、连续资助和在项目实施年限上给予的充分理解，同时得到了中国农业科学院科技创新工程的资助，全国50多家国家级及省级土壤、测绘、农业科研与管理机构的大力支持以及我国老一辈土壤科学家自始至终的关心和鼓励。在整个项目实施期间，有9位院士和7位长期从事土壤科学、农业资源环境研究的专家给予了直接和全程的指导。近20年间，项目组研究人员一方面要承担艰难而繁重的科研任务，另一方面要顶着多年没有科研产出的压力，没有他们的坚持和付出，就没有本数据集的面世。在此，谨向所有参加数据集编制的科研人员及对本项工作给予支持的部门和人员一并表示衷心的感谢！

由于本数据集包含的数据量庞大，且不限于土壤学本身，尽管我们在编撰过程中极尽斟酌，仍难免存在不足之处，敬请读者批评指正，以便今后修订完善。

中国农业科学院研究员 张维理

2021年12月

目　录

第一编　编制说明与序图

编制说明

编制目的	002
土壤数据基础知识	002
数据集内容	005
土壤数据来源	005
编制方法——土壤大数据方法	006
中国土壤图、中国土壤有机质含量图与中国地势图编制	007
分省土壤图、分省土壤有机质含量图与分省地势图编制	009
县域中心区气候特征图表编制	011
分县主要土壤类型与土壤剖面点分布图编制	012
分县土壤剖面理化性状表编制	012
土壤专题图与土壤剖面数据可靠性检验	017
参编单位	019

序　图

中国土壤图	020
中国土壤有机质含量图	022
中国地势图	024
上海市土壤图	026
上海市土壤有机质含量图	028
上海市地势图	030
江苏省土壤图	032
江苏省土壤有机质含量图	034
江苏省地势图	036

第二编　上海市分县土壤图与土壤剖面数据

上　海　市

宝山区 ……………………… 040	松江区 ……………………… 061
嘉定区 ……………………… 043	青浦区 ……………………… 066
浦东新区 …………………… 048	奉贤区 ……………………… 071
南汇区 ……………………… 051	崇明区 ……………………… 074
金山区 ……………………… 057	

第三编　江苏省分县土壤图与土壤剖面数据

南　京　市

市辖区 ……………………… 080	六合区 ……………………… 095
浦口区 ……………………… 084	溧水区 ……………………… 099
江宁区 ……………………… 089	高淳区 ……………………… 103

无　锡　市

市辖区 ……………………… 108	宜兴市 ……………………… 116
江阴市 ……………………… 112	

徐　州　市

市辖区 ……………………… 125	沛县 ………………………… 141
贾汪区 ……………………… 128	睢宁县 ……………………… 145
铜山区 ……………………… 132	新沂市 ……………………… 149
丰县 ………………………… 137	邳州市 ……………………… 155

常　州　市

市辖区 ……………………… 162	金坛区 ……………………… 169
武进区 ……………………… 165	溧阳市 ……………………… 174

苏 州 市

市辖区	179	张家港市	199
吴江区	188	昆山市	202
常熟市	193	太仓市	206

南 通 市

市辖区	210	启东市	226
通州区	213	如皋市	231
海门区	217	海安市	235
如东县	221		

连 云 港 市

市辖区	239	灌云县	254
赣榆区	243	灌南县	258
东海县	248		

淮 安 市

市辖区	261	盱眙县	274
洪泽区	265	金湖县	278
涟水县	269		

盐 城 市

市辖区	282	阜宁县	297
大丰区	285	射阳县	302
响水县	289	建湖县	306
滨海县	293	东台市	312

扬 州 市

市辖区	318	仪征市	335
江都区	323	高邮市	340
宝应县	331		

镇 江 市

市辖区	346	扬中市	357
丹徒区	349	句容市	360
丹阳市	353		

泰 州 市

市辖区	364	靖江市	381
姜堰区	367	泰兴市	384
兴化市	373		

宿 迁 市

市辖区	389	泗阳县	400
宿豫区	392	泗洪县	405
沭阳县	395		

附　　录

附录 1　上海市县级行政区及分县主要土壤类型与土壤剖面点分布图地域名对照表 ········ 410

附录 2　江苏省县级行政区及分县主要土壤类型与土壤剖面点分布图地域名对照表 ········ 411

附录 3　专题图基础地理要素图例 ········ 413

附录 4　土壤图土类图例 ········ 414

附录 5　中国主要土壤类型简表 ········ 416

附录 6　上海市、江苏省主要土壤类型表 ········ 421

附录 7　分省土壤有机质含量图有机质含量分级图例 ········ 422

附录 8　上海市和江苏省典型剖面 0—20cm 土层土壤理化性状中位数与平均数 ········ 423

附录 9　上海市、江苏省主要土地利用类型 0—30cm 土层土壤有机质含量 ········ 424

附录 10　上海市、江苏省耕地、园地、林地和草地中主要土壤类型占比 ········ 425

附录 11　《中国土壤剖面数据集》参编单位 ········ 427

参考文献 ········ 429

第一编 编制说明与序图

编 制 说 明

编制目的

土壤是农业的基础，也是维持地球碳、氮、硫、磷等重要生命元素正常循环的基础。肥沃的土壤促进了人类文明的诞生和繁荣。科学研究表明，地球上种类繁多、形态各异的土壤是在气候、生物、地形、时间、成土母质五大成土因素共同作用下形成的。北京社稷坛铺设的青、白、红、黑、黄五种不同颜色的土壤（五色土），分别代表我国东、西、南、北、中五大区域的典型土壤。不同类型的土壤性状差别很大。例如，南方红壤呈酸性，易缺乏钾离子、钙离子、镁离子等阳离子，农业生产上要注意调酸和补充富含钾、钙、镁的肥料；而西部土壤有机质含量低，施用有机肥料和秸秆还田对提高地力至关重要。我国人均土地资源紧缺，要实现粮食安全、环境安全和可持续发展，需要精准掌握各地土壤资源与质量状况，做到因土制宜，科学管理。

《中国土壤剖面数据集》是国家自然资源基本资料之一，其首次以分县土壤图和土壤剖面理化性状表的形式，提供了我国各地详尽的土壤资源与质量科学数据，为农业、林业、环境、气象、国土、水利等部门了解各地土壤质量状况，科学利用土壤资源，发展绿色农业、特色农业和节水农业，进行耕地保育、科学施肥、面源污染防治和基本农田保护提供了基础数据，也为农业科学、环境科学及地学、气象、测绘、水利多个学科领域的科研工作者研究陆地生态系统生产力及其演变、地球物质循环、气候与环境变化提供了科学依据。

本数据集编入的土壤质量数据亦是我国在全国范围内首次完成的土壤理化性状的科学记载，对了解我国土壤与环境质量时空演变具有起始点数据的意义。通过这些数据，科研工作者可以追溯我国全国范围土壤与环境相关过程至20世纪80年代，分析和了解导致土壤质量变化的环境和人为因素，并对土壤与环境质量演变趋势进行预报与预警。历史上的土壤调查结果不能被新的调查结果替代，这一不可替代性使得本数据集将成为我国农业与环境领域最具影响力的工具书和参考书之一。

土壤数据基础知识

本数据集收录的土壤数据源于土壤调查。为便于读者了解和应用这些数据，本节对土壤调查的目标、内容与主要方法，土壤数据的时空维度特征，土壤数据的应用领域与时效性做一简要介绍。

（一）土壤调查的目标、内容与主要方法

土壤调查的主要目标是查清一个区域内土壤资源与质量状况及其空间分布特征。19世纪末期至20世纪中后期，各国土壤调查的主要目标是查清土壤类型及分布特征[1-2]。由于不同土壤类型最典型的区别是成土过程中形成的土壤剖面特征，因而在传统的土壤调查中，需要在调查区域内进行多点采样，并在每个采样点对0—1—2m深土体的土壤剖面进行分层采样、观测、理化性状分析，记录剖面各分层土壤理化性状，据此进行土

分类、命名，并最终依据多点调查结果完成土壤图的绘制。

20世纪末期以来，全球人口及经济快速增长导致人均土地资源和水资源紧缺、环境污染、气候变化与粮食安全危机，不同行业及学科领域对土壤生产功能和环境功能的关注度不断提高，土壤调查的核心内容也逐步从查清土壤类型分布特征转为土壤功能调查。土壤功能调查的目标是了解土壤生产力、土壤环境质量和土壤健康质量等。例如，为了耕地保育和科学施肥，需要进行土壤有效养分含量状况、土壤障碍因素调查；为了了解环境质量，需要进行土壤污染状况、土壤环境容量调查；为了发展节水农业，需要进行土壤保水性状调查；为了控制水污染，需要进行流域农田土壤氮、磷流失特征与风险调查。土壤功能调查的内容主要为可量化的，或含义单一且明确、易于被其他学科和行业认知的土壤功能性指标，如土壤有机碳含量、土壤重金属含量、土壤质地类型、耕层厚度等。在土壤功能调查中，也需要在调查区进行多点采样，并根据调查目标的不同，选择适宜的采样深度。例如，当调查目标是了解土壤有效养分供应量或农田土壤污染物含量时，通常仅对耕层土壤进行采样；当调查目标是了解土壤保水性能、土壤水土流失与养分流失性状时，则需要对较深的土壤剖面进行分层采样和观测。

较早的土壤调查主要通过地面多点采样来了解一个区域土壤资源与质量性状的空间分布特征。近年来，随着遥感技术、地理信息系统（GIS）技术、模拟技术与大数据技术的发展，土壤质量相关数据（如数字高程、土地覆盖、植被数据等）产生量急剧增长，这使得在大区域尺度内通过多类型相关信息精确地捕捉和表达土壤质量性状以及相关过程成为可能。在国际上，地面采样调查与辅助信息结合的方法——数字土壤制图方法（digital soil mapping）已成为土壤调查的重要方法[3]。该方法能利用采样设计、辅助信息、推理模型与地统计检验，大幅度减少地面采样和土壤理化性状测试分析的工作量。与传统方法相比，采用数字土壤制图方法进行土壤调查，可缩短调查周期，降低调查成本，提高用土壤专题地图表征土壤资源与土壤质量性状空间分布特征的可靠性和精度，从而提高土壤调查的效率与质量。

（二）土壤数据的时空维度特征

在现代社会，农业、环境等领域的专业工作者要了解最新的土壤调查结果，更需要掌握未来土壤质量变化趋势，以便根据变化趋势、自然与人为要素对土壤质量的影响，制定具有针对性的政策与技术措施，实现高产、稳产和环境安全。要精确进行土壤与环境质量预测和预警，就需要对重要的土壤质量性状进行周期性的采样、调查、记录，构建具有时空维度的土壤质量数据。这意味着历史上完成的土壤调查不能被新的调查所替代，所以其结果十分宝贵。

土壤数据最重要的特征之一是时空维度特征。通过历史上的土壤调查结果记录，构建具有时间序列的土壤质量科学数据，能将土壤质量现状与土壤质量演变过程相关联，并以此对土壤质量演变趋势和导致其变化的因素进行分析、预测。而土壤数据标有空间坐标，便于科研工作者将土壤调查结果与其他类别的要素和过程，如与气候、地形、土地利用情况有关的变化信息，以及随施肥投入农田的碳、氮、硫、磷数据等相关联，从而进一步提高分析的精度和预测、预报的可靠性。

土壤圈处于地球大气圈、水圈、生物圈和岩石圈的交会处。土壤层中的生物过程和物质循环过程既活跃，又具有一定的稳定性，能较好地反映地球水圈、土壤圈、大气圈、生物圈及岩石圈五大圈层动态交互作用的结果。具有时空维度的土壤科学数据对于阐明土壤与环境过程并弄清其驱动因素、预测未来土壤与环境质量变化具有不可替代的作用。

近年来，具有地理坐标的土壤剖面点数据受到科学界的广泛关注。剖面数据记载了土体构造、剖面分层土壤理化性状，是了解成土过程的基础，也是构建推理模型，量化表征区域尺度土壤过程、流域水土流失与氮磷流失特征、碳氮循环与环境质量演变的基础。在过去的半个世纪中，尽管完成了大量的土壤剖面调查，但由于在较早的土壤调查中尚未使用全球定位系统（GPS）设备，各国在构建地理坐标的土壤剖面点数据库上差别较大。目前，美国完成了约2万个有地理位点标识的土壤剖面数据[4]，澳大利亚已完成约16万个有地理坐标的土壤剖面数据[5]，欧盟各成员国共享使用的土壤剖面数据库含4000个剖面的分层土壤理化性状数据[6]。本数据集则汇集了我国总计6万多个有地理坐标的土壤剖面数据。

（三）土壤数据的应用领域与时效性

表1汇总了本数据集编入的土壤理化性状及其主要影响因素与过程、时间变化特征、所关联的土壤质量性状和应用领域。

表 1　土壤理化性状及其主要影响因素与过程、时间变化特征、所关联的土壤质量性状和应用领域

土壤理化性状	主要影响因素与过程	时间变化特征	所关联的土壤质量性状	应用领域
土壤类型	成土过程	变化慢	土壤肥力与环境质量	农业、水利、环境、建筑、肥料工业等
剖面深度（指剖面各土层厚度的总和）	成土过程	变化慢	土壤肥力、土壤环境容量、土壤保水和保肥性能、土壤持水性能	农业、环境等
土体构造（指土壤剖面各发生层有规律的组合，是土壤剖面最重要的特征）	成土过程	变化慢	土壤肥力、土壤环境容量、土壤保水和保肥性能、土壤持水性能、土壤透水性能	农业、水利、环境等
母质	成土因素	变化慢	土壤肥力、土壤矿物组成、矿质养分含量、土壤质地	农业、水利、环境、肥料工业等
质地	成土过程、母质	变化慢	土壤肥力、土壤环境容量、土壤持水性能、土壤耕性、土壤有机碳与养分含量、土壤重金属吸附性能等	农业、水利、环境、建筑等
颜色	土壤氧化还原、淋溶等成土过程，土壤有机质累积过程	变化较慢	土壤肥力、土壤有机碳与养分含量	农业
土壤结构	成土过程、耕作措施	耕层：变化快；深层：变化慢	土壤水分、通气与养分供应状况，土壤持水性能、土壤透水性能、土壤阳离子交换量、土壤孔隙度、土壤松紧度、土壤耕性等多个土壤肥力相关性状	农业
有机质含量	成土过程、质地、土地利用、施肥、轮作等	变化较慢	与多项土壤肥力与环境指标密切相关，是土壤肥力最重要的指标	农业、环境、肥料工业等
全氮含量	成土过程、土地利用、施肥、轮作等	变化较慢	土壤肥力、土壤供氮性能	农业、环境等
全磷含量	成土过程、母质等	变化较慢	土壤肥力、土壤供磷性能	农业、环境等
全钾含量	成土过程、母质等	变化较慢	土壤肥力、土壤供钾性能	农业、环境等
pH	成土过程、酸雨、土壤调理剂施用等	变化快	土壤肥力、土壤养分有效性、土壤结构及重金属吸附性能	农业、环境、肥料工业等
碱解氮含量	土地利用、施肥等	变化快	土壤供氮性能、土壤氮素流失特征	农业、环境、肥料工业等
有效磷含量	土地利用、施肥等	变化快	土壤供磷性能、土壤磷素流失特征	农业、环境、肥料工业等
速效钾含量	土地利用、施肥等	变化快	土壤供钾性能、土壤钾素流失特征	农业、环境、肥料工业等
阳离子交换量	成土过程、黏粒、有机质含量、盐分含量	变化较慢	土壤供肥和保肥性能、土壤重金属吸附性能	农业、环境等

在表1中，主要影响因素与过程指对某项理化性状起主要作用的过程和因素。例如，土壤类型、土壤剖面深度、土体构造、母质、土壤质地类型主要由成土过程或成土条件决定；土壤有机质含量和土壤全氮含量则受成土过程、施肥及轮作等农业技术措施的共同影响；在耕地土壤上，施肥等农业技术措施对土壤碱解氮、有效磷、速效钾等土壤有效养分含量的影响很大。

土壤理化性状的现势性主要取决于其影响因素与过程的时间尺度。自然条件下，成土过程通常需要数万年。受成土过程影响的土壤类型、土层厚度、土体构造、土壤质地类型、母质等土壤理化性状变化很慢，CRT 值（土壤特性响应时间，characteristic response time）达上千年，可称为土壤稳定性要素或慢变化性状，其相关数据时效性很长，可长久使用。而农田土壤有效养分含量、酸碱度、耕层厚度等土壤质量性状受施肥和耕作等农业措施影响大，变化较快。例如，农田土壤有效磷、速效钾养分含量，在大量施用磷、钾肥条件下，10 余年后可成倍提升。这些土壤理化性状亦可称为土壤变化性要素或快变化性状。

不同土壤理化性状的应用范围既取决于其现势性、时空维度特征，又取决于其所关联的土壤质量性状。土壤剖面深度、土体构造、质地、有机质含量等与土壤持水、保肥、通气和透水性能密切相关，可供农业、水利、环境、金融等行业用于农田稳产、高产性能，农田排灌设施规划与灌溉定额编制，农田水土流失风险分级，流域农田蓄水容量与降雨后流失水量分级，农田水、旱灾害风险分级，农田环境容量测算等各方面的地力评价。土壤有效养分含量、pH 与土壤需肥性状和调酸性状密切相关，可供农业、肥料生产和销售部门用于科学施肥和土壤改良。土体构造和质地、土壤结构、土壤有效养分含量还影响流域农田土壤养分流失特征，农业和环境部门在进行农业面源污染防控时，可利用这些土壤性状与其他要素共同编制流域污染源解析与控制类型区分布图，以便对农业面源污染采取分类型、分区段的源头控制措施。土壤有机质含量变化也是了解气候变化和碳减排措施效果的基础，对于环境管控和环境外交具有重要意义。

数据集内容

本数据集全集共 25 卷，收录了我国 2200 多个县（市、区）的分县土壤图和 6 万多个土壤剖面的理化性状数据。根据各省级行政区土壤剖面数量的多寡和地域关联特征，既有一个省（自治区）的单卷，也有多个省（自治区、直辖市、特别行政区）的合订卷。

为便于读者了解各地土壤资源与质量分布概况及其主要特征，编者为各分卷编制了省级行政区的土壤图、土壤有机质含量图与地势图三图。读者可通过分省三图查询各省级行政区任何地区拥有的主要土壤类型，了解其土壤有机质含量及其地势、地貌特征。此外，编者还编制了全国土壤图、土壤有机质含量图与地势图三图附于各分卷，供读者比较和了解各省级行政区土壤资源及质量特征同全国其他地区的区别和关联。

各分卷的第二部分为分县土壤图与土壤剖面数据。在每个省级行政区内，各分县按四部分展示土壤及其相关信息，即分县主要土类说明、本区域中心区气候特征、主要土壤类型与土壤剖面点分布图以及土壤剖面理化性状表。在本卷目录中，分县按民政部于 2022 年 3 月发布的《2021 年中华人民共和国行政区划代码》中的地级、县级行政区顺序排序。本卷目录中仅收录了县域内有土壤剖面数据的县级行政区，无土壤剖面数据的县级行政区未纳入本卷目录中，并在附录 1 和附录 2 中对其进行了标注。

土壤数据来源

编入数据集的分县土壤图与土壤剖面理化性状数据主要源于全国第二次土壤普查（以下简称"二普"）。二普是我国现代规模最大的、以查清土壤类型和土壤肥力为主要目标的土壤资源综合调查。二普之前，我国土壤调查以观测性调查和定性评价为主，很少有采样化验。在总结之前国内外土壤调查经验的基础上，二普不仅完成了我国迄今为止最为详尽的土壤分类调查，也首次在全国范围进行了高密度土壤采样化验，开启了我国用土壤理化性状量化指标描述土壤资源与土壤质量状况的时代。

二普地面采样调查实施于 1979—1987 年，调查区域基本覆盖我国全陆域。二普不仅地面采样密度高，科学性和系统性也比较突出。全国百余名长期从事土壤研究的科研工作者共同制定了全国土壤分类系统和统一的土壤调查技术规程[7]。在地面调查中，各地以 1∶1 万比例尺地形图作为工作底图，以乡为调查单元进行野外采样作业，全国共挖取土壤观察剖面 550 余万个，记录了 1—2m 深土体各发生层形态和特征，并根据土壤分类标准对土壤进行了分类和命名。对边远区、高寒区和无人区应用遥感解译方法，填补了之前土壤调查及成图中上述地区土壤数据的空白。在大量剖面土体观测和采样调查的基础上，完成了全国绝大部分分县 1∶5 万比例尺土壤图的绘制，牧区和边疆地区完成了 1∶20 万—1∶10 万比例尺土壤图的绘制。二普还完成了 10 余万个典型剖面的分层采样，化验分析了剖面分层质地，有机质含量，大量、中量和微量元素含量，pH，阳离子交换量，土壤矿物组成等多项土壤理化性状，编制了分县土壤志。二普通过野外实地调查、采样和测试获取的土壤科学数据，至今仍是我国最详尽、最有实用价值的土壤资源基础数据，其精度与质量超过许多发达国家的土壤资源基础数据[8]。

如图 1 所示，收录于本数据集的土壤质量数据是对我国 40 多年前土壤质量状况的客观记录，亦是我国在全国范围内首次完成的土壤理化性状的科学记载，其中的土壤稳定性要素现势性较长，可在今后若干年间长期使用；而土壤变化性要素对了解我国土壤与环境过程的作用亦不可替代。这些数据使我们用现代科学手段研究各地土壤及相关过程的历史可上溯至 20 世纪 80 年代。

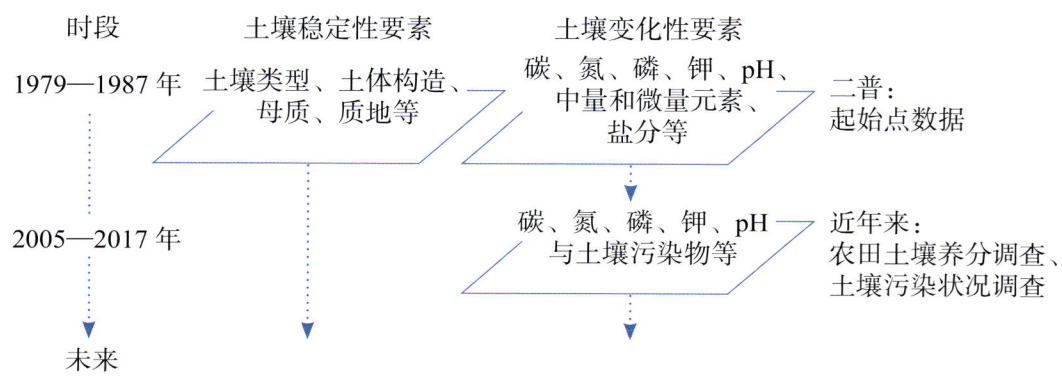

图 1　全国性土壤调查所覆盖的时段

受历史条件限制，二普完成的大比例尺土壤图和土壤剖面理化性状主要为手绘纸质图件、非正式出版的铅印或油印资料，份数少且由各地自行保存。二普结束后，随着各地机构调整与人员变动，土壤调查资料被损毁或丢失严重。2000 年以来，编者开始对各地分散存留的纸质分县土壤调查资料进行系统性收集、修复与整理，通过对宝贵的土壤科学数据的提取、整合和表达，我国科学研究与管理基础数据的水平得到了提升。本数据集收录的分县土壤图和剖面数据主要源于对全国分县土壤图、分县土种志和分省土种志的整理、提取、汇总与表达（表 2）。

表 2　数据集主要土壤资料与数据来源

资料类型	资料名称及数量
土壤图（纸质）	1∶5 万分县土壤图，总计约 1600 个县
	1∶100 万—1∶50 万省级土壤图，总计 570 个县
土壤剖面资料（纸质）	分县土种志：约 2200 册，计约 2200 个县；分省土种志：28 册
土壤有机质含量图（纸质）	全国、分省土壤有机质含量图
农区土壤耕层采样数据（电子）	2005—2017 年在全国农区采集的、含 GPS 坐标定位的 1000 万个采样点耕层有机质含量数据

为编制全国与分省土壤有机质含量分布图，本数据集还使用了我国于二普期间完成的全国、分省土壤有机质含量图纸质图件和于 2005—2017 年在全国采集的 1000 万个具有 GPS 坐标定位的采样点耕层有机质含量数据[9]。

编制方法——土壤大数据方法

我国幅员辽阔，不同地区土壤的土壤类型及其质量状况和分布特征差别较大，各地土壤调查技术条件和水平差别也较大，因此各地分县完成的图件和剖面资料在形式和内容上有较大差异。在用异源土壤数据生成新数据时，新数据的科学性既取决于各异源数据本身的科学性和可靠性，也取决于数据整合采用方法的科学性和可靠性。例如，对分县剖面资料进行整合时，对国标上未出现过的土壤类型名进行归并需要有土壤分类学上的依据；用新的土壤调查数据对原有土壤有机质含量图进行更新，也需要有进行合并表达的科学依据。编制本数据集需要对海量异源数据进行提取、分析、整合、缩编与表达，数据分析流程复杂。同时，在数据分析过程中，土壤专业问题，非标准化数据问题，计算机硬、软件平台系统问题和数据分析员、程序员疏漏问题等可能引致多类别数据分析错误。若既要准确无误地完成各项数据分析技术任务，又要在繁复的数据分析流程中有效贯彻科学原则、实现数据分析科学目标，这就需要一套科学的方法体系。为此，本数据集编者通过研究异源非标准土壤数据特征，融合应用土壤学、数据科学、人工智能、人机交互设计方法与地理信息系统技术，创建了土壤大数据方法[10-11]。

土壤大数据方法是专门供土壤科研工作者使用的一种设计方法，是对经典土壤学研究方法的补充，主要适用于对海量异源土壤数据信息的提取、筛选、分析与表达。通过土壤大数据方法的使用，科研工作者能够分析、认识和阐明土壤性状及相关过程和规律。土壤大数据方法的主要设计规则为以层级化的流程设计实现土壤科学层面的需求设计统领体系架构设计，界定各分段流程目标和关联，部署低层级分段流程、模型和功能模块；以独立于数据流程的监控设计实现土壤科学家对全流程的掌控和人工干预。土壤大数据方法的设计内容包括数据科学分析目标与科学基础界定，数据流程体系架构，流程及软件工具设计，数据流程监控设计。设计中，所有节点均采用双命名制命名，即对流程中各节点数据同时进行土壤科学内涵命名和函数代码命名。应用以上设计方法编制设计文档，能在庞杂的异源、异质、异形、异构大数据分析中，实现以科学目标引领数据分析流程，以自动化、人工智能、人机交互式的数据流程替代人工流程，提高大数据分析效率。

在本数据集编制过程中，编者需要完成图件与资料数字化、矢量化，元数据构建，信息提取、过滤、分类、赋码，土壤空间数据逻辑结构、存储结构归一化，统计检验，数据整合、缩编表达、输出等多项数据分析任务，分段流程达1500余个，需要存储的重要节点数据超过2000个，数据量超过20TB。采用土壤大数据方法，编者自主设计和完成了6个土壤大数据分析工具软件包，其中包含157个功能模块（表3），设计文档的科学和工程目标实现率超过99%，为准确、高效完成数据集编制提供了保障，也为土壤学研究提供了新的方法。

表 3　系列化土壤大数据分析软件包及其主要功能与模块数

软件包	主要功能	模块数/个
IMAT2.0（intelligent mapping tools）智能化制图工具	异源土壤空间数据的要素提取、过滤、分类、赋码、坐标转换，空间库要素与字段的编辑，图幅与图层的编辑，土壤要素空间库外挂属性表编辑与管理等	35
IMAT-big（intelligent mapping tools for big data）智能化大数据制图工具	超大土壤及相关要素空间数据的要素筛选、图层拆分、数据整合、节点监控、逻辑结构重组等分析	37
IMAP（intelligent map presentation）智能化地图表达工具	土壤大数据地图制图表达与输出	30
ISPA（intelligent soil profile data analysis）智能化土壤剖面数据分析	异源土壤剖面数据的信息提取、过滤、赋码、坐标匹配、检验、整合与统计等	22
ISPP（intelligent soil profile presentation）智能化土壤剖面表达	土壤剖面图表及辅助信息的表达	12
IMAT-SOM（intelligent mapping tools-SOM）土壤有机质制图工具	异源土壤有机质数据整合与表达	21

中国土壤图、中国土壤有机质含量图与中国地势图编制

编制全国三图的目的是便于读者在全国视角和尺度上了解我国各地区土壤资源与质量状况空间分布特征，土壤类型和土壤肥力与地势、地貌之间的相互关联。其中，土壤图用于展示土壤资源分布状况及与成土过程相关的土壤质量状况；土壤有机质含量图用于直观反映土壤肥力情况；地势图便于读者了解不同类型和肥力水平土壤的地势、地貌特征。全国三图的制图比例尺为1∶1300万。

全国三图中采用的境界、城市等基础地理信息要素源于中国地图出版社出版的《第一次全国地理国情普查地图集》[12]和《中国地图集》[13]。全国三图中，境界、水系、居民地、地级以上城市等基础地理信息要素的图示与图例表达见附录3。

（一）中国土壤图

由于制图比例尺小，中国土壤图是在二普完成的1:400万比例尺全国土壤图的基础上进行矢量化和缩编表达获得的。在缩编表达过程中，土壤类型仅保留了我国土壤分类系统中的第三层级——土类。

在土壤图中，土类颜色主要根据不同土类在其成土因素、发育程度下形成的典型颜色进行设计（附录4）。红色系供土壤富铝化程度高的土壤选用，如红壤、砖红壤、赤红壤等；黄色系、棕色系供干旱区发育程度低的土壤选用，如黄绵土、灰漠土、灰棕漠土等。受灌水、耕作和地下水影响大的土壤采用绿色系，如水稻土、灌淤土、潮土、草甸土等，表示土壤肥力较高，绿色植物生长茂盛；黑土、黑钙土、栗钙土、棕壤、褐土、黄棕壤、紫色土等分别选用深棕色系、褐色系、紫色系；盐土、碱土、沼泽土等植物生长有障碍的土类采用暗色系，如暗紫色系、灰褐色系、青灰色系等，表示土壤生产力低下，植物生长较差。这一颜色设计与国标相关规定一致[14]。

在图例中，按照我国主要土壤类型从南到北、从东向西的地带性分布规律对土类进行排序，附录5所列中国主要土壤类型的排序也按此规则编排。

（二）中国土壤有机质含量图

土壤有机质含量是指土壤中各种含碳有机物质的总和。土壤有机质主要包括土壤腐殖质、半分解的动植物残体、与土壤黏粒和细粉粒紧密结合的有机物质、土壤微生物体所含的有机物质等。以动植物残体形式进入土壤的有机物质成为土壤生物的食物，供养土壤生物的生命活动；在土壤生物，特别是土壤微生物作用下生成的土壤腐殖质，能够促进土壤团聚体形成，提高土壤保水、保肥、供水、供肥性能，提高土壤肥力，并大幅度提高耕地土壤高产、稳产性能。因此，土壤有机质含量是最重要的土壤质量指标之一。土壤有机质碳量是大气总碳量的2倍，是地球植被总碳量的3倍，参与地球陆域碳循环总碳量中80%的碳以土壤有机质碳的形式存在。研究显示，土壤有机质含量实质上是土壤有机碳投入和分解之间动态平衡的表现，影响这一平衡的主要因素为气候、土壤质地与土地利用方式，施肥和耕作等农业技术措施对其影响则相对较小。当影响平衡的主要因素未发生变化时，土壤有机质含量也比较稳定[15]。

中国土壤有机质含量图由各分省土壤有机质含量图（0—30cm土层）合并编制生成。制图用源数据和编制方法在分省土壤有机质含量图编制说明中加以叙述。

为展示全国范围的土壤有机质含量空间分布特征，编者在中国土壤有机质含量图的图示和图例表达中采用了有机质含量范围的非等距划分分级方式，将我国土壤有机质含量分为7个等级（表4），各分级所占我国陆域面积的比例也列于表中。其中，占我国陆域面积29%的"很低"和"低"两个分级的土壤（有机质含量小于10g/kg）主要分布于西北干旱地区，而"较高""高""很高"三个分级的土壤（有机质含量大于25g/kg）主要分布于东北、西南地区，这些地区森林覆盖率较高，雨量充沛，温度适宜，有利于土壤有机质的累积。

表4 中国土壤有机质含量（0—30cm土层）分级

分级	分级释义	有机质含量/（g/kg）	换算系数	有机碳含量/（g/kg）	占陆域面积/%
1	很低	≤5	1.724	≤2.9	5
2	低	5—10（含）	1.724	2.9—5.8（含）	24
3	较低	10—15（含）	1.724	5.8—8.7（含）	18
4	中	15—25（含）	1.724	8.7—14.5（含）	19
5	较高	25—35（含）	1.724	14.5—20.3（含）	9
6	高	35—45（含）	1.724	20.3—26.1（含）	16
7	很高	>45	1.724	>26.1	6

（三）中国地势图

地势图是表示制图区域地貌特征的专题地图，强调表现地面的高低起伏、倾斜程度及其区域对比关系，以及与地形密切相关的河流、湖泊等水系要素分布特征，显示出制图区域山河分布的脉络体系、结构形式、各种地貌类型的形态特征。地势是影响土壤类型的重要因素，地势图也是编制土壤图、气候图、植被图等的基础。

中国地势图的地貌晕渲图采用 SRTM3 DEM（shuttle radar topography mission, digital elevation model, 2003）数据，考虑我国地势呈三级阶梯状分布的特点，按 0—50—100—200—500—800—1000—1200—1500—2000—2500—3000—3500—5000m 及以上设计高度表，以深绿色—黄绿色—棕色—紫色色调的象征色表示海拔由低向高过渡。其他矢量数据来源于中国地图出版社编制的 1:400 万《中国地形图》[16]。河流参照中国地图出版社编制的《中国河流、水运资料图》进行选取、表达，三级及以上河流全部选取，二级及以上河流标注名称，低级别河流适当选取以反映区域水系特点；成图面积 4mm^2 以上湖泊和水库全部表示，但仅标注大型湖泊名称，小面积湖泊适当选取以反映区域特点，如青藏高原湖泊群分布；山脉、山峰参照中国地图出版社编制的《中国山脉资料图》选取，三级及以上山脉全部选取、表达，二级山脉主峰及知名山峰标注名称和高程，我国主要高原、平原、盆地和沙漠均选取、表达；自然地理要素分级参考中国地图出版社采用的地图编制分级系统；根据版面载负量情况选取省会、部分地级市和少量县级居民点（主要位于西部地区），居民地主要用于定位参照。

分省土壤图、分省土壤有机质含量图与分省地势图编制

编制分省土壤图、分省土壤有机质含量图与分省地势图三图的主要目的是使读者了解各省级行政区内不同地区土壤类型、土壤肥力与地貌的主要分布特征及其相互关联。其中，土壤图用于展示土壤资源分布状况及与成土过程相关的土壤质量状况；土壤有机质含量图用于直观反映土壤肥力情况；地势图便于读者了解不同类型和肥力水平土壤的地势、地貌特征。为便于比较，每个省级行政区的分省三图采用的比例尺相同，制图则采用幅面固定、各省级行政区制图比例尺自适应方法。

分省三图中采用的境界、城市等基础地理信息要素源于中国地图出版社出版的《第一次全国地理国情普查地图集》[12]和《中国地图集》[13]。分省三图中，境界、水系、居民地、地级以上城市等基础地理信息要素的图示与图例表达见附录3。

（一）分省土壤图

为编制数据集用分省土壤图，编者对二普完成的纸质分省土壤图（原图比例尺主要为 1:50 万）进行了地理校正、空间要素提取、图层与分级码标准化、土壤学专业校正、属性表制作、挂接和专题图缩编表达。在缩编表达过程中，制图比例尺一般在 1:200 万—1:100 万之间。由于制图比例尺较小，土壤类型仅保留了我国土壤分类系统中的第三层级——土类。各土类颜色与中国土壤图中采用的土类颜色相同（附录4）。在分省土壤图中，按照我国主要土壤类型从南到北、自东向西的分布规律对图例中的土壤类型进行排序。附录5所列中国主要土壤类型的排序也按此规则编排。附录6列出了上海市、江苏省主要土壤类型及其占省级行政区域面积百分比。

（二）分省土壤有机质含量图

1. 数据源说明

本数据集中，土壤剖面理化性状表给出了有确切时间和空间坐标的剖面信息。分省土壤有机质含量图的主要作用是便于读者直观了解各省级行政区最重要的土壤肥力指标——土壤有机质含量的空间分布特征。

二普中，受当时技术条件限制，全国仅完成了比例尺为1∶400万的纸质土壤有机质含量分布图的绘制，19个省、自治区、直辖市完成了比例尺为1∶250万—1∶50万的纸质分省土壤有机质含量分布图的绘制。直接采用小比例尺纸质图矢量化生成的土壤有机质含量等级划线图作为分省土壤有机质含量图，存在有机质含量分级的级差大、信息均化、图斑大、制图精度不够等问题，难以精细表现一个省级行政区域内土壤有机质含量的空间分布特征。

2005—2017年，我国在农区进行了测土施肥，农田耕层采样点达到1000万个。这批数据的主要优点是采样密度大且有空间坐标，通过对这批数据进行空间插值分析，可较精细地展示各地农田土壤有机质含量分布特征；其缺点是采样点主要集中于占陆域面积不到20%的农田，仅采用这批数据难以绘制覆盖全域的土壤有机质含量分布图。考虑到土壤，尤其是林地、草地土壤的有机质含量变化较慢，在制图中采用了混合时段数据合并表达的方式。对无测土数据的林地、草地等，仍然采用从小比例尺土壤有机质含量等级划线图中提取的数据；对有测土数据的农田，则采用2005—2017年间耕层采样数据，对原有数据进行了更新。通过对两源数据的提取、土层转换、合并、插值，最终生成各省级行政区土壤有机质含量分布图（土层厚度0—30cm），这样既可较精细展示出各省级行政区土壤有机质含量的空间分布特征，也能保证所做专题图有很强的现势性。

三个数据源制图表达结果比较显示，采用异源数据合并表达的方式制图，各分省图展示的有机质含量空间分布特征与二普小比例尺图相近，但制图精度有较大改进，一个省级行政区域内土壤有机质含量的空间分布特征更为清晰（表5）。

表5 三个数据源制图表达结果比较

数据源	土壤有机质含量图制图表达效果	
	优点	存在问题
采用二普完成的手绘图	小比例尺手绘图中，土壤有机质含量地带性分布特征十分明显；基本无数据空区	局部地区图斑大，制图精度不够
采用新的测土数据插值生成	有数据的区域制图精度高	占陆域面积约80%的林地、草地和一些县域无新的测土数据，难以通过采样点插值生成覆盖全域的有机质含量图
异源数据合并表达	基本无数据空区；制图精度有较大改进；小比例尺图中土壤有机质含量的地带性分布特征被保留	用混合时段数据表达全陆域土壤有机质含量分布状况，其中林地、草地数据主要源于20世纪80年代采样数据，农田数据更新至2017年

表6汇总了分省土壤有机质含量图的主要制图信息。制图采用异源数据合并表达的方式，生成的分省土壤有机质含量图所代表的时间段为1979—2017年，图中核算土壤有机质含量的土层厚度为0—30cm。

表6 分省土壤有机质含量图制图信息

制图数据	异源数据合并表达
采样时间	草地、林地及其他非农田土壤采样时间段为1979—1987年，农田土壤采样时间段为2005—2017年
土层厚度	0—30cm（对采样深度不足0—30cm的耕层采样数据，用剖面数据进行了土层厚度转换，统一转换为0—30cm）
制图方法	普通克利金插值（ordinary Kriging）
网格尺寸	200m

2. 制图表达说明

我国地域辽阔，各地土壤有机质含量差异极大。西北部地区降水量少，土壤粗砂粒含量高，风沙土、漠土大量分布，占我国陆域总面积的12.6%，其0—30cm土层内有机质平均含量不到10g/kg；东北部地区雨量充沛，气候、植被有利于土壤有机碳累积，其0—30cm土层有机质平均含量在40g/kg以上。另外，一些省级行政区的土壤有机质含量变化范围很宽，如内蒙古土壤有机质含量主要为4—70g/kg；而北京、山东等地土壤有机质含量变化范围很窄，为7—17g/kg。

为使各省级行政区域内土壤有机质含量空间分布特征均能得到充分展示，编者在分省土壤有机质含量图的图示和图例表达中对有机质含量范围进行等距划分分级，根据各省级行政区土壤有机质含量分布特征，将有机质含量分为7—14个等级。各分级的颜色设计及其RGB与CMYK色码见附录7。

（三）分省地势图

根据各省级行政区的成图比例尺和地形特点，选取合适精度的数字高程模型（DEM）栅格数据，确定设色原则和色层表进行分层设色，编制彩色晕渲的分省地势图。图中的河流水系及山峰、山脉等地理要素基于中国地图出版社研制的多尺度中国地图数据库选取，按各省级行政区地图设定的投影参数和比例尺投影转换后进行数据融合处理，再进行图形化编辑和地图整饰，最后输出成图。各省级行政区的彩色地貌晕渲图，按0—50—200—500—1000—1500—2000—3000—4000—5000—6000m及以上设计统一的高度表，但对一些低海拔平原地区，如天津、山东、上海等省、直辖市，则增添了20m等高距。确定统一的设色原则，建立色层表，以深绿色—黄绿色—棕色—紫色色调的象征色过渡方式表示海拔由低向高过渡，低海拔地区以绿色为主，中海拔地区以棕色为主，高海拔地区的高寒地带则用冷色调紫色。地势图中的其他地理要素，地级市及以上级别居民地全部选取，县级居民地根据图面载负量情况酌情选取；河流按等级选取以反映地域水系结构特点，主要河流加注名称；成图面积4mm²以上的湖泊和水库全部选取，大型湖泊、水库加注名称，适当选取小面积湖泊以反映区域分布特点；山脉按等级选取，仅标注主要山脉主峰和知名山峰。

县域中心区气候特征图表编制

气候是五大成土因素之一，也是土壤质量的重要影响因素。为便于读者了解各地土壤资源与质量状况及其与气候特征的关联，编者编制了各县域中心区（位于各县域中心点、代表面积约为400km²的区域）气候特征值表、月平均气温与月平均降水量分布图。各县域中心区气候特征值是通过对160个中国地面国际交换站的气象年值、月值以及日值数据的计算和空间分析获得的。气象数据的相关用语也采用中国地面国际交换站所用的表达方式。鉴于各地气候特征值需要依据多年气象观测数据分析和提取，而二普采样时段为1979—1987年，因此采用了1971—2000年共计30年的年值、月值和日值气象数据，气象数据时段覆盖二普采样时段。

在分县气候特征值编制过程中，先从相应的各数据源中提取出各站点年值、月值以及日值数据，再按照表7所示计算方法，计算160个站点的各项气候特征值并对其分别进行插值计算，获得覆盖我国全域、网格尺寸约为20km的网格化气候特征年值与月值数据，最后再与县域中心点图层叠加，提取出各县中心区气候特征值。各县所处气候带则是通过县域中心点图层与中国气候区划图叠加后提取获得的[17]。

表7　县域中心区气候特征值的计算方法与数据来源

县域中心区气候特征	计算方法	气象数据来源
年平均气温 /℃	30年的年值平均	中国地面国际交换站气候标准值年值数据集（160个站点，1971—2000年）
年平均最高气温 /℃		
年平均最低气温 /℃		
年降水量 /mm		
年平均相对湿度 /%		
年日照时数 /h		
月平均气温 /℃	30年的月值平均	中国地面国际交换站气候标准值月值数据集（160个站点，1971—2000年）
月平均降水量 /mm		
≥10℃的积温 /℃	一年中日平均气温≥10℃的温度值加和	中国地面国际交换站气候资料日值数据集（160个站点，1971—2000年）
干燥度	修正的谢良尼诺夫公式：$$干燥度 = 0.16 \times \frac{全年 \geq 10℃的积温}{全年 \geq 10℃期间的降水量}$$	
气候带	提取	1:3200万中国气候区划图

分县主要土壤类型与土壤剖面点分布图编制

编制分县主要土壤类型与土壤剖面点分布图的主要目的是使读者在一个较小的图幅上也能大致了解一个县域内主要土壤类型概况。编者通过对全国 1∶5 万土壤图的缩编表达，为有土壤剖面数据的县级行政区编制了分县主要土壤类型图。受地图幅面限制，在分县土壤图中，仅保留了我国土壤分类系统中的第三层级——土类，通过缩编滤掉了亚类、土属、土种信息。

各分县主要土壤类型与土壤剖面点分布图的制图采用幅面固定、制图比例尺自适应的方法，制图比例尺一般为 1∶35 万—1∶20 万，自适应制图由编制者自行设计的软件模块自动完成。

在分县主要土壤类型与土壤剖面点分布图中，各土类颜色与中国土壤图中采用的土类颜色相同（附录 4）。图中各土类在图例中的排序则按各土类占本县县域面积比例从大到小的顺序排列，便于读者了解本县内主要土壤类型的分布。

在分县主要土壤类型与土壤剖面点分布图中，为便于读者查找，剖面点按照其在图面的位置，先左后右、先上后下顺序编码，编码过程也由 ISPP 软件包（表 3）中的模块自动完成。

分县主要土壤类型与土壤剖面点分布图中的基础地理底图来源于国家基础地理信息中心提供的 1∶25 万 DLG（公众版）数据（使用许可协议编号：非 2011-1011），基础地理信息要素的图示与图例表达主要参照相关国标（详见附录 3）。为保证本数据集中主要土壤类型与土壤剖面点分布图的内容和土壤剖面数据表对应，分县主要土壤类型与土壤剖面点分布图中的市级界线、县级界线均采用二普时的普查界线，并以此作为分县主要土壤类型与土壤剖面点分布图的分幅标准。为兼顾地名位置定位准确性和图书实用性，地图中乡镇级及以上居民地分别根据新版《中华人民共和国行政区划简册》和各省级行政区地图册进行了更新，现势性截至 2021 年 12 月。为更好地表现全书的系统性与协调性，在地图下方加注说明县级行政区划变更情况，部分市辖区图幅的图名根据图上县级居民点进行了更新。

二普后，随着城市化的加快，城市周边土地利用情况变化很大，居民地面积大幅增加，导致一些分县土壤图中的土壤面积占县域面积比例和分县主要土类说明中的一些土类面积占县域面积比例较二普时均有下降。在一些大城市周边县（市、区），土地利用情况的变化使各类土壤总面积不到县域面积的 60%。

二普时，分县完成了 1∶5 万比例尺土壤图编绘后，还通过省级汇总和缩编制图，完成了 1∶50 万比例尺省级土壤图。在省级汇总中，对一些分县土壤图中原有土壤类型名进行了修订。例如，浙江在进行省级汇总时，将分县土壤图中原命名为侵蚀型红壤亚类的大部分土属划归粗骨土类；安徽、湖北等省在省级汇总时将黏盘黄棕壤亚类改为黄褐土类。在对二普调查成果的数字整合中，编者仅收集到约 1600 个县的大比例尺土壤图（表 2）。对大比例尺图数据缺失的县，则以省级土壤图裁切方式进行了补全。这种补全虽有利于完成覆盖我国全域的高、中精度土壤图，但也引起了在一个省级行政区里源于分县和分省的两类土壤图中土壤分类命名不统一的问题，编者在尽量保持调查资料原始记载的前提下，对这类问题进行了力所能及的修订。

分县土壤剖面理化性状表编制

分县土壤剖面理化性状表是本数据集的主体内容。前文已对各项土壤理化性状应用范围以及从分县纸质土种志中进行信息提取、表达和制作的方法做了说明，本节仅对土壤理化性状测试方法、剖面点坐标匹配方法与土壤剖面分类名的修订加以说明。

（一）土壤理化性状测定方法

本数据集所列土壤理化性状的测定方法见表 8。其中，土壤有机质含量，土壤氮、磷、钾全量与有效态含量，pH，土壤阳离子交换量的测定方法以及土壤分类方法均为国标方法。剖面理化性状表中的土壤全氮、全磷、全钾、碱解氮、有效磷、速效钾含量均以 N、P、K 纯养分量计。

在二普中，我国大多数地区土壤质地分级采用了卡庆斯基制，仅极少数地区采用了国际制。其中，卡庆斯基制采用了简制,将土壤质地分为 3 组 9 种类型;国际制将土壤质地分为 12 种类型(表 9)。由于两种分级制中的质地分级名并无重复,因此在分县土壤剖面理化性状表中未对两种分级制的分级名进行合并。

表 8　土壤理化性状的测定方法

土壤理化性状	测定方法
有机质	湿灰化或干灰化消化后,重铬酸钾滴定法测定(丘林法)
全氮	凯氏定氮法测定
全磷	酸溶或碱熔消化后,钼锑抗比色法测定
全钾	碱熔或酸溶消化后,火焰光度法或四苯硼钠比浊法测定
pH	水浸提法,水土比为 5∶1 或 2∶1
碱解氮	扩散吸收法(康惠法)测定
有效磷	中性及石灰性土壤:Olsen 法测定;酸性土壤:Bray 法测定
速效钾	醋酸铵浸提后,火焰光度法或四苯硼钠比浊法测定
阳离子交换量	醋酸铵法测定

表 9　卡庆斯基制与国际制土壤质地分级名

等级序号	卡庆斯基制[1] 土壤质地分级名	等级序号	国际制[2] 土壤质地分级名
1	松砂土	1	砂土
2	紧砂土	2	壤质砂土
		3	砂质壤土
3	砂壤土	4	壤土
4	轻壤土	5	粉砂质壤土
		6	砂质黏壤土
5	中壤土	7	黏壤土
6	重壤土	8	粉砂质黏壤土
7	轻黏土	9	砂质黏土
		10	壤质黏土
8	中黏土	11	粉砂质黏土
9	重黏土	12	黏土

注:1)卡庆斯基制指按卡庆斯基粒径分级的质地分类。该分类制有简制和详制两种。简制有 3 组 9 种质地,其主要特点是将土粒分为物理性黏粒和物理性砂粒两级;按物理性黏粒或物理性砂粒的数量进行质地分类,而不是按照砂粒、粉粒、黏粒三个粒级的质量比分组。详制是在简制的基础上,把 9 种质地进一步细分为 39 种质地类别,把含量最多和次多的粒组作为冠词,顺序放在简制名称前面,主要用于土壤基层分类及大比例尺制图。卡庆斯基还提出根据石砾含量而定的附加分类,也可作为质地分类的冠词,主要应用于山地土壤的质地分类。
2)国际制土壤质地分类在第二届国际土壤学会上通过,根据砂粒(粒径 0.02—2mm)、粉粒(粒径 0.002—0.02mm)、黏粒(粒径小于 0.002mm)三粒组含量的比例,通过国际制土壤质地分类三角图,以黏粒含量为主要标准,小于 15% 者为砂土质地组和壤土质地组,15%—25% 者为黏壤组,黏粒含量大于 25% 者为黏土组,划定 12 种质地类别。

(二)土壤剖面点的坐标匹配

含地理坐标的剖面数据可直观展示该土壤剖面点所代表土壤的土层厚度、土体构造及理化性状等特征,也是构建推理模型,进行土壤及其理化性状数字制图的基础。

二普完成的分县土种志中虽无典型剖面地理坐标记载,却有关于剖面采样地点、景观和土壤剖面分类命名的详细记录,如乡镇名、村名、高程和土类、亚类、土属、土种名等。从 1∶5 万土壤类型图与 1∶5 万基础地理信息数据库中也能提取出上述信息。在1∶5万比例尺空间数据库中，空间对象分辨率可达到100m×100m精度，折合为1hm²。在全国性土壤调查中，对于选择、确定典型剖面采样点点位，通常要求其所代表的土壤类型在面积上能代表采样点周围100亩（1亩≈666.7m²）以上的土壤，通过这种匹配方法获得的点位对实际采样点点位有较高的代表性。

为了使分县土种志中记载的剖面数据获得坐标，编者构建了多要素土壤剖面点坐标匹配模型，无空间坐标的土壤剖面从1∶5万土壤类型图和基础地理信息数据库中获得空间坐标。坐标匹配模型工作机制如图2所示。首先，从分县土种志中提取出A源数据，即每个剖面隶属的土类、亚类、土属、土种名及剖面采样点地名、采样点高程等多要素信息；然后，用分县1∶5万土壤图与多要素基础地理信息数据库叠加，生成含土类、亚类、土属、土种名和村名、乡镇名、高程等要素信息的空间数据，即B源数据；最后，利用多要素匹配模型，逐县对A、B两源数据进行匹配。当A源数据中某剖面点土类、亚类、土属、土种名和采样点地名、高程与B源数据中某土壤要素空间对象的四个土壤分类名、地名、高程等多要素信息一致时，该剖面点获得B源数据中土壤要素空间对象中心点坐标。若一个县域内，某剖面点与B源数据中多个空间对象存在配对关系，则取其中面积最大的空间对象的中心点坐标。

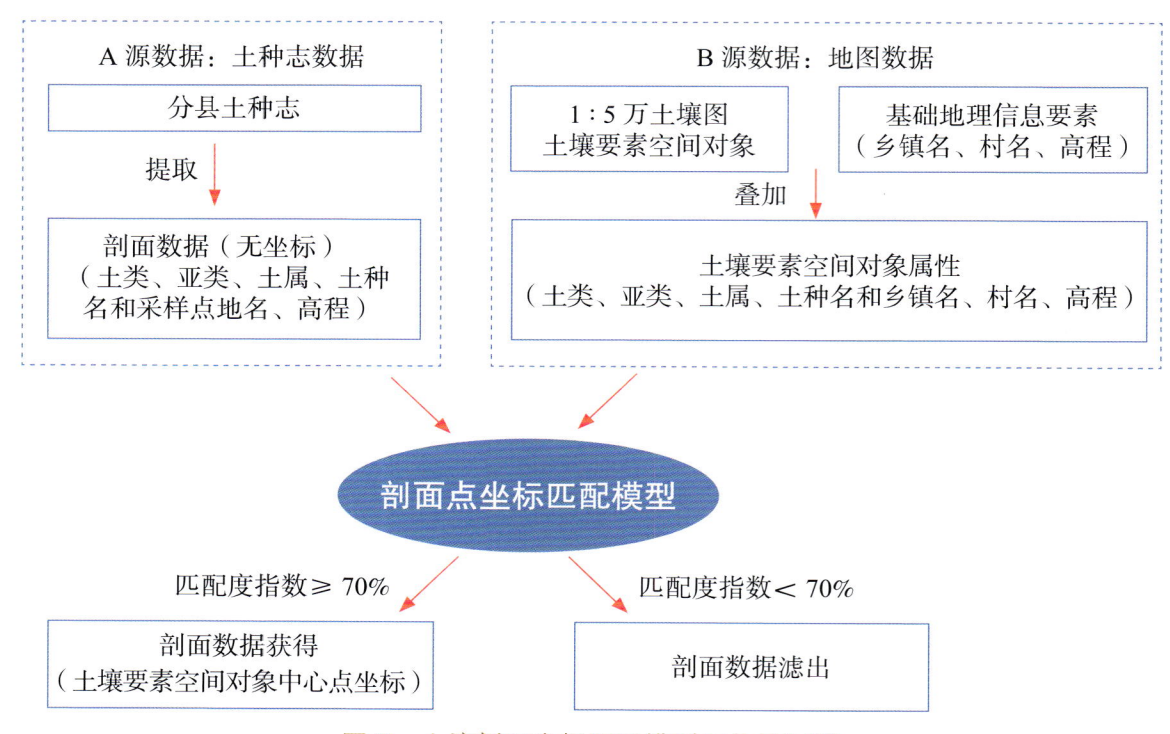

图 2　土壤剖面坐标匹配模型工作机制图

为衡量每个土壤剖面坐标匹配的质量，在匹配模型中植入了匹配度评价模型，分析和提取每个土壤剖面点坐标匹配中多要素信息的吻合度。匹配度指数较高，代表两源数据中的土类、亚类、土属、土种名和地名、高程等多要素信息一致性高；匹配度指数较低，代表A、B两源多要素信息存在一些不一致性；匹配度指数小于70%的剖面数据会被滤出，该剖面也会从分县土壤剖面理化性状表中删除（表10）。利用坐标匹配模型，从分县土种志中提取出的10万余个剖面数据中，有6万多个获得了地理坐标并被收录于本数据集的分县土壤剖面理化性状表中，有约3万个由于匹配度指数较低被滤出。

表 10　坐标匹配的匹配度指数及释义

匹配度指数 / %	释义
90—100	匹配度高：A（分县土种志）、B（地图）两源数据中乡镇名、村名和三个以上土壤分类名（土类、亚类、土属、土种）、高程均一致
80—90	匹配度较高：A、B两源数据中乡镇名、村名和两个土壤分类名（土类、亚类）、高程一致
70—80	具有一定匹配度：A、B两源数据中乡镇名、村名、土类名、高程一致
＜ 70	匹配度较低：A、B两源数据中地名和土类名不能全匹配

为检验通过匹配模型获得地理坐标的剖面对当地土壤类型是否具有代表性，编者自2008年以来，在河北、

山东、黑龙江、宁夏、海南等地挖取了300余个校验剖面，进行了比对研究。比对研究结果显示，校验剖面与二普完成的剖面记载在土壤类型、土体构造、母质、质地等土壤质量慢变化性状上都有很好的一致性。

（三）土壤剖面分类名的修订

分县土壤剖面理化性状表列出了每个土壤剖面的分类名。土壤分类名是对某一类土壤资源的抽象概括和表达，表述了各类土壤的主要成土过程以及各类土壤综合性的典型特征。如黑土是指在温带半湿润地区草甸草原植被条件下形成的具有深厚均匀腐殖质层的土壤，呈黑色，富含有机质和各种养分；褐土是指在暖温带半湿润地区形成的具有弱腐殖质表层和黏化层的土壤，盐基饱和度较高，呈棕褐色。土壤分类名既具有典型性，又具有综合性，是土壤最基本的属性。

二普中，我国基于全国第一次土壤普查经验制定了六等级土壤分类系统，这也是目前的国标系统。该系统中的六等级分别为土纲、亚纲、土类、亚类、土属和土种，从高级到低级，不同层级之间为隶属关系。其中，土纲用于界定水、温等主要的土壤成土条件，亚纲用来进一步区分土纲内成土条件与过程的差异，土类反映成土条件引致的最典型土壤特征，亚类反映土类内成土条件引致剖面特征的进一步分异，土属反映母质等成土条件引致亚类剖面的分异，土种反映同一土属中土壤的分异或当地群众对该土壤的命名。

在对各地土壤调查数据进行全国汇总时，编者发现，从全国2200多个分县土壤剖面资料中提取出的土壤分类名与我国在1998—2009年发布的三版《中国土壤分类与代码》国标差异较大[18-20]。国标发布的土类、亚类、土属、土种名数量分别为60个、229个、663个和3246个，而从2200多个分县土壤图件与剖面资料中提取出的土类、亚类、土属、土种名数量分别为312个、1520个、12150个和43200个。对国标上从未出现的土壤类型名进行审核和归并需要有土壤分类学上的依据。通过对俄罗斯、美国、加拿大、澳大利亚、德国、英国等各国土壤分类研究及发展状况的研究，编者总结了我国和其他世界各国过去半个世纪中在土壤分类方面的经验，确定了土壤剖面分类名的修订原则[1]。

研究显示，我国国标分类系统中的第三层级——土类（附录5），能很好地反映我国主要土壤类型形态上的典型特征。通过土类及其隶属的12大土纲可清晰展现出我国60个土类受温度、海拔、降雨、土壤发育度、地下水盐运动、耕种垦殖等主要成土条件影响而形成的地带性分布特征。另外，土类本身属于高层级分类，数目有限，命名符合汉语语言特征，易于专业及非专业人员掌握。通过土类名，读者能够辨识各种土壤类型，了解其成土过程、土壤质量与肥力特征。因此，在土壤剖面分类名的修订中，应重视维护土类名的稳定性。根据这一原则，在对分县资料中土壤分类名的编审中，编者将国标发布的60个土类名进行了归并，对亚类及以下的中、低级分类名称则在尽量保留现场获取的一手土壤调查信息的前提下进行适度归并与整合。

为便于读者了解我国目前采用的土壤分类名与国际土壤学会推荐的土壤分类名（world reference base for soil resources，WRB）[21]之间的关联，附录5中还给出了由史学正研究员通过剖面比对建立的WRB土组名与我国60个土类名的关联及WRB土组名对我国土类名的最大可参比性[22]。

（四）剖面土层代码

在形成过程中，由于物质迁移和转化，土壤会分化成一系列组成、性质和形态各不相同的层次，称为发生层或土层。土壤剖面各土层的顺序和变化情况，反映了土壤形成过程及土壤性质。

目前各国尚无统一的土层命名。1967年国际土壤学会提出将土壤剖面划分成O层（有机层）、A层（腐殖质层）、E层（淋溶层）、B层（淀积层）、C层（母质层）和R层（基岩）等6个主要土层。全国土壤普查办公室编制出版的《中国土种志》（6卷）[23-28]、《中国土壤》[29]则将自然土壤剖面划分成O层（凋落物有机质层）、A层（表层）、B层（淀积层）、C层（母质层）、D层（岩石碎屑层）和R层（坚硬岩石层）等6个主要土层；将旱地农田土壤划分成A（耕层）、C_1（心土层）和C_2（底土层）等几个主要土层；将水田土壤划分成Aa（耕作层）、Ap（犁底层）、P（渗育层）、W（潴育层）和G（潜育层）等5个主要土层。

由于分县土种志中，土层代码和释义与以上文献给出的土层码不尽相同，因此在数据集编制中，编者主要保留了2200多个分县土种志中实际采用的土层代码和释义（表11）。为便于读者参考，编者在附录5中列出了引自《中国土壤》部分土类典型剖面的土体构造及其关联的土层代码[29]。

表 11 土壤剖面土层代码和释义[1]

代码		释义
自然土壤与旱地土壤	Ao	位于土表的枯枝落叶层
	A	自然土壤指表土层，耕地土壤指耕作层
	B	心土层，受成土作用形成的淋溶淀积层
	C	底土层，受成土作用少的母质层，较紧实，通常不受耕作、施肥影响
	D	未风化的母岩层，岩石碎屑层
水田土壤	A	耕作层，亦称淹育层和作物栽培层
	P	犁底层，位于耕作层下，经机械耕作和黏粒淀积，结构较为紧实
	W[2]	潴育层，位于犁底层下，水田在干湿交替作用下，铁、锰淋溶淀积形成斑纹层，使水稻土有较好的通透性，渗水而不漏水，渍水而不滞水
	G	潜育层，存在于水稻土、沼泽土和泥炭土中。土体长期积水，通透性不良，在还原状态下形成青灰色土层又叫青泥层，作物受还原性物质危害。若在其他土层出现，可用 g 表示，如 Pg、Wg
	E	漂洗层，侧渗作用下黏粒、有机质被淋洗，铁质溶脱，形成灰白色或白色漂洗层

注：1）表中土层代码和释义主要根据全国各分县土种志中实际采用代码和释义进行综合与汇总。土体构造中，两个字母并列表示过渡层土壤，例如 AB 层、BC 层等。
2）一些地区将潴育层细分为 W_1（渗育层）和 W_2（淀积层）两层。渗育层指有明显水化铁层，多见黄色锈斑；淀积层指明显有铁锰淀斑或铁锰结核的土层。

（五）其他

分县土壤剖面理化性状表中，空格代表本项无数据。

若土壤剖面的土层码为数字，则表示调查中未对该剖面的各分层进行土层代码赋码。对这类剖面，编者按从地表至底土顺序赋土层序号 1、2、3……。土层序号不具有土壤发生学上的含义，仅表达每一土层的顺序。

分县土壤剖面理化性状表中土层厚度的上、下边界表示该土层采样范围。例如：土层厚度为 0—17cm，表示土层采自剖面 0—17cm 部位；土层厚度为 50—100cm 表示采自剖面 50—100cm 部位。一些剖面底土的土层厚度仅有上界而无下界。例如：85—，表示该土层采自剖面 85cm 至更深部位。

个别剖面上、下土层的上、下边界相互不衔接，例如：两个土层厚度分别为 0—10cm、30—35cm，表示该剖面的采样为不连贯采样，每个土层只选取了该土层的代表性层段。

一些剖面分层样本上、下土层的上、下边界相互不衔接，例如：按从地表至底土顺序，6 个土层采样范围分别为 0—13cm、13—18cm、18—40cm、18—32cm、32—100cm、50—100cm，其中第三个土层 18—40cm 为额外增加的采样层。在土壤调查中，当调查者认为需要对某些区域或土类的特定土层进行单独采样和分析时，往往会出现这一情形。为了最大限度保持第一手调查资料的完整性，编者将这类土层也编入了分县土壤剖面理化性状表中。

本卷收录的上海市和江苏省典型土壤剖面分别为 144 个和 1621 个，共计 1765 个。通过对剖面数据的土层厚度转换，附录 8 给出了这些典型剖面 0—20cm 土层土壤理化性状中位数与平均数。二普剖面采样为典型土类采样，而非网格化采样。0—20cm 土层土壤理化性状中位数与平均数不代表本省土壤理化性状平均状况。但二普是我国最早的大样本量调查，附录 8 所示的 0—20cm 土层土壤理化性状中位数与平均数对了解上海市和江苏省 20 世纪 80 年代土壤肥力性状量化指标具有一定参考价值。

附录 9 列出了上海市、江苏省耕地、园地、林地、草地和湿地 0—30cm 土层土壤有机质含量的平均值。该值由上海市、江苏省土壤有机质含量图和自然资源部土地科学数据中心编制的 2019 年 1∶100 万比例尺全国土地利用缩编图通过叠加、计算生成。其中，耕地包括水田、水浇地、旱地三种土地利用类型；园地包括果园、茶园和其他园地三种土地利用类型；林地包括有林地、灌木林地和其他林地三种土地利用类型；草地包括天然牧草地、人工牧草地和其他草地三种土地利用类型；湿地包括沼泽地、沿海滩涂和内陆滩涂三种土地利用类型。鉴于上海市、江苏省土壤有机质含量图源于大样本量地面采样，土壤有机质含量亦为变化较慢的土壤质量性状[15]，附录9对了解上海市、江苏省耕地、园地、林地、草地和湿地的土壤有机质含量状况及演变具有较高的参考价值。为便于读者了解上海市、江苏省耕地、园地、林地和草地四种土地利用类型中受成土过程影响而形成的各主要土壤类型及其在各土地利用类型中的占比情况，附录10给出了主要土壤类型在这四种土地利用类型中的占比。

土壤专题图与土壤剖面数据可靠性检验

该检验目的是对数据集中的土壤专题图和土壤剖面数据能否真实反映土壤资源与土壤理化性状及其空间分布特征给出科学、客观的评价。另外，数据集中的土壤专题图和土壤剖面数据主要源于1979—1987年的二普和2005—2017年在全国测土配方施肥项目中的土壤养分调查，因此，该检验也是对我国两次全国性土壤调查所获成果的质量评估。

对土壤专题图及含地理坐标的剖面数据的检验涉及地图制图学、测绘科学、土壤学、地统计学等多学科内容，而对于不同的学科，数据检验的目标和内容也不同。对于地图制图，精度检验十分重要；而在土壤学范畴，可靠性检验更为重要。精度检验方面，本数据集剖面坐标是通过1∶5万比例尺地图数据匹配获得，匹配用地图精度直接影响剖面数据坐标精度。可靠性检验方面，土壤专题图和土壤剖面数据均属于土壤学范畴，还需要从土壤学角度给出科学评价。借助目前仍在发展中的地统计方法，编者最终给出了合理的可靠性检验方法。为便于读者理解，本节将重点说明两点：一是地图精度与土壤专题图制图的关联；二是土壤专题图和剖面数据的地统计检验结果。

在地图制图中，地图精度用于衡量某一地物点或地物轮廓点的平面位置和高程位置偏离其真实位置的平均误差。这里的地物点或地物轮廓点可以是测量控制点、水准点、道路交叉点、境界线方向变化点、山脚点、山顶等。地图精度与地图投影、比例尺、制作方法和工艺有关。地图比例尺不同，误差控制要求也不同。一般来说，地图比例尺越大，误差越小，精度越高。换言之，地图精度或比例尺主要反映对地图中基础地理信息要素，如测量控制点、河流、道路、等高线、境界的误差控制要求。

在土壤专题图制图中，需要用基础地理信息要素标识土壤要素空间位置。在较早的土壤调查中，没有GPS设备，通常用纸质地形图为底图标识采样点位置。地面土壤采样调查完成后，根据底图标记的采样点位置和实测获得的土壤要素值，由经验丰富的土壤科学家依据土壤及相关要素的空间分布、空间相关性和空间依赖性规律进行人工综合判图，在底图上手工完成土壤专题图的勾绘和制图。我国的二普与欧美各国在20世纪80年代之前进行的全国性土壤调查基本均采用这一方法进行土壤专题图编绘。二普为大样本量土壤调查，采样密度高，采用1∶1万大比例尺地形图为工作底图，全国共挖取土壤观察剖面550余万个，采集0—20cm土壤表层样本200余万个，通过综合判图和人工勾绘，最终完成分县1∶5万比例尺土壤图和各类土壤养分含量图的编制。土壤专题图比例尺不代表地图中对土壤要素的误差控制要求，客观上，地面采样中应用大比例尺的工作底图，采样密度高，土壤采样点均衡分布于调查区域中，以此为依据编制的土壤专题图能精细地表达调查区域内土壤要素的空间变化特征。采样密度低的土壤调查结果则不适合编制大比例尺土壤专题图。

近年来，随着GPS和GIS技术的发展，地统计方法已较多用于反映和研究土壤要素的空间变化规律。地统计方法不仅提供了利用含地理坐标的土壤采样点数据制作土壤专题图的地统计模型，还提供了对模拟结果进行不确定性检验的方法。地统计检验的主要目的是了解模拟结果对真实情况反演的客观性和可靠性，而不是评价地图中土壤要素的精度或误差控制。检验结果既受地面采样原则、采样量的影响，也受所选模型类型、建模过程中是否引入协变量等因素的影响。

由于二普完成的土壤图和养分含量图中没有采样点标注，难以对其进行地统计检验。为此，编者同时对我国在全国测土配方施肥项目中完成的有GPS定位坐标的农田耕层土壤有机质含量数据进行了地统计分析和检验。与二普相似，全国测土配方施肥项目也按网格化均匀分布原则进行大样本量、高密度土壤采样，全国总计完成1000万个农田土壤耕层样本的采集。

检验方法为：首先，在我国东、南、西、北、中不同地域选取7个代表性片区，每片区包含地域相连、域内无大面积剖面点缺失的多个行政县，且含土壤剖面点500个以上。其次，提取7个片区源于二普剖面0—

20cm土层和源于2005—2017年0—20cm农田耕层采样的土壤有机质含量数据。二普剖面数据的采样特征为在优先选取典型土壤类型的前提下，尽量均衡分布；样本量较小，全国有6万多个具有匹配坐标的剖面。2005—2017年农田养分调查数据为网格化均衡分布的大样本量，全国完成了1000万个有GPS定位坐标的耕层样本。最后，用普通克利金插值（ordinary Kriging）方法进行地统计分析和检验。在每片区剖面点和耕层采样点的数据中分别随机选取80%作为训练样本集，20%作为验证样本集，同时进行建模；将验证样本预测值与实测值进行线性回归，计算R^2（决定系数）和RMSE（均方根误差），以此评价两组数据表达土壤要素空间分布特征的可靠性和误差。选择土壤有机质含量作为检验指标的原因为该指标是最重要的土壤质量性状之一，且可量化表达，便于进行地统计检验。

二普剖面数据的检验结果显示，在7个代表性片区，剖面点数据表达的有机质含量分布状况可靠性均达极显著水平（表12）。这表明，尽管二普典型剖面数据为非网格化采样，含地理坐标样本量较少，需采用匹配坐标替代原点坐标，但在一个由多县组成的片区内，当剖面样本量达到一定数量后，即使未引入可极大改进R^2的地形、土地利用类型等辅助变量，用普通克利金插值仍然能比较真实、可靠地反演土壤要素空间分布特征。2005—2017年耕层采样点数据的检验结果显示，与二普剖面点数据相比，大部分片区的有机质含量分布数据R^2更大（达到中等相关至强相关），RMSE更小，可靠性和预测精度明显更优，这说明就表征土壤要素空间分布特征而言，网格化均衡分布的大样本量采样得到的数据可靠性和精度相对较高。这为二普大比例尺土壤专题图数据（土壤图和土壤pH、有机质、氮、磷、钾养分含量图）的地统计检验特征提供了佐证。二普大比例尺土壤专题图数据均源于网格化均衡分布的大样本量地面调查，其可靠性和精度应优于二普剖面点数据。

两组数据地统计检验结果还显示，尽管相隔近30年，两时段调查的土壤有机质含量也有一定变化，但各片区土壤有机质含量的空间分布规律总体相近。图3展示了东北片区两组数据通过普通克利金插值获得的土壤有机质含量分布图。可以看出，尽管二普土壤剖面样本数（546）远少于农田耕层土壤样本数（45182），20%校验集所获R^2较低，预测值与实测值偏差较大，但两组数据展示的土壤有机质含量空间分布格局相近，均为东北角最高，西南角最低。另外，该片区2005—2017年的农田耕层有机质含量均值为36.41g/kg，低于1979—1987年的二普采样结果（40.53g/kg），这一结果与东北地区所做长期定位试验结论一致。这表明，本数据集剖面数据可为了解土壤质量时空演变规律提供可靠的数据支持[9]。

表12 二普典型土壤剖面数据和2005—2017年耕层采样点数据的地统计检验结果

编号	片区名	县数	面积/km²	二普剖面土壤有机质含量 1)			耕层土壤有机质含量 2)		
				样本量	R^2 3)	RMSE 3)	样本量	R^2 3)	RMSE 3)
1	东北片区	19	72353	546	0.329**	14.77	45182	0.689**	6.32
2	冀鲁豫片区	64	50071	881	0.363**	5.65	256341	0.429**	3.47
3	江浙片区	53	63003	1312	0.334**	8.83	51759	0.666**	4.05
4	湖北片区	10	21044	515	0.286**	20.21	60545	0.281**	11.09
5	四川片区	39	98052	1283	0.380**	9.20	206682	0.344**	7.08
6	粤闽赣片区	27	58745	801	0.223**	13.33	51759	0.285**	6.42
7	陕甘片区	47	109010	990	0.296**	7.20	256341	0.558**	2.48

注：1）数据源于二普土壤剖面（1979—1987年采样，0—20cm土层）数据库，土壤有机质含量单位为g/kg。
2）数据源于2005—2017年农田耕层（0—20cm）土壤养分调查数据库，土壤有机质含量单位为g/kg。
3）20%验证样本所获预测值与实测值的线性回归R^2（决定系数，其中**表示1%水平显著）和RMSE（均方根误差）。

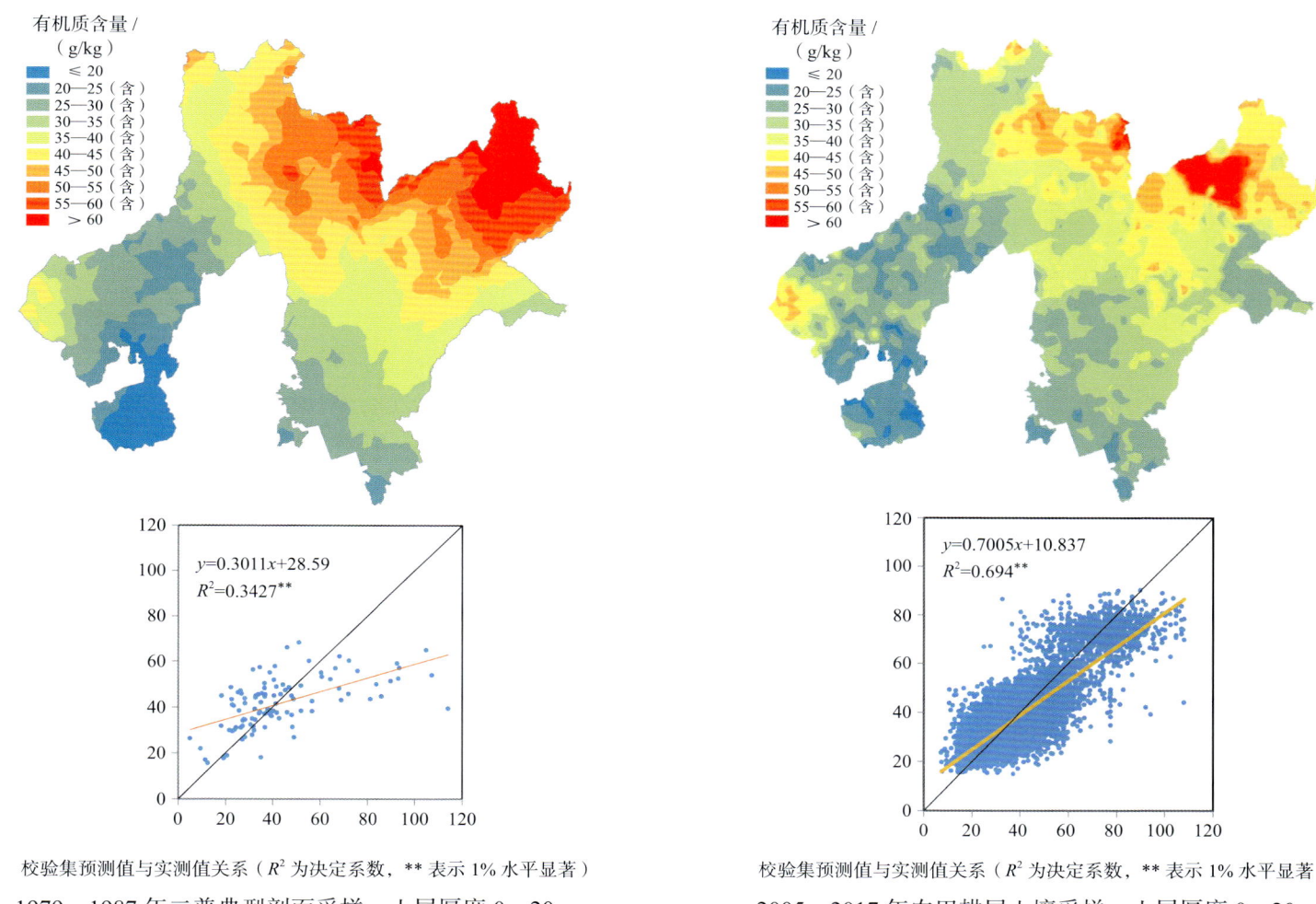

图3　东北片区土壤有机质含量分布图及地统计检验结果

参编单位

《中国土壤剖面数据集》的编制工作始于1998年。其编制过程主要分为以下两个阶段：

第一阶段为全国1∶5万土壤图编制和中国剖面数据库构建阶段。20世纪末，随着现代科学研究与管理对土壤时空信息的迫切需要和大数据技术的发展，利用土壤调查结果构建我国土壤资源与质量时空数据库日益显现出可行性和必要性。1998年，我国土壤科技工作者开始对二普分县土壤图件和资料进行系统收集和整理，这项工作曾得到国家社会公益性研究专项的资助。"十一五"期间，"我国1∶5万土壤图籍编撰及高精度数字土壤构建"被列为国家科技基础性工作专项重点项目。在全国各地农业、国土、档案等多家单位的大力配合和各地土壤科技工作者的支持下，项目组汇聚全国土壤科学、农业、测绘与环境领域多家专业科研院所的科研力量，深入31个省、自治区、直辖市以及数百个县的原始图件与资料存放部门，完成了2200多个县的分县大比例尺纸质土壤图与土种志的收集。同时，项目组还收集了31个省、自治区、直辖市的分省土壤图、土壤有机质含量图等多类别土壤专题图和分省土壤调查资料，并在此基础上，项目组研究人员通过融合多学科方法创建土壤大数据方法，以方法创新带动异源非标准海量土壤信息的时空整合与表达，至2017年，完成了我国1∶5万土壤图的整合表达和中国土壤剖面数据库的构建，为编制《中国土壤剖面数据集》奠定了科学基础、方法基础和数据基础。

第二阶段为《中国土壤剖面数据集》编制阶段。为满足我国农业、林业、环境、气象、国土、水利等各部门对公众版土壤资源与质量信息的迫切需求，项目组于2017年启动了数据集编制工作。在数据集编制过程中，项目组一方面利用土壤大数据方法进行数据的审核、土壤专题图的缩编与剖面数据表的表达等多项工作，另一方面组织了各省级土壤专业科研院所参与各分卷内容的审核和修订工作。数据集的编制还得到了中国农业科学院科技创新工程的资助。

本数据集的最终面世离不开多家科研单位在过去20多年时间里的共同付出。这些单位包括国家科技基础性工作专项重点项目"我国1∶5万土壤图籍编撰及高精度数字土壤构建""我国1∶5万土壤图籍编撰及高精度数字土壤构建二期工程"主持与参加单位、参加数据集各分卷审核和修订工作的土壤专业科研单位以及参与分县大比例尺纸质土壤图与土种志收集的各地相关管理与科研部门（附录11）。

（张维理、徐爱国、张认连、冀宏杰）

序图

中国土壤图
1:13 000 000

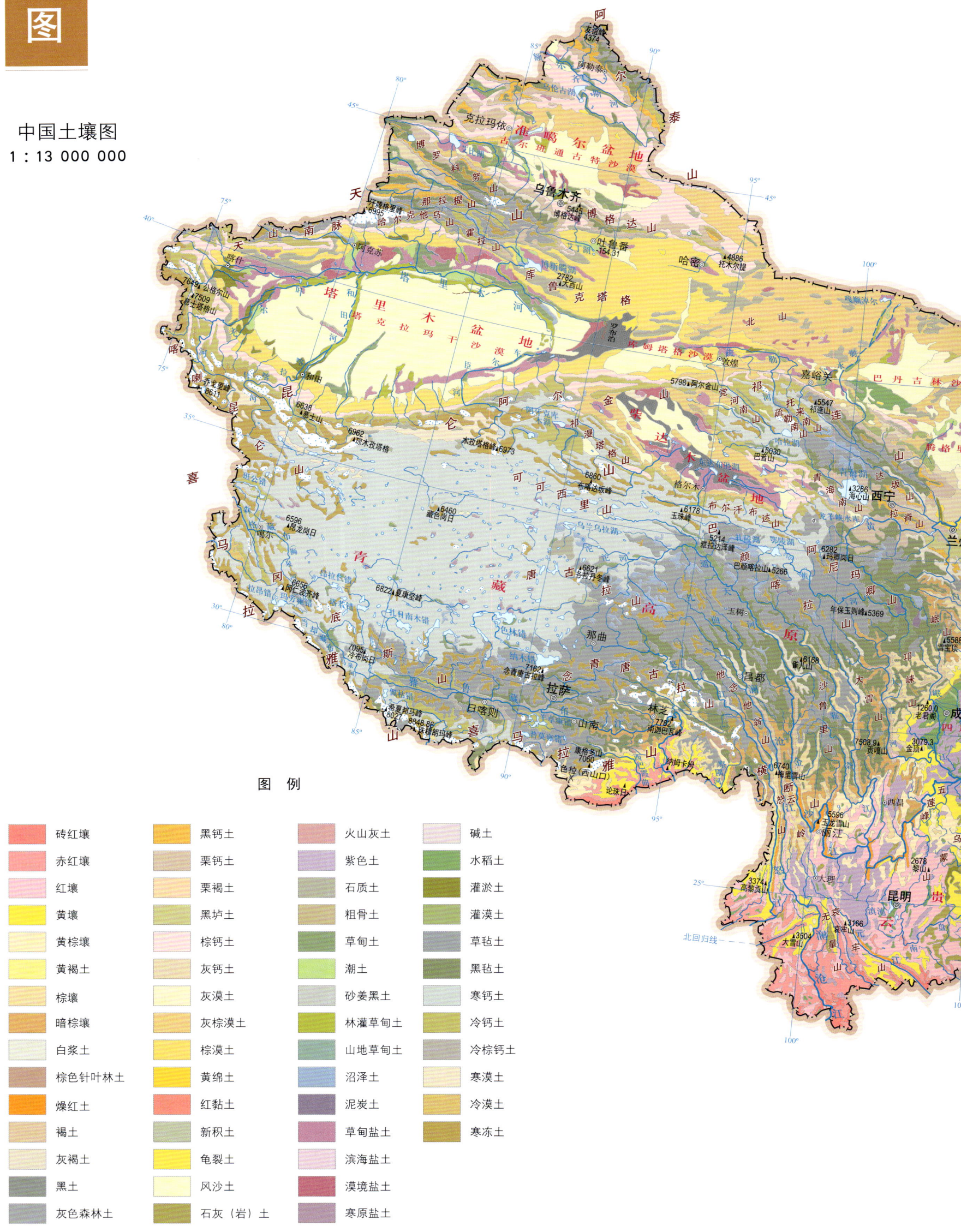

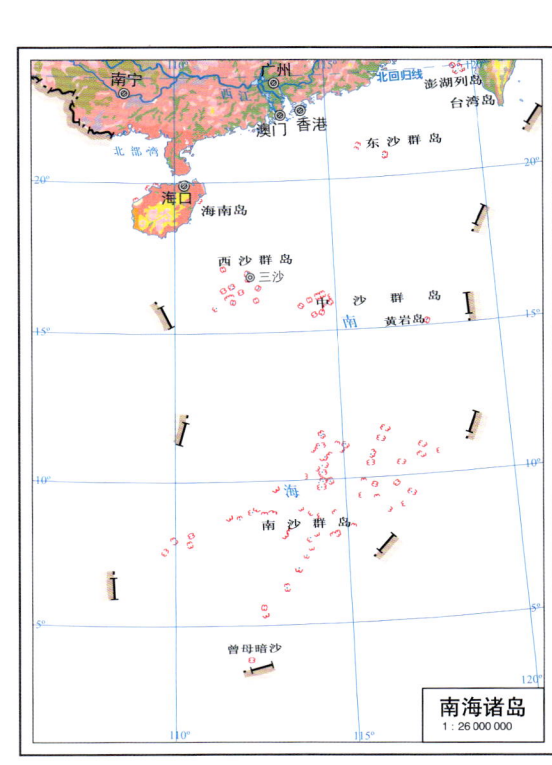

中国土壤有机质含量图
1：13 000 000

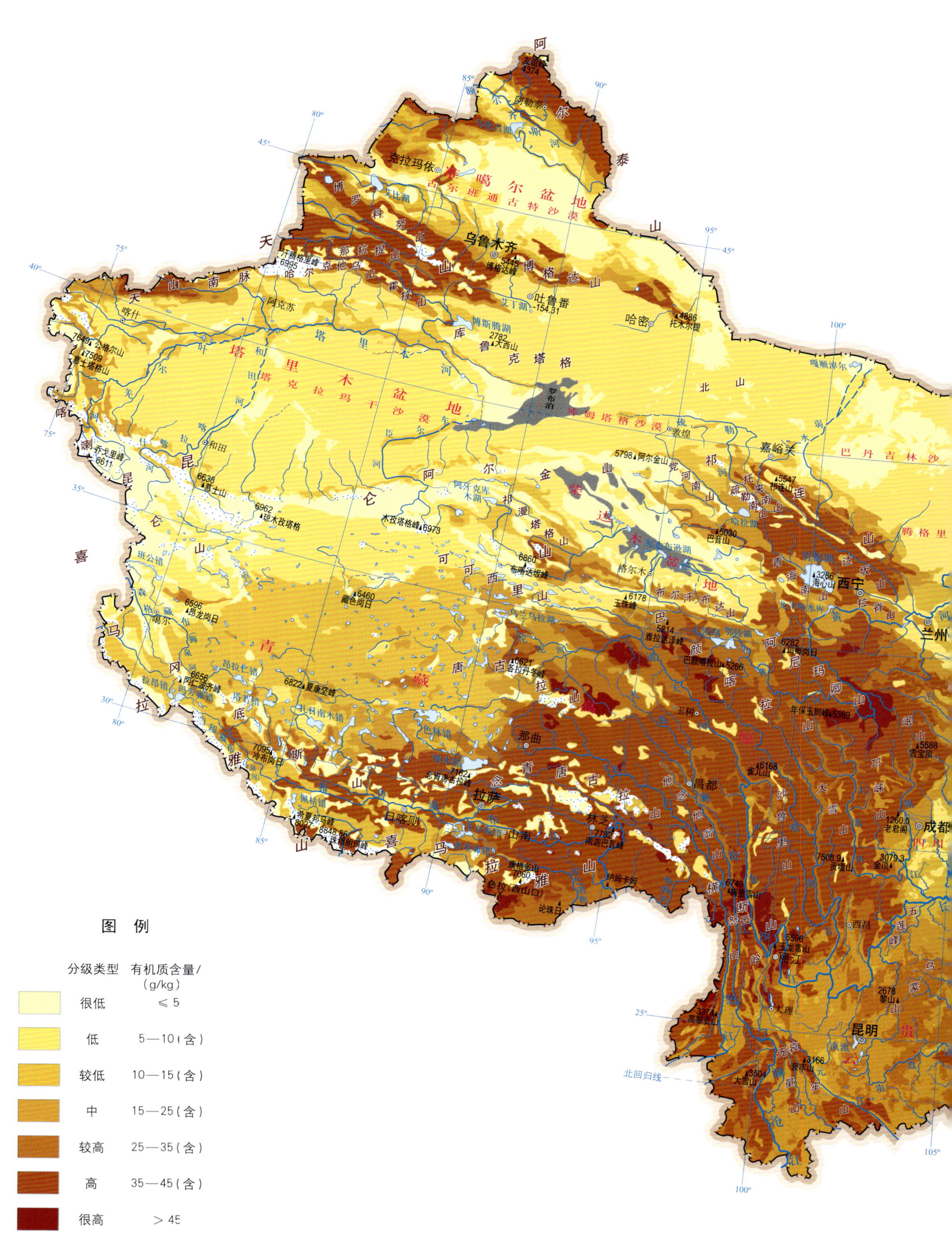

图　例

分级类型	有机质含量/(g/kg)
很低	≤5
低	5—10（含）
较低	10—15（含）
中	15—25（含）
较高	25—35（含）
高	35—45（含）
很高	>45

注：土层厚度为0—30cm。

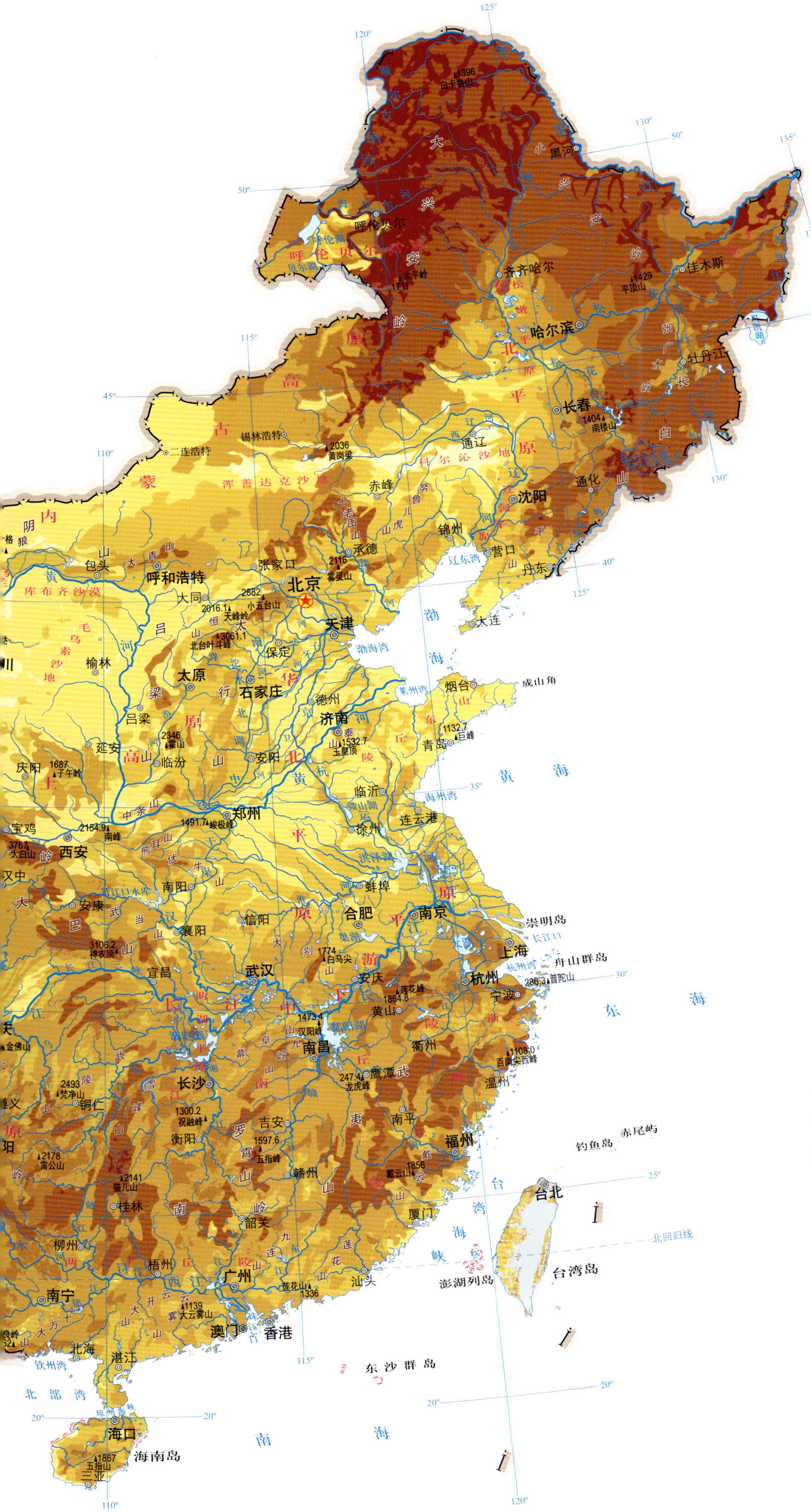

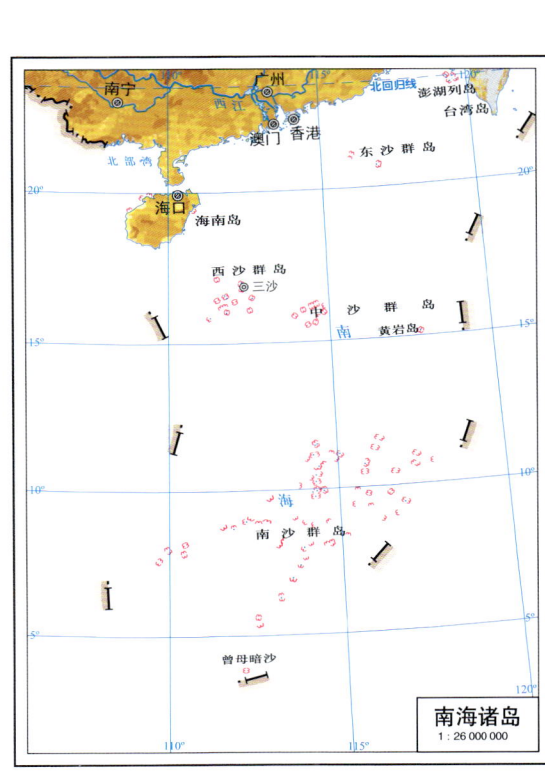

南海诸岛
1:26 000 000

第一编 编制说明与序图 | 023

中国地势图

1 : 13 000 000

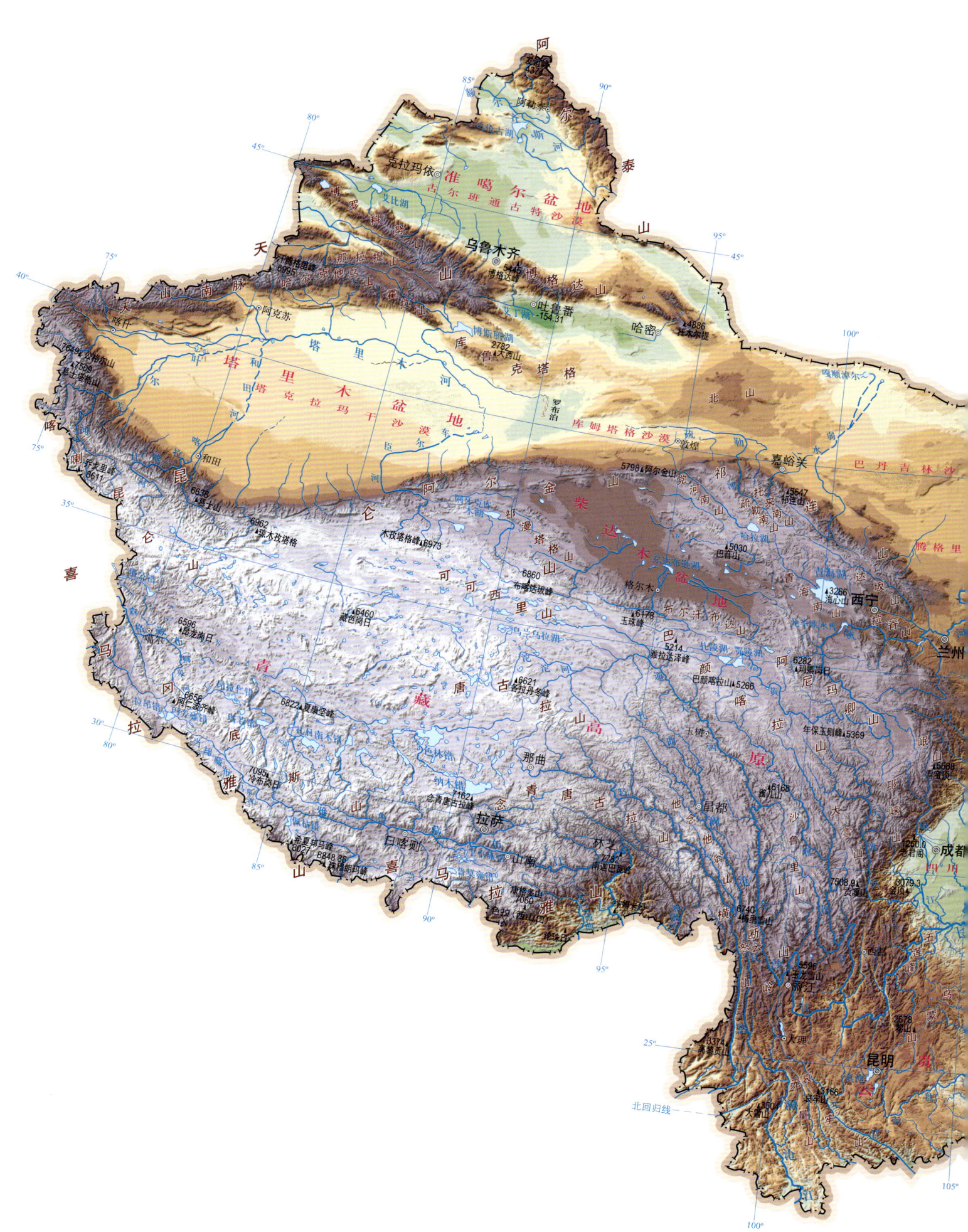

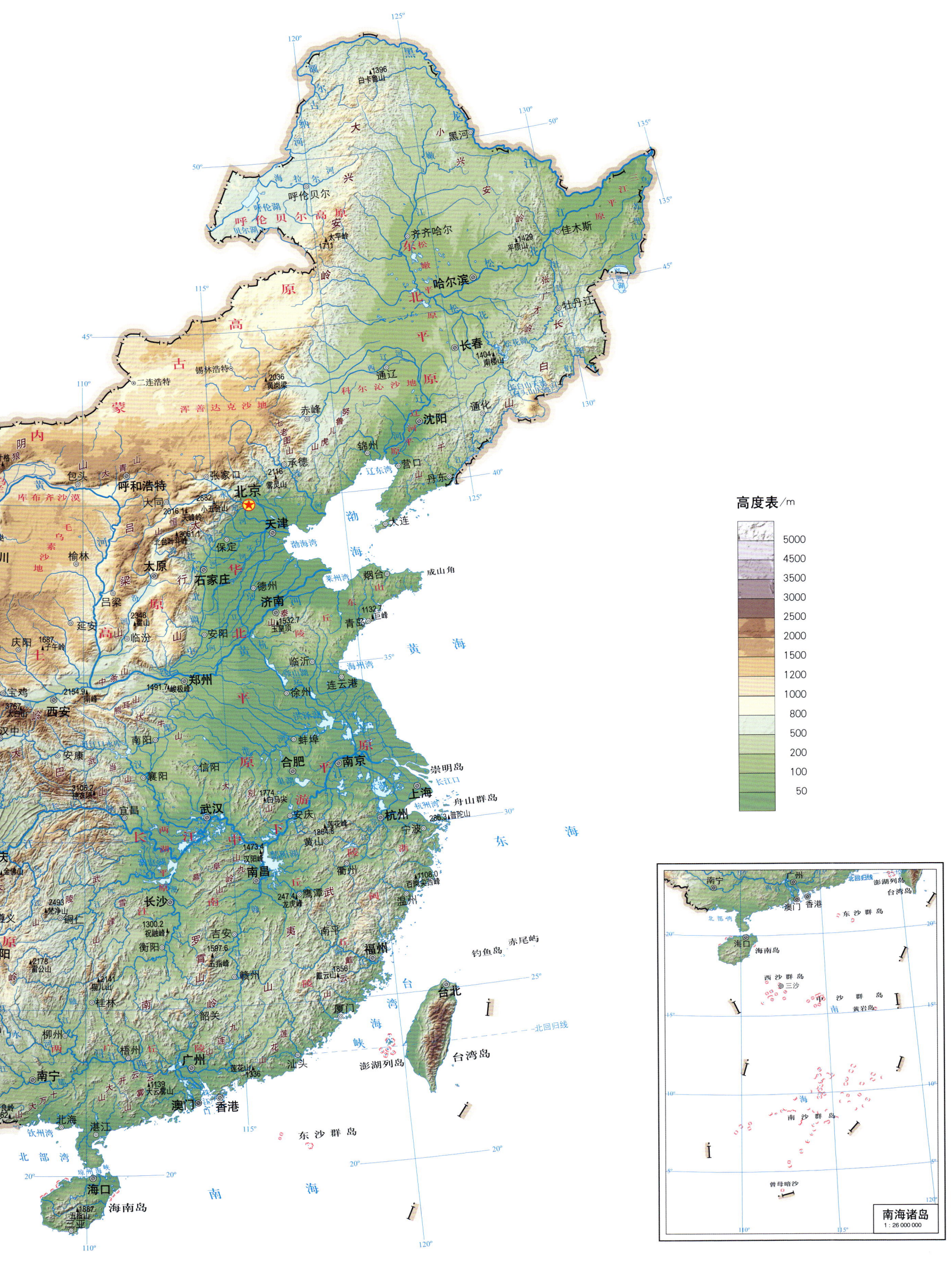

上海市土壤图

1:400 000

上海市土壤有机质含量图
1 : 400 000

注：土层厚度为0—30cm。

上海市地势图
1：400 000

江苏省土壤图
1∶1 550 000

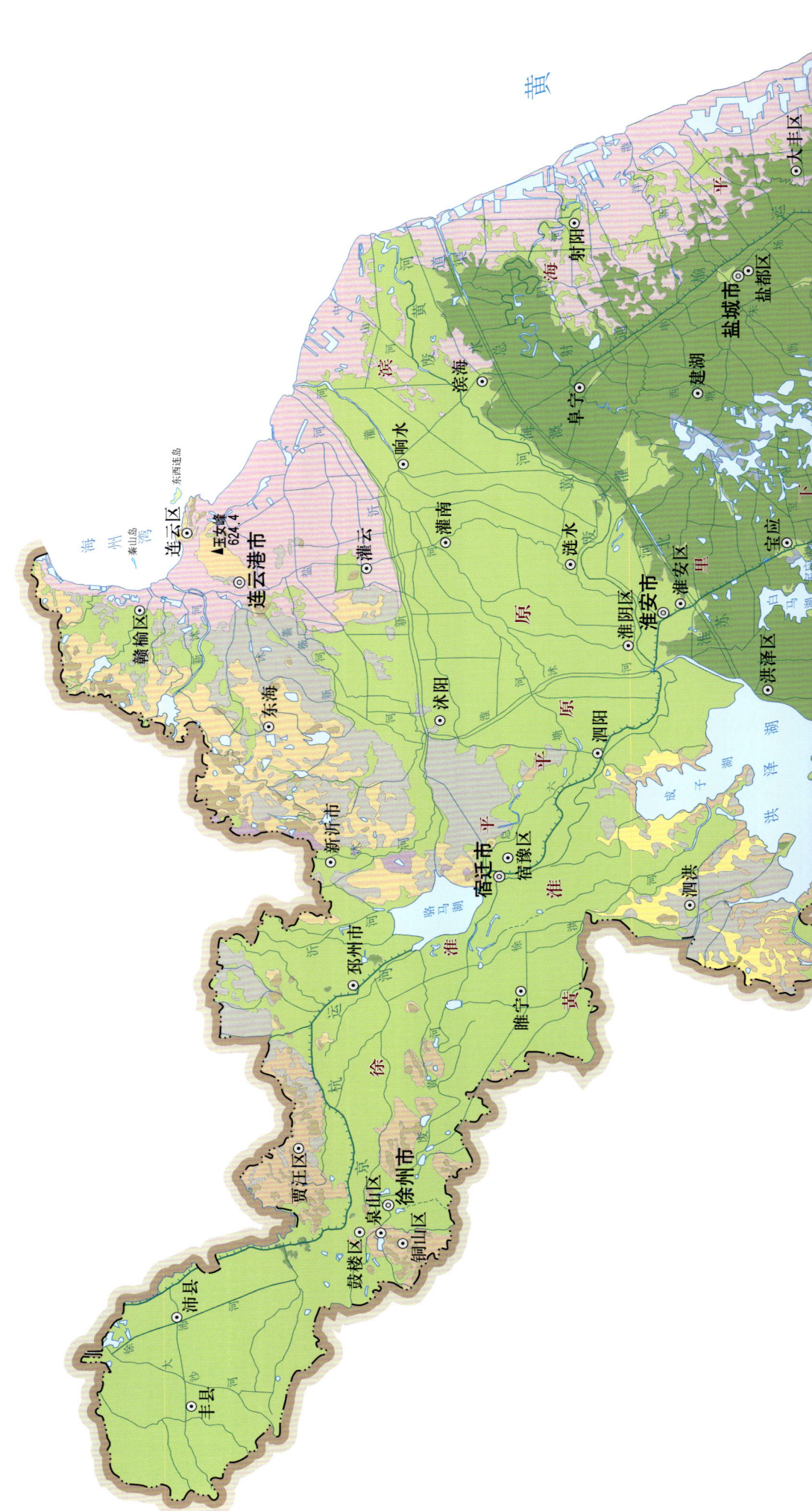

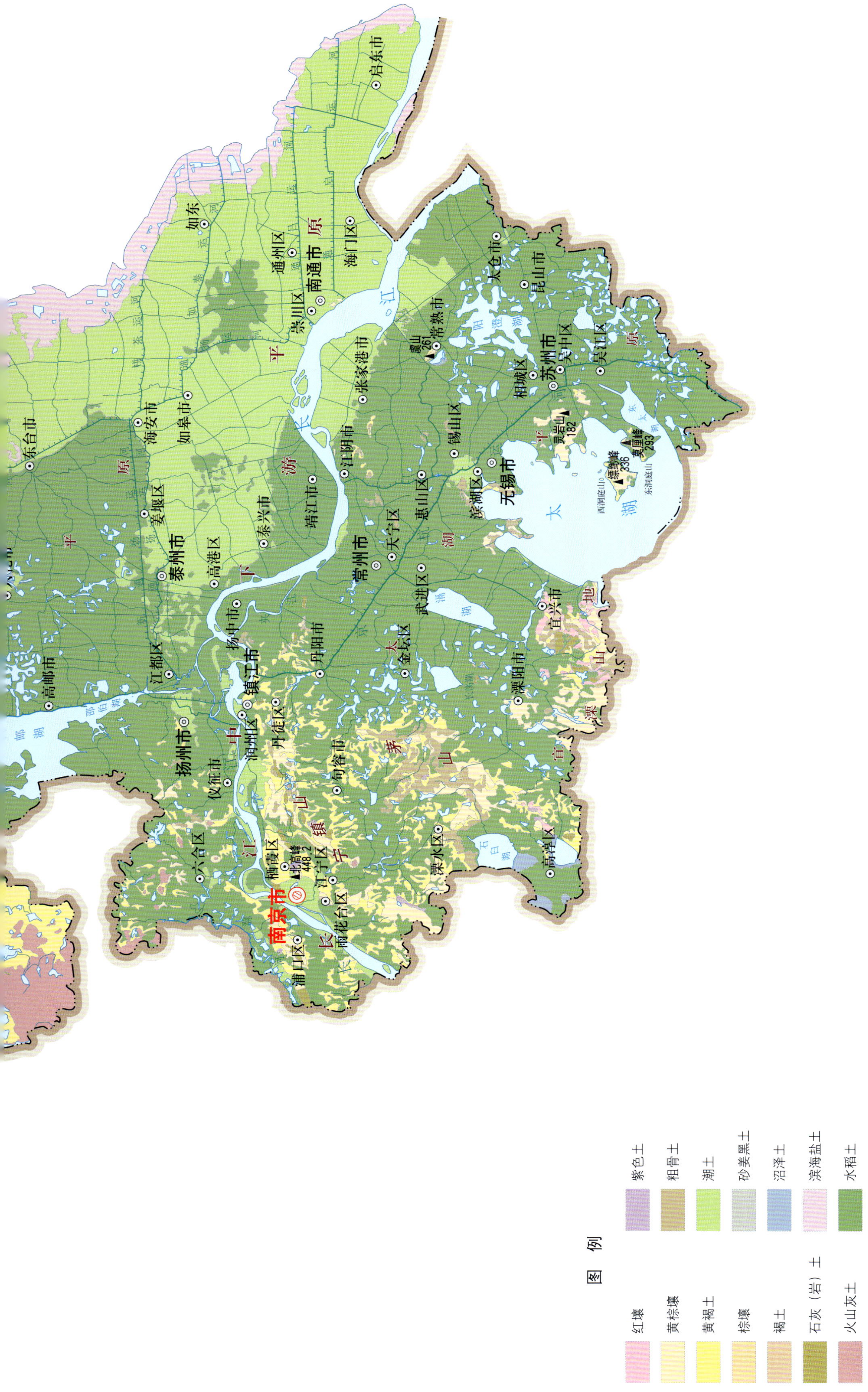

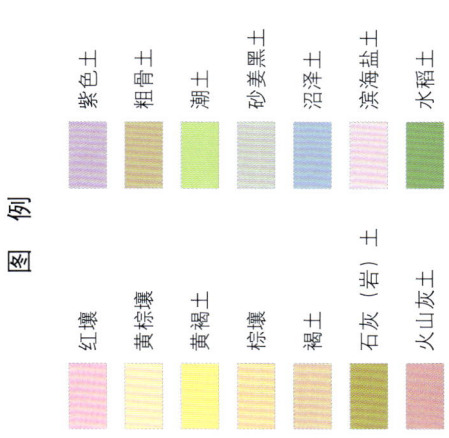

江苏省土壤有机质含量图
1∶1 550 000

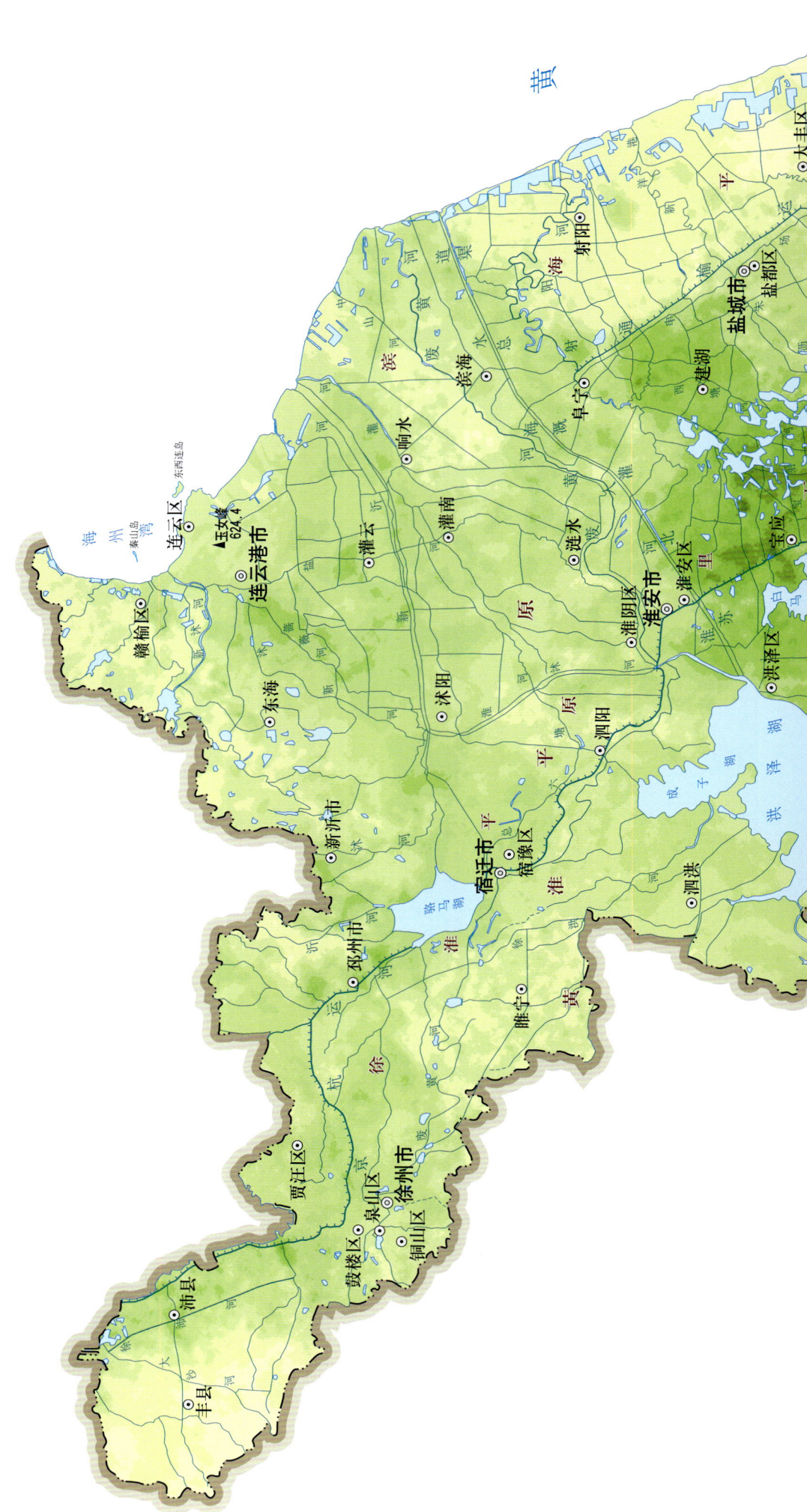

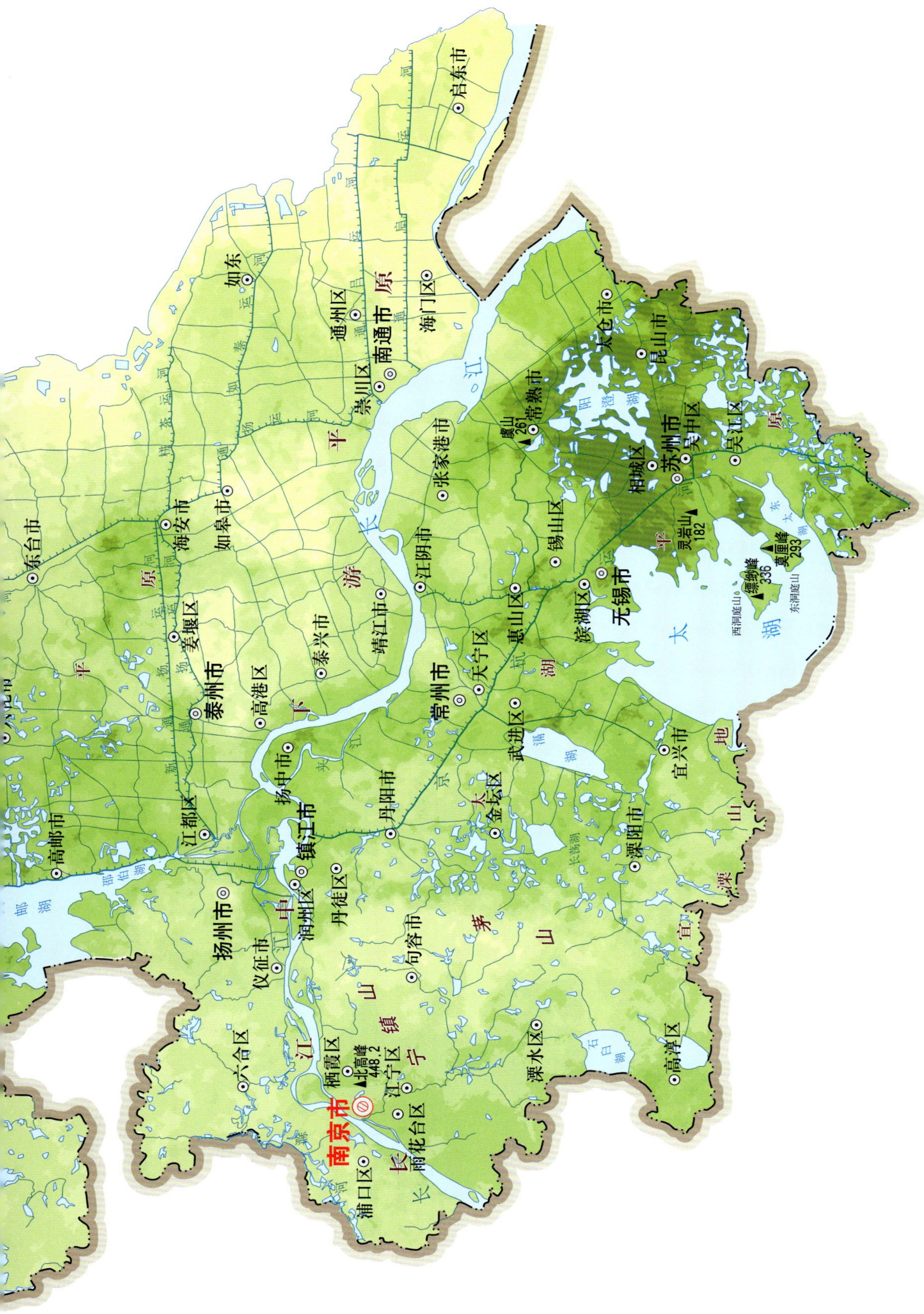

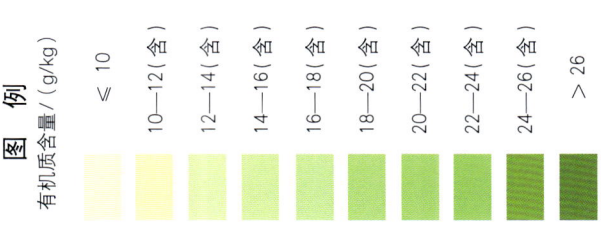

图 例
有机质含量/(g/kg)
- ≤10
- 10—12（含）
- 12—14（含）
- 14—16（含）
- 16—18（含）
- 18—20（含）
- 20—22（含）
- 22—24（含）
- 24—26（含）
- >26

注：土层厚度为0—30 cm。

江苏省地势图

1 : 1 550 000

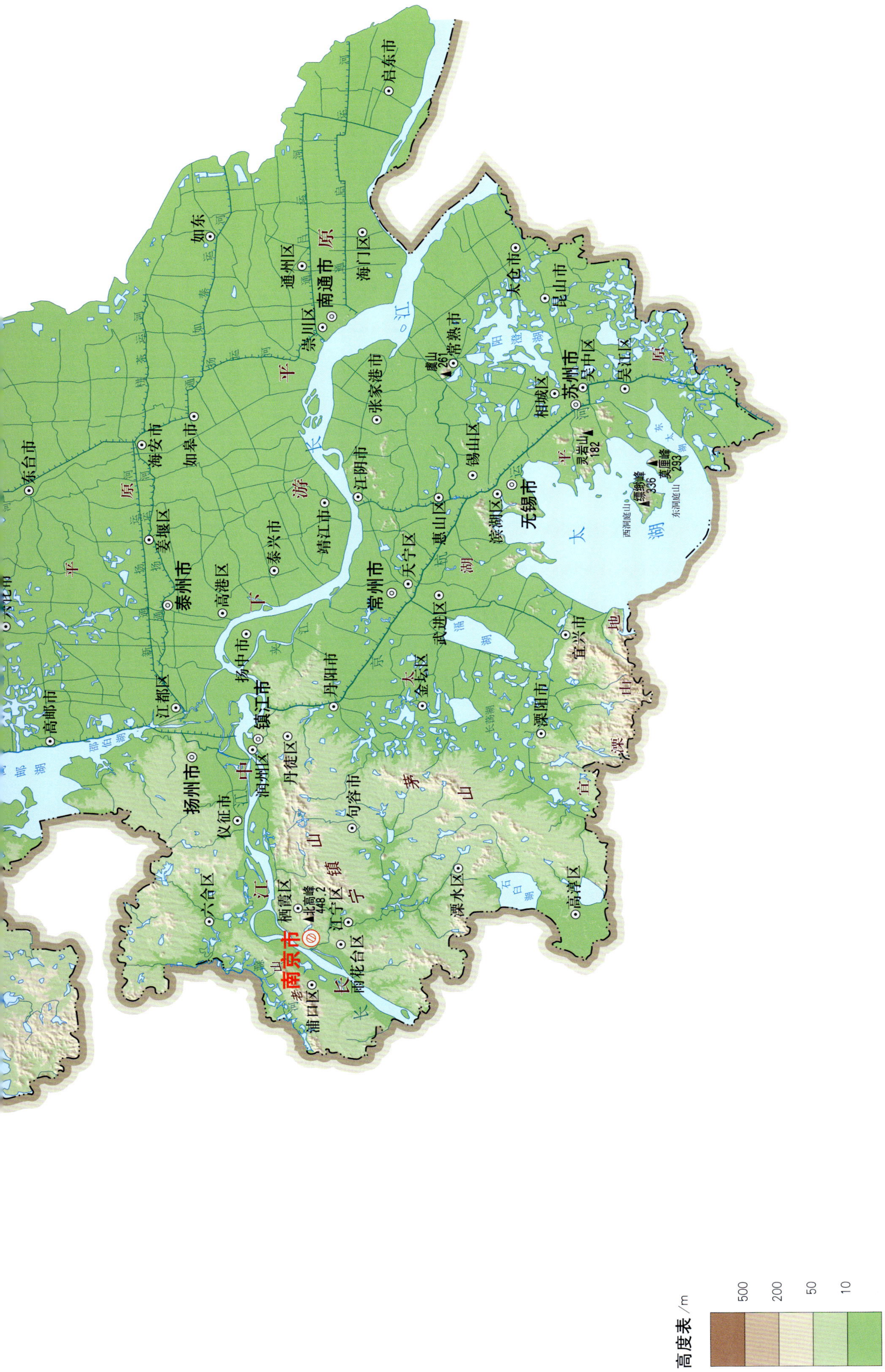

第二编 | 上海市分县土壤图与土壤剖面数据

上 海 市

宝 山 区

主要土类说明

水稻土是宝山区主要土壤类型，占本区地域面积的88%。水稻土是在长期季节性淹灌、水下翻耕、季节性脱水、氧化还原交替影响下，原来成土母质或母土的特性发生重大改变，形成的新的土壤类型。由于干湿交替，水稻土形成了具有糊状淹育层、较坚实板结的犁底层、渗育层、潴育层与潜育层等基本发生层次。这些不同发生层段是在人为耕作、水浆管理下形成的。本区水稻土分为渗育型、潴育型等亚类。渗育水稻土占本区水稻土总面积的69%，主要分布在长兴岛、横沙岛。成土母质为江海沉积物，斑纹渗渍层发育差，层段分异不明显，整个土体自上而下均具有强烈的石灰反应。土体下部常保留着砂黏相间的沉积层理。潴育水稻土占本区水稻土总面积的31%，除长兴岛、横沙岛外，各乡镇都有广泛分布。成土母质为长江冲积物或江海冲积物。潴育水稻土耕性良好，通透性较好，供肥保肥性适中。

潮土是宝山区第二大土壤类型，占本区地域面积的10%。本区潮土发育于江海沉积物或长江沉积物上，土壤发育年轻，在旱耕熟化过程中伴有碳酸盐淋溶，发育程度不一致，一般具有耕作层、含钙淀积层和含钙母质层。本区潮土分为菜园灰潮土和灰潮土两个亚类，其中菜园灰潮土占潮土总面积的85%，是在长期种植蔬菜情况下，经旱耕熟化发育而成的土壤，熟化层深厚，犁底层不明显。灰潮土亚类是在各类沉积母质上经历旱耕熟化过程形成的土壤，土壤剖面分异较弱。

本区域中心区气候特征

本区域中心区气候特征值
Regional climate characteristics in central area of the region

气候带：北亚热带湿润气候 Climate region: North subtropical humid climate	
年平均气温 /℃ Annual average temperature /℃	15.9
年平均最高气温 /℃ Annual average maximum temperature /℃	20.1
年平均最低气温 /℃ Annual average minimum temperature /℃	12.7
年降水量 /mm Annual precipitation /mm	1152
≥10℃的积温 /℃ Daily temperature accumulated in a year (≥10℃) /℃	5809
年日照时数 /h Annual sunshine /h	1922
年平均相对湿度 /% Annual average relative humidity /%	77
干燥度 Dryness	0.82

本区域中心区月平均气温与月平均降水量
Monthly temperature and precipitation in central area of the region

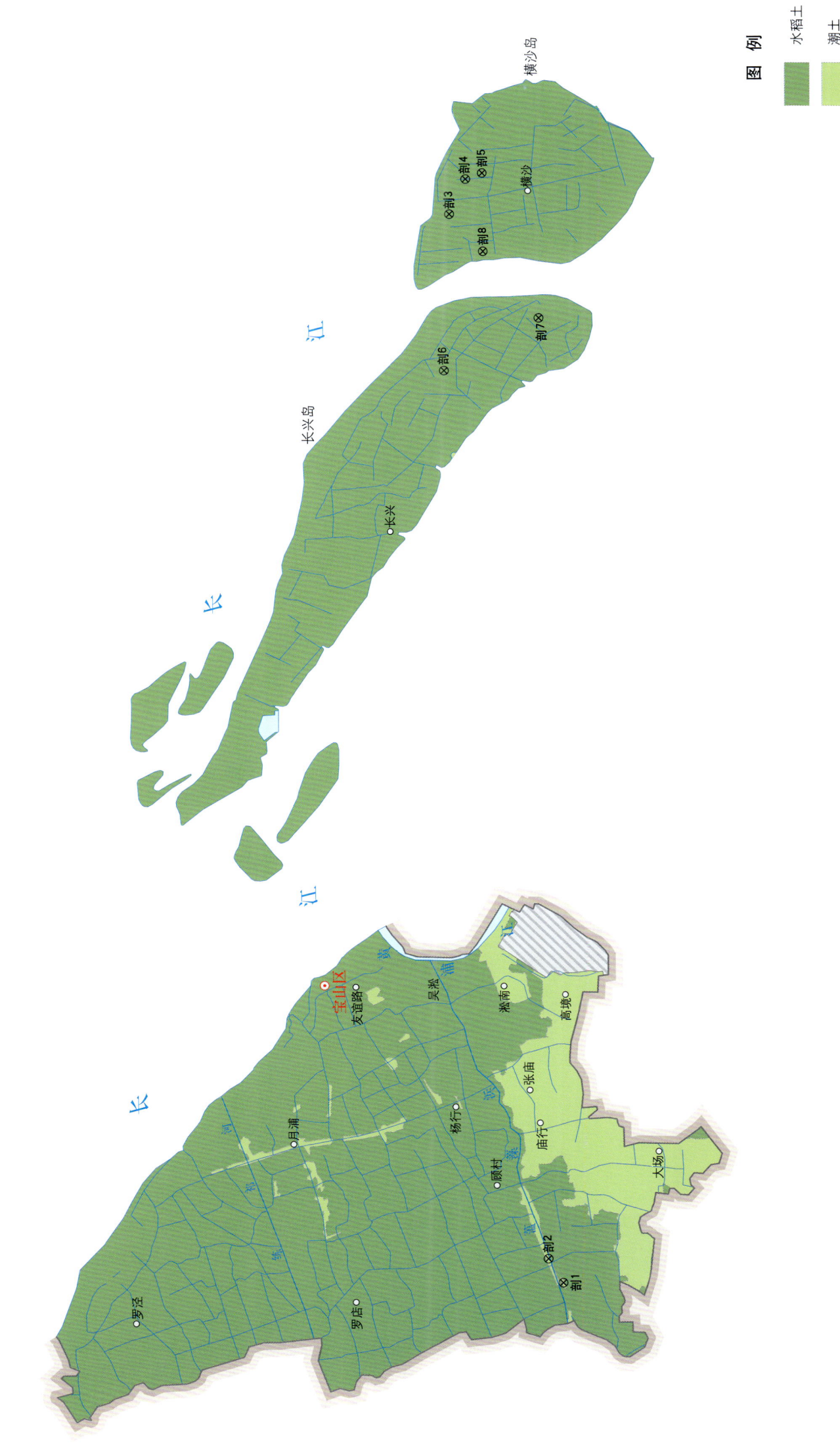

宝山区土壤剖面理化性状表

剖面号 Soil profile	土纲 Soil order	土类 Soil great group	亚类 Soil subgroup	土属 Soil genus	土种 Soil species	土层码 Layer code	土层厚度 Depth/cm	颜色 Soil color	质地 Soil texture	土壤结构 Soil structure	pH	有机质 OM/(g/kg)	全氮 TN/(g/kg)	全磷 TP/(g/kg)	全钾 TK/(g/kg)	碱解氮 AN/(mg/kg)	有效磷 AP/(mg/kg)	速效钾 AK/(mg/kg)	阴离子交换量CEC/(cmol/kg)	土壤母质 Parent material	剖面点坐标 Profile coordinate	匹配指数 Matching index/%
剖1	半水成土	潮土	灰潮土	菜园夹砂土		1	0—20	棕黄色	轻壤土	团粒状	7.8	31.5	1.63	1.53	19.5	140	39.0	87	13.5	江海沉积物	E 121°21′20.5″ N 31°19′29.3″	92
						2	20—50	棕褐色	中壤土	块状	8.1	14.3	0.78	0.85	18.8	60	87.0	74	9.7			
						3	50—100	棕褐色	中壤土	块状	8.0	19.9	1.05	1.07	19.9	94	23.0	78	9.8			
剖2	半水成土	潮土	灰潮土	菜园沟干土	潮沟干土	A	0—20	棕褐色	中壤土	团粒状、块状	7.8	20.9	1.36	0.58	17.6	101	70.0	117	13.2	江湖交互母质	E 121°21′58.0″ N 31°19′49.4″	96
						Bv	20—60	棕黄色	中壤土	棱块状	7.8	6.1	0.42	0.52	18.0	28	1.0	56	16.2			
						C	60—100	土黄色	中壤土	块状	7.8	5.9	0.42	0.58	17.6	25	2.0	62	14.3			
剖3	人为土	水稻土	潴育水稻土	黄潮泥	黄潮泥	A	0—10	土黄色	中壤土	团粒状	7.7	19.4	1.14	0.74	18.7	97	7.0	89	12.5	长江冲积物	E 121°49′24.2″ N 31°22′10.9″	88
						P	10—20	黄黄色	轻壤土	块状	7.8	15.1	0.91	0.70	18.1	82	4.0	62	11.8			
						W	20—70	棕褐色	中壤土	棱块状	8.0	5.0	0.82	0.66	18.1	54	2.0	71	9.7			
						C	70—100	褐黄色	砂壤土	块状	8.2	3.7	0.47	0.61	17.5	40	2.0	68	6.5			
剖4	人为土	水稻土	渗育水稻土	夹砂泥	黄潮砂	P	0—10	棕灰色	中壤土	小粒状	7.8	18.7	1.13	0.87	17.3	86	22.0	50	9.4	江海静水沉积物	E 121°50′20.4″ N 31°21′50.0″	99
						W₁	10—20	棕褐色	中壤土	棱块状	7.9	13.1	0.84	0.79	17.5	68	8.0	47	7.7			
						W₂	20—50	棕灰色	轻壤土	棱块状	8.2	6.7	0.56	0.66	18.7	47	2.0	62	8.4			
						Ap	50—80	暗灰色	中壤土	棱块状	8.3	6.0	0.47	0.66	18.8	32	3.0	63	8.3			
							80—100	灰棕色	中壤土	小棱块状	8.1	5.4	0.51	0.70	20.4	38	1.0	87	10.0			
剖5	人为土	水稻土	渗育水稻土	黄泥土	黄泥	A	0—10	暗棕色	重壤土	粒状	7.8	25.2	1.60	0.79	20.1	129	10.0	78	16.3	江海沉积物	E 121°45′18.4″ N 31°22′16.0″	80
						Bv	10—45	暗棕色	紧砂土	棱块状	7.9	9.4	0.49	0.66	20.8	45	5.0	77	10.8			
						C₁	45—70	暗灰色	紧砂土	片状	8.1	5.6	0.40	0.57	18.3	35	2.0	45	6.3			
						C₂	70—110	暗黄色	轻壤土	块状	7.9	9.3	0.62	0.70	21.8	37	4.0	81	11.0			
						Cg	110—130	灰黄色	砂壤土	无结构	8.0	6.1	0.38	0.61	17.0	29	3.0	50	6.3			
剖6	人为土	水稻土	潴育水稻土	沟干泥	沟干泥	A	0—10	灰黄棕色	重壤土	小粒状	7.7	21.2	1.25	0.70	20.3	105	9.0	123	15.5	江海沉积物	E 121°46′43.0″ N 31°20′12.8″	92
						P	10—20	灰黄色	重壤土	块状	7.7	15.8	1.01	0.70	20.0	86	6.0	89	15.1			
						Wa	20—40	紫棕色	重壤土	棱块状	7.9	16.1	1.41	0.66	20.7	100	4.0	101	15.7			
						W	40—60	暗棕色	中壤土	块状	7.8	14.0	1.23	0.66	21.0	83	5.0	98	16.5			
						C	60—100	棕色	重壤土	棱块状												
剖7	人为土	水稻土		砂泥	井燦砂	A	0—10	褐黄色	砂壤土	小粒状	8.0	12.5	0.74	0.66	16.5	72	27.0	451	5.3	江海沉积物	E 121°48′26.6″ N 31°21′26.3″	100
						Bv	10—40	棕黄色	紧砂土	片状	8.0	5.1	0.30	0.52	16.7	31	2.0	44	4.3			
						Cg	40—100	灰黑色	紧砂土	片状	8.1	7.6	0.35	0.48	17.3	38	4.0	68	4.4			
剖8	人为土	水稻土	潴育水稻土	沟干泥	潮沟干	A	0—10	棕灰色	重壤土	小块状	7.6	20.3	1.30	0.87	19.3	116	12.0	96	13.4	江海沉积物	E 121°48′26.6″ N 31°21′26.3″	87
						P	10—20	棕灰色	重壤土	大块状	7.6	18.9	1.23	0.83	19.3	108	9.0	84	13.3			
						Wn	20—30	棕灰棕色	重壤土	棱块	7.8	9.9	0.82	0.70	19.4	71	2.0	92	14.0			
						W	30—80	灰黄棕色	中壤土		7.7	4.1	0.42	0.70	18.7	28	<1.0	78	10.2			
						Ad	80—100	黑棕色	中壤土	小块状	8.1	7.1	0.55	0.70	20.6	50	1.0	117	13.7			

嘉 定 区

主要土类说明

水稻土是嘉定区主要土壤类型，占本区地域面积的81%。本区水稻土是在草甸土与沼泽土的基础上，通过长期水耕熟化，在频繁的季节性淹灌、水下翻耕、季节性脱水、还原淋溶和氧化淀积等作用下发育演变而成的新的土壤类型，形成了耕作层、犁底层、渗育层等发生层段，在剖面中下部可能保持着不同起源土壤残留的发生层段，如潜育层、淀积层、埋藏层、母质层等。本区水稻土分为潴育型、脱潜型等亚类。其中，潴育水稻土所占面积最大。

潮土是嘉定区第二大土壤类型，占本区地域面积的7%。本区潮土地下水位浅，潜水参与成土过程，底土氧化还原交替作用，形成了锈色斑纹和小型铁子。本区潮土分为灰潮土等亚类。

本区域中心区气候特征

本区域中心区气候特征值
Regional climate characteristics in central area of the region

气候带：北亚热带湿润气候 Climate region: North subtropical humid climate	
年平均气温 /℃ Annual average temperature /℃	15.9
年平均最高气温 /℃ Annual average maximum temperature /℃	20.1
年平均最低气温 /℃ Annual average minimum temperature /℃	12.6
年降水量 /mm Annual precipitation /mm	1160
≥10℃的积温 /℃ Daily temperature accumulated in a year（≥10℃）/℃	5783
年日照时数 /h Annual sunshine /h	1921
年平均相对湿度 /% Annual average relative humidity /%	77
干燥度 Dryness	0.81

本区域中心区月平均气温与月平均降水量
Monthly temperature and precipitation in central area of the region

嘉定区主要土壤类型与土壤剖面点分布图
1∶140 000

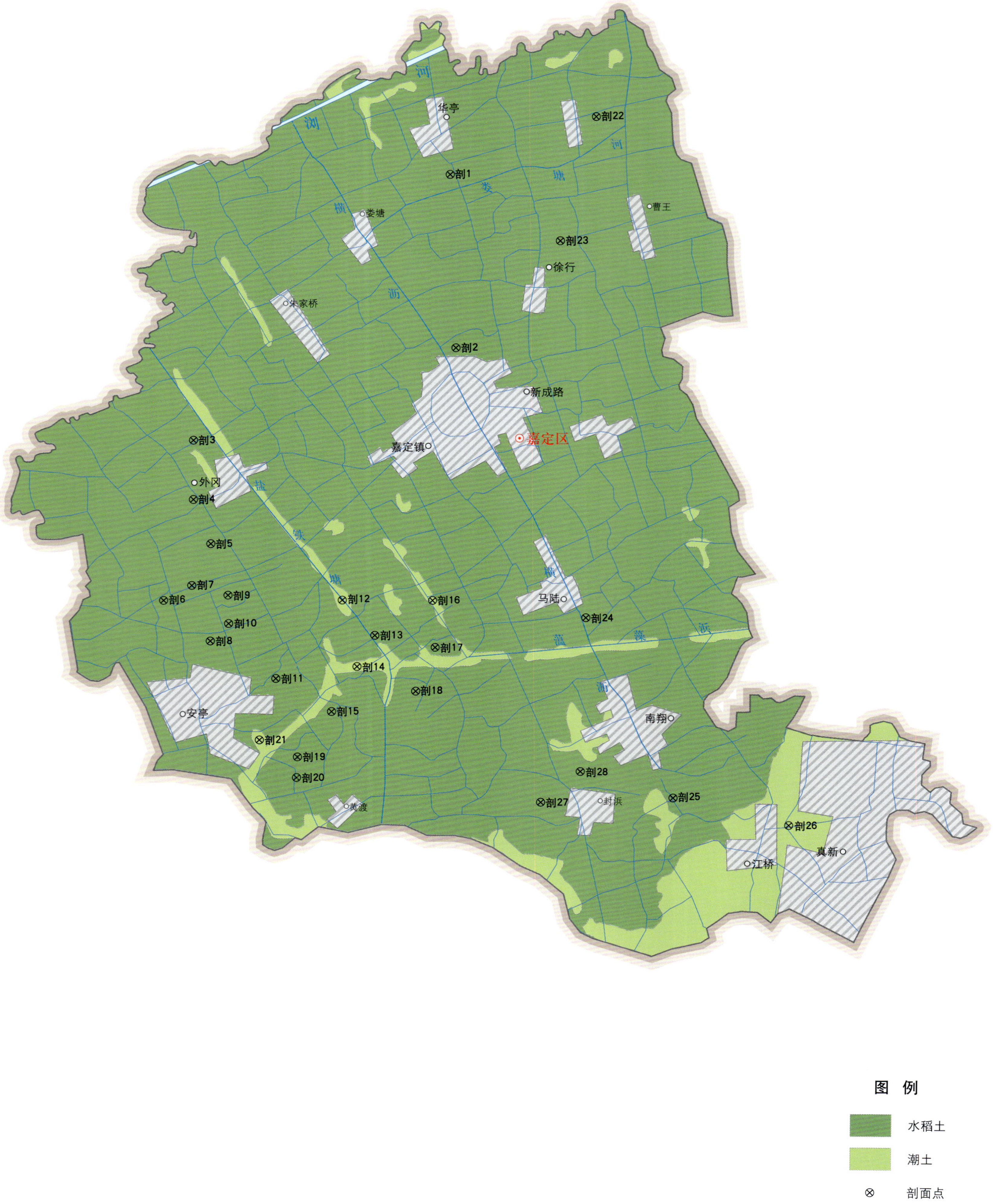

嘉定区土壤剖面理化性状表

剖面号 Soil profile	土纲 Soil order	土类 Soil great group	亚类 Soil subgroup	土属 Soil genus	土种 Soil species	土层码 Layer code	土层厚度 Depth/cm	颜色 Soil color	质地 Soil texture	土壤结构 Soil structure	pH	有机质 OM/(g/kg)	全氮 TN/(g/kg)	全磷 TP/(g/kg)	全钾 TK/(g/kg)	碱解氮 AN/(mg/kg)	有效磷 AP/(mg/kg)	速效钾 AK/(mg/kg)	阳离子交换量 CEC/(cmol/kg)	土壤母质 Parent material	剖面点坐标 Profile coordinate	匹配指数 Matching index/%
剖1	人为土	水稻土	潴育水稻土	黄潮泥	黄潮泥	A	0—14	暗黄棕色	中壤土	团块状	7.8	19.2	1.26	0.68	20.8	63	20.6	98	11.8	江海交互母质	E 121°14′20.4″ N 31°27′05.4″	87
						P	14—24	暗黄棕色	中壤土	块块状	7.5	14.9	1.05	0.67	21.1	77	6.9	61	11.1			
						W_1	24—67	灰黄棕色	中壤土	小棱块状	8.0	8.0	0.61	0.56	20.5	46	3.4	68	11.3			
						Bv	67—100	褐色	轻壤土	小棱块状	7.9	4.9	0.33	0.51	20.5	23	<1.0	68	9.0			
剖2	人为土	水稻土	潴育水稻土	潮砂泥	黏底潮泥	A	0—11	灰棕色	中壤土	小块状										江河冲积物	E 121°14′31.2″ N 31°24′07.2″	98
						P	11—19	灰棕色	中壤土	块状												
						W_1	19—51	灰棕色	重壤土	棱柱状												
						WBv	51—74	灰棕色	重壤土	棱块												
						Bva	74—100	浅灰棕色	黏质土	棱块												
剖3	人为土	水稻土	潴育水稻土	潮砂泥	砂底潮泥	A	0—15	灰棕色	中壤土	粒状	8.0	15.2	0.97	0.72	16.7	71	14.0	83	11.9	江河冲积物	E 121°09′29.5″ N 31°22′26.4″	84
						P	15—26	暗灰黄色	中壤土	小块状	7.8	10.1	0.70	0.68	17.4	44	7.5	56	6.5			
						W_1	26—57	暗灰黄色	中壤土	小棱块状	8.0	10.6	0.64	0.66	17.1	50	6.0	66	10.3			
						4	57—90	灰黄色	砂质土	块状												
剖4	人为土	水稻土	潴育水稻土	潮沟干	潮沟干	A			中壤土											江海交互母质	E 121°09′31.0″ N 31°21′25.9″	94
						P			中壤土													
						W																
剖5	人为土	水稻土	潴育水稻土	青黄土	黏底青黄泥	A	0—21	暗灰黄色	中壤土	小块状	7.6	29.9	1.83	0.75	22.0	101	43.5	91	15.7	河湖冲积物	E 121°09′52.2″ N 31°20′40.6″	94
						P	21—31	暗灰黄色	重壤土	块状	7.7	28.4	1.64	0.62	22.7	81	11.5	120	16.8			
						W_1	31—43	棕灰色	中壤土	小棱柱状	8.0	7.2	0.64	0.63	21.2	32	4.6	100	13.3			
						WBv	43—75	棕灰色	中壤土	棱柱	7.8	7.8	0.59	0.42	23.9	32	1.6	132	15.4			
						Bva	75—100	暗灰色	砂质土	棱块	7.6	13.8	0.78	0.23	24.7	20		155	16.9			
剖6	人为土	水稻土	潴育水稻土	潮砂泥	黏底潮泥	A			黏质土		7.5	16.8	1.27	0.65	21.1	91	11.5	85	14.0	江海交互母质	E 121°08′58.9″ N 31°19′40.8″	88
						P			中壤土		7.5	15.5	1.07	0.62	20.4	90	14.9	76	14.6			
						W_1			中壤土		7.4	8.3	0.61	0.58	23.0	43	1.2	68	16.5			
						Bva			中壤土		7.4	8.9	0.64	0.48	23.8	33	<1.0	120	17.6			
						Bv			中壤土		7.6	5.2	0.47	0.51	24.2	99	3.4	113	14.7			
剖7	人为土	水稻土	潴育水稻土	潮砂泥	贝壳砂潮泥	A	0—18	棕灰色	中壤土	棱状	7.8	18.5	1.37	0.61	21.4	59	11.5	59	13.4	江河冲积物	E 121°09′31.3″ N 31°19′57.0″	90
						P	18—30	暗棕色	中壤土	块状	7.9	12.4	1.13	0.57	21.0	44	5.7	56	13.4			
						W	30—40	暗棕色	中壤土	块状	8.0	7.0	0.70	0.49	20.6	36	4.6	49	11.0			
						4	40—		砂质土													
剖8	人为土	水稻土	潴育水稻土	潮砂泥	小粉泥	A	0—13	暗棕灰色	轻壤土	棱柱状	7.8	19.6	1.32	0.63	18.0	128	17.2	86	11.8	江河冲积物	E 121°09′54.0″ N 31°18′59.8″	100
						P	13—27	暗棕灰色	轻壤土	状状	7.9	16.9	1.13	0.62	16.8	110	14.9	74	11.5			
						W_1	27—54	暗棕灰色	砂壤土	小棱柱状	8.1	6.9	0.51	0.58	19.4	56	<1.0	55	8.9			
						C	54—100	浅灰色	中壤土	片状	8.0	4.4	0.25	0.50	16.8	30	6.9	53	7.1			
剖9	人为土	水稻土	潴育水稻土	潮砂泥	黏底潮泥	A			中壤土											江河冲积物	E 121°10′13.4″ N 31°19′47.6″	95
						P			重壤土													
						Bva			重壤土													
						Bv			中壤土													
剖10	人为土	水稻土	潴育水稻土	潮泥	潮泥	A			中壤土											江河冲积物	E 121°10′14.9″ N 31°19′18.1″	81
						P			中壤土													
						W_1			重壤土													
						WBv			重壤土													

续表 Continued

剖面号 Soil profile	土纲 Soil order	土类 Soil great group	亚类 Soil subgroup	土属 Soil genus	土种 Soil species	土层码 Layer code	土层厚度 Depth/cm	颜色 Soil color	质地 Soil texture	土壤结构 Soil structure	pH	有机质 OM/(g/kg)	全氮 TN/(g/kg)	全磷 TP/(g/kg)	全钾 TK/(g/kg)	碱解氮 AN/(mg/kg)	有效磷 AP/(mg/kg)	速效钾 AK/(mg/kg)	阳离子交换量CEC/(cmol/kg)	土壤母质 Parent material	剖面点坐标 Profile coordinate	匹配指数 Matching index/%
剖11	人为土	水稻土	潴育水稻土	潮沟干	潮沟干	A			中壤土		7.3	20.6	1.33	0.41	22.8	71	45.0	90	17.7	江海交互母质	E 121°11′11.0″ N 31°18′22.3″	84
						P	0—16	暗灰棕色	重壤土	核状	7.4	21.0	1.06	0.40	21.0	63	3.0	78	17.9			
						W₁	16—26	暗灰棕色	重壤土	块状	7.2	13.7	0.83	0.32	22.4	52	20.4	85	17.5			
						WBv	26—35	暗棕色	重壤土	块状	7.1	8.9	0.71	0.60	20.9	24	18.3	79	19.7			
						Bva	35—48	暗棕色	重壤土		7.1	8.5	0.64	0.52	22.0	22	13.7	90	18.9			
						Bv	48—100		轻黏土		7.5											
剖12	半水成土	潮土	灰潮土	莱园沟潮泥	莱园沟干泥	A	0—21	暗灰棕色	重壤土	核状	6.9	24.0	1.53	0.58	17.7	98	7.5	65	12.5	江海交互母质	E 121°12′25.6″ N 31°19′44.8″	95
						Bvh	21—35		重壤土	块状	7.5	19.5	1.38	0.59	17.7	95	7.0	63	12.6			
						Bv₁	35—47		重壤土		7.5	10.0	0.71	0.41	17.8	28	1.0	63	13.2			
剖13	人为土	水稻土	潴育水稻土	黄泥头	黏底黄泥头	A	0—26	棕灰色	中壤土	核状	7.8	18.1	1.23	0.98	21.4	117	93.9	85	15.9	江河沉积物	E 121°13′04.4″ N 31°19′09.1″	88
						Bv₁	26—49	灰黄棕色	中壤土	块状	7.7	7.4	0.77	0.72	20.0	35	59.5	79	16.3			
						Bv₂	49—74	灰棕色	重壤土	棱状	7.8	5.4	0.57	0.55	24.2	32	11.5	74	16.6			
剖14	半水成土	潮土	灰潮土	莱园潮砂泥	莱园潮泥	4	74—		中壤土											江河冲积物	E 121°12′44.6″ N 31°18′36.4″	80
剖15	人为土	水稻土	潴育水稻土	潮沟干	潮沟干	A	0—20	棕灰色	中壤土	团粒状	8.0	17.6	0.92	0.66	20.6	80	11.5	90	13.9	江海交互母质	E 121°12′16.2″ N 31°17′49.9″	94
						P	20—80	灰黄棕色	中壤土	粒、小核块状	8.1	11.5	0.75	0.57	20.6	48	5.0	73	13.6			
剖16	半水成土	潮土	灰潮土	莱园黄潮泥	莱园沟黄干泥	Bvc	80—	暗灰棕色	中壤土	团块状	8.1	8.7	0.50	0.59	19.6	34	<1.0	70	14.1	江河沉积物	E 121°14′10.3″ N 31°19′46.6″	94
剖17	人为土	水稻土	潴育水稻土	潮砂泥	铁板砂潮泥	A	0—17	暗灰棕色	中壤土	团块状	7.7	15.2	0.86	0.59	22.3	53	22.9	108	16.7	江河冲积物	E 121°14′14.6″ N 31°18′58.0″	88
						Bv₁	17—28	暗灰黄棕色	中壤土	块状	7.4	7.2	0.51	0.63	22.1	22	9.2	107	15.6			
						Sfe	28—38	浅灰黄棕色	砂壤土	片状	7.0	3.2	0.30	0.60	19.2	17	12.6	67	9.8			
						S	38—100	暗棕色	重壤土	块状	8.0	4.1	0.48	0.62	21.4	19	1.2	134	17.4			
剖18	人为土	水稻土	脱潜水稻土	青紫泥	青紫泥	A	0—16	棕灰色	中壤土	小块状	7.7	27.1	1.56	0.66	22.0	89	6.9	91	15.5	湖相沉积物	E 121°13′53.2″ N 31°18′12.6″	90
						P	16—25	暗棕色	重壤土	核状	7.9	20.9	1.27	0.54	22.6	68	6.9	91	13.1			
						W₂	25—60	暗棕色	重壤土	棱柱状	7.9	13.5	1.07	0.59	22.7	56	11.5	94	14.0			
						Wg	60—85	浅灰棕色	重壤土	棱柱状	7.8	4.1	0.43	0.41	25.6	26	3.4	120	13.8			
						G	85—	浅灰棕色	重壤土	块状	7.9	3.8	0.44	0.42	25.3	17	3.4	113	15.3			
剖19	人为土	水稻土	潴育水稻土	潮砂泥	黏底潮砂泥	A					7.1	24.2	1.46	0.75	18.8	119	56.1	107	16.1	江河冲积物	E 121°11′38.0″ N 31°17′02.4″	96
						P	0—20	暗棕灰色	中壤土	小块状	7.5	18.4	1.23	0.75	17.9	125	36.6	62	14.7			
						W	20—35	灰棕色	中壤土	块状	7.7	14.0	0.88	0.67	17.4	65	12.6	71	13.8			
						WBv	35—75	棕灰色	中壤土	棱柱状	7.8	7.5	0.53	0.48	20.6	25	3.4	68	14.3			
						Bva	75—100	棕灰色	黏质土	核状	7.9	8.9	0.62	0.38	23.8	18	<1.0	113	20.8			
剖20	人为土	水稻土	潴育水稻土	潮砂泥	潮泥	A	0—25	暗棕灰色	轻壤土	粒状	7.5	23.0	1.31	0.81	17.6	110	25.0	74	13.5	江河冲积物	E 121°11′37.7″ N 31°16′40.8″	98
						Bv₁		灰棕色	轻壤土	块状	7.7	19.4	1.09	0.78	17.6	91	14.5	59	13.4			
						Bv₂		棕色	轻壤土	棱柱状	7.8	8.9	0.60	0.68	17.2	43	1.0	44	13.5			
								棕色	中壤土	核状	8.0	5.7	0.44	0.56	19.2	29	2.5	59	13.2			
剖21	半水成土	潮土	灰潮土	莱园潮砂泥	莱园潮砂泥	A	0—25	棕灰色	轻壤土	核状	7.3	15.7	1.67	1.04	18.8	95	≥100.0	134	14.1	江河冲积物	E 121°10′53.4″ N 31°17′19.0″	86
						Bv₁	25—72	灰黄棕色	轻壤土	块状	7.6	12.8	1.20	0.46	20.5	68	77.9	79	13.1			
						Bv₂	72—100	灰棕色	轻壤土	粒状、块状	7.9	5.8	0.59	0.27	22.2	25	<1.0	71	12.9			

续表 Continued

剖面号 Soil profile	土纲 Soil order	土类 Soil great group	亚类 Soil subgroup	土属 Soil genus	土种 Soil species	土层码 Layer code	土层厚度 Depth/cm	颜色 Soil color	质地 Soil texture	土壤结构 Soil structure	pH	有机质 OM/(g/kg)	全氮 TN/(g/kg)	全磷 TP/(g/kg)	全钾 TK/(g/kg)	碱解氮 AN/(mg/kg)	有效磷 AP/(mg/kg)	速效钾 AK/(mg/kg)	阳离子交换量CEC/(cmol/kg)	土壤母质 Parent material	剖面点坐标 Profile coordinate	匹配指数 Matching index/%
剖22	人为土	水稻土	潴育水稻土	潮沟干	潮心沟干	A	0—12	灰棕色	重壤土	小块状	7.7	20.8	1.30	0.69	20.0	94	12.4	110	15.3	江海交互母质	E 121°17′08.5″ N 31°28′07.7″	84
						P	12—30	灰棕色	重壤土	块状	7.7	15.6	0.97	0.58	20.7	70	4.0	112	14.2			
						W₁	30—80	灰棕色	中壤土	小棱块状	7.9	8.7	0.68	0.53	20.2	35	<1.0	90	14.8			
						Bva	80—85	暗棕灰色	中壤土	块块	8.1	7.0	0.33	0.50	17.6	25	<1.0	66	12.8			
						Bv	85—100	暗灰黄色	重壤土	棱块	8.0	4.8	0.36	0.51	19.8	22	<1.0	84	12.7			
剖23	人为土	水稻土	潴育水稻土	潮沟干	潮沟干	A					7.5	23.4	1.49	0.70	23.6	91	26.3	150	20.8	江海交互母质	E 121°16′29.6″ N 31°25′59.5″	91
						P					7.8	21.2	1.32	0.67	23.5	71	16.0	143	20.1			
						W₁					7.7	10.2	0.75	0.28	24.2	39	1.2	108	16.5			
						WBv					7.9	10.8	0.67	0.26	23.0	13	2.4	98	15.5			
						Bva					7.9	11.6	0.51	0.28	23.5	11	22.9	104	17.2			
						Bv					8.1	7.6	0.52	0.25	24.8	10	<1.0	116	16.9			
剖24	人为土	水稻土	潴育水稻土	潮沟干	潮沟干	1	0—15	棕灰色	中壤土	团块状										江海交互母质	E 121°17′08.2″ N 31°19′31.8″	85
						2	15—27	棕灰色	中壤土	块状												
						3	27—39	棕灰色	重壤土	小棱柱状												
						4	39—56	棕灰色	中壤土	棱柱状												
						5	56—78	暗棕灰色	黏质壤土	棱块												
						6	78—	暗灰黄色	重壤土	棱块												
剖25	人为土	水稻土	潴育水稻土	黄泥头	黄泥头	A	0—20	棕黄色	中壤土	团块状	6.5	23.5	1.46	0.82	17.7	143	39.5	130	17.0	江河沉积物	E 121°18′53.6″ N 31°16′27.8″	98
						P	20—31	黄色	中壤土	块状	7.9	20.0	1.34	0.82	18.4	112	25.0	92	15.8			
						W₁	31—61	黄棕色	重壤土	棱柱状	7.8	6.0	0.57	0.61	17.2	38	4.5	68	13.7			
						4	61—96	棕色	重壤土	小棱块状												
剖26	半水成土	潮土	灰潮土	菜园砂泥	菜园砂底潮泥	1	0—20	棕灰色	轻壤土	粒状	8.1	18.8	1.17	0.67	13.8	94	6.0	51	9.0	江河冲积物	E 121°18′53.3″ N 31°16′01.9″	83
						2	20—40	灰棕色	轻壤土	块状	8.1	15.6	<0.10	0.66	14.6	81	5.5	40	6.8			
						3	40—60	灰棕色	轻壤土	块状	8.1	8.3	0.61	0.56	15.6	54	6.7	44	6.1			
						4	60—80	灰棕色	轻壤土	块状	8.1	4.8	0.41	0.50	16.0	36	<1.0	37	7.7			
剖27	人为土	水稻土	潴育水稻土	潮沟干	潮沟干	A			中壤土											江海交互母质	E 121°21′08.3″ N 31°16′20.6″	92
						P			重壤土													
						W			中壤土													
						WBv			中壤土													
剖28	人为土	水稻土	潴育水稻土	潮砂泥	黏底潮泥	A			中壤土											江河冲积物	E 121°17′05.6″ N 31°16′53.4″	87
						P			中壤土													
						W₁			重壤土													
						Bva			重壤土													

浦 东 新 区

主要土类说明

水稻土是浦东新区主要土壤类型，占本区地域面积的 60%。水稻土是受长期耕作、施肥、灌排的影响，在频繁的还原淋溶和氧化淀积等作用下形成的新的土壤类型。本区水稻土的起源土壤为草甸土。本区水稻土分为潴育型、渗育型等亚类。其中，潴育水稻土分布面积最广，其不受地下水控制的影响，土壤水分状况良好，在季节性灌溉水还原淋溶作用下，表层土壤碳酸钙淋失，斑纹层深厚，具有爽水特征，铁、锰在剖面中出现，剖面中锰斑、锰结较多，小型石灰结核也较多，剖面层段发育完整、清晰。渗育水稻土排水良好，质地轻，地下水位较深，因土壤发育较为年轻，虽已脱盐，但全剖面的石灰反应较为强烈，铁、锰淋溶淀积现象不明显，剖面发育不完全，分异较差，虽经水耕熟化过程，但种稻时间不长，土层中已出现犁底层，比典型的水稻土层次发育差。

新积土是浦东新区第二大土壤类型，占本区地域面积的 3%。本区新积土是由新近冲积物、洪积物、坡积物及塌积物自然堆积或人工堆垫形成的土壤。土壤成土年龄短，母质特性明显，土体构型为 A–C 或（A）–C。

小于本区地域面积 3% 的土壤类型还有滨海盐土、潮土等。

本区域中心区气候特征

本区域中心区气候特征值
Regional climate characteristics in central area of the region

气候带：北亚热带湿润气候 Climate region: North subtropical humid climate	
年平均气温 /℃ Annual average temperature /℃	16.1
年平均最高气温 /℃ Annual average maximum temperature /℃	20.2
年平均最低气温 /℃ Annual average minimum temperature /℃	12.9
年降水量 /mm Annual precipitation /mm	1169
≥10℃的积温 /℃ Daily temperature accumulated in a year（≥10℃）/℃	5855
年日照时数 /h Annual sunshine /h	1908
年平均相对湿度 /% Annual average relative humidity /%	77
干燥度 Dryness	0.81

本区域中心区月平均气温与月平均降水量
Monthly temperature and precipitation in central area of the region

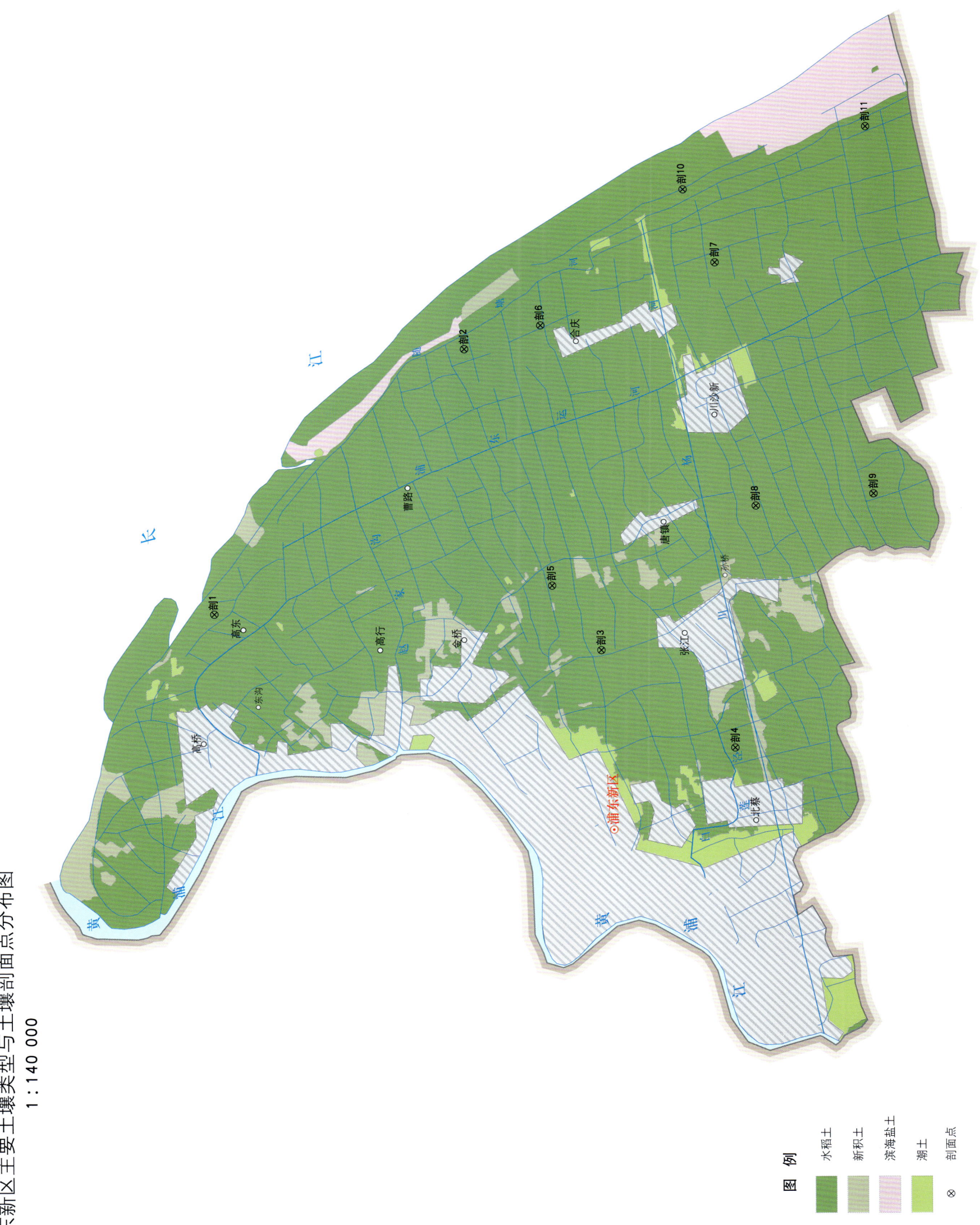

浦东新区土壤剖面理化性状表

剖面号 Soil profile	土纲 Soil order	土类 Soil great group	亚类 Soil subgroup	土属 Soil genus	土种 Soil species	土层码 Layer code	质地 Soil texture	pH	有机质 OM/(g/kg)	全氮 TN/(g/kg)	全磷 TP/(g/kg)	全钾 TK/(g/kg)	碱解氮 AN/(mg/kg)	有效磷 AP/(mg/kg)	速效钾 AK/(mg/kg)	阳离子交换量 CEC/(cmol/kg)	土壤母质 Parent material	剖面点坐标 Profile coordinate	匹配指数 Matching index/%
剖1	人为土	水稻土	潴育水稻土	黄泥头	强黄泥	A	重壤土	7.8	32.7	0.34	0.84	22.9	128	7.7	119	18.1	江海沉积物	E 121°36′51.8″ N 31°20′40.9″	98
						P	重壤土	7.2	13.1	0.72	0.72	22.9	55	2.9					
						Bv₁	重壤土	8.3		0.61	0.61	25.2							
						Bv₂	重壤土	8.3		>10.00	≥10.00								
剖2	人为土	水稻土	渗育水稻土	夹砂土	砂夹黄	A	中壤土	8.1	24.2	1.39	0.90	21.2	11	15.6	150	16.2	江海冲积物	E 121°42′37.1″ N 31°16′15.6″	94
						P	重壤土	8.3	9.2	0.60	0.69	21.5	46	3.4					
						Bv₁	重壤土	8.3			0.60	23.5							
						Bv₂	重壤土	8.3			0.58	23.4							
剖3	人为土	水稻土	潴育水稻土	潮砂泥	砂泥	A	轻壤土	7.7	20.8	1.02	1.72						江海冲积物	E 121°36′10.4″ N 31°13′45.8″	89
						P	中壤土	8.2	5.2	0.44	1.22								
						Bv₁	中壤土	8.2	4.9		1.22								
						Bv₂	重壤土	8.2	7.1		1.26								
剖4	人为土	水稻土	潴育水稻土	潮砂泥	潮泥	A	中壤土	7.9	24.3	1.27	0.96	21.0	103	1.7	81	16.6	江海冲积物	E 121°34′05.5″ N 31°11′21.5″	95
						P	中壤土	8.0	22.7	1.30	0.98	20.8	95	2.5					
						Bv₁	中壤土	8.3	7.4	0.48	0.66	21.0							
						Bv₂	中壤土	8.4	5.8	0.33	0.64	21.9							
剖5	人为土	水稻土	潴育水稻土	潮砂泥	潮泥	A	中壤土	6.9	27.0	1.67	0.79	22.3	118	6.6	110	17.3	江海冲积物	E 121°37′32.9″ N 31°14′39.1″	93
						P	重壤土	7.3	27.1	1.59	0.80	28.8	116	8.3	99				
						Bv₁	重壤土	7.7			0.77	23.4			76				
						Bv₂													
剖6	人为土	水稻土	潴育水稻土	夹砂土	黄夹砂	A	中壤土	8.1	25.6	1.47	0.79	22.6	113	12.4	140	13.7	江海冲积物	E 121°43′08.4″ N 31°14′54.2″	86
						P	重壤土	8.0	23.0	1.57	0.85	22.4	109	12.9					
						Bv₁	中壤土	8.1			0.80	22.3							
						Bv₂	中壤土	8.3			0.68	20.7							
剖7	人为土	水稻土	潴育水稻土	黄泥头	轻黄泥	A	重壤土	7.9	22.5	1.36	0.83	20.2	72	13.7	195	14.3	江海冲积物	E 121°44′32.3″ N 31°11′47.8″	100
						P	中壤土	8.1	11.9	0.78	0.78	22.3	55	3.1					
						Bv₁	中壤土	8.2			0.83	22.3							
						Bv₂	轻壤土	8.3			0.72	21.0							
剖8	人为土	水稻土	潴育水稻土	黄泥头	黄泥头	A	中壤土	7.2	24.3	1.56	1.23	12.0	113	7.0	130	18.3	江海冲积物	E 121°39′18.4″ N 31°11′01.7″	85
						P	中壤土	7.6	19.5	1.41	≥10.00	13.7	83	5.0	118	18.7			
						Bv	中壤土	8.0	8.1	0.61	1.15	13.8	28	1.0	103				
剖9	人为土	水稻土	潴育水稻土	夹砂土	黄夹砂	A	重壤土	7.5	24.0	1.51					34	≥50.0	江海沉积物	E 121°39′35.6″ N 31°08′55.7″	98
						P	中壤土	7.5	20.5	1.38					34	≥50.0			
剖10	人为土	水稻土	渗育水稻土	夹砂土	黄泥头	A	中壤土	7.9	27.9	1.71	0.84	19.6	132	8.9	14	13.1	江海冲积物	E 121°46′06.6″ N 31°12′22.7″	86
						P	中壤土	8.3	15.9	1.04	0.83	20.3	383	3.7					
						Bv₁	中壤土	8.4			0.79	19.8							
						Bv₂	轻壤土	8.4			0.61	18.6							
剖11	人为土	水稻土	潴育水稻土	黄泥头	黄泥头	A	重壤土	7.0	33.9	1.93	0.55	21.9	149	14.2	162	21.1	江海沉积物	E 121°47′29.8″ N 31°09′07.6″	84
						P	重壤土	7.6	25.4	1.62	0.35	24.1	133	20.6					
						Bv	重壤土	7.9			0.91	24.2							

南 汇 区

主要土类说明

水稻土是南汇区主要土壤类型，占本区地域面积的65%，主要分布在西沙以西，在空间上占绝对优势。它是受长期耕作、施肥和灌溉的深刻影响，在频繁的还原淋溶和氧化淀积的作用下形成的新的土壤类型，具有耕作层、犁底层、渗育层等发生层段，但是剖面下部仍保持着草甸土遗留的发生层次，即淀积层或母质层。本区水稻土的起源土壤为草甸土，保留着草甸土发育的残留特征。根据发育分异程度，本区水稻土分为潴育型、渗育型等亚类。其中，潴育水稻土占本区水稻土面积的80%，主要分布在钦公塘以西的一些乡镇，土体构型为A-P-W-B，渗育层发育良好，潴育层发育明显。

潮土是南汇区第二大土壤类型，占本区地域面积的21%，主要分布在沙坎以东、人民塘以西地段。本区潮土是长期旱耕熟化下形成的土壤类型，受弱矿化度地下水不同程度的影响，土壤刚经过脱盐进入脱钙阶段，一般具有耕作层、犁底层、母质层。本区潮土分为灰潮土等亚类。

滨海盐土是南汇区第三大土壤类型，占本区地域面积的7%，主要分布在人民塘以外地段，由于从盐渍淤泥演变为盐土的成土时间短暂，加之围垦进程不断加速，剖面发育时间短，一般只有含盐耕作层、含盐母质层。由于脱离海水不久，土壤保留了少量盐分，主要以氯化钠为主。本区滨海盐土分为滨海盐土等亚类。

本区域中心区气候特征

本区域中心区气候特征值
Regional climate characteristics in central area of the region

气候带：北亚热带湿润气候 Climate region: North subtropical humid climate	
年平均气温 /℃ Annual average temperature /℃	16.1
年平均最高气温 /℃ Annual average maximum temperature /℃	20.2
年平均最低气温 /℃ Annual average minimum temperature /℃	13.0
年降水量 /mm Annual precipitation /mm	1209
≥10℃的积温 /℃ Daily temperature accumulated in a year (≥10℃) /℃	5873
年日照时数 /h Annual sunshine /h	1910
年平均相对湿度 /% Annual average relative humidity /%	77
干燥度 Dryness	0.79

本区域中心区月平均气温与月平均降水量
Monthly temperature and precipitation in central area of the region

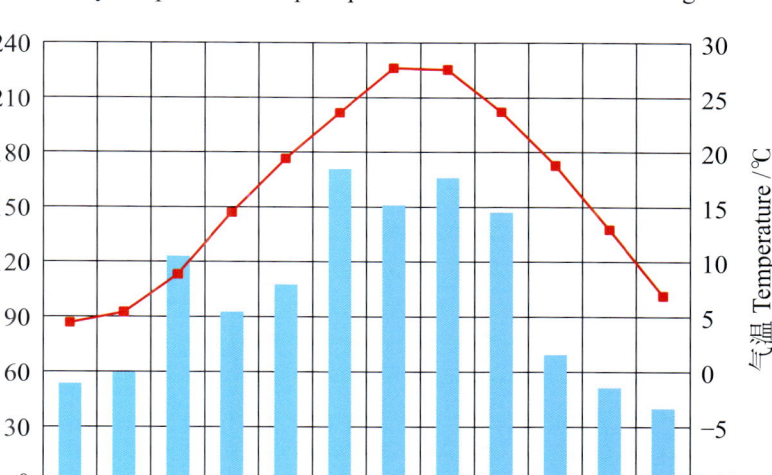

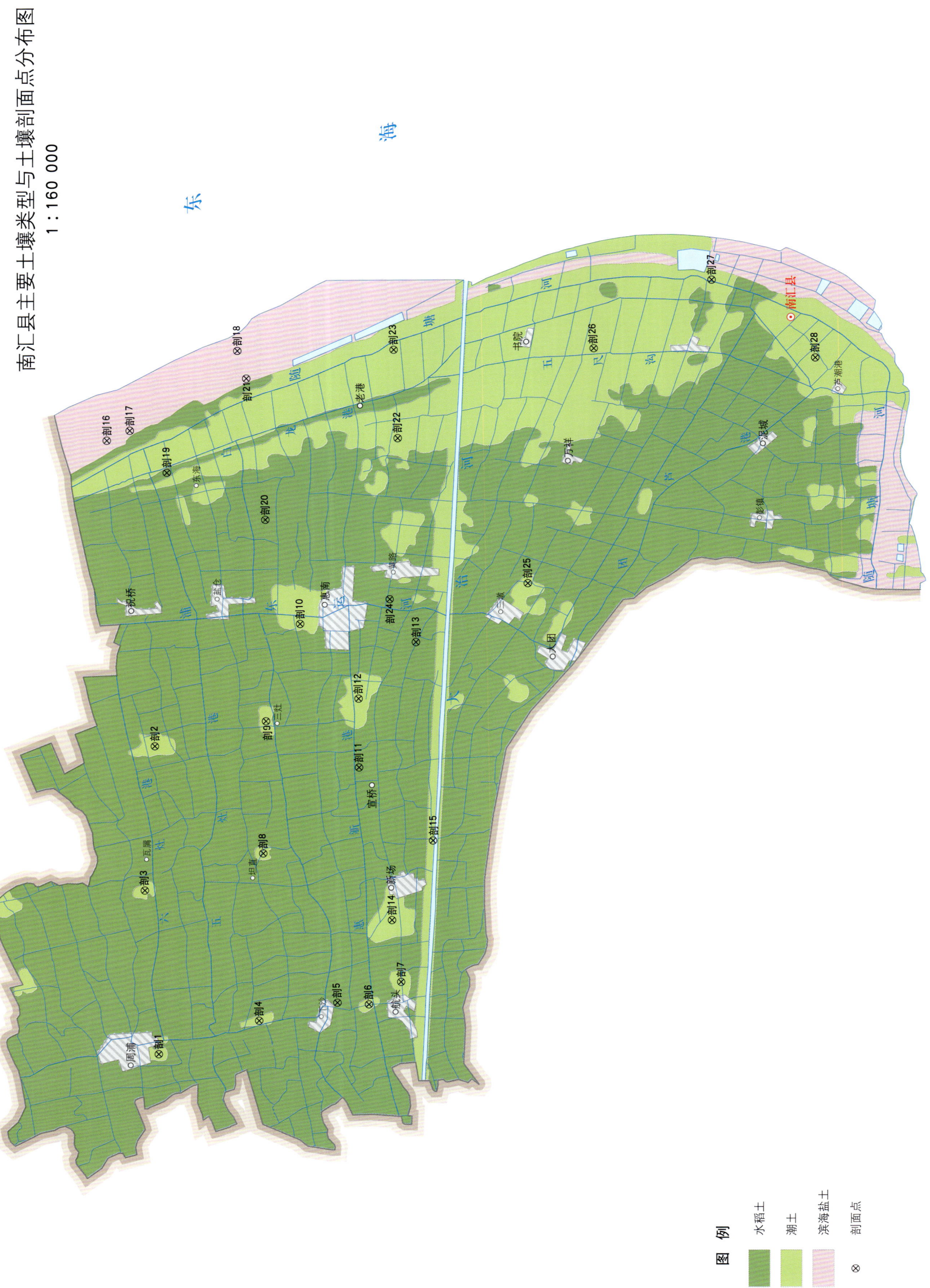

南汇区土壤剖面理化性状表

剖面号 Soil profile	土纲 Soil order	土类 Soil great group	亚类 Soil subgroup	土属 Soil genus	土种 Soil species	土层码 Layer code	土层厚度 Depth/cm	颜色 Soil color	质地 Soil texture	土壤结构 Soil structure	pH	有机质 OM/(g/kg)	全氮 TN/(g/kg)	全磷 TP/(g/kg)	全钾 TK/(g/kg)	碱解氮 AN/(mg/kg)	有效磷 AP/(mg/kg)	速效钾 AK/(mg/kg)	阳离子交换量CEC/(cmol/kg)	土壤母质 Parent material	剖面点坐标 Profile coordinate	匹配指数 Matching index/%
剖1	半水成土	潮土	灰潮土	园林灰潮土	果园灰砂黄泥	A	0—20	棕灰色	重壤土	块状	7.1	22.7	1.42	0.74		140	21.0	142	14.9		E 121°34′17.0″ N 31°06′28.1″	81
						P	20—36	棕灰色	重壤土	棱柱状	7.4	15.5	0.86	0.65		72	13.0	150	13.6			
						Bv₁	36—52	棕灰色	重壤土	棱柱状	8.0	9.3	0.64	0.56								
						Bv₂	52—95	灰棕色	轻黏土	棱柱状	7.8	6.3	0.47	0.47								
						5	95—135	灰棕色	轻黏土	棱柱状	8.1	7.1	0.46	0.48								
剖2	半水成土	潮土	灰潮土	园林灰潮土	果园黄泥	A	0—30	棕灰色	重壤土	小块状	7.9	22.8	1.49	0.89		135	59.0	275	14.9		E 121°41′50.3″ N 31°06′37.4″	82
						Bv₁	30—70	灰棕色	轻黏土	棱柱状	8.3	9.3	0.88	0.54		57	6.0	145	13.1			
						Bv₂	70—100	棕色	重黏土	棱柱状	8.3	7.3	0.46	0.51								
						4	100—130	棕色	轻黏土	棱柱状	8.3	5.9	0.47	0.53								
						5	130—150	灰棕色	重壤土	棱柱状	8.4	6.6	0.43	0.57								
剖3	半水成土	潮土	灰潮土	果园夹砂土	果园黏心砂夹黄	A	0—18	棕灰色	中壤土	小块状	7.9	18.4	1.12	0.64		113	13.0	255	8.2		E 121°38′17.5″ N 31°06′47.5″	86
						C₁	18—41	灰棕色	重壤土	棱柱状	8.2	9.7	0.62	0.55		65	3.0	175	11.3			
						C₂	41—100	灰棕色	中壤土	棱柱状	8.5	6.1	0.38	0.48								
剖4	半水成土	潮土	灰潮土	果园夹砂土	果园砂底黄夹砂	A	0—16	灰棕色	中壤土	小块状	7.9	16.7	1.04	0.68		110	11.0	160	10.2		E 121°35′07.4″ N 31°04′26.4″	83
						C₁	16—40	灰棕色	重黏土	棱柱状	8.4	9.3	0.67	0.48		59	5.0	165	12.1			
						C₂	40—100	灰棕色	砂夹土	棱柱状	8.6	3.3	0.16	0.48								
剖5	人为土	水稻土	潴育水稻土	黄泥	铁屑黄泥	A	0—12	棕灰色	重壤土	小块状	7.3	28.2	1.88	0.72		150	14.0	129	17.3		E 121°35′35.5″ N 31°02′51.4″	82
						P	12—25	棕灰色	紧砂土	棱柱状	7.7	22.0	1.39	0.72		117	19.0	123	18.9			
						W	25—55	灰棕色	轻黏土	棱柱状	8.2	8.0	0.65	0.61								
						Bv₁	55—115		轻黏土	小棱块状	8.3	6.8	0.52	0.55								
						Bv₂	115—	棕灰色	轻黏土	小棱块状	8.3	6.0	0.50	0.57								
剖6	半水成土	潮土	灰潮土	果园潮泥	果园潮泥	A₁	0—11	棕灰色	中壤土	小块状	7.5	18.4	1.18	0.82		101	26.0	260	11.6		E 121°36′33.4″ N 31°02′13.2″	87
						A₂	11—20	灰色	中壤土	块状	7.7	15.5	0.89	0.74		86	13.0	120	12.3			
						P	20—32		中壤土	棱柱状	7.8	10.3	0.59	0.68								
						Bv₁	32—55		中壤土	棱柱状	8.0	7.9	0.50	0.71								
						Bv₂	55—85		重壤土	棱柱状	8.1	7.3	0.40	0.57								
						6	85—		轻壤土	棱柱状	8.1	7.0	0.47	0.57								
剖7	半水成土	潮土	灰潮土	果园黄泥土	果园黄泥土	A	0—20	棕灰色	中壤土	块状	8.3	23.2	1.39	0.87		125	14.0	204	14.0		E 121°36′07.2″ N 31°01′34.3″	80
						C₁	20—32	灰棕色	中壤土	小棱块状	8.6	8.3	0.70	0.66		42	8.0	167	13.2			
						C₂	32—50	棕色	中壤土	棱柱状	8.4	7.9	0.59	0.66								
						C₃	50—70	棕色	中壤土	棱柱状	8.4	6.5	0.52	0.64								
						C₄	70—110	棕色	轻壤土	棱柱状	8.5	8.2	0.50	0.63								
						6	110—		中壤土													
剖8	半水成土	潮土	灰潮土	夹砂土	砂夹黄	A	0—11	灰色	中壤土	小块状	7.9	26.1	1.56	1.10		144	24.0	187	14.7	新江海沉积物	E 121°39′13.7″ N 31°04′23.9″	84
						Ap	11—20	灰棕色	中壤土	棱块状	8.0	19.7	1.21	0.89		113	10.0	136	15.6			
						P	20—30	灰棕色	中壤土	大棱块状	8.2	9.9	0.79	0.70								
						C₁	30—55	黄棕色	轻壤土		8.6	4.7	0.42	0.66								
						C₂	55—80	黄棕色	中壤土		8.4	4.2	0.41	0.60								
						C₃	80—120	棕色														

续表 Continued

剖面号 Soil profile	土纲 Soil order	土类 Soil great group	亚类 Soil subgroup	土属 Soil genus	土种 Soil species	土层码 Layer code	土层厚度 Depth/cm	颜色 Soil color	质地 Soil texture	土壤结构 Soil structure	pH	有机质 OM/(g/kg)	全氮 TN/(g/kg)	全磷 TP/(g/kg)	全钾 TK/(g/kg)	碱解氮 AN/(mg/kg)	有效磷 AP/(mg/kg)	速效钾 AK/(mg/kg)	阳离子交换量CEC/(cmol/kg)	土壤母质 Parent material	剖面点坐标 Profile coordinate	匹配指数 Matching index/%
剖9	半水成土	潮土	灰潮土	夹砂土	黏身砂夹黄	A	0—14	棕灰色	轻壤土	小块状	7.4	26.2	1.59	0.96		216	49.0	302	11.3	新江海沉积物	E 121°42′28.4″ N 31°04′22.4″	97
						P	14—24	棕灰色	中壤土	棱块	8.0	8.3	0.70	0.85		136	9.0	223	11.2			
						C₁	24—45	灰棕色	中壤土	棱柱状	8.0	8.1	0.56	0.75								
						C₂	45—90	灰棕色	重壤土	棱柱状	8.5	6.4	0.44	6.08								
						C₃	90—	灰棕色	轻壤土		8.3	4.6	0.33	0.63								
剖10	半水成土	潮土	灰潮土	夹砂土	黏心砂夹黄	A	0—15	棕灰色	中壤土	小块状	8.1	21.4	1.38	0.78		103	13.0	126	12.2	新江海沉积物	E 121°44′50.6″ N 31°03′42.1″	87
						P	15—25	棕灰色	重壤土	棱块	8.4	11.9	0.72	0.68		75	8.0	116	12.5			
						C₁	25—38	棕灰色	中壤土	棱柱状	8.6	7.0	0.55	0.65								
						C₂	38—65	灰棕色	中壤土	棱柱状	8.4	5.6	0.42	0.68								
						C₃	65—90	灰棕色	轻壤土	棱柱状	8.4	4.6	0.38	0.58								
						C₄	90—	灰棕色														
剖11	人为土	水稻土	潴育水稻土	黄泥	黄泥黄	A	0—11	灰色	重壤土	小块状	7.8	32.2	1.94	0.90		158	8.0	126	12.7	新江海沉积物	E 121°41′21.5″ N 31°02′28.7″	90
						Ap	11—22	灰色	重壤土	块状	7.9	29.5	1.84	0.85		146	12.0	116	11.6			
						P	22—31	棕灰色	中壤土	块状	8.4	16.4	1.08	0.79								
						W₁	31—58	灰棕色	重壤土	棱块状	8.4	7.1	0.58	0.71								
						Bv₁	58—75	棕色	重壤土	棱块状	8.5	6.3	0.52	0.57								
						Bv₂	75—	棕色														
剖12	半水成土	潮土	灰潮土	夹砂土	砂夹黄	A	0—13	棕灰色	轻壤土	小块状	7.7	24.1	1.36	1.02		114	74.0	137	14.7		E 121°43′02.6″ N 31°02′30.1″	86
						P	13—25	棕灰色	中壤土	棱块状	8.0	17.4	1.16	0.79		97	17.0	110	14.0			
						C₁	25—53	灰棕色	中壤土	棱柱状	8.2	8.0	0.62	0.66								
						C₂	53—84	灰棕色	重壤土	棱柱状	8.3	6.2	0.52	0.60								
						C₃	84—	灰棕色	重壤土	棱柱状	8.3	5.4	0.40	0.58								
剖13	人为土	水稻土	渗育水稻土	果园黄泥土	果园黄泥土	A	0—16	棕灰色	中壤土	小块状	8.1	27.5	1.72	0.92	19.1	121	8.0	153	12.9		E 121°44′25.8″ N 31°01′21.0″	93
						P	16—26	棕灰色	中壤土	棱块状	8.2	25.9	1.58	0.90	20.0	108	7.0	126	13.0			
						W	26—35	灰棕色	中壤土	棱柱状	8.2	19.0	1.19	0.93	20.6							
						Bv	35—65	灰棕色	中壤土	大棱柱状	8.3	8.4	0.75	0.73	20.6							
						C₁	65—120	灰棕色	重壤土	大棱柱状	8.2	7.9	0.62	0.60	22.2							
						C₂	120—															
剖14	半水成土	潮土	灰潮土	夹砂土	黄夹砂	A	0—18	灰棕色	中壤土	小块状	7.8	19.1	1.29	0.97		118	9.0	160	16.4	新江海沉积物	E 121°37′37.9″ N 31°01′46.6″	89
						P	18—36	灰棕色	中壤土	棱块状	8.1	17.5	1.01	0.70		93	8.0	142	15.5			
						C₁	36—56	灰棕色	重壤土	棱柱状	8.2	8.0	0.43	0.56								
						C₂	56—78	灰棕色	中壤土	棱柱状	8.3	7.4	0.41	0.55								
						C₃	78—94															
						C₄	94—100															
剖15	盐碱土	滨海盐土	黄泥质盐土	黄泥质脱盐土	A	0—12	灰棕色	中壤土	小块状	8.0	26.9	1.51	0.77		150	19.0	184			E 121°39′34.9″ N 31°00′57.6″	97
						P	12—21	灰棕色	重壤土	棱块	8.1	20.7	1.23	0.72		124	6.0	120				
						C₁	21—26	棕色	中壤土	棱柱状	8.3	8.9	0.54	0.62								
						C₂	26—	棕色														
剖16	盐碱土	滨海盐土	黄泥质盐土	黄泥质盐土	A	0—5	灰棕色	重壤土	块状	7.9	22.1	1.37	0.82		86	20.0	400	15.4	新江海沉积物	E 121°49′17.8″ N 31°07′39.4″	95
						P₁	10—25	灰棕色	重壤土		8.3	19.6	1.29	0.74		83	12.0	302	17.6			
						C₁	25—45		中壤土		8.4	9.3	0.55	0.60								
						C₂	45—		中壤土		8.5	7.0	0.42	0.64								
剖17	盐碱土	滨海盐土	黄泥质盐土	黄泥质轻盐土	A	0—5	灰棕色	中壤土	块状	8.2	15.3	1.15	0.61		76	17.0	416	17.1		E 121°49′32.2″ N 31°07′11.6″	92
						C₁	5—42	灰棕色	中壤土		8.5	12.6	0.86	0.58		66	10.8	392	14.2			
						C₂	42—70	棕灰色	重壤土		8.4	9.8	0.58	0.55			6.8					
						C₃	70—100	灰色	轻壤土		8.2	9.2	0.63	0.56			4.7					

续表 Continued

剖面号 Soil profile	土纲 Soil order	土类 Soil great group	亚类 Soil subgroup	土属 Soil genus	土种 Soil species	土层码 Layer code	土层厚度 Depth/cm	颜色 Soil color	质地 Soil texture	土壤结构 Soil structure	pH	有机质 OM/(g/kg)	全氮 TN/(g/kg)	全磷 TP/(g/kg)	全钾 TK/(g/kg)	碱解氮 AN/(mg/kg)	有效磷 AP/(mg/kg)	速效钾 AK/(mg/kg)	阳离子交换量CEC/(cmol/kg)	土壤母质 Parent material	剖面点坐标 Profile coordinate	匹配指数 Matching index/%
剖18	盐碱土	滨海盐土	滨海盐土	黄泥质盐土	黄泥质中盐土	1	0—5		轻黏土		7.8	18.6	1.30	0.65		65	32.1	≥500	15.2		E 121°51′29.9″ N 31°05′01.3″	89
						2	5—35		轻黏土		8.2	13.7	0.88	0.54		64	12.5	318	15.9			
						3	35—70		轻黏土		8.1	13.9	0.60	0.53			9.9					
						4	70—100		中黏土		8.1	2.9	0.34	0.53			8.3					
剖19	人为土	水稻土	潴育水稻土	黄泥	砂姜黄泥	A	0—15	棕灰色	重黏土	小块状	6.9	37.8	2.21	0.99		190	53.0	106	17.6		E 121°48′31.3″ N 31°06′25.9″	93
						P	15—30	棕灰色	重黏土	棱块状	7.9	10.1	1.23	0.71		91	10.0	98	16.0			
						W	30—50	灰棕色	重黏土	棱柱状	8.2	8.4	0.65	0.66								
						Bv₁	50—70	灰棕色	重黏土	棱柱状	8.2	7.9	0.54	0.60								
						Bv₂	70—100	棕色	中黏土	棱柱状	8.2	6.9	0.55	0.51								
						Bv₃	100—125	棕色	中黏土	棱柱状												
剖20	人为土	水稻土	潴育水稻土	黄泥	黑沼黄泥	A	0—10	灰色	重黏土	小块状	7.6	38.1	2.12	0.93		159	28.0	164	15.7		E 121°47′23.3″ N 31°04′25.7″	83
						Ap	10—20	棕灰色	重黏土	棱块状	7.8	35.9	2.14	0.93		150	19.0	195	18.8			
						P	20—30	棕灰色	重黏土	小棱柱状	8.1	23.4	1.38	0.82								
						W	30—50	灰褐色	重黏土	棱柱状	8.3	24.1	0.86	0.79								
						Bv₁	50—70	黑色	重黏土	棱柱状	8.2	63.9	1.28	1.05								
						Bv₂	70—110	棕色	中黏土	小棱柱状	8.5	8.6	0.55	0.61								
剖21	盐碱土	滨海盐土	滨海盐土	黄泥质盐土	黄泥质中盐土	A	0—5	灰棕色	轻黏土	块状	7.8	18.6	1.30	0.65		64	32.1	≥500	15.2		E 121°50′49.2″ N 31°04′50.2″	97
						C₁	5—35	灰棕色	重黏土		8.2	13.7	0.88	0.54		64	12.5	318	15.9			
						C₂	35—70	灰棕色	重黏土		8.1	13.9	0.60	0.53			9.9					
						C₃	70—100	灰色	中黏土		8.1	2.9	0.34	0.53			8.3					
剖22	半水成土	潮土	灰潮土	黄泥土	夹砂底黄泥土	A	0—10	灰棕色	重黏土	块状	7.9	27.2	1.62	0.86		126	18.0	200	15.5	近代江海沉积物	E 121°49′24.2″ N 31°01′45.5″	90
						P	10—20	灰棕色	重黏土	块状	8.3	19.7	1.22	0.76		107	12.0	138	12.6			
						E₁	20—75	灰棕色	重黏土	块状	8.4	10.1	0.65	0.60								
						E₂	75—160	棕色	轻黏土	块状	8.3	7.2	0.48	0.65								
剖23	半水成土	潮土	灰潮土	黄泥土	僵黄泥土	A	0—15	棕色	重黏土	小块状	8.0	21.2	1.27	0.79		124	15.0	136	13.8	近代江海沉积物	E 121°51′32.8″ N 31°01′51.2″	94
						P	15—26	灰棕色	重黏土	棱块状	8.3	11.6	0.80	0.67		94	9.0	126	16.2			
						E₁	26—40	棕色	重黏土	棱柱状	8.3	10.2	0.77	0.64								
						E₂	40—65	棕色	重黏土	棱柱状	8.3	7.5	0.49	0.62								
						E₃	65—100	棕色	重黏土	棱柱状	8.2	7.7	0.47	0.62								
剖24	人为土	水稻土	潴育水稻土	黄泥	粉黄泥	A	0—15	棕灰色	中壤土	小块状	7.7	26.3	1.62	0.94		135	11.0	86			E 121°45′28.1″ N 31°01′53.4″	85
						P	15—25	棕灰色	中壤土	块状	8.3	9.1	0.61	0.79		45	6.0	76				
						W	25—55	灰棕色	重黏土	棱柱状	8.2	7.0	0.53	0.68								
						Bv₁	55—80	棕色	轻黏土	棱柱状	8.2	7.1	0.53	0.58								
						Bv₂	80—135	棕色	重黏土	棱柱状	8.3	5.4	0.34	0.66								
						Bv₃	135—															
剖25	半水成土	潮土	灰潮土	黄泥土	夹砂底黄泥土	1	0—10	棕灰色	中壤土	小块状	7.8	21.7	1.32	0.68		117	7.0	210		近代江海沉积物	E 121°45′53.3″ N 30°59′05.6″	82
						2	10—20	棕灰色	重黏土	块状	8.0	16.5	1.04	0.65		94	8.0	170	12.2			
						3	20—45	灰棕色	轻黏土	棱柱状	8.2	7.0	0.76	0.55								
						4	45—60	棕色	重黏土	棱柱状	8.2	<1.0	0.59	0.56								
						5	60—110	灰棕色	中壤土	棱柱状	8.1	<1.0	0.66	0.54								
剖26	半水成土	潮土	灰潮土	黄泥土	黄泥土	A	0—12	棕灰色	中壤土	小块状	8.2	20.6	1.30	0.94		138	17.0	115	13.4	近代江海沉积物	E 121°51′36.7″ N 30°57′47.9″	81
						P	12—25	棕色	重黏土	棱柱状	8.4	12.3	0.82	0.73		78	7.0	116				
						E₁	25—45	棕色	重黏土	大棱柱状	8.5	3.3	0.60	0.68								
						E₂	45—85	棕色	重黏土	大棱柱状	8.3	7.7	0.56	0.65								
						E₃	85—	棕灰色	重黏土	大棱柱状	8.3	7.4	0.51	0.73								

续表 Continued

剖面号 Soil profile	土纲 Soil order	土类 Soil great group	亚类 Soil subgroup	土属 Soil genus	土种 Soil species	土层码 Layer code	土层厚度 Depth/cm	颜色 Soil color	质地 Soil texture	土壤结构 Soil structure	pH	有机质 OM/(g/kg)	全氮 TN/(g/kg)	全磷 TP/(g/kg)	全钾 TK/(g/kg)	碱解氮 AN/(mg/kg)	有效磷 AP/(mg/kg)	速效钾 AK/(mg/kg)	阳离子交换量 CEC/(cmol/kg)	土壤母质 Parent material	剖面点坐标 Profile coordinate	匹配指数 Matching index/%
剖27	半水成土	潮土	灰潮土	砂土	砂土	A	0—14	棕灰色	轻壤土	小块状	7.6	25.1	1.46	0.95		113	11.0	186	12.0	新江海沉积物	E 121°53′18.2″ N 30°55′25.0″	86
						P	14—23	棕灰色	轻壤土	块状	7.9	19.4	1.20	0.88		107	7.0	105	11.9			
						E_1	23—60	灰棕色	轻壤土	棱柱状	8.4	8.3	0.57	0.85								
						E_2	60—85	灰棕色	紧砂土		8.5	3.2	0.21	0.74								
						E_3	85—100		轻壤土		8.5	4.2	0.25	0.62								
剖28	半水成土	潮土	灰潮土	园林灰潮土	果园铁屑黄泥	A	0—27	棕灰色	重壤土	小块状	7.5	22.7	1.54	0.76		156	13.0	220	14.7		E 121°51′24.8″ N 30°53′18.2″	80
						Bv_1	27—47	棕灰色	重壤土	棱块状	8.1	12.9	0.73	0.65		60	2.0	150	13.0			
						Bv_2	47—62	灰棕色	重壤土	棱柱状	8.3	7.9	0.52	0.51								
						Bv_3	62—90	灰棕色	重壤土		8.2	6.9	0.47	0.57								
						5	90—	灰棕色	重壤土		8.3	6.4	0.44	0.48								

金 山 区

主要土类说明

水稻土是金山区主要土壤类型，占本区地域面积的 95%。水稻土是在长期季节性淹灌、水下翻耕、季节性脱水、氧化还原交替影响下，原来成土母质或母土的特性发生重大改变，形成的新的土壤类型。由于干湿交替，形成具有糊状淹育层、较坚实板结的犁底层、渗育层、潴育层与潜育层等多种发生层次的水稻土。这些不同发生层段是在人为耕作、水浆管理下形成的。本区水稻土分为沼泽型、脱潜型、潴育型等亚类。沼泽型水稻土地下水位高，种稻期间全剖面几乎为水所饱和，呈强烈还原状态，由于长期囊水，土粒分散，土体软烂，仅旱作期间，上层初现脱潜现象，潜育层出现在 50cm 以内。脱潜水稻土：随地下水位下降，灌溉水和地下水逐渐分离，剖面发生层已清晰，潜育层出现在 50—100cm，虽上层仍滞水，但已表现出不同程度的脱潜特点。潴育水稻土：地下水位较低或仅下层受地下水浸泡，种稻期间，上层为还原态，中层为氧化态，下层还原态又有所增强。渗渍层深厚，具爽水特征，因而在还原淋溶作用下，铁锰或碳酸盐重新分配，潜育层出现在 100cm 以下。本区水稻土耕作层平均厚度在 14cm，呈块状或核状结构，质地为重壤土，呈棕灰色；犁底层厚 11cm 左右，质地为重壤土，呈块状结构、暗灰色；黄斑渗育层厚 33cm，呈小棱柱状结构、灰棕色；灰棕色渗育层，厚约 42cm，呈棱柱状结构、棕灰色。

小于本区地域面积 3% 的土壤类型还有滨海盐土。

本区域中心区气候特征

本区域中心区气候特征值
Regional climate characteristics in central area of the region

气候带：北亚热带湿润气候 Climate region: North subtropical humid climate	
年平均气温 /℃ Annual average temperature /℃	16.2
年平均最高气温 /℃ Annual average maximum temperature /℃	20.3
年平均最低气温 /℃ Annual average minimum temperature /℃	12.9
年降水量 /mm Annual precipitation /mm	1229
≥10℃的积温 /℃ Daily temperature accumulated in a year（≥10℃）/℃	5888
年日照时数 /h Annual sunshine /h	1877
年平均相对湿度 /% Annual average relative humidity /%	77
干燥度 Dryness	0.78

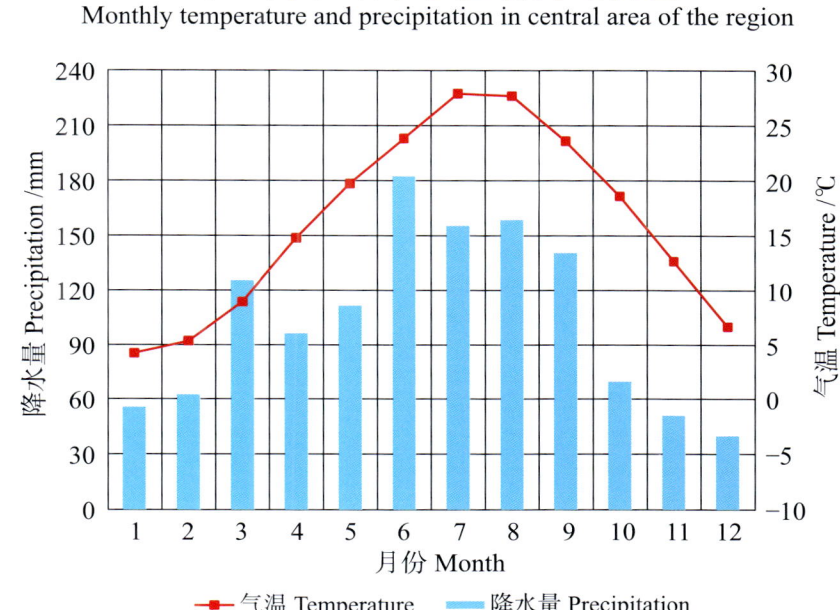

本区域中心区月平均气温与月平均降水量
Monthly temperature and precipitation in central area of the region

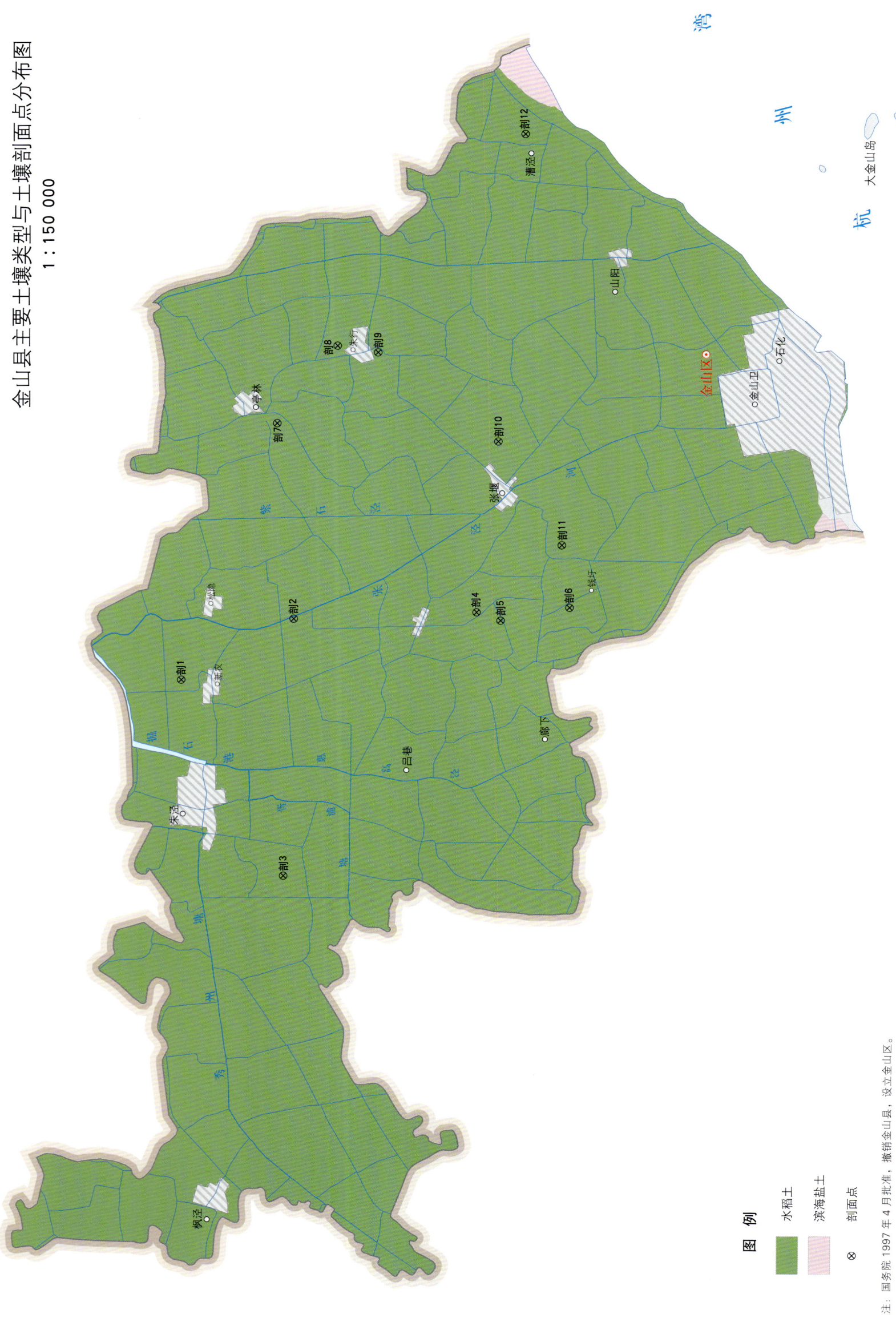

金山区土壤剖面理化性状表

剖面号 Soil profile	土纲 Soil order	土类 Soil great group	亚类 Soil subgroup	土属 Soil genus	土种 Soil species	土层码 Layer code	土层厚度 Depth/cm	颜色 Soil color	质地 Soil texture	土壤结构 Soil structure	pH	有机质 OM/(g/kg)	全氮 TN/(g/kg)	全磷 TP/(g/kg)	全钾 TK/(g/kg)	碱解氮 AN/(mg/kg)	有效磷 AP/(mg/kg)	速效钾 AK/(mg/kg)	阳离子交换量CEC/(cmol/kg)	土壤母质 Parent material	剖面点坐标 Profile coordinate	匹配指数 Matching index/%
剖1	人为土	水稻土	脱潜水稻土	青紫泥	青紫泥	A	0—15		重壤土		7.0	32.8	1.93	0.86	20.7	166	17.0	101	17.7	湖相沉积物	E 121°12′16.6″ N 30°54′14.8″	90
						P	15—24		重壤土		7.3	20.2	1.32	0.66	20.4	84	16.0	138	17.9			
						W	24—70		轻黏土		7.8	15.8	0.82	0.47	20.7	41	11.0	147	17.9			
						G	70—100		轻黏土		8.0	17.1	0.80	0.31	19.5	45	9.0	156	20.7			
剖2	人为土	水稻土	脱潜水稻土	青小粉	青小粉土	A	0—13		中壤土		7.3	37.5	2.18	0.88	22.8	180	14.0	86	17.0	河流沉积物	E 121°13′42.2″ N 30°52′09.1″	97
						P	13—20		中壤土		7.3	36.4	2.19	0.85	23.5	137	8.0	110	16.9			
						W	20—35		重壤土		7.9	10.8	0.52	0.57	23.7	29	8.0	197	15.8			
						G	35—100		轻壤土		8.0	11.2	0.51	0.56	23.4	31	9.0	198	17.7			
剖3	人为土	水稻土	脱潜水稻土	青紫泥	黄斑青紫泥	A	0—12		重壤土		7.3	33.8	1.95	0.87	21.6	144	25.0	92	17.7	湖相沉积物	E 121°07′52.7″ N 30°52′14.9″	87
						P	12—23		重壤土		8.0	17.1	0.91	0.63	22.5	60	11.0	111	16.3			
						W	23—85		重壤土		8.2	7.5	0.47	0.51	20.5	30	11.0	140	14.7			
						G	85—100		轻黏土		8.3	15.0	0.46	0.40	21.6	27	7.0	141	17.4			
剖4	人为土	水稻土	潴育水稻土	青黄泥	青黄泥	A	0—14		重壤土		6.9	50.0	2.95	0.97	21.9	196	29.0	121	22.0	河湖交互沉积物	E 121°13′55.2″ N 30°48′42.8″	94
						P	14—22		重壤土		7.7	43.2	2.42	0.85	22.8	184	12.0	123	20.8			
						W	22—60		重壤土		8.2	6.9	0.39	0.37	21.6	27	11.0	177	19.8			
						G	60—100		轻黏土		8.3	8.3	0.39	0.50	23.7	22	9.0	189	18.8			
剖5	人为土	水稻土	潴育水稻土	青黄土	砂芽青黄土	A	0—13				7.3	29.8	1.65	0.79	20.7	147	18.0	99	16.0	湖相沉积物	E 121°13′44.4″ N 30°48′15.5″	92
						P	13—21		重壤土		7.7	25.1	1.43	0.71	20.1	119	17.0	124	15.5			
						W_1	21—35		轻壤土		8.0	11.2	0.59	0.57	20.8	39	11.0	118	15.8			
						W_S	35—100		轻壤土		8.3	9.4	0.48	0.64	19.5	26	11.0	82	16.0			
剖6	人为土	水稻土	脱潜水稻土	青紫泥	青紫泥	A	0—13		重壤土		7.2	28.4	1.73	0.76	24.3	139	24.0	101	16.3	河湖交互沉积物	E 121°13′03.5″ N 30°46′58.1″	81
						P	13—22		轻壤土		7.5	20.7	1.23	0.70	24.9	72	17.0	139	15.9			
						W	22—55		中壤土		7.7	13.6	0.70	0.64	24.6	40	12.0	93	15.3			
						W_g	55—80		中壤土		8.0	18.0	0.55	0.45	22.5	28	11.0	82	14.4			
						G	80—100		重壤土		7.9	9.9	0.68	0.51	22.2	22	10.0	92	15.1			
剖7	人为土	水稻土	潴育水稻土	青黄土	青黄土	A	0—11		重壤土		7.0	24.3	2.12	0.91	22.2	175	29.0	126	18.8	河湖交互沉积物	E 121°14′06.8″ N 30°52′31.8″	100
						P	11—21		重壤土		7.5	26.3	1.53	0.73	21.3	130	16.0	144	17.0			
						W_1	22—45		重壤土		7.9	11.0	0.77	0.70	23.1	79	14.0	144	15.9			
						W_2	45—100		中壤土		8.7	9.2	0.63	0.57	25.2	41	13.0	98	16.9			
剖8	人为土	水稻土	潴育水稻土	青黄土	青黄土	A	0—15		重壤土		7.6	33.8	1.83	0.79	20.7	137	15.0	112	20.4	河湖交互沉积物	E 121°18′06.8″ N 30°51′25.2″	85
						P	15—30		重壤土		7.9	29.6	1.51	0.78	21.3	82	16.0	126	20.0			
						W_1	30—60		重壤土		8.4	11.9	0.55	0.65	21.0	38	16.0	148	15.3			
						W_2	60—100		重壤土		8.4	7.0	0.41	0.62	19.8	20	13.0	159	14.4			
剖9	人为土	水稻土	脱潜水稻土	青紫土	青紫土	A	0—16		重壤土		7.1	37.4	2.01	0.87	18.5	170	22.0	141	18.2	河湖沉积物	E 121°19′53.8″ N 30°50′39.5″	90
						P	16—25	棕灰色	重壤土	团块状	7.5	19.6	0.99	0.77	20.1	85	17.0	159	16.6			
						W_1	25—36	褐灰色	重黏土	块状	8.2	10.1	0.43	0.54	21.3	31	13.0	159	18.4			
						W_2	36—75	灰棕色	重黏土	棱柱状	7.9	9.3	0.57	0.58	22.5	31	13.0	183	21.1			
						G	75—100	黄棕色	中黏土		7.9	39.0	1.23	0.52	21.6	77	19.0	192	25.9			
剖10	人为土	水稻土	潴育水稻土	青黄土	砂底青黄土	A	0—18		重壤土		5.4	32.2	2.01	0.69	21.3	126	17.4	91	16.0	河湖交互沉积物	E 121°17′46.3″ N 30°48′22.0″	80
						P	18—22		重壤土		6.6	14.3	0.95	0.59	20.7		4.4					
						W	22—60		重黏土		6.9	9.9	0.77	0.56	22.5		2.6					
						W_S	60—100		轻壤土	细粒状												

续表 Continued

剖面号 Soil profile	土纲 Soil order	土类 Soil great group	亚类 Soil subgroup	土属 Soil genus	土种 Soil species	土层码 Layer code	土层厚度 Depth/cm	颜色 Soil color	质地 Soil texture	土壤结构 Soil structure	pH	有机质 OM/(g/kg)	全氮 TN/(g/kg)	全磷 TP/(g/kg)	全钾 TK/(g/kg)	碱解氮 AN/(mg/kg)	有效磷 AP/(mg/kg)	速效钾 AK/(mg/kg)	阳离子交换量CEC/(cmol/kg)	土壤母质 Parent material	剖面点坐标 Profile coordinate	匹配指数 Matching index/%
剖11	人为土	水稻土	脱潜水稻土	青紫土	黄斑青紫土	A	0—13		重壤土		6.9	25.1	1.42	0.82	23.9	133	21.0	84	15.5	河湖沉积物	E 121°15′28.1″ N 30°47′08.2″	87
						P	13—22		重壤土		7.5	26.4	1.38	0.62	24.6	101	15.0	101	15.2			
						W_1	22—60		重壤土		8.0	7.3	0.44	0.69	22.2	30	10.0	136	15.3			
						W_2	60—80		重壤土		8.0	19.8	0.82	0.48	23.4	33	13.0	83	17.9			
						G	80—100		轻壤土		8.3	4.1	0.16	0.61	23.2	18	8.0	92	11.4			
剖12	人为土	水稻土	潴育水稻土	黄泥头	黄泥头	A	0—13		中壤土		7.5	26.4	1.38	0.86	18.0	89	20.0	78	12.9	江海沉积物	E 121°24′43.9″ N 30°47′57.1″	84
						P	13—23		中壤土		8.0	19.3	1.03	0.79	18.9	52	19.0	105	11.5			
						W_1	23—45		重壤土		8.0	8.2	0.36	0.68	18.8	18	10.0	78	9.6			
						W_2	45—100		重壤土		7.9	8.6	0.43	0.63	20.7	23	12.0	118	14.4			

松 江 区

主要土类说明

水稻土是松江区主要土壤类型，占本区地域面积的93%。本区地理气候条件适宜水稻生长，植稻历史悠久，耕作精细，水稻土广泛分布于本区各地。由于前身（起源）土壤的性质不一以及种稻熟化程度不同，水稻土的发育阶段、发育程度和土壤属性复杂多样。受水分影响不同，渗渍层特性各异，本区水稻土分为脱潜型、潴育型、渗育型、沼泽型等亚类。其中，脱潜水稻土面积最大，占本土类面积的70%，分布于较低的圩区，起源于沼潜土，目前已摆脱了沼泽积水状况，潜育层位在50cm以下，土体还原势已减弱，剖面水分由囊渍转为滞水或弱爽水。土体构型为A–P–W–G。

小于本区地域面积3%的土壤类型还有潮土、沼泽土、滨海盐土。

本区域中心区气候特征

本区域中心区气候特征值
Regional climate characteristics in central area of the region

气候带：北亚热带湿润气候 Climate region: North subtropical humid climate	
年平均气温 /℃ Annual average temperature /℃	16.1
年平均最高气温 /℃ Annual average maximum temperature /℃	20.2
年平均最低气温 /℃ Annual average minimum temperature /℃	12.9
年降水量 /mm Annual precipitation /mm	1196
≥10℃的积温 /℃ Daily temperature accumulated in a year（≥10℃）/℃	5866
年日照时数 /h Annual sunshine /h	1888
年平均相对湿度 /% Annual average relative humidity /%	77
干燥度 Dryness	0.80

本区域中心区月平均气温与月平均降水量
Monthly temperature and precipitation in central area of the region

松江县主要土壤类型与土壤剖面点分布图

1:130 000

图 例
- 水稻土
- 潮土
- 沼泽土
- 滨海盐土
- ⊗ 剖面点

注：国务院1998年2月批准，撤销松江县，设立松江区。

松江区土壤剖面理化性状表

剖面号 Soil profile	土纲 Soil order	土类 Soil great group	亚类 Soil subgroup	土属 Soil genus	土种 Soil species	土层码 Layer code	土层厚度 Depth/cm	颜色 Soil color	质地 Soil texture	土壤结构 Soil structure	pH	有机质 OM/(g/kg)	全氮 TN/(g/kg)	全磷 TP/(g/kg)	全钾 TK/(g/kg)	碱解氮 AN/(mg/kg)	有效磷 AP/(mg/kg)	速效钾 AK/(mg/kg)	阳离子交换量 CEC/(cmol/kg)	土壤母质 Parent material	剖面点坐标 Profile coordinate	匹配指数 Matching index/%
剖1	人为土	水稻土	潴育水稻土	青黄土	黏身黄黄土	A	0—17		中壤土		6.7	29.9	1.87	0.81	29.1	143		108	15.6	江河冲积物、河湖沉积物	E 121°13′56.6″ N 31°05′46.7″	83
						P	17—32		重壤土		8.0	10.3	0.64	0.73	30.0	38		165	15.9			
						W	32—54		轻壤土		7.9	8.3	0.42	0.46	28.2	29	2.0	213	17.9			
						Wd	54—75		轻壤土		7.6	15.7	0.79	0.32	24.0	68	2.0	196	20.6			
						Bvc	75—95		重壤土		7.8	5.4	0.39	0.62	28.5	39	4.0	201	15.9			
剖2	人为土	水稻土	潴育水稻土	青黄土	黏底青黄土	A	0—15		中壤土		7.8	31.6	1.93	0.88	24.9	125	20.0	157	15.6	江河冲积物、河湖沉积物	E 121°14′27.6″ N 31°05′43.1″	82
						P	15—25		中壤土		8.1	17.6	1.18	0.73	24.3	108	5.0	148	14.9			
						W	30—50		中壤土		8.2	9.6	0.74	0.56	26.7	35	3.0	175	16.4			
						Dw	65—85		轻壤土		7.6	57.9	2.18	0.48	26.4	147	3.0	173	27.7			
剖3	人为土	水稻土	脱潜水稻土	青紫土	黄斑青紫土	A	0—16		中壤土	粒状	7.4	53.6	3.11	0.94	18.9		18.0	105	16.9	河湖沉积物	E 121°14′12.1″ N 31°05′14.3″	96
						W_1	16—31		中壤土	块状	8.0	46.5	2.81	0.83	23.4		10.0	84	16.3			
						Wd	31—57		轻壤土	小核块状	7.4	10.7	0.67	0.59	25.5		2.0	123	14.1			
							57—85		轻黏土	大棱柱状	7.5	25.5	1.18	0.40	25.2		2.0		24.4			
						Bvcg	85—100		中壤土	无结构	8.0	4.0	0.34	0.57	24.6		3.0	111	9.5			
剖4	人为土	水稻土	脱潜水稻土	青紫土	黏底青紫泥	A	0—13		中壤土		7.2	48.5	2.83	0.83	23.4	177	15.0	105	18.7	河湖沉积物	E 121°14′39.1″ N 31°05′26.5″	83
						P	20—28		中壤土		7.5	46.7	2.82	0.78	24.3	178	14.0	108	19.9			
						W	30—35		重壤土		8.4	13.5	0.79	0.53	25.8	60	3.0	159	17.0			
						Wd	60—65		轻壤土		8.1	31.5	1.39	0.36	26.0	101	2.0	219	26.4			
						G	74—80		重壤土		8.1	7.1	0.68	0.52	21.2	62	5.0	207	21.8			
剖5	人为土	水稻土	沼泽型水稻土	青紫泥	青泥土	A	0—12		中壤土	块状	6.7	56.3	2.94	0.60	21.2	185		78	21.9	静水湖积物	E 121°14′55.3″ N 31°05′14.6″	80
						Pw	12—25		重壤土	大块状	6.9	54.6	2.82	0.57	22.5	185		87	22.3			
						D	25—60		重壤土	无明显结构	6.4	45.1	1.99	0.31	22.0	146		101	18.2			
						G	60—		中壤土	无结构	7.3	6.5	0.43	0.56	21.5	18		98	15.1			
剖6	人为土	水稻土	脱潜水稻土	青紫泥	腐心青紫泥	1	0—15	暗棕色	重壤土	团块状										湖海相沉积物	E 121°11′04.6″ N 31°05′13.9″	95
						2	15—30	暗棕色	重壤土	大块状												
						3	30—57	灰棕色	重壤土	大棱柱状												
						4	57—100	灰黑色	黏重壤土	无明显结构												
剖7	人为土	水稻土	脱潜水稻土	青紫泥	斑纹青紫泥	A	0—14	棕黄色	中壤土	松状	7.8	31.6	1.88	0.81	22.2	232	25.0	95	20.4	湖海相沉积物	E 121°06′31.3″ N 31°02′19.7″	90
						P	14—22	黄棕色	重壤土	大块状	7.9	26.8	1.45	0.71	21.9	168	17.0	101	19.7			
						W_1	22—38	棕黄色	重壤土	棱块状	8.1	19.5	1.25	0.67	22.2	97	11.0		19.5			
						W_2	38—58	灰棕色	重壤土	大棱块状	8.0	11.6	0.72	0.55	24.0	51	1.0	105	14.6			
						DW	58—90	棕黑色	轻壤土	棱柱状	7.9	36.8	1.53	0.43	27.7		1.0	115				
						6	90—100			无明显结构												
剖8	人为土	水稻土	脱潜水稻土	青紫头	砂底青紫头	A	0—14		中壤土		6.2	30.6	1.74	0.73	22.5	166	19.0	65	15.4	湖海相沉积物	E 121°11′58.9″ N 31°04′44.0″	88
						P	14—26		中壤土		7.5	22.1	1.45	0.63	24.0	134	2.0	66	14.9			
						W	30—40		重壤土		7.2	12.9	0.56	0.40	25.2	48	<1.0	150	17.0			
						Ws	70—80		轻壤土		7.4	3.7	0.23	0.64	22.5	24	1.0	66	9.4			
剖9	人为土	水稻土	沼泽型水稻土	青泥土	青泥土	A	0—15		重壤土		7.2	45.2	2.60	0.73	27.0	229	15.0	193	20.9	静水湖积物	E 121°13′06.2″ N 31°03′52.9″	82
						Pw	15—25		重壤土		8.0	25.8	1.54	0.62	24.9	109	4.0	113	18.8			
						Dw	30—40		轻壤土		7.8	32.3	1.39	0.39	24.0	92	1.0	105	24.0			
						Dg	40—50		重壤土		7.6	10.7	0.67	0.48	25.2	69	2.0	63	15.9			
						G	50—55		重壤土		7.5	9.0	0.59	0.47	24.5	49	2.0	115	15.3			

续表 Continued

剖面号 Soil profile	土纲 Soil order	土类 Soil great group	亚类 Soil subgroup	土属 Soil genus	土种 Soil species	土层码 Layer code	土层厚度 Depth/cm	颜色 Soil color	质地 Soil texture	土壤结构 Soil structure	pH	有机质 OM/(g/kg)	全氮 TN/(g/kg)	全磷 TP/(g/kg)	全钾 TK/(g/kg)	碱解氮 AN/(mg/kg)	有效磷 AP/(mg/kg)	速效钾 AK/(mg/kg)	阳离子交换量CEC/(cmol/kg)	土壤母质 Parent material	剖面点坐标 Profile coordinate	匹配指数 Matching index/%
剖面10	人为土	水稻土	脱潜水稻土	青紫泥	青紫泥	A	0–20	灰棕色	重壤土	小块状	5.6	33.3	1.91	0.66	25.2	169	11.0	130	17.9	湖相沉积物	E 121° 11′ 28.0″ N 31° 01′ 56.6″	84
						P	20–30	棕色	重壤土	大块状	6.8	29.4	1.80	0.66	28.5	134	7.0	150	16.0			
						W₂	30–62	棕灰色	轻黏土	棱柱状	7.6	13.9	0.76	0.33	25.5	70	<1.0	150	20.6			
						Bvcg	62–100	黄青灰色	重黏土	无明显结构	7.8	4.3	0.43	0.54	30.0	35	4.0	219	17.1			
剖面11	人为土	水稻土	脱潜水稻土	青紫泥	斑纹青紫泥	A	0–14	黄棕色	重壤土	粒状	7.4	28.2	1.77	0.66	21.6	124	11.0	92	17.9	湖相沉积物	E 121° 13′ 01.9″ N 31° 02′ 16.4″	87
						P	14–26	黄棕色	重壤土	块状	7.7	25.1	1.39	0.58	21.6	101	5.0	101	16.0			
						W₁	26–52	灰棕色	轻黏土	棱块状	7.6	11.4	0.65	0.52	24.6	33	3.0	180	18.3			
						W₂	52–75	棕色	轻黏土	大棱块状	7.7	19.3	0.96	0.35	25.5	44	4.0	196	20.6			
						Bvcg	75–100		中壤土	大块状	7.8	5.5	0.31	0.59	23.7	24	4.0	180	13.2			
剖面12	人为土	水稻土	潜育水稻土	青黄泥	青黄泥	A	0–17		重壤土		6.2	43.7	2.49	0.63	21.6	230	8.0	85	18.2	湖相沉积物	E 121° 14′ 38.4″ N 31° 02′ 24.4″	88
						P	17–23		重壤土		7.7	16.2	0.97	0.49	21.0	82	5.0	93	17.2			
						W₁	30–45		重壤土		7.6	9.2	0.56	0.41	21.6	46	3.0	98	16.7			
						W₂	50–60		重壤土		7.6	10.2	0.69	0.52	25.0	65	5.0	104	16.4			
						Wg	80–90		重壤土		7.3	19.8	0.93	0.43	23.5	67	4.0	120	20.0			
						Bvc	100–110		中壤土		7.3	6.4	0.36	0.55	21.0	31		50	15.2			
剖面13	人为土	水稻土	脱潜水稻土	青紫泥	腐心青紫泥	A	0–13		重壤土	粒状	6.3	36.3	1.92	0.70	24.9	206	15.0	85	17.2	湖相沉积物	E 121° 09′ 22.0″ N 31° 00′ 59.4″	91
						P	13–28		重壤土	块状	7.5	21.3	1.18	0.54	26.4		6.0	81	15.6			
						W	28–45		轻黏土	小块状	7.6	11.2	0.64	0.44	27.6	58	1.0	96	14.1			
						WD	45–61		中黏土	块状	7.4	32.2	1.50	0.31	29.1		1.0	150	26.3			
						Bvcg	61–100		重黏土	大块状	7.8	6.6	0.48	0.49	26.7	38	2.0		14.8			
剖面14	人为土	水稻土	渗育水稻土	青黄泥	青黄土	A	0–16	黄棕色	中壤土	粒状	7.4	35.2	2.20	0.76	23.7	197	11.0	70	19.8	江河冲积物、河湖沉积物	E 121° 09′ 54.7″ N 31° 01′ 52.7″	80
						P	16–27	黄棕色	中壤土	块状	7.5	34.7	2.10	0.73	22.8	168	5.0	60	17.4			
						W₁	27–41	棕黄色	中壤土	块状	8.0	13.6	0.71	0.66	22.5	45	2.0	70	11.9			
						W₂	41–100	黄棕色	中壤土	块状	8.2	7.1	0.48	0.59	25.5		1.0	75	11.4			
剖面15	人为土	水稻土	潜育水稻土	潮砂泥	潮砂泥	A	0–15	黄棕色	中壤土	粒状	8.1	25.7	1.59	0.78	20.0	112	18.0	107	12.3	江河冲积物	E 121° 08′ 48.1″ N 31° 00′ 19.8″	98
						P	20–85	棕褐色	轻壤土	核状	8.2	19.7	1.24	0.63	21.5	84	6.0	62	11.8			
						DW	48–76	棕褐色	中壤土	大核状	8.5	5.8	0.46	0.61	23.0	30	6.0	81	8.5			
						G	76–100		轻壤土	无结构	6.7	47.4	2.79	0.60	28.2	215	6.0	100	24.9			
剖面16	人为土	水稻土	脱潜水稻土	青紫泥	青紫泥	A	0–15	褐棕色	重壤土	核状	7.8	14.8	0.96	0.54	29.0	95	3.0	132	20.4	江河冲积物	E 121° 08′ 40.3″ N 31° 00′ 24.1″	100
						P	15–27	灰棕色	重壤土	大块状	7.7	10.5	0.65	0.48	29.0	54	2.0	120	17.7			
						W₂	27–48	灰黄色	轻黏土	大棱柱状	7.4	33.1	1.60	0.28	30.0	121	1.0	150	29.9			
						Wd	55–70	青灰色	轻黏土	棱柱状	7.5	21.5	1.18	0.33	29.1	101	3.0	147				
剖面17	人为土	水稻土	脱潜水稻土	青紫土	黏底青紫土	A	0–15	棕褐色	中壤土	小块状										湖相沉积物、河湖沉积物	E 121° 10′ 25.3″ N 31° 01′ 17.0″	92
						P	15–25	棕黑色	中壤土	大块状												
						W₂	25–55	灰棕色	重黏土	棱柱状												
						Wd	55–70	灰黑色	中壤土	大棱柱状												
						Bvcg	70–100	灰黄色	轻黏土	无明显结构												
剖面18	人为土	水稻土	渗育水稻土	潮砂泥	潮砂泥	A	0–14		中壤土		6.9	33.5	2.10	0.76	22.0	147	17.0	110	17.8	江河冲积物	E 121° 07′ 52.7″ N 30° 59′ 05.3″	97
						P	15–24		中壤土		7.2	33.1	2.02	0.77	20.5	128	21.0	86	15.2			
						W	24–46		中壤土		7.8	10.0	0.66	0.64	21.0	43	8.0	74	12.7			
						Wc	46–100		中壤土		7.7	8.1	0.59	0.68	23.5	31	8.0	83				
剖面19	人为土	水稻土	潜育水稻土	青黄土	间砂青黄土	A	0–14		中壤土		7.9	32.8	2.03	1.04	20.9	161	23.0	89	16.4	江河冲积物、河湖沉积物	E 121° 17′ 58.2″ N 31° 08′ 14.3″	97
						P	14–26		中壤土		8.1	17.2	1.14	0.81	20.7	88	5.0	98	13.2			
						W	50–60		中壤土		8.2	7.6	0.53	0.56	20.4	54	3.0	98	12.2			
						WL	72–83		轻壤土		8.2	5.3	0.39	0.54	20.9	36	3.0	78	9.2			
						D	83–95		轻黏土		8.0	21.4	0.94	0.36	25.0		2.0	121	17.9			

续表 Continued

剖面号 Soil profile	土纲 Soil order	土类 Soil great group	亚类 Soil subgroup	土属 Soil genus	土种 Soil species	土层码 Layer code	土层厚度 Depth/cm	颜色 Soil color	质地 Soil texture	土壤结构 Soil structure	pH	有机质 OM/(g/kg)	全氮 TN/(g/kg)	全磷 TP/(g/kg)	全钾 TK/(g/kg)	碱解氮 AN/(mg/kg)	有效磷 AP/(mg/kg)	速效钾 AK/(mg/kg)	阳离子交换量 CEC/(cmol/kg)	土壤母质 Parent material	剖面点坐标 Profile coordinate	匹配指数 Matching index/%
剖20	人为土	水稻土	潴育水稻土	黄潮泥	青底黄潮泥	A	0—15		中壤土		7.5	24.6	1.55	0.90	22.0	123	25.0	75	15.5	江河沉积物	E 121°18′16.2″ N 31°07′37.9″	84
						P	15—25		中壤土		7.5	17.5	1.13	0.76		89	20.0	74	14.0			
						W	40—55		中壤土		7.5	5.1	0.35	0.43	22.8	54	3.0	72	13.3			
						WBv	75—85		重壤土		7.5	9.8	0.63	0.39	21.9	61	2.0	84	18.4			
剖21	人为土	水稻土	渗育水稻土	潮砂泥	砂身潮砂泥	A	0—13		中壤土		7.6	16.4	0.91	0.79	24.0	118	13.0	56	16.0	江河冲积物	E 121°15′13.7″ N 30°58′09.8″	84
						P	13—30		中壤土		7.9	14.8	0.84	0.75	23.1	109	11.0	53	12.3			
						Wc	30—42		中壤土		7.9	5.4	0.37	0.70	25.8	32	3.0	83	11.0			
						C	42—100		紧砂土		8.1	3.8	0.23	0.64	22.2	16	3.0	45	5.2			
剖22	人为土	水稻土	潴育水稻土	黄潮泥	砂身黄潮泥	A	0—15		中壤土		7.4	25.7	1.61	0.67	23.4	174	16.0	59	13.9	江海沉积物	E 121°18′48.6″ N 30°57′53.6″	90
						P	15—28		中壤土		7.4	26.2	1.58	0.66	23.4	180	14.0	50				
						Ws	28—117		砂壤土		8.4	5.2	0.27	0.60	21.0	32	1.0	18				
剖23	人为土	水稻土	潴育水稻土	黄潮泥	砂身黄潮泥	A	0—18		中壤土		7.0	35.7	2.03	0.77	22.8	151	13.0	95	15.3	江海沉积物	E 121°18′31.3″ N 30°57′04.7″	98
						P	18—32		重壤土		7.6	11.3	0.72	0.58	26.4	55	1.0		17.0			
						Ws	32—100		砂壤土		8.1	5.3	0.41	0.56	24.0	27	3.0	60	8.0			

青 浦 区

主要土类说明

水稻土是青浦区主要土壤类型，占本区地域面积的82%。水稻土是受人们长期耕作、施肥和排灌的深刻影响，在频繁的还原淋溶和氧化淀积等作用下形成的新的土壤类型。本区水稻土起源类型为沼泽潜育土或草甸土。不论起源于何种土壤，它都有可能具备耕作层、犁底层、渗渍层等发生层段，但其剖面的中下部也可能保持着不同起源土壤遗留的发生层段，如潜育层、淀积层、母质层等。按水耕熟化、起源类型、沉积母质等的分异程度的不同，本区水稻土分为沼泽型、脱潜型、潴育型等亚类。沼泽型水稻土：地下水位高，种稻期间全剖面几乎为水所饱和，呈强烈还原状态，由于长期囊水，土粒分散，土体较烂，仅旱作期间，上层初现脱潜现象，潜育层出现在地下50cm以内。脱潜水稻土：随地下水位下降，剖面发生层已清晰，潜育层出现在地下50—100cm，虽上层仍滞水，但已表现出不同程度的明显脱潜过程。潴育水稻土：地下水位较低或下层受地下水浸泡，在种稻期间，上层为还原态，中层为氧化态，下层还原态又有所增强，渗渍层深厚，具爽水特征，因而在还原淋溶作用下，土体中的铁锰或碳酸盐重新分配，潜育层出现在地下100cm以下。

小于本区地域面积3%的土壤类型还有潮土。

本区域中心区气候特征

本区域中心区气候特征值
Regional climate characteristics in central area of the region

气候带：北亚热带湿润气候 Climate region: North subtropical humid climate	
年平均气温 /℃ Annual average temperature /℃	16.0
年平均最高气温 /℃ Annual average maximum temperature /℃	20.2
年平均最低气温 /℃ Annual average minimum temperature /℃	12.7
年降水量 /mm Annual precipitation /mm	1210
≥10℃的积温 /℃ Daily temperature accumulated in a year (≥10℃) /℃	5838
年日照时数 /h Annual sunshine /h	1889
年平均相对湿度 /% Annual average relative humidity /%	77
干燥度 Dryness	0.79

本区域中心区月平均气温与月平均降水量
Monthly temperature and precipitation in central area of the region

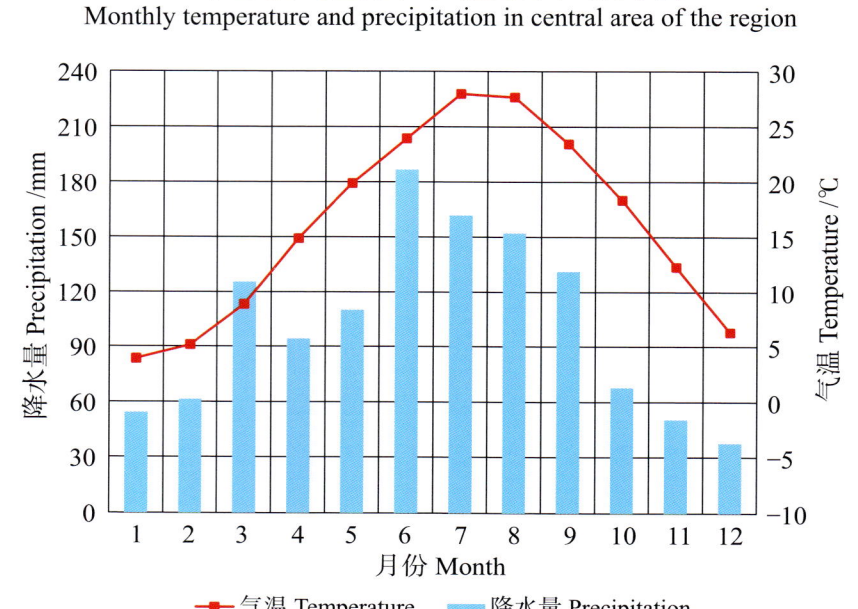

青浦县主要土壤类型与土壤剖面点分布图

1∶170 000

图 例
- 水稻土
- 潮土
- ⊗ 剖面点

注：国务院1999年9月批准，撤销青浦县，设立青浦区。

青浦区土壤剖面理化性状表

剖面号 Soil profile	土纲 Soil order	土类 Soil great group	亚类 Soil subgroup	土属 Soil genus	土种 Soil species	土层码 Layer code	土层厚度 Depth/cm	颜色 Soil color	质地 Soil texture	土壤结构 Soil structure	pH	有机质 OM/(g/kg)	全氮 TN/(g/kg)	全磷 TP/(g/kg)	全钾 TK/(g/kg)	碱解氮 AN/(mg/kg)	有效磷 AP/(mg/kg)	速效钾 AK/(mg/kg)	阳离子交换量CEC/(cmol/kg)	土壤母质 Parent material	剖面点坐标 Profile coordinate	匹配指数 Matching index/%
剖1	人为土	水稻土	潴育水稻土	潮砂泥		1	0—11		轻壤土		6.3	13.4	0.90	0.47	10.0				1.0	江河冲积物	E 120°55′09.1″ N 31°06′58.3″	80
						2	11—50		轻壤土		6.3	14.4	0.96	0.46	10.0				1.0			
						3	50—		轻壤土		6.1	29.3	1.09	0.42	10.0				1.0			
剖2	人为土	水稻土	潴育水稻土	潮砂泥	砂泥	1	0—11		轻壤土		6.3	13.4	0.90	0.47		124	4.0	93	9.3	江河冲积物	E 120°55′32.2″ N 31°07′03.4″	81
						2	11—50		轻壤土		6.3	14.4	0.96	0.46					11.1			
						3	50—		轻壤土		6.1	29.3	1.09	0.42					12.1			
剖3	人为土	水稻土	潴育水稻土	青黄泥	鳝血青黄泥	A	0—10	紫棕色	重壤土		6.4	27.0	1.45	0.52			4.0	76		湖相沉积物	E 120°56′11.4″ N 31°04′11.6″	90
						P	18—25		重壤土		7.2	22.0	1.28	0.49								
						W₁	30—40		中壤土		7.6	8.5	0.43	0.50								
						W₂	40—		中壤土		7.7	9.2	0.48	0.51								
剖4	人为土	水稻土	潴育水稻土	黄潮泥	黄潮泥	1	0—14		中壤土		8.0	17.8	1.13	0.79			10.0	41		江海沉积物	E 121°09′07.2″ N 31°15′24.5″	82
						2	14—19		中壤土		8.0	15.4	0.99	0.82			7.0					
						3	19—120		中壤土		8.8	5.7	0.44	0.68			3.0					
剖5	人为土	水稻土	潴育水稻土	黄泥头	黄泥头	1	0—14		中壤土		7.0	19.4	1.60	1.03		363	42.0	36		江海沉积物	E 121°09′29.9″ N 31°15′07.2″	99
						2	14—30		中壤土		7.6	11.2	0.70	0.97			11.0					
						3	30—57		中壤土		8.0	6.4	0.42	0.96			7.0					
剖6	人为土	水稻土	潴育水稻土	青黄泥	砂身青黄泥	1	0—19				7.8	19.7	1.14	0.64	17.0	122	17.0	76	12.5	河湖交互沉积物	E 121°06′54.7″ N 31°14′21.5″	80
						2	19—30			块状, 屑状	8.1	16.1	0.85	0.62	17.8	84	5.0	57				
						3	30—50	紫棕色		片状	8.2	10.1	0.54	0.60	17.4	61	3.0	61				
						4	50—75	紫棕色		棱块状	7.7	8.9	0.47	0.56	19.0							
						5	75—	灰黄色		无结构	7.6	7.6	0.42	0.50	21.2							
剖7	人为土	水稻土	脱潜水稻土	青紫土	小粉青紫土	A	0—15	浅灰色	中壤土		7.4	31.8	1.60	0.85	21.0	150	26.0	58	12.7	河湖交互沉积物	E 121°06′27.7″ N 31°11′59.3″	84
						P	15—25		中壤土		8.0	19.8	1.14	0.64	19.0	99	5.0	48				
						W	25—92		重壤土		8.1	10.2	0.57	0.55	18.4	52	1.0	68				
						G	92—		轻壤土		8.0	5.8	0.43	0.57	17.6							
剖8	人为土	水稻土	潴育水稻土	青黄泥	砂身青黄泥	1	0—16		中壤土											河湖交互沉积物	E 121°06′37.8″ N 31°12′28.1″	89
						2	16—24		重壤土		6.6	41.9	2.44	0.95		48	6.0	62	21.0			
						3	24—105		重壤土		7.1	35.7	2.19	0.60								
剖9	人为土	水稻土	脱潜水稻土	青紫土		A	0—12		轻黏土		7.4	23.2	0.72	0.47						湖相沉积物	E 121°05′45.6″ N 31°10′05.5″	96
						P	14—20		重黏土		8.3	15.2	0.75	0.68								
						W	30—40		中壤土		8.2	10.9	0.61	0.72								
剖10	人为土	水稻土	潴育水稻土	黄潮泥		1	0—14		轻壤土		8.2	5.1	0.37	0.76						江海沉积物	E 121°06′46.4″ N 31°11′39.8″	96
						2	14—22		轻壤土													
						3	22—56				6.0	26.1	1.41	0.51		138	6.0	94				
剖11	人为土	水稻土	潴育水稻土	青黄泥	青黄泥	1	2—15		中壤土	块状, 粒状	6.3	27.1	1.39	0.51					16.0	湖相沉积物	E 121°07′30.4″ N 31°13′01.6″	82
						2	18—25	暗灰黄色	中壤土	块状	6.6	22.0	1.30	0.44		73	59.0	99				
						3	30—45	暗棕色	重黏土	块状	6.5	21.3	1.05	1.04								
剖12	人为土	水稻土	脱潜水稻土	青泥土	胶黏青泥土	A	0—18	青灰色	中壤土		7.4	15.5	0.80	0.49					15.6	湖相沉积物	E 121°09′36.0″ N 31°14′01.3″	89
						PG	18—43	青灰色	粗粉砂土													
						G₁	43—53		粗粉砂土	无结构												
						G₂	53—															

续表 Continued

剖面号 Soil profile	土纲 Soil order	土类 Soil great group	亚类 Soil subgroup	土属 Soil genus	土种 Soil species	土层码 Layer code	土层厚度 Depth/cm	颜色 Soil color	质地 Soil texture	土壤结构 Soil structure	pH	有机质 OM/(g/kg)	全氮 TN/(g/kg)	全磷 TP/(g/kg)	全钾 TK/(g/kg)	碱解氮 AN/(mg/kg)	有效磷 AP/(mg/kg)	速效钾 AK/(mg/kg)	阳离子交换量CEC/(cmol/kg)	土壤母质 Parent material	剖面点坐标 Profile coordinate	匹配指数 Matching index/%
剖13	人为土	水稻土	潴育水稻土	黄潮泥	黄潮泥	1	0—12		中壤土		7.7	40.4	2.30	0.82		150	13.0			江海沉积物	E 121°10′59.2″ N 31°13′08.0″	98
						2	12—19		中壤土		7.7	43.0	2.44	0.81			9.0					
						3	19—25		中壤土		8.0	30.5	1.89	0.76			5.0					
						4	25—45		中壤土		8.2	12.0	0.65	0.74			2.0					
						5	45—61		中壤土		7.9	10.5	0.57	0.58			1.0					
剖14	人为土	水稻土	脱潜水稻土	青紫头		A	0—15		重壤土		7.5	33.8	1.93	0.75						河湖沉积物	E 121°12′51.5″ N 31°11′15.4″	99
						P	15—27		重壤土		7.9	30.6	1.78	0.70					20.2			
						W	27—56		中壤土		8.2	8.1	0.53	0.59								
剖15	人为土	水稻土	脱潜水稻土	青紫泥	灰心青紫泥	A	0—14	紫灰色	中壤土	块状、粒状	6.2	51.9	2.81	0.75			8.0			湖相沉积物	E 121°12′42.1″ N 31°10′02.3″	96
						P	14—22	紫灰色	中壤土	块状	7.1	43.3	2.46	0.75			9.0					
						W	22—47	棕灰色	中壤土	棱柱状	8.6	15.9	0.86	0.62			2.0					
						Wg	47—55	灰棕色	重壤土	棱柱状	7.5	25.8	1.16	0.43			2.0					
						GD	55—100	黑色	重壤土		6.6	152.8	6.29	0.36			1.0					
						G	100—	青灰色	重壤土		8.1	11.3	0.55	0.66			4.0					
剖16	人为土	水稻土	潴育水稻土	黄潮泥	砂底黄潮泥	1	0—15		中壤土		7.4	29.3	1.75	0.70			7.0	62		江海沉积物	E 121°07′37.9″ N 31°11′35.2″	93
						2	15—23		中壤土		7.5	30.0	1.67	0.70								
						3	23—60		中壤土		7.9	39.7	0.71	0.66								
剖17	人为土	水稻土	脱潜水稻土	青泥土	涝田青泥土	A	0—10	暗灰色	重壤土	块状、粒状	7.0	38.8	2.34	0.55			19.0	108		湖相沉积物	E 121°08′06.7″ N 31°10′29.4″	83
						PG	10—28	暗灰色	重壤土	无结构	7.1	27.7	1.33	0.47								
						G	28—	青灰色	重壤土													
剖18	人为土	水稻土	脱潜水稻土	青紫土	青紫土	A	0—14	灰棕色	重壤土	块状、粒状	6.7	38.6	2.29	0.79			14.0	111		河湖沉积物	E 121°12′43.8″ N 31°11′32.6″	80
						P	14—28	棕灰色	重壤土	棱柱状	7.1	33.9	2.14	0.78								
						W	28—75	灰黄棕色	重壤土		7.6	12.1	0.80	0.57								
						G	75—	青灰色	重壤土													
剖19	人为土	水稻土	脱潜水稻土	青紫泥	青紫泥	A	0—15	紫灰色	重壤土	块状	7.1	40.3	2.27	0.70		165	8.0	112	22.9	湖相沉积物	E 121°08′43.4″ N 31°10′45.1″	85
						P	15—25	紫灰色	重壤土	块状	7.4	38.9	2.16	0.71					22.3			
						W	25—50	紫灰色	轻黏土	棱柱状	8.0	21.2	1.29	0.57					19.4			
						DW	50—70	黑灰色	重壤土	块状												
						G	70—	青灰色	重壤土													
剖20	人为土	水稻土	脱潜水稻土	青紫头	青紫头	A	0—15		重壤土		7.4	43.8	2.51	0.73		151	9.0	121	20.2	河湖沉积物	E 121°09′29.5″ N 31°11′08.2″	91
						P	15—25		重壤土		7.3	38.3	2.07	0.60					20.1			
						W	25—85		重壤土		7.9	14.0	0.71	0.54					20.5			
剖21	人为土	水稻土	脱潜水稻土	青紫头	砂心青紫头	A	0—15		重壤土		7.0	12.5	0.95	0.61		137	11.0	84		河湖沉积物	E 121°10′13.1″ N 31°10′50.2″	85
						P	15—30		重壤土		7.3	7.0	0.57	0.57								
						W	30—65		重壤土		7.4	9.2	0.77	0.55								
剖22	人为土	水稻土	脱潜水稻土	青紫头	砂身青紫头	A	0—14		重壤土		7.7	42.7	2.39	0.78	20.2	185	15.0	102	14.2	河湖沉积物	E 121°10′31.1″ N 31°10′49.8″	87
						P	14—26		重壤土		8.0	32.8	1.84	0.77	20.4	141	15.0	128				
						W	26—50		轻黏土		8.4	11.7	0.76	0.63	10.6	65	17.0	106				
						Ws	50—100		重壤土		8.4	8.1	0.49	0.61	19.2		4.0	84				
剖23	人为土	水稻土	脱潜水稻土	青紫头	青紫头	A	0—15		重壤土											河湖沉积物	E 121°10′34.7″ N 31°10′24.6″	90
						P	15—27		重壤土													
						W	27—56		中壤土													

剖面号 Soil profile	土纲 Soil order	土类 Soil great group	亚类 Soil subgroup	土属 Soil genus	土种 Soil species	土层码 Layer code	土层厚度 Depth/cm	颜色 Soil color	质地 Soil texture	土壤结构 Soil structure	pH	有机质 OM/(g/kg)	全氮 TN/(g/kg)	全磷 TP/(g/kg)	全钾 TK/(g/kg)	碱解氮 AN/(mg/kg)	有效磷 AP/(mg/kg)	速效钾 AK/(mg/kg)	阳离子交换量 CEC/(cmol/kg)	土壤母质 Parent material	剖面点坐标 Profile coordinate	匹配指数 Matching index/%
剖24	人为土	水稻土	脱潜水稻土	青紫泥	黄斑青紫泥	A	0—12	紫灰色	中壤土	块状、粒状	7.5	51.7	2.73	0.81		162	22.0	99		湖相沉积物	E 121°07′01.9″ N 31°07′55.6″	88
						P	12—21	紫灰色	中壤土	块状	7.6	47.8	2.52	0.73			8.0					
						W₁	21—31	灰黄色	中壤土	棱块状	8.1	13.8	0.75	0.60			3.0					
						W₂	31—72	灰黄色	重壤土	棱块状												
						WD	72—83	黑棕色	重壤土	棱块状												
						G	83—	浅灰色	轻黏土													
剖25	人为土	水稻土	潜育水稻土	沟干泥		1	0—16		中壤土		7.6	2.2	1.32	0.74	10.0				1.0	江海交互沉积物	E 121°14′15.4″ N 31°09′32.0″	88
						2	16—30		中壤土		7.7	17.2	1.05	0.68	10.0				1.0			
						3	30—190		重壤土		7.8	10.5	0.62	0.58	10.0				1.0			
剖26	人为土	水稻土	脱潜水稻土	青小粉	泖田小粉土	A	0—13	浅黄棕色	中壤土	粒状	7.7	27.6	1.39	0.69	21.2	137	11.0	58	11.9	河流沉积物	E 121°02′02.4″ N 31°01′37.6″	84
						P	13—20	浅黄色	中壤土	片状	7.8	26.5	1.32	0.67	21.2	130	8.0	53				
						BvW	20—60	浅黄棕色	中壤土	小棱块状	8.3	12.9	0.84	0.54	21.5	78	11.0	58				
						Bv	60—90	浅黄棕色	中壤土	棱块状	8.3	12.2	0.57	0.56	19.3							
						BvC	90—	浅灰棕色	重壤土	块状	8.2	11.2	0.58	0.49	21.3							
剖27	人为土	水稻土	潜育水稻土	青黄泥		1	0—15		重壤土		5.3	27.8	1.49	0.63	15.2				14.9	湖相沉积物	E 121°00′50.8″ N 30°59′47.0″	88
						2	15—25		重壤土		6.7	25.3	1.39	0.52	18.8				1.0			
						3	25—51		重壤土		7.4	16.5	0.94	0.44	18.8				1.0			
						4	51—68		重壤土		7.5	8.9	0.51	0.41	19.2				1.0			
剖28	人为土	水稻土	潜育水稻土	青黄土		1	0—17		重壤土		7.5	26.7	1.66	0.80	10.0				17.4	河湖交互沉积物	E 121°16′04.8″ N 31°10′32.9″	85
						2	17—23		重壤土		7.8	24.9	1.60	0.78	10.0				17.9			
						3	23—110		重壤土		8.0	6.9	0.56	0.57	10.0				16.6			
剖29	人为土	水稻土	潜育水稻土	青黄土	青黄土	1	0—17				7.5	26.7	1.16	0.80			13.0	143	17.4	河湖交互沉积物	E 121°15′21.2″ N 31°10′05.2″	86
						2	17—23				7.8	24.9	1.10	0.78					17.9			
						3	23—110				8.0	6.9	0.56	0.57					16.6			

奉 贤 区

主要土类说明

水稻土是奉贤区主要土壤类型，占本区地域面积的84%。水稻土是在不同母质与耕作制度上发育形成的新的土壤类型，其发生层段多是在还原氧化交替作用下形成的，还原淋溶和氧化淀积不仅受耕作制度影响，还特别受水分状况制约，因此它的形态变化复杂多样，不论起源于何种土壤，经过人们的长期耕作，都有可能演变为水稻土，具有耕作层、犁底层、渗渍层等发生层次，但其剖面中下层也可能保持着不同起源土壤遗留的发生层段，如沼泽土起源的潜育层，草甸土起源的淀积层或母质层等。本区水稻土可概括为两种起源类型：沼潜起源和草甸起源。沼泽土起源的水稻土，约占全区水稻土面积的12%，由于深受地下水的影响，原始剖面构型为A-G，因受潮沼环境的影响，有机质累积较丰富。下层因长期受潜水浸泡，还原作用强烈。随脱潜作用的发展，在水旱交替耕作下，土壤层次不断分化，剖面构型逐步由A-P-G发育为A-P-W-G。草甸起源的水稻土，约占全区水稻土面积的88%，草甸化已被种植水稻所代替，原始剖面为A-B-C，在长期淹水耕作条件下，土体中碳酸盐和铁锰淋淀明显，致使其剖面构型由Aca-Bca-Cca逐步发育为A-P-W-WB（Wca）-Cca。按其发育程度的不同，本区水稻土分为脱潜型、潴育型和渗育型等亚类。

小于本区地域面积3%的土壤类型还有滨海盐土、潮土。

本区域中心区气候特征

本区域中心区气候特征值
Regional climate characteristics in central area of the region

气候带：北亚热带湿润气候 Climate region: North subtropical humid climate	
年平均气温 /℃ Annual average temperature /℃	16.2
年平均最高气温 /℃ Annual average maximum temperature /℃	20.2
年平均最低气温 /℃ Annual average minimum temperature /℃	13.1
年降水量 /mm Annual precipitation /mm	1240
≥10℃的积温 /℃ Daily temperature accumulated in a year (≥10℃) /℃	5895
年日照时数 /h Annual sunshine /h	1902
年平均相对湿度 /% Annual average relative humidity /%	77
干燥度 Dryness	0.78

本区域中心区月平均气温与月平均降水量
Monthly temperature and precipitation in central area of the region

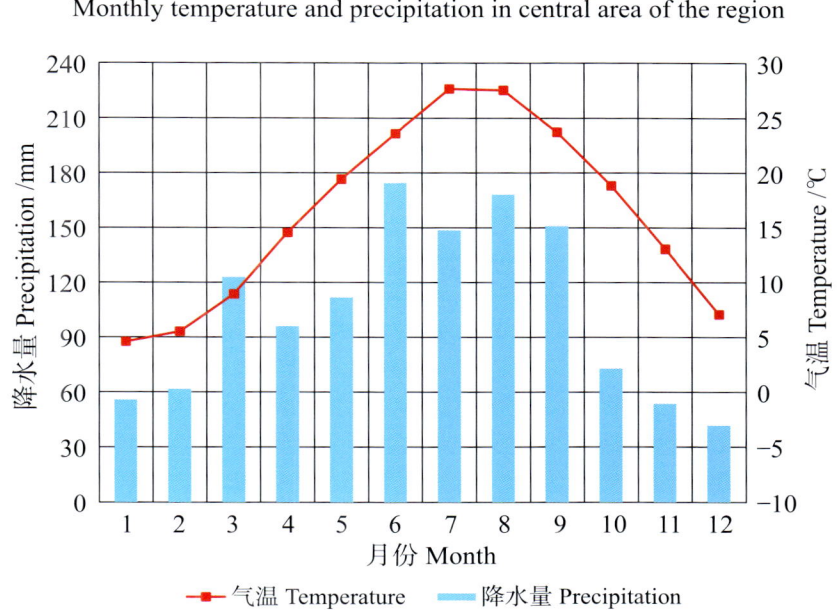

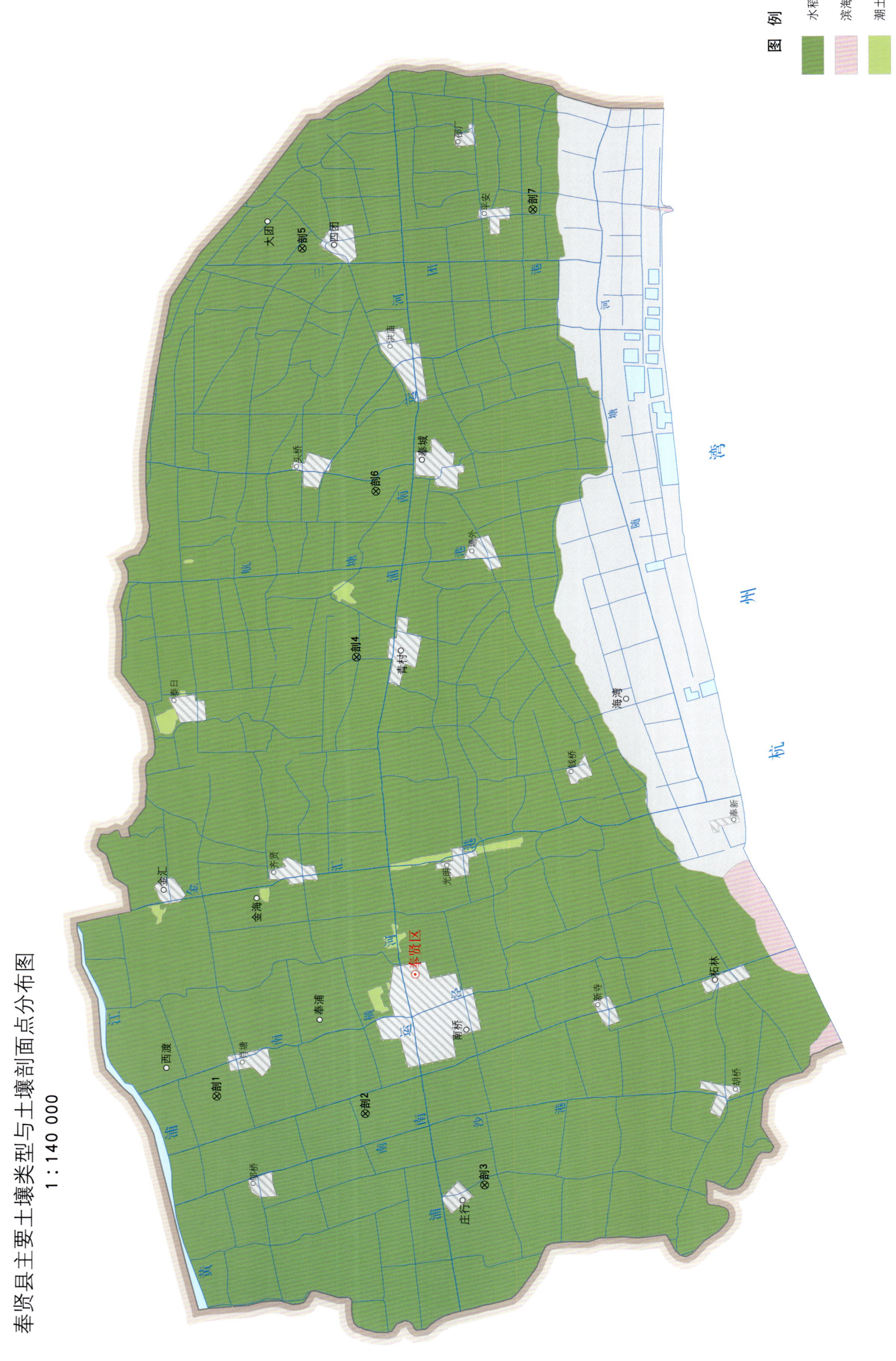

奉贤县主要土壤类型与土壤剖面点分布图
1∶140 000

奉贤区土壤剖面理化性状表

剖面号 Soil profile	土纲 Soil order	土类 Soil great group	亚类 Soil subgroup	土属 Soil genus	土种 Soil species	土层码 Layer code	土层厚度 Depth/cm	颜色 Soil color	质地 Soil texture	土壤结构 Soil structure	土壤母质 Parent material	剖面点坐标 Profile coordinate	匹配指数 Matching index/%
剖1	人为土	水稻土	潴育水稻土	潮砂土	灰底小港潮土	A	0—20	棕灰色	轻壤土	粒状	江河相沉积物	E 121°25′27.8″ N 30°58′32.5″	100
						P	20—27	灰棕色	轻壤土	块状			
						W₁	27—50	棕黄色	轻壤土	块状			
						W₂	50—80	棕黄色	轻壤土	块状			
						Bvca	80—95	灰棕色	中壤土	块状			
剖2	人为土	水稻土	潴育水稻土	黄泥土	砂贝黄泥土	A	0—11	棕灰色	中壤土	粒状	近代江海沉积物	E 121°25′09.5″ N 30°56′00.2″	87
						P	11—20	棕灰色	中壤土	块状			
						W₁	20—60	灰棕色	中壤土	块状			
						W₂	60—75	灰棕色	中壤土	块状			
						Wsd	75—110	灰棕色	中壤土	块状			
剖3	人为土	水稻土	潴育水稻土	黄泥土	黑土黄泥土	A	0—13	灰棕色	中壤土	粒状	近代江海沉积物	E 121°23′45.6″ N 30°53′57.1″	95
						P	13—25	棕灰色	中壤土	团块状			
						Bvca	25—75	黑灰色	中壤土	团块状			
						Bv	75—120	棕色	中壤土	片状			
							120—	青灰色	中壤土	粒状			
剖4	人为土	水稻土	潴育水稻土	黄泥土	铁板黄泥土	A	0—13	青灰色	中壤土	块状	近代江海沉积物	E 121°34′31.1″ N 30°56′16.4″	93
						P	13—25	灰棕色	中壤土	块状			
						W	25—55	棕灰色	中壤土	块状			
						Wir	55—110	灰棕色	中壤土	团粒状			
剖5	人为土	水稻土	潴育水稻土	黄泥土	砂底黄泥土	A	0—13	灰棕色	中壤土	块状	近代江海沉积物	E 121°42′53.3″ N 30°57′16.6″	92
						P	13—20	棕灰色	中壤土	块状			
						W₁	20—62	黄棕色	轻壤土	块状			
						Ws	62—115	黄棕色	轻壤土	块状			
剖6	人为土	水稻土	潴育水稻土	黄泥土	黄泥土	A	0—15	棕灰色	中壤土	块状	近代江海沉积物	E 121°37′55.6″ N 30°55′58.8″	92
						P	15—22	棕青色	中壤土	块状			
						W₁	22—46	灰棕色	中壤土	块状			
						W₂	46—100	黄棕色	中壤土	块状			
剖7	人为土	水稻土	渗育水稻土	夹砂土	砂夹黄土	A	0—11	棕灰色	轻壤土	块状	新江海沉积物	E 121°43′43.0″ N 30°53′21.1″	83
						P	11—16	黄棕灰色	轻壤土	块状			
						W₁	16—50	黄棕灰色	砂壤土	块状			
						Ws	50—105	黄棕灰色	砂壤土	块状			

崇 明 区

主要土类说明

水稻土是崇明区主要土壤类型，占本区地域面积的33%。本区水稻土均发育于江海相沉积物上，其起源土壤都为草甸土，原始剖面构型多为A—C，其上经历生草自然脱盐过程，其下则受到地下水的深刻影响，在长期水耕熟化影响下，土壤基本上经历了脱盐脱钙和淹水过程，一般盐分不复存在，土体中碳酸盐和铁锰淋淀已见分异，剖面构型逐步由Aca—Csa或Asa—Bsa—Csa发育为A—P—W—C—G或A—（P）—WC—C—G。但本区水稻土形成年龄较短，土壤发育年轻，因而水稻土的发育层段不完整。有时犁底层、斑纹渗渍层发育不甚明显，部分水稻土的淀积层中常见豆粒状或小粒状灰结核，剖面通体均有较强的石灰反应，剖面中有较多碳酸盐的残留，铁锰物质在剖面中的移动不太清晰。本区水稻土基本上处于始成水稻土阶段，为此，只能归为渗育水稻土。

潮土是崇明区第二大土壤类型，占本区地域面积的31%。本区潮土发育在长江冲积物母质上，碳酸盐含量高，质地分选明显，常有不同厚度的砂黏质地层次出现。潮土形成过程主要有草甸过程和在成土过程中由于地下水受毛管作用上下移动而引起土壤中氧化还原作用交替发生的潮化过程，导致铁锰氧化物累积和还原移动，因此往往在土体的中下部有锈纹、锈斑出现。在潮化过程中，要防止高地下水位处因毛管水上升而导致土壤次生盐渍化的产生。而耕作熟化则是潮土发育形成的实质，经过长期耕作，土壤基本上经历了脱盐阶段，盐渍的危害基本不存在，克服培育土壤肥力不利因素，使其向高度熟化的高产土壤方向发展。本区潮土只有灰潮土一个亚类。

滨海盐土是崇明区第三大土壤类型，占本区地域面积的11%，主要分布于本区西北至东北部沿江临海一带的北部，成土年代较晚，垦殖利用时间较短，特别是近海地带，土壤发育最为年幼，因脱离海水浸渍不久，自然淋溶程度不深，土层中特别是表土层中可溶性盐分含量较高，由于长江夹带泥沙在近海地带的沉积，颗粒也较粗，碳酸盐含量也较高，平均含量为6%，故这一带主要分布着质地较轻的盐土类土壤。依据耕层质地的差异划分为壤质盐土和砂质盐土两种类型。其中，壤质盐土占本土类面积的87%，由于垦殖利用时间较短，故其发育的剖面构型一般为Asa—C或Asa—Bsa—Csa，耕层厚度较浅，平均为10cm，心土层也变浅薄，平均为25cm，母质层出现位置较高。1m土体内有不同程度可溶性盐，整个土体石灰反应尤为强烈，碳酸钙含量为6.5%—7.0%，土壤有机质含量较低。

本区域中心区气候特征

本区域中心区气候特征值
Regional climate characteristics in central area of the region

气候带：北亚热带湿润气候 Climate region: North subtropical humid climate	
年平均气温/℃ Annual average temperature /℃	15.7
年平均最高气温/℃ Annual average maximum temperature /℃	20.0
年平均最低气温/℃ Annual average minimum temperature /℃	12.4
年降水量/mm Annual precipitation /mm	1134
≥10℃的积温/℃ Daily temperature accumulated in a year（≥10℃）/℃	5720
年日照时数/h Annual sunshine /h	1968
年平均相对湿度/% Annual average relative humidity /%	78
干燥度 Dryness	0.82

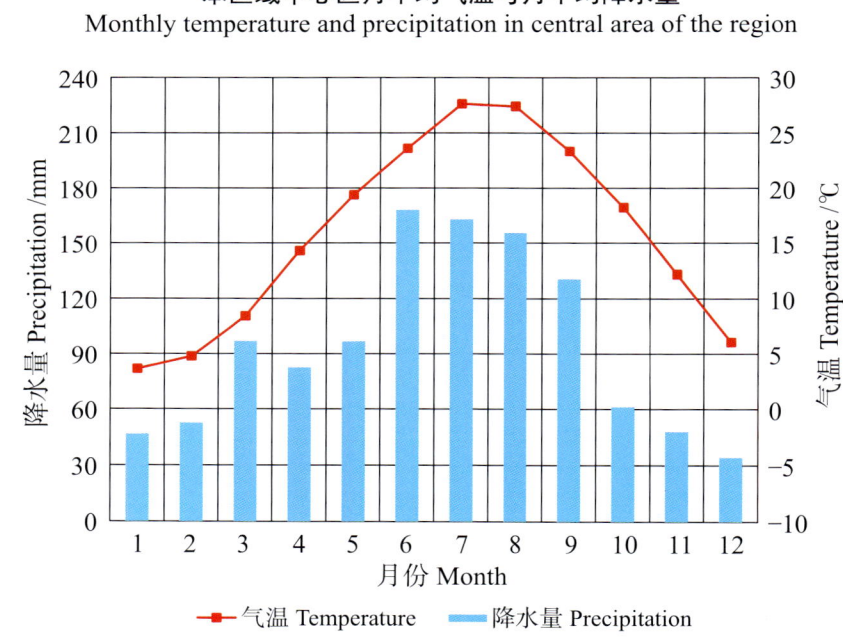

本区域中心区月平均气温与月平均降水量
Monthly temperature and precipitation in central area of the region

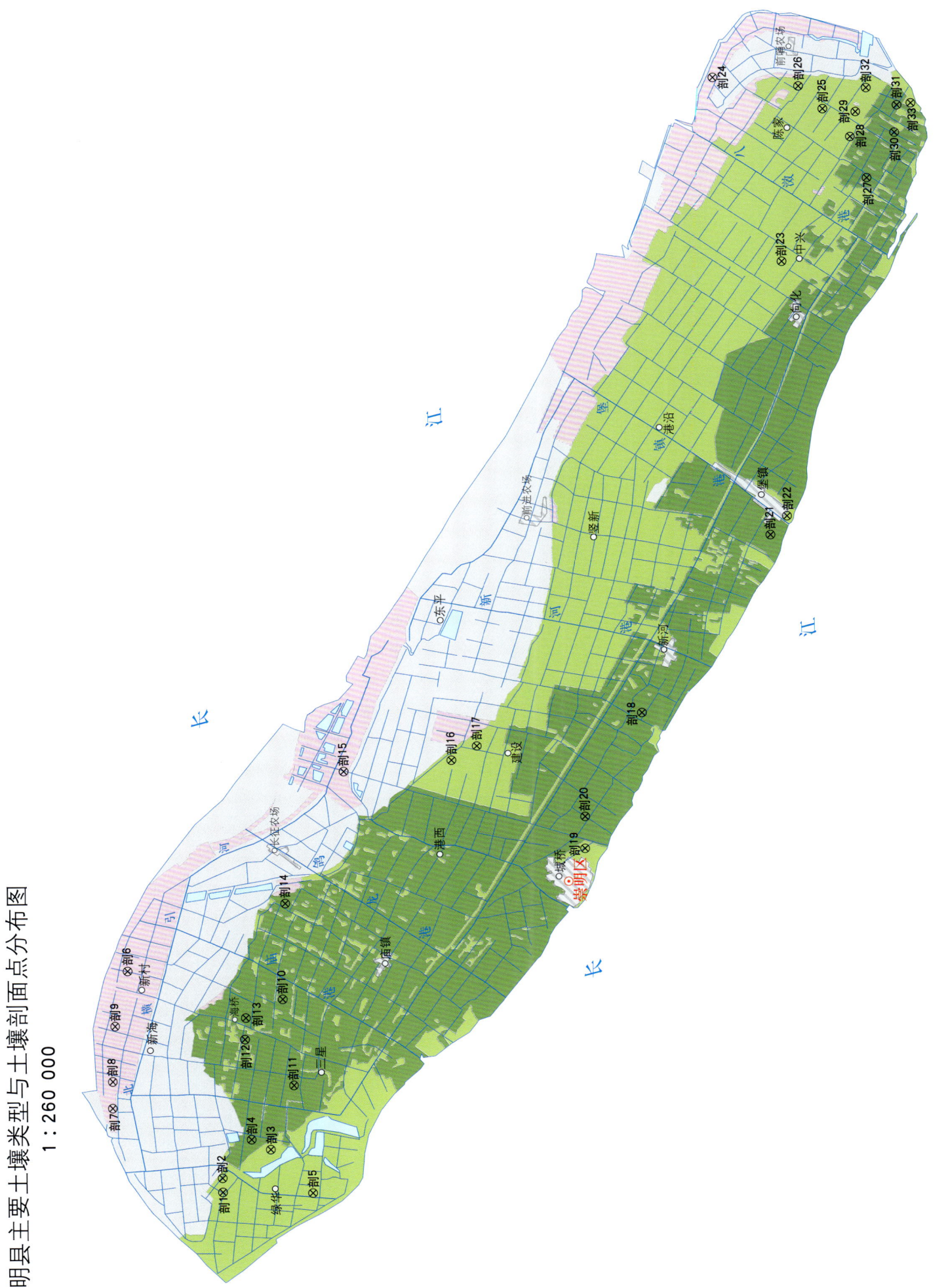

崇明区土壤剖面理化性状表

剖面号 Soil profile	土纲 Soil order	土类 Soil great group	亚类 Soil subgroup	土属 Soil genus	土种 Soil species	土层码 Layer code	土层厚度 Depth/cm	颜色 Soil color	质地 Soil texture	土壤结构 Soil structure	pH	有机质 OM/(g/kg)	全氮 TN/(g/kg)	全磷 TP/(g/kg)	全钾 TK/(g/kg)	碱解氮 AN/(mg/kg)	有效磷 AP/(mg/kg)	速效钾 AK/(mg/kg)	阳离子交换量CEC/(cmol/kg)	土壤母质 Parent material	剖面点坐标 Profile coordinate	匹配指数 Matching index/%
剖1	半水成土	潮土	灰潮土	夹砂土	潜砂底黄夹砂土	A	0—10	灰黄棕色	中壤土	块状、粒状										长江冲积物	E 121°12′42.1″ N 31°47′29.0″	81
						Bvc	10—25	灰棕色	中壤土	块状												
						C	25—80	浅棕色	轻壤土	片状												
						Gsg	80—	暗灰色	砂壤土	片状												
剖2	半水成土	潮土	灰潮土	夹砂土	砂身砂夹黄土	1	0—15		轻壤土		8.3	14.0	0.83	0.58	19.4	60	2.9	36	7.8	长江冲积物	E 121°13′10.9″ N 31°47′29.8″	98
						2	15—45		紧砂土		8.5	18.9	0.69	0.60	20.2	32	2.2	41	5.9			
						3	45—100		砂壤土		8.5	10.5	0.33	0.59	19.2		5.8	71				
剖3	半水成土	潮土	灰潮土	夹砂土	黄夹砂土	A	0—11	浅棕黄色	轻壤土	粒状	8.1	15.9	0.81	0.64	24.8	41	6.0	105	15.0	长江冲积物	E 121°14′10.3″ N 31°46′08.4″	91
						Bv₁	11—55	黄棕色	中壤土	棱柱状	8.3	8.5	0.66	0.55	22.2	31	1.7	92	13.8			
						Bv₂	55—80	黄棕色	中壤土	棱柱状	8.3	6.8		0.53	20.4		1.3	75				
						C	80—100	灰棕色	轻壤土	片状												
						G	100—	青灰色														
剖4	人为土	水稻土	渗育水稻土	黄泥土	黄泥	1	0—10		重壤土		8.3	5.7	1.55	0.89	23.6	113	8.1	86	18.1	江海沉积物	E 121°14′30.5″ N 31°46′41.2″	100
						2	10—19		重壤土		8.3	25.5	1.37	0.88	22.4	102	6.6	83	16.8			
						3	19—45		中壤土		8.4	14.1		0.66	22.4		2.2					
						4	45—100		中壤土		8.4	8.6		0.66	22.4		2.5					
剖5	半水成土	潮土	灰潮土	夹砂土	砂夹黄土	1	0—15		轻壤土		8.1	19.0	0.85	0.69	20.2	53	6.9	85	10.3	长江冲积物	E 121°12′42.5″ N 31°44′55.7″	96
						2	15—36		中壤土		8.2	11.0	0.68	0.59	18.2	35	<1.0	26	9.5			
						3	36—100		中壤土		8.2	10.5		0.53	18.2		1.0	36				
剖6	盐碱土	滨海盐土	滨海盐土	壤质轻盐土	壤质轻盐土	1	0—13		轻壤土		8.2	12.6	0.73	0.68	24.2	51	12.5	132	8.7	江海沉积物	E 121°20′10.3″ N 31°50′14.6″	90
						2	13—38		中壤土		8.4	10.0	0.68	0.62	24.5	40	6.2	132	10.9			
						3	38—75		重壤土		8.3	9.1		0.61	22.6		4.8	133				
						4	75—100		中壤土		8.2	13.7		0.62	19.9		7.7					
剖7	盐碱土	滨海盐土	滨海盐土	壤质重盐土	壤质重盐土	1	0—14		重壤土		8.5	11.7	0.38	0.68	22.0	13	6.2	100	8.8	江海沉积物	E 121°15′31.3″ N 31°50′38.0″	100
						2	14—100		中壤土		8.5	4.0	0.13	0.57	19.7	92	<1.0	40	4.8			
剖8	盐碱土	滨海盐土	脱盐壤质盐土			1	0—13		中壤土		8.5	19.8	1.17	0.74	22.7	49	11.1	130	14.5	江海沉积物	E 121°16′25.3″ N 31°50′38.4″	94
						2	13—44		重壤土	粒状	8.5	11.9	0.70	0.62	21.4		8.1	158	13.0			
						3	44—83		重壤土		8.4	10.5		0.61	22.6			184				
剖9	盐碱土	滨海盐土	壤质轻盐土			1	0—13	灰棕色	中壤土	粒状	8.4	22.1	1.18	0.67	24.5	57	6.2	93	5.9	江海沉积物	E 121°18′17.3″ N 31°50′35.5″	87
						2	15—67	暗灰棕色	重壤土	块状	8.4	14.1	0.74	0.55	25.8	28	1.3	99	13.8			
剖10	人为土	水稻土	渗育水稻土	夹砂土	黄夹砂	A	0—12	灰棕色	中壤土	块状、粒状	8.3	24.6	1.31	0.68	20.3	72	5.2	72	13.5	江海沉积物	E 121°19′16.3″ N 31°45′50.4″	86
						P	13—22	灰黄棕色	中壤土	块状	8.2	21.4	1.29	0.78	20.2	65	5.9	72	12.8			
						W	22—57	棕灰色	紧砂土	棱块状	8.4	16.4		0.76	24.0		5.2					
						C	57—100	青灰色	轻壤土	片状												
剖11	人为土	水稻土	渗育水稻土	夹砂泥	砂身黄夹砂	A	0—12	灰棕色	中壤土	块状	8.2	36.3	1.35	0.91	24.4	188	11.3	93	16.0	江海沉积物	E 121°16′21.7″ N 31°45′29.9″	92
						P	12—19	暗灰棕色	中壤土	块状	8.3	33.2	0.67	0.82	24.5	125	6.7	167	14.4			
						W	19—33	棕灰色	紧砂土	棱块状	8.4	8.2	0.65	0.49	21.1	13	<1.0	79				
						C	33—118	灰黄色	中壤土	片状			2.00	0.77	20.0	113	6.3	72	15.4			
						G	118—120	暗灰黄色	中壤土	片状			1.84	0.71	18.5	102	3.6	66	15.7			
						6	120—130		轻壤土					0.53	18.0		1.5					

续表 Continued

剖面号 Soil profile	土纲 Soil order	土类 Soil great group	亚类 Soil subgroup	土属 Soil genus	土种 Soil species	土层码 Layer code	土层厚度 Depth/cm	颜色 Soil color	质地 Soil texture	土壤结构 Soil structure	pH	有机质 OM/(g/kg)	全氮 TN/(g/kg)	全磷 TP/(g/kg)	全钾 TK/(g/kg)	碱解氮 AN/(mg/kg)	有效磷 AP/(mg/kg)	速效钾 AK/(mg/kg)	阳离子交换量CEC/(cmol/kg)	土壤母质 Parent material	剖面点坐标 Profile coordinate	匹配指数 Matching index,%
剖12	人为土	水稻土	渗育水稻土	夹砂泥	砂底砂夹黄	A	0—13		轻壤土		8.3	30.0	1.69	0.67	20.5	92	3.4	72	10.3	江海沉积物	E 121°17′53.5″ N 31°46′53.8″	100
						P	13—22		中壤土		8.4	30.0	1.62	0.73	22.5	92	3.6	72	13.1			
						W	22—58		中壤土		8.4	9.3		0.55	23.7		<1.0	49				
						Wc	58—100		轻壤土													
剖13	人为土	水稻土	渗育水稻土	夹砂泥	砂夹黄	A	0—12	灰棕色	轻壤土	粒状	8.2	22.9	1.21	0.68	24.3	64	5.2	62	11.9	江海沉积物	E 121°18′37.4″ N 31°46′52.7″	91
						P	12—27	暗灰棕色	中壤土	块状	8.3	16.1	1.09	0.69	24.3	57	3.1	64	12.7			
						W	27—50	棕黄色	重壤土	棱柱状	8.3	12.7		0.52	24.6		<1.0					
						C	50—100	灰黄棕色	轻壤土	片状												
剖14	人为土	水稻土	渗育水稻土	黄泥土	黄泥	A	0—12	青灰色														
						P	12—22	暗黄棕色	重壤土	小块状	8.2	29.2	1.62	0.73	21.5	92	4.0	129	15.0	江海沉积物	E 121°22′32.9″ N 31°45′47.5″	89
						W	22—63	暗黄棕色	中壤土	片状	8.4	29.3	1.64	0.75	24.4	83	3.1	119	11.8			
						C	63—110	黄棕色	重壤土	棱柱状	8.5	8.9		0.55	24.7		<1.0	105				
						G	110—	灰黄棕色	重壤土	片状	8.3	10.9	0.48	0.58	24.7		3.9	137				
								青灰色	重壤土		8.3	11.7	0.25	0.59	22.6		4.0	133				
剖15	盐碱土	滨海盐土	滨海盐土	壤质盐土	脱盐夹砂土	1	0—13		中壤土			19.5	1.08	0.78	22.1	79	14.1	275	12.5	江海沉积物	E 121°27′05.8″ N 31°44′10.0″	95
						2	13—20		轻黏土	片状	8.2	14.4	0.91	0.71	25.0	67	5.1	201	14.1			
						3	20—58		重壤土	棱柱状	8.4	13.3		0.60	23.9	37	1.5	224				
						4	58—100		中壤土	片状	8.5	6.2		0.57	22.5	19	2.2	193				
剖16	半水成土	潮土	灰潮土	夹砂土	砂身黄夹砂土	1	0—14		中壤土		8.1	14.9	1.10	0.68	21.5	67	4.6	67	12.6	长江冲积物	E 121°27′31.0″ N 31°41′06.4″	100
						2	14—44		轻壤土	片状	8.4	5.6	0.62	0.57	20.2	25	<1.0	67	9.9			
						3	44—100		砂壤土		8.4	4.4	0.56	0.56	20.1	15	3.9	75				
剖17	半水成土	潮土	灰潮土	夹砂土	砂夹黄	1	0—12		中壤土	粒状	8.1	15.0	1.21	0.81	17.4	74	2.6	72	13.3	长江冲积物	E 121°28′01.2″ N 31°40′23.5″	89
						2	12—75		中壤土	块状	8.4	5.6	0.68	0.54	18.5	27	1.1	67	11.7			
						3	75—100		轻壤土	片状	8.5	3.8	0.47	0.55	18.4	17	2.5	77				
剖18	人为土	水稻土	渗育水稻土	黄泥土	黄泥	1	0—13		重壤土		8.0	21.1	1.33	0.81	22.6	78	18.5	109	18.1	江海沉积物	E 121°29′14.6″ N 31°35′42.4″	89
						2	13—20		重壤土	小块状	8.1	15.6	1.07	0.75	22.7		4.8	88	18.0			
						3	20—65		重壤土	片状	8.1	13.1		0.71	21.6		2.8	83				
						4	65—100		重壤土	片状	8.3	7.1		0.58	20.5		2.7	77				
剖19	半水成土	潮土	灰潮土	夹砂泥	砂身黄夹砂土	A	0—12		砂壤土		8.0	12.6	0.89	0.61	20.2	55	3.1	31	6.5	长江冲积物	E 121°24′32.8″ N 31°37′17.0″	83
						C	12—75		中壤土	片状	8.3	8.7	0.49	0.58	18.2	41	3.5	51	6.4			
						G	75—		轻壤土		8.1	13.0	0.62	0.57	20.3		6.0	66				
剖20	人为土	水稻土	渗育水稻土	夹砂泥	砂身黄夹砂土	A	0—10	暗灰棕色	中壤土	粒状	8.1	15.6	0.88	0.67	20.8	102	5.1	46	7.6	江海沉积物	E 121°25′38.3″ N 31°37′17.4″	87
						P	10—15	棕灰色	砂壤土	块状	8.1	12.2	0.66	0.61	19.6	58	2.6	52	7.2			
						C	15—40	褐色	砂壤土	片状	8.4	5.1		0.59	16.2		1.3	38				
						G	40—100	青色	砂壤土		8.4	4.0		0.58	16.2		<1.0	36				
剖21	人为土	水稻土	渗育水稻土	夹砂泥	粉砂土	1	0—18		中壤土		8.2	17.1	1.07	0.70	22.4	83	5.5	57	13.0	江海沉积物	E 121°35′24.7″ N 31°32′05.6″	99
						2	18—27		中壤土		8.5	8.0	0.56	0.61	20.2	43	1.9	46	11.7			
						3	27—44		轻壤土		8.5	5.4		0.58	22.5		<1.0	49				
						4	44—100		轻壤土		8.4	5.8		0.43	24.3		6.0	77				
剖22	半水成土	潮土	灰潮土	夹砂土	潜砂身砂夹黄土	A	0—13		轻壤土		8.2	12.7	0.97	0.60	22.3	60	3.6	61	9.1	长江冲积物	E 121°36′03.6″ N 31°31′37.6″	81
						CBv	13—26		中壤土		8.3	15.6	0.82	0.61	22.3	60	3.2	56	9.8			
						C	26—50		轻壤土		8.3	13.3	0.62	0.59	20.3		3.2	55				
						Csa	50—100		砂壤土		8.3	12.4		0.56	20.1		6.9	71				

续表 Continued

剖面号 Soil profile	土纲 Soil order	土类 Soil great group	亚类 Soil subgroup	土属 Soil genus	土种 Soil species	土层码 Layer code	土层厚度 Depth/cm	颜色 Soil color	质地 Soil texture	土壤结构 Soil structure	pH	有机质 OM/(g/kg)	全氮 TN/(g/kg)	全磷 TP/(g/kg)	全钾 TK/(g/kg)	碱解氮 AN/(mg/kg)	有效磷 AP/(mg/kg)	速效钾 AK/(mg/kg)	阳离子交换量CEC/(cmol/kg)	土壤母质 Parent material	剖面点坐标 Profile coordinate	匹配指数 Matching index/%
剖23	半水成土	潮土	灰潮土	砂土	砂土	1	0—14		紧砂土		8.2	10.0	0.64	1.14	16.1	61	4.9	41	6.5	长江冲积物	E 121°44′49.2″ N 31°31′50.2″	83
						2	14—59		松砂土		8.6	4.7	0.11	1.26	15.9	12	1.1	26	3.4			
						3	59—100		轻壤土		8.4	2.2	0.25	0.59	20.0		2.2	61				
剖24	盐碱土	滨海盐土	滨海盐土	壤质盐土	壤质轻盐土	1	0—15		轻壤土		8.1	12.7	0.80	0.62	19.1	55	6.2	151	8.5	江海沉积物	E 121°51′10.8″ N 31°33′55.1″	94
						2	15—34		砂质壤土		8.1	7.7	0.43	0.59	20.4	27	43.0	144	7.5			
						3	34—100		轻壤土		8.2	5.9		0.59	19.9		3.9	124				
剖25	半水成土	潮土	灰潮土	砂土	砂土	A	0—8	暗棕灰色	紧砂土		8.0	12.7	0.71	0.93	20.0	76	13.5	≥500	6.4	长江冲积物	E 121°50′05.3″ N 31°30′42.8″	89
						Bv₁	8—15	棕灰色	松砂土	砂粒状	7.8	11.9	0.70	0.82	18.0	73	13.0	43	6.8			
						Bv₂	15—22	棕灰色	松砂土	砂粒状	8.4	6.0		0.66	17.9		2.6	45				
						C	22—100	棕灰色	松砂土	砂层状	8.8	4.2		0.54	21.9		1.5	48				
剖26	半水成土	潮土	灰潮土	夹砂泥	砂身黄夹砂土	1	0—11		中壤土		8.4	10.4	0.60	0.59	21.1	40	<1.0	83	8.2	长江冲积物	E 121°50′52.1″ N 31°31′24.6″	87
						2	11—32		砂质壤土		8.5	6.0	0.25	0.59	20.3	18	1.5	64	5.6			
剖27	人为土	水稻土	渗育水稻土	黄泥土	黄泥土	1	0—12		重壤土		8.0	28.9	1.93	0.76	24.8	158	6.0	103	20.0	江海沉积物	E 121°47′42.7″ N 31°29′26.9″	84
						2	12—22		重壤土		8.1	26.2	1.78	0.68	26.7	146	4.5	104	20.4			
						3	22—63		中壤土		8.4	6.4		0.52	24.8		<1.0	91				
						4	63—100				8.5	5.1		0.53	22.5		2.5	85				
剖28	半水成土	潮土	灰潮土	黄泥土	黄泥土	1	0—14		轻黏土		8.4	23.6	1.29	0.83	24.7	69	16.9	110	16.1	长江冲积物	E 121°49′07.7″ N 31°29′56.0″	86
						2	14—35		轻黏土		8.5	12.5	0.98	0.64	26.6	50	3.6	79	14.5			
						3	35—100		重壤土		8.5	13.3		0.63	44.5		4.7	72				
剖29	半水成土	潮土	灰潮土	黄泥土	黄泥土	1	0—12		重壤土		8.1	16.0	1.15	0.72	26.7	88	4.7	103	14.8	长江冲积物	E 121°49′59.5″ N 31°29′47.0″	98
						2	12—20		重壤土		8.3	11.6	0.87	0.62	26.3	62	<1.0	88	14.3			
						3	20—33		中壤土		8.3	8.2		0.60	22.6		1.2	70				
						4	33—100		重壤土		8.3	8.2		0.61	24.4			25				
剖30	人为土	水稻土	渗育水稻土	夹砂泥	砂身黄夹砂土	1	0—12				8.2	37.5								江海沉积物	E 121°49′17.8″ N 31°28′40.1″	88
						2	12—25				8.3	33.1										
						3	25—95				8.4	3.1										
剖31	人为土	水稻土	渗育水稻土	夹砂泥	砂身黄夹砂土	1	0—13		轻壤土		8.0	19.3	1.11	0.73	20.1	89	6.6	41	9.7	江海沉积物	E 121°50′14.3″ N 31°28′36.5″	92
						2	13—22		轻壤土		8.4	16.1	0.89	0.65	20.3	72	3.5	41	9.0			
						3	22—44		砂壤土		8.4	8.3		0.59	22.1		2.2	59				
						4	44—100		砂壤土		8.3	6.5		0.66	21.9		2.6	49				
剖32	半水成土	潮土	灰潮土	夹砂泥	黄夹砂土	1	0—12		中壤土		8.3	15.5	0.79	0.75	22.4	72	1.3	49	9.6	长江冲积物	E 121°50′49.6″ N 31°29′29.4″	91
						2	12—25		中壤土		8.4	12.2	0.78	0.63	21.6	55	4.8	46	10.3			
						3	25—95		重壤土		8.3	10.0		0.61	20.4		4.5	41				
剖33	半水成土	潮土	灰潮土	黄泥土	砂身黄泥土	A	0—15		重壤土		8.5	18.7	1.04	0.66	26.6	69	6.6	93	15.2	长江冲积物	E 121°50′19.0″ N 31°28′13.1″	100
						Bv	15—39		轻壤土		8.5	15.9	0.91	0.66	24.6	56	3.8	77	15.2			
						CBv	39—45		砂壤土		8.5	5.6		0.55	20.7		1.6					
						C	45—100															

第三编 | 江苏省分县土壤图与土壤剖面数据

南 京 市

市 辖 区

主要土类说明

水稻土是南京市主要土壤类型，占本市地域面积的 30%。由于长期季节性淹灌、水下翻耕，促进了土体中还原淋溶和氧化淀积过程的不断进行，形成了具有耕作层、犁底层、渗育层、淀积层、潜育层等特有的发生层次的水稻土。这些层次的发育程度及其组合方式，特别是耕作层性质决定了水稻土的生产特性及肥力水平。根据土体中水分运行的不同，本市水稻土分为潴育型、渗育型、潜育型等亚类。

黄褐土是南京市第二大土壤类型，占本市地域面积的 17%，主要形成于北亚热带，由较细粒的黄土状母质发育而成，多组成丘岗。土体中游离碳酸钙已不复存在，土色呈灰黄棕，在底部可散见圆形石灰结核。黏化淀积明显，B 层黏聚，有时呈黏盘。黏粒硅铝率为 3.0 左右，表层 pH 为 6.0—6.8，底层 pH 为 7.5，盐基饱和度由表层向底层逐渐趋向饱和。

潮土是南京市第三大土壤类型，占本市地域面积的 15%，主要分布于近代河流冲积平原或低平阶地，地下水位浅，潜水参与成土过程，底土氧化还原作用交替发生，形成锈色斑纹和小型铁子。本市潮土是由长江冲积物多次沉积所形成，不仅在水平分布上有沉积物粗细组成的不同，而且在同一沉积剖面上亦有不同粗细的层次排列，如砂黏相间、上砂下黏等。本市潮土仅有一个灰潮土亚类。

黄棕壤占本市地域面积的 4%，主要发生于北亚热带暖湿落叶阔叶林下，土壤弱度富铝化，黏化特征明显，有一个黄棕色心土层，具 A-B-C 或 A-（B）-C 剖面构型。B 层黏聚现象明显，硅铝率在 2.5 左右，交换性酸 B 层大于 A 层，pH 为 5.5—6.0，成土母质主要为下蜀黄土。本市黄棕壤分为粗骨性黄棕壤、黄棕壤等亚类。

小于本市地域面积 3% 的土壤类型还有石灰（岩）土、紫色土、褐土等。

本区域中心区气候特征

本区域中心区气候特征值
Regional climate characteristics in central area of the region

气候带：北亚热带湿润气候 Climate region: North subtropical humid climate	
年平均气温 /℃ Annual average temperature /℃	15.4
年平均最高气温 /℃ Annual average maximum temperature /℃	20.1
年平均最低气温 /℃ Annual average minimum temperature /℃	11.5
年降水量 /mm Annual precipitation /mm	1056
≥10℃的积温 /℃ Daily temperature accumulated in a year (≥10℃) /℃	5648
年日照时数 /h Annual sunshine /h	2001
年平均相对湿度 /% Annual average relative humidity /%	77
干燥度 Dryness	0.86

本区域中心区月平均气温与月平均降水量
Monthly temperature and precipitation in central area of the region

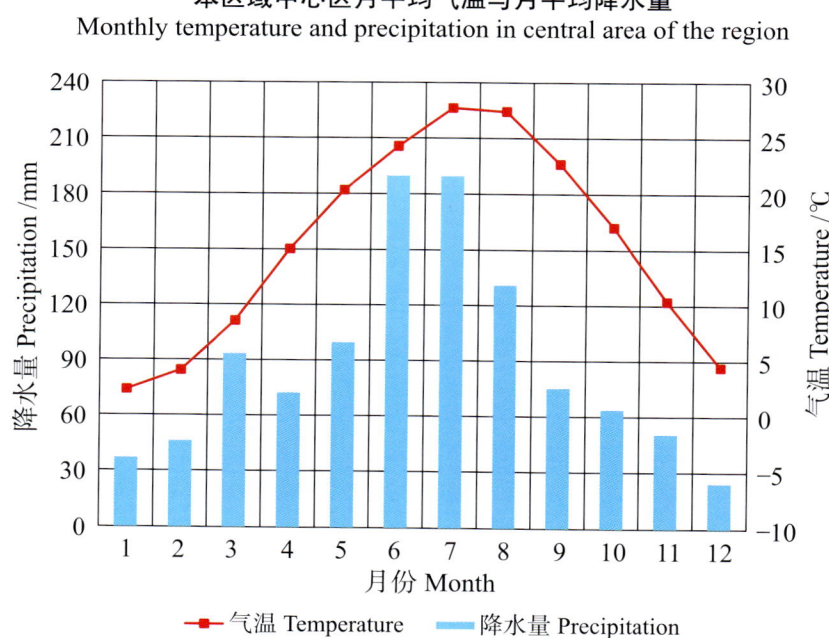

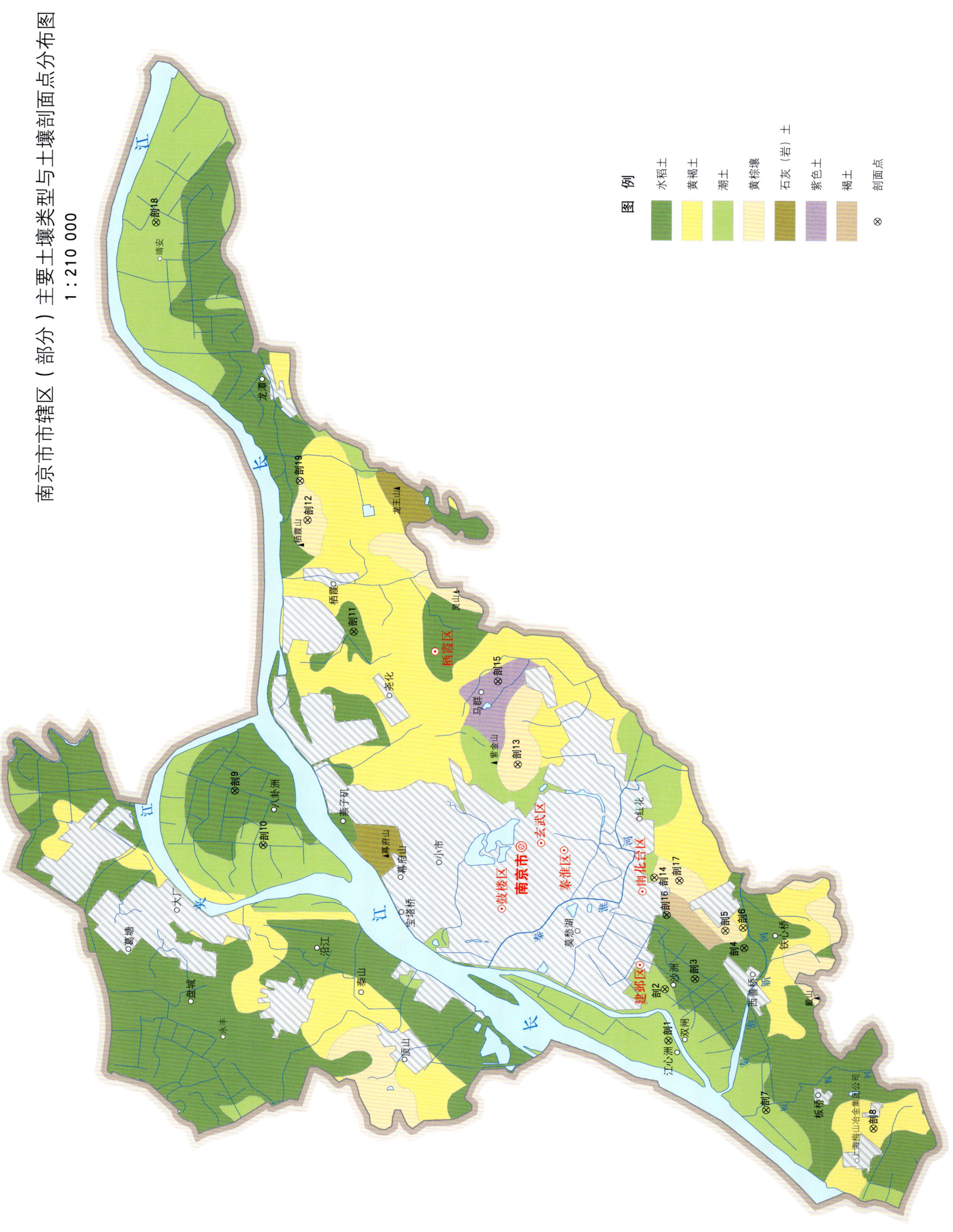

南京市土壤剖面理化性状表

剖面号 Soil profile	土纲 Soil order	土类 Soil great group	亚类 Soil subgroup	土属 Soil genus	土种 Soil species	土层码 Layer code	土层厚度 Depth/cm	颜色 Soil color	质地 Soil texture	土壤结构 Soil structure	pH	有机质 OM/(g/kg)	全氮 TN/(g/kg)	全磷 TP/(g/kg)	全钾 TK/(g/kg)	有效磷 AP/(mg/kg)	速效钾 AK/(mg/kg)	阳离子交换量CEC/(cmol/kg)	土壤母质 Parent material	剖面点坐标 Profile coordinate	匹配指数 Matching index/%
剖1	半水成土	潮土	灰潮土	洲马肝土	潮砂土	A	0—16	暗灰棕色	轻壤土	粒状	8.2	10.1	0.77	0.47		13.0	40	9.0	冲积物	E 118°40′58.4″ N 31°59′42.4″	87
						2	16—40	浅灰棕色	砂壤土	无明显结构	8.5	6.3									
						Bv	40—60	浅灰棕色	重壤土	柱状	8.4										
						4	60—100	浅灰棕色	紧砂土	无明显结构	8.5										
剖2	半水成土	潮土	灰潮土	砂土	青砂土	As	0—14		砂壤土		7.4	13.7	0.90	1.20		39.5	51		冲积物	E 118°42′40.3″ N 31°59′46.0″	95
						A,s	14—75		砂壤土	屑粒状	7.2	8.3									
						S	75—		砂壤土		7.5										
剖3	人为土	水稻土	潴育水稻土	江淤土	黏质江淤土	A	0—12	暗灰棕色	中黏土	小块状	7.0	30.7	2.00	1.45		10.0	78	24.0	冲积物	E 118°42′59.4″ N 31°58′56.3″	95
						P	12—22	暗灰棕色	中黏土	小块状	7.0	29.9									
						W	22—72	灰棕色	中黏土	柱状	7.0										
						C	72—100		中黏土		6.5										
剖4	人为土	水稻土	潴育水稻土	马肝土	马肝土	A	0—10	灰黄棕色	重壤土	粒状	7.0	17.5	0.87	0.81		30.0	114	13.6	下蜀黄土	E 118°44′00.6″ N 31°57′33.1″	98
						P	10—18	灰黄棕色	重壤土	小块状	6.5	15.1									
						Bv	18—38	浅黄棕色	重壤土	柱状											
						C	38—68	浅黄棕色	重壤土												
							68—		中壤土												
剖5	淋溶土	黄棕壤	黄棕壤	黄砂土	黄砂土	A	0—11		中壤土		7.5	18.2	0.80	0.40		<1.0	54		砂岩	E 118°44′35.2″ N 31°58′03.0″	98
						C	11—34		重壤土		7.0	9.7	0.60	0.30		<1.0	58				
剖6	淋溶土	黄褐土	黏盘黄褐土	岗黄土	薄层岗黄土	A	0—30		中壤土		7.6	30.6	1.20	0.17		7.6	133		黄土	E 118°44′38.8″ N 31°57′34.9″	80
剖7	半水成土	潮土	灰潮土	洲马肝土	砂底洲马肝土	A	0—14	暗灰棕色	轻黏土	小块状	8.4	16.5	0.87	1.34		5.0	74	18.0	冲积物	E 118°38′37.0″ N 31°57′03.2″	93
						Bv₁	14—19	灰棕色	轻黏土	柱状	8.2	185.0									
						Bv₂	19—56	灰棕色	砂壤土	块状	8.4										
						C	56—100		轻壤土		8.5										
剖8	淋溶土	黄棕壤	黄棕壤	岗黄土	岗黄土	A	0—9	棕灰色	中壤土	块状	6.5	4.9	0.34	0.57	18.0	3.1	63	21.8	黄土	E 118°37′57.0″ N 31°54′03.2″	94
						C	9—60		重壤土	块状	7.1	2.7	0.33	0.39	19.6	2.8	73	22.0			
						C₁	60—		中壤土		7.6	<1.0	0.40	0.38	20.0	2.8	95				
剖9	人为土	水稻土	潴育水稻土	江淤土	江淤土	A	0—12	浅棕色	中壤土	块状	6.5	29.4	1.50	0.72		≥100.0	100	18.3	冲积物	E 118°49′30.0″ N 32°11′30.1″	96
						P	12—20	浅棕色	重黏土	块状	7.5	23.8	1.40	0.65		69.0	69	19.4			
						W	20—94	灰黄色	轻壤土	块状	7.5	13.5	0.76	0.55		74.0	74				
剖10	半水成土	潮土	灰潮土	洲马肝土	洲马肝土	A	0—17	暗棕色	轻黏土	块状	8.0	21.3	1.50	0.50		5.0	99	22.1	冲积物	E 118°47′40.2″ N 32°10′45.1″	100
						Bv	17—58	灰棕色	重壤土	块状	7.5	12.1	0.50	0.50		2.4	46	15.3			
						C	58—		重壤土	片状	8.0	5.1	0.40	0.60	17.5	<1.0	36				
剖11	人为土	水稻土	潴育水稻土	马肝土	马肝土	A	0—14		重壤土		7.4	28.0	1.73	0.97	18.0	27.0	100		下蜀黄土	E 118°54′45.7″ N 32°08′08.5″	87
						P	14—21		重壤土		7.8	25.7		1.02	19.6	32.0	112				
						W	21—47		重壤土		7.7	11.8		0.96	20.0	26.0	153				
						Bvg	47—66		重壤土		7.7	7.3		0.83	20.5	18.0	150				
						G	66—79		轻壤土		7.5	6.3		0.54	20.0	9.0	132				
						C	79—100		重壤土		7.7	5.8		0.35	17.5	5.0	74				
剖12	淋溶土	黄棕壤	黄棕壤	黄砂土	薄层黄砂土	A	0—5	灰棕色	砂壤土	团块状	7.5	29.4	0.60	0.30		<1.0	41		砂岩	E 118°58′32.5″ N 32°09′21.6″	87
						C	5—16	浅棕色	砂壤土	团块状	7.5	10.8	0.50	0.20		<1.0	16				
剖13	淋溶土	黄棕壤	黄棕壤	黄砂土	黄砂土	A	0—22		中壤土	核状	7.5	14.2	0.95	0.60		18.0	41		下蜀黄土	E 118°50′16.4″ N 32°03′41.0″	96
						Bv	22—43		中壤土		7.4	1.1	0.40	0.40		10.0	34				
						C	43—		重壤土		7.1	1.1	0.30	0.50		6.4	40				

续表 Continued

剖面号 Soil profile	土纲 Soil order	土类 Soil great group	亚类 Soil subgroup	土属 Soil genus	土种 Soil species	土层码 Layer code	土层厚度 Depth/cm	颜色 Soil color	质地 Soil texture	土壤结构 Soil structure	pH	有机质 OM/(g/kg)	全氮 TN/(g/kg)	全磷 TP/(g/kg)	全钾 TK/(g/kg)	有效磷 AP/(mg/kg)	速效钾 AK/(mg/kg)	阳离子交换量 CEC/(cmol/kg)	土壤母质 Parent material	剖面点坐标 Profile coordinate	匹配指数 Matching index/%
剖14	淋溶土	黄棕壤	黄棕壤	黄砂土	中层黄砂土	A	0—12		轻壤土		7.5	20.2	0.60	0.30		3.8	40	13.4	砂岩	E 118°46′23.5″ N 32°00′01.1″	81
						C	12—23		轻壤土		7.6	18.9						12.0			
						D	23—		轻壤土		7.7										
剖15	初育土	紫色土	中性紫色土	紫泥土	紫泥土	A	0—16				6.1	19.7		0.36	13.3	9.0	≤5	11.7	紫色砂页岩风化物	E 118°53′02.4″ N 32°04′13.8″	97
						A_1	16—38				5.4	10.5			13.1			12.1			
						Bv	38—72				6.3	7.0		0.30	13.6	93.0	29	10.9			
						C	72—100				7.4	6.7		0.30	12.6	32.0	32				
						D	100—150				8.3	5.0			13.5						
剖16	人为土	水稻土	渗育水稻土	江淤土	壤质江淤土	A	0—15	暗灰棕色	中壤土	粒状	7.1	12.9	0.90	1.29		9.0	54	14.1	冲积物	E 118°45′08.3″ N 31°59′41.3″	91
						P	15—25	暗灰棕色	中壤土	小块状	7.3	8.0									
						W	25—32	灰棕色	中壤土	柱状	7.8										
						4	32—55		中壤土		8.1										
						C	55—		紧砂土		8.6										
剖17	淋溶土	黄棕壤	黄棕壤	黄砂土	黄砂土	A	0—13	橙色	壤质黏土	团块状	5.2	32.6	1.55	0.72	12.5			9.9	砂岩风化坡积物、残积物	E 118°46′17.0″ N 31°59′17.9″	99
						Bv	13—40	鲜棕色	黏土	核状	5.2							21.1			
						C	40—44	橙色	黏土	核块状	5.7							23.0			
						R	44—														
剖18	半水成土	潮土	灰潮土	洲马肝土	砂心洲马肝土	A	0—16	深灰色	轻壤土	块状	6.5	11.6	0.70	0.70		3.6	46		冲积物	E 119°08′36.2″ N 32°13′23.5″	88
						S_1	16—21	浅灰色	中壤土	粒状	6.5	11.9	0.80	0.70		1.9	46				
						S_2	21—36	浅灰色		粒状	7.0	4.3	0.20	0.50		1.9	20				
剖19	淋溶土	黄棕壤	黄棕壤	黄砂土	厚层黄砂土	A	0—25		中壤土		7.7	8.6	0.30	0.20		3.0	30		砂岩	E 119°00′00.7″ N 32°09′35.6″	94
						C	25—55		中壤土		7.6	8.0					18				
						C_1	55—		中壤土		7.8										

浦 口 区

主要土类说明

水稻土是浦口区主要土壤类型，占本区地域面积的55%。本区水稻土分为渗育型、潴育型和潜育型等亚类。渗育水稻土以河流冲积物母质为主，质地较轻，表土层下砂粒含量大于60%，地下水极易升降，活动频繁，土体内物质不易积聚，渗育层发育良好，呈棱柱状结构。潴育水稻土分布面积最大，土体构型为A-P-W-B或Bg，土壤养分物质含量较高，保肥、保水性能好，水气条件适合于作物根部生长，是稻麦两熟的重要土壤类型，渗育层段大都在地下40cm左右，其下即为潴育层段，潴育层段的形成主要是在长期水旱轮作的影响下，地表水下渗、地下水上升的往复运动，导致土体内物质的溶解与潴留，脱水后有机、无机胶体附着于表面，并胶结铁锰等物质而成结核。这种由铁、锰等结核物质所形成的层段是潴育水稻土区别于其他水稻土亚类的根本标志。

黄褐土是浦口区第二大土壤类型，占本区地域面积的18%，分布于丘陵顶部。其成土母质为下蜀黄土，表土层黏重，质地为中黏土至中壤土。土壤pH为5.5—6.5，呈微酸性，心土层有结核体，与土壤黏粒胶结在一起，形成黏盘层，此层影响根系伸长及水分下渗。

潮土是浦口区第三大土壤类型，占本区地域面积的10%。本区潮土由长江及滁河泛滥物淤积而成，原属沼泽土类型，植被以芦苇为主，土体内留有根孔及残留物，同一剖面内，有由黏到砂或砂黏相间的夹砂层，具有明显的分选性和层理性，界线清楚，土体中富含石灰，反应强烈，由于地表水淋溶作用，剖面各土层中的石灰反应由上到下有逐渐增强的趋势，表土层pH较低而心土层较高。部分地区因石灰物质的富集形成细小的石灰结核，心土层结构面间逐渐形成胶膜。农业生产活动引起理化形态上的变异，导致表土层和母质层的养分含量及理化性状等方面存在差异。

黄棕壤占浦口区地域面积的8%。黄棕壤属于北亚热带的地带性土壤，分布于本区低山丘陵地区，发育于下蜀黄土状母质，质地黏重，厚度由数米到十几米不等。上层为黄棕色的壤黏土层，中层为浅棕黄色的黏土层，下层为棕红色的壤黏土层，在强烈的风化淋溶作用下，一价盐基离子基本淋失，有明显黏化现象，铁铝胶体化合物向下移动，经脱水干燥，还原为铁锰结核体。黄棕壤分布面广，由于地形条件不一，成土过程受区域性的变化影响较深。根据本区的地形条件、成土母质的不同，黄棕壤分为黄棕壤、粗骨性黄棕壤等亚类。

石灰（岩）土占浦口区地域面积的4%。本类土壤主要发生于石灰岩山区，成土年龄较短，一般分布于山体上部，土内含有较多的石灰质，全剖面石灰反应由弱至强不等，土壤呈中性至碱性。根据1m土体内成土年龄的长短及风化强弱，本区石灰（岩）土分为棕色石灰土、红色石灰土、黑色石灰土等亚类。

小于本区地域面积3%的土壤类型还有紫色土。

本区域中心区气候特征

本区域中心区气候特征值
Regional climate characteristics in central area of the region

气候带：北亚热带湿润气候 Climate region: North subtropical humid climate	
年平均气温 /℃ Annual average temperature /℃	15.5
年平均最高气温 /℃ Annual average maximum temperature /℃	20.2
年平均最低气温 /℃ Annual average minimum temperature /℃	11.6
年降水量 /mm Annual precipitation /mm	1033
≥10℃的积温 /℃ Daily temperature accumulated in a year (≥10℃) /℃	5631
年日照时数 /h Annual sunshine /h	1993
年平均相对湿度 /% Annual average relative humidity /%	76
干燥度 Dryness	0.88

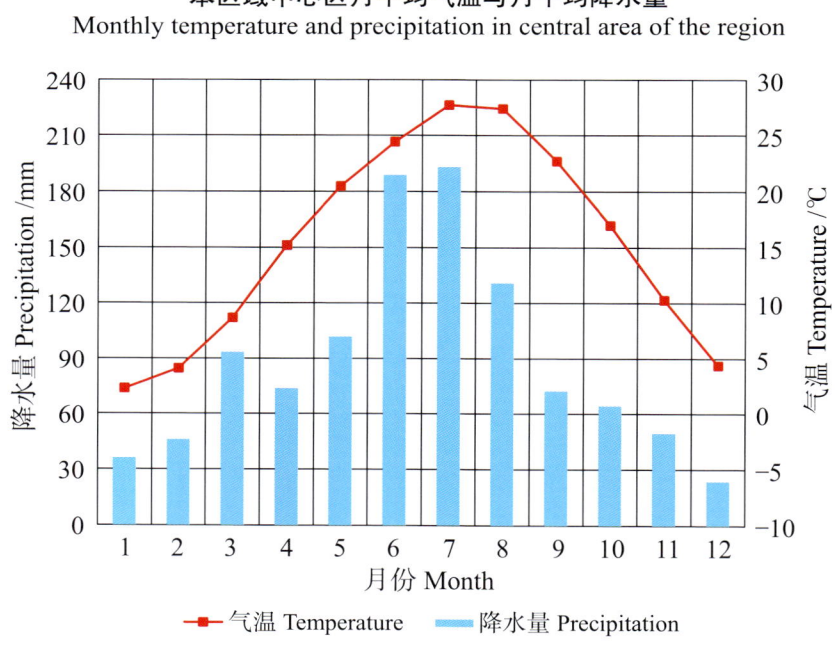

本区域中心区月平均气温与月平均降水量
Monthly temperature and precipitation in central area of the region

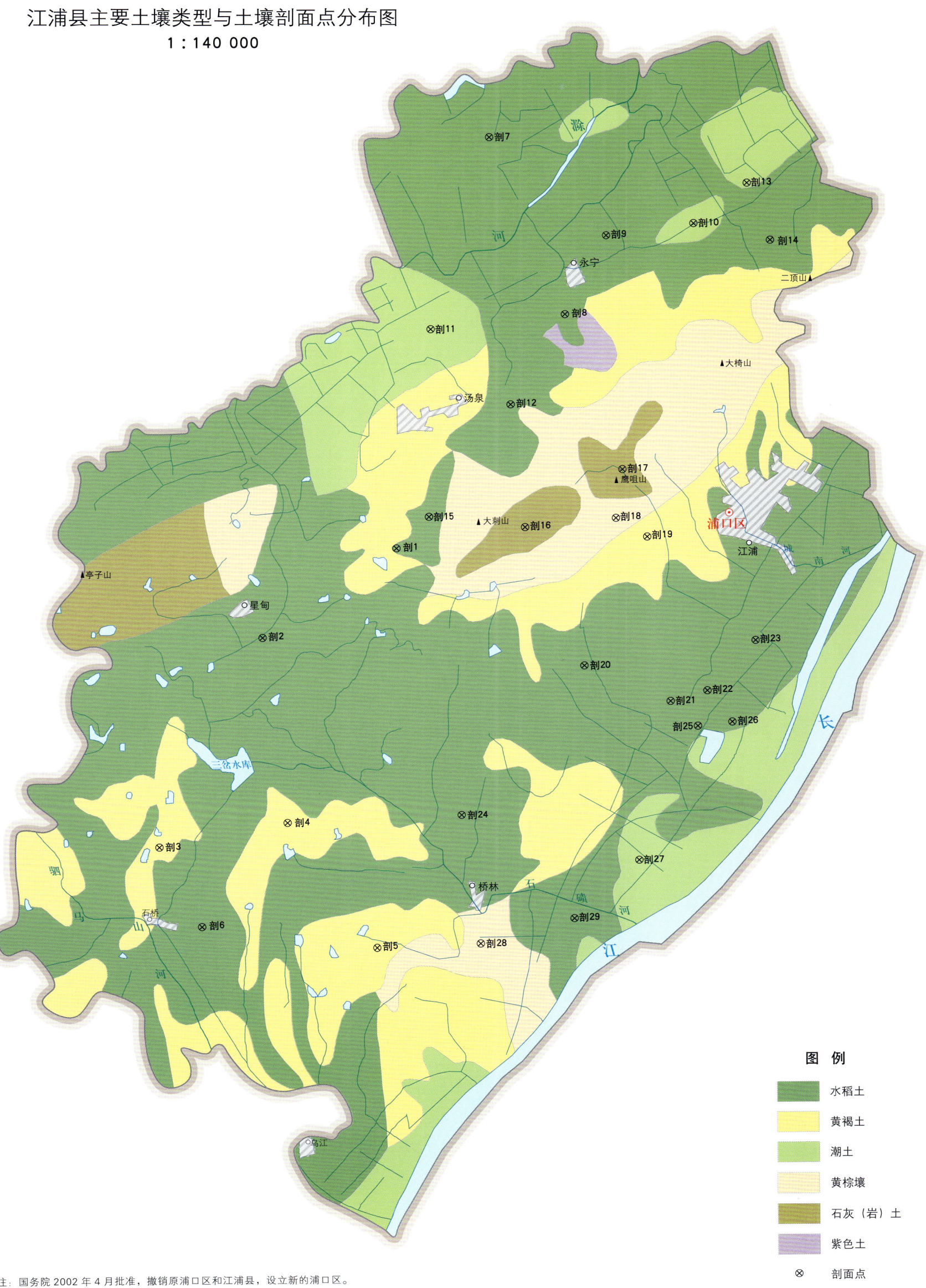

浦口区土壤剖面理化性状表

剖面号 Soil profile	土纲 Soil order	土类 Soil great group	亚类 Soil subgroup	土属 Soil genus	土种 Soil species	土层码 Layer code	土层厚度 Depth/cm	颜色 Soil color	质地 Soil texture	土壤结构 Soil structure	pH	有机质 OM/(g/kg)	全氮 TN/(g/kg)	全磷 TP/(g/kg)	碱解氮 AN/(mg/kg)	有效磷 AP/(mg/kg)	速效钾 AK/(mg/kg)	阳离子交换量CEC/(cmol/kg)	土壤母质 Parent material	剖面点坐标 Profile coordinate	匹配指数 Matching index/%
剖1	人为土	水稻土	渗育水稻土	山砂土	山砂土	A			中壤土										下蜀黄土	E 118°29′57.8″ N 32°03′11.9″	85
						P			中壤土												
						W			中壤土												
						C			中壤土												
剖2	人为土	水稻土	渗育水稻土	山砂土	白土	A			中壤土										下蜀黄土	E 118°27′07.2″ N 32°01′32.2″	86
						P			中壤土												
						W			中壤土												
						E			轻盐土												
剖3	淋溶土	黄褐土	黏盘黄褐土	岗黄土	岗黄土	A	0—10		重黏土		6.6	12.7	0.50	0.42		1.0	143		下蜀黄土	E 118°24′50.8″ N 31°57′39.2″	100
						Bv	10—17		中壤土		6.1	13.6	0.60	0.42		<1.0	101				
						C	17—100		重黏土		6.0	6.0	0.40	0.44		<1.0	122				
剖4	淋溶土	黄褐土	黏盘黄褐土	岗黄土	薄层白黄土	A	0—16	黄色	中壤土	粒状	5.6	23.4	1.04	0.91		5.8	88	12.6	下蜀黄土	E 118°27′35.3″ N 31°58′04.8″	86
						Bv	16—26	黄色	中壤土	块状	6.7	15.3	0.54	0.83		4.3	88	10.3			
剖5	淋溶土	黄褐土	黏盘黄褐土	岗黄土	死岗黄土	A	0—5	棕黄色	重黏土	小块状	5.7	10.7	0.75	0.93		1.9	100	18.4	下蜀黄土	E 118°29′25.1″ N 31°55′42.2″	82
						C₁	5—23	黄棕色	轻黏土	大块状	6.1	9.3	0.60	0.57		1.1	110	25.0			
						C₂	23—100	黄棕色	重黏土	大块状	6.1	9.3	0.60	0.57		1.1	110	25.0			
剖6	人为土	水稻土	渗育水稻土	山砂土	白土	A	0—14	浅黄色	中壤土	小块状	6.1	19.1	0.80	0.60		5.1	79	11.9	下蜀黄土	E 118°25′43.0″ N 31°56′08.2″	96
						P	14—22	灰白色	重黏土	棱柱状	5.7	20.2	1.00	0.50		4.1	67	12.2			
						W	22—32	灰白色		棱柱状	6.0	17.5	0.30	0.30		4.6	67				
						E	32—90	黄褐色			6.5	4.7	0.20	0.30		4.1	97				
剖7	水稻土	水稻土	潴育水稻土	河滩土	河漤土	A	0—14	浅灰色	中黏土	小粒状	6.5	20.6	0.95	0.26		5.4	184	14.1	冲积物	E 118°32′06.7″ N 32°10′51.2″	92
						P	14—25	灰褐色	中黏土	块状	6.6	25.8	1.50	0.38		10.1	184	19.1			
						W	25—55	棕灰色	中黏土	棱柱状	7.2	11.9	0.60	0.26		3.2	211	13.1			
						Bv	55—100	深灰色	重黏土	小块状	8.1	8.7	0.75	0.30		9.4	235	23.2			
剖8	人为土	水稻土	渗育水稻土	黄板土	淀砂土	A	0—17	黄灰色	砂壤土	小块状	7.1	19.0	1.15	0.32		<1.0	145	8.4	冲积物	E 118°33′38.9″ N 32°07′32.2″	96
						P	17—26	浅灰色	砂壤土	块状	8.0	19.1	0.35	0.49		3.2	173	11.8			
						Wb	26—58	浅灰色	轻壤土	棱块状	7.5	19.6	1.11	0.50		5.2	161				
						Cs	58—100	浅黄色	轻壤土	块状	6.9	10.4	1.01	0.71		5.3	153				
剖9	人为土	水稻土	渗育水稻土	河砂土	黏底河砂土	A	0—13	暗灰色	中壤土	小粒状	6.0	26.0	0.84	1.20		6.5	140		冲积物	E 118°34′34.7″ N 32°08′58.9″	81
						P	13—22	灰灰色	中黏土	块状	6.4	22.3	<0.10	0.72		3.8	132				
						W	33—57	灰色	中黏土	棱柱状	6.9	11.7	0.65	0.67		2.7	140				
						C	57—		中壤土		6.3	13.6	0.51			5.9	153				
剖10	半水成土	潮土	灰潮土	江砂土	江砂土	A	0—13	灰白色	轻壤土	粒状	8.0	19.0	1.30	1.12		<1.0	61	8.6	长江冲积物	E 118°36′25.9″ N 32°09′11.9″	89
						S				无明显结构	8.0	10.5	1.00	1.15		<1.0	44	7.8			
剖11	半水成土	潮土	灰潮土	洲马肝土	砂底洲马肝土	A	0—14	浅黄色	中壤土	粒状	7.9	14.6	0.90	8.70		1.2	121	11.2	冲积物	E 118°30′48.2″ N 32°07′17.8″	81
						Bv	14—44	棱块状	中壤土	棱块状	7.8	16.3	0.81	0.51		2.1	89	6.9			
						S	44—94	青灰色	紧砂土	片状	8.0	<1.0	0.14	0.48		2.0	47	8.3			
剖12	人为土	水稻土	潴育水稻土	马肝土	石肝土	A	0—17	灰色	中壤土	小块状		14.1	0.66	0.62		1.6	121		下蜀黄土	E 118°32′29.0″ N 32°05′51.4″	98
						P	17—25	浅黄色		棱柱状		10.5	0.85	0.67		1.1	95				
						W	25—55	浅黄色		小块状											
						Bv	55—100	浅黄色		小块状											

续表 Continued

剖面号 Soil profile	土纲 Soil order	土类 Soil great group	亚类 Soil subgroup	土属 Soil genus	土种 Soil species	土层码 Layer code	土层厚度 Depth/cm	颜色 Soil color	质地 Soil texture	土壤结构 Soil structure	pH	有机质 OM/(g/kg)	全氮 TN/(g/kg)	全磷 TP/(g/kg)	碱解氮 AN/(mg/kg)	有效磷 AP/(mg/kg)	速效钾 AK/(mg/kg)	阳离子交换量CEC/(cmol/kg)	土壤母质 Parent material	剖面点坐标 Profile coordinate	匹配指数 Matching index/%
剖13	半水成土	潮土	灰潮土	江砂土	飞砂土	1	0–25	浅灰色	轻壤土	粒块状	8.8								长江冲积物	E 118°37′34.3″ N 32°09′55.1″	96
						2	25–45	黄灰色	轻壤土	块状	8.5										
剖14	人为土	水稻土	潴育水稻土	马肝土	石肝土	A	0–17		中壤土										下蜀黄土	E 118°38′04.6″ N 32°08′50.3″	80
						P	17–25		重壤土												
						W	25–55		重壤土												
						C	55–100		重壤土												
剖15	人为土	水稻土	潴育水稻土	河淤土	黑底河淤土	A	0–13	灰白色	重壤土	小块状									冲积物	E 118°30′42.5″ N 32°03′46.4″	96
						P	13–21	灰白色	重壤土	块状											
						W	21–70	灰白色	重壤土	棱柱状											
						Bv	70–100	黑色	轻黏土	棱柱状											
剖16	初育土	石灰(岩)土	棕色石灰土	棕色石灰土		A	0–13	暗棕色	重壤土		7.5	54.0	2.70	1.39		4.0	432		石灰岩风化物	E 118°32′43.8″ N 32°03′33.5″	96
						Bv	13–35	黄棕色	重壤土		7.6	30.4	1.69	1.33		2.3	217				
						C			轻壤土		7.8	<1.0	0.49	1.56		1.5	65				
剖17	初育土	石灰(岩)土	红色石灰土			A	0–7	黄棕色	重壤土	小块状	7.0	31.2	>10.00	1.04		2.1	252	8.5	石灰岩堆积物	E 118°34′48.7″ N 32°04′34.3″	90
						Bv	7–21	紫色	重壤土	块状	7.5	20.8	>10.00	0.95		1.4	15	10.2			
						C	21–78	紫色	重壤土	块状	8.0	14.7	0.80	0.97		1.1	126	7.2			
剖18	淋溶土	黄棕壤	黄棕壤	黄砂土	粗骨黄砂土	A	0–17	棕褐色	重壤土		5.5	27.6	1.16	0.53		5.5	365		岩石风化坡堆积物	E 118°34′40.8″ N 32°03′42.5″	82
						Bv	17–100	褐色	重壤土		5.4	21.0	1.14	0.51		1.0	200				
剖19	淋溶土	黄褐土	黏盘黄褐土	岗黄土	岗黄土	A		浅黄色	中壤土	小块状									下蜀黄土	E 118°35′20.0″ N 32°03′20.2″	89
						P	0–14	灰黄色	中壤土	块状											
						Bv		黄色	中壤土	棱柱状											
剖20	人为土	水稻土	渗育水稻土	山砂土	黄胶土	A	0–14	灰白色	轻壤土	小块状	6.5	18.5	0.84	1.18		4.3	163	10.5	下蜀黄土	E 118°33′56.9″ N 32°00′55.1″	86
						P	14–23	浅灰色	中壤土	块状	6.9	10.9	0.53	1.08		4.1	125	13.0			
						W	23–62	浅黄棕色	中壤土	棱柱状	6.9	9.9	0.48	0.94		<1.0	103	10.7			
						C	62–100	黄黄棕色	轻壤土		7.1	5.1	0.40	0.45		1.1	141	8.6			
剖21	人为土	水稻土	潴育水稻土	马肝土	黄白土	A	0–11	棕色	中壤土	小块状	5.5	15.4	0.70	0.68		1.3	72	12.9	下蜀黄土	E 118°34′46.3″ N 32°00′14.0″	95
						P	11–21	浅棕色	中壤土	块状	5.6	14.0	0.80	0.69		2.5	78	14.3			
						W	21–41	黄棕色	中壤土	棱柱状								9.9			
						Bv	41–97	灰棕色	中壤土	块状								10.2			
剖22	人为土	水稻土	潴育水稻土	河淤土	黄白土	A	0–11	浅灰色	重壤土	小块状	7.2	32.0	1.60	0.36		9.5	105	15.0	下蜀黄土	E 118°37′35.4″ N 32°01′22.1″	99
						P	11–20	灰灰色	重壤土	棱柱状	7.9	22.4	1.45	0.47		6.8	104				
						W	20–40	黄黄色	重壤土	块状	7.5	7.0	0.57	0.30		1.7	109				
						C	40–100	黄棕色	重壤土	小块状	7.8	4.9	0.55	0.38		3.1	195				
剖23	人为土	水稻土	潴育水稻土	马肝土	河白土	A	0–11	黄棕色	重壤土	小块状	6.6	17.9	0.93	1.46		4.3	172	12.4	冲积物	E 118°31′16.7″ N 31°58′10.6″	99
						P	11–20	暗灰色	重壤土	棱柱状	7.3	14.8	1.25	1.26		6.8	166	14.4			
						W	20–50	黄褐色	重壤土	棱柱状	7.4	10.0	0.56	1.57		5.3	172	7.6			
						Bv	50–100	黄色	重壤土	小块状	7.4	8.7	0.65	1.36		5.7	186				
剖24	人为土	水稻土	潴育水稻土	马肝土	马肝土	A	0–13	浅灰色	中壤土	块状		24.9	1.41	0.35		9.4			下蜀黄土	E 118°36′20.5″ N 31°59′46.3″	85
						P	13–25	深灰色	重黏土	棱柱状		10.4	<0.10	1.45		2.1	166				
剖25	人为土	水稻土	渗育水稻土	河砂土	灰泥土	W	25–45	浅棕黄色	轻黏土	小块状									冲积物		80
						C	45–55	黑色	轻黏土			6.7	0.89	0.19		2.1	254				

续表 Continued

剖面号 Soil profile	土纲 Soil order	土类 Soil great group	亚类 Soil subgroup	土属 Soil genus	土种 Soil species	土层码 Layer code	土层厚度 Depth/cm	颜色 Soil color	质地 Soil texture	土壤结构 Soil structure	pH	有机质 OM/(g/kg)	全氮 TN/(g/kg)	全磷 TP/(g/kg)	碱解氮 AN/(mg/kg)	有效磷 AP/(mg/kg)	速效钾 AK/(mg/kg)	阳离子交换量CEC/(cmol/kg)	土壤母质 Parent material	剖面点坐标 Profile coordinate	匹配指数 Matching index/%
剖26	人为土	水稻土	渗育水稻土	山砂土	山砂土	A	0—12	灰白色	中壤土	粒状	6.9	17.0	1.00	1.00		5.5	145	7.4	下蜀黄土	E 118°37′03.7″ N 31°59′51.0″	85
						P	12—19	黄白色	中壤土	小块状	6.3	11.0	0.90	1.28		3.5	97	8.8			
						W	19—54	黄白色		棱柱状	7.4			1.02		9.0	90				
						C	54—104	黄棕色	中壤土	粒状	7.1			0.72		4.9	87				
剖27	半水成土	潮土	灰潮土	洲马肝土	砂心洲马肝土	A_1	0—12	浅黄色	重壤土	粒状	6.9	14.7	1.30	1.35	98	4.2	57	10.1	冲积物	E 118°35′02.0″ N 31°57′16.9″	96
						A_2	12—18	灰黄色	重壤土	块状	7.2	16.5	1.40	1.18	55	3.4	52	13.1			
						Bv	18—47	浅黄色	轻壤土		7.5	23.4	1.50	1.34	46	4.2	52	9.6			
						C	47—100	青灰色	重壤土	片状	7.8	18.0	1.40	1.09	34	3.6	73	13.9			
剖28	淋溶土	黄棕壤	黄棕壤	黄砂土	中层黄砂土	A	0—10	棕黄色	中壤土		6.0	10.2	0.71	0.71		4.0	118	7.5	石英岩风化物	E 118°31′36.1″ N 31°55′45.1″	92
						P	10—19	棕黄色	中壤土		7.0	20.4	0.89	0.77		4.3	90	9.0			
						C	19—95	棕黄色	中壤土		7.0	8.3	0.34	0.93		1.1	93	3.4			
剖29	人为土	水稻土	渗育水稻土	油泥土	砂底油泥土	Aa	0—12	橄榄棕色	黏壤土	屑粒状	7.9	17.9	0.95	0.50				14.4	近代冲积物	E 118°33′36.0″ N 31°56′11.4″	92
						Ap	12—25	橄榄棕色	黏壤土	小块状	8.3	11.4	0.73	0.43				14.7			
						P	25—60	橄榄棕色	黏壤土	块状	8.3	8.1	0.56	0.42				25.0			
						W	60—83	橄榄黑色	黏壤土		8.4	2.6	0.79	0.67				10.6			
						Cs	83—100	橄榄色	砂壤土	单粒状	8.7	2.4	0.21	0.76				7.8			

江 宁 区

主要土类说明

水稻土是江宁区主要土壤类型，占本区地域面积的 58%。本区水稻栽培已有两三千年历史。本区水稻土由黄棕壤发育而成，土壤淋溶作用较红壤区水稻土弱，土壤一般呈微酸性至中性，黏粒硅铝率为 2.5—3.0，阳离子交换量多为 15—25cmol/kg，保水保肥性能好。一般土壤有机质含量为 19.7g/kg，碳氮比为 9—10。本区水稻土分为潴育型、渗育型、潜育型等亚类。其中，潴育水稻土面积最大，占本区水稻土面积的 82%，主要分布在秦淮河圩区及丘陵冲田的中下部位，地下水埋深为 70—90cm，剖面构型为 A-P-W-Bg 或 A-P-W-Bg-G，是本区水稻主要产区。

黄棕壤是江宁区第二大土壤类型，占本区地域面积的 27%，分布于本区低山丘陵地带。受弱度富铝化过程影响，土壤黏化特征明显，心土层一般为黄棕色黏土，因母质不同，颜色有所不一，具 A-B-C 或 A-（B）-C 剖面构型，B 层黏聚现象明显。黄棕壤全剖面呈微酸性至酸性，土壤硅铝率为 2.5—3.0，铁的游离度较红壤低，交换性酸 B 层大于 A 层。本区黄棕壤分为黄棕壤、粗骨性黄棕壤等亚类。

石灰（岩）土是江宁区第三大土壤类型，占本区地域面积的 4%，主要分布于本区北丘陵山区。本类土壤主要发生于热带、亚热带石灰岩山区，是经溶蚀风化，形成的厚薄不同的钙质饱和或含游离钙质的土壤。本区石灰（岩）土分为棕色石灰土、红色石灰土等亚类。棕色石灰土与红色石灰土混杂分布，呈穴状，岩石裸露地表，土层浅薄，质地轻黏，凡土壤有机质含量在 2.5% 以上者称棕色石灰土，土壤有机质含量在 2.5% 以下者称红色石灰土，土壤呈微碱性至碱性。

小于本区地域面积 3% 的土壤类型还有黄褐土、潮土、紫色土、火山灰土等。

本区域中心区气候特征

本区域中心区气候特征值
Regional climate characteristics in central area of the region

气候带：北亚热带湿润气候 Climate region: North subtropical humid climate	
年平均气温 /℃ Annual average temperature /℃	15.5
年平均最高气温 /℃ Annual average maximum temperature /℃	20.2
年平均最低气温 /℃ Annual average minimum temperature /℃	11.7
年降水量 /mm Annual precipitation /mm	1075
≥10℃的积温 /℃ Daily temperature accumulated in a year（≥10℃）/℃	5668
年日照时数 /h Annual sunshine /h	1981
年平均相对湿度 /% Annual average relative humidity /%	77
干燥度 Dryness	0.85

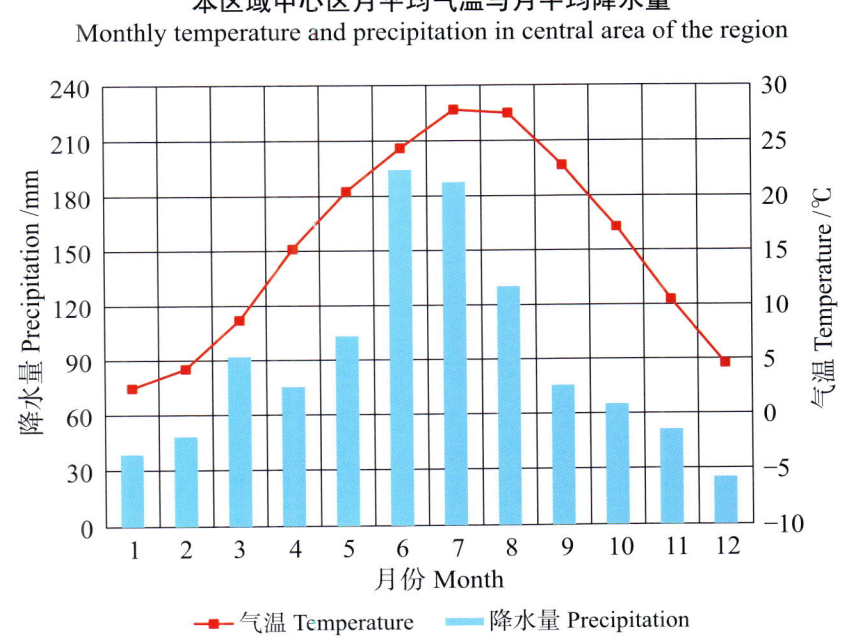

本区域中心区月平均气温与月平均降水量
Monthly temperature and precipitation in central area of the region

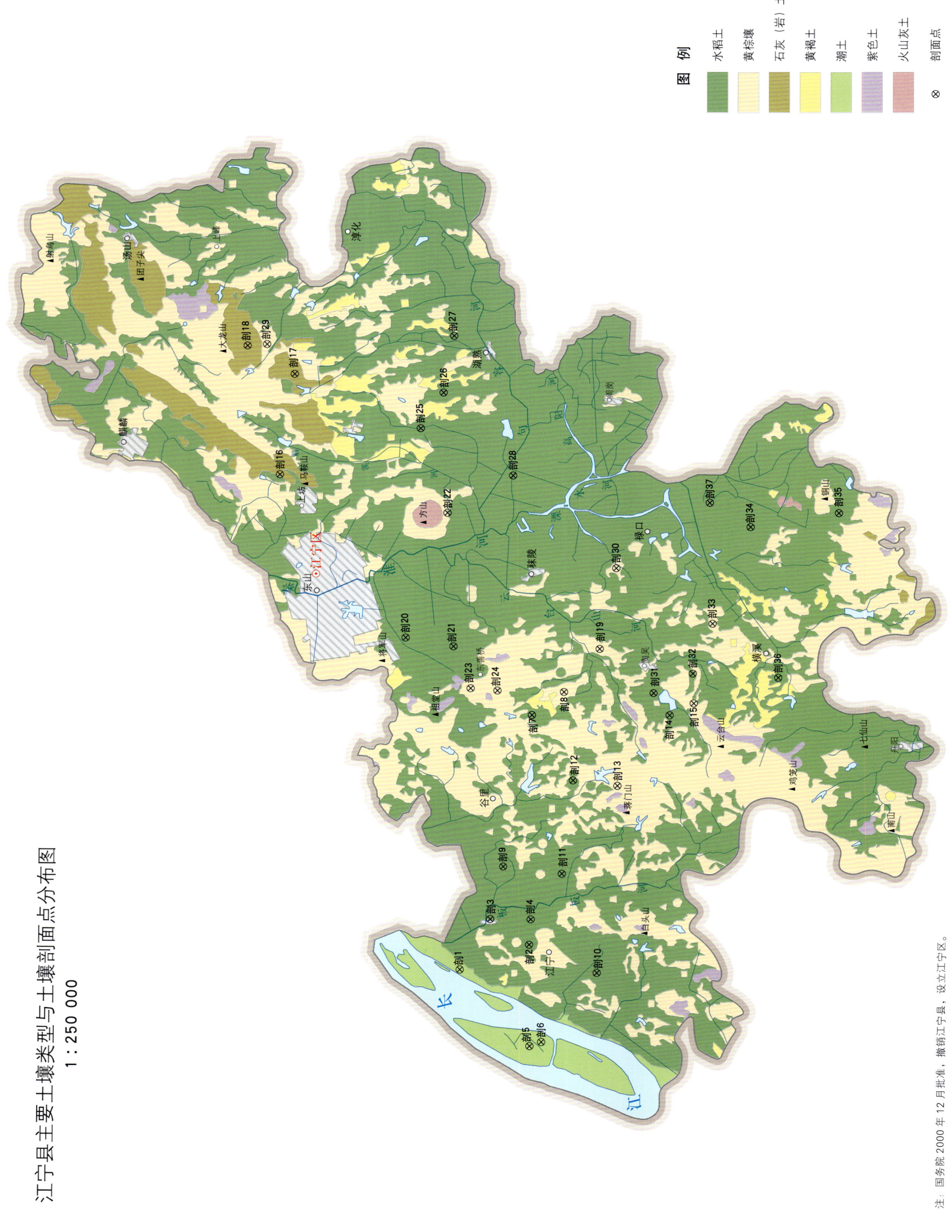

江宁县主要土壤类型与土壤剖面点分布图
1:250 000

江宁区土壤剖面理化性状表

剖面号 Soil profile	土纲 Soil order	土类 Soil great group	亚类 Soil subgroup	土属 Soil genus	土种 Soil species	土层码 Layer code	土层厚度 Depth/cm	颜色 Soil color	质地 Soil texture	土壤结构 Soil structure	pH	有机质 OM/(g/kg)	全氮 TN/(g/kg)	全磷 TP/(g/kg)	全钾 TK/(g/kg)	碱解氮 AN/(mg/kg)	有效磷 AP/(mg/kg)	速效钾 AK/(mg/kg)	阳离子交换量CEC/(cmol/kg)	土壤母质 Parent material	剖面点坐标 Profile coordinate	匹配指数 Matching index/%
剖1	半水成土	潮土	灰潮土	灰潮黏土	淤泥土	A₁₁	0—15	浅灰色	黏土	屑粒状	6.9	15.7	1.06	0.69			12.0	93		冲积物	E 118°34′16.7″ N 31°52′52.7″	81
						A₁₂	15—32	浅灰色	黏土	块状	8.4	15.0	1.02	0.62			4.0	93				
						C₁	32—77	浅黄色	黏土	棱块、棱柱状	8.1	12.4	0.95	0.56			2.0	95				
						C₂	77—100	浅黄色	黏土	块状、棱块状	8.3	9.8	0.80	0.60			5.0	87				
剖2	人为土	水稻土	渗育水稻土	江淤土	江淤土	A	0—12	浅灰色	轻黏土	块状	8.1	33.8	1.95	0.80			4.9	90		新冲积物	E 118°35′13.9″ N 31°50′38.4″	98
						P	12—17	浅灰色	重黏土	块状	7.8	35.6	1.86	0.62			3.8	91				
						W	17—36	浅黄色	轻黏土	柱状	7.7	33.1	1.76	0.64			3.8	105				
						C	36—100	浅灰黄色	中黏土	柱状	8.2	11.1	0.14	0.44			3.2	75				
剖3	人为土	水稻土	潴育水稻土	马肝泥田	灰马肝土	Aa	0—18	浊黄棕色	壤质黏土	屑粒状	5.6	22.1	1.26	0.30						下蜀黄土	E 118°36′14.4″ N 31°51′55.1″	94
						Ap	18—38	亮黄棕色	壤质黏土	块状	6.3	18.9	1.02	0.31								
						P	38—74	橄榄色	壤质黏土	棱块状	7.6	5.5	0.40	0.22								
						W	74—100	浅灰黄色	壤质黏土	棱块状	7.7	6.4	0.53	0.29								
剖4	人为土	水稻土	潴育水稻土	汤土	汤土	A	0—13	青灰色	重壤土	粒状										石灰岩残积物	E 118°36′12.2″ N 31°50′37.3″	84
						P	13—19	青灰色	重壤土	片状												
						W	19—32	青灰色	重壤土	柱状												
						G	32—100	灰白色	重壤土	柱状												
剖5	半水成土	潮土	灰潮土	灰潮土	夹砂土	1	0—16	灰黄色	重壤土	粒状	8.0	17.4	0.92	0.68			9.1	77		新冲积物	E 118°31′16.7″ N 31°50′42.0″	95
						2	16—30	灰黄色	重壤土	块状	8.0	10.4	0.63	0.59			7.6	55				
						3	30—40	灰白色	轻壤土	块状	8.1	11.6	0.61	0.63			1.1	60				
						4	40—100	中壤土		块状	8.1	8.2	0.51	0.63			<1.0	51				
剖6	半水成土	潮土	灰潮土	灰潮土	旱砂土	1	0—12	浅灰黄色	砂壤土	粒状	8.3	16.0	1.50	0.47			2.3	22		新冲积物	E 118°31′22.8″ N 31°50′16.1″	91
						2	12—22	浅灰黄色	紧砂土	粒状	8.3	14.0	1.20	0.64			5.0	18				
						3	22—49	浅灰黄色	轻黏土	块状	8.5	12.2	0.93	0.55			3.7	84				
						4	49—100	绿灰色	重黏土	块状	8.5	17.7	1.28	0.64			12.9	136				
剖7	人为土	水稻土	潴育水稻土	石肝土	石肝土	A	0—15	浅灰棕色	重壤土	粒状	6.4	16.0	0.89	<0.10			2.6	93		石灰岩	E 118°44′21.5″ N 31°50′29.4″	85
						P	15—21	浅灰棕色		块状	6.6	15.0	0.82	0.31			2.3	105	14.1			
						3	21—32			柱状	7.2	11.0	0.70	0.64			1.8	114	6.9			
						4	32—100		中壤土		7.4	7.0	0.41	0.49			3.7	61				
剖8	淋溶土	黄棕壤	黄棕壤	黄砂土	中层黄砂土	1	0—16	暗黄棕色	轻壤土	屑粒状	5.3	18.9	0.80	0.16			2.6	93		砂岩风化物	E 118°45′12.7″ N 31°49′26.8″	97
						2	16—33	暗黄棕色	重壤土	屑粒状	4.8	4.0	0.39	0.18			2.3	105				
						3	33—52	浅黄棕色	轻黏土	块状	4.9	5.0	0.46	0.21			1.8	114				
剖9	人为土	水稻土	潴育水稻土	马肝土	黄白土	A	0—14	浅黄黄色	重壤土	小块状	5.7	26.0	1.40	1.18			3.7	61		新冲积物	E 118°38′22.6″ N 31°51′28.1″	96
						P	14—22	浅灰黄色	中壤土	块状	4.8	24.0	0.70	<0.10			2.6	48				
						W	22—63	浅灰黄色	重壤土	棱柱状	5.8	14.0	0.88	<0.10			2.3	37				
						Bvg	63—100	浅黄色	重壤土	棱柱状	6.7	12.0	0.51	<0.10			2.2	13				
剖10	人为土	水稻土	潴育水稻土	马肝土	黄白土	1	0—12		重壤土	粒状	6.4	16.0	0.89	<0.10			2.8	20	15.4	下蜀黄土	E 118°34′04.8″ N 31°48′28.8″	80
						2	12—16		重壤土	块状	6.6	15.0	0.82	0.31			1.7	33	19.7			
						3	16—40		重壤土	块状	7.2	11.0	0.70	0.64			1.9	26	22.5			
						4	40—100				7.4	7.0	0.41	0.49			1.4	15	17.8			
剖11	人为土	水稻土	潴育水稻土	马肝土	马肝土	A	0—13	暗灰黄色	重壤土	团粒状	6.5	26.7	1.39	0.64			3.8	93	16.2	下蜀黄土	E 118°38′02.8″ N 31°49′34.7″	91
						P	13—18	暗灰黄色	重壤土	块状	6.5	26.0	1.15	0.38			3.4	92	17.2			
						W	18—60	灰黄色	重壤土	棱柱	6.5	17.2	0.77	0.25			3.2	99				
						WBv	60—100	灰黄色	重壤土	棱柱	6.5	10.6	0.35	0.19			3.2	24				

续表 Continued

剖面号 Soil profile	土纲 Soil order	土类 Soil great group	亚类 Soil subgroup	土属 Soil genus	土种 Soil species	土层码 Layer code	土层厚度 Depth/ cm	颜色 Soil color	质地 Soil texture	土壤结构 Soil structure	pH	有机质 OM/ (g/kg)	全氮 TN/ (g/kg)	全磷 TP/ (g/kg)	全钾 TK/ (g/kg)	碱解氮 AN/ (mg/kg)	有效磷 AP/ (mg/kg)	速效钾 AK/ (mg/kg)	阳离子 交换量CEC/ (cmol/kg)	土壤母质 Parent material	剖面点坐标 Profile coordinate	匹配指数 Matching index/%
剖12	人为土	水稻土	潴育水稻土	淤泥土	河淤土	1	0—13				6.4	17.5	1.22	0.43			6.3	57		秦淮河圩区冲积物	E 118° 41′ 42.4″ N 31° 49′ 11.3″	94
						2	13—19				7.3	10.8	0.76	0.37			4.6	54				
						3	19—55				7.5	4.6	0.46	0.34			4.6	14				
						4	55—91				7.5	3.4	0.19	0.33			4.3	12				
						5	91—120				7.6	2.4	0.25	0.32			4.9	13				
剖13	淋溶土	黄棕壤	黄棕壤	黄刚土	旱地白土	A	0—10	浅黄棕色	重壤土	小块状	6.8	20.4	1.15	0.53			4.6	127		下蜀黄土	E 118° 41′ 29.4″ N 31° 47′ 43.8″	86
						2	10—20	黄棕色	重壤土	块状	6.9	7.6	0.56	0.42			1.7	103	11.4			
						3	20—100	浅黄棕色	重壤土	块状	6.7	1.1	0.29	0.47			3.0	105	15.4			
剖14	人为土	水稻土	潴育水稻土	马肝土	马肝土	1	0—14				6.2	20.9	1.33	0.25			3.4	38		下蜀黄土	E 118° 44′ 14.3″ N 31° 46′ 00.5″	86
						2	14—22	灰黄色	重壤土	小块状	6.0	17.3	1.01	0.26			3.2	38				
						3	22—74	灰黄色	重壤土	大块状	6.0	5.9	0.36	0.26			4.1	33				
						4	74—100		重壤土	大块状	6.0	5.9	0.38	0.18			4.3	29				
剖15	淋溶土	黄棕壤	黄棕壤	黄刚土	黄土	A	0—10	浅黄色	中黏土	粒状	6.5	11.3	0.70	0.55			3.5	39		下蜀黄土	E 118° 44′ 42.7″ N 31° 45′ 14.0″	80
						2	10—35		中黏土	核状	6.5	6.0	0.43	0.27			3.5	11				
						3	35—100		中黏土	块状	8.0	6.5	0.51	0.30			3.5	12				
剖16	初育土	石灰(岩)土	红色石灰土	红石土	中层红石土	1	0—15	浅黄橙色	中黏土		8.0	16.6	1.15	0.21			2.9	189		石灰岩风化物	E 118° 53′ 58.6″ N 31° 58′ 33.6″	83
						2	15—40	暗黄橙色	中黏土	核状	8.0	3.3	0.75	0.17			1.3	183				
						3	40—60	青灰色	中黏土	块状	8.3	3.0	0.54	0.20			2.3	174				
						4	60—															
剖17	初育土	石灰(岩)土	棕色石灰土	棕灰泥土	上坊黏棕土	A	0—17	棕色	壤质黏土	核粒状	7.3	69.8	4.48	0.62	12.9	122				石灰岩风化物	E 118° 57′ 55.8″ N 31° 58′ 03.7″	96
						C	17—28	棕色	壤质黏土	块状	7.4	59.2	3.78	0.58	12.5	85						
剖18	初育土	石灰(岩)土	棕色石灰土	棕石土	厚层棕石土	1	0—30	暗红色	轻黏土	小核状	8.0	34.9	2.00	0.11		141	4.0	195		石灰岩风化物	E 118° 59′ 04.9″ N 31° 59′ 34.8″	95
						2	30—57	暗红色	轻黏土	核状	7.8	15.1	1.26	0.15		122	<1.0	195				
						3	57—80	棕红色	轻黏土	块状	7.7	4.4	0.56	0.10		52	2.9	156				
						D	80—100	青灰色														
剖19	淋溶土	黄棕壤	黄棕壤	茶园土	蚕砂土	1	0—13	浅灰色	中壤土	块状	6.5	23.9	1.32	0.91			25.1	70		下蜀黄土	E 118° 46′ 55.6″ N 31° 48′ 14.0″	87
						2	13—20	浅灰色	重壤土	块状	6.7	16.1	0.88	1.00			25.1	40				
						3	29—50	灰白色	重壤土	棱柱状	7.3	5.6	0.40	0.51			10.8	48				
						4	50—72	灰白色	轻黏土	棱柱状	7.3	5.0	0.45	0.34			4.3	43				
						5	72—100	灰白色	中壤土	棱柱状	7.3	2.1	0.25	0.34			4.7	29				
剖20	人为土	水稻土	潜育水稻土	青砂白蟮丝土	青砂白蟮丝土	A	0—14	浅灰色	重壤土	块状	8.0	38.7	1.96	0.69			1.1	96		新冲积物	E 118° 47′ 25.8″ N 31° 54′ 34.9″	83
						P	14—29	浅灰色	重壤土	块状	8.1	24.9	1.36	0.69			3.2	95				
						W_1	29—50	灰白色	重壤土	棱柱状	7.9	2.3	0.75	0.60			2.7	97				
						W_2	50—72	灰白色	轻黏土	棱柱状	8.0	9.2	0.62	0.54			2.7	65				
						G	72—100	灰白色	重壤土	棱柱状	7.9	7.9	1.52	0.66			2.6	60				
剖21	人为土	水稻土	渗育水稻土	江淤土	砂淤土	P	0—13	浅灰色	重壤土	小块状	8.1	24.0	1.30	0.65			3.2	51		新冲积物	E 118° 47′ 03.1″ N 31° 53′ 02.8″	99
						W	13—24	浅灰色	重壤土	棱柱状	7.9	17.0	1.08	0.61			8.0	54				
						C_1	24—47	灰白色	重壤土	棱柱状	7.7	17.0	1.08	0.61			4.5	58				
						C_2	47—72	灰白色	轻黏土	棱柱状	7.4	20.1	1.23	0.41			11.3	68				
						5	72—100		中壤土	屑粒状	8.4	20.3	1.23	0.46			<1.0	72				
剖22	淋溶土	黄棕壤	黄棕壤	赤砂土	赤砂土	1	0—12	紫棕色	轻壤土		5.2	20.3	1.21	0.20			5.3	78		红色砂岩风化物	E 118° 52′ 20.6″ N 31° 53′ 09.2″	94
						2	12—37	红色	中壤土	小块状	5.1	3.9	0.46	0.14			<1.0	87				
						3	37—100	红色	中壤土		5.1	2.0	0.23	<0.10			1.8	120				

续表 Continued

剖面号 Soil profile	土纲 Soil order	土类 Soil great group	亚类 Soil subgroup	土属 Soil genus	土种 Soil species	土层码 Layer code	土层厚度 Depth/cm	颜色 Soil color	质地 Soil texture	土壤结构 Soil structure	pH	有机质 OM/(g/kg)	全氮 TN/(g/kg)	全磷 TP/(g/kg)	全钾 TK/(g/kg)	碱解氮 AN/(mg/kg)	有效磷 AP/(mg/kg)	速效钾 AK/(mg/kg)	阳离子交换量CEC/(cmol/kg)	土壤母质 Parent material	剖面点坐标 Profile coordinate	匹配指数 Matching index/%
剖23	淋溶土	黄棕壤	黄棕壤			1	0—12	灰黄色	重壤土	小块状	6.2	14.1									E 118°45′27.0″ N 31°52′29.6″	99
						2	12—18	浅棕色	重壤土	块状	6.0	13.5										
						3	18—64	浅棕色	重壤土	块状	6.1	10.0										
						4	64—100	黄棕色	重壤土	块状	6.4	7.0										
剖24	淋溶土	黄棕壤	黄棕壤			1	0—14	浅黄色	重壤土	小块状	6.6	20.9									E 118°45′19.8″ N 31°51′36.0″	94
						2	14—34	浅棕色	重壤土	块状	6.4	15.6										
						3	34—100	棕色	轻壤土	块状	6.5	9.1										
剖25	人为土	水稻土	潴育水稻土	淤泥土	河淤土	1	0—13		重壤土		6.4	17.5	1.22	0.43						秦淮河圩区冲积物	E 118°55′41.2″ N 31°53′59.3″	89
						2	13—19		重壤土		7.3	10.8	0.20	0.37								
						3	19—55		重壤土		7.5	4.6	0.40	0.34								
						4	55—91				7.5	3.4	0.29	0.33								
剖26	人为土	水稻土	潴育水稻土	淤泥土	河白土	A	0—15	灰黄色	重壤土	粒状	6.8	23.0	1.34	0.70			9.6	50		秦淮河圩区冲积物	E 118°57′05.4″ N 31°53′12.1″	80
						P	15—20	暗黄棕色	重壤土	块状	7.0	22.0	1.21	0.45			8.6	43				
						W	20—43	浅棕黄色	重壤土	棱柱状	7.5	13.5	0.84	0.35			3.2	33				
						Bvg	43—100	青灰黄色	重壤土	棱柱状	7.5	5.5	0.42	0.14			5.4	28				
剖27	人为土	水稻土	潴育水稻土	河淤土	河淤土	Aa	0—15	暗黄棕色	壤质黏土	屑粒状	6.6	28.2	1.42	0.87					19.1	冲积物	E 118°59′22.6″ N 31°52′50.2″	97
						Ap	15—31	浊黄棕色	壤质黏土	大块状	7.2	21.7	1.19	1.10					18.0			
						P	31—69	黄棕色	砂质黏壤土	大块状	7.9	5.0	0.30	0.30					13.1			
						W	69—100	灰色	壤质黏土	大棱块状	7.8	6.2	0.34	0.38					15.4			
剖28	人为土	水稻土	潴育水稻土	淤泥土	河淤土	A	0—11	灰黄色	轻壤土	小块状	6.2	24.4	1.69	0.70			6.2	90		秦淮河圩区冲积物	E 118°53′46.7″ N 31°51′00.7″	81
						P	11—18	浅黄色	轻壤土	块状	6.8	19.1	1.06	0.28			8.3	78				
						W	18—74	绿灰色	轻壤土	棱柱状	7.4	7.4	0.36	0.25			4.8	77				
						WBv	74—100	灰白色	轻壤土	块状	7.5	2.0	0.22	0.18			2.3	96				
剖29	淋溶土	黄棕壤	黄棕壤	页灰土	厚层页灰土	1	0—12	灰棕色	重壤土	粒状	6.3	49.5	1.82	0.25			6.7	201		页岩风化物	E 118°59′07.8″ N 31°58′56.6″	92
						2	12—28	棕红色	轻壤土	屑粒状	4.9	6.8	0.40	0.23			3.7	78				
						3	28—56	棕红色	轻壤土	块状	4.7	3.8	0.37	0.29			11.6	93				
						4	56—76	黄棕色	轻壤土	无明显结构	4.9	1.2	0.22	0.31			2.3	74				
						5	76—100	灰黄色	中壤土	无明显结构	4.8	1.0	0.20	0.44			3.7	78				
剖30	淋溶土	黄棕壤	黄棕壤	黄刚土	黄土	1	0—15	浊黄棕色	壤质黏土	屑粒状	6.8	22.4	1.30	0.20			2.7	189	12.3	下蜀黄土	E 118°50′03.5″ N 31°47′41.6″	94
						2	15—20	亮黄棕色	壤质黏土	块状	6.8	17.8	0.80	0.21	25.2		2.7	38	8.0			
						3	20—45	黄黄棕色	壤质黏土	块块状	6.8	8.0	0.50	0.25	27.7		2.7	19	15.6			
						4	45—100	灰黄色	壤质黏土	块状	6.8	4.5	0.28	0.21	25.2			26	17.7			
剖31	人为土	水稻土	潴育水稻土	马肝土	灰马肝土	Aa	0—18	浊黄棕色	壤质黏土	屑粒状	5.6	22.1	1.26	0.30						下蜀黄土	E 118°45′07.2″ N 31°46′29.6″	95
						Ap	18—38	亮黄棕色	壤质黏土	块状	6.3	18.9	1.02	0.31	28.3		3.4	20				
						P	38—74	橄榄色	壤质黏土	棱块状	7.6	5.5	0.40	0.22			3.0	19				
						W	74—100	浅灰黄色	壤质黏土	棱块状	7.7	6.4	0.53	0.29								
剖32	人为土	水稻土	潴育水稻土	马肝土	黄白土	1	0—10					23.0	1.23	0.41						下蜀黄土	E 118°45′53.6″ N 31°45′14.4″	88
						2	10—17					19.0	1.11	0.36				39				
						3	17—36					10.0	0.78	0.39			3.2					
						4	36—100	浅灰黄色	中壤土	粒状		4.0	0.36	0.38				20				
剖33	淋溶土	黄棕壤		栗色土	薄层栗色土	1	0—28	浅灰黄色	重黏土	块状										安山岩风化物	E 118°47′50.3″ N 31°44′35.2″	83
						2	28—150	青灰色														
						3	150—															

续表 Continued

剖面号 Soil profile	土纲 Soil order	土类 Soil great group	亚类 Soil subgroup	土属 Soil genus	土种 Soil species	土层码 Layer code	土层厚度 Depth/cm	颜色 Soil color	质地 Soil texture	土壤结构 Soil structure	pH	有机质 OM/(g/kg)	全氮 TN/(g/kg)	全磷 TP/(g/kg)	全钾 TK/(g/kg)	碱解氮 AN/(mg/kg)	有效磷 AP/(mg/kg)	速效钾 AK/(mg/kg)	阳离子交换量CEC/(cmol/kg)	土壤母质 Parent material	剖面点坐标 Profile coordinate	匹配指数 Matching index/%
剖34	人为土	水稻土	潴育水稻土	淤泥土	上黑河淤土	A	0–13	暗灰黄色	轻黏土	粒状	6.6	24.3	1.34	0.33			7.8	111		秦淮河圩区冲积物	E 118°51′37.4″ N 31°43′16.3″	90
						P	13–19	浅灰黄色	轻黏土	块状	7.0	14.7	0.85	0.42			8.9	118				
						Qm	19–70	青灰色	重黏土	棱柱状	7.0	18.3	0.77	0.23			2.9	149				
						Bvg	70–100	绿灰色	轻黏土	棱柱状	7.0	10.4	0.51	0.32			5.1	132				
剖35	人为土	水稻土	潴育水稻土	马肝土	马肝土	1	0–13				6.8	19.0	0.94	0.30			4.7	25		下蜀黄土	E 118°52′07.3″ N 31°40′25.0″	87
						2	13–20				6.7	16.1	0.67	0.18			3.8	24				
						3	20–60				6.0	11.0	0.33	0.17			2.5	43				
						4	63–100				6.0	10.4	0.46	0.18			2.9	44				
剖36	人为土	水稻土	潴育水稻土	青肝土	青肝土	A	0–12	灰黄色	轻黏土	块状	6.4	25.9	1.88	0.30			3.5	146		下蜀黄土	E 118°45′43.2″ N 31°42′28.8″	98
						P	12–19	灰黄色	中黏土	块状	6.0	16.1	0.99	0.31			4.0	135				
						Wg	19–58	青灰色	轻黏土	棱柱状	7.2	7.8	0.54	0.21			1.0	119				
						G	58–100	青灰色	中黏土	棱柱状	7.2	5.8	0.21	<0.10			4.3	131				
剖37	人为土	水稻土	潴育水稻土	淤泥土	中黑河淤土	A	0–13	灰黄色	中黏土	粒状	7.0	24.7	1.32	0.26			6.2	150		秦淮河圩区冲积物	E 118°52′34.0″ N 31°44′38.0″	90
						P	13–21	灰绿色	中黏土	块状	7.2	9.0	0.56	0.34			5.1	150				
						W	21–37	青灰色	轻黏土	块状	7.5	4.2	0.37	0.24			7.7	107				
						Qm	37–60	暗青灰色	重黏土	块状	7.4	12.2	0.77	0.29			5.0	162				
						Bvg	60–100	灰白色	重黏土	块状	7.7	8.2	0.63	0.28			2.3	165				

六 合 区

主要土类说明

水稻土是六合区主要土壤类型，占本区地域面积的74%。本区水稻土是黄土状物质、江河冲积物经人工长期种植水稻、水旱交替耕作形成的。长期季节性淹水、周期性水旱轮作，使土壤进行较强烈的还原淋溶和氧化淀积作用。种稻灌水期间，土中的高价铁、锰变成低价铁、锰，随同极细胶粒向下淋溶，到了没有被灌溉水饱和的土层，铁、锰又氧化成高价而积聚下来，这样周而复始，剖面中物质的淋溶淀积就形成了特殊的层段——水稻土渗育层。根据各地种植水稻时间、地形、母质、水分运动、轮作制度等影响因素的不同，土体中各层次的发育程度有明显差异，本区水稻土分为潴育型、渗育型、潜育型等亚类。其中，潴育水稻土面积最大，占本区水稻土总面积的84%。该土壤是古老的耕作水稻土，发育受人为耕作措施影响较深刻，土体构型一般为 A-P-W-B 或 A-P-W-Bg。土壤发育比较完善，渗育层发育良好，一般厚度在30cm左右，铁锰淀积现象明显，具有水稻土的典型发育特征。其主要分布在滁河平原和丘陵塝田的中下部位及冲田地区，地下水埋深在70cm以下。成土母质为黄土状冲积物及河流冲积物。

黄褐土是六合区第二大土壤类型，占本区地域面积的10%。黄褐土地处北亚热带，由较细粒的黄土状母质发育而成，多组成丘岗。该土壤土体中游离碳酸钙已不复存在，土壤呈灰黄棕色，在底部可散见圆形石灰结核，黏化淀积明显，B层黏聚，黏粒硅铝率在3.0左右，表层pH为6.0—6.8，底层为7.5，盐基饱和度由表层向底层逐渐趋向饱和。

火山灰土是六合区第三大土壤类型，占本区地域面积的5%。火山灰土由火山喷发碎屑物和尘状火山灰堆积物发育而成，剖面发生层分异小，色泽差异大，母质特征明显。土体由灰黑色及暗褐色等疏松多孔的玻璃质熔岩块叠置成，表层有机质累积，土体构型为 A-C。火山灰土较深厚，细粉砂和粗粉砂含量高，富含浮岩碎块。孔隙率高达50%—80%，容重小于$1g/cm^3$，表层有机质含量较高，可达100g/kg以上，往下明显降低。土壤pH为6.0—7.0，盐基饱和，土壤阳离子交换量大于25cmol/kg。

黄棕壤占本区地域面积的5%，分布在本区的中北部丘陵地区，是在酸性母岩风化残积物及下蜀黄土阶地上发育的土壤，全剖面呈微酸至酸性，有弱富铝化及黏化过程。根据母岩和土层厚薄的不同及障碍层出现的高低，本区黄棕壤分为黄棕壤、粗骨性黄棕壤等亚类。

小于本区地域面积3%的土壤类型还有潮土、石灰（岩）土等。

本区域中心区气候特征

本区域中心区气候特征值
Regional climate characteristics in central area of the region

气候带：北亚热带湿润气候 Climate region: North subtropical humid climate	
年平均气温 /℃ Annual average temperature /℃	15.3
年平均最高气温 /℃ Annual average maximum temperature /℃	20.0
年平均最低气温 /℃ Annual average minimum temperature /℃	11.4
年降水量 /mm Annual precipitation /mm	1014
≥10℃的积温 /℃ Daily temperature accumulated in a year（≥10℃）/℃	5534
年日照时数 /h Annual sunshine /h	2040
年平均相对湿度 /% Annual average relative humidity /%	76
干燥度 Dryness	0.89

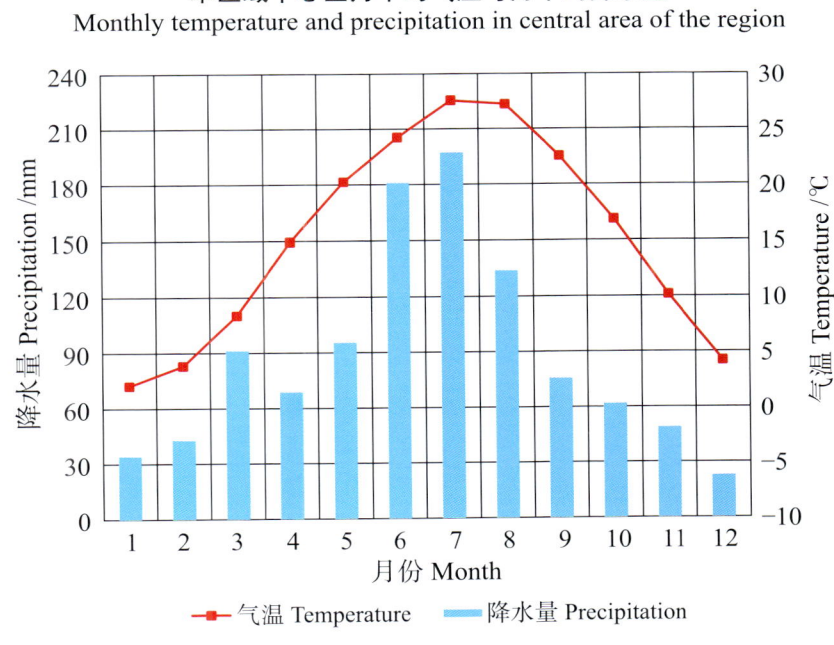

本区域中心区月平均气温与月平均降水量
Monthly temperature and precipitation in central area of the region

六合县主要土壤类型与土壤剖面点分布图

1:220 000

图 例

- 水稻土
- 黄褐土
- 火山灰土
- 黄棕壤
- 潮土
- 石灰（岩）土
- ⊗ 剖面点

注：国务院 2002 年 4 月批准，撤销六合县和大厂区，设立六合区。

六合区土壤剖面理化性状表

剖面号 Soil profile	土纲 Soil order	土类 Soil great group	亚类 Soil subgroup	土属 Soil genus	土种 Soil species	土层代码 Layer code	土层厚度 Depth/cm	颜色 Soil color	质地 Soil texture	土壤结构 Soil structure	pH	有机质 OM/(g/kg)	全氮 TN/(g/kg)	全磷 TP/(g/kg)	全钾 TK/(g/kg)	碱解氮 AN/(mg/kg)	有效磷 AP/(mg/kg)	速效钾 AK/(mg/kg)	阳离子交换量 CEC/(cmol/kg)	土壤母质 Parent material	剖面点坐标 Profile coordinate	匹配指数 Matching index/%
剖1	初育土	火山灰土	基性岩火山灰土	暗色土	中层暗色土	A	0—16	棕灰色	重壤土	小块状	6.5	28.6	1.20	0.75		135	7.1	56	17.4	基岩风化物	E 118°37′25.3″ N 32°31′36.5″	90
						Bv	16—42	棕暗色	中壤土	小块状	7.3	20.4	0.88	0.32			<1.0	60				
						D	42—															
剖2	人为土	水稻土	潴育水稻土	马肝土	黄马肝土	Aa	0—20	灰棕色	黏土	小块状	5.5	19.1	1.05	0.29					14.5	下蜀黄土	E 118°40′11.3″ N 32°31′10.2″	80
						Ap	20—38	灰棕色	壤质黏土	块状	7.4	10.9	0.64	0.26					14.0			
						P	38—79	浊红棕色	壤质黏土	块状	7.8	4.7	0.37	0.18					14.8			
						W	79—100	浊红棕色	壤质黏土	棱块状	7.7	3.9	0.32	0.20					14.9			
剖3	半水成土	潮土	灰潮土	灰砂土	灰砂土	A	0—12	灰白色	砂壤土	粒状										河流冲积物	E 118°44′40.9″ N 32°21′27.0″	90
						Bv₁	12—30	灰白色	轻壤土	粒状												
						C	30—100	黄灰色	轻壤土	粒状												
剖4	淋溶土	黄棕壤	黄棕壤	黄砂土	黄砂土	A	0—8	黄棕色	中壤土	粒状	5.7	22.4	1.51	0.93		140	6.7	64	19.2	砂岩、粗骨岩、酸性岩	E 118°57′01.1″ N 32°30′15.5″	96
						Bv	8—40	棕色	轻壤土	块状	6.3	2.6	0.34	0.18			3.4	48				
						C	40—100	棕色	轻壤土	块状												
剖5	人为土	水稻土	潴育水稻土	渗黄白土	渗黄白土	A	0—12	灰白色	重壤土	粒状	5.8	10.7	0.84	0.24		88	6.0	27	12.3	下蜀黄土	E 118°55′19.6″ N 32°31′32.9″	96
						P	12—25	黄棕色	重壤土	小块状	5.9	10.6	0.78	0.24			4.4	24				
						W	25—50	灰棕色	重壤土	块状	6.9	6.6	0.58	0.22			5.6	24				
						C	50—100	棕色	中壤土	块状	7.1	3.2	0.39	0.20			3.1	15				
剖6	人为土	水稻土	潴育水稻土	江淤土	砂底夹砂土	A	0—13	浅棕色	中壤土	小块状	6.5	13.9	0.89	0.60		91	9.8	18	10.4	冲积物	E 118°55′13.8″ N 32°30′34.9″	99
						P	13—24	浅棕色	中壤土	块状	6.4	24.2	1.40	0.78			1.1					
						W	24—40	暗灰色	中壤土	粒状	6.9	4.1	0.36	0.74								
						WBvca	40—65	深灰色	中壤土	粒状	7.6	3.4	0.28	0.80								
						S	65—100	棕黄色	轻壤土	块状	7.6	1.6	0.12	0.84								
剖7	淋溶土	黄棕壤	黏盘黄褐土	黄刚土	黄土	A₁	0—14	棕黄色	中壤土	大块状										下蜀黄土	E 118°59′04.6″ N 32°25′38.6″	90
						A₂	14—30	黄白色	重壤土	小块状	6.6	15.7	0.80	0.41		89	7.9	70	15.9			
						Bv₁₁	30—41	棕色	重壤土	柱状	7.0	13.2	0.70	0.41			6.6	55				
						Bv₂₁	41—100	棕色	重壤土	柱状												
剖8	人为土	水稻土	潴育水稻土	马肝土	黄白土	P	0—14	黄白色	重黏土	柱状	7.1	8.0	0.50	0.33			4.0	35		下蜀黄土	E 118°47′57.1″ N 32°19′01.2″	80
						W	14—23	棕褐色	重黏土	棱柱状	7.1	7.0	0.35	0.38			2.2	44				
						Bv	23—52	灰褐色	轻黏土	粒状												
							52—100															
剖9	半水成土	潮土	灰潮土	菜园河淤土	菜园河淤土	A₁	0—22	浅灰色	重壤土	块状	6.3	13.4	0.99	0.87		105	19.5	≤5	14.0	河流冲积物	E 118°50′37.3″ N 32°19′59.2″	91
						A₂	22—44	棕色	中壤土	块状	6.5	8.8	0.51	0.71				≤5				
						Bv₁	44—64	棕色	中壤土	柱状	6.7	5.5	0.32	0.45								
						C	64—100	青灰色	中壤土	柱状	6.9	5.3	0.29	0.87								
剖10	半水成土	潮土	灰潮土	菜园河淤土	菜园河白土	A₁	0—14	灰色	重壤土	粒状	6.5	14.7	0.86	1.60		75	10.2	19	12.2	河流冲积物	E 118°50′51.0″ N 32°19′39.0″	88
						A₂	20—32	灰黄色	中壤土	小块状	7.3	15.1	0.41	1.47				15				
						Bv₁	32—54	灰黄色	中壤土	粒状	7.4	5.3	0.28	1.43								
						C	54—100	灰黄色	重壤土	小块状	7.5	4.2	0.25	1.63								
剖11	淋溶土	黄褐土	黏盘黄褐土	黄刚土	旱黄土	A	0—14	黄棕色	重壤土	小块状	6.5									下蜀黄土	E 118°51′06.5″ N 32°19′09.1″	90
						Bv₁	14—44	棕色	轻黏土	大块状	6.9											
						Bv₂₁	44—100	黄棕色														

续表 Continued

剖面号 Soil profile	土纲 Soil order	土类 Soil great group	亚类 Soil subgroup	土属 Soil genus	土种 Soil species	土层码 Layer code	土层厚度 Depth/cm	颜色 Soil color	质地 Soil texture	土壤结构 Soil structure	pH	有机质 OM/(g/kg)	全氮 TN/(g/kg)	全磷 TP/(g/kg)	全钾 TK/(g/kg)	碱解氮 AN/(mg/kg)	有效磷 AP/(mg/kg)	速效钾 AK/(mg/kg)	阳离子交换量CEC/(cmol/kg)	土壤母质 Parent material	剖面点坐标 Profile coordinate	匹配指数 Matching index/%
剖12	人为土	水稻土	渗育水稻土	渗潮泥田	河砂土	Aa	0—17	浅棕黄色	黏壤土	小块 屑粒状	6.7	11.1		0.25	12.5				13.5	冲积物	E 118°52′59.2″ N 32°15′30.6″	86
						Ap	17—27	浊黄棕色	壤土	片状	6.8	8.1		0.31	14.5				12.9			
						P	27—54	浊黄棕色	壤土	大梭柱状	6.9				14.4				13.2			
						C	54—85	灰棕色	黏壤土	大梭柱状	6.9				15.1							
						C₂	85—100	浅黄色	壤土		6.9				15.4							
剖13	半水成土	潮土		荣园洲干土	荣园潮砂土	A₁	0—17	灰黄色	轻壤土	粒状										冲积物	E 118°52′30.7″ N 32°14′12.8″	93
						A₂	17—39	棕灰色	轻壤土	粒状												
						Bv₁	39—100	棕灰色	中壤土	块状												
剖14	半水成土	潮土	灰潮土	洲干土	潮砂土	A	0—12	棕灰色	轻壤土	粒状										冲积物	E 118°53′24.4″ N 32°14′20.4″	99
						Bv₁	12—20	棕灰色	轻壤土	粒状												
						C	20—100	灰色	轻壤土	粒状												
剖15	淋溶土	黄褐土	黏盘黄褐土	黄刚土	旱死黄土	A	0—12	棕灰色	重壤土	块状	6.3	9.5	0.64	0.45			6.6		15.9	下蜀黄土	E 118°55′03.0″ N 32°14′37.0″	98
						Bv₁	12—20	棕灰色	轻黏土	大块状	6.8	4.6	0.40	0.45			2.2					
						C	20—100	棕灰色	重壤土	大块状	7.3	3.9	0.39	0.45			2.2					
剖16	人为土	水稻土	渗育水稻土	江淤土	砂底江淤土	A	0—17	浅灰色	重壤土	小块状	7.4	15.0	0.98	0.79		86	13.0	12	9.1	冲积物	E 118°56′21.1″ N 32°12′27.4″	85
						P	17—28	暗棕色	轻黏土	块状	7.1	16.1	1.06	0.79			5.0	9				
						W	28—70	暗棕色	轻黏土	块状	7.3	10.7	0.71	0.77			1.0	11				
						S	70—100	灰色	砂壤土	粒状	7.2	1.9	0.18	0.64			<1.0	6				
剖17	人为土	水稻土	渗育水稻土	江淤土	江淤土	A	0—15	浅灰色	轻黏土	粒状	7.2	27.8	0.19	0.56		148	8.6	80	10.7	冲积物	E 118°57′00.4″ N 32°12′24.5″	94
						P	15—30	浅灰色	轻黏土	块状	7.2	27.0	1.88	0.52			5.0	60				
						W	30—65	灰黄色	轻黏土	块状	7.3	14.9	1.20	0.50			6.7	66				
						Wbca	65—100	灰黄色	中黏土	小块状	7.2	10.2	1.00	0.50			11.3	82				
剖18	半水成土	潮土	灰潮土	洲干土	洲干土	A	0—25	暗灰色	重壤土	块状	7.8	16.4	1.08	0.79		82	11.0	29	12.0	新冲积物	E 118°59′26.5″ N 32°11′32.3″	80
						Bv₁	25—65	棕灰色	轻黏土	块状	7.8	9.8	1.08	0.79			2.2	24				
						C	65—100	暗棕色	重壤土	块状	8.0	7.6	0.58	0.44			2.6	17				
剖19	淋溶土	黄褐土	黏盘黄褐土	黄刚土	黄土	A	0—12	棕黄色	重壤土	块状	6.3									下蜀黄土	E 119°01′05.9″ N 32°16′31.4″	97
						Bv	12—20	棕黄色	黏壤土	大块状	6.5											
						C	20—100	棕黄色	重壤土	大块状	7.3											

溧 水 区

主要土类说明

水稻土是溧水区主要土壤类型，占本区地域面积的 60%，广泛分布于丘陵冲田、塝田、圩区低平处。全区水稻土主要发育于下蜀黄土母质、石臼湖圩区的河湖相母质、秦淮河圩区的河流冲积母质，圩区少量新垦水稻土发育于湖积物母质。水稻土种植利用时间长，剖面发育完整，一般形成 A-P-W-Bg、A-P-W-C、A-P-G-C 的土体构型。水稻土耕层有机质丰富，一般水稻土的耕层有数量不等的红筋、锈纹和锈斑，有机质平均含量为 20.2g/kg，旱地土壤的表层有机质含量为 12.7g/kg，一般水稻土的养分含量均比旱地土壤高，全区水稻土耕层全氮含量为 1.26g/kg，全磷含量为 0.68g/kg。土壤质地一般为中壤土至重壤土。本区水稻土分为潴育型、渗育型和潜育型等亚类。其中，发育最完善、肥力水平相对较高的潴育水稻土分布最广，占本区水稻土总面积的 85%。

黄棕壤是溧水区第二大土壤类型，占本区地域面积的 14%。黄棕壤属于亚热带边缘的地带性土壤，是本区最重要的旱作、林用土壤，广泛分布于山地、岗地。本区黄棕壤发育于石质低山坡积物、残积物和下蜀黄土。黄棕壤土体构型主要有 A-B-C 和 A-C 两种。本区黄棕壤分为黄棕壤、粗骨性黄棕壤等亚类。黄棕壤亚类是本区最主要的林用土壤，占山地土壤的 63%。

黄褐土是溧水区第三大土壤类型，占本区地域面积的 13%。黄褐土地处北亚热带，由较细粒的黄土状母质发育而成，多组成丘岗。该土壤土体中游离碳酸钙已不复存在，土壤呈灰黄棕色，在底部可散见圆形石灰结核，黏化淀积明显，B 层黏聚，黏粒硅铝率在 3.0 左右，表层 pH 为 6.0—6.8，底层为 7.5，盐基饱和度由表层向底层逐渐趋向饱和。

小于本区地域面积 3% 的土壤类型还有石灰（岩）土、紫色土等。

本区域中心区气候特征

本区域中心区气候特征值
Regional climate characteristics in central area of the region

气候带：北亚热带湿润气候 Climate region: North subtropical humid climate	
年平均气温 /℃ Annual average temperature /℃	15.7
年平均最高气温 /℃ Annual average maximum temperature /℃	20.3
年平均最低气温 /℃ Annual average minimum temperature /℃	12.0
年降水量 /mm Annual precipitation /mm	1146
≥ 10℃ 的积温 /℃ Daily temperature accumulated in a year（≥ 10℃）/℃	5757
年日照时数 /h Annual sunshine /h	1942
年平均相对湿度 /% Annual average relative humidity /%	77
干燥度 Dryness	0.82

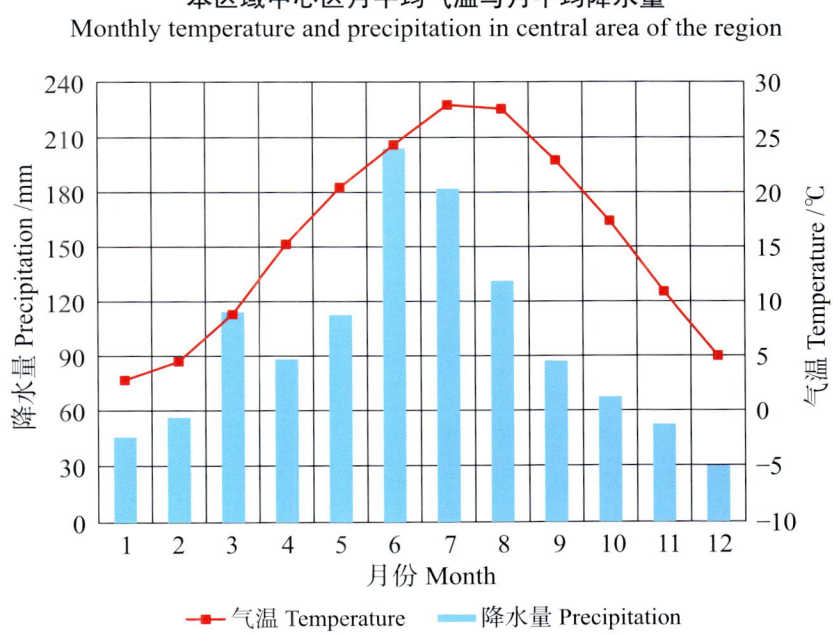

本区域中心区月平均气温与月平均降水量
Monthly temperature and precipitation in central area of the region

溧水县主要土壤类型与土壤剖面点分布图
1:170 000

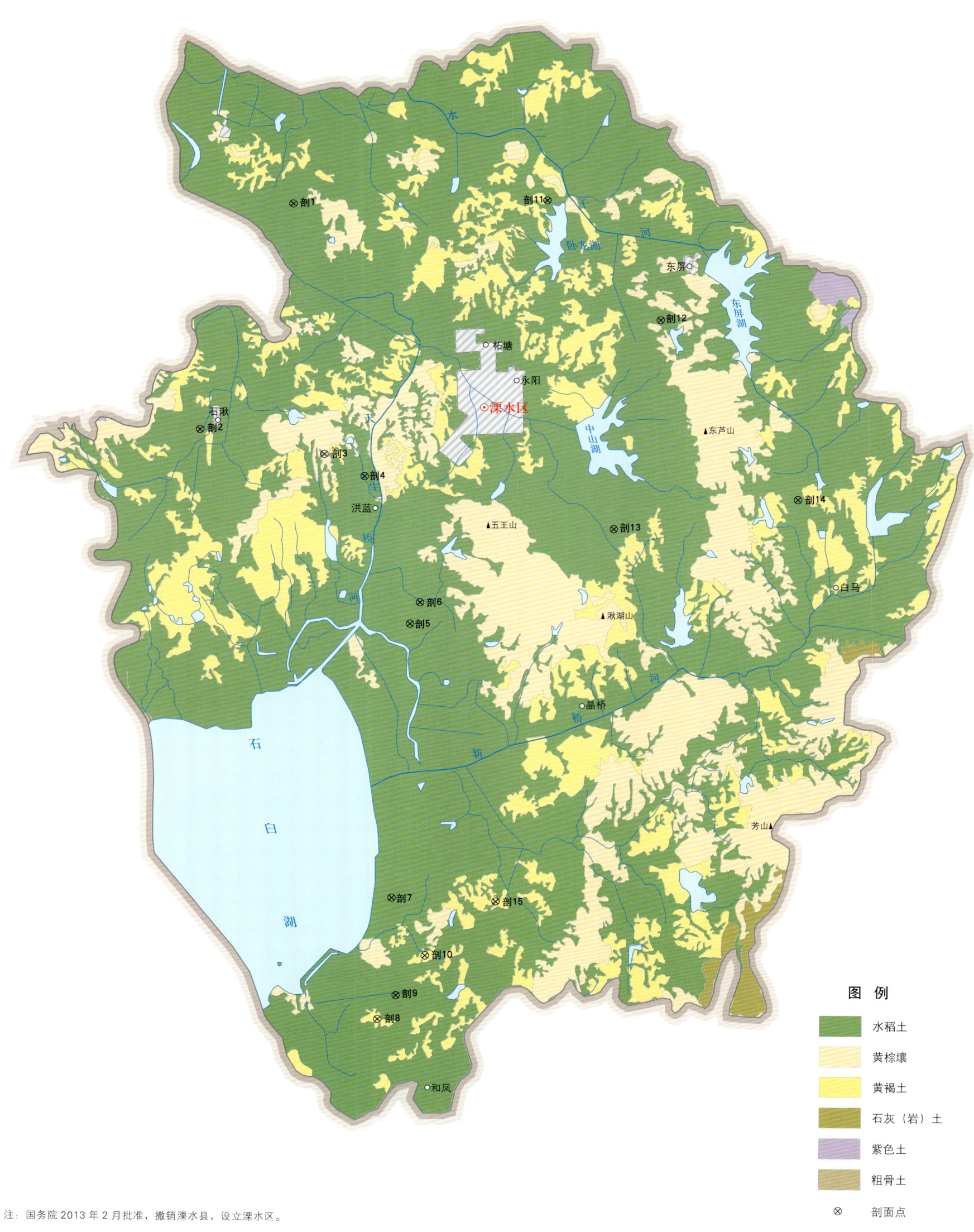

注：国务院2013年2月批准，撤销溧水县，设立溧水区。

溧水区土壤剖面理化性状表

剖面号 Soil profile	土纲 Soil order	土类 Soil great group	亚类 Soil subgroup	土属 Soil genus	土种 Soil species	土层码 Layer code	土层厚度 Depth/cm	颜色 Soil color	质地 Soil texture	土壤结构 Soil structure	pH	有机质 OM/(g/kg)	全氮 TN/(g/kg)	全磷 TP/(g/kg)	碱解氮 AN/(mg/kg)	有效磷 AP/(mg/kg)	速效钾 AK/(mg/kg)	土壤母质 Parent material	剖面点坐标 Profile coordinate	匹配指数 Matching index/%
剖1	人为土	水稻土	潴育水稻土	河淤土	河淤土	A	0—17	灰黄色	轻黏土	粒块状	5.9	23.6	1.49	0.35	146	6.4	78	河流冲积物	E 118°56′37.7″ N 31°43′40.1″	80
						P	17—28	灰黄色	重壤土	块状	6.9	16.8	1.17	0.29	112	3.6	75			
						3	28—70	灰黄色	轻黏土	棱柱状	7.2	7.2	0.52		52	5.4	88			
						4	70—100	暗灰黄色	轻黏土	棱柱状	7.2	7.4	0.57		52	4.6	115			
剖2	人为土	水稻土	渗育水稻土	黄泥土	砂黄土	A	0—16	灰黄色	重壤土	块状	5.7	16.2	0.99	0.28	104	5.9	63	下蜀黄土	E 118°54′06.8″ N 31°38′36.6″	94
						P	16—25	浅棕色	重壤土	块状	7.1	3.0	0.27	0.19	29	2.6	43			
						3	25—60	白色	重壤土	柱状	7.1	3.6	0.29		31	2.5	44			
						4	60—100	灰黄色	重壤土	柱状	7.5	3.7	0.75		73	2.6	54			
剖3	淋溶土	黄棕壤	粗骨性黄棕壤	栗色土	中层粗骨栗色土	1	0—20	灰黄色	重壤土	小块状	5.5	34.8	1.67	0.45	216	2.5	130	中性岩风化物	E 118°57′16.6″ N 31°37′59.2″	95
						2	20—50	灰黄色	重壤土	小块状	5.3	38.4	2.05	0.54	265	1.4	106			
剖4	人为土	水稻土	潴育水稻土	河淤土	河白土	A	0—10	灰黄色	重壤土	粒状								河流冲积物	E 118°58′16.7″ N 31°37′28.6″	86
						3	10—20	褐色	重壤土	块状										
						3	20—70	灰黄色	轻壤土	块状										
						4	70—90	灰白色	重壤土	棱柱状										
剖5	人为土	水稻土	潴育水稻土	坚眼土	坚眼土	A	0—17	褐色	黏壤土	块状	5.6	27.1	1.56	0.25	130	4.2	89	河湖相沉积物	E 118°59′22.6″ N 31°34′09.5″	89
						P	17—30	浅灰色	黏土	大块状	6.5	20.7	1.17	0.22	89	2.6	104			
						3	30—50	暗灰色	黏土	棱柱状	6.6	21.2	1.20		63	1.7	143			
						4	50—100	灰黄色	黏土	棱柱状	6.6	7.3	0.41		35	1.1	95			
剖6	人为土	水稻土	潴育水稻土	河淤土	乌底青淤土	A	0—14	褐色	轻壤土	块状	5.9	28.4	1.54	0.27	146	5.8	142	河流冲积物	E 118°59′38.0″ N 31°34′37.9″	95
						P	14—25	灰白色	重壤土	块状	6.7	15.5	0.97	0.23	83	3.2	116			
						3	25—60	浅灰色	重壤土	棱柱状	7.0	6.5	0.51		58	4.7	116			
						4	60—105	黑色	重壤土	棱柱状	6.7	16.6	0.94		70	4.0	191			
剖7	人为土	水稻土	潴育水稻土	青泥黏土	青泥黏土	1	0—15	灰青色	粉黏土	小块状	5.1	28.3	1.75	0.27	195	4.7	109	湖相沉积物	E 118°58′50.2″ N 31°27′56.2″	83
						2	15—28	灰青色	黏壤土	大块状	6.1	23.2	1.37	0.25	156	4.4	≤5			
						3	28—95	灰青色	黏土	柱状	6.7	6.2	0.60	0.46	94	13.0	154			
						4	95—120	棕黄色	黏土	柱状	6.9	8.2	0.68	0.35	98	14.0	153			
剖8	人为土	黄褐土	黏盘黄褐土	黄刚土	耕种死黄土	A	0—17	灰黄色	重壤土	粒块状	5.5	14.9	0.99	0.29	142	6.6	96	下蜀黄土	E 118°58′24.6″ N 31°25′13.1″	88
						2	17—28	浅棕色	重壤土	块状	6.1	9.0	0.71	0.17	97	1.6	106			
						3	28—90	暗黄棕色	轻壤土	块状	6.8	5.6	0.51		66	2.6	85			
剖9	人为土	水稻土	潴育水稻土	青泥土	砂底青泥土	1	0—22	灰黄色	重壤土	小块状	7.3	22.4	1.21	0.30	101	8.3	109	河湖相冲积物	E 118°58′54.5″ N 31°25′44.8″	99
						2	22—34	浅灰色	中壤土	柱状	7.9	7.6	0.45	0.28	43	5.4	97			
						3	34—57	灰黄色	中壤土	柱状	8.2	4.0	0.25		21	3.6	50			
						4	57—105	浅灰棕色	中壤土		8.1	2.9	0.14		23	3.3	35			
剖10	淋溶土	黄褐土	黏盘黄褐土	黄刚土	耕种黄土	1	0—20	浅灰棕色	轻黏土	小块状	6.8	10.4	0.71	0.27	72	5.8	107	下蜀黄土	E 118°59′38.4″ N 31°26′36.2″	92
						2	20—60	浅黄棕色	重黏土	块状	6.8	6.1	0.51	0.20	43	2.0	73			
						3	60—100	浅黄棕色	重黏土	块状	6.7	4.4	0.38		26	1.0	70			
剖11	人为土	水稻土	潴育水稻土	马肝土	黄白土	A	0—12	灰黄色	重黏土	粒块状	6.4	20.4	1.24	0.35	140	5.0	68	次生黄土母质	E 119°03′03.6″ N 31°43′37.9″	81
						P	12—23	灰黄色	重黏土	棱柱状	7.0	15.4	1.04	0.30	97	3.6	60			
						3	23—52	灰黄色	重黏土	棱柱状	7.3	8.4	0.58		64	2.4	55			
						4	52—100	浅黄色	重黏土	棱柱状	7.3	5.2	0.44		51	2.4	74			

续表 Continued

剖面号 Soil profile	土纲 Soil order	土类 Soil great group	亚类 Soil subgroup	土属 Soil genus	土种 Soil species	土层码 Layer code	土层厚度 Depth/cm	颜色 Soil color	质地 Soil texture	土壤结构 Soil structure	pH	有机质 OM/(g/kg)	全氮 TN/(g/kg)	全磷 TP/(g/kg)	碱解氮 AN/(mg/kg)	有效磷 AP/(mg/kg)	速效钾 AK/(mg/kg)	土壤母质 Parent material	剖面点坐标 Profile coordinate	匹配指数 Matching index/%
剖12	人为土	水稻土	潴育水稻土	青泥条	青泥条	A	0—13	灰黄色	重壤土	小块状	6.1	23.3	1.43	0.32	154	8.6	97		E 119°05′54.6″ N 31°40′53.8″	89
						P	13—22	褐色	重壤土	大块状	6.5	20.5	1.33	0.25	136	6.0	130			
						3	22—40	灰白色	重壤土	大块状	6.3	15.2	1.07		118	7.8	111			
						4	40—95	黄色	重壤土	棱块状	7.3	5.2	0.70		54	4.6	82			
剖13	人为土	水稻土	潴育水稻土	马肝土	夹砂马肝土	A	0—15	棕灰色	重壤土	块状	5.5	22.3	1.28	0.27	128	5.6	87	次生黄土母质	E 119°04′35.0″ N 31°36′13.3″	98
						P	15—28	暗棕灰色	重壤土	块状	7.0	9.4	0.64	0.27	69	4.7	85			
						3	28—60	棕灰色	重壤土	棱柱状	7.1	5.7	0.44		40	7.5	91			
						4	60—100	灰黄色	重壤土	棱柱状	7.6	3.9	0.31		36	3.2	77			
剖14	人为土	水稻土	潴育水稻土	板浆白土	小粉白土	1	0—19	灰白色	中壤土	小块状	6.4								E 119°09′19.8″ N 31°36′46.8″	91
						2	19—27	灰白色	中壤土	块状	7.6									
						3	27—57	黄白色	中壤土	块状	7.6									
						4	57—100	黄灰色	中壤土	棱柱状	7.4									
剖15	淋溶土	黄褐土	黏盘黄褐土	黄刚土	黄土	1	0—25	浅黄棕色	重壤土	粒块状	6.8	8.5	0.66	0.18	107	<1.0	60	下蜀黄土	E 119°01′29.3″ N 31°27′49.0″	80
						2	25—55	浅黄棕色	重壤土	棱柱状	7.0	5.1	0.45	0.14	72	<1.0	61			
						3	55—90	红棕色	轻黏土	棱柱状	7.1	4.8	0.52		61	<1.0	106			

高 淳 区

主要土类说明

水稻土是高淳区主要土壤类型，占本区地域面积的 63%。水稻土是在种植水稻、水旱交替耕作条件下形成的，主要成土过程是氧化还原作用。在植稻期间以还原淋溶为主，在脱水旱作期间以氧化淀积为主。通过灌溉、排水、耕作、施肥与栽培收获等措施，在周期性的干湿交替和氧化还原作用的影响下，土壤中铁、锰等易还原物质与悬浮性胶体在土壤剖面中淋溶淀积，形成了具有耕作层、犁底层、渗渍层、淀积层、斑纹层和潜育层等基本发生层次的水稻土。其中，渗渍层为水稻土特有的诊断层。渗渍层呈棱块状结构，结构面被覆灰色胶膜，而土体内孔隙布满铁锰斑纹。本区属北亚热带气候区，地处长江下游，水稻土的起源土壤为黄棕壤及相应的草甸土和沼泽土。其成土母质为下蜀黄土、黄土性冲积物和湖积物。本区水稻土分为渗育型、潴育型、漂洗型、侧渗型、脱潜型和潜育型等亚类。

黄褐土是高淳区第二大土壤类型，占本区地域面积的 12%。黄褐土地处北亚热带，由较细粒的黄土状母质发育而成，多组成丘岗。该土壤土体中游离碳酸钙已不复存在，土壤呈灰黄棕色，在底部可散见圆形石灰结核，黏化淀积明显，B 层黏聚，黏粒硅铝率在 3.0 左右，表层 pH 为 6.0—6.8，底层为 7.5，盐基饱和度由表层向底层逐渐趋向饱和。

沼泽土占本区地域面积的 10%，主要分布于固城湖、丹阳湖、石臼湖新围垦的湖滩田。其成土母质为河湖相静水沉积物。湖滩地常年季节性淹水，雨季地面全部淹没在深水层中，旱季部分滩涂露出水面，植被为芦苇和其他各种水草。沼泽土表土层有少量草根和半分解植物残体，中层具有红色或铁锈色的管状芦苇及水草根孔，底层为青灰色腐泥或泥炭。土体软糊烂，无结构，还原性强。虽经围垦种植水稻，但时间不长，土体发育还不具备犁底层和渗育层。沼泽土表土层（耕作层）呈核状结构、黄棕色；亚耕层呈棱块状结构、棕褐色和蓝灰色；心土层呈棱柱状结构、灰蓝色；底土层呈乌黑色或灰蓝色，无结构。沼泽土随土层加深而酸性加强，有机质含量升高。本区沼泽土经围垦种植水稻，产生脱沼泽过程，在脱沼泽过程中，随着地下水位下降，表层土壤通气状况改善，可变为高产稳产农田。

小于本区地域面积 3% 的土壤类型还有红壤、黄棕壤、石灰（岩）土和潮土。

本区域中心区气候特征

本区域中心区气候特征值
Regional climate characteristics in central area of the region

气候带：北亚热带湿润气候 Climate region: North subtropical humid climate	
年平均气温 /℃ Annual average temperature /℃	16.1
年平均最高气温 /℃ Annual average maximum temperature /℃	20.5
年平均最低气温 /℃ Annual average minimum temperature /℃	12.5
年降水量 /mm Annual precipitation /mm	1221
≥10℃的积温 /℃ Daily temperature accumulated in a year（≥10℃）/℃	5964
年日照时数 /h Annual sunshine /h	1888
年平均相对湿度 /% Annual average relative humidity /%	77
干燥度 Dryness	0.79

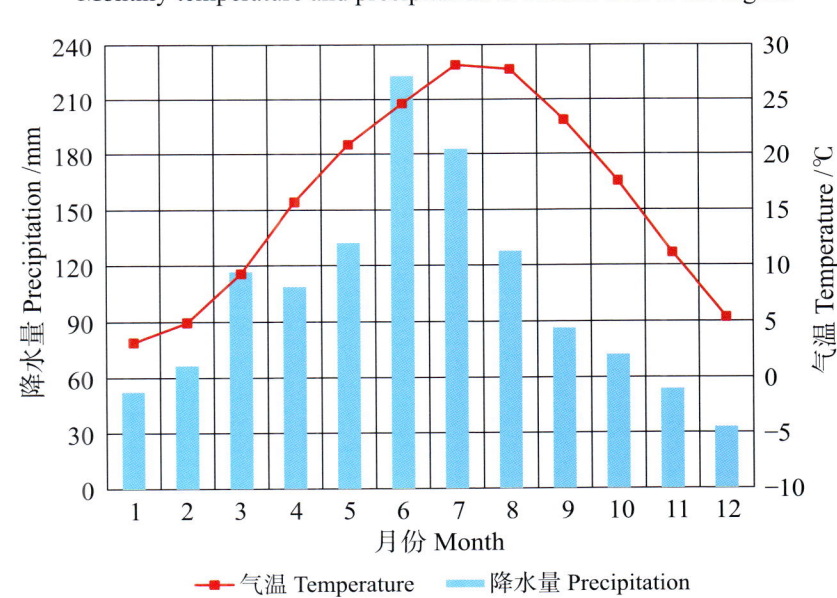

本区域中心区月平均气温与月平均降水量
Monthly temperature and precipitation in central area of the region

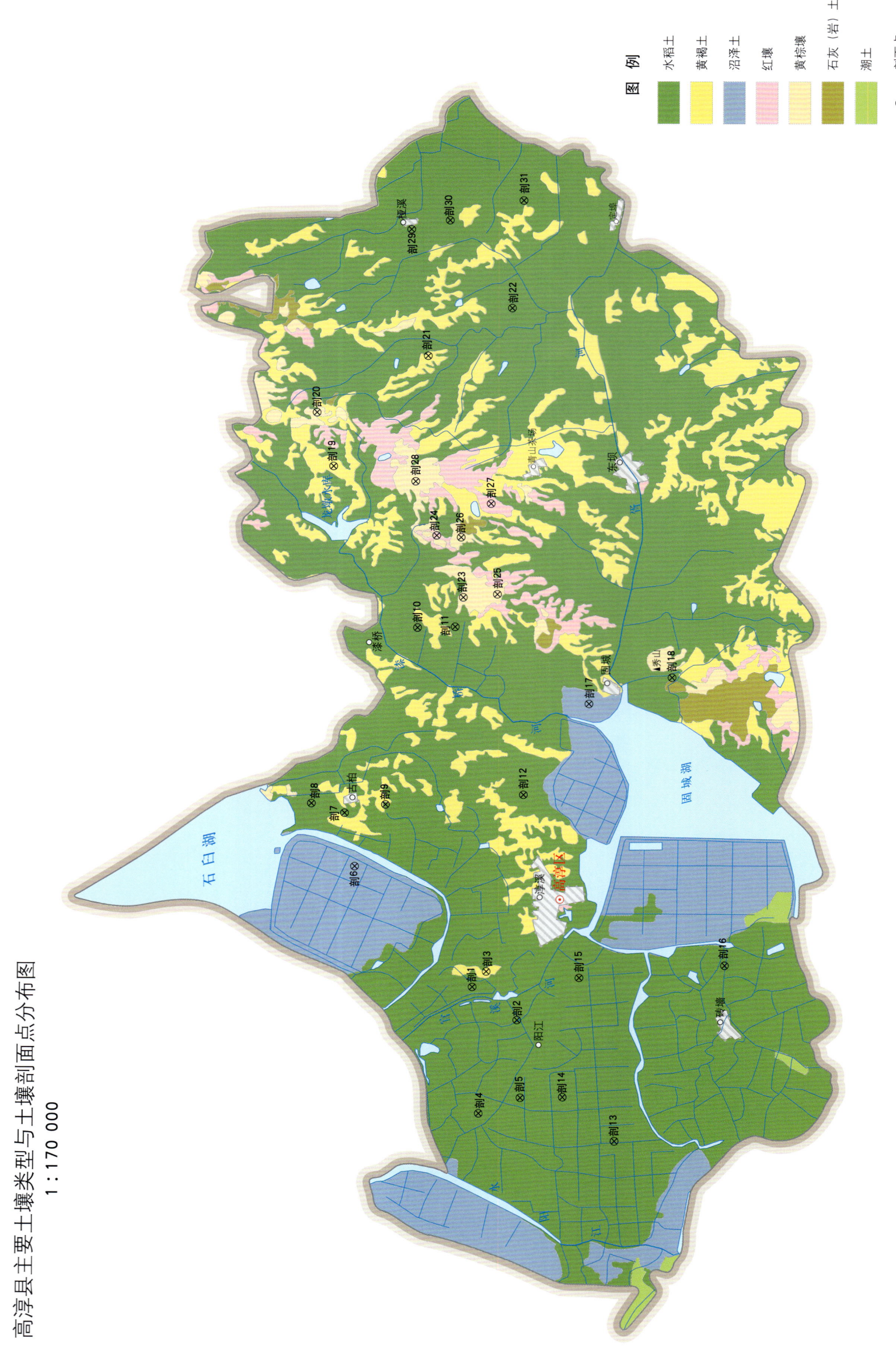

高淳区土壤剖面理化性状表

剖面号 Soil profile	土纲 Soil order	土类 Soil great group	亚类 Soil subgroup	土属 Soil genus	土种 Soil species	土层码 Layer code	土层厚度 Depth/cm	颜色 Soil color	质地 Soil texture	土壤结构 Soil structure	pH	有机质 OM (g/kg)	全氮 TN (g/kg)	全磷 TP (g/kg)	全钾 TK (g/kg)	碱解氮 AN (mg/kg)	有效磷 AP (mg/kg)	速效钾 AK (mg/kg)	阳离子交换量 CEC (cmol/kg)	土壤母质 Parent material	剖面点坐标 Profile coordinate	匹配指数 Matching index/%
剖1	人为土	水稻土	脱潜水稻土	乌栅土	砂底乌栅土	A	0—15	暗灰棕色	重壤土	块状	6.9	26.9	1.61	0.31	17.2	139	8.0	75	18.0	湖相沉积物	E 118°50′18.2″ N 31°21′18.7″	85
						P	15—21	暗灰棕色	重壤土	块状	7.2	24.7	1.59	0.36	17.6	129	4.0	126	21.8			
						Wg	21—72	棕灰色	中壤土	柱状	7.3				16.5	58	3.0	118	12.1			
						Dm	72—87	灰黑色	轻黏土	棱块状	7.3	29.4	1.16	2.46	17.1	74	6.0		16.1			
						S	87—100	灰白色	砂壤土	小块状												
剖2	人为土	水稻土	脱潜水稻土	乌栅土	乌栅土	A	0—17	棕灰色	重壤土	团粒状	7.7	23.0	1.52	0.50	17.5	124	8.0	55	24.4	湖相沉积物	E 118°49′27.8″ N 31°20′20.0″	97
						P	17—27	褐灰色	重壤土	团粒状	7.9	19.8	1.34	0.46	17.6	109	7.0	51	20.9			
						Dm	27—54	暗栗色	轻黏土	棱状	8.1	10.8	0.68	0.46	18.3	49	9.0	53	20.0			
						G	54—100	灰白色	重壤土	块状	7.5	10.4	0.49	1.78	16.8	112	5.0	50	32.1			
剖3	淋溶土	黄褐土	黏盘黄褐土	黄刚土	厚层黄土	A	0—27	灰褐色	中壤土		5.2	13.0	0.78	0.45	11.3	136	13.0	75		下蜀黄土	E 118°50′44.2″ N 31°20′56.8″	91
						Bv	27—53	浅黄棕色	重壤土	小块状	5.3	10.7	0.69	0.42	11.6	121	12.0	36				
						C	53—100	深褐色	重壤土		5.8	5.5	0.43	0.18	14.9	66	6.0	52				
剖4	人为土	水稻土	渗育水稻土	饭浆白土	饭浆白土	A	0—12	棕色	中壤土	小块状	6.1	17.1	1.09	0.47	11.3	139	4.0	42		下蜀黄土	E 118°47′14.3″ N 31°21′07.2″	85
						P	12—21	棕灰色	重壤土	块状	6.4	13.4	0.90	0.23	11.6	86	8.0	37	19.7			
						E	21—31	灰白色	重壤土	块状	7.0	4.9	0.41	0.15	10.5	47	6.0	39	15.0			
						Bv	31—43	灰黄色	中壤土	棱块状	7.0	2.8	0.26	<0.10	10.9	24	<1.0	35	16.1			
						C	43—100	黄色	中壤土	块状	7.1	3.5	0.29	<0.10	12.1	52	1.0	50	20.2			
剖5	人为土	水稻土	渗育水稻土	漂洗水稻土	白土	A	0—14	黄棕色	轻黏土	块状	6.5	18.0	1.06	0.31	25.9	107	8.0	35		河湖冲积物黄土	E 118°47′34.1″ N 31°20′18.2″	89
						P	14—22	黄灰色	重壤土	柱状	6.8	18.7	0.52	0.13	27.6	55	<1.0	30				
						E	22—67	灰白色	中壤土	棱状	6.5	4.4	0.28	0.10	44.5	34	<1.0	33				
						Bvg	67—100	棕灰色	中壤土		6.6	4.7	0.29	0.14	23.6	30	<1.0	51				
剖6	水成土	沼泽土	脱沼泽土	砂土	砂土	A	0—18	灰白色	中壤土	块状	6.5	22.8	1.51	0.43	13.4	135	7.0	50		河流冲积物	E 118°53′21.1″ N 31°23′41.3″	99
						As	18—32	黄棕色	重壤土	块状	7.1	19.4	1.29	0.29	13.9	66	4.0	57				
						Bv	32—51	棕黄色	重壤土	柱状	7.8	5.4	0.47	0.17	10.1	92	6.0	58				
						C	51—100	白灰色	轻壤土	散粒状	8.0	7.3	0.41		17.9	32	3.0	50				
剖7	人为土	水稻土	渗育水稻土	黄白土	黄马土	A	0—15	黄棕色	中壤土	小粒状	6.6	9.6	0.82	0.34	10.1	83	13.0	42	16.9	下蜀黄土	E 118°54′48.6″ N 31°23′52.1″	99
						P	15—28	灰棕色	中壤土	小块状	6.4	7.1	0.53	0.33	10.0	65	10.0	37	14.9			
						Wo	28—75	白色	中壤土	块状	6.7	4.4	0.39	0.19	13.1	48	11.0	52	16.8			
						C	75—100	黄棕色	轻黏土		7.5								13.7			
剖8	人为土	水稻土	潜育水稻土	马肝土	黄马肝	A	0—15	浅棕色	重黏土	块状	6.4	22.3	3.15	0.47	13.0	122	7.0	62	14.8	下蜀次生黄土坡积物、冲积物	E 118°55′03.0″ N 31°24′26.3″	81
						P	15—32	暗灰色	轻黏土	块状	6.3	20.4	1.22	0.41	12.6	109	15.0	65				
						W	32—62	黄灰色	轻壤土	柱状	7.0	11.3	0.70	0.39	11.2	65	17.0	66				
						Bvg	62—100	灰棕色	重壤土	棱柱状	7.2	5.9	0.50	0.30	11.9	51	14.0	72				
剖9	人为土	水稻土	潜育水稻土	马肝土	马肝土	A	0—13	黑灰色	轻黏土	块状	6.7		0.98	0.12	13.0	96	2.0	78	26.4	下蜀次生黄土坡积物、冲积物	E 118°54′57.2″ N 31°22′59.9″	99
						P	13—40	黄棕色	重黏土	块状	7.0		0.50	0.50	12.6	42	<1.0	55				
						W	40—65	浅灰色	重壤土	块状	6.9	11.3	0.42	0.20	11.2	38	1.0	46				
						Bvg	65—85	黄灰色	重壤土	块状	7.2		0.40	0.19	11.9	34	1.0	40				
						G	85—100	浅黄色	重壤土	块状	7.2		1.09	0.18	12.2	34	1.0	43				
剖10	人为土	水稻土	潜育水稻土	青潮黎田	乌底青泥土	Aa	0—10	灰褐色	黏土	块状	7.0	28.6	1.74	0.44	10.3		7.0	80	28.1	湖积物	E 118°59′24.0″ N 31°22′16.7″	95
						Ap	10—20	灰棕色	黏土	块状	7.2	21.3	1.28	0.36	9.9		7.0	70	20.9			
						G	20—60	绿黄色	黏壤土	棱柱状	6.9	11.3	0.67	0.30	9.9		8.0	91	19.1			
						M	60—100	灰棕色	黏壤土	块状	6.7	19.3	0.89	0.18	9.4		10.0	95				

续表 Continued

剖面号 Soil profile	土纲 Soil order	土类 Soil great group	亚类 Soil subgroup	土属 Soil genus	土种 Soil species	土层码 Layer code	土层厚度/cm Depth/cm	颜色 Soil color	质地 Soil texture	土壤结构 Soil structure	pH	有机质 OM/(g/kg)	全氮 TN/(g/kg)	全磷 TP/(g/kg)	全钾 TK/(g/kg)	碱解氮 AN/(mg/kg)	有效磷 AP/(mg/kg)	速效钾 AK/(mg/kg)	阳离子交换量CEC/(cmol/kg)	土壤母质 Parent material	剖面点坐标 Profile coordinate	匹配指数 Matching index/%
剖11	人为土	水稻土	渗育水稻土	黄白土	黄土	A	0—16	暗灰色	中壤土	粒状	6.7									下蜀黄土	E 118°59′23.6″ N 31°21′31.3″	98
						P	16—30	灰黄色	中壤土	块状	6.2											
						C	30—100	灰黄色	轻黏土	块状	6.4											
剖12	人为土	水稻土	潜育水稻土	马肝土	青马肝	A	0—12	黄灰色	重壤土	块状	6.4	20.1	1.30	0.53	14.5		19.0	77	27.9	下蜀次生黄土冲积物	E 118°55′11.6″ N 31°20′06.7″	86
						P	12—19	青灰色	重壤土	块状	6.8	18.2	1.18	0.58	14.2		21.0	71	25.5			
						Dm	19—52	瓦灰色	重壤土	柱状	7.1	9.5	0.79	0.52	14.5		15.0	70	48.7			
						G	52—100	浅黄灰色	重壤土	柱状	7.1	5.8	0.49	0.61	15.2		13.0	75	17.3			
剖13		水稻土	潜育水稻土	青泥土	砂底青泥土	A					7.9	23.9	1.44	0.50		127	15.0	58	21.5	湖相沉积物	E 118°46′25.7″ N 31°18′22.3″	97
						Wg				小粒状	8.0	14.0	0.92	0.42	15.1	64	6.0	49	21.0			
						Dm				棱块状	8.0	8.6	0.48	0.24		32	10.0	45	20.5			
						S					8.0	4.5	0.32	0.17	17.7	24	11.0	32	16.3			
剖14	人为土	水稻土	渗育水稻土	饭浆白土	小粉土	A	0—17	灰棕色	重壤土	块状	6.1	16.7	1.03	0.14	16.3	104	4.0	48		下蜀黄土	E 118°47′31.2″ N 31°19′23.5″	97
						P	17—24	灰白色	重黏土	块状	6.8	10.1	0.64	0.16		59	10.0	42				
						W	24—28	灰白色	轻黏土	柱状	7.1	4.0	0.33	0.15		36		65				
						C	28—100	黄黄色	重黏土	块状	7.3	4.1	0.40	0.12	12.5	31	4.0	95	26.4			
剖15	人为土	水稻土	潜育水稻土	青泥土	乌底青泥土	A	0—10	灰棕色	中黏土	团块状	7.0	28.6	1.74	0.44	11.9	123	7.0	80	28.1	湖相沉积物	E 118°50′31.9″ N 31°19′02.3″	99
						P	10—20	棕灰色	黏土	棱柱状	7.2	21.3	1.28	0.36	11.9	87	8.0	70	20.9			
						G	20—60	青灰色	黏黏土	块柱状	6.9	11.3	0.67	0.30	11.3	34	8.0	91	6.7			
						Dm	60—100	灰褐色	黏黏土	块状	6.7	19.3	0.89	1.84		43	10.0	95	24.0			
剖16	水成土	沼泽土	脱沼泽土	草渣土	红泥土	A		灰色		柱状	6.9	28.3	1.81	0.39		142	8.0	81	16.5	湖相沉积物	E 118°50′48.8″ N 31°15′58.3″	92
						P					7.3	10.2	0.65	0.20	14.7	50	3.0	78				
剖17	人为土	水稻土	潜育水稻土	青泥土	砂底青泥土	A	0—12	红棕色	轻壤土	粒状	6.7	34.0	1.52	0.26	14.6	94	4.0	97	29.8	下蜀黄土	E 118°57′25.9″ N 31°18′44.3″	87
						As	12—22	棕色	重壤土	块状		22.5	1.56	0.46	13.5	91	5.0	129	23.4			
						Bv	22—59	黄灰色	重黏土	柱状		12.4	0.93	0.48	9.0	67	6.0	91	20.1			
						C	59—100	青黄色	轻黏土	粒状		6.3	0.47	0.31	7.5	45	2.0	104	18.5			
剖18	人为土	水稻土	潜育水稻土	青泥土		Aa	0—16	灰棕色	中黏土	团块状	7.6	5.8	0.41	0.20		57	2.0	107	31.1	湖积物	E 118°58′05.5″ N 31°16′58.8″	91
						Ap	16—28	绿灰色	黏土	棱柱状	8.0	23.9	1.44	0.50	12.5	127	15.0	58	32.8			
						Cs	28—76	蓝灰色	黏黏土	块块状	8.0	14.0	0.92	0.42		64	6.0	49	21.5			
							76—100	灰色	黏黏土	柱状	8.0	8.6	0.48	0.24	14.7	32	10.0	44	20.5			
剖19	黄褐土	黄褐土	黏盘黄褐土	黄刚土	死黄土	1	0—14	浅黄色	重壤土	粒状	7.0	4.5	0.32	0.17		24	11.0	32	16.3		E 118°58′05.5″ N 31°16′58.8″	98
						2	14—30	褐黄色	中壤土	块状	6.5	11.2	0.73	0.34		89	18.0	72	16.7			
						3	30—	红黄色	中壤土	团粒状	6.3	6.7	0.69	0.28		95	4.0	56	16.0			
剖20	黄棕壤	黄棕壤		黄刚土	中层中性岩土	A	0—15	灰白色	中壤土	粒粒状	6.3	10.3	0.58	0.21		73	2.0	56	23.6		E 119°03′29.5″ N 31°23′59.3″	91
						C	15—30	灰白色	重壤土	碎石状	6.0	13.3	0.81	0.38	45.7	83	1.0	63	15.7			
						D	30—	灰白色	中壤土		6.0	4.2	0.33	0.55	>50.0	43	3.0	66	16.8			
剖21	淋溶土	黄棕壤	黏盘黄褐土	黄刚土	漂白黄土	A	0—13	灰黄色	重壤土	块状	6.5	3.3		0.35		33	1.0	73	19.1	下蜀黄土	E 119°04′51.6″ N 31°24′18.4″	80
						Bv	13—23	灰白色	重壤土	块状	5.8	8.8	0.61	0.15	10.0	81	14.0	40	13.7		E 119°06′14.8″ N 31°21′58.7″	
						C	23—100	黄棕色	轻壤土	块状	5.7	5.1	0.38		14.2	53	10.0	35	29.5			
剖22	人为土	水稻土	渗育水稻土	湖砂土	灰砂土	A	0—14	黑灰色	中壤土		7.4	6.7	0.49	0.17		53	4.0	61	33.2	河流泛滥冲积物	E 119°07′24.2″ N 31°20′12.1″	89
						P	14—30	青灰色	砂壤土		7.7	23.7	1.47	0.61		117	7.0	44				
						Wo	30—72	瓦灰色	砂壤土		7.7	19.2	1.24	0.59		115	6.0	43				
						Bvg	72—100	白灰色	重壤土		7.5	5.2	0.39	0.55		31	5.0	35				
												11.7	0.84	0.36		58	5.0	56					

续表 Continued

剖面号 Soil profile	土纲 Soil order	土类 Soil great group	亚类 Soil subgroup	土属 Soil genus	土种 Soil species	土层码 Layer code	土层厚度 Depth/cm	颜色 Soil color	质地 Soil texture	土壤结构 Soil structure	pH	有机质 OM/(g/kg)	全氮 TN/(g/kg)	全磷 TP/(g/kg)	全钾 TK/(g/kg)	碱解氮 AN/(mg/kg)	有效磷 AP/(mg/kg)	速效钾 AK/(mg/kg)	阳离子交换量CEC/(cmol/kg)	土壤母质 Parent material	剖面点坐标 Profile coordinate	匹配指数 Matching index/%
剖23	淋溶土	黄棕壤	粗骨性黄棕壤	粗骨土	厚层粗骨土	A	0—24	棕色	中壤土	粒状	5.7	41.0	2.51	0.66	14.5	94	11.0	71	19.7	石英砂岩泥页岩残积物、坡积物	E 119°00′08.6″ N 31°21′18.0″	93
						C	24—70	黄色	中壤土	粒状	5.7	6.8	0.67	0.56	31.2	93	8.0	45	20.0			
						D	70—100	黄色	中壤土	碎石状	5.5	7.1	0.82	0.63	23.1	65	6.0	42	14.3			
剖24	铁铝土	红壤	黄红壤	黄红土	砾质黄红土	A	0—15	棕褐色	重壤土	粒状	6.0	25.5	1.24	0.19	10.8	118	<1.0	52	13.4	红色黏土、千枚岩风化物	E 119°01′44.0″ N 31°21′50.8″	100
						Bv₁	15—27	黄棕色	重壤土	粒状	5.8	14.0	0.85	0.20	12.6	81	<1.0	41	18.7			
						Bv₂	27—36	红棕色	重黏土	小块状	5.8	17.8	0.90	0.21	12.9	114	1.0	38				
						C	36—100	红色	轻黏土	棱块	6.0											
剖25	淋溶土	黄棕壤	粗骨性黄棕壤	粗骨土	中层粗骨土	A	0—3	棕红色	中壤土	粒状	5.4	24.8	1.41	0.48	15.4	96	2.0	64	10.9	石英砂岩泥页岩残积物、坡积物	E 119°00′11.9″ N 31°20′36.6″	91
						C	3—31	黄色	轻壤土	粒状					17.6		<1.0					
						D	31—100	红褐色		块状												
剖26	淋溶土	黄棕壤	黄棕壤	黄砂土	黄砂土	A	0—15	棕色	轻壤土		6.4	11.0	0.74	0.62		84	7.0	41	17.2	酸性石英砂岩、泥页岩、坡积物	E 119°01′40.1″ N 31°21′21.6″	81
						Bv	15—32	黄棕色	轻壤土		6.3	6.3	0.46	0.44		79	3.0	36	12.2			
						C	32—100	黄红色	中壤土		6.3	3.7	0.31	0.67		72	2.0	41	13.6			
剖27	铁铝土	红壤	黄红壤	黄红土	黏质黄红土	A	0—17	棕色	重壤土	团粒状	5.7	1.3	0.39	0.18		18	27.6	64	11.7	红色黏土风化壳	E 119°02′30.5″ N 31°20′43.4″	99
						As	17—28	浅棕色	重黏土	块块状	5.4	1.1	0.35	0.21			87.0		4.7			
						Bv	28—68	红棕色	轻黏土	棱块状	5.4	<1.0	0.41	0.18			57.0		4.9			
						C	68—100	棕红色	中黏土	棱柱状	6.4						36.0		5.3			
剖28	淋溶土	黄棕壤	粗骨性黄棕壤	粗骨土	薄层粗骨土	A	0—9	灰黑色	轻壤土	块状	6.1	22.3	1.01	0.22	14.7	104	1.0	55	13.2	砂岩、页岩残积物、坡积物	E 119°03′04.0″ N 31°22′15.6″	90
						D	9—27	黄棕色	轻壤土	小块状	5.7	4.6	0.29	0.23	13.7	53	<1.0	31	9.9			
剖29	人为土	水稻土	潴育水稻土	漂洗水稻土	白土	A	0—14	棕灰色	重壤土	小块状	5.8	15.6	1.03	0.23	11.0	108	13.0	54	24.1	河湖沉积黄土	E 119°09′27.4″ N 31°22′16.0″	86
						P	14—21	白灰色	轻黏土	棱状	6.4	10.2	0.62	0.17	11.0	60	11.0	39	19.5			
						E	21—40	灰棕色	中壤土	柱状	6.9	3.9	0.31	0.13	10.4	26	6.0	35	13.8			
						Bv	40—78	灰棕色	壤土	块状	7.1	3.3	0.20	<0.10	9.6	19	11.0	32	22.6			
						C	78—100	青灰色	重壤土	块状					11.8	20	9.0		26.4			
剖30	人为土	水稻土	脱潜水稻土	乌栅土	砂底乌栅土	Aa	0—14	棕灰色	黏土	块状	8.3	42.5	2.30	0.78	10.3				19.3	湖相沉积物	E 119°09′38.5″ N 31°21′26.3″	84
						Ap	14—25	棕灰色	黏土	块状	8.1	41.4	2.20	0.84					19.3			
						Gw	25—46	棕灰色	黏土	棱块状	8.5	28.8	1.63	0.75					17.6			
							46—60	棕灰色	壤土	棱块状	8.7	13.7	0.74	0.53					17.3			
							60—100	棕灰色	砂壤土	小块状	8.6	3.3	0.21	0.34					6.6			
剖31	人为土	水稻土	潜育水稻土	青泥土	乌底青泥土	Aa	0—10	灰棕色	黏土	块状	7.0	28.6	1.74	0.44	10.3		7.0	70	26.4	湖相沉积物	E 119°10′04.8″ N 31°19′54.1″	95
						Ap	10—20	灰棕色	黏土	块状	7.2	21.3	1.28	0.36	9.9		7.0	91	28.1			
						G	20—60	绿灰色	黏壤土	棱柱状	6.9	11.3	0.67	0.30	9.9		8.0	95	20.9			
							60—100	灰棕色	黏壤土	柱状	6.7	19.3	0.89	0.18	9.4		10.0		19.1			

无 锡 市

市 辖 区

主要土类说明

水稻土是无锡市主要土壤类型，占本市地域面积的 55%。水稻土是在长期季节性淹灌、水下翻耕、季节性脱水、氧化还原交替影响下，原来成土母质或母土的特性发生重大改变，形成的新的土壤类型。由于干湿交替，形成具有糊状淹育层、较坚实板结的犁底层、渗育层、潴育层与潜育层等多种发生层次的特殊泛域性土壤。这些不同发生层段是在人为耕作、水浆管理下形成的。根据地形、母质和水文状况，本市水稻土分为渗育型、潴育型、脱潜型、潜育型、漂洗型和渗育型等亚类。其中，潴育水稻土面积最大，占本市水稻土总面积的 57%。

黄棕壤是无锡市第二大土壤类型，占本市地域面积的 2%。黄棕壤主要发生于北亚热带暖湿落叶阔叶林下，土壤弱度富铝化，黏化特征明显，呈黄棕色，具 A-B-C 或 A-（B）-C 剖面构型。B 层黏聚现象明显，硅铝率在 2.5 左右，铁的游离度较红壤低，交换性酸 B 层大于 A 层，pH 为 5.5—6.0。成土母质为石英砂岩风化残积物。分布于山顶或山腰凸坡的黄棕壤，土层薄，砾石含量较高，有的基岩裸露，表层质地为砂壤土，有机质含量较高，达 3.35%，心土层质地为黏壤土，系表层黏粒下移，土壤呈酸性，pH 为 4.0—5.0，分布地区多为荒山草坡，少数为疏林。分布于山腰凹坡和山脚下的黄棕壤，土层厚度在 30—80cm，表土层质地为砂壤土，心土层为黏壤土或黏壤土，黏粒淀积更为明显，表土层有机质含量为 1.22%，土壤偏酸，pH 为 5.0—6.0。

占本市地域面积较小的其他土壤类型还有潮土和石灰（岩）土。

本区域中心区气候特征

本区域中心区气候特征值
Regional climate characteristics in central area of the region

气候带：北亚热带湿润气候 Climate region: North subtropical humid climate	
年平均气温 /℃ Annual average temperature /℃	15.7
年平均最高气温 /℃ Annual average maximum temperature /℃	20.1
年平均最低气温 /℃ Annual average minimum temperature /℃	12.2
年降水量 /mm Annual precipitation /mm	1154
≥10℃的积温 /℃ Daily temperature accumulated in a year (≥10℃) /℃	5705
年日照时数 /h Annual sunshine /h	1948
年平均相对湿度 /% Annual average relative humidity /%	78
干燥度 Dryness	0.81

本区域中心区月平均气温与月平均降水量
Monthly temperature and precipitation in central area of the region

无锡市市辖区主要土壤类型与土壤剖面点分布图
1∶240 000

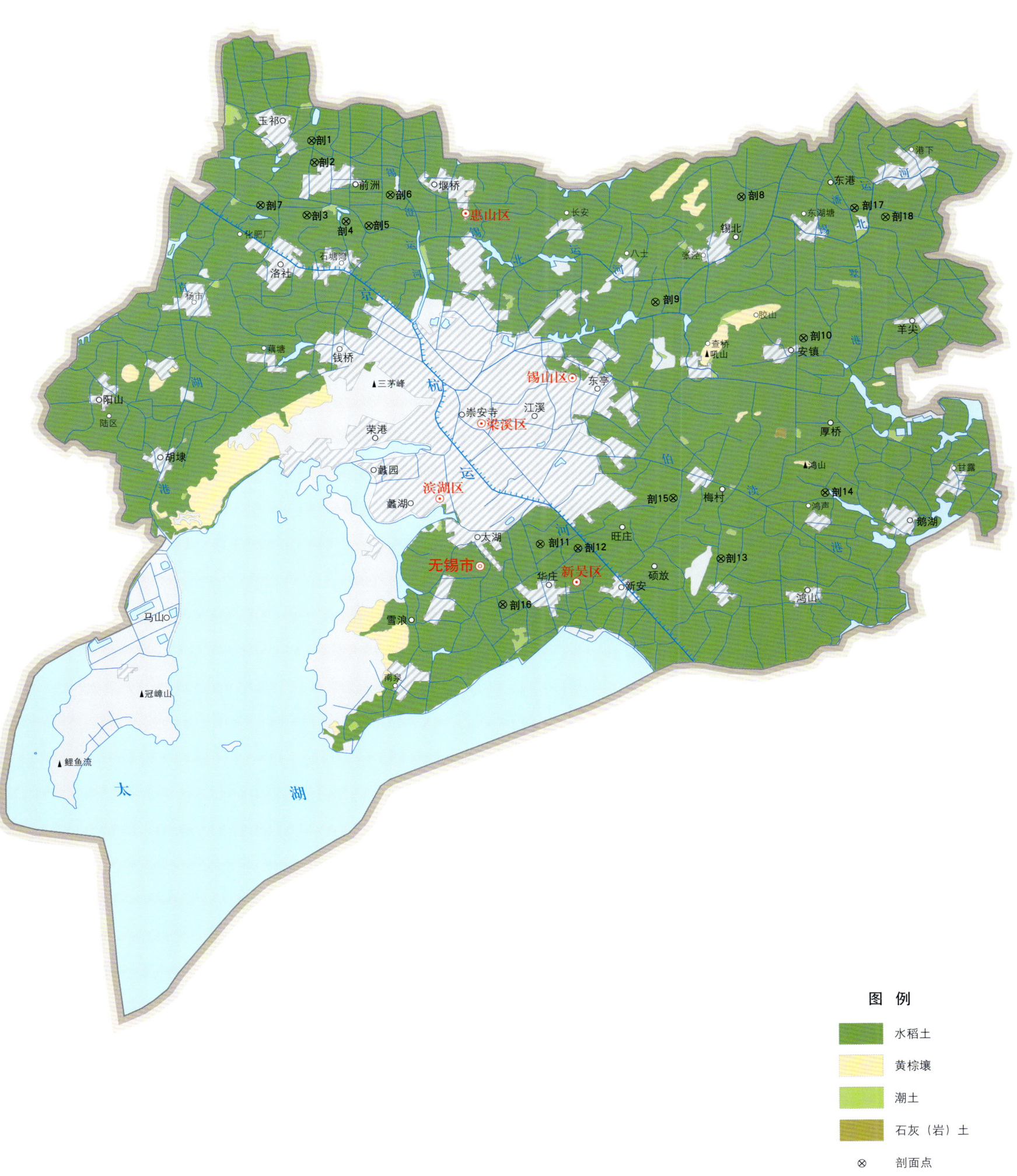

无锡市土壤剖面理化性状表

剖面号	土纲	土类	亚类	土属	土种	土层码	土层厚度/cm	颜色	质地	土壤结构	pH	有机质 OM/(g/kg)	全氮 TN/(g/kg)	全磷 TP/(g/kg)	碱解氮 AN/(mg/kg)	有效磷 AP/(mg/kg)	速效钾 AK/(mg/kg)	阳离子交换量CEC/(cmol/kg)	土壤母质	剖面点坐标	匹配指数/%
剖1	人为土	水稻土	脱潜水稻土	漂洗水稻土	白土	Aa	0–13	棕灰色	黏壤土	粒状	6.6	37.8	1.89	0.78				20.6	黄土	E 120°12′02.5″ N 31°42′39.2″	82
						Ap	13–24	棕灰色	黏壤土	小块状	7.3	32.9	1.25	0.71				20.8			
						P	24–44	黄灰色	黏壤土	棱块状	7.7	7.3	0.42	0.38				19.0			
						E	44–59	灰色	黏壤土	块状	7.7	3.8	0.29	0.11				14.3			
						Cb	59–100	灰黄棕色	黏壤土	棱柱状	7.6	4.1	0.36	0.26				23.9			
剖2	人为土	水稻土	潜育水稻土	漂洗水稻土	白土	A	0–12				5.9	21.0	1.46	0.39	82		121	17.5	黄土	E 120°12′06.8″ N 31°41′59.3″	82
						p	12–27				6.8	20.7	1.37	0.50	78		77	23.2			
						W	27–43				7.0	5.2	0.40	<0.10	18		68	17.1			
						E	43–49				7.0	2.6	0.21	0.16	15		53	12.0			
						Bv	49–100				7.0	4.2	0.41	0.30	35		100	30.2			
剖3	人为土	水稻土	潜育水稻土	湖沼土	黄湿土	A	0–11	棕黄色	重壤土	块状	6.6	6.1	0.69	0.26	140	5.0	87	23.0		E 120°11′56.4″ N 31°40′23.2″	88
						G	11–40	浅黄色	重壤土	块状	7.2	3.2	0.36	0.14	31	2.5	60	13.6			
						C	40–100	灰黄色	重壤土	块状											
剖4	人为土	水稻土	潜育水稻土	黄泥土	铁结核黄泥土	A	0–14	棕黄色	重壤土	团块状	5.3	19.9	1.29	0.41	88	3.0	70	13.6	黄土状母质	E 120°13′16.7″ N 31°40′14.2″	80
						P	14–25	黄暗色	重壤土	块状	5.2	8.6	0.68	0.27	43	1.0	40	15.3			
						Bvic$_1$	25–34	灰黄色	重壤土	棱柱状	5.3	4.7	0.61	0.19	28	<1.0	54	13.1			
						Bvic$_2$	34–100	褐黄色	重壤土	棱块状	6.0	2.8	0.47	<0.10				13.4			
剖5	人为土	水稻土	潜育水稻土	黄泥土	铁质黄泥土	A	0–13	棕黄色	重壤土	团块状	7.0	19.8	1.39	0.69	116	2.0	81	19.2	黄土状母质	E 120°14′03.1″ N 31°40′06.2″	96
						P	13–22	灰黄色	重壤土	块状	6.8	15.6	1.13	0.66	87	2.0	77	18.8			
						W	22–44	姜黄色	重壤土	块状	7.1	6.3	0.55	0.47	83	1.0	60	14.3			
						Bvir	44–100	橘黄色	重壤土	块状	7.0	2.0	0.37	0.22	18	3.0	65	18.9			
剖6	人为土	水稻土	潜育水稻土	灰芦土	灰芦心土	A	0–15		重壤土		6.8	24.2	1.43	0.49	84	3.0	97	24.8		E 120°14′42.7″ N 31°41′03.8″	81
						p	15–29		重壤土		6.8	22.5	1.30	0.38	82	3.0	98	18.9			
						W	29–45				7.2	33.3	1.14	0.28	39	2.0	95	23.3			
						Dm	45–65				7.3	4.8	0.10	0.29	17	2.0	116	26.3			
						G	65–100														
剖7	人为土	水稻土	脱潜水稻土	乌泥土	乌砂土	A	0–16	灰黄色	重壤土	团块状	6.7	24.9	1.67	0.60	203	8.0	68	17.6	湖相沉积黄土状母质	E 120°10′19.9″ N 31°40′39.0″	97
						P	16–28	青黄色	重壤土	块状	6.5	22.9	1.55	0.54	138	5.0	71	18.4			
						W	28–42	灰黄色	重壤土	棱柱状	7.0	15.3	1.22	0.53	69	5.0	75	20.4			
						Dm	42–100	灰黑色	重壤土	棱柱状	7.1	10.1	0.65	0.28	26	4.0	72	20.1			
剖8	人为土	水稻土	潜育水稻土	湖沼土	灰湿土	A	0–10	棕黄色	中壤土	团块状	7.0	23.1	1.37	0.41	119	3.0	101	23.2		E 120°26′50.6″ N 31°41′13.9″	83
						Pg	10–21	青灰色	中壤土	块状	7.1	16.6	0.93	0.21	80	3.0	67	16.2			
						G	21–100	灰白色	轻壤土		6.8	13.1	0.55	0.36	53	<1.0	42	7.9			
剖9	人为土	水稻土	潜育水稻土	漂洗水稻土	白土	A	0–16		重壤土		7.0	24.0	1.69	0.51	135	5.0	71	18.1		E 120°23′59.3″ N 31°37′58.4″	83
						p	16–28	棕黄色	重壤土	块状	6.3	22.7	1.43	0.41	24	4.0	65	15.4			
						W	28–37	灰黄色	重壤土	块状	6.5	5.5	0.50	0.21	51	2.0	92	22.7			
						E	37–54	灰白色	重壤土	小块状	6.7	4.0	0.32	0.14	20	<1.0	52	14.3			
						Bv	54–100	黄色	轻黏土	块状	6.8	5.5	0.46	0.17	27	<1.0	134	17.7			
剖10	人为土	水稻土	潜育水稻土	漂洗水稻土	白土	A	0–10	棕黄色	重壤土	块状	6.4	22.2	1.52	0.49	139	6.0	81	16.8		E 120°29′03.8″ N 31°36′59.0″	81
						P	10–25	灰黄色	重壤土	块状	6.9	20.8	1.39	0.36	133	2.0	74	9.9			
						E	25–56	灰白色	重壤土	小块状	7.0	1.8	0.29	0.14	36	<1.0	45	23.0			
						Bv	56–100	黄色	轻黏土	块状	7.1	4.1	0.44	<0.10	47	<1.0	101				

续表 Continued

剖面号 Soil profile	土纲 Soil order	土类 Soil great group	亚类 Soil subgroup	土属 Soil genus	土种 Soil species	土层码 Layer code	土层厚度 Depth/cm	颜色 Soil color	质地 Soil texture	土壤结构 Soil structure	pH	有机质 OM/(g/kg)	全氮 TN/(g/kg)	全磷 TP/(g/kg)	碱解氮 AN/(mg/kg)	有效磷 AP/(mg/kg)	速效钾 AK/(mg/kg)	阳离子交换量CEC/(cmol/kg)	土壤母质 Parent material	剖面点坐标 Profile coordinate	匹配指数 Matching index/%
剖11	人为土	水稻土	漂洗水稻土	漂黄水稻田	黄泥白土	Aa	0—13	棕灰色	黏壤土	屑粒状	6.6	37.8	1.89	0.78				20.6	黄土	E 120°20′10.3″ N 31°30′30.2″	100
						Ap	13—24	棕灰色	黏壤土	小块状	7.3	32.9	1.25	0.71				20.8			
						P	24—44	黄灰色	黏壤土	梭块状	7.7	7.3	0.42	0.38				19.0			
						E	44—59	灰橄榄色	黏壤土	无明显结构	7.7	3.8	0.29	0.11				14.3			
						W	59—100	灰黄棕色	黏壤土	梭柱状											
剖12	人为土	水稻土	脱潜水稻土	黄斑黏土	灰芦土	Aa	0—15	棕灰色	黏壤土	屑粒、小块状	7.0	36.2	1.92	0.59				19.2	湖积物	E 120°21′28.8″ N 31°30′24.8″	100
						Ap	15—33	棕灰色	黏壤土	块状	7.6	28.4	1.6	0.42				18.4			
						Gw	33—52	浊黄棕色	黏壤土	块状	7.1	8.8	0.53	0.26				17.0			
						M	52—77	黑黄色	黏壤土	大梭柱状	7.1	37.3	1.65	0.28				19.2			
						G	77—100	棕灰色	壤土	大块状	7.9	8.8	0.46	0.58				10.4			
剖13	人为土	水稻土	潜育水稻土	黄泥土	黄泥土	A	0—14	棕黄色	重壤土	团块状	6.8	29.8	1.87	0.51	94	10.0	86	28.0	黄土状母质	E 120°26′22.9″ N 31°30′10.1″	83
						p	14—27	灰黄色	重壤土	块状	6.9	28.1	0.94	0.52	77	12.0	92	19.2			
						W	27—73	青灰色	重壤土	块状	7.1	11.4	0.69	0.52	34	6.0	103	18.4			
						Bv	73—100	青黄色	重壤土	块状	7.3	10.2	0.75	0.33	36	4.0	84	17.0			
剖14	人为土	水稻土	脱潜水稻土	乌栅土	灰芦土	Aa	0—15	棕灰色	黏壤土	团粒、小块状	7.0	36.2	1.92	0.59				19.2	沉积物	E 120°29′54.6″ N 31°32′16.1″	99
						Ap	15—33	棕灰色	壤黏土	块状	7.6	28.4	1.60	0.42				18.4			
						Gw	33—52	浊黄棕色	黏壤土	梭状	8.0	8.6	0.53	0.26				17.0			
						4	52—77	黑黄色	重壤土	大梭柱状	7.1	37.3	1.65	0.28				19.2			
						5	77—100	棕灰色	壤土	大块状	7.9	8.8	0.46	0.58				10.4			
剖15	人为土	水稻土	潜育水稻土	白土	黄泥土	A	0—11	黄褐色	重壤土	块状	5.4	22.0	1.45	0.34	102	<1.0	60	22.3	黄土状母质	E 120°24′43.9″ N 31°32′01.3″	95
						p	11—27	青黄色	重壤土	块状	5.7	20.9	1.42	0.34	179	<1.0	32	19.0			
						W	27—64	浅黄色	重壤土	梭状	5.4	5.6	0.50	0.21	89	<1.0	68	26.4			
						Bv	64—100	浅黄色	重壤土	块状	6.8	4.8	0.46	0.41		4.0	108				
剖16	人为土	水稻土	漂洗水稻土	漂黄水稻田	乌泥底白土	A	0—14	黄褐色	重壤土	团块状	6.8	26.0	1.72	0.51	136	10.0	107	21.0	黄土状母质	E 120°18′56.9″ N 31°28′38.6″	89
						p	14—25	灰黑色	重壤土	块状	6.8	23.0	1.67	0.41	128	8.0	107	22.0			
						W	25—39	灰黑色	重壤土	梭状	7.0	10.6	0.82	0.34	58	7.0	107	19.2			
						E	39—52	灰黑色	重壤土	梭柱状	7.4	2.0	0.39	0.18	28	6.0	75	15.0			
						Dm	52—67	灰黑色	重壤土	无明显结构	6.9	7.4	0.73	0.17	22	5.0	90	18.1			
						Bvg	67—100	灰黄色	重壤土	梭块状	6.9	4.2	0.27	<0.10	52	4.0	125	22.6			
剖17	人为土	水稻土	潜育水稻土	漂洗水稻土	漂黄泥田	Aa	0—14	灰黄棕色	黏壤土	屑粒状	6.5	30.2	1.31	0.48				20.9	黄土状母质	E 120°30′44.3″ N 31°40′58.8″	85
						Ap	14—31	浅黄色	黏壤土	小块状	7.4	22.8	0.37	0.56				21.4			
						E	31—50	浅黄色	黏壤土	小块状	7.4	5.2	0.34	0.21				14.0			
						W	50—100	灰黄色	黏壤土	梭柱状	7.6	4.4	0.35	0.29				24.1			
剖18	人为土	水稻土	渗育水稻土	湖砂土	湖砂白土	A	0—12	灰黄色	重壤土	粉块状	6.6	17.8	0.94	0.36	60	6.0	71	16.0	湖湾沉积物	E 120°31′49.1″ N 31°40′43.0″	84
						p	12—24	灰黄色	中壤土	粉块状	6.1	15.0	0.92	0.34	39	10.0	30	13.0			
						W	24—60	灰白色	中壤土	块状	6.9	4.4	0.32	0.32	15	2.0	30	10.9			
						G	60—100	青褐色	轻壤土	板状	6.8	4.2	0.33	0.34	13	1.0	33	9.9			

江 阴 市

主要土类说明

水稻土是江阴市主要土壤类型，占本市地域面积的81%。水稻土是在长期季节性淹灌、水下翻耕、季节性脱水、氧化还原交替影响下，原来成土母质或母土的特性发生重大改变，形成的新的土壤类型。由于干湿交替，形成糊状淹育层、较坚实板结的犁底层、渗育层、潴育层与潜育层等多种发生层次的水稻土。这些不同发生层段是在人为耕作、水浆管理下形成的。本市水稻土分为潴育型、漂洗型、脱潜型和渗育型等亚类。其中，潴育水稻土占本市水稻土面积的31%。其所处地形部位较高，常年地下水位在1m左右，具有典型水稻土剖面结构。在潴育水稻土这一亚类中，由黄土母质发育而成的黄泥土土种，是全市面积最大、分布最广的一个土种，占本市水稻土总面积的27%。该土种氧化还原作用明显，淋溶淀积强烈，剖面中锈色斑纹和铁锰结核较多，质地为重壤土，上下均一，小于0.01mm的物理性黏粒含量在50%左右，小于0.001mm的黏粒含量在25%左右；土壤水、肥、气、热较协调，肥沃度较高；土壤呈微酸性。漂洗水稻土占本市水稻土总面积的36%，所处地势比潴育水稻土略高，为黄土状母质发育而成，地下水埋深一般在1m左右。漂洗水稻土的特点是土体内有不同厚度的白色漂洗层，为长期受水的漂洗和侧渗作用，黏粒、有机质和可溶性物质被淋溶而形成。脱潜水稻土占本市水稻土面积的19%，所处地势低洼，地下水位高，旱季埋深在50cm左右，雨季更高，其主要由湖积沉积母质发育而成，也有一部分为长江冲积、沉积母质发育而成，土质黏重，渗育层发育不好，一般有乌泥或泥炭埋藏层。渗育水稻土占本市水稻土面积的14%，主要分布在沿长江一带，由长江夹带的泥砂冲积沉积而成，含砂量高，所处地势较低，地下水位一般在80cm左右。

黄棕壤是江阴市第二大土壤类型，占本市地域面积的3%。黄棕壤主要发生于北亚热带暖湿落叶阔叶林，弱度富铝化，黏化特征明显，呈黄棕色，具 A–B–C 或 A–（B）–C 剖面构型。B层黏聚现象明显，硅铝率在2.5左右，铁的游离度较红壤低，交换性酸B层大于A层，pH为5.5—6.0。本市黄棕壤分为黄棕壤和粗骨性黄棕壤等亚类，分别占本市黄棕壤总面积的44%和56%。黄棕壤亚类主要分布于山丘脚下的平缓坡地、浅谷和山前平地，由堆积、坡积的黄土母质发育而成，土层较厚，已经过较长时间的人工开垦种植，土壤熟化程度较好。粗骨性黄棕壤亚类主要分布于山丘顶部和山腰中上部，由石英砂岩风化残积母质发育而成，砾石含量高，基岩往往外露于地表，砾石块型较大。

小于本市地域面积3%的土壤类型还有沼泽土等。

本区域中心区气候特征

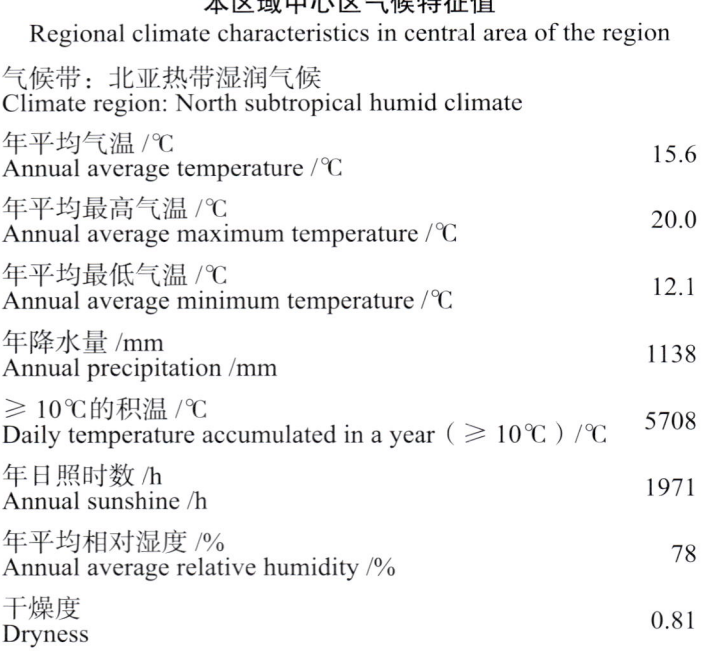

本区域中心区气候特征值
Regional climate characteristics in central area of the region

气候带：北亚热带湿润气候 Climate region: North subtropical humid climate	
年平均气温 /℃ Annual average temperature /℃	15.6
年平均最高气温 /℃ Annual average maximum temperature /℃	20.0
年平均最低气温 /℃ Annual average minimum temperature /℃	12.1
年降水量 /mm Annual precipitation /mm	1138
≥10℃的积温 /℃ Daily temperature accumulated in a year (≥10℃) /℃	5708
年日照时数 /h Annual sunshine /h	1971
年平均相对湿度 /% Annual average relative humidity /%	78
干燥度 Dryness	0.81

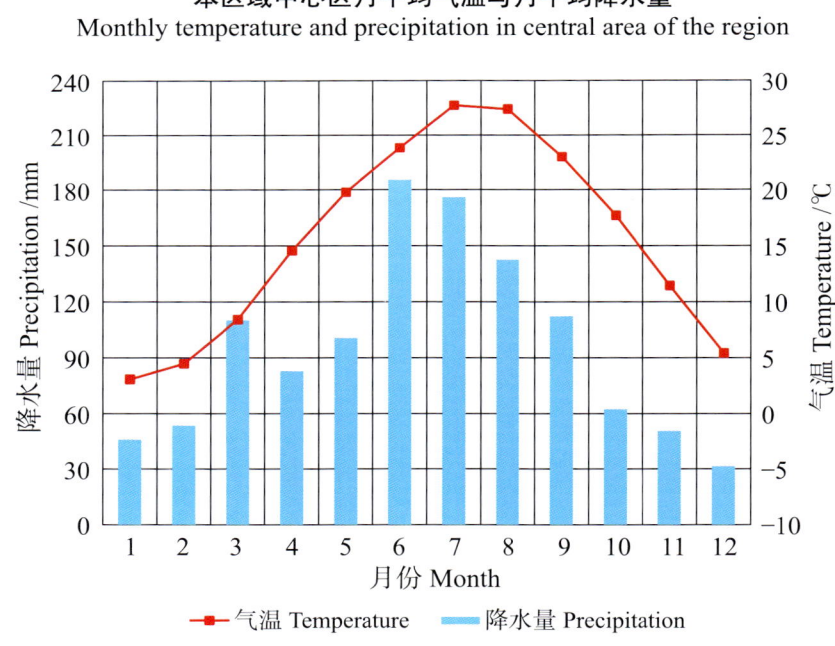

本区域中心区月平均气温与月平均降水量
Monthly temperature and precipitation in central area of the region

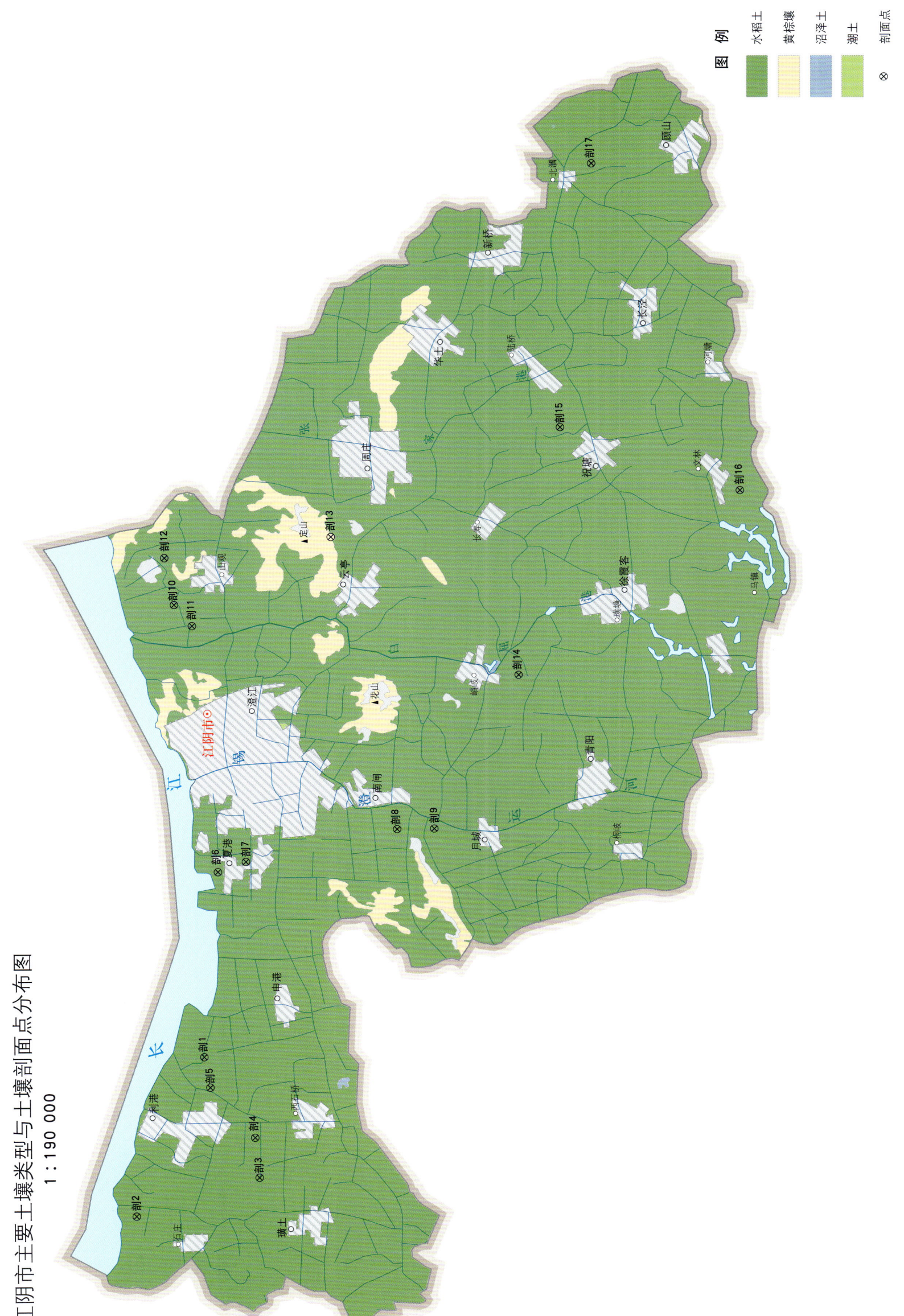

江阴市土壤剖面理化性状表

剖面号 Soil profile	土纲 Soil order	土类 Soil great group	亚类 Soil subgroup	土属 Soil genus	土种 Soil species	土层码 Layer code	土层厚度 Depth/cm	颜色 Soil color	质地 Soil texture	土壤结构 Soil structure	pH	有机质 OM/(g/kg)	全氮 TN/(g/kg)	全磷 TP/(g/kg)	全钾 TK/(g/kg)	碱解氮 AN/(mg/kg)	有效磷 AP/(mg/kg)	速效钾 AK/(mg/kg)	阳离子交换量CEC/(cmol/kg)	土壤母质 Parent material	剖面点坐标 Profile coordinate	匹配指数 Matching index/%
剖1	人为土	水稻土	渗育水稻土	粉砂土	粉砂壤姜土	A	0~10	暗灰棕色	中壤土		8.0	11.1	0.86	0.58		65	3.2	70	15.2	冲沉积物	E 120°06′16.4″ N 31°55′05.2″	91
						P	10~21	灰黄棕色	中壤土		7.3	21.1	1.41	0.56		123	5.1	80				
剖2	人为土	水稻土	潴育水稻土	黄泥土	薄层黄黄泥土	Wca	21~44	暗灰棕色	中壤土		8.0	14.6	1.06	0.55		84	<1.0	66		黄土	E 120°02′09.2″ N 31°56′37.7″	84
						Bvca	44~74	暗灰棕色	轻壤土		8.2	3.6	3.60	0.63		22	<1.0	35	16.2			
						Cca	74~100	灰黄棕色	轻壤土		7.9	2.3	0.19	0.52		10	<1.0	28				
剖3	人为土	水稻土	脱潜水稻土	乌栅土	乌栅土	A	0~14		重壤土		6.6	16.4	1.11	0.75		102	34.2	38		湖相沉积物	E 120°03′18.4″ N 31°53′41.6″	93
						P	14~20		中壤土		7.3	10.1	0.75	0.72		61	14.6	32	20.4			
						Bvg	20~100		重壤土		7.4		0.43			31	17.0	33				
剖4	人为土	水稻土	渗育水稻土	漂洗水稻土	白土	A	0~12	棕灰色	重壤土		6.6	28.8	1.81	0.45	21.1	148	6.0	68	19.8	黄土状母质	E 120°04′31.4″ N 31°53′50.3″	83
						P	12~23	暗黄棕色	重壤土		7.4	24.3	1.43	0.43	20.1	113	5.0	69	16.8			
						Wg	23~57	浅灰色	重壤土		7.5	7.8	0.53	0.26	19.1	34	4.0	109	14.8			
						Dm	57~100	黑色	中壤土		7.0	16.6	0.75	0.25	18.5	53	4.0	92	13.1			
剖5	人为土	水稻土	渗育水稻土	砂壤土	粉砂壤姜土	A	0~12	棕黄色	中壤土	块状	5.7	18.7	0.97	4.86		88	7.7	87		冲沉积物	E 120°05′54.6″ N 31°54′54.9″	97
						P	12~21	棕黄色	中壤土	块状	6.5	16.3	0.86	0.49		74	7.7	69				
						W	21~72	灰黄色	重壤土	粒状	6.8	11.7	0.72	0.42		47	3.8	55	8.6			
						E	72~89	浅黄色	中壤土	块状	7.3	<1.0	0.20	<0.10		14	<1.0	23				
						Bvg	89~100	青灰色	重壤土	块状	7.5	3.0	0.40	0.13		22	<1.0	34				
剖6	人为土	水稻土	脱潜水稻土	乌栅土	竖门乌栅土	A	0~10	黄灰色	中壤土	块状	7.8	21.2	1.11	0.76		76	10.4	73	16.2	湖相沉积物	E 120°12′04.7″ N 31°54′50.8″	90
						Bvca	10~22	暗灰色	重壤土	块状	7.8	6.3	0.44	0.73		48	2.7	62				
						Wg	22~34	暗灰色	重壤土	块柱状	8.0	2.5	0.29	0.71		11		52				
						G	34~100	褐灰色	重壤土	块柱状	7.3	22.3	1.84	0.57		138	6.3	57	15.8			
剖7	人为土	水稻土	潴育水稻土	黄泥土	黄泥土	A	0~14	灰黄棕色	重壤土	团块状	7.8	26.2	1.17	0.55	19.5	100	5.3	66	15.7	黄土母质	E 120°12′28.4″ N 31°54′12.2″	80
						P	14~25	暗黄棕色	重壤土	块状	8.3	16.2	1.04	0.54	18.9	82	8.7	143	15.4			
						W	25~75	暗黄棕色	重壤土	块状	7.9	10.8	0.69	0.38	19.3	46	3.3	61	13.6			
						Bv	75~100	灰黄色	重壤土	核块状	5.7	22.5	1.47	0.42	21.7	154	9.0	81	17.8			
剖8	人为土	水稻土	漂洗水稻土	漂洗水稻土	白土	A	0~12	暗棕灰色	重壤土	核块状	6.7	13.2	1.01	0.39	15.2	89	5.0	54	17.7	堆积黄土母质	E 120°13′30.4″ N 31°50′35.9″	88
						P	12~28	暗棕色	重壤土	块状	7.3	5.4	0.48	0.30	17.9	39	6.0	45	17.0			
						WE	28~62	灰黄色	重壤土		7.7	4.1	0.43	0.47		123	11.0	57	10.5			
						Bv	62~100	暗棕灰色	重壤土		5.5	24.8	1.57	0.36		136	8.0	52				
剖9	人为土	水稻土	脱潜水稻土	乌栅土	白土	A	0~10	暗棕灰色	中壤土		6.2	19.2	1.27	0.32		108	6.0	47	15.5	黄土状黄土母质	E 120°13′32.9″ N 31°49′44.0″	96
						P	10~24	灰黄色	中壤土		7.8	5.8	0.52	0.28		41	5.0	61				
						E	24~48	灰白色	中壤土		7.2	3.3	0.31	0.19	16.8	24	5.0	29				
						W	48~70	暗棕红色	重壤土		5.4	17.8	1.28	0.37		107	3.2	35				
						Bv	70~100	暗红棕色	重壤土		6.6	16.5	1.07	0.35		93	2.6	29				
剖10	人为土	水稻土	渗育水稻土	粉砂土	粉砂土	A	0~12	褐灰棕色	轻壤土	团块状	5.8	16.4	1.20	3.67		20	1.8	21	10.8	冲沉积物	E 120°19′50.9″ N 31°56′01.0″	89
						P	12~24	褐灰色	中壤土	团块状	6.6	14.0	0.69	0.62		102	5.1	31				
						W	24~40	灰色	轻壤土	团块状	8.3	3.6	0.32	0.58		87	1.2	27				
						S	40~100	灰色	砂壤土	粒状	8.1	2.7	0.26	0.64		18	<1.0	25				
														0.64		14	<1.0	17				

续表 Continued

剖面号 Soil profile	土纲 Soil order	土类 Soil great group	亚类 Soil subgroup	土属 Soil genus	土种 Soil species	土层码 Layer code	土层厚度 Depth/cm	颜色 Soil color	质地 Soil texture	土壤结构 Soil structure	pH	有机质 OM/(g/kg)	全氮 TN/(g/kg)	全磷 TP/(g/kg)	全钾 TK/(g/kg)	碱解氮 AN/(mg/kg)	有效磷 AP/(mg/kg)	速效钾 AK/(mg/kg)	阳离子交换量CEC/(cmol/kg)	土壤母质 Parent material	剖面点坐标 Profile coordinate	匹配指数 Matching index/%
剖11	人为土	水稻土	渗育水稻土	粉砂土	乌泥心粉砂土	A	0—15	灰黄色	中壤土	块状	7.8	18.4	0.67	0.63		104	5.1	70	12.8	冲沉积物	E 120°19′15.2″ N 31°55′38.6″	80
						P	15—26	灰黄色	中壤土	块状	7.8	19.5	0.74	0.69		106	8.1					
						W	26—40	青灰色	重黏土	棱块状	7.6	15.8	0.67	0.65		93	3.0	93				
						Dm	40—55	暗灰色	轻黏土	棱块状												
剖12	人为土	水稻土	渗育水稻土	砂土	赤砂土	A	0—15	青黄灰色	中壤土	块状										冲沉积物	E 120°21′10.4″ N 31°56′17.2″	81
						P	15—27	黄黄色	中壤土	块状												
						W	27—38	灰褐色	中壤土	粒状												
						S	38—100	红棕色	中壤土	单粒状												
剖13	淋溶土	黄棕壤	粗骨性黄棕壤	粗骨土	薄层粗骨土	A	0—11	灰黄色	中壤土	屑粒状	5.7	25.1	1.42	0.38		124	<1.0	34		石英砂岩残积物	E 120°21′53.6″ N 31°52′19.9″	91
						Bv	11—40	浅灰色	中壤土	小粒状	5.5	5.6	0.47	0.40		40	<1.0	28				
						D	40—															
剖14	人为土	水稻土	渗育水稻土	砂土	淀板砂土	A	0—10	灰褐色	中壤土	小块状	7.8	29.7	1.48	0.87		102	8.6	89	11.4	冲沉积物	E 120°18′01.4″ N 31°47′46.7″	84
						P	10—20	灰褐色	中壤土	小块状	7.4	30.7	1.40	0.84		106	11.5	118				
						W	20—30	灰白色	中壤土	粒状	7.7	20.5	1.09	0.55		64	5.6	76				
						S	30—100	灰白色	砂白土	粒状	8.0	2.1	0.10	0.64		11	3.8	75				
剖15	人为土	水稻土	漂洗水稻土	白土	黄泥白土	A	0—13	暗灰黄色	中壤土		6.5	23.4	0.69	0.59		129	18.9	65	14.2	黄土状母质	E 120°25′12.0″ N 31°46′55.9″	94
						P	13—17	暗灰黄色	重壤土		7.2	21.2	0.54	0.58		127	14.2	61				
						W	17—34	暗黄棕色	中壤土		7.9	13.9	0.32	0.54		61	8.6	58				
						E	34—43	灰白色	重壤土		8.0	8.2	0.16	0.16		26	5.5	95				
						Bv	43—100	暗红棕色	重壤土		7.8	8.1	0.51	0.19		38						
剖16	人为土	水稻土	潴育水稻土	黄泥土	灰黄泥土	A	0—12	棕灰色	中壤土	小块状	5.9	27.9	1.94	0.54		178	16.1	105	19.1	黄土	E 120°23′31.1″ N 31°42′36.5″	84
						P	12—25	暗灰棕色	重壤土	块状	6.7	18.3	1.33	0.50		122	11.7	81				
						W	25—53	浅灰色	重壤土	棱状	7.3	4.8	0.66	0.45		46	9.7	82				
						Bvg	53—100	浅灰色	重壤土	棱块状	7.3	6.8	0.53	0.48		39		80				
剖17	人为土	水稻土	脱潜水稻土	乌栅土	乌黄土	A	0—11	棕褐色	重壤土	团块状	6.3	29.3	1.83	0.51		159	3.7	46	18.9	湖相沉积物	E 120°32′53.9″ N 31°21′21.0″	82
						P	11—19	褐色	重壤土	团块状	6.9	25.4	1.61	0.46		141	2.3	38				
						W	19—69	褐灰色	重壤土	块状	7.3	11.5	0.93	0.37		56	<1.0	32				
						G	69—86	褐灰色	重壤土	棱块状	7.5	11.5	0.63	0.19		31	<1.0	29				
						Dm	86—100	灰黑色	重壤土	棱块状	7.6	5.2	0.37	0.37		14	<1.0	27				

宜 兴 市

主要土类说明

水稻土是宜兴市主要土壤类型，占本市地域面积的53%。水稻土是在长期季节性淹灌、水下翻耕、季节性脱水、氧化还原交替影响下，原来成土母质或母土的特性发生重大改变，形成的新的土壤类型。由于干湿交替，形成具有糊状淹育层、较坚实板结的犁底层、渗育层、潴育层与潜育层等多种发生层次的水稻土。这些不同发生层段是在人为耕作、水浆管理下形成的。根据地形、母质及水文地质状况对土壤发育的影响，本市水稻土分为潴育型、渗育型、侧渗型、漂洗型、脱潜型和潜育型等亚类。在潴育水稻土中，成土母质为黄土状冲积物或湖积物的黄泥土面积较大，占本市水稻土总面积的46%，黄泥土主要分布于太滆平原、低洼圩区和山前平原，旱季地下水位为50—85cm，土体构型为A-P-W-Bg-G，耕层一般呈灰棕色，剖面无障碍层次；质地偏黏，小于0.001mm的黏粒含量占29.5%以上；有发育良好的渗育层，透水性好，肥力较高。

黄棕壤是宜兴市第二大土壤类型，占本市地域面积的13%。黄棕壤主要发生于北亚热带暖湿落叶阔叶林，弱度富铝化，黏化特征明显，呈黄棕色，具A-B-C或A-(B)-C剖面构型。B层黏聚现象明显，硅铝率在2.5左右，铁的游离度较红壤低，交换性酸B层大于A层，pH为5.5—6.0。本市黄棕壤多由砂页岩及花岗岩风化物发育而成。

红壤占宜兴市地域面积的10%。红壤主要发生于中亚热带常绿阔叶林下，呈中度脱硅富铝化特征，土壤黏粒中游离铁占全铁的50%—60%，具深厚红色土层，淀积（B）底层可见深厚红、黄、白相间网纹红色黏土。黏土矿物以高岭石、赤铁矿为主，黏粒硅铝率为1.8—2.4，风化淋溶系数小于0.2，盐基饱和度小于35%，pH为4.5—5.5。本市红壤仅有棕红壤一个亚类，该亚类又分为砂红土、砂红泥和老红土三个土属。砂红土占本市红壤总面积的45%，主要分布在海拔20—100m的山麓丘陵，成土母质为砂岩残积物、坡积物，全剖面呈棕红色，土层较厚，土壤呈酸性或强酸性，质地偏黏，黏粒下移，表土层生物积累较差，有机质含量仅为黄棕壤的50%左右。砂红泥占本市红壤总面积的24%，主要分布在丘陵岗地或低山中下部的缓坡处，成土母质为第四纪红土、下蜀黄土及砂岩风化物，土层厚度在15—100cm，土体内含有大小不一、数量不等的砾石。老红土占本市红壤面积的32%，主要分布于宜南丘陵山区，由第四纪红色黏土母质发育而成，土层较厚，质地黏重，有机质含量及碳氮比明显低于其他山地土壤，但速效养分含量有所增加。

小于本市地域面积3%的土壤类型还有石灰（岩）土、潮土、黄褐土、紫色土、沼泽土等。

本区域中心区气候特征

本区域中心区气候特征值
Regional climate characteristics in central area of the region

气候带：北亚热带湿润气候 Climate region: North subtropical humid climate	
年平均气温 /℃ Annual average temperature /℃	15.8
年平均最高气温 /℃ Annual average maximum temperature /℃	20.2
年平均最低气温 /℃ Annual average minimum temperature /℃	12.2
年降水量 /mm Annual precipitation /mm	1193
≥10℃的积温 /℃ Daily temperature accumulated in a year (≥10℃) /℃	5786
年日照时数 /h Annual sunshine /h	1922
年平均相对湿度 /% Annual average relative humidity /%	77
干燥度 Dryness	0.79

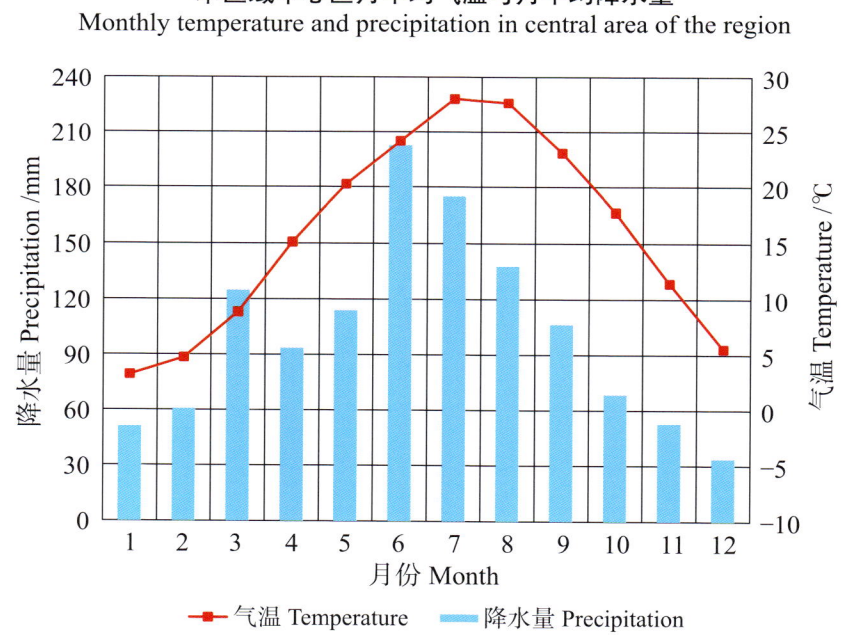

本区域中心区月平均气温与月平均降水量
Monthly temperature and precipitation in central area of the region

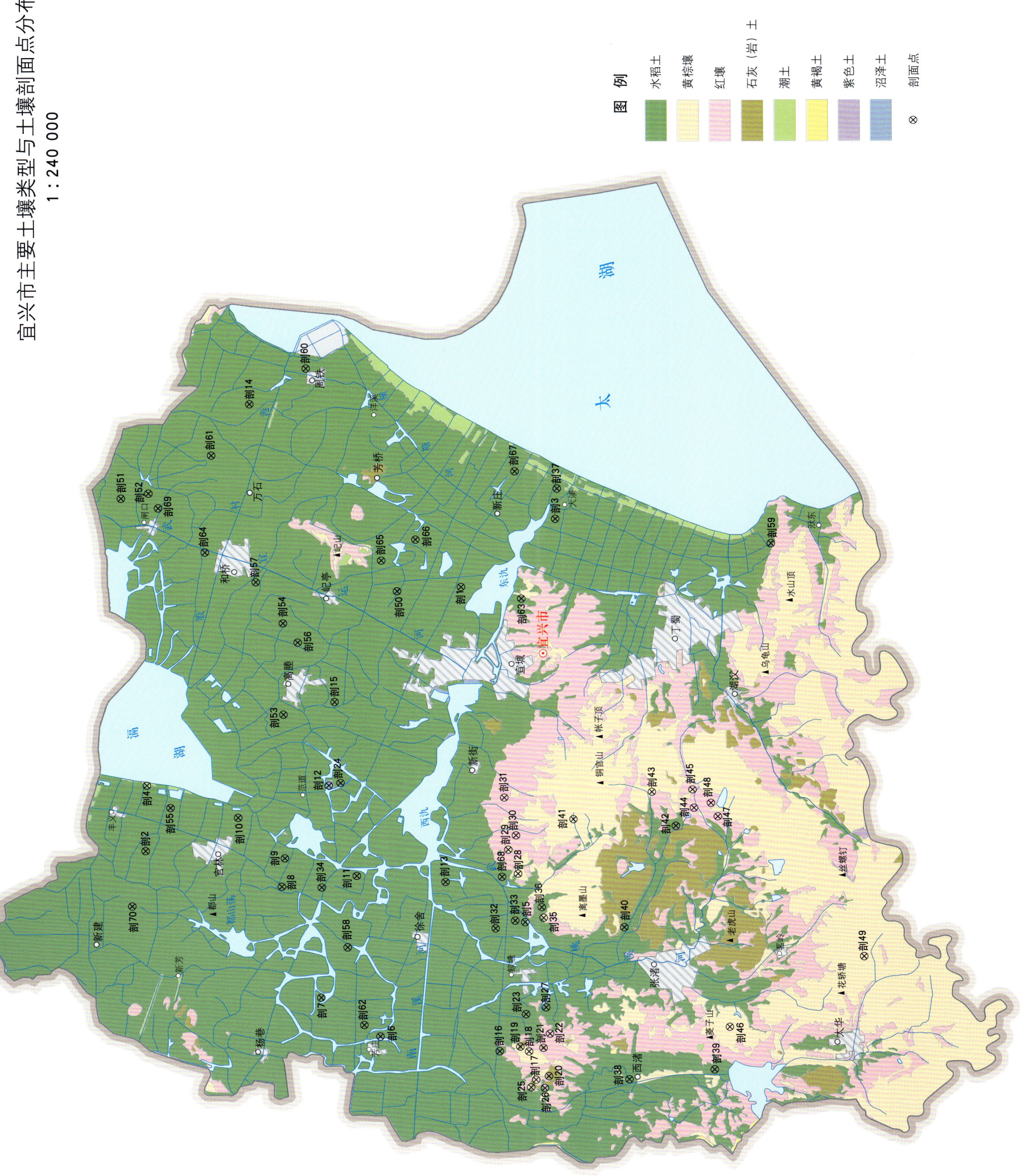

宜兴市土壤剖面理化性状表

剖面号 Soil profile	土纲 Soil order	土类 Soil great group	亚类 Soil subgroup	土属 Soil genus	土种 Soil species	土层码 Layer code	土层厚度 Depth/cm	颜色 Soil color	质地 Soil texture	土壤结构 Soil structure	pH	有机质 OM/(g/kg)	全氮 TN/(g/kg)	全磷 TP/(g/kg)	全钾 TK/(g/kg)	有效磷 AP/(mg/kg)	速效钾 AK/(mg/kg)	阳离子交换量CEC/(cmol/kg)	土壤母质 Parent material	剖面点坐标 Profile coordinate	匹配指数 Matching index/%
剖1	人为土	水稻土	潜育水稻土	青泥土	乌底青砂土	A	0—14	棕灰色		粒状	7.0	25.4	1.54	0.36		5.0	121	12.7	湖相沉积物	E 119°51′50.8″ N 31°22′15.2″	84
						P	14—25	青灰色		块状	7.5	17.6	1.12	0.36		3.1	75	13.0			
						Wg	25—55	浅灰色		柱状	7.6	5.4	0.36	0.24		4.4	64	10.4			
						G	55—85	浅灰色		柱状	7.3	6.2	0.41	0.13		1.9	51	10.0			
						Dm	85—100	黑色		棱柱状	5.1	23.9	1.17	0.16		2.5	66	15.3			
剖2	人为土	水稻土	渗育水稻土	湖白土	湖白土	A	0—15	棕灰色	中壤土	小块状	5.0	19.8	1.15	0.32	11.2	6.4	61	13.4	湖相冲积物	E 119°42′30.2″ N 31°32′01.0″	95
						P	15—29	青灰色	中壤土	块状	6.4	14.3	0.93	0.30	11.4	3.3	56	13.1			
						W0	29—62	浅灰色	中壤土	块状	6.6	8.1	0.65	0.26	11.1	1.7	61	14.4			
						Bv	62—77	灰白色	砂壤土	块状	6.8	3.1	0.20	0.19	9.1	2.3	29	8.7			
						G	77—100	灰青色	中壤土	块状	5.2	3.4	0.32	0.11	8.5	1.0	68	13.8			
剖3	人为土	水稻土	渗育水稻土	湖白土	砂底湖白土	A	0—16	灰青色	轻壤土	块状	6.9	22.7	1.12	0.40	11.5	4.1	74	12.0	湖相冲积物	E 119°54′16.6″ N 31°19′21.4″	100
						W0	16—28	棕灰色	轻壤土	块状	7.8	14.4	0.76	0.42	11.5	10.2	52	11.9			
						Bv	28—67	灰白色	砂壤土	块状	8.4	3.4	0.15	0.24	10.7	2.7	37	8.7			
						G	67—100	灰青色	砂壤土	块状	8.2	3.5	0.19	0.30	12.4	6.8	42	9.0			
剖4	半水成土	潮土	灰潮土	夜潮土	夜潮土	A	0—15	棕灰色	轻壤土	粒状	5.9	15.8	0.99	0.56	11.0	31.3	78	10.1	湖相冲积物	E 119°44′57.5″ N 31°32′00.6″	92
						SA	15—30	棕灰色		块状	6.6	4.2	0.32	0.37	11.8	18.1	32	8.4			
						Bv	30—77			块状	6.2	2.7	0.24	0.29	11.7	13.6	37	7.6			
						C	77—100			块状	6.3	2.6	0.24	0.31	11.2	9.8	40	9.1			
剖5	人为土	水稻土	脱潜潜育水稻土	乌泥土		A	0—17	棕灰色		小块状		20.1	1.25	0.47		6.3	87		河湖相冲积物、沉积物	E 119°39′38.2″ N 31°20′33.4″	84
						P	17—40	乌黑色		块状		18.2	1.11	0.40		6.3	99				
						Dm	40—55	灰黑色		棱柱状		15.0	0.91	0.36		4.4	96				
						Wg	55—75			棱柱状		10.8	0.63	0.15		1.3	100				
						S	75—100	灰白色		块状		7.6	0.36	0.11		<1.0	65				
剖6	人为土	水稻土	潴育水稻土	菜园黄泥土	菜园乌底黄泥土	A	0—13	褐黄色	重壤土	粒状	5.3	31.8	2.27	0.68	13.8	31.3	174	24.1	湖相沉积物	E 119°35′34.8″ N 31°25′07.3″	93
						P	13—29	灰黄色	轻黏土	块状	6.0	29.7	1.92	0.54	13.4	23.3	101	23.2			
						W	29—43	黄灰色	轻黏土	块状	6.9	24.8	1.69	0.47	13.5	19.8	100	23.2			
						Bv	43—85	灰色	轻黏土	块状	6.9	10.7	0.80	0.40	14.2	12.8	142	22.1			
						Dm	85—100	灰黑色	重壤土	块状	5.9	57.5	3.06	0.44	13.3	2.3	138	24.6			
剖7	人为土	水稻土	潴育水稻土	黄泥土		A	0—13	棕灰色	重壤土	小块状	6.2	29.4	1.60	0.40	14.0	23.5	105	22.6	黄土状冲积物、湖积物	E 119°37′00.8″ N 31°26′55.3″	91
						P	13—23	灰棕色	重壤土	块状	6.8	22.2	1.19	0.34	16.7	15.2	93	21.9			
						W	23—36	灰黄色	中壤土	棱柱状	6.7	18.1	1.04	0.32	12.7	8.4	91	21.2			
						Bvg	36—66	灰棕色	中壤土	棱柱状	7.0	7.5	0.50	0.24	12.7	4.6	90	16.7			
						S	66—100	灰白色	紧砂土	粒状	8.1	1.1	0.06	0.28	12.3	2.3	40	5.5			
剖8	人为土	水稻土	潴育水稻土	黄泥土	砂底灰黄泥土	A	0—13	灰棕色	重壤土	小块状	6.9	28.3	1.51	0.39	12.8	4.7	66	19.8	黄土状冲积物、湖积物	E 119°41′05.6″ N 31°27′58.7″	83
						P	13—28	灰色	重壤土	块状	7.7	11.0	0.65	0.30	12.7	2.9	57	15.7			
						W	28—48	灰黄色	中壤土	块状	7.7	6.8	0.33	0.20	12.7	2.3	46	13.9			
						Bvg	48—68	白黄色	砂壤土	棱块状	7.8	2.6	0.21	0.22	12.1	5.6	19	5.2			
						S	68—100	黄白色	砂壤土	小块状	7.7	3.3	0.17	0.29	9.9	3.2	24	6.5			
剖9	人为土	水稻土	潴育水稻土	菜园黄泥土	菜园黄泥土	A	0—15	灰棕色	重壤土	粒状	5.1	21.3	1.42	0.44	12.0	24.1	91	19.1	黄土状冲积物、湖积物	E 119°42′05.4″ N 31°27′50.0″	87
						P	15—28	灰棕色	中壤土	块状	5.7	20.4	1.36	0.49	11.7	13.4	71	21.6			
						W	28—60	灰黄色	中壤土	棱块状	5.7	11.7	0.76	0.66	12.8	11.2	105	22.4			
						Bv	60—100	灰棕色	轻黏土	块状	6.9	6.6	0.50	0.55	12.7	6.4	92	20.2			

续表 Continued

剖面号 Soil profile	土纲 Soil order	土类 Soil great group	亚类 Soil subgroup	土属 Soil genus	土种 Soil species	土层码 Layer code	土层厚度 Depth/cm	颜色 Soil color	质地 Soil texture	土壤结构 Soil structure	pH	有机质 OM/(g/kg)	全氮 TN/(g/kg)	全磷 TP/(g/kg)	全钾 TK/(g/kg)	有效磷 AP/(mg/kg)	速效钾 AK/(mg/kg)	阳离子交换量 CEC/(cmol/kg)	土壤母质 Parent material	剖面点坐标 Profile coordinate	匹配指数 Matching index/%
剖10	人为土	水稻土	潴育水稻土	黄泥土	灰黄泥土	A	0–13	棕灰色	重壤土	块状	6.0	23.3	1.34	0.39	14.0	3.3	64	15.6	黄土状冲积物、湖积物	E 119°43′41.2″ N 31°29′12.8″	98
						P	13–27	深棕灰色	重壤土	块状	7.4	17.7	1.19	0.38	12.5	3.5	67	16.4			
						W	27–40	灰黄色	中壤土	块状	7.6	8.3	0.67	0.34	12.7	2.6	85	16.4			
						Bvg	40–80	黄黄色	重壤土	棱柱状	7.6	4.9	0.40	0.24	12.0	2.0	74	16.5			
						G	80–100	黄色	轻壤土	小块状	7.6	3.0	0.20	0.22	10.5	3.2	36	8.0			
剖11	人为土	水稻土	潴育水稻土	黄泥土	乌底黄泥土	A	0–14	棕黄色	重壤土	块状	6.7	27.8	1.46	0.44	17.6	7.0	78	19.3	黄土状冲积物、湖积物	E 119°41′18.6″ N 31°25′43.3″	98
						P	14–23	黄色	重壤土	块状	7.7	18.5	1.10	0.41	15.1	4.0	82	20.4			
						W	23–46	灰棕色	重壤土	棱柱状	7.8	11.6	0.81	0.35	15.0	2.4	98	22.6			
						Bvg	46–72	灰黄色	重壤土	棱柱状	7.9	8.1	0.54	0.31	17.9	2.9	90	21.4			
						Dm	72–100	乌黑色	轻黏土	棱柱状	7.6	39.7	1.68	0.21	15.8	1.4	105	38.8			
剖12	水成土	沼泽土		荡乌土	荡乌土	A	0–15	黄灰色	重壤土	小块状	5.4	30.6	2.13	0.34	14.4	2.4	137	22.2	湖相沉积物	E 119°44′46.3″ N 31°26′25.8″	97
						Wg	15–30	棕灰色	轻黏土	棱柱状	5.5	19.1	1.24	0.21	15.3	1.1	126	26.2			
						Dm	30–65	灰黑色	中黏土	棱柱状	6.0	21.9	1.30	0.19	16.4	1.2	125	30.9			
						G	65–100	灰黄色	轻壤土	棱柱状	6.4	4.4	0.24	0.25	11.0	1.0	39	8.6			
剖13	人为土	水稻土	脱潜水稻土	乌泥土	乌泥土	A	0–14	黄棕色	重壤土	小块状	6.9	27.4	1.64	0.45	11.3	5.4	99	22.6	湖相沉积物	E 119°41′07.4″ N 31°22′59.9″	94
						P	14–25	灰棕色	重壤土	块状	7.3	25.1	1.56	0.28	11.9	3.7	92	23.2			
						Wg	25–46	棕灰色	重壤土	棱柱状	7.6	9.2	0.72	0.24	11.8	3.2	94	21.1			
						Dm	46–70	灰黑色	中黏土	棱柱状	7.6	22.6	1.64	0.16	16.3	2.4	146	32.3			
						G	70–100	灰色	中壤土	棱柱状	7.7	3.5	0.26	0.11	11.9	2.2	50	10.1			
剖14	人为土	水稻土	潴育水稻土	黄泥土	灰黏底黄泥土	A	0–14	棕黄色	中壤土	块状	5.9	21.9	1.44	0.38	12.8	4.7	87	19.1	黄土状冲积物、湖积物	E 119°58′43.0″ N 31°28′26.8″	100
						P	14–25	棕灰色	重壤土	块状	7.2	15.8	1.16	0.33	14.4	2.4	88	19.4			
						W	25–65	灰黄色	重壤土	块状	7.7	5.7	0.58	0.32	13.9	2.5	96	20.4			
						Bvg	65–85	浅黄色	重壤土	块状	7.8	5.3	0.45	0.23	13.3	1.4	78	18.6			
						Bv₁	85–100	灰灰色	中壤土	块状	8.1	3.2	0.27	0.18	11.9	2.9	68	15.1			
剖15	人为土	水稻土	潴育水稻土	黄泥土	黄泥土	A	0–15	棕灰色	重壤土	小块状	6.2	23.2	1.47	0.36	13.8	5.3	88	20.8	黄土状冲积物、湖积物	E 119°47′47.0″ N 31°26′08.9″	85
						P	15–25	棕黄色	重壤土	块状	6.7	26.0	1.68	0.40	13.1	8.5	96	21.4			
						W	25–80	棕黄色	重壤土	棱柱状	7.6	9.2	0.59	0.40	13.4	4.0	89	20.9			
						Bvg	80–100	灰黄色	重壤土	块状	7.8	5.6	0.36	0.34	13.1	8.4	72	16.0			
剖16	人为土	水稻土	潴育水稻土	青泥土	青泥土	A	0–11	青灰色	重壤土	块状	6.0	30.1	1.71	0.39	9.9	14.1	64	22.5	湖相沉积物	E 119°34′54.8″ N 31°21′32.0″	83
						P	11–30	青灰色	重壤土	块状	6.6	26.6	1.52	0.34	10.0	6.2	64	21.9			
						W	30–50	青灰色	重壤土	块状	7.2	23.5	1.50	0.30	9.3	3.2	64	21.6			
						G	50–100	青灰色	轻黏土	块状	7.5	9.0	0.58	0.23	9.2	2.1	74	18.8			
剖17	淋溶土	黄棕壤	黄棕壤	棕色土	棕色土	A	0–15	黄棕色	重壤土	小块状	5.7	37.1	1.83	2.41	6.6	10.7	120	29.1	辉绿岩风化残积物、坡积物	E 119°33′49.3″ N 31°20′29.0″	94
						Bv	15–53	棕红色	重壤土	块状	5.9	27.3	1.48	2.26	7.7	10.8	92	30.4			
						C	53–75	棕红色	中壤土	粒状	6.4	3.1	0.16	2.45	6.4	8.5	83	30.7			
剖18	淋溶土	黄棕壤	黄棕壤	山砂土	砾质山砂土	A	0–10	棕红色	中壤土	粒状	5.0	66.5	3.15	0.41	11.3	2.3	110	15.7	砂岩风化残积物、坡积物	E 119°34′49.1″ N 31°20′42.7″	85
						Bv	10–30	棕黄色	中壤土	粒状	5.0	38.1	1.85	0.38	11.8	<1.0	64	12.8			
						C	30–100	棕黄色	重壤土	粉状	5.0	29.7	1.40	0.37	11.3	1.0	70	11.8			
剖19	初育土	石灰（岩）土	棕色石灰土	棕色石灰土	厚层棕色石灰土	A	0–6	黄棕色	中壤土	粒状	7.8	17.4	1.06	0.38	12.8	20.6	135	14.4	石灰岩残积物	E 119°35′06.7″ N 31°20′53.2″	94
						Bv	6–12	黄棕色	重壤土	粒状	7.4	16.6	1.07	0.29	12.5	8.1	133	16.6			
						C	12–100	棕棕色	轻黏土	粒状	6.5	11.8	0.86	0.24	14.8	2.8	150	21.2			
剖20	初育土	石灰（岩）土	棕色石灰土	棕色石灰土	中层棕色石灰土	A	0–10	棕黄色	重壤土	块状	7.0	12.3	0.76	0.80	10.9	19.1	102	15.7	石灰岩残积物	E 119°33′55.1″ N 31°20′04.9″	97
						Bv	10–30	棕色	重壤土	块状	4.9	5.6	0.48	0.92	12.0	20.2	69	15.4			
						C	30–60	棕色	中壤土	块状	4.9	3.3	0.31	0.84	10.8	34.1	60	10.3			

续表 Continued

剖面号 Soil profile	土纲 Soil order	土类 Soil great group	亚类 Soil subgroup	土属 Soil genus	土种 Soil species	土层码 Layer code	土层厚度 Depth/cm	颜色 Soil color	质地 Soil texture	土壤结构 Soil structure	pH	有机质 OM/(g/kg)	全氮 TN/(g/kg)	全磷 TP/(g/kg)	全钾 TK/(g/kg)	有效磷 AP/(mg/kg)	速效钾 AK/(mg/kg)	阳离子交换量 CEC/(cmol/kg)	土壤母质 Parent material	剖面点坐标 Profile coordinate	匹配指数 Matching index/%
剖21	初育土	石灰（岩）土	棕色石灰土	棕色石灰土	薄层棕色石灰土	A	0~7	棕色	重壤土	粒状	7.3	39.8	1.48	0.62	12.9	13.6	200	23.9	石灰岩残积物	E 119°34′58.4″ N 31°20′13.9″	92
						Bv	7~18	棕色	重壤土	粒状	7.4	29.2	1.08	0.58	12.5	11.7	200	21.4			
						C	18~26	灰棕色		块状											
剖22	铁铝土	红壤	棕红壤	砂红土	砾质砂红土	A	0~25	浅棕色	中壤土	粒状	5.0	19.5	0.82	0.25	8.4	4.7	66	7.6	砂岩残积物、坡积物	E 119°35′26.9″ N 31°20′03.5″	83
						Bv	25~60	鲜棕色	重黏土	小块状	4.3	8.4	0.42	0.21	11.5	<1.0	79	9.1			
						C	60~100	灰白色	中壤土	块状	4.4	6.3	0.31	0.18	13.3	<1.0	72	11.7			
剖23	人为土	水稻土	渗育水稻土	板浆白土	砾石底小粉土	A	0~12	青灰色	重壤土	粒状	8.5	20.2	1.38	0.27	13.2	6.9	86	7.9	山丘间冲积物	E 119°36′14.0″ N 31°20′40.9″	98
						P	12~23	棕褐色	中壤土	块状	7.7	6.5	0.49	0.37	15.1	4.4	66	11.3			
						E	23~43	棕褐色	重壤土	粒状	7.4	10.4	0.82	0.29	13.0	2.8	56	7.7			
						Bv	43~100			块状											
剖24	人为土	水稻土	渗育水稻土	板浆白土	乌底小粉土	A	0~18	褐色		粒状	6.5	5.7	0.38	0.13		<1.0	59		山丘间冲积物	E 119°44′52.8″ N 31°26′06.0″	96
						Pe	18~24	灰白色		块状		1.9	0.18	<0.10		<1.0	49				
						Bv	24~44	乌灰色		块状		4.0	0.38	0.13		<1.0	134				
						Dm	44~100	乌灰色		块状		3.9	0.26	0.45		<1.0	111				
剖25	初育土	石灰（岩）土	黑色石灰土	黑色石灰土	厚层黑色石灰土	A	0~29	灰褐色	重壤土	小块状	6.9	51.1	2.91	0.54	14.9	11.5	188	33.0	石灰岩风化物	E 119°33′38.5″ N 31°20′34.1″	84
						Bv	29~70	灰褐色	轻黏土	块状	7.3	21.4	1.38	0.37	17.9	3.0	172	33.6			
剖26	铁铝土	红壤	棕红壤	砂红泥	砾质砂红泥	A1	0~12	红褐色	中壤土	粒状	4.9	38.1	1.62	0.25	8.5	3.7	72	10.0	红、下蜀黄土、砂岩风化物	E 119°33′32.8″ N 31°20′13.2″	86
						B	12~40	黄red色	重壤土	块状	4.9	15.4	0.62	0.21	8.5	2.4	59	7.8			
						B	40~70	红棕色	重壤土	小块状	4.9	8.0	0.53	0.21	9.0	<1.0	44	8.0			
						C	70~100	红棕色	重壤土	块状	5.0	7.1	0.47	0.21	9.7	<1.0	58	10.0			
剖27	人为土	水稻土	潴育水稻土	黄泥土	黄泥土	A	0~15	黄灰色	轻黏土	小块状	7.0	26.7	1.26	0.45	13.6	4.2	89	21.8	黄土状冲积物、湖积物	E 119°36′23.8″ N 31°20′06.4″	88
						P	15~26	深灰色	轻黏土	块状	7.3	22.6	1.08	0.42	14.1	2.8	72	22.7			
						W	26~47	灰黄色	轻黏土	棱柱状	7.8	17.1	0.90	0.36	14.1	2.3	98	22.3			
						Bv	47~100	灰黄色	轻黏土	大块状	7.7	5.8	0.30	0.31	15.1	1.2	75	21.0			
剖28	淋溶土	黄棕壤	粗骨性黄棕壤	粗骨土	薄层粗骨土	1	0~25	棕黄色	中壤土	粒状	5.0									E 119°41′19.7″ N 31°20′48.8″	80
						2	25~48	棕黄色	中壤土	粒状	5.0										
						3	48~80	棕黄色	重壤土	粉状	5.0										
剖29	淋溶土	黄棕壤	粗骨性黄棕壤	老红土	泥黄土	A	0~8	灰黄色	中壤土	粒状	4.8	22.9	1.14	0.20	16.3	<1.0	120	6.9	砂岩风化残积物、坡积物	E 119°42′10.8″ N 31°21′04.0″	88
						C	8~25	黄棕色	中壤土	粒状	4.8	9.0	0.57	0.21	17.5	<1.0	108	7.7			
剖30	铁铝土	红壤	棕红壤	砂红泥	砾质砂红泥	A	0~22	灰黄色	中壤土	粒状	4.5	6.5	0.49	0.44	12.6	4.6	36	12.8	第四纪红色黏土	E 119°42′46.8″ N 31°20′51.7″	87
						Bv	22~34	棕红色	重壤土	粒状	5.2	3.3	0.37	0.20	17.4	5.7	59	23.6			
						C	34~100	黄棕色	重壤土	块状	5.8	1.8	0.15	0.11	17.5	2.9	30	14.3			
剖31	铁铝土	红壤	棕红壤	砂红土	砂红土	A	0~17	灰棕色	中壤土	粒状	6.5	18.3	1.10	0.52	10.2	3.3	200	10.2	砂岩残积物、坡积物	E 119°44′07.4″ N 31°21′09.7″	84
						Bv	17~45	浅棕色	重壤土	粒状	4.9	15.8	1.04	0.31	11.0	2.9	92	9.0			
						C	45~80	鲜棕色	重壤土	小块状	4.9	15.2	0.97	0.31	11.5	5.3	148	9.1			
剖32	人为土	水稻土	潴育水稻土	黄泥土	黄砂心白底灰黄泥土	A	0~14	棕黄色	中壤土	小块状	5.9	23.1	1.59	0.40	11.8	3.8	43	17.5	黄土状冲积物、湖积物	E 119°39′20.5″ N 31°21′32.0″	80
						P	14~28	灰黄色	中壤土	小块状	7.1	19.1	1.18	0.32	11.7	2.2	59	17.2			
						W	28~44	棕黄色	中壤土	小块状	7.3	6.5	0.46	0.26	10.2	1.2	50	13.5			
						Bvg	44~59	灰色	中壤土	块状	7.4	4.5	0.32	0.18	9.9	2.7	38	12.1			
						S	59~100	灰白色	轻壤土	小块状	7.5	2.6	0.22	0.13	9.0	1.1	36	8.5			
剖33	人为土	水稻土	潴育水稻土	黄泥土	黄底灰黄泥土	A	0~13	灰黄色	重壤土	粒状	6.2	21.3	1.42	0.37	13.3	3.9	103	20.4	黄土状冲积物、湖积物	E 119°39′40.7″ N 31°20′57.1″	87
						P	13~20	棕灰色	重壤土	小块状	7.2	17.7	1.13	0.35	13.6	2.9	114	19.8			
						W	20~34	灰色	重壤土	块状	7.7	6.5	0.59	0.22	12.9	1.7	105	20.0			
						Bvg	34~100	灰黄色	重壤土	大块状	7.9	2.4	0.35	0.21	13.7	2.9	98	17.2			

续表 Continued

剖面号 Soil profile	土纲 Soil order	土类 Soil great group	亚类 Soil subgroup	土属 Soil genus	土种 Soil species	土层码 Layer code	土层厚度 Depth/cm	颜色 Soil color	质地 Soil texture	土壤结构 Soil structure	pH	有机质 OM/(g/kg)	全氮 TN/(g/kg)	全磷 TP/(g/kg)	全钾 TK/(g/kg)	有效磷 AP/(mg/kg)	速效钾 AK/(mg/kg)	阳离子交换量CEC/(cmol/kg)	土壤母质 Parent material	剖面点坐标 Profile coordinate	匹配指数 Matching index/%
剖34	人为土	水稻土	脱潜水稻土	乌泥土	乌泥土	A	0—11	灰棕色	重壤土	小块状	7.4	25.3	1.48	0.46	15.5	7.0	90	21.7	湖相沉积物	E 119° 40′ 58.4″ N 31° 26′ 48.1″	93
						P	11—20	棕黄色	重壤土	块状	7.5	23.4	1.33	0.42	14.2	3.9	81	21.5			
						Wg	20—31	棕黄色	重壤土	棱柱状	7.7	17.0	1.07	0.43	15.4	2.8	78	21.4			
						Dm	31—43	乌黑色	轻黏土	棱柱状	7.7	10.8	0.87	0.38	15.4	1.9	118	23.7			
						G	43—100	青灰色	重壤土	棱柱状	7.7	11.0	0.72	0.21	16.8	4.8	104	23.3			
剖35	淋溶土	黄棕壤		麻石土	麻石土	A	0—16	灰白色	中壤土	粒状	5.3	17.8	0.94	0.31	16.8	5.0	158	19.3	安山岩风化残积物、坡积物	E 119° 39′ 39.2″ N 31° 20′ 04.2″	90
						Bv	16—31	灰黄色		小块状								8.2			
						C	31—100	灰黄色		块状								7.1			
剖36	人为土	水稻土	潴育水稻土	马肝土	黄马肝土	A	0—14	灰黄色	中壤土	块状	5.3	27.1	1.58	0.34	7.9	10.7	70	6.9	黄土状冲积物	E 119° 40′ 04.4″ N 31° 20′ 08.9″	100
						P	14—23	棕灰色	中壤土	柱状	5.4	19.1	1.14	0.29	7.3	6.6	65	7.1			
						W₁	23—34	棕色	中壤土	棱柱状	6.0	7.9	0.56	0.28	7.9	1.7	70	6.9			
						W₂	34—43	灰黄色	中壤土	块状	5.5	5.0	0.23	0.13	2.8	1.1	47	4.7			
						Bvg	43—100	黄棕色													
剖37	人为土	水稻土	脱潜水稻土	湖滩土	滩湖土	A	0—15	棕灰色	中壤土	粒状	5.7	19.7	1.08	0.36	12.9	4.8	43	12.2	湖相冲积物	E 119° 55′ 18.1″ N 31° 19′ 15.6″	100
						P	15—25	浅棕灰色	中壤土	块状	5.1	14.7	0.93	0.34	13.4	5.1	46	11.7			
						Wg	25—63	棕色	中壤土	块状	6.9	12.0	0.50	0.32	10.8	6.9	48	11.2			
						G	63—100	灰色	中壤土	块状	6.8	7.5	0.54	0.36	11.4	6.8	45	10.6			
剖38	人为土	水稻土	侧渗水稻土	小粉土	小粉土	A	0—14	黄色	中壤土	粒状	6.1	18.7	1.21	0.75	9.3	52.1	44	12.1	山丘间冲积物	E 119° 33′ 44.6″ N 31° 17′ 37.7″	80
						P	14—24	灰黄色	中壤土	粒状	5.7	14.6	0.96	0.66	9.3	45.2	43	10.7			
						W	24—34	棕黄色	中壤土	块状	6.2	12.3	0.84	0.61	9.5	26.0	38	10.3			
						Bv	34—68	灰黄色	中壤土	块状	7.3	6.0	0.41	0.38	10.5	20.4	37	11.2			
						C	68—100	黄黄色	重壤土	块状	7.2	2.6	0.26	0.25	9.1	14.9	62	11.3			
剖39	人为土	水稻土	渗育水稻土	板浆白土	砾石身砂土	A	0—18	棕色	砂壤土	小块状	4.8	3.7	0.21	0.22	8.6	7.7	35	4.9		E 119° 34′ 04.1″ N 31° 15′ 01.8″	92
						Pe	18—30	灰色	砂壤土	块状	4.8	3.7	0.22	0.27	12.3	6.4	54	4.8			
						S	30—100	灰灰色	轻壤土	松散状	5.0	2.6	0.12	0.26	14.8	6.7	41	4.8			
剖40	人为土	水稻土	潴育水稻土	马肝土	乌马肝土	A	0—20	黄黄色	轻黏土	粉状	7.6	25.1	1.52	0.43	12.5	10.1	139	21.2	黄土状冲积物	E 119° 39′ 14.8″ N 31° 17′ 42.4″	85
						P	20—29	暗灰色	轻黏土	粒状	7.7	16.6	1.13	0.35	12.8	5.2	150	21.2			
						W₁	29—38	灰色	轻黏土	块状	7.8	14.2	0.94	0.34	11.6	4.1	121	16.0			
						W₂	38—100	棕黄色	轻黏土	大块状	7.9	12.7	0.73	0.30	12.2	4.9	126	15.5			
剖41	淋溶土	黄棕壤		香灰土	薄层黑色香灰土	A	0—10	黑色	砂壤土	粒状	4.7	87.9	4.19	0.56	11.8	3.1	200	18.5	砂页岩风化物	E 119° 43′ 16.0″ N 31° 19′ 03.0″	97
						Bvc	10—26	褐色	轻壤土	粒状	4.9	124.0	6.12	0.67	10.7	4.4	187	24.8			
剖42	人为土	水稻土	渗育水稻土	板浆白土	黄底小粉土	A	0—15	黄黄色	中壤土	小块状	5.2	19.5	1.33	0.24	9.2	6.2	66	9.2	山丘间冲积物	E 119° 42′ 52.9″ N 31° 16′ 01.2″	95
						Pe	15—26	灰灰色	中壤土	小块状	5.9	12.8	1.34	0.21	9.8	3.8	56	8.1			
						W	26—45	棕灰色	中壤土	块状	7.2	3.9	0.42	0.27	10.6	1.7	80	10.7			
						Bv	45—100			小块状											
剖43	淋溶土	黄棕壤		黄砂土	黄棕黑色香灰土	A	0—17	浅灰色	黏壤土	屑粒状	4.8	24.5	1.22	0.40	10.2	14.9	139	8.9	砂岩风化冲积物	E 119° 44′ 10.3″ N 31° 16′ 41.9″	83
						Bv	17—45	黄黄色	黏土	核状	4.7	12.9	0.64	0.28	10.1	1.9	84	7.0			
						C	45—100	灰黄色	黏土	块状	5.1	9.4	0.70	0.29	11.3	<1.0	56	7.1			
剖44	铁铝土	红壤	棕红壤	棕红土	棕红土	A	0—18	黄棕色	黏壤土	小块状	4.7	21.8	1.08	1.12	28.8			8.1	第四纪红色黏土	E 119° 43′ 31.1″ N 31° 15′ 27.4″	88
						Bv	18—65	红棕色	黏土	核状	5.1	8.3	0.56	1.33	18.2			10.0			
						C	65—100	红棕色	黏土	块状	5.9	3.2	0.32	0.94	22.8			9.8			
剖45	淋溶土	黄棕壤		香灰土	中层褐色香灰土	A	0—17	灰棕色	中壤土	粒状	4.8	47.2	2.34	0.65	8.1	21.8	184	11.5	砂页岩风化物	E 119° 44′ 09.2″ N 31° 15′ 30.6″	97
						Bvc	17—27	灰褐色	中壤土	粒状	4.7	31.4	1.49	0.55	6.8	9.1	98	7.4			
						C	27—50	灰黄色	中壤土	小块状	4.6	25.6	1.48	0.54	7.4	9.3	122	8.8			

续表 Continued

剖面号 Soil profile	土纲 Soil order	土类 Soil great group	亚类 Soil subgroup	土属 Soil genus	土种 Soil species	土层码 Layer code	土层厚度 Depth/cm	颜色 Soil color	质地 Soil texture	土壤结构 Soil structure	pH	有机质 OM/(g/kg)	全氮 TN/(g/kg)	全磷 TP/(g/kg)	全钾 TK/(g/kg)	有效磷 AP/(mg/kg)	速效钾 AK/(mg/kg)	阳离子交换量CEC/(cmol/kg)	土壤母质 Parent material	剖面点坐标 Profile coordinate	匹配指数 Matching index/%
剖46	淋溶土	黄棕壤	黄棕壤性土	香灰土	香灰土	A	0—35	暗棕色	黏壤土	屑粒状	5.3	104.5	3.78	0.81		8.3		18.9	砂页岩风化残积物	E 119°35′31.2″ N 31°14′34.4″	94
						ABv	35—62	黑棕色	黏壤土	屑柱状	5.1	102.9	3.54	0.80				20.6			
						Bv	62—100	黄棕色	黏壤土	块状	5.4	34.8	1.47	0.86				12.1			
剖47	铁铝土	红壤	棕红壤	砂红泥	砂红泥	A	0—20	黄红色	重壤土	小块状	4.7	21.1	1.00	0.51	8.0	8.3	149	11.6	红土、下蜀黄土、砂岩风化物	E 119°43′17.8″ N 31°14′47.0″	90
						Bv	20—35	棕红色	重壤土	小块状	4.7	16.1	0.81	0.27	8.0	1.4	188	10.7			
						C	35—70	棕红色	轻黏土	小块状	5.0	7.0	0.58	0.25	11.5	<1.0	84	13.0			
剖48	铁铝土	红壤	棕红壤	砂红泥	砂黄泥	A	0—18	灰棕色	中壤土	小块状	5.5	16.1	0.69	0.22	4.8	4.2	72	5.7	红土、下蜀黄土、砂岩风化物	E 119°43′42.2″ N 31°14′56.8″	96
						Bv	18—33	黄棕色	中壤土	小块状	4.8	11.9	0.72	0.20	6.2	1.5	64	5.3			
						C	33—70	黄棕色	中壤土	小块状	4.7	5.1	0.43	0.24	8.1	1.5	50	5.8			
剖49	淋溶土	黄棕壤	黄棕壤	山砂土	砾石山砂土	A	0—15	灰黄色	中壤土	粒状	5.1	53.8	2.60	0.41	10.7	5.2	154	14.4	砂岩风化残积物、坡积物	E 119°37′58.1″ N 31°10′28.2″	90
						Bv	15—30	棕黄色	中壤土	块状	4.9	34.7	1.67	0.37	10.8	4.4	132	11.9			
						C	30—82	浅黄色	重壤土	块状	4.9	21.3	1.08	0.43	12.4	<1.0	72	8.5			
剖50	水稻土	潜育水稻土	青马肝土	青马肝土	A	0—13	棕灰色	重壤土	块状	7.7	17.1	1.05	0.32	11.3	10.3	86	10.3	黄土状冲积物	E 119°51′48.2″ N 31°24′10.4″	89
						P	13—27	青灰色	重壤土	柱状	7.9	19.4	1.16	0.34	11.3	9.2	82	12.5			
						G	27—100	青灰色	重壤土	棱柱状	7.6	14.6	0.90	0.33	11.9	6.9	88	13.3			
剖51	水稻土	漂洗水稻土	白土	白土	A	0—16	浅棕色	重壤土	小块状	5.4	18.4	1.09	0.25	10.0	3.5	52	14.6	河湖相冲积物、沉积物	E 119°55′25.3″ N 31°32′22.2″	95
						E	16—27	灰棕色	重壤土	小块状	6.9	9.0	0.62	0.19	9.1	2.3	52	12.3			
						Bv	27—37	灰白色	重壤土	块状	7.3	4.1	0.31	0.16	8.0	1.7	70	11.8			
						Bvg	37—100	灰棕色	轻黏土	棱柱状	7.4	5.2	0.47	0.49	13.4	1.2	120	28.8			
剖52	水稻土	潴育水稻土	黄泥土	黄泥土	A	0—18	灰棕色	轻黏土	小块状	6.3	27.0	1.23	0.40	15.1	5.8	100	20.7	黄土状冲积物、湖积物	E 119°55′34.3″ N 31°31′32.2″	83
						P	18—27	灰黄色	重壤土	块状	6.7	22.2	1.00	0.38	15.2	4.6	83	21.2			
						W	27—55	灰黄色	重壤土	棱柱状	6.9	15.6	0.83	0.38	14.9	3.5	80	20.1			
						Bvg	55—100	浅灰黄色	轻黏土	棱柱状	7.2	6.0	0.28	0.20	13.7	2.4	116	30.6			
剖53	水稻土	渗育水稻土	湖白土	乌砂湖白土	A	0—15	灰白色	中壤土	粒状	6.5	21.8	1.26	0.32	11.9	3.1	53	11.4	湖相冲积物	E 119°47′22.9″ N 31°27′44.6″	94
						P	15—30	灰白色	轻壤土	小块状	7.3	18.5	1.13	0.28	10.8	6.8	49	11.3			
						W0	30—48	灰白色	轻黄土	块状	7.7	4.2	0.28	0.18	11.6	3.6	42	9.5			
						Dm	48—62	灰黑色	轻壤土	块状	7.6	4.0	0.31	0.12	11.0	5.8	39	9.0			
						G	62—100	棕黑色	重壤土	块状	7.5	9.1	0.53	0.12	10.8	5.7	51	12.4			
剖54	水稻土	潴育水稻土	黄泥土	灰黏底灰黄泥土	A	0—12	棕灰色	重壤土	小块状	5.4	26.4	1.33	0.35	14.0	4.5	83	20.5	黄土状冲积物、湖积物	E 119°50′36.2″ N 31°27′34.6″	98
						P	12—25	灰黄色	重壤土	块状	7.2	19.5	1.18	0.28	12.1	3.6	74	20.8			
						W	25—70	灰黄色	重壤土	棱柱状	7.3	12.8	0.82	0.24	13.9	7.1	69	19.8			
						Bv₁	70—100	灰白色	重壤土	块状	7.5	8.5	0.57	0.25	14.1	1.9	66	19.8			
剖55	水稻土	潜育水稻土	乌滩土	滩乌土	A	0—13	青灰色	重壤土	块状	7.2	21.7	1.13	0.43	14.0	8.7	56	18.2	湖相沉积物	E 119°44′03.8″ N 31°31′16.3″	88
						Dm	13—24	棕灰色	重壤土	块状	7.2	9.6	0.65	0.28	14.2	6.2	62	19.0			
						Wg	24—40	灰白色	重壤土	块状	7.1	7.3	0.53	0.25	14.4	2.3	58	18.1			
						G	40—56	灰白色	重壤土	块状	7.3	4.6	0.32	0.18	12.3	<1.0	48	8.6			
							56—100	灰棕色	中壤土	块状	7.4	3.8	0.27	0.12	12.0	<1.0	35	9.1			
剖56	人为土	水稻土	渗育水稻土	板浆白土	小粉土	A	0—13	灰黄色	中壤土	小块状	5.1	23.3	1.34	0.32	8.1	4.9	42	5.9	山丘间冲积物	E 119°49′57.0″ N 31°27′16.9″	100
						P	13—28	灰黄色	重壤土	块状	5.3	17.4	1.03	0.29	8.2	5.7	34	5.8			
						E	28—44	灰白色	中壤土	块状	6.5	3.4	0.19	0.28	9.8	4.2	40	5.9			
						Bv	44—100	灰棕色	中壤土	块状	6.4	3.5	0.27	0.32	11.4	5.7	57	7.3			
剖57	人为土	水稻土	渗育水稻土	板浆白土	轻壤土	A	0—20	灰棕色	中壤土	块状	4.4	8.0	0.51	0.34	9.2	3.9	51	7.7	山丘间冲积物	E 119°52′15.6″ N 31°28′26.4″	82
						P	20—48	灰黄色	重壤土	小块状	4.5	7.5	0.51	0.41	10.9	1.1	59	10.2			
						E	48—65	灰白色	中壤土	块状	4.5	7.1	0.48	0.38	9.5	<1.0	61	8.4			
						W	65—100	棕褐色	中壤土	块状	4.5	4.8	0.37	0.32	7.8	3.4	53	7.5			

续表 Continued

剖面号 Soil profile	土纲 Soil order	土类 Soil great group	亚类 Soil subgroup	土属 Soil genus	土种 Soil species	土层码 Layer code	土层厚度 Depth/cm	颜色 Soil color	质地 Soil texture	土壤结构 Soil structure	pH	有机质 OM/(g/kg)	全氮 TN/(g/kg)	全磷 TP/(g/kg)	全钾 TK/(g/kg)	有效磷 AP/(mg/kg)	速效钾 AK/(mg/kg)	阳离子交换量CEC/(cmol/kg)	土壤母质 Parent material	剖面点坐标 Profile coordinate	匹配指数 Matching index/%
剖58	人为土	水稻土	脱潜水稻土	乌泥土	灰黏心乌泥土	A	0—11	灰棕色	轻黏土	块状	6.0	24.8	1.41	0.28	15.7	2.4	112	26.6	湖相沉积物	E 119°38′49.9″ N 31°26′02.8″	87
						P	11—19	青灰棕色	轻黏土	块状	5.9	21.4	1.29	0.26	15.4	2.3	104	24.8			
						Bv₁	19—34	灰棕色	轻黏土	块状	6.1	20.8	1.45	0.23	15.4	1.2	103	24.7			
						Dm	34—44	乌黑色	重黏土	棱柱状	5.7	31.0	1.86	0.19	13.9	1.1	74	25.4			
						G	44—100	灰黑色	中壤土	板柱状	6.0	4.5	0.31	0.20	13.2	1.1	40	11.6			
剖59	人为土	水稻土	漂洗水稻土	白土	砂底白土	A	0—15	灰棕色	中壤土	粒状	6.5	25.1	1.52	0.43	11.7	10.2	57	11.7	河湖相冲积物、沉积物	E 119°53′08.5″ N 31°12′50.4″	82
						P	15—30	棕灰色	中壤土	块状	6.7	21.8	1.39	0.35	12.9	5.6	59	11.2			
						E	30—75	棕黄色	中壤土	柱状	7.2	12.7	0.87	0.35	12.9	7.0	45	11.0			
						S	75—100	黄白色	轻壤土	块状	7.4	4.8	0.33	0.30	12.6	6.5	43	4.4			
剖60	人为土	水稻土	渗育水稻土	板浆白土	砂底小粉土	A	0—13	灰棕色		粒状		15.1	0.99	0.33		8.8	60		山丘间冲积物	E 119°59′58.6″ N 31°26′43.8″	83
						P	13—28	灰棕色		块状		12.7	0.80	0.32		15.0	54				
						E	28—78	灰白色		块状		6.5	0.34	0.32		13.1	48				
						S	78—100	灰白色		块状		5.1	0.32	0.21		3.8	49				
剖61	人为土	水稻土	潴育水稻土	板死黄泥土	板死黄泥土	A	0—11	棕灰色	重黏土	小块状	6.9	11.6	0.77	0.69	13.7	15.3	120	17.9	下蜀黄土	E 119°56′52.8″ N 31°29′40.9″	91
						P	11—20	灰棕色	轻黏土	块状	7.6	8.2	0.57	0.70	14.1	10.6	102	18.6			
						W	20—40	棕黄色	重黏土	块状	7.5	3.2	0.21	0.50	12.9	8.3	92	15.3			
						G	40—100	棕黄色	重壤土	片状	7.5	2.5	0.24	0.41	13.9	4.8	85	15.1			
剖62	人为土	水稻土	脱潜水稻土	湖滩土	乌石滩湖土	A	0—13	棕黄色	重壤土	块状	6.3	16.5	0.66	0.46	14.4	8.0	108	19.8	湖相冲积物	E 119°35′60.0″ N 31°25′34.7″	89
						P	13—27	棕色	重壤土	块状	7.5	11.2	0.52	0.35	16.1	3.5	117	16.6			
						Bv₁	27—63	浅棕色	中黏土	块状	7.1	12.7	0.50	0.42	17.3	2.9	154	17.0			
						Dm	63—100	灰黑色	中壤土	棱柱状	7.2	19.5	0.90	0.45	26.7	7.0	200	25.4			
剖63	人为土	水稻土	潴育水稻土	马肝土	马肝土	A	0—12	灰棕色	重壤土	块状	5.2	23.1	1.51	0.33	11.0	13.6	94	10.7	黄土状冲积物	E 119°51′20.9″ N 31°20′27.8″	83
						P	12—24	灰色	重壤土	柱状	5.7	17.5	1.19	0.36	11.2	5.2	69	10.2			
						W₁	24—52	褐色	重壤土	柱状	6.9	6.0	0.46	0.38	11.2	6.2	71	10.2			
						W₂	52—100	棕黄色	重黏土	棱柱状	6.9	4.2	0.40	0.23	10.5	4.6	85	10.6			
剖64	人为土	水稻土	脱潜水稻土	湖滩土	乌黏心滩湖土	A	0—14	浅黄色	轻黏土	小块状	6.7	37.2	1.74	0.56	14.9	6.3	95	28.1	湖相冲积物	E 119°53′20.8″ N 31°29′58.6″	89
						P	14—25	深褐色	中黏土	小块状	6.6	33.9	1.91	0.32	17.2	1.2	102	27.6			
						Wg	25—34	棕灰色	重黏土	小块状	5.9	10.7	0.69	0.15	14.8	1.1	72	14.5			
						Dm	34—100	灰棕色	重黏土	小块状	6.0	9.2	0.53	0.26	12.7	2.4	66	20.1			
剖65	人为土	水稻土	潴育水稻土	马肝土	马肝土	1	0—14	灰黄色	重黏土	小块状	6.3									E 119°52′53.0″ N 31°24′35.6″	97
						2	14—27	灰黄色	重壤土	块状	6.7										
						3	27—63	浅灰黄色	中壤土	块状	6.9										
						4	63—100	棕黄色	中壤土	块状	7.2										
剖66	人为土	水稻土	漂洗水稻土	白土	灰黏心小滩土	A	0—14	棕灰色	轻黏土	小块状	5.9	24.1	1.48	0.34	12.2	6.1	71	18.7	河湖相冲积物、沉积物	E 119°53′38.4″ N 31°23′35.5″	91
						P	14—26	灰棕色	重黏土	块状	7.6	19.1	1.07	0.31	12.4	6.9	79	16.8			
						E	26—48	浅灰黄色	中壤土	块柱状	7.7	8.6	0.40	0.20	11.4	3.9	45	10.1			
						Bv	48—62	浅棕色	中壤土	棱柱状	7.7	13.4	0.90	0.13	10.7	4.1	70	16.9			
						G	62—100	棕灰色	中壤土	块状	7.5	10.1	0.52	0.12	9.6	1.7	43	8.9			
剖67	人为土	水稻土	潴育水稻土			1	0—18	棕灰色	重壤土	块状	6.0									E 119°55′59.2″ N 31°20′31.6″	81
						2	18—35	深棕灰色	中壤土	块状	7.4										
						3	35—60	灰黄色	中壤土	块状	7.6										
						4	60—100	灰黄黄色	重壤土	块状	7.6										
剖68	人为土	水稻土	潜育水稻土	菜园栏田土	菜园栏田土	A	0—15	棕灰色	中壤土	块状	5.8	18.4	1.16	0.81	12.1	41.0	95	20.1	河湖相冲积物、沉积物	E 119°41′13.2″ N 31°21′15.5″	93
						Wg	15—25	浅灰棕色	重壤土	块状	5.6	15.0	1.00	0.84	12.1	44.6	86	20.3			
						G	25—100	棕灰色	重壤土	棱柱状	6.0	16.2	0.98	0.97	12.1	48.5	98	21.1			

续表 Continued

剖面号 Soil profile	土纲 Soil order	土类 Soil great group	亚类 Soil subgroup	土属 Soil genus	土种 Soil species	土层码 Layer code	土层厚度 Depth/cm	颜色 Soil color	质地 Soil texture	土壤结构 Soil structure	pH	有机质 OM/(g/kg)	全氮 TN/(g/kg)	全磷 TP/(g/kg)	全钾 TK/(g/kg)	有效磷 AP/(mg/kg)	速效钾 AK/(mg/kg)	阳离子交换量CEC/(cmol/kg)	土壤母质 Parent material	剖面点坐标 Profile coordinate	匹配指数 Matching index/%
剖69	人为土	水稻土	脱潜水稻土	湖滩土	白土身滩湖土	A	0—15	棕灰色	轻黏土	块状	5.2	52.0	3.15	0.44	16.7	7.1	131	31.6	湖相冲积物	E 119°55′01.2″ N 31°31′21.4″	86
						P	15—31	灰白色	轻壤土	块状	5.8	7.2	0.52	0.23	14.3	3.1	45	6.3			
						Wg	31—63	灰白色	中壤土	块状	5.9	4.7	0.30	0.26	16.2	5.2	72	8.8			
						G	63—100	棕灰色	轻黏土	棱柱状	6.8	4.7	0.44	0.27	14.3	6.9	75	16.5			
剖70	人为土	水稻土	潴育水稻土	漂洗水稻土	白土	A	0—12	棕灰色	重壤土	小块状	5.2	22.8	1.24	0.28	12.8	4.9	74	19.7	河湖相冲积物、沉积物	E 119°40′29.6″ N 31°32′30.5″	99
						P	12—22	青灰色	重壤土	块状	5.4	18.6	1.05	0.16	12.7	2.6	100	19.0			
						E	22—48	灰白色	重壤土	块状	6.9	5.4	0.40	0.10	11.9	<1.0	77	17.4			
						Bv	48—64	灰棕色	轻黏土	棱柱状	7.1	6.4	0.48	<0.10	14.3	<1.0	100	20.6			
						Dm	64—100	乌黑色	重壤土	棱柱状	6.1	10.6	0.85	<0.10	13.4	<1.0	68	19.8			

徐 州 市

市 辖 区

主要土类说明

潮土是徐州市主要土壤类型，占本市地域面积的67%。潮土主要分布于近代河流冲积平原或低平阶地，地下水位浅，潜水参与成土过程，底土氧化还原作用交替发生，形成锈色斑纹和小型铁子，本市潮土分为黄潮土和盐碱化潮土等亚类。黄潮土占本市潮土总面积的93%，是在暖温带气候条件下，黄河多次泛滥夹带的大量黄土性冲积物沉积后，经耕作熟化形成的一种旱作土壤。其形成特点主要受沉积物、地下水和旱耕熟化的影响。耕作施肥，促进了土壤有机质的积累和熟土层的增厚。黄泛冲积物按照"紧出砂、慢出淤、不紧不慢两合土"的沉积规律，形成了水平分布上的质地差异，经过多次泛滥沉积，又形成了垂直方向上的质地差异。黄潮土地下水位较浅，地下水位埋深一般在1—4m，易回潮。由于年内降水不匀，干湿交替，地下水位季节性升降，土壤产生氧化还原过程和物质的溶解与淀积，在剖面底部可见到锈斑。

褐土占本市地域面积的8%。褐土是在暖温带半湿润区发育形成的地带性土壤，具有黏化与钙质淋移淀积特征。土壤盐基饱和，处于硅铝风化阶段，有明显黏淀层，在其A-B-C剖面构型中，B层呈棕褐色，pH为7.0—7.5，盐基饱和度达80%以上，B层下部有假菌丝状钙积层。本市褐土主要有褐土性土、淋溶褐土和潮褐土等亚类。其中，淋溶褐土和潮褐土所占面积较大。淋溶褐土广泛分布于丘陵地区，其形成气候特点是冬季干冷，夏季高温多雨，成土年龄长，母质为石灰岩风化物，土质黏重，紧实，结构体表面有胶膜淀积，土体中有铁锰结核，淋溶作用强，石灰已淋失，无石灰反应。潮褐土主要分布于山麓平原及一些谷地的底部，成土母质为石灰岩风化坡积物、洪积物。

小于本市地域面积3%的土壤类型还有粗骨土、水稻土。

本区域中心区气候特征

本区域中心区气候特征值
Regional climate characteristics in central area of the region

气候带：暖温带亚湿润气候 Climate region: Warm temperate subhumid climate	
年平均气温 /℃ Annual average temperature /℃	14.5
年平均最高气温 /℃ Annual average maximum temperature /℃	19.7
年平均最低气温 /℃ Annual average minimum temperature /℃	10.0
年降水量 /mm Annual precipitation /mm	831
≥10℃的积温 /℃ Daily temperature accumulated in a year（≥10℃）/℃	5296
年日照时数 /h Annual sunshine /h	2227
年平均相对湿度 /% Annual average relative humidity /%	69
干燥度 Dryness	1.04

本区域中心区月平均气温与月平均降水量
Monthly temperature and precipitation in central area of the region

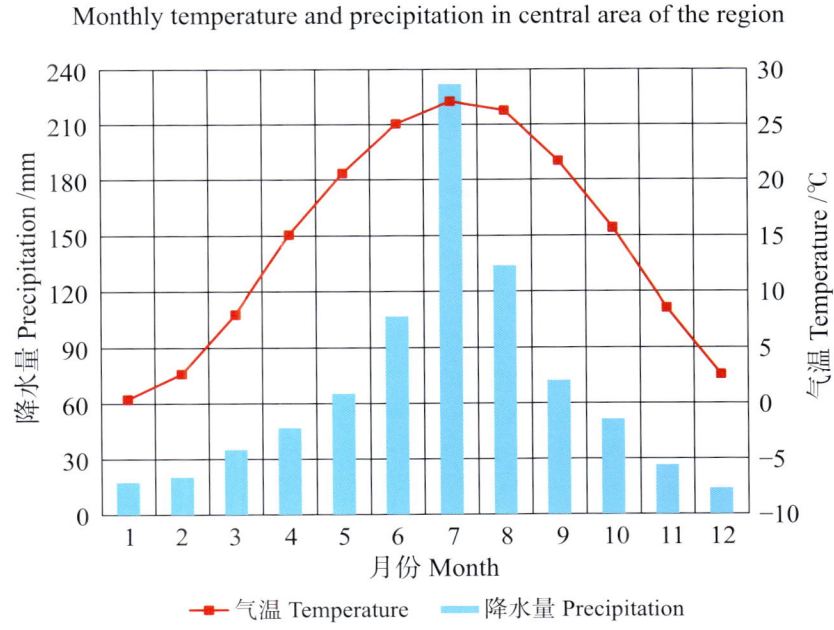

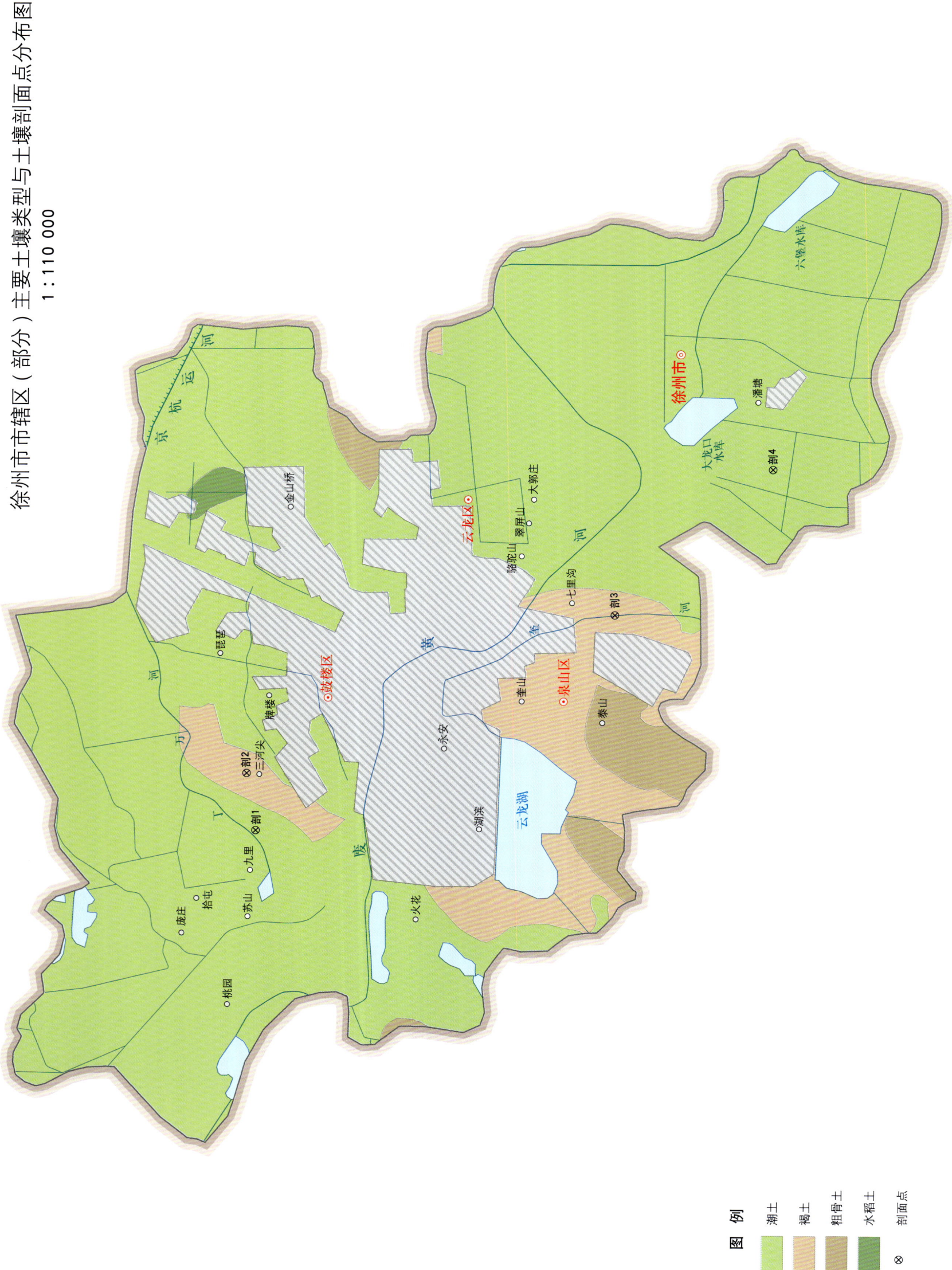

徐州市土壤剖面理化性状表

剖面号	土纲	土类	亚类	土属	土种	土层码	土层厚度/cm	颜色	质地	土壤结构	pH	有机质 OM/(g/kg)	全氮 TN/(g/kg)	全磷 TP/(g/kg)	有效磷 AP/(mg/kg)	速效钾 AK/(mg/kg)	阳离子交换量 CEC/(cmol/kg)	土壤母质	剖面点坐标	匹配指数/%
剖1	半水成土	潮土	黄潮土	砂土	砂土	A₁	0—6	黄色	砂壤土	块状	8.1	6.3	0.44	0.50	18.6	130	5.2	黄泛冲积物	E 117°08′35.5″ N 34°18′05.0″	94
						A₂	6—17	灰黄色	砂壤土	块状	8.1	5.8	0.41	0.50	18.1	46	5.0			
						Bv	17—29	灰黄色	砂壤土	块状	7.9	5.7	0.39	0.55	17.0	37	4.4			
						4	29—47	棕黄色	紧砂土	单粒状	8.2	2.4	0.17	0.45	1.9	34	3.9			
						C	47—75	黄棕色	紧砂土	单粒状	8.5	<1.0	0.10	0.42	<1.0	30	3.4			
						6	75—100	黄灰色	紧砂土	单粒状	8.3	<1.0	<0.10	0.88	<1.0	42	3.4			
剖2	半淋溶土	褐土	淋溶褐土	山红土	山红土	A	0—15	棕灰色	重壤土	粒块状	8.2	15.8	0.84	0.34	<1.0	160	21.8	石灰岩风化物	E 117°09′32.8″ N 34°18′12.6″	97
						Bv	15—30	灰棕色	重壤土	块状	8.2	14.3	0.72	0.31	<1.0	152	24.2			
						C	30—60	红棕色	轻黏土	块状	7.9	4.5	0.40	<0.10	<1.0	155	25.1			
						4	60—													
剖3	半淋溶土	褐土	潮褐土	山淤土	山淤土	A₁	0—12	棕灰色	重壤土	粒状	8.1	29.2	1.72	0.55	18.4	350		石灰岩坡积物、洪积物	E 117°12′15.5″ N 34°13′09.1″	88
						A₂	12—20	灰棕色	重壤土	块状	8.2	22.0	1.07	0.40	5.4	260				
						Bv	20—40	红棕色	重壤土	块状	8.1	4.7	0.42	0.25	<1.0	136				
						C	40—62	红棕色	轻黏土	块状	8.1	5.1	0.52	0.24	<1.0	131				
						5	62—87	红棕色	轻黏土	块状	8.1	5.8	0.50	0.26	<1.0	131				
						6	87—100	浅灰色	轻壤土	粒块状	8.1	5.6	0.44	0.25	<1.0	127				
剖4	半水成土	潮土	盐碱化潮土	重盐碱土	厚砂底两合重盐碱土	A	0—25	浅灰色	轻壤土	块状	8.8	10.4	0.61	0.84	54.2	104	1.3	黄泛冲积物	E 117°14′45.6″ N 34°10′59.5″	93
						Bv	25—45	黄灰色	轻壤土	块状	8.5	15.0	0.79	0.96	49.5	82	<1.0			
						C	45—100	棕灰色	砂壤土	块状	8.6	4.2	0.32	0.69	6.1	43	<1.0			

贾 汪 区

主要土类说明

潮土是贾汪区主要土壤类型，占本区地域面积的48%，主要分布于河流冲积平原或低平阶地，地下水位浅，潜水参与成土过程，底土氧化还原作用交替发生，形成锈色斑纹和小型铁子。在长期耕作条件下，表层有机质含量达10—15g/kg。

褐土是贾汪区第二大土壤类型，占本区地域面积的39%。褐土主要形成于暖温带半湿润区，是具有黏化与钙质淋移淀积的土壤。该土壤盐基饱和，处于硅铝风化阶段，有明显黏淀层，在其A-B-C剖面构型中，B层呈棕褐色，pH为7.0—7.5，盐基饱和度达80%以上，B层下部有假菌丝状钙积层。

砂姜黑土占本区地域面积的8%。成土母质为河湖沉积物。砂姜黑土是经脱沼与长期耕作形成的，早期沼泽草甸特征仍显残余属性。底土中可见砂姜聚积，上层可见面砂姜；底层可见砂姜瘤与砂姜盘，为早期形成物残存。土壤质地相对黏重。

小于本区地域面积3%的土壤类型还有紫色土和粗骨土。

本区域中心区气候特征

本区域中心区气候特征值
Regional climate characteristics in central area of the region

气候带：暖温带亚湿润气候 Climate region: Warm temperate subhumid climate	
年平均气温 /℃ Annual average temperature /℃	14.3
年平均最高气温 /℃ Annual average maximum temperature /℃	19.5
年平均最低气温 /℃ Annual average minimum temperature /℃	9.8
年降水量 /mm Annual precipitation /mm	829
≥10℃的积温 /℃ Daily temperature accumulated in a year (≥10℃) /℃	5251
年日照时数 /h Annual sunshine /h	2268
年平均相对湿度 /% Annual average relative humidity /%	70
干燥度 Dryness	1.03

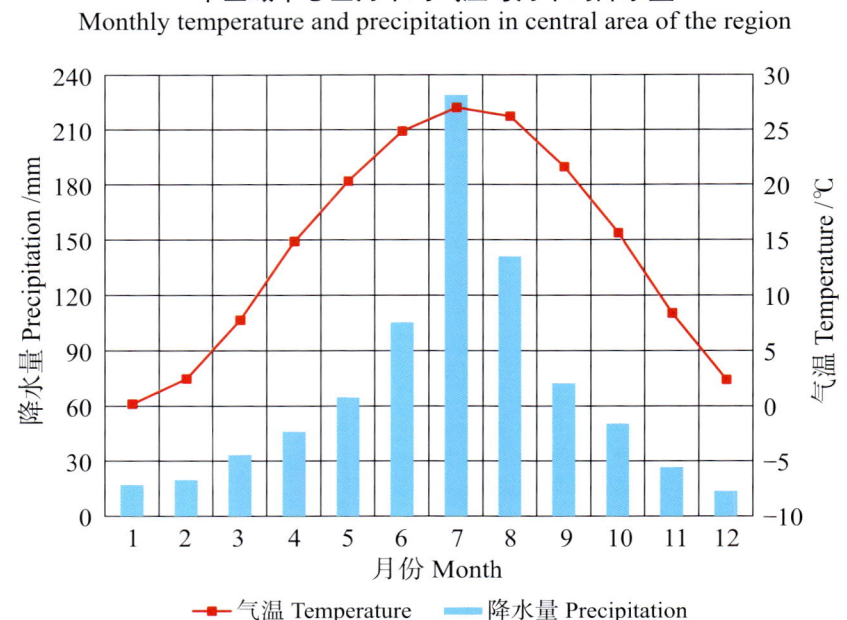

本区域中心区月平均气温与月平均降水量
Monthly temperature and precipitation in central area of the region

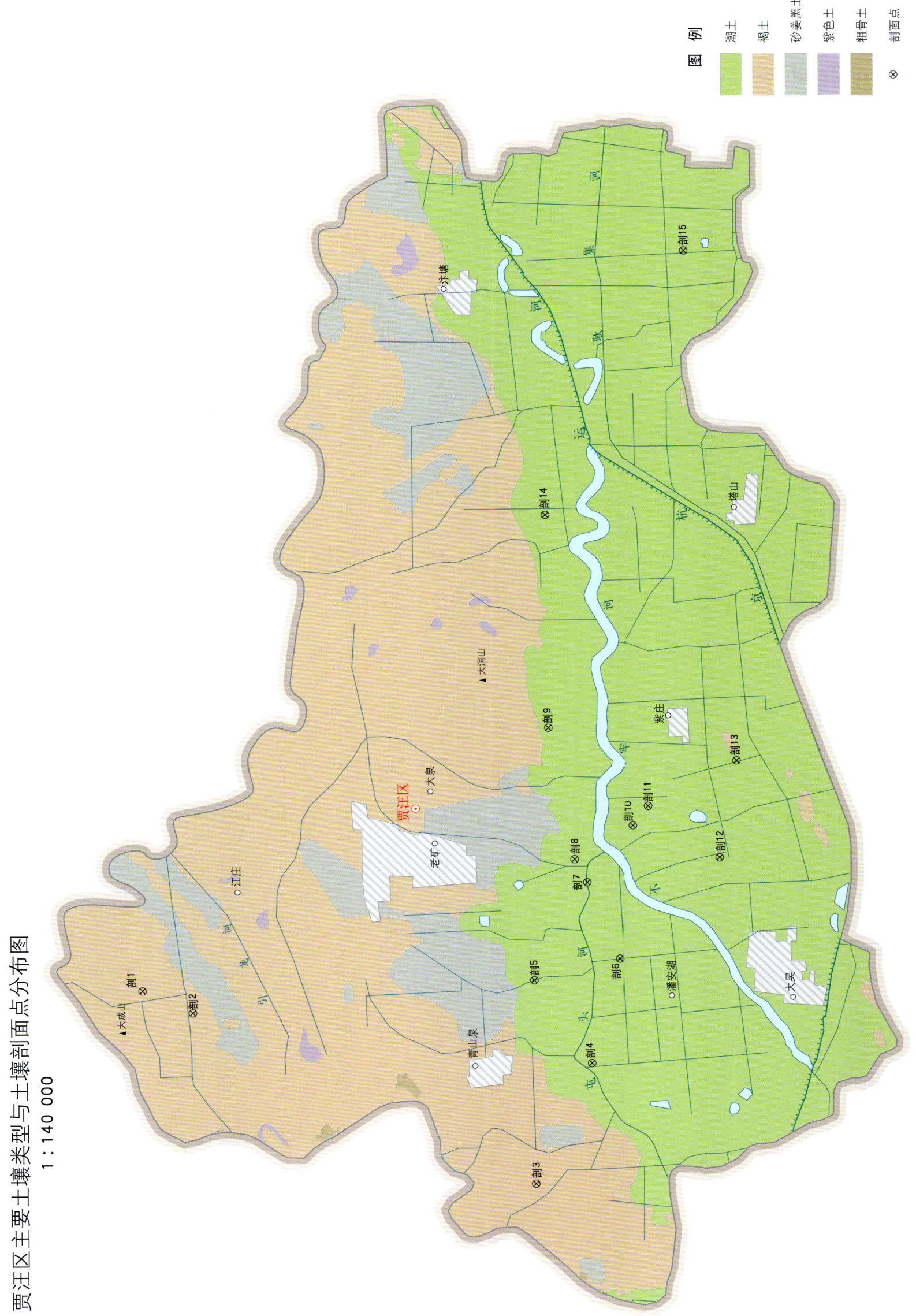

贾汪区主要土壤类型与土壤剖面点分布图
1:140 000

贾汪区土壤剖面理化性状表

剖面号 Soil profile	土纲 Soil order	土类 Soil great group	亚类 Soil subgroup	土属 Soil genus	土种 Soil species	土层码 Layer code	土层厚度 Depth/cm	颜色 Soil color	质地 Soil texture	土壤结构 Soil structure	pH	有机质 OM/(g/kg)	全氮 TN/(g/kg)	全磷 TP/(g/kg)	有效磷 AP/(mg/kg)	速效钾 AK/(mg/kg)	阳离子交换量CEC/(cmol/kg)	土壤母质 Parent material	剖面点坐标 Profile coordinate	匹配指数 Matching index/%
剖1	半淋溶土	褐土	淋溶褐土	山黄菜园土	山黄菜园土	A₁	0—11	棕灰色	中壤土	粒状	8.3	31.1	1.61	1.18	58.4	186	21.6	石灰岩风化物	E 117°23′37.3″ N 34°30′54.4″	81
						A₂	11—20	浅灰棕色	重壤土	粒块状	8.4	23.1	1.21	0.96	31.2	130	18.2			
						Bv	20—37	浅红棕色	重壤土	块状	8.2	8.5	0.62	0.50	1.9	101	21.7			
						4	37—62	浅红棕色	轻黏土	块状	8.2	7.5	0.48	0.18	<1.0	92	22.6			
						C	62—85	灰棕色	中壤土	块状	8.2	7.2	0.51	0.17	<1.0	102	21.8			
						6	85—100	暗黄色	中壤土	块状	7.9	5.3	0.35	0.15	<1.0	117	20.9			
剖2	半淋溶土	褐土	潮褐土	山淤菜园土	山淤菜园土	A₁	0—20	棕灰色	中壤土	粒块状	8.1	37.1	1.57	0.99	>100.0	268	14.2	石灰岩坡洪积物	E 117°23′08.2″ N 34°30′02.2″	91
						A₂	20—27	棕灰色	中壤土	块状	8.1	28.3	1.23	0.85	79.0	226	14.5			
						Bv	27—47	灰棕色	中壤土	块状	8.1	15.1	0.74	0.53	27.2	139	17.4			
						C	47—100	红棕色	轻黏土	块状	7.8	6.5	0.46	0.27	<1.0	164	30.3			
剖3	半淋溶土	褐土	潮褐土	山淤菜园土	山淤菜园土	A₁	0—14	灰棕色	中壤土	粒块状	8.3	20.4	1.04	0.76	49.1	155	17.6	石灰岩坡洪积物	E 117°19′26.4″ N 34°24′05.0″	81
						A₂	14—20	浅红棕色	中壤土	块状	8.5	15.4	0.79	0.51	12.8	121	19.6			
						Bv	20—56	红棕色	重壤土	块状	8.4	8.1	0.63	0.27	1.1	121	21.4			
						C	56—75	红棕色	重黏土	块状	8.2	7.2	0.52	0.25	1.2	170	26.1			
剖4	半水成土	潮土	黄潮土	淤土	砂底淤土	A₁	0—15	灰棕色	轻黏土	粒块状	8.2	21.2	1.38	0.82	35.2	171		黄泛冲积物	E 117°21′59.0″ N 34°23′07.1″	89
						B	15—22	灰棕色	轻黏土	块状	8.3	16.1	1.11	0.71	11.6	166				
						C₁	22—42	红棕色	中壤土	块状	8.4	6.9	0.65	0.56	1.6	120				
						C₂	42—60	浅红棕色	中壤土		8.5	3.7	0.36	0.58	1.5	69				
							60—110	黄棕色	砂壤土	粒状	8.6	2.2	0.19	0.61	1.5	37	17.8			
剖5	半水成土	潮土	黄潮土	淤土	淤土	A	0—13	灰棕色	中黏土	粒状	8.3	19.5	1.25	1.05	86.1	235		黄泛冲积物	E 117°23′49.2″ N 34°24′05.8″	91
						B	13—28	浅棕灰色	重黏土	块状	8.3	5.2	1.14	1.03	73.0	235				
						C	28—100	浅红棕色	轻黏土	块状	8.3	<1.0	0.62	0.65	23.5	236				
剖6	半水成土	潮土	黄潮土	淤土	厚砂底淤土	A	0—15	棕灰色	轻黏土	粒块状	8.3	23.1	1.33	0.76	13.2	170	17.8	黄泛冲积物	E 117°24′15.8″ N 34°22′35.4″	98
						B	15—40	红棕色	重壤土	块状	8.5	8.9	0.64	0.55	<1.0	123	16.9			
						BC	40—55	黄棕色	砂壤土	块状	8.6	5.8	0.35	0.61	<1.0	64	8.9			
						C	55—100	棕色	紧砂土	块状	8.8	1.0	0.14	0.60	1.4	29	3.8			
剖7	半水成土	潮土	黄潮土	黄潮菜园土	淤土菜园土	A	0—19	灰棕色	中黏土	粒状	8.2	32.8	1.47	1.00	55.1	216	14.3	黄泛冲积物	E 117°25′55.2″ N 34°25′09.6″	99
						A₂	19—33	浅灰棕色	轻黏土	块状	8.4	25.3	1.15	0.89	35.6	132	16.8			
						Bv	33—46	浅红棕色	重壤土	块状	8.6	11.8	0.73	0.71	8.1	127	15.0			
						C	46—100	灰棕色	中壤土	块状	8.6	5.3	0.42	0.55	2.0	121	14.2			
剖8	半水成土	潮土	黄潮土	两合土	砂底两合土	A₁	0—13	灰黄色	中壤土	粒状	8.2	18.3	1.05	0.74	14.4	293		黄泛冲积物	E 117°26′22.9″ N 34°23′21.8″	92
						A₂	13—36	暗黄色	轻壤土	粒状	8.6	10.5	0.70	0.70	5.2	148				
						Bv	36—55	浅黄色	轻壤土	块状	8.5	2.3	0.26	0.67	1.2	51	7.6			
剖9	半水成土	潮土	黄潮土	两合土	砂心两合土	A₁	0—20	灰黄色	轻壤土	粒状	8.3	14.1	0.74	0.81	12.0	193	6.1	黄泛冲积物	E 117°29′16.8″ N 34°23′48.5″	94
						A₂	20—30	浅红棕色	轻砂土	粒状	8.3	4.0	0.26	0.73	5.6	126	3.5			
						Bv	30—55	浅黄棕色	紧砂土	单粒状	8.3	1.8	0.14	0.83	3.0	83	9.7			
						C	55—100	浅红棕色	重壤土	块状	8.4	7.4	0.53	0.61	<1.0	99	11.9			
剖10	半水成土	潮土	黄潮土	黄潮菜园土	厚砂底菜园土	A₁	0—20	暗黄色	中壤土	粒状	8.3	20.1	1.12	0.88	17.9	127	12.0	黄泛冲积物	E 117°27′07.6″ N 34°22′17.8″	94
						A₂	20—25	暗黄色	中壤土	粒状	8.4	17.6	1.03	0.89	13.0	79	14.6			
						Bv	25—35	灰棕色	重壤土	块状	8.3	11.4	0.72	0.73	5.7	79	4.4			
						C	35—100	灰黄色	砂壤土	块状	8.1	1.4	0.18	0.84	1.3	86				

续表 Continued

剖面号 Soil profile	土纲 Soil order	土类 Soil great group	亚类 Soil subgroup	土属 Soil genus	土种 Soil species	土层码 Layer code	土层厚度 Depth/cm	颜色 Soil color	质地 Soil texture	土壤结构 Soil structure	pH	有机质 OM/(g/kg)	全氮 TN/(g/kg)	全磷 TP/(g/kg)	有效磷 AP/(mg/kg)	速效钾 AK/(mg/kg)	阳离子交换量CEC/(cmol/kg)	土壤母质 Parent material	剖面点坐标 Profile coordinate	匹配指数 Matching index/%
剖11	半水成土	潮土	黄潮土	两合土	厚砂底两合土	A₁	0—15	浅灰色	中壤土	块状	8.2	13.5	0.75	0.76	10.8	112	8.7	黄泛冲积物	E 117°27′33.5″ N 34°22′05.2″	89
						A₂	15—21	黄灰色	中壤土	粒状	8.3	9.7	0.65	0.71	3.5	65	8.2			
						Bv	21—40	灰黄色	中壤土	块状	8.4	5.2	0.45	0.66	1.3	56	7.8			
						C	40—100	黄棕色	砂壤土	无明显结构	8.2	2.2	0.14	0.58	<1.0	36	3.4			
剖12	半水成土	潮土	黄潮土	黄潮菜园土	两合菜园土	A₁	0—14	棕灰色	轻壤土	粒块状	8.1	19.3	1.02	1.13	61.8	84	7.5	黄泛冲积物		93
						A₂	14—24	棕灰色	轻壤土	粒块状	8.1	17.0	0.95	1.03	47.1	79	8.0			
						Bv	24—37	灰棕色	轻壤土	粒块状	8.2	12.3	0.62	0.89	39.7	74	8.3			
						4	37—52	黄棕色	轻壤土	块状	8.4	3.3	0.25	0.61	2.2	51	7.5			
						C	52—69	黄棕色	砂壤土	块状	8.4	2.5	0.17	0.50	<1.0	43	6.1			
						6	69—75	红棕色	中黏土	块状	8.3	4.4	0.42	0.50	<1.0	125	16.2			
						7	75—96	黄棕色	轻壤土	块状	8.4	1.4	0.16	0.48	1.2	43	7.4			
剖13	半水成土	潮土	黄潮土	黄潮菜园土	厚砂底菜园土	A₁	0—13	棕灰色	重壤土	粒块状	8.1	30.9	1.45	1.09	65.2	160	16.4	黄泛冲积物	E 117°26′25.4″ N 34°20′49.9″	82
						Bv	13—23	棕红棕色	重壤土	块状	8.2	29.9	1.32	1.00	56.9	157	15.1			
						C	23—33	浅红棕色	砂壤土	块状	8.4	7.0	0.55	0.53	3.7	127	15.9			
						5	33—74	棕黄色	砂壤土	块状	8.4	1.2	0.13	0.62	1.7	27	3.9			
						C	74—100	棕黄色	砂壤土	块状	8.5	1.6	0.17	0.52	1.4	46	5.5			
剖14	半水成土	潮土	黄潮土	淤土	淤土	A₁	0—20	棕灰色	重壤土	块状	8.1	15.0	1.12	0.55	4.6	140		黄泛冲积物	E 117°28′32.2″ N 34°20′33.7″	84
						A₂	20—40	浅棕灰色	重壤土	块状	8.2	17.0	1.08	0.72	3.1	150				
						B	40—70	浅红棕色	重黏土	块状	8.2	7.5	0.73	0.53	1.4	162			E 117°33′53.6″ N 34°23′49.6″	
						C	70—100	灰棕色	重壤土	块状	8.3	5.1	0.44	0.28	1.7	90				
剖15	半水成土	潮土	盐碱化潮土	中盐碱土	厚砂底两合中盐碱土	A	0—16	浅灰色	轻壤土	粒块状	8.1	12.6	0.72	0.71	8.3	67	<1.0	黄泛冲积物	E 117°39′36.7″ N 34°21′22.0″	85
						Bv	16—23	浅灰色	轻壤土	块状	8.1	9.3	0.57	0.71	6.1	57	<1.0			
						C	23—100	浅黄色	砂壤土	块状	8.1	1.7	0.20	0.52	1.2	42	<1.0			

铜 山 区

主要土类说明

潮土是铜山区主要土壤类型，占本区地域面积的68%。本区潮土主要分布于黄泛冲积平原，是由黄河多次泛滥，携带泥沙沉积并埋藏了原来的沼泽土和草甸土而形成的。由于紧砂慢淤分选作用，土壤沉积层次质地变化较大；因成土年代较近，土壤初具剖面发育层段，土体内富含碳酸钙，淋溶作用弱，石灰反应强烈，呈微碱性至碱性。本区潮土分为黄潮土和盐碱化潮土两个亚类，分别占本区潮土总面积的72%和28%。其中，黄潮土中的二合土属，占本区潮土总面积的34%，该土属质地适中，耕性良好，肥力高，是本区的主要耕种土壤之一。盐碱化潮土分为轻盐碱土、中盐碱土和重盐碱土三个土属，轻盐碱土属地下水矿化度小于1g/L，0—5cm土层全盐量在0.15%左右。中盐碱土属地下水矿化度小于1g/L，0—5cm土层全盐量在0.24%—0.84%。重盐碱土属地下水矿化度在1g/L左右，0—5cm土层全盐量大于0.4%。盐碱化潮土与黄潮土呈复区分布，低洼地区因地下水位高，有次生盐碱化现象。

褐土是铜山区第二大土壤类型，占本区地域面积的18%，主要分布于低山丘陵地区，集中分布于微山湖以东至汴塘的东北低山丘陵区、房亭河以南至废黄河的东南低山丘陵区，以及奎河以西三堡、汉王一带的西南低山丘陵区。褐土是在暖温带半湿润区发育形成的具有黏化与钙质淋移淀积的土壤。该土壤盐基饱和，处于硅铝化阶段，有明显黏淀层，在其A-B-C剖面构型中，B层呈棕褐色，pH为7.0—7.5，盐基饱和度达80%以上，B层下部有假菌丝状钙积层。由于地形部位不同，受侵蚀、淋溶强度及地下水参与成土条件的不同，本区褐土分为褐土性土、淋溶褐土和潮褐土等亚类。褐土性土亚类主要分布于低山丘陵中上坡，淋溶褐土亚类分布于中下坡，潮褐土亚类主要分布于各地山间和山麓平原。褐土剖面层段发育较明显，有不同程度的黏化现象，表土层黏粒含量在20%上下，而心底土层黏粒含量多在30%—40%，有的高达50%，形成黏盘，影响作物生长。

粗骨土占本区地域面积的6%，分布在河谷阶地、丘陵、低山和中山等多种地貌单元和地形部位。其成土母质是基岩风化残积物、坡积物，属于A-C型，甚至（A）-C型土壤。A层发育不明显，与母质土层性状相似，有少量有机质累积。有时母质层富含砾石，极少部分存在剖面分异与发育特征。

小于本区地域面积3%的土壤类型还有水稻土、砂姜黑土和棕壤等。

本区域中心区气候特征

本区域中心区气候特征值
Regional climate characteristics in central area of the region

气候带：暖温带亚湿润气候 Climate region: Warm temperate subhumid climate	
年平均气温 /℃ Annual average temperature /℃	14.5
年平均最高气温 /℃ Annual average maximum temperature /℃	19.6
年平均最低气温 /℃ Annual average minimum temperature /℃	10.0
年降水量 /mm Annual precipitation /mm	841
≥10℃的积温 /℃ Daily temperature accumulated in a year (≥10℃) /℃	5289
年日照时数 /h Annual sunshine /h	2238
年平均相对湿度 /% Annual average relative humidity /%	69
干燥度 Dryness	1.02

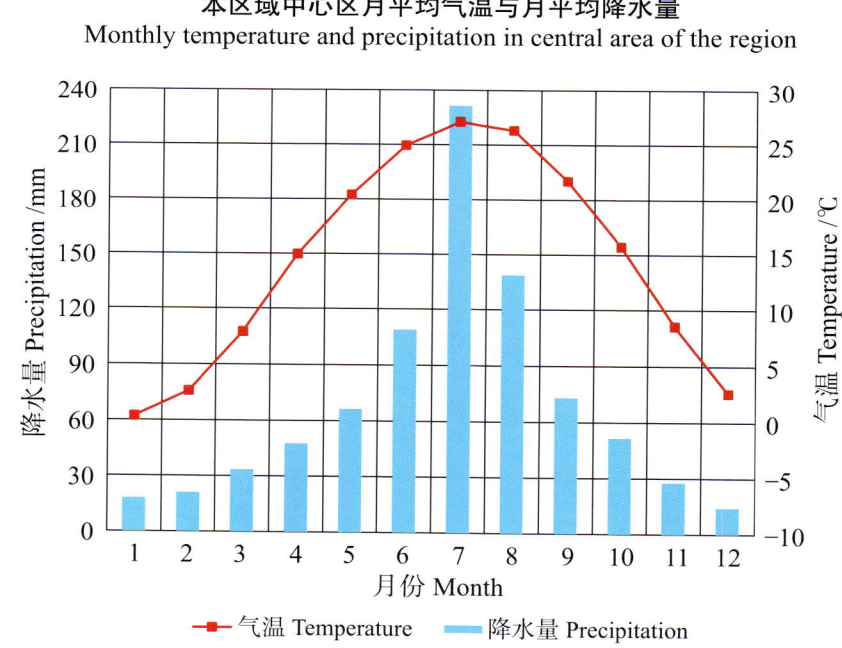

本区域中心区月平均气温与月平均降水量
Monthly temperature and precipitation in central area of the region

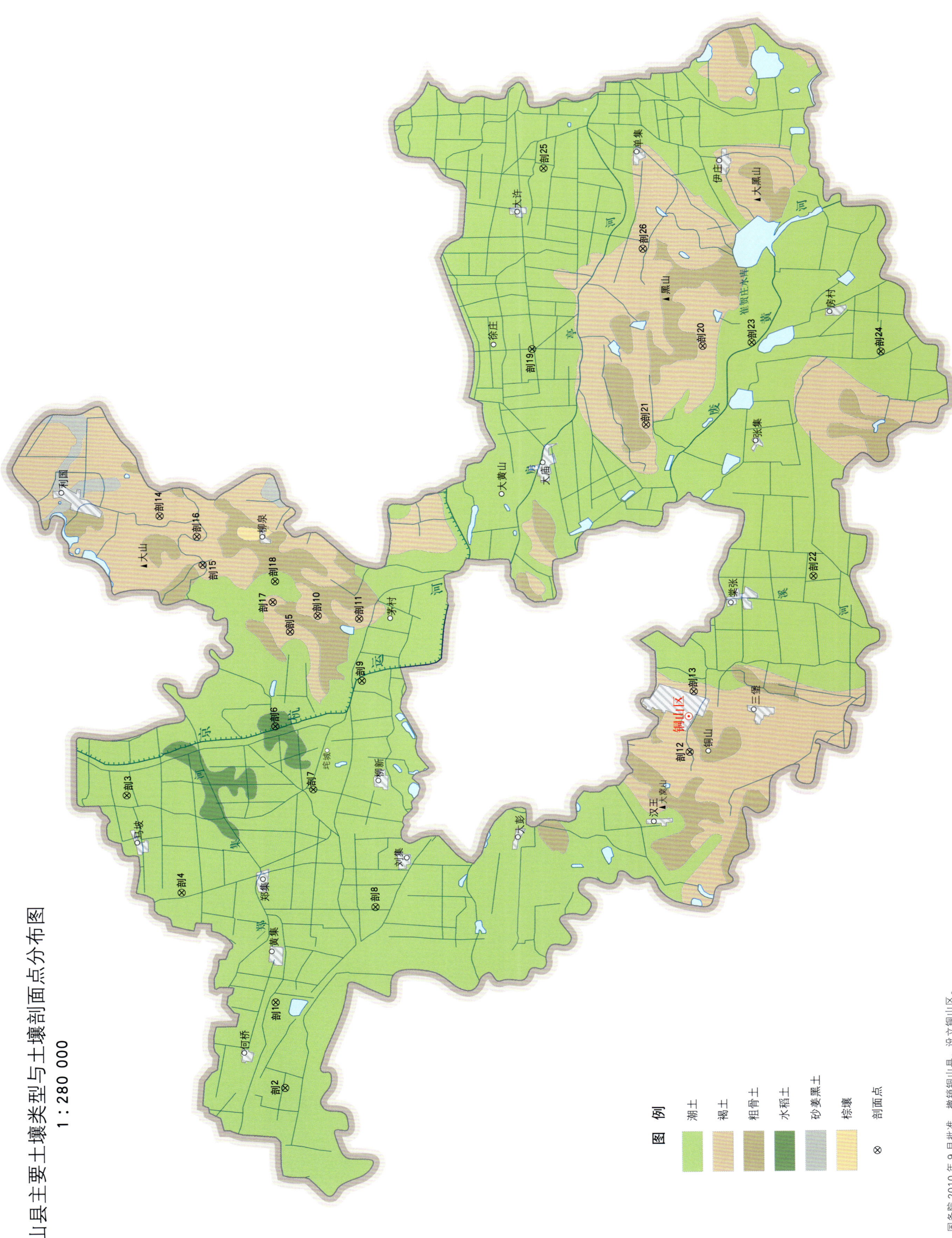

铜山区土壤剖面理化性状表

剖面号 Soil profile	土纲 Soil order	土类 Soil great group	亚类 Soil subgroup	土属 Soil genus	土种 Soil species	土层码 Layer code	土层厚度 Depth/cm	颜色 Soil color	质地 Soil texture	土壤结构 Soil structure	pH	有机质 OM/(g/kg)	全氮 TN/(g/kg)	全磷 TP/(g/kg)	全钾 TK/(g/kg)	碱解氮 AN/(mg/kg)	有效磷 AP/(mg/kg)	速效钾 AK/(mg/kg)	阳离子交换量 CEC/(cmol/kg)	土壤母质 Parent material	剖面点坐标 Profile coordinate	匹配指数 Matching index/%
剖1	半水成土	潮土	盐碱化潮土	轻盐碱土	轻盐碱土	A₁	0—17	灰黄色	轻壤土	粒状	8.5	8.1	0.56	0.60		58	8.6	113	8.9	黄泛冲积物	E 116°56′56.8″ N 34°26′06.4″	88
						A₂	17—27	黄色	轻壤土	小块状	8.5	6.4	0.42	0.57		38	2.7	70	6.5			
						Bv	27—53	黄色	砂壤土	粒状	8.4	3.2	0.30	0.54		30	2.0	59	4.9			
						C	53—100	黄色	紧砂土	粒状	8.5	2.2	0.15	0.51		20	1.1	42	3.8			
剖2	半水成土	潮土	黄潮土	两合土	黏心二合土	A₁	0—15	灰黄色	轻壤土	小块状	8.5	9.0	0.71	0.63		85	5.1	80	9.1	黄泛冲积物	E 116°53′02.0″ N 34°25′46.6″	86
						A₂	15—27	浅灰黄色	轻壤土	块状	8.4	7.1	0.52	0.67		72	1.0	59	9.0			
						Bv	27—58	浅黄色	砂壤土	粒状	8.3	2.5	0.20	0.55		34	2.0	32	5.3			
						C	58—100	黄色	紧砂土	单粒状	8.4	1.8	0.16	0.51		26	1.0	46	5.8			
剖3	半水成土	潮土	黄潮土	砂土	砂土	A₁	0—21	黄色	砂壤土	粒状	8.3	8.9	0.68	0.82		84	5.2	64	5.5	黄泛冲积物	E 117°06′27.4″ N 34°31′26.4″	82
						A₂	21—32	黄色	砂壤土	粒状	8.2	6.1	0.48	0.81		72	1.1	42	5.5			
						Bv	32—75	黄色	砂壤土	粒状	8.5	1.2	0.15	0.61		34	2.1	30	3.5			
						C	75—100	浅棕黄色	砂壤土	多粒状	8.5	<1.0	0.10	0.58		32	1.3	27	3.4			
剖4	半水成土	潮土	黄潮土	淤土	厚砂底淤土	A₁	0—10	黄棕色	重壤土	屑粒状	8.3	9.8	0.82	0.63		62	2.9	103	13.0	黄泛冲积物	E 117°01′58.8″ N 34°29′28.3″	87
						A₂	10—18	浅棕色	重壤土	块状	8.3	7.5	0.71	0.60		56	2.1	93	13.6			
						Bv	18—34	浅棕色	重壤土	粒状	8.5	2.9	2.00	0.57		25	<1.0	59	6.4			
						C	34—79	黄色	砂壤土	粒状	8.8	<1.0	0.17	0.56		22	<1.0	23	4.1			
剖5	半淋溶土	褐土	淋溶褐土	铁砂土	铁砂土	A₁	0—15	灰棕色	中壤土	粒状、块状	7.2	11.0	0.84	0.31		75	1.5	112	20.3	石灰岩坡积物、洪积物	E 117°13′54.1″ N 34°25′25.0″	98
						A₂	15—25	灰棕色	重壤土	柱状	7.2	10.2	0.83	0.32		74	1.2	100	20.6			
						Bv	25—53	紫褐色	重壤土	粒状	7.5	5.4	0.53	0.24		43	<1.0	135	29.3			
						C	53—100	黄色	砂壤土	粒状	7.7	3.3	0.36	0.32		34	<1.0	122	25.5			
剖6	人为土	水稻土	渗育水稻土	潮土型水稻土	淤土水稻土	A₁	0—15	红棕色	中黏土	小块状	8.2	15.5	1.11	0.67		84	3.6	161	20.0		E 117°09′38.2″ N 34°26′00.6″	82
						A₂	15—22	红棕色	中黏土	大块状	8.3	14.2	1.06	0.63		97	3.3	179	18.5			
						Bv	22—49	红棕色	中黏土	棱状	8.4	7.3	0.65	0.57		61	1.6	122	16.7			
						C	49—100	黄色	重壤土	块状	8.3	8.3	0.73	0.61		54	1.6	193	20.8			
剖7	半水成土	潮土	黄潮土	砂土	黏底砂土	A₁	0—18	黄色	砂壤土	小块状	8.3	7.3	0.66	0.71		79	3.0	124	7.4	黄泛冲积物	E 117°06′41.4″ N 34°24′40.0″	98
						A₂	18—27	黄色	砂壤土	粒状	8.4	5.2	0.48	0.71		71	2.4	113	7.1			
						Bv	27—67	红棕色	黏土	块状	8.7	3.5	0.30	0.54		27	1.3	52	5.8			
						C	67—100	灰棕色	轻壤土	块状	8.6	5.0	0.52	0.59		52	2.1	123	15.0			
剖8	半水成土	潮土	盐碱化潮土	轻盐碱土	黏心轻盐碱土	A₁	0—13	黄色	轻壤土	小块状	8.6	9.6	0.78	0.67		115	3.0	77	7.6	黄泛冲积物	E 117°01′12.0″ N 34°22′23.9″	94
						A₂	13—20	黄色	紧砂土	粒状	8.9	5.9	0.58	0.76		73	1.7	71	6.7			
						Bv	20—60	黄色	紧砂土	粒状	8.4	2.1	0.29	0.75		42	1.3	52	2.9			
						C	60—100	黄色	轻壤土	块状	8.5	4.3	0.51	0.61		66	1.3	106	14.3			
剖9	半水成土	潮土	盐碱化潮土	轻盐碱土	黏心轻盐碱土	A₁	0—20	灰黄色	砂壤土	粒状	8.7	6.2	0.46	0.68		50	2.6	73	6.1	黄泛冲积物	E 117°11′40.9″ N 34°22′48.7″	98
						A₂	20—41	黄色	砂壤土	小块状	8.5	4.3	0.29	0.57		35	1.4	55	6.0			
						Bv	41—60	浅红棕色	中壤土	粒状	8.4	5.4	0.57	0.65		28	<1.0	139	22.8			
						C	60—100	黄棕色	紧砂土	粒状	8.5	1.2	0.20	0.53		19	1.0	51	4.1			
剖10	半淋溶土	褐土	淋溶褐土	山红土	山红土	A₁	0—17	浅棕红色	重壤土	块状	8.1	10.3	0.75	0.33		75	4.3	127	25.5	石灰岩残积物、坡积物	E 117°14′39.1″ N 34°24′24.5″	86
						A₂	17—28	红棕色	轻黏土	块状	8.1	4.3	0.42	0.19		38	<1.0	147	24.0			
						Bv	28—76	红棕色	重壤土	棱块状	8.0	1.7	0.28	0.15		21	<1.0	132	27.3			
						C	76—100	黄棕色	轻黏土	块状	8.0	1.6	0.26	0.17		31	<1.0	160	28.8			

续表 Continued

剖面号 Soil profile	土纲 Soil order	土类 Soil great group	亚类 Soil subgroup	土属 Soil genus	土种 Soil species	土层码 Layer code	土层厚度 Depth/cm	颜色 Soil color	质地 Soil texture	土壤结构 Soil structure	pH	有机质 OM/(g/kg)	全氮 TN/(g/kg)	全磷 TP/(g/kg)	全钾 TK/(g/kg)	碱解氮 AN/(mg/kg)	有效磷 AP/(mg/kg)	速效钾 AK/(mg/kg)	阳离子交换量 CEC/(cmol/kg)	土壤母质 Parent material	剖面点坐标 Profile coordinate	匹配指数 Matching index/%
剖11	半淋溶土	褐土	褐土性	砾石土	轻砾石土	A₁	0—10		中壤土		8.6	11.4	0.98	0.45		184	3.0	103	17.4	残积物	E 117°14′29.8″ N 34°22′53.4″	86
						A₂	10—33		中壤土		8.5	9.8	0.96	0.34		240	2.1	81	17.5			
						Bv	33—45		重壤土		8.2	3.3	0.20	0.10		462	<1.0	100	27.3			
剖12	半淋溶土	褐土	淋溶褐土	蓬砂土	蓬砂土	A₁	0—20	黄色	砂壤土	粉状	7.8	10.7	0.76	0.52		90	4.1	60	28.1	辉绿岩风化坡积物	E 117°08′21.8″ N 34°10′48.0″	98
						A₂	20—36	棕黄色	轻壤土	小块状	7.8	5.3	0.39	1.54		61	1.6	35	25.7			
						Bv	36—100	棕色	中壤土	小块状	7.7	6.7	0.53	1.13		59	1.9	59	33.5			
						C	100—	棕黄色	中壤土	块状												
剖13	半淋溶土	褐土	潮褐土	金黄土	金黄土	A₁	0—19	黄棕色	中壤土	粒状	8.1	12.4	0.85	0.34		71	3.7	146	19.7	石灰岩洪积物	E 117°11′07.4″ N 34°10′35.8″	92
						A₂	19—33	黄棕色	中壤土	块状	7.9	7.3	0.61	0.28		58	<1.0	102	18.5			
						Bv	33—54	黄黄棕色	中壤土	大块状	7.9	5.6	0.52	0.28		49	<1.0	101	19.5			
						C	56—100	棕黄色	中壤土	大块状	8.0	4.7	0.42	0.27		34	<1.0	96	17.6			
剖14	半淋溶土	褐土	潮褐土	山淤土	山淤土	A	0—17	暗红棕色	壤质黏土	粒状、碎块状	7.4	13.1	0.88	0.42	20.0				19.5	石灰岩风化洪积物	E 117°19′13.8″ N 34°30′13.3″	94
						ABv	17—27	红棕色	壤质黏土	块状	7.9	7.7	0.63	0.31	19.4				19.3			
						Bv	27—51	黄棕色	壤质黏土	大块状	7.9	5.2	0.46	0.38	19.0				13.9			
						C	51—100	灰黄棕色	壤质黏土	块状	7.8	3.5	0.38	0.21	19.0				17.4			
剖15	半淋溶土	褐土	潮褐土	山淤土	香灰土	A₁	0—18	棕黄色	中壤土	粒状	8.2	29.4	1.28	1.16		147	2.0	104	14.8	石灰岩洪积物	E 117°17′02.8″ N 34°28′36.5″	81
						A₂	18—31	浅棕褐色	中壤土	块状	8.2	21.5	1.02	1.08		81	12.0	77	12.8			
						Bv	31—46	黄棕色	紧砂土	单粒状	8.3	22.5	0.67	1.12		70	6.0	46	8.3			
						C	46—100	褐灰色	中壤土	大块状	8.4	10.8	0.45	0.52		45	7.8	12	4.2			
剖16	半淋溶土	褐土	淋溶褐土	老褐黄土	山淤土	A₁	0—17	暗红棕色	黏壤土	屑粒、小块状	7.4	13.1	0.88	0.42	20.0				19.5	石灰岩堆积物	E 117°18′16.9″ N 34°28′52.3″	93
						A₂	17—27	红棕色	黏壤土	块状	7.9	7.7	0.63	0.31	19.4				19.2			
						Bv	27—61	黄棕色	黏壤土	大块状	7.9	5.2	0.46	0.38	19.0				13.8			
						C	61—100	灰黄棕色	黏壤土	大块状	7.8	3.5	0.38	0.21	19.0				17.3			
剖17	半淋溶土	褐土	潮褐土	老褐黄土	砂心山淤土	A₁	0—14	棕色	重壤土	小块、屑粒状	8.1	10.9	0.78	0.51		79	2.3	167	20.2	石灰岩洪积物	E 117°15′17.6″ N 34°26′02.8″	95
						A₂	14—26	浅红棕色	重壤土	块状	8.1	9.0	0.69	0.49		31	2.4	140	18.9			
						Bv	26—65	黄色	紧砂土	单粒状	8.6	1.1	0.12	0.66		58	<1.0	27	5.1			
						C₁	65—80	红棕色	轻壤土	大块状	8.2	5.1	0.44	0.35		45	1.3	173	20.0			
						C₂	80—100	黄黄色	砂壤土	小块状	8.6	4.0	0.39	0.65		36	4.6	118	1.5			
剖18	半水成土	潮土	盐碱化潮土	盐碱化潮土	黏心重盐碱土	A₁	0—21	灰黄色	黏壤土	屑粒状	8.9	2.0	0.22	0.60		40	<1.0	51	1.6	黄泛冲积物	E 117°26′17.4″ N 34°26′01.0″	100
						A₂	21—42	黄棕色	黏壤土	块状、片状	8.7	5.9	0.51	0.69		81	2.6	14	1.5			
						Bv	42—55	红棕色	轻黏土	小块状、粒状	8.8	3.4	0.32	0.69		58	1.3	10				
						BvC	55—100	灰黄棕色	中壤土														
						5																	
剖19	半水成土	潮土	盐化潮土	盐性土	重盐性土	A₁₁	0—14	暗灰黄色	砂壤土	小块状	9.6	3.8	0.31		18.9				3.8	黄泛冲积物	E 117°26′50.3″ N 34°16′22.8″	90
						A₁₂	14—35	黄色	砂壤土	块状	9.5	4.1	0.30		16.7				6.1			
						C₁	35—65	黄棕色	砂壤土	片状	9.3	3.4	0.26		18.9				5.3			
						C₂	65—80	黄黄色	中壤土	片状	9.1	2.8	0.22		19.0				7.3			
						C₃	80—100	棕色	壤土	块状	9.1	2.8	0.22									
剖20	半淋溶土	褐土	淋溶褐土	老褐黄土	金黄土	A₁₁	0—17	黄棕色	黏壤土	屑粒状	8.0	10.7	0.71	0.34		79	2.2	199	20.2	石灰岩堆积物	E 117°26′52.8″ N 34°10′11.3″	87
						A₁₂	17—27	红棕色	黏壤土	块状、片状	8.1	5.4	0.44	0.25		59	1.3	135	19.4			
						Bv	27—61	黄棕色	黏壤土	块状	8.1	4.1	0.37	0.29		39	<1.0	165	19.6			
						C	61—100	黄黄棕色	黏壤土	块状	8.1	4.3	0.37	0.30					19.3			
剖21	半淋溶土	褐土	潮褐土	山淤土	山淤土	A₁	0—13	棕色	重壤土	小块、屑粒状	7.8	12.1	0.68	0.24					23.3	石灰岩洪积物	E 117°23′17.9″ N 34°12′17.3″	95
						A₂	13—22	浅红棕色	重壤土	块状	7.8	7.8	0.67	0.31					19.1			
						Bv	22—47	黄棕色	轻壤土	大块状	7.7	5.2	0.46	0.31					27.3			
						C	47—100	灰黄棕色	重壤土	块状	7.7	3.5	0.34	0.18					27.5			

续表 Continued

剖面号 Soil profile	土纲 Soil order	土类 Soil great group	亚类 Soil subgroup	土属 Soil genus	土种 Soil species	土层码 Layer code	土层厚度 Depth/cm	颜色 Soil color	质地 Soil texture	土壤结构 Soil structure	pH	有机质 OM/(g/kg)	全氮 TN/(g/kg)	全磷 TP/(g/kg)	全钾 TK/(g/kg)	碱解氮 AN/(mg/kg)	有效磷 AP/(mg/kg)	速效钾 AK/(mg/kg)	阳离子交换量CEC/(cmol/kg)	土壤母质 Parent material	剖面点坐标 Profile coordinate	匹配指数 Matching index/%
剖22	半水成土	潮土	黄潮土	两合土	黏底二合土	A₁	0—18	灰黄色	轻壤土	粒状	8.5	8.4	0.64	0.68		71	4.0	63	8.2	黄泛冲积物	E 117°16′22.4″ N 34°06′08.6″	91
						A₂	18—26	灰黄色	轻壤土	块状	8.6	6.4	0.56	0.68		60	2.4	71	7.2			
						Bv	26—59	红棕色	轻黏土	块状、片状	8.6	7.0	0.53	0.63		63	4.7	144	15.5			
						C	59—100	黄色	紧砂土		8.6	<1.0	0.19	0.55		24	1.1	46	4.8			
剖23	半水成土	潮土	黄潮土	两合土	两合土	A₁	0—20	灰黄色	轻壤土	粒状	8.1	12.4	1.01	0.72		104	2.2	66	8.9	黄泛冲积物	E 117°27′04.0″ N 34°08′18.6″	91
						A₂	20—32	黄色	轻壤土	块状	8.3	9.5	0.70	0.74		55	<1.0	46	8.0			
						Bv	32—88	黄色	中壤土	粒状	8.3	6.4	0.56	0.64		11	2.3	71	10.0			
						C	88—100	浅黄色	轻壤土	粒状	8.3	2.6	0.33	0.62		11	1.0	47	7.8			
剖24	半水成土	潮土	盐碱化潮土	中盐碱土	中盐碱土	A₁	0—11	灰黄色	砂壤土	小块状	9.1	4.5	0.35	0.64		24	8.1	43	4.7	黄泛冲积物	E 117°26′39.8″ N 34°03′38.2″	99
						A₂	11—18	浅黄灰色	砂壤土	小块状	8.9	3.4	0.31	0.63		28	2.0	49	4.6			
						Bv	18—36	浅棕黄色	轻壤土	粒状	8.7	2.7	0.26	0.63		25	<1.0	49	6.5			
						C	36—100	黄色	松砂土	粒状	8.7	<1.0	0.12	0.59		51	1.3	24	3.2			
剖25	半水成土	潮土	黄潮土	淤土	淤土	5	0—19	灰黄色	中壤土	块状	8.3	9.1	0.64	0.71		56	2.1	124	12.5	黄泛冲积物	E 117°35′06.4″ N 34°15′55.1″	89
						A₂	19—28	灰黄色	中壤土	块状	8.3	5.7	0.53	0.66		44	<1.0	84	12.4			
						Bv	28—60	黄色	轻壤土	小块状	8.3	2.3	0.24	0.62		26	<1.0	43	6.9			
						C	60—100	红棕色	重黏土	块状、片状	8.4	7.3	0.63	0.66		41	<1.0	142	22.0			
剖26	半淋溶土	褐土	潮褐土	金黄土	金黄土	A	0—17	黄棕色	黏壤土	粒状	8.0	10.7	0.71	0.34	18.9				20.2	石灰岩洪冲积物	E 117°31′19.9″ N 34°12′19.4″	84
						ABv	17—27	黄棕色	黏壤土	中块状	8.1	5.4	0.44	0.25	16.7				19.4			
						Bv	27—61	黄棕色	黏壤土	块状	8.1	4.1	0.37	0.29	18.9				19.6			
						C	61—100	黄棕色	黏壤土	块状	8.1	4.3	0.37	0.30	19.0				19.3			

丰 县

主要土类说明

潮土是丰县主要土壤类型，占本县地域面积的98%。其成土母质为黄泛冲积物。本县地处黄泛大平原，受黄泛沉积物影响，土壤性状在很大程度上取决于土壤母质的属性，土壤的发生层次不明显，沉积的层理相当清楚，质地层次分明。本县潮土整个土体富含碳酸钙，pH偏高，虽然地下水参与了土壤的发育过程，加剧了土体的干湿交替、氧化还原和淋溶淀积，土壤出现了钙、铁、锰轻度下移，但尚未形成明显的砂姜和铁锰结核，只是在耕层下部土体中出现一定的锈纹。碳酸钙的含量亚耕层高于耕层。本县潮土分为黄潮土、盐碱化潮土等亚类。黄潮土的成土母质为黄泛沉积的石灰性母质，由于成土物质沉积的时间晚，土壤发育时间短，土壤仍保留着许多沉积母质的残余特性。耕层熟化程度和肥力水平偏低；又由于降雨量较少，碳酸钙的淋洗下移不明显，土体通体石灰反应强烈，黄潮土所处地势较高，地下水位深。农田灌水和7、8月集中降水对耕层盐分的淋洗有明显的作用，加之耕作施肥的影响，耕层可溶性盐含量小于0.05%，地下水的矿化度在1g/L左右。盐碱化潮土主要分布于洼地，成土母质亦为黄泛冲积物。母质和地下水中的盐分含量较高，土体中又有一至多层薄厚不等的黏土夹层在毛管水运行中起到接力站作用，使下层母质及地下水中的盐分易随水上升到地表，形成盐碱土，盐碱土呈斑状或条带状分布于砂土、两合土中，也有大面积的连片分布。

本区域中心区气候特征

本区域中心区气候特征值
Regional climate characteristics in central area of the region

气候带：暖温带亚湿润气候 Climate region: Warm temperate subhumid climate	
年平均气温 /℃ Annual average temperature /℃	14.1
年平均最高气温 /℃ Annual average maximum temperature /℃	19.6
年平均最低气温 /℃ Annual average minimum temperature /℃	9.3
年降水量 /mm Annual precipitation /mm	731
≥10℃的积温 /℃ Daily temperature accumulated in a year（≥10℃）/℃	5205
年日照时数 /h Annual sunshine /h	2344
年平均相对湿度 /% Annual average relative humidity /%	70
干燥度 Dryness	1.15

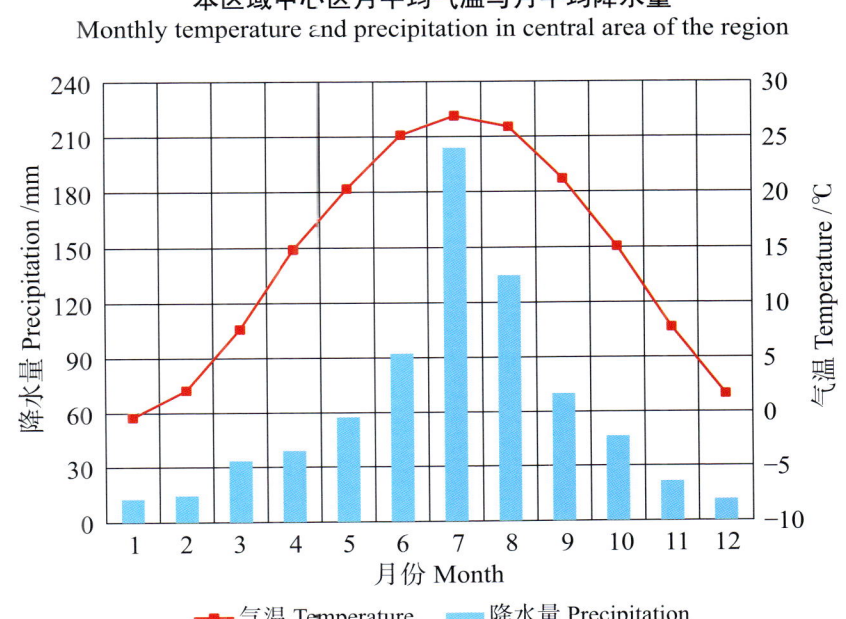

本区域中心区月平均气温与月平均降水量
Monthly temperature and precipitation in central area of the region

丰县主要土壤类型与土壤剖面点分布图
1∶210 000

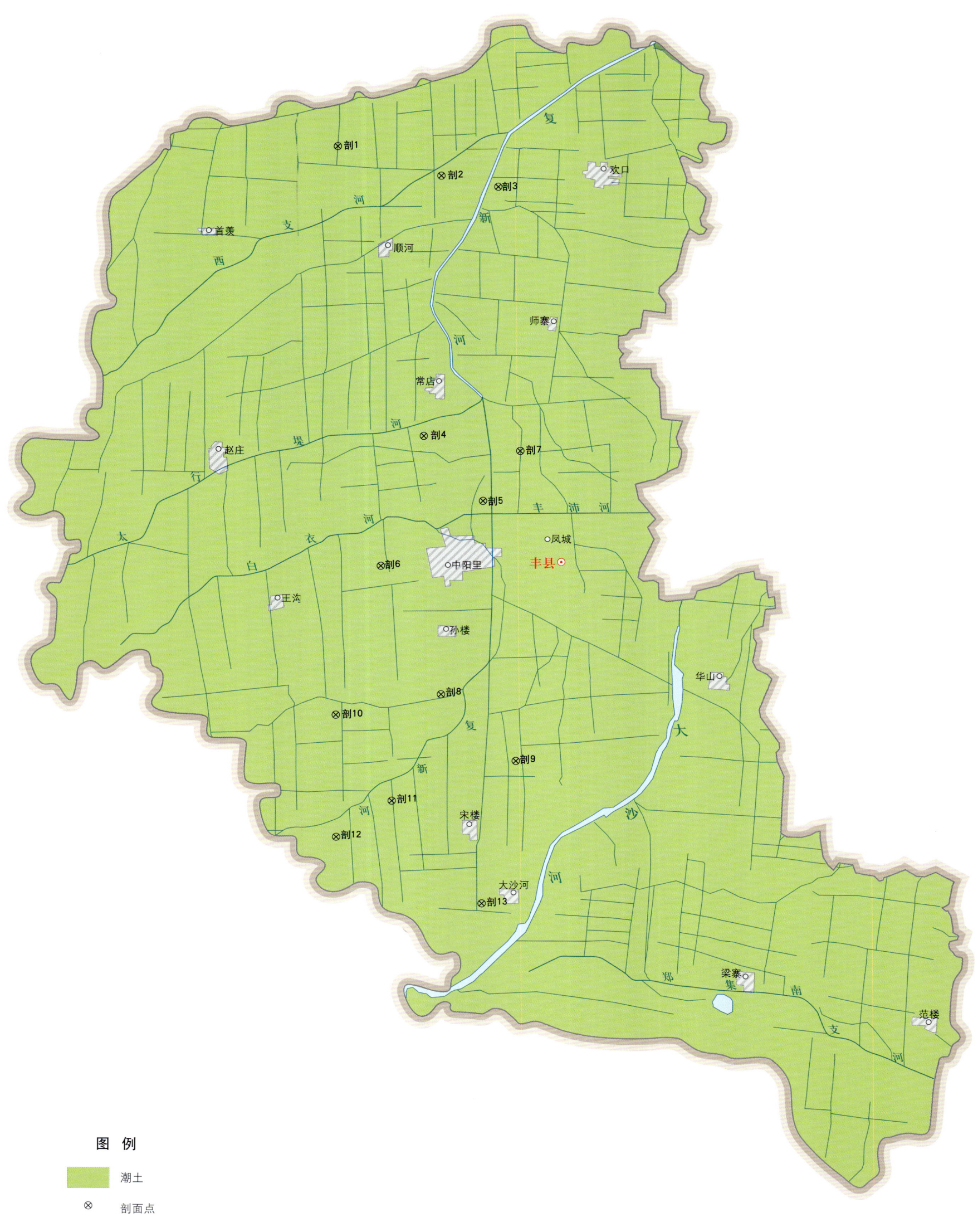

图 例

潮土

⊗ 剖面点

丰县土壤剖面理化性状表

剖面号 Soil profile	土纲 Soil order	土类 Soil great group	亚类 Soil subgroup	土属 Soil genus	土种 Soil species	土层码 Layer code	土层厚度 Depth/cm	质地 Soil texture	pH	有机质 OM/(g/kg)	全氮 TN/(g/kg)	全磷 TP/(g/kg)	碱解氮 AN/(mg/kg)	有效磷 AP/(mg/kg)	速效钾 AK/(mg/kg)	阳离子交换量 CEC/(cmol/kg)	土壤母质 Parent material	剖面点坐标 Profile coordinate	匹配指数 Matching index/%
剖1	半水成土	潮土	盐碱化潮土	中盐碱土	中盐碱土	1	0—20	轻壤土	8.8	4.1	0.27	0.53	83	1.4	65	7.8	黄泛冲积物	E 116°31′37.9″ N 34°53′16.8″	93
						2	20—35	轻壤土	8.3	4.7	0.28	0.55	79	1.1	60	7.0			
						3	35—50	轻壤土	8.1	3.1	0.26	0.55	50	1.1	56	7.0			
						4	50—100	轻壤土	8.5	1.7	0.18	0.47	41	1.1	45	6.1			
						5	100—												
剖2	半水成土	潮土	黄潮土	淤土	厚砂底淤土	1	0—17	轻黏土	8.2	10.7	0.63	0.57	98	2.8	146	17.8	黄泛冲积物	E 116°35′03.1″ N 34°52′30.0″	98
						2	17—35	轻黏土	8.1	8.8	0.55	0.52	33	1.5	107	18.0			
						3	35—60	砂壤土	8.2	2.0	0.13	0.46	49	1.1	52	5.9			
						4	60—100	砂壤土	8.2	<1.0	<0.10	0.50	49	1.0	52	5.3			
剖3	半水成土	潮土	盐碱化潮土	中盐碱土	黏心中盐碱土	1	0—17	轻壤土	8.7	6.0	0.36	0.60	69	3.4	119	11.1	黄泛冲积物	E 116°36′53.3″ N 34°52′11.6″	96
						2	17—28	轻壤土	8.3	4.9	0.31	0.58	88	2.0	29	8.7			
						3	28—40	轻壤土	8.5	4.7	0.25	0.52	57	1.0	126	16.0			
						4	40—73	轻壤土	8.5	3.8	0.23	0.58	48	<1.0	94	6.7			
						5	73—100	中壤土	8.5	3.8	0.19	0.49	56	<1.0	137	21.5			
剖4	半水成土	潮土	黄潮土	两合土	厚砂底两合土	1	0—19	中壤土	8.1	8.4	0.56	0.60	73	4.8	95	11.9	黄泛冲积物	E 116°34′30.0″ N 34°45′13.3″	84
						2	19—38	中壤土	8.1	5.9	0.22	0.60	67	4.3	78	10.4			
						3	38—50	砂壤土	8.2	2.0	0.16	0.51	58	2.1	61	8.0			
						4	50—100	砂壤土	8.2	<1.0	<0.10	0.50	46	1.2	60	5.1			
剖5	半水成土	潮土	盐碱化潮土	轻盐碱土	黏底轻盐碱土	1	0—15	中壤土	8.6	11.3	0.68	0.61	107	2.9	162	14.5	黄泛冲积物	E 116°36′25.6″ N 34°43′25.7″	94
						2	15—29	砂壤土	8.8	8.9	0.55	0.59	77	1.5	110	13.6			
						3	29—68	中壤土	8.7	7.9	0.45	0.53	48	<1.0	49	9.7			
						4	68—100	中黏土	8.7	6.5	0.44	0.53	64	1.0	114	19.3			
						5	100—												
剖6	半水成土	潮土	黄潮土	两合土	两合土	1	0—16	中壤土	8.6	12.0	0.75	0.74	101	4.2	118	13.8	黄泛冲积物	E 116°33′05.8″ N 34°41′37.0″	100
						2	16—31	中壤土	8.5	8.4	0.53	0.69	85	2.0	110	14.4			
						3	31—66	中壤土	8.6	5.8	0.31	0.53	74	<1.0	98	12.7			
						4	66—100	中壤土	8.5	4.2	0.17	0.49	55	<1.0	92	11.9			
剖7	半水成土	潮土	盐碱化潮土	中盐碱土	黏底中盐碱土	1	0—17	轻壤土	8.6	9.5	0.59	0.64	92	<1.0	14	12.0	黄泛冲积物	E 116°37′37.9″ N 34°44′48.1″	90
						2	17—27	中壤土	8.6	6.9	0.47	0.60	94	<1.0	105	11.9			
						3	27—90	重黏土	8.7	1.7	0.10	0.55	81	<1.0	42	7.1			
						4	90—100	轻黏土	8.6	3.9	0.24	0.54	73	<1.0	136	17.0			
剖8	半水成土	潮土	黄潮土	砂土	黏底砂土	1	0—20	砂壤土	8.2	8.7	0.51	0.45	118	3.2	90	9.3	黄泛冲积物	E 116°35′05.3″ N 34°38′01.3″	98
						2	20—31	砂壤土	8.2	6.2	0.32	0.50	96	<1.0	57	7.3			
						3	31—70	砂壤土	8.2	2.1	0.12	0.46	75	<1.0	43	8.1			
						4	70—84	重黏土	8.5	5.7	0.38	0.66	97	<1.0	141	18.5			
						5	84—100	砂壤土	8.1	3.4	0.20	0.60	54	<1.0	39	6.5			
剖9	半水成土	潮土	黄潮土	砂土	砂土	1	0—20	砂壤土	8.2	6.1	0.37	0.66	85	5.1	69	7.8	黄泛冲积物	E 116°37′29.6″ N 34°36′11.5″	94
						2	20—32	砂壤土	8.2	3.4	0.27	0.63	57	3.2	60	7.2			
						3	32—75	砂壤土	8.1	1.6	<0.10	0.47	36	<1.0	33	7.0			
						4	75—100	砂壤土	8.1	1.5	<0.10	0.45	39	<1.0	33	6.9			

续表 Continued

剖面号 Soil profile	土纲 Soil order	土类 Soil great group	亚类 Soil subgroup	土属 Soil genus	土种 Soil species	土层码 Layer code	土层厚度 Depth/cm	质地 Soil texture	pH	有机质 OM/(g/kg)	全氮 TN/(g/kg)	全磷 TP/(g/kg)	碱解氮 AN/(mg/kg)	有效磷 AP/(mg/kg)	速效钾 AK/(mg/kg)	阳离子交换量CEC/(cmol/kg)	土壤母质 Parent material	剖面点坐标 Profile coordinate	匹配指数 Matching index/%
剖10	半水成土	潮土	潮土	两合土	砂底两合土	1	0—16	中壤土	8.6								黄泛冲积物	E 116°31′40.1″ N 34°37′25.7″	93
						2	16—31	中壤土	8.5										
						3	31—66	中壤土	8.6										
						4	66—100	中壤土	8.5										
剖11	半水成土	潮土	黄潮土	两合土	黏心两合土	1	0—18	中壤土	8.1	11.0	0.68	0.65	115	5.5	124	10.5	黄泛冲积物	E 116°33′31.0″ N 34°35′01.0″	91
						2	18—40	中壤土	8.4	6.8	0.41	0.50	80	<1.0	71	8.7			
						3	40—90	重黏土	8.2	6.1	0.45	0.51	66	<1.0	135	21.0			
						4	90—100	砂壤土	8.4	4.2	0.39	0.62	78	<1.0	65	7.1			
剖12	半水成土	潮土	黄潮土	淤土	砂底淤土	1	0—18	轻黏土	8.3	11.9	0.76	0.60	96	4.8	157	20.2	黄泛冲积物	E 116°31′40.1″ N 34°34′01.2″	82
						2	18—30	轻黏土	8.0	9.9	0.55	0.64	91	5.0	180	20.7			
						3	30—60	轻黏土	8.1	4.3	0.47	0.55	96	2.3	115	18.0			
						4	60—100	轻壤土	8.1	2.0	0.25	0.55	54	1.8	45	7.2			
剖13	半水成土	潮土	黄潮土	飞泡砂土	飞泡砂土	1	0—20	紧砂土	8.5	5.1	0.36	0.51	68	1.8	50	6.2	黄泛冲积物	E 116°36′28.8″ N 34°32′09.2″	82
						2	20—35	紧砂土	8.7	1.6	0.10	0.48	41	<1.0	28	5.6			
						3	35—61	紧砂土	8.5	1.5	0.11	0.46	39	<1.0	33	5.5			
						4	61—100	紧砂土	8.8	1.6	0.13	0.43	38	<1.0	39	4.9			

沛 县

主要土类说明

潮土是沛县主要土壤类型，占本县地域面积的98%。潮土主要分布于河流冲积平原或低平阶地，地下水位浅，潜水参与成土过程，底土氧化还原作用交替发生，形成锈纹层。本县潮土分为黄潮土和盐碱化潮土两个亚类，各占本县潮土总面积的81%和19%。黄潮土的成土过程主要是草甸化和旱耕熟化过程。根据土壤质地及1m土体层次排列，黄潮土亚类分为飞泡砂土、砂土、两合土、淤土四个土属。沛县西南部靠近古黄河故道，西部有大沙河，东部紧靠微山湖，黄河带来泥沙，根据紧砂慢淤沉降规律和湖相沉积作用，由西向东依次分布着飞泡砂土、砂土、两合土和淤土；由于微地形变化，砂土、两合土的低洼处还分布有小面积淤土；砂土分布在地形部位较高的西部，淤土分布在东部微山湖沿岸，两合土介于两者之间，飞泡砂土分布在大沙河两岸。其中，两合土土壤理化性状良好、肥力较高，主要分布于微山湖西岸缓坡平原上。盐碱化潮土零星分布于两合土与砂土区，在西南几个乡镇也有成片分布。该土壤除有草甸化和旱耕熟化过程外，还有盐渍化这一附加成土过程。黄河泛滥沉积物质来自半干旱地区，均含有一定量可溶性盐，这些盐类经渗漏水渗入地下水中，增加了地下水矿化度。因本地季风气候明显，年蒸发量大于降水量，降水量分配也极不均匀，具有非常明显的旱季。当地下水流汇集于洼地周围的坡地上时，在毛管作用很强的壤质土中，地下水中的盐分随水上升至地表积累引起土壤盐化和碱化，形成盐碱化潮土。由于微地形变化，土壤盐分积聚表层呈斑状分布，亦名花碱土。盐碱化潮土由于受盐碱影响，土壤剖面发育较慢，表土有机质含量较低，表土层盐分含量高于底土层，pH在8.5以上，表土层、心土层、底土层的$CaCO_3$含量变化不大，阳离子交换量为5—8cmol/kg。根据盐碱含量，盐碱化潮土分为脱盐碱土、轻盐碱土、中盐碱土和重盐碱土四个土属。脱盐碱土的表土及整个土体含盐量都在0.1%以下，地下水矿化度在1g/L左右。轻盐碱土，又名砂碱土，地下水矿化度为1.5g/L左右，土壤有轻度盐碱斑，干旱季节地表可见白色盐霜，对作物危害较轻，表土及全层含盐量均在0.1%—0.2%，盐分组成以重碳酸盐为主。中盐碱土亦称瓦碱土，盐碱斑占地块面积的30%—50%，表土及全层含盐量均在0.2%—0.4%，盐分组成为重碳酸盐—氯化物—硫酸盐，阳离子以钠离子为主，其次是镁离子，阴离子为HCO_3^-、Cl^-和SO_4^{2-}，三者含量相差不大，表层碱化度在6%—10%。重盐碱土盐碱含量较高，盐碱斑占地块面积的50%以上，表土层盐分含量大于0.4%，碱化度大于15%，盐分组成以氯化物为主，其次是硫酸盐，地下水矿化度大于2g/L。

本区域中心区气候特征

本区域中心区气候特征值
Regional climate characteristics in central area of the region

气候带：暖温带亚湿润气候 Climate region: Warm temperate subhumid climate	
年平均气温 /℃ Annual average temperature /℃	14.1
年平均最高气温 /℃ Annual average maximum temperature /℃	19.6
年平均最低气温 /℃ Annual average minimum temperature /℃	9.4
年降水量 /mm Annual precipitation /mm	760
≥10℃的积温 /℃ Daily temperature accumulated in a year（≥10℃）/℃	5196
年日照时数 /h Annual sunshine /h	2331
年平均相对湿度 /% Annual average relative humidity /%	70
干燥度 Dryness	1.11

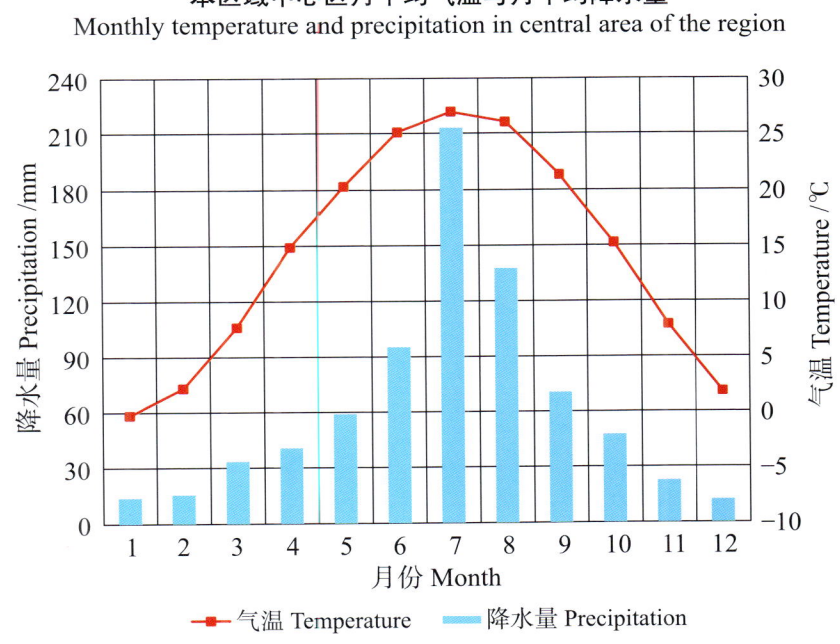

本区域中心区月平均气温与月平均降水量
Monthly temperature and precipitation in central area of the region

沛县主要土壤类型与土壤剖面点分布图
1∶200 000

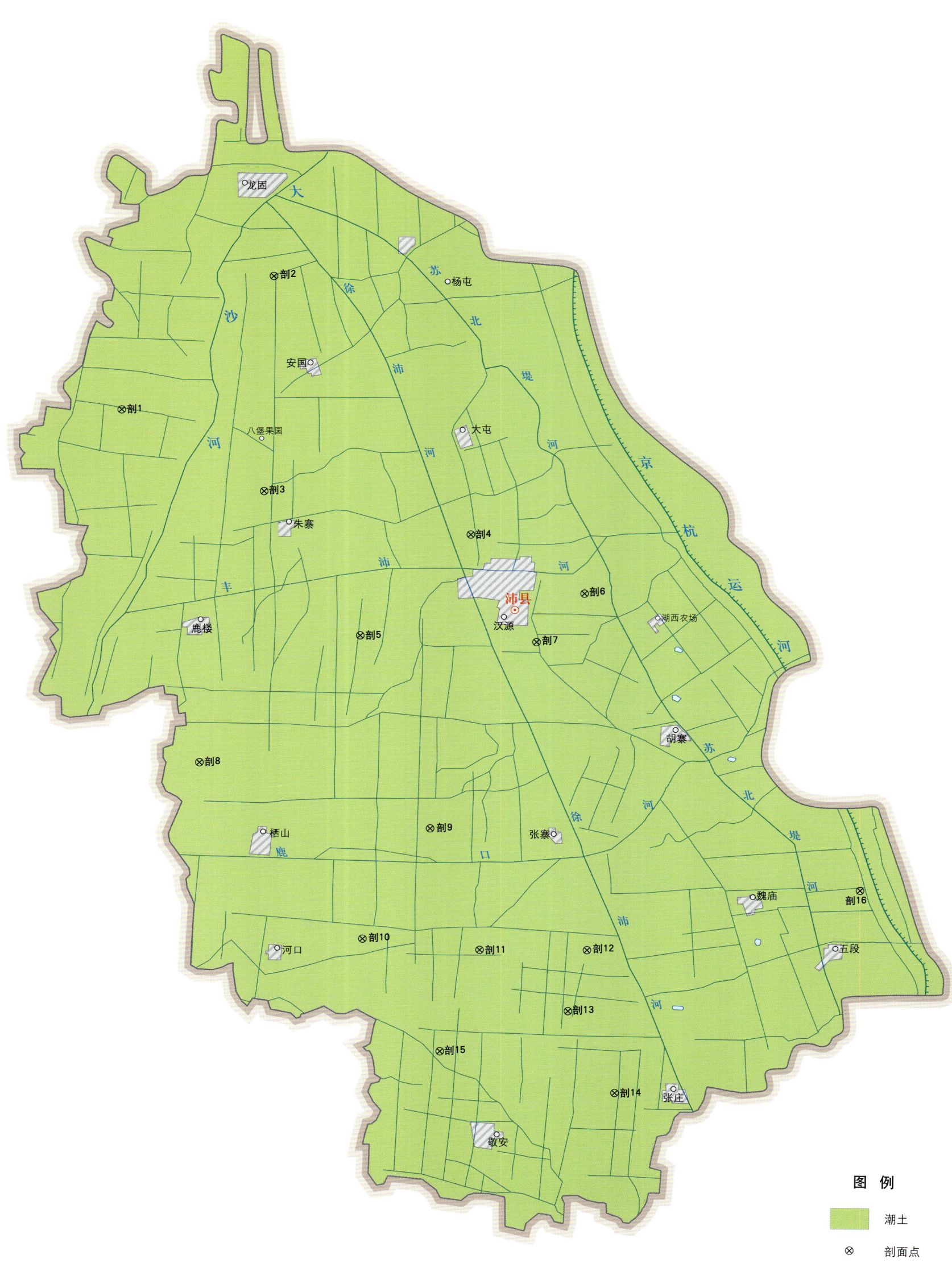

图 例

潮土

⊗ 剖面点

沛县土壤剖面理化性状表

剖面号 Soil profile	土纲 Soil order	土类 Soil great group	亚类 Soil subgroup	土属 Soil genus	土种 Soil species	土层码 Layer code	土层厚度 Depth/cm	颜色 Soil color	质地 Soil texture	土壤结构 Soil structure	pH	有机质 OM/(g/kg)	全氮 TN/(g/kg)	全磷 TP/(g/kg)	碱解氮 AN/(mg/kg)	有效磷 AP/(mg/kg)	速效钾 AK/(mg/kg)	阳离子交换量 CEC/(cmol/kg)	土壤母质 Parent material	剖面点坐标 Profile coordinate	匹配指数 Matching index/%
剖1	半水成土	潮土	黄潮土	飞泡砂土	飞泡砂土	A	0—23	浅黄色	紧砂土	单粒状	8.9	2.1	0.21	0.42	21	2.5	38	2.4	黄泛冲积物	E 116°43′57.7″ N 34°48′41.8″	84
						Bv	23—73	浅黄色	紧砂土	单粒状	8.2	<1.0	<0.10	0.43	8	2.4	13	2.3			
						C	73—100	浅黄色	紧砂土	单粒状	8.2	<1.0	0.14	0.47	8	2.9	30	1.8			
剖2	半水成土	潮土	黄潮土	两合土	黏心两合土	A₁	0—18	灰黄色	中壤土	粒状	8.2	9.7	0.69	0.63	62	2.6	61	7.0	黄泛冲积物	E 116°48′34.9″ N 34°52′12.4″	85
						A₂	18—33	灰黄色	中壤土	粒块状	8.1	6.7	0.57	0.62	52	3.5	48	6.3			
						Bv	33—67	棕色	重壤土	单块状	8.0	5.6	0.52	0.47	40	1.4	77	9.4			
						C	67—100	浅黄色	砂壤土	单粒状	8.0	1.0	0.15	0.36	14	<1.0	46	3.0			
剖3	半水成土	潮土	黄潮土	砂土	砂土	A₁	0—14	浅黄色	砂壤土	单粒状	8.0	5.9	0.45	0.58	30	2.7	65	5.3	黄泛冲积物	E 116°48′15.5″ N 34°46′35.0″	88
						A₂	14—20	棕色	砂壤土	单粒状	8.0	5.7	0.36	0.59	35	1.8	48	3.8			
						Bv	20—64	棕色	砂壤土	单粒状,片状	8.3	3.4	0.30	0.52	2	<1.0	45	3.2			
						C	64—100	黄棕色	砂壤土	单粒状	8.2	<1.0	0.14	4.90	13	<1.0	48	3.5			
剖4	半水成土	潮土	黄潮土	砂土	砂心淤土	1	0—14	浅棕色	轻黏土	块状	8.7								黄泛冲积物、湖相沉积物	E 116°48′37.1″ N 34°45′27.4″	88
						2	14—29	暗黄色	砂黏土	单粒状	8.9										
						3	29—68	暗黄色	中黏土	单粒状	8.6										
						4	68—100	棕色	轻黏土	单粒状	8.3										
剖5	半水成土	潮土	黄潮土	淤土	厚砂底淤土	A₁	0—17	灰黄棕色	重黏土	粒状	8.0	10.5	0.89	0.64	68	5.5	77	9.6	黄泛冲积物沉积物	E 116°51′19.1″ N 34°42′52.6″	98
						A₂	17—30	灰黄色	重黏土	块状	8.3	6.9	0.65	0.57	44	1.7	65	8.2			
						Bv	30—70	浅黄色	砂壤土	单粒状	8.3	<1.0	0.16	0.52	26	<1.0	25	1.8			
						C	70—100	浅黄色	砂壤土	单粒状	8.4	<1.0	0.33	0.52	10	1.6	≤5	3.3			
剖6	半水成土	潮土	黄潮土	淤土	淤土	A₁	0—14	灰棕色	重黏土	小块状	8.1	20.1	1.45	0.71	90	5.4	225	20.2	黄泛冲积物沉积物	E 116°58′05.2″ N 34°43′55.9″	81
						A₂	14—21	红棕色	重黏土	块状	8.1	16.1	1.28	0.66	79	14.0	192	19.9			
						Bv	21—58	红棕色	重黏土	块状	8.2	6.2	0.61	0.55	37	1.6	148	17.7			
						C	58—100	红棕色	重黏土	块状	8.4	6.2	0.71	0.60	38	6.7	197	18.6			
剖7	半水成土	潮土	黄潮土	淤土	砂底淤土	A₁	0—14	灰褐色	重黏土	块状	8.3	14.4	0.61	0.61	82	5.3	188	18.2	黄泛冲积物沉积物	E 116°56′36.6″ N 34°42′43.6″	85
						A₂	14—20	棕褐色	中壤土		8.6	6.1	0.63	0.60	37	2.4	114	17.8			
						Bv	20—55	黄棕色	砂壤土	块状	8.6	3.3	0.47	0.57	23	1.0	82	14.2			
						C	55—100	棕色	轻壤土	粒状	8.5	1.1	0.24	0.44	18	<1.0	56	8.0			
剖8	半水成土	潮土	黄潮土	两合土	砂心两合土	A₁	0—14	浅黄色	中壤土	粒状	8.1	12.4	0.70	0.71	45	8.4	123	6.2	黄泛冲积物沉积物	E 116°46′23.5″ N 34°39′27.4″	92
						A₂	14—21	棕色	中壤土	粒状	8.2	8.0	0.67	0.61	55	3.4	82	8.0			
						Bv	29—68	棕色	中壤土	单粒状	8.4	2.0	0.26	0.50	15	1.1	41	3.3			
						C	68—100	棕色	中壤土	块状	8.3	6.2	0.69	0.50	39	2.2	163	8.9			
剖9	半水成土	潮土	盐碱化潮土	轻盐碱土	黏底轻盐碱土	A	0—22	浅黄色	轻壤土	粒状	8.5	7.8	0.62	0.77	37	7.2	80	8.1	黄泛冲积物	E 116°53′27.2″ N 34°37′48.7″	97
						Bv	22—70	黄棕色	中黏土	块状	8.3	6.0	0.62	0.69	85	4.9	84				
						C	70—100	棕色	中黏土	粒状	8.6	7.0	0.68	0.63	52	5.5	206				
剖10	半水成土	潮土	盐碱化潮土	轻盐碱土	轻盐碱土	A	0—20	浅黄色	轻壤土	粒状	9.6	4.0	0.28	0.62	42	8.9	66	7.8	黄泛冲积物	E 116°51′22.0″ N 34°34′54.1″	87
						Bv	20—50	灰黄色	中壤土	粒状	9.6	3.7	0.22	0.59	22	2.6	41	7.8			
						C	50—100	浅黄色	砂壤土	单粒状	9.4	<1.0	0.19	0.56	23	<1.0	40	5.2			
剖11	半水成土	潮土	盐碱化潮土	盐碱性土	轻盐碱土	A₁₁	0—13	暗灰黄色	壤土	小块状	9.3	10.4	0.47	0.69				6.1	黄泛冲积物	E 116°54′56.9″ N 34°34′36.1″	80
						A₁₂	15—33	暗灰黄色	壤土	小块状	8.8	6.4	0.39	0.69				6.4			
						C₁	33—52	灰黄色	砂壤土	粒状	8.7	1.9	0.22	0.69				5.1			
						C₂	52—100	黄棕色	砂壤土	小块状	8.7	1.7	0.20	0.61				4.0			

续表 Continued

剖面号 Soil profile	土纲 Soil order	土类 Soil great group	亚类 Soil subgroup	土属 Soil genus	土种 Soil species	土层码 Layer code	土层厚度 Depth/cm	颜色 Soil color	质地 Soil texture	土壤结构 Soil structure	pH	有机质 OM/(g/kg)	全氮 TN/(g/kg)	全磷 TP/(g/kg)	碱解氮 AN/(mg/kg)	有效磷 AP/(mg/kg)	速效钾 AK/(mg/kg)	阳离子交换量CEC/(cmol/kg)	土壤母质 Parent material	剖面点坐标 Profile coordinate	匹配指数 Matching index/%
剖12	半水成土	潮土	盐碱化潮土	重盐碱土	重盐碱土	A	0—20	灰黄色	中壤土	粒状	8.6	4.1	0.63	0.63	53	76.0	8	6.5	黄泛冲积物	E 116°58′12.4″ N 34°34′39.4″	98
						Bv	20—50	灰黄色	砂壤土	单粒状	9.3	1.4	0.21	0.64	29	2.0	51				
						C	50—100	浅黄色	中壤土	单粒状	9.2	1.7	0.18	0.54	27	1.8	61				
剖13	半水成土	潮土	盐碱化潮土	脱盐碱土	脱盐碱土	A_1	0—18	棕黄色	轻壤土	粒状	8.4	6.5	0.52	0.61	42	4.2	46	5.3	黄泛冲积物	E 116°57′35.6″ N 34°33′05.0″	80
						A_2	18—26	棕黄色	轻壤土	粒状	8.7	4.6	0.42	0.60	39	3.0	51	4.4			
						Bv	26—43	棕黄色	轻壤土	单粒状	8.4	12.0	0.24	0.56	32	<1.0	41	3.3			
						C	43—100	浅黄色	轻黏土	单粒状	8.7	<1.0	0.23	0.53	11	<1.0	51	3.0			
剖14	半水成土	潮土	盐碱化潮土	脱盐碱土	黏底脱盐碱土	A_1	0—16	浅灰色	轻壤土	微团粒状	8.3	8.3	0.96	0.44		3.4	76	5.9	黄泛冲积物	E 116°59′06.0″ N 34°30′58.0″	87
						A_2	16—21	黄棕色	轻壤土	小块状	8.5	8.2	0.52	0.69	71	2.0	87	4.7			
						Bv	21—60	浅黄色	砂壤土	单粒状	8.5	<1.0	0.14	0.70	15	<1.0	48	3.2			
						C	60—100	黄棕色	中黏土	块状	8.4	4.4	0.45	0.64	65	3.1	18	18.3			
剖15	半水成土	潮土	黄潮土	轻盐碱土	黏心轻盐碱土	A_1	0—19	浅黄色	轻壤土	单粒状	9.5	4.8	0.37	0.40	28	2.8	71		黄泛冲积物	E 116°53′44.2″ N 34°32′02.4″	95
						A_2	19—23	浅黄色	中壤土	粒状	9.1	3.7									
						Bv	23—40	红棕色	重壤土	小块状	9.0	2.3									
						C	40—100	浅黄色	砂壤土	单粒状	8.7	4.6									
剖16	半水成土	潮土	黄潮土	两合土	厚砂底两合土	A_1	0—17	灰黄色	轻壤土	粒状	8.2	8.9	0.65	0.69	64	7.2	102	6.1	黄泛冲积物	E 117°06′29.5″ N 34°36′16.2″	97
						A_2	17—28	灰黄色	轻壤土	粒状	8.2	6.0	0.50	0.60	38	2.0	42	6.1			
						Bv	28—82	浅黄色	砂壤土	单粒状	8.3	<1.0	0.13	0.58	9	<1.0	25	2.4			
						C	82—100	浅黄色	砂壤土	单粒状	8.5	<1.0	0.28	0.54	10	1.1	20	2.4			

睢宁县

主要土类说明

潮土是睢宁县主要土壤类型，占本县地域面积的 97%。潮土是在近代黄泛冲积物基础上经人工旱耕熟化而形成的。由于地下水位浅，潜水参与成土过程，底土氧化还原作用交替发生而形成锈纹层。本县潮土分为黄潮土和盐碱化潮土两个亚类，分别占本县潮土总面积的 72% 和 28%。其中，黄潮土分为飞泡砂土、砂土、两合土、淤土四个土属；盐碱化潮土分为脱盐碱土、轻盐碱土、中盐碱土和重盐碱土四个土属。脱盐碱土旱季土壤表层的全盐含量不超过 0.1%，pH 为 8.5—8.8。轻盐碱土的盐分含量和 pH 均较脱盐碱土稍高。中盐碱土旱季土壤表层全盐含量在 0.3% 左右，pH 在 8.8 左右。重盐碱土旱季土壤表层全盐含量可超过 0.4%，pH 在 9.0 左右。

小于本县地域面积 3% 的土壤类型还有褐土、砂姜黑土等。

本区域中心区气候特征

本区域中心区气候特征值
Regional climate characteristics in central area of the region

气候带：暖温带亚湿润气候 Climate region: Warm temperate subhumid climate	
年平均气温 /℃ Annual average temperature /℃	14.6
年平均最高气温 /℃ Annual average maximum temperature /℃	19.6
年平均最低气温 /℃ Annual average minimum temperature /℃	10.4
年降水量 /mm Annual precipitation /mm	884
≥10℃的积温 /℃ Daily temperature accumulated in a year（≥10℃）/℃	5339
年日照时数 /h Annual sunshine /h	2220
年平均相对湿度 /% Annual average relative humidity /%	71
干燥度 Dryness	0.98

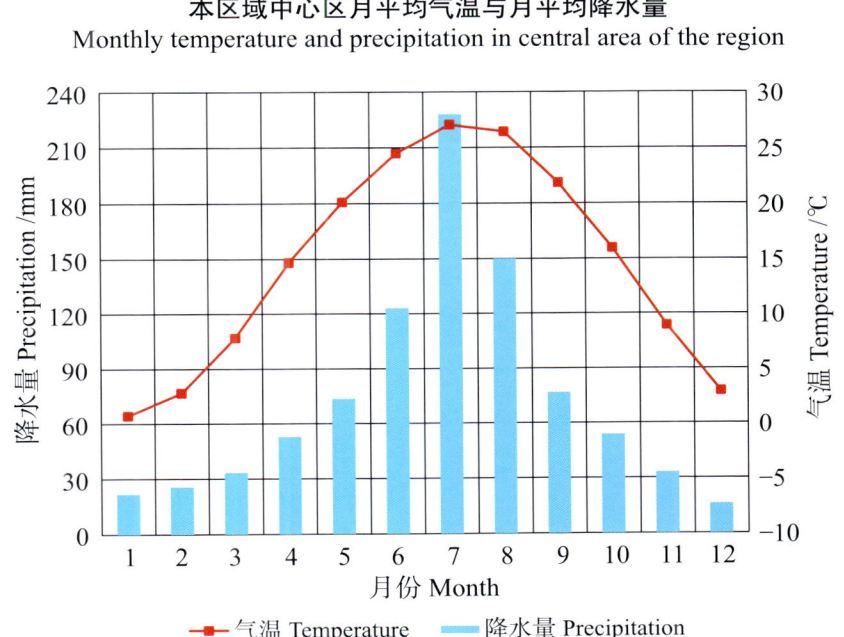

本区域中心区月平均气温与月平均降水量
Monthly temperature and precipitation in central area of the region

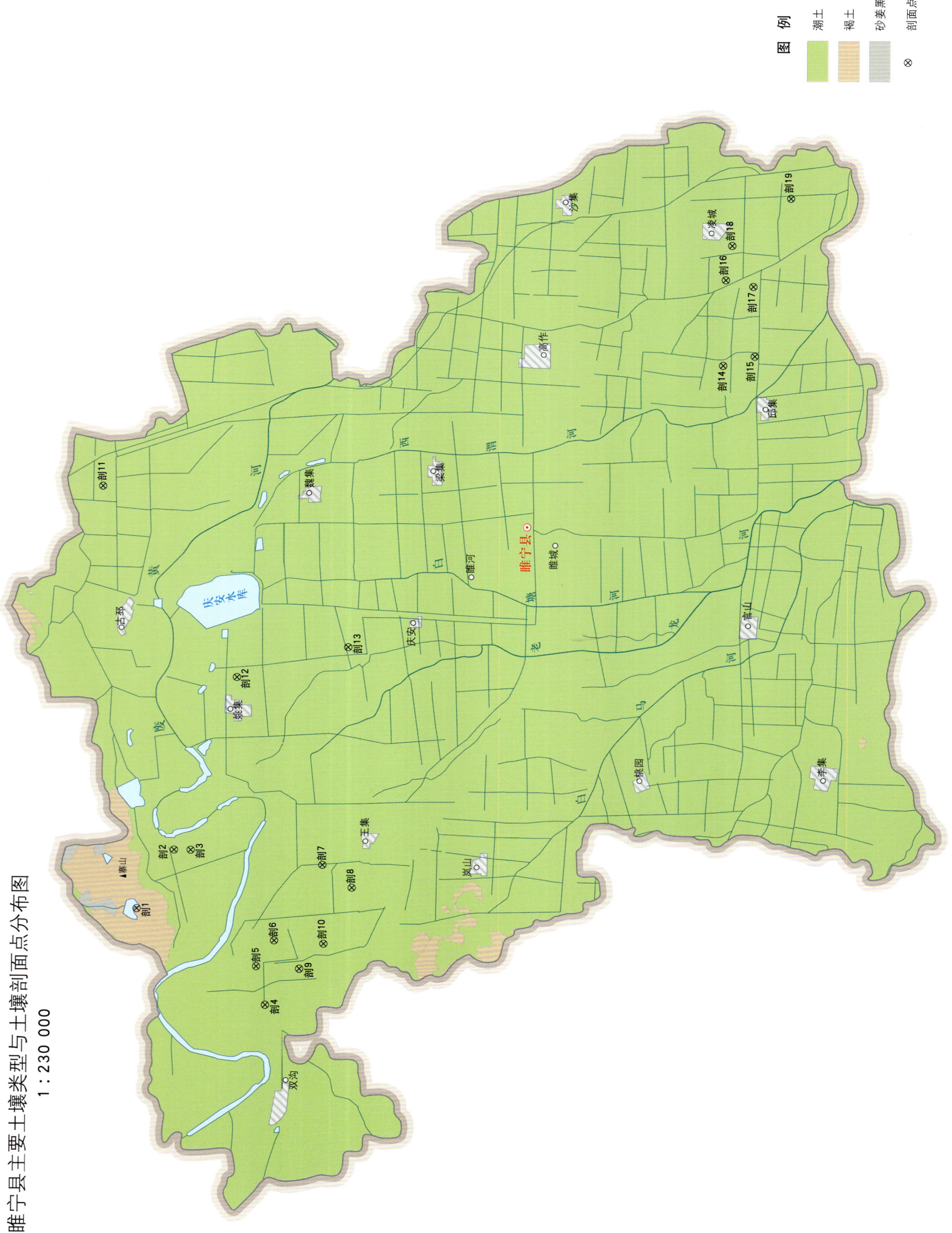

睢宁县主要土壤类型与土壤剖面点分布图
1∶230 000

睢宁县土壤剖面理化性状表

剖面号 Soil profile	土纲 Soil order	土类 Soil great group	亚类 Soil subgroup	土属 Soil genus	土种 Soil species	土层码 Layer code	土层厚度 Depth/cm	颜色 Soil color	质地 Soil texture	土壤结构 Soil structure	pH	有机质 OM/(g/kg)	全氮 TN/(g/kg)	全磷 TP/(g/kg)	碱解氮 AN/(mg/kg)	有效磷 AP/(mg/kg)	速效钾 AK/(mg/kg)	阳离子交换量CEC/(cmol/kg)	土壤母质 Parent material	剖面点坐标 Profile coordinate	匹配指数 Matching index/%
剖1	半淋溶土	褐土	潮褐土	山淤土	黑淤土	1	0—17	棕色	重壤土	粒状	7.7	11.0	0.81	0.32	79	4.7	132	22.3	洪冲积物	E 117°41′53.2″ N 34°06′38.2″	96
						2	17—36	暗棕色	重壤土	块状	7.7	7.9	0.60	0.25	68	<1.0	103	23.8			
						3	36—100	浅黄棕色	重壤土	块状	8.0	4.6	0.36	0.16	47	<1.0	105	24.1			
剖2	半水成土	潮土	黄潮土	两合土	砂底二合土	1	0—18	灰黄色	中壤土	团粒状	8.3	9.9	0.69	0.76	47	4.6	66	12.2	黄泛冲积物	E 117°44′06.0″ N 34°05′31.9″	80
						2	18—64	灰黄棕色	中壤土	单粒状	8.5	6.1	0.41	0.60	34	1.3	56	9.7			
						3	64—100	灰黄色	砂壤土	单粒状	8.7	1.4	0.14	0.56	15	1.0	33	7.3			
剖3	半水成土	潮土	黄潮土	淤土	砂心淤土	1	0—19	棕色	轻黏土	块状	8.7	10.1	0.50	0.43		2.5	118	14.1	黄泛冲积物	E 117°44′02.0″ N 34°05′01.0″	81
						2	19—63	浅黄棕色	砂壤土	单粒状	8.9	8.7									
						3	63—90	暗黄棕色	中黏土	块状	8.6	8.8									
						4	90—100	浅黄棕色	轻壤土	单粒状	8.3	4.2									
剖4	半水成土	潮土	盐碱化潮土	重盐碱土	重盐碱土	1	0—15		砂壤土	无明显结构	9.0	5.7	0.43	1.16	43	6.0	83	4.6	黄泛冲积物	E 117°38′20.0″ N 34°02′48.8″	86
						2	15—66		砂壤土	无明显结构	8.9	1.9	0.17	0.63	28	<1.0	47	4.9			
						3	66—100		紧砂土	无明显结构	9.1	<1.0	<0.10	0.54	22	<1.0	49	4.8			
剖5	半水成土	潮土	盐碱化潮土	中盐碱土	中盐碱土	1	0—12	黄色	轻壤土	片状	9.0	5.2	0.30	0.62	38	1.2	70	4.1	黄泛冲积物	E 117°39′43.9″ N 34°03′03.6″	82
						2	12—40	暗黄棕色	轻壤土	无明显结构	8.9	2.1	0.20	0.59	40	<1.0	55	7.3			
						3	40—100	浅黄棕色	砂壤土	粒状	8.9	2.0	0.14	0.59	22	<1.0	35	4.8			
剖6	半水成土	潮土	黄潮土	砂土	黏底砂土	1	0—20	灰棕色	中壤土	小粒状	8.4	6.3	0.46			4.4	71		黄泛冲积物	E 117°40′41.5″ N 34°02′32.3″	98
						2	20—28	浅黄棕色	砂壤土	单粒状	8.6	3.1	0.22			<1.0	51				
						3	28—90	棕红色	中黏土	单粒状	8.5	2.0	0.12			<1.0	40				
						4	90—100		轻壤土	块状	8.3	3.7	0.36			1.2	208				
剖7	半水成土	潮土	黄潮土	砂土	砂土	1	0—20	浅黄棕色	砂壤土	单粒状	8.6	6.1	0.43	0.72	49	2.0	56	5.1	黄泛冲积物	E 117°43′27.5″ N 34°01′06.6″	100
						2	20—55	浅黄棕色	砂壤土	单粒状	8.4	1.3	0.13	0.66	24	1.8	53	3.8			
						3	55—100	浅黄棕色	砂壤土	单粒状	8.5	1.7	0.16	0.61	23	1.8	58	4.8			
剖8	半水成土	潮土	黄潮土	砂土	黏心砂土	1	0—20	黄棕色	砂壤土	细粒状	8.6	8.4	0.46	0.56		3.1	86	5.6	黄泛冲积物	E 117°42′41.0″ N 34°00′11.9″	93
						2	20—40	浅黄棕色	轻壤土	单粒状	8.7	4.0									
						3	40—54	灰棕色	重壤土	块状	8.8	5.0									
						4	54—100	浅棕黄色	砂壤土	单粒状	8.7	2.7									
剖9	半水成土	潮土	盐碱化潮土	中盐碱土	黏心中盐碱土	1	0—15	灰黄色	砂壤土	无明显结构	9.0	4.9	0.30	0.60	31	1.0	67	5.2	黄泛冲积物	E 117°39′39.2″ N 34°01′48.0″	89
						2	15—39	浅红棕色	砂壤土	无明显结构	8.8	4.0	0.24	0.51	27	<1.0	53	5.6			
						3	39—47	浅红棕色	轻黏土	无明显结构	8.5	5.6	0.44	0.50	38	1.0	115	16.6			
						4	47—100	黄棕色	砂壤土	无明显结构	8.8	2.3	0.17	0.46	19	<1.0	48	6.7			
剖10	半水成土	潮土	黄潮土	淤土	厚砂底淤土	1	0—20	暗红棕色	重壤土	块状	8.4	9.0	0.68	0.62	92	10.5	121	12.8	黄泛冲积物	E 117°40′35.0″ N 34°01′04.4″	86
						2	20—100	浅棕黄色	砂壤土	单粒状	8.7	2.1	0.21	0.59	33	1.0	28	6.6			
						3	0—15	暗棕黄色	重壤土	无明显结构	9.7	3.5	0.27	0.66	20	1.8	63	7.9			
剖11	半水成土	潮土	盐碱化潮土	重盐碱土	重盐碱土	2	15—57	暗黄棕色	砂壤土	无明显结构	8.9	2.3	0.21	0.56	17	1.0	41	10.7	黄泛冲积物	E 117°57′35.3″ N 34°07′37.9″	93
						3	57—79	浅红棕色	中黏土	块状	8.6	5.0	0.42	0.55	23	1.0	135	20.4			
						4	79—100	黄棕色	砂壤土	无明显结构	8.7	1.1	<0.10	0.51	18	<1.0	31	10.1			
剖12	半水成土	潮土	黄潮土	飞泡砂土	黏心飞泡砂土	1	0—20	灰黄色	紧砂土	单粒状		5.9							黄泛冲积物	E 117°50′29.8″ N 34°03′40.7″	88
						2	20—40	灰黄色	砂壤土	块状		3.9									
						3	40—60	暗红棕色	紧砂土	单粒状		3.9									
						4	60—100	灰棕色	紧砂土	单粒状		2.4									

续表 Continued

剖面号 Soil profile	土纲 Soil order	土类 Soil great group	亚类 Soil subgroup	土属 Soil genus	土种 Soil species	土层码 Layer code	土层厚度 Depth/cm	颜色 Soil color	质地 Soil texture	土壤结构 Soil structure	pH	有机质 OM/(g/kg)	全氮 TN/(g/kg)	全磷 TP/(g/kg)	碱解氮 AN/(mg/kg)	有效磷 AP/(mg/kg)	速效钾 AK/(mg/kg)	阳离子交换量 CEC/(cmol/kg)	土壤母质 Parent material	剖面点坐标 Profile coordinate	匹配指数 Matching index/%
剖13	半水成土	潮土	黄潮土	两合土	两合土	A₁₁	0—15	灰黄棕色	黏壤土	块状	8.5	13.1		0.76		4.0	118	12.3	黄泛冲积物	E 117°51′35.6″ N 34°00′21.2″	90
						A₁₂	15—29	浊黄棕色	黏壤土	块状	8.5	12.1	0.77	0.73		2.0	110	12.0			
						C₁	29—64	黄棕色	黏壤土	块状	8.6	9.2	0.63	0.80			98	11.5			
						C₂	64—100	浊黄棕色	砂壤土	块状	8.8	2.8	0.21	0.64			92	6.3			
剖14	半水成土	潮土	盐碱化潮土	轻盐碱土	黏底轻盐碱土	1	0—17	浅棕黄色	砂壤土	无明显结构	8.5	5.7	0.38	0.53	22	1.8	35		黄泛冲积物	E 118°01′56.6″ N 33°49′06.6″	87
						2	17—62	浅黄棕色	砂壤土	无明显结构	8.6	1.7	0.14	0.61	14	1.2	28				
						3	62—100	红棕色	重壤土	块状	8.7	2.8	0.25	0.51	13	1.0	72				
剖15	半水成土	潮土	盐碱化潮土	脱盐碱土	脱盐碱土	1	0—16	暗黄棕色	轻壤土	粒状	8.5	7.6	0.51	0.77	67	6.7	80	6.4	黄泛冲积物	E 118°02′16.4″ N 33°48′12.2″	97
						2	16—57	黄棕色	轻壤土	单粒状	8.9	3.3	0.29	0.63	34	<1.0	52	5.4			
						3	57—100	浊黄棕色	紧砂土	单粒状	8.9	1.1	<0.10	0.53	21	1.0	52	3.8			
剖16	半水成土	潮土	黄潮土	两合土	砂心二合土	1	0—14	浅红棕色	中壤土	粒状	8.5	8.5	0.64	0.61	64	1.8	74	7.9	黄泛冲积物	E 118°05′05.3″ N 33°49′00.8″	90
						2	14—34	浅红棕色	砂壤土	小粒状	8.5	4.5	0.36	0.56	49	1.2	54	7.4			
						3	34—60	浅红棕色	砂壤土	单粒状	8.5	1.3	0.13	0.68	26	<1.0	31	4.0			
						4	60—70	暗红棕色	轻壤土	单粒状	8.4	2.2	0.21	0.56	37	<1.0	47	6.3			
						5	70—100	浅黄棕色	砂壤土	单粒状	8.7	1.1	0.11	0.54	36	<1.0	32	5.4			
剖17	半水成土	潮土	黄潮土	两合土	黏底二合土	1	0—17	黄棕色	中壤土	粒状	8.6	9.7	0.68	0.94	72	7.2	121	8.5	黄泛冲积物	E 118°04′50.5″ N 33°48′14.4″	92
						2	17—57	浅黄棕色	中壤土	单粒状	8.5	4.6	0.34	0.75	40	1.0	72	6.6			
						3	57—100	红棕色	重黏土	块状	8.5	6.7	0.58	0.55	51	1.6	145	18.0			
剖18	半水成土	潮土	盐碱化潮土	脱盐碱土	黏底暗盐碱土	1	0—16	黄棕色	砂壤土	粒状	8.4	7.9	0.46	0.68	59	4.4	50	6.4	黄泛冲积物	E 118°06′24.1″ N 33°48′50.8″	98
						2	16—37	黄棕色	砂壤土	粒状	8.3	4.0	0.32	0.62	49	2.9	37	6.0			
						3	37—67	浅黄棕色	砂壤土	粒状	8.4	2.2	0.18	0.59	40	1.2	40	5.1			
						4	67—83	暗黄棕色	重黏土	块状	8.5	5.9	0.48	0.56		3.0	153	22.1			
						5	83—100	黄棕色	紧砂土	单粒状	8.4	1.5	0.12	0.47			28	8.0			
剖19	半水成土	潮土	盐碱化潮土	中盐碱土	黏底中盐碱土	1	0—17	暗灰棕色	中壤土	无明显结构	8.7	8.5	0.52	0.55	39	5.0	56	9.9	黄泛冲积物	E 118°08′05.6″ N 33°47′06.4″	84
						2	17—59	暗黄棕色	中壤土	块状	8.9	2.9	0.26	0.53	19	1.2	58	7.7			
						3	59—100	红棕色	轻黏土	块状	8.2	4.5	3.08	0.49	19	<1.0	108	14.0			

新 沂 市

主要土类说明

潮土是新沂市主要土壤类型，占本市地域面积的 34%。潮土主要分布于近代河流冲积平原或低平阶地，地下水位浅，潜水参与成土过程。在潮土成土过程中，底土氧化还原作用交替发生，形成锈色斑纹和小型铁子。在长期耕作条件下，表层有机质含量为 10—15g/kg。

棕壤是新沂市第二大土壤类型，占本市地域面积的 30%。棕壤发生于湿润暖温带落叶阔叶林，但大部分地区已经垦殖，以旱作为主。本市棕壤处于硅铝化阶段，具有黏化特征，呈棕色，土体见黏粒淀积，盐基充分淋失，pH 为 6.0—7.0，可见少量游离铁存在。

砂姜黑土是新沂市第三大土壤类型，占本市地域面积的 25%。砂姜黑土是经脱沼与长期耕作形成的，成土母质为河湖沉积物，早期沼泽草甸特征仍显残余属性。底土中有砂姜聚积，上层可见面砂姜；底层可见砂姜瘤与砂姜盘，它们是早期形成物残存。土壤质地相对黏重。

紫色土占新沂市地域面积的 4%。紫色土是热带、亚热带紫红色岩层直接风化形成的 A-C 型土壤。其理化性质与母岩组成直接相关，土层浅薄，剖面层次发育不明显，仍为初育阶段。由于母岩富含矿质养分，且风化迅速，紫色土不失为良好的肥沃土壤。

小于本市地域面积 3% 的土壤类型还有水稻土等。

本区域中心区气候特征

本区域中心区气候特征值
Regional climate characteristics in central area of the region

气候带：暖温带亚湿润气候 Climate region: Warm temperate subhumid climate	
年平均气温 /℃ Annual average temperature /℃	14.2
年平均最高气温 /℃ Annual average maximum temperature /℃	19.1
年平均最低气温 /℃ Annual average minimum temperature /℃	10.0
年降水量 /mm Annual precipitation /mm	902
≥10℃的积温 /℃ Daily temperature accumulated in a year（≥10℃）/℃	5194
年日照时数 /h Annual sunshine /h	2333
年平均相对湿度 /% Annual average relative humidity /%	72
干燥度 Dryness	0.94

本区域中心区月平均气温与月平均降水量
Monthly temperature and precipitation in central area of the region

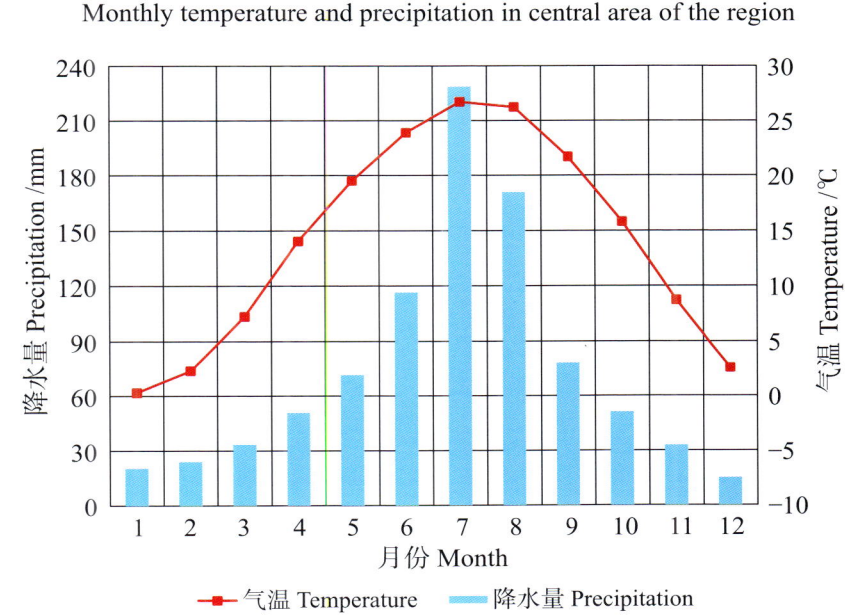

新沂市主要土壤类型与土壤剖面点分布图

1∶210 000

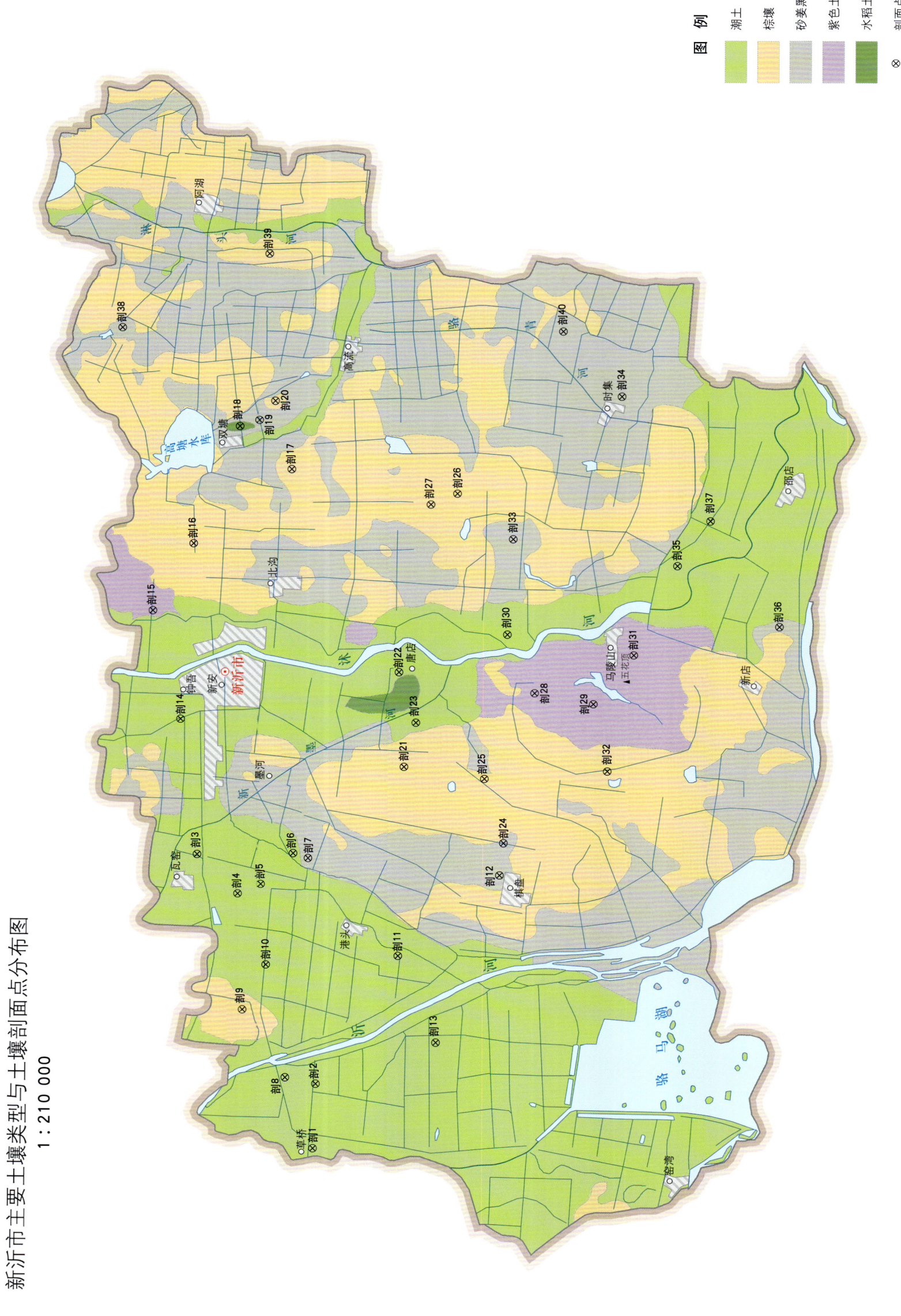

图例：潮土、棕壤、砂姜黑土、紫色土、水稻土、剖面点

新沂市土壤剖面理化性状表

剖面号 Soil profile	土纲 Soil order	土类 Soil great group	亚类 Soil subgroup	土属 Soil genus	土种 Soil species	土层码 Layer code	土层厚度 Depth/cm	颜色 Soil color	质地 Soil texture	土壤结构 Soil structure	pH	有机质 OM/(g/kg)	全氮 TN/(g/kg)	全磷 TP/(g/kg)	全钾 TK/(g/kg)	有效磷 AP/(mg/kg)	速效钾 AK/(mg/kg)	阳离子交换量CEC/(cmol/kg)	土壤母质 Parent material	剖面点坐标 Profile coordinate	匹配指数 Matching index/%
剖1	半水成土	潮土	棕潮土	老黄土	老黄土	A₁	0—10	暗灰黄色	重壤土	小核状	7.7	12.6	0.84	0.59		14.0	119	15.8	河流冲积物	E 118°05′15.4″ N 34°20′02.4″	86
						A₂	10—45	暗黄棕色	重壤土	大块状	7.6	11.8	0.84	0.55		6.0	129	20.1			
						Bv	45—70	浅灰黄色	重壤土	块状	7.6	6.8	0.51	0.49		3.0	114	12.4			
						C	70—100	暗棕色	轻黏土	大块状	7.7	9.0	0.73	0.47		5.0	138	25.9			
剖2	半水成土	潮土	棕潮土	黄砂土	漏砂土	A₁	0—8	灰黄色	砂壤土	单粒状	7.2	9.2	0.63	0.37		1.5	72	7.2	河流冲积物	E 118°07′18.8″ N 34°20′00.6″	96
						A₂	8—23	浅灰黄色	轻壤土	块状	7.1	7.2	0.58	0.33		2.0	58	8.8			
						Bv	23—55	浅棕黄色	砂壤土	块状	7.4	3.3	0.35	0.31		2.2	32	4.8			
						C	55—100	黄色	紧砂土	单粒状	7.2	1.5	0.22	0.43		3.5	21	2.0			
剖3	半水成土	潮土	棕潮土	黄砂土	黏底黄砂土	A₁	0—16	灰黄色	砂壤土	单粒状	6.0	5.8	0.48	0.44		3.0	51	7.3	河流冲积物	E 118°14′49.9″ N 34°23′03.1″	95
						A₂	16—73	灰黄色	砂壤土	单粒状	7.2	2.7	0.20	0.41		1.0	38	7.0			
						Bv	73—92	棕黄色	轻壤土	单粒状	7.3	3.4	0.26	0.44		4.0	38	8.1			
						C	92—110	棕黄色	重壤土	单粒状	7.3	6.1	0.44	0.39		3.0	76	18.4			
剖4	半水成土	潮土	棕潮土	黄土	腰翠黄土	A₁	0—19	灰黄色	轻壤土	小团块状	7.3	9.3	0.57	0.55		10.9	108	8.2	河流冲积物	E 118°13′31.1″ N 34°21′59.8″	93
						A₂	19—25	暗灰黄色	轻壤土	小团块状	7.3	8.0	0.49	0.51		8.1	106	7.7			
						Bv	25—70	棕黄色	重壤土	块状	7.2	13.7	0.78	2.50		58.8	270	17.2			
						C	70—100	黄棕色	中壤土	块状	7.5	3.6	0.44	0.78		29.4	380	17.1			
剖5	半水成土	潮土	棕潮土	黄砂土		A₁	0—20	灰黄色	砂壤土	单粒状									河流冲积物	E 118°13′51.6″ N 34°21′24.8″	84
						A₂	20—50	浅灰黄色	粉质轻壤土	单粒状											
						Bv	50—85	暗黄棕色	粉质中壤土	粒状											
						C	85—100	暗棕色	黏土	粒状	6.7	20.1	1.20	0.12		4.0	57	24.9			
剖6	半水成土	潮土	棕潮土	老黄土	老土	A₁	0—12	浅灰黄色	黏壤土	块状	7.7	11.8	0.66	0.18			45		河流冲积物	E 118°14′49.2″ N 34°20′34.1″	88
						A₂	12—21	褐黏棕色	轻黏土	大块状	7.7	9.3	0.60	0.19			89				
						Bv	21—75	棕黄色	中黏土	大块状	7.9	8.8	0.50	0.22		5.0	90				
						C	75—100	暗黄色	黏土	棱状	8.0	8.6	0.46	0.36			≥500				
剖7	半水成土	砂姜黑土	盐化砂姜黑土	盐黑土	盐化砂姜黑土	A₁	0—10	灰黄色	中黏土	小团块状	7.5	6.4	0.84	0.19			100	15.8	黄土性沉积物	E 118°14′40.2″ N 34°20′10.3″	83
						Bv	10—20	浅黄棕色	重壤土	块状	7.5	5.9	0.84				117	20.1			
						C	20—50	暗黄棕色	重壤土	棱柱状	7.4	4.0	0.51	0.30			125	12.4			
剖8	半水成土	潮土	棕潮土	老黄土	老土	A₁	0—10	暗黄色	黏壤土	小核状	7.1	12.6	0.51	0.19			100	15.8	河流冲积物	E 118°07′32.9″ N 34°20′47.4″	92
						A₁₂	10—45	暗黄棕色	黏壤土	大块状	7.6	11.8	0.73	0.32			117	20.1			
						C₁	45—70	棕黄色	黏壤土	块状	7.6	6.8	0.51	0.38			125	12.4			
						C₂	70—100	暗棕色	黏土	大块状	7.7	9.0	0.73	0.32			125	25.9			
剖9	淋溶土	棕壤	潮棕壤	板土	青砂板土	A₁	0—19	灰黄色	中壤土	小团块状	6.1	8.0	0.63	0.26			100	12.4	洪冲积物	E 118°09′42.8″ N 34°21′52.6″	89
						A₂	19—31	浅黄棕色	重壤土	块状	7.4	4.6	0.45	0.14			100	20.6			
						Bv	31—47	暗黄棕色	中壤土	棱柱状	7.4	4.4	0.42	0.12			117	25.6			
						C	47—105	灰黄棕色	中黏土	块状	7.7	2.0	0.27	0.18			125	21.2			
剖10	半水成土	潮土	棕潮土	黄土	黄土	A₁	0—14	灰黄色	中壤土	小团块状	7.1	9.1	0.66	0.60		5.8	76	9.4	河流冲积物	E 118°11′11.4″ N 34°21′16.9″	88
						A₂	14—29	浅灰黄色	中壤土	块状	7.2	5.4	0.38	0.50		1.5	51	11.2			
						Bv	29—63	黄棕色	中壤土	块状	7.2	4.7	0.42	0.46		2.2	62	15.8			
						C	63—100	浅黄棕色	轻壤土	块状	7.3	2.5	0.26	0.44		3.6	92	9.9			

续表 Continued

剖面号 Soil profile	土纲 Soil order	土类 Soil great group	亚类 Soil subgroup	土属 Soil genus	土种 Soil species	土层码 Layer code	土层厚度 Depth/cm	颜色 Soil color	质地 Soil texture	土壤结构 Soil structure	pH	有机质 OM/(g/kg)	全氮 TN/(g/kg)	全磷 TP/(g/kg)	全钾 TK/(g/kg)	有效磷 AP/(mg/kg)	速效钾 AK/(mg/kg)	阳离子交换量CEC/(cmol/kg)	土壤母质 Parent material	剖面点坐标 Profile coordinate	匹配指数 Matching index/%
剖11	半水成土	潮土	棕潮土	棕黄土	腰䁖棕黄土	A_{11}	0—19	灰黄色	砂质黏壤土	块状	7.3	9.0	0.59	0.50	20.3			8.2	河流冲积物	E 118°11′27.2″ N 34°17′50.3″	91
						A_{12}	19—25	暗黄色	砂质黏壤土	小块块状	7.2	8.4	0.71	0.53	19.6			7.7			
						Cb	25—70	棕黄色	黏壤土	块状	7.5	12.6	0.91	0.26	19.9			17.2			
						C	70—100	棕黄色	中壤土	块状		3.6	0.46	0.75	20.7			17.1			
剖12	半水成土	砂姜黑土	砂姜黑土	岗黑土	上位砂姜岗黑土	A_1	0—13	黄黄棕色	中壤土	屑粒状	7.5								黄土性沉积物	E 118°14′05.6″ N 34°15′10.8″	82
						Bv	13—100	浅黄棕色	轻黏土	棱块状	7.8										
剖13	半水成土	潮土	棕潮土	棕黄土	棕黄土	A_{11}	0—15	黄黄棕色	黏壤土	小块状	6.0	17.3	1.06					19.7	河流冲积物	E 118°08′38.4″ N 34°16′50.5″	87
						A_{12}	15—25	黄黄棕色	黏壤土	小块状	7.1	12.6	0.73					19.9			
						C_1	25—70	棕色	黏壤土	棱状	7.4	7.6	0.54					19.2			
						C_2	70—100	棕色	黏壤土	块状	7.5	6.3	0.46					20.2			
剖14	半水成土	潮土		老黄土	老土	A_1	0—11	黄棕色	轻黏土	小块状		12.2	0.73	0.36		2.1	74	17.8	河流冲积物	E 118°19′16.0″ N 34°23′27.2″	93
						A_2	11—26	暗黄棕色	轻黏土	小块状	8.1	10.2	0.67	0.26			74	19.3			
						Bv	26—60	棕灰色	轻黏土	棱状	8.0	6.6	0.48	0.23			100	23.6			
						C	60—100	暗黄棕色	重壤土	块状	7.8	3.9	0.30	0.29			86	20.2			
剖15	初育土	紫色土	紫色土	紫泥土	紫泥土	A_1	0—18	灰黄色	中壤土	团粒状	7.1	12.4	0.79	0.65		4.0	113	8.0	紫色砂岩、页岩冲积物、沉积物	E 118°22′49.8″ N 34°24′09.0″	89
						A_2	18—23	灰黄黄色	中壤土	小团团块状	8.1	13.1	0.75	0.72		3.0	94	8.3			
						Bv	23—66	浅黄色	中壤土	小团团块状	8.0	8.1	0.44	0.55		2.0	85	12.6			
						C	66—100	浅黄色	中壤土	小团粒状	7.8	6.6	0.49	0.44		2.0	91	13.1			
剖16	淋溶土	棕壤	棕壤	砾质岭砂土	砾质岭砂土	A	0—20	浅黄色	砂壤土	单粒状	7.1	5.1	0.46	0.20				2.8	残积物、坡积物	E 118°24′59.0″ N 34°23′04.2″	92
						ABv	20—28	灰白色	砂质黏壤土	块状	7.0	3.9	0.43	0.13				1.9			
						Bv	28—45	灰灰色	黏壤土	块状	7.0	2.8	0.20	<0.10				10.9			
						C	45—100	灰灰色	砂黏土	块状	6.8	2.0	0.20	0.10				11.4			
剖17	淋溶土	棕壤		酥石岭砂土	中砾石土	A_1	0—14	紫棕色	砂壤土	核状	6.7	9.2	0.54	0.24		2.5	62	10.5	片麻岩、花岗闪长岩残积物、坡积物	E 118°27′23.0″ N 34°20′28.0″	86
						Bv	14—65	棕红色	轻壤土	小块状	6.7	9.4	0.68	0.19		1.1	158	31.0			
						C	65—70	浅棕色	重壤土	单粒状	7.0	3.0	0.21	<0.10		1.1	100	24.5			
剖18	人为土	水稻土	潜育水稻土	砂姜黑土型水稻土	黑土水稻土	A	0—13	暗黄色	轻黏土	细粒状	7.1	19.7	1.21	0.43		4.0	128	22.8		E 118°28′46.9″ N 34°21′51.8″	97
						P	13—19	浅黄橙色	轻黏土	小块状	7.0	20.6	1.17	0.45		3.0	128	22.9			
						W	19—56	黑黑色	中黏土	棱柱状	7.9	21.2	1.00	0.41		2.0	160	46.0			
						C	56—100	暗黄黄色	重壤土	棱柱状	8.0	12.2	0.44	0.20		1.0	100	18.5			
剖19	半水成土	砂姜黑土	砂姜黑土	岗黑土	岗黑土	A_1	0—17	淡灰色	重壤土	屑粒状	7.8	11.4	0.88	0.41		9.7	77	18.7	黄土性沉积物	E 118°28′59.5″ N 34°21′18.7″	98
						Bv	17—45	黑棕色	中壤土	棱状	7.6	10.7	0.70	0.20			76	23.0			
						Bv	45—65	暗棕色	中壤土	棱状	7.5	8.3	0.44	0.22			91	23.0			
						C	65—100	黄黄黄色	中壤土	块状	7.5	6.3	0.39	0.20			82	20.8			
剖20	淋溶土	棕壤	白浆化棕壤	包浆土	包浆土	A_1	0—15	浅黄黄色	中壤土	小团团块状	6.9	6.4	0.64	0.20		2.3	87	9.1	洪积物、沉积物	E 118°29′34.1″ N 34°20′54.6″	95
						A_2	15—25	浅黄橙色	重壤土	块状	7.3	4.8	0.46	0.15		1.1	201	25.1			
						Bv	25—60	暗黄棕色	中壤土	棱柱状	7.5	7.4	0.41	0.19			126	24.6			
						C	60—90	黄灰黄色	重壤土	柱状	7.5	2.1	0.33	0.18			154	21.5			
剖21	淋溶土	棕壤	白浆化棕壤	包浆土	包浆土	A_1	0—17	灰白色	中壤土	单粒状	7.3	7.5	0.60	0.24		4.0	90	8.5	洪积物、沉积物	E 118°17′37.3″ N 34°17′38.4″	88
						Bv	17—29	灰白色	重壤土	柱状	7.2	3.5	0.37	0.22		2.0	54	12.9			
						Bv	29—58	紫棕色	重壤土	柱状	6.8	3.3	0.36	0.15		1.0	11	22.6			
						C	58—100	黄棕色	重壤土	大块状	6.9	2.2	0.24	0.13			95	21.8			
剖22	半水成土	潮土	棕潮土	黄土	砂底黄土	A_1	0—15	灰黄色	中壤土	团粒状	7.0	8.4	0.66	0.46		5.0	62	10.7	河流冲积物	E 118°20′45.2″ N 34°17′46.7″	86
						A_2	15—27	暗黄黄色	轻壤土	团粒状	7.1	8.2	0.53	0.49		5.0	62	11.9			
						Bv	27—70	浅黄棕色	紧砂土	团粒状	7.0	3.6	0.37	0.29		1.0	55	9.1			
						C	70—90	浅黄棕色	紫砂土	单粒状	6.9	<1.0	0.20	0.44		3.0	38	3.7			

续表 Continued

剖面号 Soil profile	土纲 Soil order	土类 Soil great group	亚类 Soil subgroup	土属 Soil genus	土种 Soil species	土层码 Layer code	土层厚度 Depth/cm	颜色 Soil color	质地 Soil texture	土壤结构 Soil structure	pH	有机质 OM/(g/kg)	全氮 TN/(g/kg)	全磷 TP/(g/kg)	全钾 TK/(g/kg)	有效磷 AP/(mg/kg)	速效钾 AK/(mg/kg)	阳离子交换量CEC/(cmol/kg)	土壤母质 Parent material	剖面点坐标 Profile coordinate	匹配指数 Matching index/%
剖23	半水成土	潮土	棕潮	老黄土	腰黑老黄岗土	A₁	0~10	灰黄色	重壤土	棱粒状	7.5	16.0	1.15	0.46		1.0	73		河流冲积物	E 118°19′05.9″ N 34°17′19.7″	85
						A₂	10~40	黄棕色	轻黏土	块状	7.8	9.0	0.57	0.38		1.0	86				
						Bv	40~70	灰黑色	重壤土	棱块状	7.7	10.8	0.61	0.24		1.0	87				
						C	70~100	浅棕黄色	中壤土	块状	7.6	3.2	0.28	0.25		3.6	65				
剖24	半水成土	砂姜黑土	砂姜黑	岗黑土	下位砂姜岗黑土	A₁	0~15	暗黑色	中壤土	屑粒状	7.8	15.6	1.01	0.23		1.7	92	21.0	黄土性沉积物	E 118°15′07.6″ N 34°15′04.0″	86
						A₂	15~40	黑色	重壤土	块状	8.0	13.0	0.74	0.22		1.1	99	25.8			
						Bv	40~65	黄棕色	中壤土	棱块	8.1	7.9	0.48	0.27		1.1	95	21.3			
						C	65~100	浅黄棕色	轻黏土	棱块											
剖25	淋溶土	棕壤	白浆化棕壤	包浆	包浆黄姜紫泥	A₁	0~14	棕色	重黏土	小块状	7.5	9.2	0.56	0.21		3.0	164	21.4	洪积物、沉积物	E 118°17′12.1″ N 34°15′33.8″	83
						Bv	14~70	浅棕色	轻黏土	大块状	7.3	5.7	0.40	<0.10		1.0	154	30.0			
						C	70~100	黄棕色	重黏土	大块状	7.6	5.4	0.21	<0.10		1.0	116	23.5			
剖26	淋溶土	棕壤	白浆化棕壤	棕白土	炉底棕白土	A₁	0~15	浅灰黄色	砂壤土	单粒状	7.3	7.4	0.54	0.19		1.5	38	2.9	洪积物、沉积物	E 118°26′30.1″ N 34°16′10.9″	93
						Bv	15~35	灰白色	中壤土	块状	7.3	9.2	0.75	0.23		1.0	61	8.6			
						C	35~55	锈黄色	中壤土	棱柱状	7.3	3.4	0.32	0.33		1.0	61	25.8			
剖27	淋溶土	棕壤	粗骨性棕壤	酥石岭砂土	重砾石土	A₁	0~16	浅红棕色	中壤土		6.9	5.4	0.30	0.34		2.5	154	15.0	片麻岩闪长岩残积物，坡积物	E 118°26′10.7″ N 34°16′52.0″	86
						C	16~26	浅棕色	中壤土		6.5	2.5	0.17	0.18		2.7	97	14.0			
剖28	初育土	紫色土	紫色土	紫砂土	紫色轻砾石土	A₁	0~11	紫色	重壤土	块状	7.7	9.7	0.80	0.50		5.0	119	18.6	紫色砂岩，砾岩残积、坡积物	E 118°20′02.0″ N 34°14′13.9″	98
						Bv	11~35	紫棕色	轻黏土	小块状	7.6	4.8	0.37	0.46		1.0	98	20.1			
						C	35~100	紫棕色	轻黏土	棱块	7.6	6.5	0.54	0.38		1.0	112	23.1			
剖29	初育土	紫色土	中性紫色土	紫泥土	红紫土	A	0~18	紫红色	黏壤土	小团块状	7.5	11.2	0.74	0.41				5.1	紫色砂岩风化物	E 118°19′38.6″ N 34°12′42.5″	93
						C₁	18~45	暗红棕色	黏质土	小块状	7.9	5.0	0.51	0.37				9.4			
						C₂	45~100	油红棕色	黏质土	小块状	8.2	6.2	0.59	0.32				7.4			
剖30	半水成土	潮土	棕潮			A₁	0~14	黄棕色	轻黏土	小块状	6.0								河流冲积物	E 118°21′54.4″ N 34°14′53.5″	89
						A₂	14~29	棕黄色	中壤土	棱状	7.1										
						Bv	29~63	棕色	重壤土	柱状	7.4										
						C	63~100	暗黄棕色	重壤土	块状	7.5										
剖31	初育土	紫色土	紫色土	紫砂土	盐化紫砂土	A₁	0~12	紫棕色	砂壤土	单粒状	7.3	6.3	0.42	0.20		2.0	56	9.5	砂岩砂砾岩残积物，坡积物	E 118°21′13.3″ N 34°11′38.0″	85
						A₂	14~20	浅黄棕色	轻壤土	单粒状	7.1	6.0	0.40	0.20		1.0	51	7.9			
						C	20~100	浅棕色	轻黏土	大块状	7.0	5.3	0.41	0.13		1.0	146	27.5			
剖32	淋溶土	棕壤	棕壤	酥台岭砂土	岭砂土	A₁	0~13	灰棕色	黏质壤土	小块状	7.3	32.1	1.73	0.42	15.3	1.0		≥50.0	片麻岩、花岗闪长岩残积物，坡积物	E 118°17′25.8″ N 34°12′20.5″	82
						A₁₂	13~26	灰棕色	黏质壤土	小块状	8.1	15.8	0.90	0.35	15.2			36.0			
						C₁	26~47	黑棕色	黏质壤土	棱柱状	7.8	13.1	0.67	0.32	15.9			38.5			
						C₂	47~70	黄棕色	黏质壤土	小块状	8.2	6.4	0.40	0.27	17.0			31.0			
						Cc	70~100	棕色	黏质壤土	小块状	8.4	3.9	0.28	0.29	17.6			31.1			
剖33	半水成土	砂姜黑土	砂姜黑	湖黑土	湖黑土	A₁	0~10	暗棕色	重壤土	小块状	7.4	15.7	1.05	0.39		6.0	114	20.1	黄土状静水沉积物	E 118°25′00.8″ N 34°14′44.5″	80
						A₂	10~35	暗黄棕色	轻黏土	大块状	7.5	13.4	0.88	0.28		1.0	89	22.6			
						Bv	35~52	棕色	轻黏土	柱状	7.7	5.5	0.48	0.19			122	28.0			
						C	52~100	灰黄棕色	轻黏土	块状	7.8	3.6	0.34	0.18			101	24.6			
剖34	半水成土	砂姜黑土	砂姜黑	湖黑	黑土	A₁	0~10	黄棕色	黏质土	屑粒状	6.5	7.5	0.61	3.01				13.0	黄土性沉积物	E 118°29′40.2″ N 34°11′53.5″	85
						A₁₂	10~18	灰黄棕色	壤质黏土	块状	6.8	7.7	0.44	0.29				12.9			
						C₁	18~58	灰灰棕色	黏土	棱块状	6.9	5.7	0.51	0.27				18.7			
剖35	半水成土	潮土	棕潮土	棕黄土	底黑棕黄土	Cb	58~100	棕色	黏土	块状	6.8	12.6	0.80	0.26				29.3	河流冲积物	E 118°24′04.3″ N 34°10′29.6″	90

续表 Continued

剖面号 Soil profile	土纲 Soil order	土类 Soil great group	亚类 Soil subgroup	土属 Soil genus	土种 Soil species	土层码 Layer code	土层厚度 Depth/cm	颜色 Soil color	质地 Soil texture	土壤结构 Soil structure	pH	有机质 OM/(g/kg)	全氮 TN/(g/kg)	全磷 TP/(g/kg)	全钾 TK/(g/kg)	有效磷 AP/(mg/kg)	速效钾 AK/(mg/kg)	阳离子交换量CEC/(cmol/kg)	土壤母质 Parent material	剖面点坐标 Profile coordinate	匹配指数 Matching index/%
剖36	半水成土	砂姜黑土	砂姜黑土	湖黑土	下位砂姜黑土	A₁	0—12	暗灰黄色	重壤土	小块状	6.7	18.3	1.10	0.37			70	24.4	黄土性沉积物	E 118°22′06.2″ N 34°07′50.2″	96
						A₂	12—24	浅灰色	重壤土	块状	7.2	13.2	0.80	0.30			86	24.9			
						Bv	24—50	暗灰色	重壤土	核状	7.3	13.2	0.77	0.27		2.5	118	26.8			
						C	50—100	浅灰黄色	重壤土	块状	7.7	4.3	0.38	0.28		2.4	103	22.9			
剖37	半水成土	潮土	棕潮土	黄土	底黑黄土	A₁	0—10	灰黄色	中壤土	粒状	6.5	7.5	0.61	0.31			62	13.0	河流冲积物	E 118°25′32.5″ N 34°09′36.4″	82
						A₂	10—18	黄棕色	中壤土	小块状	6.8	7.7	0.44	0.29		2.4	50	12.9			
						Bv	18—58	暗黄棕色	重壤土	块状	6.9	5.7	0.51	0.27		2.4	69	18.6			
						C	58—100	棕灰色	轻黏土	棱块状	6.8	12.6	0.80	0.26		1.4	141	29.3			
剖38	半水成土	砂姜黑土	砂姜黑土	岗黑土	冷黑土	A₁	0—20	灰黑色	中壤土	屑粒状	7.1	9.1	0.57	0.21		2.9	52	11.8	黄土性沉积物	E 118°32′01.0″ N 34°24′54.0″	95
						Bv	20—60	暗棕色	中壤土	核状	7.3	7.8	0.55	0.15		1.5	53	19.1			
						C	60—100	灰黄色	中壤土	块状	7.3	3.9	0.30	0.18		2.6	88	22.4			
剖39	淋溶土	棕壤	白浆化棕壤	包浆	包浆土	A₁	0—30	灰黄色	轻壤土	小团块状		4.3	0.35	0.12		1.6	52	14.1	洪积物、沉积物	E 118°34′22.4″ N 34°21′01.1″	90
						Bv	30—61	浅灰黄色	重壤土	核状		8.3	0.56	0.24		6.1	46	7.0			
						C	61—100	浅棕色	重壤土	块状		3.5	0.33	0.12		1.5	124	24.2			
剖40	半水成土	砂姜黑土	砂姜黑土	湖黑土	上位砂姜黑土	A	0—17	棕灰色	重壤土	小块状	7.9	22.5	1.43	0.61		9.0	160	24.0	黄土性沉积物	E 118°31′43.3″ N 34°13′22.1″	83
						2	17—23	浅棕灰色	重壤土	棱柱状	8.1	15.2	0.98	0.43		3.0	100	26.4			
						3	23—36	暗灰色	轻黏土	块状	8.0	9.2	0.60	0.34		2.1	118	26.4			
						4	36—62	暗黄色	重壤土	块柱状	8.0	9.2	0.60	0.34		2.1	118	26.4			
						5	62—100	灰黄色	重壤土	棱柱状	8.2	5.5	0.36	0.27		2.0	99	22.9			

邳州市

主要土类说明

潮土是邳州市主要土壤类型，占本市地域面积的75%。本市潮土成土母质为黄河、沂河沉积物，黄泛沉积物富含钙质，碳酸钙含量较高，全剖面有强烈的石灰反应，土壤呈微碱至碱性，pH为8.4—8.9；而沂河沉积物含钙质极少，碳酸钙含量较低，土壤呈中性至微碱性，pH在7.5—8.5。本市潮土所处地形平坦，地下水埋深1—3m，地下水借毛管作用上下运动引起土壤氧化还原作用交替发生，参与成土过程，地下水矿化度在1g/L左右。本市潮土分为黄潮土、棕潮土、盐碱化黄潮土、盐化棕潮土等亚类。在黄潮土中，两合土占本市潮土总面积的13%，该土属质地适中，耕性良好，肥力高。

砂姜黑土是邳州市第二大土壤类型，占本市地域面积的13%。砂姜黑土为本市古老的耕作土壤，成土年代久远，系古黄土冲积沉淀物发育而成。成土过程包含草甸潜育化和脱潜旱耕熟化两个阶段。因此，砂姜黑土形成两个基本发生层，即"腐泥状黑土层"和"潜育性砂姜层"。在生物和水分的综合作用下，黑土层形成，一般厚30—50cm。黄土性母质富含碳酸钙，在干湿交替的气候条件下，淋溶、淀积形成砂姜，但砂姜多见于底土层，心土层较少，出露地表的没有，地下3m左右常出现密集的砂姜盘。土体内已不含碳酸钙或含量甚微，pH在7.0—7.5。在长期旱耕熟化过程中，黑土潜育层降低，表层颜色逐渐变浅，呈暗灰黑色。砂姜黑土土质黏重，通透性差，易旱易涝，难耕难种，虽潜在肥力高，但有机质老化，供肥强度低，在本市属中下等土壤类型。

褐土占本市地域面积的5%。褐土主要发生于暖温带半湿润区，是具有黏化与钙质淋移淀积的土壤，心土层呈棕褐色，该土壤盐基饱和，处于硅铝化阶段，有明显黏淀层，盐基饱和度达80%以上，B层下部有假菌丝状钙积层，呈中性或微碱性，pH在7.2—8.2，心土层黏粒含量较高，常形成黏盘，并有铁锰结核存在。褐土是本市低山丘陵地区的重要土壤类型，成土母质为石灰岩风化物，成土年代较远，所处地形部位较高，土层较薄。本市褐土分为粗骨性褐土、淋溶褐土和潮褐土等亚类。

棕壤占本市地域面积的4%。棕壤多发生于湿润暖温带落叶阔叶林下，但大部分已经垦殖，以旱作为主。棕壤处于硅铝化阶段，具有黏化特征，呈棕色，土体见黏粒淀积，盐基充分淋失，pH在6.0—7.0，见少量游离铁存在。成土母质为石英岩风化物。土壤的矿物质风化强烈，黏粒及铁锰均有显著的淋溶和淀积，全剖面呈微酸性或中性。本市棕壤分为粗骨性棕壤、棕壤、潮棕壤等亚类。

小于本市地域面积3%的土壤类型还有水稻土、粗骨土等。

本区域中心区气候特征

本区域中心区气候特征值
Regional climate characteristics in central area of the region

气候带：暖温带亚湿润气候 Climate region: Warm temperate subhumid climate	
年平均气温 /℃ Annual average temperature /℃	14.3
年平均最高气温 /℃ Annual average maximum temperature /℃	19.3
年平均最低气温 /℃ Annual average minimum temperature /℃	9.9
年降水量 /mm Annual precipitation /mm	865
≥10℃的积温 /℃ Daily temperature accumulated in a year (≥10℃) /℃	5228
年日照时数 /h Annual sunshine /h	2298
年平均相对湿度 /% Annual average relative humidity /%	71
干燥度 Dryness	0.99

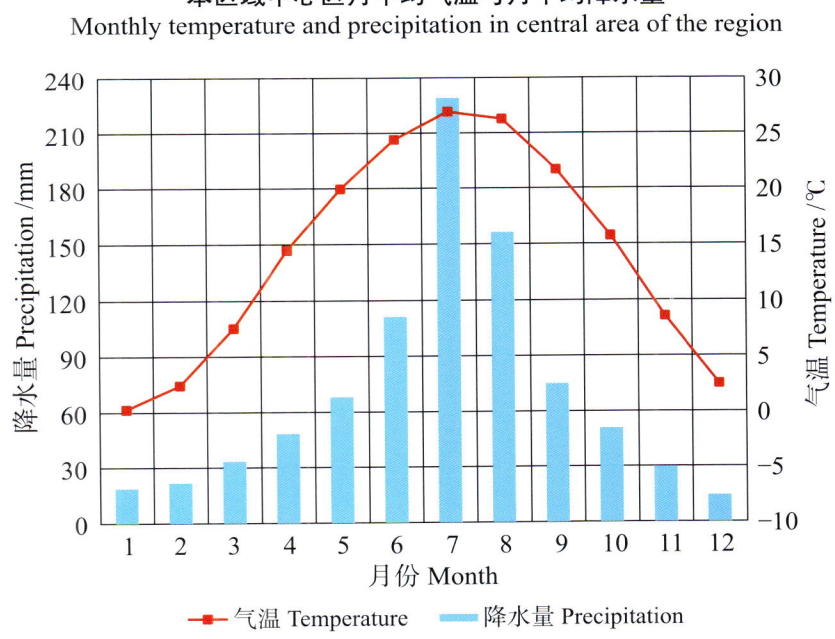

本区域中心区月平均气温与月平均降水量
Monthly temperature and precipitation in central area of the region

邳州市主要土壤类型与土壤剖面点分布图
1:240 000

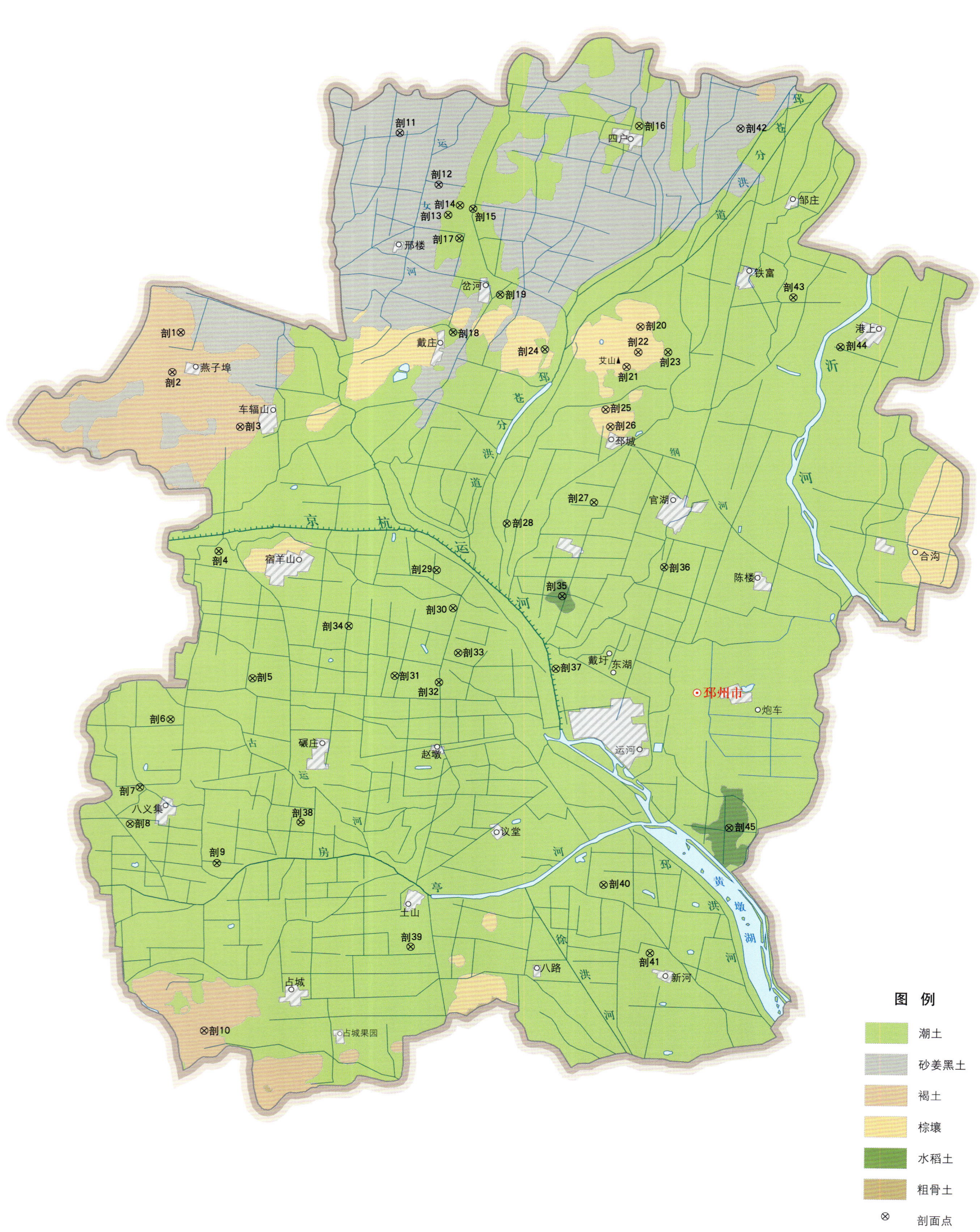

图 例

- 潮土
- 砂姜黑土
- 褐土
- 棕壤
- 水稻土
- 粗骨土
- ⊗ 剖面点

邳州市土壤剖面理化性状表

剖面号 Soil profile	土纲 Soil order	土类 Soil great group	亚类 Soil subgroup	土属 Soil genus	土种 Soil species	土层码 Layer code	土层厚度 Depth/cm	颜色 Soil color	质地 Soil texture	土壤结构 Soil structure	pH	有机质 OM/(g/kg)	全氮 TN/(g/kg)	全磷 TP/(g/kg)	碱解氮 AN/(mg/kg)	有效磷 AP/(mg/kg)	速效钾 AK/(mg/kg)	阳离子交换量CEC/(cmol/kg)	土壤母质 Parent material	剖面点坐标 Profile coordinate	匹配指数 Matching index/%
剖1	半淋溶土	褐土	潮褐土	山淤土	腰黑山淤土	A_1	0–14	暗棕色	重黏土	粒状	7.7	14.6	1.01	0.32	110	1.2	120	20.7	石灰岩风化物、黄泛沉积物	E 117°41′35.9″ N 34°31′28.2″	81
						A_2	14–31	暗棕色	轻黏土	块状	7.9	9.9	0.72	0.30	68	1.0	111				
						Bv	31–54	灰黄棕色	轻黏土	块状	7.4	13.3	0.73	0.27		<1.0					
						C	54–100	黑黄色	轻黏土	粒状	7.4	9.9	0.58	0.26		<1.0					
剖2	半淋溶土	褐土	潮褐土	白淌土	白淌土	A_1	0–15	浅黄色	重黏土		8.0	5.8	0.45	0.14	45	<1.0	45	14.0	石灰岩洪积物	E 117°41′20.4″ N 34°30′12.2″	91
						A_2	15–32	浅黄棕色	重黏土	块状	7.9	3.7	0.28	0.25	30	<1.0	35				
						Bv	32–47	棕色	重黏土	块状	7.4	1.8	0.18	0.25		<1.0					
						C	47–100	暗灰棕色	重黏土	粒状	7.0	7.1	0.34	0.25		<1.0					
剖3	半淋溶土	褐土	淋溶褐土	山红土	中层山红土	A_1	0–21	暗红色	中壤土	粒状	7.8	10.1	0.65	0.36	59	1.0	144	19.5	石灰岩残积物、坡积物	E 117°43′45.5″ N 34°28′30.7″	85
						A_2	21–56	暗红棕色	重壤土	块状	7.8	7.5	0.65	0.25	52	<1.0	188				
						3	56–100														
剖4	半水成土	潮土	黄潮土	两合土	两合土	A_1	0–15	暗灰色	中壤土	小块状	8.0	13.1	0.88	0.66	81	8.1	160	10.0	黄泛冲积物	E 117°43′01.9″ N 34°24′33.8″	100
						A_2	15–25	灰黄棕色	中壤土	片状	8.2	6.5	0.53	0.60	51	3.9					
						Bv	25–70	灰黄棕色	中壤土	小块状	8.0	4.3	0.36	0.59		2.2					
						C	70–100	灰黄棕色	轻壤土	小块状	8.0	3.3	0.27	0.57		1.5					
剖5	半水成土	潮土	黄潮土	淤土	砂底淤土	A_1	0–15	暗灰棕色	重壤土	小块状	8.4	11.0	0.91	0.74	95	5.6	131	15.7	黄泛冲积物	E 117°44′13.2″ N 34°20′33.4″	80
						A_2	15–30	灰黄棕色	轻黏土	片状	8.3	8.2	0.74	0.61	70	2.2					
						Bv	30–75	栗色	中壤土	柱状	8.5	7.5	0.60	0.54		1.3					
						C	75–100	浅栗色	砂壤土	单粒状	8.2	2.3	0.19	0.51		1.6					
剖6	半水成土	潮土	盐碱化黄潮土	脱盐碱土	脱盐碱土	A_1	0–20	棕灰色	轻壤土	粒状	8.8	8.2	0.62	0.65	42	3.5	60	7.6	黄泛冲积物	E 117°41′13.9″ N 34°19′15.6″	81
						A_2	20–30	暗灰棕色	轻壤土	粒状	8.8	4.3	0.36	0.55		3.2					
						Bv	30–75	浅灰棕色	砂壤土	粒状	8.7	2.3	0.26	0.54		3.2					
						C	75–100	浅黄棕色	砂壤土	粒状	8.7	2.6	0.23	0.52		3.3					
						5															
剖7	半水成土	潮土	盐碱化黄潮土	轻盐碱土	黏心轻盐碱土	A_1	0–20	栗色	中壤土	粒状	8.4	8.3	0.62	0.74	62	6.4	105	11.0	黄泛冲积物	E 117°40′04.8″ N 34°17′01.7″	93
						A_2	20–32	暗黄棕色	中壤土	粒状	8.4	3.4	0.30	0.61		1.1	69				
						Bv	32–70	暗棕色	中壤土	块状	8.4	6.5	0.44	0.55	38	1.2	127				
						C	70–100	暗黄棕色	砂壤土	单粒状	8.7	3.0	0.20	0.55		1.2	57				
						5															
剖8	半水成土	潮土	盐碱化黄潮土	脱盐碱土	黏心脱盐碱土	A_1	0–15	栗色	中壤土	团粒状	8.8	10.6	0.74	0.68	71	2.1	69	13.8	黄泛冲积物	E 117°39′40.7″ N 34°15′58.3″	80
						A_2	15–31	灰黄棕色	重壤土	片状	8.7	8.3	0.59	0.62	52	<1.0	60				
						Bv	31–70	栗色	重壤土	块状	8.7	5.9	0.49	0.56	26	<1.0	97				
						C	70–100	暗黄棕色	中壤土	微团状	9.2	2.8	0.27	0.59	30	<1.0	58				
						5															
剖9	半水成土	潮土	盐碱化黄潮土	盐碱土	轻盐碱土	A_1	0–16	栗色	轻壤土	粒团状	8.8	7.5	0.49	0.72	55	2.3	59	7.4	黄泛冲积物	E 117°42′54.4″ N 34°14′38.4″	82
						A_2	16–25	灰黄棕色	砂壤土	单粒状	9.0	2.5	0.20	0.57	31	<1.0	35				
						Bv	25–60	暗黄棕色	重壤土	单粒状	8.8	6.5	0.23	0.59	26	<1.0	49				
						C	60–100	暗黄棕色	砂壤土	单粒状	8.8	3.8	0.23	0.59	30	<1.0	49				
						5															
剖10	半淋溶土	褐土	粗骨性褐土	砾石褐土	轻砾石褐土	A_1	0–15	浅棕色	重壤土	粒状	8.1	8.8	0.78	0.28	58	1.0	86	21.7	石灰岩风化物	E 117°42′27.4″ N 34°09′23.4″	98
						A_2	15–26	棕色	中壤土	块状	8.2	9.2	0.75	0.20	62	<1.0	74				
						Bv	26–55	红棕色	重壤土	块状	8.1	4.6	0.45	0.19		<1.0					
						C	55–100														

续表 Continued

剖面号 Soil profile	土纲 Soil order	土类 Soil great group	亚类 Soil subgroup	土属 Soil genus	土种 Soil species	土层码 Layer code	土层厚度 Depth/cm	颜色 Soil color	质地 Soil texture	土壤结构 Soil structure	pH	有机质 OM/(g/kg)	全氮 TN/(g/kg)	全磷 TP/(g/kg)	碱解氮 AN/(mg/kg)	有效磷 AP/(mg/kg)	速效钾 AK/(mg/kg)	阳离子交换量CEC/(cmol/kg)	土壤母质 Parent material	剖面点坐标 Profile coordinate	匹配指数 Matching index/%
剖11	半水成土	砂姜黑土	砂姜黑土	湖黑土	下位砂姜黑土	A₁	0~13	暗灰色	轻黏土	块状	7.9	12.7	0.95	0.38	86	1.1	98	35.6	黄土冲沉积物	E 117°49′43.0″ N 34°37′46.2″	93
						A₂	13~25	黑灰色	轻黏土	块状	7.9	12.2	0.90	0.30	54	<1.0	90				
						Bv	25~55	暗灰色	轻黏土	块状	7.6	12.2	0.93	0.28		<1.0					
						C	55~100	灰黄色	重黏土	块状	7.9	4.2	0.36	0.32		<1.0					
剖12	半水成土	砂姜黑土	砂姜黑土	湖黑土	黑土	A₁	0~15	栗色	轻黏土	块状	8.0	19.5	1.27	0.60	102	6.4	174	35.5	黄土冲沉积物	E 117°51′06.8″ N 34°36′07.9″	81
						A₂	15~23	暗黄棕色	轻黏土	块状	8.2	14.9	1.05	0.47	84	<1.0	82				
						Bv	23~42	暗黄棕色	轻黏土	块状	8.4	13.6	0.94	0.57		<1.0					
						C	42~100	黄棕色	重黏土	块状	8.3	6.3	0.45	0.40		<1.0					
剖13	半水成土	潮土	棕潮土	黄砂土	黄砂土	A₁	0~17	浅棕黄色	砂壤土	单粒状	8.2	5.7	0.39	0.62	47	<1.0	48	8.7	冲积物、沉积物	E 117°51′29.2″ N 34°35′09.2″	89
						A₂	15~25	浅黄棕色	砂壤土	单粒状	8.2	4.0	0.32	0.44	38	<1.0	38				
						Bv	25~54	黑灰色	重黏土	单粒状	8.2	2.7	0.21	0.40		<1.0					
						C	54~100	栗色	砂壤土	单粒状	8.3	2.0	0.15	0.39		<1.0					
剖14	半水成土	潮土	棕潮土	老黄土	腰黑老黄土	A₁	0~17	暗黄棕色	轻壤土	块状	7.8	19.8	1.40	0.53	180	4.9	134	27.3	冲积物、沉积物	E 117°51′54.7″ N 34°35′25.8″	80
						A₂	17~28	暗黄棕色	中黏土	微团状	8.4	10.4	0.87	0.38	137	1.7	118				
						Bv	28~65	黑灰色	中黏土	微团状	8.1	11.7	0.87	0.25		<1.0					
						C	65~100	暗灰色	重黏土	块状	8.1	9.8	0.81	0.26		<1.0					
剖15	半水成土	潮土	棕潮土	黄土	砂心黄土	A₁	0~18	浅黄棕色	轻壤土	块状	8.2	9.2	0.60	0.64	58	4.1	80	10.9	冲积物、沉积物	E 117°52′23.2″ N 34°35′20.4″	91
						A₂	18~28	浅黄棕色	轻壤土	单粒状	8.4	6.5	0.49	0.54	49	1.8	75				
						Bv	28~53	浅黄棕色	中黏土	单粒状	8.5	1.8	0.16	0.74		<1.0					
						C	53~100	灰黄色	中壤土	块状	8.4	4.3	0.37	0.74		<1.0					
剖16	半水成土	潮土	黄潮土	淤土	砂底淤土	A₁	0~15	灰棕色	黏壤土	小块状	8.4	11.0	0.91	0.91	95	7.0	121	15.7	黄泛冲积物	E 117°58′30.0″ N 34°37′53.8″	92
						A₂	15~30	灰黄棕色	黏壤土	片状	8.5	8.2	0.74	0.74	70	2.0					
						C₁	30~75	棕色	砂壤土	柱状	8.5	7.5	0.60	0.54		1.0					
						C₂	75~100	油黄棕色	砂壤土	单粒状	8.3	2.3	0.19	0.51		2.0					
剖17	半水成土	潮土	棕潮土	黄土		A₁	0~20	暗棕色	中壤土	微团状	8.1	17.1	1.17	0.54	94	<1.0	131	19.6	冲积物、沉积物	E 117°51′53.6″ N 34°34′23.9″	81
						A₂	20~41	暗棕色	中壤土	小块状	8.3	10.8	0.84	0.34	67	<1.0	81				
						Bv	41~77	黑色	中壤土	块状	8.0	9.3	0.63	0.32		<1.0					
						C	77~100	暗棕色	中壤土	块状	7.9	8.9	0.54	0.33		<1.0					
剖18	半水成土	潮土	棕潮土	老黄土	砂底老黄土	A₁	0~13	暗棕色	轻黏土	粒状	7.7	14.3	1.03	0.49	58	1.4	221	25.6	冲积物、沉积物	E 117°51′39.2″ N 34°31′26.4″	90
						A₂	13~27	暗灰棕色	轻黏土	块状	7.8	10.7	0.83	0.45	69	1.1	230				
						Bv	27~58	暗灰棕色	砂壤土	块状	7.9	9.2	0.71	0.35		1.1					
						C	58~100	暗灰棕色	中壤土	块状	8.0	4.3	0.31	0.33		1.3					
剖19	半水成土	潮土	棕潮土	黄土	底黑黄土	A₁	0~14	暗黄棕色	重黏土	微团状	8.2	10.4	0.81	0.46	91	<1.0	121	15.3	冲积物、沉积物	E 117°53′23.6″ N 34°32′37.0″	85
						A₂	14~42	暗棕色	重黏土	片状	8.2	7.3	0.61	0.43	79	<1.0	97				
						Bv	42~76	黑灰色	重黏土	块状	8.3	6.6	0.54	0.36		<1.0					
						C	76~100	黑棕色	中壤土	块状	8.1	11.9	0.93	0.30		<1.0					
剖20	淋溶土	棕壤	潮棕壤	板土	板土	A₁	0~12	棕色	砂壤土	单粒状	6.8	11.0	0.66	0.20	66	<1.0	44	8.6		E 117°58′30.7″ N 34°31′34.3″	84
						A₂	12~22	棕色	砂壤土	单粒状	6.9	10.3	0.62	0.20	72	<1.0	30				
						Bv	22~75	深棕色	砂壤土	块状	8.0	6.2	0.41	0.16		<1.0					
						C	75~100	黄色	中壤土	单粒状	8.1	3.3	0.25	0.11		<1.0					
剖21	淋溶土	棕壤	白浆化棕壤	包浆土	包浆土	A₁	0~18	褐色	紧砂土	单粒状	7.4	4.6	0.34	0.17	35	3.4	41	3.4	沉积物	E 117°58′04.1″ N 34°30′24.5″	82
						A₂	18~34	褐色	紧砂土	单粒状	7.4	4.0	0.31	0.16	34	3.4	39				
						Bv	34~67	浅黄棕色	砂壤土	块状	8.0	1.2	0.16	0.15	13	1.9	27				
						C	67~100	黄棕色	中壤土	块状	7.1	1.6	0.20	0.18		1.0					

续表 Continued

剖面号 Soil profile	土纲 Soil order	土类 Soil great group	亚类 Soil subgroup	土属 Soil genus	土种 Soil species	土层码 Layer code	土层厚度 Depth/cm	颜色 Soil color	质地 Soil texture	土壤结构 Soil structure	pH	有机质 OM/(g/kg)	全氮 TN/(g/kg)	全磷 TP/(g/kg)	碱解氮 AN/(mg/kg)	有效磷 AP/(mg/kg)	速效钾 AK/(mg/kg)	阳离子交换量CEC/(cmol/kg)	土壤母质 Parent material	剖面点坐标 Profile coordinate	匹配指数 Matching index/%
剖22	淋溶土	棕壤	棕壤	酥石岭砂土	岭砂土	A_1	0—16	浅棕色	紧砂土	单粒状	7.2	5.1	0.39	0.90	35	2.1	38	5.7	基岩风化物	E 117°58′25.0″ N 34°30′40.0″	80
						A_2	16—37	浅黄棕色	紧砂土	单粒状	7.3	4.2	0.36	0.18	31	2.2	34				
						Bv	37—68	浅黄棕色	紧砂土	单粒状	7.4	1.2	0.13	0.17		2.1					
						C	68—100	浅棕色	砂壤土	单粒状	7.5	2.3	0.31	0.33		5.3					
剖23	半水成土	潮土	棕潮土	黄砂土	火砂土	A_1	0—34	浅棕色	砂壤土	单粒状	7.4	4.1	0.29	0.34	31	1.5	26	6.3	冲积物、沉积物	E 117°59′33.4″ N 34°30′44.3″	92
						A_2	34—51	浅棕色	砂壤土	单粒状	7.4	2.7	0.24	0.30	27	2.9	23				
						Bv	51—64	棕色	砂壤土	单粒状	6.9	3.4	0.24	0.24		4.1					
						C	64—100	暗棕色	砂壤土	粒状	7.0	4.5	0.36	0.28		4.4					
剖24	半水成土	潮土	棕潮土	黄砂土	漏砂土	A_1	0—18	浅棕色	砂壤土	单粒状	8.3	5.5	0.41	0.19	35	4.7	45	9.6	冲积物、沉积物	E 117°54′59.8″ N 34°30′52.9″	82
						A_2	18—25	浅棕色	砂壤土	单粒状	8.4	2.9	0.24	0.64	34	3.7	29				
						Bv	25—60	白色	砂壤土	单粒状	8.4	1.0	0.10	0.64		3.1					
						C	60—100	白色	紧砂土	单粒状	8.4	<1.0	<0.10	0.72		3.1					
剖25	淋溶土	棕壤	棕壤	酥石岭砂土	中砾石土	1	0—15	灰棕色	砂壤土	单粒状	6.2	9.2	0.61	0.42	55	9.8	79	8.9	基岩风化物	E 117°57′14.0″ N 34°29′00.2″	85
						2	15—														
剖26	淋溶土	棕壤	棕壤	酥石岭砂土	轻砾石土	1	0—18	灰棕色	砂壤土	单粒状	7.2	7.9	0.55	0.32	54	18.4	117	5.6	基岩风化物	E 117°57′23.0″ N 34°28′26.4″	94
						2	18—30	灰棕色	砂壤土	单粒状	7.4	6.0	0.52	0.34	50	12.9	80				
						3	30—														
剖27	半水成土	潮土	棕潮土	黄土	厚砂底黄土	A_1	0—16	暗黄棕色	轻壤土	微团状	8.4	8.8	0.59	0.62	60	1.0	81	11.4	冲积物、沉积物	E 117°56′46.7″ N 34°26′04.2″	95
						A_2	16—30	黄棕色	砂壤土	单粒状	8.6	2.1	0.19	0.67	21	<1.0	45				
						Bv	30—60	黄棕色	砂壤土	单粒状	8.4	4.1	0.33	0.70		<1.0					
						C	60—100	暗黄棕色	砂壤土	单粒状	8.4	4.1	3.30	0.69		<1.0					
剖28	半水成土	潮土	棕潮土	老黄土	老土	A_1	0—14	暗棕色	重黏土	块状	7.4	26.2	1.77	0.65	148	3.7	240	38.3	冲积物、沉积物	E 117°53′37.0″ N 34°25′25.0″	84
						Bv	14—21	暗棕色	重黏土	块状	7.9	15.0	1.19	0.57	98	1.5	223				
						C	21—69	红棕色	黏土	块状	7.9	9.7	0.87	0.50		2.6					
						5	69—100	暗黄棕色	轻黏土	块状	8.0	7.3	0.66	0.52		1.0					
剖29	半水成土	潮土	黄潮土	两合土	黏底两合土	A_1	0—18	暗黄棕色	中壤土	微团状	8.7	12.8	0.82	0.62	74	2.5	100	11.0	黄泛冲积物	E 117°51′02.2″ N 34°23′56.0″	87
						A_2	18—25	浅灰棕色	轻壤土	片状	8.5	7.4	0.61	0.59	59	2.9	86				
						Bv	25—79	棕色	轻壤土	块状	8.6	3.9	0.30	0.59		1.5					
						C	79—100	灰黄棕色	中黏土	粒状	8.4	7.2	0.55	0.56		1.7					
剖30	半水成土	潮土	黄潮土	两合土	厚砂底两合土	A_1	0—12	暗灰棕色	中壤土	微团状	8.5	8.5	0.58	0.59	65	1.0	98	10.2	黄泛冲积物	E 117°51′36.4″ N 34°22′43.0″	96
						A_2	12—19	暗灰棕色	片壤土	片状	8.5	7.1	0.49	0.54	51	<1.0	87				
						Bv	19—35	暗灰棕色	片壤土	片状	8.6	3.9	0.33	0.56		<1.0					
						C	35—100	灰黄棕色	紧砂土	块状	8.4	1.7	0.13	0.52		<1.0					
剖31	半水成土	潮土	盐碱化黄潮土	脱盐土	黏底脱盐碱土	A_1	0—15	灰黄棕色	中壤土	粒状	8.7	11.1	0.70	0.72	69	3.0	98	9.9	黄泛冲积物	E 117°49′25.0″ N 34°20′34.4″	100
						A_2	15—29	灰棕色	中壤土	片状	8.7	6.3	0.51	0.62	43	<1.0					
						Bv	29—69	栗色	中壤土	片状	8.5	4.3	0.33	0.62	31	<1.0					
						C	69—100	棕色	中黏土	块状	8.4	6.7	0.59	0.60	49	<1.0					
剖32	半水成土	潮土	黄潮土	淤土	砂心淤土	A_1	0—18	棕灰色	黏壤土	小块状	8.5	13.1	0.88	0.71	68		181	15.3	黄泛冲积物	E 117°51′04.7″ N 34°20′23.6″	88
						A_{12}	18—27	棕灰色	黏土	块状	8.5	9.6	0.70	0.59	44		175				
						C_1	27—66	棕灰色	砂壤土	单粒状	8.9	1.6	0.17	0.56							
						C_2	66—100	暗棕色	黏土	块状	8.6	5.8	0.47	0.59							
剖33	半水成土	潮土	黄潮土	淤土	砂心淤土	A_1	0—18	灰黄棕色	重壤土	小块状	8.5	13.1	0.88	0.71	68	<1.0	181	15.3	黄泛冲积物	E 117°51′49.3″ N 34°21′19.8″	85
						A_2	18—27	暗棕色	中壤土	块状	8.5	9.6	0.70	0.59	44	<1.0	173				
						Bv	27—66	栗色	砂壤土	单粒状	8.9	1.6	0.17	0.56		1.3					
						C	66—100	紫棕色	轻黏土	块状	8.6	5.8	0.47	0.59		3.3					

续表 Continued

剖面号 Soil profile	土纲 Soil order	土类 Soil great group	亚类 Soil subgroup	土属 Soil genus	土种 Soil species	土层码 Layer code	土层厚度 Depth/cm	颜色 Soil color	质地 Soil texture	土壤结构 Soil structure	pH	有机质 OM/(g/kg)	全氮 TN/(g/kg)	全磷 TP/(g/kg)	碱解氮 AN/(mg/kg)	有效磷 AP/(mg/kg)	速效钾 AK/(mg/kg)	阳离子交换量CEC/(cmol/kg)	土壤母质 Parent material	剖面点坐标 Profile coordinate	匹配指数 Matching index/%
剖34	半水成土	潮土	黄潮土	两合土	黏心两合土	A₁	0–14	暗棕色	中壤土	微团状	8.2	13.1	0.91	0.83	89	5.3	138	11.2	黄泛冲积物	E 117°47′44.2″ N 34°22′08.8″	94
						A₂	14–20	栗色	轻壤土	块状	8.3	10.8	0.78	0.73	78	4.6	99	11.0			
						Bv	20–60	灰棕色	轻黏土	块状	8.3	5.5	0.37	0.59	48	1.0		13.7			
						C	60–100	棕灰色	中壤土	小块状	8.3	3.4	0.30	0.56	28	<1.0	220	8.4			
剖35	人为土	水稻土	潜育水稻土	棕潮土型水稻土	老土水稻土	A₁	0–15	棕灰色	中黏土	块状	7.9	22.4	1.64	0.62	96	2.2	220	26.6		E 117°55′35.4″ N 34°23′04.2″	84
						A₂	15–22	棕灰色	中黏土	块状	7.9	15.1	1.09	0.57	98	2.1	244				
						Bv	22–60	棕灰色	重黏土	块状	8.1	10.6	0.92	0.41							
						C	60–100	棕灰色	重黏土	块状	8.1	10.4	0.90	0.60							
剖36	半水成土	潮土	黄潮土	老黄土	砂心老黄土	A₁	0–18	灰黄棕色	轻黏土	粒状	8.3	15.8	1.06	0.69	119	9.8	242	25.4	冲积物，沉积物	E 117°59′19.7″ N 34°23′60.0″	88
						A₂	18–27	灰黄棕色	轻黏土	片状	8.3	13.3	0.95	0.58	93	2.4	241				
						Bv	27–48	黄黄棕色	砂壤土	单粒状	7.9	7.8	0.64	0.44		1.5					
						C	48–100	浅黄棕色	中壤土	块状	8.7	5.1	0.52	0.51		1.3					
剖37	半水成土	潮土	黄潮土	两合土	砂底两合土	A₁	0–17	暗黄棕色	中壤土	微团状	8.6	11.3	0.82	0.59	73	1.0	120	11.7	黄泛冲积物	E 117°55′21.0″ N 34°20′49.6″	92
						A₂	17–48	栗色	重黏土	块状	8.3	9.0	0.71	0.55	64	<1.0	107				
						Bv	48–81	暗黄棕色	砂壤土	片状	8.4	3.7	0.28	0.52		<1.0					
						C	81–100	灰黄棕色	砂壤土	单粒状	8.5	1.6	0.14	0.51		<1.0					
剖38	半水成土	潮土	盐碱化黄潮土	重盐碱土	重盐碱土	A₁	0–20	灰黄棕色	中壤土	粒状	8.8	4.5	0.33	0.62	24	2.0	121	6.3	黄泛冲积物	E 117°45′58.3″ N 34°15′59.8″	90
						A₂	20–41	暗黄棕色	重壤土	块状	8.7	2.1	0.18	0.58	11	1.0					
						Bv	41–71	暗黄棕色	砂壤土	单粒状	8.7	2.2	0.18	0.54		<1.0					
						C	71–100	暗黄棕色	砂壤土	单粒状	8.7	2.3	0.19	0.54		<1.0					
剖39	半水成土	潮土	黄潮土	砂土	砂土	A₁	0–15	暗黄棕色	砂壤土	单粒状	8.3	6.8	0.38	0.61	58	2.5	83	7.3	黄泛冲积物	E 117°50′01.3″ N 34°11′58.6″	82
						A₂	15–23	暗黄棕色	砂壤土	单粒状	8.2	5.1	0.31	0.58	47	2.0	58	7.3			
						Bv	23–34	黄黄棕色	砂壤土	单粒状	8.2	3.8	0.23	0.58	28	1.5	46	5.0			
						C	34–100	黄黄棕色	紧砂土	单粒状	8.2	<1.0	0.10	0.54	19	1.7	29	3.5			
剖40	半水成土	潮土	盐碱化黄潮土	中盐碱土	中盐碱土	A₁	0–20	暗黄棕色	砂壤土	粒状	8.4	4.9	0.39	0.58	45	1.0	102	9.4	黄泛冲积物	E 117°57′05.0″ N 34°13′55.6″	96
						A₂	20–33	暗黄棕色	砂壤土	单粒状	8.6	2.5	0.21	0.56	15	<1.0	43				
						Bv	33–74	暗黄棕色	砂壤土	单粒状	8.8	1.1	0.10	0.56		<1.0					
						C	74–100	暗黄棕色	砂壤土	单粒状	8.8	1.4	0.12	0.51		<1.0					
						5															
剖41	半水成土	潮土	盐碱化黄潮土	轻盐碱土	黏底轻盐碱土	A₁	0–19	栗色	砂壤土	微团状	8.4	8.7	0.63	0.63	77	1.4	76		黄泛冲积物	E 117°58′46.9″ N 34°11′47.4″	85
						A₂	19–29	栗色	中壤土	片状	8.6	4.9	0.41	0.60	51	<1.0	51				
						Bv	29–53	棕色	重黏土	块状	8.6	3.6	0.28	0.60	28	<1.0					
						C	53–100	棕色	中黏土	块状	8.5	6.7	0.60	0.58	19	<1.0					
						5															
剖42	砂姜黑土	砂姜黑土	砂姜黑土	湖黑土	黄黑	A₁	0–15	暗灰棕色	轻壤土	小块状	8.0	14.8	1.03	0.41	119	<1.0	134	23.6	黄土冲积物，沉积物	E 118°02′13.6″ N 34°37′46.9″	81
						A₂	15–32	灰灰棕色	重黏土	块状	7.9	14.5	1.01	0.36	121	<1.0	143				
						Bv	32–75	暗棕色	重黏土	块状	7.9	7.5	0.52	0.29		<1.0					
						C	75–100	黄黄棕色	中壤土	块状	7.5	3.5	3.20	0.30		<1.0					
剖43	半水成土	潮土	棕潮土	老黄土	老黄土	A₁	0–13	栗色	轻壤土	粒状	8.0	15.2	1.12	0.59	99	1.5	172	27.9	冲积物，沉积物	E 118°04′08.0″ N 34°32′26.5″	89
						A₂	13–30	暗黄棕色	轻黏土	块状	8.0	10.6	0.87	0.51	78	<1.0	189				
						Bv	30–52	黄黄棕色	中壤土	块状	7.5	4.9	0.42	0.40		<1.0					
						C	52–100	栗色	重黏土	块状	8.1	5.7	0.46	0.40		<1.0					

续表 Continued

剖面号 Soil profile	土纲 Soil order	土类 Soil great group	亚类 Soil subgroup	土属 Soil genus	土种 Soil species	土层码 Layer code	土层厚度 Depth/cm	颜色 Soil color	质地 Soil texture	土壤结构 Soil structure	pH	有机质 OM/(g/kg)	全氮 TN/(g/kg)	全磷 TP/(g/kg)	碱解氮 AN/(mg/kg)	有效磷 AP/(mg/kg)	速效钾 AK/(mg/kg)	阳离子交换量CEC/(cmol/kg)	土壤母质 Parent material	剖面点坐标 Profile coordinate	匹配指数 Matching index/%
剖44	半水成土	潮土	棕潮土	黄砂土	黏底黄砂土	A₁	0—17	黄棕色	砂壤土	单粒状	7.4	8.7	0.68	0.70	50	5.4	57	3.9	冲积物、沉积物	E 118°05′52.1″ N 34°30′54.0″	84
						A₂	17—54	灰黄棕色	砂壤土	单粒状	7.7	2.8	0.34	0.44	30	<1.0	74				
						Bv	54—72	栗色	轻黏土	块状	7.4	6.8	0.59	0.48		2.2					
						C	72—100	栗色	轻黏土	块状	7.4	5.8	0.56	0.49		2.9					
剖45	人为土	水稻土	渗育水稻土	黄潮土型水稻土	涂土水稻土	A₁	0—12	暗棕色	重黏土	小块状	8.2	23.5	1.56	0.62	142	3.2	229	27.4		E 118°01′39.4″ N 34°15′43.9″	90
						A₂	12—22	暗黄棕色	重黏土	块状	8.2	19.2	1.36	0.56	124	1.1	214				
						Bv	22—47	浅棕色	重黏土	块状	8.3	7.8	0.69	0.59		1.1					
						C	47—100	棕色	重黏土	块状	8.3	8.1	0.72	0.62		<1.0					

常 州 市

市 辖 区

主要土类说明

水稻土是常州市最主要的土壤类型，占本市地域面积的57%。本地种稻已有几千年的历史，在长期的稻麦两熟耕作条件下，季节性淹水、周期性水耕和旱作交替进行，土壤氧化还原活动十分频繁，剖面中物质的淋溶淀积形成了土壤剖面的特殊层次——水稻土渗育层层段。受地形、母质、水分运动、轮作制度、培肥措施、耕作年龄长短等的影响，本市水稻土分为潴育型、脱潜型、潜育型和漂洗型等亚类。其中，潴育水稻土所占面积最大、分布最广，主要分布于微起伏平田地区，由河湖相沉积物发育而成，常年地下水位一般在80cm以下。渗育层都为棱块状结构，切面有锈斑，淀积层中铁锰结核较多。水稻土有较厚耕作层、紧实的犁底层、通气透水的渗育层，养分含量高，交换性盐基含量高，保水保肥性能好。

小于本市地域面积3%的土壤类型还有潮土等。

本区域中心区气候特征

本区域中心区气候特征值
Regional climate characteristics in central area of the region

气候带：北亚热带湿润气候 Climate region: North subtropical humid climate	
年平均气温 /℃ Annual average temperature /℃	15.6
年平均最高气温 /℃ Annual average maximum temperature /℃	20.1
年平均最低气温 /℃ Annual average minimum temperature /℃	12.0
年降水量 /mm Annual precipitation /mm	1148
≥10℃的积温 /℃ Daily temperature accumulated in a year (≥10℃) /℃	5697
年日照时数 /h Annual sunshine /h	1953
年平均相对湿度 /% Annual average relative humidity /%	78
干燥度 Dryness	0.81

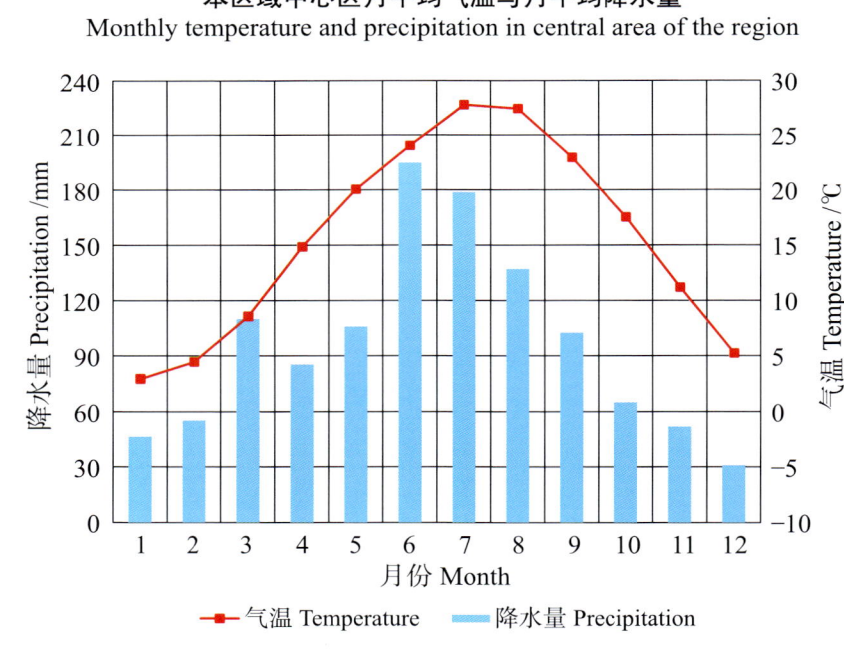

本区域中心区月平均气温与月平均降水量
Monthly temperature and precipitation in central area of the region

常州市市辖区（部分）主要土壤类型与土壤剖面点分布图
1∶100 000

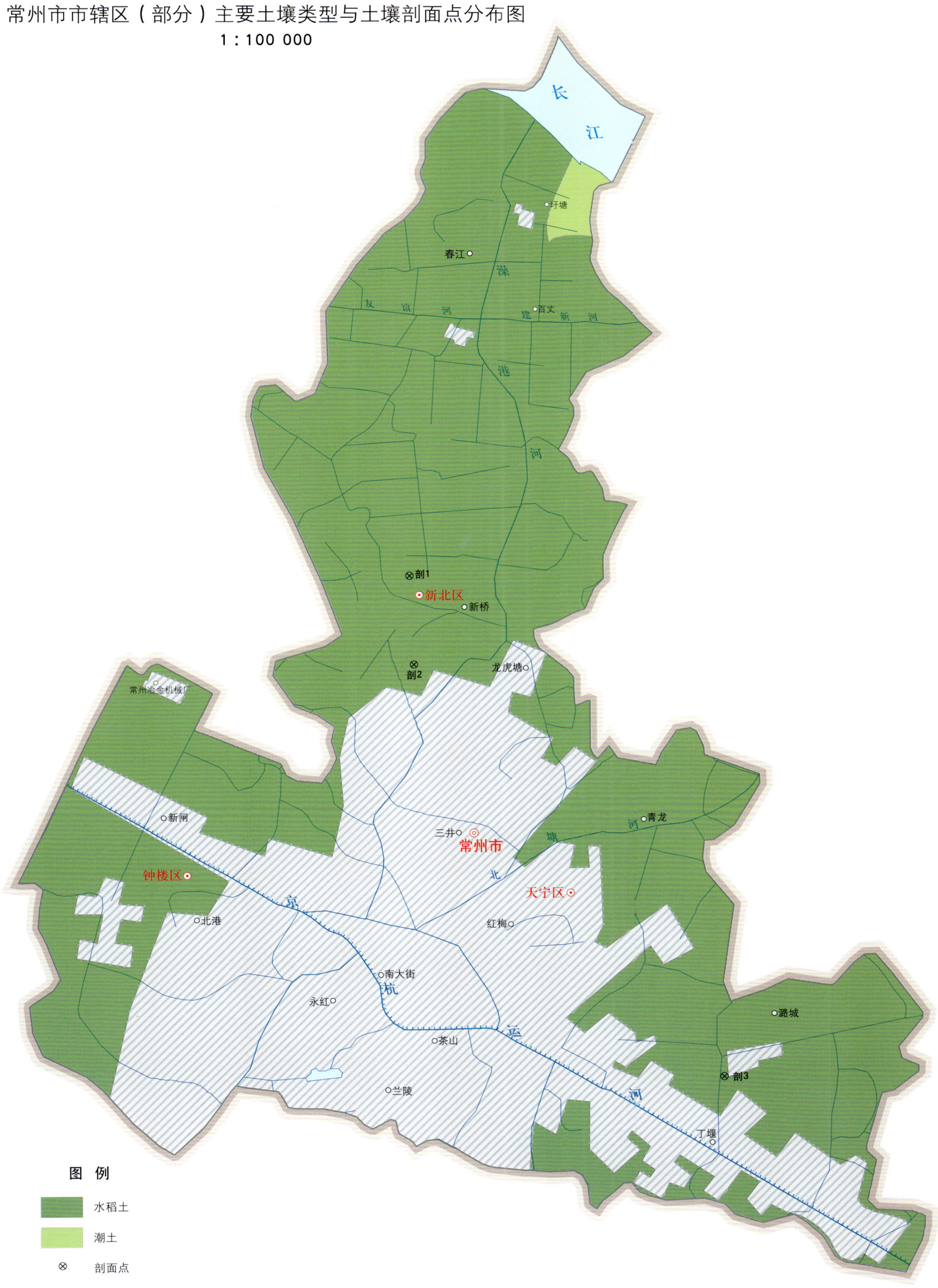

常州市土壤剖面理化性状表

剖面号 Soil profile	土纲 Soil order	土类 Soil great group	亚类 Soil subgroup	土属 Soil genus	土种 Soil species	土层码 Layer code	土层厚度 Depth/cm	颜色 Soil color	质地 Soil texture	土壤结构 Soil structure	pH	有机质 OM/(g/kg)	全氮 TN/(g/kg)	全磷 TP/(g/kg)	有效磷 AP/(mg/kg)	速效钾 AK/(mg/kg)	阳离子交换量CEC/(cmol/kg)	土壤母质 Parent material	剖面点坐标 Profile coordinate	匹配指数 Matching index/%
剖1	人为土	水稻土	潴育水稻土	黄泥土	黄泥土	1	0—13		重壤土		6.0	23.8	1.35	2.10	39.2	80	29.3	湖相沉积、河流冲积黄土状母质	E 119°57′13.0″ N 31°52′10.6″	93
						2	13—27		重壤土		6.8	20.4	1.19	1.89	33.4	75	28.1			
						3	27—47		重壤土		7.8	18.6	1.24	1.73	24.8	71	29.1			
						4	47—100		粉黏土		7.8	8.5	0.46	0.91	2.8	81				
剖2	人为土	水稻土	潴育水稻土	黄泥土	铁质(屑)黄泥土	A	0—20	棕黄色	重壤土	团粒状	5.9	23.5	1.64	2.67	41.1	81	23.8	下蜀黄土	E 119°57′14.4″ N 31°50′59.3″	97
						Bv	20—34	灰黄色	重壤土	棱块状	6.5	17.1	1.25	2.24	36.5	61	22.7			
						C	34—100	褐黄色	重壤土	棱块状	8.0	5.5	0.44	0.96	6.8	91	22.9			
剖3	人为土	水稻土	潴育水稻土	黄泥土	铁质(屑)黄泥土	A	0—15	棕黄色	重壤土	团块状	7.3	26.7	1.41	1.10	9.9	88	18.4	下蜀黄土	E 120°01′40.8″ N 31°45′24.5″	80
						P	15—28	黄褐色	重壤土	块状	7.5	22.0	1.34	0.89	9.8	83	17.3			
						W	28—42	灰黄色	重壤土	棱块状	7.4	17.3	1.05	0.83	4.2	79	18.5			
						Bvic	42—100	褐黄色	重壤土	棱块状	7.4	5.1	0.42	0.84	4.5	78				

武 进 区

主要土类说明

水稻土是武进区主要土壤类型，占本区地域面积的82%。水稻土是在长期季节性淹灌、水下翻耕、季节性脱水、氧化还原交替作用下，原来成土母质或母土的特性发生重大改变，形成的新的土壤类型。由于干湿交替，形成具有糊状淹育层、较坚实板结的犁底层、渗育层、潴育层与潜育层等多种发生层次的水稻土。本区种植水稻历史悠久，根据水稻土的剖面形态分异特征，全区水稻土分为渗育型、渗育型、潴育型、漂洗型、脱潜型和潜育型等亚类。其中，潴育水稻土面积最大，漂洗水稻土面积次之，分别占本区水稻土总面积的47%和21%。潴育水稻土渗育层发育良好，土壤透水性好，渗育层以下为潴育形成的淀积层，有多量的铁锰结核，土体构型为A-P-W-Bg；土壤供肥、保肥性能较好，地力基础产量较高；潴育水稻土主要分布在太滆、洮滆平田地区，地下水位在80cm以下。漂洗水稻土因受水分漂洗的影响，土体中有灰白色土层，白土层的黏粒含量低，粉砂粒含量较高，是影响土壤生产性能的障碍因素。由于白土层粗粉砂粒含量高，土粒浸水后易分散淀浆板结，所以白土层位高的田块，灌水或雨后因土壤板结，通透性差，不利于作物生长。同时，由于白土层无结构，透水性差，淀积层黏重紧实，对上层渗水有顶托作用，所以白土层的内排水性能差，常因表层土壤滞水而造成渍害。

小于本区地域面积3%的土壤类型还有黄棕壤、沼泽土、石灰（岩）土、潮土等。

本区域中心区气候特征

本区域中心区气候特征值
Regional climate characteristics in central area of the region

气候带：北亚热带湿润气候 Climate region: North subtropical humid climate	
年平均气温 /℃ Annual average temperature /℃	15.7
年平均最高气温 /℃ Annual average maximum temperature /℃	20.2
年平均最低气温 /℃ Annual average minimum temperature /℃	12.2
年降水量 /mm Annual precipitation /mm	1170
≥10℃的积温 /℃ Daily temperature accumulated in a year（≥10℃）/℃	5741
年日照时数 /h Annual sunshine /h	1931
年平均相对湿度 /% Annual average relative humidity /%	77
干燥度 Dryness	0.80

本区域中心区月平均气温与月平均降水量
Monthly temperature and precipitation in central area of the region

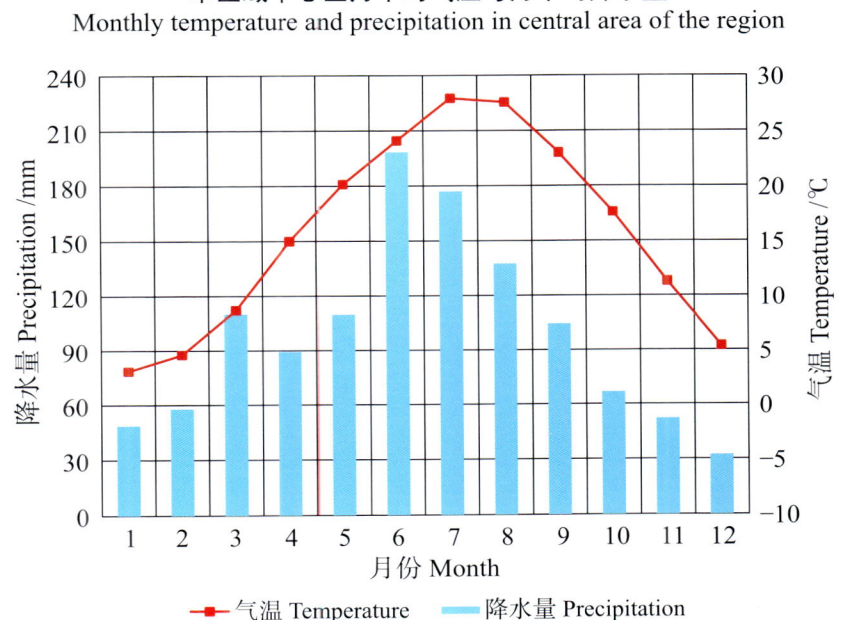

武进市主要土壤类型与土壤剖面点分布图
1∶270 000

图 例
- 水稻土
- 黄棕壤
- 沼泽土
- 石灰（岩）土
- 潮土
- 粗骨土
- ⊗ 剖面点

注：国务院 2002 年 4 月批准，撤销武进市，设立武进区。

武进区土壤剖面理化性状表

剖面号 Soil profile	土纲 Soil order	土类 Soil great group	亚类 Soil subgroup	土属 Soil genus	土种 Soil species	土层码 Layer code	土层厚度 Depth/cm	颜色 Soil color	质地 Soil texture	土壤结构 Soil structure	pH	有机质 OM/(g/kg)	全氮 TN/(g/kg)	全磷 TP/(g/kg)	碱解氮 AN/(mg/kg)	有效磷 AP/(mg/kg)	速效钾 AK/(mg/kg)	阳离子交换量CEC/(cmol/kg)	土壤母质 Parent material	剖面点坐标 Profile coordinate	匹配指数 Matching index/%
剖1	初育土	石灰(岩)土	棕色石灰土	棕色石灰土	薄层棕色石灰土	1	0—5		重壤土		7.3	31.1	2.32	0.34	126	5.5	141	17.5	石灰岩残积物、坡积物	E 119°48′57.2″ N 32°02′12.8″	94
						2	5—15		轻黏土		7.2	19.2	1.57	0.33	74	3.5	69	14.7			
						3	15—35		重壤土		7.4	16.0	1.32	1.13	62	2.1	28	13.0			
剖2	人为土	水稻土	渗育水稻土	砂土	狗头砂土	A	0—12		轻壤土		6.5	12.7	0.90	0.62	79	5.2	22	14.9	冲积物	E 119°48′46.1″ N 32°00′56.2″	91
						P	12—25		轻壤土		7.3	10.3	0.83	0.48	63	5.2	19	12.6			
						Bvca	25—48		轻壤土		7.3	6.3	0.61	0.37	52	3.1	21	12.9			
						C	48—100		轻壤土		7.3	5.6	0.54	0.38	39	2.0	18				
剖3	半水成土	潮土	灰潮土	旱田土	堆叠土	1	0—20				7.2	13.1	1.15	0.76	112	25.7	145		黄土状母质	E 119°50′06.4″ N 31°59′56.4″	97
						2	20—50				7.4	6.4	0.49	0.63	59	4.5	59	12.8			
						3	50—100				7.4	5.0	0.43	0.60	52	11.3	92				
剖4	半水成土	潮土	灰潮土	灰砂土	灰砂土	1	0—15				7.2	22.6	1.30	0.93	102	5.9	59	15.2	冲积物	E 119°50′13.2″ N 31°59′26.2″	98
						2	15—35				7.3	13.9	0.91	0.58	66	2.8	41	15.2			
						3	35—100				7.3	7.9	0.53	0.51	48	2.2	28	12.2			
剖5	半水成土	潮土	灰潮土	旱田土	旱地白土	1	0—20				7.3	16.8	1.09	1.01	83	5.3	56	15.2	冲积物	E 119°50′24.4″ N 31°59′24.4″	100
						2	20—33				7.3	11.5	0.66	0.70	95	1.3	34	9.8			
						3	33—48				7.4	7.1	0.39	0.16	30	<1.0	39	14.4			
						4	48—100				7.5	5.7	0.40	0.32	30	2.6	59	14.6			
剖6	人为土	水稻土	渗育水稻土	砂土	乌底砂土	A	0—11		中壤土		6.8	20.6	1.36	0.60	120	11.4	76	13.7	冲积物	E 120°05′31.6″ N 31°48′46.4″	91
						P	11—20		中壤土		7.3	7.6	0.62	0.51	112	10.9	66	15.1			
						Wo	20—80		中壤土		7.3	5.2	0.47	0.42	34	16.7	51	18.7			
						Dm	80—100		重壤土		7.3	15.7	1.04	0.52	55	12.9	88	26.2			
剖7	人为土	水稻土	渗育水稻土	漂洗水稻土	漂黄泥田	Aa	0—13	浊黄棕色	黏壤土	小块状	5.7	21.9	1.13	0.10				17.2	河湖相黄土、黄土状母质	E 119°46′26.0″ N 31°52′43.7″	85
						Ap	13—26	暗绿灰色	壤质黏土	小块状	6.7	15.8	0.86	0.12	70	3.5	105	15.6			
						E	26—44	灰色	壤质黏土	小块状	8.1	4.5	0.26	<0.10	60	6.1	79	32.3			
						W	44—100	灰色	壤质黏土	棱柱状	7.8	6.0	0.34	0.17	35	1.5	52	15.8			
剖8	人为土	水稻土	潴育水稻土	黄泥土	铁质黄泥土	A	0—10		重壤土		7.0	16.9	1.03	0.33	70	1.5	73	12.4	河湖相沉积、黄土状母质	E 119°50′57.1″ N 31°54′57.2″	90
						P	10—19		重壤土		6.9	13.4	0.89	0.32	60	6.1	52	13.1			
						W	19—39		重壤土		7.0	4.0	0.32	0.18	35	1.5	73	8.0			
						Bvir	39—100		重壤土		7.0	5.5	0.48	0.20	29			11.0			
剖9	人为土	水稻土	渗育水稻土	小粉土	小粉土	A	0—13		中壤土		7.1	25.1	1.34	0.58	111	6.2	37	11.4	坡积物	E 119°51′04.7″ N 31°53′36.2″	81
						P	13—23		中壤土		7.0	17.3	0.95	0.32	92	4.3	34	10.3			
						E	23—80		中壤土		7.0	4.6	0.33	0.27	31	3.0	28	11.7			
						C	80—100		中壤土		7.2	3.8	0.24	0.28	42	4.3	30				
剖10	人为土	水稻土	漂洗水稻土	白土	白头土	Aa	0—13	浅黄褐色	壤土	小块状	5.7	21.9	1.13	0.10				26.2	河湖相黄土状母质	E 119°51′47.2″ N 31°41′22.9″	92
						Ap	13—26	暗绿黏灰色	壤质黏土	小块状	6.9	15.8	0.86	0.12		11.4	24	17.2			
						E	26—44	灰色	壤质黏土	块状、棱柱状	7.1	4.5	0.26	<0.10		7.1	31	15.6			
						Cb	44—100	灰色	壤质黏土			6.0	0.34	0.17		5.5	50	32.3			
剖11	水成土	沼泽土	沼泽土	沼泽土	沼泽土	1	0—10				7.1	31.6	4.65	0.49	318					E 119°51′22.7″ N 31°43′04.8″	85
						2	10—30				7.3	19.7	1.09	0.28	183						
						3	30—				7.4	27.8	1.29	0.51	140						

续表 Continued

剖面号 Soil profile	土纲 Soil order	土类 Soil great group	亚类 Soil subgroup	土属 Soil genus	土种 Soil species	土层码 Layer code	土层厚度 Depth/cm	颜色 Soil color	质地 Soil texture	土壤结构 Soil structure	pH	有机质 OM/(g/kg)	全氮 TN/(g/kg)	全磷 TP/(g/kg)	碱解氮 AN/(mg/kg)	有效磷 AP/(mg/kg)	速效钾 AK/(mg/kg)	阳离子交换量CEC/(cmol/kg)	土壤母质 Parent material	剖面点坐标 Profile coordinate	匹配指数 Matching index/%
剖12	人为土	水稻土	潜育水稻土	青泥土	砂底青泥土	A	0—10		重壤土		7.5	16.4	1.06	0.29	106	4.4	83	19.1		E 119° 49′ 05.9″ N 31° 42′ 24.1″	87
						P	10—20		重壤土		7.8	15.3	0.90	0.49	75	2.6	69	18.1			
						G	20—62		中壤土		7.8	3.4	0.53	0.22	32	1.0	71	11.6			
						S	62—100		重壤土		7.9	4.0	0.43	0.32	60	1.0	116	10.8			
剖13	人为土	水稻土	潜育水稻土	青泥土	烂田青泥土	A	0—14		中壤土		6.9	22.7	1.39	0.53	110	3.6	63	14.6		E 119° 49′ 55.9″ N 31° 42′ 07.9″	82
						P	14—22		中壤土		7.4	19.2	1.19	0.47	76	3.5	54	14.6			
						G	24—65		重壤土		7.2	15.6	0.87	0.50	63	2.6	92	14.6			
						C	65—100		重壤土		7.0	10.5	0.75	0.51	81	2.1	173	14.4			
剖14	人为土	水稻土	潜育水稻土	青泥土	灰斑黄泥土	A	0—17		重壤土		7.3	16.8	1.26	0.87	194	15.4	114	13.5		E 119° 51′ 09.7″ N 31° 42′ 27.4″	87
						P	17—24		重壤土		7.3	13.5	1.07	0.76	102	12.9	176	16.1			
						Bvir	24—70		重壤土		7.4	6.6	0.75	0.85	57	9.4	190	15.8			
							70—100		轻壤土		7.5	6.4	0.58	0.67	87	7.3	161	17.4			
剖15	人为土	水稻土	潜育水稻土	青泥土	青泥土	A	0—14		重壤土		7.4	17.3	1.15	0.49	103	6.0	109	17.2		E 119° 45′ 55.8″ N 31° 46′ 28.2″	85
						P	14—22		重壤土		7.2	11.8	0.83	0.46	56	5.5	113	13.1			
						G	22—56		重壤土		7.2	11.0	>10.00	0.46	43	8.2	170	16.3			
						C	56—100		重壤土		7.3	7.4	7.36	0.48	34	7.7	184	15.0			
剖16	人为土	水稻土	潜育水稻土	黄泥土	乌底黄泥土	A	0—12		轻壤土		6.2	24.6	1.52	0.49	141	5.3	78	16.3	河湖相沉积黄土状母质	E 119° 56′ 12.5″ N 31° 40′ 51.6″	91
						P	12—22		轻壤土		7.3	20.5	1.36	0.45	128	4.4	80	18.8			
						W	22—76		轻壤土		7.2	18.9	1.27	0.37	115	2.5	78	15.6			
						Dm	76—100		重壤土		6.8	41.2	2.22	0.50	67	8.7	117	17.2			
剖17	人为土	水稻土	漂洗水稻土	白土	白土	A	0—13		重壤土		5.9	14.9	0.88	0.26	77	<1.0	80	15.2	河湖相沉积物	E 119° 59′ 01.0″ N 31° 34′ 14.5″	98
						P	13—23		重壤土		6.7	10.9	0.69	0.23	95	1.0	49	13.2			
						E	23—52		中壤土		7.0	3.0	0.31	0.15	56	<1.0	14	10.7			
						Bv	52—100		轻壤土		6.9	6.1	0.49	0.16	68	<1.0	58	13.4			
剖18	人为土	水稻土	潜育水稻土	老黄泥土	老黄泥土	A	0—18		中壤土		7.4	14.4	0.92	0.52	74	6.0	66	16.5	下蜀黄土	E 119° 51′ 25.9″ N 31° 55′ 48.4″	98
						P	18—40		重壤土		7.1	4.7	0.48	0.73	41	13.1	82	13.0			
						W	40—100		重壤土		7.5	5.2	0.46	1.10	34	22.3	79	12.0			
剖19	人为土	水稻土	潜育水稻土			1	0—23		中壤土		7.4									E 120° 08′ 38.8″ N 31° 46′ 40.1″	87
						2	23—50		重壤土		7.1										
剖20	淋溶土	黄棕壤	黄棕壤	红黄土	中层红黄土	1	0—20		中壤土		6.0	21.7	1.11	0.31	117	4.8	21		石英砂岩残积物	E 120° 01′ 44.8″ N 31° 32′ 33.4″	100
						2	20—50		重壤土		5.8	11.7	0.65	0.62	95	4.4	17				

金 坛 区

主要土类说明

水稻土是金坛区主要土壤类型，占本区地域面积的70%。水稻土是在长期季节性淹灌、水下翻耕、季节性脱水、氧化还原交替影响下，原来成土母质或母土的特性发生重大改变，形成的新的土壤类型。在干湿交替影响下，水稻土发生糊状淹育层、较坚实板结的犁底层、渗育层、潴育层与潜育层等多种发生层分异。这些不同发生层段是在人为耕作、水浆管理下形成的。本区水稻土分为渗育型、潴育型、漂洗型、脱潜型和潜育型等亚类。其中，漂洗水稻土的白土是全区面积最大的水稻土土属，占本区水稻土总面积的35%，主要分布于平原地区高平田，成土母质为冲积物。漂洗水稻土与潴育水稻土的黄泥土呈镶嵌分布，犹如龟板，白土在龟板中部，潴育的黄泥土分布在龟板边角外缘，零星镶嵌于河道附近。白土在50cm土层内都有白土层出现，呈黄白色、灰白色或青白色，与黄泥土层次界线分明。白土层由于受水分漂洗影响，剖面中黏粒发生转移和累积，黏粒含量明显比黄泥土低，质地为中壤土，粗粉粒含量超过40%，黏粒含量小于20%，但白土层下的黄泥土层黏粒含量较高，一般在20%—30%，为重壤土。白土上下层次界线分明，在水平分布上，尽管地面较平整，但白土层仍有起伏，并有深有浅，有厚有薄。白土养分含量比黄泥土低，尤以白土层养分含量更低。白土层由于本身无结构而淀浆板结，滞水性较强。在生产上，白土层的厚薄和深浅影响耕作和产量。本区潴育水稻土分为黄泥土、马肝土和灰马肝土三个土属，占本区水稻土总面积的31%。潴育水稻土主要分布于圩区圩田和平原地区，由冲积湖积黄土状母质形成，渗育层有良好的棱柱或棱块状结构，渗水性能好。

黄褐土是金坛区第二大土壤类型，占本区地域面积的10%。黄褐土主要发生于北亚热带，是由下蜀黄土母质发育而成，由于土壤中黏化程度突出，在剖面中形成铁锰结核黏盘层，一般分布在海拔40m以下的丘陵岗地，土体中游离碳酸钙已不复存在，土壤呈灰黄棕色，在底部可散见圆形石灰结核，黏化淀积明显，B层黏聚，黏粒硅铝率在3.0左右，土壤表层pH为6.0—6.8，底层pH为7.5，盐基饱和度由表层向底层逐渐趋向饱和。根据黏盘层位置出现的高低和受水土流失影响的程度，黄褐土分为耕作黄土、耕作死黄土、漂白黄土等土种。

粗骨土占本区地域面积的5%。成土母质是基岩风化残积物、坡积物。土体构型为A-C或（A）-C。A层发育不明显，与母质土层性状相似，有少量有机质累积。土层薄，土壤中砾石含量高，甚少剖面分异与发育特征，主要分布于丘陵山区坡度较陡地方。

小于本区地域面积3%的土壤类型还有黄棕壤和石灰（岩）土。

本区域中心区气候特征

本区域中心区气候特征值
Regional climate characteristics in central area of the region

气候带：北亚热带湿润气候 Climate region: North subtropical humid climate	
年平均气温 /℃ Annual average temperature /℃	15.6
年平均最高气温 /℃ Annual average maximum temperature /℃	20.2
年平均最低气温 /℃ Annual average minimum temperature /℃	11.9
年降水量 /mm Annual precipitation /mm	1136
≥10℃的积温 /℃ Daily temperature accumulated in a year（≥10℃）/℃	5701
年日照时数 /h Annual sunshine /h	1957
年平均相对湿度 /% Annual average relative humidity /%	77
干燥度 Dryness	0.82

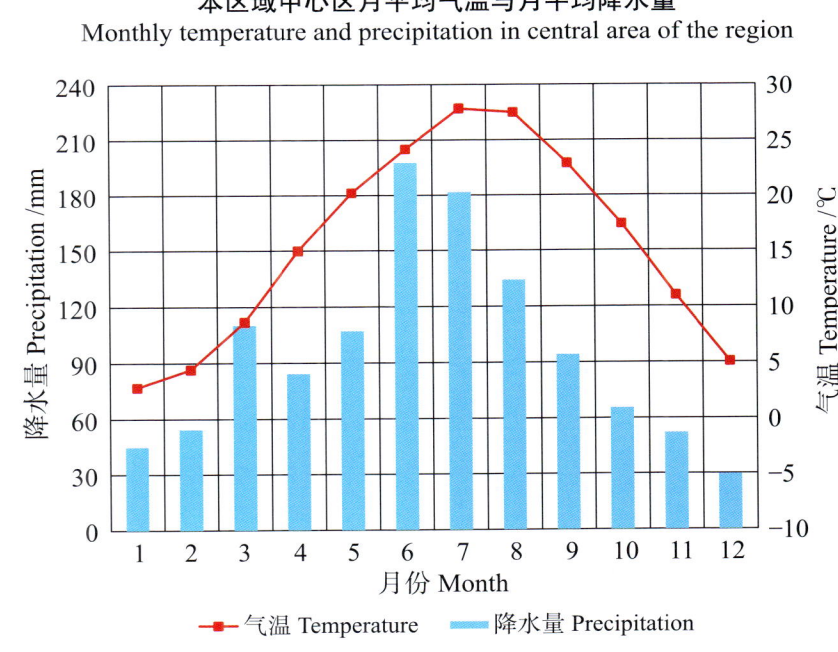

本区域中心区月平均气温与月平均降水量
Monthly temperature and precipitation in central area of the region

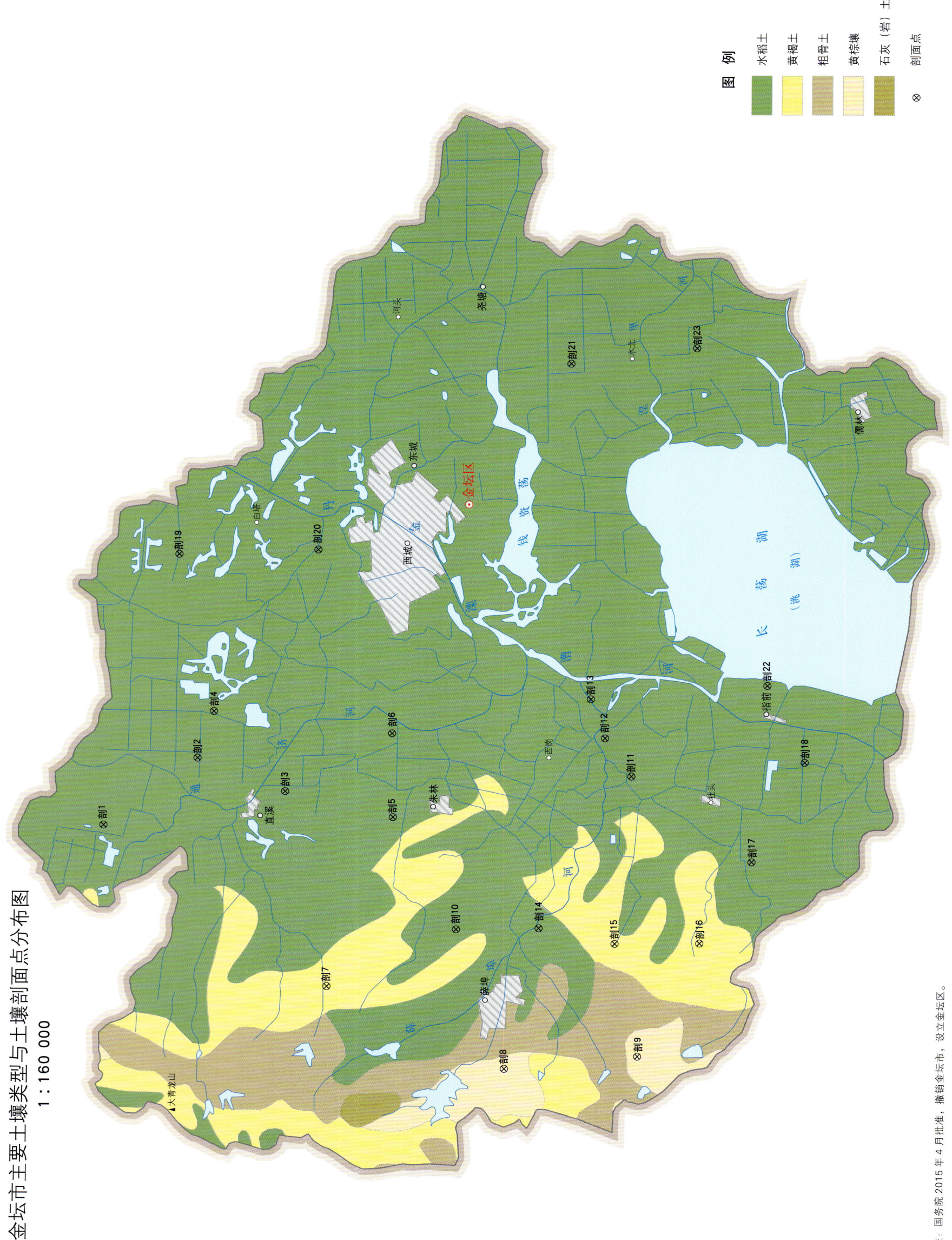

金坛区土壤剖面理化性状表

剖面号 Soil profile	土纲 Soil order	土类 Soil great group	亚类 Soil subgroup	土属 Soil genus	土种 Soil species	土层码 Layer code	土层厚度 Depth/cm	颜色 Soil color	质地 Soil texture	土壤结构 Soil structure	pH	有机质 OM/(g/kg)	全氮 TN/(g/kg)	全磷 TP/(g/kg)	全钾 TK/(g/kg)	有效磷 AP/(mg/kg)	速效钾 AK/(mg/kg)	阳离子交换量CEC/(cmol/kg)	土壤母质 Parent material	剖面点坐标 Profile coordinate	匹配指数 Matching index/%
剖1	人为土	水稻土	潜育水稻土	黄泥土	黄泥土	A	0—15	灰黄色	重壤土	块状	6.8	20.0	1.36	0.63	17.6	16.0	82	18.3	冲积、湖积黄泥状母质	E 119°26′47.4″ N 31°51′25.9″	81
						P	15—22	灰黄色	重壤土	块状	7.0	18.5	1.29	0.82	17.3	11.8	82	18.3			
						W	22—43	灰褐色	重壤土	棱块状	6.9	10.8	0.86	0.67	18.1	12.0	91	18.1			
						Bvg	43—100	褐色	重壤土	棱块状	6.9	6.8	0.59	0.58	18.2	13.8	79	17.3			
剖2	人为土	水稻土	潜育水稻土	漂洗水稻土	白土	Ae	0—13	白灰色	中壤土	粒状	6.6	14.1	0.91	0.67	14.9	5.4	55	15.1	冲积物	E 119°28′28.6″ N 31°49′23.9″	99
						P	13—23	灰白色	中壤土	块状	7.3	8.4	0.34	0.52	14.6	3.6	58	4.9			
						W	23—48	浅灰色	中壤土	块状	7.7	4.0	0.32	0.34	15.1	1.1	47	14.0			
						Bv	48—100	黄灰色	重壤土	棱柱状	7.6	4.7	0.42	0.52	20.3	<1.0	88	20.1			
剖3	人为土	水稻土	潜育水稻土	青泥条	青泥条	A	0—11	黄褐色	重壤土	粒柱状	5.5	23.8	1.43	0.96		6.1	99	14.7	下蜀黄土	E 119°27′34.6″ N 31°47′35.2″	96
						P	11—23	灰褐色	重黏土	块状	6.4	10.8	0.80	0.64		1.3	109	23.5			
						G	23—100	灰褐色	重黏土		5.5	43.4	2.08	0.55		2.0	132	26.5			
剖4	人为土	水稻土	渗育水稻土	漂洗水稻土	白土	A	0—19	灰黄色	重壤土	粒块状	6.2	17.4	1.08	0.94		6.1	75	18.7	冲积物	E 119°29′38.8″ N 31°49′02.3″	80
						P	19—26	灰黄色	中壤土	块状	6.5	12.8	0.91	0.88		6.5	70	18.9			
						E	26—35	灰白色	中壤土	块状	6.6	3.3	0.29	0.47		2.4	45	11.4			
						Bv	35—100	浅灰色	重壤土	棱柱状	6.7	6.6	0.47	0.46		<1.0	117	25.1			
剖5	人为土	水稻土	潜育水稻土	马肝土	马肝土	A	0—16	深棕灰色	轻黏土	粒块状	5.8	18.7	1.23	0.80	14.2	9.4	96		下蜀黄土	E 119°26′49.6″ N 31°45′17.6″	97
						P	16—25	棕色	轻黏土	棱块状	7.1	3.8	0.41	0.81	13.9	8.4	129				
						W	25—64	棕色	轻黏土	棱柱状	6.9	16.8	1.03	0.88	15.0	6.9	100				
						Bvg	64—100	棕色	轻黏土	棱柱状	6.8	3.6	0.32	0.75	15.4	6.1	92				
剖6	人为土	水稻土	渗育水稻土	小粉土	小粉土	A	0—24	灰黄色	轻壤土	块状	7.3	16.9	1.09	0.84	18.2	4.5	124	10.8	湖相沉积物	E 119°29′01.3″ N 31°45′18.0″	88
						P	24—38	浅灰黄色	轻壤土	块状	7.1	14.5	1.00	0.81	18.1	2.0	35	9.9			
						W	38—73	浅灰色	轻壤土	块状	7.5	6.2	0.47	0.66	18.5	<1.0	31	12.7			
						Bv	73—100	浅灰色	轻壤土	块状	7.7	7.3	0.48	0.57	19.9	1.0	51				
剖7	淋溶土	黄褐土	黏盘黄褐土	黄刚土	耕作黄土	A	0—21	棕黄色	轻黏土	粒块状	6.0	7.4	0.55	0.38	14.6	<1.0	167		下蜀黄土	E 119°22′30.7″ N 31°46′46.2″	83
						Bv	21—41	棕色	重黏土	屑粒状	6.0	8.4	0.53	0.35	14.3	<1.0	149				
						C	41—	棕色	重黏土	屑粒状	6.2	3.7	0.28	0.35	13.7	<1.0	182				
剖8	淋溶土	黄棕壤	粗骨性黄棕壤	粗骨土	中层砾石土	A	0—15	灰黄色	中壤土	粒块状	5.2	12.1	0.64	0.17		<1.0	72		石英砂岩、砂岩、页岩、坡积物、残积物	E 119°20′21.1″ N 31°43′01.2″	84
						Bv	15—40	黄棕黄色	轻壤土	粒块状	5.1	4.8	0.39	0.33		<1.0	71				
						C	40—60	红棕色	轻壤土	块状	5.3	2.4	0.28	0.17		<1.0	51				
						D	60—														
剖9	淋溶土	黄棕壤	粗骨性黄棕壤	粗骨土	中层腐质土	A	0—9	浅灰色	轻壤土	粒状	6.5	20.9	1.07	3.38		1.9	58		石英砂岩、砂岩、页岩、坡积物、残积物	E 119°20′37.7″ N 31°46′12.0″	84
						Bv	9—27	黄黄色	砂壤土	块状	6.3	10.4	0.55	3.92		1.3	36				
						C	27—40	棕黄色	紧砂土	块状	6.7	3.3	0.14	4.82		2.7	27				
						4	40—														
剖10	人为土	水稻土	渗育水稻土	板浆白土	板浆白土	Ae	0—11	黄白色	中壤土	粒状	5.3	15.5	0.94	0.53	19.0	4.2	62	11.1	下蜀黄土	E 119°20′57.1″ N 31°40′12.0″	87
						Bv	11—24	灰黄色	轻壤土	块状	5.7	15.0	0.97	0.52	18.7	5.0	57	10.7			
						C	24—44	黄灰色	重壤土	块状	6.5	2.2	0.20	0.33	22.6	3.4	34	7.3			
						C	44—100	灰黄色	重壤土	块状	6.5	3.3	0.25	0.36	23.3	2.3	45	13.5			
剖11	人为土	水稻土	潜育水稻土	黄泥土	砂底泥土	A	0—15	棕色	重壤土	粒块状	6.6	20.2	1.30	0.80	16.4	2.7	84		冲积、湖积黄泥状母质	E 119°27′47.2″ N 31°40′15.6″	81
						P	15—27	棕色	重壤土	块状	6.9	17.5	1.18	0.76	16.1	1.5	64				
						W	27—54	灰黄色	重壤土	棱块状	7.3	5.4	0.42	0.36	16.7	<1.0	40				
						S	54—100	白灰色	中壤土	片状	7.0	1.7	0.28	0.23	16.4	<1.0	45				

续表 Continued

剖面号 Soil profile	土纲 Soil order	土类 Soil great group	亚类 Soil subgroup	土属 Soil genus	土种 Soil species	土层码 Layer code	土层厚度 Depth/cm	颜色 Soil color	质地 Soil texture	土壤结构 Soil structure	pH	有机质 OM/(g/kg)	全氮 TN/(g/kg)	全磷 TP/(g/kg)	全钾 TK/(g/kg)	有效磷 AP/(mg/kg)	速效钾 AK/(mg/kg)	阳离子交换量CEC/(cmol/kg)	土壤母质 Parent material	剖面点坐标 Profile coordinate	匹配指数 Matching index/%
剖12	人为土	水稻土	脱潜水稻土	乌泥土	乌泥土	A	0—19	灰白色	重壤土	粒状	7.4	18.3	1.19	1.19		20.1	103	21.8	冲积物、湖积物	E 119°28′46.2″ N 31°40′45.5″	85
						P	19—41	浅灰色	轻黏土	块状	7.4	15.8	1.09	0.92		3.0	89	23.3			
						Wg	41—69	灰白色	中黏土	块状	7.3	11.5	0.93	0.71		8.3	109	27.3			
						Dm	69—100	乌黑色	轻黏土	块状	6.9	11.8	1.21	0.46		7.2	91	29.8			
剖13	人为土	水稻土	脱潜水稻土	乌栅土	乌栅土	A	0—20	棕黄色	重壤土	块状	7.1	21.0	1.51	1.03		4.7	140		湖相沉积物	E 119°29′47.4″ N 31°41′03.8″	90
						P	20—33	灰黄色	重壤土	块状	7.7	12.0	0.93	0.51		3.0	85				
						Wg	33—60	灰黄色	重壤土	块状	8.0	12.4	0.93	0.45		2.0	114				
						Dm	60—100	乌黑色	轻壤土	梭柱状	7.6	12.2	1.04	0.59		1.7	48				
剖14	人为土	水稻土	渗育水稻土	板浆白土	小粉白土	A	0—17	浅黄色	中壤土	粒状	6.0	17.7	1.01	1.01	17.4	1.8	135	16.2	下蜀黄土	E 119°23′56.8″ N 31°42′14.8″	82
						P	17—30	浅黄色	中壤土	块状	6.7	14.0	0.86	0.86	19.4	2.7	102	14.6			
						E	30—50	黄白色	中壤土	块状	6.8	3.2	0.71	0.71	17.4	3.1	75	12.8			
						C	50—100	灰黄色	中壤土	块状	6.5	3.7	0.94	0.94	20.8	4.7	71	13.2			
剖15	淋溶土	黄褐土	黏盘黄褐土	黄刚土	漂白黄土	A	0—27	黄黄色	中壤土	粒状	5.7	8.7	0.66	0.50		7.0	96		下蜀黄土	E 119°23′29.4″ N 31°40′40.1″	89
						Bv	27—61	黄棕色	重黏土	块状	5.8	5.6	0.48	0.31		2.6	61				
						C	61—	黄褐色	轻黏土		6.9	2.8	0.30	2.02		1.4	112				
剖16	淋溶土	黄褐土	黏盘黄褐土	黄刚土	耕作死黄土	A	0—25	棕色	重壤土	粒状	6.6	10.8	0.65	0.44		2.0	97	18.2	下蜀黄土	E 119°23′28.3″ N 31°38′52.1″	93
						C	25—	棕褐色	中壤土	块状	6.7	5.4	0.36	0.36		1.6	90	19.0			
剖17	人为土	水稻土	脱潜水稻土	乌散土	砂底乌散土	A	0—11	灰褐色	中壤土	粒状	6.9	23.0	1.45	1.21		5.7	139		冲积物、冲积物	E 119°25′31.1″ N 31°37′43.3″	81
						P	11—22	灰褐色	中壤土	块状	7.2	17.4	1.20	0.90		5.4	85				
						Wg	22—40	灰黄色	重壤土	块状	7.3	13.3	0.96	0.80		<1.0	82				
						Dm	40—65	乌黑色	重壤土	块状	7.0	31.0	2.06	0.48		<1.0	130				
						S	65—100	灰黄色	砂壤土	梭柱状	6.9	4.0	0.24	1.03		<1.0	21				
剖18	人为土	水稻土	脱潜水稻土	乌栅土	砂壤乌栅土	A	0—13	灰黄色	重壤土	粒状	6.2	27.8	1.64	0.87	21.9	2.8	90	16.1	湖相沉积物	E 119°28′03.4″ N 31°36′36.0″	82
						P	13—28	浅黄色	中壤土	块状	6.7	23.8	1.60	0.70	21.7	2.3	109	12.1			
						Wg	28—44	灰黄色	重黏土	梭柱状	6.8	13.2	1.01	0.40	22.1	<1.0	85				
						Dm	44—70	黑色	重壤土	梭柱状	6.8	27.3	1.73	0.37	20.3	<1.0	101				
						S	70—100	黄黄色	轻壤土	小块状	6.9	5.4	0.42	1.02	23.3	<1.0	44				
剖19	人为土	水稻土	渗育水稻土	湖成白土	湖成白土	A	0—16	灰黄白色	中壤土	块状	6.6	20.6	1.30	0.96		10.8	87	13.5	湖相沉积物	E 119°33′42.8″ N 31°49′43.0″	82
						P	16—27	灰黄色	中壤土	梭柱状	6.5	17.4	1.08	9.28		6.9	58	12.7			
						Wo	27—100	灰白色	中壤土	梭柱状	6.2	5.0	0.36	0.85		7.8	29	11.3			
						S/C 100—												11.5			
剖20	人为土	水稻土	渗育水稻土	黄白土	黄白土	A	0—14	黄白色	重壤土	块状	6.9	16.5	1.09	0.56		5.3	100	13.5	下蜀黄土	E 119°33′45.4″ N 31°46′46.2″	81
						P	14—28	黄黄色	中壤土	梭柱状	6.9	14.0	0.92	0.45		3.0	71	12.7			
						W	28—50	黄黄色	重壤土	块状	7.1	9.8	0.65	0.59		1.9	61	11.3			
						C	50—100	黄黄色	重壤土	块状	6.1	4.1	0.37	0.32		1.6	40	11.5			
剖21	人为土	水稻土	渗育水稻土	小粉土	小粉土	A	0—18	浅灰色	中壤土	粒状	6.9	15.3	1.08	0.24		1.9	93	16.5	湖相沉积物	E 119°38′23.6″ N 31°41′19.0″	93
						P	18—38	灰白色	中壤土	块状	7.2	11.8	0.83	0.58		<1.0	60	16.3			
						W	38—60	灰白色	砂壤土	块状	7.3	5.6	0.44	0.47		<1.0	38	14.1			
						Bv	60—100	灰黄色	中壤土		7.3	2.8	0.19	0.14		9.4	16	6.3			
剖22	人为土	水稻土	漂洗水稻土	白土	白土	A	0—14	棕黄色	中壤土	粒状	7.0	17.7	1.25	0.31		14.0	79		冲积物	E 119°30′04.7″ N 31°37′19.6″	84
						P	14—24	灰棕色	中壤土	块状	7.4	9.5	0.81	0.15		19.2	62				
						E	24—44	灰白色	中壤土	梭柱状	7.3	7.9	0.39	1.69		22.3	70				
						Bv	44—67	黄白色	重壤土	梭柱状	7.4	4.4	0.48	1.58		2.4	91				
						G	67—100	灰色	轻壤土		7.5	4.4	0.43	1.10		1.9	85				

续表 Continued

剖面号 Soil profile	土纲 Soil order	土类 Soil great group	亚类 Soil subgroup	土属 Soil genus	土种 Soil species	土层码 Layer code	土层厚度 Depth/cm	颜色 Soil color	质地 Soil texture	土壤结构 Soil structure	pH	有机质 OM/(g/kg)	全氮 TN/(g/kg)	全磷 TP/(g/kg)	全钾 TK/(g/kg)	有效磷 AP/(mg/kg)	速效钾 AK/(mg/kg)	阳离子交换量CEC/(cmol/kg)	土壤母质 Parent material	剖面点坐标 Profile coordinate	匹配指数 Matching index/%
剖23	人为土	水稻土	渗育水稻土	板浆白土	小粉白土	A	0—14	灰白色	中壤土	粒块状	6.0	16.0	1.03	0.54		2.6	50	9.3	下蜀黄土	E 119°38′42.7″ N 31°38′40.6″	95
						P	14—19	灰褐色	中壤土	块状	6.7	12.0	0.49	0.49		2.3	42	8.3			
						E	30—50	黄白色	中壤土	块状	6.8	2.9	0.45	0.45		2.9	40	8.1			
						C	50—100	棕褐色	中壤土	块状	6.6	4.9	0.57	0.57		4.2	46	11.3			

溧 阳 市

主要土类说明

水稻土是溧阳市主要土壤类型，占本市地域面积的 71%。本市种植水稻历史悠久，由于长期水耕熟化与周期性淹水、排水，水旱交替，土壤氧化还原活动十分频繁，土壤剖面形成特定的层次组合。长期翻耕、施肥，使根系密集在特定范围形成耕作层；由于农机具压力和水的重力作用，土壤形成了较为紧实、能托水保肥的犁底层；由于水的渗渍、物质的淋溶与淀积，土壤形成了渗育层、潴育层和潜育层等，典型水稻土的土体构型为 A-P-Bg-G。本市水稻土分为漂洗型、淹育型、渗育型、潴育型、脱潜型和潜育型等亚类。其中，漂洗水稻土的白土土属中的白土土种所占面积最大，占本市水稻土总面积的 32%，全市除几个山区乡镇外，均有分布，主要出现在平原地区的高平田。白土犁底层以下出现厚度大于 10cm 的白土层，剖面以灰色为主，质地上下两头较黏，为中壤至重壤，中间较粉，一般为中壤，土体构型为 A-P-E-B-G。该土壤耕性好，适耕期长，保水保肥性能差，供肥性好，表现为前紧后松，发小苗不发老苗，施肥时应注意少量多次，防止后期脱肥；犁底层下的白土层形成障碍层次，作物根系不易深扎，水分下渗困难，使表层滞水，白土层粉砂粒含量高，养分含量较低。

黄棕壤占本市地域面积的 19%。黄棕壤发生于北亚热带暖湿落叶阔叶林下，土壤弱度富铝化，黏化特征明显，呈黄棕色，具 A-B-C 或 A-（B）-C 剖面构型。B 层黏聚现象明显，硅铝率在 2.5 左右，铁的游离度较红壤低，交换性酸 B 层大于 A 层，pH 为 5.5—6.0。本市黄棕壤由石英砂岩风化残积物、坡积物和下蜀黄土母质发育而成，南山、西山和北山均有分布，是本市低山丘陵区的主要山旱地土壤，分为黄棕壤、黏盘黄棕壤、粗骨性黄棕壤等亚类。

黄褐土占本市地域面积的 5%。黄褐土地处北亚热带，由较细粒的黄土状母质发育而成，多组成丘岗。土体中游离碳酸钙已不复存在，土壤呈灰黄棕色，在底部可散见圆形石灰结核，黏化淀积明显，B 层黏聚，黏粒硅铝率在 3.0 左右，土壤表层 pH 为 6.0—6.8，底层 pH 为 7.5，盐基饱和度由表层向底层逐渐趋向饱和。

小于本市地域面积 3% 的土壤类型还有沼泽土、红壤和石灰（岩）土等。

本区域中心区气候特征

本区域中心区气候特征值
Regional climate characteristics in central area of the region

气候带：北亚热带湿润气候 Climate region: North subtropical humid climate	
年平均气温 /℃ Annual average temperature /℃	15.8
年平均最高气温 /℃ Annual average maximum temperature /℃	20.3
年平均最低气温 /℃ Annual average minimum temperature /℃	12.2
年降水量 /mm Annual precipitation /mm	1181
≥10℃的积温 /℃ Daily temperature accumulated in a year (≥10℃) /℃	5804
年日照时数 /h Annual sunshine /h	1921
年平均相对湿度 /% Annual average relative humidity /%	77
干燥度 Dryness	0.80

本区域中心区月平均气温与月平均降水量
Monthly temperature and precipitation in central area of the region

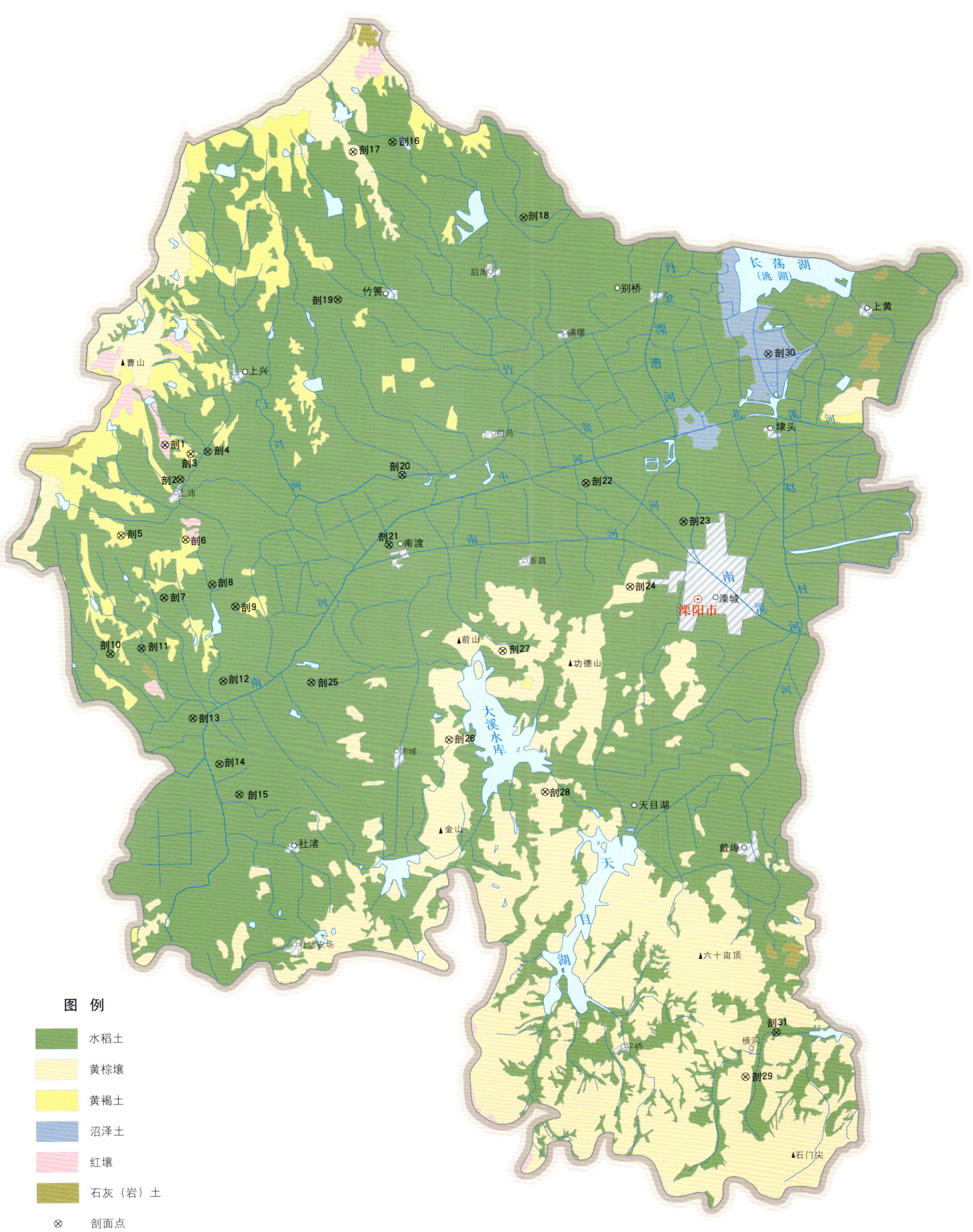

溧阳市土壤剖面理化性状表

剖面号 Soil profile	土纲 Soil order	土类 Soil great group	亚类 Soil subgroup	土属 Soil genus	土种 Soil species	土层码 Layer code	土层厚度 Depth/cm	颜色 Soil color	质地 Soil texture	土壤结构 Soil structure	pH	有机质 OM/(g/kg)	全氮 TN/(g/kg)	全磷 TP/(g/kg)	全钾 TK/(g/kg)	有效磷 AP/(mg/kg)	速效钾 AK/(mg/kg)	阳离子交换量CEC/(cmol/kg)	土壤母质 Parent material	剖面点坐标 Profile coordinate	匹配指数 Matching index/%
剖1	铁铝土	红壤	棕红壤	老红土	老红土	A	0—21	棕红色	重壤土	小块状	5.1	9.9	0.83	0.73	18.8	1.6	152		第四纪红土、堆积物、残积物	E 119°12′42.8″ N 31°29′43.1″	93
						Bv	21—30	黄红色	轻黏土	块状	5.4	7.7	0.95	0.55	19.9	1.0	93				
						C	30—65	浅黄红色	轻黏土		5.7	4.0	0.85	0.63	24.2	<1.0	121				
剖2	人为土	水稻土	潴育水稻土	漂洗水稻土	白土	A	0—13	灰棕色	中壤土	小块状	5.7	7.7	0.75	0.58	13.5	6.5	107	12.6		E 119°13′07.3″ N 31°28′47.3″	88
						Pe	13—25	棕棕色	中壤土	块状	6.3	4.9	0.51	0.36	13.0	1.5	67	10.3			
						W	25—45	灰黄色	中壤土		7.0	3.7	0.30	0.26	13.9	6.3	87	13.6			
						Bvg	45—100	黄灰色	中壤土		6.5	1.8	0.40	0.33	18.9	<1.0	170	32.2			
剖3	淋溶土	黄褐土	黏盘黄褐土	黄刚土	旱地黄白土	A₁	0—11	灰白色	轻黏土	小块状	6.6	8.4	0.71	0.76	15.4	7.0	93	13.5	下蜀黄土	E 119°13′27.5″ N 31°29′27.2″	90
						A₂	11—16	灰白色	中壤土	小块状	7.3	4.1	0.46	0.39	16.5	1.1	67	13.5			
						Bv	16—30	黄灰色	重壤土	块状	7.2	1.7	0.37	0.36	16.7	<1.0	63	14.4			
						C	30—47	红灰色	重壤土												
剖4	人为土	水稻土		乌栅土	乌栅土	A	0—15	褐棕色	重壤土	块状	7.2	24.8	1.24	0.75	20.4	3.2	121	23.2	湖相沉积物	E 119°13′59.1″ N 31°29′31.2″	83
						P	15—26	深褐色	重壤土	块状	7.3	19.0	1.16	0.57	19.8	1.0	117	25.5			
						Dm	26—33	乌黑色	重壤土	无明显结构	7.6	23.4	1.36	0.43	17.2	<1.0	71	17.2			
						G	33—100	灰褐色	中壤土	棱柱状	8.1	2.3	0.32	0.33	16.1	<1.0	48	8.1			
剖5	淋溶土	黄褐土	黏盘黄褐土	黄刚土	黄土	A	0—21	灰棕色	重壤土	小块状	6.0	9.8	0.74	0.49	14.4	2.3	75	11.7	下蜀黄土	E 119°11′20.4″ N 31°27′20.2″	85
						Bv	21—35	浅黄色	重壤土	块状	5.1	9.3	0.53	0.45	14.6	1.1	44	11.5			
						C	35—45	浅黄色	重壤土		6.3	3.9	0.44	0.34	16.1	<1.0	71	36.0			
剖6	淋溶土	黄褐土	黏盘黄褐土	黄刚土	死黄土	A	0—20	黄灰色	重壤土	块状	5.5	9.3	0.66	0.46	13.9	1.6	123		下蜀黄土	E 119°13′15.2″ N 31°27′10.4″	93
						Bv	20—45	黄灰色	重壤土	块状	6.3	7.9	0.65	0.36	14.1	<1.0	74	18.3			
						C	45—105	棕灰色	重壤土		6.0	3.1	0.13	0.41	17.2	<1.0	77	17.7			
剖7	人为土	水稻土	潜育水稻土	青泥条	青泥条	A	0—11	浅灰黄色	重壤土	块状	6.0	18.1	1.25	0.62	18.9	1.1	166	16.1	下蜀黄土	E 119°12′33.1″ N 31°25′39.0″	97
						P	11—21	青灰色	重壤土	块状	7.6	12.0	0.50	0.73	19.1	3.0	180	13.1			
						Wg	21—75	黄灰色	重壤土	块状	7.7	4.1	0.50	0.57	18.9	<1.0	169				
						G	75—100	黄灰色	重壤土		6.2	1.3	0.30	0.44	17.6	<1.0	148				
剖8	人为土	水稻土	潴育水稻土	黄泥土	僵黄泥土	A	0—10	黄棕色	轻黏土	块状	6.9	12.0	0.94	0.81	17.8	<1.0	71	19.8	黄土状湖积物	E 119°14′02.4″ N 31°25′59.2″	100
						P	10—18	青棕色	轻黏土	棱状	6.8	4.4	0.66	0.45	15.8	3.2	51	20.2			
						W	18—65	黄红色	重黏土	块状	6.4	1.4	0.54	0.74	11.5	1.1	36	12.6			
						Bvg	65—100	褐黄色	中壤土		7.1	<1.0	0.40	0.50	14.0	<1.0	55	20.2			
剖9	人为土	水稻土	淹育水稻土	黄白土	黄白土	A	0—18	棕灰色	轻黏土	小块状	7.1	14.9	0.99	0.90	16.0	3.2	66	20.1	下蜀黄土	E 119°14′39.8″ N 31°25′22.8″	91
						P	18—25	黄棕色	轻黏土	块状	6.7	10.9	0.84	0.68	17.0	1.1	52	20.2			
						W	25—55	灰棕色	轻黏土	块状	6.6	2.8	0.23	0.77	14.0	<1.0	54	12.6			
						C	55—100	灰黄色	中壤土	块状	7.3	3.1	0.38	0.59	19.2	<1.0	54	20.2			
剖10	人为土	水稻土	潴育水稻土	黄泥土	铁屑黄泥土	A	0—18	黄灰色	轻黏土	块状	6.0	22.2	1.24	0.59	16.1	2.7	73	20.1	黄土状湖积物	E 119°10′55.9″ N 31°24′12.6″	91
						P	18—29	灰黄色	轻黏土	块状	6.4	18.1	1.07	0.55	15.5	2.9	71	18.6			
						W	29—54	灰黄色	轻黏土	块状	6.8	7.6	0.18	0.59	15.7	2.2	76	21.7			
						G	54—67	灰黄色	轻黏土	块状	6.8	6.2	0.56	0.47	17.2	1.1	73	20.8			
							67—100	棕黄色	重壤土	块状	7.0	5.0	0.48	0.41	19.1	1.5	67	22.0			
剖11	人为土	水稻土	潴育水稻土	马肝土	黄马肝土	A	0—15	灰黄色	中壤土	块状									下蜀黄土	E 119°11′51.7″ N 31°24′19.4″	81
						P	15—23	浅灰色	重黏土	块状											
						W	23—80	灰黄色	中壤土	块状											
						Bvg	80—100	棕黄色	重壤土	块状											

续表 Continued

剖面号 Soil profile	土纲 Soil order	土类 Soil great group	亚类 Soil subgroup	土属 Soil genus	土种 Soil species	土层码 Layer code	土层厚度 Depth/cm	颜色 Soil color	质地 Soil texture	土壤结构 Soil structure	pH	有机质 OM/(g/kg)	全氮 TN/(g/kg)	全磷 TP/(g/kg)	全钾 TK/(g/kg)	有效磷 AP/(mg/kg)	速效钾 AK/(mg/kg)	阳离子交换量CEC/(cmol/kg)	土壤母质 Parent material	剖面点坐标 Profile coordinate	匹配指数 Matching index/%
剖12	人为土	水稻土	渗育水稻土	湖成白土	湖成白土	A	0—15	棕灰色	中壤土	小块状	6.1	21.5	1.25	0.85	13.2	<1.0	84		湖相沉积物	E 119° 14′ 14.6″ N 31° 23′ 25.4″	85
						p	15—28	浅棕灰色	中壤土	块状	7.4	16.6	0.89	0.88	12.1	<1.0	71				
						E	28—50	浅灰色	砂壤土	无明显结构	7.6	14.5	0.38	0.76	14.1	<1.0	62				
						W	50—100	黄灰色	松砂土	无明显结构	7.8	4.8	0.22	0.73	12.2	2.4	56				
剖13	人为土	水稻土	漂洗水稻土	白土	白土	A	0—16		中壤土		5.7	12.5	0.84	0.35	12.5	1.2	70	11.6	下蜀黄土	E 119° 13′ 19.6″ N 31° 22′ 27.8″	98
						P	16—22				7.2	4.9	0.48	0.27	12.5	<1.0	54	11.5			
						E	22—42				7.5	1.0	0.28	0.26	12.6	<1.0	87	18.3			
						W	42—100				7.5	1.0	0.20	0.30	14.3	<1.0	139	20.4			
剖14	人为土	水稻土	潴育水稻土	马肝土	马肝土	A	0—18	黄棕色	中壤土	小块状	6.6	13.3	0.93	0.58	18.0	<1.0	66		下蜀黄土	E 119° 14′ 06.0″ N 31° 21′ 13.0″	81
						P	18—26	灰褐色	中壤土	块状	7.3	8.4	0.60	0.53	17.3	<1.0	53				
						W	26—76	黄褐色	中壤土	块状	7.9	2.2	0.44	0.45	18.2	<1.0	63				
						Bvg	76—100	褐灰色	中壤土	块状	7.8	2.6	0.24	0.40	16.6	1.4	56				
剖15	人为土	水稻土	渗育水稻土	板浆白土	小粉白土	A	0—19	灰白色	中壤土	小块状	6.4	11.2	0.93	0.43	14.9	2.2	61		下蜀黄土	E 119° 14′ 38.0″ N 31° 20′ 22.2″	86
						Pe	19—27	灰白色	中壤土	块状	7.6	3.3	0.57	0.32	15.7	<1.0	61				
						W	27—57	黄灰色	中壤土	块状	7.6	1.6	0.30	0.22	13.6	<1.0	46				
						Bvg	57—100	黄灰色	中壤土	棱柱状	7.4	3.4	0.58	0.31	21.1	<1.0	120				
剖16	人为土	水稻土	潴育水稻土	马肝土	黄马肝土	A	0—15	灰白色	重壤土	小块状	6.5	16.1	1.07	0.58	14.4	4.7	194	13.2	下蜀黄土	E 119° 19′ 42.2″ N 31° 37′ 34.7″	86
						P	15—28		重壤土	块状	7.2	11.1	0.70	0.43	13.3	2.5	61	13.1			
						W	28—58		重壤土	块状	6.8	9.9	0.57	0.34	12.1	1.6	53	11.0			
						Bvg	58—100		重壤土	块状	7.0	6.8	0.66	0.36	18.1	<1.0	98	29.5			
剖17	淋溶土	黄棕壤	粗骨性黄棕壤	粗骨土	石质土	A	0—15	灰色	砂壤土		5.0	16.3	0.67	0.31	39.5	2.3	140	12.0	酸性岩风化残积物、坡积物	E 119° 18′ 35.6″ N 31° 37′ 19.9″	89
						Bv	15—35	灰黄色	砾石			16.3	1.15	0.35	40.5	2.0	153	15.3			
						C	35—														
剖18	人为土	水稻土	漂洗水稻土	乌栅土	白土	A	0—17	棕灰色	中壤土	小块状	6.0	19.0	1.19	0.65	16.9	2.3	85	16.7	下蜀黄土	E 119° 23′ 38.0″ N 31° 35′ 31.9″	100
						P	17—26	浅灰色	重壤土	块状	6.7	8.3	0.83	0.54	17.3	1.6	89	16.8			
						E	26—45	灰白色	重壤土	粉粒状	7.9	4.3	0.49	0.26	17.8	<1.0	70	14.3			
剖19	人为土	水稻土	脱潜水稻土	乌泥土	乌泥土	A	0—18	灰棕色	重壤土	块状	7.4	14.0	0.89	0.28	16.9	<1.0	80	18.0	湖相沉积物	E 119° 18′ 01.4″ N 31° 33′ 27.0″	97
						P	18—28	褐黄色	重壤土	棱柱状	5.7	116.9	0.84	0.22	11.4	3.0		10.7			
						Wg	28—56	黑色	重壤土	无明显结构	7.5	9.7	0.56	0.17	17.0	<1.0		12.4			
						Dm	56—100	灰色	黏壤土	屑粒状	7.4	5.2	0.35	0.11	21.3	<1.0		20.5			
剖20	人为土	水稻土	渗育水稻土	板浆白土	板浆白土	Aa	0—16	灰色	黏壤土	小块状	7.4	5.2	0.26	<0.10	19.4	<1.0	56	16.8	下蜀黄土	E 119° 19′ 45.5″ N 31° 28′ 46.2″	93
						Ap	16—29	灰棕色	黏壤土	小块状	7.4	3.0	0.35	<0.10	19.4	<1.0		16.8			
						Pe	29—56	褐灰色	轻黏土	棱粒状	7.6	8.4	0.69	0.46	17.9	2.2		12.2			
剖21	人为土	水稻土	渗育水稻土	板浆白土	板浆白土	Ae	0—14	灰白色	轻黏土	棱柱状	7.0	6.4	0.17	0.45	14.7	<1.0	51	12.4		E 119° 18′ 19.6″ N 31° 26′ 55.3″	98
						W	24—40	浅黄色	黏黄土	柱状	7.5	4.9	0.74	0.40	10.0	<1.0	58	8.0			
						Bvg	40—90	黄黄色	重壤土		7.5	4.8	0.46	0.31	16.7	<1.0	76	18.0			
剖22	人为土	水稻土	潴育水稻土	黄泥土	灰黄泥土	Aa	0—20	棕灰色	重壤土	小块状	6.4	19.1	1.24	0.66	16.7	3.0	89	17.7	黄土状湖积物	E 119° 25′ 14.9″ N 31° 28′ 25.7″	87
						p	20—30	灰褐色	重壤土	块状	6.9	16.6	1.21	0.59	17.1	2.2	106	22.3			
						Bvg	30—50	褐灰色	轻黏土	棱粒状	7.6	8.4	0.69	0.46	17.9	<1.0	137	24.1			
							50—80	浅黄色	轻黏土	柱状	7.0	6.4	0.17	0.45	14.7	<1.0	100	22.8			
剖23	人为土	水稻土	渗育水稻土	渗马肝田	板浆白土	Aa	0—16	黏棕色	黏壤土	屑粒状	5.7	16.9	0.84	0.22	11.4			10.7	下蜀黄土	E 119° 28′ 04.4″ N 31° 27′ 21.6″	86
						Ap	16—29	灰色	黏壤土	小块状	7.5	9.7	0.56	0.17	17.0	2.2		12.4			
						Pe	29—56	灰色	黏壤土	小块状	7.5	5.2	0.35	0.11	21.3	<1.0		20.5			
						C	56—100	黄棕色	黏壤土	小块状	7.4	3.9	0.26	<0.10	19.4			16.8			

续表 Continued

剖面号 Soil profile	土纲 Soil order	土类 Soil great group	亚类 Soil subgroup	土属 Soil genus	土种 Soil species	土层码 Layer code	土层厚度 Depth/cm	颜色 Soil color	质地 Soil texture	土壤结构 Soil structure	pH	有机质 OM/(g/kg)	全氮 TN/(g/kg)	全磷 TP/(g/kg)	全钾 TK/(g/kg)	有效磷 AP/(mg/kg)	速效钾 AK/(mg/kg)	阳离子交换量CEC/(cmol/kg)	土壤母质 Parent material	剖面点坐标 Profile coordinate	匹配指数 Matching index/%
剖24	淋溶土	黄棕壤	黄棕壤	香灰土	薄层香灰土	A	0—3				5.5	71.5	1.83	3.72	19.2	10.0	260		石英砂岩	E 119°26′29.4″ N 31°25′38.3″	80
						Bv	3—14				6.0	43.5	2.07	4.17	20.5	4.7	300				
剖25	人为土	水稻土	淹育水稻土	黄白土	水田黄土	1	0—18		重壤土			14.1	1.00	1.12	17.3	11.4	103		下蜀黄土	E 119°16′52.7″ N 31°23′20.4″	80
						2	18—27		重壤土			1.3	0.27	0.48	18.1	2.0	71				
						3	27—52		中壤土			1.7	0.66	0.51	19.2	2.0	86				
						4	52—80		重壤土			1.7	0.36	0.51	18.8	1.1	81				
						5	80—100		重壤土			2.5	0.46	0.51	19.2	1.1	79				
剖26	淋溶土	黄棕壤	黄棕壤	黄砂土	耕作黄砂土	A	0—15	黄棕色	重壤土	块状	6.7	10.7	0.92	0.76	20.2	3.2	143	17.3	石英砂岩坡积物、堆积物	E 119°20′56.4″ N 31°21′43.9″	88
						Bv	15—30	棕褐色	重壤土	块状	6.5	9.8	0.73	0.69	19.9	4.2	143	16.9			
						C	30—	灰棕色	重壤土	粒状	5.7	4.3	0.42	0.53	20.3	<1.0	98	18.7			
剖27	淋溶土	黄棕壤	粗骨性黄棕壤	粗骨土	粗骨土	A	0—5	灰色	砂壤土	屑粒状	5.5								酸性岩风化残积物、坡积物	E 119°22′38.3″ N 31°24′02.9″	89
						Bv	5—15	棕灰色	砂壤土	屑粒状	5.0										
剖28	淋溶土	黄棕壤	黄棕壤	黄砂土	黑砂土	A	0—12	暗棕色	中壤土	小块状	5.3	25.9	1.37	0.61	16.9	2.9	120	15.9	石英砂岩坡积物、堆积物	E 119°23′46.3″ N 31°20′14.3″	94
						Bv	12—20	灰黄色	中壤土	块状	5.4	5.5	0.79	0.68	24.3	<1.0	79	23.8			
						C	20—70	灰黄色	中壤土	粒状	5.9	5.2	0.41	0.56	25.6	<1.0	69	30.0			
剖29	淋溶土	黄棕壤	黄棕壤	香灰土	薄层香灰土	A	0—3	暗棕色	轻壤土	粒状	5.5	84.1	2.91	3.42	17.9	7.9	410		石英砂岩	E 119°29′29.4″ N 31°12′34.6″	82
						Bv	3—14	黄棕色	中壤土	小块状	6.0	41.5	2.00	2.73	16.3	6.5	300				
						3	14—24	棕色	中壤土												
						4	24—														
剖30	水成土	沼泽土	沼泽土	滩湖土	滩湖土	A_1	0—5		重壤土	小块状	6.0	37.3	2.67	0.57	24.2	8.1	193		黄土状湖相沉积物	E 119°30′49.3″ N 31°31′45.1″	91
						A_2	5—40	褐灰色	重壤土	块状	7.0	6.1	0.43	0.98	18.9	3.5	36				
						G	40—100	褐灰色	中壤土	块状	7.2	2.1	<0.10	0.49	19.0	7.8	20				
剖31	人为土	水稻土	渗育水稻土	淀砂土	淀砂土	A	0—14	褐灰色	重壤土	小块状	7.1	26.2	1.62	1.21	25.3	1.6	203	19.2	洪冲积物	E 119°30′27.0″ N 31°13′41.9″	91
						P	14—24	褐灰色	重壤土	块状	7.1	16.2	0.89	0.80	24.1	4.3	132	20.1			
						W	24—36	棕灰色	中壤土	块状	7.6	5.0	0.41	0.88	23.0	6.2	107	21.5			
						C	36—62	浅灰色	中壤土	棱块状	7.5	6.4	0.26	1.04	20.7	7.3	99	22.0			

苏 州 市

市 辖 区

主要土类说明

水稻土是苏州市主要土壤类型，占本市地域面积的30%。水稻土是在长期季节性淹灌、水下翻耕、季节性脱水、氧化还原交替影响下，原来成土母质或母土的特性发生重大改变，形成的新的土壤类型。由于干湿交替，土壤发生糊状淹育层、较坚实板结的犁底层、渗育层、潴育层与潜育层等多种发生层分异。本区水稻土分为淹育型、渗育型、潴育型、漂洗型、脱潜型和潜育型等亚类。其中，潴育水稻土面积最大。潴育水稻土中，以黄泥土土种面积较大。黄泥土发育于湖积母质，质地偏黏，为重壤到轻黏土，黏粒含量大于25%，下层超过30%，土壤外排水条件较好，地下水位低，在80cm以下，土壤有较厚的耕作层、紧实的犁底层、垂直节理明显的渗渍层和保水性较好的斑淀层，土体构型为A-P-W-Bg，1m以内无障碍层和特殊层，渗渍层发育典型，厚度一般在30cm以上，棱块结构明显，结构面上有连续的灰色胶膜，切面内布满铁锰锈斑，以下为斑状淀积层，没有潜育青泥层。

黄棕壤占本市地域面积的6%。黄棕壤发生于北亚热带暖湿落叶阔叶林下，土壤弱度富铝化，黏聚现象明显，呈黄棕色，多由砂页岩及花岗岩风化物发育而成。本市黄棕壤分为黄棕壤、粗骨性黄棕壤等亚类。其中，分布于丘陵山区的山坞、山麓平地、山坡梯田的黄棕壤，土层深厚，由坡积物、堆积物发育而成，100cm以下不见基岩，剖面中常可见棕白相间的网纹层，土壤具有一定的保水保肥能力，与自然黄棕壤比较，土壤pH有所提高，pH为6.0—6.5，但有机质含量有所下降，一般为1.0%。

沼泽土占本市地域面积的3%。沼泽土所处地势低洼，长期地表积水，喜湿植被生长。沼泽土有机质累积丰富，还原作用强烈，具有潜育层。土体的泥炭层或腐泥层厚度小于50cm，剖面构型为泥炭状有机质层-潜育层。

小于本市地域面积3%的土壤类型还有石灰（岩）土和潮土。

本区域中心区气候特征

本区域中心区气候特征值
Regional climate characteristics in central area of the region

气候带：北亚热带湿润气候 Climate region: North subtropical humid climate	
年平均气温 /℃ Annual average temperature /℃	15.9
年平均最高气温 /℃ Annual average maximum temperature /℃	20.3
年平均最低气温 /℃ Annual average minimum temperature /℃	12.5
年降水量 /mm Annual precipitation /mm	1222
≥10℃的积温 /℃ Daily temperature accumulated in a year (≥10℃) /℃	5820
年日照时数 /h Annual sunshine /h	1893
年平均相对湿度 /% Annual average relative humidity /%	77
干燥度 Dryness	0.78

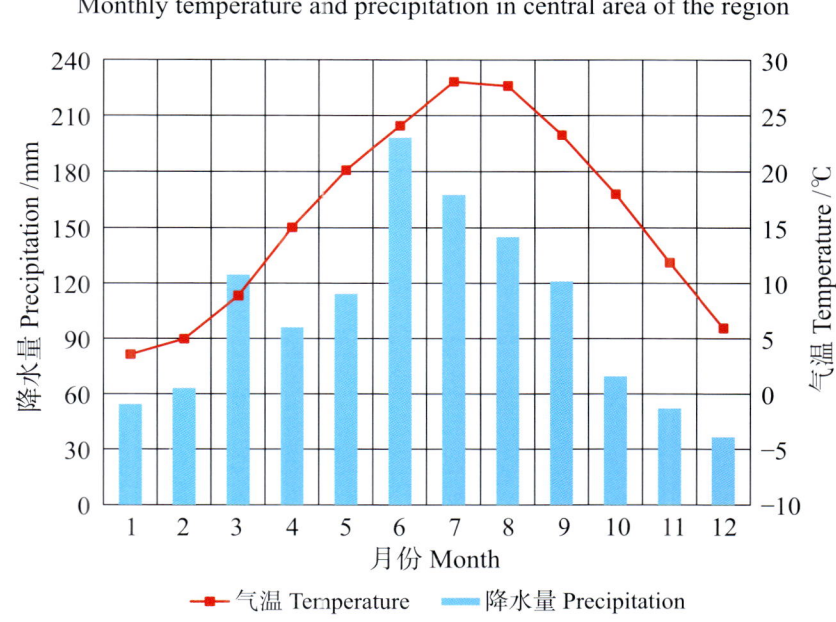

本区域中心区月平均气温与月平均降水量
Monthly temperature and precipitation in central area of the region

苏州市市辖区（部分）主要土壤类型与土壤剖面点分布图
1:310 000

图 例
水稻土　黄棕壤　沼泽土　石灰（岩）土　潮土　剖面点

苏州市土壤剖面理化性状表

剖面号 Soil profile	土纲 Soil order	土类 Soil great group	亚类 Soil subgroup	土属 Soil genus	土种 Soil species	土层码 Layer code	土层厚度 Depth/cm	颜色 Soil color	质地 Soil texture	土壤结构 Soil structure	pH	有机质 OM/(g/kg)	全氮 TN/(g/kg)	全磷 TP/(g/kg)	全钾 TK/(g/kg)	碱解氮 AN/(mg/kg)	有效磷 AP/(mg/kg)	速效钾 AK/(mg/kg)	阳离子交换量CEC/(cmol/kg)	土壤母质 Parent material	剖面点坐标 Profile coordinate	匹配指数 Matching index/%
剖1	半水成土	潮土	园田土	园田土	园田小粉土	1	0—18				5.5	10.2	0.86	0.45			24.5	63			E 120°12′38.2″ N 31°07′17.8″	83
						2	18—31				5.3	9.5	0.72	0.65			28.1	64				
						3	31—45				5.5	7.6	0.56	0.64			23.8	66				
剖2	淋溶土	黄棕壤	黄棕壤	黄土	果园黄土	1	0—14				6.2	18.5	3.02	0.49			98.4	204		堆积物	E 120°14′20.0″ N 31°07′18.5″	87
						2	14—30				5.4	10.3	1.98	0.25			72.9	82				
						3	30—50				6.0	6.6	1.84	0.25			80.5	69				
剖3	初育土	石灰(岩)土	棕色石灰土			1	0—15				7.7	21.2	1.46	0.59			<1.0	100		石灰岩	E 120°14′49.6″ N 31°05′09.2″	97
						2	15—50				7.4	13.3	1.46	0.41			<1.0	81				
						3	50—80				7.2	6.8	0.78	0.35			<1.0	94				
						4	80—				7.1	7.3	0.79	0.37			<1.0	95				
剖4	人为土	水稻土	潴育水稻土	黏质黄泥土	黄泥土	1	0—15	棕黄色	重壤土	块状	6.3	27.1	2.01	0.59			14.5	63		湖相沉积物	E 120°28′34.3″ N 31°25′30.0″	81
						2	15—24	灰黄色	重壤土	块状	6.6	24.1	1.22	0.60			15.7	58				
						3	24—30	灰黄色	轻黏土	块状	6.6	24.1	1.22	0.60			15.7	58				
						4	30—70	乌黄色	轻黏土	棱块状	6.7	6.6	0.49	0.31			4.7	59				
						5	70—95		轻黏土		7.1	4.4	0.37	0.41			4.1	106				
						6	95—125															
剖5	人为土	水稻土	渗育水稻土	小粉砂土	小粉砂土	1	0—13				5.7	25.0	1.31	0.39			7.8	58		粉砂质湖相沉积物	E 120°25′13.4″ N 31°25′41.5″	95
						2	13—21			粒状	6.6	20.6	1.14	0.42			6.3	44				
						3	21—33			粒状	7.1	13.6	0.77	0.39			4.7	36				
剖6	人为土	水稻土	潴育水稻土	黏质黄泥土	铁育黄泥土	1	0—12	灰黄色	轻壤土	粒状	6.2	22.8	1.25	0.36			5.1	69		湖相沉积物	E 120°28′53.0″ N 31°22′29.3″	90
						2	12—25	灰黄色	轻壤土	粒状	6.3	18.3	1.38	0.35			2.9	47				
						3	25—50	棕黄色	重壤土	小块状	6.6	5.8	0.43	0.21			<1.0	80				
						4	50—100															
剖7	人为土	水稻土	潴育水稻土	黏质黄泥土	黄泥土	1	0—13			块状	6.1	25.0	1.72	0.34			4.9	67		湖相沉积物	E 120°25′22.8″ N 31°21′47.9″	95
						2	13—29	棕灰色		粒状	6.6	22.5	1.70	0.40			5.7	54				
						3	29—61	青黄色		团粒状	6.6	5.1	0.47	0.19			2.2	62				
剖8	人为土	水稻土	潴育水稻土	黏质黄泥土	黄泥土	1	0—13	黄色	轻黏土	粒状	6.3	24.9	1.47	0.38			1.5	90		湖相沉积物	E 120°17′11.8″ N 31°18′41.0″	80
						2	13—30	灰棕黄色	中黏土	小块状	6.2	15.3	0.89	0.31			<1.0	58				
						3	30—41	棕色	重黏土		6.4	7.1	0.43	0.26			<1.0	80				
剖9	水成土	沼泽土	围垦沼泽土	泥质沼泽土	石板土	1	0—13	棕色	轻壤土		6.6	13.4	0.59	0.46			7.1	104				
						2	13—20	黄色	中壤土	小块状												
						3	20—36	灰棕黄色	砂壤土	无明显结构												
剖10	人为土	水稻土	潴育水稻土	黏质黄泥土	砂底黄泥土	1	0—13	青棕黄色	轻壤土	粒状	5.8	25.3	1.41	0.39			4.4	67		湖相沉积物	E 120°19′51.2″ N 31°18′04.8″	91
						2	13—26	棕色	中壤土	小块状	6.2	23.1	1.22	0.55			4.4	61				
						3	26—40	黄色	重壤土		6.2	18.1	0.97	0.52			3.9	57				
						4	40—65	红黄色	轻壤土	小块状												
						5	65—100	浅红黄色	中壤土	无明显结构												
剖11	淋溶土	黄棕壤	粗骨性黄棕壤	粗骨土	薄层黄棕壤	A	0—14	浅黄褐色	重壤土	无明显结构	6.2	32.3	2.30	0.87			13.0	121	14.2	石英砂岩	E 120°19′18.1″ N 31°19′53.0″	95
						Bv	14—26	青灰色	轻壤土	无明显结构	7.4	17.3	1.10	0.74			9.0	88	23.9			
						D	32—															
剖12	人为土	水稻土	潴育水稻土	青泥土	青泥土	A	0—16	深青灰色	重壤土	无明显结构	7.1	12.9	1.10				5.0	70		石英砂岩风化物	E 120°20′33.4″ N 31°18′59.4″	92
						P	16—33															
						G	33—100															

续表 Continued

剖面号 Soil profile	土纲 Soil order	土类 Soil great group	亚类 Soil subgroup	土属 Soil genus	土种 Soil species	土层码 Layer code	土层厚度 Depth/cm	颜色 Soil color	质地 Soil texture	土壤结构 Soil structure	pH	有机质 OM/(g/kg)	全氮 TN/(g/kg)	全磷 TP/(g/kg)	全钾 TK/(g/kg)	碱解氮 AN/(mg/kg)	有效磷 AP/(mg/kg)	速效钾 AK/(mg/kg)	阳离子交换量CEC/(cmol/kg)	土壤母质 Parent material	剖面点坐标 Profile coordinate	匹配指数 Matching index/%
剖13	人为土	水稻土	潴育水稻土	粉质黄泥土	螺蛳壳粉质黄泥土	1	0—12	棕黄色	重壤土	粒状										湖相沉积物	E 120°20′40.2″ N 31°18′49.0″	99
						2	12—19	青灰色	重壤土	小块状												
						3	19—35	灰棕色	重壤土	大块状												
						4	35—85	暗黄棕色	重壤土	棱块状												
						5	85—100	乌黄色	重壤土	碎棱状												
剖14	水成土	沼泽土	围隰沼泽土	草渣沼泽土	草渣土	1	0—15				6.0	39.8	2.02	0.46			4.1	91			E 120°21′01.8″ N 31°19′06.6″	81
						2	15—28				6.9	32.2	2.00	0.19			<1.0	105				
						3	28—65				6.0	12.8	0.60	0.12			2.1	79				
剖15	人为土	水稻土	漂洗水稻土	白土	白土	1	0—13	灰棕色	重壤土		5.9	27.3	1.62	0.37			3.4	65		黄土状母质	E 120°22′03.7″ N 31°18′48.2″	98
						2	13—27	青灰色	重壤土		7.0	26.3	1.39	0.40			4.3	56				
						3	27—50	灰白色	重壤土	棱块状	7.3	5.0	0.34	0.24			3.9	53				
						4	50—100	棕黄色	轻黏土		7.0	15.8	0.67	0.34			<1.0	114				
剖16	淋溶土	黄棕壤	黄棕壤	红黄土	厚层红黄土	1	0—13	深棕色	中壤土		7.0	13.0	0.88	0.78			35.1	46		石英砂岩残积物、坡积物	E 120°20′38.0″ N 31°16′28.2″	87
						2	13—31	黄棕色	中壤土	小块状	6.9	6.2	0.65	0.77			51.0	42				
						3	31—70	黄棕色	重壤土	块状	6.9	7.7	0.51	0.71			22.9	57				
						4	70—	浅黄棕色	轻壤土	块状	7.0	3.0	0.43	0.40			8.8	37				
剖17	淋溶土	黄棕壤	黄棕壤	黄土	旱地黄土	1	0—15	暗黄棕色	壤土	粒状	6.3	18.5	1.21	1.23			39.4	53		堆积黄土	E 120°18′36.7″ N 31°16′12.7″	93
						2	15—35	黄棕色	重壤土	粒状	6.9	17.5	1.33	1.32			61.5	69				
						3	35—65	黄棕色	重壤土	块状	5.5	13.2	0.88	1.08			57.3	49				
						4	65—	棕黄色	轻壤土		6.0	7.0	0.58	1.20			90.6	73				
剖18	人为土	水稻土	漂洗水稻土	白土	白土	1	0—13		重壤土											黄土状母质	E 120°24′42.5″ N 31°19′11.3″	83
						2	13—26		重壤土													
						3	26—41		轻壤土													
						4	41—65		中壤土													
剖19	人为土	水稻土	漂洗水稻土	白土	黄泥白土	1	0—13		重壤土											黄土状母质	E 120°24′52.2″ N 31°17′54.2″	97
						2	13—30															
						3	30—46															
						4	46—80															
剖20	淋溶土	黄棕壤	黄棕壤	黄砂土	黄砂土	1	0—16	乌灰色	轻壤土	粒状	5.9	34.2	1.52	0.94			61.0	104		堆积黄土	E 120°26′06.4″ N 31°17′52.8″	91
						2	16—21	灰棕色	中壤土		4.9	30.7	1.21	0.80			54.0	70				
						3	21—54	乌灰色	中壤土		4.9	17.5	0.41	0.24			3.4	45				
						4	54—90	黄褐色	中壤土		6.7	8.6	0.47	0.21			3.2	70				
剖21	淋溶土	黄棕壤	黄棕壤	黄砂土	黄砂土	1	0—20		轻壤土											花岗岩风化物	E 120°28′31.4″ N 31°18′16.9″	82
						2	13—30		中壤土													
						3	20—35		中壤土													
						4	35—53															
剖22	人为土	水稻土	潴育水稻土	乌散土	乌灰土	1	0—13	乌灰色	重壤土	粒状	6.0	36.5	1.80	0.55			10.0	75		黄土	E 120°29′09.2″ N 31°18′45.4″	91
						2	13—33	灰棕壤	重壤土		6.5	32.6	1.13	0.79			10.0	75				
						3	33—64	乌灰色	重壤土	块状	5.9	23.3	1.13	0.93			13.0	75				
						4	64—100	黄褐色	轻壤土		6.7	8.4	0.49	0.53			2.4	76				
剖23	人为土	水稻土	潴育水稻土	黏质黄泥土	黄泥土	1	0—19				6.0	29.0	1.85	0.33			3.3	87		湖相沉积物	E 120°29′28.0″ N 31°19′57.0″	83
						2	19—33				6.3	19.9	1.30	0.44			4.5	100				
						3	33—70				6.7	4.8	0.47	0.15			<1.0	148				
剖24	人为土	水稻土	潴育水稻土	青泥土	青泥土	1	0—11	棕灰色	重壤土		6.7	36.6	1.94	0.57			4.8	97		静水湖沉积物	E 120°28′20.3″ N 31°16′40.1″	100
						2	11—16	青灰色	重壤土		7.1	27.6	1.48	0.57			<1.0	99				
						3	16—40	青灰色	重壤土		7.5	28.2	1.21	0.57			7.0	106				
						4	40—															

续表 Continued

剖面号 Soil profile	土纲 Soil order	土类 Soil great group	亚类 Soil subgroup	土属 Soil genus	土种 Soil species	土层码 Layer code	土层厚度 Depth/cm	颜色 Soil color	质地 Soil texture	土壤结构 Soil structure	pH	有机质 OM/(g/kg)	全氮 TN/(g/kg)	全磷 TP/(g/kg)	全钾 TK/(g/kg)	碱解氮 AN/(mg/kg)	有效磷 AP/(mg/kg)	速效钾 AK/(mg/kg)	阳离子交换量 CEC/(cmol/kg)	土壤母质 Parent material	剖面点坐标 Profile coordinate	匹配指数 Matching index/%
剖25	人为土	水稻土	脱潜水稻土	乌泥土	乌泥土	1	0—14		重黏土		6.6	20.4	1.23					261			E 120° 28′ 46.9″ N 31° 15′ 15.1″	95
						2	14—26		轻黏土													
						3	26—50		轻黏土													
剖26	半水成土	潮土	园田土	园田土	瓦碎土	1	0—13														E 120° 29′ 55.3″ N 31° 15′ 19.1″	100
剖27	人为土	水稻土	潜育水稻土	青泥土	烂田青泥	1	0—22	青灰色	重黏土	无明显结构	6.5	30.9	2.60	1.44			60.0	160			E 120° 23′ 37.7″ N 31° 16′ 00.8″	96
						G	22—100	青灰黑色	重黏土	无明显结构	7.0	26.8	1.80	1.66			53.0	173				
剖28	人为土	水稻土	渗育水稻土	小粉砂土	小粉砂土	1	0—14	黄棕色	中壤土	块状	7.6	25.0	1.50	0.55				233		粉砂质湖相沉积物	E 120° 25′ 32.5″ N 31° 16′ 53.8″	91
						2	14—32	青灰色	中壤土	块状	6.6	26.4	1.52	0.71				119				
						3	32—77	浅黄色	砂壤土	单粒状	7.6	2.9	0.35	0.30				31				
						4	77—100	灰黄色	中壤土	块状												
剖29	人为土	水稻土	脱潜水稻土	乌泥土	乌泥土	1	0—13				5.7	36.9	1.77	0.43		115	5.7	70			E 120° 24′ 27.7″ N 31° 15′ 02.9″	90
						2	13—26				5.7	36.9	1.83	0.45			7.3	66				
						3	26—65				5.3	14.0	0.58	0.18			2.2	79	15.0			
剖30	黄棕壤	黄棕壤		黄砂土	黄砂土	1	0—20		中壤土		7.4	23.3	3.14	0.57			≥100.0	211		堆积物	E 120° 24′ 53.3″ N 31° 15′ 04.7″	85
						2	20—50		砂壤土		7.2	9.7	2.60	0.32			≥100.0	125				
						3	50—		中壤土		7.2	8.2	3.24	0.30			≥100.0	91				
剖31	淋溶土	漂洗水稻土		白土	白土	1	0—14				5.8	21.5	1.65	0.38			<1.0	59		黄土状母质	E 120° 26′ 03.8″ N 31° 17′ 04.2″	96
						2	14—24				6.9	15.2	1.03	0.42			4.0	54				
						3	24—50				6.9	8.1	1.47	0.28			1.9	85				
						4	50—88				6.7	5.9	0.38	0.19			<1.0	143				
剖32	水成土	沼泽土	围垦沼泽土	泥沙沼泽土	烂田青泽土	1	0—24	浅灰黄色	重壤土	块状	6.2	39.4	1.83	0.50			4.5	66	17.3		E 120° 16′ 47.6″ N 31° 14′ 46.0″	94
						2	24—47	青灰色	重壤土	无明显结构		8.9	0.53	0.44			9.7	70				
						3	47—	青灰色				7.8	0.44	0.48			11.0	72				
剖33	人为土	水稻土	脱潜水稻土	黄斑黏田	乌泥土	Aa	0—15	暗棕色	壤质黏土	小块状	6.1	33.4	1.93	0.48	13.9	139	17.0	65	21.5	湖积物	E 120° 16′ 58.8″ N 31° 14′ 49.2″	100
						Ap	15—28	暗棕色	壤质黏土	块状	6.7	25.7	1.65	0.59	14.2	122	35.0	59	21.9			
						Gw	28—49	浅黄色	壤质黏土	棱块状	6.8	15.7	1.10	0.52	14.1	77	20.0	89	22.8			
						M	49—74	棕黑色	壤质黏土	大棱块状	7.1	18.9	1.19	0.20	17.1	37	1.0	84	20.3			
						G	74—100	暗灰黄色	壤质黏土	大棱块状	7.3	11.9	0.64	0.34	16.6	30	3.0	55	17.9			
剖34	黄棕壤	黄棕壤	粗骨性黄棕壤	粗骨土	中层黄棕壤	A	0—14	浅灰黄色	重壤土	团块状	4.9	12.2	1.40	0.44			3.4	50	11.5	石英砂岩残积物	E 120° 21′ 06.1″ N 31° 11′ 26.9″	90
						Bv	14—52	浅红黄色	重壤土	块状	5.5	23.8										
						C	52—62	浅红黄色	中壤土	小块状	5.7	9.3		0.17			1.0	37				
						D	62—	红黄色	中壤土	块状												
剖35	黄棕壤	黄棕壤		黄刚土	果园黄土	Aa	0—15	暗棕色	壤质黏土	小块状	6.1	33.4	1.93	0.48	13.9	139	17.0	65	21.5	湖积物	E 120° 21′ 30.2″ N 31° 11′ 37.7″	83
						Ap	15—28	暗棕色	壤质黏土	块状	6.7	25.7	1.65	0.59	14.2	122	35.0	59	21.9			
						Gw	28—49	浅黄色	壤质黏土	棱块状	6.8	15.7	1.10	0.52	14.1	77	20.0	89	22.8			
						4	49—74	棕黑色	壤质黏土	大棱块状	7.1	18.9	1.19	0.2	17.1	37	1.0	84	20.3			
						5	74—100	暗灰黄色	壤质黏土	大棱块状	7.3	11.9	0.64	0.34	16.6	30	3.0	55	17.9			
剖36	淋溶土	黄棕壤	粗骨性黄棕壤	粗骨土	厚层黄棕壤	Bv	19—60	浅灰黄色	重壤土	粒状	5.5	23.8	1.40	0.44			3.0	50		石英砂岩残积物、坡积物	E 120° 15′ 56.2″ N 31° 10′ 34.0″	82
						C	60—100	浅红黄色	中壤土	小块状	5.7	9.3		0.17			1.0	37				
剖37	淋溶土	黄棕壤		黄刚土	果园黄土	A	0—19	红黄色	重壤土	块状	7.0	14.1	1.00	0.65			14.0	75	27.6	堆积物、坡积物	E 120° 17′ 29.8″ N 31° 10′ 23.9″	80
						Bv	23—52	浅灰黄色		粒状、团块状	6.9	12.6		0.48			8.0	40				
						C	52—100	灰黄色		块状												
剖38	人为土	水稻土	渗育水稻土	小粉砂土	细砂土	1	0—13				6.2	20.5	1.22	0.29				47		湖相沉积物	E 120° 24′ 49.0″ N 31° 13′ 56.6″	97
						2	13—23					13.9	0.78	0.37				166				
						3	23—53					5.0	0.62	0.43				31				

续表 Continued

剖面号 Soil profile	土纲 Soil order	土类 Soil great group	亚类 Soil subgroup	土属 Soil genus	土种 Soil species	土层码 Layer code	土层厚度 Depth/cm	颜色 Soil color	质地 Soil texture	土壤结构 Soil structure	pH	有机质 OM/(g/kg)	全氮 TN/(g/kg)	全磷 TP/(g/kg)	全钾 TK/(g/kg)	碱解氮 AN/(mg/kg)	有效磷 AP/(mg/kg)	速效钾 AK/(mg/kg)	阳离子交换量CEC/(cmol/kg)	土壤母质 Parent material	剖面点坐标 Profile coordinate	匹配指数 Matching index/%
剖39	人为土	水稻土	潴育水稻土	黏质黄泥土	黄泥土	1	0—16		轻黏土											湖相沉积物	E 120°25′46.9″ N 31°13′24.2″	83
						2	16—28		轻黏土													
						3	28—43		轻黏土													
						4	43—68		轻黏土													
						5	68—93		轻黏土													
						6	93—100		轻黏土													
剖40	人为土	水稻土	渗育水稻土	粉砂白土	粉砂白土	1	0—13		中壤土		6.2	26.9	1.39	0.42			8.2	37			E 120°27′02.9″ N 31°14′50.6″	93
						2	13—33		中壤土		6.6	17.6	1.18	0.36			7.2	31				
						3	33—71		重壤土		7.2	29.5	0.30	0.24			8.3	50				
						4	71—100		中壤土		7.1	3.0	0.23	1.23			≥100.0	72				
剖41	人为土	水稻土	潴育水稻土	粉质黄泥土	灰底粉质黄泥土	1	0—14		砂质中壤土		6.5	35.8	1.83	0.60			23.0	95		湖相沉积物	E 120°26′36.2″ N 31°13′40.4″	92
						2	14—34	灰色	重壤土	棱块状	6.7	32.3	1.76	0.82			23.0	72				
						3	34—74	黄黄色			6.9	12.1	0.34	0.73			9.3	82				
						4	74—	乌黄色														
剖42	人为土	水稻土	潴育水稻土	青砂土	青砂土	1	0—14	黄棕色	中壤土	块状	8.0	20.7	0.94	0.48			17.8	56		滨湖砂性母质	E 120°27′49.7″ N 31°13′35.0″	89
						2	14—27	灰黄色	中壤土		7.9	17.2	0.84	0.52			22.2	94				
						3	27—	青灰色	轻壤土		7.6	14.5	0.82	0.60			4.2	70				
剖43	人为土	水稻土	潴育水稻土	黏质黄泥土	灰底黄泥土	1	0—14				6.8	32.5	1.73	0.70			19.5	90		湖相沉积物	E 120°28′55.2″ N 31°14′03.1″	84
						2	14—23				6.9	25.0	1.31	0.70			20.0	97				
						3	23—70				7.1	11.5	0.62	0.33			4.8	79				
剖44	人为土	水稻土	潴育水稻土	黏质黄泥土	灰底黄泥土	1	0—14	灰黄色	轻黏土	小块状	6.5	30.0	1.75	0.39			15.0	96		湖相沉积物	E 120°29′31.2″ N 31°14′06.0″	98
						2	14—23	灰黄色	中壤土	小块状	6.8	33.9	1.75	0.73				88				
						3	23—70	黄棕色	轻壤土	棱块状	7.0	31.8	1.24	0.32								
						4	70—75	黄棕色	轻壤土			5.9	0.43	0.58								
						5	75—100	灰黄色			6.6											
剖45	人为土	水稻土	漂洗水稻土	白土	白土	1	0—13				6.6	28.8	1.58	0.37			6.4	61		黄土状母质	E 120°29′55.7″ N 31°14′56.4″	93
						2	13—27					21.8	1.24	0.41			8.3	38				
						3	27—49					8.0	0.54	0.22			6.9	75				
剖46	人为土	水稻土	脱潜水稻土	乌泥土	乌泥土	1	0—14	黄棕色	重壤土	无明显结构	5.5	33.7	1.99	0.47			5.4	41			E 120°28′26.2″ N 31°11′11.4″	87
						2	14—26	灰黄色	轻黏土	棱块	5.5	27.2	1.78	0.57			5.7	61				
						3	26—50	灰色	中壤土	大棱块状	5.5	13.6	1.28	0.25			2.8					
						4	50—80	乌黑色														
						5	80—100	青灰色														
剖47	初育土	石灰(岩)土	棕色石灰土			1	0—14	暗黄棕色	轻黏土	粒状	7.8	38.9	2.00	0.58			2.9	168		石灰岩	E 120°20′39.1″ N 31°07′46.9″	84
						2	14—39	暗红棕色	轻黏土	粒状、团块状	8.0	38.2	2.21	0.59			<1.0	153				
						3	39—70	红棕黄色	黏土	小块状												
						4	70—	青灰色														
剖48	人为土	水稻土	潴育水稻土	黄泥土	园田乌底黄泥土	A	0—18	浅黄色	重壤土	团粒状	5.3	27.9	1.70	1.18			≥100.0	96		湖积、冲积黄土状母质	E 120°28′10.2″ N 31°08′37.3″	96
						A1	18—31	乌灰黄色	重壤土	块状	6.6	23.1	1.30	0.87			≥100.0	74				
						W	31—59	灰黄棕色	重壤土		7.0	13.5					80.0	101				
						Dm	59—100	灰黄色														
剖49	半水成土	潮土	园田潮土	园田土	园田小粉土	1	0—16	灰黄棕色	轻壤土	粒状	5.2	11.7	1.54	0.95			32.0	35			E 120°21′26.3″ N 31°04′02.3″	92
						2	16—34	黄棕色	轻壤土	小块状	5.8	7.0	0.73	1.06			61.9	35				
						3	34—59	灰黄棕色	中壤土	块状	6.1	6.1	0.59	1.30			71.9	42				
						4	59—75	灰棕色	中壤土		6.3	4.8	0.37	1.03			44.3	41				

续表 Continued

剖面号 Soil profile	土纲 Soil order	土类 Soil great group	亚类 Soil subgroup	土属 Soil genus	土种 Soil species	土层码 Layer code	土层厚度 Depth/cm	颜色 Soil color	质地 Soil texture	土壤结构 Soil structure	pH	有机质 OM/(g/kg)	全氮 TN/(g/kg)	全磷 TP/(g/kg)	全钾 TK/(g/kg)	碱解氮 AN/(mg/kg)	有效磷 AP/(mg/kg)	速效钾 AK/(mg/kg)	阳离子交换量CEC/(cmol/kg)	土壤母质 Parent material	剖面点坐标 Profile coordinate	匹配指数 Matching index/%
剖50	淋溶土	黄棕壤	黄棕壤	黄土	果园黄土	1	0—15	暗黄色	中壤土	小粒状	7.0	8.8	2.25	0.18			51.5	52		堆积物	E 120°22′12.0″ N 31°03′07.2″	86
						2	15—38	暗黄色	中壤土	粒状	6.9	7.0	2.06	0.18			49.0	37				
						3	38—57	棕黄色	重壤土	块状	7.0	2.8	2.25	0.18			64.9	39				
						4	57—100	棕黄色	轻黄土		7.1	2.8	1.96	0.18			44.3	52				
剖51	半水成土	潮土	园田土	园田土	瓦碎土	1	0—15	灰棕色	轻粘土	碎粒状	5.2	27.1					33.2					95
						2	15—46	灰棕色	中壤土	屑粒状		27.5					29.9					
						3	46—63	棕黄色	中壤土	小块状		15.3					36.1					
						4	63—	灰棕色	中壤土			15.1					32.9					
剖52	水成土	沼泽土	围垦沼泽土	草渣沼泽土	草渣土	1	0—11	灰棕色	壤土	粒状	5.3	47.8	7.09	0.71			4.9	87				85
						2	11—23	黄棕色	壤土	小块状	7.1	14.9	0.77	0.31			3.2	34				
						3	23—39	青灰色		单粒状												
						4	39—59	乌灰色														
剖53	人为土	水稻土	渗育水稻土	小粉土	小粉土	1	0—13				6.7	28.9	1.73	0.56			18.3	104			E 120°35′23.3″ N 31°25′45.8″	98
						2	13—29				7.0	25.2	1.47	0.63			8.1	110				
						3	29—68				6.8	12.7	0.49	0.59			<1.0	87				
						4	68—100				7.1	10.8	0.54	0.63			2.0	82				
剖54	人为土	水稻土	漂洗水稻土	乌泥白土	乌泥白土	1	0—11	灰棕色	重壤土	小块状	6.1	34.0	1.18	0.74			13.8	82			E 120°37′25.7″ N 31°26′38.4″	99
						2	11—29	青灰色	重壤土		6.2	25.5	1.27	0.59			13.4	78				
						3	29—52	灰白色	中壤土		6.3	6.7	0.30	0.30			4.6	52				
						4	52—100	乌灰色	轻壤土	棱柱状												
剖55	人为土	水稻土	脱潜水稻土	乌栅土	乌栅土	1	0—14	灰棕色	重壤土	块状	6.7	36.1	1.86	0.62			3.9	106			E 120°37′57.4″ N 31°29′17.5″	88
						2	14—37	青棕色	重壤土	无明显结构	6.9	31.6	2.01	0.63			<1.0	90				
						3	37—59	乌灰色	中壤土	柱状	7.2	19.7	0.41	0.49			1.6	82				
						4	59—100															
剖56	人为土	水稻土	潜育水稻土	灰罗土	灰罗土	1	0—12	暗棕色	重壤土	块状	6.6	39.3	2.66	0.41			5.0	87			E 120°37′36.6″ N 31°28′46.9″	80
						2	12—38	青棕色	重壤土	块状	6.9	27.4	1.66	0.33			1.9	79				
						3	38—80	乌黑色	中壤土		5.7	32.9	1.46	0.25			1.9	71				
						4	80—100	乌灰色	轻黏土		7.0	47.0	4.68	0.22			5.2	154				
剖57	人为土	水稻土	潜育水稻土	黄泥土	园田黄泥土	A	0—21	浅乌色	轻壤土	团粒状	6.2	29.4	2.10	1.14			64.0	139	19.0	河湖相沉积物	E 120°31′35.0″ N 31°23′48.5″	87
						A_1	21—31	乌棕色	重壤土	粒状	7.1	28.1	1.60	0.92			57.0	131	17.3			
						W	31—61	浅棕黄色	重壤土	棱块	7.4	8.6	0.40				3.0	81	17.2			
						Bvg	61—100	浅黄灰色	轻黏土	棱柱状	7.4	2.5	0.30				2.0	31	26.3			
剖58	人为土	水稻土	潴育水稻土	粉质黄泥土	粉质黄泥土	1	0—12	灰棕色			6.9	31.6	1.56	0.57			3.9	87		湖积、冲积黄土母质	E 120°36′51.1″ N 31°24′30.6″	88
						2	12—20	灰棕色	重壤土	小团块状	6.6	29.0	0.97	0.64			2.1	72				
						3	20—50	乌灰色	重壤土	团块状	7.0	18.9		0.62			5.3	72				
						4	50—100		重壤土		6.8	11.0										
剖59	人为土	水稻土	潴育水稻土	黄泥土	乌底黄泥土	1	0—11	棕色	重壤土	块状	6.2	39.4	1.80	0.70			26.0	72	20.5	湖积、冲积黄土母质	E 120°40′26.0″ N 31°24′20.2″	86
						2	11—24	棕褐色	重壤土	团块状	6.9	37.9	1.80	0.74			17.0	63	24.5			
						3	24—65	灰棕色	重壤土	块状	6.4	15.4	0.90	0.39			5.0	57				
						P	65—100	乌黑色	重壤土		6.2	45.5	0.60	1.18			5.0	63				
剖60	人为土	水稻土	潴育水稻土	粉质黄泥土	粉质黄泥土	1	0—11	灰棕色	重壤土											湖相沉积物	E 120°42′00.7″ N 31°21′29.9″	93
						2	11—17	灰棕色	重壤土													
						3	17—29	棕色	重壤土													
						4	29—48	浅棕黄色	重壤土													
						5	48—78	浅灰色	重壤土													
						6	78—100	灰色	黏土	棱块状												

续表 Continued

剖面号 Soil profile	土纲 Soil order	土类 Soil great group	亚类 Soil subgroup	土属 Soil genus	土种 Soil species	土层码 Layer code	土层厚度 Depth/cm	颜色 Soil color	质地 Soil texture	土壤结构 Soil structure	pH	有机质 OM/(g/kg)	全氮 TN/(g/kg)	全磷 TP/(g/kg)	全钾 TK/(g/kg)	碱解氮 AN/(mg/kg)	有效磷 AP/(mg/kg)	速效钾 AK/(mg/kg)	阳离子交换量CEC/(cmol/kg)	土壤母质 Parent material	剖面点坐标 Profile coordinate	匹配指数 Matching index/%
剖61	淋溶土	黄棕壤	黄棕壤	黄砂土	厚层黄砂土	A	0—15	灰黄色	轻壤土	粒状	6.2	15.0	1.30	0.92			38.0	29		花岗岩残积物、堆积物	E 120° 30′ 13.7″ N 31° 16′ 51.6″	98
						Bv	15—45	浅棕黄色	轻壤土	单粒状	5.5	7.6					33.0	21				
						C	45—100	棕棕色	轻壤土	单粒状												
剖62	人为土	水稻土	脱潜水稻土	乌泥土	竖头乌泥土	1	0—13	暗棕色	重壤土	块状	6.1	32.4	1.76	0.33			4.4	103	15.2		E 120° 31′ 12.4″ N 31° 16′ 13.4″	81
						2	13—26	青灰色	重壤土	棱柱状	6.2	20.1	1.23	0.43			5.4	62				
						3	26—47	青黄色		棱柱状	6.2	12.2	0.81	0.54			7.9	64				
						4	47—100	乌黑色	重壤土													
剖63	人为土	水稻土	潴育水稻土	壤质黄泥土	壤质黄泥土	1	0—14		重壤土											湖相沉积物	E 120° 43′ 44.8″ N 31° 16′ 13.4″	91
						2	14—25		重壤土													
						3	25—71															
剖64	人为土	水稻土	潴育水稻土	壤质黄泥土	灰底壤质黄泥土	1	0—12	棕灰色	重壤土	小块状	5.8	53.8	3.00	0.59			19.0	62		湖相沉积物	E 120° 39′ 10.1″ N 31° 16′ 00.8″	86
						2	12—26	青灰色		棱块状	6.9	52.7	3.09	0.85			19.0	59				
						3	26—50	棕黄色	重壤土	棱块状	6.4	17.1	0.62	0.39			4.0	59				
						4	50—80	灰黄色														
						5	80—110	乌黑色														
剖65	人为土	水稻土	潴育水稻土	粉砂白土	粉砂白土	1	0—15	黄棕色	重壤土	柱状	7.3	28.4	1.55	0.67			23.8	62			E 120° 31′ 30.4″ N 31° 13′ 50.2″	84
						2	15—30	黄棕色	重壤土	块状	6.9	21.8	1.28	0.76			23.0	59				
						3	30—90	黄白色	轻黏土	小块状	7.1	3.6	0.36	0.88			33.0	92				
						4	90—	黄灰色	轻黏土	棱块状	7.5	4.0	0.37	0.98			26.0	85				
剖66	人为土	水稻土	潴育水稻土	小粉砂土	细黄土	1	0—10	乌黑色	中壤土	块状	6.3	24.5	1.59	0.50			21.4	60		湖相沉积物	E 120° 32′ 44.9″ N 31° 12′ 41.8″	86
						2	10—25	棕色	轻壤土	小块状	7.1											
						3	25—39	黄白色		粒状	7.7											
						4	39—93	白色		粒状	7.9											
						5	93—															
剖67	人为土	水稻土	漂洗水稻土	白土	黄泥白土	1	0—15	棕黄色	重壤土	小块状	5.4	25.8	0.86	<0.10			1.5	48			E 120° 33′ 56.5″ N 31° 13′ 22.1″	93
						2	15—27	黄灰色	重壤土	无明显结构	6.7	20.2	1.15	0.45			8.7	36				
						3	27—37	黄白色	砂黏土	棱块状	7.1	2.9	0.36	0.25			4.1	40				
						4	37—67	青黄色	砂黏土		7.5	3.2	0.37	0.44			1.4	48				
						5	67—100	灰黄色	轻壤土		6.8											
剖68	水成土	沼泽土	围垦沼泽土	泥质沼泽土	石板土	1	0—13	棕色	重壤土	块状	6.6	23.1	1.34	0.34			7.2	82		湖相沉积物	E 120° 35′ 52.1″ N 31° 14′ 13.9″	84
						2	15—27	棕灰色	重壤土	块状	7.7	15.0	1.00	0.70			11.0	82				
剖69	人为土	水稻土	潜育水稻土	石板土	石板土	A	0—11	浅灰黄色	重壤土	大块状	7.7	12.0	0.60	0.70			9.0	77		黄土状母质	E 120° 36′ 33.8″ N 31° 14′ 37.0″	91
						P	11—24	青灰色	重黏土	棱块状	6.8	2.9	0.40				5.0	79				
						G	24—63	暗黄棕色	重壤土	粒状	6.6	3.7	0.30				2.0	62				
						GDm	63—100			屑粒状	6.4	14.0	0.94	0.59			5.7	52				
剖70	淋溶土	黄棕壤	黄棕壤	红黄土	厚层红黄土	2	14—48	黄棕色	壤土	块状	5.5	10.7	0.92	0.59			3.2	51		石英砂岩残坡积物	E 120° 31′ 58.8″ N 31° 12′ 05.0″	100
						3	48—75	黄棕色	壤土	块状	5.0	16.5	1.09	0.54			<1.0	39				
						4	75—100	灰黄色	壤土	棱块状												
剖71	人为土	水稻土	潴育水稻土	黄泥土	黄泥土	Aa	0—12	灰棕色	黏土	小块状	5.9	37.1	2.23	1.17	16.9					黄土状母质	E 120° 32′ 23.3″ N 31° 11′ 34.4″	86
						Ap	12—22	灰棕色	黏土	块状	6.2	34.5	1.99	1.11	17.5							
						P	22—62	棕棕色	壤质黏土	大块状	7.5	8.4	0.78	0.63	17.8							
						W	62—100	黄棕色	壤质黏土	棱块状	7.3	8.7	0.72		21.1							
剖72	人为土	水稻土	潴育水稻土	黄砂土	黄砂土	1	0—15	灰黄色	中壤土	粒状										湖相冲积物	E 120° 41′ 44.5″ N 31° 13′ 52.0″	80
						2	15—27	黄棕色	重壤土	粒状												
						3	27—54	灰黄色	壤土	棱块状												
						4	54—100	灰黄色	砂壤土													

续表 Continued

剖面号 Soil profile	土纲 Soil order	土类 Soil great group	亚类 Soil subgroup	土属 Soil genus	土种 Soil species	土层码 Layer code	土层厚度 Depth/cm	颜色 Soil color	质地 Soil texture	土壤结构 Soil structure	pH	有机质 OM/(g/kg)	全氮 TN/(g/kg)	全磷 TP/(g/kg)	全钾 TK/(g/kg)	碱解氮 AN/(mg/kg)	有效磷 AP/(mg/kg)	速效钾 AK/(mg/kg)	阳离子交换量CEC/(cmol/kg)	土壤母质 Parent material	剖面点坐标 Profile coordinate	匹配指数 Matching index/%
剖73	人为土	水稻土	潴育水稻土	壤质黄泥土	砂底壤质黄泥土	1	0—11	黄棕色	重壤土	块状	6.2	35.7	2.04	0.60			14.0	114		湖相沉积物	E 120°46′08.8″ N 31°27′29.5″	96
						2	11—28	青灰色	重壤土	块状	6.8	25.1	1.21	0.71			13.1	135				
						3	28—61	棕黄色	砂壤土	棱块状	7.3	9.5	0.36	0.31			1.6	66				
						4	61—100	灰黄色	砂壤土													
剖74	人为土	水稻土	潴育水稻土	壤质黄泥土	壤质黄泥土	1	0—14	灰棕色	重壤土		5.8	33.4	1.76	0.81			16.5	74		湖相沉积物	E 120°46′50.9″ N 31°18′21.6″	91
						2	14—25	棕黄色			6.6	23.9	1.53	0.68			16.5	66				
						3	25—71	黄棕色		棱块状	6.8	18.4	1.35	0.63			10.0	56				
						4	71—100	水黄色			7.1	11.4	0.98	0.63			9.5	57				
剖75	人为土	水稻土	潴育水稻土	粉质黄泥土	粉质黄泥土	1	0—12				7.2	29.9	1.78	0.57			3.5	79		湖相沉积物	E 120°48′36.0″ N 31°19′27.8″	92
						2	12—22					29.5	1.58	0.54			5.5	74				
						3	22—80					15.0	0.82	0.63			9.7	63				
剖76	人为土	水稻土	脱潜水稻土	乌栅土	夹砂乌栅土	1	0—11	灰黄棕色	重壤土	块状	7.1	34.0	1.85	0.57			3.3	84		河湖相沉积物	E 120°50′31.9″ N 31°18′26.6″	96
						2	11—30	乌灰色	重壤土	棱块状	6.9	32.7	1.65	0.64			2.1	76				
						3	30—70		轻壤土		7.3	13.6	0.66	0.52			9.7	106				
						4	70—100	灰白色														
剖77	人为土	水稻土	潴育水稻土	壤质黄泥土	黄松土	1	0—12	灰棕色	重壤土	小块状	7.5	36.5	1.79	0.69			6.4	80		湖相沉积物	E 120°48′58.0″ N 31°15′38.9″	97
						2	12—28	黄棕色	重壤土	块状	7.6	26.6	1.25	0.71		123	13.7	65				
						3	28—75	棕黄色	重壤土	棱块状	7.9	8.9	0.51	0.33			3.0	74				
						4	75—100	灰棕色	重壤土	棱块状												
剖78	人为土	水稻土	脱潜水稻土	乌栅土	坚头乌栅土	1	0—14	灰棕色	轻黏土	粒状, 小块状	7.0	39.5	1.86	0.63			9.1	205		河湖相沉积物	E 120°46′48.7″ N 31°17′21.5″	87
						2	14—35	青灰色	重壤土	棱柱状	7.0	33.9	1.67	0.74			5.9	74				
						3	35—66	乌灰色	轻黏土	棱柱状	6.9	19.8	1.04	0.54			1.7	69				
						4	66—100	青灰色														
剖79	人为土	水稻土	潴育水稻土	粉质黄泥土	砂底粉质黄泥土	1	0—12	棕灰色	中壤土	粒状	7.0	28.1	1.64	0.51			7.4	91		湖相沉积物	E 120°46′59.2″ N 31°14′38.8″	90
						2	12—21	青灰色	重壤土	块状	6.8	24.2	1.33	0.56			6.1	69				
						3	21—41	灰棕色	中壤土	块状	7.1	20.8	1.07	0.55			5.8	65				
						4	41—64	黄棕色	轻壤土	块状	7.3	6.7	0.30	0.39			2.1	38				
						5	64—100															
剖80	人为土	水稻土	潴育水稻土	粉质黄泥土	螺蛳壳粉质黄泥土	1	0—14	灰色			7.1	32.2	1.74	0.48			8.0	73		湖相沉积物	E 120°51′56.9″ N 31°14′12.8″	93

吴 江 区

主要土类说明

水稻土是吴江区主要土壤类型，占本区地域面积的 79%。水稻土主要成土过程是水耕熟化过程和较强烈的还原淋溶与氧化淀积过程。稻田灌水期间，土壤中的铁被还原，随同极细胶体向下淋渗，到了没有被灌溉水饱和的土层，铁又氧化成高价铁而淀积下来，再加上人们不断增施新鲜有机质，使土壤有机质活性部分多、品质好，产生了水稻土特有的成土过程。水稻土的熟化特征具体表现在两个突出的方面：有机质可从低含量和特高含量趋向于较高含量；土壤有机质的品质好，有利于土壤结构的形成。水稻土具有独特的剖面特征。典型的水稻土具有耕作层、犁底层、渗育层、淀积层、潜育层、母质层及其他的层次如埋藏层、白土层等。本区水稻土分为潴育型、脱潜型、潜育型等亚类。其中，潴育水稻土面积最大，分布于本区的东北部地区和中部的半高田平田圩区。其成土母质为黄土状冲积物及湖积物。该类土壤是古老的耕种水稻土，长期受人为耕作措施所影响，土壤发育受人为影响比较深刻，发育比较全面，渗育层较发育，剖面上下淋溶、淀积状况明显，反映出水稻土的典型发生特征。

小于本区地域面积 3% 的土壤类型还有潮土。

本区域中心区气候特征

本区域中心区气候特征值
Regional climate characteristics in central area of the region

气候带：北亚热带湿润气候 Climate region: North subtropical humid climate	
年平均气温 /℃ Annual average temperature /℃	16.1
年平均最高气温 /℃ Annual average maximum temperature /℃	20.3
年平均最低气温 /℃ Annual average minimum temperature /℃	12.7
年降水量 /mm Annual precipitation /mm	1244
≥ 10℃的积温 /℃ Daily temperature accumulated in a year（≥ 10℃）/℃	5860
年日照时数 /h Annual sunshine /h	1872
年平均相对湿度 /% Annual average relative humidity /%	77
干燥度 Dryness	0.77

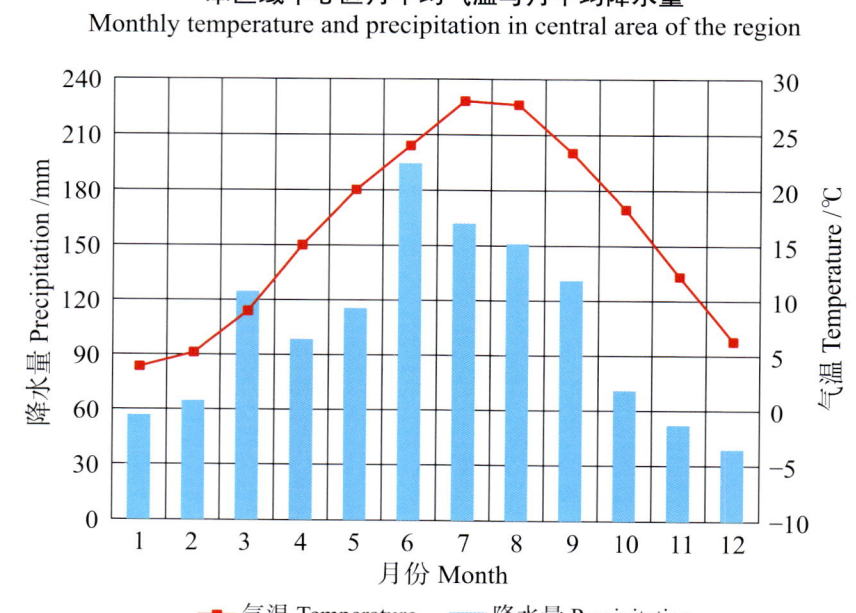

本区域中心区月平均气温与月平均降水量
Monthly temperature and precipitation in central area of the region

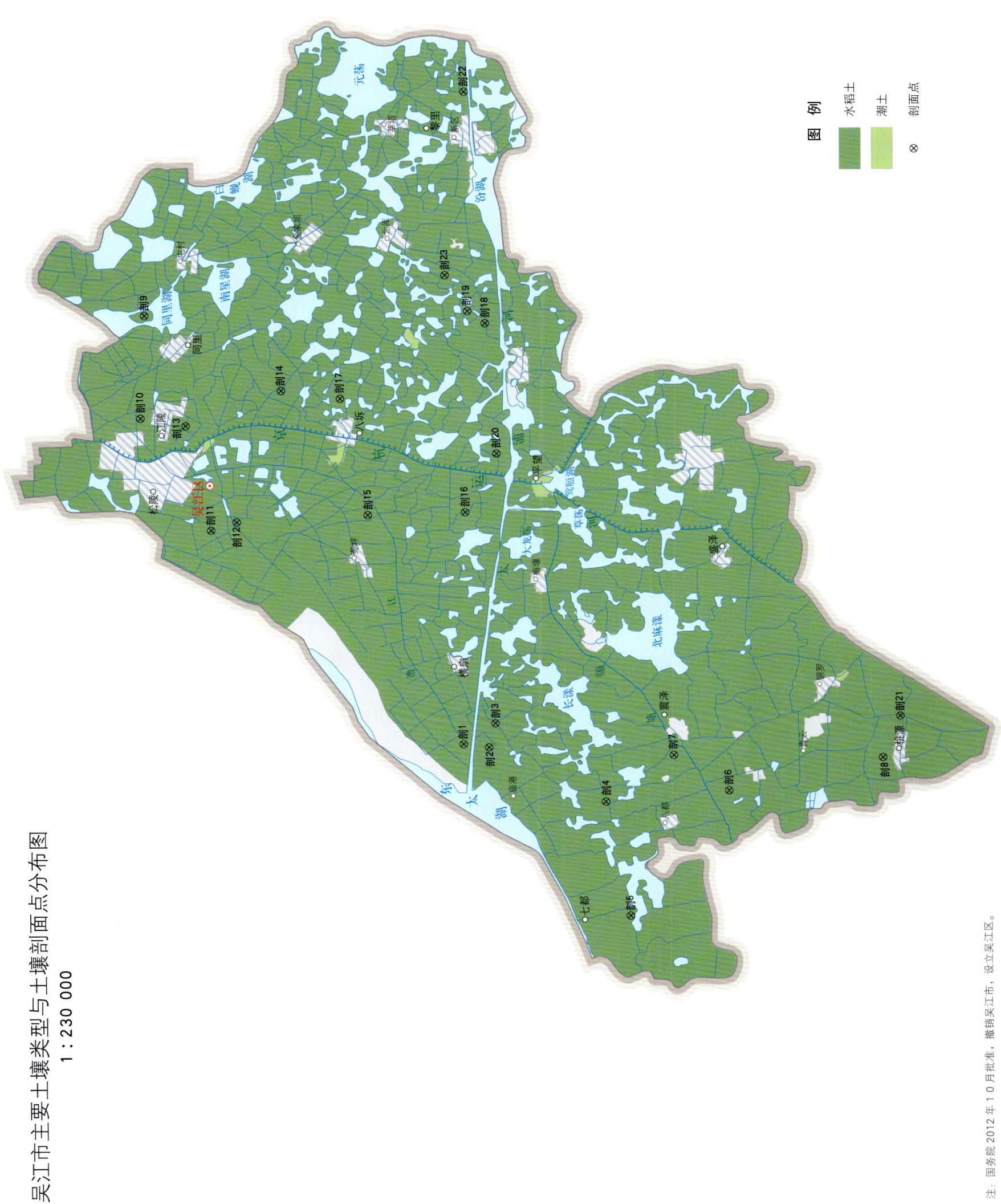

吴江区土壤剖面理化性状表

剖面号 Soil profile	土纲 Soil order	土类 Soil great group	亚类 Soil subgroup	土属 Soil genus	土种 Soil species	土层码 Layer code	土层厚度 Depth/cm	颜色 Soil color	质地 Soil texture	土壤结构 Soil structure	pH	有机质 OM/(g/kg)	全氮 TN/(g/kg)	全磷 TP/(g/kg)	全钾 TK/(g/kg)	碱解氮 AN/(mg/kg)	有效磷 AP/(mg/kg)	速效钾 AK/(mg/kg)	阳离子交换量CEC/(cmol/kg)	土壤母质 Parent material	剖面点坐标 Profile coordinate	匹配指数 Matching index/%
剖1	人为土	水稻土	漂洗水稻土	白土	厚层白土	A	0—13	棕黄色	轻壤土	小块状	5.1	12.7	0.76	0.34		87	2.3	40	8.3	河湖交互沉积物	E 120°29′12.5″ N 31°00′55.4″	91
						P	13—22	青苔灰色	砂壤土		5.8	8.4	0.70	0.32		59	2.3	49				
						E₁	22—39	灰青灰色	轻壤土		6.0	7.2	0.47	0.34		34	2.3	49				
						E₂	39—68	白黄色														
						E₃	68—	青灰色														
剖2	人为土	水稻土	渗育水稻土	小粉土	小粉土	A	0—16	浅棕黄色	中壤土	块状	5.3	23.3	1.48	0.43	16.0	158	5.0	41	14.6	湖相、河相沉积物	E 120°29′06.7″ N 31°00′11.5″	84
						P	16—28	浅青灰色	中壤土		6.0	17.6	1.13	0.41	16.1	102	7.0	35	14.2			
						W₁	28—70	灰青灰色	砂壤土	棱块状	6.3	15.6	1.09	0.48	4.9	102	7.0	33	12.6			
						W₂	70—86	灰白色	轻壤土	棱块状	7.8	9.1	0.58	0.18	14.8	21	2.0	43	15.1			
						C	86—	浅灰色	中壤土	棱块状	7.8	3.6	0.30	0.20		21	2.0	50				
剖3	人为土	水稻土	潴育水稻土	黄泥土	乌泥土	A	0—14	灰黄色	中壤土	小块状	5.2	33.3	1.93	0.64		145	4.0	48	15.3	黄土状母质	E 120°29′57.5″ N 31°00′01.1″	84
						P	14—29	青灰色	中壤土		5.8	29.8	1.78	0.62		123	7.0	48				
						W₁	29—46	灰色	中壤土	棱块状	7.1	10.0	0.54	0.29		33	4.0	52				
						W₂	46—61	褐灰色														
						C	61—	灰白色														
剖4	人为土	水稻土	脱潜水稻土	灰心青紫泥	腐泥心青紫泥	A	0—15	暗灰色	轻黏土	小块状	6.3	26.6	1.41	0.33	19.3	104	10.0	122	20.7	河湖相沉积物	E 120°27′17.6″ N 30°56′47.0″	84
						P	15—27	暗灰色	重壤土	棱柱状	7.4	19.6	1.03	0.33	18.9	66	7.0	159				
						W	27—46	灰黑色	中壤土	棱柱状	7.3	33.4	1.31	0.32	17.1	63	6.0	219				
						Dm	46—76	灰黑色	重壤土	棱柱状	7.6	30.4	1.32	0.16	18.5	48	3.0	268				
						G	76—	灰黄棕色	中壤土	棱柱状	7.3	7.5	0.49	0.20	17.8	18	2.0	155				
剖5	人为土	水稻土	潴育水稻土	灰底黄泥土	灰底乌黄泥	A	0—17	暗黄棕色	中壤土	大块状	6.2	32.4	2.01	0.37	19.3	132	4.0	72	20.8		E 120°23′22.9″ N 30°56′01.0″	90
						P	17—34	青灰色	中壤土		7.2	22.1	1.40	0.24	18.9	89	2.0	71				
						W	34—55	浅灰灰色	中壤土	小棱块状	7.3	6.1	0.40	0.28	17.1	19	1.0	48				
						Dm	55—76	黑色	中壤土	棱柱状	7.2	22.8	1.00	0.15	18.5	32	2.0	61				
						G	76—	灰色	中壤土		7.5	3.9	0.13	0.15	17.8	13	2.0	48				
剖6	人为土	水稻土	漂洗水稻土	白土	中位白土	A	0—14	暗灰色	中壤土	小块状	6.9	39.6	2.15	0.43	16.3	182	10.0	98	18.4	河湖交互沉积物	E 120°27′45.7″ N 30°53′13.9″	99
						P	14—27	深灰色	中壤土	块状	7.1	31.8	1.85	0.46	13.2	144	7.0	105				
						Dm	27—34	暗灰色	砂壤土	小棱块状	7.3	29.4	1.44	0.36	13.2	44	2.0	83				
						E	34—61	灰白色	砂壤土	棱柱状	7.7	3.9	0.17	0.27	12.8	18	4.0	53				
						Gb	61—	暗灰色	重壤土		7.4	23.0	1.07	0.34	17.9	20	2.0	36				
剖7	人为土	水稻土	漂洗水稻土	白土	灰白土	A	0—14	浅棕黄色	中壤土	小块状	6.0	31.0	1.68	0.30	13.4	134	4.0	68	17.1	河湖交互沉积物	E 120°28′57.4″ N 30°54′50.8″	91
						P	14—25	暗黄棕色	重壤土	棱柱状	6.7	25.7	1.58	0.32	13.6	121	6.0	69				
						Dm	25—43	青灰色	重壤土	棱柱状	7.5	27.9	1.30	0.28	15.0	38	1.0	35				
						E	43—75	浅灰色	中壤土		6.7	2.7	0.14	0.27	16.6	18	4.0	53				
						Bvg	75—	灰白色	重壤土		7.6	3.7	0.14	0.24	19.2	43	3.0	36				
剖8	人为土	水稻土	脱潜水稻土	青紫泥	砂底青紫泥	A	0—14	暗黄灰色	中壤土	小块状	5.9	28.8	1.52	0.41	13.4	113	11.0	73	16.3	湖相沉积物	E 120°29′00.2″ N 30°48′48.6″	90
						P	15—25	青灰色	重壤土		6.7	21.5	1.23	0.21	13.6	113	5.0	94				
						W	25—36	浅灰色	中壤土	棱柱状	7.0	5.8	0.28	0.22	15.0	41	4.0	65				
						Dm	36—45	暗灰色	中壤土	棱块状	6.9	19.4	0.75	0.24	16.6	58	3.0	55				
						Ws	45—62	灰白色	中壤土	棱块状	7.3	4.4	0.21	0.31		22	3.0	60				
						G	62—	灰灰色	轻壤土	棱块状	7.3	4.9	0.28	0.24		27	2.0	58				

续表 Continued

剖面号 Soil profile	土纲 Soil order	土类 Soil great group	亚类 Soil subgroup	土属 Soil genus	土种 Soil species	土层码 Layer code	土层厚度 Depth/cm	颜色 Soil color	质地 Soil texture	土壤结构 Soil structure	pH	有机质 OM/(g/kg)	全氮 TN/(g/kg)	全磷 TP/(g/kg)	全钾 TK/(g/kg)	碱解氮 AN/(mg/kg)	有效磷 AP/(mg/kg)	速效钾 AK/(mg/kg)	阳离子交换量 CEC/(cmol/kg)	土壤母质 Parent material	剖面点坐标 Profile coordinate	匹配指数 Matching index/%
剖9	人为土	水稻土	潜育水稻土	砂礓土	砂礓土	A	0—16	浅棕黄色	轻黏土	块状	5.4	5.9	0.49	0.25		42	2.0	202	19.8		E 120°43′53.4″ N 31°10′21.7″	80
						P	16—29	黄棕色	轻黏土	块状	4.9	3.0	0.21	0.14		43	2.0	226				
						G_1	29—53	黄棕色	轻黏土	块状	6.3	2.1	0.29	0.15		23	2.0	242				
						Gbir	53—	浅深灰色	轻黏土	块状	6.5	3.6	0.36	0.18		26	2.0	227				
剖10	人为土	水稻土	潜育水稻土	草渣土	草渣土	A	0—12	灰黄色	轻黏土	团粒状	6.0	42.1	2.58	0.54	19.8	226	13.0	102	25.0	湖相沉积物	E 120°40′20.6″ N 31°10′25.3″	92
						P	12—25	深灰色	轻黏土	块状	5.9	36.1	2.15	0.27	21.1	174	9.0	87	24.4			
						G_1	25—45	暗灰黄色	中壤土	小块状	6.4	16.7	1.03	0.24	16.9	72	3.0	64	26.7			
						G_2	45—85	青灰色	中壤土		5.9	10.6	0.80	0.21	16.2	68	8.0	69	12.3			
						G_3	85—	青灰色	中壤土		6.4	11.4	0.92	0.23		80	16.0	69				
剖11	人为土	水稻土	潜育水稻土	青泥土	砂底青泥土	A	0—13	棕黄色	中壤土	小块状	5.3	32.5	2.02	0.44		146	2.0	90	16.5	静水湖相沉积物	E 120°36′29.2″ N 31°08′19.3″	84
						P	13—30	青灰色	中壤土		6.3	22.7	1.34	0.50		78	2.0	111				
						G_1	30—70	青灰色	中壤土	块状	7.1	15.6	0.50	0.54		24	4.0	102				
						G_2	70—	青灰色														
剖12	人为土	水稻土	渗育水稻土	渗潮泥田	湖砂土	Aa	0—14	暗灰黄色	黏壤土	屑块状	7.3	25.8	1.59	0.37	15.1	142	4.0	56	10.0	湖相沉积物	E 120°36′47.2″ N 31°07′35.8″	84
						Ap	14—25	黄灰色	黏壤土	大块状	6.9	17.2	1.19	0.36	15.1	116	6.0	46	12.9			
						P	25—45	暗灰黄色	黏壤土	棱块状	6.4	10.6	0.78	0.40	14.4	76	4.0	42	12.7			
						C	45—100	浅灰色	中壤土	棱柱状	5.2	4.3	0.38	0.33	15.6	28	4.0	52	12.0			
剖13	人为土	脱潜水稻土		青紫泥	青紫泥	A	0—11	暗灰色	重壤土	块状	6.1	31.7	2.00	0.38	23.7	130	10.0	88	17.4	黄土状母质	E 120°40′06.6″ N 31°09′06.8″	96
						P	11—26	暗灰色	重壤土		7.2	25.5	1.45	0.39	24.7	84	10.0	108	17.5			
						W	26—42	灰黄色	轻黏土	小棱柱状	7.5	13.3	0.68	0.36	17.6	30	4.0	164	16.7			
						Wg	42—64	浅灰黄色	轻黏土		7.0	6.4	0.44	0.59	27.5	22	5.0	234	16.1			
						Bvg	64—84	黄棕色	轻黏土		7.4	5.6	0.51	0.43		23	8.0	259				
						G	84—	灰白色			7.7	5.3	0.45	0.56		15	13.0	295				
剖14	人为土	水稻土	潜育水稻土	黄泥土	黄松土	Aa	0—12	暗黄色	重壤土	小块状	5.8	27.4	1.67	0.50	21.7	193	9.0	95	20.8	湖相沉积物	E 120°41′23.6″ N 31°06′22.3″	99
						Ap	12—26	黄灰色	重壤土	块状	6.9	24.8	1.50	0.50	20.0	139	17.0	71	21.1			
						Gw	26—42	浅棕黄色	重壤土	小棱柱状	7.5	4.3	0.45	0.44	11.9	30	8.0	78	17.9			
						Bv	60—	橄榄黑色	壤质黏土	棱柱状	7.6	3.7	0.31	0.36		27	11.0	84				
剖15	人为土	水稻土	渗育水稻土	小粉土	小粉砂土	A	0—14	灰黄色	中壤土	小块状	5.1	19.7	1.17	0.18		113	3.0	41	13.3	湖相, 河相沉积物	E 120°37′07.0″ N 31°03′48.6″	93
						P	14—28	深灰色	中壤土	小块状	6.5	11.5	0.72	0.15		96	2.0	45				
						W_1	28—42	浅灰黄色	中壤土	大棱柱状	6.9	5.2	0.37	0.15		41	3.0	41				
						W_2	42—73	浅灰黄色	中壤土	大棱柱状	7.0	8.1	0.17	0.32		39	1.0	26				
						C	73—	黄棕色														
剖16	人为土	水稻土	潴育水稻土	黄斑黏田	桐罗青紫泥	Aa	0—12	暗黄色	黏土	小块状	6.1	31.7	2.00	0.38	19.7	130	10.0	88		湖相	E 120°41′16.7″ N 31°01′00.1″	80
						Ap	11—26	灰黄色	黏土	块状	7.2	25.5	1.45	0.39	0.5	84	10.0	108				
						Gw	26—42	橄榄黑色	壤质黏土	小棱柱状	7.5	13.3	0.68	0.36	14.6	30	4.0	164				
						G	42—100	灰黑色	中质黏土	棱柱状	7.0	6.4	0.44	0.59	28.2	22	5.0	234				
剖17	人为土	水稻土	潜育水稻土	青砂土	青砂土	A	0—11	浅灰黄色	中壤土	小块状	6.3	17.5	0.84	0.68		77	7.0	110	14.3	湖积物	E 120°41′09.6″ N 31°04′40.1″	85
						P	11—24	浅灰色	中壤土	小块状	6.5	15.1	0.63	0.38		60	7.0	133				
						G_1	24—42	浅灰色	轻壤土	小块状	7.3	16.8	0.30	0.28		21	10.0	175				
							42—	黄棕色	中壤土	屑粒状	7.5	11.1	0.30	0.38		21	8.0	197				
剖18	人为土	水稻土	渗育水稻土	渗潮泥田	湖白土	Aa	0—13	暗黄色	黏壤土	屑粒状	6.2	36.4	2.25	0.42	16.2	191	11.0	83	15.0	湖相沉积物	E 120°43′50.9″ N 31°00′31.7″	99
						Ap	13—22	灰黄色	黏壤土	棱柱状	7.5	33.5	2.16	0.34	13.7	144	3.0	109				
						Pe	22—58	灰色	壤土	块状	8.1	2.8	0.26	0.11	12.6	24	2.0	49				
						Ce_1	58—86	黄棕色	壤土	块状	8.1	2.8	0.16	0.24		32	6.0	79				
						Ce_2	86—100	黄橙色	砂质壤土	块状	8.2	1.7	0.16	0.15		17	2.0	60				

续表 Continued

剖面号 Soil profile	土纲 Soil order	土类 Soil great group	亚类 Soil subgroup	土属 Soil genus	土种 Soil species	土层码 Layer code	土层厚度 Depth/cm	颜色 Soil color	质地 Soil texture	土壤结构 Soil structure	pH	有机质 OM/(g/kg)	全氮 TN/(g/kg)	全磷 TP/(g/kg)	全钾 TK/(g/kg)	碱解氮 AN/(mg/kg)	有效磷 AP/(mg/kg)	速效钾 AK/(mg/kg)	阳离子交换量CEC/(cmol/kg)	土壤母质 Parent material	剖面点坐标 Profile coordinate	匹配指数 Matching index/%
剖19	人为土	水稻土	潜育水稻土	灰底黄紫泥	灰底黄松土	A	0—15	浅棕黄色	中壤土	小块状	6.2	28.8	1.85	0.50		172	8.0	65	19.0	河湖相沉积物	E 120°44′15.4″ N 31°01′02.6″	83
						P	15—30	深灰黄色	重壤土		7.0	24.0	1.63	0.39		143	9.0	54				
						W	30—48	灰黄色	中壤土	棱块状	7.3	6.4	0.45	0.45		40	5.0	63				
						Bv	48—70	暗灰黄色		棱块状												
						Dm	70—99	黑色														
						Eg	99—	灰白色														
剖20	人为土	水稻土	渗育水稻土	湖白土	湖白土	Aa	0—14	暗灰黄色	壤质黏土	小粒状	6.2	36.4	2.25	0.42	16.3	191	11.0	83	15.0	湖相沉积物	E 120°39′20.5″ N 31°00′07.6″	85
						Ap	14—25	灰黄色	黏壤土	块状	7.5	33.5	2.16	0.34	13.7	144	3.0	109				
						Pe	25—35	黄棕色	砂质壤土	棱柱状	8.1	2.8	0.26	0.11	12.6	24	2.0	49				
						Ce₁	35—86	黄棕色	砂质壤土	块状	8.1	2.8	0.16	0.24		32	6.0	79				
						Ce₂	86—	黄棕色	砂质壤土	块状	8.1	2.8	0.16	0.24		32	6.0	79				
剖21	人为土	水稻土	脱潜水稻土	青紫泥	铁屑土	A	0—14	暗灰色	轻黏土	块状	6.4	27.5	1.64	0.48	16.8	127	14.0	137	22.7	湖相沉积物	E 120°30′29.2″ N 30°48′19.8″	86
						P	14—33	深灰色	轻黏土		7.3	32.8	1.98	0.55	18.5	149	8.9	177				
						W	33—62	灰棕黄色	轻黏土	块状	7.6	4.6	0.44	0.55	21.8	29	2.6	253				
						Bvg	62—93	黄棕色	中壤土	块状	7.4	4.9	0.43	0.46	19.0	17	4.2	295				
						G	93—	灰棕色	重黏土	块状	7.8	5.2	0.45	0.62	18.7	20	8.7	220				
剖22	人为土	水稻土	脱潜水稻土	青紫泥	铁胥青紫泥	A	0—12	暗灰黄色	轻黏土	小块状	6.6	45.4	2.69	0.52	16.8	211	9.0	178	20.8	湖相沉积物	E 120°51′52.2″ N 31°01′14.9″	81
						P	12—25	深黄色	轻黏土	小块状	7.1	38.0	2.24	0.63	18.5	179	7.0	272				
						Wb	25—55	黄棕黄色	轻黏土	棱柱状	7.6	7.2	0.52	0.37	21.8	30	3.0	255				
						G₁	55—85	暗黄色	轻黏土		7.6	9.6	0.58	0.42	19.0	24	4.0	222				
						G₂	85—	浅灰黄色	轻黏土	块状	8.2	8.1	0.49	0.57	18.7	20	14.0	271				
剖23	人为土	水稻土	脱潜水稻土	灰心青紫泥	泥炭心青紫泥	A	0—13	灰黄色	重壤土	块状	6.0	34.8	2.01	0.40		154	3.0	78	19.3	湖相沉积物	E 120°45′29.5″ N 31°01′42.6″	89
						P	13—27	青黄色	重壤土		7.1	24.8	1.44	0.34		93	3.0	116				
						W	27—42	灰黄色	中壤土	棱块状	7.4	16.0	0.80	0.24		37	4.0	91				
						Dp	42—71	乌灰色														
						G	71—	青灰色														

常 熟 市

主要土类说明

水稻土是常熟市主要土壤类型，占本市地域面积的58%。本市种稻已有几千年历史，在长期的稻麦两熟耕作条件下，季节性淹水、周期性水耕和旱作交替使土壤氧化还原作用频繁发生，剖面中物质的淋溶淀积形成了土壤剖面的特殊层次——水稻土的渗育层层段。本市水稻土分为潴育型、脱潜型、潜育型和漂洗型等亚类。其中，肥力水平较高的潴育水稻土面积最大，占本市水稻土总面积的64%，主要分布在盐铁塘以东，白茆塘、望虞河以西的平田、高平田地区，由黄土状母质及阳澄圩区湖积母质经脱潜发育而成。

潮土是常熟市第二大土壤类型，占本市地域面积的21%。潮土是在江河冲积母质上一方面受地下水升降活动影响，另一方面受人们长期旱耕熟化的作用发育而成的土壤类型。本市潮土是属北亚热带气候影响范围，由长江冲积母质发育而成的灰潮土亚类，主要分布在盐铁塘以东的棉麦轮作及稻棉麦轮作区，受冲积物覆盖影响，剖面上下有不同程度的石灰反应，碳酸钙含量在1%—5%。部分土壤因成土时间长，受雨水、灌溉淋洗作用影响，上层石灰反应逐减，但下层均有石灰反应，并有石灰结核出现。沿江新冲积形成的潮土，质地较粗，粗粉砂含量大于50%，黏粒含量小于15%；距离河流较远的为夹沙土，土壤质地稍黏，为中壤至重壤；而龟背田上的垄泥土黏粒含量大于20%。

小于本市地域面积3%的土壤类型还有黄棕壤和沼泽土。

本区域中心区气候特征

本区域中心区气候特征值
Regional climate characteristics in central area of the region

气候带：北亚热带湿润气候 Climate region: North subtropical humid climate	
年平均气温 /℃ Annual average temperature /℃	15.7
年平均最高气温 /℃ Annual average maximum temperature /℃	20.1
年平均最低气温 /℃ Annual average minimum temperature /℃	12.4
年降水量 /mm Annual precipitation /mm	1148
≥10℃的积温 /℃ Daily temperature accumulated in a year (≥10℃) /℃	5732
年日照时数 /h Annual sunshine /h	1945
年平均相对湿度 /% Annual average relative humidity /%	77
干燥度 Dryness	0.81

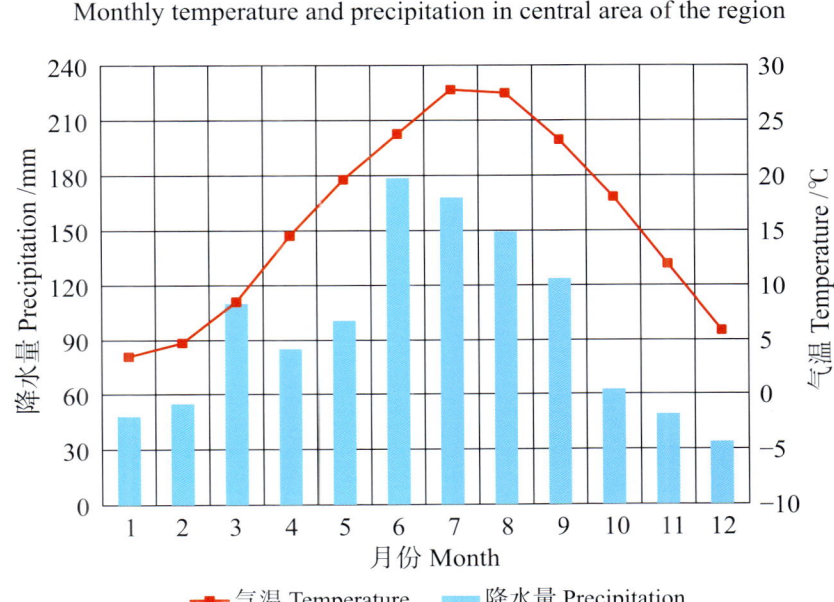

本区域中心区月平均气温与月平均降水量
Monthly temperature and precipitation in central area of the region

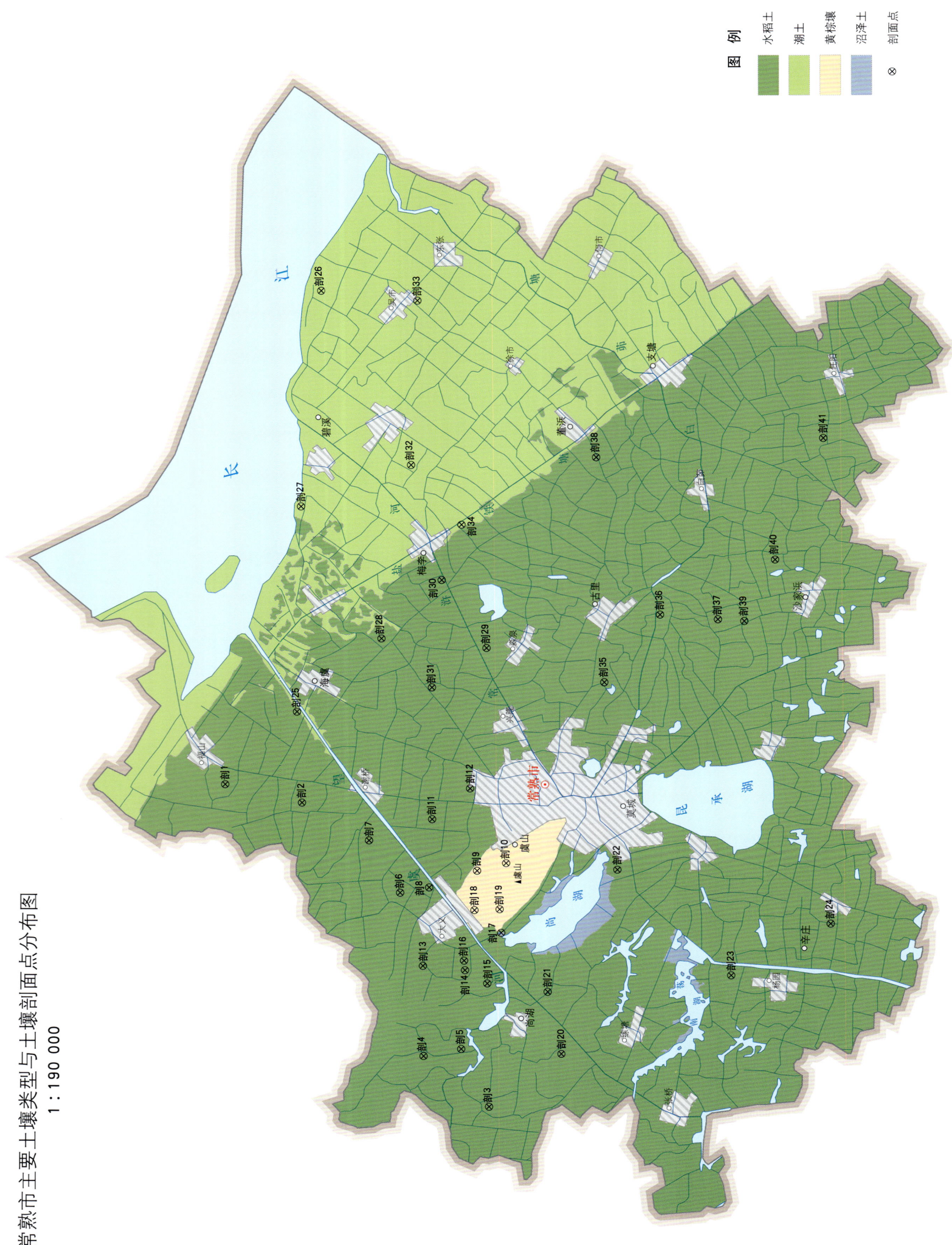

常熟市主要土壤类型与土壤剖面点分布图
1∶190 000

常熟市土壤剖面理化性状表

剖面号	土纲	土类	亚类	土属	土种	土层码	土层厚度/cm	颜色	质地	土壤结构	pH	有机质/(g/kg)	全氮TN/(g/kg)	全磷TP/(g/kg)	碱解氮AN/(mg/kg)	有效磷AP/(mg/kg)	速效钾AK/(mg/kg)	阳离子交换量CEC/(cmol/kg)	土壤母质	剖面点坐标	匹配指数/%
剖1	人为土	水稻土	脱潜水稻土	乌栅土	夹砂乌栅土	A	0—13	暗灰色	重壤土		6.9	32.9	1.91	0.47	153	4.1	110	20.6	石灰性湖积物	E 120°44′47.4″ N 31°47′15.0″	91
						Pg	13—24	暗灰色	重壤土		7.6	32.1	1.89	0.40		3.0	115				
						Wg	24—54	暗灰色	中壤土		7.5	11.5	0.71	0.30		1.0	130				
						Gs	54—69	浅灰色	砂壤土		7.7	4.7	0.32	0.27		<1.0	56				
						G	69—100	棕灰色	中壤土		7.8	5.7	0.38	0.21		<1.0	79				
剖2	人为土	水稻土	脱潜水稻土	青泥土	青泥土	A	0—15	暗灰黄色	重壤土	团块状	7.2	47.1	2.92	0.69	159	6.9	98	22.8	石灰性湖积物	E 120°44′15.7″ N 31°45′21.6″	84
						P	15—33	青灰色	重壤土	块状	7.7	48.7	2.24	0.41		2.0	114				
						G_1	33—72	浅灰黄色	重壤土		7.5	43.8	2.16	0.48		5.0	103				
						G_2	72—100	中黏土			7.5	7.4	0.64	0.73		5.0	158				
剖3	人为土	水稻土	潴育水稻土	乌砂土	乌泥底乌黄泥土	1	0—13	暗灰黄色	砂壤土	团块状	7.2	32.0	1.79	0.72	128	10.7	85	18.1	冲沉积物	E 120°35′16.8″ N 31°40′32.5″	90
						2	13—25	栗色	重壤土	块状	7.8	26.1	1.52	0.89		5.9	71				
						3	25—60	浅灰色	重壤土	块状	7.7	11.6	0.68	0.54		2.6	75				
						4	60—82	黑色	中黏土	棱柱状	7.7	50.3	1.79	0.34		2.1	108				
						5	82—100	暗黄黄色	中黏土	柱状	7.7	12.2	0.70	0.32		2.3	144				
剖4	人为土	水稻土	潴育水稻土	乌黄泥土	乌泥底心黄泥土	A	0—14	暗棕灰色	轻壤土	团块状	7.3	33.4	1.93	0.55	125	4.8	114	21.8	石灰性湖积物	E 120°36′44.3″ N 31°42′11.2″	93
						P	14—38	暗棕灰色	重壤土	块状	7.6	29.8	1.69	0.53		3.0	108				
						W	38—75	浅灰色	重壤土	棱块状	7.6	11.1	0.68	0.36		1.1	92				
						Dm	75—100	黑色	轻黏土	棱柱状	7.4	30.8	1.31	0.27		1.5	88				
剖5	人为土	水稻土	潴育水稻土	乌黄泥土	砂泥底乌黄泥土	A	0—14	暗棕灰色	轻壤土	团块状	7.3	27.0	1.61	0.74	118	11.5	73	18.9	石灰性湖积物	E 120°36′57.6″ N 31°41′16.1″	94
						P	14—26	灰黄棕色	重壤土	块状	7.7	24.2	1.43	0.61		2.6	73				
						W	26—53	灰黄棕色	重壤土	棱块状	8.0	14.6	0.92	0.60		4.2	62				
						Bvg	53—80	灰黄色	砂壤土	棱柱状	8.2	10.7	0.61	0.79		4.0	26				
						S	80—100	灰黄色	紧砂土		7.3	3.7	0.26	0.70		1.3	59				
剖6	人为土	水稻土	潴育水稻土	黄泥土	白底黄泥土	A	0—10	暗灰色	重壤土	团块状	7.0	15.2	0.87	0.49	66	18.3	57	16.8	石灰性湖积物	E 120°36′35.9″ N 31°42′52.6″	95
						P	10—24	暗灰色	轻壤土	块状	7.1	10.2	0.56	0.36		8.5	90				
						Dm	24—48	黑色	中壤土	柱状	7.0	17.1	1.37	0.61			72				
						Bv	48—65	灰黄色	轻壤土	柱状	7.1	7.2	0.43	0.34			89				
剖7	人为土	水稻土	潴育水稻土	黄泥土		Bv	65—110	灰黄色	重壤土	柱状	7.0	3.7	0.33	1.14	107	4.5	103	16.9	下蜀黄土	E 120°43′10.2″ N 31°43′40.4″	90
						A	0—11	暗棕灰色	重壤土	团块状	6.1	26.0	1.50	0.42		3.9	71				
						P	11—21	暗灰色	重壤土	块状	6.5	23.9	1.45	0.41		4.8	71				
						W	21—65	灰灰色	重壤土	柱状	5.6	24.5	1.34	0.40		3.4	30				
						E	65—82	浅灰色	重壤土	柱状	7.2	4.2	0.12	0.19		3.1	73				
						Bv	82—100	棕灰色	重壤土	柱状	7.0	4.4	0.36	0.24		5.8	72				
剖8	人为土	水稻土	脱潜水稻土	灰芦土	灰芦底	A	0—14	暗灰色	中壤土	块状	7.6	38.1	2.08	0.86	80	4.4	68	18.0	下蜀黄土	E 120°41′46.3″ N 31°42′09.0″	91
						P	14—29	暗灰色	砂壤土	块状	7.8	31.9	1.78	0.82		2.8	87				
						Wg	29—70	灰色	轻壤土	柱状	7.6	15.4	0.78	0.62		6.2	78				
						Dp	70—79	暗棕色	中壤土		7.3	278.7	8.73	0.84							
						G	79—100		重壤土		7.6	13.2	0.77	0.61		2.4	89				
剖9	淋溶土	黄棕壤	黄棕壤	黄刚土	厚层耕层黄棕壤	A	0—21	暗黄棕色	重壤土	小团块状	5.4	13.7	0.82			9.7	81		坡积、洪冲积黄土状物质	E 120°42′19.1″ N 31°40′58.4″	83
						Bv	21—33	栗色	重壤土	团块状	6.0	15.6	1.05				152				
						C	33—100	暗棕色	中壤土	小团块状	5.7	6.3	0.46				97				
剖10	淋溶土	黄棕壤	粗骨性黄棕壤	粗骨土	中层自然黄棕壤	A	0—13	暗棕色	紧砂土	粒状	5.2	65.5	2.87		196	3.0	43	9.3	石英砂岩	E 120°42′32.8″ N 31°40′16.3″	82
						Bv	13—52	棕红色	轻壤土	小粒块状	5.0	36.8	1.59			1.1	27				

续表 Continued

剖面号 Soil profile	土纲 Soil order	土类 Soil great group	亚类 Soil subgroup	土属 Soil genus	土种 Soil species	土层码 Layer code	土层厚度 Depth/cm	颜色 Soil color	质地 Soil texture	土壤结构 Soil structure	pH	有机质 OM/(g/kg)	全氮 TN/(g/kg)	全磷 TP/(g/kg)	碱解氮 AN/(mg/kg)	有效磷 AP/(mg/kg)	速效钾 AK/(mg/kg)	阳离子交换量CEC/(cmol/kg)	土壤母质 Parent material	剖面点坐标 Profile coordinate	匹配指数 Matching index/%
剖11	人为土	水稻土	潴育水稻土	黄泥土	铁屑屑黄泥土	A	0—16	暗棕灰色	重壤土	团块状	6.7	23.0	1.33	0.44	121	3.6	91	17.4	下蜀黄土	E 120°43′50.2″ N 31°42′07.6″	94
						P	16—27	暗棕灰色	重壤土	块状	6.8	18.8	1.08	0.38		2.4	59				
						W	27—90	灰黄棕色	重壤土	棱柱状	6.9	7.1	0.18	0.29		3.8	50				
						Bv	90—100	黄棕色	重壤土	棱柱状	7.0	5.3	0.32	0.27		3.7	49				
剖12	人为土	水稻土	潴育水稻土	灰黄泥土	乌泥底灰黄泥土	1	0—11	浅黄色	重壤土	团粒状	7.7	22.5	1.33	0.54	105	4.5	72	18.6	湖积物、冲沉积物	E 120°44′48.1″ N 31°41′12.8″	86
						2	11—26	浅黄色	轻壤土	块状	7.7	22.5	1.29	0.54		5.5	70				
						3	26—41	乌黑色	中壤土	棱柱状	7.9	12.1	0.63	0.19		1.9	93	18.3			
						4	41—64	黄棕色	重壤土	棱柱状	7.9	7.5	0.43	0.14		7.8	73				
						5	64—100	黄棕色	轻黏土	棱柱状	7.8										
剖13	人为土	水稻土	渗育水稻土	乌砂土	乌松土	A	0—13	暗黄棕色	重壤土	团块状	6.7	33.6	1.91	0.59	140	5.4	83	19.5	湖积物、冲沉积物	E 120°39′26.3″ N 31°42′15.5″	100
						P	13—26	灰黄棕色	重壤土	块状	7.6	22.3	1.42	0.64		4.3	84				
						Wo	26—65	暗黄棕色	重壤土	柱状	7.8	10.1	0.65	0.48		1.7	98				
						C	65—100	浅色	重壤土	棱柱状	8.2	9.5	0.59	0.52		1.8	99				
剖14	人为土	水稻土	漂洗水稻土	白土	白土底	Aa	0—11	灰黄棕色	壤质黏土	小团块状	7.9	22.4	1.31	0.51		11.0	88	17.1	河相湖黄土状母质	E 120°39′19.8″ N 31°41′13.2″	96
						Ap	11—25	暗黄棕色	壤质黏土	大块状	7.5	18.1	1.18	0.55		3.0	72				
						P	25—60	浅灰黄色	壤质黏土	棱块状	7.7	6.4	0.51	0.47		3.0	60				
						E	60—72	浅灰黄色	黏壤土	块状	7.6	5.0	0.55	0.38		3.0	78				
						Cb	72—100	浊黄棕色	壤质黏土	大块状块	7.6	<1.0	0.39	0.34		2.0	44				
剖15	人为土	水稻土	渗育水稻土	乌砂土	乌泥底乌砂土	A	0—13	暗棕灰色	砂壤土	团块状	8.1	27.0	1.56	0.77	81	7.6	85	18.5	冲沉积物	E 120°38′57.1″ N 31°40′39.7″	86
						P	13—26	灰棕色	砂壤土	块状	8.0	22.9	1.43	0.58		3.5	67				
						Wo	26—80	灰棕色	砂壤土	棱柱状	8.6	4.6	0.30	0.53		2.0	45				
						Dm	80—100	黑色	中壤土	团块状	7.9	25.8	1.17	0.32		1.3	92				
剖16	人为土	水稻土	潴育水稻土	漂洗水稻土	白土	A	0—15	棕灰色	轻壤土	块状	5.5	26.8	1.54	0.45	129	6.4	87		黄土状母质	E 120°39′36.4″ N 31°41′15.7″	95
						P	15—25	暗棕灰色	轻壤土	柱状	6.1	22.3	1.26	0.38		4.3	82				
						W_1	25—46	浅灰黄色	砂壤土	柱状	6.8	10.3	0.46	0.32		3.0	70				
						W_2	46—62	褐黄色	中壤土	柱状	7.0	4.7	0.27	0.17		1.7	54				
						Bv	62—100	暗黄棕色	重壤土	柱状	7.0	5.7	0.41	0.12		<1.0	97				
剖17	水成土	沼泽土		围垦沼泽土	围垦自然黄棕壤	1	0—10	暗棕灰色	重壤土		6.8	33.2	1.65			16.5	100	19.0	湖相湖积物	E 120°40′28.2″ N 31°40′21.0″	90
						2	10—27		重壤土		5.9	39.7	2.02			12.7	90				
						3	27—45		重壤土		7.0	8.7	0.53			<1.0	115				
						4	45—100		重壤土		7.4	4.0	0.36			3.1	105				
剖18	黄棕壤	粗骨性黄棕壤		粗骨土	厚层自然黄棕壤	A	0—15	暗棕色	紧砂土	小粒状	4.9	57.1	2.84	0.31	201	3.6	59	16.6	石英砂岩	E 120°41′08.9″ N 31°41′01.7″	86
						Bv	15—65	暗棕色	砂壤土	小块状	5.2	26.6	1.19	0.24		<1.0	26				
剖19	淋溶土	粗骨性黄棕壤		粗骨土	薄层自然黄棕壤	A	0—15	棕灰色	中壤土	粒块状	5.4	45.6	1.96	0.32	174	1.0	91	13.9	石英砂岩残坡积物	E 120°41′09.6″ N 31°40′23.9″	95
						Bv	15—30	浅棕红色	砂壤土	块状	5.9	23.7	1.18	0.32		<1.0	32				
剖20	淋溶土	水稻土	脱潜水稻土	污泥土	污泥土	A	0—10	暗棕灰色	重壤土	团块状	7.9	46.7	3.60	0.56	154	12.6	105	23.8	石灰性湖积物	E 120°36′54.7″ N 31°38′47.4″	93
						P	10—22	暗棕灰色	重壤土	块状	8.6	42.4	2.48	0.58		8.9	108				
						Wg	22—39	暗棕灰色	重壤土	棱状	8.5	37.1	2.06	0.46		2.6	137				
						Dm	39—58	棕灰色	重黏土	棱状	7.7	53.3	1.94	0.40		1.9	150				
						G	58—100	暗棕色	轻黏土		6.4	32.1	1.38	0.51		2.8	156				
剖21	人为土	水稻土	潴育水稻土	黄泥土	灰底黄泥土	A	0—12	暗棕黄	中壤土	团块状	6.1	33.5	1.87	0.59	150	9.5	98		下蜀黄土	E 120°38′45.2″ N 31°39′10.8″	95
						P	12—23	暗黄棕色	重壤土	柱状	6.9	27.0	1.52	0.50		4.7	89				
						W	23—63	暗黄棕色	重壤土	柱状	7.1	16.5	0.75	0.30		2.2	84				
						Dp	63—100	黑色	中壤土	片状	6.3	155.5	10.00	0.38		4.6	59				

续表 Continued

剖面号 Soil profile	土纲 Soil order	土类 Soil great group	亚类 Soil subgroup	土属 Soil genus	土种 Soil species	土层码 Layer code	土层厚度 Depth/cm	颜色 Soil color	质地 Soil texture	土壤结构 Soil structure	pH	有机质 OM/(g/kg)	全氮 TN/(g/kg)	全磷 TP/(g/kg)	碱解氮 AN/(mg/kg)	有效磷 AP/(mg/kg)	速效钾 AK/(mg/kg)	阳离子交换量CEC/(cmol/kg)	土壤母质 Parent material	剖面点坐标 Profile coordinate	匹配指数 Matching index/%
剖22	人为土	水稻土	潴育水稻土	灰黄泥土	潮泥土	A	0–14	灰黄色	重壤土	团块状	7.0	31.2	1.84	0.74	152	11.8	90	19.1	湖积物、冲沉积物	E 120°42′26.3″ N 31°37′31.1″	92
						P	14–37	暗棕色	重壤土	块状	7.4	26.9	1.56	0.69		6.9	73				
						W	37–63	浅灰色	轻壤土	柱状	7.2	8.6	0.52	0.44		3.0	55				
						Bv	63–100	暗棕色	重壤土	棱柱状	7.8	6.8	0.45	0.21		2.5	57				
剖23	人为土	水稻土	脱潜水稻土	乌栅土		A	0–14	暗黄棕色	重壤土	块状	7.1	28.2	1.70	0.60		5.0	77	30.1		E 120°39′20.2″ N 31°34′39.4″	81
						P	14–28	暗灰棕色	重壤土	块块状	7.2	28.2	1.65	0.76	111	3.0	67				
						Wg	28–55	浅灰色	重壤土	棱柱状	7.4	13.0	0.77	0.70		1.0	63				
						G	55–100	白色	重壤土		7.4	6.1	0.50	0.76		1.0	73				
剖24	人为土	水稻土	脱潜水稻土	乌栅土	竖头乌栅土	A	0–12	暗棕灰色	重壤土	团块状	7.2	41.3	2.25	0.56	140	4.6	103	23.3	石灰性湖积物	E 120°40′57.4″ N 31°32′13.2″	94
						Wg	12–23	暗棕灰色	重壤土	棱柱状	7.5	34.6	1.32	0.58		4.5	94				
						Dm	23–54	暗棕色	轻黏土	柱状	7.7	29.9	1.21	0.54		4.2	96				
							54–71	黑色	重壤土	棱柱状	7.4	28.4	1.10	0.36		1.8	92				
						G	71–100	暗灰黄色	轻壤土		7.7	9.9	0.64	0.31		<1.0	124				
剖25	人为土	水稻土	潴育水稻土	灰黄泥土	白底灰黄泥土	A	0–16	黄棕色	砂壤土	团粒状	7.4	26.3	1.47	0.64	119	7.1	74	19.1	石灰性湖积物	E 120°46′59.2″ N 31°45′31.0″	87
						P	16–30	黄棕色	重壤土	团块状	7.6	23.4	1.39	0.59		3.0	69	19.2			
						W	30–70	黄棕色	重壤土	柱状	7.9	12.1	0.79	0.47		2.8	62				
						E	70–100	灰白色	中壤土	柱状	7.7	4.7	0.35	0.11		1.6	90				
剖26	半水成土	潮土	灰潮土	砂土	潮砂土	A	0–26	灰棕色	中壤土	团块状	8.0	13.5	0.91	0.79	65	1.9	66	12.1	湖积物、冲沉积物	E 120°59′35.5″ N 31°45′07.2″	92
						Bv	26–60	棕褐色	中壤土	小粒块状	8.4	6.6	0.42	0.69		1.5	38	10.8			
						C	60–100	棕褐色	中壤土	小粒块状	8.4	4.7	0.37	0.62		1.2	45				
剖27	半水成土	潮土	灰潮土	夹砂土		A	0–19	棕棕色	砂壤土	团块状	8.2	14.7	1.00	0.76	77	3.0	90	17.4	冲积物	E 120°53′08.9″ N 31°45′31.0″	99
						Bv	19–46	棕褐色	轻壤土	块状	8.1	12.3	0.72	0.46		<1.0	105				
						C	46–100	灰棕色	轻壤土	块状	8.5	6.6	0.56	0.49		<1.0	85				
剖28	人为土	水稻土	渗育水稻土	乌砂土	乌泥心夹砂土	A	0–11	褐棕色	砂壤土	团块	7.9	23.0	1.26	0.65	96	7.1	125	21.1	湖积物、冲沉积物	E 120°49′13.1″ N 31°43′28.9″	86
						P	11–23	灰棕色	重壤土	团块	8.2	19.3	1.14	0.66		3.3	92	18.9			
						WDm	23–59	深黄色	中壤土	棱柱状	8.2	13.3	0.60	0.41			103				
						C	59–100	浅黄色	砂壤土	块状	8.3	5.4	0.39	0.62			54				
剖29	人为土	水稻土	渗育水稻土	渗潮泥田	乌松土	Aa	0–12	灰黄棕色	黏壤土	团块状	6.7	33.6	1.91	0.59		1.9	83	19.5	冲积物	E 120°49′00.5″ N 31°40′52.3″	86
						Ap	12–22	灰黄棕色	黏壤土	块状	7.6	22.3	1.42	0.64		1.5	84				
						P	22–62	暗灰黄色	壤质黏土	柱状	7.8	10.1	0.65	0.48		1.2	98				
						C	62–100	浅黄色	壤质黏土	棱柱状	8.2	8.5	0.59	0.52		3.0	99				
剖30	人为土	水稻土	渗育水稻土	乌砂土	乌砂土	A	0–13	暗棕色	中壤土	团块状	7.4	24.8	1.53	0.73	130	6.7	177	18.3	冲积物	E 120°53′01.8″ N 31°42′00.7″	100
						P	13–27	棕色	中壤土	棱柱状	7.3	22.7	1.45	0.66		8.3	89				
						Wo	27–56	棕色	中壤土	棱柱状	7.4	22.4	1.20	0.69		8.0	73				
						C	56–100	暗黄棕色	砂壤土	棱柱状	7.5	8.8	0.38	0.52		3.0	89				
剖31	人为土	水稻土	渗育水稻土	乌砂土	乌泥心乌松土	1	0–15	暗棕色	砂壤土	块状	7.6	33.9	2.00	0.73		20.7	105	13.3	冲沉积物	E 120°47′49.2″ N 31°42′13.3″	87
						2	15–28	暗棕色	重壤土	柱状	8.0	26.6	1.64	0.69		5.0	89				
						3	28–48	暗棕色	重壤土	棱柱状	8.1	12.0	0.66	0.53		2.3	73				
						4	48–84	黑色	重壤土	棱柱状	7.9	19.4	0.79	0.27		2.4	89				
						5	84–100	浅黄棕色	轻壤土	棱柱状	7.6	14.1	0.48	0.34		3.8	105				
剖32	半水成土	潮土	灰潮土	夹砂土	乌夹砂	A	0–20	黄褐色	中壤土	团块状	7.9	6.6	1.03	0.79	66	5.8	79		冲积物	E 120°51′25.6″ N 31°42′49.3″	84
						Bv	20–72	棕灰色	中壤土	块状	8.3	9.2	0.54	0.66		1.9	56	18.8			
						C	72–100	灰黄色	重壤土	块状	9.4	5.5	0.49	0.48		1.0	69				

续表 Continued

剖面号 Soil profile	土纲 Soil order	土类 Soil great group	亚类 Soil subgroup	土属 Soil genus	土种 Soil species	土层码 Layer code	土层厚度 Depth/cm	颜色 Soil color	质地 Soil texture	土壤结构 Soil structure	pH	有机质 OM/(g/kg)	全氮 TN/(g/kg)	全磷 TP/(g/kg)	碱解氮 AN/(mg/kg)	有效磷 AP/(mg/kg)	速效钾 AK/(mg/kg)	阳离子交换量CEC/(cmol/kg)	土壤母质 Parent material	剖面点坐标 Profile coordinate	匹配指数 Matching index/%
剖33	半水成土	潮土	灰潮土	水耕灰潮土	水耕灰潮土	A	0—20	褐灰色	重壤土	团粒状	8.0	18.6	1.21	0.66	101	6.0	77	16.2	冲积物	E 120°59′21.1″ N 31°42′45.0″	96
						Bv₁	20—35	黄灰色	中壤土	团粒状	8.4	11.4	0.83	0.62			52	15.3			
						Bv₂	35—60	褐色	重壤土	棱状	8.4	7.8	0.57	0.52			48				
						C	60—100	灰黄色	重壤土	棱状	8.2	7.2	0.41	0.56			40				
剖34	半水成土	潮土	灰潮土	砂土	砂土	A	0—15	黄黄色	砂壤土	团块状	6.5	14.0	0.86	0.46		7.7	50		冲积物	E 120°52′41.5″ N 31°41′34.4″	83
						Bv	15—25	灰黄色	砂壤土	团块状	6.7	7.9	0.86	0.41		6.7	50				
						C	25—100	灰黄色	砂壤土	粒状	6.5	4.0	0.24	0.37		10.5	50				
剖35	人为土	水稻土	潴育水稻土	黄泥土	乌黄泥土	Aa	0—18	暗灰色	黏壤土	团块状	7.1	31.7	1.84	0.67	113	5.0	72		次生黄土状湖积物	E 120°48′03.2″ N 31°37′57.0″	90
						Ap	18—29	灰黄棕色	黏壤土	块状	7.3	26.6	1.57	0.58		2.0	71				
						P	29—61	棕黄色	黏壤土	棱柱状	7.8	13.6	0.81	0.57		7.0	78				
						W	61—100	暗黄棕色	黏壤土	棱柱状	7.8	9.8	0.63	0.46		2.0	67				
剖36	人为土	水稻土	渗育水稻土	乌砂土	砂底乌松土	1	0—16	灰黄色	砂壤土	团块状	7.2	28.5	1.73	0.81	124	4.4	93	17.5	冲沉积物	E 120°50′06.0″ N 31°36′36.4″	93
						2	16—30	暗黄棕色	重壤土	块状	7.5	21.7	1.40	0.74		<1.0	72				
						3	30—69	暗黄棕色	黏壤土	棱柱状	7.8	9.6	0.64	0.80		1.8	61				
						4	69—100	灰黄色	紧砂土	片状	7.9	3.1	0.33	0.50		1.2	36				
剖37	人为土	水稻土	脱潜水稻土	乌砂土	砂底乌砂土	A	0—14	暗黄棕色	砂壤土	团块状	6.9	35.2	1.91	0.77	144	5.0	67	18.5	石灰性湖积物	E 120°49′59.9″ N 31°35′11.0″	93
						P	14—27	暗黄棕色	重壤土	块块状	8.3	32.2	1.83	0.58		4.6	75				
						Wg	27—62	棕棕色	轻壤土	棱柱状	7.6	31.1	1.76	0.75		5.8	83				
						Gs	62—100	浅棕棕色	砂壤土	块状	9.4	4.9	0.33	0.61		<1.0	34				
剖38	人为土	水稻土	渗育水稻土	乌砂土	砂心乌砂土	A	0—15	灰灰色	中壤土	团粒状	8.0	23.0	1.36	0.67	126	5.8	74	14.1	冲沉积物	E 120°54′44.6″ N 31°38′14.6″	86
						P	15—20	灰黄色	中壤土	块状	7.8	19.5	1.21	0.65		4.7	69	15.2			
						Wo	20—42	棕棕色	轻壤土	小块状	8.1	5.9	0.41	0.45		1.3	38				
						C	42—100	黄色	松砂土	单粒状	7.6	2.1	0.16	0.56		1.4	49				
剖39	人为土	水稻土	潴育水稻土	乌黄泥土	乌黄泥土	A	0—18	暗棕灰色	重壤土	团粒状	7.1	31.7	1.84	0.67	133	4.5	72	21.4	石灰性湖积物	E 120°49′57.0″ N 31°34′30.7″	84
						P	18—19	灰黄棕色	中壤土	块状	7.3	26.6	1.57	0.58		2.1	71				
						W	29—61	暗黄棕色	重壤土	棱柱状	7.8	13.6	0.81	0.57		7.3	78				
						Bvg	61—100	暗黄棕色	重壤土	块状	7.8	9.8	0.63	0.46		15.0	67				
剖40	人为土	水稻土	脱潜水稻土	灰芦土	灰芦心	A	0—14	暗棕灰色	重壤土	团块状	6.6	48.0	2.61	0.67	172	6.0	151	22.6	石灰性湖积物	E 120°51′48.6″ N 31°33′48.2″	80
						P	14—26	暗棕色	重壤土	团块状	7.7	32.8	1.68	0.56		1.9	131				
						Wg	26—50	暗棕色	中壤土	块状	7.5	39.8	1.43	0.37		<1.0	121				
						Dp	50—74	黑色	砂壤土	块状	6.5	192.5	6.64	0.36		<1.0	92				
						G	74—100	浅棕黄色	中壤土	小块状	6.6	36.7	1.48	0.36			204	19.8			
剖41	人为土	水稻土	脱潜水稻土	乌栅土	乌栅土	Aa	0—10	棕灰色	黏壤土	块状	6.6	35.0	1.83					18.2	湖积物，冲积物	E 120°55′25.7″ N 31°32′39.5″	82
						Ap	10—20	棕灰色	黏壤土	棱柱状	7.4	27.9	1.61					14.6			
						Gw	20—69	棕灰色	黏壤土	棱柱状	7.7	9.6	0.50					14.2			
						4	69—100	橄榄黑色	黏壤土	棱块状	7.7	16.5	0.62								

张 家 港 市

主要土类说明

潮土是张家港市主要土壤类型，占本市地域面积的 45%。潮土主要分布于近代河流冲积平原或低平阶地，地下水位高，潜水参与成土过程。在潮土成土过程中，底土受氧化还原交替作用影响，形成锈色斑纹和小型铁子。在长期耕作条件下，表层有机质含量为 10—15g/kg。

水稻土是张家港市第二大土壤类型，占本市地域面积的 25%。水稻土是在长期季节性淹灌、水下翻耕、季节性脱水、氧化还原交替影响下，原来成土母质或母土的特性发生重大改变，形成的新的土壤类型。由于干湿交替，土壤发生糊状淹育层、较坚实板结的犁底层、渗育层、潴育层与潜育层等多种发生层分异。这些不同发生层段是在人为耕作、水浆管理下形成的。

黄壤占张家港市地域面积的 7%。黄壤发生于亚热带湿润气候条件下，土壤中度富铝化，多见于海拔 700—1200m 的山区。土壤有机质累积较多，具 O-A-AB-B-C 剖面构型。土壤 pH 为 4.5—5.5。淀积层（B 层）富含水合氧化物（针铁矿），呈黄色，有时多含三水铝石。

小于本市地域面积 3% 的土壤类型还有黄棕壤等。

本区域中心区气候特征

本区域中心区气候特征值
Regional climate characteristics in central area of the region

气候带：北亚热带湿润气候 Climate region: North subtropical humid climate	
年平均气温 /℃ Annual average temperature /℃	15.5
年平均最高气温 /℃ Annual average maximum temperature /℃	19.9
年平均最低气温 /℃ Annual average minimum temperature /℃	12.0
年降水量 /mm Annual precipitation /mm	1123
≥10℃的积温 /℃ Daily temperature accumulated in a year（≥10℃）/℃	5678
年日照时数 /h Annual sunshine /h	1993
年平均相对湿度 /% Annual average relative humidity /%	78
干燥度 Dryness	0.81

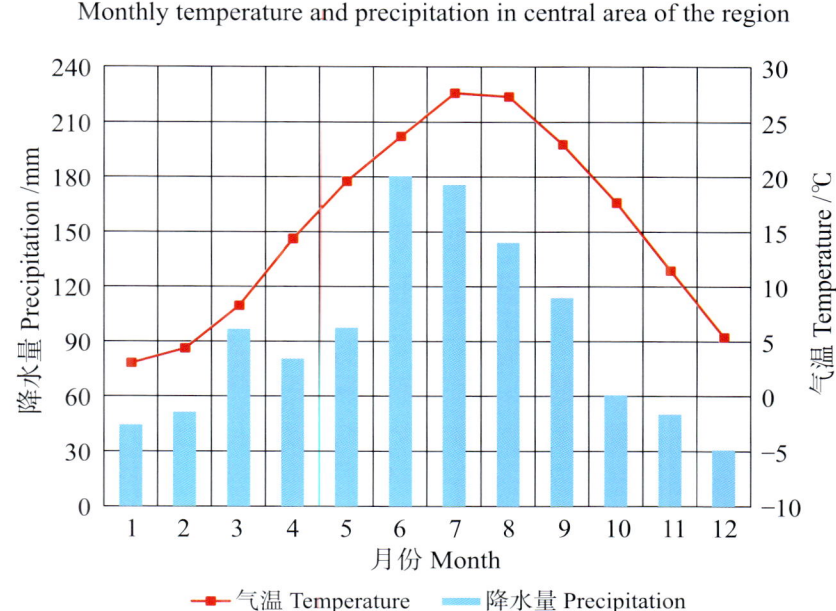

本区域中心区月平均气温与月平均降水量
Monthly temperature and precipitation in central area of the region

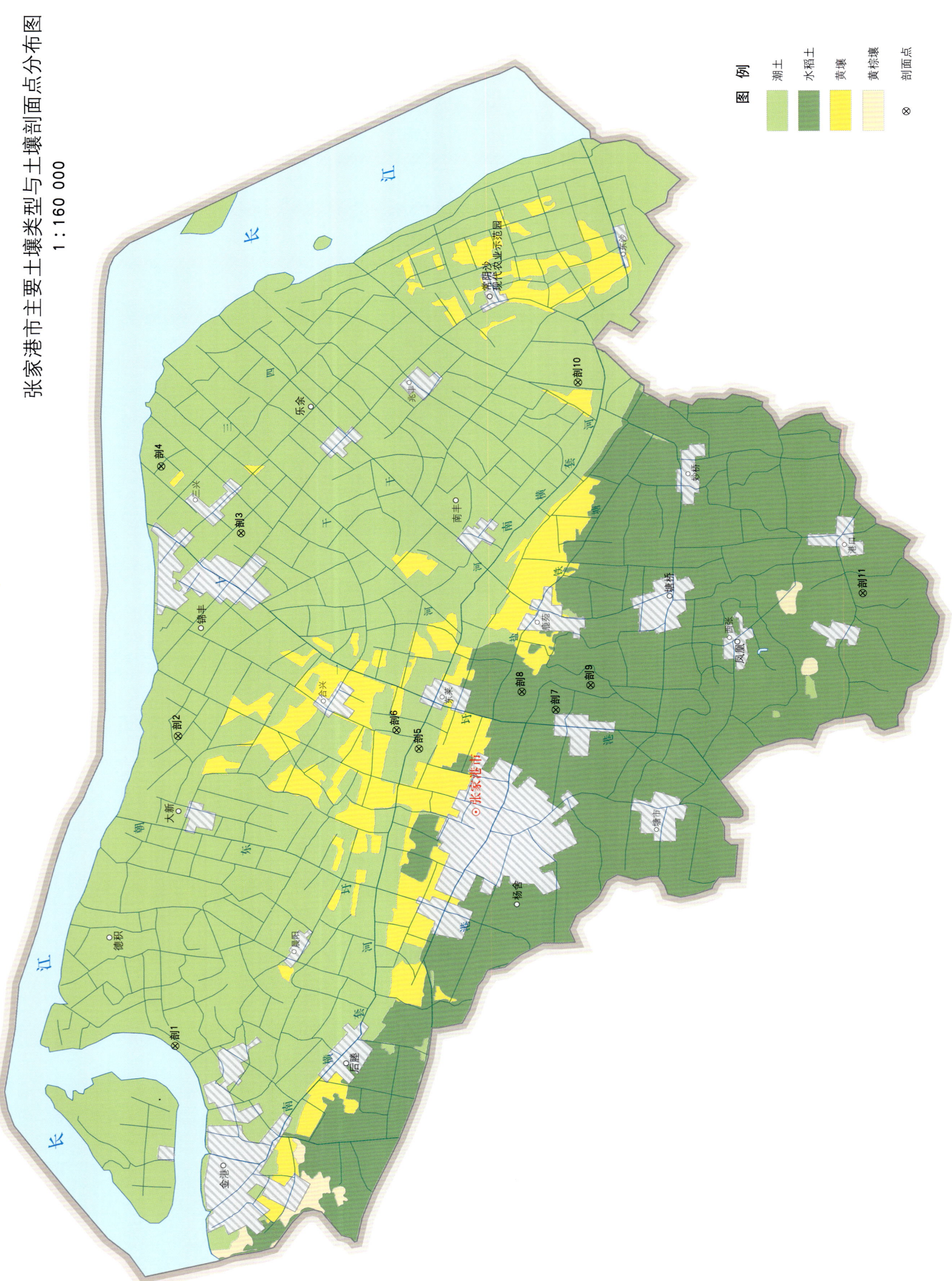

张家港市土壤剖面理化性状表

剖面号 Soil profile	土纲 Soil order	土类 Soil great group	亚类 Soil subgroup	土属 Soil genus	土种 Soil species	土层码 Layer code	土层厚度 Depth/cm	颜色 Soil color	质地 Soil texture	土壤结构 Soil structure	pH	有机质 OM/(g/kg)	全氮 TN/(g/kg)	全磷 TP/(g/kg)	全钾 TK/(g/kg)	有效磷 AP/(mg/kg)	速效钾 AK/(mg/kg)	阳离子交换量CEC/(cmol/kg)	土壤母质 Parent material	剖面点坐标 Profile coordinate	匹配指数 Matching index/%
剖1	半水成土	潮土	灰潮土	夹砂土	黄夹黄土	A	0—19	棕色	中壤土	小团块状	7.9	18.7	1.09	0.81		12.0	56	10.8	新冲积物	E 120°27′02.5″ N 31°58′42.6″	83
						Bv	19—51	浅棕色	中壤土	小团块状	8.0	6.8	0.40	0.82		6.5	42				
						C	51—105	黄棕色	轻壤土	片状	7.9	10.0	0.46	0.89		9.5	62				
剖2	半水成土	潮土	灰潮土	夹砂土	砂夹黄土	A	0—16	黄棕色	中壤土	团粒状	8.1	14.8	1.00	0.83		6.0	74	8.3	新冲积物	E 120°34′45.1″ N 31°58′47.3″	89
						Bv	16—64	棕黄色	轻壤土	片状	8.2	5.5	0.78			<1.0	24				
						C	64—100	灰黄色	砂壤土	片状	8.3	2.7	0.12	0.76		1.1	18				
剖3	半水成土	潮土	灰潮土	潮泥土	砂黄泥土	A	0—13	黄棕色	重壤土	团块状	7.4	20.8	1.38	0.76		20.0	56	15.0	新冲积物	E 120°39′48.2″ N 31°57′36.0″	80
						Bv	13—35	棕色	重壤土	块状	7.3	14.3	1.32	0.74		9.5	70				
						C	35—100	黄棕色	中壤土	块状	7.4	5.2	0.57	0.50		2.8	54				
剖4	半水成土	潮土	灰潮土	夹砂土	夜潮砂夹黄土	A	0—16	棕黄色	轻壤土	团粒状	8.1	12.8	0.91	0.81		9.0	34	6.3	新冲积物	E 120°41′26.2″ N 31°59′15.7″	86
						Bv	16—50	浅棕色	轻壤土	片状	8.2	4.3	0.31	0.84		5.0	20				
						C	50—100	灰棕色	砂壤土	单粒状	8.3	2.7	0.18	0.91		3.0	18				
剖5	半水成土	潮土	灰潮土	夹砂土	砂底砂夹黄土	A	0—16	棕黄色	轻壤土	团块状	7.9	13.9	0.83	0.87		6.8	40	6.2	新冲积物	E 120°34′33.2″ N 31°53′51.7″	97
						Bv	16—52	灰黄色	砂壤土	片状	8.0	7.5	0.47	0.74		4.0	18				
						C	52—100	灰黄色	砂壤土	粒状	8.1	2.4	0.14	0.71		3.5	14				
剖6	半水成土	潮土	灰潮土	砂土	砂土	A	0—20	浅灰棕色	中壤土	粒状	8.2	15.7	0.94	0.83		5.5	42	7.7	新冲积物	E 120°35′01.0″ N 31°54′21.2″	92
						Bv	20—41	浅灰棕色	砂壤土	片状	8.2	2.2	0.17	0.75		4.0	18				
						C	41—100	棕黄色	砂壤土	粒状	8.2	1.9	0.13	0.48		1.8	16				
剖7	人为土	水稻土	潴育水稻土	黄泥土	铁屑黄泥土	P	10—28	棕黄色	中壤土	团块状	7.6	22.9	1.35	0.78	25.9	12.0	64	1.2	沉积物	E 120°36′01.8″ N 31°51′47.5″	95
						W	28—62	灰黄色	重壤土	块状	7.7	21.2	0.17	0.74	25.1	3.3	56	1.4			
						Bvir	62—103	褐黄色	轻壤土	块状	7.8	11.2	0.72	0.50	24.9	1.5	50				
剖8	人为土	水稻土	漂洗水稻土	白土	小粉土	A	0—12	棕黄色	中壤土	核块状	7.8	16.6	1.09	0.77		7.5	60	12.7	沉积物	E 120°36′13.3″ N 31°50′23.6″	99
						P	12—19	棕灰色	重壤土	团块状	7.8	15.7	1.06	0.80		4.8	50				
						W	19—42	灰黄色	重壤土	块状	7.7	15.9	0.77	0.76		5.3	30				
						Bvg$_2$	42—63	黄棕色	重壤土	团块状											
						Bvg$_1$	63—100	棕黄色	重壤土	团块状											
剖9	人为土	水稻土	潴育水稻土	夹砂土	黄泥土	A	0—15	棕黄色	重壤土	小团块状	7.6	26.7	1.67	0.52	18.6	5.1	62	15.4	沉积物	E 120°43′41.2″ N 31°50′47.8″	99
						P	15—27	棕黄色	重壤土	团块状	7.7	25.3	1.45	0.53	24.7	3.8	56				
						C$_1$	27—62	黄黄色	轻黏土	团块状	7.8	16.5	0.99	0.18	23.8	3.3	52				
						C$_2$	62—100	黄黄色	轻黏土	棱块状											
剖10	半水成土	潮土		夹砂土	黄夹砂土	A$_{11}$	0—11	灰黄棕色	砂质梨壤土	屑粒、小块状	8.3	24.1	1.47	0.35		7.5	68	12.2	冲积物	E 120°38′37.0″ N 31°44′55.0″	88
						A$_{12}$	11—22	灰黄棕色	壤土	中、大块状	8.5	16.3	0.95	0.38		4.8	78	11.1			
						C$_1$	22—45	黄黄色	黏壤土	块状、片状	8.7	11.9	1.10	0.32		5.3	46	11.2			
						C$_2$	45—100	黄黄色	黏壤土		8.7	3.3	0.35	0.34			26	7.5			
剖11	人为土	水稻土	潴育水稻土	黄泥土	粉砂底黄泥土	P	0—16	灰黄色	重壤土	粒状	7.8	24.6	1.33	0.45	27.2	7.0		12.5	沉积物	E 120°38′37.0″ N 31°44′55.0″	90
						W	16—28	灰黄色	重壤土	粒状	7.5	20.5	1.20	0.34	21.3	4.0					
						S	28—77	棕褐色	重壤土	棱块状	7.6	9.3	0.60	0.25	28.9	4.0					
						Bvg	77—90	黄白色	重壤土	块状											
							90—100	灰黄灰	中壤土	块状	7.7	2.8	0.60	0.30	26.4	3.0					

昆 山 市

主要土类说明

水稻土是昆山市主要土壤类型，占本市地域面积的 83%。本市水稻土大都起源于沼泽土，是在人们长期耕作、施肥和灌溉条件下，经周而复始的水旱轮作，干湿交替和频繁的还原淋溶与氧化淀积的共同作用，自然土壤的成土过程改变，在新的主导成土过程中产生的独特的、具有相对稳定剖面形态特征的农业土壤类型，具有耕作层、犁底层、渗育层、淀积层、潴育层及潜育层等发生层段。本市水稻土分为潴育型、脱潜型和潜育型等亚类。其中，潴育水稻土占本市水稻土面积的 78%，主要分布在湖荡边缘地段或河流两侧，地势较高，地下水埋深在 90cm 以下，剖面构型为 A-P-W-Bg-G 或 A-P-W-Bg，整体看不到潜育层，渗育层段发育良好，铁锰淀积现象明显，保肥爽水，土壤肥力相对较高。

小于本市地域面积 3% 的土壤类型还有沼泽土、潮土、黄棕壤。

本区域中心区气候特征

本区域中心区气候特征值
Regional climate characteristics in central area of the region

气候带：北亚热带湿润气候 Climate region: North subtropical humid climate	
年平均气温 /℃ Annual average temperature /℃	15.9
年平均最高气温 /℃ Annual average maximum temperature /℃	20.2
年平均最低气温 /℃ Annual average minimum temperature /℃	12.6
年降水量 /mm Annual precipitation /mm	1185
≥10℃的积温 /℃ Daily temperature accumulated in a year (≥10℃) /℃	5806
年日照时数 /h Annual sunshine /h	1907
年平均相对湿度 /% Annual average relative humidity /%	77
干燥度 Dryness	0.80

本区域中心区月平均气温与月平均降水量
Monthly temperature and precipitation in central area of the region

昆山市主要土壤类型与土壤剖面点分布图
1∶160 000

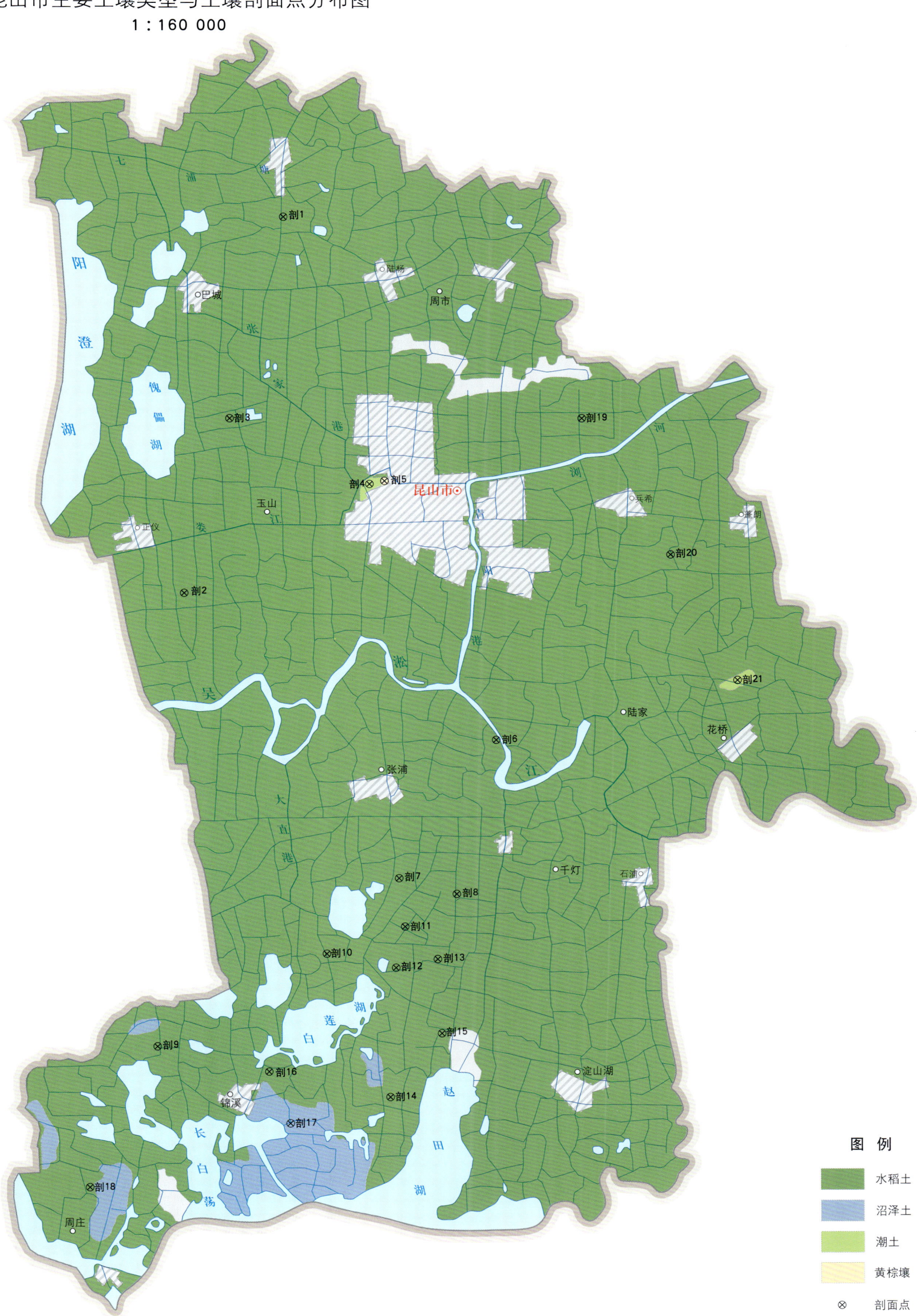

图 例
- 水稻土
- 沼泽土
- 潮土
- 黄棕壤
- ⊗ 剖面点

昆山市土壤剖面理化性状表

剖面号 Soil profile	土纲 Soil order	土类 Soil great group	亚类 Soil subgroup	土属 Soil genus	土种 Soil species	土层码 Layer code	土层厚度 Depth/cm	颜色 Soil color	质地 Soil texture	土壤结构 Soil structure	pH	有机质 OM/(g/kg)	全氮 TN/(g/kg)	全磷 TP/(g/kg)	全钾 TK/(g/kg)	碱解氮 AN/(mg/kg)	有效磷 AP/(mg/kg)	速效钾 AK/(mg/kg)	阳离子交换量CEC/(cmol/kg)	土壤母质 Parent material	剖面点坐标 Profile coordinate	匹配指数 Matching index/%
剖1	人为土	水稻土	脱潜水稻土	乌栅土	粉砂心乌栅土	A	0—14		重壤土		6.6	32.8	2.09	0.72	22.1	141	9.2	56	19.6	河湖相沉积物	E 120°54′21.6″ N 31°29′02.4″	96
						P	14—25		重壤土		6.8	29.1	1.90	0.65		129	7.4	76	20.9			
						Wg	25—50		中壤土		7.4	8.6	0.56	0.62		33	5.8	62	14.8			
						G	50—100		中壤土		7.5	6.7	0.42	0.54		23	5.1	101	15.9			
剖2	人为土	水稻土	潜育水稻土	黄泥土	乌泥底黄泥土	A	0—14		重壤土		7.1	27.5	1.89	0.72	25.5	109	5.2	76	18.0	湖积物、冲积物	E 120°52′10.9″ N 31°21′10.4″	82
						P	14—26		重壤土		7.3	20.5	1.37	0.69		79	1.8	80	16.9			
						W	26—61		重壤土		7.8	8.5	0.82	0.65		42	2.0	87	15.8			
						Bvg	61—88		轻黏土		7.6	11.8	0.81	0.54		38	2.1	83	20.7			
						Dm	88—100		重黏土		7.6	37.2	1.80	0.45		69	1.5	172	26.7			
剖3	人为土	水稻土	潜育水稻土	黄泥土	黄泥土	A	0—14		重壤土		7.0	31.2	2.00	0.67	22.3	152	11.9	92	20.0	湖积物、冲积物	E 120°53′10.3″ N 31°24′50.0″	85
						P	14—25		重壤土		7.3	23.3	1.56	0.57	21.2	120	5.8	87	20.1			
						W	25—58		中壤土		7.5	15.0	0.82	0.38	21.7	67	4.3	98	19.4			
						Bvg	58—86		中壤土		7.5	9.3	0.57	0.33	23.9	31	4.2	92	18.5			
						G	86—100		重壤土		7.5	8.5	0.53	0.45	25.9	24	5.0	90	17.1			
剖4	半水成土	潮土	灰潮土	园田灰潮土	园林土	Bv	24—58		中壤土		7.5	13.0	1.08	0.79		95	17.3	63	12.4	沉积物	E 120°56′30.1″ N 31°23′32.3″	98
						C	58—100		中壤土		7.4	8.7	0.59	1.02		73	11.5	59	10.7			
									重壤土		7.4	5.5	0.55	1.18		40	12.4	74	9.8			
剖5	淋溶土	黄棕壤	黄棕壤	黄棕壤	中层黄棕壤	Bv	0—31		重壤土		8.7	18.8	1.52	1.76		99	3.7	95	26.0	石英岩风化残积物	E 120°56′49.9″ N 31°23′35.9″	100
						Bv	31—74		重壤土		8.5	14.1	1.10	1.91		73	10.5	97	26.2			
						C	74—100		重壤土		8.6	15.1	1.18	1.58		76	13.1	101	29.1			
剖6	人为土	水稻土	脱潜水稻土	青紫土	青紫土	C	0—12		重壤土		7.1	33.6	1.85	0.48	22.6	124	4.8	105	20.4	河湖相沉积物	E 120°59′31.6″ N 31°18′15.8″	98
						P	12—21		重壤土		7.3	31.3	1.92	0.45	24.2	128	5.2	95	18.9			
						Wg	21—64		轻黏土		7.5	12.1	0.64	0.17	22.0	28	1.9	91	16.8			
						G	64—100		中黏土		7.5	6.2	0.50	0.38	22.7	24	2.1	131	13.2			
剖7	人为土	水稻土	潜育水稻土	僵土	僵土	A	0—14		轻黏土		6.4	19.7	1.21	0.45	23.7	82	3.6	102	14.7	湖相沉积物	E 120°57′18.0″ N 31°15′20.2″	97
						G	14—100		轻黏土		7.5	8.9	0.63	0.36		44	2.0	103	8.2			
剖8	人为土	水稻土	潜育水稻土	黄泥土	黄泥土	A	0—18				7.3	34.1	2.02	0.60		168	13.0	82	18.4	湖积物、冲积物	E 120°58′38.6″ N 31°15′02.5″	82
						P			重壤土		7.5	27.2	1.69	0.49		119	7.0	88	18.1			
剖9	人为土	水稻土	潜育水稻土	黄泥土	粉砂底黄泥土	P	18—31		重壤土		7.4	30.3	1.79	0.61	20.9	102	6.5	75	17.3	冲积物、湖积物	E 120°51′44.3″ N 31°11′48.1″	91
						W	31—58		中壤土		7.6	29.3	1.77	0.62		107	6.5	78	17.0			
						Bvg	58—81		中壤土		7.7	11.4	0.85	0.62		21	2.6	82	18.0			
						G	81—100		中壤土		8.0	7.2	0.49	0.53		46	2.1	73	13.7			
剖10	人为土	水稻土	脱潜水稻土	乌栅土	竖头乌栅土	A	0—14		重壤土		7.9	6.2	0.45	0.52		17	2.4	61	11.1	河湖相沉积物	E 120°55′39.0″ N 31°13′46.2″	84
						P	14—28		重壤土		7.2	27.7	1.54	0.61	30.3	125	4.8	62	17.7			
						Wg	28—48		重壤土		7.5	22.2	1.29	0.55		104	4.7	72	17.4			
						G	48—100		轻黏土		7.5	9.6	0.56	0.45		38	1.3	71	16.2			
剖11	人为土	水稻土	潜育水稻土	黄泥土	黄泥土	A					7.5	5.7	0.49	0.39		15	2.1	80	17.0	湖积物、冲积物	E 120°57′28.8″ N 31°14′20.8″	90
						P					7.4	34.4	2.15	0.78		150	11.2	120	19.9			
											7.7	31.7	1.93	0.72		108	8.3	107	17.6			

续表 Continued

剖面号 Soil profile	土纲 Soil order	土类 Soil great group	亚类 Soil subgroup	土属 Soil genus	土种 Soil species	土层码 Layer code	土层厚度 Depth/cm	颜色 Soil color	质地 Soil texture	土壤结构 Soil structure	pH	有机质 OM/(g/kg)	全氮 TN/(g/kg)	全磷 TP/(g/kg)	全钾 TK/(g/kg)	碱解氮 AN/(mg/kg)	有效磷 AP/(mg/kg)	速效钾 AK/(mg/kg)	阳离子交换量CEC/(cmol/kg)	土壤母质 Parent material	剖面点坐标 Profile coordinate	匹配指数 Matching index/%
剖12	人为土	水稻土	潜育水稻土	黄泥土	小粉底黄泥土	A	0–15		重壤土		7.4	29.3	1.85	0.60	22.7	133	7.6	67	18.6	湖积物、冲积物	E 120°57′16.2″ N 31°13′30.4″	84
						P	15–25		重壤土		7.6	19.9	1.25	0.47		89	2.5	68	17.4			
						W	25–60		重壤土		7.5	14.4	0.91	0.38		37	2.0	53	15.9			
						Bvg	60–84		中壤土		7.4	9.2	0.46	0.44		28	1.8	33	17.7			
						G	84–100		重壤土		7.3	4.9	0.26	0.59		19	2.0	40	11.2			
剖13	人为土	水稻土	潜育水稻土	黄泥土	竖头黄泥土	A	0–16		重壤土		6.6	28.5	1.87	0.64	23.1	110	4.1	58	16.6	湖积物、冲积物	E 120°58′14.5″ N 31°13′41.5″	80
						P	16–35		轻黏土		7.6	24.5	1.85	0.73		103	2.3	68	14.8			
						W	35–53		重黏土		7.6	8.6	0.55	0.59		24	2.1	76	13.2			
						Bvg	53–74		轻黏土		7.4	6.5	0.65	0.33		29	2.1	97	16.1			
						G	74–100		中壤土		7.6	8.3	0.65	0.23		25	1.0	96	19.2			
剖14	人为土	水稻土	脱潜潜水稻土	乌栅土	乌栅土	A	0–14		重壤土		7.3	36.1	2.26	0.61	22.0	137	6.6	65	18.8	河湖相沉积物	E 120°57′12.6″ N 31°10′49.4″	98
						P	14–22		重壤土		7.6	33.0	2.03	0.55	24.2	115	4.9	68	18.2			
						Wg	22–51		重壤土		7.6	10.7	0.98	0.41	23.7	26	3.1	56	17.4			
						G	51–100		中壤土		7.5	15.3	0.81	0.17	25.0	34	2.0	74	23.1			
剖15	人为土	水稻土	潜育水稻土	黄泥土	小粉心黄泥土	A	0–14		重壤土		7.3	30.2	1.94	0.63	22.7	117	8.3	67	20.4	湖积物、冲积物	E 120°57′22.1″ N 31°10′10.8″	91
						P	15–34		重壤土		7.4	17.9	1.65	0.56		79	3.1	68	19.7			
						W	34–72		中壤土		7.7	15.4	1.12	0.72		54	13.4	53	20.4			
						G	72–100		轻壤土		7.7	5.3	0.48	0.48		30	4.9	33	14.7			
剖16	人为土	水稻土	潜育水稻土	黄泥土	粉砂心黄泥土	A	0–13		重壤土		7.0	30.5	1.75	0.72	28.7	118	11.0	78	19.6	冲积物、湖积物	E 120°54′20.9″ N 31°11′18.2″	91
						P	13–26		重壤土		7.2	26.8	1.65	0.72		115	8.2	53	17.0			
						W	26–56		中壤土		7.9	10.1	0.45	0.59		52	2.5	50	12.3			
						Bvg	56–76		中壤土		8.0	3.5	0.39	0.61		20	2.8	33	13.5			
						G	76–100		轻壤土		7.8	3.4	0.28	0.21		28	1.5	62	16.8			
剖17	水成土	沼泽土	围垦沼泽土	围垦沼泽土	浅径土	A	0–14		轻壤土	小核状、块状	6.8	49.8	2.14	0.65	31.2	104	4.1	138	26.0	湖相沉积物	E 120°54′53.6″ N 31°10′15.2″	91
						G	14–100		轻黏土	大块状	7.2	10.2	0.89	0.45		36	2.2	196	16.8			
剖18	人为土	水稻土	潜育水稻土	黄松土	黄松土	Aa	0–13	棕灰色	黏壤土	棱柱状	6.5	30.4	2.15						18.4	冲积物、湖积物	E 120°50′13.2″ N 31°08′54.6″	97
						Ap	13–22	棕灰色	黏壤土	棱柱、棱块状	7.9	23.2	1.43						16.9			
						P	22–57	棕灰色	黏壤土		8.1	10.6	0.66						15.9			
						W	57–100	灰色	壤质黏土		7.9	10.3	1.14						16.0			
剖19	人为土	水稻土	潜育水稻土	青紫土	乌泥心青紫	A	0–14		重壤土		6.6	49.2	2.78	0.56	24.2	191	6.8	144	23.9	河湖相沉积物	E 121°01′24.2″ N 31°24′57.6″	95
						P	14–26		轻黏土		7.2	47.8	2.61	0.47		78	2.5	171	22.9			
						Dm	26–57		重黏土		7.5	45.5	2.00	0.40		217	7.2	147	26.8			
						G	57–100		中壤土		7.7	8.9	0.68	0.29		48	1.3	169	15.8			
剖20	人为土	水稻土	脱潜潜水稻土	黄松土	黄松土	A	0–14		中壤土		7.5	30.1	1.90	0.77	21.1	116	8.2	76	15.1		E 121°03′31.0″ N 31°22′10.2″	96
						P	14–27		中壤土		7.8	25.0	1.72	0.65		110	5.1	57	14.4			
						W	27–65		中壤土		8.0	5.2	0.44	0.64		51	1.3	51	8.8			
						Bvg	65–100		中壤土		8.0	1.6	0.24	0.54		24	<1.0	27	5.7			
剖21	半水成土	潮土	灰潮土	园田灰潮土	菜园土	A	0–23		中壤土		7.2	19.6	1.93	0.69		158	16.6	96	13.8	沉积物	E 121°05′09.6″ N 31°19′35.4″	91
						Bv	23–51		中壤土		7.8	11.2	0.81	0.37		24	2.6	89	16.4			
						C	51–100		轻壤土		7.6	7.6	0.45	0.27		18	2.6	111	11.2			

太 仓 市

主要土类说明

水稻土是太仓市主要土壤类型，占本市地域面积的 76%。水稻土是长期水耕熟化形成的土壤，由于其是在频繁的还原淋溶和氧化淀积等交替作用下发育而成，所以不论起源于何种母质，一般都具备耕作层、犁底层、渗育层，部分还有潴育层或脱潜初渗层、潜育层等。本市水稻土是久经种植水稻，在长期淹水及水旱交替条件下，人工定向培育形成的土壤，因其发育程度不同，分为渗育型、潴育型、脱潜型和潜育型等亚类。其中，渗育水稻土面积最大，一般所处地势较高，常年旱季地下水位在 1m 以下，大部分土种全剖面色调比较均一，犁底层下的渗育层可通达底部，由于渗漏过程中铁锰物质受到强烈的淋洗，因此无明显的铁锰聚集。仅部分土种或因底部较黏，或受水湿影响，被淋洗的铁锰不能顺利通过整个剖面，而在底部形成明显淀积（结核）。但由于稻棉轮作，起旱时间较长，土体内无明显胶膜存在，故这部分土种仍划归渗育水稻土。

小于本市地域面积 3% 的土壤类型还有潮土。

本区域中心区气候特征

本区域中心区气候特征值
Regional climate characteristics in central area of the region

气候带：北亚热带湿润气候 Climate region: North subtropical humid climate	
年平均气温 /℃ Annual average temperature /℃	15.8
年平均最高气温 /℃ Annual average maximum temperature /℃	20.1
年平均最低气温 /℃ Annual average minimum temperature /℃	12.4
年降水量 /mm Annual precipitation /mm	1145
≥ 10℃的积温 /℃ Daily temperature accumulated in a year (≥ 10℃) /℃	5743
年日照时数 /h Annual sunshine /h	1943
年平均相对湿度 /% Annual average relative humidity /%	77
干燥度 Dryness	0.81

本区域中心区月平均气温与月平均降水量
Monthly temperature and precipitation in central area of the region

太仓市主要土壤类型与土壤剖面点分布图
1∶180 000

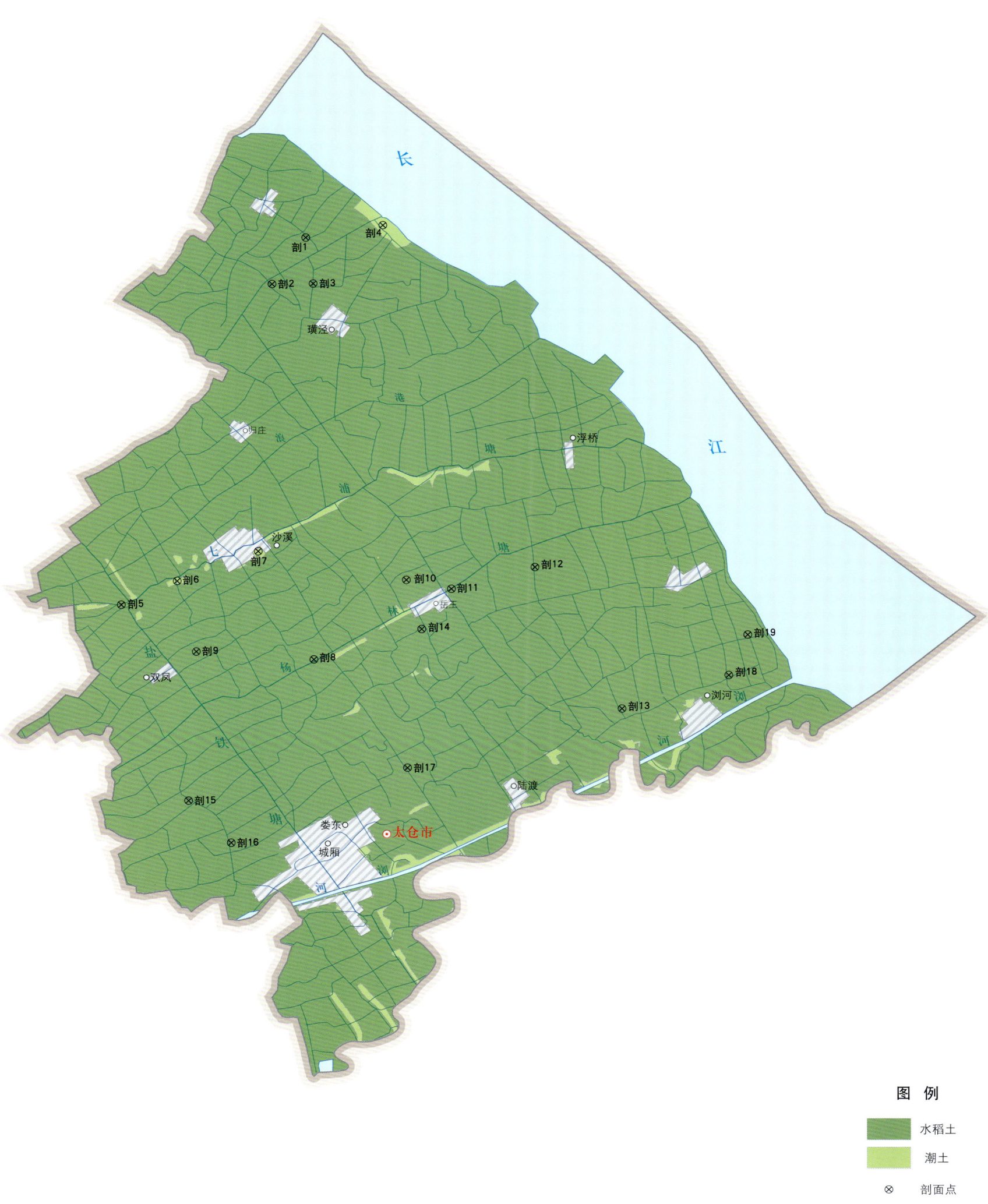

太仓市土壤剖面理化性状表

剖面号	土纲	土类	亚类	土属	土种	土层码	土层厚度/cm	颜色	质地	土壤结构	pH	有机质(g/kg)	全氮(g/kg)	全磷(g/kg)	全钾(g/kg)	碱解氮(mg/kg)	有效磷(mg/kg)	速效钾(mg/kg)	阳离子交换量CEC(cmol/kg)	土壤母质	剖面点坐标	匹配指数/%
剖1	人为土	水稻土	渗育水稻土	垃泥	灰底老垃泥	A	0—13	褐色	重壤土	小块状	7.9	20.3	1.35	0.72	17.2	103	5.0	76	17.7	海积冲积物	E 121°05′21.1″ N 31°41′10.3″	82
						P	13—24	褐色	重壤土	块状	8.0	14.8	1.11	0.68	17.2	73	3.0	76	13.4			
						W₁	24—50	褐色	重壤土	块状	8.1	10.0	0.76	0.64	17.1	38	1.0	66	13.1			
						W₂(D)	50—77	浅黄色	中壤土	棱块状	8.0	11.8	0.74	0.44	18.8	75	1.0	124	16.3			
						Bv	77—100	暗灰黄色	轻壤土	块状	8.2	5.7	0.59	0.51	18.3	19	1.0	94	16.4			
剖2	人为土	水稻土	渗育水稻土	砂夹垃	砂夹垃	A	0—12	棕色	中黏土	团块状	7.6	18.8	1.26	0.64	16.8	89	2.0	69	18.7	海积冲积物	E 121°04′30.0″ N 31°40′05.5″	87
						P	12—19	浅棕色	中壤土	块状	7.7	15.1	1.14	0.65	16.8	76	1.0	62	16.5			
						W	19—100	浅棕色	中壤土	小块状	7.9	5.4	0.48	0.55	14.8	19	1.0	37	14.2			
剖3	人为土	水稻土	渗育水稻土	砂夹垃	灰心老砂夹垃	A	0—13	褐色	中壤土	团块状	7.9	20.4	0.89	0.65	14.0	98	5.0	78	16.0	海积冲积物	E 121°05′33.7″ N 31°40′07.3″	93
						P	13—23	褐色	中壤土	块状	8.1	14.6	0.66	0.62	14.2	63	2.0	76	16.6			
						W₁	23—47	褐色	中壤土	块状	8.2	8.0	0.37	0.59	13.7	34	1.0	69	11.9			
						W₂	47—61	浅黄棕色	重壤土	棱块状	8.3	14.1	0.49	0.50	14.4	30	5.0	70	17.9			
						Bv	61—100	褐色	重壤土	块状	8.4	6.3	0.30	0.52	15.0	21	3.0	69	11.9			
剖4	半水成土	潮土	灰潮土	灰潮土	潮泥土	A	0—12	棕灰色	中黏土	小团块状	8.0	17.9	0.98	0.76	18.3	73	7.0	69	16.1	海积冲积物	E 121°07′20.6″ N 31°41′29.8″	91
						Bv	12—40	棕灰色	中壤土	块状	8.0	14.0	0.78	0.68	17.9	57	6.0	70	16.0			
						C	40—100	浅黄棕色	轻壤土	片状	8.1	6.8	0.29	0.66	14.1	26	2.0	34	12.3			
剖5	人为土	水稻土	潴育水稻土	黄泥土	灰底黄泥	A	0—13	褐色	中壤土	团块状	8.0	23.4	1.51	0.70	17.8	104	7.0	64	15.4	海积冲积物	E 121°00′44.3″ N 31°32′41.6″	80
						P	13—22	暗灰黄色	中壤土	块状	8.1	20.1	1.25	0.68	16.4	82	4.0	62	13.7			
						W₁(D)	22—78	暗棕色	轻壤土	块状	8.3	8.1	0.53	0.61	17.3	25	5.0	81	14.8			
						C	78—92	褐色	轻壤土	块状	8.3	12.0	0.68	0.41	21.5	20	3.0	129	22.7			
						Bvg	92—100	褐色	中壤土	棱块状	8.2	7.3	0.62	0.39	22.0	13	4.0	131	21.9			
剖6	半水成土	潮土	灰潮土	灰潮土	砖屑潮泥土	A	0—16	棕灰色	中黏土	小团块状	7.8	17.9	1.13	1.83	14.2	50	26.0	141	13.6	海积冲积物	E 121°02′11.0″ N 31°33′15.1″	80
						Bv	16—75	棕灰色	中壤土	小块状	8.1	5.8	0.40	1.15	16.0	15	41.0	107	11.9			
						C	75—100	棕灰色	重壤土	块状	8.2	6.6	0.51	0.83	17.2	15	38.0	186	15.8			
剖7	半水成土	潮土	灰潮土	黄泥土	园田潮泥土	Bv	0—19	浅灰黄色	中壤土	小块状	7.7	16.6	1.20	1.00	16.4	104	34.0	57	10.9	海积冲积物	E 121°04′16.0″ N 31°33′58.3″	87
						Bv	19—57	黄棕色	中壤土	小块状	7.7	4.9	0.91	0.96	17.3	89	22.0	57	12.0			
						C	57—100	褐色	中壤土	块状	7.8	5.2	0.27	0.52	17.3	23	2.0	71	12.6			
剖8	人为土	水稻土	渗育水稻土	砂夹垃	灰底砂夹垃	A	0—14	棕色	中黏土	小团块状	7.6	19.2	1.67	0.65	17.3	100	6.0	74	13.5	海积冲积物	E 121°05′44.5″ N 31°31′31.1″	85
						P	14—24	棕灰色	中壤土	块状	7.6	16.5	1.52	0.62	17.8	75	7.0	67	14.2			
						W₁	24—87	浅黄色	中壤土	块状	8.1	5.7	0.52	0.62	14.9	21	5.0	49	13.6			
						W₂	87—100	褐色	重壤土	棱块状	8.1	8.0	0.51	0.56	18.2	16	4.0	84	18.1			
剖9	人为土	潮土		潮灰土	潮土	Aa	0—11	黄灰黄色	黏壤土	屑粒状	8.6	24.5	1.40	0.84						冲积物	E 121°02′42.0″ N 31°31′40.1″	92
						Ap	11—22	暗灰黄色	黏壤土	小块状	8.1	37.1	2.12	0.94								
						P₁	22—60	黄棕黄色	黏壤土	小块状	8.5	9.7	<0.10	0.73								
						P₂	60—100	黄灰棕色	黏壤土	小块状	8.7	5.8	0.43	0.50								
剖10	人为土	水稻土	渗育水稻土	垃泥	垃泥	A	0—14	暗黄黄色	重壤土	团块状	7.5	26.0	1.63	0.60	15.7	111	13.0	131	20.4	海积冲积物	E 121°08′05.6″ N 31°33′22.0″	95
						P	14—26	褐色	重壤土	块状	7.9	18.7	1.24	0.68	17.8	84	12.0	112	19.5			
						W	26—100	褐色	中壤土	块状	8.2	8.0	0.49	0.55	16.2	28	4.0	66	17.4			
剖11	人为土	水稻土	渗育水稻土	砂土	灰底砂夹垃	A	0—12	褐色	中壤土	团块状	7.2	21.0	1.11	0.64	14.1	93	4.0	72	15.8	海积冲积物	E 121°09′15.8″ N 31°33′11.2″	100
						P	12—22	褐色	中壤土	块状	7.6	16.0	0.93	0.62	14.3	79	3.0	70	15.3			
						W₁	22—75	浅黄棕色	中壤土	块状	7.8	8.4	0.50	0.61	14.2	40	2.0	64	15.3			
						W₂(D)	75—100	浅灰棕色	重壤土	大块状	8.1	6.4	0.51	0.54	16.2	24	1.0	78	17.3			

续表 Continued

剖面号 Soil profile	土纲 Soil order	土类 Soil great group	亚类 Soil subgroup	土属 Soil genus	土种 Soil species	土层码 Layer code	土层厚度 Depth/cm	颜色 Soil color	质地 Soil texture	土壤结构 Soil structure	pH	有机质 OM/(g/kg)	全氮 TN/(g/kg)	全磷 TP/(g/kg)	全钾 TK/(g/kg)	碱解氮 AN/(mg/kg)	有效磷 AP/(mg/kg)	速效钾 AK/(mg/kg)	阳离子交换量 CEC/(cmol/kg)	土壤母质 Parent material	剖面点坐标 Profile coordinate	匹配指数 Matching index/%
剖12	人为土	水稻土	渗育水稻土	砂夹垅	砂夹垅	A	0—14	棕色	重壤土	小团块状	7.6	22.3	1.43	0.65	18.1	72	6.0	95	19.2	海积冲积物	E 121°11′25.1″ N 31°33′43.2″	87
						P	14—25	棕色	重壤土	块状	8.0	14.3	1.02	0.56	19.0	44	5.0	98	18.4			
						W	25—100	浅棕色	中壤土	块状	8.2	5.5	0.46	0.56	17.5	13	4.0	69	13.1			
剖13	人为土	水稻土	渗育水稻土	垅泥	灰底垅泥	A	0—14	褐色	重壤土	团块状	7.6	23.7	1.46	0.68	17.8	95	7.0	110	21.1	海积冲积物	E 121°13′44.0″ N 31°30′32.0″	80
						P	14—23	褐色	重壤土	大块状	8.0	16.6	1.24	0.64	14.8	75	5.0	104	18.2			
						W1	23—87	褐色	重壤土	块状	8.2	8.6	0.51	0.58	15.8	35	2.0	66	16.2			
						W2(D)	87—100	浅灰黄色	轻黏土	块状	8.2	8.0	0.47	0.48	15.8	23	1.0	73	18.2			
剖14	人为土	水稻土	渗育水稻土	小粉土	小粉土	A	0—15	暗灰黄色	中壤土	小团块状	8.1	17.1	1.08	0.76	15.2	82	6.0	65	9.6	海积冲积物	E 121°08′30.5″ N 31°32′16.1″	83
						P	15—28	灰黄色	轻壤土	团块状	8.3	8.6	1.04	0.69	14.9	46	4.0	38	9.0			
						W	28—100	褐色	中壤土	小块状	8.3	5.3	0.31	0.64	16.6	17	4.0	37	9.7			
剖15	人为土	水稻土	潴育水稻土	黄泥土	乌底黄泥土	A	0—15	灰黄色	重壤土	团块状	7.9	34.2	1.87	0.70	17.6	95	10.0	107	17.3	潟湖堆积物	E 121°02′32.6″ N 31°28′11.6″	94
						P	15—26	棕灰色	重壤土	块状	8.2	27.1	1.57	0.58	17.7	71	6.0	110	17.7			
						W1	26—63	棕灰色	重壤土	块状	8.1	12.6	0.71	0.52	18.7	22	5.0	107	17.6			
						W2(D)	63—79	黑色	轻黏土	棱块状	7.8	39.5	1.55	0.29	20.6	49	5.0	196	31.6			
						Bvg	79—100	褐色	轻黏土	棱块状	7.8	7.9	0.62	0.29	20.6	13	5.0	174	17.4			
剖16	人为土	水稻土	潴育水稻土	黄泥土	灰深底黄泥土	A	0—13	灰黄色	中壤土	团块状	7.5	28.6	1.24	0.72		118	7.0	114	15.0	海积冲积物	E 121°03′41.0″ N 31°27′16.6″	96
						P	13—23	暗黄黄色	中壤土	块状	7.7	22.8	1.38	0.65		100	3.0	104	16.3			
						W	23—78	灰黄色	中壤土	小块状	7.7	6.0	0.46	0.52		42	1.0	88	15.5			
						Bvg(D)	78—100	暗黄色	重壤土	块状	7.5	7.1	0.49	0.34		21	<1.0	107				
剖17	人为土	水稻土	渗育水稻土	砂夹垅	灰底老砂夹垅	A	0—14	棕色	中壤土	小团块状	7.5	15.3	1.03	0.67	14.2	88	5.0	104	16.3	海积冲积物	E 121°08′13.2″ N 31°29′03.8″	83
						P	14—27	棕色	中壤土	块状	7.5	10.7	0.82	0.67	14.4	64	2.0	76	15.5			
						W1	27—60	浅灰黄色	中壤土	小块状	7.5	6.1	0.43	0.58	13.6	31	1.0	73	17.2			
						W2(D)	60—78	浅灰黄色	中壤土	块状	7.5	8.2	0.64	0.56	14.7	26	2.0	106	18.4			
						Bv	78—100	褐色	重壤土	棱块状	7.6	3.0	0.52	0.59	14.4	22	2.0	101	16.7			
剖18	人为土	水稻土	渗育水稻土	垅泥	老垅泥	A	0—13	褐色	重壤土	块状	7.4	31.2	1.51	0.64	16.0	103	6.0	140	20.2	海积冲积物	E 121°16′28.6″ N 31°31′20.3″	93
						P	13—29	褐色	重壤土	块状	7.5	24.7	1.62	0.65	15.4	109	4.0	101	17.1			
						W	29—46	褐色	中壤土	小块状	7.5	16.0	1.14	0.60	17.8	75	2.0	101	16.7			
						Bv	46—100	褐色	中壤土	小块状	7.8	9.3	7.70	0.55	17.8	35	2.0	78	14.6			
剖19	人为土	水稻土	渗育水稻土	砂土	砂土	A	0—12	暗黄黄色	中壤土	小团块状	7.5	17.0	1.04	0.74	14.4	82	7.0	68	14.5	海积冲积物	E 121°16′57.4″ N 31°32′16.1″	95
						P	12—21	褐色	中壤土	团块状	7.9	14.4	1.04	0.70	14.9	79	4.0	68	11.6			
						W	21—100	褐色	中壤土	大块状	7.9	7.4	0.57	0.57	15.4	38	2.0	72	14.9			

南 通 市

市 辖 区

主要土类说明

潮土是南通市主要土壤类型，占本市地域面积的60%。潮土的形成过程包括两个方面，一是由地下水借毛管作用上下运动所引起的土壤氧化还原作用交替发生的潮化过程。在低水位期间，地下水位以上的土层为氧化层，在高水位期间，部分土层为水分所饱和而产生还原过程，变化频繁的氧化还原过程和土体的干湿交替，影响土壤中矿物质的溶解、移动、淀积，在土壤剖面中出现锈纹、锈斑或细小的铁锰结核。由于本地土壤母质中富含石灰，在潮化过程中，地表水透过上部土层对石灰物质的淋溶和地下水的流动引起石灰物质在部分地区中下部土层中的富集，形成细小的石灰结核，剖面各土层中的石灰反应由上到下有逐渐增强的趋势。二是旱耕熟化过程。由于农业生产活动的影响，潮土和原冲积母质在剖面形态上具有很大的差异，主要表现在表土层和母质层的养分含量、理化性状等方面。一般是表土层较心底土层有机质含量高，碳酸钙、铁、锰及其他微量元素的含量低，容重小，孔隙多，通透性好。

本市潮土的主要特征：土体质地变化较大，具有明显的分选性和层理性。土种分布交错复杂，无明显规律。土体中富含石灰，1m土体内碳酸钙平均含量为3.08%，土壤pH一般在7.5—8.5，属中性到弱碱性。耕层土壤有机质含量中等偏低，平均为1.30%；全磷含量较高，一般在0.16%左右。

本区域中心区气候特征

本区域中心区气候特征值
Regional climate characteristics in central area of the region

气候带：北亚热带湿润气候 Climate region: North subtropical humid climate	
年平均气温 /℃ Annual average temperature /℃	15.5
年平均最高气温 /℃ Annual average maximum temperature /℃	19.9
年平均最低气温 /℃ Annual average minimum temperature /℃	12.0
年降水量 /mm Annual precipitation /mm	1123
≥10℃的积温 /℃ Daily temperature accumulated in a year (≥10℃) /℃	5688
年日照时数 /h Annual sunshine /h	1992
年平均相对湿度 /% Annual average relative humidity /%	78
干燥度 Dryness	0.81

本区域中心区月平均气温与月平均降水量
Monthly temperature and precipitation in central area of the region

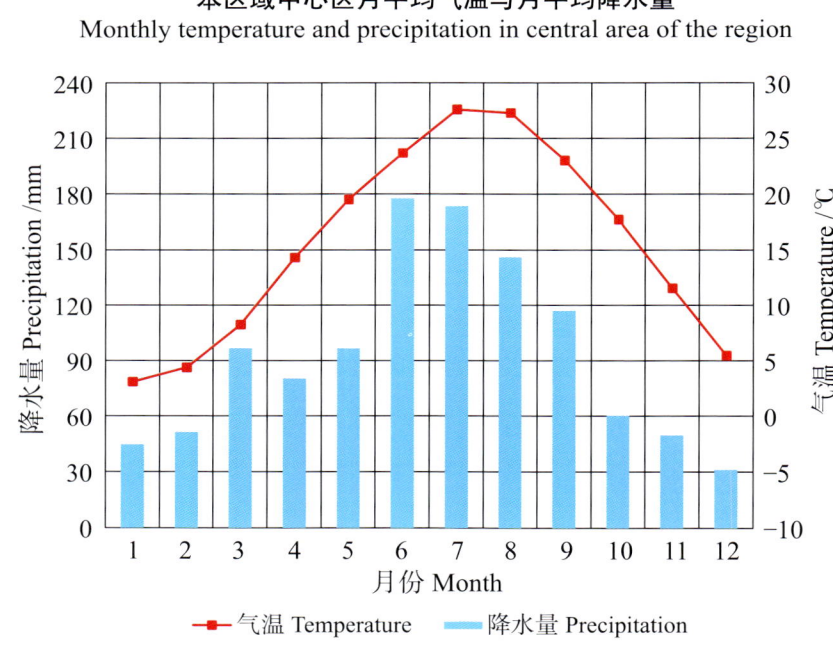

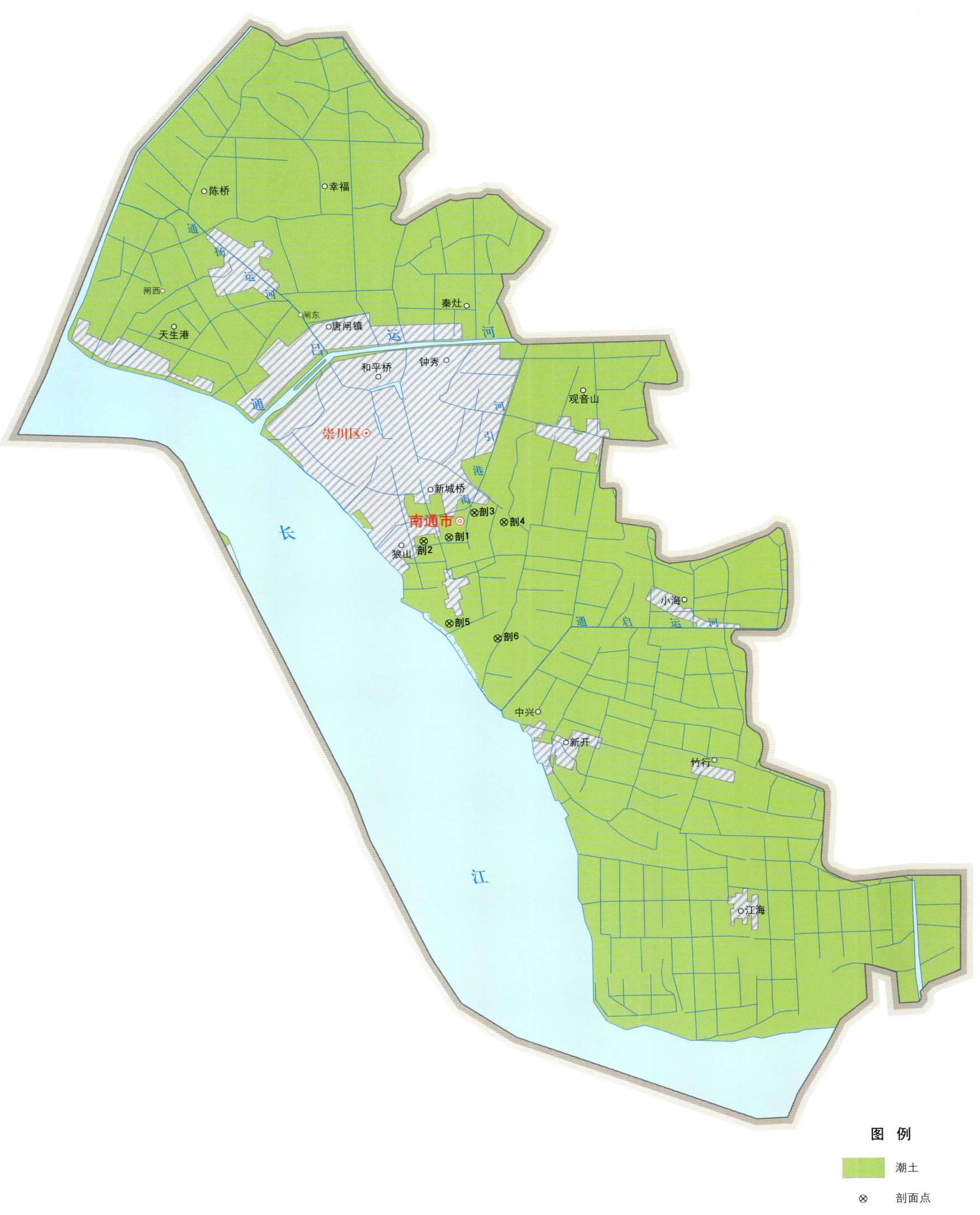

南通市市辖区（部分）主要土壤类型与土壤剖面点分布图
1∶150 000

南通市土壤剖面理化性状表

剖面号 Soil profile	土纲 Soil order	土类 Soil great group	亚类 Soil subgroup	土属 Soil genus	土种 Soil species	土层码 Layer code	土层厚度 Depth/cm	质地 Soil texture	pH	有机质 OM/(g/kg)	全氮 TN/(g/kg)	有效磷 AP/(mg/kg)	速效钾 AK/(mg/kg)	阳离子交换量CEC/(cmol/kg)	土壤母质 Parent material	剖面点坐标 Profile coordinate	匹配指数 Matching index/%
剖1	半水成土	潮土	灰潮土	夹砂土	砂底夹砂土	A$_1$	0—9.5	砂壤土	7.8	12.2	0.97	9.3	83	10.0	冲积物	E 120°52′15.2″ N 31°58′35.4″	82
						A$_2$	9.5—19	轻壤土	7.7	10.5	0.99	2.1	98	9.8			
						Bv	19—63	轻壤土	7.9	9.5	0.80	10.8	48	7.6			
						C	63—100	紧砂土	8.2	1.9	0.28	3.2	34	5.9			
剖2	半水成土	潮土	灰潮土	灰泥土	砂底夹灰泥土	A$_1$	0—9.5	砂壤土	7.8	15.3	1.24	23.1	65	11.5	冲积物	E 120°52′23.2″ N 31°58′30.7″	81
						A$_2$	9.5—21	中壤土	8.2	10.4	0.95	12.9	55	11.5			
						Bv	21—61	砂壤土	8.3	5.0	0.41	5.3	56	9.2			
						C	61—100	紧砂土	8.5	2.2	0.29	1.8	34	6.6			
剖3	半水成土	潮土	灰潮土	灰泥土	砂心灰泥土	A$_1$	0—10	中壤土	8.0	13.8	1.09	10.0	86		冲积物	E 120°53′31.6″ N 31°59′04.9″	88
						A$_2$	10—22	中壤土	8.5	12.3	0.98	4.4	58				
						Bv	22—80	砂壤土	8.5	5.4	0.44	2.6	42				
						C	80—100	轻壤土	8.6	<1.0	0.38	3.5	53				
剖4	半水成土	潮土	灰潮土	灰泥土	黄泥夹砂土	A$_1$	0—15	轻壤土	7.9	17.3	1.25	23.7	70	16.5	冲积物	E 120°54′11.5″ N 31°58′54.1″	85
						A$_2$	16—25	中壤土	8.3	12.5	0.93	23.9	61	14.3			
						Bv	26—60	中壤土	8.2	8.4	0.65	4.3	78	16.2			
						C	60—100	轻壤土	8.3	6.3	0.48	<1.0	75	13.9			
剖5	半水成土	潮土	灰潮土	灰泥土	灰泥土	A$_1$	0—10	中壤土	8.2	16.2	0.95	4.0	66	11.5	冲积物	E 120°52′59.2″ N 31°56′51.7″	95
						A$_2$	10—34	中壤土	8.5	10.9	0.69	4.4	61	10.0			
						Bv	34—78	中壤土	8.4	4.0	0.45	2.1	56	7.8			
						C	78—100	中壤土	8.4	3.9	0.37	1.7	56	9.1			
剖6	半水成土	潮土	灰潮土	夹砂土	砂心夹砂土	A$_1$	0—10	轻壤土	8.3	7.1	0.73	2.9	46	10.6	冲积物	E 120°54′05.8″ N 31°56′35.2″	100
						A$_2$	10—20	轻壤土	8.3	6.2	0.60	2.5	39				
						Bv	20—72	砂壤土	8.3	3.0	0.38		30				
						C	72—100	轻壤土	8.4	3.3	0.24	1.4	63	5.7			

通 州 区

主要土类说明

潮土是通州区主要土壤类型，占本区地域面积的57%。潮土主要分布于近代河流冲积平原或低平阶地，地下水位高，潜水参与成土过程。在潮土成土过程中，底土受氧化还原交替作用影响，形成锈色斑纹和小型铁子。在长期耕作条件下，表层有机质含量为10—15g/kg。

滨海盐土是通州区第二大土壤类型，占本区地域面积的23%。滨海盐土分布于沿海一带，成土母质为滨海沉积物，全土体含有以氯化物为主的可溶盐，具A-C剖面构型。滨海盐土的土壤和地下水的盐分组成与海水基本一致，氯盐占绝对优势，其次为硫酸盐和重碳酸盐；盐分以钠、钾离子为主，钙、镁次之。土壤含盐量为20—50g/kg，地下水矿化度为10—30g/L，土壤积盐强度随距海由近至远而逐渐减弱。土壤pH为7.5—8.5。

水稻土占通州区地域面积的16%。水稻土是在长期季节性淹灌、水下翻耕、季节性脱水、氧化还原交替影响下，原来成土母质或母土的特性发生重大改变，形成的新的土壤类型。由于干湿交替，土壤发生糊状淹育层、较坚实板结的犁底层、渗育层、潴育层与潜育层等多种发生层分异。这些不同发生层段是在人为耕作、水浆管理下形成的。

本区域中心区气候特征

本区域中心区气候特征值
Regional climate characteristics in central area of the region

气候带：北亚热带湿润气候 Climate region: North subtropical humid climate	
年平均气温 /℃ Annual average temperature /℃	15.3
年平均最高气温 /℃ Annual average maximum temperature /℃	19.8
年平均最低气温 /℃ Annual average minimum temperature /℃	11.9
年降水量 /mm Annual precipitation /mm	1105
≥10℃的积温 /℃ Daily temperature accumulated in a year (≥10℃) /℃	5634
年日照时数 /h Annual sunshine /h	2037
年平均相对湿度 /% Annual average relative humidity /%	78
干燥度 Dryness	0.82

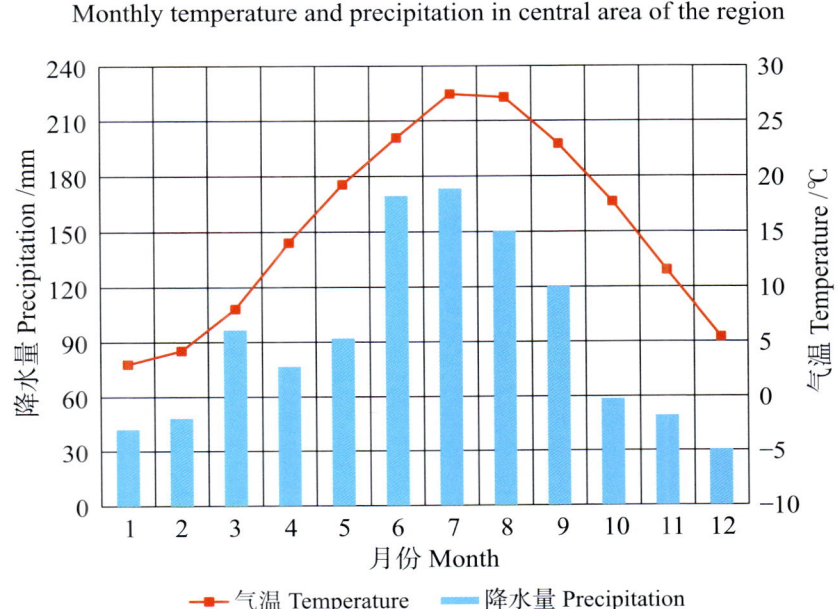

本区域中心区月平均气温与月平均降水量
Monthly temperature and precipitation in central area of the region

通州市主要土壤类型与土壤剖面点分布图

1∶260 000

图 例
- 潮土
- 滨海盐土
- 水稻土
- ⊗ 剖面点

注：国务院 2009 年 7 月批准，撤销通州市，设立通州区。

通州区土壤剖面理化性状表

剖面号 Soil profile	土纲 Soil order	土类 Soil great group	亚类 Soil subgroup	土属 Soil genus	土种 Soil species	土层码 Layer code	土层厚度 Depth/cm	颜色 Soil color	质地 Soil texture	土壤结构 Soil structure	pH	有机质 OM/(g/kg)	全氮 TN/(g/kg)	全磷 TP/(g/kg)	全钾 TK/(g/kg)	有效磷 AP/(mg/kg)	速效钾 AK/(mg/kg)	阳离子交换量CEC/(cmol/kg)	土壤母质 Parent material	剖面点坐标 Profile coordinate	匹配指数 Matching index/%
剖1	半成成土	潮土	灰潮土	夹砂土	砂底夹砂土	A_1	0—15	棕灰色	轻壤土	小块状	9.5	15.6	1.21	1.63	17.2	3.8	38	8.9	江河冲积物	E 120°41′26.9″ N 32°04′05.5″	86
						A_2	15—32	棕灰色	轻壤土	块状	7.9	6.7	0.54	1.43		1.8	32	7.0			
						Bv_1	32—50	浅棕灰色	轻壤土	块状	8.0	4.3	0.41	1.22		<1.0	28	6.5			
						Bv_2	50—70	灰白色	砂壤土	小块状	8.1	1.9	0.20	1.27		<1.0	68	5.0			
						C	70—100	浅棕灰色	砂壤土	片状	8.1	3.0	0.30	1.29		<1.0	41	4.7			
剖2	半水成土	潮土	灰潮土	夹砂土	砂心夹砂土	A_1	0—17	浅棕色	中壤土	小块状	8.6	7.0	0.67	1.41	21.8	<1.0	80	10.7	江河冲积物	E 120°42′37.4″ N 32°03′25.6″	81
						A_2	17—23	棕色	中壤土	中块状	8.7	4.9	0.54	1.42		2.5	74	10.6			
						Bv	23—49	青灰色	紧砂土	无明显结构	8.6	1.8	0.47	1.62		1.9	58	5.7			
						C	49—100	青灰色	砂壤土	无明显结构	8.5	4.0	0.29	1.24		1.5	162	6.0			
剖3	半水成土	潮土	灰潮土	黄泥土	砂心黄泥土	A_1	0—12	灰棕色	重壤土	粒状	7.4	16.2	1.20	1.88	25.0	6.8	108	12.7	江河冲积物	E 120°42′34.2″ N 32°02′42.0″	94
						A_2	12—36	棕灰色	重壤土	团块状	7.6	14.2	1.07	1.53		4.0	79	12.0			
						Bv	36—57	灰白色	砂壤土	板块状	8.0	2.8	0.24	1.34		1.3	57	8.7			
						C	57—100	灰白色	轻壤土	片状	8.0	4.2	0.33	1.29		1.0	69	7.5			
剖4	人为土	水稻土	渗育水稻土	夹缝土	夹缝土	A	0—11	深灰色	中壤土	粒状	8.0	15.7	1.19	1.54	16.8	8.0	238	9.8	湖相沉积物	E 120°50′19.3″ N 32°12′34.2″	80
						P	11—20	灰棕色	中壤土	小块状	8.3	13.5	1.06	1.55		3.0	144	9.3			
						W	20—43	灰棕色	中壤土	中块状	8.5	3.5	0.36	1.30		1.5	78	7.5			
						C	43—100	棕色	中壤土	中块状	8.6	3.0	0.33	1.29		1.5	105				
剖5	半水成土	潮土	灰潮土	黄泥土	缝脚土	A_1	0—14	灰棕色	重壤土	小块状	8.2	20.0	1.39	1.50		6.2	163	15.4	江河冲积物	E 120°47′54.6″ N 32°10′10.6″	97
						A_2	14—24	深棕色	重壤土	中块状	8.4	11.5	0.95	1.23		1.2	131	15.2			
						Bv	24—55	棕色	中黏土	中块状	8.0	13.9	0.99	0.86			170	11.1			
						C	55—100	棕色	重壤土	中块状	8.2	6.3	0.54	1.19			99	17.2			
剖6	人为土	水稻土	渗育水稻土	黄黏土	黏脚土	A	0—14	灰棕色	黏土	小块状	8.1	21.5	1.49	1.30		1.4	309	14.0	湖相沉积物	E 120°56′02.4″ N 32°13′51.6″	95
						P	14—27	灰棕色	黏土	大块状	8.2	15.5	1.14	1.18		4.5	147	15.2			
						W	27—53	棕色	重壤土	中块状	8.3	9.2	0.77	1.24		12.5	147	14.4			
						C	53—100	灰色	重壤土	大块状	7.9	6.4	0.59	1.02		2.3	148	12.0			
剖7	人为土	水稻土	渗育水稻土	夹砂土	灰心夹砂土	A_1	0—12	灰棕色	中壤土	小块状	8.0	18.7	1.87	21.4		6.3	113	9.6	湖相沉积物	E 120°59′41.3″ N 32°13′54.8″	86
						P	12—30	浅棕灰色	中壤土	中块状	8.2	15.1	1.75			2.9	101	9.0			
						W	30—60	棕色	轻壤土	大块状	8.3	11.5	0.48	≥10.00		3.3	117	11.0			
						C	60—100	深棕色	重壤土	大块状	8.4	5.5	0.31	1.40		4.0	116	7.8			
剖8	人为土	水稻土	渗育水稻土	夹缝土	泥底夹砂土	A	0—16	棕灰色	中壤土	块状	7.8	18.3	1.34	1.65		4.5	96	10.1	湖相沉积物	E 120°57′23.8″ N 32°11′47.4″	98
						P	16—25	浅棕灰色	中壤土	中块状	8.1	7.3	0.66	1.48		2.5	93	8.5			
						W	25—50	浅棕灰色	重壤土	大块状	8.3	5.1	0.52	1.14		<1.0	96	10.7			
						C	50—100	棕色	重壤土	中块状	8.2	5.5	0.56	1.14		1.5	126	8.3			
剖9	半水成土	潮土	灰潮土	夹砂土	泥底夹砂土	A_1	0—15	深棕灰色	轻壤土	中块状	8.2	14.1	1.09	1.59		5.5	110	9.8	江河冲积物	E 120°56′09.2″ N 32°08′20.8″	94
						A_2	15—30	棕灰色	轻壤土	中块状	8.3	8.6	0.91	1.51		5.0	93	9.7			
						Bv	30—61	浅棕灰色	中壤土	大块状	8.5	3.9	0.46	1.92		3.0	69	7.5			
						C	61—100	深棕灰色	中壤土	大块状	8.2	6.2	0.51	1.47		1.2	120	6.3			
剖10	半水成土	潮土	高砂土		泥底砂质夹砂土	A_1	0—10	浅棕灰色	重壤土	小块状	8.2	14.9	1.21	1.47	23.4	6.2	196	9.3	江河冲积物	E 120°55′27.8″ N 32°06′19.1″	85
						A_2	10—22	棕灰色	轻壤土	小块状	8.1	14.0	1.07	1.72		4.7	128	9.5			
						Bv	22—69	灰棕色	中壤土	中块状	8.3	9.0	0.69	1.70		2.7	118	9.6			
						C	69—100	棕色	重壤土	大块状	8.2	5.5	0.50	1.32		4.5	198	10.5			

续表 Continued

剖面号 Soil profile	土纲 Soil order	土类 Soil great group	亚类 Soil subgroup	土属 Soil genus	土种 Soil species	土层码 Layer code	土层厚度 Depth/cm	颜色 Soil color	质地 Soil texture	土壤结构 Soil structure	pH	有机质 OM/(g/kg)	全氮 TN/(g/kg)	全磷 TP/(g/kg)	全钾 TK/(g/kg)	有效磷 AP/(mg/kg)	速效钾 AK/(mg/kg)	阳离子交换量CEC/(cmol/kg)	土壤母质 Parent material	剖面点坐标 Profile coordinate	匹配指数 Matching index/%
剖11	半水成土	潮土	灰潮土	黄泥土	黄泥土	A₁	0—14	浅棕灰色	中壤土	小块状	8.0	16.4	1.47	1.57		3.8	117	11.3	江河冲积物	E 120°57′52.2″ N 32°04′41.5″	80
						A₂	14—25	灰棕色	中壤土	中块状	8.3	12.0	1.26	1.56		5.5	76	10.8			
						Bv	25—76	灰棕色	中壤土	大块状	8.5	5.2	0.55	1.32		3.2	49	8.9			
						C	76—100	棕色	重壤土	大块状		3.2	0.43	1.19			106	7.9			
剖12	半水成土	潮土	灰潮土	高砂土	砂质夹砂土	A	0—14	灰棕色	轻壤土	团状	8.3	12.9	1.01	1.75		3.0	16	8.0	江河冲积物	E 120°59′08.5″ N 32°01′17.0″	99
						Bv	14—46	浅棕色	轻壤土	小块状	8.6	5.9	0.11	1.38		<1.0	7	6.7			
						C	46—100	浅棕色	砂壤土	无明显结构	8.7	3.3	0.30	1.23		<1.0	6				
剖13	半水成土	潮土	灰潮土	夹砂土	泥心夹砂土	A₁	0—16	棕灰色	轻壤土	团块状	7.3	14.9	1.11	1.60		3.0	55	8.9	江河冲积物	E 121°00′19.4″ N 32°09′07.2″	94
						A₂	16—25	灰棕色	中壤土	中块状	7.7	11.3	0.87	1.36		1.3	50	9.7			
						Bv	25—62	浅棕色	中壤土	中块状	8.0	7.4	0.94	1.41		<1.0	46	10.7			
						C	62—100	浅棕灰色	中壤土	小块状	8.1	4.7	0.42	1.27		<1.0	52	6.3			
剖14	盐碱土	滨海盐土	滨海盐土	黏质滨海盐土	黏质脱盐土	1	0—5				7.5								海相沉积物	E 121°12′05.4″ N 32°05′25.1″	80
						2	5—10				7.6										
						3	10—20				7.5										
						4	20—50				8.0										
						5	50—100				8.1										
剖15	盐碱土	滨海盐土	滨海盐土	壤质滨海盐土	壤质脱盐土	1	0—5				8.0								海相沉积物	E 121°21′52.2″ N 32°08′54.2″	90
						2	5—10				8.2										
						3	10—20				7.9										
						4	20—50				8.0										
						5	50—100				8.1										

海 门 区

主要土类说明

潮土是海门区主要土壤类型，占本区地域面积的91%。潮土直接发育于长江的沉积物上，沉积物质作为母质的基础，直接影响着潮土的发育，地下水的影响以及在此基础上的熟化过程是潮土形成的共同特点。形成潮土的物质来自长江冲积物的多次沉积，这就构成了水平分布上的质地差异，有砂有黏；同一剖面上质地层次的多样性，形成砂黏夹层。潮土形成的一个重要因素是地下水埋藏较浅。由于年内降水分配不匀，地下水位发生季节性的升降，随着地下水位的升降，土壤剖面中氧化还原作用交替进行。在低水位期间（旱季），地下水位以上土层为氧化层；在高水位期间（雨季），全部或部分土层为水分所饱和，而产生还原过程；在毛管支持水和饱和含水层交替的土层中，氧化还原交替进行。由于氧化还原过程及干湿变化影响土壤物质的溶解、移动和淀积，在潮土剖面中形成各种色泽的锈纹、锈斑和细小的铁锰结核、石灰结核，剖面各层中石灰反应由上到下逐渐增强。旱耕熟化可分为两个阶段：一为改造熟化阶段，二为培肥熟化阶段。由于农业生产活动的影响，潮土和原冲积母质在剖面形态上有较明显的差异，主要表现在表土层养分含量、理化性状等方面。一般表土层较心土层有机质含量高，碳酸钙、铁、锰及其他微量元素含量低，容重小，孔隙多，通透性好。

本区域中心区气候特征

本区域中心区气候特征值
Regional climate characteristics in central area of the region

气候带：北亚热带湿润气候 Climate region: North subtropical humid climate	
年平均气温 /℃ Annual average temperature /℃	15.5
年平均最高气温 /℃ Annual average maximum temperature /℃	19.8
年平均最低气温 /℃ Annual average minimum temperature /℃	12.1
年降水量 /mm Annual precipitation /mm	1116
≥10℃的积温 /℃ Daily temperature accumulated in a year（≥10℃）/℃	5682
年日照时数 /h Annual sunshine /h	2013
年平均相对湿度 /% Annual average relative humidity /%	78
干燥度 Dryness	0.82

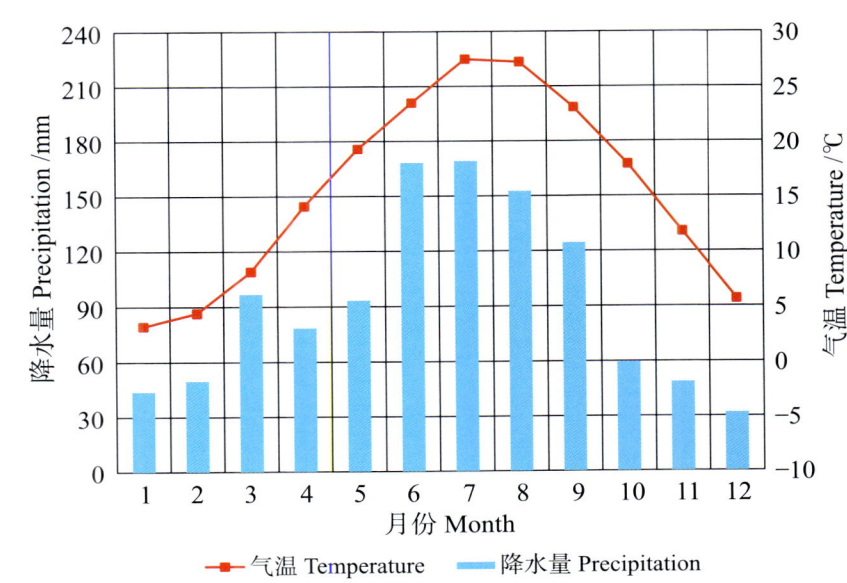

本区域中心区月平均气温与月平均降水量
Monthly temperature and precipitation in central area of the region

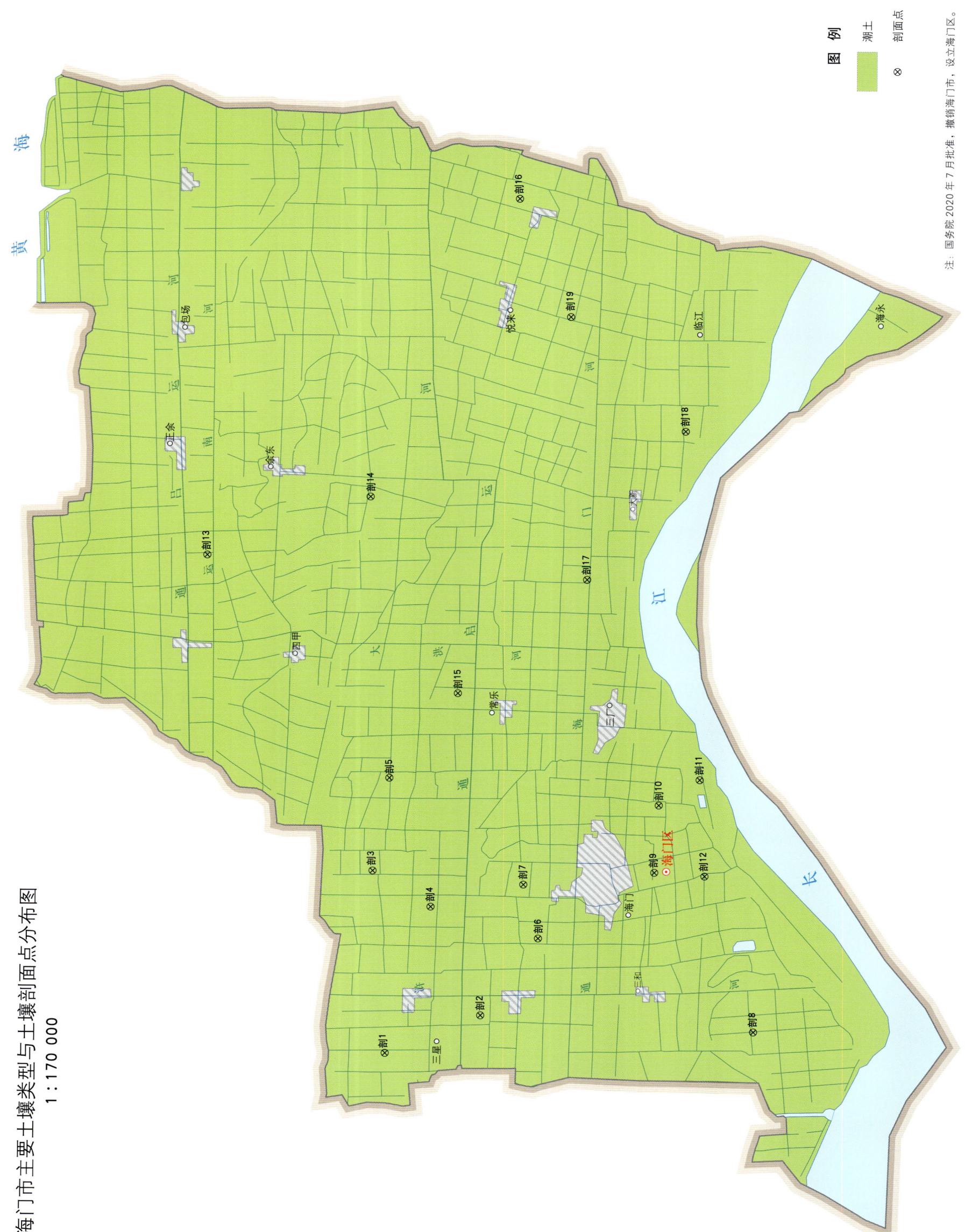

海门市主要土壤类型与土壤剖面点分布图
1∶170 000

海门区土壤剖面理化性状表

剖面号 Soil profile	土纲 Soil order	土类 Soil great group	亚类 Soil subgroup	土属 Soil genus	土种 Soil species	土层码 Layer code	土层厚度 Depth/cm	颜色 Soil color	质地 Soil texture	土壤结构 Soil structure	pH	有机质 OM/(g/kg)	全氮 TN/(g/kg)	全磷 TP/(g/kg)	有效磷 AP/(mg/kg)	速效钾 AK/(mg/kg)	阳离子交换量CEC/(cmol/kg)	土壤母质 Parent material	剖面点坐标 Profile coordinate	匹配指数 Matching index/%
剖1	半水成土	潮土	灰潮土	夹砂土	砂心黄夹砂	A₁	0—14	灰棕色	中壤土	粒状	8.7	13.4	1.01	1.52	1.3	66	10.6	沉积物	E 121°05′07.8″ N 31°58′33.6″	80
						A₂	14—40	灰棕色	重壤土	块状	8.6	9.1	0.76	1.31	<1.0	76	13.5			
						Bv	40—60	灰棕色	砂壤土	块状	8.7	3.7	0.29	1.14	<1.0	26	4.3			
						C	60—100	灰棕色	中壤土	片状	8.7	6.3	0.47	1.20	<1.0	46	8.3			
剖2	半水成土	潮土	灰潮土	夹砂土	砂底黏心夹黄	A₁	0—12	暗黄棕色	轻壤土	粒状	8.6	17.0	1.29	1.86	4.5	73	10.9	沉积物	E 121°06′14.4″ N 31°56′24.7″	91
						A₂	12—19	暗黄棕色	中壤土	粒状	8.6	8.7	0.70	1.63	<1.0	51	10.0			
						Bv₁	19—40	棕灰色	重壤土	块状	8.6	7.5	0.69	1.52	<1.0	53	10.7			
						Bv₂	40—70	棕灰色	重壤土	块状	8.6	6.7	0.59	1.35	<1.0	51	10.4			
						C	70—100	棕灰色	紧砂土	片状	8.5	2.7	0.24	1.32	<1.0	16	4.6			
剖3	半水成土	潮土	灰潮土	夹砂土	黏心黄夹砂	A₁	0—13	灰棕色	中壤土	粒状	8.5	14.6	1.03	1.66	1.8	66	9.4	沉积物	E 121°10′08.0″ N 31°58′56.3″	97
						A₂	13—28	灰棕色	中壤土	块状	8.4	13.1	0.93	1.62	1.3	56	8.5			
						Bv	28—53	棕灰色	轻黏土	块状	8.4	8.8	0.77	1.25	<1.0	8	12.3			
						C	53—100	黄棕色	重壤土	片状	8.5	4.6	0.38	1.23	<1.0	48	7.0			
剖4	半水成土	潮土	灰潮土	灰潮泥土	泥心夹砂黄	A₁	0—13	灰棕色	黏壤土	粒状	8.5	14.6	1.03	0.71	3.0	79	9.4	江海沉积物	E 121°12′42.5″ N 31°57′36.4″	88
						A₂	13—28	灰棕色	黏壤土	屑粒状	8.4	13.1	0.93	0.55	1.0	67	8.5			
						C	28—53	黄棕色	黏壤土	块状	8.4	8.8	0.77	0.54	1.0	94	12.3			
						Cu	53—100	黄棕色	黏壤土	块状	8.5	4.6	0.38			58	6.9			
剖5	半水成土	潮土	灰潮土	夹砂土	黏底砂夹黄	A₁	0—14	暗黄棕色	轻壤土	粒状	8.5	16.2	1.11	1.59	1.4	56	9.1	沉积物	E 121°09′12.2″ N 31°57′10.6″	91
						A₂	14—26	黄黄棕色	中壤土	小块状	8.5	14.1	1.08	1.53	<1.0	42	10.2			
						Bv	26—62	黄棕色	砂壤土	小块状	8.5	7.5	0.57	1.44	<1.0	35	10.4			
						C	62—100	棕色	重壤土	散粒状	8.5	7.9	0.60	1.26	1.0	46	11.5			
剖6	半水成土	潮土	灰潮土	夹砂土	砂夹黄	A₁	0—13	暗黄棕色	中壤土	粒状	8.6	14.7	1.06	1.87	1.1	76	10.4	沉积物	E 121°08′22.9″ N 31°55′10.6″	99
						A₂	13—24	灰黄棕色	轻壤土	小块状	8.7	6.3	0.51	1.51	<1.0	40	7.7			
						Bv	24—57	灰黄棕色	中壤土	块状	8.7	4.2	0.31	1.31	<1.0	31	5.6			
						C	57—100	黄黄棕色	轻壤土	块状	8.7	3.9	0.29	1.27	<1.0	40	5.2			
剖7	半水成土	潮土	灰潮土	夹砂土	砂底夹壤黄	A₁	0—13	灰黄棕色	轻壤土	粒状	8.6	8.8	0.71	1.64	<1.0	58	8.9	沉积物	E 121°09′52.9″ N 31°55′30.7″	80
						A₂	13—30	黄黄棕色	砂壤土	小块状	8.6	5.7	0.48	1.45	<1.0	46	7.2			
						Bv	30—60	黄棕色	砂壤土	小块状	8.6	3.6	0.28	1.35	<1.0	33	4.6			
						C	60—100	黄棕色	紧砂土	散粒状	8.7	2.3	0.20	1.30	1.0	18	4.8			
剖8	半水成土	潮土	灰潮土	夹砂土	黄夹砂	A₁	0—14	暗黄棕色	中壤土	粒状	8.6	16.3	1.20	1.72	2.4	123	11.1	沉积物	E 121°05′57.5″ N 31°50′15.0″	88
						A₂	14—26	灰黄棕色	中壤土	块状	8.4	10.9	0.86	1.52	<1.0	56	10.9			
						Bv	26—52	灰黄棕色	重壤土	块状	8.4	7.3	0.62	1.35	<1.0	51	11.0			
						C	52—100	淡黄棕色	砂壤土	核状	8.4	4.1	0.31	1.25	<1.0	26	7.8			
剖9	半水成土	潮土	灰潮土	黄泥土	砂底黄夹黏土	A₁	0—13	灰黄棕色	中壤土	粒状	8.6	15.1	1.18	1.53	1.4	100	11.8	沉积物	E 121°10′16.0″ N 31°52′34.0″	96
						A₂	13—28	灰黄棕色	中壤土	块状	8.5	9.8	0.83	1.38	<1.0	61	11.7			
						Bv	28—70	黄棕色	重壤土	块状	8.6	7.0	0.60	1.29	<1.0	56	11.8			
						C	70—100	黄棕色	砂壤土	块状	8.6	3.3	0.32	1.25	<1.0	33	6.3			
剖10	半水成土	潮土	灰潮土	夹砂土	黏心砂夹黄	A₁	0—14	暗黄棕色	轻壤土	粒状	8.6	17.4	1.21	1.69	1.3	76	9.1	沉积物	E 121°12′06.8″ N 31°52′30.7″	87
						A₂	14—43	灰棕色	轻黏土	小块状	8.3	11.3	0.77	1.41	<1.0	51	8.3			
						Bv	43—71	棕灰色	轻黏土	块状	8.3	8.1	0.73	1.28	<1.0	68	9.6			
						C	71—100	灰棕色	轻壤土	块状	8.3	3.7	0.31	1.28	<1.0	37	7.3			

续表 Continued

剖面号 Soil profile	土纲 Soil order	土类 Soil great group	亚类 Soil subgroup	土属 Soil genus	土种 Soil species	土层码 Layer code	土层厚度 Depth/cm	颜色 Soil color	质地 Soil texture	土壤结构 Soil structure	pH	有机质 OM/(g/kg)	全氮 TN/(g/kg)	全磷 TP/(g/kg)	有效磷 AP/(mg/kg)	速效钾 AK/(mg/kg)	阳离子交换量 CEC/(cmol/kg)	土壤母质 Parent material	剖面点坐标 Profile coordinate	匹配指数 Matching index/%
剖11	半水成土	潮土	盐化潮土	壤质潮盐土	壤质脱盐土	A₁	0–10		轻壤土		8.6	11.5	0.84	1.45	<1.0	82	7.2	沉积物	E 121°12′51.1″ N 31°51′36.4″	86
						A₂	19–29		中壤土		8.5	16.7	0.54	1.39	<1.0	71	7.1			
						Bv	29–69		中壤土		8.6	3.5	0.30	1.29	1.0	224	6.7			
						C	69–100		中壤土		8.7	3.9	0.36	1.28	<1.0	153	6.4			
剖12	半水成土	潮土	灰潮土	夹砂土	砂底黏心黄夹砂	A₁	0–16	暗灰棕色	中壤土	粒状	8.2	11.6	0.93	1.50	1.1	61	9.8	沉积物	E 121°10′12.4″ N 31°51′25.9″	86
						A₂	16–33	灰棕色	中黏土	块状	8.5	7.0	0.58	1.23	<1.0	51	11.1			
						Bv	33–52	黄棕色	轻黏土	块状	8.4	8.1	0.71	1.17	<1.0	80	12.0			
						C	52–100	灰黄棕色	砂壤土	小块状	8.4	4.2	0.31	1.17	<1.0	35	6.9			
剖13	半水成土	潮土	盐化潮土	砂质潮盐土	砂质脱盐土	A₁	0–10		轻壤土		8.5	9.9	0.67	1.33	<1.0	80	7.0	沉积物	E 121°18′45.0″ N 32°02′51.7″	82
						A₂	10–20		轻壤土		8.2	5.2	0.15	1.29	<1.0	68	6.1			
						Bv	20–42		轻壤土		8.2	4.4	0.35	1.43	<1.0	98	6.7			
						C	42–100		轻壤土		8.1	2.7	0.32	1.40	<1.0	149	5.5			
剖14	半水成土	潮土	灰潮土	黄泥土	僵黄泥	A₁	0–14	灰棕色	重壤土	小块状	8.4	14.4	1.16	1.56	<1.0	95	12.8	沉积物	E 121°20′26.5″ N 31°59′11.4″	91
						A₂	14–36	灰黄棕色	重壤土	块状	8.6	6.9	0.64	1.27	<1.0	71	12.5			
						Bv	36–78	黄棕色	重壤土	块状	8.7	6.0	0.52	1.25	<1.0	85	12.0			
						C	78–100	黄棕色	重壤土	块状	8.6	5.8	0.45	1.41	1.9	110	10.7			
剖15	半水成土	潮土	灰潮土	夹砂土	黏底黄夹砂	A₁	0–13	灰棕色	中壤土	粒状	8.4	16.7	1.18	1.68	1.1	53	10.9	沉积物	E 121°15′06.1″ N 31°57′07.2″	93
						A₂	13–31	浅灰棕色	中壤土	小块状	8.4	11.6	0.90	1.60	<1.0	51	10.9			
						Bv	31–83	黄棕色	重壤土	棱状	8.3	7.2	0.59	1.35	<1.0	56	12.1			
						C	83–100	黄棕色	黏土	棱柱状	8.2	7.4	0.69	1.23	<1.0	83	14.6			
剖16	半水成土	潮土	灰潮土	夹砂土	坚头黄泥	A₁	0–12	灰棕色	重壤土	小块状	8.5	22.3	1.65	2.52	8.8	300	12.9	沉积物	E 121°28′43.3″ N 31°55′56.3″	88
						A₂	12–24	黄棕色	轻黏土	块状	8.7	14.7	1.19	2.14	6.5	170	14.4			
						Bv	24–51	黄棕色	轻黏土	棱柱状	8.6	11.5	0.96	1.96	4.8	145	12.3			
						C	51–100	黄棕色	轻黏土	棱柱状	8.5	8.4	0.70	1.44	2.4	90	12.0			
剖17	半水成土	潮土	灰潮土	夹砂土	砂底黄夹砂	A₁	0–13	暗棕色	中壤土	粒状	8.2	13.7	1.01	1.68	1.5	150	9.1	沉积物	E 121°18′17.3″ N 31°54′14.8″	92
						A₂	13–24	黄棕色	轻壤土	小块状	8.5	8.3	0.67	1.59	<1.0	71	7.1			
						Bv	24–56	灰黄棕色	轻壤土	块状	8.5	5.6	0.45	1.51	<1.0	78	6.4			
						C	56–100	灰黄色	砂壤土	片状	8.5	4.1	0.26	1.27	<1.0	188	6.0			
剖18	半水成土	潮土	盐化潮土	黏质潮盐土	黏质脱盐土	A₁	0–13		中壤土		8.4	17.0	1.24	1.70	2.1	71	11.3	沉积物	E 121°22′23.9″ N 31°52′06.2″	87
						A₂	13–21		重壤土	核状	8.4	13.5	0.99	1.52	<1.0	53	10.7			
						Bv	21–51		重壤土	块状	8.4	12.6	0.99	1.49	<1.0	53	11.3			
						C	51–100		重壤土	块状	8.3	5.7	0.43	1.27	<1.0	42	9.4			
剖19	半水成土	潮土	灰潮土	黄泥土	黄泥土	A₁	0–12	灰棕色	中壤土		8.5	18.8	1.42	1.76	2.4	150	13.0	沉积物	E 121°25′29.6″ N 31°54′46.1″	98
						A₂	12–21	灰黄棕色	中壤土	块状	8.4	15.6	1.18	1.67	<1.0	71	13.3			
						Bv	21–63	浅黄棕色	重壤土	块状	8.5	9.0	0.72	1.53	<1.0	56	12.3			
						C	63–100	黄黄棕色	重壤土	片状	8.4	7.0	0.61	1.27	<1.0	53	11.6			

如 东 县

主要土类说明

潮土是如东县主要土壤类型，占本县地域面积的 90%。本县潮土发育于江淮冲积物、海相沉积物、河相沉积物的母质上，分布于长江北岸古砂咀延伸的古沙洲平原地貌上。潮土的形成过程有两个主导因素：一是由地下水上下运动所引起的土壤氧化还原作用交替发生的潮化过程，在土壤剖面中形成各种色泽的锈斑、锈纹，在底土层中还可见到细小的雏形铁锰结核和较大的斑块。由于本地母质富含石灰成分，在潮化过程中，地表水透过上部土层对石灰物质的淋溶和地下水的流动引起石灰物质在部分地区中下部土层中富集，形成细小的石灰结核，剖面各土层中石灰反应也由上到下逐渐增强。由于本县地下水位一般埋深在 1—2m，降雨量少的季节，地下水可沿着毛管上升到地表，引起地面返潮，这些现象都是潮土的典型特征；二是由于千百年来人为活动的旱耕熟化，潮土和原冲积母质在剖面形态上有较显著差异，主要表现在养分含量、物理性状、水分特性等方面。一般情况是表土层富含有机物质，其有机质和全氮含量高于底土 2—3 倍，在均质土壤中，表层土壤饱和含水量和田间持水量均高于底土。另外，由于可溶性矿物质的迁移，土壤各剖面层次矿物质成分发生分异。一般情况下，表土碳酸钙、铁锰物质、可溶性盐分含量均低于底土，在均质土壤中，还有黏粒下移的迹象。本县地处长江下游，气候温暖湿润，母质中石灰物质和铁锰物质明显淋溶下移，土壤以棕灰色或黄灰色为主。

滨海盐土是如东县第二大土壤类型，占本县地域面积的 5%。该土类是在滨海盐渍母质盐生植被下形成的，土体和地下水含有过量的可溶性盐分。在盐土区，土壤分布主要随着盐分含量高低而变化。盐分基本上与海岸线呈有规律的带状分布，一般离海愈近，成土年龄愈小，人为活动愈少，则土壤盐分含量愈高。另外，盐分和水的活动关系密切，而水的活动受地形和所处环境条件制约，其规律是高地爽盐，洼地积盐，近河排盐，远河存盐，板土吊盐，垣土压盐。在一块地上呈现低处淋盐，高处冒盐，草地压盐，光地返盐的规律。

水稻土是如东县第三大土壤类型，占如东县地域面积的 4%。水稻土是在种植水稻淹水情况下，水旱交替耕作而形成的。通过灌溉、排水、耕作、施肥等措施，周期性的干湿交替和氧化还原作用，铁、锰等易还原物质与悬浮性胶体在土壤剖面中淋溶淀积，从而形成水稻土特有的发生层。本地水稻土具有淹育层（耕作层与犁底层）及渗育层（淋淀层）两个特征层次。成土母质含有多量粉砂（一般粉砂含量在 50%—60%），质地较苏南水稻土要轻，但分布受微域地形的影响较大，从轻壤到轻黏均有。分布规律是愈近古河汊中心质地愈黏，在南荡河以南地区，由北向南，地势由高到低，质地也相应由粗到细；在渗育层内明显见到铁锰淀积的棕褐色斑点与灰色腔膜，但很少见到铁锰结核。石灰物质已受到淋洗，表层无石灰反应或仅呈微弱石灰性，下层有少量小型石灰结核；土壤切面的颜色以灰及灰黄色为主。表土层下的结构多为块状和棱块状，底土层冲积物母质的沉积层理明显，呈片状结构。

本区域中心区气候特征

本区域中心区气候特征值
Regional climate characteristics in central area of the region

气候带：北亚热带湿润气候 Climate region: North subtropical humid climate	
年平均气温 /℃ Annual average temperature /℃	15.1
年平均最高气温 /℃ Annual average maximum temperature /℃	19.6
年平均最低气温 /℃ Annual average minimum temperature /℃	11.6
年降水量 /mm Annual precipitation /mm	1085
≥10℃的积温 /℃ Daily temperature accumulated in a year（≥10℃）/℃	5549
年日照时数 /h Annual sunshine /h	2086
年平均相对湿度 /% Annual average relative humidity /%	78
干燥度 Dryness	0.82

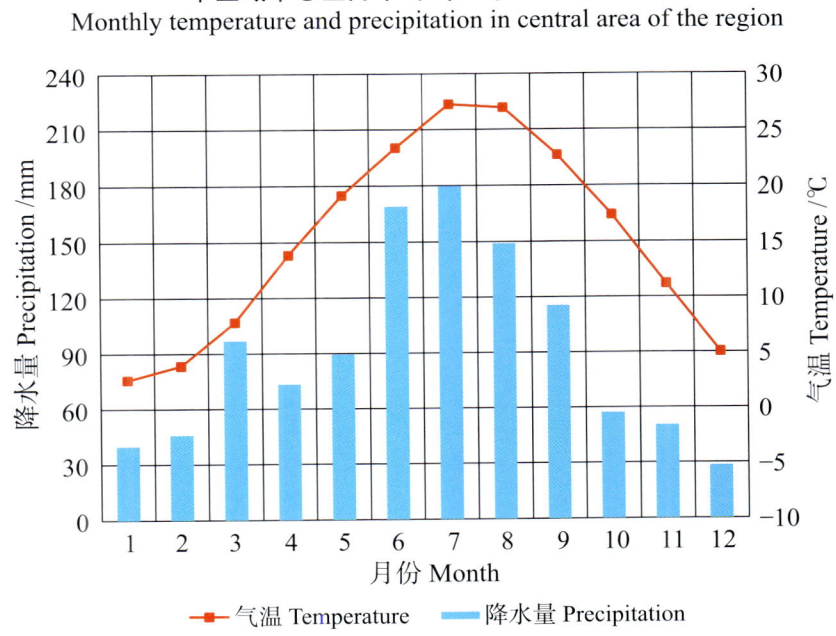

本区域中心区月平均气温与月平均降水量
Monthly temperature and precipitation in central area of the region

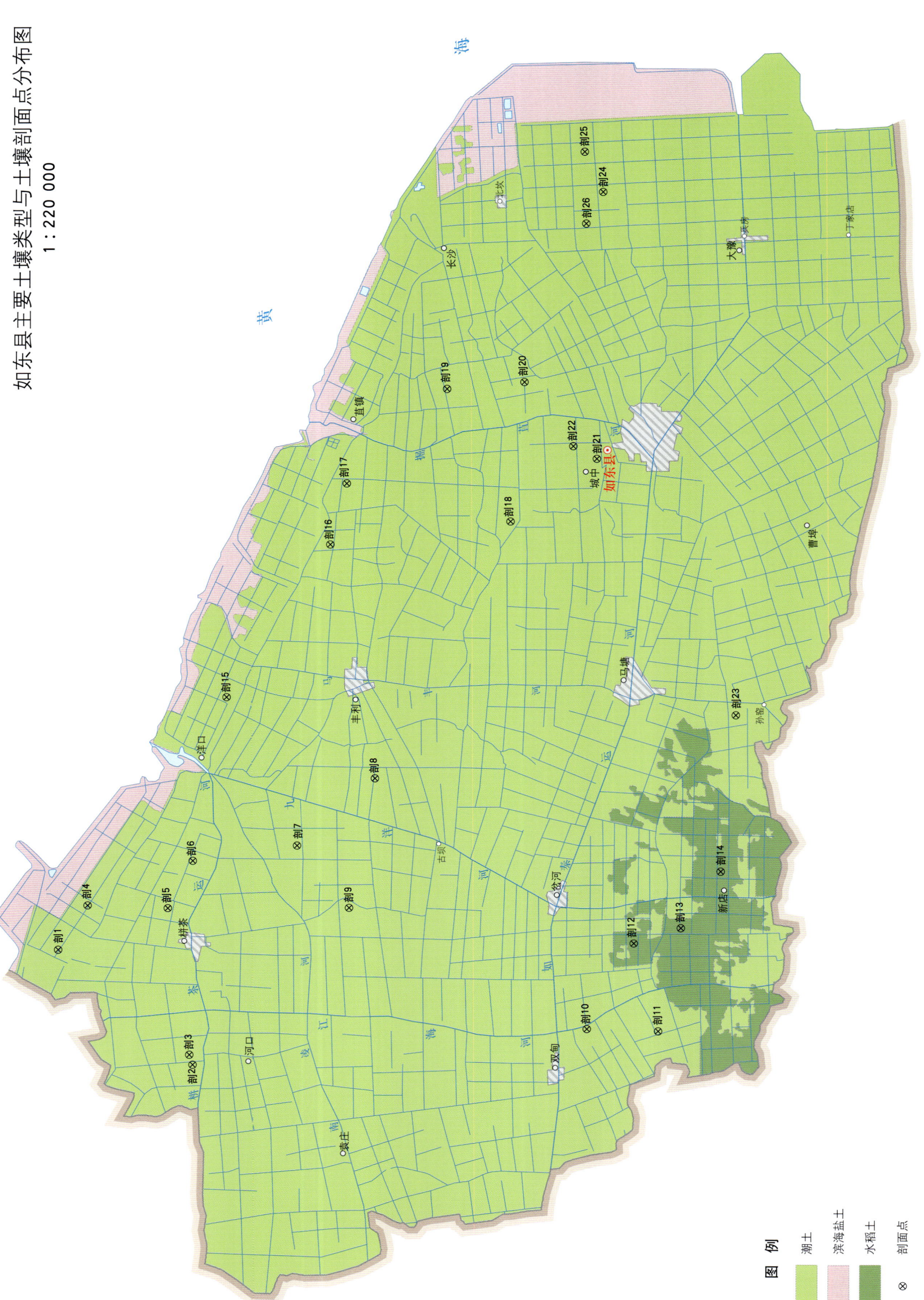

如东县主要土壤类型与土壤剖面点分布图
1∶220 000

如东县土壤剖面理化性状表

剖面号 Soil profile	土纲 Soil order	土类 Soil great group	亚类 Soil subgroup	土属 Soil genus	土种 Soil species	土层码 Layer code	土层厚度 Depth/cm	颜色 Soil color	质地 Soil texture	土壤结构 Soil structure	pH	有机质 OM/(g/kg)	全氮 TN/(g/kg)	全磷 TP/(g/kg)	有效磷 AP/(mg/kg)	速效钾 AK/(mg/kg)	阳离子交换量 CEC/(cmol/kg)	土壤母质 Parent material	剖面点坐标 Profile coordinate	匹配指数 Matching index/%
剖1	半水成土	潮土	盐化潮土	壤质潮盐土	脱盐灰心夹砂土	A	0—12	灰黄色	轻壤土	粒状	8.0	18.0	1.20	0.70	3.0	98	10.7	滨海沉积物	E 120°53′00.2″ N 32°35′00.6″	100
						2	12—22	浅灰色	轻壤土	小块状	8.0	13.5	0.84	0.71	1.0	60	10.2			
						3	22—58	灰黑色	中壤土	棱块状	7.9	168.0	0.58	0.71	1.0	88	19.2			
						4	58—100	黄黑相间	轻壤土	片状	7.9	8.8	0.38	0.67	2.0	100	11.7			
剖2	半水成土	潮土	盐化潮土	壤质潮盐土	壤质中度潮盐土	1	0—14		轻壤土		8.0	6.6	0.53		5.0	165	6.8	滨海沉积物	E 120°49′07.0″ N 32°31′09.1″	81
						2	14—40		轻壤土		8.0	3.0	0.29		4.0	186	4.9			
						3	40—100		轻壤土		8.0	3.4	0.29		5.0	183	6.2			
剖3	半水成土	潮土	盐化潮土	黏质潮盐土	脱盐黄泥土	A	0—9	灰色	中壤土	粒状	7.7	15.8	0.91	0.66	4.0	163		滨海沉积物	E 120°49′23.9″ N 32°31′15.6″	81
						2	9—17	浅棕灰色	重壤土	块状	7.9	10.1	0.60	0.58	1.0	134				
						3	17—33	暗棕灰色	重壤土	块状										
						4	33—100	棕黄色	中壤土	小块状										
剖4	半水成土	潮土	盐化潮土	砂质潮盐土	砂质中度潮盐土	1	0—9	浅灰黄色	轻壤土	屑粒状	8.8	10.8	0.66	0.66	10.0	318	5.8	滨海沉积物	E 120°54′31.0″ N 32°34′12.4″	100
						2	9—27	黄灰色	轻壤土	片状	7.5	6.7	0.32	0.58	1.0	295	6.2			
						3	27—100	黄黄色	中壤土	屑粒状										
剖5	半水成土	潮土	盐化潮土	砂质潮盐土	砂质轻度潮盐土	1	0—15	浅灰黄色	砂壤土	片状	7.8	8.4	0.50	0.64	2.0	133	6.0	滨海沉积物	E 120°54′31.0″ N 32°31′58.4″	95
						2	15—100	黄灰色	砂壤土	片状	7.9	3.7	0.34	0.61	2.0	200	6.6			
剖6	半水成土	潮土	盐化潮土	砂质潮盐土	砂质重度潮盐土	1	0—11		砂壤土		8.2	5.4	0.28		8.0	201	3.3	滨海沉积物	E 120°56′09.2″ N 32°31′18.5″	89
						C	11—100		砂壤土		8.2	3.4	0.25		<1.0	180	4.1			
剖7	半水成土	潮土	潮湿土	挖垫土	沟淤土	1	0—11	黄灰色	重壤土	核粒、小块状	7.7	126.0	0.60	0.67		222	13.9	冲积物	E 120°56′45.2″ N 32°28′22.4″	87
						2	11—100	浅灰黄色	重壤土	粒状、小块状	7.7	7.8	0.55	0.60	1.0	149	12.4			
剖8	半水成土	潮土	灰潮土	夹砂土	灰心夹砂土	A	0—15	暗棕灰色	中壤土		7.9	18.9	1.00	0.90	51.0	≥500	9.9	冲积物	E 120°59′02.8″ N 32°26′14.3″	93
						2	15—37	灰棕色	中壤土		8.1	11.6	0.60	0.73	2.0	126	8.2			
						3	37—58	灰黑色	重壤土		7.9	18.8	0.53	0.94	1.0	99	13.4			
						4	58—100	灰黄色	轻壤土	片状	7.9	3.1	0.48	0.68	2.0	92	5.8			
剖9	半水成土	潮土	灰潮土	缠脚土	腐泥心夹壤土	A	0—11		中壤土		7.8	13.7	0.76	0.68	4.0	115	11.0	冲积物	E 120°54′37.4″ N 32°26′53.9″	92
						2	11—22		重壤土	粒状	7.9	10.6	0.69	0.52		83	10.7			
						3	22—54	暗棕灰色	中壤土	小块状	7.9	7.5	0.60	0.62	1.0	75	12.3			
						4	54—68	暗黄灰色	重壤土	块状	7.9	8.1	0.70	0.56		95	15.7			
						5	68—100	灰黄色	轻壤土	小块状	7.9	4.9	0.40	0.57		62	17.1			
剖10	半水成土	潮土	灰潮土	夹砂土	腐泥底夹砂土	A	0—11	浅灰黄色	中壤土	片状	8.1	17.7	1.43	0.71	1.0	115	13.4	冲积物	E 120°50′37.7″ N 32°20′10.3″	92
						2	12—26	棕灰色	重壤土	粒状	8.1	19.4	1.61	0.64		83	20.2			
						3	26—56	浅棕灰色	中壤土	小块状	8.1	11.8	1.08	0.62	4.0	74	12.6			
						4	56—100	黑棕色	中壤土	块状	8.1	11.8	1.08	0.62		74	12.6			
剖11	半水成土	潮土	灰潮土	夹砂土	夹黏土	A	0—12	暗棕灰色	中壤土	粒状	7.8	14.3	0.68	0.57	4.0	126	17.2	冲积物	E 120°50′37.3″ N 32°18′12.6″	92
						2	12—37	浅棕灰色	中壤土	小块状	7.9	11.5	0.65	0.71		100	11.3			
						3	37—55	暗棕灰色	重壤土	块状	7.9	11.5	0.71	0.52		170	14.2			
						4	55—81	灰灰色	轻壤土	片状	7.9	4.9	0.35	0.57		107	9.2			
						5	81—100	灰黄色	轻壤土	粒状	7.5	3.8	0.14	0.57		156	6.5			
剖12	人为土	水稻土	渗育水稻土	勤泥土	夹黏土	A	0—9.5	浅棕灰色	重壤土	小块状	7.8	22.4	1.48	0.72	4.0	11	13.3	冲积物	E 120°53′38.0″ N 32°18′51.8″	92
						P	9.5—18	黑棕色	重壤土		7.8	20.8	1.39	0.50		72	13.7			
						W	18—29		重壤土	块状	8.0	10.2	0.67	0.46	2.0	73	15.5			
						C	29—100	黄灰色	中壤土		8.0	11.7	0.79	0.45	1.0	40	7.5			

续表 Continued

剖面号 Soil profile	土纲 Soil order	土类 Soil great group	亚类 Soil subgroup	土属 Soil genus	土种 Soil species	土层码 Layer code	土层厚度 Depth/cm	颜色 Soil color	质地 Soil texture	土壤结构 Soil structure	pH	有机质 OM/(g/kg)	全氮 TN/(g/kg)	全磷 TP/(g/kg)	有效磷 AP/(mg/kg)	速效钾 AK/(mg/kg)	阳离子交换量 CEC/(cmol/kg)	土壤母质 Parent material	剖面点坐标 Profile coordinate	匹配指数 Matching index/%
剖13	人为土	水稻土	渗育水稻土	夹砂泥	腐泥心夹砂泥	A	0—12	黄棕色	中壤土	粒状	7.8	13.8	0.75	0.58	1.0	74	12.3		E 120°54′12.6″ N 32°17′38.0″	80
						P	12—24	暗黄色	中壤土	小块状	7.7	14.8	<0.10	0.57	1.0	60	11.0			
						W	24—31	浅黄灰色	重壤土	棱块状	7.8	7.4	0.64	0.52	1.0	71	12.5			
						D	31—40	暗黄灰色	重壤土	棱柱状	8.0	9.1	0.52	0.45	1.0	79	7.1			
						C	40—	咔棕黄色	中壤土	片状	7.9	3.8	0.19	0.57	1.0	43	8.5			
剖14	人为土	水稻土	渗育水稻土	勤泥土	黄黏土	A	0—14	暗黄色	重壤土	粒状	7.6	17.0	1.12	0.54		141	15.8		E 120°56′07.1″ N 32°16′34.7″	98
						P	14—37	灰黄色	轻黏土	小块状	7.6	10.7	0.84	0.43		158	9.9			
						W	37—47	黄棕黄色	中黏土	块状	7.6	10.3	0.52	0.54		79	19.2			
						C	47—100	浅黄黄色	中壤土	片状	7.6	4.2	0.17	0.55		82	5.7			
剖15	半水成土	潮土	盐化潮土	砂质潮盐土	砂质重度潮盐土	A₁₁	0—21	砂黄色	砂壤土	小块状	8.9	6.2	0.35	0.76	3.0		4.1	浅海沉积物	E 121°01′45.5″ N 32°30′25.6″	95
						C₁	21—59	灰黄色	砂壤土	片状	8.9	4.4	0.26	0.65		97	4.0			
						C₂	59—100	暗黄黄色	砂黏土	片状	9.1	1.8	1.40	0.62	1.0		3.0			
剖16	半水成土	潮土	盐化潮土	壤质潮盐土	砂质轻盐土	A	0—11	灰棕黄色	中壤土	粒状	7.1	10.2	0.60	0.71	3.0	101	8.9	滨海沉积物	E 121°06′58.0″ N 32°27′37.8″	83
						2	11—22	灰棕色	轻壤土	小块状	7.9	11.7	0.65	0.65	1.0	167	9.8			
						3	22—100	灰棕黄色	中壤土	片状	7.4			0.71			6.2			
剖17	半水成土	潮土	盐化潮土	砂质潮盐土	砂质轻盐土	A₁₁	0—13	暗棕灰色	砂壤土	小块状 小块状	8.5	9.2	0.59				6.7	浅海相沉积物	E 121°09′01.8″ N 32°27′11.2″	91
						C₁	13—46	灰黄色	砂质黏壤土	棱粒 大块状	8.9	4.7	0.37				7.1			
						c₂	46—100	灰棕灰色	砂质黏壤土	棱柱、棱粒状	9.3	3.7	0.33				7.6			
剖18	半水成土	潮土	灰潮土	缠脚土	黑泥土	A	0—11	暗棕黄色	重壤土	片状	7.7	21.4	1.50	0.57	1.0	173	17.8	冲积物	E 121°07′52.7″ N 32°22′35.4″	92
						2	11—35	灰黑色	轻黏土	粒状	7.8	19.5	1.40	0.56	1.0	145	15.9			
						3	35—88	灰黄色	中壤土	小块状	7.9	5.3	0.44	0.53		109	12.3			
						4	88—100	灰黄色	重壤土	小块状	7.9	4.0	0.26	0.52	1.0	88	9.0			
剖19	半水成土	潮土	灰潮土	夹砂土	夹砂土	A	0—14	暗棕黄色	中壤土	粒状	8.0	19.9	1.23	0.69	3.0	125	11.7	冲积物	E 121°12′17.6″ N 32°24′25.6″	87
						2	14—39	棕灰色	中壤土	小块状	8.1	16.9	1.01	0.69		44	9.0			
						3	39—54	灰黄棕色	中壤土	块状	8.0	5.2	0.80	0.62		52	8.2			
						4	54—100	黄棕色	重壤土	粒状	8.0	4.3	1.18	0.62		61	7.4			
剖20	半水成土	潮土	灰潮土	缠脚土	泥底夹黑土	A	0—18	棕灰色	重壤土	小块状	7.8	22.7	1.30		3.0	195		冲积物	E 121°12′37.4″ N 32°22′13.8″	81
						2	18—41	暗黄棕色	中壤土	块状	8.1	16.9	1.07			85				
						3	41—60	棕黄灰色	轻壤土	棱块状										
						4	60—100	棕灰色	中壤土	小块状 小块状	8.0	18.2	1.31	1.58	3.0	143	11.7			
剖21	半水成土	潮土	灰潮土	夹砂土	黄泥土	A	0—12	灰黄色	中壤土	团粒 小块状	7.9	14.5	0.95	0.69		108	12.6	冲积物	E 121°10′05.2″ N 32°20′13.2″	93
						2	12—18	灰黄色	轻壤土	小块状	7.8	6.0	0.44	0.62		111	9.1			
						3	18—44	灰黄色	轻壤土	块状	7.8	4.9	0.31	0.66		93	26.0			
						4	44—100	灰黄色	中壤土	块状	7.9	18.1	1.12	0.67		79	10.4			
剖22	半水成土	潮土	灰潮土	缠脚土	粉砂底黑泥土	A	0—12	浅黄黑色	中壤土	小片状	7.9	11.1	1.07	0.64		32	8.6	冲积物	E 121°10′34.0″ N 32°20′51.0″	94
						2	12—22	灰黑色	重壤土	块状	7.9	4.0	0.31	0.56		49	7.4			
						3	22—100	黄棕黄色	中壤土	片状	8.0	18.2	1.19	0.65	1.0	79	15.6			
剖23	半水成土	潮土	灰潮土	夹砂土	泥心夹砂土	A	0—16	灰棕色	中壤土	粒状	7.9	11.0	0.73	0.68	1.0	80	13.3	冲积物	E 121°01′27.1″ N 32°16′12.0″	91
						2	16—28	浅灰棕色	轻黏土	块状	7.5	5.6	0.42	0.55		164	14.3			
						3	28—66	暗灰棕色	中壤土	块状	7.6	6.2	0.33	0.56	18.0	225	15.0			
						4	66—100	灰黄色	砂壤土	屑粒状	7.7	11.8	0.75	0.75		119	6.6			
剖24	半水成土	潮土	盐化潮土	砂质潮盐土	脱盐板面砂	A	0—12	浅灰灰色	砂壤土	小块状	7.0	7.3	0.46	0.65		83	5.1	滨海沉积物	E 121°19′07.3″ N 32°20′10.3″	96
						2	12—30	棕灰色	砂壤土	块状	7.7	3.8	0.41	0.57		129	4.8			
						3	30—55	黄灰色	砂壤土	屑粒状	8.0									
						4	55—100	黄灰色	轻壤土	片状		3.8	0.20	0.64		229	5.6			

续表 Continued

剖面号 Soil profile	土纲 Soil order	土类 Soil great group	亚类 Soil subgroup	土属 Soil genus	土种 Soil species	土层码 Layer code	土层厚度 Depth/cm	颜色 Soil color	质地 Soil texture	土壤结构 Soil structure	pH	有机质 OM/(g/kg)	全氮 TN/(g/kg)	全磷 TP/(g/kg)	有效磷 AP/(mg/kg)	速效钾 AK/(mg/kg)	阳离子交换量CEC/(cmol/kg)	土壤母质 Parent material	剖面点坐标 Profile coordinate	匹配指数 Matching index/%
剖25	半水成土	潮土	盐化潮土	壤质潮盐土	脱盐粉砂性夹砂土	A	0—12	黄灰色	轻壤土	屑粒状	7.8	12.4	1.03	0.65	6.0	218	10.0	滨海沉积物	E 121°20′26.9″ N 32°20′41.3″	86
						2	12—24	灰黄色	轻壤土	小块状	7.9	5.8	0.40	0.59	2.0	112	9.3			
						3	24—54	灰棕色	轻壤土	小块状	7.8	4.3	0.35	0.60	1.0	110	8.8			
						4	54—100	灰黄色	轻壤土	片状	7.0	3.2	0.27	0.62	1.0	181	8.0			
剖26	半水成土	潮土	盐化潮土	壤质潮盐土	脱盐夹砂土	A	0—13	棕灰色	中壤土	粒状	7.6	12.4	0.87	0.68	6.0	323	8.1	滨海沉积物	E 121°17′60.0″ N 32°20′38.8″	80
						2	13—28	棕灰色	中壤土	粒块状	7.6	6.8	0.57	0.66	1.0	98	8.1			
						3	28—52	暗黄灰色	中壤土	块状	7.6	6.9	0.39	0.59	1.0	116	1.0			
						4	52—100	灰黄色	中壤土	小块状		7.5	0.35	0.66		127	7.7			

启 东 市

主要土类说明

潮土是启东市主要土壤类型，占本市地域面积的85%。本市潮土是江淮冲积物在草甸植被下经长期季节性的交替脱盐和旱耕熟化发育形成的，其形成与地下水活动强度、微域地形、剖面质地层位的排列、水文地质条件的变化关系甚为密切。地下水埋深一般在1.5m左右，由于水利设施逐步完善，排水条件较好，土壤经过长期季节性的交替脱盐、旱耕熟化发育而成。土层上部淋溶作用加强，具有明显的石灰淋溶淀积以及锈纹、锈斑。

本区域中心区气候特征

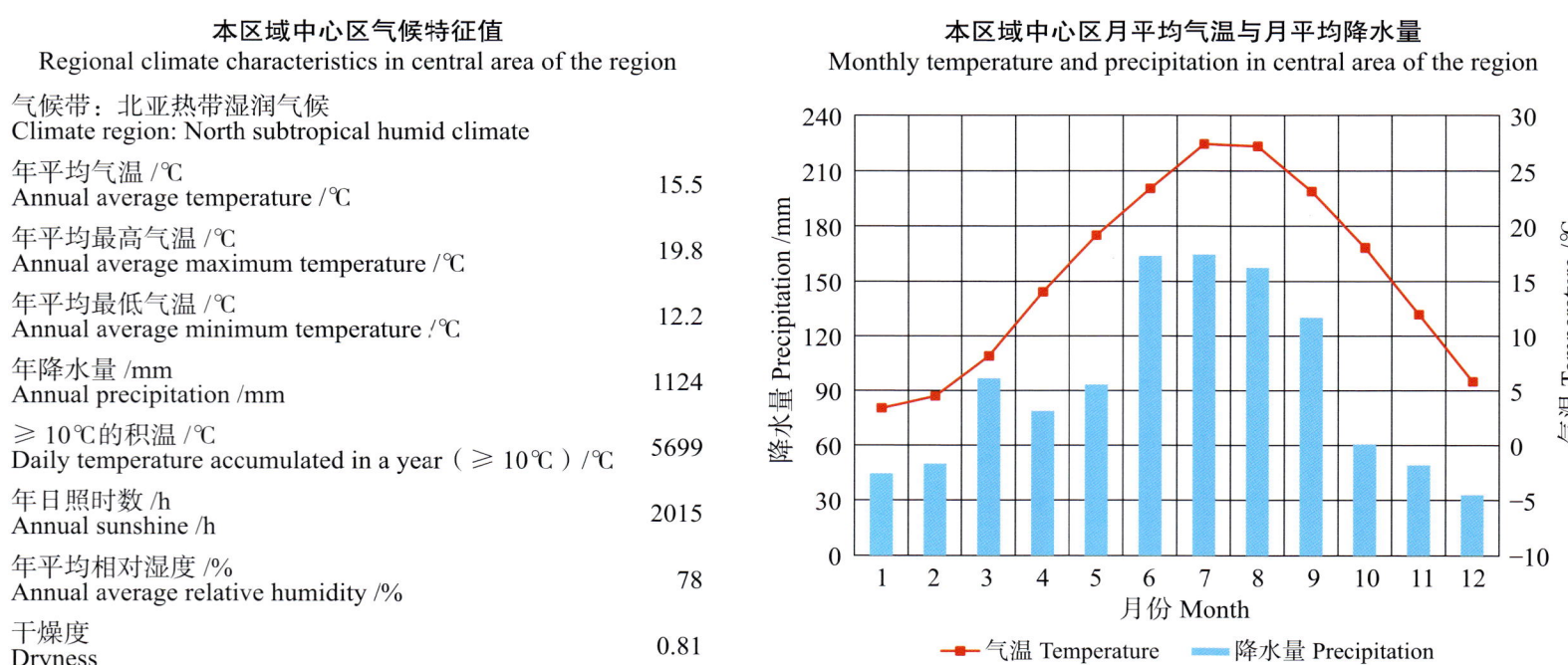

本区域中心区气候特征值
Regional climate characteristics in central area of the region

气候带：北亚热带湿润气候 Climate region: North subtropical humid climate	
年平均气温 /℃ Annual average temperature /℃	15.5
年平均最高气温 /℃ Annual average maximum temperature /℃	19.8
年平均最低气温 /℃ Annual average minimum temperature /℃	12.2
年降水量 /mm Annual precipitation /mm	1124
≥10℃的积温 /℃ Daily temperature accumulated in a year (≥10℃) /℃	5699
年日照时数 /h Annual sunshine /h	2015
年平均相对湿度 /% Annual average relative humidity /%	78
干燥度 Dryness	0.81

本区域中心区月平均气温与月平均降水量
Monthly temperature and precipitation in central area of the region

启东市主要土壤类型与土壤剖面点分布图
1∶210 000

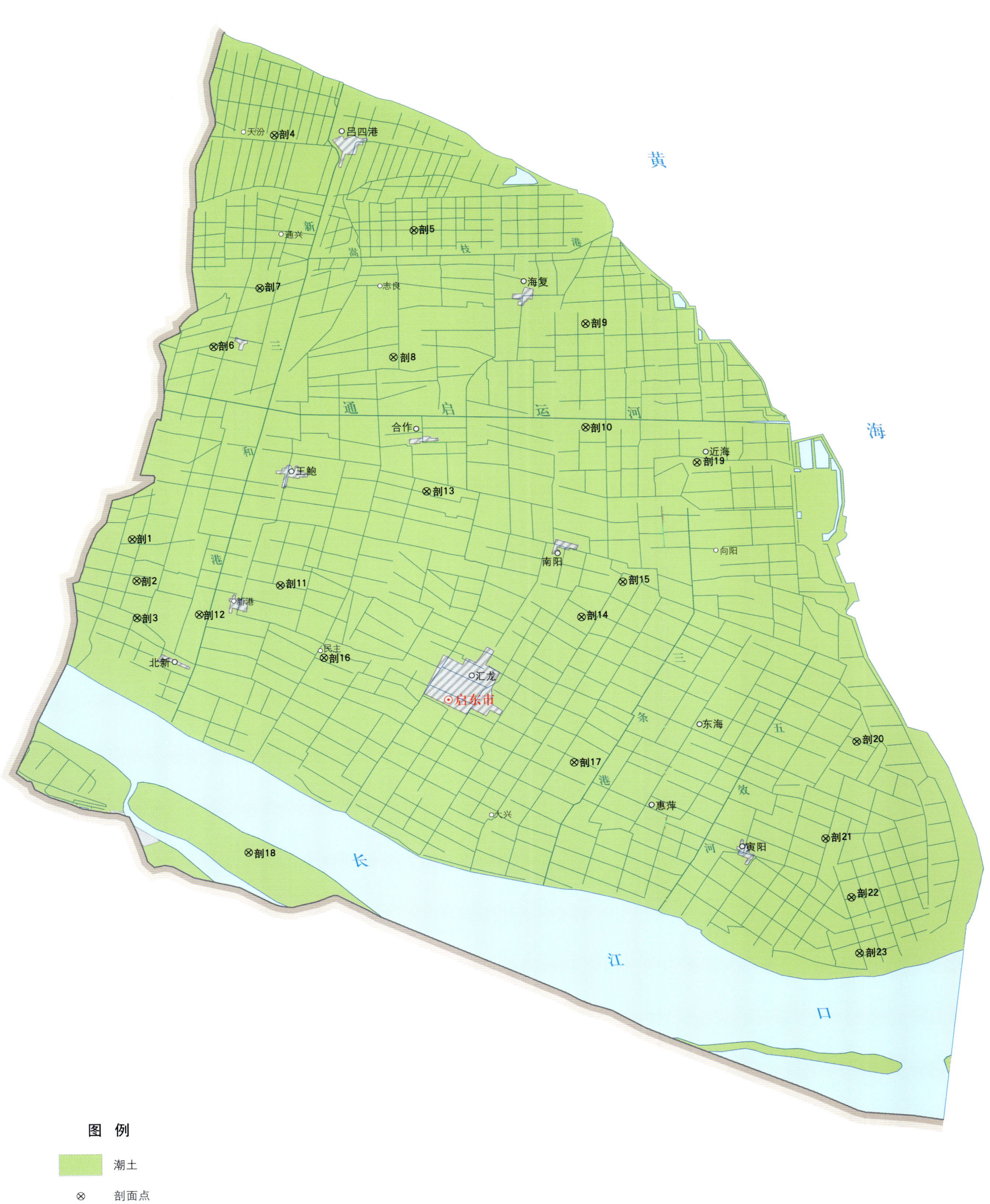

启东市土壤剖面理化性状表

剖面号 Soil profile	土纲 Soil order	土类 Soil great group	亚类 Soil subgroup	土属 Soil genus	土种 Soil species	土层码 Layer code	土层厚度 Depth/cm	颜色 Soil color	质地 Soil texture	土壤结构 Soil structure	pH	有机质 OM/(g/kg)	全氮 TN/(g/kg)	全磷 TP/(g/kg)	碱解氮 AN/(mg/kg)	有效磷 AP/(mg/kg)	速效钾 AK/(mg/kg)	阳离子交换量CEC/(cmol/kg)	土壤母质 Parent material	剖面点坐标 Profile coordinate	匹配指数 Matching index/%
剖1	半水成土	潮土	盐化潮土	砂质潮盐土	轻盐土	1	0—8	浅灰棕色	砂壤土	碎粒状									冲积物、沉积滨海盐渍物	E 121°29′11.8″ N 31°52′40.8″	91
						2	8—22	浅棕灰色	砂壤土	小块状											
						3	22—46	灰棕色	砂壤土	块状											
						4	46—100	浅黄棕色	砂壤土	片状											
剖2	半水成土	潮土	灰潮土	灰泥土	犟灰泥土	A₁₁	0—15	棕灰色	壤质黏土	小块状	8.4	18.1	1.16	0.32				13.4	冲积物、海相沉积物	E 121°29′21.1″ N 31°51′34.9″	83
						A₁₂	15—45	灰棕色	壤质黏土	小块状	8.4	13.3	0.89	0.29				14.3			
						C₁	45—90	棕色	壤质黏土	小块状	8.6	10.3	0.80	0.24				18.0			
						C₂	90—100	棕灰色	砂壤土	片状	8.7	7.9	0.52	0.28				11.1			
剖3	半水成土	潮土	盐化潮土	壤质潮盐土	嵌层轻盐土	1	0—8	浅棕灰色	黏壤土	小块状									冲积物、沉积滨海盐渍物	E 121°29′21.8″ N 31°50′35.5″	94
						2	8—40	棕灰色	中壤土	块状											
						3	40—47	黄棕色	轻壤土	块状											
						4	47—57	浅黄棕色	轻壤土	板状											
						5	57—80	棕灰色	轻壤土	块状											
						6	80—180	浅青棕色	砂壤土	无明显结构											
剖4	半水成土	潮土	盐化潮土	壤质潮盐土	中盐土	1	0—8	浅棕灰色	中壤土	碎粒状	8.2	20.9	1.52	1.56	137	12.3	254	13.8	冲积物、沉积滨海盐渍物	E 121°33′27.7″ N 32°03′38.2″	92
						2	8—28	暗棕灰色	重壤土	块状	8.3	11.1	0.91	1.19	84	1.8	104	13.9			
						3	28—52	黄棕色	重壤土	块状	8.4	7.6	0.68	1.09		<1.0	84	11.7			
						4	52—84	浅黄棕色	重壤土	鳞片状	8.5			1.03			75	7.6			
						5	84—140	青灰色	重壤土	块状	8.5			1.09			149	11.8			
剖5	半水成土	潮土	盐化潮土	黏质潮盐土	脱盐土	1	0—8	暗棕灰色	中壤土	小块状	8.1	20.2	1.40	1.64	120	18.3	230	12.1	冲积物、沉积滨海盐渍物	E 121°37′45.5″ N 32°01′05.9″	83
						2	9—33	浅灰棕色	重壤土	块状	8.3	7.3	1.17	1.41	101	6.9	90	12.0			
						3	33—93	灰棕色	重壤土	块状	8.3	5.1	0.36	1.58		1.9	53	7.8			
						4	93—184	灰黄棕色	重壤土	块状	8.3			1.17			61	7.0			
剖6	半水成土	潮土	灰潮土	黄泥土	黄泥	1	0—11	棕灰色	轻壤土	碎粒状	8.3	11.1	0.77	1.51	83	6.5	169	7.4	冲积物	E 121°31′38.3″ N 31°57′55.4″	88
						2	11—30	浅灰棕色	轻壤土	小块状	8.3	11.6	0.81	1.50	87	3.6	128	8.2			
						3	30—67	黄棕色	轻壤土	块状	8.8	4.7	0.33	1.21		<1.0	97	7.1			
						4	67—100	浅灰棕色	轻壤土	块状	9.3			1.22			132	6.3			
						5	100—175	青灰色	轻壤土	块状	9.0			1.28			144	6.9			
剖7	半水成土	潮土	盐化潮土	黏质潮盐土	脱盐土	1	0—9	棕灰色	黏壤土	碎粒状	8.4	17.2	1.16	0.34				11.5	冲积物、沉积滨海盐渍物	E 121°33′02.9″ N 31°59′30.5″	87
						2	9—19	灰黄棕色	黏壤土	小块状	8.3	16.5	1.08	0.35				11.6			
						3	19—50	黄棕色	壤质黏土	大块状	8.8	8.9	0.65	0.26				12.9			
						4	50—97	灰黄棕色	壤土	片状	9.0	7.7	0.46	0.28				8.4			
剖8	半水成土	潮土	脱盐潮土		脱盐土	A₁₁	0—10	棕灰色	轻壤土	碎粒状	8.1	13.6	0.93	1.56	74	12.5	208	9.7	冲积物、浅海相沉积物	E 121°37′08.4″ N 31°57′40.0″	90
						A₁₂	10—25	灰棕色	中壤土	块状	8.5	7.0	0.59	2.02	54	1.4	98	9.3			
						C₁	25—62	黄棕色	中壤土	块状	8.7	5.0	0.37	1.19		1.4	190	14.8			
						C₂	62—100	灰黄棕色	中壤土	片状	9.0			1.32			266	7.8			
剖9	半水成土	潮土	盐化潮土	壤质潮盐土	脱盐土	1	0—10	棕灰色	砂壤土	无明显结构	8.8			1.19			182	7.5	冲积物、沉积滨海盐渍物	E 121°43′02.3″ N 31°58′36.1″	93
						2	10—44														
						3	44—93														
						4	93—142														
						5	142—162														

续表 Continued

剖面号 Soil profile	土纲 Soil order	土类 Soil great group	亚类 Soil subgroup	土属 Soil genus	土种 Soil species	土层码 Layer code	土层厚度 Depth/cm	颜色 Soil color	质地 Soil texture	土壤结构 Soil structure	pH	有机质 OM/(g/kg)	全氮 TN/(g/kg)	全磷 TP/(g/kg)	碱解氮 AN/(mg/kg)	有效磷 AP/(mg/kg)	速效钾 AK/(mg/kg)	阳离子交换量CEC/(cmol/kg)	土壤母质 Parent material	剖面点坐标 Profile coordinate	匹配指数 Matching index/%
剖10	半水成土	潮土	灰潮土	夹砂土	黄夹砂土	1	0—12	棕灰色	中壤土	粒状	8.1	15.7	1.18	1.56	120	4.3	109	12.0	冲积物	E 121°43′03.0″ N 31°55′49.4″	95
						2	12—32	灰棕色	中壤土	块状	8.4	9.6	0.76	1.32	69	1.7	81	11.4			
						3	32—58	黄棕色	重壤土	块状	8.5	5.1	0.50	1.13		<1.0	94	11.6			
						4	58—95	浅黄棕色	轻壤土	无明显结结构	8.6						88	9.0			
						5	95—198	灰棕色	轻黏土	小块状	8.3	13.1	1.07	1.27		2.1	112	6.4			
剖11	半水成土	潮土	盐化潮土	黏质潮盐土	轻盐土	1	0—9	棕色	轻黏土	块状	8.5	11.6	1.00	2.87	90	2.1	163		冲积物、沉积滨海盐渍物	E 121°33′45.0″ N 31°51′29.2″	97
						2	9—21	黄棕色	轻黏土	核块状	8.5	8.1		1.26	90	1.2	207				
						3	21—49	黄棕色	轻黏土	核柱状	8.7			1.06		2.5	148				
						4	49—121	浅黄棕色	中壤土	片状	8.9			1.16			258				
						5	121—150							1.36			330				
剖12	半水成土	潮土	盐化潮土	壤质潮盐土	脱盐土	1	0—13	棕灰色	中壤土	小块状	8.3	14.9	1.09	1.51	107	3.9	121	12.1	冲积物、沉积滨海盐渍物	E 121°31′15.6″ N 31°50′41.3″	99
						2	13—43	灰棕色	中壤土	块状	8.3	10.5	0.74	1.51	107	3.9	121	12.1			
						3	43—78	浅黄棕色	中壤土	块状	8.6	6.2	0.45	1.13		<1.0	77	10.5			
						4	78—115	浅黄棕色	轻壤土	片状	8.8			1.17			85	9.5			
						5	115—153	浅黄棕色	砂壤土	片状	8.9			1.26			95	6.6			
						6	153—193	青灰色	重壤土	无明显结结构	8.4			1.13			143	5.7			
剖13	半水成土	潮土	灰潮土	黄泥土	僵黄泥	1	0—10	棕灰色	轻壤土	小块状									冲积物	E 121°38′12.8″ N 31°54′02.9″	83
						2	10—38	灰棕色	中壤土	块状											
						3	38—66	黄棕色	重壤土	大块状											
						4	66—92	浅黄棕色	中壤土	块块状											
						5	92—165	浅黄棕色	中壤土	片状											
剖14	半水成土	潮土	灰潮土	夹砂土	砂夹黄	1	0—11	棕灰色	中壤土	小块状	8.1	20.6	1.59	1.71	123	21.4	212	10.7	冲积物	E 121°42′57.6″ N 31°50′40.9″	92
						2	11—29	灰棕色	中壤土	块状	8.4	13.2	1.04	1.35	84	4.1	119	13.3			
						3	29—61	浅黄棕色	重壤土	大块状	8.3	9.0	0.71	1.76		<1.0	104	12.2			
						4	61—93	浅黄棕色	轻黏土	块状	8.4			1.14			107	13.4			
						5	93—148	浅黄棕色	轻黏土	片状	8.5			1.32			222	11.0			
						6	148—172	浅灰色	重壤土	无明显结结构	8.7			1.31			255	10.6			
剖15	半水成土	潮土	盐化潮土	黏质潮盐土	脱盐土	1	0—13	棕灰色	重壤土	小块状	8.3	17.3	1.22	1.61	114	<1.0	259	13.6	冲积物、沉积滨海盐渍物	E 121°44′11.8″ N 31°51′38.5″	91
						2	13—40	棕灰色	中壤土	块状	8.3	8.8	0.68	1.23	57	2.2	147	12.2			
						3	40—88	黄棕色	重壤土	大块状	8.4	6.9	0.60	1.18			204	14.8			
						4	88—120	暗黄棕色	重壤土	块状	9.0			1.24			242	10.6			
						5	120—170	浅黄棕色	中壤土	片状	8.9			1.18			277	9.8			
						6	170—200	青灰色	中壤土	无明显结结构	8.9			0.11			332	8.0			
剖16	半水成土	潮土	灰潮土	黄泥土	中位砂姜黄泥	1	0—14	棕灰色	中壤土	小块状	8.2	13.5	1.00	1.37	96	2.7	96	11.4	冲积物	E 121°35′06.7″ N 31°49′35.8″	99
						2	14—27	棕灰色	中壤土	小块状	8.5	8.5	0.68	1.31	61	1.0	71	11.2			
						3	27—61	浅黄棕色	轻壤土	核块状	8.3		0.63	1.22		<1.0	78	13.9			
						4	61—73	浅黄棕色	轻壤土	块状	8.4			1.12			57	7.5			
						5	73—115	浅黄棕色	轻壤土	片状	8.6			1.22			61	6.7			
						6	115—143	浅黄棕色	轻壤土	片状	8.5			1.18			61	9.2			
剖17	半水成土	潮土	脱盐潮土	壤质脱盐土	壤质脱盐土	A_{11}	0—14	黄灰色	壤土	小块状	8.2	15.1	1.06	0.94				9.1	冲积物、浅海相沉积物	E 121°42′44.6″ N 31°46′43.0″	82
						A_{12}	14—26	黄灰色	壤土	块状	8.5	10.2	0.67	0.74				8.7			
						C_1	26—53	暗黄黄色	黏壤土	块状	8.9	3.2	0.26	0.66				6.7			
						C_2	53—100	黄褐色	砂质黏壤土	块状	8.6	7.8	0.54	0.63				9.6			

续表 Continued

剖面号 Soil profile	土纲 Soil order	土类 Soil great group	亚类 Soil subgroup	土属 Soil genus	土种 Soil species	土层码 Layer code	土层厚度 Depth/cm	颜色 Soil color	质地 Soil texture	土壤结构 Soil structure	pH	有机质 OM/(g/kg)	全氮 TN/(g/kg)	全磷 TP/(g/kg)	碱解氮 AN/(mg/kg)	有效磷 AP/(mg/kg)	速效钾 AK/(mg/kg)	阳离子交换量CEC/(cmol/kg)	土壤母质 Parent material	剖面点坐标 Profile coordinate	匹配指数 Matching index/%
剖18	半水成土	潮土	盐化潮土	砂质潮盐土	脱盐土	1	0—9	浅棕灰色	砂壤土	粉粒状									冲积物、沉积滨海盐渍物	E 121°32′49.9″ N 31°44′13.9″	98
						2	9—25	灰棕色	砂壤土	块状											
						3	25—48	黄棕色	轻壤土	块状											
						4	48—71	浅黄棕色	轻壤土	片状											
						5	71—150	浅灰棕色	砂壤土	无明显结构											
剖19	半水成土	潮土	灰潮土	砂土	砂基田	1	0—9	灰色	砂土	无明显结构	8.1	12.7	0.74	1.82	63	9.4	106	5.5	冲积物	E 121°46′26.8″ N 31°55′02.3″	82
						2	9—43	浅棕灰色	砂壤土	无明显结构	8.4	3.3	0.40	1.63	13	<1.0	45	3.4			
						3	43—47	黄黄棕色	砂壤土	无明显结构	8.5	4.5	0.26	1.50		<1.0	45	4.9			
						4	47—94	灰色	砂土	无明显结构	8.5			1.43		<1.0	32	3.0			
						5	91—105	浅黄棕色	紫砂土	无明显结构	8.6			1.12			30	3.4			
						6	105—120	灰色	砂土	无明显结构	8.8			0.99			32	3.3			
						7	120—170	浅灰色	砂土	无明显结构	8.7			1.14			47	4.0			
剖20	半水成土	潮土	盐化潮土	黏质潮盐土	中盐土	1	0—11	棕灰色	重壤土	小块状	8.6	12.2	0.84	1.41	65	15.1	238	11.2	冲积物、沉积滨海盐渍物	E 121°51′23.0″ N 31°47′19.0″	100
						2	11—24	棕灰色	中壤土	块状	9.1	6.5	0.50	1.22	24	3.7	246	9.2			
						3	24—57	灰棕色	重壤土	块状	8.8	6.3	0.46	1.27		6.6	416	8.2			
						4	57—138	浅黄棕色	重壤土	块状	8.5			1.37			476	12.0			
						5	138—200	青灰色	轻壤土	无明显结构	8.6			1.40			424	8.3			
剖21	半水成土	潮土	盐化潮土	壤质潮盐土	重盐土	1	0—9	浅棕灰色	轻壤土	碎粒状	5.5	5.7	0.36	1.27	21	5.6	339	6.3	冲积物、沉积滨海盐渍物	E 121°50′27.2″ N 31°44′40.2″	81
						2	9—26	棕灰色	砂壤土	块状	8.5	5.1	0.31	1.27	17	2.5	333	7.5			
						3	26—52	黄黄棕色	砂壤土	块状	8.4	3.9	0.29	1.27		2.8	313	7.9			
						4	52—91	浅黄棕色	砂壤土	块状	8.4			1.18			312	4.3			
						5	91—200	青灰色	重壤土	无明显结构	8.4			1.32			255	3.9			
剖22	半水成土	潮土	盐化潮土	黏质潮盐土	重盐土	1	0—9	浅棕灰色	中壤土	小碎块状									冲积物、沉积滨海盐渍物	E 121°51′15.1″ N 31°43′05.5″	90
						2	9—30	灰棕色	中壤土	块状											
						3	30—65	浅棕色	砂土	块状											
						4	65—100	浅棕色	砂土	片状											
剖23	半水成土	潮土	盐化潮土	壤质潮盐土	轻盐土	1	0—11	棕灰色	轻壤土	小块状	8.4	13.7	0.90	1.44	86	29.7	250	8.2	冲积物、沉积滨海盐渍物	E 121°51′29.5″ N 31°41′35.2″	93
						2	11—26	灰棕色	轻壤土	块状	9.2	8.6	0.63	1.45	49	7.6	191	8.6			
						3	26—49	黄黄棕色	轻壤土	块状	8.9	4.7	0.34	1.26		3.1	191	6.5			
						4	49—80	浅黄棕色	砂壤土	块状	8.8			1.27			244	6.9			
						5	80—147	浅黄棕色	砂壤土	片状	8.7			1.09			218	5.4			
						6	147—200	青灰色	紫砂土	无明显结构	8.7			1.03			247	5.0			

如 皋 市

主要土类说明

潮土是如皋市主要土壤类型，占本市地域面积的 88%。潮土主要分布于近代河流冲积平原或低平阶地，地下水位高，潜水参与成土过程。在潮土成土过程中，底土受氧化还原交替作用影响，形成锈色斑纹和小型铁子。在长期耕作条件下，表层有机质含量为 10—15g/kg。本市潮土仅有一个灰潮土亚类，分布于老岸地区、交接平地和沿江圩区的绝大部分地域，成土母质均为冲积物，是受地下水影响和在旱耕熟化下形成发育的土壤。由于成土时间、母质来源差异较大，形成土属、土种颇多，且相互交错分布。

水稻土是如皋市第二大土壤类型，占本市地域面积的 6%。水稻土是在长期季节性淹灌、水下翻耕、季节性脱水、氧化还原交替影响下，原来成土母质或母土的特性发生重大改变，形成的新的土壤类型。由于干湿交替，土壤发生糊状淹育层、较坚实板结的犁底层、渗育层、潴育层与潜育层等多种发生层分异。这些不同发生层段是在人为耕作、水浆管理下形成的。本市水稻土属于渗育水稻土亚类，主要分布于古河汊低平地。

水稻土与潮土的主要区别：一是水稻土具有 A-P-W 系统层段，而潮土则不具有以上三个完整层段。水稻土除淹育层和犁底层根孔锈纹及锈斑明显外，特别是渗育层呈棱块状结构，结构面上有明显的胶膜，结构内有褐色的铁锰斑点及至雏形的铁锰结核。二是水稻土耕层有机质含量普遍高于相同质地的潮土。三是水稻土剖面的晶胶比上小下大，潮土剖面的晶胶比上下较为一致。

小于本市地域面积 3% 的土壤类型还有新积土。

本区域中心区气候特征

本区域中心区气候特征值
Regional climate characteristics in central area of the region

气候带：北亚热带湿润气候 Climate region: North subtropical humid climate	
年平均气温 /℃ Annual average temperature /℃	15.2
年平均最高气温 /℃ Annual average maximum temperature /℃	19.8
年平均最低气温 /℃ Annual average minimum temperature /℃	11.7
年降水量 /mm Annual precipitation /mm	1099
≥ 10℃的积温 /℃ Daily temperature accumulated in a year（≥ 10℃）/℃	5600
年日照时数 /h Annual sunshine /h	2043
年平均相对湿度 /% Annual average relative humidity /%	78
干燥度 Dryness	0.82

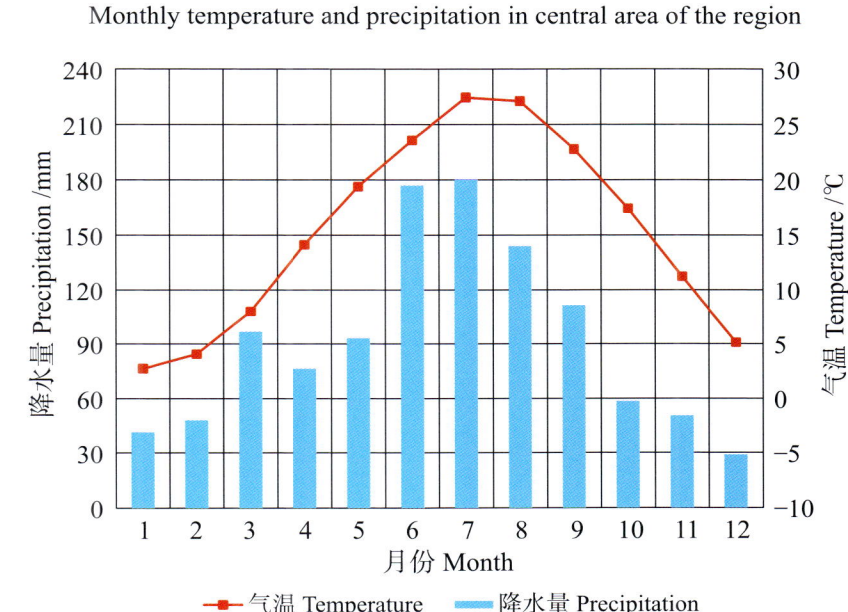

本区域中心区月平均气温与月平均降水量
Monthly temperature and precipitation in central area of the region

如皋市主要土壤类型与土壤剖面点分布图
1∶210 000

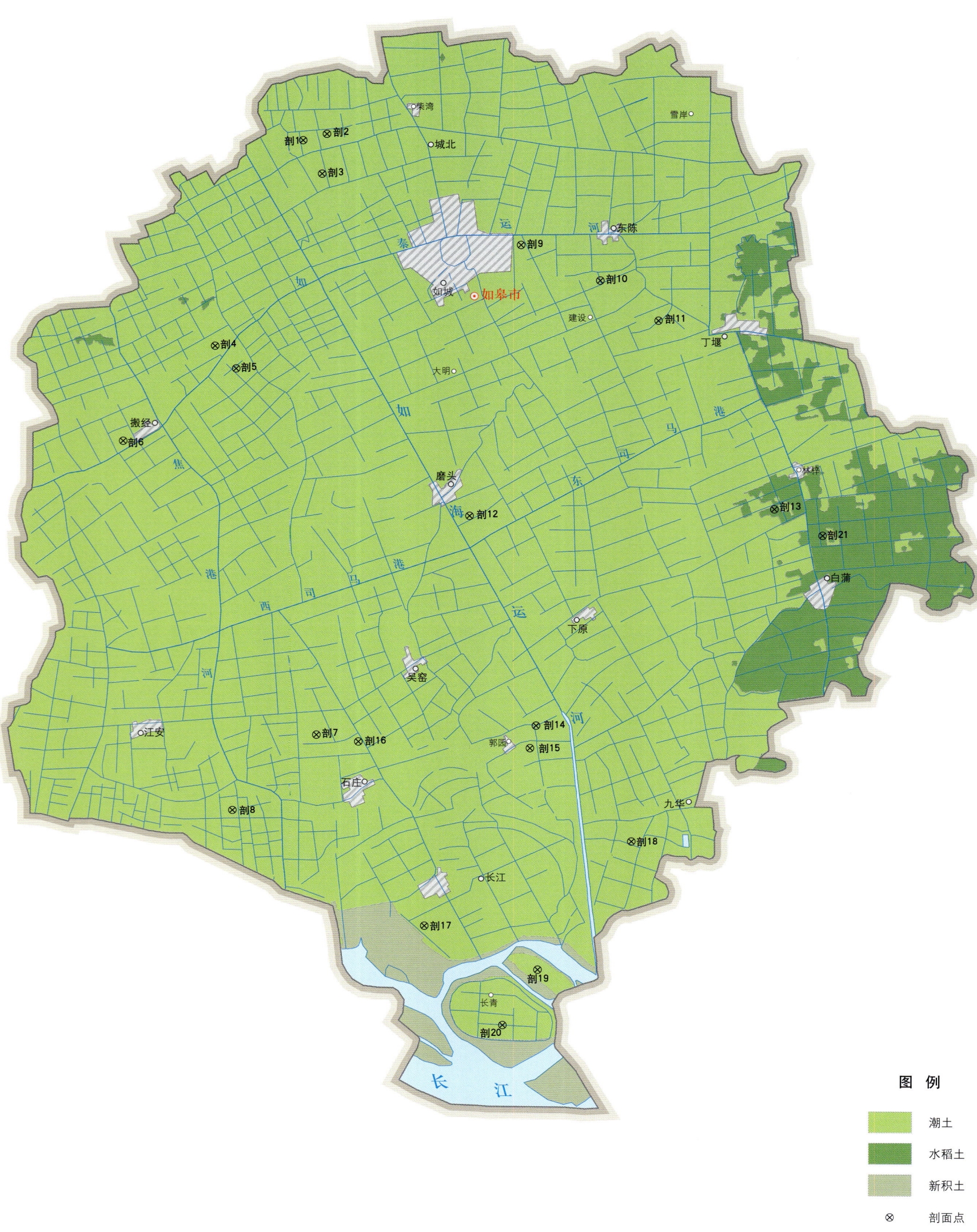

如皋市土壤剖面理化性状表

剖面号 Soil profile	土纲 Soil order	土类 Soil great group	亚类 Soil subgroup	土属 Soil genus	土种 Soil species	土层码 Layer code	土层厚度 Depth/cm	颜色 Soil color	质地 Soil texture	土壤结构 Soil structure	pH	有机质 OM/(g/kg)	全氮 TN/(g/kg)	全磷 TP/(g/kg)	有效磷 AP/(mg/kg)	速效钾 AK/(mg/kg)	阳离子交换量CEC/(cmol/kg)	土壤母质 Parent material	剖面点坐标 Profile coordinate	匹配指数 Matching index/%
剖1	半水成土	潮土	灰潮土	高砂土	墩心高砂土	A	0—13	灰褐色	砂壤土	粒状	8.0	9.0	0.66	0.62	5.5	44	6.1	冲积物、浅湖相沉积物	E 120°28′53.8″ N 32°26′28.0″	85
						Bv₁	13—34	灰棕色	轻壤土	块状	8.4	7.7	0.58	0.59	3.4	31	6.8			
						Bv₂	34—74	黄棕色	中壤土	块状	8.4	6.6	0.53	0.59	<1.0	28	8.3			
						C	74—100	灰黄色	砂壤土	片状	8.4	3.7	0.29	0.55	<1.0	19	5.9			
剖2	半水成土	潮土	灰潮土	潮砂土	泡砂土	A₁₁	0—9	灰黄色	砂壤土	单粒状	8.3	5.4	0.46	0.55	1.0	24	6.0	冲积物	E 120°29′37.7″ N 32°26′39.1″	88
						C₁	9—64	灰黄色	砂土	单粒状	8.4	4.3	0.37	0.51	1.0	20	4.7			
						C₂	64—100	灰黄色	砂土	单粒状	8.4	1.7	0.19	0.40		20	3.3			
剖3	半水成土	潮土	灰潮土	泡砂土	泡砂土	A₁₁	0—9	灰黄色	砂壤土	散状	8.3	5.4	0.46	0.55	1.0	24	6.0	近代冲积物	E 120°29′30.1″ N 32°25′34.0″	83
						C₁	9—64	灰黄色	砂壤土	散状	8.4	4.3	0.37	0.51	1.0	20	4.7			
						C₂	64—100	灰黄色	砂壤土	散状	8.4	1.7	0.19	0.40		20	3.3			
剖4	半水成土	潮土	灰潮土	缠脚土	缠脚高砂土	A	0—12	灰黄色	中壤土	粒状	8.1	15.3	1.11	0.60	2.0	77	12.6	冲积物、浅湖相沉积物	E 120°26′20.4″ N 32°20′50.3″	84
						Bv	12—24	浅湖色	中壤土	块状	8.3	9.7	0.75	0.58	1.0	58	10.8			
						C	24—100	灰黄色	砂壤土	片状	8.4	2.1	0.22	0.54	<1.0	26	6.3			
剖5	半水成土	潮土	灰潮土	高砂土	墩底高砂土	A	0—18	深褐色	砂壤土	粒状	8.2	12.0	0.48	0.90	5.0	81	9.4	冲积物、浅湖相沉积物	E 120°27′00.4″ N 32°20′12.1″	95
						Bv₁	18—33	浅褐色	砂壤土	块状	8.4	10.1	0.70	0.94	4.0	54	10.5			
						Bv₂	33—69	灰褐色	重壤土	块状	8.6	2.4	0.22	0.60	3.2	33	6.1			
						C₁	69—89	灰黄色	中壤土	块状	8.4	5.5	0.45	0.55	2.0	66	12.1			
						C₂	89—100	灰黄色	砂壤土	片状	8.5	2.4	0.23	0.59	2.2	40	6.9			
剖6	半水成土	潮土	灰潮土	高砂土	腰黑高砂土	A	0—13	灰褐色	砂壤土	小团块状	8.1	10.1	0.72	0.62	1.1	54	8.2	冲积物、浅湖相沉积物	E 120°27′35.2″ N 32°18′09.7″	92
						Bv	13—30	浅棕色	中壤土	块状	8.3	5.9	0.46	0.50	5.0	77	10.1			
						D	30—43	灰黑色	重壤土	块状	8.7	8.7	0.66	0.42	<1.0	76	15.1			
						Cs	43—100	灰黄色	中壤土	片状	8.7	2.0	1.70	0.54	2.0	21	5.0			
剖7	半水成土	潮土	灰潮土	黄夹砂土	砂心黄夹砂土	A	0—14	黄棕色	砂壤土	屑粒状	7.8	11.9	0.86	0.69	2.4	49	7.9	冲积物、浅湖相沉积物	E 120°23′13.7″ N 32°10′18.1″	83
						Bv₁	14—41	黄棕色	砂壤土	块状	8.2	6.0	0.49	0.68	1.6	36	6.2			
						Bv₂	41—81	黄棕色	紧砂土	块状	8.4	3.9	0.29	0.49	<1.0	16	5.0			
						Cs	81—100	灰黄色	松砂土	片状	8.5	1.9	0.17	0.59		10	4.8			
剖8	半水成土	潮土	灰潮土	夹缠土	厚层夹缠土	A	0—16	灰褐色	轻壤土	团粒状	8.3	12.4	1.11	0.70	3.1	49	9.2	新冲积物	E 120°29′45.6″ N 32°08′10.3″	88
						Bv	16—42	黄棕色	紧砂土	块状	8.1	7.9	0.59	0.60	1.0	35	7.0			
						Cs	42—100	灰黄色	松砂土	团粒状	8.2	2.0	0.21	0.55	<1.0	16	4.8			
剖9	半水成土	潮土	灰潮土	夹缠土	厚层夹缠土	A	0—15	灰褐色	轻壤土	团粒状	8.2	13.3	0.91	0.77	5.6	48	9.2	冲积物	E 120°34′49.8″ N 32°24′04.0″	95
						Bv₁	15—30	黄棕色	轻壤土	块状	8.4	8.7	0.66	0.68	3.8	38	10.3			
						Bv₂Ca	30—62	黄棕色	紧砂土	块状	8.6	7.5	0.58	0.70	2.3	28	8.9			
						C	62—100	灰褐色	轻壤土	片状	8.6	2.7	0.24	0.42	<1.0	15	5.5			
剖10	半水成土	潮土	灰潮土	夹缠土	薄层夹缠土	A	0—14	灰褐色	轻壤土	团粒状	8.2	11.7	0.88	0.66	1.6	84	7.6	冲积物	E 120°38′12.5″ N 32°22′49.8″	84
						Bv	14—39	浅黄色	轻壤土	片状	8.3	8.0	0.61	0.59	1.0	66	7.4			
						Cca	39—100	棕黄色	砂壤土	粒状	8.6	2.1	0.20	0.50		30	4.5			
剖11	半水成土	潮土	灰潮土	黄砂土	薄层黄砂土	A	0—10	浅黄色	砂壤土	粒状	8.2	9.0	0.61	0.59	2.0	38	6.7	新冲积物	E 120°40′01.6″ N 32°21′46.1″	85
						C₁	10—46	黄棕色	砂壤土	片状	8.4	6.2	0.47	0.58	1.9	31	6.3			
						C₂	46—100	灰褐色	轻壤土	片状	8.3	9.2	0.57	0.60	<1.0	40	9.2			
剖12	半水成土	潮土	灰潮土	高砂土	薄层高砂土	A	0—11	褐色	砂壤土	粒状	8.3	9.2	0.62	0.55	<1.0	29	7.1	冲积物、浅湖相沉积物	E 120°34′21.4″ N 32°16′21.4″	86
						Bv	11—34	黄褐色	砂壤土	块状	8.3	6.2	0.47	0.56	2.0	20	7.0			
						Cs	34—100	灰黄色	紧砂土	块状	8.9	2.0	0.20	0.49	<1.0	19	5.9			

续表 Continued

剖面号 Soil profile	土纲 Soil order	土类 Soil great group	亚类 Soil subgroup	土属 Soil genus	土种 Soil species	土层码 Layer code	土层厚度 Depth/cm	颜色 Soil color	质地 Soil texture	土壤结构 Soil structure	pH	有机质 OM/(g/kg)	全氮 TN/(g/kg)	全磷 TP/(g/kg)	有效磷 AP/(mg/kg)	速效钾 AK/(mg/kg)	阳离子交换量 CEC/(cmol/kg)	土壤母质 Parent material	剖面点坐标 Profile coordinate	匹配指数 Matching index/%
剖13	人为土	水稻土	渗育水稻土	灰夹缝土	厚层灰夹缝土	A	0—15	灰棕色	轻壤土	粒状	8.1	14.6	1.10	0.70	2.3	80	9.1	浅湖相沉积物	E 120°43′45.5″ N 32°16′43.7″	89
						P	15—27	灰棕色	轻壤土	棱块状	8.2	11.3	0.85	0.65	1.6	56	9.0			
						W₁	27—43	黄棕色	轻壤土	棱块状	8.3	9.2	0.70	0.62	<1.0	43	9.5			
						W₂	43—67	黄棕色	重壤土	棱块状	8.3	7.8	0.58	0.54	<1.0	69	11.8			
						C	67—100	灰黄色	轻壤土	片状	8.2	3.6	0.30	0.59		35	6.7			
剖14	半水成土	潮土	灰潮土	菜园土	砂质菜园土	A	0—10	灰褐色	砂壤土	屑粒状	7.9	10.6	0.90	0.84	21.3	36	7.4	冲积物	E 120°36′33.1″ N 32°10′40.4″	85
						Bv₁	10—24	褐色	轻壤土	块状	8.3	6.7	0.52	0.73	3.2	29	7.6			
						Bv₂	24—52	褐色	轻壤土	块状	8.5	4.5	0.39	0.62	2.2	19	8.0			
						C	52—100	灰黄色	砂壤土	片状	8.6	2.8	0.28	0.55	<1.0	16	6.6			
剖15	半水成土	潮土	灰潮土	黄夹砂土	薄层黄夹砂土	A	0—12	灰棕色	轻壤土	粒状	8.0	13.1	0.95	0.63	3.6	69	9.3	新冲积物	E 120°36′21.6″ N 32°10′04.4″	91
						Bv	12—36	黄棕色	中壤土	块状	8.3	6.9	0.51	0.57	1.4	41	9.5			
						C	36—100	灰黄色	砂壤土	片状	8.2	3.7	0.29	0.55	<1.0	21	7.7			
剖16	半水成土	潮土	灰潮土	黄夹砂土	厚层黄夹砂土	A	0—12	灰棕色	轻壤土	小团块状	8.1	13.1	0.94	0.64	<1.0	44	8.7	新冲积物	E 120°31′03.7″ N 32°10′08.8″	90
						Bv	12—67	黄棕色	中壤土	块状	8.2	6.7	0.55	0.62	3.0	41	7.6			
						C	67—100	灰黄色	轻壤土	片状	8.0	8.3	0.58	0.60	4.5	59	8.3			
剖17	半水成土	潮土	灰潮土	黄黏土	薄层黄黏土	A	0—12	灰棕色	重黏土	小块状	7.8	18.2	1.36	0.70	6.9	85	14.6	新冲积物	E 120°33′16.6″ N 32°07′08.2″	94
						Bv	12—39	浅棕色	重黏土	块状	8.1	11.3	0.93	0.60	2.4	61	15.2			
						C₁	39—53	黄棕色	中壤土	片状	8.7	10.1	0.37	0.62	2.7	44	13.0			
						C₂	53—100	灰黄色	中壤土	片状	8.1	8.3	0.63	0.59	4.5	48	10.5			
剖18	半水成土	潮土	灰潮土	黄泥土	厚层黄泥土	A	0—12	灰棕色	中壤土	小块状	7.9	13.4	1.15	0.74	10.0	116	8.5	新冲积物	E 120°39′34.6″ N 32°07′31.7″	85
						Bv	12—72	黄棕色	中壤土	块状	8.4	5.6	0.46	0.54	2.8	45	8.5			
						C	72—100	灰黄色	砂壤土	片状	8.3	2.4	0.20	0.51	1.3	38	4.6			
剖19	半水成土	潮土	灰潮土	砂堆土	砂盖土	As	0—9	灰黄色	松砂土		8.3	4.0	0.26	0.65	1.1	28	5.9		E 120°36′45.7″ N 32°04′01.6″	94
						Bv₁	9—29	灰黄色	松砂土	块状	8.4	4.0	0.26	0.65	1.1	28	5.9			
						Bv₂	29—59	灰褐色	砂壤土	块状	8.6	5.7	0.49	0.62	1.4	29	7.7			
						Bv₃	59—95	浅褐色	砂壤土	块状	8.6	12.0	1.33	0.54	6.7	53	10.1			
						Cs	95—100	浅黄色	紧砂土	片状	8.6	2.5	0.34	0.43	<1.0	19	6.8			
剖20	半水成土	潮土	灰潮土	黄黏土	厚层黄黏土	A	0—16	棕色	轻黏土	块状	8.1	18.5	1.35	0.71	5.4	114	14.8	新冲积物	E 120°35′45.2″ N 32°02′30.5″	85
						Bv	16—59	灰黄色	轻黏土	块状	8.2	12.3	0.93	0.63	2.0	70	13.9			
						C	59—100	灰黄色	重黏土	片状	8.2	12.9	1.89	0.62	5.2	66	13.1			
剖21	人为土	水稻土	渗育水稻土	灰夹缝土	腰黑灰夹缝土	A	0—10	灰棕色	轻壤土	小块状	8.1	16.7	1.15	0.62	2.6	65	10.3	浅湖相沉积物	E 120°45′15.8″ N 32°16′00.5″	91
						P	10—18	黄棕色	轻壤土	块状	8.2	16.3	1.14	0.62	2.2	59	10.1			
						W	18—43	灰棕色	轻壤土	棱块状	8.2	12.8	0.96	0.61	1.6	66	9.9			
						D	43—61	灰黑色	重壤土	棱块状	8.3	10.6	0.72	0.60	<1.0	104	12.3			
						C	61—100	灰黄色	轻壤土	片状	8.7	3.2	0.30	0.56		44	7.3			

海安市

主要土类说明

潮土是海安市主要土壤类型，占本市地域面积的61%。潮土是长江三角洲平原冲积物在草甸植被下形成的，既受到地下水升降活动的影响，又受到季节性的灌淹、脱水交替影响，经长期土壤脱盐和旱耕熟化发育而成。潮土发育于江淮冲积物、海相沉积物、河相沉积物的母质上，分布于长江北岸扬泰和古沙咀部分平原地区。潮土的形成过程有两个主导因素：一是地下水埋藏较浅，由于年内降水分配不匀，地下水位发生季节性的升降，随着地下水位的升降，土壤剖面中氧化还原作用交替进行，从而影响土壤物质的溶解、移动和淀积，因此，在潮土剖面中形成各种色泽的锈纹、锈斑和细小的铁锰结核、石灰结核。二是旱耕熟化引起了潮土和原冲积母质在剖面形态上有较显著差异，主要表现在养分含量、物理性状、水分特性上，一般情况是表土层富含有机物质，其有机质、全氮、速效磷、速效钾含量均高于底土好多倍，在均质土壤中，土壤饱和含水量和田间持水量均高于底土。另外，由于可溶性矿物质的迁移，土壤各剖面层次矿物质成分发生分异。一般情况下，表土碳酸钙、铁锰物质、可溶性盐分含量均低于底土，在均质土壤中，还有黏粒下移的现象。

水稻土占海安市地域面积的37%。本市水稻土发育于江黄淮冲积物和湖相沉积物的母质上，分布于长江北岸扬泰、北岸古沙咀北部和里下河潟湖南部边缘地区。水稻土的形成过程有两个主导因素：一是人工种植水稻，在长期的淹水、一熟稻和稻麦两熟耕作条件下，常年淹水和季节性的淹水、水耕和水旱耕作同时进行，土壤中氧化还原过程十分频繁，剖面中物质的淋溶淀积形成了水稻土的特征层次——渗育层层段。二是地下水埋深较深，季节性升降幅度大，加剧了氧化还原作用和淋溶淀积过程，使土壤形成了原始的渗育层层段。由于土壤受地形、母质、水分运动、轮作制度、培肥措施和耕作年代长短等不同影响，剖面中各层次的发育有明显的差异。本市水稻土分为渗育型、潴育型和脱潜型等亚类。

本区域中心区气候特征

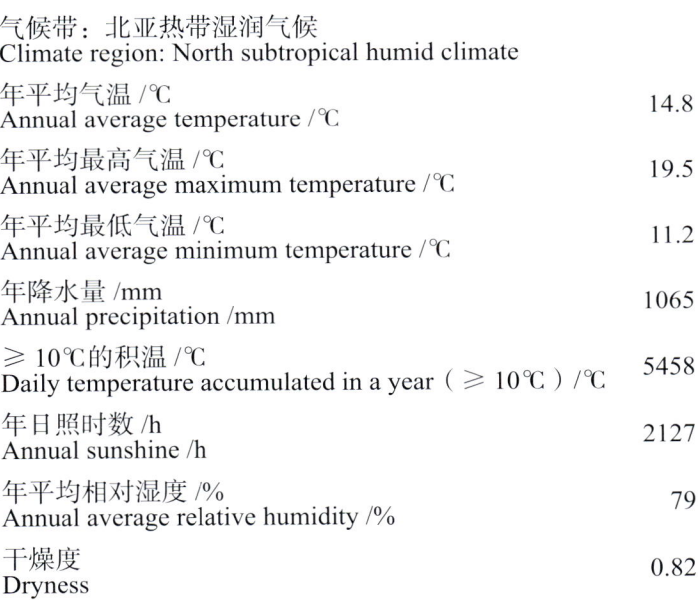

本区域中心区气候特征值
Regional climate characteristics in central area of the region

气候带：北亚热带湿润气候 Climate region: North subtropical humid climate	
年平均气温 /℃ Annual average temperature /℃	14.8
年平均最高气温 /℃ Annual average maximum temperature /℃	19.5
年平均最低气温 /℃ Annual average minimum temperature /℃	11.2
年降水量 /mm Annual precipitation /mm	1065
≥10℃的积温 /℃ Daily temperature accumulated in a year (≥10℃) /℃	5458
年日照时数 /h Annual sunshine /h	2127
年平均相对湿度 /% Annual average relative humidity /%	79
干燥度 Dryness	0.82

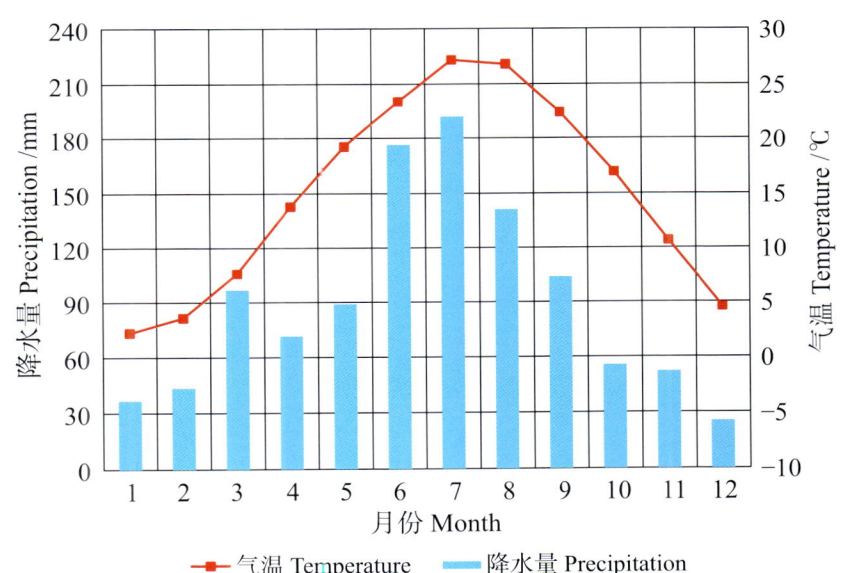

本区域中心区月平均气温与月平均降水量
Monthly temperature and precipitation in central area of the region

海安县主要土壤类型与土壤剖面点分布图

1∶210 000

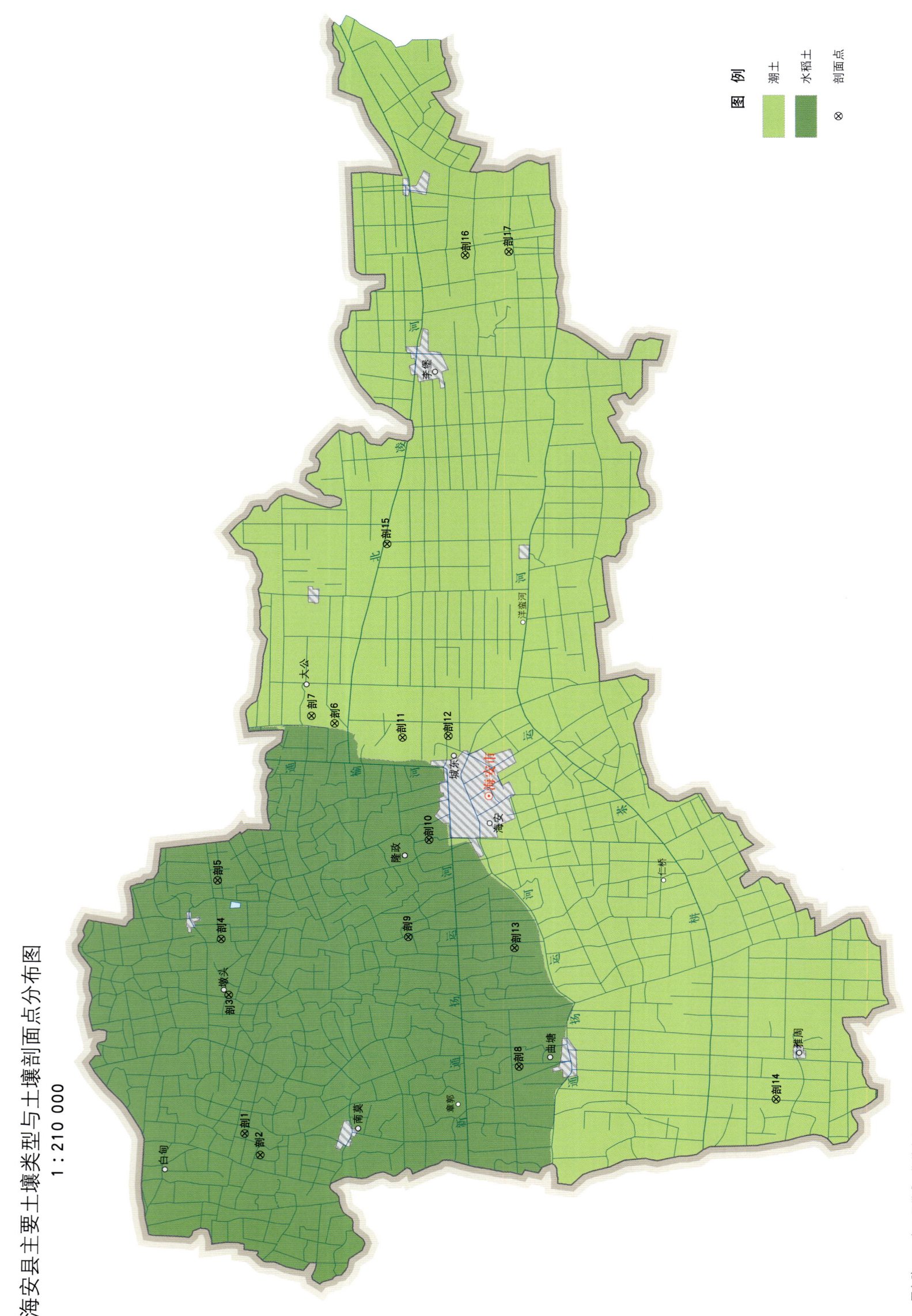

注：国务院 2018 年 5 月批准，撤销海安县，设立海安市。

海安市土壤剖面理化性状表

剖面号 Soil profile	土纲 Soil order	土类 Soil great group	亚类 Soil subgroup	土属 Soil genus	土种 Soil species	土层码 Layer code	土层厚度 Depth/cm	颜色 Soil color	质地 Soil texture	土壤结构 Soil structure	pH	有机质 OM/(g/kg)	全氮 TN/(g/kg)	全磷 TP/(g/kg)	全钾 TK/(g/kg)	有效磷 AP/(mg/kg)	速效钾 AK/(mg/kg)	阳离子交换量 CEC/(cmol/kg)	土壤母质 Parent material	剖面点坐标 Profile coordinate	匹配指数 Matching index/%
剖1	人为土	水稻土	脱潜水稻土	勤泥土	勤泥土	A	0~19	棕灰色	重壤土	小块状	7.9	26.8	1.50	1.32	22.7	2.0	104	28.6	冲积物、湖相沉积物	E 120°16′30.4″ N 32°38′13.2″	85
						W	19~33	暗灰色	重壤土	大块状	8.2	26.6	1.36	1.49	22.4	7.0	79	18.5			
						Bvg	33~54	浅黄棕色	中壤土	块状	8.2	11.2	0.62	1.14	23.9	<1.0	73	15.8			
						Wg	54~80	灰白色	重壤土	棱块状	8.3	7.7	0.44	1.08	24.2	<1.0	109	18.2			
						C	80~100	紫灰色	中壤土	块状	8.2	7.5	0.39	1.18	23.2	<1.0	81	21.5			
剖2	人为土	水稻土	潴育水稻土	缠脚土	灰土	A	0~14	棕灰色	重壤土	碎粒状	8.0	20.7	1.44			4.0	164		冲积物、湖相沉积物	E 120°15′50.4″ N 32°37′48.4″	96
						P	14~28	暗棕灰色	重壤土	小块状	8.2	15.9	1.01			4.0	134				
						W₁	28~63	灰黄棕色	重壤土	块状	8.2	12.5	0.87			<1.0	114				
						W₂	63~84	黑色	重壤土	棱块状	8.2	23.0	1.32			<1.0	126				
						Bvg	84~100	浅灰色	重壤土	块状	8.1	12.0	0.67			<1.0	136				
剖3	人为土	水稻土	脱潜水稻土	勤泥土	砂心勤泥土	A	0~12	暗棕灰色	中壤土	碎粒状	7.5	28.8	1.17	1.30		4.0	123		冲积物、湖相沉积物	E 120°20′53.5″ N 32°38′45.6″	95
						Dp	12~25	暗棕灰色	中壤土	块状	7.6	7.9	0.43	1.34		<1.0	57				
						Wg	25~44	暗黄色		棱块状	7.8	31.6	2.25	1.37		3.0	114				
						C	44~100	浅黄棕色	轻壤土	块状	8.0	4.1	0.31	1.27		<1.0	55				
剖4	人为土	水稻土	渗育水稻土	湖积土	缠泥土	A	0~12	浅黄灰色	中壤土	小块状	7.9	20.0	1.23	1.39		4.0	106	14.7	冲积物、湖相沉积物	E 120°22′40.8″ N 32°38′60.0″	89
						P	12~20	棕灰色	中壤土	块状	8.2	17.8	1.15			3.0	91	13.8			
						W	20~33	棕灰色	中壤土	棱块状	8.2	17.1	0.96			<1.0	101	16.0			
						Dp	33~45	黑灰色	重壤土	块状	8.0	16.8	0.62			<1.0	112	12.4			
						C₁	45~70	浅黄灰色	中壤土	棱块状	8.1	6.5	0.29			<1.0	50	9.7			
						C₂	70~100	浅黄灰色	中壤土	小块状	8.2										
剖5	人为土	水稻土	脱潜水稻土	勤灰土	黑砂土	A	0~12	深灰色	中壤土	屑粒状	7.8	39.9	2.20	1.38	21.9	3.0	54	14.4	冲积物、湖相沉积物	E 120°24′33.5″ N 32°39′09.0″	93
						W	12~24	暗棕色	中壤土	小块状	8.2	52.7	2.84	1.17	22.3	4.0	50	13.8			
						Wg	24~100	褐色	中壤土	粒状	7.9	4.7	0.38	1.03	21.9	<1.0	56	16.0			
剖6	潮土	灰潮土		夹砂土	老土	2	0~11	浅棕灰色	中壤土	块状	8.1	16.7	1.05	1.17	21.8	3.0	140	12.4	冲积物、海相河相沉积物	E 120°29′41.6″ N 32°36′11.9″	85
						3	11~22	棕灰色	中壤土	棱块状	8.2	11.4	0.67	1.16	20.8	<1.0	78	9.7			
						4	22~40	暗棕灰色	中壤土	块状	8.4	13.6	0.51			<1.0	60	13.9			
						5	40~66	灰黄色	轻壤土	棱块状	8.5	6.3	0.31			<1.0	47	13.9			
						6	66~100	黄黄色	砂壤土	片状	8.4	3.7	0.20			<1.0	51				
剖7	半水成土	潮土	盐化潮土	壤质潮盐土	脱盐老土	A	0~13	黄棕色	中壤土	屑粒状	8.2	15.6	1.06	1.51	21.8	8.0	253	13.7	浅海相沉积物	E 120°29′55.0″ N 32°36′48.6″	80
						2	13~33	暗棕色	中壤土	小块状	8.1	11.5	0.74	1.36	21.8	1.0	132	14.4			
						3	33~54	棕灰色	中壤土	棱块状	8.2	5.5	0.21	1.18	23.3	<1.0	68	17.7			
						4	54~84	棕灰色	中壤土	大块状	8.1	11.5	0.65	1.05	21.5	<1.0	66	9.1			
						5	84~100	黄棕灰色	轻壤土	小块状	8.0	3.6	0.29	1.32	26.1	<1.0	46	13.7			
剖8	半水成土	水稻土	渗育水稻土	湖砂土	砂姜心淀砂土	A	0~11	黄棕灰色	轻壤土	屑粒状	8.1	14.6	0.89	1.23	19.3	2.0	57	13.7	冲积物、湖相沉积物	E 120°18′52.2″ N 32°31′08.0″	88
						P	11~21	黄棕色	轻壤土	小块状	8.1	14.0	0.86	1.26	20.1	<1.0	61	12.8			
						W	21~31	棕色	轻壤土	块状	8.2	7.6	0.46	1.13	18.5	<1.0	51	12.3			
						C	31~100		轻壤土	无明显结构	8.2	3.8	0.21	1.06	19.9	<1.0	27	11.6			
剖9	人为土	水稻土	渗育水稻土	湖砂土	淀砂土	A	0~11	浅棕灰色	轻壤土	块状	7.8	12.3	0.76	1.35	19.5	3.0	50	11.1	冲积物、湖相沉积物	E 120°22′55.6″ N 32°34′07.7″	89
						W	11~26	棕灰色	砂壤土	块状	8.0	11.6	0.74	1.65	19.7	1.0	44	7.5			
						C₁	26~37	黄灰色	砂壤土	无明显结构	8.4	3.5	0.23	1.42	18.5	<1.0	38	6.6			
						C₂	37~100	浅灰黄色	砂壤土	屑粒结构	8.5	2.1	<0.10	1.58	19.4	<1.0	39				

续表 Continued

剖面号 Soil profile	土纲 Soil order	土类 Soil great group	亚类 Soil subgroup	土属 Soil genus	土种 Soil species	土层码 Layer code	土层厚度 Depth/cm	颜色 Soil color	质地 Soil texture	土壤结构 Soil structure	pH	有机质 OM/(g/kg)	全氮 TN/(g/kg)	全磷 TP/(g/kg)	全钾 TK/(g/kg)	有效磷 AP/(mg/kg)	速效钾 AK/(mg/kg)	阳离子交换量CEC/(cmol/kg)	土壤母质 Parent material	剖面点坐标 Profile coordinate	匹配指数 Matching index/%
剖10	人为土	水稻土	渗育水稻土	湖砂土	黏心镶夹砂	A	0—12	棕灰色	中壤土	细粒状	8.0	14.8	1.10	1.15	22.6	4.0	87	14.6	冲积物、湖相沉积物	E 120°26′03.1″ N 32°33′39.6″	100
						W₁	12—39	浅棕灰色	中壤土	小块状	8.2	12.8	1.03	1.14	23.3	1.0	85	14.7			
						W₂	39—52	棕灰色	轻黏土	棱块状	8.2	13.9	0.69	0.96	26.9		93	21.9			
						C	52—100	棕黄色	重壤土	块状	8.2	8.7	0.54	1.12	27.0	<1.0	83	19.8			
剖11	半水成土	潮土	灰潮土	灰潮砂土	板面砂	A₁₁	0—8	灰色	砂壤土	屑粒状	7.9	11.9	0.86	0.71	17.3	3.0	45	10.6	冲积物	E 120°29′17.5″ N 32°34′25.7″	82
						A₁₂	8—23	灰色	砂壤土	小块状	8.1	8.2	0.57	0.49	18.4	1.0	48	9.4			
						C₁	23—45	浅灰色	壤土	小块状	8.2	4.0	0.30	0.71	17.1		25	7.5			
						C₂	45—100	灰黄色	壤土	片状	8.2	4.0	0.23	0.74							
剖12	半水成土	潮土	灰潮土	夹砂土	夹砂土	A	0—13	暗棕色	轻壤土	碎粒状	7.3	15.7	1.02	1.41		1.0	78		冲积物、海相河沉积物	E 120°29′22.6″ N 32°33′13.0″	97
						2	13—23	棕灰色	轻壤土	小块状	8.2	7.6	0.47	1.26		<1.0	61				
						3	23—37	浅黄色	轻壤土	核粒状	8.4	4.6	0.27	1.18		<1.0	45				
						4	37—75	黄黄色	砂壤土	无明显结构	8.5	3.5	0.24	1.31		<1.0	28				
						5	75—100	黄灰色	砂壤土	无明显结构	8.3	3.7	0.17	1.26		<1.0	34				
剖13	人为土	水稻土	渗育水稻土	湖砂土	绳夹砂	A	0—12	暗棕灰色	中壤土	细粒状	7.6	16.5	1.14			5.0	79		冲积物、湖相沉积物	E 120°22′40.4″ N 32°31′20.3″	90
						W₁	12—33	暗棕灰色	中壤土	块状	7.7	15.4	1.04			5.0	58				
						W₂	33—57	灰黄色	中壤土	块状	7.7	11.6	0.75			3.0	56				
						C	57—100	灰黄色	轻壤土	块状	7.8	3.2	0.24			<1.0	35				
剖14	半水成土	潮土	灰潮土	夹砂土	泡砂土	A	0—10	灰黑色	砂壤土	散粒状	8.2	10.9	0.69	1.15	19.6	3.0	40	7.9	冲积物、海相河沉积物	E 120°18′06.5″ N 32°24′25.2″	97
						2	10—15	灰黑色	砂壤土	散粒状	8.2	8.7	0.61	1.38	20.2	1.0	32	7.8			
						3	15—60	灰色	砂壤土	散粒状	8.3	3.4	0.21	1.32	21.3	<1.0	28	6.2			
						4	60—100	灰白色	松砂土	无明显结构	8.3	2.6	0.14	1.25	21.8	<1.0	29	5.0			
剖15	半水成土	潮土	灰潮土	板面砂	板面砂	A	0—15	暗棕色	砂壤土	碎粒状	7.9	11.9	0.86	1.62	20.8	3.0	45	10.6	冲积物、海相河沉积物	E 120°35′26.5″ N 32°34′58.1″	92
						2	15—32	暗棕灰色	中壤土	小块状	8.1	8.2	0.57	1.42	22.2	1.0	48	9.4			
						3	32—76	浅灰色	中壤土	小块状	8.2	4.0	0.30	1.63	20.6	<1.0	25	7.5			
						4	76—100	灰黄色	砂壤土	片状	8.2	4.0	2.03	1.70	20.2	<1.0	28	7.0			
剖16	半水成土	潮土	盐化潮土	壤质潮盐土	脱盐夹砂土	A₁	0—16	暗黄黄色	中壤土	屑粒状	7.8	12.9	1.03			10.0	150		浅海相沉积物	E 120°44′40.9″ N 32°33′05.4″	100
						A₂	16—30	浅棕灰色	中壤土	团粒状	8.2	6.7	0.55			<1.0	88				
						Bv	30—48	浅棕灰色	中壤土	棱块状	8.3	7.0	0.51			16.7	94				
						C	48—100	浅黄黄色		片状		2.8	0.38			10.0	96				
剖17	半水成土	潮土	灰潮土	黏土	黏土	A	0—15	灰褐色	中壤土	粒状	7.7	19.1	1.25	1.43	23.6	1.0	76	16.4	冲积物、海相河沉积物	E 120°44′50.3″ N 32°31′56.6″	80
						2	15—26	灰褐色	重壤土	棱块状	8.0	20.7	1.15	1.22	24.9	2.0	62	19.7			
						3	26—100	黄灰色	中壤土	片状	8.3	5.5	0.46	1.11	24.5	<1.0	48	14.7			

连 云 港 市

市 辖 区

主要土类说明

滨海盐土是连云港市主要土壤类型，占本市地域面积的58%。滨海盐土分布于沿海一带，成土母质为滨海沉积物，全土体含有以氯化物为主的可溶盐，具 A-C 剖面构型。滨海盐土的土壤和地下水的盐分组成与海水基本一致，氯盐占绝对优势，其次为硫酸盐和重碳酸盐；盐分中以钠、钾离子为主，钙、镁次之。土壤含盐量为 20—50g/kg，地下水矿化度为 10—30g/L，土壤积盐强度随距海由近至远而逐渐减弱。土壤 pH 为 7.5—8.5。

棕壤是连云港市第二大土壤类型，占本市地域面积的22%。棕壤是在中纬度近海地区森林植被下发育的地带性土壤。本市地处温暖湿润的海洋性季风气候，夏季温暖多雨，冬季寒冷干燥，积雪甚少。原生植被是落叶阔叶林，阔叶树残落物中灰分物质含量丰富，可以中和有机质分解所产生的酸，使土壤呈近中性偏酸。但本市原始植被被破坏后，土壤酸化，易溶盐类和碳酸盐均被淋失，土体 pH 为 5.0—6.0，无石灰反应。成土母质为变质片麻岩，少量为石英片岩和云母片岩风化壳。质地以轻壤土为主，局部有较强的黏化作用和富铝化作用。本区棕壤分为粗骨性棕壤、酸性棕壤和潮棕壤等亚类。

潮土占连云港市地域面积的6%。本市潮土是滨海地区盐土经长期耕垦脱盐熟化而形成的，分布于郊区锦屏山南侧近山黄泛海积平原和地势较高、排水良好的其他地方，如新坝镇南部，另外在花果山、中云也有零星分布。本市潮土质地黏重，上下均一，通气，透水性差，不易耕作。土壤偏碱性，表层和全层 pH 平均值为8.4，物理性黏粒通层高达 74.41%，表层阳离子交换量为 20.25cmol/kg，阳离子交换量通层平均为 21.84cmol/kg。地下水矿化度较低，土体含盐量较少。

小于本市地域面积3%的土壤类型还有粗骨土、砂姜黑土。

本区域中心区气候特征

本区域中心区气候特征值
Regional climate characteristics in central area of the region

气候带：暖温带亚湿润气候 Climate region: Warm temperate subhumid climate	
年平均气温 /℃ Annual average temperature /℃	13.6
年平均最高气温 /℃ Annual average maximum temperature /℃	18.4
年平均最低气温 /℃ Annual average minimum temperature /℃	9.6
年降水量 /mm Annual precipitation /mm	908
≥10℃的积温 /℃ Daily temperature accumulated in a year (≥10℃) /℃	4975
年日照时数 /h Annual sunshine /h	2472
年平均相对湿度 /% Annual average relative humidity /%	73
干燥度 Dryness	0.89

本区域中心区月平均气温与月平均降水量
Monthly temperature and precipitation in central area of the region

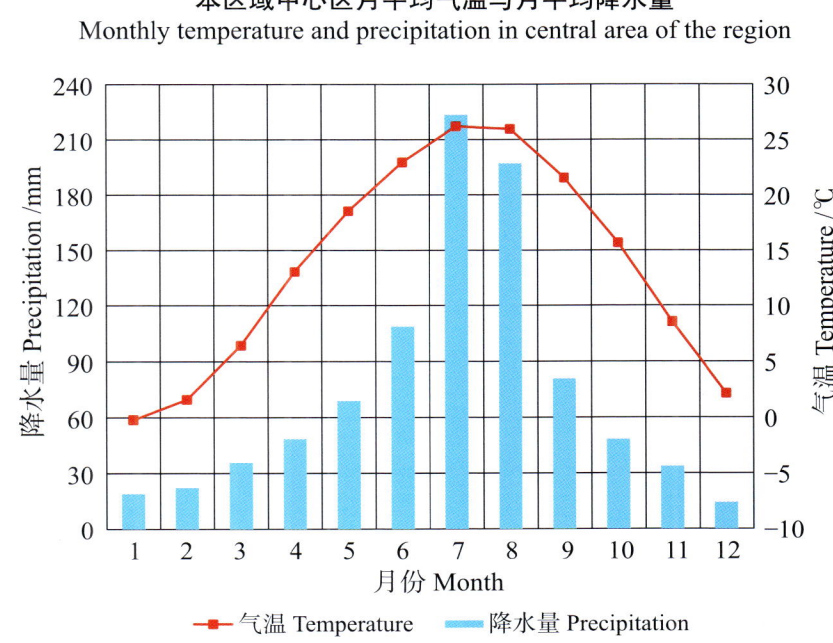

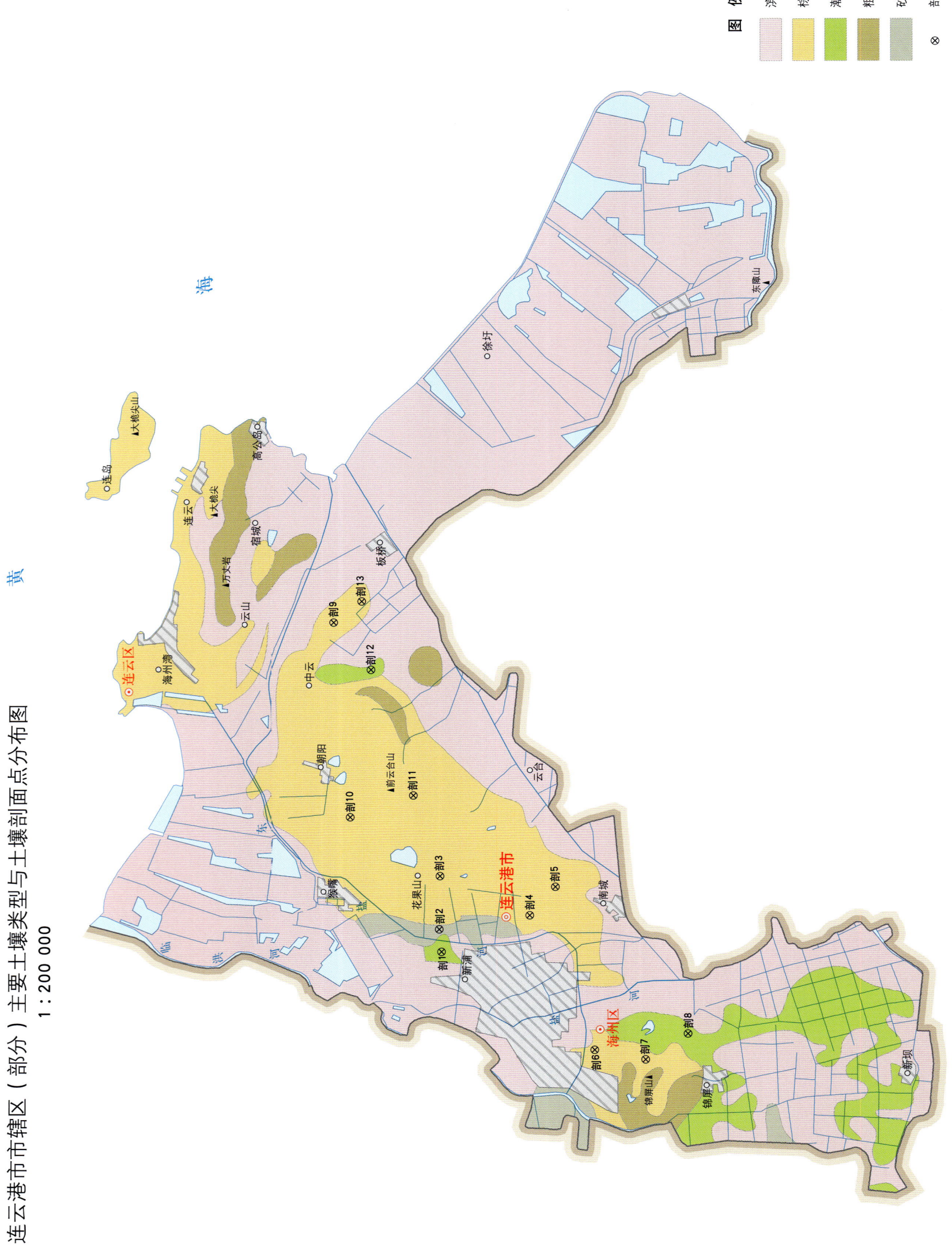

连云港市土壤剖面理化性状表

剖面号 Soil profile	土纲 Soil order	土类 Soil great group	亚类 Soil subgroup	土属 Soil genus	土种 Soil species	土层码 Layer code	土层厚度 Depth/cm	颜色 Soil color	质地 Soil texture	土壤结构 Soil structure	pH	有机质 OM/(g/kg)	全氮 TN/(g/kg)	全磷 TP/(g/kg)	有效磷 AP/(mg/kg)	速效钾 AK/(mg/kg)	阳离子交换量CEC/(cmol/kg)	土壤母质 Parent material	剖面点坐标 Profile coordinate	匹配指数 Matching index/%
剖1	半水成土	潮土	盐化潮土	黏质盐潮土	黄黏土	A	0—12	灰黄棕色	轻黏土	粒状	8.3	17.1	1.18	1.72	6.0	306	17.3		E 119°12′00.0″ N 34°38′03.8″	96
						Bv₁	12—25	棕色	轻黏土	粒状	8.5	8.1	0.67	0.85	1.0	316	17.8			
						Bv₂	25—62	棕色	轻黏土	片状	8.7	3.7	0.41	0.54	5.0	293	17.5			
						C	62—100	暗棕色	重黏土	片状	8.6	7.8	0.74	0.63	9.0	482	23.4			
剖2	半水成土	砂姜黑土	盐化砂姜黑土	盐黑土	覆盖灰黏土	A	0—20	黄棕色	轻黏土	块状	7.9	15.5	0.95	0.44	1.0	257	1.8		E 119°12′42.5″ N 34°38′05.6″	90
						Bv	20—43	灰黑色	轻黏土	小块状	7.8	16.5	0.97	0.29	1.0	305	33.3			
						C	43—100	灰黄色	轻黏土	大块状	7.6	13.2	0.78	0.28	2.0	340	28.2			
剖3	淋溶土	棕壤	棕壤	山地棕壤	薄层棕壤	A	0—9	灰白色	砂壤土	单粒状								坡积物	E 119°14′21.8″ N 34°38′03.1″	83
						Bv	9—22	黄棕色	砂壤土	单粒状										
剖4	淋溶土	棕壤	棕壤	酥麻土	多砾质砂土	A	0—19	灰黄色	砂壤土	单粒状	5.4		1.93	0.22	5.0	176	11.0	残积物	E 119°13′03.7″ N 34°35′50.6″	99
						C	19—													
剖5	淋溶土	棕壤	棕壤	岭砂土	厚层生草岭砂土	A₀	0—4	灰黑色	轻壤土	粒状	6.0		3.52	0.54	4.0	443	14.0		E 119°13′57.4″ N 34°35′11.4″	98
						A₁	4—24	暗灰色	轻壤土	粒状	5.6		2.53	0.54	2.0	216	12.3			
						A₂	24—64	暗灰色	砂壤土	粒状	5.3		1.61	0.51	1.0	103	16.2			
						C	64—	黄棕色	砂壤土	粒状										
剖6	淋溶土	棕壤	棕壤	山地棕壤	厚层棕壤	1	0—22	灰黄棕色	轻壤土	单粒状	5.2		2.07	0.37	<1.0	85	9.5	残积物	E 119°08′53.5″ N 34°34′18.1″	80
						2	22—47	黄棕色	轻壤土	无明显结构	4.7		1.79	0.33	<1.0	44	7.0			
						3	47—63	黄棕色	轻壤土	无明显结构	4.7		1.26	0.37	<1.0	27	7.2			
						D	63—													
剖7	淋溶土	棕壤	棕壤	岭砂土	薄层生草岭砂土	A₁	0—8	暗棕色	轻壤土	无明显结构	5.4		1.91	0.21	2.0	178	10.5		E 119°08′33.7″ N 34°33′03.2″	86
						A₂	8—18	暗灰色	轻壤土	无明显结构	5.2		1.22	0.20	1.0	77	7.6			
						C₁	18—	黄棕色												
剖8	半水成土	潮土	盐化潮土	黏质盐潮土	灰腰黄黏土	A	0—16	灰白色	轻黏土	小块状									E 119°09′21.2″ N 34°31′58.8″	99
						Bv₁	16—35	棕黄色	轻壤土	大块状	6.4	10.9	0.73	0.40	3.0	99	6.1			
						Bv₂	35—54	浅棕色	中壤土	大块状	7.5	7.4	0.55	0.26	7.0	64	9.4			
						C	54—100	浅灰黑色	砂壤土	大块状	7.5	4.8	0.37	0.28	2.0	51	7.0			
剖9	淋溶土	棕壤	潮棕壤	板土	黏底黄板土	A	0—15	黄棕色	重壤土	核状	7.1	6.7	0.64	0.40	2.0	53	16.7		E 119°22′20.3″ N 34°40′33.2″	99
						Bv	15—32	浅棕黄色	砂壤土	核状	7.1	10.5	0.65	0.46	13.0	61	7.1			
						Bv₂	32—60	浅棕黄色	轻壤土	核状	7.6	7.3	0.42	0.36	6.0	31	5.7			
						C	60—100	浅棕黄色	轻壤土	块状	7.9	3.6	0.26	0.27	2.0	35	5.1			
剖10	淋溶土	棕壤	潮棕壤	板土	黄板土	A	0—15	棕黄色	中壤土	核状	7.9	3.7	0.26	0.34	4.0	31	6.3		E 119°16′16.7″ N 34°40′15.2″	96
剖11	棕壤	棕壤	棕壤	酥麻土	少砾质砂土	1	0—14	灰黄棕色	轻黏土	粒状	5.8							片麻岩风化物	E 119°16′54.5″ N 34°38′40.6″	83
						2	14—20				6.0									
剖12	半水成土	潮土	盐化潮土	黏质盐潮土	灰底黄黏土	A	0—15	浅棕色	轻黏土	粒状	8.3	15.5	1.15	1.51	4.0	231	16.2		E 119°20′49.2″ N 34°39′38.9″	98
						Bv₁	15—39	棕色	中壤土	块状	8.6	7.3	0.66	0.63	3.0	246	16.9			
						Bv₂	39—67	棕色	中壤土	片状	8.7	6.2	0.60	0.55	5.0	348	19.0			
						C	67—100	灰黑色	重黏土	粒状	8.6	10.6	0.84	0.44	5.0	497	24.5			

续表 Continued

剖面号 Soil profile	土纲 Soil order	土类 Soil great group	亚类 Soil subgroup	土属 Soil genus	土种 Soil species	土层码 Layer code	土层厚度 Depth/cm	颜色 Soil color	质地 Soil texture	土壤结构 Soil structure	pH	有机质 OM/(g/kg)	全氮 TN/(g/kg)	全磷 TP/(g/kg)	有效磷 AP/(mg/kg)	速效钾 AK/(mg/kg)	阳离子交换量CEC/(cmol/kg)	土壤母质 Parent material	剖面点坐标 Profile coordinate	匹配指数 Matching index/%
剖13	淋溶土	棕壤	潮棕壤	板土	青砂板土	A	0—22	棕灰色	砂壤土	粒状	7.3	16.8	9.60	0.51	34.0	36	6.3	洪积物	E 119°22′58.1″ N 34°39′50.8″	100
						Bv₁	22—45	浅黄灰色	砂壤土	小团块、粒状	7.6	5.1	0.36	1.57	10.0	20	6.2			
						Bv₂	45—70	黄棕色	砂壤土	小核状	7.6	4.6	0.28	0.35	9.0	18	5.6			
						C	70—100	深黄棕色	砂壤土		7.4	4.0	0.26	0.34	6.0	20	6.7			

赣 榆 区

主要土类说明

潮土是赣榆区主要土壤类型，占本区地域面积的 40%。潮土是发育在江河冲积母质上，一方面受到地下水升降活动影响，另一方面受人为耕种、熟化作用而形成的土壤。本区潮土只有棕潮土一个亚类。棕潮土是发源于山东沂蒙山区及本区棕壤地区的大小河流从上游夹带泥沙多次沉积的结果，土体剖面呈明显的沉积层理。土壤通体无石灰反应，呈棕黄色，土壤剖面中有各种色泽的锈斑或细小的铁锰结核。

棕壤是赣榆区第二大土壤类型，占本区地域面积的 39%，主要分布在本区西部、北部的低山丘陵区。棕壤是本区唯一的地带性土壤，是在暖温带和温带气候条件下，在针叶林与落叶阔叶混交林的植被条件下形成的。成土过程主要包括淋溶淀积过程、黏化过程和漂洗过程。棕壤的特点是薄层粗骨，只有在山脚及平原地段才出现较厚的土层。山顶土层厚度一般在 20cm 左右，并含有大量砾石和石块；丘陵及山谷底部土层厚度一般在 50cm 左右，最厚处也能大于 1m。缓坡及坡脚上坡积物发育的土壤，下层呈黄棕色，较黏重，结构呈大块状或棱柱状，层次之间逐渐过渡，土层厚度大，pH 为 5.5—6.8。土体构型多呈表层—底土层或表层—亚表层—紫泥层。本区棕壤分为粗骨性棕壤、棕壤（白浆化棕壤）、潮棕壤等亚类。

砂姜黑土占赣榆区地域面积的 12%，主要分布在低洼平原区，因表土层呈黑灰色，且下层或更深层具有砂姜而得名。砂姜黑土的形成过程大致包括沼泽草甸化过程、腐殖质的累积过程（黑土的形成）、淋溶淀积过程（砂姜和铁锰结核的形成）。砂姜黑土在土层中夹有大小不等的铁子、铁锰结核和砂姜，土体上部已不含石灰，大多淋至下部积集成层。砂姜的大小、紧密程度及积聚数量的多少差别很大。本区在 1m 土层内出现砂姜的不多，大多都在 3m 左右，多呈水平分布，由于后来河流冲积的影响，部分砂姜黑土被侵蚀和覆盖。土体构型一般为耕作层—心土层—底土层。耕作层较疏松，土壤呈中性至微碱性，土色为黑灰色，有机质含量在 1.5% 左右，磷素较缺；心土层仍为黑土层，整个黑土层的厚度（包括耕作层和心土层）一般在 40—60cm；其下即为底土层，或叫潜育层，土色为青灰色或蓝灰色，呈大棱柱状，有少量锈斑。

小于本区地域面积 3% 的土壤类型还有滨海盐土等。

本区域中心区气候特征

本区域中心区气候特征值
Regional climate characteristics in central area of the region

气候带：暖温带亚湿润气候 Climate region: Warm temperate subhumid climate	
年平均气温 /℃ Annual average temperature /℃	13.6
年平均最高气温 /℃ Annual average maximum temperature /℃	18.4
年平均最低气温 /℃ Annual average minimum temperature /℃	9.5
年降水量 /mm Annual precipitation /mm	883
≥ 10℃的积温 /℃ Daily temperature accumulated in a year（≥ 10℃）/℃	4963
年日照时数 /h Annual sunshine /h	2497
年平均相对湿度 /% Annual average relative humidity /%	72
干燥度 Dryness	0.91

本区域中心区月平均气温与月平均降水量
Monthly temperature and precipitation in central area of the region

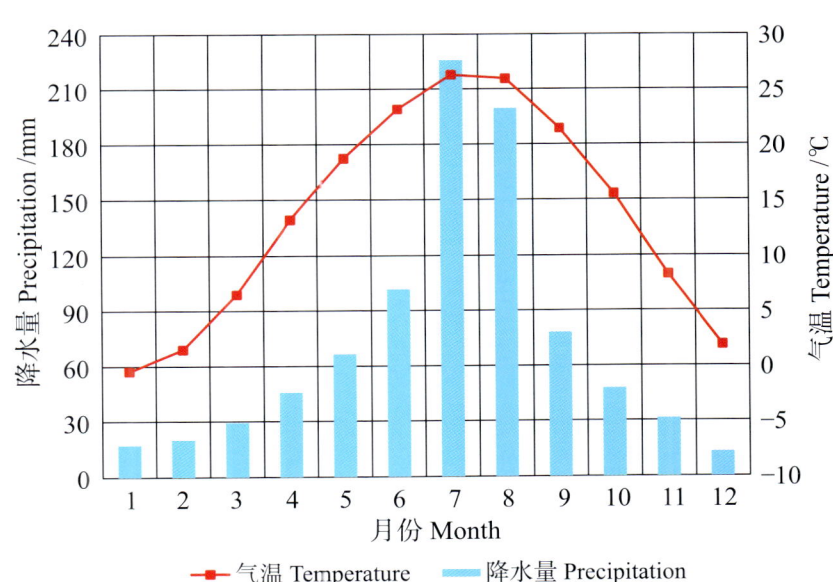

赣榆县主要土壤类型与土壤剖面点分布图
1∶210 000

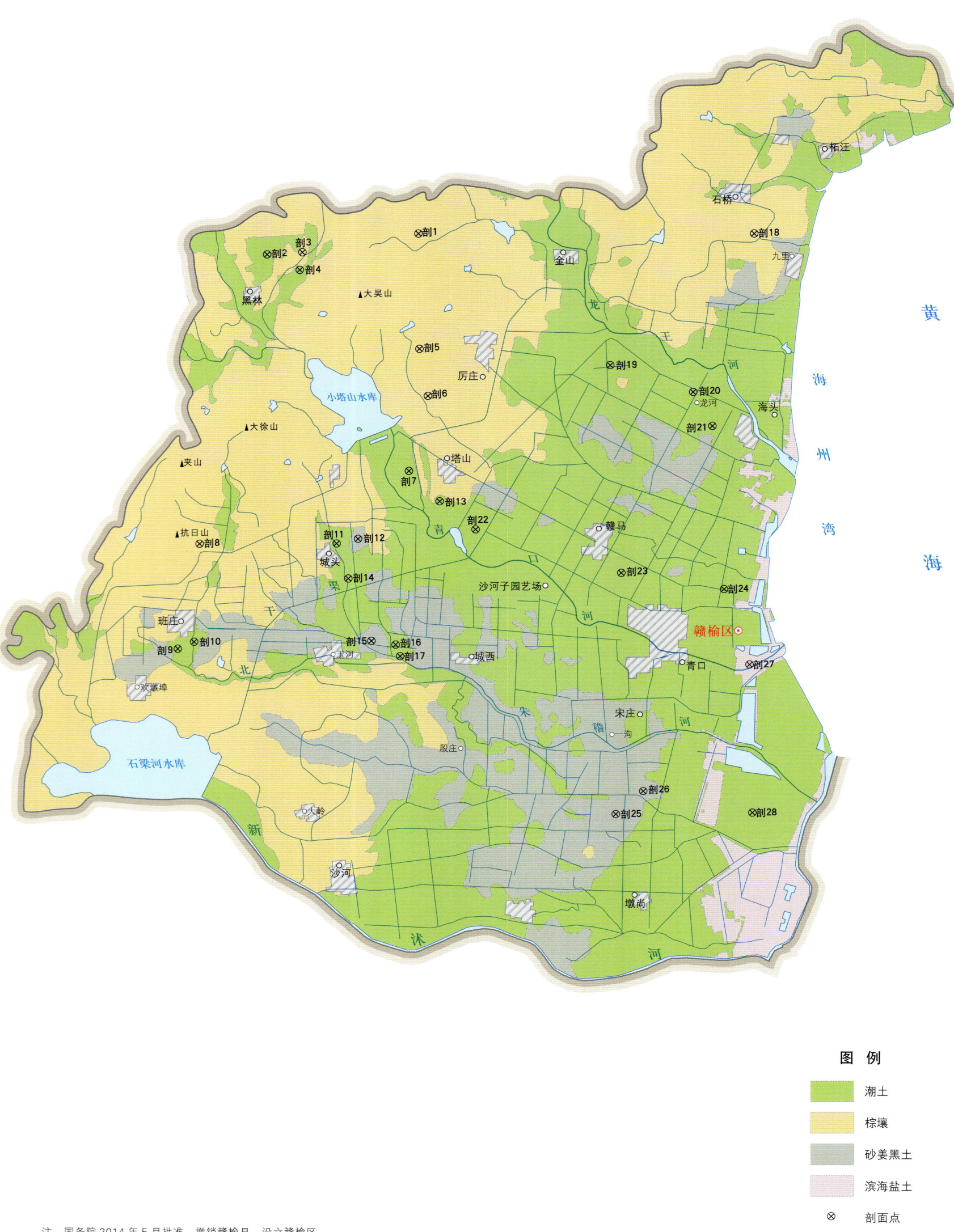

注：国务院 2014 年 5 月批准，撤销赣榆县，设立赣榆区。

赣榆区土壤剖面理化性状表

剖面号 Soil profile	土纲 Soil order	土类 Soil great group	亚类 Soil subgroup	土属 Soil genus	土种 Soil species	土层码 Layer code	土层厚度 Depth/cm	颜色 Soil color	质地 Soil texture	土壤结构 Soil structure	pH	有机质 OM (g/kg)	全氮 TN (g/kg)	全磷 TP (g/kg)	碱解氮 AN (mg/kg)	有效磷 AP (mg/kg)	速效钾 AK (mg/kg)	阳离子交换量 CEC (cmol/kg)	土壤母质 Parent material	剖面点坐标 Profile coordinate	匹配指数 Matching index/%
剖1	淋溶土	棕壤	白浆化棕壤	包浆土	包浆土	1	0—25	灰黄色	砂壤土	碎块状	6.5	8.1	0.58	0.37	54	4.6	44	11.1	片麻岩风化物	E 118°59′20.0″ N 35°02′02.0″	91
						2	25—35	浅黄棕色	中壤土	小棱柱状	6.9	4.3	0.43	0.22	37	2.2	44	15.2			
						3	35—100	红棕色	重壤土	大棱柱状	7.1	3.5	0.49	0.22	30	1.0	98	26.8			
剖2	半水成土	潮土	盐化潮土	盐碱化黄砂土	盐化黄土	1	0—5				8.0								冲积物、沉积物	E 118°54′14.4″ N 35°01′33.2″	86
						2	5—10				8.3										
						3	10—20				8.3										
						4	20—50				8.5										
						5	50—100				8.5										
剖3	淋溶土	棕壤	潮棕壤	板土	白板土	1	0—16	棕黄色	轻壤土	小粒状	5.7	8.4	0.80	0.56	106	6.5	44	15.6	片麻岩风化物	E 118°55′25.3″ N 35°01′35.0″	99
						2	16—26	灰黄色	轻壤土	棱状	6.1	5.9	0.56	0.34	51	1.3	29	10.4			
						3	26—76	暗黄棕色	砂壤土	块状	6.8	2.0	0.34	0.26	36	1.0	22	8.3			
						4	76—105	黄棕色	重壤土	块状	6.1	1.3	0.26		35	2.9	38	12.7			
剖4	半水成土	潮土	盐化潮土	盐碱化黄砂土	盐化黄土	1	0—5				8.6								冲积物、沉积物	E 118°55′18.1″ N 35°01′04.4″	100
						2	5—10				8.4										
						3	10—20				8.8										
						4	20—50				9.1										
						5	50—100				9.0										
剖5	淋溶土	棕壤	潮棕壤	酥石岭砂土	岭砂土	1	0—22	灰黄色	中壤土	小粒状	7.0	10.5	0.79	0.43	70	17.0	59	15.2	片麻岩风化物	E 118°59′17.9″ N 34°58′44.0″	82
						2	22—40	灰黄色	中壤土	屑粒状	6.4	7.0	0.53	0.22	52	3.2	43	12.9			
						3	40—60	暗黄棕色	重壤土	棱状	6.9	6.8	0.50	0.22	49	2.2	76	17.4			
						4	60—96	青灰棕色	重壤土	块状	6.8	6.2	0.45	0.19	43	9.7	103	25.4			
剖6	淋溶土	棕壤	棕壤	酥石岭砂土	岭砂土	1	0—15	浅棕色	砂壤土	散粒状	6.5	10.3	0.66	0.28	57	7.1	51	9.6	片麻岩风化物	E 118°59′31.2″ N 34°57′22.3″	99
						2	15—30	棕色	砂壤土	散粒状	6.6	7.4	0.52	0.28	53	3.7	35	7.6			
						3	30—				8.4										
剖7	半水成土	潮土	盐化潮土	盐碱化黄砂土	盐化黄砂土	1	0—5	浅黄色	黏土	小粒状	7.8								河流冲积物	E 118°58′49.1″ N 34°55′13.1″	89
						2	5—10				8.2										
						3	10—20			小块状	8.3										
						4	20—40				8.5										
						5	40—80				8.7										
						6	80—100			无明显结构	8.7										
剖8	淋溶土	棕壤	棕壤	酥石岭砂土	砾石土	1	0—10	灰黄色	重壤土	小块状	5.9	11.2	0.84	0.23	68	<1.0	26	4.6	片麻岩风化物	E 118°51′44.6″ N 34°53′17.2″	95
						2	10—40	灰黄色	重壤土	块状	6.5	7.8	0.61	0.23	60	<1.0	35	9.4			
剖9	半水成土	潮土	棕壤	老黄土	腰黑黑老黄土	1	0—17	灰黄色	重壤土	小块状	6.0	11.2	0.93	0.34	82	7.2	97	19.9	冲积物、沉积物	E 118°50′54.6″ N 34°50′15.4″	81
						2	17—29	灰黄色	轻壤土	块状	6.2	13.2	0.96	0.31	77	3.0	83	18.1			
						3	29—70	黑灰色	轻壤土	块状	7.2	13.5		0.28	65	2.3	170	29.7			
						4	70—100	黄灰色													
剖10	半水成土	潮土	盐化潮土	盐碱化黄土	碱性黄土	1	0—5				8.6								冲积物、沉积物	E 118°51′27.4″ N 34°50′26.5″	83
						2	5—10				8.2										
						3	10—20				8.2										
						4	20—50				8.2										
						5	50—100				8.0										

续表 Continued

剖面号 Soil profile	土纲 Soil order	土类 Soil great group	亚类 Soil subgroup	土属 Soil genus	土种 Soil species	土层码 Layer code	土层厚度 Depth/ cm	颜色 Soil color	质地 Soil texture	土壤结构 Soil structure	pH	有机质 OM/ (g/kg)	全氮 TN/ (g/kg)	全磷 TP/ (g/kg)	碱解氮 AN/ (mg/kg)	有效磷 AP/ (mg/kg)	速效钾 AK/ (mg/kg)	阳离子 交换量CEC/ (cmol/kg)	土壤母质 Parent material	剖面点坐标 Profile coordinate	匹配指数 Matching index/%
剖11	半水成土	潮土	棕潮土	黄土	底黑黄土	1	0—20	浅黄色	中壤土	粒状									冲沉积物	E 118°56′22.1″ N 34°53′11.6″	85
						2	20—65	浅黄色	中壤土	块状											
						3	65—105	黑色	黏土	柱状											
						4	105—														
剖12	半水成土	砂姜黑土	砂姜黑土	岗黑土	岗黑土	1	0—18	黑棕色	重壤土	粒状	6.5	15.6	1.01	0.35	80	1.5	79	20.4	黄土性母质	E 118°57′04.0″ N 34°53′17.9″	83
						2	18—48	黑色	中黏土	棱块状	7.3	16.9	0.87	0.35	53	1.0	77	33.8			
						3	48—100	暗棕色	轻黏土	棱块状	7.8	10.2	0.62	0.33	40	1.1	89	33.4			
剖13	半水成土	潮土	棕潮土	老黄土	老黄土	1	0—20	黄棕色	轻黏土	小块状	6.8	16.1	1.11	0.43	78	3.7	116	26.1	冲积物、沉积物	E 118°59′51.0″ N 34°54′19.8″	91
						2	20—35	灰黄棕色	轻黏土	片状	7.1	13.6	0.98	0.40	79	3.7	107	28.0			
						3	35—70	暗黄色	轻黏土	棱柱状	7.6	16.5	1.03	0.35	60	1.9	91	30.1			
						4	70—100	暗黄棕色	重黏土	棱柱状	7.8	5.7	0.76	0.38	31	2.5	88	29.0			
剖14	半水成土	潮土	棕潮土	黄土	腰黑黄土	1	0—17	暗黄棕色	轻壤土	粒状	7.1		0.84		76	7.6	84	14.9	冲积物、沉积物	E 118°56′42.7″ N 34°52′10.2″	84
						2	17—25	褐色	中壤土	片状	7.2	7.5	0.55	0.29	51	2.3	48	15.3			
						3	25—50	黑色	重壤土	大棱柱状	7.0	10.5	0.69	0.33	52	1.9	108	31.6			
						4	50—100	褐黄色	重壤土	小棱柱状	7.8	5.4	0.40	0.22	31	1.1	125	25.2			
剖15	半水成土	砂姜黑土	砂姜黑土	盐碱化老黄土	盐化老黄土	1	0—10				8.1								黄土性母质	E 118°57′28.8″ N 34°50′21.8″	81
						2	10—20				8.6										
						3	20—50				8.6										
						4	50—100				8.9										
剖16	半水成土	潮土	潮土	湖黑	黑土	1	0—10				7.8								冲积物、沉积物	E 118°58′16.7″ N 34°50′17.2″	95
						2	10—20				8.0										
						3	20—50				7.9										
						4	50—100														
剖17	半水成土	潮土	白浆化棕潮土	包浆土	包浆土	1	0—18		中壤土		7.7	17.2							冲积物、沉积物	E 118°58′23.2″ N 34°49′55.2″	80
						2	18—51		轻壤土		7.9	12.3									
						3	51—100				8.4	5.9									
剖18	淋溶土	棕壤	白浆化棕壤	包浆土	包浆土	1	0—25	黄棕色	砂壤土	粒状	5.8	6.1	0.41	0.24	52	4.4	29	6.6	片麻岩风化物	E 119°10′38.3″ N 35°01′47.6″	98
						2	25—42	灰白色	中壤土	散粒状	6.6	5.2	0.38	0.18	43	1.9	40	7.7			
						3	42—100	暗棕色	重壤土	块状	6.4	3.9	0.26	0.14	39	2.0	108	26.3			
剖19	半水成土	潮土	棕潮土	黄砂土	黄砂土	1	0—25	浅棕色	砂壤土	无明显结构	5.9	5.8	0.50	0.30	27	9.6	56	6.9	河流冲积物	E 119°05′41.6″ N 34°58′09.1″	89
						2	25—60	浅棕色	砂壤土	无明显结构	5.8	5.9	0.42	0.30	47	2.1	38	7.4			
						3	60—100	青灰棕色	轻壤土	块状	5.7	1.7	0.27	0.30	27	5.3	51	10.5			
剖20	半水成土	潮土	盐化潮土	盐碱化黄土	碱性黄土	1	0—5				7.7								冲积物、沉积物	E 119°08′29.0″ N 34°57′18.0″	94
						2	5—10				7.5										
						3	10—20				7.7										
						4	20—50				8.1										
						5	50—100				8.2										
剖21	半水成土	潮土	盐化潮土	盐碱化黄土	碱性黄土	1	0—5				7.6								冲积物、沉积物	E 119°09′05.0″ N 34°56′19.0″	100
						2	5—10	灰黄色	砂壤土	散粒状	8.8	5.1	0.35	0.30	56	9.6	54	10.3			
						3	10—20	棕黄色	砂壤土	散粒状	9.2	5.4	0.61	0.29	66	6.0	28	10.3			
						4	20—50				9.1										
						5	50—100				8.8										
剖22	半水成土	潮土	棕潮土	黄砂土	砂漏土	1	0—24												河流冲积物	E 119°01′01.9″ N 34°53′31.2″	80
						2	24—44														
						3	44—100	浅黄色	松砂土	无明显结构	6.9	<1.0	0.40	0.28	13	4.2	22	3.7			

续表 Continued

剖面号 Soil profile	土纲 Soil order	土类 Soil great group	亚类 Soil subgroup	土属 Soil genus	土种 Soil species	土层码 Layer code	土层厚度 Depth/cm	颜色 Soil color	质地 Soil texture	土壤结构 Soil structure	pH	有机质 OM/(g/kg)	全氮 TN/(g/kg)	全磷 TP/(g/kg)	碱解氮 AN/(mg/kg)	有效磷 AP/(mg/kg)	速效钾 AK/(mg/kg)	阳离子交换量CEC/(cmol/kg)	土壤母质 Parent material	剖面点坐标 Profile coordinate	匹配指数 Matching index/%
剖23	半水成土	潮土	棕潮土	黄土	砂心黄土	1	0—15	青灰色	中壤土	粒状	7.4	13.0	0.97	0.38	132	8.3	88	23.3	冲积物、沉积物	E 119°05′53.2″ N 34°52′10.6″	99
						2	15—50	青灰色	轻壤土	碎粒状	7.7	4.9	0.45	0.29	75	3.2	58	19.4			
						3	50—90	浅黄色	砂壤土	无明显结构	8.0	1.5		3.40	36	5.5	26	9.9			
剖24	半水成土	潮土	盐化潮土			1	0—5	浅黄色	砂壤土	小粒状	8.6								海相冲沉积物	E 119°09′20.5″ N 34°51′37.4″	92
						2	5—10				8.2										
						3	10—20	浅黄色	砂壤土	小块状	8.2										
						4	20—50	灰黄色	中壤土	块状	8.2										
						5	50—100				8.0										
剖25	半水成土	砂姜黑土	盐化砂姜黑土			1	0—5	灰黑色	中黏土	微团粒状	7.0								黄土性母质	E 119°05′30.8″ N 34°45′14.8″	94
						2	5—10	青灰黑色	中黏土	小团块状	7.5										
						3	10—20	深灰黑色	轻黏土	块状	7.9										
						4	20—50	棕黄色	中黏土	块状	7.8										
						5	50—100	棕黄色	中黏土	块状	7.8										
剖26	半水成土	砂姜黑土	盐化砂姜黑土	盐黑土	盐化黑土	1	0—17	暗灰黄色	轻黏土	块状	7.5	12.2	0.52	0.38	59	3.7	141	21.3	黄土性母质	E 119°06′28.4″ N 34°45′54.4″	98
						2	17—60	暗灰黄色	中黏土	棱块状	7.5	7.9	0.69	0.34	30	2.3	185	31.9			
						3	60—100	棕灰色	重黏土	棱块状	7.5	5.2	0.56	0.33	24	4.3	388	28.0			
剖27	盐碱土	滨海盐土	滨海盐土	黏质滨海盐土		1	0—20	暗棕色	中黏土	胶泥状	8.1	15.5	1.08	0.59	61	5.6	≥500	19.8	海相冲沉积物	E 119°10′09.1″ N 34°49′27.1″	96
						2	20—70	棕色	中黏土	棱粒状	8.6	6.5	0.56	0.61	23	11.2	≥500	21.3			
						3	70—105	浅棕色	中黏土	棱柱状	8.6	6.2	0.61	0.65	22	14.4	≥500	20.7			
剖28	半水成土	潮土	盐化潮土	黏质潮盐土	黏质重盐土	1	0—5				8.4								海相冲沉积物	E 119°10′06.6″ N 34°45′12.6″	92
						2	5—10				8.8										
						3	10—20				8.6										
						4	20—50				8.4										
						5	50—100				8.4										

东 海 县

主要土类说明

棕壤是东海县主要土壤类型，占本县地域面积的 38%。本县地处典型的暖温带落叶阔叶林地带，棕壤是境内的地带性土壤，属山东棕壤的延伸部分。成土母质是覆盖于岗丘上的酸性变质岩系（花岗岩、片麻岩）风化残坡积物和第四纪古老洪积物。本县棕壤分布范围广，所处地区海拔均在 90m 以下，质地普遍为上砂下黏，土种分布有明显规律，土种界线尚明显，从同一岗岭上看，岭上部土壤有效土层浅，往下逐步加厚，质地上粗下细，土色上浅下深，有机质含量上少下多，地下水位上低下高，土壤肥力上低下高，外排水性能良好，灌溉水和地下水均较缺乏，土壤呈中性至微酸性，是本县目前产量较低的土壤类型。本县棕壤分为粗骨性棕壤、棕壤、潮棕壤等亚类。

砂姜黑土是东海县第二大土壤类型，占本县地域面积的 33%，主要分布于东部的湖洼区和西部岗间洼地。成土母质为次生第四纪黄土性古河流冲积的湖相静水沉积物，在岗间砂姜黑土的母质中还有一定数量的岗丘坡积物。土壤成土年龄较老，"腐泥状黑土层"和潜育性"砂姜黑土层"是其基本发生层次。土体淋溶作用使碳酸钙聚积于中部和底部形成砂姜结核。土体无石灰反应，土壤呈中性，局部低洼处的盐碱化砂姜黑土 pH 较高，可达 8.0，土壤潜在肥力较高，质地黏重。本县砂姜黑土分为砂姜黑土和盐化砂姜黑土等亚类。

潮土是东海县第三大土壤类型，占本县地域面积的 15%，主要分布于本县新沭河、鲁兰河、石榴河、蔷薇河等自然河流两岸的广阔地带。潮土是河流冲积物经地下水参与成土过程和旱耕熟化发育的土壤。成土母质是沂蒙山区及本县西部丘陵岗地（实际是沂蒙山余脉）片麻岩、砂页岩风化物。潮土是这些岗丘上的风化物经河流搬运覆盖于低地砂姜黑土上或沉积于低地发育而成的。土壤主要呈中性，仅黄潮土亚类有强烈石灰反应，pH 在 8.0 以上。土壤生产性能尚好，肥力上等。土壤质地呈"紧砂慢淤"沉积规律，同时受地形、河床弯曲度的支配。一般距河远者黏性大、砂性小、砂粒渐变少。本县潮土分为棕潮土、黄潮土、盐化潮土等亚类。

粗骨土占东海县地域面积的 9%。粗骨土是基岩风化残坡积物。土体构型为 A–C 或（A）–C。A 层发育不明显，与母质土层性状相似，有少量有机质累积。有时母质层富含砾石，甚少剖面分异与发育特征。

小于本县地域面积 3% 的土壤类型还有紫色土、黄褐土。

本区域中心区气候特征

本区域中心区气候特征值
Regional climate characteristics in central area of the region

气候带：暖温带亚湿润气候 Climate region: Warm temperate subhumid climate	
年平均气温 /℃ Annual average temperature /℃	13.9
年平均最高气温 /℃ Annual average maximum temperature /℃	18.7
年平均最低气温 /℃ Annual average minimum temperature /℃	9.8
年降水量 /mm Annual precipitation /mm	908
≥10℃的积温 /℃ Daily temperature accumulated in a year (≥10℃) /℃	5090
年日照时数 /h Annual sunshine /h	2415
年平均相对湿度 /% Annual average relative humidity /%	73
干燥度 Dryness	0.91

本区域中心区月平均气温与月平均降水量
Monthly temperature and precipitation in central area of the region

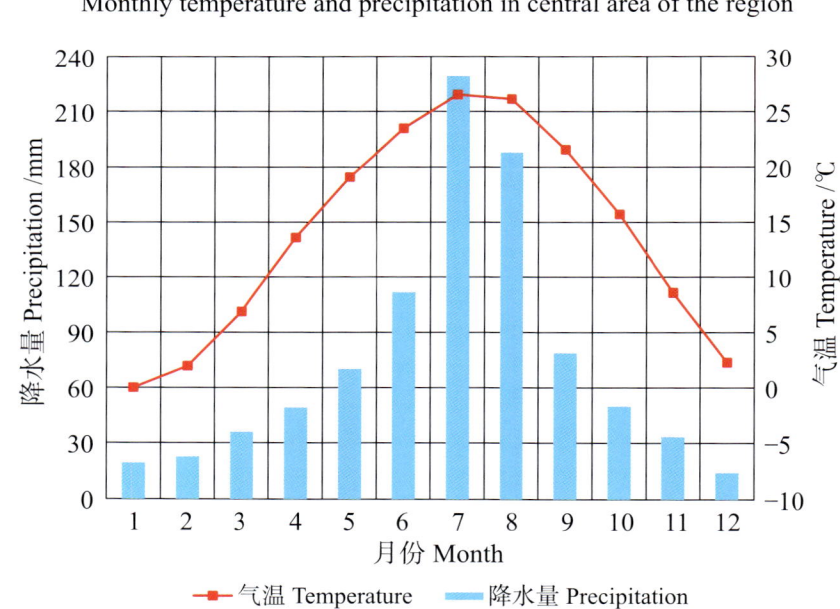

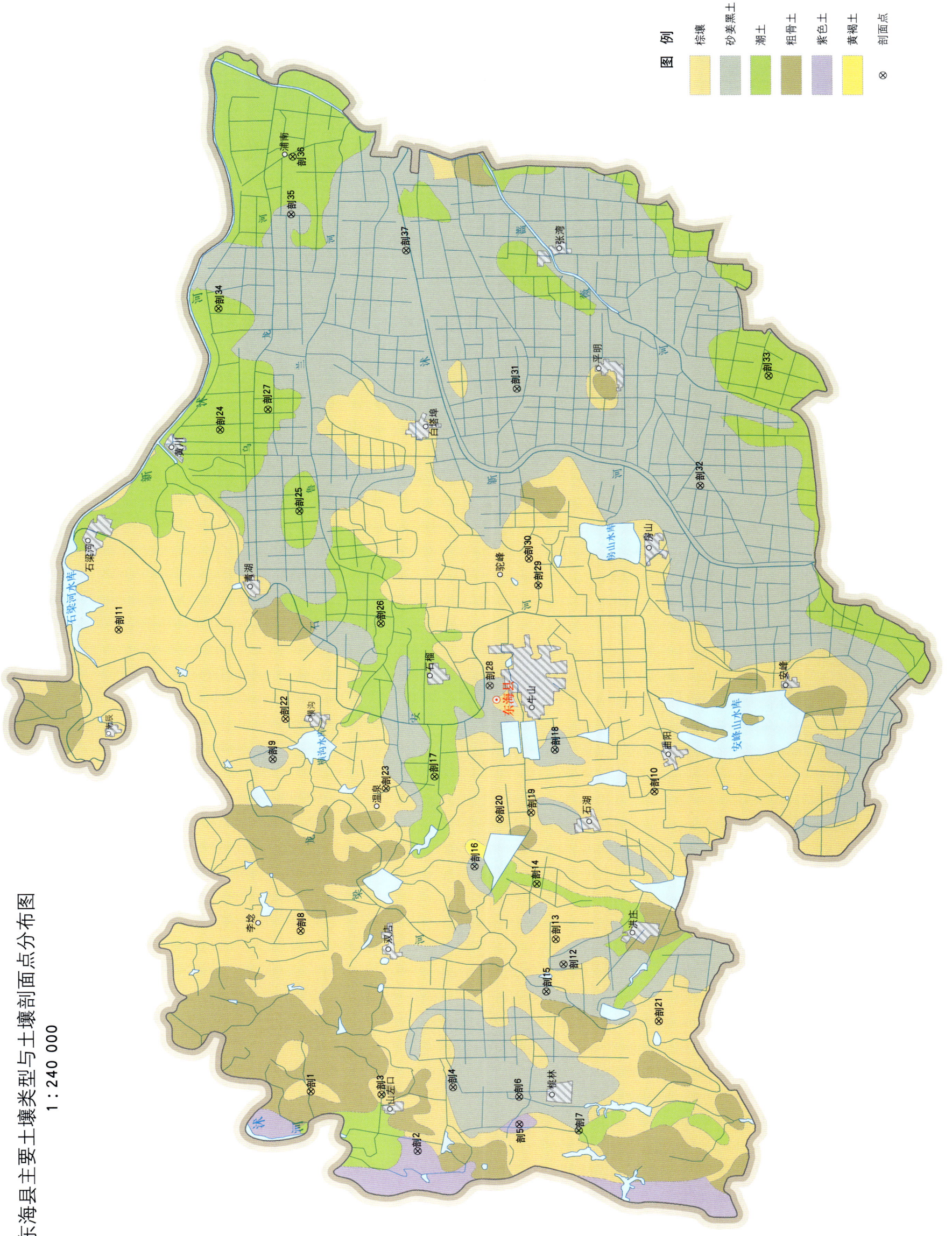

东海县土壤剖面理化性状表

剖面号 Soil profile	土纲 Soil order	土类 Soil great group	亚类 Soil subgroup	土属 Soil genus	土种 Soil species	土层码 Layer code	土层厚度 Depth/cm	颜色 Soil color	质地 Soil texture	土壤结构 Soil structure	pH	有机质 OM/(g/kg)	全氮 TN/(g/kg)	全磷 TP/(g/kg)	全钾 TK/(g/kg)	碱解氮 AN/(mg/kg)	有效磷 AP/(mg/kg)	速效钾 AK/(mg/kg)	阳离子交换量CEC/(cmol/kg)	土壤母质 Parent material	剖面点坐标 Profile coordinate	匹配指数 Matching index/%
剖1	淋溶土	棕壤	棕壤			1		黄棕色	砂壤土	粒状、小粒状	7.1									基岩风化物	E 118°29′17.2″ N 34°38′37.0″	99
						2			砂壤土	小粒状	7.1											
						3					7.1											
						4					6.5											
剖2	初育土	紫色土	中性紫色土	紫砂土		A	0—15	紫红棕色	砂质黏壤土	小团块状	8.1	7.3	0.48	0.60	24.4				9.5	紫色砂页岩坡积物	E 118°26′49.2″ N 34°35′14.6″	92
						C_1	15—35	浅红黄色	砂壤土	小块状	8.6	1.7	0.19	0.48	24.5				12.1			
						C_2	35—100	浅红黄色	砂壤土	小块状	8.7	2.2	0.10	0.57	24.2				14.6			
剖3	淋溶土	棕壤	白浆化棕壤	棕白土		A	0—17		轻壤土	单粒状	6.8	7.9	0.52	0.20		56	1.4	25	9.8	变质岩风化坡洪积物	E 118°29′08.2″ N 31°36′24.8″	100
						L	17—25	浅灰白色	中壤土	单粒状	6.7	3.7	0.40	0.14		42	<1.0	30	12.2			
						Bv_2	25—90	黄棕色	重壤土	棱柱状	6.9	4.3	0.39	0.13		4	<1.0	105	24.9			
							90—125		中壤土		6.9	3.7	0.32	0.10		27	<1.0	94	25.1			
剖4	半水成土	砂姜黑土	砂姜黑土	岗黑土	板黑土	A_{11}	0—15	灰棕色	壤质黏土	粒状	6.5	13.7	0.94	0.11		104	4.0	51	14.4	坡积物、洪积物	E 118°29′19.7″ N 34°34′04.1″	94
						A_{12}	15—21	浅棕黄色	中壤土	片状	7.3	10.6	0.67	<0.10		53	3.0	51	25.8			
						C_1	21—48	棕灰色	重壤土	块状	7.3	10.1	0.70	<0.10		65	2.0	56	25.4			
						C_2	48—100	棕黄色	壤质黏土	粒状	7.5	2.7	0.28	<0.10		32		76	27.5			
剖5	初育土	紫色土	中性紫色土	紫泥土	中层紫黏泥	A	0—16	紫棕色	中壤土	单粒状										紫色砂页岩残积物、坡积物	E 118°27′49.0″ N 34°31′58.8″	89
						P	16—22	浅棕紫色	中壤土	片状	7.8	8.2	0.63	0.26		60	4.9	35	14.2			
						Bv	22—73	紫棕色	重黏土	棱块状	7.9	6.0	0.59	0.14		39	<1.0	32	4.6			
						Bva	73—94	灰棕色	中壤土	柱状	8.0	4.5	0.35	0.11		31	1.9	90	7.7			
						C	94—130	紫黄色	中壤土	柱状	8.0	2.3	0.25	0.15		20	1.5	69				
剖6	半水成土	砂姜黑土	砂姜黑土	岗黑土	下位砂姜岗黑土	A	0—20	灰黄色	重壤土	团粒状	8.1	19.0	0.85	0.28		24	<1.0	51	21.4	黄土性古河流沉积物	E 118°28′54.5″ N 34°31′58.1″	96
						P	20—33	灰黄色	重壤土	小块状	8.0	9.5	0.76	0.26		46	<1.0	71	29.7			
						Bv	33—75	黑色	重壤土	棱柱状	8.0	11.0	0.66	0.20		25	<1.0	49	22.4			
						$Bvca_2$	75—105	棕黄色	中壤土		8.1	2.5	0.25	0.24		24	1.1	27	5.4			
剖7	半水成土	潮土	潮土	老黄土	腰黑层老黄土	A	0—20	暗黄色	中黏土	小粒状	7.4	12.6	1.02	0.47		77	1.7	104	26.1	河流冲积物	E 118°27′30.6″ N 34°30′04.7″	96
						P	20—30	浅黄色	轻黏土	片状	7.5	8.0	0.67	0.42		45	<1.0	105	35.8			
						Bva	30—65	灰黄色	中黏土	棱块状	7.7	10.1	0.71	0.27		48	<1.0	56	29.3			
						C	65—115	黄黄色	中黏土	棱柱状	8.0	3.1	0.34	0.28		6	5.4	74	29.4			
剖8	淋溶土	棕壤	棕壤	酥石岭砂土	岭砂土	A_1	0—13	黄棕色	砂壤土	粒状、小块状	7.1	7.1	0.47	0.28		42	1.3	26	6.5	基岩风化物	E 118°28′54.5″ N 34°31′58.1″	84
						A_2	13—34	浅棕黄色	砂壤土	小块状	7.1	<1.0	0.36	0.20		25		16	6.7			
						Bviz	34—65	浅黄色	砂壤土		7.1	5.6	0.41	0.21		42	1.7	41	12.6			
						D	65—	青黄色														
剖9	半水成土	砂姜黑土	砂姜黑土	湖黑土	下位砂姜黑土	A	0—15	灰黑色	重壤土	粒状、小块状	7.3	17.3	1.34	0.34		86	<1.0	88	29.4	黄土性湖相静水沉积物	E 118°42′34.6″ N 34°39′36.4″	84
						P	15—25	灰黄色	重黏土	块状	7.2	15.9	1.07	0.35		76	1.1	73	42.5			
						Bva	25—55	黑色	中黏土	棱柱状	7.8	12.5	0.83	0.27		53	<1.0	74	34.2			
						$Bvca_2$	55—110	浅黄色	重黏土	棱状	8.2	3.5	0.34	0.31		28	<1.0	89	27.4			
剖10	淋溶土	棕壤	白浆化棕壤	包浆土	包浆黄浆紫土	1	0—15	红黄色	粒状	粒状										变质岩风化洪积物	E 118°40′55.6″ N 34°27′25.9″	89
						2	15—27	浅黄色	片状	片状												
						3	27—40	浅棕色	粒状	粒状												
						4	40—100	紫红色	片状	片状												

续表 Continued

剖面号 Soil profile	土纲 Soil order	土类 Soil great group	亚类 Soil subgroup	土属 Soil genus	土种 Soil species	土层码 Layer code	土层厚度 Depth/cm	颜色 Soil color	质地 Soil texture	土壤结构 Soil structure	pH	有机质 OM/(g/kg)	全氮 TN/(g/kg)	全磷 TP/(g/kg)	全钾 TK/(g/kg)	碱解氮 AN/(mg/kg)	有效磷 AP/(mg/kg)	速效钾 AK/(mg/kg)	阳离子交换量CEC/(cmol/kg)	土壤母质 Parent material	剖面点坐标 Profile coordinate	匹配指数 Matching index/%
剖11	淋溶土	棕壤	潮棕壤	板土	青砂板土	A₁	0—14	浅灰色	轻壤土	单粒状	7.4	8.0	0.64	0.30		62		42	15.8	变质岩风化坡积物、洪积物	E 118°47′55.3″ N 34°44′22.9″	100
						P	14—20	灰色	轻壤土	小块状	7.4	7.2	0.58	0.22		54	1.4	48	15.8			
剖12	半水成土	砂姜黑土	盐化砂姜黑土	盐黑土	盐化砂姜黑土	Bv₁	20—35	浅黄棕色		柱状	6.9	5.6	0.42	0.17		34	<1.0	66	15.4	黄土性湖相静水沉积物	E 118°34′06.6″ N 34°30′28.1″	93
						Bv₂	35—70	棕棕色	重黏土	柱状	7.0	3.6	0.33	0.10		33	<1.0	79	13.6			
						C₁	70—90	黄黄棕色	重黏土	小块状	7.5	16.7	1.19	0.39		84	1.8	243	30.4			
						A₁	0—14	灰灰黑色	中黏土	微团粒状	7.0	10.9	0.79	0.31		41	1.2	159	26.6			
						Bv	14—22	菁黄黑色	中黏土	小团粒状	7.9	5.3	0.49	0.30		47	1.0	171	26.9			
						Bv	22—54	深灰黑色	轻黏土	块状	7.8	4.2	0.35	0.16		15		193	29.0			
剖13	淋溶土	棕壤	棕壤	酥石岭砂土	少砾质岭砂土	C	54—104	棕棕色	中黏土	块状	7.8	5.1	0.43	0.24		24	1.1	29	5.4	基岩风化物	E 118°35′06.7″ N 34°30′41.8″	89
						A₁	0—15	浅棕色	紧砂土	单粒状	7.0	3.4	0.31	0.19		38	1.1	19	5.7			
						A₂	15—25	浅红黄色	紧砂土	小粒状、粒状	6.8	3.2	0.34	0.21		50	<1.0	51				
						Bviz	25—48		砂黄土	小粒状	6.5											
						D	48—															
剖14	半水成土	潮土	黄潮土	淤土	淤土	A	0—17	灰棕色	重黏土	块状	7.5	14.8	1.16	0.61		102	3.1	173	36.6	黄泛沉积物	E 118°37′20.6″ N 34°31′16.3″	91
						P	17—29	灰棕色	重黏土	块状	7.4	7.5	0.66	0.58		63	5.0	121	31.0			
						Bv	29—71	灰棕色	重黏土	棱块状	7.3	9.4	0.90	0.62		60	3.1	146	35.1			
						C	71—105	灰棕色	重黏土	棱块状	7.3	8.6	0.84	0.68		40	5.3	168	35.7			
剖15	半水成土	砂姜黑土	砂姜黑土	岗黑土	岗黑土	A	0—18	灰黑色	中壤土	团粒状	7.1	15.7	0.97	0.33		88	4.4	105	28.8	黄土性古河流沉积物	E 118°33′01.4″ N 34°31′02.3″	86
						P	18—25	棕棕色	中壤土	片状	6.7	15.0	0.93	0.27		71	1.1	68	28.7			
						Bv	25—60	黑色	重黏土	棱块状	7.0	11.7	0.87	0.25		32	<1.0	62	30.0			
						C	60—100	棕棕色	重黏土	棱柱状	7.3	5.1	0.39	0.20		27	<1.0	52	22.0			
剖16	半水成土	砂姜黑土	砂姜黑土	湖黑土	黄黑土	A	0—20	棕棕色	重黏土	粒状	6.8	11.0	0.89	0.32		82	1.4	97	24.3	黄土性湖相静水沉积物	E 118°38′05.6″ N 34°33′13.3″	93
						P	20—28	棕棕色	重黏土	小棱块状、小块状	7.3	8.0	0.69	0.30		70	1.1	71	24.3			
						Bva	28—75	黑色	重黏土	块状	7.5	8.6	0.55	0.17		43	1.6	106	35.0			
						C	75—100	灰棕色	中壤土	棱块状	7.5	3.5	0.29	0.10		28	<1.0	82	22.7			
剖17	半水成土	潮土	潮土	黄土	腰黄黄土	A	0—22	棕棕色	中壤土	粒状	6.8	9.9	0.75	0.33		68	2.4	51	17.5	河流冲积物	E 118°41′43.1″ N 34°34′27.5″	100
						P	22—31	棕棕色	重黏土	片状	7.8	7.8	0.73	0.24		77	<1.0	51	21.1			
						Bv	31—57	棕棕色	重黏土	块状	7.1	9.1	0.71	0.21		61	<1.0	73	42.7			
						C	57—110	灰黄色	轻黏土	棱柱状	7.8	3.3	0.33	0.16		24		75	27.5			
剖18	半水成土	砂姜黑土	砂姜黑土	湖黑土	簧底湖黑土	A₁₁	0—15	棕灰黑色	壤质黏土	粒状、小块状	7.3	17.3	1.34	0.34					29.4	湖相沉积物	E 118°42′40.0″ N 34°30′54.6″	99
						P	15—25	黑灰黑色	壤质黏土	块状	7.2	15.9	1.07	0.35		42	3.6		42.5			
						Cb	25—55	黑色	壤质黏土	棱块状	7.8	12.5	0.83	0.27		45	2.7		34.2			
						Cc	55—100	灰灰色	中壤土	棱块状	8.2	3.6	0.34	0.31		20	<1.0	29	27.4			
剖19	淋溶土	棕壤	白浆化棕壤	包浆土	包浆土	A₁	0—16	黄棕棕色	轻壤土	单粒状	7.0	6.7	0.53	0.24				51	14.3	变质岩风化洪积物	E 118°40′11.3″ N 34°31′22.8″	89
						A₂	16—28	浅灰白色	砂壤土	片状	7.3	7.4	0.25	0.24				41	11.5			
						A₃	28—40	浅灰棕色	砂壤土	粒状	7.4	3.1	0.29	0.10		24	1.2	29	9.4			
						Bv₁	40—70	黄黄色	轻黏土	棱块状	6.9	2.9	0.34	<0.10		26	<1.0	74	28.6			
						5	70—85	浅橙黄色	重黏土	块状	6.8	3.9	0.39	0.13					33.6			
剖20	淋溶土	棕壤	潮棕壤	板土	白板土	A₁	0—15	浅橙黄色	中壤土	粒状	6.4	10.4	0.74	0.24		72	2.1	32	13.3	变质岩风化坡积物、洪积物	E 118°40′01.9″ N 34°32′25.4″	83
						L	15—31		中壤土	片状	6.9	3.6	0.28	0.13		40	1.8	29	8.3			
						Bv	31—57	浅黄色	重黏土	棱块状	6.9	2.7	0.31	0.10		47	19.6	61	25.6			
						C₁	57—127	黄棕色	中壤土	棱柱状	6.9	3.4	0.37	0.11		24	1.2	57	28.1			

续表 Continued

剖面号 Soil profile	土纲 Soil order	土类 Soil great group	亚类 Soil subgroup	土属 Soil genus	土种 Soil species	土层码 Layer code	土层厚度 Depth/cm	颜色 Soil color	质地 Soil texture	土壤结构 Soil structure	pH	有机质 OM/(g/kg)	全氮 TN/(g/kg)	全磷 TP/(g/kg)	全钾 TK/(g/kg)	碱解氮 AN/(mg/kg)	有效磷 AP/(mg/kg)	速效钾 AK/(mg/kg)	阳离子交换量 CEC/(cmol/kg)	土壤母质 Parent material	剖面点坐标 Profile coordinate	匹配指数 Matching index/%
剖21	淋溶土	棕壤	白浆化棕壤	棕白土	炉底棕白土	A	0—10	黄棕色	紧砂土	粒状	7.0	3.9	0.29	0.16		24	2.4	34	4.5	变质岩风化坡积物	E 118°31′48.7″ N 34°27′28.4″	95
						L	10—18	灰白色	轻壤土		6.9	4.3	0.26	0.16		46	<1.0	32	9.2			
						3	18—30	浅黄色		柱状												
						Bv₂	30—58	黄棕色	中壤土		6.5	3.6	0.19	<0.10		14	<1.0	53	21.0			
						5	58—65															
						D	65—															
剖22	淋溶土	棕壤	潮棕壤	板土	黑板土	A₁	0—15	灰棕色	中壤土	粒状	6.5	13.7	0.94	0.25		104	1.6	42	14.4	变质岩风化坡积物、洪积物	E 118°44′10.3″ N 34°39′10.1″	92
						A₂	15—21	浅灰黄色	重壤土	片状	7.3	10.6	0.67	0.19		53	1.2	42	25.8			
						Bv₁	21—48	棕灰色	重壤土	块状	7.3	10.1	0.70	0.18		65	<1.0	46	25.4			
						C₁	48—110	棕黄色	重壤土	柱状	7.5	2.7	0.28	0.21		32	1.1	63	27.5			
剖23	淋溶土	棕壤	棕壤	岭砂土	岭砂土	A	0—15	黄棕色	砂壤土	小块状	6.5	10.1	0.62	0.18	30.5		1.6		5.7	片麻岩风化残积物、坡积物	E 118°41′15.0″ N 34°36′01.1″	90
						Bv₁	15—30	黄色	砂壤土	大块状	6.5	3.5	0.31	<0.10	28.9				<1.0			
						Bv₂	30—65	黄棕色	砂壤土	大柱状	5.9	3.5	0.23	<0.10	26.2				23.8			
						R	65—															
剖24	半水成土	潮土	潮土	黄砂土	面砂土	A₁	0—20	浅黄黄色	紧砂土	无明显结构	7.0	7.3	0.44	0.20		72	5.5	59	5.7	河流冲积物	E 118°55′42.6″ N 34°41′03.1″	100
						A₂	20—36	浅褐黄色	紧砂土	无明显结构	7.5	3.0	0.20	0.17		67	2.8	29	3.9			
						Bv₁	36—73	黄灰色	紧砂土	无明显结构	7.0	<1.0	<0.10	0.17		59	1.7	29	2.9			
						Bv₂	73—79	浅灰绿色	砂壤土	无明显结构	6.8	<1.0	0.30	0.23		58	2.9	59	5.8			
						C	79—125	浅黄棕色	松砂土		7.5	1.3	0.21	0.27		47	2.6	42	4.4			
剖25	半水成土	潮土	潮土	黄土	砂心黄土	A	0—15	暗黄色	中壤土	粒状	8.0	10.4	0.74	0.31		60	2.0	54	14.7	河流冲积物	E 118°52′25.7″ N 34°38′33.7″	95
						P	15—26	暗黄色	中壤土	小块状	8.0	10.1	0.70	0.26		58	1.6	59	14.7			
						Bv	26—60	灰黄色	中壤土	小块状	8.0	3.3	0.32	0.19		13	1.8	51	23.7			
						C₁	60—90	浅黄色	松砂土	单粒状	8.5	1.6	<0.10	0.12		7	1.4	29	16.7			
						C₂	90—100	灰棕色	砂壤土	棱柱状	8.7	4.8	0.50	0.38		39	1.0	10	28.0			
剖26	半水成土	潮土	潮土	老黄土	老黄土	A	0—15	棕黄色	轻黏土	粒状	7.3	13.4	0.95	0.34		71	3.2	85	28.0	河流冲积物	E 118°47′54.2″ N 34°36′02.5″	83
						P	15—23	棕黄色	重黏土	片状	7.8	8.4	0.63	0.34		74	2.1	87	31.0			
						Bv₁	23—54	黄灰黄色	重黏土	小块状	7.7	7.7	6.69	0.34		56	<1.0	97	38.5			
						Bv₂	54—87	浅黄灰色	轻黏土	柱状	7.7	7.8	0.67	0.28		60	1.6	85	27.0			
						C	87—110	灰色	重黏土	柱状	7.9	9.5	0.65	0.25		55	<1.0	84	18.9			
剖27	半水成土	潮土	盐碱化潮土	盐碱化黄土	盐化黄土	A	0—13	暗黄色	中壤土	粒状	7.9	9.0	0.50	0.39		58	2.8	50	9.3	河流冲积物	E 118°52′31.2″ N 34°39′29.2″	93
						P	13—23	浅黄灰色	砂壤土	块状	8.2	6.4	0.10	0.18		27	1.4	26	7.4			
						Bv	23—75	灰黄灰色	紧黏土	单粒状	8.3	<1.0	0.10	0.23		11	1.3	21	28.0			
						C	75—110	褐黄色	轻黏土	棱柱状	8.2	1.1	0.48	0.39		39	2.5	91				
剖28	砂姜黑土	砂姜黑土	砂姜黑土	岗黑土	岗黑土	A₁₁	0—14	棕灰黑色	壤质黏土	屑粒、小块状	7.5	27.5	1.47	0.69					32.2	古湖相黄土性静水沉积物	E 118°45′17.6″ N 34°32′36.2″	98
						A₁₂	14—50	黑褐黄色	壤质黏土	小块状	8.1	14.5	0.87	0.73					≥50.0			
						C₁	50—77	褐色	壤质黏土	小块状	8.3	2.9	0.26	0.55					≥50.0			
						Cc	77—100	褐色	壤质黏土	大块状	8.2	2.4	0.18	0.57					≥50.0			
剖29	淋溶土	棕壤	白浆化棕壤	包浆土	包黄紫泥	A	0—20	橙黄色	重壤土	粒状	7.6	4.5	0.38	0.21		30	<1.0	68	23.3	变质岩风化坡积物、洪积物	E 118°49′18.1″ N 34°31′01.2″	98
						Bvz	20—70	棕色	重壤土	棱块状	6.8	2.1	0.24	<0.10		26	<1.0	72	22.7			
						C₁	70—105	浅灰棕色	中壤土	块状	6.8	1.5	0.21	<0.10		19	<1.0	62	22.8			
剖30	淋溶土	棕壤	白浆化棕壤	包浆土	包浆土	A₁	0—13	潜灰黄色	中壤土	单粒状	6.4	6.3	0.55	0.15		42	<1.0	27	9.2	变质岩风化坡积物、洪积物	E 118°50′20.8″ N 34°31′17.8″	83
						L	13—23	灰白色		无明显结构	6.3	2.6	0.24	0.12		21	<1.0	22	6.8			
						Bv₂	23—102	紫红棕色		棱柱状	6.1	2.9	0.33	0.11		19	<1.0	95	31.6			
						4	102—117															
						C₁	117—															

续表 Continued

剖面号 Soil profile	土纲 Soil order	土类 Soil great group	亚类 Soil subgroup	土属 Soil genus	土种 Soil species	土层码 Layer code	土层厚度 Depth/cm	颜色 Soil color	质地 Soil texture	土壤结构 Soil structure	pH	有机质 OM/(g/kg)	全氮 TN/(g/kg)	全磷 TP/(g/kg)	全钾 TK/(g/kg)	碱解氮 AN/(mg/kg)	有效磷 AP/(mg/kg)	速效钾 AK/(mg/kg)	阴离子交换量 CEC/(cmol/kg)	土壤母质 Parent material	剖面点坐标 Profile coordinate	匹配指数 Matching index/%
剖31	半水成土	砂姜黑土	砂潮黑土	湖黑土	黄潮黑土	A	0—19	浅灰棕色	重壤土	团块状	7.3	13.7	1.14	0.40		94	1.8	191	40.7	黄土性湖相静水湖沉积物	E 118° 57′ 08.6″ N 34° 31′ 34.3″	91
						P	19—30	浅棕色	重壤土	块状	7.8	11.1	0.81	0.42		58	2.1	168	44.3			
						Bv	30—67	浅黄色	重壤土	柱状	8.0	8.1	0.66	0.29		36	1.9	166	31.8			
						C	67—110	青灰色	轻黏土	柱状	8.1	7.6	0.56	0.24		19	<1.0	145	32.5			
剖32	半水成土	砂姜黑土	砂姜黑土	湖黑土	黑土	A	0—18	暗灰黑色	中壤土	粒状		15.6	1.03	0.42		69	1.6	89	29.3	黄土性湖相静水湖沉积物	E 118° 53′ 10.7″ N 34° 25′ 46.6″	87
						P	18—23	黑色	重壤土	片状		14.3	0.70	0.38		62	2.5	89	29.6			
						Bva	23—65	灰黑色	中壤土	棱块状		11.1	0.75	0.32		27	<1.0	90	24.0			
						G₁	65—105	灰黄色	砂壤土			4.4	0.31	0.29		4	<1.0	89	27.1			
剖33	半水成土	潮土	棕潮土	黄砂土	腰黄黄砂土	A₁		橙色		粒状										河流冲积物	E 118° 57′ 27.7″ N 34° 23′ 30.8″	93
						A₂		浅黄色		小团块状												
						Bv		黑色		柱状												
						C		黄棕色		块状												
剖34	半水成土	潮土	黄潮土	淤土	腰黑淤土	A	0—15	浅棕色	重壤土	粒状	8.4	13.2	0.95	0.49		78	27.1	131	33.2	黄泛沉积物	E 119° 00′ 32.8″ N 34° 41′ 00.2″	90
						P	15—30	浅黄灰色	重壤土	片状	8.4	5.8	0.68	0.43		49	4.4	144	23.9			
						Bvc	30—52	灰黄色	重壤土	棱块状	8.1	14.0	0.96	0.26		33	2.9	205	32.4			
						C	52—110	浅黄色	重壤土	棱块状	8.0	5.8	0.57	0.30		16	1.7	219	29.6			
剖35	半水成土	砂姜黑土	盐化砂姜黑土	盐黑土	盐黑土	A₁₁	0—14	褐灰色	黏土	团块状	7.0	16.7	1.19	0.39		84	4.0	290	30.4	静水湖相沉积物	E 119° 04′ 15.6″ N 34° 38′ 37.0″	86
						A₁₂	14—22	暗青灰色	壤质黏土	小团块状	7.5	10.9	0.79	0.31		41	3.0	193	26.6			
						C₁	22—54	暗灰色	黏土	块状	7.9	5.3	0.49	0.30		17	2.0	206	26.9			
						C₂	55—100	油黄褐色	黏土	块状	7.8	4.2	0.35	0.16		15	<1.0	233	29.0			
剖36	半水成土	潮土	盐化潮土	黏质轻盐土	黏质轻盐土	1	0—15	浅黄灰色	中壤土	粒状	8.4	11.8	0.86	0.60		52	7.8	340	22.5		E 119° 06′ 34.6″ N 34° 38′ 30.5″	98
						2	15—25	浅黄灰色	中壤土	小棱块状	8.5	9.9	0.78	0.56		30	5.3	435	27.4			
						3	25—55	浅棕黄色		棱块状	9.0	6.2	0.59	0.58		34	5.5	454	26.6			
						4	55—90	浅棕黄色	轻黏土	片状	8.5	4.7	0.48	0.56		31	6.8	496	27.5			
						5	90—115	深灰黄色	中黏土	片状	7.4	6.3	0.53	0.58		30	5.9	467	17.8			
剖37	半水成土	砂姜黑土	砂姜黑土	湖黑土	中位砂姜黑土	A	0—12	浅灰黑色	中黏土	多粒状	7.6	16.8	1.16	0.38		171	<1.0	102	23.8	黄土性湖相静水湖沉积物	E 119° 02′ 44.2″ N 34° 34′ 58.8″	82
						Bvca₃	12—26	浅灰黑色	中黏土	块状	8.1	9.2	0.68	0.30		40	<1.0	104	31.0			
							26—100	黄棕色	重壤土	棱块状	8.5	2.3	0.39	0.30		15	<1.0	88	2.6			

灌 云 县

主要土类说明

潮土占灌云县地域面积的85%。潮土是黄泛冲积物在草甸植被下经长期季节性的交替脱盐和旱耕熟化发育而成的。其成土母质为近代黄泛沉积物。潮土处在地形平坦开阔的倾斜平原，地下水埋深多在1m以上，直接参与成土过程，由于地下水升降频繁，土壤干湿交替，氧化还原过程交替发生，沿土壤结构面与孔隙壁形成锈色斑纹和细小的铁锰结核，这是潮土形成的基本特征之一。地下水矿化度的高低随季节不同而变化，一般在1g/L，局部可达2g/L，在雨季或引水灌溉时，地下水淡化，矿化度变低，在旱季时，由于大量蒸发消耗，地下水浓缩，矿化度变高，加上地下水位较高，促进了盐渍化的形成，这是本县潮土形成过程中附加的一个特点。旱耕熟化过程是潮土最主要的形成过程，土壤肥力逐步使潮土向高度熟化的方向发展。

砂姜黑土占灌云县地域面积的4%。砂姜黑土是低丘岗岭周围的平原湖荡地区的古黄相沉积物历经潜育化和脱潜旱耕熟化发育形成的，在土体60cm左右以下有大小不等的石灰结核（即砂姜）。在低丘岗岭周围的平原湖荡地区，成土母质为古黄土沉积物，砂姜黑土的形成历经潜育化和脱潜旱耕熟化两个过程。前期，由于连年洪水入侵，土地排水不良，地表水与地下水相连，土壤表层生长湿生草本植物，随季节性的气候变化，洪水时进时退，一年之中土壤发生潜化与脱潜的更替，因而有机质得以累积，同时，土壤水富含CO_2致使石灰（$CaCO_3$）产生淋溶、迁移，在心土层（30—60cm）或底土层（60cm以下）中富集发育，形成大小不等的石灰结核，即砂姜。后期，随人口增长和开河挖沟，不断兴修水利，历史性洪水灾害得以根绝，土壤终年脱水旱耕熟化成为砂姜黑土。

棕壤占灌云县地域面积的4%，分布于本县西部岗岭和境内低山、缓坡地带。一种棕壤是由片麻岩、结晶片岩红色砂风化残积物、坡积物发育而来；另一种棕壤处于缓坡部位，表土受到黄泛影响，表土为次生黄土母质或近代河流泛滥冲积物，表土下面则为岩石风化母质层。高坡上的棕壤一般土层浅薄、质地较粗，处于高坡下的棕壤一般质地为重壤土，表土为暗棕色，呈中性至微碱性，无石灰反应或有弱石灰反应。

小于本县地域面积3%的土壤类型还有滨海盐土。

本区域中心区气候特征

本区域中心区气候特征值
Regional climate characteristics in central area of the region

气候带：暖温带亚湿润气候 Climate region: Warm temperate subhumid climate	
年平均气温 /℃ Annual average temperature /℃	13.9
年平均最高气温 /℃ Annual average maximum temperature /℃	18.7
年平均最低气温 /℃ Annual average minimum temperature /℃	10.0
年降水量 /mm Annual precipitation /mm	939
≥10℃的积温 /℃ Daily temperature accumulated in a year（≥10℃）/℃	5102
年日照时数 /h Annual sunshine /h	2393
年平均相对湿度 /% Annual average relative humidity /%	74
干燥度 Dryness	0.88

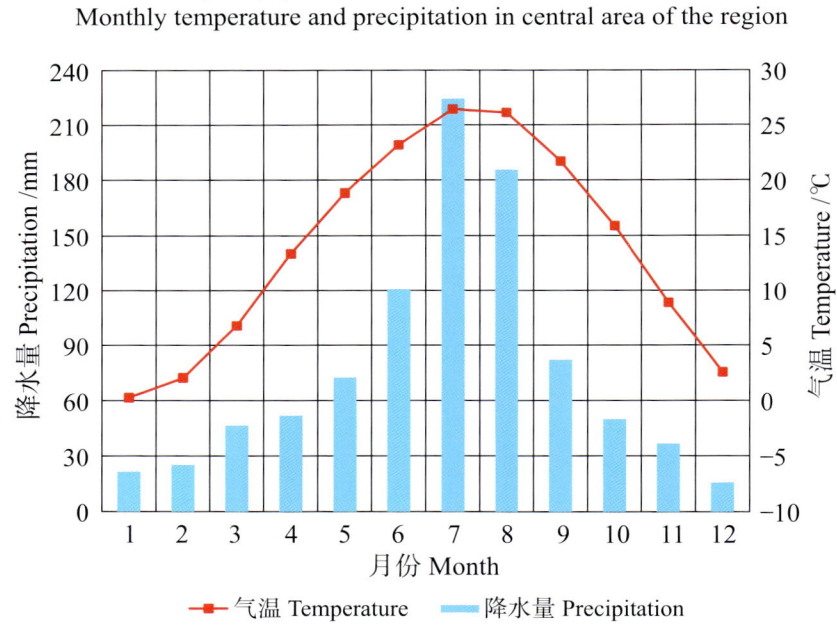

本区域中心区月平均气温与月平均降水量
Monthly temperature and precipitation in central area of the region

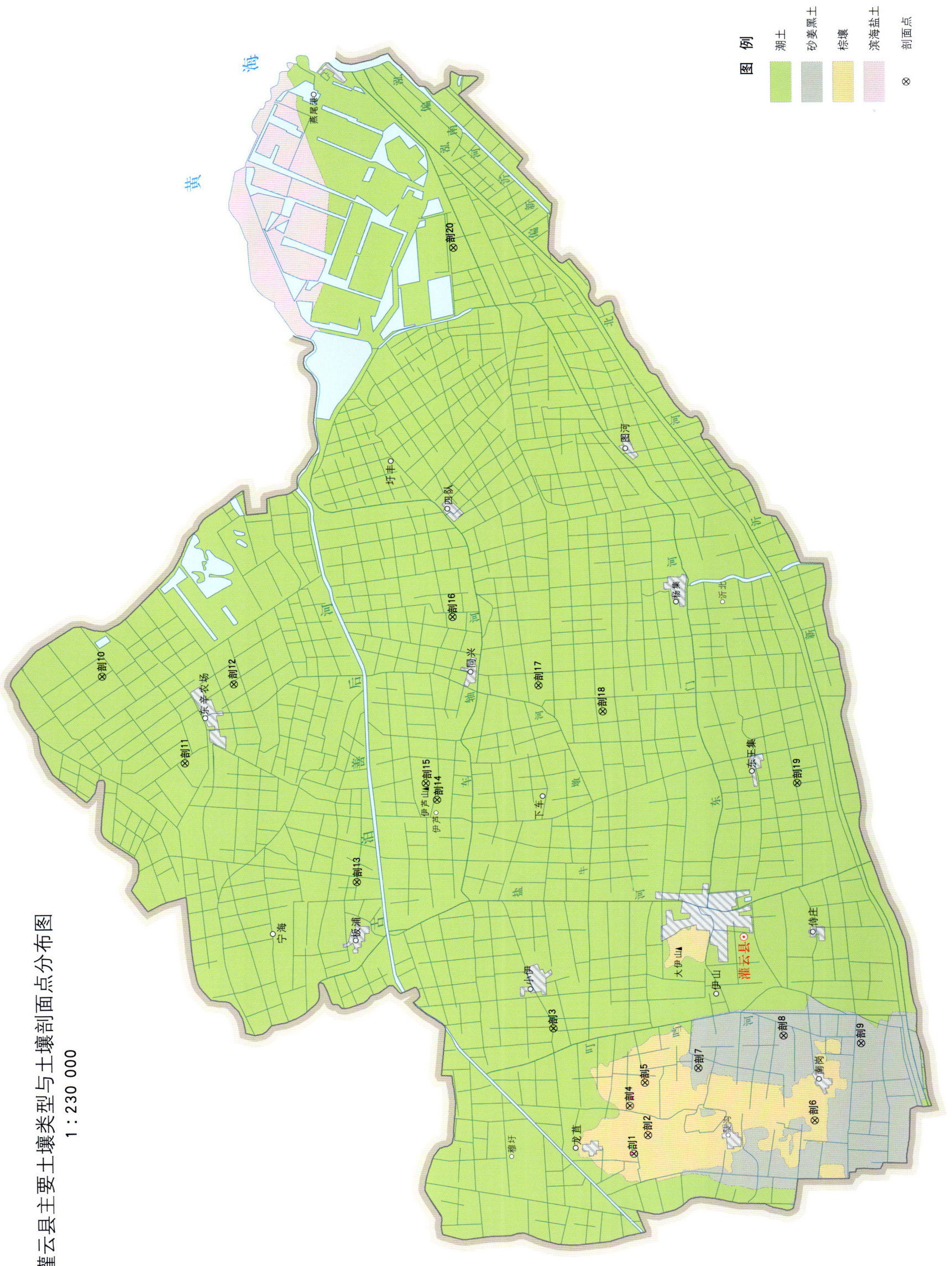

灌云县土壤剖面理化性状表

剖面号 Soil profile	土纲 Soil order	土类 Soil great group	亚类 Soil subgroup	土属 Soil genus	土种 Soil species	土层码 Layer code	土层厚度 Depth/cm	颜色 Soil color	质地 Soil texture	土壤结构 Soil structure	pH	有机质 OM/(g/kg)	全氮 TN/(g/kg)	全磷 TP/(g/kg)	有效磷 AP/(mg/kg)	速效钾 AK/(mg/kg)	阳离子交换量CEC/(cmol/kg)	土壤母质 Parent material	剖面点坐标 Profile coordinate	匹配指数 Matching index/%
剖1	淋溶土	棕壤	潮棕壤	板土	包火石黄土	A	0—21	黄灰色	重灌土	小块状	7.9	4.6	0.36	0.29	<1.0	103	26.8	岩石风化残积物	E 119°06′11.5″ N 34°20′38.0″	87
						2	24—43	灰棕色	轻黏土	粒状	7.6	6.2	0.42	0.23	<1.0	120				
						3	43—	灰黄色	轻黏土		7.5	10.6	0.74	0.23	<1.0	136				
剖2	淋溶土	棕壤	潮棕壤	板土	岗黄土	A	0—23	棕黄色	轻黏土	小块状	7.8	9.8	0.68	0.38	<1.0	85	17.5	残积物、坡积物	E 119°06′52.9″ N 34°20′10.7″	88
						2	23—63	黄色	轻黏土	大块状	7.8	5.4	0.42	0.31	<1.0	121				
						3	63—100	黄色	重灌土	块状	7.7	3.2	0.28	0.33	<1.0	117				
剖3	半水成土	潮土	盐化潮土	黏质潮盐土	脱盐灰底黄黏土	A	0—20	黄棕色	轻黏土	小块状	8.5	18.7	1.25	1.44	5.0	362	27.5	覆盖海湾相沉积物	E 119°10′56.3″ N 34°22′54.1″	85
						2	20—53	灰黑色	中黏土	块状	8.5	10.7	0.78	1.20	2.0	248				
						3	53—100	黑灰色	轻黏土	块状	8.6	9.7	0.85	0.56	3.0	203				
剖4	淋溶土	棕壤	潮棕壤	板土	灰包土	A	0—25	浅灰色	轻黏土	团块状	7.8	12.5	0.88	0.57	2.0	94	17.0	坡积物、洪积物	E 119°07′59.2″ N 34°20′42.0″	98
						2	25—55	灰黑色	中黏土		7.8	6.8	0.48	0.40	<1.0	100				
						3	55—100		重黏土		7.9	4.9	0.41	0.41		115				
剖5	淋溶土	棕壤	棕壤	酥石岭砂土	多砾质薄层岭砂土	1	0—27	灰黑色	砂土	单粒状	7.9	21.7	1.13	0.44	3.0	112	5.3		E 119°08′48.5″ N 34°20′14.3″	80
						2	27—													
剖6	淋溶土	棕壤	棕壤	板土	红泥土	A	0—24	红红色	重灌土	小块状	7.9	11.0	0.57	0.65	6.0	170	12.8	岩石风化物	E 119°07′14.5″ N 34°15′13.0″	96
						2	24—65	褐红色	重灌土	块状	8.0	8.0	0.45	0.47	1.0	146				
						3	65—	褐红土	重灌土	块状	7.8	5.9	0.43	0.51	2.0	191				
剖7	半水成土	砂姜黑土	砂姜黑土	岗黑土	姜底岗黑土	A	0—18	棕黄色	轻黏土	小块状	7.7	11.1	0.95	0.61	2.0	122	26.8	黄土性古河流冲积物、湖相沉积物	E 119°09′18.0″ N 34°18′38.5″	82
						2	18—36	黄灰色	轻黏土	大块状	7.5	11.4	0.96	0.55	<1.0	101				
						3	36—76	灰黑色	重灌土	大块状	7.3	10.5	0.63	0.29	<1.0	148				
						4	76—	浅灰黄色	重灌土	块状	7.6	5.1	0.54	0.64	<1.0	113				
剖8	半水成土	砂姜黑土	砂姜黑土	湖黑土	姜心黄黑土	A	0—17	黄棕色	中黏土	小块状	8.2	11.4	1.09	1.12	2.0	212	23.6	近代黄泛冲积物	E 119°10′25.0″ N 34°16′03.7″	80
						2	17—32	棕黄色	重灌土	块状	8.2	12.4	0.92	1.07	2.0	186				
						3	32—53	黑灰色	重灌土	块状	8.1	15.2	1.15	0.72	2.0	126				
						4	53—100	黄灰色	重灌土	核状	8.0	8.1	0.93	0.60	2.0	130				
剖9	半水成土	砂姜黑土	砂姜黑土	岗黑土	姜心岗黑土	A	0—23	暗黑色	重灌土	屑粒状	7.6	13.7	0.86	0.34	<1.0	161	26.1	黄土性冲积物、湖相沉积物	E 119°10′03.4″ N 34°13′45.1″	82
						2	23—54	灰黑土	重灌土	棱块状	7.5	11.3	0.71	0.58	<1.0	125				
						3	54—100	灰灰黑	重灌土	块状	7.7	5.9	0.48	0.98	<1.0	133				
剖10	半水成土	潮土	盐化潮土	黏质潮盐土	中盐灰底黄黏土	A	0—30	棕黄色	中黏土	小块状	8.0	9.9	0.78	1.11	2.0	≥500	14.6	覆盖海湾相沉积物	E 119°24′31.3″ N 34°35′59.6″	95
						2	30—50	棕黄色	中黏土	块状	8.0	4.5	0.81	1.01	4.0	≥500				
						3	50—100	浅灰色	中黏土	块状	7.9	4.9	1.52	1.05	12.0	490				
剖11	半水成土	潮土	盐化潮土	黏质潮盐土	轻盐黄黏土	A	0—19	灰黄褐色	中黏土	屑粒状	8.1	20.1	1.24	1.35	24.0	≥500	21.3	覆盖海湾相沉积物	E 119°21′11.9″ N 34°33′36.7″	95
						2	19—51	棕黄色	中黏土	块状	8.1	15.3	1.19	1.29	2.0	336				
						3	51—100		中黏土	小块状	8.0	8.9		1.23	4.0	420				
						4	100—													
剖12	半水成土	潮土	盐化潮土	黏质潮盐土	轻盐黄黏土	A	0—34	黄黑色	黏土	小块状	7.9	12.7	1.66	1.46	4.0	450	35.3	覆盖海湾相沉积物	E 119°24′03.2″ N 34°32′04.6″	81
						2	34—52	灰灰色	黏土	块状	7.8	6.7	1.09	1.04	4.0	385	19.9			
						3	52—100	暗灰色	黏土	块状	8.0	11.1	1.27	1.28	4.0	290				
剖13	半水成土	潮土	盐化潮土	黏质潮盐土	中盐黄黏土	A	0—23	褐黄色	轻黏土	屑粒状	8.4	14.5	1.19	1.31	8.0	469	20.3	覆盖海湾相沉积物	E 119°16′32.9″ N 34°28′37.2″	93
						2	23—58	灰黄色	中黏土	块状	8.4	9.0	0.84	1.30	9.0	≥500				
						3	58—100	黄色	中黏土	块状	8.3	7.8	0.75	1.14	15.0	≥500				

续表 Continued

剖面号 Soil profile	土纲 Soil order	土类 Soil great group	亚类 Soil subgroup	土属 Soil genus	土种 Soil species	土层码 Layer code	土层厚度 Depth/cm	颜色 Soil color	质地 Soil texture	土壤结构 Soil structure	pH	有机质 OM/(g/kg)	全氮 TN/(g/kg)	全磷 TP/(g/kg)	有效磷 AP/(mg/kg)	速效钾 AK/(mg/kg)	阴离子交换量CEC/(cmol/kg)	土壤母质 Parent material	剖面点坐标 Profile coordinate	匹配指数 Matching index/%
剖14	半水成土	潮土	盐化潮土	黏质潮盐土	轻盐灰心黄黏土	A	0—17	灰黄色	中黏土	屑粒状	8.5	16.6	1.26	1.09	4.0	255	25.2	覆盖海湾相沉积物	E 119°19′32.2″ N 34°26′08.9″	84
						2	17—31	灰色	重黏土	块状	8.4	11.0	0.91	1.11	4.0	394				
						3	31—100	暗灰棕色	轻黏土	块状	8.6	7.3	0.81	0.94	2.0	446				
剖15	半水成土	潮土	盐化潮土	黏质潮盐土	脱盐灰心黄黏土	A	0—18	黄棕色	中黏土	小块状	8.5	14.5	1.26	1.39	5.0	290	25.7	覆盖海湾相沉积物	E 119°20′11.0″ N 34°26′27.2″	96
						2	18—41	灰黑色	轻黏土	块状	8.5	9.5	0.96	1.36	4.0	277				
						3	41—100	深灰色	轻黏土	块状	8.5	13.4	1.03	1.16	2.0	329				
剖16	半水成土	潮土	盐化潮土	黏质潮盐土	脱盐黄黏土	A	0—17	黄棕色	中黏土	屑状	8.2	21.4	1.50	1.52	4.0	≥500	18.8	覆盖海湾相沉积物	E 119°26′19.0″ N 34°25′31.4″	89
						2	17—31	黄棕色	中黏土	块状	8.4	13.0	0.95	1.31	2.0	345				
						3	31—100	浅灰色	中黏土	块状	8.7	6.7	0.67	0.56	3.0	412				
剖17	半水成土	潮土	盐化潮土	砂质潮盐土	黄砂土	A	0—16	浅棕黄色	轻壤土	小块状	7.8	15.0	1.00	1.31	5.0	324	24.9		E 119°23′42.4″ N 34°23′01.3″	86
						2	16—24	黄棕色	轻壤土	块状	7.9	14.1	0.80	0.89	6.0	251				
						3	24—39	灰色	砂土		7.9	14.1	0.80	0.94	3.0	224				
						4	39—100	灰黄色	砂土		8.0	14.1	0.80	0.94	3.0	224				
剖18	半水成土	潮土	盐化潮土	壤质潮盐土	脱盐黏心中壤土	A	0—29	棕黄色	轻壤土	小块状	7.9	4.5	0.33	0.82	5.0	123	8.0	海相沉积物	E 119°22′39.0″ N 34°21′08.3″	90
						2	29—81	黄色	中壤土	块状	8.1	5.0	0.33	0.87	4.0	123				
						3	81—100	黑灰色	中壤土	块状	7.9	5.8	0.32	1.07	7.0	170				
剖19	半水成土	潮土	盐化潮土	黏质潮盐土	脱盐黄黑土	A	0—30	黄黑色	中黏土	小块状	8.2	16.8	1.37	1.10	12.0	249	28.6	覆盖海湾相沉积物	E 119°19′47.6″ N 34°15′24.5″	94
						2	30—45	灰黑色	轻黏土	块状	8.2	7.3	0.55	1.33	1.0	142				
						3	45—100	灰氢色	中黏土	块状	8.1	3.0	0.38	0.63	<1.0					
剖20	半水成土	潮土	盐化潮土	壤质潮盐土	脱盐黏心轻壤土	A	0—26	黄色	轻壤土	单粒状	8.4	4.9	0.41	0.92	3.0	109	19.9	海相沉积物	E 119°40′01.6″ N 34°25′06.6″	91
						2	26—64	黄棕色	重壤土	块状	8.0	6.0	0.31	0.95	2.0	122				
						3	64—74	棕黄色	重壤土	块状	7.8	2.5	0.34		9.0	61				
						4	74—100	灰黑色	轻壤土	块状	8.1	5.2	0.44		9.0	110				

灌 南 县

主要土类说明

潮土是灌南县主要土壤类型，占本县地域面积的96%。潮土主要分布于近代河流冲积平原或低平阶地，地下水位高，潜水参与成土过程。在潮土成土过程中，底土氧化还原交替作用，形成锈色斑纹和小型铁子。本县潮土是由黄泛冲积物发育起来的土壤类型，土壤pH为8.0—8.7，地下水矿化度小于2g/L。本县潮土分为黄潮土、盐化潮土等亚类。黄潮土pH为8.0—8.3，表层含盐量小于0.1%，盐化潮土表层含盐量大于0.1%，pH为8.3—8.7，碳酸钙含量为6%—10%。

本区域中心区气候特征

本区域中心区气候特征值
Regional climate characteristics in central area of the region

气候带：暖温带亚湿润气候 Climate region: Warm temperate subhumid climate	
年平均气温 /℃ Annual average temperature /℃	14.0
年平均最高气温 /℃ Annual average maximum temperature /℃	18.8
年平均最低气温 /℃ Annual average minimum temperature /℃	10.0
年降水量 /mm Annual precipitation /mm	945
≥10℃的积温 /℃ Daily temperature accumulated in a year (≥10℃) /℃	5139
年日照时数 /h Annual sunshine /h	2367
年平均相对湿度 /% Annual average relative humidity /%	74
干燥度 Dryness	0.88

灌南县主要土壤类型与土壤剖面点分布图

1:240 000

图例
- 潮土
- ⊗ 剖面点

灌南县土壤剖面理化性状表

剖面号 Soil profile	土纲 Soil order	土类 Soil great group	亚类 Soil subgroup	土属 Soil genus	土种 Soil species	土层码 Layer code	土层厚度 Depth/cm	颜色 Soil color	质地 Soil texture	土壤结构 Soil structure	pH	有机质 OM/(g/kg)	全氮 TN/(g/kg)	全磷 TP/(g/kg)	有效磷 AP/(mg/kg)	速效钾 AK/(mg/kg)	阳离子交换量CEC/(cmol/kg)	土壤母质 Parent material	剖面点坐标 Profile coordinate	匹配指数 Matching index/%
剖1	半水成土	潮土	黄潮土	淤土	淤土	1	0—27	暗黄棕色	重黏土	棱块状	8.1	13.6	1.00	1.90	1.8	236	23.3	黄泛冲积物	E 119°10′03.0″ N 34°10′10.2″	98
						2	27—45	暗灰棕色	重黏土	块状	8.1	7.9	0.64	1.00	<1.0	123	14.4			
						3	45—100	浅黄棕色	中黏土	块状	8.1	4.9	0.44	1.10	1.8	67	13.5			
剖2	半水成土	潮土	黄潮土	淤土	底黑淤土	1	0—18	暗棕灰色	中黏土	粒状	8.5	13.6	0.99		5.3			黄泛冲积物	E 119°28′38.6″ N 34°11′46.0″	86
						2	18—35	暗灰棕色	重黏土	块状	8.4	9.5	0.66	1.52	4.2	257				
						3	35—60	灰棕色	重黏土	块状	8.5	9.0	0.73	1.23	3.2	229				
						4	60—100	灰黄色	中黏土	块状	8.4	13.6	0.50	1.20	2.6	353				
剖3	半水成土	潮土	黄潮土	淤土	堆黑土	1	0—10	棕灰色	中壤土	棱块状	8.1	12.5	0.79		3.1	118		黄泛冲积物	E 119°18′21.6″ N 34°03′16.6″	89
						2	10—31	灰棕色	中壤土	块状		7.4	0.51		2.0	83				
						3	31—100	灰黄色	紧砂土	单粒状		2.2	0.18		1.4	20				
剖4	半水成土	潮土	盐化潮土	盐碱土	黏心盐碱土	1	0—20	暗黄棕色	中壤土	棱块状	8.6	7.8	0.47	1.23	2.1	118		近代黄泛冲积物	E 119°20′47.8″ N 34°03′13.7″	89
						2	20—40	棕色	重黏土	片状	8.6	7.8	0.56	1.03	<1.0	173				
						3	40—54	暗黄棕色	轻壤土	块状	8.3	6.2	0.47	1.13	<1.0	142				
						4	54—100	灰黄棕色	轻壤土	单粒状	8.4	2.9	0.22	1.13	<1.0	83				
剖5	半水成土	潮土	盐化潮土			1		棕黄色	轻壤土	小块状	7.9								E 119°41′45.6″ N 34°20′33.0″	90
						2		黄色	中壤土	块状	8.1									
						3		黑灰色	中壤土	块状	7.9									
剖6	半水成土	潮土	盐化潮土			1		黄色	轻壤土	单粒状	8.4								E 119°33′57.6″ N 34°13′30.4″	96
						2		黄棕色	重壤土	块状	8.0									
						3		棕黄色	重壤土	块状	7.8									

淮 安 市

市 辖 区

主要土类说明

潮土是淮安市主要土壤类型，占本市地域面积的58%。本市潮土发育于黄泛冲积母质，分布在黄泛冲积平原的地貌上，成土年龄只有700多年。其成土过程中有两大因素：一是由地下水上下运动所引起的土壤氧化还原交替发生的潮化过程。在土壤剖面中可见各种色泽的锈纹和锈斑，在底土层中还可见到较小的铁锰结核和较大的斑块。由于成土母质富含碳酸钙，在潮化过程中，地表水透过上部土层对碳酸钙的淋溶和地下水的流动，引起碳酸钙在部分地区的中下部土层中富集，形成细小的砂姜。各土层中石灰反应由上到下逐层增强。降雨量少的季节，地下水可沿着毛管上升到地表，引起地面返潮。二是旱耕熟化引起潮土和原冲积母质在剖面形态上具有较大差异。表土层富含有机物质，有机质和全氮含量高于底土2—3倍，在均质土壤中，表层土壤饱和含水量和田间持水量均高于底土。表土碳酸钙、铁锰物质、可溶性盐分含量均低于底土，在均质土壤中，还有黏粒下移的迹象。本市潮土分为黄潮土和盐化潮土等亚类。

水稻土占淮安市地域面积的39%，主要分布于渠南和运西地区。水稻土是在种植水稻淹水条件下，水旱交替耕作而形成的。通过灌溉、排水、耕作、施肥等措施，周期性的干湿交替和氧化还原作用，铁、锰等易还原物质与悬浮性胶体在土壤剖面中淋溶淀积，从而形成水稻土特有的发生层。由于各种土壤受地形、母质、水分运动、轮作制度、培肥措施和耕作年代长短等的影响，剖面中各层次的发育有明显的差异。本市水稻土分为渗育型、潴育型、潜育型等亚类。

小于本市地域面积3%的土壤类型还有沼泽土。

本区域中心区气候特征

本区域中心区气候特征值
Regional climate characteristics in central area of the region

气候带：暖温带亚湿润气候 Climate region: Warm temperate subhumid climate	
年平均气温 /℃ Annual average temperature /℃	14.6
年平均最高气温 /℃ Annual average maximum temperature /℃	19.4
年平均最低气温 /℃ Annual average minimum temperature /℃	10.7
年降水量 /mm Annual precipitation /mm	966
≥10℃的积温 /℃ Daily temperature accumulated in a year（≥10℃）/℃	5355
年日照时数 /h Annual sunshine /h	2210
年平均相对湿度 /% Annual average relative humidity /%	75
干燥度 Dryness	0.89

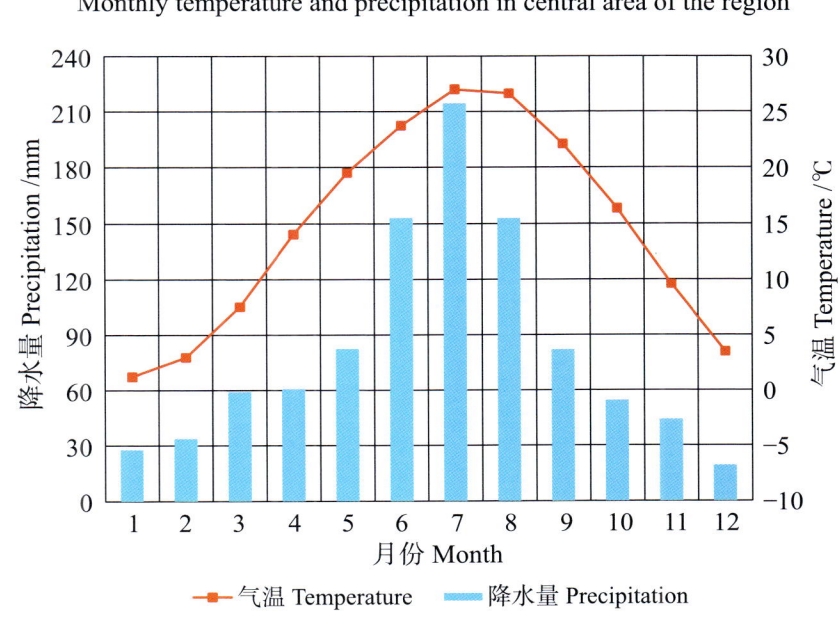

本区域中心区月平均气温与月平均降水量
Monthly temperature and precipitation in central area of the region

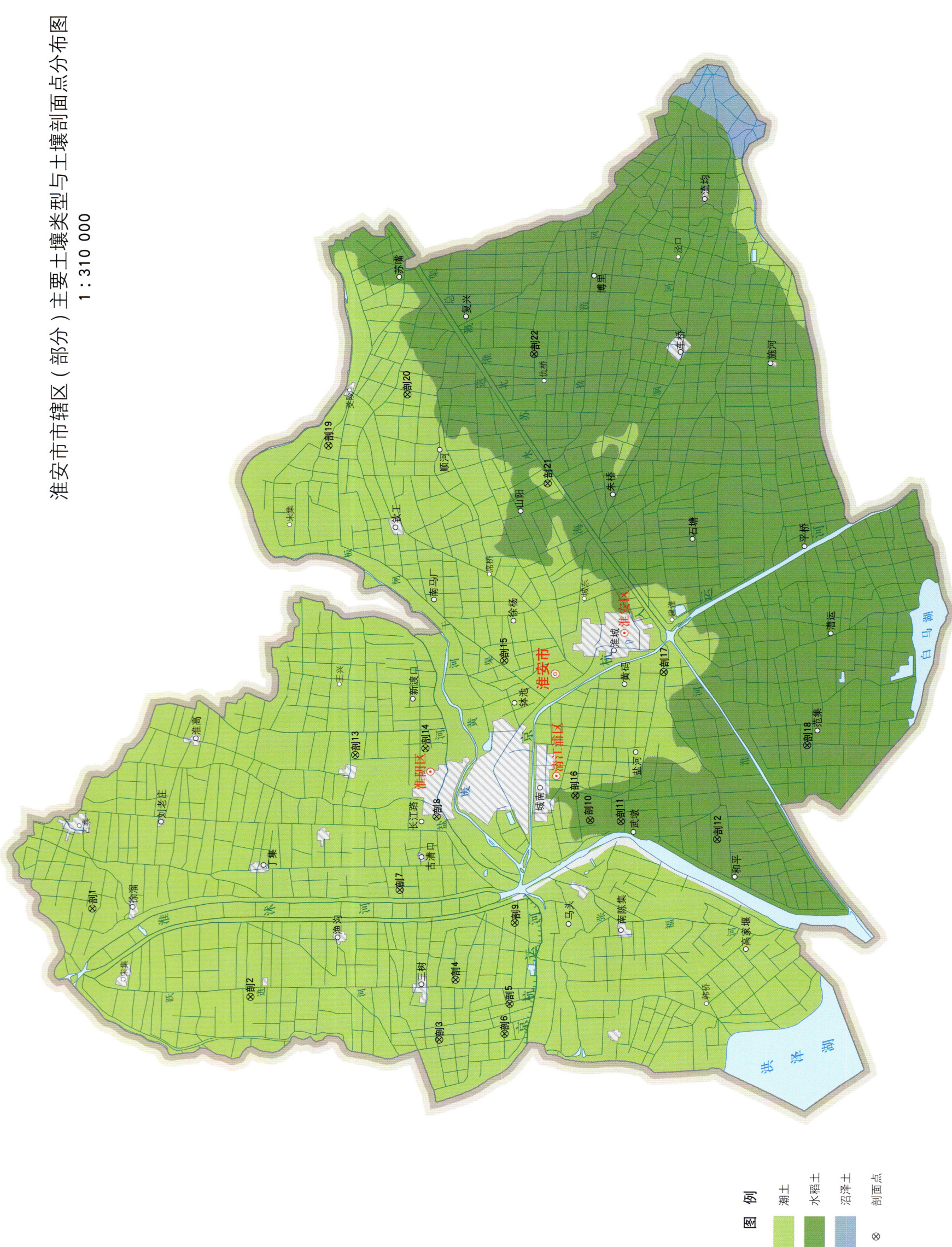

淮安市土壤剖面理化性状表

剖面号 Soil profile	土纲 Soil order	土类 Soil great group	亚类 Soil subgroup	土属 Soil genus	土种 Soil species	土层码 Layer code	土层厚度 Depth/cm	颜色 Soil color	质地 Soil texture	土壤结构 Soil structure	pH	有机质 OM/(g/kg)	全氮 TN/(g/kg)	全磷 TP/(g/kg)	有效磷 AP/(mg/kg)	速效钾 AK/(mg/kg)	阳离子交换量CEC/(cmol/kg)	土壤母质 Parent material	剖面点坐标 Profile coordinate	匹配指数 Matching index/%
剖1	半水成土	潮土	黄潮土	黄潮土	飞砂土	A	0—17	灰褐色	紧砂土	粉状	8.0	2.9	0.36	0.94	3.2	48	6.2	黄泛冲积物	E 118°55′04.1″ N 33°52′00.8″	81
						Bv	17—28	灰褐色	砂壤土	粉状	8.3	1.6	0.14	0.67	1.3	29	6.5			
						C	28—100	浅黄色	紧砂土	粉状	8.7	<1.0	0.11	1.22	<1.0	29	6.5			
剖2	半水成土	潮土	黄潮土	淤土	砂心淤土	A	0—17	浅黄色	轻黏土	小块状	8.1	12.7	0.96	1.30	7.8	136	14.3	黄泛冲积物	E 118°50′27.6″ N 33°45′38.2″	81
						Ap	17—28	浅黄色	轻壤土	小块状	8.1	7.4	0.68	0.33	2.3	99	35.6			
						Bv	28—61	棕红色	紧砂土	片状	8.4	6.1	0.35	1.14	1.0	41	5.7			
						C	61—100	灰黄色	中壤土	大块状	8.1	6.0	0.51	0.78	2.3	91	18.5			
剖3	半水成土	潮土	盐化潮土			1		浅黄色	中壤土	小块状	8.2	16.5	0.88				8.3		E 118°48′12.2″ N 33°38′01.7″	90
						2		黄黄色	中壤土	块状	8.1	11.8	0.66				7.9			
						3		灰黄色	轻壤土	核粒状	8.2	6.1	0.30				3.6			
剖4	半水成土	潮土	黄潮土	砂土	黏底砂土	A	0—10	灰黄色	砂壤土	碎粒状	7.9	16.5	0.88	1.47	3.7	45	8.3	黄泛冲积物	E 118°51′12.6″ N 33°37′20.6″	80
						Ap	10—23	黄黄色	中壤土	碎粒状	8.2	11.8	0.66	1.48	2.9	48	7.9			
						Bv	23—63	灰黄色	紧砂土	碎粒状	8.3	6.1	0.30	1.35	1.1	47	3.6			
						C	63—100	棕红色	轻黏土	片状	8.2	4.7	0.43	1.46	2.2	77	14.5			
剖5	半水成土	潮土	黄潮土	两合土	砂底二合土	A	0—14	浅黄色	中壤土	小块状	8.2	12.4	0.76	1.31	2.2	159	15.7	黄泛冲积物	E 118°49′56.3″ N 33°35′10.3″	92
						Ap	14—41	黄黄色	中壤土	块状	8.1	7.7	0.53	1.36	1.0	79	14.9			
						Bv	41—58	灰黄色	轻壤土	核粒状	8.2	5.3	0.30	1.21	<1.0	60	8.6			
						C	58—100	灰黄色	砂壤土	块状	8.3	1.3	0.15	1.24	<1.0	23	4.1			
剖6	半水成土	潮土	黄潮土	两合土	两合土	A	0—12	灰黄色	中壤土	碎粒状	8.0	13.7	0.48	0.92	9.3	98	23.4	黄泛冲积物	E 118°48′26.6″ N 33°35′22.9″	85
						Ap	12—21	浅灰黄色	中壤土	碎粒状	8.0	11.9	0.77	0.65	4.2	89	23.7			
						Bv	21—55	褐棕色	重壤土	核粒状	8.1	9.8	0.63	0.35	2.7	94	29.9			
						C	55—100	黄棕色	重壤土	核粒状	8.0	4.2	0.50	0.43	1.0	93	29.5			
剖7	半水成土	潮土	黄潮土	砂土	砂土	A	0—16	灰黄色	砂壤土	粉状	8.1	10.1	0.72	1.83	7.7	76	10.1	黄泛冲积物	E 118°55′48.0″ N 33°39′34.6″	100
						Bv	16—32	浅灰黄色	砂壤土	粉状	8.1	7.5	0.46	1.58	2.2	49	9.3			
						C	32—100	黄色	砂壤土	粒状	8.1	2.6	0.12	1.09	1.6	41	4.5			
剖8	半水成土	潮土	黄潮土	砂土	黏心砂土	A	0—10	灰黄色	黏壤土	碎粒状	7.5	8.5	0.70	1.36	7.5	92	17.3	黄泛冲积物	E 118°59′28.0″ N 33°38′02.0″	99
						Ap	10—18	黄黄色	砂壤土	碎粒状	7.5	7.0	0.59	1.26	6.2	80	19.4			
						Bv	18—38	棕红色	轻壤土	碎粒状	8.8	7.5	0.61	1.14	3.0	38	20.2			
						C	38—100	黄黄色	中壤土	片状	9.0	4.0	0.10	1.70	1.0	10	18.0			
剖9	半水成土	潮土	黄潮土	两合土	砂心二合土	A_{11}	0—10	灰黄棕色	黏壤土	屑粒状	8.1	8.3	0.74	0.61	5.0	84	9.2	黄泛冲积物	E 118°54′03.2″ N 33°34′53.4″	100
						A_{12}	10—25	浅灰黄色	黏壤土	粉状	8.4	6.8	0.49	0.59	3.0	78	8.4			
						P	25—61	灰黄色	砂壤土	粉状	8.0	1.5	0.16	0.55	1.0	41	4.4			
						Cu	61—90	黄棕色	黏壤土	粒状	8.5	10.1	0.23	0.38		103	15.8			
剖10	人为土	水稻土	渗育水稻土	潮黄土	黏心潮黄土	A	0—17	褐黄色	重壤土	碎粒状	8.5	17.4	1.25	1.60	8.4	189	11.8	黄泛冲积物	E 118°59′09.2″ N 33°31′48.7″	96
						P	17—32	黑色	重壤土	碎粒状	8.6	14.9	1.01	1.55	2.3	152	13.1			
						W	32—52	黄黄色	重壤土	碎粒状	8.8	8.6	0.68	1.21	1.3	188	21.4			
						4	52—100	黄色	重黏土	片状	9.0	5.5	0.38	1.21	<1.0	96	18.3			
剖11	人为土	水稻土	渗育水稻土	姜黑土	姜黑土	A	0—12	浅灰黄色	中黏土	粒状	7.5	14.6	1.21	0.91	6.2	107	9.2	淮河冲积物	E 118°59′05.6″ N 33°30′31.7″	87
						P	12—35	灰色	轻黏土	块状	8.4	14.2	0.81	0.63	1.2	111	8.4			
						W	35—100	黑色	黏土	核粒状	7.5	13.6	0.65	0.58		167	40.2			
剖12	人为土	水稻土	潜育水稻土	腐泥土	腐泥土	A	0—16	褐棕色	重壤土	块状	7.8	65.8	3.59	0.96	5.3	95	27.6	湖相沉积物	E 118°58′04.8″ N 33°26′38.0″	88
						P	16—58	黄褐色	重壤土	块状	7.9	10.5	0.83	0.40	<1.0	100	27.6			
						G	58—100	青灰色	重壤土	块状	7.6	2.2	0.32	0.36	<1.0	114	31.6			

续表 Continued

剖面号 Soil profile	土纲 Soil order	土类 Soil great group	亚类 Soil subgroup	土属 Soil genus	土种 Soil species	土层码 Layer code	土层厚度 Depth/ cm	颜色 Soil color	质地 Soil texture	土壤结构 Soil structure	pH	有机质 OM/ (g/kg)	全氮 TN/ (g/kg)	全磷 TP/ (g/kg)	有效磷 AP/ (mg/kg)	速效钾 AK/ (mg/kg)	阳离子 交换量CEC/ (cmol/kg)	土壤母质 Parent material	剖面点坐标 Profile coordinate	匹配指数 Matching index/%
剖13	半水成土	潮土	黄潮土	两合土	砂心二合土	A	0—10	灰黑色	中壤土	粒状	8.1	8.3	0.74	1.40	5.3	84	9.2	黄泛冲积物	E 119°02′38.8″ N 33°41′16.1″	94
						Ap	10—25	浅灰色	中壤土	核块状	8.4	6.8	0.49	1.36	3.1	78	8.4			
						Bv	25—71	浅黄色	砂壤土	粒状	8.0	1.5	0.16	1.25	1.2	41	4.4			
						C	71—100	棕红色	中壤土	块状	8.5	10.1	0.23	0.87	<1.0	103	15.8			
剖14	半水成土	潮土	黄潮土	两合土	砂心二合土	A_{11}	0—10	灰黄棕色	黏壤土	粒状	8.1	8.3	0.74	0.61	5.0	84	9.2	黄泛冲积物	E 119°02′51.0″ N 33°38′23.3″	99
						A_{12}	10—25	浅灰色	黏壤土	核块状	8.4	6.8	0.49	0.59	3.0	78	8.4			
						C_1	25—61	浅黄色	砂壤土	粒状	8.0	1.5	0.16	0.55	1.0	41	4.4			
						C_2	61—90	黄黄色	黏壤土	块状	8.5	10.1	0.23	0.38		103	15.8			
剖15	半水成土	潮土	黄潮土	两合土	黏心二合土	A_{11}	0—17	灰灰棕色	黏壤土	小块状	8.4	15.8	1.01	0.77	4.0	25	38.2	黄泛冲积物	E 119°07′13.4″ N 33°35′07.8″	85
						A_{12}	17—30	灰灰棕色	黏壤土	块状	8.4	10.2	0.81	0.75	1.0	95	15.6			
						Cu_1	30—46	黄棕色	黏1.	块状	8.5	10.6	0.26	0.63	1.0	108	26.3			
						Cu_2	46—100	浅黄色	壤质黏土	片状	8.5	7.0	<0.10	0.58	2.0	77	11.3			
剖16	人为土	水稻土	潴育水稻土	黏黄土	腰罩黑灰黏黄土	A	0—11	灰色	重黏壤土	碎粒状	8.2	18.1	1.09	0.63	<1.0	164	31.9	淮河沉积物	E 119°00′23.0″ N 33°32′20.4″	90
						P	11—21	浅灰色	重黏壤土	块状	8.3	12.8	1.00	0.59	1.1	180	29.3			
						W	21—49	深灰色	重黏壤土	块状	8.3	9.8	0.59	0.46	<1.0	130	38.0			
						Bvg	49—100	灰黄色	重黏壤土	块状	8.5	5.5	0.45	0.64	<1.0	133	32.3			
剖17	半水成土	潮土	黄潮土	两合土	黏心二合土	A_{11}	0—17	灰灰棕色	黏黏壤土	小块状	8.4	15.8	1.01	0.77	4.0	25	18.2	黄泛冲积物	E 119°06′32.8″ N 33°28′41.5″	89
						A_{12}	17—30	灰灰棕色	黏黏壤土	块状	8.4	10.2	0.81	0.75	1.0	95	15.6			
						C_1	30—46	黄棕色	黏土	柱状	8.5	10.6	0.26	0.63	1.0	108	26.3			
						C_2	46—100	浅黄色	壤质黏土	片状	8.5	7.0	<0.10	0.58	2.0	77	11.3			
剖18	半水成土	潮土	黄潮土	黏黄土	灰黏黄土	A	0—16	青黄色	重黏壤土	粒状	7.2	18.3	1.34	0.64	2.4	112	30.8	淮河沉积物	E 119°02′42.4″ N 33°22′53.4″	86
						P	16—34	青黄色	重黏壤土	块状	8.0	5.8	0.79	0.53	1.4	114	30.8			
						W	34—70	青黄色	重黏壤土	块状	8.1	6.3	0.59	0.64	<1.0	124	30.7			
						Bvg	70—100	青黄色	重黏壤土	块状	7.4	5.9	0.51	0.49	<1.0	128	30.5			
剖19	半水成土	潮土	黄潮土	两合土	黏底二合土	A	0—19	灰黄色	中壤土	碎粒状	8.3	6.8	0.63	1.06	3.0	100	12.3	黄泛冲积物	E 119°18′14.0″ N 33°42′04.0″	86
						Ap	19—33	黄黄棕色	中黏土	碎粒状	8.2	6.0	0.62	1.22	1.0	98	11.9			
						Bv	33—48	黄黄棕色	中黏土	片状	8.2	5.0	0.54	1.21	<1.0	161	20.6			
						C_1	48—100	黄黄棕色	中黏土	片状	8.3	5.8	0.54	1.16	1.3	184	19.5			
剖20	人为土	潮土	盐化潮土	面碱土	面碱土	A	0—14	灰灰白色	砂黏土	屑粒状	8.9	4.7	0.27	1.57	3.0	88	5.7	黄泛冲积物	E 119°20′37.0″ N 33°38′48.1″	90
						Bv_1	14—25	鲜黄色	紧砂土	屑粒状	8.2	3.1	0.22	1.31	1.8	74	3.4			
						C_1	25—100	黄黄色	中砂土	屑粒状	8.3	2.0	0.16	1.29	<1.0	41	3.9			
剖21	半水成土	潮土	盐化潮土	盐碱土	盐碱土	A	0—15	浅灰白色	轻壤土	粒状	8.2	17.3	0.85	2.18	7.3	85	7.9	黄泛冲积物	E 119°16′04.8″ N 33°33′13.3″	93
						Bv	15—22	棕黄色	砂壤土	片状	8.2	15.4	0.69	2.17	5.4	74	7.5			
						C	22—100	棕黄色	轻壤土	粒状	8.4	9.2	0.28	1.65	2.2	47	7.6			
剖22	人为土	水稻土	渗育水稻土	潮黄土	潮黄土	A	0—13	暗黄色	轻黏土	粒状	7.8	22.5	1.40	1.42	5.4	183	25.2	黄泛冲积物	E 119°22′31.1″ N 33°33′38.2″	81
						P	13—20	暗黄色	轻黏土	粒状	7.8	19.5	1.33	1.37	4.3	175	21.6			
						W	20—39	暗黄色	轻黏土	粒状	7.8	16.2	1.21	1.14	3.2	181	20.8			
						C	39—100	红褐色	中黏土	粒状	7.6	5.5	0.57	1.28	3.2	189	20.5			

洪 泽 区

主要土类说明

水稻土是洪泽区主要土壤类型，占本区地域面积的 61%，广泛分布于洪泽湖大堤以东诸乡，洪泽湖西分布较少。水稻土的特有层次——渗育层层段，是土壤在淹水、脱水周期性交替的条件下，发生强烈的还原淋溶与氧化淀积而形成的。地形、母质、水分运动、轮作制度、培肥措施和耕作年代长短等差异，造成水稻土剖面各层次发育上的多样性。本区水稻土分为渗育型、潴育型、脱潜型、潜育型等亚类。

潮土是洪泽区第二大土壤类型，占本区地域面积的 19%。潮土的成土母质为黄泛物或淮河冲积物中夹杂着的黄泛物，剖面通体有较强的石灰反应，土壤 pH 一般在 8.0 左右。潮土区地下水埋深平均为 90cm 左右，土壤在形成过程中，受地下水升降的影响，发生了明显的潮化过程。潮化过程一方面表现为地下水在通透性较好的砂土、两合土中可沿着毛管上升到地表，引起地面反潮，即通常所说的夜潮现象；另一方面表现为受地下水上下运动的影响，土壤交替进行氧化还原，使土壤中物质发生溶解、淋溶、淀积等现象，底层土已出现杂色斑点，尤以地势低洼的淤土表现比较明显。潮土养分含量大多偏低，但土层内因质地的差异波动较大。本区潮土只有黄潮土一个亚类。

小于本区地域面积 3% 的土壤类型还有褐土等。

本区域中心区气候特征

本区域中心区气候特征值
Regional climate characteristics in central area of the region

气候带：暖温带亚湿润气候 Climate region: Warm temperate subhumid climate	
年平均气温 /℃ Annual average temperature /℃	14.7
年平均最高气温 /℃ Annual average maximum temperature /℃	19.5
年平均最低气温 /℃ Annual average minimum temperature /℃	10.8
年降水量 /mm Annual precipitation /mm	963
≥10℃的积温 /℃ Daily temperature accumulated in a year（≥10℃）/℃	5399
年日照时数 /h Annual sunshine /h	2180
年平均相对湿度 /% Annual average relative humidity /%	75
干燥度 Dryness	0.90

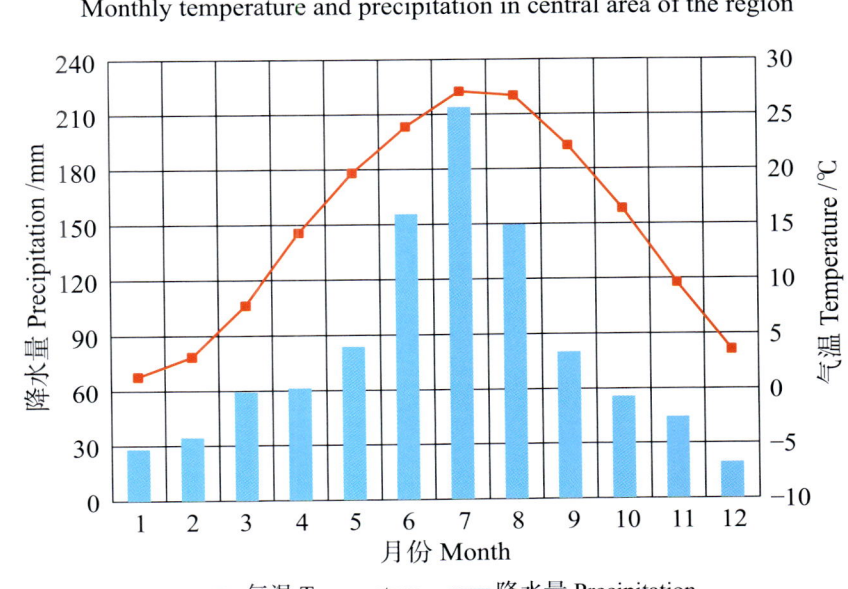

本区域中心区月平均气温与月平均降水量
Monthly temperature and precipitation in central area of the region

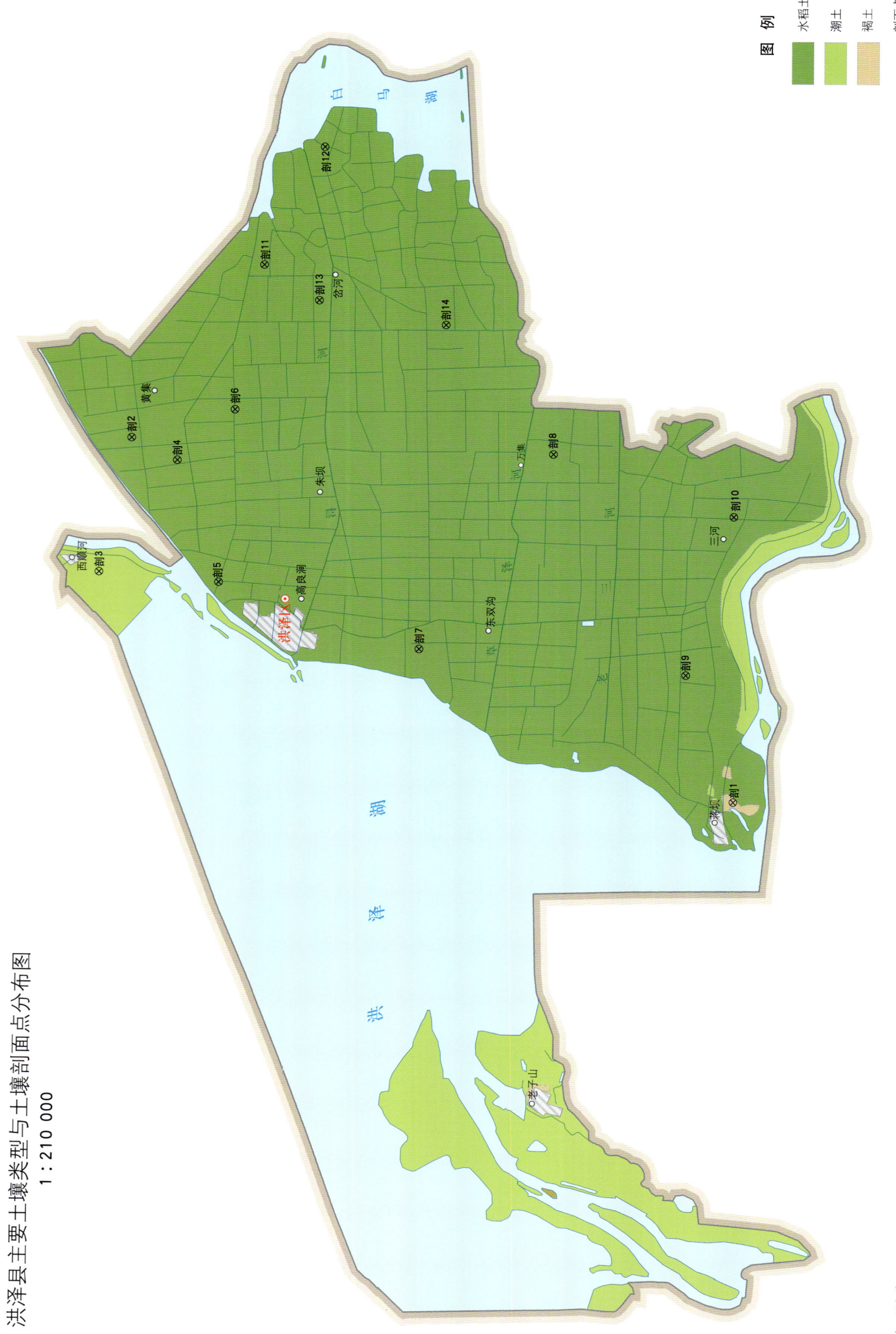

洪泽区土壤剖面理化性状表

剖面号 Soil profile	土纲 Soil order	土类 Soil great group	亚类 Soil subgroup	土属 Soil genus	土种 Soil species	土层码 Layer code	土层厚度 Depth/cm	颜色 Soil color	质地 Soil texture	土壤结构 Soil structure	pH	有机质 OM/(g/kg)	全氮 TN/(g/kg)	全磷 TP/(g/kg)	有效磷 AP/(mg/kg)	速效钾 AK/(mg/kg)	阳离子交换量 CEC/(cmol/kg)	土壤母质 Parent material	剖面点坐标 Profile coordinate	匹配指数 Matching index/%
剖1	半淋溶土	褐土	淋溶褐土	岗白土	白土	A_1	0—22	浅灰色	中壤土	粒状	7.1	13.3	0.67	0.62	6.1	67		戚嘴黄土母质	E 118°45′07.7″ N 33°06′08.9″	96
						A_2	22—50	浅灰黄色	中壤土	小块状	7.2	19.9	0.61	0.39	5.6	54				
						Bv	50—80	暗黄棕色	轻壤土	小块状	7.6	3.5	0.34	0.12	<1.0	140				
						C	80—100	黄棕色	轻黏土	小块状	7.9	3.0	0.38	0.14	<1.0	148				
剖2	人为土	水稻土	渗育水稻土	潮黄土	底锈潮淤土	A	0—14	灰灰色	轻黏土	团粒状								黄淮淤积物	E 118°56′54.2″ N 33°21′37.1″	95
						P	14—33	灰灰棕色	轻黏土	小块状										
						W_0	33—58	浅黄棕色	中黏土	块状										
						Dm	58—100	暗黄色	轻黏土	棱块状										
剖3	半水成土	潮土	黄潮土	两合土	两合土	A	0—18	浅灰黄色	轻壤土	粒状	8.2	7.2	0.49	1.17	8.5	117		黄泛冲积物	E 118°52′40.1″ N 33°22′29.6″	85
						Bv	18—26	灰黄色	轻壤土	团块状	8.3	6.0	0.42	1.19	2.0	65				
						C	26—100	暗黄黄色	轻壤土	块状	8.3	3.0	0.40	1.03	6.3	132				
剖4	人为土	水稻土	潴育水稻土	梨黄土	泥黄白土	A	0—18	黄灰色	中壤土	粒状	7.1	12.9	0.98	0.36	1.6	68		淮河冲积物	E 118°56′12.1″ N 33°20′27.2″	92
						P	18—30	灰白色	中黏土	小块状	8.0	7.6	0.57	0.36	1.0	55				
						W_0	30—45	浅灰色	重黏土	块状	7.9	3.0	0.29	0.22	1.1	115				
						C	45—100	灰灰色	轻黏土	块状	7.8	2.3	0.28	0.35	<1.0	141				
剖5	人为土	水稻土	潴育水稻土	青黄土	青黄土	A	0—15	棕黄色	重黏土	小块状	6.9	13.1	0.95	1.01	20.1			近代覆盖物和黑土层	E 118°52′16.7″ N 33°19′25.0″	92
						P	15—30	暗黄黄色	重黏土	块状	7.3	9.0	0.66	0.66	4.7					
						G_1	30—52	暗黄棕色	轻黏土	棱块状	7.4	4.7	0.41	0.47	2.1					
						G_2	52—68	青灰色	重黏土	块状	7.5	4.5	0.39	0.31	<1.0					
						G_3	68—100		重壤土	小块状	7.5	3.6	0.37	0.38	<1.0					
剖6	人为土	水稻土	渗育水稻土	姜黑土	厚层黄黑土	A	0—13	灰黄色	重壤土	粒状	6.9	15.5	0.94	0.56	2.6	111		黄土状冲积物	E 118°57′48.6″ N 33°18′56.9″	92
						P	13—30	暗黄黄色	重壤土	块状	7.8	7.8	0.46	0.44	1.7	106				
						W	30—47	暗黄黄色	重壤土	棱块状	7.7	6.9	0.36	0.50	<1.0	163				
						Dm	47—100	青灰色	重壤土	棱块状	7.6	4.8	0.28	0.71	<1.0	160				
剖7	人为土	水稻土	脱潜水稻土	乌土	腰白堆乌土	A	0—15	棕黄色	重壤土	团块状	7.6	21.0	2.42	0.64	3.7	123		湖相沉积物	E 118°50′06.4″ N 33°14′14.3″	85
						P	15—27	棕黄色	重壤土	块状	7.5	10.6	1.55	0.57	1.7	91				
						W_g	27—50	浅黄黄色	重壤土	块状	7.6	6.9	0.55	0.46	<1.0	65				
						G	50—100	暗黄黄色	重壤土	棱块状	7.6	5.3	0.79	0.40	<1.0	118				
剖8	人为土	水稻土	潴育水稻土	黏黄土	灰黏黄土	A	0—14	青灰色	重壤土	粒状	6.4	16.9	1.14	0.74	6.5	114		淮河冲积物	E 118°56′13.9″ N 33°10′42.6″	99
						P	14—28	暗黄黄色	重壤土	块状	7.0	9.5	0.66	0.62	<1.0	103				
						W	28—44	暗黄黄色	重壤土	棱块状	7.2	6.4	0.49	0.50	<1.0	101				
						Bvg	44—74	棕黄色	重壤土	棱块状	7.2	6.9	0.53	0.74	<1.0	136				
						C	74—100	青灰色	轻壤土	小块状	7.0	7.5	0.58		<1.0		34.1			
剖9	人为土	水稻土	渗育水稻土	潮黄土	砂心潮淤土	A	0—15	暗黄黄色	中壤土	小块状	7.9	30.3	1.89	1.26	4.8	193	38.5	黄淮淤积物	E 118°49′11.6″ N 33°07′21.0″	88
						P	15—32	暗黄黄色	重黏土	小块状	8.0	23.4	1.53	0.95	2.4	216	6.8			
						W_0	32—51	灰白色	中黏土	小块状	8.4	5.6	0.25	0.27	1.7	55	39.4			
						C_1	51—63	棕灰色	重黏土	块状	8.2	9.8	0.64	1.15	2.4	148	30.9			
						C_2	63—100	暗黄棕色	重壤土	块状	8.2	6.4	0.30	0.34	<1.0	78				
剖10	人为土	水稻土	渗育水稻土	姜黑土	死黑土	A	0—12	暗黑色	轻黏土	小团块状								黄土状冲积物	E 118°54′12.6″ N 33°06′03.6″	81
						P	12—24	暗灰色	轻黏土	小块状										
						W_0	24—52	青灰色		棱块状										
						C	52—100		中黏土											

续表 Continued

剖面号 Soil profile	土纲 Soil order	土类 Soil great group	亚类 Soil subgroup	土属 Soil genus	土种 Soil species	土层码 Layer code	土层厚度 Depth/cm	颜色 Soil color	质地 Soil texture	土壤结构 Soil structure	pH	有机质 OM/(g/kg)	全氮 TN/(g/kg)	全磷 TP/(g/kg)	有效磷 AP/(mg/kg)	速效钾 AK/(mg/kg)	阳离子交换量CEC/(cmol/kg)	土壤母质 Parent material	剖面点坐标 Profile coordinate	匹配指数 Matching index/%
剖11	人为土	水稻土	潜育水稻土	黑烘土	青泥土	A	0—10	灰黄色	轻黏土	块状	7.6	21.7	1.47	0.61	1.0	130		湖相沉积物	E 119°02′24.4″ N 33°18′05.8″	85
						P	10—35	青灰色	重壤土	块状	7.7	18.4	1.26	0.35	<1.0	98				
						G_1	35—70	灰黄色	重黏土	块状	7.4	20.7	1.33	0.42	<1.0	106				
						G_2	70—	灰黄色			7.6	5.5	0.35	0.23	<1.0	114				
剖12	人为土	水稻土	脱潜水稻土	乌土	乌土	A	0—13	暗黄棕色	轻黏土	粒状	7.8	37.9	2.34	0.75	6.6	116		湖相沉积物	E 119°06′06.6″ N 33°16′30.4″	91
						P	13—26	暗黄棕色	重壤土	块状	7.8	25.8	1.58	0.59	5.8	162				
						Wg	26—47	暗黄棕色	轻黏土	棱块状	7.6	5.6	0.52	0.48	1.2	109				
						G	47—109	灰黄色		块状	7.9	5.2	0.34	0.48	1.3	108				
剖13	人为土	水稻土	潜育水稻土	黑烘土	黑烘土	A	0—14	棕灰色	重壤土	块状	7.2	84.9	3.05	1.16	15.3	175		湖相沉积物	E 119°01′13.4″ N 33°16′43.0″	98
						P	14—33	青灰色	重壤土	无明显结构	7.5	101.1	5.98	0.69	3.7	195				
						G	33—	浅青灰色	轻壤土	无明显结构	7.1	13.1	0.77	0.38	3.4	107				
剖14	人为土	水稻土	潜育水稻土	黏黄土	灰白土	A	0—18	灰白色	中壤土	小团块状	7.8	14.0	0.86	0.70	1.1			淮河冲积物	E 119°00′23.8″ N 33°13′26.8″	97
						P	18—27	灰白色	中壤土	块状	7.8	13.0	0.84	0.65	7.9					
						W	27—37	灰白色	中壤土	块状	7.7	9.4	0.65	0.65	<1.0					
						Bvg	37—62	灰黄色	中壤土	棱块状	7.2	4.7	0.39	0.66	<1.0					
						C	62—100	浅灰色		小块状	7.9	4.9	0.37	0.89	<1.0					

涟 水 县

主要土类说明

潮土占涟水县地域面积的 99%。本县潮土是黄泛冲积母质在地下水频繁活动和人为耕作熟化的作用下发育形成的，富含碳酸钙，有的含有可溶盐分。本县潮土因成土年龄短，土壤性状在很大程度上取决于土壤母质的属性。它们共同的特点是土壤层次分化不明显，而水沉层理相当清楚，土层质地分明，整个土体富含碳酸钙。虽然地下水参与土壤成土过程，加剧土体中干湿交替、氧化还原和淋溶淀积过程，土体中也出现了石灰和铁质下移现象，但还没有形成明显的砂姜和铁锰结核，只是在土层的中下部位出现较多的锈色斑纹。土壤下层碳酸钙含量高于上层，表土层、心土层和底土层中的碳酸钙比为 1∶1.10∶1.16。根据是否含有盐分，本县潮土分为黄潮土和盐碱化潮土等亚类。

本区域中心区气候特征

本区域中心区气候特征值
Regional climate characteristics in central area of the region

气候带：暖温带亚湿润气候 Climate region: Warm temperate subhumid climate	
年平均气温 /℃ Annual average temperature /℃	14.2
年平均最高气温 /℃ Annual average maximum temperature /℃	19.0
年平均最低气温 /℃ Annual average minimum temperature /℃	10.3
年降水量 /mm Annual precipitation /mm	966
≥ 10℃的积温 /℃ Daily temperature accumulated in a year (≥ 10℃) /℃	5208
年日照时数 /h Annual sunshine /h	2312
年平均相对湿度 /% Annual average relative humidity /%	75
干燥度 Dryness	0.87

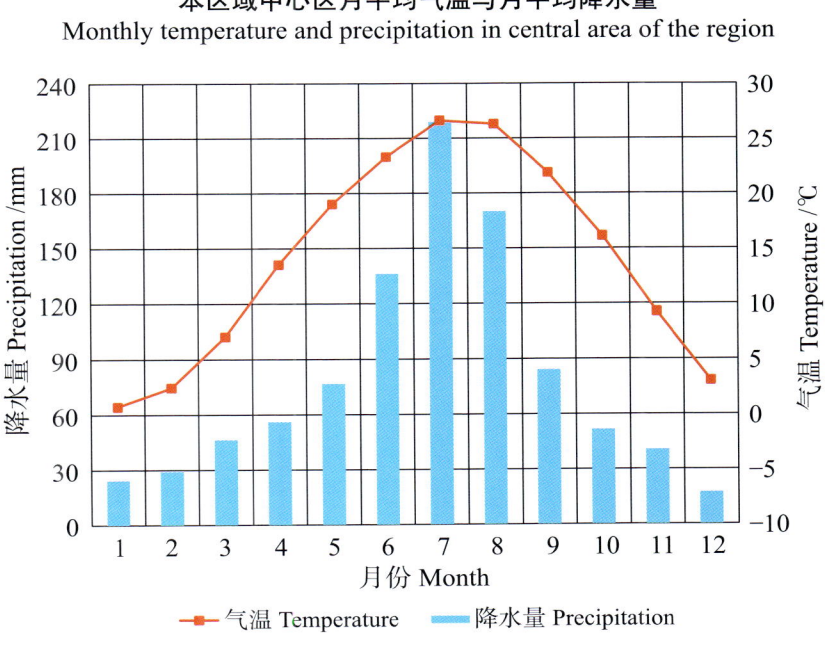

本区域中心区月平均气温与月平均降水量
Monthly temperature and precipitation in central area of the region

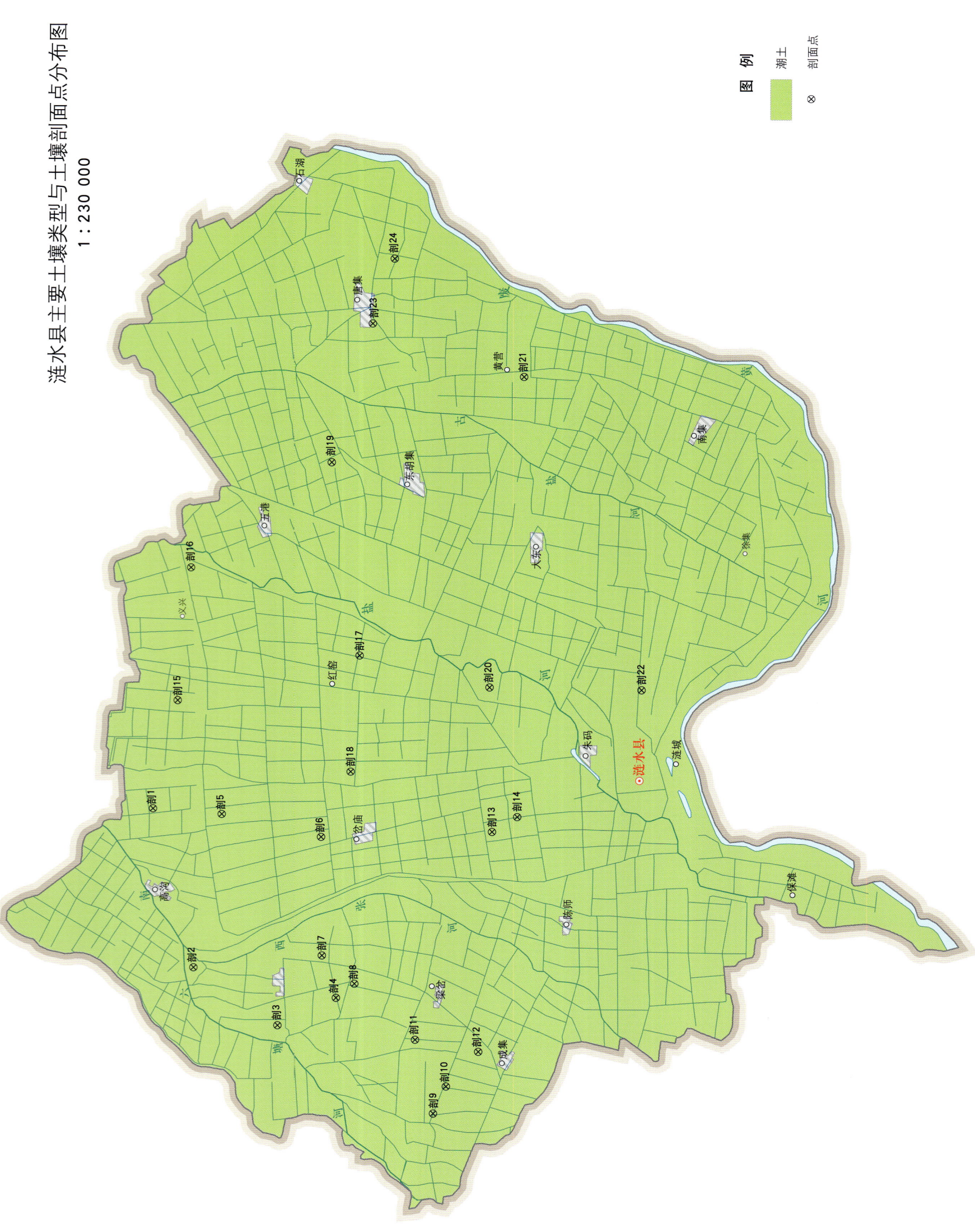

涟水县土壤剖面理化性状表

剖面号 Soil profile	土纲 Soil order	土类 Soil great group	亚类 Soil subgroup	土属 Soil genus	土种 Soil species	土层码 Layer code	土层厚度 Depth/cm	颜色 Soil color	质地 Soil texture	土壤结构 Soil structure	pH	有机质 OM/(g/kg)	全氮 TN/(g/kg)	全磷 TP/(g/kg)	全钾 TK/(g/kg)	碱解氮 AN/(mg/kg)	有效磷 AP/(mg/kg)	速效钾 AK/(mg/kg)	阳离子交换量CEC/(cmol/kg)	土壤母质 Parent material	剖面点坐标 Profile coordinate	匹配指数 Matching index/%
剖1	半水成土	潮土	黄潮土	淤土	淤土	A₁	0—14	暗黄棕色	轻黏土	块状	8.1	9.8	0.71	0.55			3.0	289	21.2	黄泛沉积物	E 119°14′08.2″ N 34°01′16.7″	90
						A₂	14—50	黄棕色	黏土	块状	8.3	9.2	0.65	0.56			2.0	198	19.8			
						Bv	50—70	红棕色	黏土	块状	8.3	6.0	0.50	0.46			2.0	195	19.9			
						C	70—100	暗棕色	重壤土	块状	8.2	5.0	0.25	0.52			2.0	156	16.3			
剖2	半水成土	潮土	黄潮土	淤土	砂底淤土	A₁	0—15	灰黄棕色	重壤土	块状、碎块状	8.3	8.9	0.71	0.57			3.0	159	18.4	黄泛沉积物	E 119°08′16.4″ N 34°00′07.6″	83
						A₂	15—30	黄棕色	黏土	块状	8.4	6.9	0.62	0.56			3.0	118	20.1			
						Bv	30—55	红棕色	轻黏土	块状	8.5	6.9	0.62	0.56			3.0	118	20.1			
						4	55—100	棕黄色	砂壤土	小块状	8.4	1.7	0.15	0.48			3.0	40	6.0			
剖3	半水成土	潮土	盐碱化潮土	盐碱土	盐碱土	A₁	0—12	黄褐色	砂壤土	小块状	8.5	2.9	0.32	0.56			3.0	58	5.6	黄泛沉积物	E 119°06′07.9″ N 33°57′42.5″	80
						A₂	12—35	棕黄色	砂壤土	块状	8.4	5.4	0.53	0.55			3.0	60	6.5			
						Bv	35—78	棕黄色	砂壤土	块状	8.4	5.4	0.53	0.55			3.0	60	6.5			
						C	78—100	棕黄色	紧砂土	无明显结构	8.5	2.6	0.31	0.48			5.0	93	4.9			
剖4	半水成土	潮土	盐碱化潮土	盐碱土	黏底盐碱土	A₁	0—13	灰棕色	轻壤土	块状	8.5	6.4	0.55	0.84			3.0	65	7.1	黄泛沉积物	E 119°07′05.5″ N 33°55′59.2″	92
						Bv	13—34	黄棕色	轻壤土	块状	8.6	3.9	0.31	0.56			3.0	70	9.2			
							34—62	浅灰棕色	轻壤土		8.7	2.7	0.30	0.52			1.0	75	7.1			
						C	62—100	红棕色	中壤土		8.5	3.8	3.05	0.66			1.0	84	8.8			
剖5	半水成土	潮土	黄潮土	两合土	黏底两合土	A₁	0—12	灰棕色	壤土	小块状	8.4	8.1	0.70	0.62			3.0	123	11.8	黄泛冲积物	E 119°13′54.5″ N 33°59′14.6″	89
						A₁₂	12—35	浊黄棕色	壤土	块状	8.5	3.6	0.38	0.44			2.0	83	15.2			
						C₁	35—53	浊黄棕色	壤土	块状	8.5	3.6	0.38	0.44			2.0	83	15.2			
						C₂	53—100	棕色	黏土	块状	8.3	6.5	0.63	0.57			2.0	156	20.9			
剖6	半水成土	潮土	黄潮土	潮砂土	飞砂土	A₁₁	0—15	浊黄棕色	砂土	单粒状	8.2	5.1	0.29	1.03					5.0	黄泛冲积物	E 119°12′58.0″ N 33°56′21.1″	86
						A₁₂	15—35	浊黄棕色	砂土	块状	8.7	2.5	0.15	0.54		2			3.9			
						C	35—100	浊黄棕色	砂壤土	中块状	8.9	<1.0	<0.10	0.76		6			2.9			
剖7	半水成土	潮土	盐碱化潮土	盐性土	中盐性土	A₁₁	0—11	浊黄棕色	砂壤土	块状	8.7	12.1	0.72	0.98	19.5	8			5.9	黄泛冲积物	E 119°08′39.1″ N 33°56′22.6″	91
						A₁₂	11—21	灰黄棕色	砂壤土	块状	8.7	9.6	0.50	0.78	22.6				6.1			
						C₁	21—31	灰黄色	砂壤土	块状	8.9	2.1	0.16	0.57	23.2				3.9			
						C₂	31—92	灰黄棕色	砂壤土	块状	8.9	2.1	0.15	0.67	24.4				1.8			
剖8	半水成土	潮土	黄潮土	砂土	飞砂土	A₁₁	0—15	浊黄棕色	砂土	单粒状	8.0	5.7	0.31	0.24	15.4		2.0	40	4.3	黄泛冲积物	E 119°07′36.1″ N 33°55′27.1″	95
						C₁	15—35	浊黄棕色	砂土	块状	8.3	1.1	0.10	0.18	15.0		<1.0	20	3.9			
						C₂	35—100	浊黄棕色	砂土	中块状	8.2	1.1	<0.10	0.18	15.7		<1.0	27	4.3			
剖9	半水成土	潮土	黄潮土	砂土	砂土	A₁	0—15	灰棕色	砂壤土	粒状块状	8.5	9.8	0.61	0.77	23.4		3.0		7.4	黄泛冲积物	E 119°02′52.4″ N 33°53′10.0″	86
						C₁	15—33	浊黄棕色	砂壤土	块状	8.8	3.0	0.19	0.60	19.2		3.0	97	4.4			
						C₂	33—100	浊黄棕色	中壤土	块状	8.8	1.7	0.14	0.64	31.7		2.0	32	4.2			
剖10	半水成土	潮土	盐碱化潮土	碱化土	黏心碱化土	A₁	0—14	灰棕色	轻壤土	块状	9.0	5.4	0.52	0.51			3.0	63	7.3	黄泛沉积物	E 119°03′49.0″ N 33°52′46.6″	81
						A₂	14—38	黄棕色	黏土	块状	8.9	1.4	0.17	0.50			3.0	74	7.5			
						Bv	38—52	红棕色	黏土	块状	8.9	3.3	0.26	0.55			2.0		4.2			
						C	52—100	浅黄棕色	轻壤土	块状	8.8	3.0	0.31	0.58								
剖11	半水成土	潮土	黄潮土	淤土	砂心淤土	A₁	0—13	黄棕色	黏土	块状	8.1	12.8	0.96	0.57			5.0	207	21.6	黄泛沉积物	E 119°05′32.3″ N 33°53′40.2″	83
						A₂	13—37	黄棕色	黏土	块状	8.3	7.7	0.88	0.55			3.0	166	8.7			
						Bv	37—63	浅灰黄色	轻壤土	块状	8.3	3.7	0.44	0.53			3.0	77	9.9			
						C	63—100	红棕色	重黏土	块状	8.2	8.2	0.94	0.46			3.0	220	24.2			

续表 Continued

剖面号 Soil profile	土纲 Soil order	土类 Soil great group	亚类 Soil subgroup	土属 Soil genus	土种 Soil species	土层码 Layer code	土层厚度 Depth/cm	颜色 Soil color	质地 Soil texture	土壤结构 Soil structure	pH	有机质 OM/(g/kg)	全氮 TN/(g/kg)	全磷 TP/(g/kg)	全钾 TK/(g/kg)	碱解氮 AN/(mg/kg)	有效磷 AP/(mg/kg)	速效钾 AK/(mg/kg)	阳离子交换量CEC/(cmol/kg)	土壤母质 Parent material	剖面点坐标 Profile coordinate	匹配指数 Matching index/%
剖12	半水成土	潮土	黄潮土		砂土	1		黄棕色	黏土	块状	8.3										E 119°05′04.6″ N 33°51′49.3″	96
						2		浅灰黄色	轻壤土	块状	8.3											
						3		灰黄棕色	重壤土	块状、碎块状	8.3											
剖13	半水成土	潮土	黄潮土	潮砂土	砂土	A₁₁	0—15	灰黄棕色	砂壤土	屑粒状	8.5	9.8	0.61	0.77	23.4				7.4	黄泛冲积物	E 119°13′06.6″ N 33°51′20.2″	100
						C₁	15—33	浊黄棕色	砂壤土	块状	8.8	3.0	0.19	0.60	19.2				4.4			
						C₂	33—100	浊黄棕色	砂壤土	块状	8.8	1.7	0.14	0.64	31.7				4.2			
剖14	半水成土	潮土	黄潮土	砂土	砂土	A₁	0—14	灰黄色	砂壤土	小块状	8.2	6.5	0.34	0.59			4.0	201	6.1	黄泛沉积物	E 119°13′38.6″ N 33°50′34.4″	96
						A₂	14—34	灰黄色	砂壤土	小块状	8.4	4.5	0.31	0.60			4.0	153	6.0			
						Bv	34—60	棕黄色	砂土	无明显结构	8.5	1.6	0.20	0.45			2.0	42	4.0			
						C	60—100	浅黄色	砂土	无明显结构	8.5	1.6	0.20	0.45			2.0	42	4.0			
剖15	半水成土	潮土	黄潮土	两合土	两合土	A₁	0—12	灰棕色	轻壤土	块状	8.5	6.1	0.49	0.61			3.0	78	6.3	黄泛沉积物	E 119°18′05.8″ N 34°00′30.2″	93
						A₂	12—35	浅灰黄色	轻壤土	块状	8.3	3.4	0.37	0.59			4.0	70	6.4			
						Bv	35—91	黄棕色	轻壤土	块状	8.5	3.4	0.37	0.59			4.0	70	6.4			
						C	91—100	深黄色	中壤土	块状	8.5	2.8	0.33	0.55			3.0	62	7.9			
剖16	半水成土	盐碱化潮土	盐碱化潮土	盐碱土	黏心盐碱土	A₁	0—13	灰褐色	轻壤土	块状	8.5	6.3	0.38	0.66			6.0	53	7.8	黄泛沉积物	E 119°22′56.6″ N 34°00′01.8″	95
						A₂	13—27	灰黄色	砂壤土	块状	8.5	3.8	0.27	0.65			5.0	48	7.5			
						Bv	27—59	黄棕色	中壤土	块状	8.4	2.5	0.20	0.60			3.0	76	11.5			
						C	59—100	浅棕黄色	砂壤土	块状	8.5	2.3	0.21	0.63			1.0	45	7.0			
剖17	半水成土	潮土	黄潮土	砂土	黏底砂土	A₁	0—16	浅灰黄色	砂土	小块状	8.8	2.2	0.19	0.51			5.0	45	15.9	黄泛沉积物	E 119°19′38.3″ N 33°55′08.0″	92
						A₂	16—28	浅灰黄色	中壤土	块状	8.4	4.1	0.35	0.55			3.0	72	9.7			
						Bv	28—87	红棕色	轻黏土	块状	8.4	11.2	0.85	0.58			4.0	181	18.9			
						C	87—100	红棕色	重壤土	块状	8.4	3.5	0.36	0.55			3.0	94	11.2			
剖18	半水成土	潮土	黄潮土	两合土	砂底二合土	A₁	0—15	灰黄棕色	中壤土	小块状	8.3	11.0	0.84	0.55			5.0	186	17.7	黄泛沉积物	E 119°15′24.1″ N 33°55′27.1″	99
						A₂	15—20	灰黄白色	重黏土	块状	8.9	10.3	0.78	0.55			3.0	158	16.6			
						Bv	20—60	黄棕色	重黏土	块状	8.8	8.2	0.72	0.52			2.0	128	25.0			
						C	60—100	浅黄棕色	砂壤土	无明显结构	8.4	2.8	0.32	0.48			2.0	53	8.2			
剖19	半水成土	潮土	黄潮土	飞砂土	飞砂土	A₁	0—20	灰黄色	砂壤土	无明显结构	8.6	3.2	0.40	0.55			4.0	64	7.0	黄泛沉积物	E 119°26′41.3″ N 33°55′51.2″	89
						A₂	20—30	黄棕色	紧砂土	无明显结构	8.4	2.4	0.20	0.52			2.0	46	5.4			
						Bv	30—60	黄棕色	紧砂土	无明显结构	8.4	2.4	0.20	0.52			4.0	46	5.4			
						C	60—100	灰黄色	紧砂土	无明显结构	8.3	2.4	0.20	0.51			3.0	46	5.4			
剖20	半水成土	盐碱化潮土	盐碱化潮土	碱化土	碱化土	A₁	0—14	灰黄棕色	砂壤土	小块状	8.9	4.7	0.31	0.62			4.0	47	6.3	黄泛沉积物	E 119°18′22.3″ N 33°51′19.1″	83
						A₂	14—27	棕黄色	砂壤土	块状	8.8	2.5	0.14	0.63			3.0	27	5.3			
						Bv	27—50	黄棕色	砂壤土	块状	8.9	1.5	0.23	0.52			2.0	32	7.0			
						C	50—100	灰棕黄色	砂壤土	块状	8.9	1.5	0.23	0.52			2.0	32	7.0			
剖21	半水成土	潮土	黄潮土	两合土	黏心两合土	A₁	0—13	棕黄色	中壤土	块状	8.1	7.7	0.63	0.64			4.0	137	18.3	黄泛沉积物	E 119°29′38.8″ N 33°50′10.3″	85
						A₂	13—30	棕黄色	重壤土	块状	8.0	5.0	0.49	0.57			2.0	100	15.6			
						Bv	30—59	红棕色	中黏土	弱块状	8.3	6.2	0.50	0.50			2.0	179	24.8			
						C	59—100	灰黄棕色	砂壤土	块状	8.4	2.8	0.29	0.52			2.0	51	8.5			
剖22	半水成土	潮土	黄潮土	淤土	淤土	A₁₂	0—14	灰棕色	黏土	块状	8.5	15.1	0.94						27.5	黄泛冲积物	E 119°18′11.9″ N 33°46′52.0″	82
						A₁₂	14—25	棕灰色	黏土	块状	8.6	10.5	0.72						32.1			
						C₁	25—50	灰黄色	黏土	块状	8.7	8.9	0.63						32.5			
						Cz	50—100	灰黄棕色	黏土	柱状	8.7	6.3	0.50						31.1			

续表 Continued

剖面号 Soil profile	土纲 Soil order	土类 Soil great group	亚类 Soil subgroup	土属 Soil genus	土种 Soil species	土层码 Layer code	土层厚度 Depth/cm	颜色 Soil color	质地 Soil texture	土壤结构 Soil structure	pH	有机质 OM/(g/kg)	全氮 TN/(g/kg)	全磷 TP/(g/kg)	全钾 TK/(g/kg)	碱解氮 AN/(mg/kg)	有效磷 AP/(mg/kg)	速效钾 AK/(mg/kg)	阳离子交换量 CEC/(cmol/kg)	土壤母质 Parent material	剖面点坐标 Profile coordinate	匹配指数 Matching index/%
剖23	半水成土	潮土	黄潮土	淤土	底黑淤土	A₁	0—15	灰棕色	轻黏土	小块状	8.4	6.2	0.49	0.64			4.2	190	18.3	黄泛沉积物	E 119°31′41.9″ N 33°54′34.2″	90
						A₂	15—29	棕色	重壤土	块状	8.5	9.2	0.70	0.74			5.3	270	23.0			
						Bv₁	29—59	棕黄色	中黏土	块状	8.5	9.0	0.65	0.62			5.7	300	24.3			
						Bv₂	59—75	棕黄色	中黏土	块状、碎块状	8.3	12.5	0.72	0.55			2.8	205	26.8			
						C	75—100	灰黑色	轻黏土	块状、碎块状	8.3	12.5	0.72	0.55			2.8	205	26.8			
剖24	半水成土	潮土	黄潮土			1		黄棕色	黏土	块状	8.1										E 119°34′05.9″ N 33°53′52.1″	82
						2		黄棕色	黏土	块状	8.3											
						3		浅灰黄色	轻壤土	块状	8.3											

盱 眙 县

主要土类说明

水稻土是盱眙县主要土壤类型，占本县地域面积的 27%。水稻土是人为水耕熟化条件下发育形成的土壤。本县种植水稻历史较长，受周期性灌水影响，土体中氧化还原作用交替进行，导致剖面中矿物质重新分配，形成水稻土的特征层次——潴育层。水稻土质地黏重，黏粒含量为 32%—39%。土壤呈中性，黏土矿物以蒙脱石、伊利石、石英为主，阳离子交换量大于 24cmol/kg，保水保肥性能好。本县水稻土分为渗育型、潴育型、潜育型等亚类。

黄褐土是盱眙县第二大土壤类型，占本县地域面积的 23%。黄褐土地处北亚热带，由较细粒的黄土状母质发育而成，多组成丘岗。土体中无游离碳酸钙，土壤呈灰黄棕色，在底部可散见圆形石灰结核，黏化淀积明显，B 层黏聚，黏粒硅铝率在 3.0 左右，土壤表层 pH 为 6.0—6.8，底层 pH 为 7.5，盐基饱和度由表层向底层逐渐趋向饱和。

火山灰土是盱眙县第三大土壤类型，占本县地域面积的 22%。火山灰土由火山喷发碎屑物和尘状火山灰堆积物发育而成，剖面发生层分异小，色泽差异大，母质特征明显。土体由灰黑色及暗褐色等疏松多孔的玻璃质熔岩块叠置成，表层有机质积累，具 A-C 剖面构型。土壤呈暗棕色至暗褐色。土层变化较大，薄的地方只有几厘米。土壤质地为重壤土，比较疏松，表层容重为 1.26g/cm³，土壤肥力较高。土壤保肥能力较强，pH 约为 6.7。

潮土占本县地域面积的 8%，主要分布在沿淮洼地，是经圩垦旱耕熟化而成的农业土壤。潮土是由河流夹带泥沙沉积而成的，因地形变化、水流速度变化以及河水中的泥沙逐渐沉积，根据"紧砂慢淤，不紧不慢两合土"的规律，土壤质地呈规律性分布。潮土的母质是由多次沉积而形成的，因此，土壤剖面中不同层次的质地有一定的差异，有夹砂、夹黏层。在耕层范围内，由于人为耕作熟化，砂黏相间的沉积层已充分混合，没有夹砂、夹黏层。由于地下水位周期性变化，土壤剖面中氧化还原交替进行，影响剖面中物质的淋溶、移动和淀积，致使剖面中矿物质分布上下有差异。潮土耕层容重为 1.28g/cm³，总孔隙度为 51.93%，非毛管孔隙度为 15.84%，土壤有机质含量为 9.14g/kg，全氮含量为 0.76g/kg，全磷含量为 1.029g/kg。本县潮土只有黄潮土一个亚类。

砂姜黑土占盱眙县地域面积的 4%，是本县主要农业土壤之一。本县砂姜黑土所处地区地势平坦低洼，地下水位高，成土母质为黄土性沉积物。其典型特征是土体呈灰褐色至褐色，质地黏重，1m 土层内均为重壤到黏土。犁底层较紧实，土壤含水量高。

小于本县地域面积 3% 的土壤类型还有石灰（岩）土、黄棕壤、褐土。

本区域中心区气候特征

本区域中心区气候特征值
Regional climate characteristics in central area of the region

气候带：北亚热带湿润气候 Climate region: North subtropical humid climate	
年平均气温 /℃ Annual average temperature /℃	15.1
年平均最高气温 /℃ Annual average maximum temperature /℃	19.9
年平均最低气温 /℃ Annual average minimum temperature /℃	11.2
年降水量 /mm Annual precipitation /mm	966
≥ 10℃的积温 /℃ Daily temperature accumulated in a year（≥ 10℃）/℃	5525
年日照时数 /h Annual sunshine /h	2093
年平均相对湿度 /% Annual average relative humidity /%	75
干燥度 Dryness	0.92

本区域中心区月平均气温与月平均降水量
Monthly temperature and precipitation in central area of the region

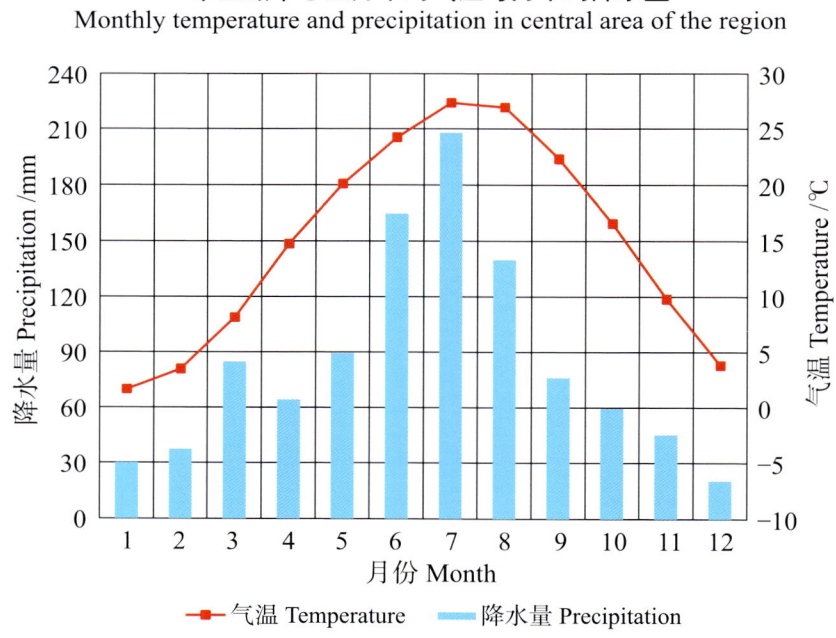

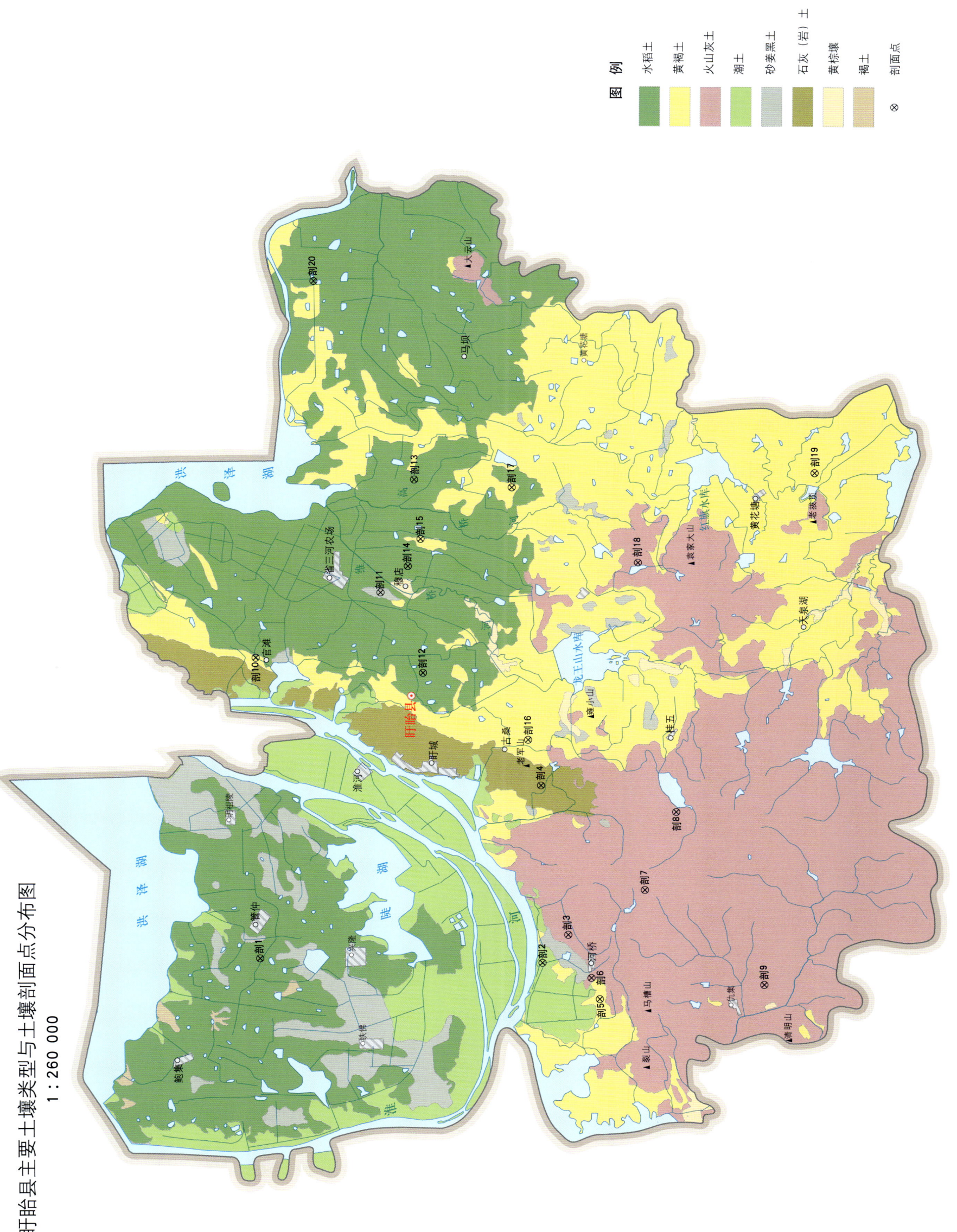

盱眙县土壤剖面理化性状表

剖面号 Soil profile	土纲 Soil order	土类 Soil great group	亚类 Soil subgroup	土属 Soil genus	土种 Soil species	土层码 Layer code	土层厚度 Depth/cm	颜色 Soil color	质地 Soil texture	土壤结构 Soil structure	pH	有机质 OM/(g/kg)	全氮 TN/(g/kg)	全磷 TP/(g/kg)	全钾 TK/(g/kg)	有效磷 AP/(mg/kg)	速效钾 AK/(mg/kg)	阳离子交换量CEC/(cmol/kg)	土壤母质 Parent material	剖面点坐标 Profile coordinate	匹配指数 Matching index/%
剖1	人为土	水稻土	潴育水稻土	姜乌土	姜乌土	A	0—12	黑色	轻黏土	块状	7.5	19.0	1.28	0.28		2.0	137	31.9	黄土冲积物	E 118°21′20.5″ N 33°06′13.0″	85
						P	12—22	暗灰色	轻黏土	块状	7.9	12.8	0.94	0.28		1.0	129	31.8			
						W	22—61	暗灰色	轻黏土	块状	7.6	8.2	0.52	0.24		<1.0	159	40.2			
						Bvg	61—100	黑灰色	重壤土	块状	7.7	3.6	0.36	0.17		<1.0	137	32.2			
剖2	半水成土	潮土	黄潮土	淤土	岗底淤土	A	0—11	棕色	轻黏土	块状	8.3	7.9	0.77	0.44		9.0	248	27.1	淮河冲积物	E 118°20′60.0″ N 32°56′33.7″	90
						P	11—20	暗棕色	中黏土	块状	8.2	8.8	0.79	0.48		4.0	200	29.2			
						3	20—38	暗棕色	中黏土	块状	8.4	9.2	0.75	0.57		9.0	227	25.2			
						4	38—100	浅棕色	重壤土	块状	8.4	<1.0	0.18	0.26		1.0	116	21.1			
剖3	初育土	火山灰土	基性岩火山灰土	暗棕黏土	暗栗	AC	0—18	暗棕色	黏土	块状	7.5	12.7	0.75	0.75					玄武岩风化残积物、坡积物	E 118°22′09.8″ N 32°55′37.2″	85
						C_1	18—32	棕色	黏土	块状	8.1	7.6	0.46	0.51	29.0						
							32—69	棕色	黏土	棱块状	8.3	4.2	0.31	0.54	30.2						
						C_2	69—100	棕色	重黏土	块状	8.5	4.2	0.23	1.00	29.6						
剖4	初育土	石灰(岩)土	棕色石灰土	石灰质淤土	石灰质淤土	A	0—13	浅棕色	重壤土	小块状	8.3	13.2	1.05	0.31	21.4	1.0	138	20.0	石灰岩冲积物	E 118°28′27.8″ N 32°56′30.5″	91
						P	13—22	浅棕色	轻黏土	块状	8.4	9.5	0.89	0.30		<1.0	17	21.8			
						3	22—72	浅棕色	轻黏土	棱柱状	8.4	6.7	0.60	0.13		<1.0	124	22.5			
						4	72—100			棱柱状											
剖5	淋溶土	黄褐土	黏盘黄褐土	砂黄岗土	砂黄岗土	A	0—13	黄色	重壤土	块状	8.4	3.9	0.43	0.22		1.0	138	27.2	下蜀黄土	E 118°19′26.0″ N 32°54′32.8″	95
						P	13—22	黄色	轻黏土	块状	8.4	2.3	0.34	0.17		1.0	120	23.8			
						3	17—67	黄色	轻黏土	块状	8.3	2.2	0.26	0.13		<1.0	146	30.0			
						4	67—100	黄色	轻黏土	块状	8.1	1.2	0.25	<0.10		<1.0	146	32.0			
剖6	初育土	火山灰土	基性岩火山灰土	潮暗土	潮淤土	A	0—15	暗棕色	重壤土	块状	7.1	15.6	1.03	1.22		12.0	119	31.7	玄武岩风化冲积物	E 118°20′17.9″ N 32°54′51.1″	90
						P	15—24	暗棕色	重壤土	块状	7.3	15.6	0.94	1.17		7.0	93	32.6			
						3	24—54	暗棕色	重壤土	块状	7.6	14.0	0.96	1.22		7.0	81	35.8			
						4	54—100	暗棕色	中壤土	块状	7.8	16.5	1.04	0.94		10.0	119	36.7			
剖7	初育土	火山灰土	基性岩火山灰土	暗色土	薄层暗色土	D	0—14	暗棕色	轻黏土	微团粒状	6.9	19.8	1.33	1.05		4.0	130	26.8	玄武岩风化残积物、坡积物	E 118°24′01.8″ N 32°53′00.2″	92
剖8	初育土	火山灰土	基性岩火山灰土	山淤土	山淤土	A	0—14	暗棕色	轻黏土	块状	8.8	11.6	0.89	0.65		2.0	133	31.6	玄武岩风化残积物、坡积物	E 118°27′14.0″ N 32°51′49.0″	81
						P	14—25	暗棕色	轻黏土	块状	7.9	9.5	0.77	0.61		1.0	120	32.4			
						3	25—69	暗黄棕色	重黏土	块状	8.2	4.8	0.44	0.52		<1.0	110	33.6			
						4	69—100	暗黄色	重壤土	块状	8.2	4.2	0.39	0.65		3.0	75	25.9			
剖9	初育土	火山灰土	基性岩火山灰土	暗色土	厚层暗色土	A	0—14	暗棕色	重壤土	块状	7.1	8.2	0.60	0.87		3.0	106	31.4	玄武岩风化残积物、冲积物	E 118°19′58.1″ N 32°48′54.7″	88
						P	14—24	暗棕色	重壤土	块状	7.1	6.4	0.50	0.96		1.0	65	33.2			
						3	24—64	暗棕色	轻黏土	块状	7.9	6.5	0.33	0.83		2.0	101	36.9			
						D	64—	暗棕色	中壤土	块状	7.8	6.2	0.30	0.83		0.0	102	35.4			
剖10	淋溶土	黄褐土	黏盘黄褐土	岗子土	岗子土	A	0—14	暗棕色	砂壤土	单粒状	6.0	15.1	1.09	0.44		2.0	237	27.1		E 118°34′01.2″ N 33°06′11.2″	95
						P	14—29	黑灰色	砂壤土	单粒状	6.1	12.2	0.91	0.13		3.0	149	37.0			
						3	29—51	棕色	砂壤土	块状	6.4			0.61		1.0	144				
剖11	半水成土	砂姜黑土	砂姜黑土	湖黑土	下位砂姜湖黑土	A	0—14	黑色	重壤土	块状				0.74		0.0			黄土性沉积物	E 118°36′39.6″ N 33°01′53.4″	82
						P	14—25	黑色	中黏土	块状		24.1	1.65	0.35		3.0	205				
						3	25—43	黑色	中黏土	块状		26.5	1.70	0.38		2.0					
						4	43—100	黄黑色	中壤土	块状	6.4	4.6	0.41	0.14		1.0		34.0			

续表 Continued

剖面号 Soil profile	土纲 Soil order	土类 Soil great group	亚类 Soil subgroup	土属 Soil genus	土种 Soil species	土层码 Layer code	土层厚度 Depth/cm	颜色 Soil color	质地 Soil texture	土壤结构 Soil structure	pH	有机质 OM/(g/kg)	全氮 TN/(g/kg)	全磷 TP/(g/kg)	全钾 TK/(g/kg)	有效磷 AP/(mg/kg)	速效钾 AK/(mg/kg)	阳离子交换量CEC/(cmol/kg)	土壤母质 Parent material	剖面点坐标 Profile coordinate	匹配指数 Matching index/%
剖12	人为土	水稻土	潴育水稻土	姜乌土	黄乌土	A	0—10	暗黄棕色	重壤土	块状	8.0	13.3	0.90	0.30		3.0	≤5	22.2	黄土冲积物	E 118°33′14.4″ N 33°00′27.4″	98
						P	10—19	暗黄棕色	重壤土	块状	7.8	7.6	0.58	0.19		2.0	193	22.9			
						W	19—37	灰色	轻黏土	块状	7.8	6.2	0.45	0.16		2.0	186	29.6			
						Bvg	37—100	黄色	轻黏土	块状	7.8	5.7	0.40	0.20		1.0	78	21.1			
剖13	人为土	水稻土	潴育水稻土	灰白土	底黑灰白土	A	0—10	黄白色	重壤土	小块状	6.8	15.0	0.10	0.28		6.0	97	21.3		E 118°41′25.8″ N 33°00′40.0″	91
						P	10—19	灰黄色	重壤土	块状	7.2	9.3	0.73	0.20		2.0	97	23.3			
						W	19—47	灰黄色	重壤土	块状	7.3	6.9	0.65	0.18		3.0	122	21.9			
						Bvg	47—100	灰黑色	重壤土	块状	7.5	4.4	0.32	0.16		<1.0	156	31.9			
剖14	人为土	水稻土	潴育水稻土	黏黄土	黄壤土	A	0—15	黄白色	中壤土	小块状	7.5	11.7	6.86	0.45		6.0	65	17.7	冲积黄土状母质	E 118°37′45.5″ N 33°00′55.8″	86
						P	15—24	暗黄棕色	中壤土	块状	7.7	9.7	0.70	0.44		1.0	78	19.1			
						W	24—79	灰黄棕色	轻壤土	块状	7.6	7.7	0.44	0.28		1.0	48	17.4			
						Bv	79—100	灰黄色	中壤土	小块状	7.5	<1.0	0.65	0.48		1.0	65	19.9			
剖15	淋溶土	黄褐土	黏盘黄褐土	白岗土	白岗土	A	0—15	灰黄白色	轻壤土	块状	6.5	9.0	0.58	0.13		4.0	81	14.2	下蜀黄土	E 118°38′55.9″ N 33°00′31.0″	98
						P	15—32	灰黄白色	重壤土	块状	6.8	4.0	0.39	0.18		1.0	71	35.4			
						3	32—80	浅黄棕色	重壤土	块状	7.5	3.6	0.31	0.17		1.0	123	31.1			
						4	80—100	暗黄棕色	重壤土		7.6	3.2	0.36	0.28		3.0	87	26.7			
剖16	淋溶土	黄褐土	黏盘黄褐土	白岗土	底黑白岗土	A	0—15	灰黄色	轻黏土	块状	7.0	8.9	0.71	<0.10		<1.0	65	14.9	下蜀黄土	E 118°30′25.9″ N 32°56′52.4″	90
						P	15—29	灰黄色	轻黏土	块状	7.3	6.8	0.60	0.14		<1.0	60	16.1			
						3	29—52	灰黄色	重黏土	块状	7.7	7.2	0.53	0.19		1.0	204	36.9			
						4	52—100	灰黄色	中黏土	块状	7.8	6.8	0.43	0.14		<1.0	118	32.7			
剖17	淋溶土	黄褐土	黏盘黄褐土	黄岗土	黄岗土	A	0—15	黄色	重壤土	块状	6.5	11.7	0.97	0.27		2.0	171	22.1	下蜀黄土	E 118°41′02.8″ N 32°57′19.1″	85
						P	15—26	浅棕色	重壤土	块状	6.6	9.8	0.85	0.26		1.0	145	23.3			
						3	26—62	黄棕色	重壤土	块状	6.7	5.1	0.46	0.14		3.0	211	32.2			
						4	62—100	黄棕色	轻壤土	块状	7.1	4.1	0.32	0.12		3.0	172	29.4			
剖18	初育土	火山灰土	基性岩火山灰土	暗色土	中层暗色土	A	0—14	暗黄棕色	重壤土	块状	5.9	17.6	0.84	0.60		4.0	126	28.0	玄武岩风化坡残积物	E 118°37′49.8″ N 32°53′01.7″	86
						P	14—45	暗黄色	重壤土		5.9	15.3	0.85	0.45		3.0	114	28.4			
						D	45—														
剖19	淋溶土	黄褐土	黏盘黄褐土	白岗土	黄白岗土	A	0—17	黄白色	中壤土	块状	6.5	9.3	0.65	0.13		<1.0	144	11.4	下蜀黄土	E 118°41′30.1″ N 32°46′55.6″	82
						P	17—32	黄黄棕色	中壤土	块状	7.8	7.7	0.54	0.15		<1.0	128	12.8			
						3	32—50	浅黄棕色	轻壤土	块状	7.6	3.4	0.41	0.14		<1.0	150	29.9			
						4	50—100	褐色	轻壤土	块状	7.6	3.8	0.33	0.12		<1.0	146	26.8			
剖20	人为土	水稻土	潜育水稻土	青泥土	青泥土	A	0—14	黑色	轻壤土	小块状	6.2	13.9	0.91	0.24		2.5	79	25.0		E 118°49′52.7″ N 33°04′00.8″	85
						P	14—22	黑色	轻黏土	块状	6.4	13.3	0.96	0.23		2.3	99	2.7			
						Wg	22—53	灰黑色	轻黏土	块状	6.1	8.3	0.52	0.19		1.5	94	27.3			
						G	53—100	灰黑色	轻黏土	块状	6.3	5.9	0.41	0.18		1.8	151	34.0			

金 湖 县

主要土类说明

水稻土是金湖县主要土壤类型，占本县地域面积的 65%。水稻土是在长期季节性淹灌、水下翻耕、季节性脱水、氧化还原交替影响下，原来成土母质或母土的特性发生重大改变，形成的新的土壤类型。由于干湿交替，土壤发生糊状淹育层、较坚实板结的犁底层、渗育层、潴育层与潜育层等多种发生层分异。这些不同发生层段是在人为耕作、水浆管理下形成的。本县水稻土分为渗育型、潴育型、脱潜型和潜育型等亚类。

潮土是金湖县第二大土壤类型，占本县地域面积的 19%。本县潮土是成土年龄比较短暂的旱地土壤，一方面受地下水升降活动影响，另一方面受到人们旱耕熟化的作用而形成的。其成土母质为黄泛沉积物，土壤形成发育比较年轻，富含钙质，石灰反应强烈，沉积层理清楚。本县潮土仅有黄潮土一个亚类。

小于本县地域面积 3% 的土壤类型还有黄褐土、砂姜黑土。

本区域中心区气候特征

本区域中心区气候特征值
Regional climate characteristics in central area of the region

气候带：北亚热带湿润气候 Climate region: North subtropical humid climate	
年平均气温 /℃ Annual average temperature /℃	14.8
年平均最高气温 /℃ Annual average maximum temperature /℃	19.6
年平均最低气温 /℃ Annual average minimum temperature /℃	10.9
年降水量 /mm Annual precipitation /mm	980
≥10℃的积温 /℃ Daily temperature accumulated in a year (≥10℃) /℃	5423
年日照时数 /h Annual sunshine /h	2160
年平均相对湿度 /% Annual average relative humidity /%	76
干燥度 Dryness	0.89

本区域中心区月平均气温与月平均降水量
Monthly temperature and precipitation in central area of the region

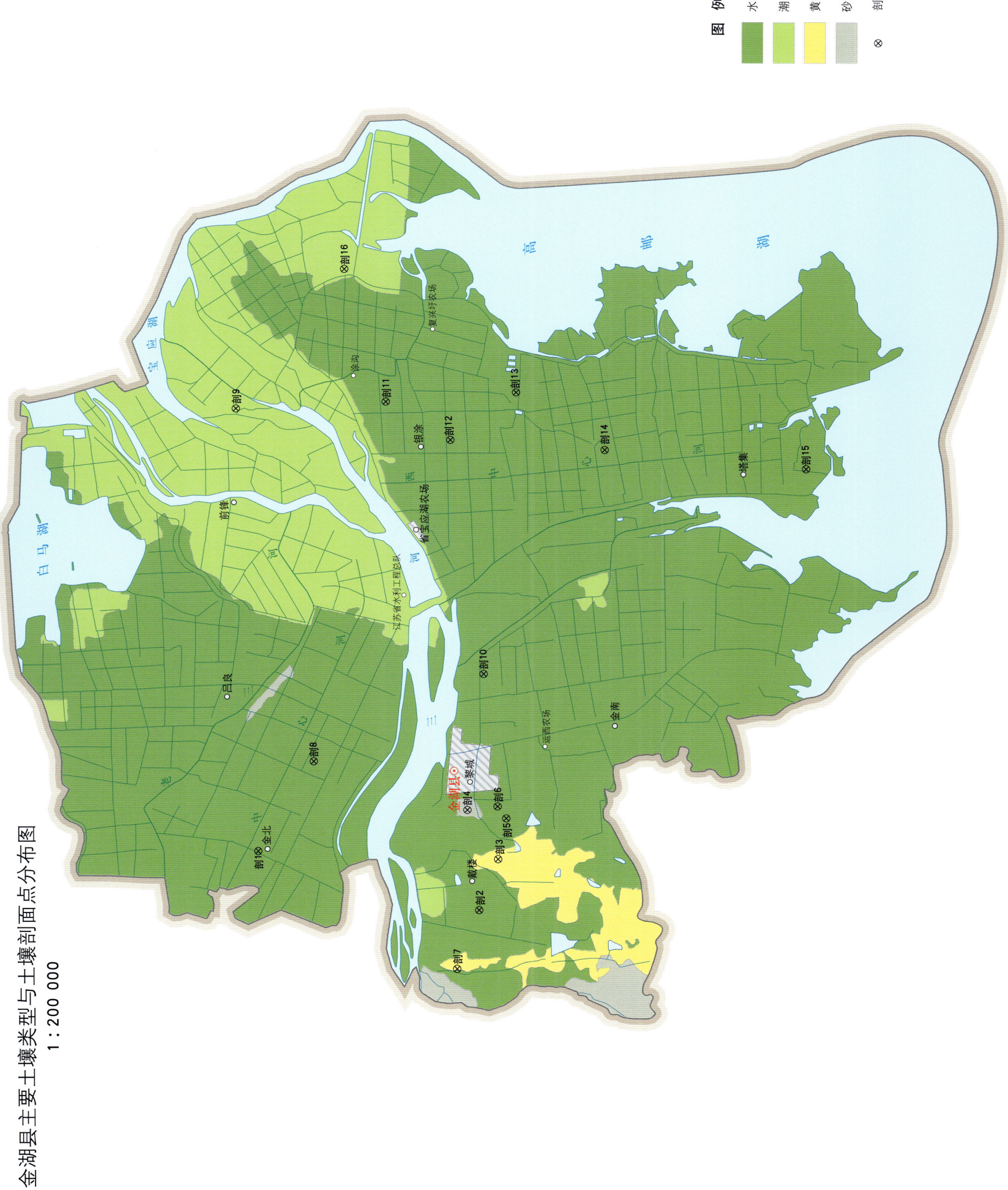

金湖县土壤剖面理化性状表

剖面号 Soil profile	土纲 Soil order	土类 Soil great group	亚类 Soil subgroup	土属 Soil genus	土种 Soil species	土层码 Layer code	土层厚度 Depth/cm	颜色 Soil color	质地 Soil texture	土壤结构 Soil structure	pH	有机质 OM/(g/kg)	全氮 TN/(g/kg)	全磷 TP/(g/kg)	全钾 TK/(g/kg)	有效磷 AP/(mg/kg)	速效钾 AK/(mg/kg)	阳离子交换量CEC/(cmol/kg)	土壤母质 Parent material	剖面点坐标 Profile coordinate	匹配指数 Matching index/%
剖1	人为土	水稻土	潴育水稻土	马肝泥田	黄黏土田	Aa	0—12	浊黄棕色	壤质黏土	粒状、块状	7.8	16.0	0.85	0.28	22.7			25.1	黄土状母质	E 118°58′24.2″ N 33°06′40.7″	81
						Ap	12—21	浊黄棕色	壤质黏土	块状	7.4	10.0	0.56	0.24	20.2			23.6			
						W₁	21—42	暗灰黄色	黏土	块状	7.6	5.4	0.34	0.15	20.8			30.4			
						W₂	42—100	暗黄黄色	黏土	块状	7.6	5.3	0.12	0.12	21.4			42.0			
剖2	人为土	水稻土	渗育水稻土	泥黄土	泥黄灰土	A₁	0—13	暗灰黄色	轻黏土	粒状		13.5	1.15	0.21		15.0	189	21.5	下蜀黄土	E 118°56′24.4″ N 33°06′54.4″	99
						P	13—29	暗灰黄色	中黏土	棱块状		7.2	0.90	0.16		11.0	170	19.2			
						Wo	29—43	暗灰黄色	中黏土	块状		6.3	0.75	0.16		25.0	208	24.4			
						C₁	43—74	暗黄棕色	轻黏土	块状		3.8	0.61	0.10		8.0	194	19.6			
						C₂	74—100	暗黄棕色	轻黏土	块状		2.8	0.44	0.17		2.0	176	21.4			
剖3	淋溶土	黄褐土	黏盘黄褐土	黄刚土	黄岗土	A₁	0—13	浅棕色	轻黏土	团块状	6.1	13.4	0.81	0.23		10.0	135	14.9	下蜀黄土	E 118°58′00.8″ N 33°00′22.0″	87
						A₂	13—24	棕色	中黏土	块状	6.3	12.0	0.75	0.18		6.0	104	14.2			
						Bv	24—65	暗黄棕色	中黏土	棱块状	7.0	3.8	0.26	0.11		2.0	208	22.1			
						C	65—100	黄灰棕色	轻黏土	块状	7.0	3.0	0.34	0.15		<1.0	202	20.9			
剖4	半成土	砂姜黑土	砂姜黑土	岗黑土	岗黑土	A	0—16	灰黄棕色	轻黏土	小粒状	6.8	15.0	1.05	0.24		50.0	167	24.8	下蜀黄土	E 118°59′35.2″ N 33°01′08.4″	98
						Bv	16—51	暗灰棕色	轻黏土	块状	6.8	7.7	0.51	0.11		<1.0	147	29.8			
						C	51—100	暗灰色	轻黏土	块状	6.8	5.5	0.34	0.11		<1.0	141	30.4			
剖5	人为土	水稻土	渗育水稻土	泥黄土	泥黄土	A	0—13	栗色	重壤土	小块状	7.7	18.3	1.29	0.27		5.0	124	27.7	下蜀黄土	E 118°59′18.2″ N 33°00′14.4″	80
						P	13—22	棕色	重壤土	块状	7.5	17.7	1.33	0.29		3.0	122	25.7			
						W	22—33	暗棕黄色	中黏土	棱块状	7.6	12.4	0.81	0.21		4.0	111	29.5			
						C₁	33—59	灰黄棕色	重黏土	块状	7.4	8.5	0.55	0.14		3.0	111	28.8			
						C₂	59—101	暗黄棕色	重黏土	块状	7.7	5.8	0.53	0.18		1.0	126	27.5			
剖6	人为土	水稻土	潴育水稻土	泥黄土	泥黄白土	AE	0—22	黄白色	中壤土	小粒状	6.8	13.4	1.05	0.14		9.0	89	18.2	下蜀黄土	E 118°59′39.8″ N 33°00′21.2″	83
						P	22—36	棕灰色	重壤土	块状	7.3	9.9	0.64	0.10		10.0	57				
						Wo	36—57	灰黄棕色	轻黏土	棱柱状	7.3	8.2	0.55	0.26		2.0	64	31.8			
						C	57—100	暗黄棕色	轻黏土	块状	7.6	5.6	0.38	0.36		<1.0	100	27.2			
剖7	淋溶土	黄褐土	黏盘黄褐土	黄刚土	白岗土	A	0—17	浅灰黄色	中壤土	粒状	6.9	7.0	0.67	0.12		8.0	143	26.0	下蜀黄土	E 118°54′37.4″ N 33°01′30.7″	81
						E	17—67	灰白色	重壤土	块状	7.1	4.2	0.37	0.12		19.0	109	12.8			
						C	67—100	灰黄褐色	中黏土	块状	7.1	3.6	0.43	0.12		27.0	226	36.3			
剖8	人为土	水稻土	潴育水稻土	黏黄土	泥黄土	A	0—13	暗灰黄色	轻黏土	小粒状	7.3	17.2	0.90	0.41		1.0	186	23.4	淮河冲积物	E 119°01′12.0″ N 33°05′06.0″	88
						P	13—25	暗棕黄色	轻黏土	块状	7.1	15.8	0.71	0.29		2.0	165	29.7			
						W	25—39	灰灰黄色	轻黏土	棱柱状	7.3	9.7	0.53	0.36		<1.0	168	25.7			
						Bvg	39—67	暗黄棕色	轻黏土	块状	7.5	9.2	0.32	0.30		<1.0	163	26.8			
						Gca	67—100	棕灰色	轻黏土	块状	7.5	5.9	0.26	0.31		<1.0	164	24.7			
剖9	半水成土	潮土	黄潮土			1		暗棕黄色	中黏土	碎粒状	7.1									E 119°12′27.0″ N 33°06′53.3″	91
						2		暗灰黄色	中黏土	小块状	7.3										
						3		棕灰色	重黏土	棱柱状	7.6										
剖10	人为土	水稻土	渗育水稻土	姜黑土	姜黑土	A	0—14	暗灰黄色	中壤土	小块状	7.2	20.3	1.24	0.31		9.0	138		下蜀黄土	E 119°03′53.6″ N 33°00′40.0″	80
						P	14—25	灰黄棕色	中黏土	块状	6.9	16.6	1.14	0.27		7.0	126				
						Wo	25—42	栗色	中黏土	棱柱状	7.2	13.9	0.76	0.26		5.0	130				
						C	42—66	棕灰色	中黏土	小块状	7.2	11.7	0.48	0.19		4.0	131				
						Dm	66—100	黑色	中黏土	小块状	7.1	10.0	0.45	1.49		3.0	101				

续表 Continued

剖面号 Soil profile	土纲 Soil order	土类 Soil great group	亚类 Soil subgroup	土属 Soil genus	土种 Soil species	土层码 Layer code	土层厚度 Depth/cm	颜色 Soil color	质地 Soil texture	土壤结构 Soil structure	pH	有机质 OM/(g/kg)	全氮 TN/(g/kg)	全磷 TP/(g/kg)	全钾 TK/(g/kg)	有效磷 AP/(mg/kg)	速效钾 AK/(mg/kg)	阳离子交换量CEC/(cmol/kg)	土壤母质 Parent material	剖面点坐标 Profile coordinate	匹配指数 Matching index/%
剖11	人为土	水稻土	渗育水稻土	潮黄土	底黑潮黄土	A	0—15	暗灰棕色	轻黏土	碎粒状	7.6	30.9	1.41	0.52		18.0	173	24.8	下蜀黄土	E 119°12′33.8″ N 33°03′01.1″	86
						P	15—26	灰棕色	轻黏土	块状	7.5	18.3	0.99	0.47		14.0	171	20.6			
						W	26—50	褐色	轻黏土	棱块状	7.4	12.7	0.94	0.36		5.0	158	24.4			
						C	50—72	灰黄色	重黏土	块状	7.6	9.1	0.72	0.34		3.0	169	35.8			
						Dm	72—100	灰黑色	轻黏土	块状	6.9	10.2	0.70	0.52		<1.0	133	22.0			
剖12	人为土	水稻土	潴育水稻土	黏黄土	灰黏黄土	A	0—15	暗灰棕色	重壤土	小块状	6.7	30.5	1.67	0.38		11.0	146	27.8	淮河冲积物	E 119°11′17.5″ N 33°01′24.6″	88
						P	15—25	棕灰色	重壤土	块状	6.8	26.6	1.45	0.37		20.0	194	25.8			
						W	25—41	暗黄棕色	重黏土	棱柱状	7.1	22.2	1.19	0.41		13.0	178	25.8			
						Bvg	41—65	暗灰黄色	轻黏土	小块状	7.1	7.7	0.53	0.18		12.0	167	29.1			
						G	65—103	暗灰黄色	轻黏土	块状	6.7	7.3	0.53	0.14		13.0	136	33.7			
剖13	人为土	水稻土	潜育水稻土	青泥土	青泥土	A	0—15	暗棕灰色	轻黏土	小块状	6.5	28.0	1.53	0.31		4.0	135	19.7	湖相沉积物	E 119°12′45.0″ N 32°59′41.3″	90
						P	15—24	棕灰色	轻黏土	块状	6.8	24.0	1.32	0.24		3.0	155	19.7			
						G	24—100	青灰色	轻黏土	块状	7.0	13.3	0.79	0.32		<1.0	111	25.2			
剖14	人为土	水稻土	潴育水稻土	黏黄土	腰黑黏黄土	A	0—15	暗棕灰色	中黏土	小块状	7.1	30.8	1.72	0.44		18.0	214	38.7	淮河冲积物	E 119°10′52.0″ N 32°57′25.2″	87
						P	15—21	浅灰棕色	轻黏土	棱柱状	7.1	28.5	1.41	0.24		10.0	244	33.6			
						Dm	21—41	黑棕色	轻黏土	块状	7.3	8.5	0.74	0.24		8.0	110	34.1			
						W	41—69	暗棕色	中黏土	块状	7.2	13.7	0.72	0.24		3.0	113	39.3			
						G	69—100	青灰色	轻黏土	块状	7.1	5.9	0.42	0.31		<1.0	74	32.2			
剖15	人为土	水稻土	脱潜水稻土	乌土	乌土	A	0—12	棕灰色	轻黏土	碎粒状	6.9	29.4	1.42	0.40		8.0	166		湖相沉积物	E 119°10′09.1″ N 32°52′15.2″	92
						P	12—20	暗棕灰色	轻黏土	块状	7.6	16.7	0.99	0.31		2.0	125				
						Wg	20—38	暗棕灰色	轻黏土	块状	7.5	10.0	<0.10	0.36		2.0	72				
						G_1	38—62	暗棕灰色	轻黏土	块状	7.2	6.7	0.42	0.12		<1.0	72				
						G_2	62—100	青灰色	轻黏土	块状	7.5	7.1	0.43	0.16		<1.0	132				
剖16	半水成土	潮土	黄潮土	淤土	底黑淤土	A_1	0—13	暗棕棕色	中黏土	碎粒状	7.1	37.4	2.09	0.48		11.0	335	39.9	黄泛沉积物	E 119°16′45.5″ N 33°04′02.3″	97
						A_2	13—23	暗棕黄色	中黏土	小块状	7.3	41.4	2.40	0.52		13.0	414	38.7			
						Bv	23—42	棕黄色	重黏土	棱柱状	7.6	36.9	2.03	0.55		8.0	391	31.6			
						C	42—60	棕灰色	重黏土	块状	6.9	27.8	1.65	0.45		3.0	380	26.9			
						Dm	60—100	暗棕色	轻黏土	块状	6.6	21.2	1.16	0.33		8.0	240	35.5			

盐 城 市

市 辖 区

主要土类说明

潮土是盐城市主要土壤类型，占本市地域面积的65%。潮土主要见于近代河流冲积平原或低平阶地，地下水位高，潜水参与成土过程。在潮土成土过程中，底土受氧化还原交替作用，形成锈色斑纹和小型铁子。在长期耕作条件下，表层有机质含量为10—15g/kg。

水稻土是盐城市第二大土壤类型，占本市地域面积的26%。水稻土是在长期季节性淹灌、水下翻耕、季节性脱水、氧化还原交替影响下，原来成土母质或母土的特性发生重大改变，形成的新的土壤类型。由于干湿交替，土壤发生糊状淹育层、较坚实板结的犁底层、渗育层、潴育层与潜育层等多种发生层分异。这些不同发生层段是在人为耕作、水浆管理下形成的。

本区域中心区气候特征

本区域中心区气候特征值
Regional climate characteristics in central area of the region

气候带：暖温带亚湿润气候 Climate region: Warm temperate subhumid climate	
年平均气温 /℃ Annual average temperature /℃	14.4
年平均最高气温 /℃ Annual average maximum temperature /℃	19.2
年平均最低气温 /℃ Annual average minimum temperature /℃	10.6
年降水量 /mm Annual precipitation /mm	999
≥10℃的积温 /℃ Daily temperature accumulated in a year (≥10℃) /℃	5298
年日照时数 /h Annual sunshine /h	2244
年平均相对湿度 /% Annual average relative humidity /%	77
干燥度 Dryness	0.85

本区域中心区月平均气温与月平均降水量
Monthly temperature and precipitation in central area of the region

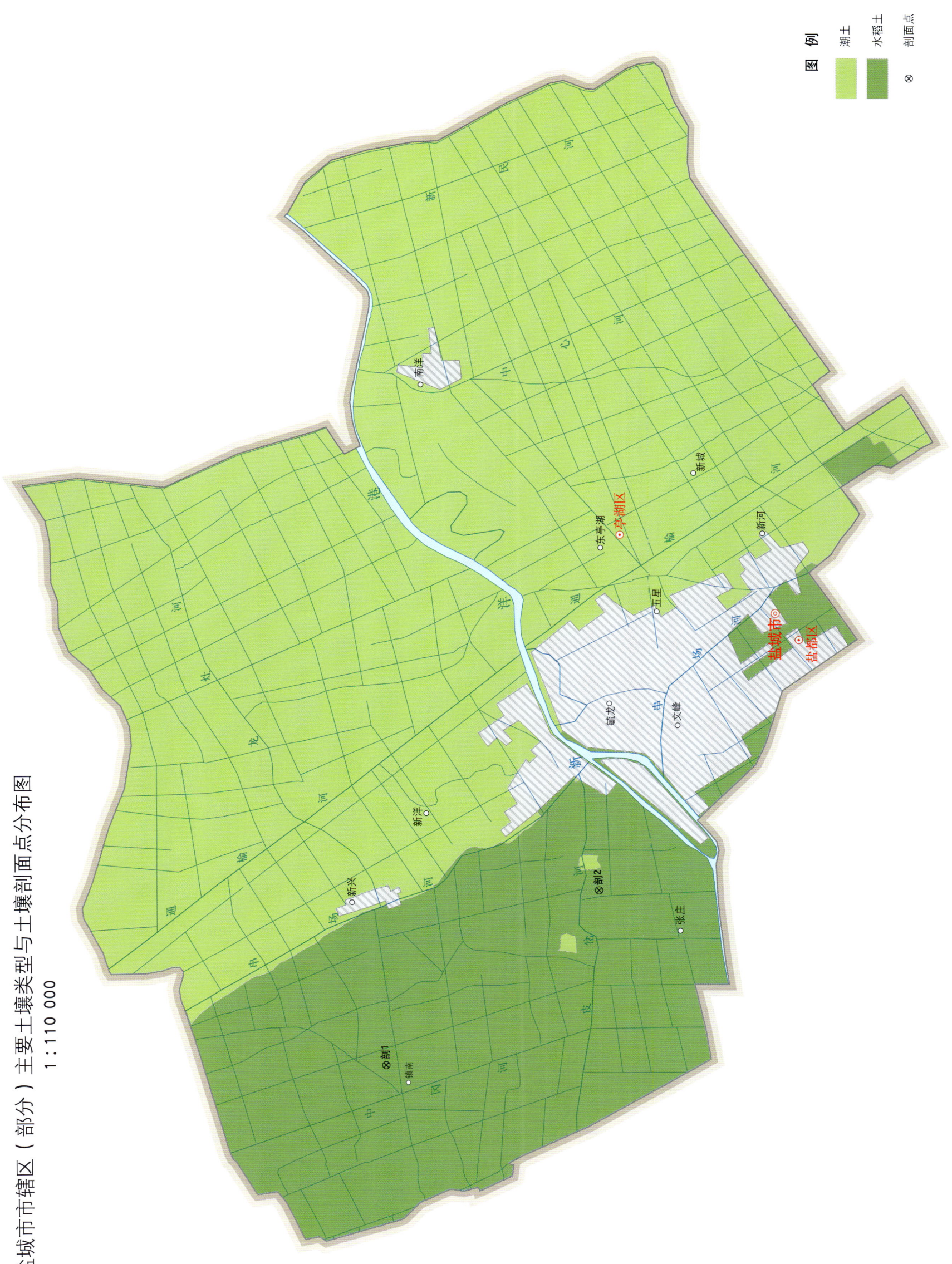

盐城市土壤剖面理化性状表

剖面号 Soil profile	土纲 Soil order	土类 Soil great group	亚类 Soil subgroup	土属 Soil genus	土种 Soil species	土层码 Layer code	土层厚度 Depth/cm	颜色 Soil color	质地 Soil texture	土壤结构 Soil structure	pH	有机质 OM/(g/kg)	全氮 TN/(g/kg)	全磷 TP/(g/kg)	有效磷 AP/(mg/kg)	速效钾 AK/(mg/kg)	土壤母质 Parent material	剖面点坐标 Profile coordinate	匹配指数 Matching index/%
剖1	人为土	水稻土	脱潜水稻土	勤黏土	芦粟勤黏土	Aa	0—13	暗灰黄色	壤质黏土	粒状	8.0	22.2	1.25	0.53	6.0	197	湖相沉积物	E 120°01′37.9″ N 33°26′40.6″	95
						Ap	13—25	暗灰黄色	壤质黏土	小块状	8.2	21.2	1.20	0.53	5.0	116			
						Gw	25—53	灰黄色	壤质黏土	棱块状	8.3	13.2	0.77	0.40	1.0	96			
						G₁	53—86	灰黄色	壤质黏土	块状	8.5	3.9	0.29	0.48	1.0	109			
						G₂	86—100	浅灰黄色	壤质黏土	块状	8.2	3.3	0.27	0.41	4.0	144			
剖2	人为土	水稻土	脱潜水稻土	黄斑黏田	芦粟勤黏土	Aa	0—13	暗灰黄色	壤质黏土	粒状	8.0	22.2	1.25	0.53	6.0	197	湖积物	E 120°04′45.5″ N 33°23′43.4″	83
						Ap	13—25	暗灰黄色	壤质黏土	小块状	8.2	21.2	1.20	0.53	5.0	116			
						Gw	25—53	灰黄色	壤质黏土	棱块状	8.3	13.2	0.77	0.40	1.0	96			
						G₁	53—86	灰黄色	壤质黏土	块状	8.5	3.9	0.29	0.48	1.0	109			
						G₂	86—100	浅灰色	壤质黏土	块状	8.2	3.3	0.27	0.41	4.0	144			

大 丰 区

主要土类说明

潮土是大丰区主要土壤类型，占本区地域面积的85%。潮土主要分布于近代河流冲积平原或低平阶地，地下水位高，潜水参与成土过程。在潮土成土过程中，底土受氧化还原交替作用，形成锈色斑纹和小型铁子。在长期耕作条件下，表层有机质含量为10—15g/kg。本区潮土分为盐化潮土等亚类。

水稻土是大丰区第二大土壤类型，占本区地域面积的12%。水稻土是在长期季节性淹灌、水下翻耕、季节性脱水、氧化还原交替影响下，原来成土母质或母土的特性发生重大改变，形成的新的土壤类型。由于干湿交替，土壤发生糊状淹育层、较坚实板结的犁底层、渗育层、潴育层与潜育层等多种发生层分异。这些不同发生层段是在人为耕作、水浆管理下形成的。

本区域中心区气候特征

本区域中心区气候特征值
Regional climate characteristics in central area of the region

气候带：北亚热带湿润气候 Climate region: North subtropical humid climate	
年平均气温 /℃ Annual average temperature /℃	14.5
年平均最高气温 /℃ Annual average maximum temperature /℃	19.2
年平均最低气温 /℃ Annual average minimum temperature /℃	10.7
年降水量 /mm Annual precipitation /mm	1024
≥10℃的积温 /℃ Daily temperature accumulated in a year (≥10℃) /℃	5331
年日照时数 /h Annual sunshine /h	2218
年平均相对湿度 /% Annual average relative humidity /%	78
干燥度 Dryness	0.84

本区域中心区月平均气温与月平均降水量
Monthly temperature and precipitation in central area of the region

大丰市主要土壤类型与土壤剖面点分布图
1:280 000

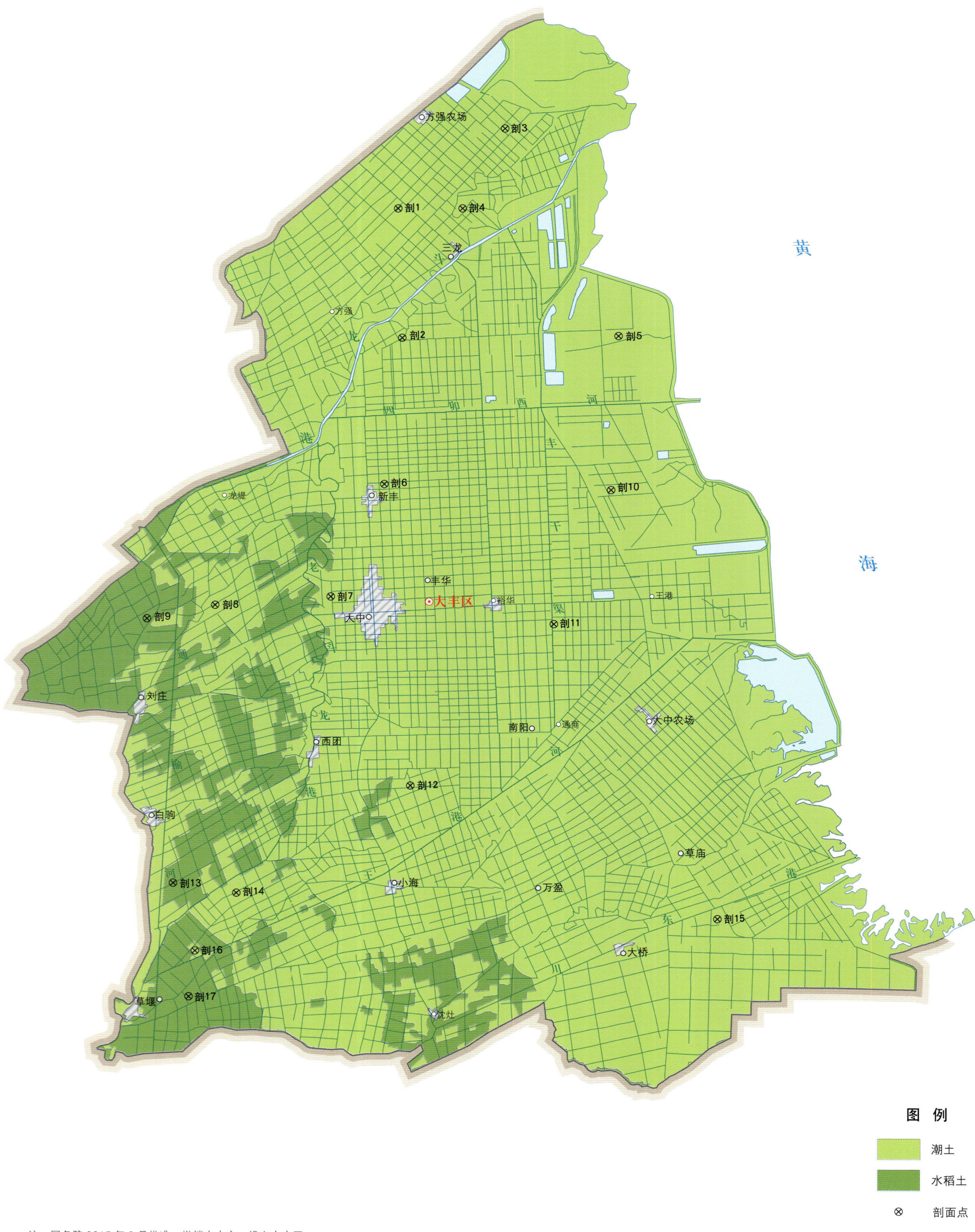

注：国务院 2015 年 8 月批准，撤销大丰市，设立大丰区。

图 例
- 潮土
- 水稻土
- ⊗ 剖面点

大丰区土壤剖面理化性状表

剖面号 Soil profile	土纲 Soil order	土类 Soil great group	亚类 Soil subgroup	土属 Soil genus	土种 Soil species	土层码 Layer code	土层厚度 Depth/cm	颜色 Soil color	质地 Soil texture	土壤结构 Soil structure	pH	有机质 OM/(g/kg)	全氮 TN/(g/kg)	全磷 TP/(g/kg)	有效磷 AP/(mg/kg)	速效钾 AK/(mg/kg)	阳离子交换量CEC/(cmol/kg)	土壤母质 Parent material	剖面点坐标 Profile coordinate	匹配指数 Matching index/%
剖1	半水成土	潮土	盐化潮土	壤质潮盐土	黄砂土	A	0—16	暗灰黄色	轻壤土	微团粒状	7.9	10.0	0.75	2.15	4.0	111	7.8	海相冲沉积物	E 120°28′00.5″ N 33°26′39.1″	100
						Bv	16—62	浅黄色	砂壤土	小块状	8.9	3.0	0.25	1.74	1.0	151				
						C	62—100	浅黄色	轻壤土	块状	8.9	3.0	0.23	1.51	2.0	220				
剖2	半水成土	潮土	盐化潮土	壤质潮盐土	壤质轻盐土	A	0—16	暗黄色	中壤土	微团粒状	8.3	13.5	1.10	1.74	2.0	103	6.7	海相冲沉积物	E 120°28′17.4″ N 33°21′54.4″	91
						Bv	16—48	浅灰黄色	轻壤土	块状	8.7	4.8	0.35	1.48	2.0	123				
						C	48—100	浅灰黄色	轻壤土	块状	8.9	2.5	0.25	1.41	3.0	213				
剖3	半水成土	潮土	盐化潮土	壤质潮盐土	底黑小粉土	A_1	0—13	灰色	轻壤土	微团粒状	7.7	10.9	0.76	1.55	3.0	129	9.5	海相冲沉积物	E 120°32′26.9″ N 33°29′38.0″	80
						A_2	13—23	灰色	轻壤土	团块状	7.6	9.7	0.62	1.43	2.0	153				
						Bv_1	23—41	深灰黄色	轻壤土	块状	7.6	8.6	0.51	1.45	3.0	148				
						Bv_2	41—81	黄灰色	中壤土	块状	7.5	5.6	0.48	1.38	4.0	201				
						C	81—100	灰黄色	重壤土	块状	7.5	5.7	0.45	1.29	5.0	119				
剖4	半水成土	潮土	盐化潮土	壤质潮盐土	壤质中盐土	A	0—14	暗黄色	轻壤土	微团粒状	8.5	10.5	0.75	0.91	5.0	207	11.4	海相冲沉积物	E 120°30′43.6″ N 33°26′42.0″	85
						Bv	14—27	浅黄色	中壤土	小块状	8.7	6.1	0.48	1.25	1.0	221				
						C	27—100	黄棕色	中壤土	块状	8.6	3.0	0.21	1.60	3.0	202				
剖5	半水成土	潮土	盐化潮土	壤质潮盐土	壤质重盐土	A	0—6	浅棕黄色	轻壤土	团块状	8.1	9.1	0.64	1.63	4.0	300	6.1	海相冲沉积物	E 120°37′24.2″ N 33°22′07.3″	100
						Bv	6—25	浅黄色	中壤土	块状	8.4	6.9	4.60	1.73	4.0	300				
						C	25—100	浅黄色	轻壤土	块状	8.3	2.5	0.18	1.72	2.0	149				
剖6	半水成土	潮土	盐化潮土	壤质潮盐土	黑砂土	A	0—18	黑色	砂壤土	微团粒状	8.5	13.7	0.85	2.46	5.7	96	15.9	海相冲沉积物	E 120°27′40.7″ N 33°16′34.0″	95
						Bv	18—50	灰黑色	砂壤土	团粒状	8.5	8.4	0.59	2.27	4.0	91				
						C_1	50—58	褐黄色	砂壤土	块状	8.5	3.2	0.24	1.53	3.0	101				
						C_2	58—100	棕黄色	中壤土	块状	8.2	2.1	0.11	1.45	3.0	122				
剖7	半水成土	潮土	盐化潮土	壤质潮盐土	黄砂土	A	0—18	深灰色	轻壤土	微团粒状	8.0	10.1	2.89	1.83	2.0	177	8.8	海相冲沉积物	E 120°25′31.8″ N 33°12′23.4″	100
						Bv	18—60	灰色	轻壤土	块状	8.3	5.8	0.56	1.47	1.0	162				
						C	60—100	青色	重壤土	块状	8.6	3.5	0.36	1.37	2.0	300				
剖8	半水成土	潮土	盐化潮土	壤质潮盐土	灰泥土	A_1	0—17	黑色	重壤土	细团块状	7.5	12.5	0.87	1.34	2.0	216	16.6	海相冲沉积物	E 120°20′41.3″ N 33°11′60.0″	99
						A_2	17—26	灰色	重壤土	块状	8.3	10.3	0.69	1.24	2.0	213				
						Bv_1	26—44	黑灰色	轻壤土	块状	8.3	8.0	0.56	1.25	1.0	230				
						Bv_2	44—74	灰黄色	砂壤土	块状	8.3	5.5	0.38	1.64	1.0	236				
						C	74—100	灰黄色	重壤土	块状	8.5	4.2	0.29	≥10.00	1.0	214				
剖9	人为土	水稻土	潴育水稻土	红砂土	红砂土	A	0—21	深灰色	轻壤土	团粒状	7.7	16.6	1.12	1.32	4.0	180	16.2	湖相沉积物	E 120°17′50.3″ N 33°11′26.5″	90
						P	21—35	灰色	轻壤土	小团块状	7.8	15.3	1.06	1.19	4.0	157				
						W	35—57	青色	重壤土	块状	7.8	6.3	0.53	0.88	2.0	230				
						Bv_1	57—66	黑色	中黏土	块状	7.8	5.4	0.45	1.11	2.0	232				
						Bv_2	66—100	浅棕色	中壤土	块状	7.9	4.7	0.40	1.17	2.0	236				
剖10	半水成土	潮土	盐化潮土	壤质潮盐土	底黑黄砂土	A_1	0—15	棕灰色	中壤土	微团粒状	8.1	13.6	0.90	2.21	12.0	300	15.7	海相冲沉积物	E 120°37′13.1″ N 33°16′31.1″	92
						Bv	15—24	黄灰色	中壤土	团块状	8.2	11.0	0.80	1.94	11.0	300				
							24—60	浅灰黄色	重壤土	块状	8.2	7.5	0.50	3.25	11.0	300				
						C	60—100	灰黑色	中壤土	块状	8.2	7.0	0.50	1.41	17.0	300				
剖11	半水成土	潮土	盐化潮土	壤质潮盐土	爆灰土	A	0—18	灰黑色	轻壤土	微团块状	8.3	13.2	0.88	2.62	6.0	204	16.0	海相冲沉积物	E 120°34′56.3″ N 33°11′33.4″	94
						Bv	18—48	灰黑色	中壤土	团块状	8.4	10.5	0.60	2.70	4.0	135				
						C	48—100	棕黄色	中壤土	块状	8.8	2.6	0.23	1.61	3.0	203				

续表 Continued

剖面号 Soil profile	土纲 Soil order	土类 Soil great group	亚类 Soil subgroup	土属 Soil genus	土种 Soil species	土层码 Layer code	土层厚度 Depth/cm	颜色 Soil color	质地 Soil texture	土壤结构 Soil structure	pH	有机质 OM/(g/kg)	全氮 TN/(g/kg)	全磷 TP/(g/kg)	有效磷 AP/(mg/kg)	速效钾 AK/(mg/kg)	阳离子交换量 CEC/(cmol/kg)	土壤母质 Parent material	剖面点坐标 Profile coordinate	匹配指数 Matching index/%
剖12	半水成土	潮土	盐化潮土	壤质潮盐土	核底灰泥土	A₁	0—14	棕灰色	重壤土	细团块状	8.2	10.7	0.86	1.29	2.0	125	13.5	海相冲沉积物	E 120°29′03.8″ N 33°05′32.3″	94
						A₂	14—26	灰黄色	中壤土	块状	7.9	6.7	0.58	1.18	2.0					
						Bv	26—41	灰黄色	轻黏土	核状	7.9	4.5	0.32	1.21	3.0					
						C	41—100	灰黄色	重壤土	块状	8.2	3.2	0.20	1.31	3.0					
剖13	人为土	水稻土	潴育水稻土	红砂土	缠脚土	A	0—16	灰褐色	重壤土	微团粒状	7.5	13.2	1.00	1.42	2.0	209	12.9	湖相沉积物	E 120°19′13.1″ N 33°01′45.8″	83
						P	16—52	灰褐色	重壤土	团块状	7.9	7.0	0.54	1.35	2.0	185				
						W	52—77	黑褐色	中壤土	块状	8.2	5.1	0.35	1.28	3.0	175				
						Bv	77—100	褐色	重壤土	块状	8.4	4.4	0.31	1.10	2.0	130				
剖14	半水成土	潮土	盐化潮土	壤质潮盐土	腰黑小粉土	A₁	0—14	灰黄色	中壤土	微团粒状	7.9	11.8	0.91	1.32	4.0	167	12.2	海相冲沉积物	E 120°21′52.9″ N 33°01′27.5″	97
						A₂	14—28	灰黄色	中壤土	小块状	8.3	8.6	0.69	1.16	2.0	118				
						Bv₁	28—49	灰黑色	轻壤土	块状	8.3	3.6	0.29	1.05	1.0	106				
						Bv₂	49—62	灰黄色	中壤土	块状	8.1	8.3	0.78	0.85	1.0	166				
						C	62—100	褐色	轻壤土	块状	8.3	3.6	0.31	1.04	1.0	163				
剖15	半水成土	潮土	盐化潮土	壤质潮盐土	小粉土	A	0—14	灰色	中壤土	微团粒状	8.1	12.0	0.84	1.64	3.0	195	9.5	海相冲沉积物	E 120°42′04.7″ N 33°00′53.3″	90
						Bv	14—28	浅灰色	中壤土	块状	8.2	9.1	0.63	1.53	2.0	151				
						C	28—100	灰黄色	中壤土	块状	8.4	3.3	0.27	1.37	1.0	100				
剖16	半水成土	潮土	盐化潮土	壤质潮盐土	腰黑黄砂土	A	0—15	浅黄色	中壤土	微团粒状	8.0	14.1	0.91	1.51	11.0	194	13.0	海相冲沉积物	E 120°20′12.5″ N 32°59′17.9″	85
						Bv₁	15—45	褐黄色	重壤土	块状	8.2	9.7	0.69	2.57	3.0	170				
						Bv₂	45—78	灰黑色	重壤土	块状	8.1	5.4	0.41	1.74	2.0	244				
						C	78—100	黑黄色	轻黏土	块状	8.1	4.9	0.37	1.51	3.0	210				
剖17	人为土	水稻土	潴育水稻土	白脚土	小粉浆土	A	0—15	棕灰色	中壤土	团块状	7.8	13.7	0.83	0.90	4.0	101	9.6	湖相沉积物	E 120°19′59.9″ N 32°57′37.4″	90
						P	15—24	棕灰色	中壤土	块状	7.8	10.2	0.78	1.35	3.0	44				
						W	24—48	浅灰色	轻壤土	块状	7.8	6.7	0.47	1.74	1.0	222				
						Bv	48—100	黄灰色	重壤土	块状	7.8	3.1	0.28	1.53	1.0	186				

响 水 县

主要土类说明

潮土是响水县第一大土壤类型，占本县地域面积的94%。潮土在发育过程中已逐步脱盐，1m土体含盐量小于0.1%，地下水矿化度已下降到2g/L以下；由于地下水季节性频繁升降，土壤氧化还原交替进行，使铁质还原移动，并在土层中下部淀积形成锈斑、锈纹、铁锰结核新生体和碳酸钙的雏形结核体，同时伴有土壤黏粒的下移。由于本县潮土成土年龄较短，土壤发育程度不甚一致，一般具有表土层（A）、心土层（B）和底土层（C）。A层又称熟化层，土色较深；B层土色较浅，有石灰淀积，并出现冲积母质所特有的冲积层理；C层有锈纹、锈斑，土体较上层湿润，明显受地下水毛管作用的影响。本县潮土分为黄潮土、盐化潮土、碱化潮土等亚类。

本区域中心区气候特征

本区域中心区气候特征值
Regional climate characteristics in central area of the region

气候带：暖温带亚湿润气候 Climate region: Warm temperate subhumid climate	
年平均气温 /℃ Annual average temperature /℃	13.9
年平均最高气温 /℃ Annual average maximum temperature /℃	18.7
年平均最低气温 /℃ Annual average minimum temperature /℃	9.9
年降水量 /mm Annual precipitation /mm	947
≥10℃的积温 /℃ Daily temperature accumulated in a year (≥10℃) /℃	5101
年日照时数 /h Annual sunshine /h	2380
年平均相对湿度 /% Annual average relative humidity /%	75
干燥度 Dryness	0.87

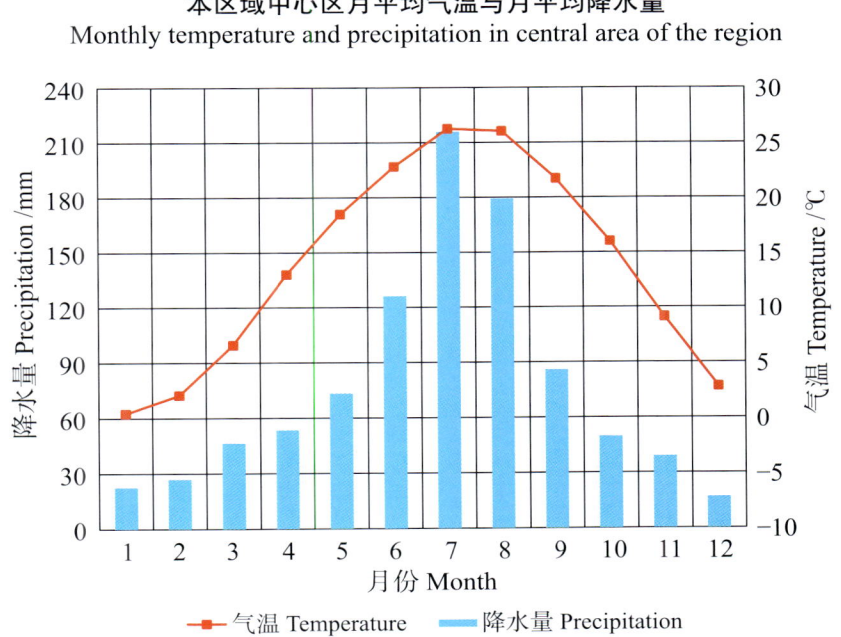

本区域中心区月平均气温与月平均降水量
Monthly temperature and precipitation in central area of the region

响水县主要土壤类型与土壤剖面点分布图
1:240 000

响水县土壤剖面理化性状表

剖面号 Soil profile	土纲 Soil order	土类 Soil great group	亚类 Soil subgroup	土属 Soil genus	土种 Soil species	土层码 Layer code	土层厚度 Depth/cm	颜色 Soil color	质地 Soil texture	土壤结构 Soil structure	pH	有机质 OM/(g/kg)	全氮 TN/(g/kg)	有效磷 AP/(mg/kg)	阳离子交换量 CEC/(cmol/kg)	土壤母质 Parent material	剖面点坐标 Profile coordinate	匹配指数 Matching index/%
剖1	半水成土	潮土	黄潮土	油泥土	油泥土	A	0—20	暗红棕色	中黏土	粒状						近代黄泛沉积物	E 119°42′02.5″ N 34°15′27.0″	95
						Bv	20—45	暗红棕色	轻黏土	粒状								
						C	45—100	灰黄色	轻黏土	粒状								
剖2	半水成土	潮土	黄潮土	砂土	飞砂土	A	0—12	灰黄色	砂土	单粒状						近代黄泛沉积物	E 119°35′34.1″ N 34°11′31.6″	96
						Bv	12—100	灰黄色	砂壤土	单粒状								
剖3	半水成土	潮土	盐化潮土	壤质潮盐土	砂心壤质重盐土	As	0—15	灰棕色	中壤土	小块状						黄淮冲积物	E 119°37′46.6″ N 34°13′43.3″	96
						Bv₁s	15—38	黄棕色	砂壤土	单粒状								
						Bv₂s	38—86	浅黄棕色	砂壤土	单粒状								
						Cs	86—100	灰黄棕色	油泥夹板	片状								
剖4	半水成土	潮土	黄潮土	油泥土	砂心油泥土	A	0—23	灰黄色	重黏土	粒状	8.6	7.5	0.60	2.0	9.6	近代黄泛沉积物	E 119°38′39.5″ N 34°13′14.5″	81
						Bv	23—39	黄棕色	中壤土	块状	8.4	3.4	0.38	2.0				
						C	39—100	黄棕色	砂壤土	小块状								
剖5	半水成土	潮土	盐化潮土	黏质潮盐土	砂心黏质中盐土	As	0—18	灰褐色	轻黏土	单粒状						黄淮冲积物	E 119°42′17.3″ N 34°10′14.5″	93
						Bvs	18—51	黄棕色	砂壤土	单粒状								
						Cs	51—100	浅黄棕色	砂壤土	单粒状								
剖6	半水成土	潮土	碱化潮土	盐碱土	砂碱土	As	0—19	浅灰棕色	砂壤土	单粒状						黄淮冲积物	E 119°34′20.3″ N 34°07′04.4″	82
						Bv	19—100	灰黄色	中壤土	小块状								
剖7	半水成土	潮土	黄潮土	两合土	黏心两合土	A₁	0—12	棕灰色	轻壤土	片状						近代黄泛沉积物	E 119°42′26.6″ N 34°08′23.3″	95
						A₂	12—30	黄棕色	砂壤土	块状								
						Bv₁	30—50	红棕色	中壤土	片状								
						Bv₂	50—63	棕灰色	轻壤土	块状								
						C	63—100	棕灰色	砂壤土	粒状								
剖8	半水成土	潮土	黄潮土	砂土	砂土	A	0—18	棕灰色	砂壤土	单粒状						近代黄泛沉积物	E 119°39′29.2″ N 34°01′10.9″	100
						Bv	18—63	浅灰色	砂壤土	单粒状								
						C	63—100	灰黄色	砂壤土	单粒状								
剖9	半水成土	潮土	盐化潮土	砂质潮盐土	砂质重盐土	As	0—13	灰黄色	中壤土	块状						黄淮冲积物	E 119°49′16.0″ N 34°23′19.7″	94
						Bvs	13—70	浅灰黄色	砂壤土	块状								
						Cs	70—100	灰黄色	砂壤土	片状								
剖10	半水成土	潮土	盐化潮土	壤质潮盐土	壤质脱盐土	A	0—28	灰棕色	砂壤土	小块状						黄淮冲积物	E 119°49′37.2″ N 34°23′17.2″	87
						Bv	28—72	红棕色	重壤土	块状								
剖11	半水成土	潮土	盐化潮土	壤质潮盐土	壤质轻盐土	As	0—24	灰棕色	中壤土	粒状						黄淮冲积物	E 119°48′53.6″ N 34°22′55.6″	90
						Bvs	24—42	黄棕色	中壤土	小块状								
						Cs	42—100	红棕色	中壤土	块状								
剖12	半水成土	潮土	盐化潮土	砂质潮盐土	砂心壤质脱盐土	A	0—23	重黏土	重黏土	单粒状	8.3	9.6	0.78	3.0	13.1	黄淮冲积物	E 119°50′00.6″ N 34°23′13.9″	91
						Bv	23—100		砂壤土	单粒状	8.6			1.0				
						C	100—		轻壤土	单粒状	8.6			1.0				
剖13	半水成土	潮土	盐化潮土	黏质潮盐土	砂心黏质脱盐土	A	0—16	灰黄色	中壤土	块状	8.2	9.9	0.72	3.0	12.0	黄淮冲积物	E 119°49′08.8″ N 34°22′01.9″	83
						Bv	16—71	灰棕色	砂壤土	块状	8.3	4.1	0.31	1.0				
						C	71—100	红棕色	砂壤土		8.5			1.0				
剖14	半水成土	潮土	盐化潮土	壤质潮盐土	黏心壤质脱盐土	A	0—18	灰棕色	中黏土	团粒状						黄淮冲积物	E 119°48′49.7″ N 34°20′37.0″	87
						Bv	18—34	红棕色	中黏土	块状								
						C	34—100	黄棕色	轻黏土	块状								

续表 Continued

剖面号 Soil profile	土纲 Soil order	土类 Soil great group	亚类 Soil subgroup	土属 Soil genus	土种 Soil species	土层码 Layer code	土层厚度 Depth/cm	颜色 Soil color	质地 Soil texture	土壤结构 Soil structure	pH	有机质 OM/(g/kg)	全氮 TN/(g/kg)	有效磷 AP/(mg/kg)	阳离子交换量CEC/(cmol/kg)	土壤母质 Parent material	剖面点坐标 Profile coordinate	匹配指数 Matching index/%
剖15	半水成土	潮土	盐化潮土	砂质潮盐土	砂质脱盐土	A	0—17		砂壤土	砂粒状	8.0	8.2	0.60	3.0	7.5	黄淮冲积物	E 119°49′27.5″ N 34°20′17.2″	82
						Bv	17—100		紧砂土		8.1	1.8	0.20	2.0				
剖16	半水成土	潮土	盐化潮土	黏质潮盐土	砂心黏质脱盐土	A₁	0—12	灰棕色	轻黏土	块状						黄淮冲积物	E 119°50′39.8″ N 34°21′03.6″	100
						A₂	12—29	灰棕色	中黏土	片状								
						Bv	29—100	灰黄色	砂壤土									
剖17	半水成土	潮土	盐化潮土	砂质潮盐土	黏心砂质脱盐土	A	0—20		砂壤土		8.2	8.5	0.48	6.0	5.3	黄淮冲积物	E 119°49′57.0″ N 34°20′15.4″	81
						Bv	20—45		轻黏土		8.3	4.4	0.26	2.0				
						C	45—100		轻黏土									
剖18	半水成土	潮土	盐化潮土	壤质潮盐土	黏心壤质轻盐土	A₁s	0—10	黄棕色	中壤土	团粒状						黄淮冲积物	E 119°50′59.6″ N 34°20′02.4″	82
						A₂s	10—15	红黄棕色	中壤土	小块状								
						Bv₁s	15—32	红棕色	中壤土	大块状								
						Bv₂s	32—65	黄棕色	轻壤土	单粒状								
						Cs	65—100	黄黄棕色	砂壤土	块状								
剖19	半水成土	潮土	盐化潮土	黏质潮盐土	黏质中盐土	As	0—20	暗灰棕色	轻黏土	块状						黄淮冲积物	E 119°47′43.4″ N 34°21′36.0″	96
						Bvs	20—50	灰黄棕色	轻黏土	大块状								
						Cs	50—100	棕黄色	重黏土									
剖20	半水成土	潮土	盐化潮土	壤质潮盐土	壤质脱盐土	A	0—23		重壤土		8.2	2.4	0.53	4.0	7.1	黄淮冲积物	E 119°47′36.6″ N 34°20′40.9″	95
						Bv	23—65		轻壤土		8.3	6.5	0.53	2.0				
						C	65—100		重壤土		8.5							
剖21	半水成土	潮土	盐化潮土	砂质潮盐土	黏心砂质轻盐土	As	0—26		砂壤土		8.3	4.1	0.29	3.0	5.2	黄淮冲积物	E 119°48′21.2″ N 34°22′09.8″	92
						Bvs	26—100		重黏土		8.2							
剖22	半水成土	潮土	盐化潮土	砂质潮盐土	砂心壤质脱盐土	A	0—17	棕灰色	中壤土	粒状						黄淮冲积物	E 119°48′41.0″ N 34°22′07.0″	97
						Bv	17—30	灰灰棕色	中壤土	小块状								
						C	30—100	浅灰棕色	砂壤土	片状								
剖23	半水成土	潮土	盐化潮土	黏质潮盐土	光板黏质重盐土	As	0—18	浅黄棕色	重黏土	粒状	8.5	7.7	0.35	8.0		黄淮冲积物	E 119°48′42.1″ N 34°20′59.6″	96
						C₁s	18—37	黄黄棕色	重黏土	块状	7.7	4.8	0.32	7.7				
						C₂s	37—100	红棕色	轻黏土	块状	8.5	5.4	0.41	8.5				
剖24	半水成土	潮土	盐化潮土	壤质潮盐土	壤质轻盐土	A	0—36		中壤土			5.1	0.36	3.0	6.7	黄淮冲积物	E 119°52′36.5″ N 34°20′58.6″	96
						Bv	36—100		轻壤土			3.3	0.26	1.0				
						C	100—					3.3	0.26	1.0				
剖25	半水成土	潮土	黄潮土	砂土	黏心砂质土	A	0—14	棕灰色	砂壤土	粒状						近代黄泛沉积物	E 119°51′25.6″ N 34°10′00.1″	82
						Bv	14—39	黄棕色	轻黏土	板状								
						C	39—100	灰黄色	砂壤土	片状								
剖26	半水成土	潮土	黄潮土	两合土	砂心两合土	A	0—16	黄黄色	中壤土	小块状						近代黄泛沉积物	E 119°52′26.0″ N 34°12′20.2″	96
						Bv	16—100	浅黄色	砂壤土	片状								
剖27	半水成土	潮土	黄潮土	两合土	两合土	A	0—13	红棕色	轻壤土	小团块状						近代黄泛沉积物	E 119°48′12.2″ N 34°07′59.5″	86
						Bv	13—27	黄棕色	中壤土	块状								
						C	27—100			块状								

滨 海 县

主要土类说明

潮土是滨海县主要土壤类型，占本县地域面积的69%。土壤受不同程度的弱矿化度地下水影响，在旱耕熟化过程中伴有碳酸盐、重碳酸盐的强烈淋溶过程，发育程度不一致，一般具有耕作层（A）、含钙的淀积层（Bca）和含钙的母质层（Cca）。本县潮土分为黄潮土、盐化潮土等亚类。

水稻土是滨海县第二大土壤类型，占本县地域面积的29%。受地表灌溉水、地下水以及长期人为耕作、施肥的深刻影响，土体频繁发生还原淋溶和氧化淀积作用，改变了自然成土过程的方向和速度，剖面构型和属性也随之发生相应变化，一般都具备耕作层、犁底层、渗育层等层段，其剖面的中下部也可能保持着不同起源遗留的发生层段，如潜育层、发育不完全的淀积层或母质层等。本县水稻土分为渗育型、脱潜型等亚类。

本区域中心区气候特征

本区域中心区气候特征值
Regional climate characteristics in central area of the region

气候带：暖温带亚湿润气候 Climate region: Warm temperate subhumid climate	
年平均气温 /℃ Annual average temperature /℃	13.8
年平均最高气温 /℃ Annual average maximum temperature /℃	18.5
年平均最低气温 /℃ Annual average minimum temperature /℃	10.1
年降水量 /mm Annual precipitation /mm	957
≥10℃的积温 /℃ Daily temperature accumulated in a year （≥10℃）/℃	5085
年日照时数 /h Annual sunshine /h	2349
年平均相对湿度 /% Annual average relative humidity /%	76
干燥度 Dryness	0.86

本区域中心区月平均气温与月平均降水量
Monthly temperature and precipitation in central area of the region

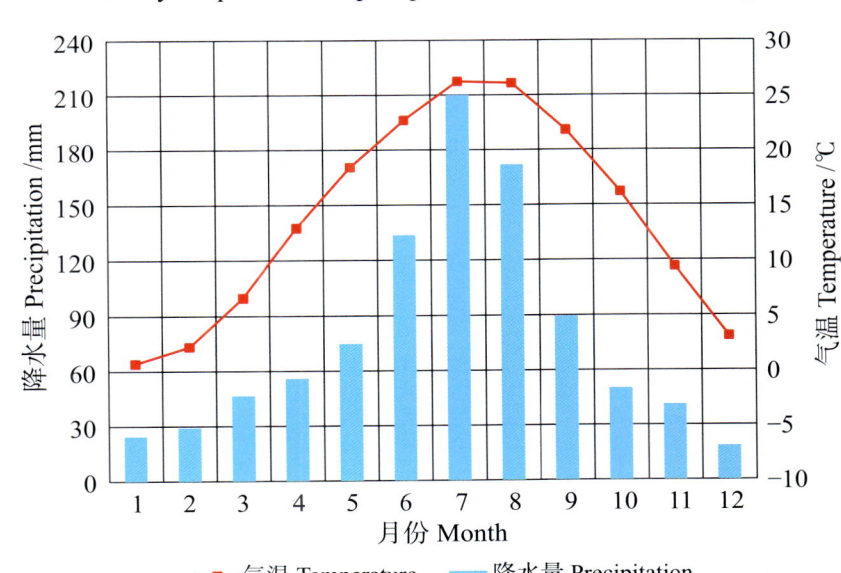

滨海县主要土壤类型与土壤剖面点分布图
1:290 000

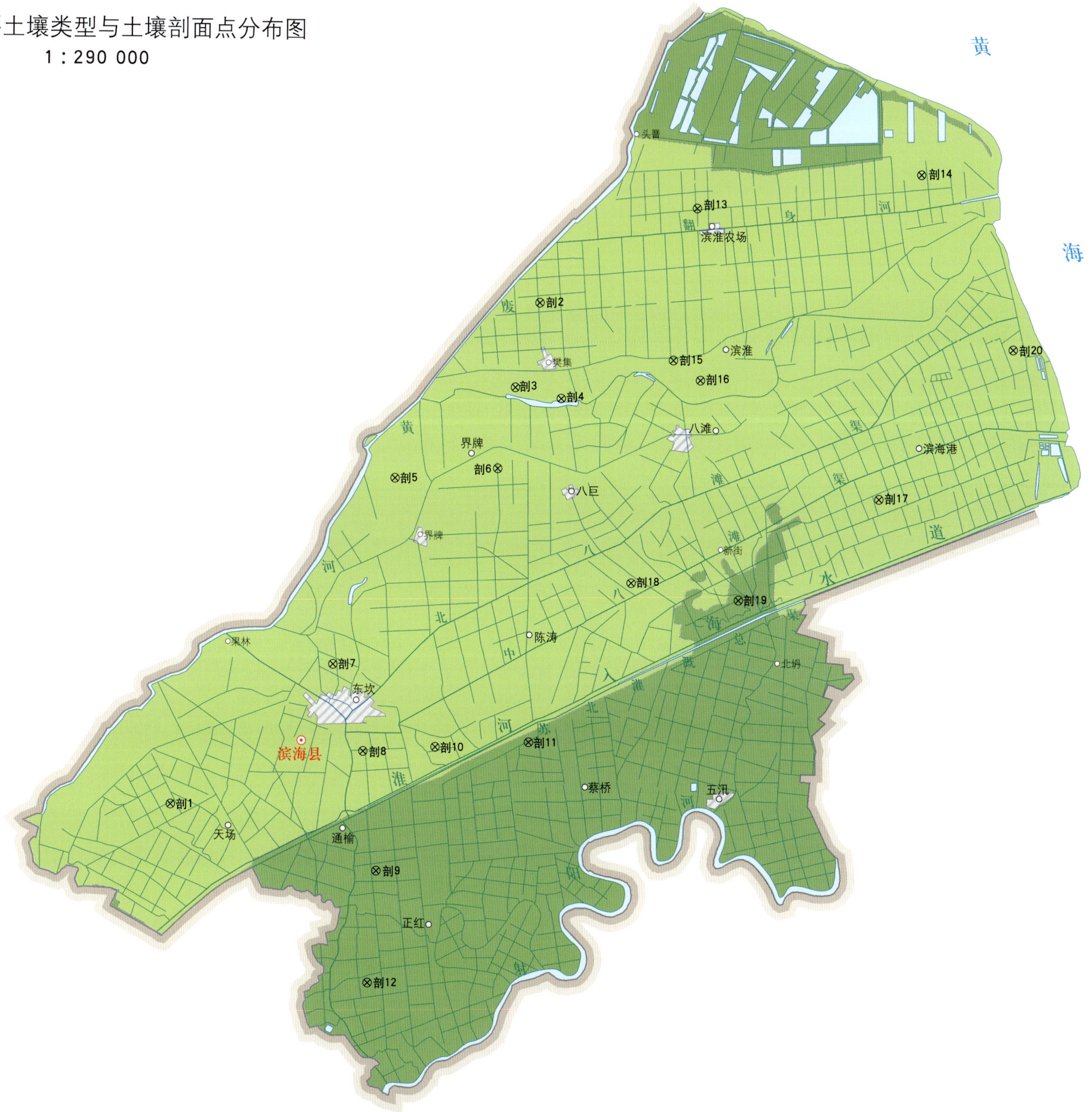

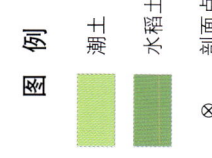

294 | 中国土壤剖面数据集·上海、江苏卷

滨海县土壤剖面理化性状表

剖面号 Soil profile	土纲 Soil order	土类 Soil great group	亚类 Soil subgroup	土属 Soil genus	土种 Soil species	土层码 Layer code	土层厚度 Depth/cm	质地 Soil texture	土壤结构 Soil structure	pH	有机质 OM/(g/kg)	全氮 TN/(g/kg)	全磷 TP/(g/kg)	有效磷 AP/(mg/kg)	速效钾 AK/(mg/kg)	阳离子交换量CEC/(cmol/kg)	土壤母质 Parent material	剖面点坐标 Profile coordinate	匹配指数 Matching index /%
剖1	半水成土	潮土	黄潮土	两合土	腰黑黏心两合土	A	0—15	重壤土	碎团小块状	8.0	13.1	1.10	1.55	4.0	226	10.4	黄泛冲积物	E 119°43′23.9″ N 33°57′31.7″	94
						A_1	15—22	砂壤土	小块状	8.0	10.7	0.84	1.60	4.0	132				
						Bv_1	22—41	重壤土	块状	8.2	7.1	0.52	1.47	4.0	116				
						Bv_2	41—62	黏土	块状	8.2	8.0	0.75	1.14	1.0	171				
						Dm	62—85	黏土	小块状										
						C	85—100	砂壤土	小块状										
剖2	半水成土	潮土	盐化潮土	砂质潮盐土	砂质轻盐土	A_1	0—12	中壤土	粒状	8.5	8.9	0.60	1.56	5.0	64		黄淮冲积物	E 119°58′29.3″ N 34°13′14.9″	82
						A_2	12—18	中壤土	块状	8.2	5.2	0.37	1.44	4.0	42	5.6			
						Bv_1	18—49	轻壤土	块状	8.0	2.0	0.14	1.27	2.0	31				
						Bv_2	49—73	中壤土	块状	8.3	3.9	0.20	1.11	2.0	63				
						C	73—100	重壤土	块状	8.3	16.1	1.09	1.59	5.0	88				
剖3	半水成土	潮土	黄潮土	淤土	砂心淤土	A	0—18	黏土	粒状	8.0	10.4	0.87	0.94	2.0	147	8.9	黄泛冲积物	E 119°57′24.8″ N 34°10′34.0″	95
						A_1	18—40	轻黏土	块状	7.8	8.2	0.74	1.11	1.0	131	9.6			
						C_1	40—55	中壤土	小块状	7.1	2.6	0.34	1.15	3.0	31				
						C_2	55—100	黏土	小块状	7.7	5.4	0.47	1.10	3.0	99				
剖4	半水成土	潮土	黄潮土	砂土	黏心砂土	A	0—18	重壤土	粒状	8.0	9.2	0.10	1.53	2.0	155	8.6	黄泛冲积物	E 119°59′13.2″ N 34°10′10.2″	92
						A_2	18—44	中壤土	小块状	8.0	5.5	0.46	1.36	2.0	80				
						Bv_1	44—63	黏土	片状	8.0	5.6	0.43	1.29	1.0	120				
						Bv_2	63—100	中壤土	微团粒状	8.1	3.0	0.23	1.28	2.0	48				
剖5	半水成土	潮土	盐化潮土	花碱土	黏心花碱土	A_1	0—13	中壤土	小块状	8.0	8.9	0.72	1.16	1.0	117	5.8	黄泛冲积物	E 119°52′32.9″ N 34°07′47.6″	100
						Bv_1	13—27	黏土	块状	8.1	6.9	0.61	1.18	1.0	54				
						Bv_2	27—58	轻黏土	片状	8.1	5.6	0.57	1.13	2.0	101				
						Bv_3	58—100	中壤土	片状	8.1	1.3	0.14	1.07	2.0	31				
剖6	半水成土	潮土	黄潮土	淤土	打土淤土	A	0—15	黏土	微团粒状	8.0	15.7	1.15	1.21	2.0	117	7.9	黄泛冲积物	E 119°56′39.5″ N 34°08′00.6″	93
						A_1	15—22	黏土	块状	8.5	13.4	0.97	0.93	1.0	119				
						Bv_1	22—34	砂壤土	小块状	8.6	7.0	0.58	1.09	1.0	52				
						Bv_2	34—41	中壤土	块状	8.7	4.1	0.35	1.33	2.0	48				
剖7	半水成土	潮土	盐化潮土	花碱土	花碱土	A_1	0—11	重壤土	小块状	8.8	4.9	0.32	1.48	5.0	52	3.2	黄泛冲积物	E 119°49′53.4″ N 34°01′53.4″	92
						Bv_1	11—40	重壤土	片状	8.6	2.2	0.17	1.11	2.0	36				
						Bv_2	40—54	砂土	片状	8.7	2.9	0.22	1.36	1.0	53				
						C	54—65	中壤土	片状	8.8	1.6	0.10	1.42	2.0	38				
剖8	半水成土	潮土	黄潮土	砂土	砂土	A_1	0—19	砂壤土	单粒状	8.4	5.1	0.43	1.22	2.0	37	2.6	黄泛冲积物	E 119°51′06.8″ N 33°59′05.6″	99
						A_2	19—38	砂壤土	单粒状	8.1	1.8	0.20	0.89	2.0	38				
						Bv_1	38—65	砂土	片状	8.6	1.3	0.14	1.15	1.0	25				
						Bv_2	65—100	中壤土	片状	8.7	1.9	0.24	1.26	2.0	26				
剖9	人为土	水稻土	渗育水稻土	夹砂土	砂心夹砂土	A	0—19	重壤土	块状	8.4	14.3	0.92	1.30	4.0	105	6.3	黄淮冲积物	E 119°51′30.6″ N 33°55′19.2″	88
						P	19—27	重壤土	块状	8.8	8.8	0.65	1.25	1.0	110				
						Wo_1	27—36	重壤土	棱柱状	8.5	8.0	0.54	1.30	1.0	104				
						Wo_2	36—71	重壤土	小块状	8.5	1.4	0.17	1.18	1.0	101				
						G	71—100	重壤土	棱柱状	8.6									

续表 Continued

剖面号 Soil profile	土纲 Soil order	土类 Soil great group	亚类 Soil subgroup	土属 Soil genus	土种 Soil species	土层码 Layer code	土层厚度 Depth/cm	质地 Soil texture	土壤结构 Soil structure	pH	有机质 OM/(g/kg)	全氮 TN/(g/kg)	全磷 TP/(g/kg)	有效磷 AP/(mg/kg)	速效钾 AK/(mg/kg)	阳离子交换量CEC/(cmol/kg)	土壤母质 Parent material	剖面点坐标 Profile coordinate	匹配指数 Matching index/%
剖10	半水成土	潮土	黄潮土	两合土	砂心两合土	A	0–13	中壤土	粒状	8.2	5.8	0.46	1.25	1.0	53	6.4	黄泛冲积物	E 119°53′56.0″ N 33°59′10.7″	82
						A₁	13–30	中壤土	块状	8.2	4.1	0.36	1.15	1.0	53				
						Bv₁	30–45	轻壤土	片状	8.5	2.0	0.16	1.28	1.0	23				
						Bv₂	45–100	砂土	片状	8.5	1.4	0.17	1.03	1.0	23				
剖11	人为土	水稻土	渗育水稻土	夹砂土	夹砂土	A	0–14	重壤土	小块状	8.6	10.4	0.72	1.56	1.0	253	4.5	黄淮冲积物	E 119°57′42.5″ N 33°59′16.8″	91
						P	14–24	重壤土	块状	8.6	9.2	0.66	1.35	4.0	142				
						Wo	24–47	中壤土	棱柱状	8.6	5.8	0.47	1.35	1.0	99				
						Wg	47–130	轻壤土		8.3	1.4	0.13	1.25	1.0	151				
剖12	人为土	水稻土	渗育水稻土	夹砂土	黏心夹砂土	A	0–15	重壤土	碎团粒小块状	8.6	11.9	0.92	1.39	4.0	157	7.0	黄淮冲积物	E 119°51′01.4″ N 33°51′43.9″	82
						P	15–26	轻壤土	块状	8.5	7.2	0.60	1.17	2.0	148				
						W	26–46	轻壤土	棱柱状、块状	8.6	1.4	0.63	1.42	2.0	157				
						Wg	46–100	轻壤土	块状	8.5	11.1	0.84	1.32	3.0					
剖13	半水成土	潮土	盐化潮土	黏质潮盐土	脱盐油泥土	A	0–12	中黏土	小块状	8.0	11.1	0.92	1.31	3.0	323		黄淮冲积物	E 120°04′49.4″ N 34°16′08.0″	88
						A₁	12–23	黏重壤土	块状	8.0	9.3	0.80	1.36	2.0	447				
						Bv	23–42	黏重壤土	块柱状	8.0	4.9	0.44	1.38	4.0	429				
						Cs	42–100	黏重壤土	块状	8.1	9.5	0.60	1.37			4.1			
剖14	半水成土	潮土	盐化潮土	黏质潮盐土	黏质轻盐土	A	0–27	轻黏土	小块状	8.0	3.4	0.17	1.36				黄淮冲积物	E 120°13′48.0″ N 34°16′58.1″	98
						A₁	27–65	紧砂土	块状	8.1	2.8	0.17							
						C	65–100	轻黏土	块状	7.9	2.6								
剖15	半水成土	潮土	黄潮土	壤质潮盐土	脱盐黏心夹砂土	A	0–12	重壤土	小块状	8.0	10.1	0.83	1.53	4.0	132	1.0	黄淮冲积物	E 120°03′45.0″ N 34°11′19.3″	89
						A₁	12–27	中黏土	块状	8.0	6.3	0.54	1.18	2.0	11				
						Bv₁	27–95	黏土	块状	8.0	3.1	0.31	1.23	1.0	52				
						Bv₂	95–100	中黏土	片状	8.1	13.0	1.00	1.31	3.0	288				
剖16	半水成土	潮土	黄潮土	两合土	两合土	A	0–18	重壤土	粒状	8.0	13.8	1.12	1.23	2.0	111	12.8	黄泛冲积物	E 120°04′45.5″ N 34°10′37.9″	99
						A₁	18–29	砂壤土	小块状	8.2	7.2	0.66	0.98	2.0	53				
						Bv₁	29–66	砂壤土	块状	8.2	6.3	0.58	1.10	1.0	52	14.5			
						Bv₂	66–100	中壤土	块状	8.0	4.5	0.41	1.19	2.0	65				
剖17	半水成土	潮土	盐化潮土	砂质潮盐土	脱盐砂土	A₁	0–13	中壤土	小块状	8.1	12.2	0.86	1.63	1.0		6.9	黄淮冲积物	E 120°11′42.0″ N 34°06′41.0″	91
						Bv	13–29	中壤土	块状	8.3	10.8	0.79	1.62	1.0					
							29–100	中壤土	块状	8.4	2.8								
剖18	半水成土	潮土	黄潮土	淤土	淤土	1	0–18	黏土	粒状	8.0							黄泛冲积物	E 120°01′53.4″ N 34°04′15.2″	82
						2	18–40	轻黏土	块状	7.8									
						3	40–55	中壤土	小块状	7.1									
						4	55–100	黏土	小块状	7.7									
剖19	人为土	水稻土	渗育水稻土	盐性土	黏心壤质盐性土	A	0–10	重壤土	细块状	8.3	15.5	1.05	1.47	5.0	188	5.1	黄淮冲积物	E 120°06′06.5″ N 34°03′37.8″	83
						Po	10–20	中壤土	块状	8.2	13.5	0.98	1.35	2.0	219				
						Wos	20–100	中壤土	块状	8.3	3.4	0.29	1.32	1.0	254				
剖20	半水成土	潮土	盐化潮土	壤质潮盐土	壤质轻盐土	A	0–12	中壤土	小块状	8.3	12.6	0.86	1.46	2.0	279		黄淮冲积物	E 120°17′17.2″ N 34°11′21.8″	86
						A₁	12–20	中壤土	块状	8.4	3.4								
						Bv	20–100	重壤土	块状	8.0	10.5	0.79	1.48	2.0	115	3.5			

阜 宁 县

主要土类说明

水稻土是阜宁县主要土壤类型，占本县地域面积的49%。水稻土是母质土壤经长期淹水种稻和脱水耕种交替进行所引起的一系列物理、化学、生物作用的产物。其主要成土过程是水旱轮作熟化而引起的较强烈的还原淋溶与氧化淀积过程，土壤剖面一般都具备耕作层、犁底层、渗育层等层段，有的剖面下部受潜水季节性变动的影响，有明显的铁锰淀积现象而发育成淀积层，有的长期淹水发育成潜育层，还有的沤改旱后逐步发育成脱潜层，底部为母质层。本县水稻土分为渗育型、潴育型、脱潜型、潜育型等亚类。

潮土是阜宁县第二大土壤类型，占本县地域面积的48%。潮土是母质受地下水影响和旱作熟化作用而形成的一类土壤，广泛分布于本县黄泛区。其发生层一般包括表土层、心土层和底土层。根据其结构、紧实度，表土层可进一步细分成表层和亚表层；心土层有冲积母质所特有的冲积层理；底土层明显受地下水毛管作用影响。本县潮土分为黄潮土、盐化潮土、灰潮土等亚类。

小于本县地域面积3%的土壤类型还有沼泽土。

本区域中心区气候特征

本区域中心区气候特征值
Regional climate characteristics in central area of the region

气候带：暖温带亚湿润气候 Climate region: Warm temperate subhumid climate	
年平均气温 /℃ Annual average temperature /℃	14.3
年平均最高气温 /℃ Annual average maximum temperature /℃	19.0
年平均最低气温 /℃ Annual average minimum temperature /℃	10.4
年降水量 /mm Annual precipitation /mm	965
≥10℃的积温 /℃ Daily temperature accumulated in a year（≥10℃）/℃	5246
年日照时数 /h Annual sunshine /h	2292
年平均相对湿度 /% Annual average relative humidity /%	75
干燥度 Dryness	0.87

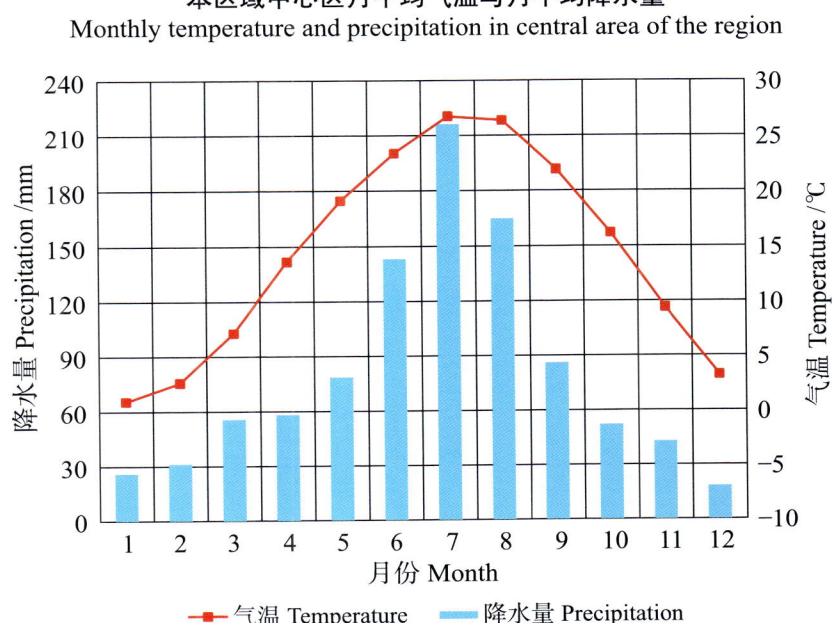

本区域中心区月平均气温与月平均降水量
Monthly temperature and precipitation in central area of the region

阜宁县主要土壤类型与土壤剖面点分布图
1∶230 000

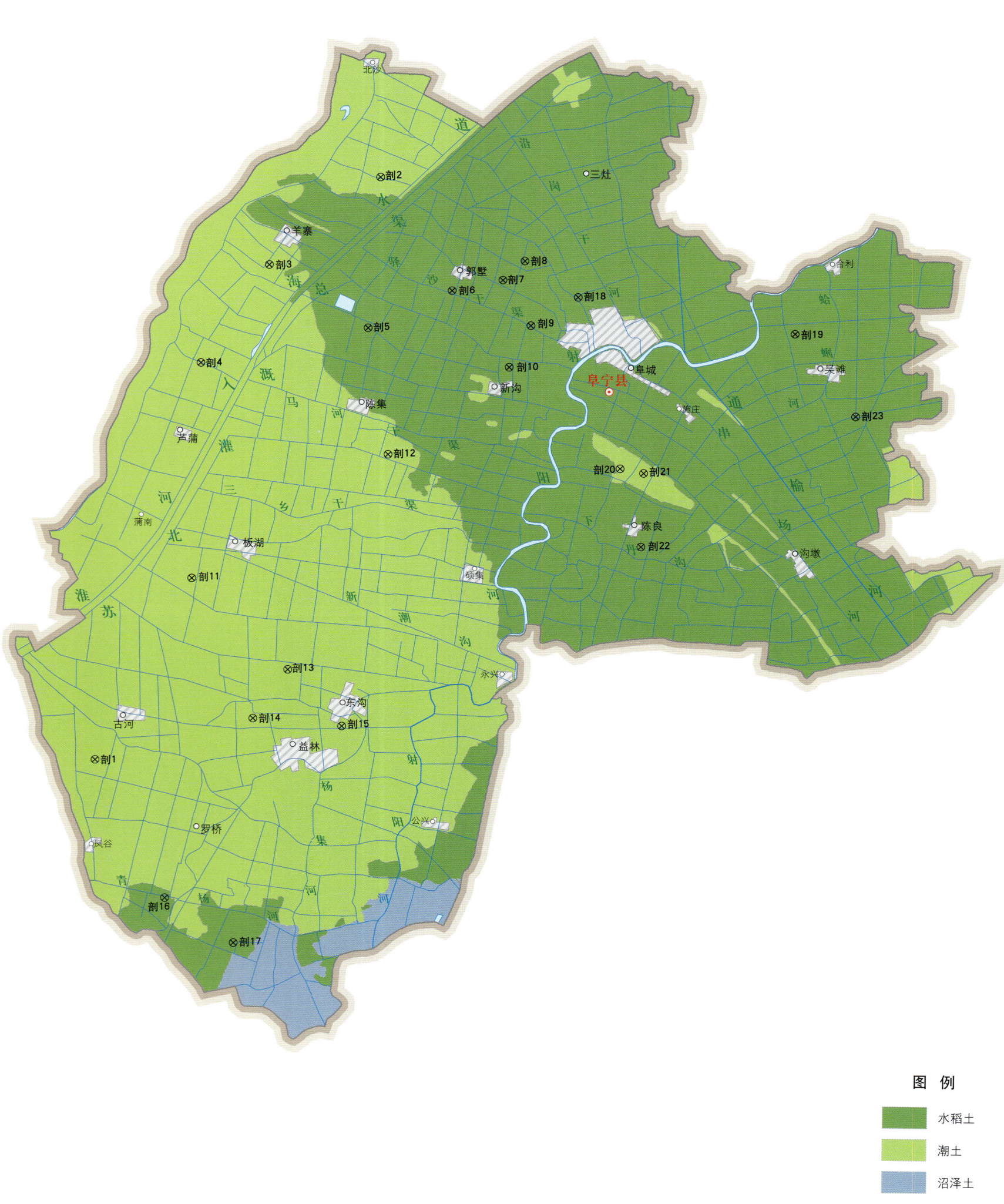

图 例
- 水稻土
- 潮土
- 沼泽土
- ⊗ 剖面点

阜宁县土壤剖面理化性状表

剖面号 Soil profile	土纲 Soil order	土类 Soil great group	亚类 Soil subgroup	土属 Soil genus	土种 Soil species	土层码 Layer code	土层厚度 Depth/cm	颜色 Soil color	质地 Soil texture	土壤结构 Soil structure	pH	有机质 OM/(g/kg)	全氮 TN/(g/kg)	全磷 TP/(g/kg)	有效磷 AP/(mg/kg)	速效钾 AK/(mg/kg)	阳离子交换量CEC/(cmol/kg)	土壤母质 Parent material	剖面点坐标 Profile coordinate	匹配指数 Matching index/%
剖1	半水成土	潮土	黄潮土	砂土	黏底砂土	A₁	0—13	浅灰棕色	轻壤土	粒状	7.2	12.0	0.74	1.49			11.9	近代黄泛沉积物	E 119°29′32.3″ N 33°35′11.0″	90
						A₂	13—25	灰棕色	轻壤土	粒状	7.4	8.0	0.53	1.13						
						Bv	25—76	黄棕色	松砂土	无明显结构	7.4	2.5	0.16	1.05						
						D	76—	红棕色	重壤土		7.5	4.8	0.34	1.18						
剖2	半水成土	潮土	黄潮土	淤土	红淤土	A₁	0—17	灰棕色	重黏土	小块状	8.3	12.5	0.92	1.44			18.6	湖相沉积物	E 119°39′29.2″ N 33°51′59.4″	92
						A₂	17—26	暗棕色	轻黏土	块状	8.3	10.4	0.78	1.36						
						Bv	26—70	红棕色	中黏土	块状	8.5	8.0	0.61	1.18						
						C	70—	暗红色	中黏土	块状	8.5	11.6	0.79	0.98						
剖3	半水成土	潮土	黄潮土	淤土	砂心红淤土	A₁	0—12	灰棕色	重黏土	小块状	8.3	13.8	1.15	1.43	3.0	229	14.0	湖相沉积物	E 119°35′42.7″ N 33°49′29.3″	89
						A₂	12—18	暗棕色	轻壤土	块状	8.3	10.2	0.78	1.39	2.0	161				
						Bv₁	18—36	黄棕色	砂壤土	碎粒状	8.2	7.0	0.58	1.20	1.0	184				
						Bv₂	36—48	红棕色	轻壤土	块状	8.3	6.0	0.45	1.19	1.0	152				
						C	48—	暗红色	轻壤土	块状	8.3	7.0	0.58	1.21	2.0	232				
剖4	半水成土	潮土	黄潮土	飞砂土	黏底飞砂土	A₁	0—18	浅灰棕色	砂壤土	粒状	8.4	5.6	0.41	1.35	1.0	62	5.9	近代黄泛沉积物	E 119°33′19.1″ N 33°46′40.4″	94
						A₂	18—27	灰灰棕色	砂壤土	粒状	8.4	4.1	0.28	1.28	1.0	59				
						Bv	27—65	黄棕色	紧砂土	无明显结构	8.5	2.0	0.16	1.19	1.0	51				
						D	65—	红棕色	轻壤土	块状	8.6	6.2	0.47	1.19	1.0	131				
剖5	人为土	水稻土	渗育水稻土	油泥土	红油泥土	A	0—13	红棕色	轻黏土	小块状	8.2	21.1	1.47	1.46			19.2	黄泛沉积物	E 119°38′57.5″ N 33°47′35.9″	87
						P	13—28	棕红色	轻黏土	块状	8.1	20.8	1.19	1.44						
						Wo	28—55	黄红色	重黏土	块状	8.6	8.5	0.69	1.21						
						C	55—	暗棕色	重黏土	块状	8.6	9.5	0.79	0.98						
剖6	人为土	水稻土	渗育水稻土	油泥土	油泥土	A	0—13	灰棕色	轻壤土	小块状	7.5	16.8	1.61	1.12			28.3	黄淮沉积物	E 119°41′46.8″ N 33°48′38.7″	88
						P	13—27	暗棕色	中黏土	块状	7.6	12.9	0.92	1.13						
						Wo	27—48	黄棕色	中黏土	棱块状	7.5	14.9	0.88	0.88						
						C	48—	灰棕色	重黏土	块状	7.5	6.1	0.48	0.85						
剖7	人为土	水稻土	渗育水稻土	夹砂土	砂姜土	A	0—13	灰棕色	中壤土	小块状	7.4	11.6	0.91	1.19			17.4	黄淮冲积物	E 119°43′30.4″ N 33°48′53.3″	90
						P	13—27	暗棕色	中壤土	块状	7.4	7.6	0.55	1.09						
						Wo	27—68	浅黄棕色	中壤土	块状	7.5	4.9	0.46	1.07						
						C	68—	浅黄棕色	轻壤土	无明显结构	7.6	2.9	0.27	1.45						
剖8	人为土	水稻土	渗育水稻土	夹砂土	夹砂土	A	0—13	灰棕色	中壤土	小块状	8.1	16.6	1.11	1.26			16.5	黄淮冲积物	E 119°44′15.4″ N 33°49′28.2″	83
						P	13—33	暗棕色	中黏土	块状	8.3	13.0	0.89	1.20						
						Wo	33—49	棕色	中壤土	小块状	8.5	6.5	0.46	1.08						
						C₁	49—72	黄棕色	轻壤土	无明显结构	8.4	5.5	0.40	1.32						
						C₂	72—	黄棕色	中壤土	无明显结构	8.3	<1.0	0.32	1.26						
剖9	人为土	水稻土	渗育水稻土	油泥土	腰黑油泥土	A					7.4	13.1	0.82	1.16			20.9	黄淮沉积物	E 119°44′23.6″ N 33°47′34.1″	83
						Ap	0—12	棕灰色	壤质黏土	小块状	7.5	15.9	0.79	0.92						
						P					7.6	13.7	0.77	0.92						
						Wo					7.5	4.6	0.38	0.86						
						C														
剖10	人为土	水稻土	渗育水稻土	淀浆土	淀浆土	Aa	0—12	灰黄棕色	黏质黏土	小块状	8.3	13.7	0.87	0.74			11.3	河湖相、海相冲积物	E 119°44′23.6″ N 33°47′34.1″	86
						Ap	12—20	灰黄棕色	黏质黏土	小块状	8.9	9.8	0.62	0.64			11.6			
						P	20—46	黄棕色	砂质黏壤土	片状	9.2	4.2	0.31	0.60			9.1			
						C	46—100	油黄棕色			9.3	2.8	0.23	0.65			7.4			

续表 Continued

剖面号 Soil profile	土纲 Soil order	土类 Soil great group	亚类 Soil subgroup	土属 Soil genus	土种 Soil species	土层码 Layer code	土层厚度 Depth/cm	颜色 Soil color	质地 Soil texture	土壤结构 Soil structure	pH	有机质 OM/(g/kg)	全氮 TN/(g/kg)	全磷 TP/(g/kg)	有效磷 AP/(mg/kg)	速效钾 AK/(mg/kg)	阳离子交换量CEC/(cmol/kg)	土壤母质 Parent material	剖面点坐标 Profile coordinate	匹配指数 Matching index/%
剖11	半水成土	潮土	黄潮土	砂土	砂土	A_1	0—14	浅黄棕色	砂壤土	粒状	8.0	5.7	0.42	1.33			6.8	近代黄泛沉积物	E 119°32′52.8″ N 33°40′22.8″	90
						A_2	14—36	灰棕色	砂壤土	粒状	8.5	1.6	0.15	1.21						
						Bv_1	36—51	棕色	砂壤土	粒状	8.7	1.3	0.10	1.23						
						Bv_2	51—71	黄棕色	砂壤土	粒状	9.0	1.2	0.14	1.15						
						C	71—	棕色	砂壤土	粒状	9.0	1.6	0.13	1.21						
剖12	半水成土	潮土	黄潮土	两合土	黏底两合土	A_1	0—11	浅棕棕色	中壤土	粒状	8.1	15.7	0.96	1.39			12.4	近代黄泛沉积物	E 119°39′32.0″ N 33°43′55.6″	86
						A_2	11—30	灰棕色	中壤土	小块状	8.1	12.8	0.82	1.36						
						Bv	30—75	黄棕色	砂壤土	无明显结构	8.3	2.4	0.16	1.28						
						C	75—	红棕色	轻黏土		8.2	5.0	0.32	1.35						
剖13	半水成土	潮土	黄潮土	砂土	黏心砂土	A_1	0—14	浅黄棕色	轻壤土	粒状	8.3	11.6	0.86	1.56			9.1	近代黄泛沉积物	E 119°36′04.0″ N 33°37′41.2″	96
						A_2	14—26	灰棕色	中壤土	小块状	8.8	10.9	0.79	1.53		51				
						Bv	26—71	黄棕色	重黏土	块状	8.3	1.7	0.15	1.31		81				
						C	71—	黄棕色	轻黏土	粒状	8.9	2.2	0.19	1.18		87				
剖14	半水成土	潮土	盐化潮土	砂碱土	黏底砂碱土	A_1	0—13	灰黄色	中壤土	粒状	7.8	12.9	0.85	1.32	3.0	92	9.8	黄泛冲积物	E 119°34′49.1″ N 33°36′17.3″	87
						A_2	13—22	灰棕色	轻壤土	粒状	8.0	3.9	0.27	1.15	2.0					
						Bv	22—80	黄棕色	轻黏土	无明显结构	8.4	4.3	0.32	1.22	2.0					
						D	80—	红棕色	轻黏土		8.0	2.3	0.20	1.13						
剖15	半水成土	潮土	黄潮土	两合土	两合土	A_1	0—15	浅灰棕色	中壤土	粒状	8.5	10.6	0.80	1.37			12.4	近代黄泛沉积物	E 119°37′48.4″ N 33°36′02.2″	83
						A_2	15—27	灰棕色	中壤土	小块状	8.7	9.0	0.68	1.34						
						Bv	27—50	黄棕色	中壤土	块状	8.6	5.8	0.48	1.25						
						C	50—	黄棕色	砂壤土	无明显结构	8.6	1.7	0.13	1.12						
剖16	人为土	水稻土	渗育水稻土	夹砂土	黏底夹砂土	A	0—11	棕灰色	中壤土	粒状	8.3	11.8	0.95	1.61			14.1	黄泛冲积物	E 119°31′49.8″ N 33°31′05.9″	90
						P	11—22	棕灰色	中壤土	块状	8.6	8.7	0.64	1.43						
						Wo	22—80	黄棕色	中壤土	小块状	7.8	2.1	0.15	1.11						
						C	80—	红黄色	轻壤土	块状	7.8	6.5	0.43	1.30						
剖17	人为土	水稻土	潜育水稻土	烘泥土	烘泥土	A	0—13	浅灰棕色	中壤土	块状	7.2	46.7	2.58	1.31	4.0	302	30.9	湖相沉积物	E 119°34′04.1″ N 33°29′45.6″	92
						P	13—22	暗灰色	中黏土	块状	7.6	52.5	2.38	1.23	2.0	373				
						G_1	22—53	青蓝色	重黏土	块状	7.9	19.6	1.23	1.21	5.0	397				
						G_2	53—74	蓝黑色	中黏土	块状	7.8	57.7	3.29	1.01	3.0	440				
						G_3	74—	蓝灰色	中壤土	块状	7.6	64.0	3.10	0.82	3.0	400				
剖18	人为土	水稻土	渗育水稻土	油浆土	油浆土	Aa	0—14	灰黄棕色	壤质黏土	小块状	8.1	21.6	1.33	0.40			19.5	黄泛静水沉积物	E 119°46′02.6″ N 33°48′22.7″	89
						Ap	14—24	暗灰棕色	壤质黏土	小块状	8.5	18.9	1.10	0.82			17.9			
						P	24—43	浅灰棕色	壤质黏土	小块状	8.6	12.3	0.79	0.77			18.6			
						W	43—58	灰色	中壤土	小块状	8.7	14.5	0.74	0.49			20.5			
						C	58—100	灰黄棕色	壤质黏土		8.5	6.5	0.35	0.60			12.9			
剖19	人为土	水稻土	脱潜水稻土	勒泥土	夹砂勒泥土	A	0—13	暗灰棕色	中壤土	粒状	7.2	14.8	0.88	0.52	2.0	67	11.9	湖相沉积物	E 119°53′12.8″ N 33°47′08.9″	99
						P	13—23	浅灰棕色	中壤土	块状	7.5	12.6	0.74	0.49	3.0	73				
						W_{B_1}	23—43	黄棕色	中壤土	块状	7.5	3.5	0.29	0.49	3.0	100				
						W_{B_2}	43—73	浅黄棕色	重壤土	块状	7.4	3.3	0.27	0.87	5.0	165				
						G	73—	灰黄色	重黏土	粒状	7.5	3.7	0.33	1.07	6.0	304				
剖20	半水成土	潮土	灰潮土	岗砂土	夹泥岗砂土	A_1	0—13	灰黄色	中壤土	块状	7.6	13.2	0.78	1.05			12.1	冲积物	E 119°47′18.2″ N 33°43′23.9″	97
						A_2	13—40	暗黄色	中壤土	块状	7.5	8.2	0.59	0.96						
						Bv	40—80	黄棕色	中壤土	块状	7.7	5.8	0.49	0.95						
						C	80—	暗黄色	轻壤土	块状	7.8	1.8		0.93						

续表 Continued

剖面号 Soil profile	土纲 Soil order	土类 Soil great group	亚类 Soil subgroup	土属 Soil genus	土种 Soil species	土层码 Layer code	土层厚度 Depth/ cm	颜色 Soil color	质地 Soil texture	土壤结构 Soil structure	pH	有机质 OM/ (g/kg)	全氮 TN/ (g/kg)	全磷 TP/ (g/kg)	有效磷 AP/ (mg/kg)	速效钾 AK/ (mg/kg)	阳离子 交换量CEC/ (cmol/kg)	土壤母质 Parent material	剖面点坐标 Profile coordinate	匹配指数 Matching index/%
剖21	半水成土	潮土	灰潮土	岗砂土	岗砂土	A₁	0—17	灰黄色	紧砂土	粒状	6.9	3.9	0.24	0.34			3.4	冲积物	E 119°48′05.0″ N 33°43′12.4″	90
						A₂	17—33	棕黄色	紧砂土	粒状	6.8	3.2	0.20	0.33						
						C₁	33—59	黄色	紧砂土	粒状	6.8	1.6	0.13	0.32						
						C₂	59—	暗黄色	紧砂土	粒状	6.7	1.6	0.13	0.32						
剖22	人为土	水稻土	脱潜水稻土	勤泥土	勤泥土	A	0—12	浅灰色	重壤土	块状	7.3	25.4	1.49	0.88			22.3	湖相沉积物	E 119°47′57.1″ N 33°41′05.3″	99
						P	12—24	暗灰色	轻黏土	块状	7.5	18.6	1.19	0.86						
						Wg₁	24—57	棕灰色	中黏土	块状	7.3	17.2	1.07	0.62						
						Wg₂	57—75	青灰色	轻黏土	块状	7.5	19.6	1.17	0.65						
						G	75—	蓝灰色	中壤土	小块状	7.3	11.2	0.93	<0.10						
剖23	人为土	水稻土	脱潜水稻土	汪田土	汪田土	A	0—12	棕灰色	重壤土	块状	7.6	23.0	1.47	1.47			17.9	海相沉积物	E 119°55′14.5″ N 33°44′44.9″	97
						P	12—19	暗灰色	重壤土	块状	7.8	22.3	1.37	1.35						
						Wg	19—64	灰黄棕色	轻黏土	棱柱状	7.8	20.5	1.31	1.25						
						G	64—	瓦灰色	重壤土	块状	7.8	11.5	0.62	1.25						

射 阳 县

主要土类说明

潮土是射阳县主要土壤类型，占本县地域面积的87%。潮土主要分布于近代河流冲积平原或低平阶地，地下水位高，潜水参与成土过程。在潮土成土过程中，底土受氧化还原交替作用，形成锈色斑纹和小型铁子。在长期耕作条件下，表层有机质含量为10—15g/kg。

水稻土是射阳县第二大土壤类型，占本县地域面积的8%，主要分布在射阳河沿岸的老稻区。水稻土是在长期水耕熟化和水旱轮作条件下，土壤不断进行着物质的还原淋溶和氧化淀积作用，原来成土母质或母土的特性发生重大改变，形成的一种特殊类型的土壤。由于土壤长期处于淹水条件下，铁、锰等可变价态的离子处于还原状态，溶解度增加，随水向下淋渗，土壤脱水后，黏重的土壤收缩干裂，增加土体的通气性能，铁、锰等低价离子氧化淀积。水耕时，表土层黏粒下移集聚。这种人为耕作和间歇性水分变化所起的成土作用，导致水稻土形成了与旱地土壤截然不同的特定层次和特点，养分状况比旱作土壤好，有机质、全氮含量较高，潜在肥力较大，土壤pH一般比旱地低，耕层pH为7.9—8.2。根据水分类型、土体发生层次状况及铁的形态特征，本县水稻土分为渗育型、脱潜型等亚类。渗育水稻土水旱轮作时间较长，土体受干湿交替作用较强烈，在种稻季节，灌溉水下渗，土壤中铁锰离子淋溶；旱作时，地下水位较低，埋深一般在70cm以下，土体氧化作用较强，产生较多的铁锰锈斑，铁的活化度相对较高，土体形成了较为明显的渗育层（初渗层）。脱潜水稻土土体脱水时间较短，地下水埋深在50cm左右，旱作时，土体仍受地下水活动的显著影响，铁的活化度相对较低，出现了脱潜育层段（脱潜层），该层段有少量锈纹锈斑，结构体内部仍存在亚铁离子。

本区域中心区气候特征

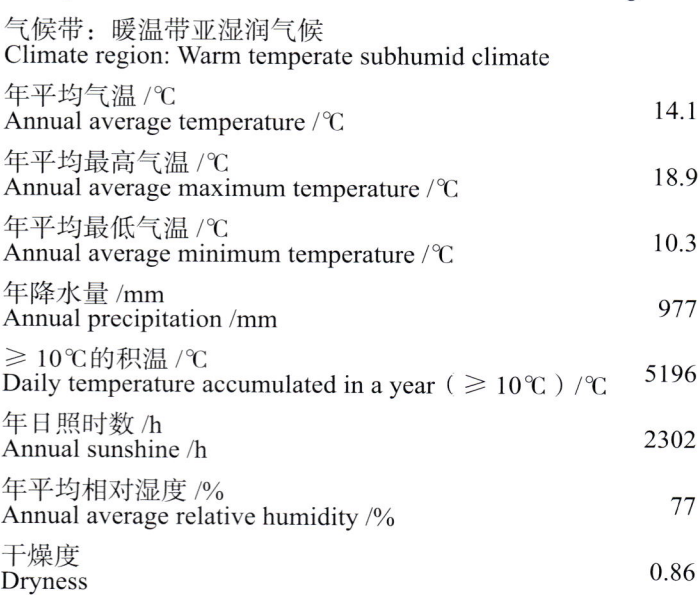

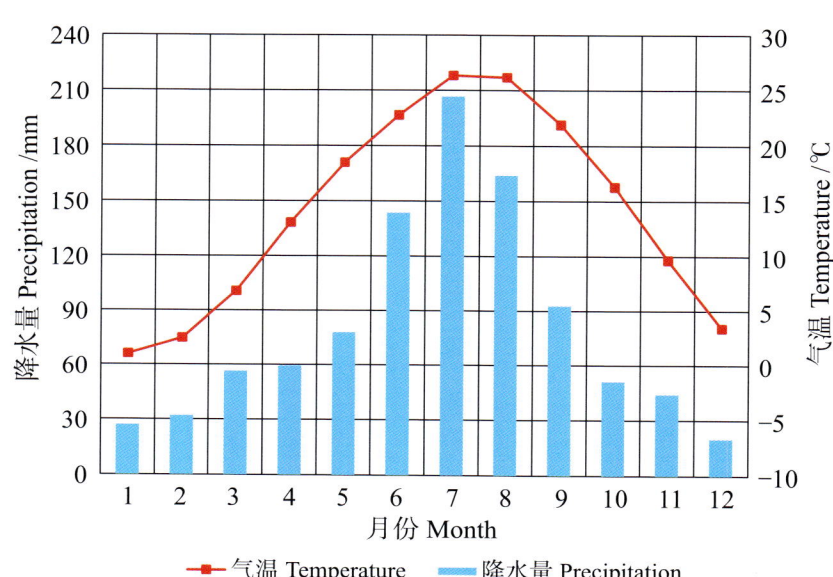

射阳县主要土壤类型与土壤剖面点分布图
1:280 000

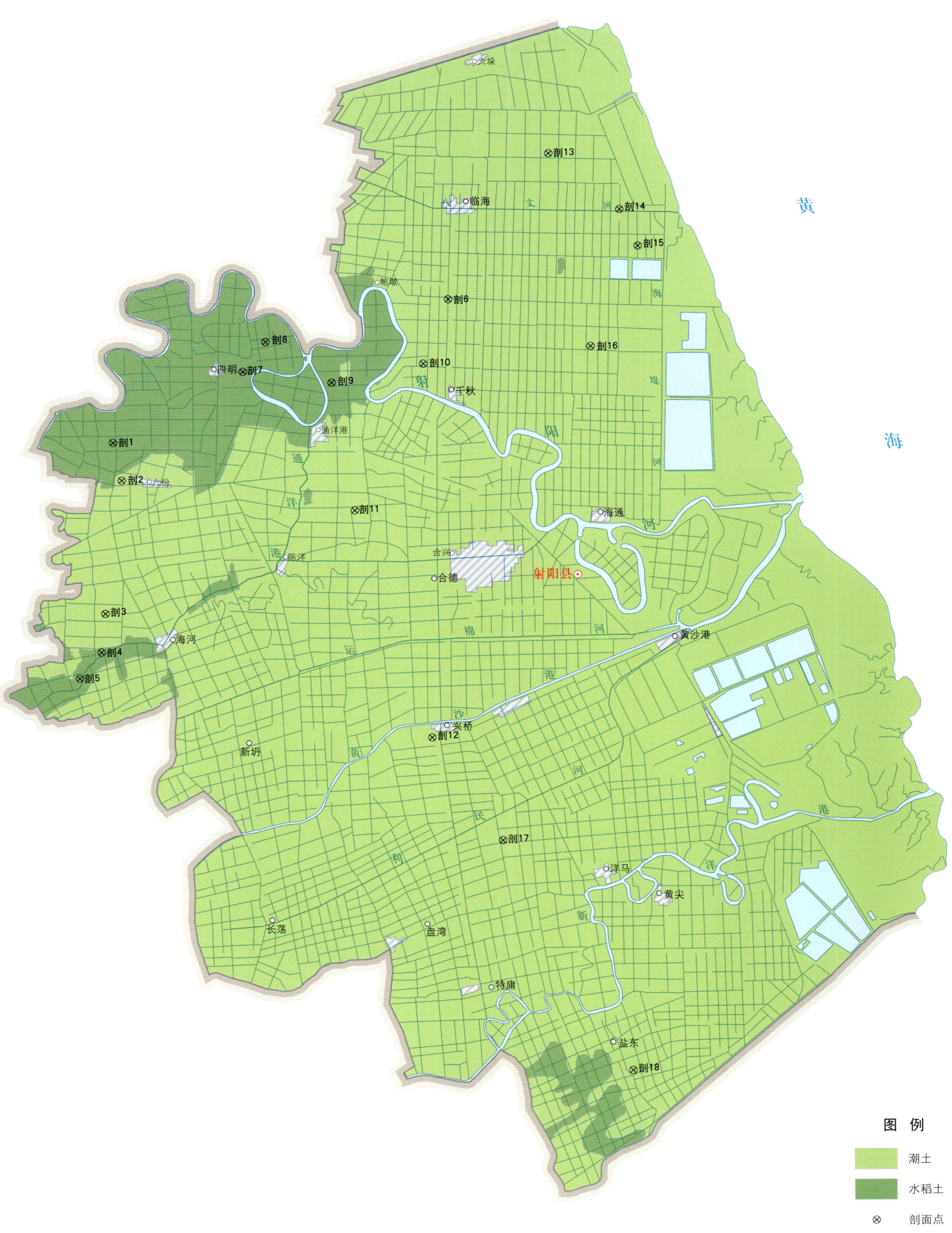

射阳县土壤剖面理化性状表

剖面号	土纲	土类	亚类	土属	土种	土层码	土层厚度/cm	颜色	质地	土壤结构	pH	有机质(g/kg)	全氮(g/kg)	全磷(g/kg)	全钾(g/kg)	有效磷(mg/kg)	速效钾(mg/kg)	阳离子交换量CEC/(cmol/kg)	土壤母质	剖面点坐标	匹配指数/%
剖1	人为土	水稻土	渗育水稻土	盐性土	壤质轻盐性土	A	0—13	浅灰色	中壤土	屑粒状	8.2	13.7	0.95	1.49		5.0	≥500		黄淮沉积物	E 119°59′16.8″ N 33°50′27.6″	84
						P	13—22	灰色	中壤土	块状	8.4	11.4	0.76	1.47		3.0	460				
						Wo	22—46	灰棕黄色	中壤土	块状	8.6	2.4	0.26			3.0	340				
						Cs	46—100	灰白色	轻壤、砂壤	无明显结构	8.7	2.0	0.17			4.0	265				
剖2	半水成土	潮土	盐化潮土	垛田土	垛田黄泥土	A	0—12	棕色	重壤土	粒状	8.1	10.9	0.76	1.44		1.0	275		黄淮沉积物	E 119°59′44.5″ N 33°49′05.9″	92
						A₁	12—23	灰棕色	重壤土	小块状	8.2	10.5	0.75	1.56		1.0	265				
						Bv₁	23—65	黄棕色	轻黏土	块状	8.3	7.8	0.64			1.0	295				
						Bv₂	65—	棕黄色	中壤土	块状	8.3	3.9	0.31			2.0	205				
剖3	半水成土	潮土	盐化潮土	壤质潮盐土	曝灰中盐土	A	0—13	灰黑色	轻壤土	屑粒状	8.6	13.3	0.66	1.49		2.0	106		黄淮沉积物	E 119°59′10.0″ N 33°44′08.2″	91
						A₁	13—23	灰黑色	轻壤土	小块状	9.0	12.2	0.46			3.0	113				
						Bv	23—70	棕黄色	轻壤土	大块状	9.0	4.1	0.14			1.0	163				
						C	70—100	棕黄色	轻壤土	片状	9.0	2.0	0.13			1.0	146				
剖4	水稻土	水稻土	渗育水稻土	汪田土	汪田盐土	A	0—11	灰棕色	重壤土	块状	7.6	12.7	0.83	1.44		7.0	65		黄淮沉积物	E 119°59′02.0″ N 33°42′41.8″	99
						A₁	11—25	灰棕色	重壤土	块状	7.6	11.4	0.89	1.42		2.0	91				
						Wg	25—40	青灰色	重壤土	块状	7.7	13.3	0.75	1.33		2.0	169				
						Gs	42—100	青灰色	重壤土	块状	7.4	10.7	0.62	1.47		12.0	149				
剖5	水稻土	水稻土	渗育水稻土	两合土田	两合土	A	0—10	暗灰色	重壤土	粒状	8.2	15.1	1.01	1.44		3.0	255	14.7	黄淮沉积物	E 119°58′09.1″ N 33°41′43.1″	91
						P	11—25	灰灰色	中壤土	块状	8.5	15.0	1.01	1.47		5.0	305				
						Wo	21—46	浅灰黄色	轻壤土	片状	8.4	3.9	0.33			3.0	250				
						C	46—100	棕灰色	中壤土	粒状	8.4	2.6	0.21			3.0	200				
剖6	半水成土	潮土	盐化潮土	黏质夹砂土	黏底夹砂土	A	0—13	棕灰色	中壤土	小块状	8.1	10.0	0.67	1.42		6.0	194	9.8	黄淮沉积物	E 120°13′30.4″ N 33°56′02.4″	81
						A₁	13—26	棕色	轻壤土	块状	8.3	6.4	0.49	1.28		1.0	154				
						Bv	26—62	棕色	轻壤土	大块状	8.4	2.7	0.19			1.0	80				
						C	62—100	灰褐色	轻壤土	片状	8.1	5.5	0.45			6.0	142				
剖7	人为土	水稻土	渗育水稻土	两合土田	淀砂土	A	0—13	灰褐色	中黏土	屑粒状	7.8	8.7	0.55	1.69	28.1	10.0	250	10.7	黄淮沉积物	E 120°04′45.8″ N 33°53′11.0″	86
						Aa	14—30	灰色	黏土	小块状	7.9	5.7	0.51	1.65	21.3	7.0	230				
						Ap	30—58	浅灰褐色	壤土	块状	8.2	6.6	0.57		21.3	8.0	255				
						Gw	58—100	浅灰棕色	轻壤土	棱柱状	8.6	3.6	0.39		26.1	6.0	225				
剖8	人为土	水稻土	脱潜水稻土	黄斑黏田	灰杂土	A	0—14	黄棕色	黏土	粒状	8.3	14.2	0.92	0.68		4.0	156	11.3	黄淮沉积物	E 120°05′43.8″ N 33°54′18.4″	93
						P	13—23	油黄色	黏土	块状	8.4	10.3	0.68	0.58		3.0	160	10.2			
						Wo	23—45	浅灰黄色	壤土	小块状	8.5	3.5	0.24	0.59		3.0	136	5.6			
						C	45—100	黄棕色	轻壤土	块状	8.6	3.6	2.60	0.59		2.0	162	6.1			
剖9	人为土	水稻土	渗育水稻土	油泥土	通体油泥土	A	0—13	灰棕色	轻黏土	屑粒状	8.1	19.8	1.31	1.72		11.0	295	18.1	湖积物	E 120°08′35.9″ N 33°52′53.0″	97
						P	10—20	黄棕色	中壤土	块状	8.1	18.1	1.20	1.58		9.0	335				
						Wo	20—50	浅黄色	轻壤土	棱柱状	8.1	13.7	0.96			4.0	300				
						Wg	50—100	灰棕色	重壤土	块状	8.2	6.0	0.44			3.0	270				
剖10	半水成土	潮土	盐化潮土	壤质中盐土		A	0—10	浅灰色	轻壤土	屑状	8.4	8.0	0.57	1.58		1.0	462	7.1	黄淮沉积物	E 120°12′27.0″ N 33°53′37.7″	95
						Bv	10—60	灰灰色	轻壤土	大块状	8.5	4.7	0.28	1.46		1.0	382				
						C	60—100	黄棕色	轻壤土	片状	8.5	4.4	0.30			1.0	253				
剖11	半水成土	潮土	盐化潮土	壤质潮盐土	黄砂土	A	0—15	浅灰黄色	中壤土	粒状	8.4	11.3	0.91	1.58		2.0	230	11.7	黄淮沉积物	E 120°09′42.8″ N 33°48′11.2″	100
						A₁	15—30	灰黄色	中壤土	小块状	8.4	7.4	0.57			1.0	165				
						Bv	30—55	黄棕色	中壤土	大块状	8.5	2.8	0.27				265				
						C	55—100	棕黄色	中壤土	片状		3.5	0.30				450				

续表 Continued

剖面号 Soil profile	土纲 Soil order	土类 Soil great group	亚类 Soil subgroup	土属 Soil genus	土种 Soil species	土层码 Layer code	土层厚度 Depth/cm	颜色 Soil color	质地 Soil texture	土壤结构 Soil structure	pH	有机质 OM/(g/kg)	全氮 TN/(g/kg)	全磷 TP/(g/kg)	全钾 TK/(g/kg)	有效磷 AP/(mg/kg)	速效钾 AK/(mg/kg)	阳离子交换量CEC/(cmol/kg)	土壤母质 Parent material	剖面点坐标 Profile coordinate	匹配指数 Matching index/%
剖12	半水成土	潮土	盐化潮土	壤质潮盐土	壤灰轻盐土	A	0—12	灰黑色	轻壤土	粒状	9.0	10.5	0.47	1.76		4.0	115		黄淮沉积物	E 120°13′13.4″ N 33°39′51.8″	83
						A₁	12—22	灰黄色	轻壤土	小块状	8.8	7.4	0.31			3.0	139				
						Bv	22—55	灰黄色	轻壤土	块状	9.0	2.4	0.23			3.0	192				
						C	55—100	灰白色	轻壤土	片状	9.6	2.0	0.22			3.0	140				
剖13	半水成土	潮土	盐化潮土	黏质潮盐土	黏心夹砂土	A	0—15	暗灰褐色	重壤土	粒状	8.1	13.9	0.98	1.58		2.0	385	15.3	黄淮沉积物	E 120°17′36.2″ N 34°01′31.8″	97
						A₁	15—26	暗灰褐色	重壤土	小块状	8.2	9.5	0.75			3.0	230				
						Bv	26—64	灰棕色	重壤土	大块状	8.4	6.2	0.53			1.0	210				
						C	64—100	浅黄褐色	轻壤土	片状	8.4	3.5	0.28			1.0	260				
剖14	半水成土	潮土	盐化潮土	壤质潮盐土	壤质重盐土	A	0—13	灰白色	轻壤土	小块状	8.1	7.7	0.40	1.67		4.0	146		黄淮沉积物	E 120°20′45.6″ N 33°59′34.1″	95
						A₁	14—24	灰黄色	轻壤土	小块状	8.3	4.6	0.18	1.39		3.0	112				
						Bv	24—50	棕黄色	中壤土	大块状	8.4	2.6	0.27			4.0	247				
						C	50—100	黄棕色	中壤土	片状	8.4	2.2	0.23			4.0	323				
剖15	半水成土	潮土	盐化潮土	黏质潮盐土	黄泥土	A	0—12	暗棕褐色	重壤土	小块状		15.9	1.08	1.49		2.0	≥500		黄淮沉积物	E 120°21′32.4″ N 33°58′13.4″	99
						A₁	12—21	灰棕色	轻黏土	小块状	8.2	14.6	0.95			1.0	445				
						Bv	21—50	黄棕色	重壤土	片状	8.3	7.5	0.53			1.0	330				
						C	50—100		中壤土			6.5	0.43			2.0	400				
剖16	半水成土	潮土	盐化潮土	壤质潮盐土	壤质重盐土	A₀	0—6	浅灰色	砂壤土	小块状	8.3	8.1	0.51	1.56		8.0	166		黄淮沉积物	E 120°19′37.9″ N 33°54′28.1″	99
						Bv₁	6—20	浅黄色	砂壤土	块状	8.3	2.8	0.21	1.56		8.0	175				
						Bv₂	20—39	浅黄色	轻壤土	块状	8.2	3.0	0.24			3.0	196				
						Cs	39—100	棕黄色	轻壤土	块状	8.2	2.0	0.14			9.0	312				
剖17	半水成土	潮土	盐化潮土	壤质潮盐土	壤灰土	A	0—20	灰黑色	中壤土	粒状	8.2	13.1	0.73	1.58		3.0	365	9.2	黄淮沉积物	E 120°16′21.4″ N 33°36′04.0″	87
						Bv	20—58	灰棕色	中壤土	块状	8.3	9.3	0.64			2.0	275				
						C	59—110	黄棕色	中壤土	片状	8.4	1.8	0.25			3.0	≥500				
剖18	半水成土	潮土	盐化潮土	壤质潮盐土	壤质轻盐土	A₁₁	0—19	灰棕棕色	壤质黏土	小块状	8.5	14.5	0.92	0.70				9.6	浅海相沉积物	E 120°22′04.4″ N 33°27′43.9″	89
						C₁	19—41	棕色	黏质黏土	小块状、柱状	8.6	9.9	0.46	0.61				9.6			
						C₂	41—75	黄棕色	壤质黏土		9.2	4.1	0.35	0.51				9.5			
						C₃	75—100	灰黄色	壤质黏土	散状	9.3	3.9	0.28	0.58				8.6			

建 湖 县

主要土类说明

水稻土是建湖县主要土壤类型，占本县地域面积的76%。通过灌溉、排水、施肥、耕作等措施，以及周期性的干湿交替和氧化还原作用，铁、锰等物质和悬浮性胶体在土壤剖面中淋溶淀积，从而形成水稻土特有的发生层。本县水稻土具有耕作层、犁底层、渗育层和潴育层（或潜育层）等特征层次，多发育于湖相沉积物和黄泛沉积母质上，少部分（串场河以东）发育于海相沉积物上。本县地势低平，垦前多为腐泥质沼泽地。土体可见到埋藏的黑土层，埋藏位置一般离地面40—50cm，地势越低，出现的部位越高。本县水稻土的主要形态特征有：第一，种植时间较长，历史上大部分为沤田，水稻为一年一熟，耕作制度多水旱轮作，耕作层、犁底层发育明显。第二，成土母质黏粒含量高，一般黏粒含量在40%—45%，质地较黏，微域性地形的影响不大。第三，土壤剖面的颜色以褐灰色为主，母质是土壤颜色的主要影响因素。表土层以下多为块状或棱柱状结构，底土层经常淹水，一般无结构。旱季时地下水位一般在60—80cm，1m土层内可见到明显的潜育层。第四，受水的影响较大，沤田改旱后，由于摆脱了潜育状况，潜育层发育明显，铁锰结构较多，老稻麦两熟田的渗育层铁锰淀积尤为明显。而旱改水的滨海沉积母质渗育层内明显见到铁锰淀浆的棕褐色斑纹，但铁锰结核较少。

沼泽土是建湖县第二大土壤类型，占本县地域面积的18%，主要分布在低洼的湖荡地区。沼泽土由于地表终年积水或季节性积水，气候比较湿润，地表着生耐湿的植物（芦苇等），由于水分长期呈饱和状态，土壤还原性强，有机质得不到充分分解而以泥炭和腐殖质在土壤中积累，同时还进行着还原状态下的离铁潜育过程。其发生层次为表层（草渣层）和潜育层。

潮土是建湖县第三大土壤类型，占本县地域面积的6%。潮土主要分布于近代河流冲积平原或低平阶地，地下水位高，潜水参与成土过程。在潮土成土过程中，底土受氧化还原交替作用，形成锈色斑纹和小型铁子。在长期耕作条件下，表层有机质含量为10—15g/kg。

本区域中心区气候特征

本区域中心区气候特征值
Regional climate characteristics in central area of the region

气候带：暖温带亚湿润气候 Climate region: Warm temperate subhumid climate	
年平均气温 /℃ Annual average temperature /℃	14.4
年平均最高气温 /℃ Annual average maximum temperature /℃	19.2
年平均最低气温 /℃ Annual average minimum temperature /℃	10.6
年降水量 /mm Annual precipitation /mm	993
≥10℃的积温 /℃ Daily temperature accumulated in a year（≥10℃）/℃	5301
年日照时数 /h Annual sunshine /h	2244
年平均相对湿度 /% Annual average relative humidity /%	77
干燥度 Dryness	0.86

本区域中心区月平均气温与月平均降水量
Monthly temperature and precipitation in central area of the region

建湖县主要土壤类型与土壤剖面点分布图
1∶210 000

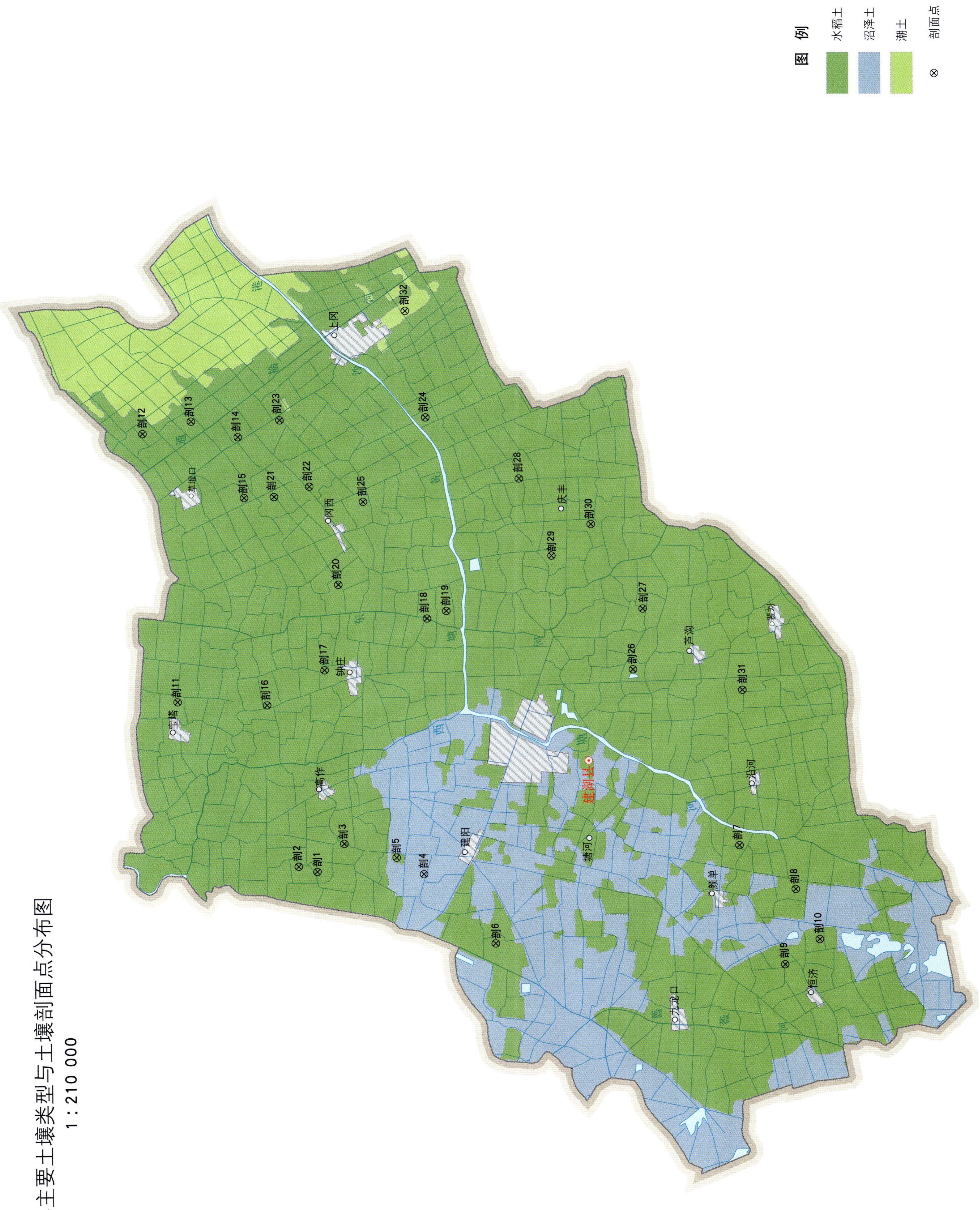

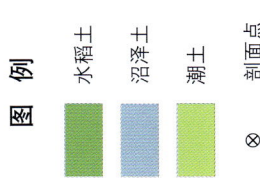

第三编　江苏省分县土壤图与土壤剖面数据

建湖县土壤剖面理化性状表

剖面号 Soil profile	土纲 Soil order	土类 Soil great group	亚类 Soil subgroup	土属 Soil genus	土种 Soil species	土层码 Layer code	土层厚度 Depth/cm	颜色 Soil color	质地 Soil texture	土壤结构 Soil structure	pH	有机质 OM/(g/kg)	全氮 TN/(g/kg)	全磷 TP/(g/kg)	有效磷 AP/(mg/kg)	速效钾 AK/(mg/kg)	阳离子交换量 CEC/(cmol/kg)	土壤母质 Parent material	剖面点坐标 Profile coordinate	匹配指数 Matching index/%
剖1	人为土	水稻土	脱潜水稻土	覆盖勤泥土	腰黑覆盖勤泥土	A	0—15	棕灰色	轻黏土	粒状	7.4	25.3	1.55	0.55	7.2	117	21.3	湖相沉积物、黄泛冲积物	E 119°43′43.3″ N 33°33′49.3″	91
						P	15—30	棕灰色	轻黏土	小块状	7.5	15.5	1.09	0.48	2.7	101	20.2			
						Wg	30—49	灰黄色	轻黏土	棱块柱状	7.5	3.2	0.28	0.48	5.7	165				
						Dm	49—60	灰黄色	轻黏土	大块状	7.4	15.2	0.75	0.28	8.5	124				
						G	60—100	浅灰色	重壤土	大块状	7.3	7.1	0.46	0.27	2.4	160				
剖2	人为土	水稻土	潴育水稻土	缮泥土	底黑缮泥土	A	0—15	棕灰色	轻黏土	小块状	7.6	21.0	1.46	0.63	12.7	137		湖相沉积物	E 119°43′55.6″ N 33°34′20.3″	84
						P	15—28	棕灰色	中黏土	小块状	7.9	18.1	1.32	0.60	13.3	107				
						W	28—66	灰褐色	中黏土	棱块状	7.7	11.5	0.91	0.49	10.9	138				
						Bv	66—100	灰黑色	中黏土	棱块状	7.7	23.7	1.30	0.46	18.9	168				
剖3	人为土	水稻土	脱潜水稻土	覆盖勤泥土	厚层黑草渣土	A	0—11	棕灰色	轻黏土	粒状	8.4	31.8	1.77	0.49	21.1	127	33.6	湖相沉积物、黄泛冲积物	E 119°44′37.3″ N 33°33′06.1″	89
						P	14—23	棕灰色	中黏土	小块状	8.4	30.7	1.79	0.48	10.1	136				
						Wg₁	23—34	棕灰色	中黏土	棱块状	8.2	23.6	1.37	0.38	9.7	130				
						Wg₂	34—61	暗黄色	中黏土	大块状	8.3	10.8	0.66	0.25	9.7	84				
						G	61—100	灰黄色	中黏土	无明显结构	8.2	5.3	0.40	0.31	1.1	103				
剖4	水成土	沼泽土	腐泥沼泽土	草渣土	芦栗土	Ao	0—14	棕灰色	轻黏土	无明显结构	6.9	150.0	6.54	0.35	7.5	130	23.4	湖相沉积物	E 119°43′30.7″ N 33°31′01.2″	83
						A₁	14—38	暗黄色	重壤土	块状	7.3	92.0	4.89	0.32	6.9	74	16.1			
						C₁	38—64	青蓝色	重壤土	块状	7.1	28.5	1.42	0.32	1.0	61				
						C₂	64—100	蓝灰色	中壤土	块状	5.9	5.1	0.64	0.21	1.0	54				
剖5	人为土	水稻土	脱潜水稻土	勤泥土	砂姜底勤泥土	A	0—12	棕褐色	重壤土	粒状	7.7	24.5	1.41	0.27	6.4	112	28.7	湖相沉积物	E 119°44′05.3″ N 33°33′42.2″	95
						P	12—21	浅灰色	重壤土	小块状	7.6	22.9	1.36	0.25	5.0	80				
						Wg	21—47	暗灰色	重壤土	棱块状	7.9	15.6	1.02	0.21	1.2	83				
						H	47—68	灰褐色	重壤土	块状	7.1	6.5	0.49	0.18	1.1	86				
						G	68—100	灰黄色	重壤土	块状	7.8	3.3	0.33	0.30	2.9	74				
剖6	人为土	水稻土	潴育水稻土	缮泥土	浅位缮泥土	A	0—12	暗黄色	重壤土	粒状	6.4	23.5	1.36	0.32	8.3	64	20.1	湖相沉积物	E 119°41′10.3″ N 33°29′14.3″	92
						P	12—25	暗黄色	重壤土	小块状	7.5	15.0	0.78	0.25	2.3	69	22.5			
						W	25—44	浅灰色	重壤土	棱块状	7.1	11.2	0.78	0.18	<1.0	62				
						Bv₁	44—60	棕灰色	重壤土	块状	7.1	8.7	0.54	0.20	2.3	70				
						Bv₂	60—100	黄灰色	重壤土		7.2	3.7	0.39	0.24	<1.0	58				
剖7	人为土	水稻土	脱潜水稻土	缮泥土		A	0—14	暗黄色	重壤土	粒状	6.7	22.7	1.35	0.38	<1.0	87		湖相沉积物	E 119°44′10.7″ N 33°22′42.6″	90
						P	14—31	暗黄色	重壤土	小块状	7.4	19.6	1.21	0.28	4.2	79	21.6			
						W	31—48	浅灰色	中壤土	棱块状	7.2	15.9	0.97	0.28	3.9	75				
						Bv	48—67	棕灰色	中壤土	块状	7.1	6.8	0.50	0.17	<1.0	73				
						Bvg	67—100	灰白色	重壤土	粉状	7.2	4.1	0.35	0.28	2.2	73				
剖8	人为土	水稻土	潴育水稻土	缮泥土	腰灰缮泥土	A	0—13	灰黄色	重壤土	粒状	7.4	28.6	1.74	0.43	4.8	74	19.8	湖相沉积物	E 119°42′38.9″ N 33°21′16.2″	99
						P	13—24	灰褐色	中壤土	小块状	7.0	24.5	1.55	0.36	2.3	141	19.4			
						W	24—40	棕灰色	重壤土	块状	7.2	21.9	1.25	0.30	6.3	106				
						Bv	40—57	灰黄色	重壤土	块状	7.0	6.5	0.54	0.12	3.1	174				
						Bvg	57—100	灰褐色	重壤土	块状	7.3	4.3	0.32	0.11	4.3	70				
剖9	人为土	水稻土	潜育水稻土	烘泥土	薄层状结构	A	0—12	浅灰色	重壤土	块状	7.5	50.5	2.47	0.48	7.5	68	23.3	湖相沉积物	E 119°40′12.7″ N 33°21′37.4″	90
						P	12—27	浅灰色	重壤土	块状	7.5	40.8	2.02	0.31	2.6	72	24.2			
						G₁	27—56	青灰色	重壤土	块状	7.2	9.0	0.45	0.31	2.6	78				
						G₂	56—100	蓝灰色	重壤土	无明显结构	6.9	6.1	0.35	0.31	<1.0	87				

续表 Continued

剖面号 Soil profile	土纲 Soil order	土类 Soil great group	亚类 Soil subgroup	土属 Soil genus	土种 Soil species	土层码 Layer code	土层厚度 Depth/cm	颜色 Soil color	质地 Soil texture	土壤结构 Soil structure	pH	有机质 OM/(g/kg)	全氮 TN/(g/kg)	全磷 TP/(g/kg)	有效磷 AP/(mg/kg)	速效钾 AK/(mg/kg)	阳离子交换量CEC/(cmol/kg)	土壤母质 Parent material	剖面点坐标 Profile coordinate	匹配指数 Matching index/%
剖10	人为土	水稻土	渗育水稻土	油泥土	油泥土	A	0—12	灰褐色	轻黏土	粒状	7.6	22.9	1.51	0.36	3.7	10		湖相沉积物	E 119° 41′ 01.3″ N 33° 20′ 43.1″	84
						P	12—23	棕灰色	轻黏土	小块状	7.5	19.8	1.34	0.31	2.3	69				
						Wo	23—33	棕灰色	轻黏土	棱块状	7.6	16.3	1.13	0.28	1.6	69				
						Wg₁	33—58	暗灰色	轻黏土	块状	7.4	10.8	0.75	0.18	1.7	76				
						Wg₂	58—100	灰黄色	轻黏土	块状	7.6	4.3	0.39	<0.10	<1.0	67				
剖11	人为土	水稻土	脱潜水稻土	勤泥土	底黑勤泥土	A	0—15	灰黄色	轻黏土	粒状	7.9	27.0	1.49	0.44		115		湖相沉积物	E 119° 49′ 22.8″ N 33° 37′ 21.4″	82
						P	15—28	浅灰色	轻黏土	小块状	8.1	25.1	1.46	0.50		116				
						Wg	28—42	灰色	轻黏土	棱块状	8.2	13.5	0.81	0.29		106				
						H	42—66	暗灰色	中黏土	棱块状	8.3	8.7	0.59	2.27		96				
						Dm	66—100	灰黑色	中黏土	棱块状	8.2	14.1	0.68			83				
剖12	人为土	水稻土	渗育水稻土	壤质盐性	返盐夹砂土	A	0—16	棕灰色	重壤土	小粒状	7.6	15.1	1.12	0.62	10.7	153	11.3	海相沉积物	E 119° 58′ 08.0″ N 33° 38′ 01.0″	97
						P	16—27	黄灰色	中壤土		7.6	6.0	0.53	0.56	2.6	133	9.0			
						Wo	27—48	棕灰色	中壤土		6.2	2.9	0.29	0.54	1.5	112				
						C	48—100	黄棕色	中壤土		7.7	4.0	0.33	0.55	3.3	157				
剖13	人为土	水稻土	潜育水稻土	淀浆土	油夹砂	A	0—13	暗灰色	重壤土	粒状		17.4	1.01	0.52	26.0	102	15.4	湖海相混合母质	E 119° 58′ 29.6″ N 33° 36′ 42.5″	89
						P	13—27	灰灰色	中壤土	小块状		16.1	0.96	0.48	6.4	101	14.9			
						W	27—59	棕灰色	中壤土	块状		10.7	0.64	0.50	4.8	94				
						Bv	59—100	暗灰色	轻壤土	块状		1.7	0.20	0.42	5.3	99				
剖14	人为土	水稻土	潜育水稻土	淀浆土	腰油夹勤泥土	A	0—13	暗灰色	重壤土			21.2	1.16	0.33	7.1	130	19.8	湖海相混合母质	E 119° 57′ 58.7″ N 33° 35′ 31.9″	83
						P	13—25	灰灰色	重壤土		7.5	14.3	0.91	0.57	6.3	118	14.1			
						Dm	25—62	棕灰色	重壤土		7.6	22.9	1.39	0.47	<1.0	141				
						C	62—100	棕灰色	中壤土		7.6	5.9	0.48	0.54	3.1	134				
剖15	人为土	水稻土	渗育水稻土	砂姜底油泥土	砂姜底油泥土	A	0—17	灰灰色	轻壤土	粒状	7.4	21.8	1.31	0.41	4.4	123	21.5	黄泛冲积物	E 119° 55′ 57.4″ N 33° 35′ 26.2″	85
						P	17—27	棕灰色	轻壤土	小块状	7.5	19.3	1.03	0.36	2.8	118	20.1			
						Wo	27—39	棕灰色	轻壤土	棱块状	7.7	15.8	0.96	0.33	3.2	109				
						Wg	39—58	暗灰色	轻壤土	块状	7.6	11.1	0.70	0.28	1.9	96				
						G	58—100	浅灰色	轻壤土	块状	7.9	6.2	0.58	0.33	1.1	83				
剖16	人为土	水稻土	脱潜水稻土	勤泥土	勤泥土	A	0—15	褐灰色	轻黏土	粒状	7.3	23.4	1.20	0.43	4.6	109	22.3	湖相沉积物	E 119° 49′ 12.0″ N 33° 34′ 58.4″	90
						P	15—29	暗灰色	重黏土	小块状	7.3	17.0	1.26	0.36	1.5	116	20.5			
						Wg	29—46	棕灰色	轻黏土	小块状	7.4	18.7	1.17	0.25	<1.0	125				
						H	46—70	灰灰色	重黏土	棱柱状	7.3	14.4	0.68	0.30	2.3	137				
						G	70—100	浅灰色	重黏土	小块状	7.1	3.6	0.42	<0.10	5.1	152				
剖17	人为土	水稻土	脱潜水稻土	勤泥土	腰黑勤泥土	A	0—14	灰色	轻黏土	大块状	8.4	24.0	1.41	0.49	15.2	238	25.3	湖相沉积物	E 119° 50′ 16.8″ N 33° 33′ 27.7″	100
						P	14—25	浅灰色	轻黏土	小块状	8.3	22.1	1.31	0.49	26.2	315	25.0			
						Wg	25—44	灰色	轻黏土	块状	8.4	21.9	1.19	0.39	9.8	186				
						Dm	44—70	浅灰色	中黏土	块状	7.9	15.2	0.80	0.28	8.4	228				
						G	70—100	灰黄色	重黏土	块状	8.0	5.0	0.30	0.59	26.1	145				
剖18	人为土	水稻土	脱潜水稻土	勤泥土	蒜瓣土	A	0—14	浅灰色	轻黏土	小块状	8.5	25.7	1.46	0.39	10.2	160		湖相沉积物	E 119° 51′ 51.1″ N 33° 30′ 43.2″	84
						P	14—27	棕灰色	轻黏土	大块状	8.3	21.5	1.29	0.34	8.6	166				
						Wg₁	27—39	褐灰色	中黏土	块状	8.3	20.0	1.00	0.28	4.9	128				
						Wg₂	39—58	灰灰色	中黏土	棱柱状	8.3	18.8	1.09	0.21	2.1	192				
						G	58—100	青灰黄色	中黏土	无明显结构	8.1	1.1	0.54	0.27		226				

续表 Continued

剖面号 Soil profile	土纲 Soil order	土类 Soil great group	亚类 Soil subgroup	土属 Soil genus	土种 Soil species	土层码 Layer code	土层厚度 Depth/cm	颜色 Soil color	质地 Soil texture	土壤结构 Soil structure	pH	有机质 OM/(g/kg)	全氮 TN/(g/kg)	全磷 TP/(g/kg)	有效磷 AP/(mg/kg)	速效钾 AK/(mg/kg)	阳离子交换量CEC/(cmol/kg)	土壤母质 Parent material	剖面点坐标 Profile coordinate	匹配指数 Matching index/%
剖面19	人为土	水稻土	潜育水稻土	烘泥土	厚层烘泥土	A	0—16	灰褐色	轻黏土	块状	7.2	41.0	2.22	0.32	1.1	59	30.3	湖相沉积物	E 119°52′04.4″ N 33°30′11.5″	93
						P	16—26	暗褐色	中黏土	块状	7.4	39.1	2.47	0.24	1.0	68	29.4			
						G₁	26—47	青灰色	中黏土	块状	7.3	37.4	2.21	0.25	1.0	57				
						G₂	47—65	蓝灰色	中黏土		7.6	7.3	0.61	0.16	1.0	50				
						G₃	65—100	蓝灰色	轻壤土	粒状	7.6	5.9	0.47	0.14	1.0	70				
剖面20	人为土	水稻土	潜育水稻土	缮泥土	铁胃底缮泥土	A	0—12	暗灰色	轻黏土	小块状	6.7	27.3	0.87	0.48	3.2	112	23.6	湖相沉积物	E 119°53′03.5″ N 33°33′00.4″	81
						P	12—25	暗灰色	轻黏土	棱块状	6.8	15.4	0.51	0.28	<1.0	104	24.7			
						W	25—45	棕灰色	轻黏土	块状	7.0	10.9	0.74	0.23	<1.0	124				
						Bv	45—70	灰黄色	轻黏土	大块状	7.0	4.7	0.46	0.41	<1.0	108				
						Bviy	70—100	黄棕色	轻黏土		7.1	5.1	0.42	0.43	3.2	95				
剖面21	人为土	水稻土	潜育水稻土	淀浆土	腰黑淀浆土	A	0—12	棕灰色	重壤土	小块状	7.2	18.8	1.33	0.59	2.1	99		湖海混合母质	E 119°55′59.9″ N 33°34′36.8″	90
						P	12—25	棕灰色	重壤土	小块状	7.9	16.1	1.07	0.41	3.7	61	22.2			
						W	25—69	棕灰色	轻黏土	棱块状	8.2	17.5	0.83	0.39	1.3	65	22.2			
						Bv	69—100	黑色	轻黏土	块状	8.0	5.6	0.59	0.60	9.3	43				
剖面22	人为土	水稻土	脱潜水稻土	勤泥土	底灰勤泥土	A	0—15	棕灰色	重壤土	小块状	6.9	26.0	1.44	0.33	3.1	96		湖相沉积物	E 119°56′15.7″ N 33°33′41.4″	81
						P	15—23	灰灰色	重壤土	大块状	7.3	17.3	1.13	0.24	2.3	80				
						W	23—32	棕灰色	重壤土	棱柱状	7.2	8.3	0.53	0.16	4.2	79				
						Dm	32—62	棕灰色	轻黏土	块状	7.0	5.1	0.65	0.23	3.2	84				
						Bv	62—100	灰白色	中壤土	无明显结构	7.1	23.8	0.26	0.15	1.5	61				
剖面23	人为土	水稻土	潜育水稻土	缮泥土	腰黑缮泥土	A	0—13	暗灰色	重壤土	粒状	6.8	23.2	1.26	0.41	5.9	69	25.3	湖海混合母质	E 119°58′28.2″ N 33°34′22.1″	88
						P	13—32	浅灰色	重壤土	小块状	6.8	20.2	1.14	0.32	4.0	65	24.6			
						Dm	32—52	灰灰色	重壤土	大块状	7.1	18.1	0.85	0.21	<1.0	54				
						Bv	52—72	棕灰色	重壤土	块状	6.9	5.4	0.36	0.27	3.2	84				
						Bvg	72—100	棕灰色	重壤土	小块状	7.0	3.9	0.35	0.33	1.5	57				
剖面24	人为土	水稻土	潜育水稻土	淀浆土	淀浆土	A	0—16	棕灰色	重壤土	小块状	7.4	21.0	1.25	0.49	6.3	119		湖相沉积物	E 119°58′21.7″ N 33°30′33.8″	86
						P	16—32	棕灰色	重壤土	块状	7.6	16.2	1.03	0.43	5.7	121				
						W	32—58	灰棕黄色	重壤土	棱块状	7.8	11.2	0.74	0.38	4.8	118				
						Bv	58—100	灰棕黄色	重壤土	块状	7.3	6.1	0.58	0.28	2.1	103				
剖面25	人为土	水稻土	潜育水稻土	缮泥土	缮泥土	A	0—13	暗灰色	轻黏土	粒状	7.9	21.0	1.23	0.78	7.8	102		湖相混合母质	E 119°55′43.7″ N 33°32′18.2″	86
						P	13—27	暗褐色	轻黏土	小块状	8.1	19.4	1.16	0.36	3.7	90				
						W	27—52	暗褐色	轻黏土	块状	8.0	12.4	0.79	0.25	2.1	87				
						Bv	52—78	浅黄色	轻黏土	块状	8.0	11.0	0.74	0.26	1.7	115				
						G	78—100	灰褐色	轻黏土	粒状	7.9	5.0	0.46	0.36	1.4	65				
剖面26	人为土	水稻土	脱潜水稻土	乌泥土	乌泥土	A	0—14	灰褐色	轻壤土	小粒状	8.0	27.3	1.59	0.22	1.3			湖相沉积物	E 119°50′01.3″ N 33°25′19.9″	92
						P	14—28	灰褐色	中壤土	棱块状	8.0	26.4	1.39	0.31	2.2					
						Wg	28—42	黑色	中壤土	块状	8.0	24.3	1.23	0.27	1.6					
						H	42—68	黑色	中壤土	大块状	7.7	14.9	1.15	0.30	5.2					
						G	68—100	浅黄色	中壤土	粒状	7.2	5.3	0.50	0.25	3.7	95				
剖面27	人为土	水稻土	潜育水稻土	红砂土	白脚土	A	0—12	浅灰色	重壤土	小块状	7.3	21.0	1.41	0.42	6.7	66		湖相沉积物	E 119°51′59.4″ N 33°25′03.4″	87
						P	12—28	暗灰色	重壤土	棱块状	8.0	16.4	0.90	0.36	2.2	57				
						W	28—48	灰黄色	重壤土	块状	8.3	10.2	0.64	0.31	2.0	57				
						Bv₁	48—75	灰黄色	重壤土	块状	8.0	14.4	0.91	0.33	5.8	57				
						Bv₂	75—100	灰黄色	重壤土	块状	8.1	14.9	0.80	0.28	4.7	51				

续表 Continued

剖面号 Soil profile	土纲 Soil order	土类 Soil great group	亚类 Soil subgroup	土属 Soil genus	土种 Soil species	土层码 Layer code	土层厚度 Depth/cm	颜色 Soil color	质地 Soil texture	土壤结构 Soil structure	pH	有机质 OM/(g/kg)	全氮 TN/(g/kg)	全磷 TP/(g/kg)	有效磷 AP/(mg/kg)	速效钾 AK/(mg/kg)	阳离子交换量CEC/(cmol/kg)	土壤母质 Parent material	剖面点坐标 Profile coordinate	匹配指数 Matching index/%
剖28	人为土	水稻土	潴育水稻土	淀浆土	夹砂灰黄土	A	0—11	灰褐色	重壤土	粒状	6.8	18.9	1.09	0.34	3.8	94	15.0	湖海相混合母质	E 119°56′19.7″ N 33°28′10.2″	93
						P	11—22	灰褐色	重壤土	小块状	7.6	15.0	0.99	0.31	1.5	99	16.4			
						W	22—36	浅灰色	重壤土	棱块状	7.6	11.9	0.77	0.28	1.3	99				
						Bv₁	36—68	灰黄色	中壤土	无明显结构	7.6	2.0	0.24	0.37	<1.0	67				
						Bv₂	68—100	灰黄色	中壤土	无明显结构	7.7	3.5	0.29	0.30	8.4	74				
剖29	人为土	水稻土	潴育水稻土	红砂土	红砂土	A	0—12	褐灰色	中壤土	碎粒状	7.6	19.9	1.27		5.7	190	22.7	湖相沉积物	E 119°53′45.6″ N 33°27′21.2″	92
						P	12—24	褐灰色	重壤土	小块状	7.7	18.4	1.18		5.3	170	22.4			
						W	24—36	深褐灰色	重壤土	棱块状	7.8	18.3	1.13		3.5	105				
						Bv₁	36—65	黄灰色	重壤土	块状	7.7	13.9	0.82		1.7	63				
						Bv₂	65—100	黄灰色	轻黏土		7.5	8.8	0.55		2.9	95				
剖30	人为土	水稻土	潴育水稻土	淀浆土	腰黑夹砂灰黄土	A	0—12	灰褐色	重壤土	小粒状	7.2	23.1	1.67	0.56	16.4	105	19.3	湖海相混合母质	E 119°54′45.0″ N 33°26′17.5″	92
						P	13—23	灰黄色	重壤土	块状		16.8	1.11	0.53	10.5	63				
						W	23—43	灰灰色	中壤土	棱块状	7.4	13.3	0.70	0.55	<1.0	95				
						Dm₁	43—66	灰黑色	轻黏土	棱柱状		14.6	0.84	0.54	3.6	54				
						Dm₂	66—100	灰黑色	中黏土	无明显结构		19.3	1.14	0.38	4.8	58				
剖31	人为土	水稻土	脱潜水稻土	勤泥土	腰灰勤泥土	A	0—13	暗灰色	轻壤土	粒状	7.8	24.4	1.48	0.28	7.1	92		湖相沉积物	E 119°49′12.4″ N 33°22′30.0″	88
						P	13—20	浅灰色	重壤土	小块状	7.7	24.2	1.37	0.30	13.6	95				
						Wg₁	20—53	棕灰色	轻壤土	棱块状	8.1	22.2	1.28	0.23	1.1	85				
						Wg₂	53—80	灰白色	重黏土	无明显结构	7.7	7.5	0.47	0.24	<1.0	76				
						G	80—100	灰黄色	重壤土	大块状	7.9	2.3	0.33	0.58	12.1	72				
剖32	半水成土	潮土	灰潮土	岗砂土	粗砂土	A₁	0—16	灰黄色	砂壤土	单粒状	6.9	5.4	0.36	0.42	7.6	72	5.7	冲积物、海相沉积物	E 120°01′55.9″ N 33°31′00.5″	94
						A₂	16—32	棕黄色	砂壤土	单粒状	6.9	4.7	0.41	0.28	5.8	63	4.1			
						Bv	32—61	黄色	砂壤土	粒状	7.1	3.2	0.29	0.26	4.3	43				
						C	61—100	暗黄色	紫黏土	粒状	7.7	2.3	0.21	0.18	2.0	51				

东 台 市

主要土类说明

潮土是东台市主要土壤类型，占本市地域面积的74%。潮土主要分布于近代河流冲积平原或低平阶地，地下水位高，潜水参与成土过程。在潮土成土过程中，底土受氧化还原交替作用，形成锈色斑纹和小型铁子。在长期耕作条件下，表层有机质含量为10—15g/kg。

水稻土是东台市第二大土壤类型，占本市地域面积的24%。水稻土主要发生层次包括淹育层、犁底层、渗育层、淀积层、潜育层等，有的还埋葬有黑土层。淹育层是在长期种稻淹水的条件下逐步发育形成的耕层土壤，亦称耕作层。淹水期间除表层数毫米为氧化层外，其余均处于还原状态，土壤矿物质中的三氧化物被还原为二氧化物，土层呈青灰色至灰蓝色；脱水落干后，二氧化物又氧化成三氧化物，沿根孔的土面出现锈色斑纹，肥沃的水稻土耕层出现"红沙"，这是有机胶体（有机质）与三氧化物（铁）的络合物所致。犁底层紧接淹育层下，厚数厘米至十几厘米，是在水耕熟化过程中逐步形成的。淹育层的物质在雨水和灌溉水的作用下受到淋溶，其中小于0.001mm的胶粒下移时，堵塞了犁底层中孔隙，加之长期受机具机械压实作用，容重增大，土体逐步变硬，肥沃水稻土的犁底层厚度为8—10cm，松紧适度，易于作物根系穿插和伸展，且有一定的渗水和保肥能力。渗育层位于犁底层以下，没有水分潴留，由淹育层下渗的水分（包括可溶物质）经该层继续渗至潴育层。因此，该层土体发育为较明显的棱柱状结构，在结构面上，可以清晰看到连续的灰色胶膜，结构体内部布满锈色斑纹，也称斑纹层。由原来潜育层脱水发育而成的称为脱潜层。淀积层承受淹育层下渗水溶液，但不受地下水或其他不透水层的顶托、阻留，水溶液在此层经过并出现淀积，有明显的铁锰淀积现象。既承受淹育层下渗水分和淋溶物质，又受地下水顶托潴留的称为潴育层。水稻收割后，潴水水位下降落干，在滞潴和落干的交替作用下，土壤出现明显的铁锰淀积，小的呈粒状，大的呈核状。潜育层经常是在地下水的作用下发育而成。土体软烂无结构，呈蓝灰色至灰白色，亚铁反应强烈。特殊层次埋藏黑土层是指原沼泽土的表土层因河流泛滥和人为堆叠双重作用被覆盖埋藏，该层质地黏重，多为重壤至轻黏，少数为中壤质，坚硬紧实，根系不易伸展穿插，呈深灰色或黑色。

小于本市地域面积3%的土壤类型还有滨海盐土。

本区域中心区气候特征

本区域中心区气候特征值
Regional climate characteristics in central area of the region

气候带：北亚热带湿润气候 Climate region: North subtropical humid climate	
年平均气温 /℃ Annual average temperature /℃	14.7
年平均最高气温 /℃ Annual average maximum temperature /℃	19.4
年平均最低气温 /℃ Annual average minimum temperature /℃	11.1
年降水量 /mm Annual precipitation /mm	1061
≥10℃的积温 /℃ Daily temperature accumulated in a year（≥10℃）/℃	5434
年日照时数 /h Annual sunshine /h	2148
年平均相对湿度 /% Annual average relative humidity /%	79
干燥度 Dryness	0.82

本区域中心区月平均气温与月平均降水量
Monthly temperature and precipitation in central area of the region

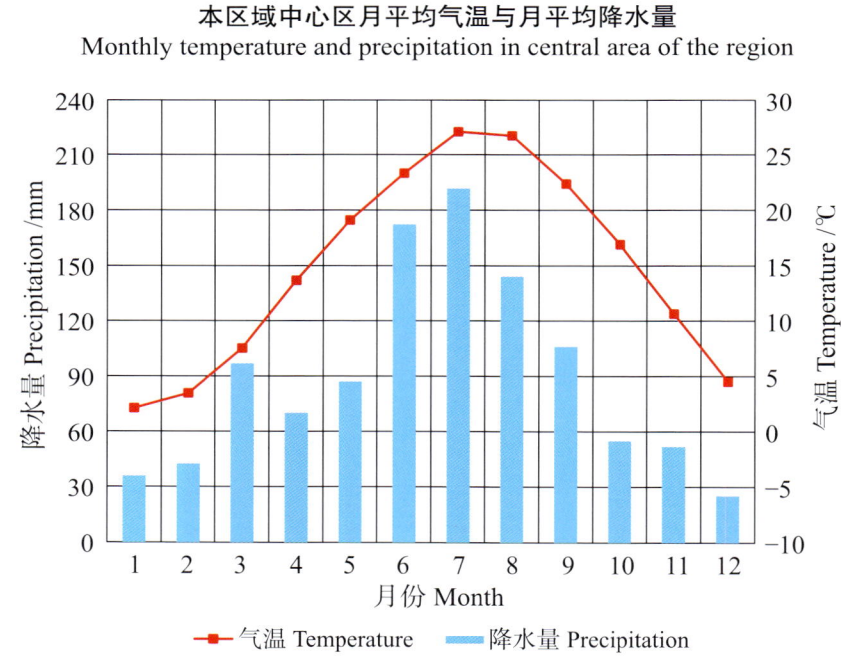

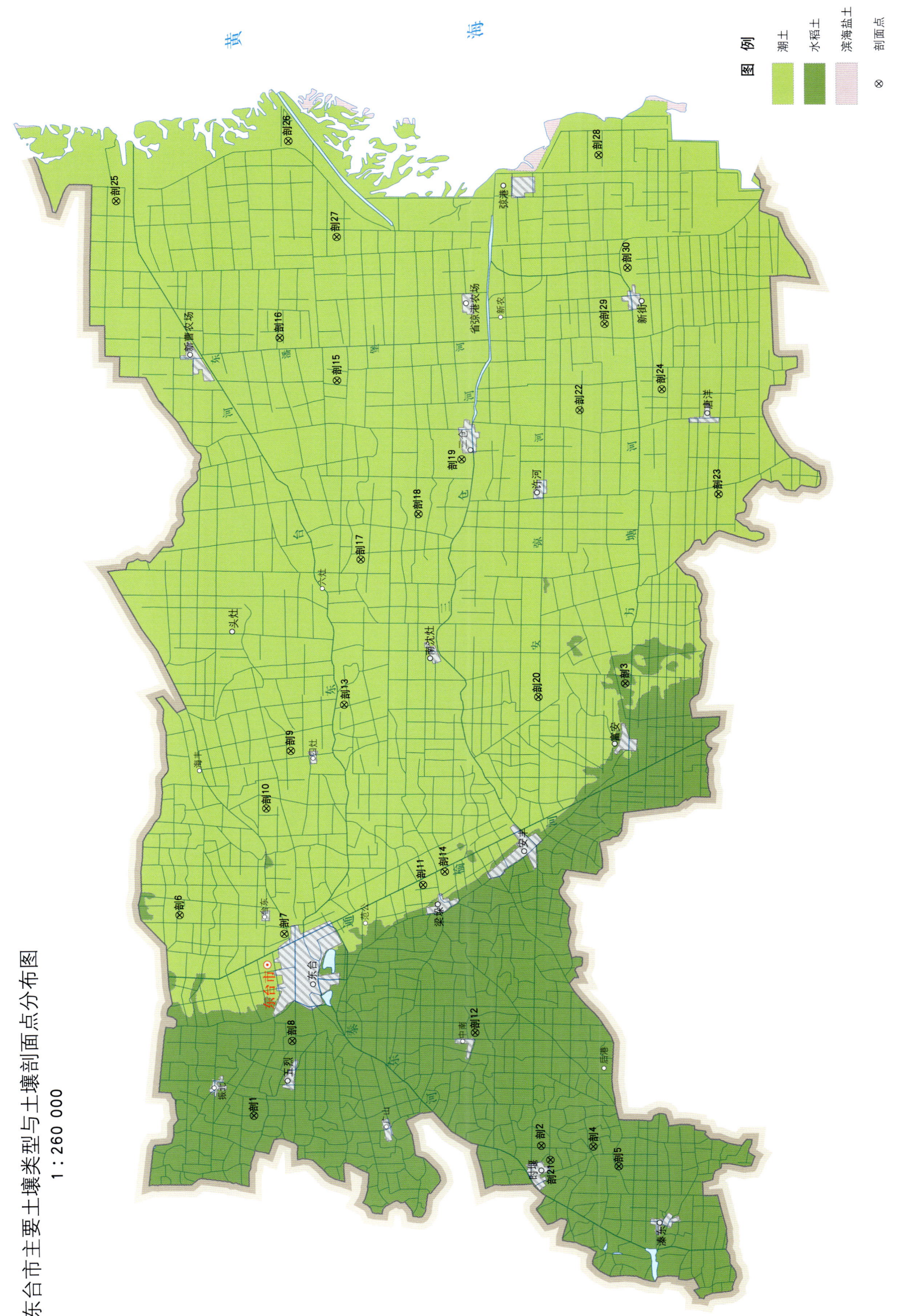

东台市土壤剖面理化性状表

剖面号 Soil profile	土纲 Soil order	土类 Soil great group	亚类 Soil subgroup	土属 Soil genus	土种 Soil species	土层码 Layer code	土层厚度 Depth/cm	颜色 Soil color	质地 Soil texture	土壤结构 Soil structure	pH	有机质 OM/(g/kg)	全氮 TN/(g/kg)	全磷 TP/(g/kg)	有效磷 AP/(mg/kg)	速效钾 AK/(mg/kg)	阳离子交换量CEC/(cmol/kg)	土壤母质 Parent material	剖面点坐标 Profile coordinate	匹配指数 Matching index/%
剖1	人为土	水稻土	脱潜水稻土	勤泥土	鸭屎土	A	0—14	暗灰色	重壤土	小棱块、块状	7.9	18.8	1.29	1.25	6.0	171	17.3	冲积物、湖相沉积物	E 120°13′03.0″ N 32°52′37.6″	87
						P	14—25		重壤土	大块状	7.8	17.0	1.19	1.19	2.0	134	16.4			
						Wg	25—48	深黑色	重壤土	大块状	7.8	21.0	1.24	1.08	1.0	140				
						D	48—58		重壤土		8.1	23.0	1.24	0.98	1.0	78				
						G	58—100	青灰色	重壤土		8.1	7.3			1.0					
剖2	人为土	水稻土	脱潜水稻土	勤泥土	湖黑土	A	0—18	黑色	重壤土	块状	7.6	20.9	1.26	1.20	3.0	160	18.5	冲积物、湖相沉积物	E 120°12′02.5″ N 32°43′08.4″	91
						Po	18—36	灰黑色	重壤土	大块状	7.7	19.2	1.17	1.20	4.0	100	17.2			
						Wg	36—50	灰黑色	重壤土	无明显结构	7.7	31.4	1.31	1.09	3.0	80				
						G	50—100	灰色蓝灰色	中壤土	糊状	8.0	4.3	0.17	0.98	1.0	62				
剖3	人为土	水稻土	潜育水稻土	黑烘土	黑烘土	A	0—17	灰黑色	重壤土	大块状	7.4	43.3	2.28	1.14	12.0	100	25.6	冲积物、湖相沉积物	E 120°30′41.8″ N 32°40′41.5″	96
						Po₁	17—25	灰黑色	重壤土		7.4	43.4	2.36	1.26	4.0	151	26.5			
						Po₂	25—33	灰黑色	中壤土		7.4	49.0	2.51	1.05	4.0	140				
						G	33—100	青灰色	轻黏土		7.6	16.2	1.02	0.50	1.0	104				
剖4	人为土	水稻土	潜育水稻土	小粉浆土	小粉浆土	A	0—16		中壤土	无明显结构	7.9	14.3	1.07	1.24	4.0	74	13.4	冲积物、湖相沉积物	E 120°12′04.7″ N 32°41′28.0″	88
						P	16—26		中壤土	块状	8.0	10.6	0.48	1.07	1.0	72	14.7			
						W	26—49		重壤土	块状	8.1	12.6	0.84	0.97	1.0	148				
						Bvg	49—100		中壤土	大块状	8.3	4.7	0.38	1.22	1.0	94				
剖5	人为土	水稻土	潜育水稻土	缠脚土	砂底缠脚土	A	0—17		中壤土	块状	7.7	21.1	1.10	1.50	16.0	152	14.5	冲积物、湖相沉积物	E 120°11′18.2″ N 32°40′38.3″	82
						P	17—25		中壤土	块状	8.0	15.6	0.62	1.31	1.0	74	13.1			
						W	25—57	灰褐色	中壤土	大块状	8.2	5.2	1.35	1.35	2.0	43				
						D	57—69		重壤土		8.3	20.6	1.07	0.89	1.0	84				
						Bvg	69—100		砂壤土	块状	8.2	3.2	<0.10	1.41	1.0	30				
剖6	半水成土	潮土	盐化潮土	砂壤盐化潮土	轻度盐化潮土	1	0—3	浅灰白色	砂壤土	小块状	7.5	3.8	0.23	1.39		410		冲积物、滨海沉积盐渍物	E 120°21′03.2″ N 32°55′07.7″	89
						2	3—23	浅浅黄白色	砂壤土	无明显结构	7.8	3.6	0.22	1.53		330				
						3	23—43	黄白色	砂壤土	片状	7.8	2.5	0.14	1.37		250				
						4	43—63	黄白色	砂壤土	片状	7.8	3.1	0.17			310				
						5	63—83	黄白色	砂壤土	片状	7.8	2.2	0.11			277				
						6	83—103	黄白色	重壤土	片状	7.8									
						7	103—123				8.1									
剖7	半水成土	潮土	盐化潮土	砂壤盐化潮土	轻度盐化潮土	1	0—3		砂壤土		8.3							冲积物、滨海沉积盐渍物	E 120°20′21.8″ N 32°51′41.4″	80
						2	3—10		砂壤土		8.4									
						3	10—30		砂壤土		8.5									
						4	30—50		砂壤土		8.7									
						5	50—70		砂壤土		8.8									
						6	70—110		砂壤土		8.8									
						7	110—150		砂壤土		8.5									
剖8	人为土	水稻土	潜育水稻土	红砂土	红砂土	A	0—19		中壤土	团粒、小块状	7.0	14.9	0.97	1.17	5.0	87	14.4	冲积物、湖相沉积物	E 120°16′05.9″ N 32°51′23.4″	93
						P	19—27		中壤土	大块状	7.2	13.5	0.93	1.21	6.0	90	14.9			
						W	27—110		中壤土	块状、大块状	7.6	8.1	0.60	1.41	1.0	64				
						Bvg	110—			无明显结构	7.7	6.3	0.51	2.02	2.0	81				

续表 Continued

剖面号 Soil profile	土纲 Soil order	土类 Soil great group	亚类 Soil subgroup	土属 Soil genus	土种 Soil species	土层码 Layer code	土层厚度 Depth/cm	颜色 Soil color	质地 Soil texture	土壤结构 Soil structure	pH	有机质 OM/(g/kg)	全氮 TN/(g/kg)	全磷 TP/(g/kg)	有效磷 AP/(mg/kg)	速效钾 AK/(mg/kg)	阳离子交换量CEC/(cmol/kg)	土壤母质 Parent material	剖面点坐标 Profile coordinate	匹配指数 Matching index/%
剖9	半水成土	潮土	盐化潮土	砂壤盐化潮土	轻度盐化潮土	1	0—3				8.4							冲积物、滨海沉积盐渍物	E 120°27′46.1″ N 32°51′32.8″	84
						2	3—10				8.4									
						3	10—30				8.4									
						4	30—50				8.4									
						5	50—70				8.4									
						6	70—110				8.5									
						7	110—150				8.5									
剖10	半水成土	潮土	盐化潮土	黄砂土	底黑黄砂土	A₁	0—16	灰黄色	轻壤土	粒状	7.9	14.5	0.99	1.32	2.0	83	8.6	海相沉积物	E 120°25′26.4″ N 32°52′19.9″	82
						A₂	16—23	浅灰黄色	砂壤土	小块状	8.5	8.8	0.63	1.17	1.0	44	10.7			
						Bv	23—90	浅黄色	砂壤土	块状	8.5	2.5	0.22	1.11	1.0	59				
						C	90—100	灰黑色	中壤土	大块状	8.1	32.9	1.86	1.21	3.0	260				
剖11	半水成土	潮土	盐化潮土			1	0—3	浅黄色	砂壤土	核状	8.6							冲积物、滨海沉积盐渍物	E 120°22′26.8″ N 32°47′07.1″	88
						2	3—20	浅黄色	砂壤土	块状	8.9									
						3	20—45	浅黄色	砂壤土	块状	8.9									
						4	45—90	浅黄色	砂壤土	片状	9.1									
						5	90—105	浅黄色	砂壤土	片状	9.1									
						6	105—125	浅黄色	砂壤土	片状	9.1									
剖12	人为土	水稻土	潴育水稻土	缠脚土	腰黑缠脚土	A	0—14		中壤土	块状、粒状	7.7	13.7	0.93	1.29	4.0	104	11.6	冲积物、湖相沉积物	E 120°16′32.5″ N 32°45′22.7″	83
						P	14—23		轻壤土	块状	7.8	12.7	0.89	1.25	4.0	99	11.1			
						W	23—39		中壤土		8.0	9.7	0.77	1.21	3.0	100				
						D	39—57	黑色	轻壤土		8.2	4.9	0.45	1.12	2.0	108				
						Bvg	57—100	灰黄夹浅灰	轻壤土		8.2	2.5	0.22	1.20	2.0	63				
剖13	半水成土	潮土	盐化潮土	灰泥砂土	灰泥砂土	A₁	0—15	灰黄色	砂壤土	团粒、小块状	8.3	6.9	1.00	1.87	1.0	54	16.6	海相沉积物	E 120°29′40.6″ N 32°49′48.7″	82
						A₂	15—29	灰黑色	砂壤土	小块状、粒状	8.3	30.3	1.00	2.06	1.0	23	14.8			
						Bv	29—100	灰黑色	砂壤土	大块状	8.2	22.2	0.95	2.30	1.0	36				
						C	100—		紧砂土		8.4	19.6	0.39	1.48	1.0	49				
剖14	半水成土	潮土	盐化潮土	砂质潮盐土	砂质轻盐土	1	0—3	浅灰黄色	砂壤土		7.9	5.3	0.31	1.43	2.0	465		冲积物、滨海沉积物	E 120°23′01.0″ N 32°46′28.6″	80
						2	3—20	浅灰棕色	砂土	散粒	8.3	2.4	0.11	1.56	1.0	270				
						3	20—38	灰棕色	砂土	散粒、碎块状	8.5	2.7	0.13	1.59	1.0	340				
						4	38—56	棕黄色	紧砂土	片状	8.2	3.6	0.18	1.48	1.0	425				
						5	56—66	浅黄色	砂壤土	片状	8.6	2.4		1.52	1.0	295				
剖15	半水成土	潮土	盐化潮土	砂壤盐化潮土	重度盐化潮土	A₁	0—12	灰黄色	砂壤土	小块状	8.3	11.5	0.65	1.49	2.0	108	8.5	海相沉积物	E 120°42′48.6″ N 32°50′15.0″	84
						A₂	12—15	浅灰黄色	砂壤土	散粒、碎块状	8.5	3.6	0.29	1.40	1.0	141	7.6			
						Bv	15—60	灰黄色	砂壤土	块状	8.5	2.2	0.22	1.34	1.0	172				
						C	60—100	棕黄色	砂土	片状	8.6	1.8	0.23	1.50	1.0	156				
剖16	半水成土	潮土	盐化潮土	砂壤盐化潮土	重度盐化潮土	1	0—11	灰黄色	砂壤土	小块状	7.9	6.4	0.36	1.84	2.0	205	10.0	冲积物、滨海沉积盐渍物	E 120°44′25.8″ N 32°52′08.4″	85
						2	11—28	棕黄色	砂壤土	块状	8.2	4.6	0.25	2.16	1.0	230				
						3	28—74	棕黄色	砂土	片状	8.2	3.1	0.18	1.53	1.0	255				
剖17	半水成土	潮土	盐化潮土	小粉土	浅位小粉土	A₁	0—12	灰黄色	轻壤土	小块状	7.9	14.1	0.99	1.54	2.0	96		海相沉积物	E 120°35′35.2″ N 32°49′25.0″	86
						A₂	12—26	浅灰黄色	轻壤土	小块状	8.2	6.6	0.54	1.44	<1.0	73	9.0			
						Bv	26—52	灰黄色	砂土	片状	8.3	2.6	0.31	1.34	1.0	101				
						C	52—100	浅黄色	砂壤土	片状	8.5	2.5	0.28	1.39	1.0	89				

续表 Continued

剖面号 Soil profile	土纲 Soil order	土类 Soil great group	亚类 Soil subgroup	土属 Soil genus	土种 Soil species	土层码 Layer code	土层厚度 Depth/cm	颜色 Soil color	质地 Soil texture	土壤结构 Soil structure	pH	有机质 OM/(g/kg)	全氮 TN/(g/kg)	全磷 TP/(g/kg)	有效磷 AP/(mg/kg)	速效钾 AK/(mg/kg)	阳离子交换量CEC/(cmol/kg)	土壤母质 Parent material	剖面点坐标 Profile coordinate	匹配指数 Matching index/%
剖18	半水成土	潮土	盐化潮土	黄泥砂土	黄绵土	A₁	0—14	浅灰黄色	中壤土	粒状、小块状	8.0	13.9	1.00	1.36	2.0	98	11.6	海相沉积物	E 120°37′26.0″ N 32°47′32.3″	87
						A₂	14—21	浅灰黄色	中壤土	块状	8.0	14.7	0.88	1.34	2.0	79	13.0			
						Bv₁	21—36	浅黄色	中壤土	块状	8.3	6.0	0.44	1.09	1.0	83				
						Bv₂	36—57	浅黄色	轻壤土	明显结构	8.3	2.2	0.20	1.26	1.0	74				
						C	57—100	浅黄色	砂壤土	无明显结构	8.3	1.8	0.20	1.35	<1.0	34				
剖19	半水成土	潮土	盐化潮土	黄砂土	黄砂土	A₁	0—14	灰黄色	砂壤土	团粒小团结构	8.1	14.8	0.98	1.59	3.0	103	10.3	海相沉积物	E 120°39′38.5″ N 32°46′10.6″	97
						A₂	14—29	浅灰黄色	砂壤土	块状	8.2	9.1	0.72	1.44	1.0	76	6.3			
						Bv	29—100	灰黄色	砂壤土	块状	8.3	3.6	0.28	1.31	<1.0	46				
剖20	半水成土	潮土	盐化潮土	黄砂土	腰黑黄砂土	A	0—13	灰黄色	轻壤土	粒状	8.2	10.0	0.64	1.42	4.0	62	8.9	海相沉积物	E 120°30′08.6″ N 32°43′30.0″	94
						Bv	13—40	浅黄色	轻壤土	小块状	8.3	5.8	0.41	1.43	1.0	27	9.5			
						D	40—54	灰褐色	砂壤土	大块状	8.3	15.4	0.52	1.37	2.0	83				
						C	54—100	浅黄色	紧砂壤土	无明显结构	8.4	1.9	0.20	1.43	1.0	27				
剖21	人为土	水稻土	潴育水稻土	缠脚土	底黑缠脚土	A	0—16		轻壤土	团块状	7.7	15.9	0.95	1.20	7.0	117	14.0	冲积物、湖相沉积物	E 120°11′33.4″ N 32°42′52.2″	92
						P	16—24		中壤土	大块状	7.8	14.6	0.97	1.24	4.0	100	14.0			
						W	24—60	灰黑黄色	中壤土	柱状、块状	8.0	14.3	0.87	1.16	3.0	98				
						D	60—73	灰黄色	中壤土	大块状	7.6	13.5	0.78	0.89	1.0	80				
						Bvg	73—100	灰黄色	轻壤土		7.9	6.3	0.31	1.00	1.0	75				
剖22	半水成土	潮土	盐化潮土	小粉土	小粉土	A₁	0—12	灰黄色	砂壤土	小块状、粒状	8.1	13.6	0.98	1.59	6.0	83	8.0	海相沉积物	E 120°41′44.5″ N 32°42′16.9″	92
						A₂	12—17	浅灰黄色	砂壤土	小块状	8.3	9.7	0.63	1.43	2.0	23	5.7			
						Bv	17—89	灰黄色	紧砂壤土		8.6	2.0	0.17	1.34	<1.0	43				
						C	89—100	浅黄色	紧砂壤土		8.5	1.5	0.16	1.40	<1.0	71				
剖23	半水成土	潮土	盐化潮土	黄泥砂土	黄砂土	A₁	0—17	灰黄色	中壤土	粒状、小块状	8.4	12.7	0.88	1.32	3.0	278	12.2	海相沉积物	E 120°38′26.5″ N 32°37′41.2″	91
						A₂	17—29	浅灰黄色	砂壤土	小块状	8.3	13.6	0.69	1.30	2.0	136	6.4			
						Bv	29—46	黄棕色	砂壤土	块状	8.4	6.6	0.45	1.18	1.0	156				
						C	46—100	浅棕色	砂土	块状	8.3	2.2	0.21	1.15	1.0	80				
剖24	半水成土	潮土	盐化潮土	砂壤盐渍潮土	砂质中盐土	1	0—5	棕色	砂壤土	核状	8.6	12.2	0.72	1.54	2.0	270	7.4	海相沉积物	E 120°42′37.1″ N 32°39′37.4″	84
						2	5—10	黄黑色	砂壤土	块状	8.9	11.6	0.90	1.45	4.0	248	5.7			
						3	10—20	棕灰色	砂壤土	块状	8.9	11.6	0.90	1.45	4.0	248	5.7			
						4	20—50	浅灰棕色	砂壤土	片状	9.1	3.0	0.23	1.18	5.0	256				
						5	50—100	黄棕色	砂壤土	片状	9.1	3.0	0.23	1.18	5.0	256				
剖25	半水成土	潮土	盐化潮土	砂壤盐渍潮土	砂壤质中度盐化潮土	1	0—14	灰棕色	砂壤土	片状		9.8	0.59	1.79		210		冲积物、滨海沉积物	E 120°49′49.1″ N 32°57′34.9″	94
						2	14—29	浅黄棕色	砂壤土	片状		2.5	0.17			175				
						3	29—66	浅棕色	砂壤土	片状		3.1	0.16	2.08		220				
						4	66—104	黄棕色	砂土	粒状		3.5	0.18	1.67		240				
剖26	半水成土	潮土	盐化潮土	砂壤盐渍潮土	砂壤质轻度盐化潮土	1	0—4	灰黑色	紧砂壤土	粒状		44.1	2.54	1.72		310		冲积物、滨海沉积物	E 120°52′25.0″ N 32°51′59.8″	89
						2	4—15	棕灰色	紧砂壤土	粒状		18.7	1.13	1.58		235				
						3	15—41	浅灰棕色	砂壤土	片状		4.0		1.58		210				
						4	41—61	黄棕色	砂壤土	片状		3.1	0.20	1.66		215				
剖27	半水成土	潮土	盐化潮土			1	0—11	灰黄色	砂壤土	小块状、粒状	8.1							冲积物、滨海沉积物	E 120°48′31.7″ N 32°50′22.9″	99
						2	11—28	浅灰黄色	砂壤土	小块状	8.1									
						3	28—74	浅灰黄色	紧砂壤土		8.6									
						4	74—94	浅黄色	紧砂壤土		8.5									
						5	94—		紧砂壤土		8.5									

续表 Continued

剖面号 Soil profile	土纲 Soil order	土类 Soil great group	亚类 Soil subgroup	土属 Soil genus	土种 Soil species	土层码 Layer code	土层厚度 Depth/cm	颜色 Soil color	质地 Soil texture	土壤结构 Soil structure	pH	有机质 OM/(g/kg)	全氮 TN/(g/kg)	全磷 TP/(g/kg)	有效磷 AP/(mg/kg)	速效钾 AK/(mg/kg)	阳离子交换量 CEC/(cmol/kg)	土壤母质 Parent material	剖面点坐标 Profile coordinate	匹配指数 Matching index/%
剖28	半水成土	潮土	盐化潮土	砂壤盐化潮土	重度盐化潮土	1	0—3				8.6							冲积物、滨海沉积盐渍物	E 120°51′59.8″ N 32°41′48.5″	86
						2	3—10				8.5									
						3	10—30				8.5									
						4	30—50				8.4									
						5	50—70				8.4									
						6	70—90				8.4									
剖29	半水成土	潮土	盐化潮土	灰泥砂土	曝灰土	A₁	0—18	灰褐色	砂壤土	粒状	8.4	28.9	1.13	1.87	2.0	128	19.6	海相沉积物	E 120°45′14.4″ N 32°41′30.8″	87
						A₂	18—50	灰褐色	紧砂土	块状	8.4	23.1	0.69	1.38	1.0	98	19.6			
						Bv	50—100	灰黄色	紧砂土		8.5	2.4	0.19	1.50	3.0	134				
剖30	半水成土	潮土	盐化潮土	砂壤盐化潮土	中度盐化潮土	1	0—3				8.4							冲积物、滨海沉积盐渍物	E 120°47′27.2″ N 32°40′50.2″	99
						2	3—10				8.4									
						3	10—30				8.4									
						4	30—50				8.5									

扬 州 市

市 辖 区

主要土类说明

水稻土是扬州市主要土壤类型，占本市地域面积的 73%。水稻土是在较强烈的还原淋溶与氧化淀积的作用下发育而成的土壤。由于地形、母质、水分运行、轮作制度、培肥措施、耕种时间长短的不同，水稻土形成了不同的剖面层次。根据水型不同，本市水稻土分为渗育型、潴育型、潜育型等亚类。

潮土是扬州市第二大土壤类型，占本市地域面积的 10%。潮土是在人为耕种熟化与地下水升降活动的双重影响下形成的土壤。本市潮土只有灰潮土一个亚类，其成土母质为长江冲积物，部分地区旱改水后，形成微显垂直节理，有断续胶膜的初渗层。

小于本市地域面积 3% 的土壤类型还有黄褐土、沼泽土。

本区域中心区气候特征

本区域中心区气候特征值
Regional climate characteristics in central area of the region

气候带：北亚热带湿润气候 Climate region: North subtropical humid climate	
年平均气温 /℃ Annual average temperature /℃	15.3
年平均最高气温 /℃ Annual average maximum temperature /℃	20.0
年平均最低气温 /℃ Annual average minimum temperature /℃	11.5
年降水量 /mm Annual precipitation /mm	1061
≥ 10℃的积温 /℃ Daily temperature accumulated in a year（≥ 10℃）/℃	5608
年日照时数 /h Annual sunshine /h	2027
年平均相对湿度 /% Annual average relative humidity /%	77
干燥度 Dryness	0.85

扬州市市辖区（部分）主要土壤类型与土壤剖面点分布图
1 : 190 000

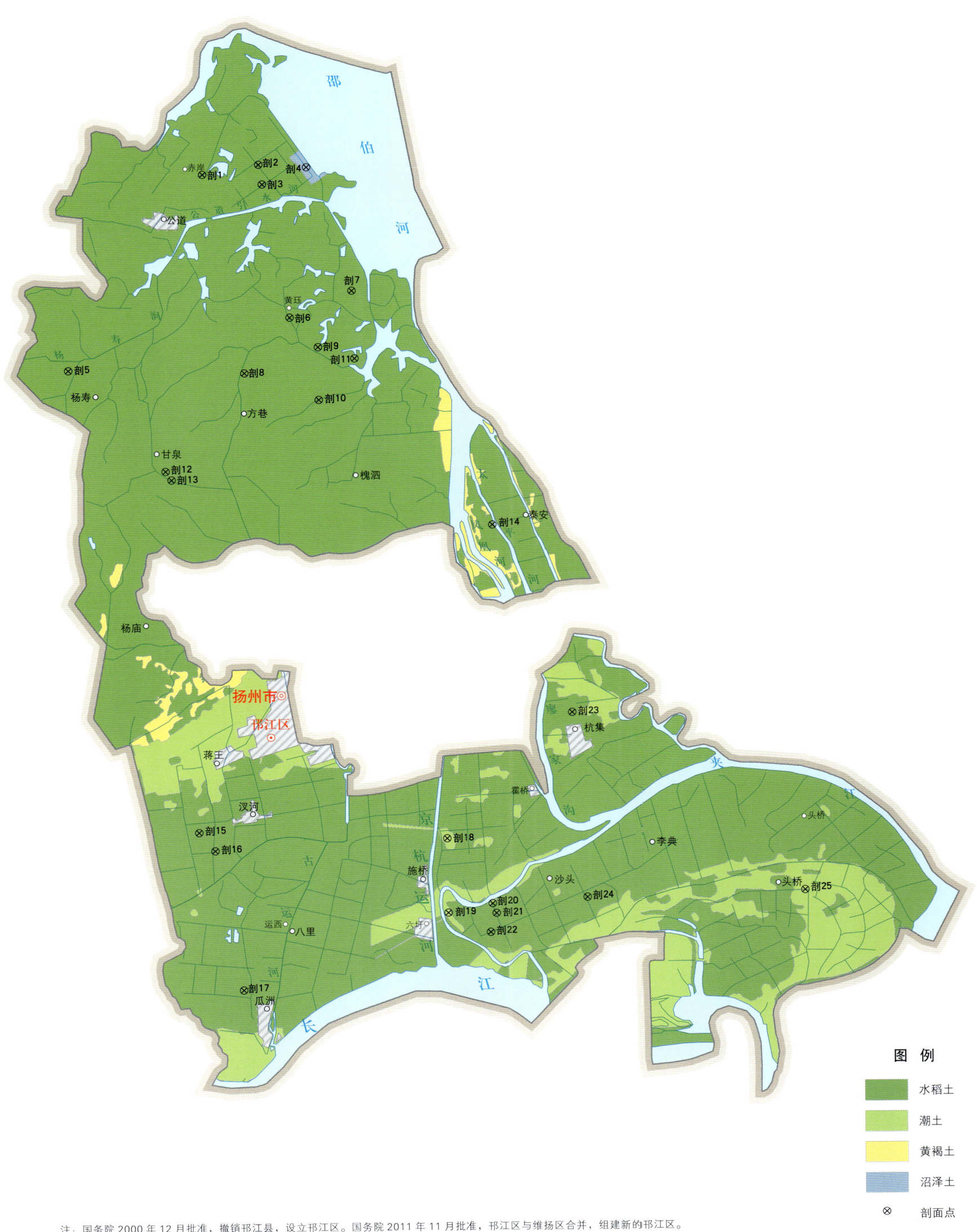

注：国务院 2000 年 12 月批准，撤销邗江县，设立邗江区。国务院 2011 年 11 月批准，邗江区与维扬区合并，组建新的邗江区。

扬州市土壤剖面理化性状表

剖面号 Soil profile	土纲 Soil order	土类 Soil great group	亚类 Soil subgroup	土属 Soil genus	土种 Soil species	土层码 Layer code	土层厚度 Depth/cm	颜色 Soil color	质地 Soil texture	土壤结构 Soil structure	土壤母质 Parent material	剖面点坐标 Profile coordinate	匹配指数 Matching index/%
剖1	人为土	水稻土	潜育水稻土	腐黏土	腐黏土	A	0—13	深棕色	重壤土	棱块状	湖相沉积物	E 119°21′47.9″ N 32°36′25.2″	86
						G_1	13—26	灰黑色	重黏土	块状			
						G_2	26—50	暗棕色	中黏土	块状			
						C(g)	50—100	暗棕色	重壤土	块状			
剖2	人为土	水稻土	潜育水稻土	河砂土	河砂土	A	0—13	黄灰色	砂壤土	团块状	下蜀黄土	E 119°23′23.3″ N 32°36′37.1″	80
						P	13—23	浅黄色	轻壤土	块状			
						W	23—45	黄灰色	中壤土	棱柱状			
						C	45—100	棕黄色	中壤土	棱柱状			
剖3	人为土	水稻土	潜育水稻土	马肝土	马肝土	A	0—13	暗棕色	重壤土	小块状	下蜀黄土	E 119°23′29.4″ N 32°36′07.6″	83
						P	13—25	灰黑色	重壤土	人块状			
						W	25—40	浅黄色	重壤土	棱块状			
						Bvg	40—64	褐黄色	重壤土	小块状			
						C	64—100	棕黄色	重壤土	棱柱状			
剖4	水成土	沼泽土	泥炭沼泽土	草滩土	草滩土	A_1	0—15	灰黑色	重壤土	团块状	湖相沉积物	E 119°24′43.9″ N 32°36′31.7″	96
						A_2	15—27	灰黄色	轻黏土	棱柱状			
						Bv	27—52	灰黑色	重壤土	棱柱状			
						Df	52—100	浅棕色	重壤土	核状			
剖5	人为土	水稻土	潜育水稻土	黄泥土	黄白土	A	0—18	暗棕色	重壤土	团块状	下蜀黄土	E 119°17′48.1″ N 32°31′35.8″	91
						P	18—34	灰黄色	重壤土	棱块状			
						E	34—51	黄褐色	重壤土	棱块状			
						C	51—100	暗棕色	轻壤土	块状			
剖6	人为土	水稻土	脱潜水稻土	黑黏土	黑黏土	P	0—22	黑色	重壤土	棱块状	湖相沉积物	E 119°24′07.9″ N 32°32′46.3″	89
						$W(g)_1$	22—50	青黑色	重壤土	棱块状			
						$W(g)_2$	50—64	灰黑色	中壤土	小块状			
						C(g)	64—79	黄灰色	重壤土	块状			
							79—100	暗褐色	轻壤土	块状			
剖7	人为土	水稻土	脱潜水稻土	黑黏土	黄黏土	A	0—15	暗棕色	轻壤土	团块状	湖相沉积物	E 119°25′56.3″ N 32°33′25.9″	95
						P	15—25	暗棕色	重壤土	棱块状			
						$W(g)_1$	25—45	暗棕色	中壤土	块状			
						$W(g)_2$	45—85	黄棕色	中壤土	小块状			
						C(g)	85—100	黄棕色	重壤土	块状			
剖8	人为土	水稻土	潜育水稻土	砂杂土	砂底黑杂土	A	0—14	暗棕色	中壤土	块状	下蜀黄土覆冲积物	E 119°22′48.7″ N 32°31′25.3″	96
						P	14—25	暗棕色	重壤土	棱块状			
						W	25—49	暗棕色	轻黏土	棱块状			
						Dm	49—73	黄黑色	中壤土	块状			
						C	73—100	灰黄色	重壤土	块状			
剖9	人为土	水稻土	脱潜水稻土	河土	河白土	A	0—15	棕黑色	重壤土	块状	黄土	E 119°24′55.8″ N 32°32′01.3″	82
						P	15—28	暗灰棕色	重壤土	小块状			
						E	28—70	灰白色	重壤土	块状			
						C(g)	70—100	棕褐色	重壤土				

续表 Continued

剖面号 Soil profile	土纲 Soil order	土类 Soil great group	亚类 Soil subgroup	土属 Soil genus	土种 Soil species	土层码 Layer code	土层厚度 Depth/cm	颜色 Soil color	质地 Soil texture	土壤结构 Soil structure	土壤母质 Parent material	剖面点坐标 Profile coordinate	匹配指数 Matching index/%
剖10	人为土	水稻土	潴育水稻土	淤泥土	淤泥土	A	0—13	暗棕色	重壤土	块状	新冲积物	E 119°24′55.4″ N 32°30′43.2″	98
						P	13—28	暗棕色	重壤土	块状			
						W	28—61	灰黄色	重壤土	块状			
						Bvg	61—80	浅棕色	重壤土	块状			
						C	80—100	暗棕色	重壤土	小块状			
剖11	人为土	水稻土	潴育水稻土	马肝土	黑底马肝土	A	0—18	暗灰色	重壤土	大块状	下蜀黄土	E 119°25′58.4″ N 32°31′43.7″	85
						P	18—34	深灰色	重壤土	小块状			
						W	34—58	棕灰色	轻黏土	核状			
						Dm	58—100	灰黑色	重壤土	块状			
剖12	人为土	水稻土	潜育水稻土	冷浸土	冷浸土	A	0—16	暗棕色	重壤土	块状	下蜀黄土	E 119°20′29.0″ N 32°29′00.6″	80
						P(g)	16—34	棕灰色	重壤土	块状			
						G	34—48	蓝灰色	重壤土	棱块状			
						C(g)	48—100	灰黄色	重壤土	棱块状			
剖13	人为土	水稻土	潴育水稻土	白土	白土	A	0—16	棕灰色	轻壤土	块状	下蜀黄土	E 119°20′39.5″ N 32°28′47.3″	97
						P	16—34	黄灰色	中壤土	块状			
						E	34—45	灰白色	中壤土	块状			
						C	45—100	深褐色	重壤土	块状			
剖14	人为土	水稻土	渗育水稻土	夹缠土	砂夹缠	A	0—16	棕灰色	轻壤土	块状	冲积物	E 119°29′44.2″ N 32°27′30.6″	92
						P	16—28	黄灰色	中壤土	小团块状			
						W	28—45	蓝灰色	中壤土	团块状			
						C	45—100	灰黄色	紧砂土	小块状			
剖15	人为土	水稻土	潜育水稻土	腐黏土	底黑腐黏土	A	0—14	灰黑色	重壤土	块状	湖相沉积物	E 119°21′10.1″ N 32°19′56.3″	93
						P(g)	14—30	青灰色	轻壤土	块状			
						G	30—70	黑色	轻壤土	团块状			
						Df	70—100	灰白色	砂壤土	团块状			
剖16	人为土	水稻土	潴育水稻土	漂洗水稻土	白土	E(A)	0—14	黄白色	中壤土	块状	下蜀黄土	E 119°21′34.6″ N 32°19′28.6″	88
						P	14—33	黄褐色	重壤土	棱柱状			
						W	33—56	深褐色	重壤土	棱柱状			
						C	56—100	黄灰色	中壤土	团块状			
剖17	人为土	水稻土	潴育水稻土	淤泥土	粉淤土	A	0—13	棕灰色	中壤土	块状	新冲积物	E 119°22′18.1″ N 32°16′00.5″	84
						P	13—24	黄棕色	中壤土	块状			
						W	24—50	棕黄色	中壤土	块状			
						Bvg	50—80	黄棕色	砂壤土	片状			
						C	80—100	暗棕灰色	轻壤土				
剖18	半水成土	潮土	灰潮土	小粉砂	小粉砂	A	0—13	棕灰色	轻壤土	小块状	冲积物	E 119°28′12.7″ N 32°19′39.7″	92
						P	13—25	棕灰色	轻壤土	团块状			
						W	25—75	棕灰色	砂壤土	块状			
						C	75—100	黄棕色	中壤土	片状			
剖19	半水成土	潮土	灰潮土	黄淤土	黄粉土	A	0—14	黄棕色	重壤土	块状	新冲积物	E 119°28′09.8″ N 32°17′48.8″	88
						Bv	14—45	黄黄色	轻壤土	块状			
						C	45—100	灰棕色	轻黏土	块状			
剖20	半水成土	潮土	灰潮土	黄淤土	黄淤土	A	0—14	灰黄色	轻黏土	块状	新冲积物	E 119°29′25.4″ N 32°18′03.2″	84
						Bv	14—46	暗棕色	重壤土	块状			
						C	46—100						

续表 Continued

剖面号 Soil profile	土纲 Soil order	土类 Soil great group	亚类 Soil subgroup	土属 Soil genus	土种 Soil species	土层码 Layer code	土层厚度 Depth/cm	颜色 Soil color	质地 Soil texture	土壤结构 Soil structure	土壤母质 Parent material	剖面点坐标 Profile coordinate	匹配指数 Matching index/%
剖21	人为土	水稻土	渗育水稻土	夹缠土	缠夹砂	A	0—14	暗灰色	中壤土	团块状	冲积物	E 119°29′31.2″ N 32°17′46.0″	97
						P	14—26	棕灰色	中壤土	块状			
						W	26—58	暗灰色	重壤土	块状			
						C	58—100	黄灰色	砂壤土				
剖22	人为土	水稻土	渗育水稻土	淤砂土	淤砂土	A	0—13	暗灰色	中壤土	团块状	新冲积物	E 119°29′21.5″ N 32°17′17.9″	84
						P	13—30	暗灰色	中壤土	块状			
						W	30—41	黄白色	紧砂土				
						C	41—100	灰白色	紧砂土				
剖23	人为土	水稻土	潜育水稻土	冷淤土	冷粉土	A	0—16	暗棕色	中壤土	团块状	冲积物	E 119°31′52.0″ N 32°22′44.4″	94
						P(g)	16—38	暗棕色	中壤土	块状			
						G	38—60	灰黑色	重壤土	核状			
						C	60—100	黄棕色	重壤土	块状			
剖24	人为土	水稻土	潜育水稻土	冷淤土	冷淤土	A	0—15	灰棕色	轻黏土	团块状	冲积物	E 119°32′07.4″ N 32°18′06.1″	91
						P(g)	15—40	棕黄色	轻黏土	块状			
						G	40—60	棕黄色	中壤土	块状			
						Bv(g)	60—85	暗黄色	轻黏土	片状			
						C	85—100	黄黄色	轻黏土	块状			
剖25	半水成土	潮土	灰潮土	黄淤泥土	黄淤泥土	A	0—18	灰黄色	轻黏土	块状	新冲积物	E 119°38′17.5″ N 32°18′06.5″	98
						P	18—32	棕黄色	中壤土	块状			
						W	32—80	棕黄色	重壤土	块状			
						C	80—100	棕黄色	砂壤土				

江 都 区

主要土类说明

水稻土是江都区主要土壤类型，占本区地域面积的 84%。水稻土是在各种不同母质上，经人为长期的水耕熟化发育形成的土壤。由于水分状况、耕作制度和时间长短不同，本区水稻土分为渗育型、潴育型、脱潜型和潜育型等亚类。渗育水稻土主要分布在通扬运河南北的高沙土地区，在水耕熟化的作用下，土壤形态特征发生了变异。耕层有团块状结构，犁底层较紧实，呈块状结构，渗渍层开始发育，有雏形胶膜和根孔锈斑，石灰淋溶明显，从上至下逐渐加强。潴育水稻土主要分布在沿运、沿江和通扬运河以北向里下河过渡地带，该地带种稻时间长，历史上为稻麦两熟田地区。典型的土体构型由耕层、犁底层、渗渍层、淀积层与潜育层或母质层组成。剖面有明显的垂直节理，渗渍层较厚，胶膜发育、铁锰淋溶淀积亦很明显。旱季地下水位多在 1m 左右，灌水季节，渗渍层处于淋育状态，大孔隙为下降水充满，闭合孔隙则包含空气，锈纹、锈点多而分散。脱潜水稻土主要分布在区东北部里下河地区，该地区地势低洼，历史上为一熟沤田，20 世纪 60 年代沤改旱，经过多年水旱轮作，在干湿交替的作用下，由沼泽水稻土发育成脱潜水稻土。潜育水稻土主要分布在里下河低洼地区，虽经改旱多年，但因地势低，河水位高，地下水位降不下，常年在 40—50cm，影响作物生长。

潮土是江都区第二大土壤类型，占本区地域面积的 7%。本区潮土是江淮冲积、海水激荡形成的高砂堤经人为长期耕种发育而成的土壤，母质单一，土质砂性大，只有灰潮土一个亚类。

小于本区地域面积 3% 的土壤类型还有沼泽土。

本区域中心区气候特征

本区域中心区气候特征值
Regional climate characteristics in central area of the region

气候带：北亚热带湿润气候
Climate region: North subtropical humid climate

年平均气温 /℃ Annual average temperature /℃	15.0
年平均最高气温 /℃ Annual average maximum temperature /℃	19.7
年平均最低气温 /℃ Annual average minimum temperature /℃	11.2
年降水量 /mm Annual precipitation /mm	1035
≥ 10℃的积温 /℃ Daily temperature accumulated in a year（≥ 10℃）/℃	5499
年日照时数 /h Annual sunshine /h	2099
年平均相对湿度 /% Annual average relative humidity /%	77
干燥度 Dryness	0.85

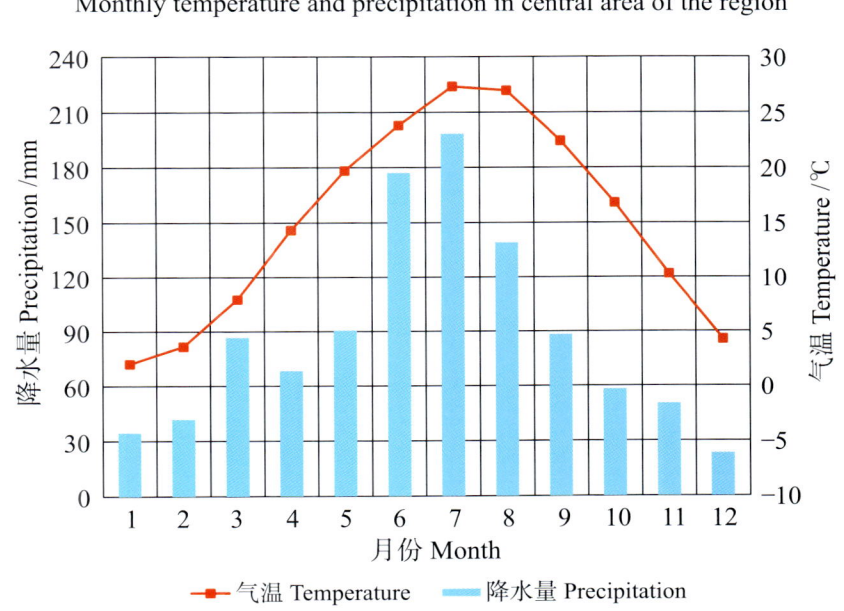

本区域中心区月平均气温与月平均降水量
Monthly temperature and precipitation in central area of the region

江都市主要土壤类型与土壤剖面点分布图
1 : 190 000

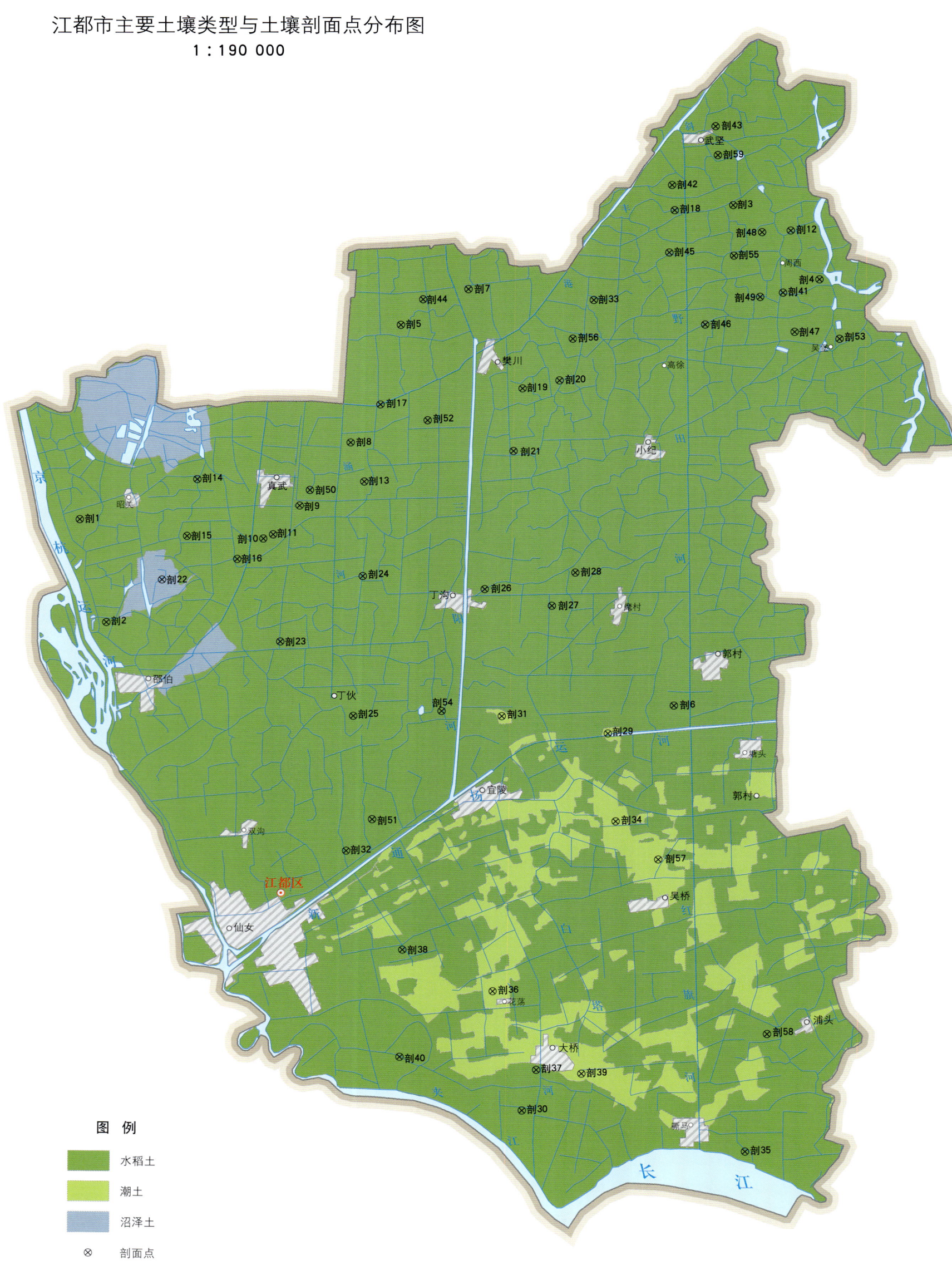

注：国务院 2011 年 11 月批准，撤销江都市，设立江都区。

宝 应 县

主要土类说明

水稻土是宝应县主要土壤类型，占本县地域面积的81%。水稻土是人类种稻后在水旱耕作熟化过程中，土壤受灌溉水和地下水升降的影响，经强烈的还原淋溶与氧化淀积过程而形成的具有一定剖面层段的土壤。水稻土一般具有淹育层、犁底层、渗育层、淀积层或潜育层等主要层段。本县水稻土分为渗育型、潴育型、脱潜型、潜育型等亚类。渗育水稻土分布在黄淮冲积平原旱改水的新稻田，渗育层发育不够明显，胶膜和铁锰结核的发育较弱、保水性差、渗漏性强，此层以下即为母质，无斑淀层。潴育水稻土，由于地下水位较低，在长期干湿交替的条件下，常年植被为稻麦轮作，土壤剖面中渗育层发育明显，具有明显的胶膜、锈纹锈斑、铁锰结核等新生体，渗育层厚度超过30cm，其下为潴育形成的淀积层。脱潜水稻土，由于所处地形部位低，地下水位高，过去常年为一熟沤田，在水稻的种植下经过改旱后，水利条件改善，渗育层经糊烂松软脱水后土体收缩，具有明显垂直裂隙，结构面上有连续的暗灰色胶膜，但土体内锈色斑纹稀少，其核心虽亚铁反应微弱，但仍有潜育层的遗迹。潜育水稻土地下水位高，与灌溉水相连，土体没有明显干湿交替过程，地处湖荡边缘，常年在积水潜育的条件下，渗育层未发育，潜育层部位高，有的在犁底层下就出现潜育层。

沼泽土是宝应县第二大土壤类型，占本县地域面积的10%，主要分布于湖荡滩地。沼泽土的表土含有深厚的腐殖质层，心土层为灰蓝色的潜育层，其下为母质的底土层。沼泽土因长期积水，生长湿生植物，如芦苇、香蒲等，其枯枝落叶及残根在嫌气条件下进行分解，有机质日益累积。母质为湖积物（运西滩地为黄淮冲积母质，具微碱性），石灰反应弱，呈中性至微酸性。沼泽土上层为草渣层，心土层或其以下即出现潜育层，底土层为母质。本县沼泽土只有腐泥沼泽土一个亚类，是以自然植被为主的腐殖质沼泽土。

潮土是宝应县第三大土壤类型，占本县地域面积的7%，主要分布在运西。潮土是在黄淮冲积物上一面受地下水升降活动的影响，一面受旱耕熟化过程影响，在草甸植被下面形成的土壤，具有表土层、心土层和底土层等剖面层段。成土母质主要是黄淮冲积物。本县潮土只有黄潮土一个亚类。

本区域中心区气候特征

本区域中心区气候特征值
Regional climate characteristics in central area of the region

气候带：暖温带亚湿润气候
Climate region: Warm temperate subhumid climate

年平均气温 /℃ Annual average temperature /℃	14.6
年平均最高气温 /℃ Annual average maximum temperature /℃	19.4
年平均最低气温 /℃ Annual average minimum temperature /℃	10.8
年降水量 /mm Annual precipitation /mm	983
≥ 10℃的积温 /℃ Daily temperature accumulated in a year（≥ 10℃）/℃	5380
年日照时数 /h Annual sunshine /h	2190
年平均相对湿度 /% Annual average relative humidity /%	76
干燥度 Dryness	0.88

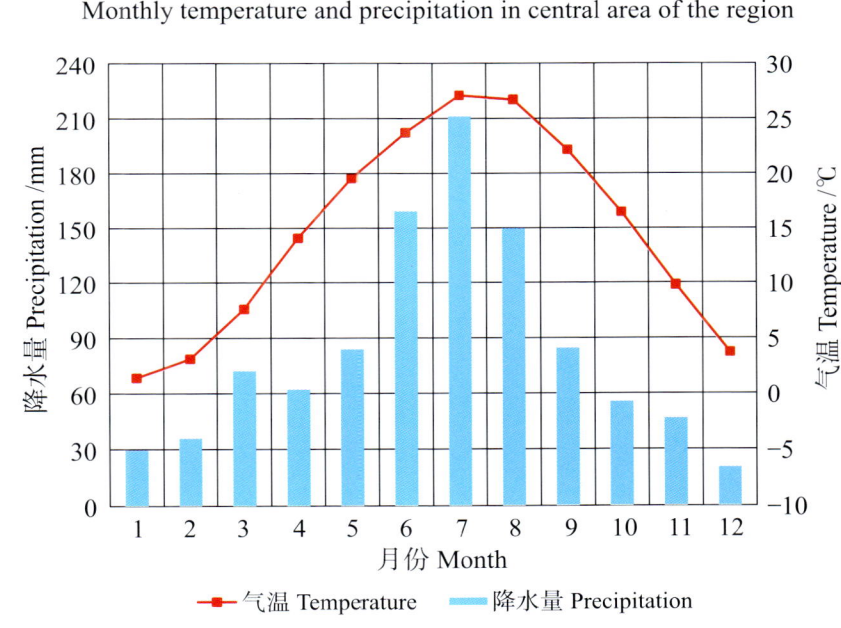

本区域中心区月平均气温与月平均降水量
Monthly temperature and precipitation in central area of the region

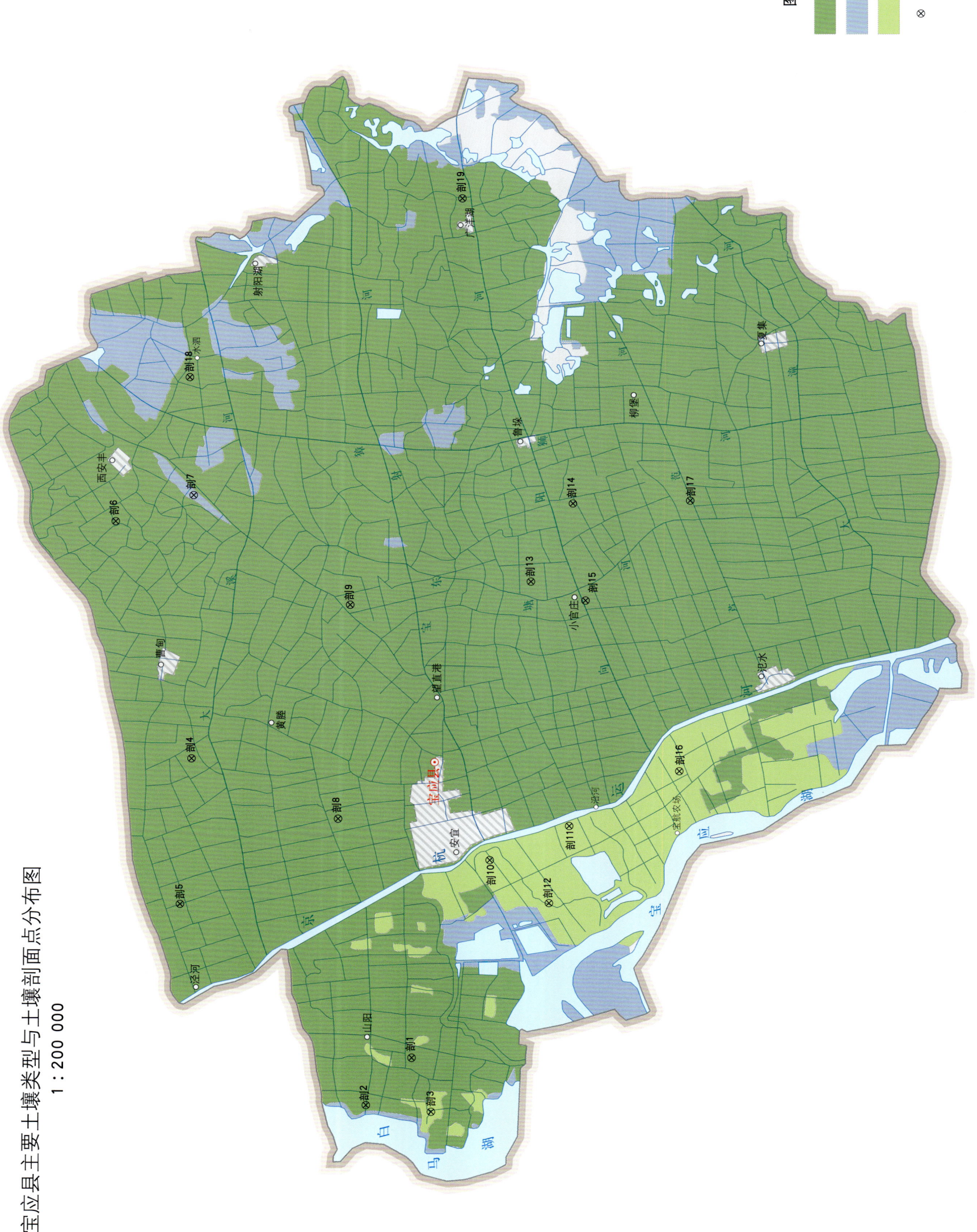

宝应县主要土壤类型与土壤剖面点分布图
1:200 000

宝应县土壤剖面理化性状表

剖面号 Soil profile	土纲 Soil order	土类 Soil great group	亚类 Soil subgroup	土属 Soil genus	土种 Soil species	土层码 Layer code	土层厚度 Depth/cm	颜色 Soil color	质地 Soil texture	土壤结构 Soil structure	pH	有机质 OM/(g/kg)	全氮 TN/(g/kg)	全磷 TP/(g/kg)	有效磷 AP/(mg/kg)	速效钾 AK/(mg/kg)	阳离子交换量CEC/(cmol/kg)	土壤母质 Parent material	剖面点坐标 Profile coordinate	匹配指数 Matching index/%
剖1	人为土	水稻土	渗育水稻土	潮黄土	厚砂底潮黄土	A	0~12	棕色	中壤土	小粒状	8.2	13.1	0.87	0.73	4.0	69		黄淮冲积物	E 119°11′56.0″ N 33°15′09.4″	88
						P	12~22	暗棕色	轻壤土	块状	8.5	9.3	0.59	0.74	3.0	61				
						Ws	22~100	黄棕色	砂壤土	块状	8.6	<1.0	<0.10	0.65	3.0	40				
剖2	人为土	水稻土	渗育水稻土	潮黄土	砂心黄潮土	A	0~17	棕色	重壤土	小块状	8.1	18.0	1.21	0.64	6.0	180	12.0	黄淮冲积物	E 119°10′34.7″ N 33°16′21.0″	96
						P	17~27	暗黄棕色	重壤土	块状	8.4	10.7	0.75	0.65	3.0	130				
						Wos	27~70	黄黄棕色	紧砂土	小块状	8.8	1.8	0.12	0.52	2.0	60				
						C	70~100	棕色	轻砂土	大块状	8.6	5.0	0.43	0.70	6.0	140				
剖3	半水成土	潮土	黄潮土	两合土	两合土	A_1	0~20	灰黄棕色	中壤土	粒状	8.1	31.7	1.88	0.62	10.0	278	25.7	黄淮冲积物	E 119°10′18.1″ N 33°14′40.9″	92
						A_2	20~30	暗黄棕色	中壤土	小块状	7.9	26.9	1.90	0.69	6.0	309				
						Bv	30~44	暗黄棕色	中壤土	小块状	8.4	6.4	1.46	0.57	1.0	132				
						C	44~100		砂壤土	小块状	8.5	4.2	0.25	0.60	6.0	91				
剖4	人为土	水稻土	脱潜水稻土	蒜瓣土	蒜瓣土	A	0~15	灰棕色	重壤土	小块状	8.1	34.2	1.76	0.51	10.0	150	22.2	湖积物、冲积物	E 119°21′24.5″ N 33°20′34.1″	93
						P	15~29	灰棕色	重壤土	块状	8.2	32.8	1.71	0.49	4.0	113				
						Wg	29~65	黄棕色	重壤土	棱柱状	8.2	17.8	0.60	0.24	1.0	82				
						G	65~100	青灰色	重壤土	小块状	8.4	3.1	0.14	0.45	2.0	47				
剖5	人为土	水稻土	潜育水稻土	黄杂土	黑底黄杂土	A	0~16	棕色	中壤土	小块状	7.9	23.8	1.41	0.63	15.0	257	24.4	黄淮冲积物	E 119°16′50.9″ N 33°20′57.5″	90
						P	16~29	棕色	中壤土	块状	8.0	20.4	1.20	0.63	9.0					
						W	29~57	棕色	轻黏土	块状	7.9	17.4	9.90	0.52						
						Bvg	57~95	灰棕色	轻黏土	块状	7.9	25.2	1.51	0.26						
						Dm	95~100	灰白色	重壤土	大块状	7.9	17.3	0.75	0.16			46.7			
剖6	人为土	水稻土	潜育水稻土	麒泥土	厚层麒泥土	A_1	0~14	暗棕灰色	中壤土	粒状	9.0	198.0	9.10	1.00	11.0	95		湖相沉积物	E 119°28′47.3″ N 33°22′21.0″	95
						A_2	14~32	暗黄灰色	重黏土	小块状	6.1	68.7	3.00	0.27	1.0	131				
						Pg	32~72	灰白色	中壤土	小块状	7.2	16.5	0.90	0.30	3.0	179				
						G	72~100	灰白色	轻壤土	小块状	7.5	14.2	0.60	0.37	3.0	135				
剖7	水成土	沼泽土	腐泥沼泽土	草渣土	厚层草渣土	A	0~35	暗棕色	重壤土	块状	7.0	61.7	2.93	0.28	3.0	120	24.9	湖相沉积物	E 119°29′36.2″ N 33°20′24.7″	85
						G	35~69	黑灰色	轻黏土	块状	8.0	33.9	0.90	0.28	3.0	123				
						Cg	69~100	青灰色	轻黏土	粒状	7.0	20.3	0.30	0.21	3.0	116				
剖8	人为土	水稻土	潜育水稻土	麒泥土	麒泥土	A	0~15	棕色	重壤土	粒状	6.0	80.7	3.78	0.49	3.0	105	35.9	湖相沉积物	E 119°19′24.2″ N 33°16′55.9″	87
						P	16~31	暗棕灰色	重壤土	块状	7.8	92.6	4.08	0.53	4.0	150				
						Wg	31~76	暗棕灰色	轻壤土	棱柱状	7.5	33.8	1.05	0.31	3.0	117				
						Dm	76~100	浅灰色	重壤土	块状	7.8	9.5	0.40	0.37	4.0	77				
剖9	人为土	水稻土	脱潜水稻土	蒜瓣土	黑底蒜瓣土	A	0~16	暗棕色	轻黏土	小块状	8.1	40.4	2.23	0.51	9.0	140	26.4	湖积物、冲积物	E 119°26′04.2″ N 33°16′30.4″	80
						P	16~31	暗灰色	轻黏土	小块状	8.0	39.9	2.17	0.55	2.0	155				
						Wg	31~50	棕黄色	轻壤土	棱柱状	8.1	43.5	2.38	0.52	1.0	203				
						Cg	50~100	暗棕色	重壤土	块状	7.0	61.8	2.72	0.30	3.0	225				
剖10	半水成土	潮土	黄潮土	砂土	砂土	A	0~16	暗棕灰色	砂壤土	单粒状	8.5	6.6	0.42	0.65	7.0	56	9.1	黄淮冲积物	E 119°18′03.6″ N 33°13′06.2″	84
						Bv	16~39	棕黄色	砂壤土	单粒状	8.5	8.8	0.55	0.64	4.0	56				
						C	39~100	浅黄色	砂壤土	单粒状	8.3	2.3	0.15	0.51	1.0	21				
剖11	半水成土	潮土	黄潮土	油泥土	厚砂底油泥土	A	0~21	暗黄棕色	中壤土	小粒状	7.9	28.2	1.62	0.48	5.0	159	25.6	黄淮冲积物	E 119°19′03.7″ N 33°11′04.9″	81
						Bv	21~34	灰黄棕色	轻壤土	粒状	7.9	5.4	0.34	0.47	9.0	51				
						Cs	34~100	黄棕色	紧砂土	单粒状	8.2	<1.0	1.00	0.46	5.0	39				

续表 Continued

剖面号 Soil profile	土纲 Soil order	土类 Soil great group	亚类 Soil subgroup	土属 Soil genus	土种 Soil species	土层码 Layer code	土层厚度 Depth/cm	颜色 Soil color	质地 Soil texture	土壤结构 Soil structure	pH	有机质 OM/(g/kg)	全氮 TN/(g/kg)	全磷 TP/(g/kg)	有效磷 AP/(mg/kg)	速效钾 AK/(mg/kg)	阳离子交换量CEC/(cmol/kg)	土壤母质 Parent material	剖面点坐标 Profile coordinate	匹配指数 Matching index/%
剖12	半水成土	潮土	黄潮土	两合土	砂心二合土	A	0—14	棕黄色	重壤土	小块状	7.9	15.8	0.99	0.60	5.0	82	12.1	黄淮冲积物	E 119°16′41.9″ N 33°11′40.2″	80
						Bv	14—23	棕黄色	重壤土	小块状	8.0	14.0	0.88	0.61	5.0	82				
						Bvg	23—61	黄色	砂壤土	单粒状	8.1	2.5	0.16	0.52	2.0	20				
						C	61—100	棕黄色	中壤土	块状	7.9	13.9	0.90	0.56	6.0	80				
剖13	人为土	水稻土	脱潜水稻土	乌黏土	黄底乌黏土	A	0—13	暗棕灰色	重壤土	小块状	8.1	24.3	1.40	0.49	5.0	157	29.0	湖相沉积物	E 119°26′41.6″ N 33°11′56.0″	96
						P	13—25	暗棕灰色	重壤土	大块状	8.1	21.6	1.25	0.40	8.0	149				
						Wg	25—79	浅灰色	重壤土	大块状	8.1	21.8	1.16	0.23	2.0	187				
						Cg	79—100	暗灰黄色	重壤土	小块状	7.6	6.5	0.36	0.30	2.0	170				
剖14	人为土	水稻土	脱潜水稻土	蒜瓣土	腰黑蒜瓣土	P	0—17	暗棕灰色	重壤土	小块状	7.8	33.5	1.74	0.50	8.0	126	26.0	湖积物、冲积物	E 119°29′05.6″ N 33°10′48.4″	85
						Wg	32—55	灰黄棕色	轻黏土	棱柱状	7.8	29.2	1.53	0.39	1.0	112				
						Dm	55—79	暗棕色	轻黏土	大块状	7.0	38.9	1.94	0.31	1.0	194				
						G	79—100	灰黑色	轻壤土	大块状	7.7	18.8	1.04	0.19	1.0	174				
剖15	人为土	水稻土	脱潜水稻土	乌杂土	黄底乌杂土	A	0—15	浅灰黄色	轻壤土	小块状	7.7	3.3	0.15	0.28	2.0	71	23.6	冲积物、湖积物	E 119°26′05.3″ N 33°10′36.1″	92
						P	15—27	暗黄棕色	重壤土	小块状	7.8	23.9	1.48	0.56	5.0	166				
						W	27—70	棕灰色	重壤土	块状	7.7	14.6	1.21	0.41	11.0	144				
						Bvg	70—100	浅灰棕色	重壤土	块状	7.1	12.8	0.78	0.28	1.0	148				
剖16	半水成土	潮土	黄潮土	油泥土	油泥土	A	0—17	灰黄棕色	重壤土	块状	7.1	3.8	0.41	0.28	3.0	159	24.2	黄淮冲积物	E 119°20′42.0″ N 33°08′16.4″	91
						Bv	17—47	暗棕色	重黏土	小块状	8.0	33.7	2.05	0.76	10.0	243				
						C_1	47—85	紫棕色	重黏土	小块状	8.2	26.9	1.74	0.59	5.0	212				
						C_2	85—100	暗黄棕色	中壤土	块状	8.3	7.2	0.51	0.58	8.0	106				
剖17	人为土	水稻土	脱潜水稻土	蒜瓣土	砂底蒜瓣土	A	0—13	浅灰棕色	重壤土	块状	8.3	5.3	0.40	0.57	6.0	121	22.5	湖积物、冲积物	E 119°29′01.0″ N 33°07′51.2″	81
						P	13—34	灰黄棕色	重壤土	块状	7.5	33.6	2.04	0.69	12.0	167				
						Wg	34—56	暗黄棕色	重壤土	大块状	7.8	30.8	1.82	0.57	5.0	206				
						G	56—82	黑黄色	重壤土	块状	7.9	30.8	1.72	0.46	1.0	250				
						S	82—100	灰白色	砂壤土	单粒状	6.9	16.8	0.96	0.21	1.0	207				
剖18	人为土	水稻土	脱潜水稻土	乌黏土	乌黏土	A	0—15	棕灰色	轻壤土	小块状	7.8	1.9	0.13	0.28	2.0	101	37.7	湖相沉积物	E 119°33′16.6″ N 33°20′25.1″	84
						P	15—31	棕灰色	中壤土	小块状	6.4	56.9	3.32	0.19	4.0	116				
						Wg	31—57	青灰色	重壤土	棱状	6.8	27.4	1.48	0.18	1.0	132				
						G	57—100	灰白色	重壤土	大块状	5.6	8.2	0.45	0.48	2.0	96				
剖19	人为土	水稻土	潜育水稻土	跌泥土	薄层跌泥土	A	0—17	暗棕灰色	重壤土	小块状	7.2	7.8	0.44	0.35	5.0	131	28.3	湖相沉积物	E 119°38′38.9″ N 33°13′27.2″	98
						P	17—30	暗灰棕色	重壤土	块状	7.5	33.5	1.75	0.57	8.0	85				
						G	30—100	浅黄色	重壤土	小块状	8.0	14.1	0.70	0.25	3.0	89				
											7.9	7.0	0.30	0.36	3.0	105				

仪 征 市

主要土类说明

水稻土是仪征市主要土壤类型，占本市地域面积的83%。水稻土是本市主要的农业土壤，是在长期灌溉水和地下水升降的影响下，经氧化还原交替作用，植稻熟化发育形成的，具有特定的发生层段，如淹育层（耕作层）、犁底层、渗育层、潴育层等。由于发育阶段、形态特征及附加成土条件的不同，本市水稻土分为渗育型、侧渗型、潴育型、潜育型、淹育型等亚类。渗育水稻土分布于高平地区，地下水位较深，在1.2m以下，有发育明显的渗育层，具有A-P-W-C土体构型。侧渗水稻土多为岗塝田，因雨水和灌溉水的长期侧向淋溶淀积发育而成，养分和黏粒流失较多，漂洗层段明显，具有A-P-W-B-C土体构型。潴育水稻土底土因受地表水及地下水干湿交替影响，一般地下水位较高，为0.8—1.2m，下层黏重托水，渗育层有锈纹锈斑，形成潴育层，为A-P-W-Bg-C土体构型。潜育水稻土有明显的潜育层，多为长期积水受渍的低洼冲田，土壤长期处于潜育状态，具有A-Pg-G土体构型。淹育水稻土是丘陵岗地改土平田，引水灌溉黄棕壤，植稻发育而成的，土壤不受地下水的影响，只是在植稻季节淹水，淹育层和犁底层发育较明显。

黄棕壤是仪征市第二大土壤类型，占本市地域面积的8%。黄棕壤发育于下蜀黄土母质，是丘陵岗地的耕种性土壤，多为岗坡旱地，具有表土层、心土层，以种植旱作物为主。本市黄棕壤只有黄棕壤一个亚类。

潮土是仪征市第三大土壤类型，占仪征市地域面积的3%。潮土发育于长江冲积物，具有表土层、心土层、底土层等层段，是平原圩区和沿江地区的旱地土壤。本市潮土只有灰潮土一个亚类。

小于本市地域面积3%的土壤类型还有石质土等。

本区域中心区气候特征

本区域中心区气候特征值
Regional climate characteristics in central area of the region

气候带：北亚热带湿润气候 Climate region: North subtropical humid climate	
年平均气温 /℃ Annual average temperature /℃	15.2
年平均最高气温 /℃ Annual average maximum temperature /℃	20.0
年平均最低气温 /℃ Annual average minimum temperature /℃	11.4
年降水量 /mm Annual precipitation /mm	1037
≥10℃的积温 /℃ Daily temperature accumulated in a year (≥10℃) /℃	5579
年日照时数 /h Annual sunshine /h	2046
年平均相对湿度 /% Annual average relative humidity /%	77
干燥度 Dryness	0.87

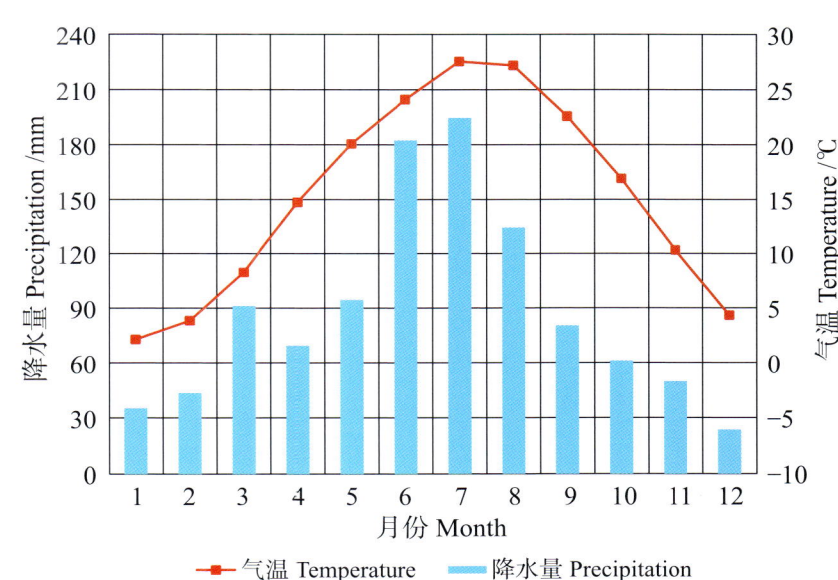

本区域中心区月平均气温与月平均降水量
Monthly temperature and precipitation in central area of the region

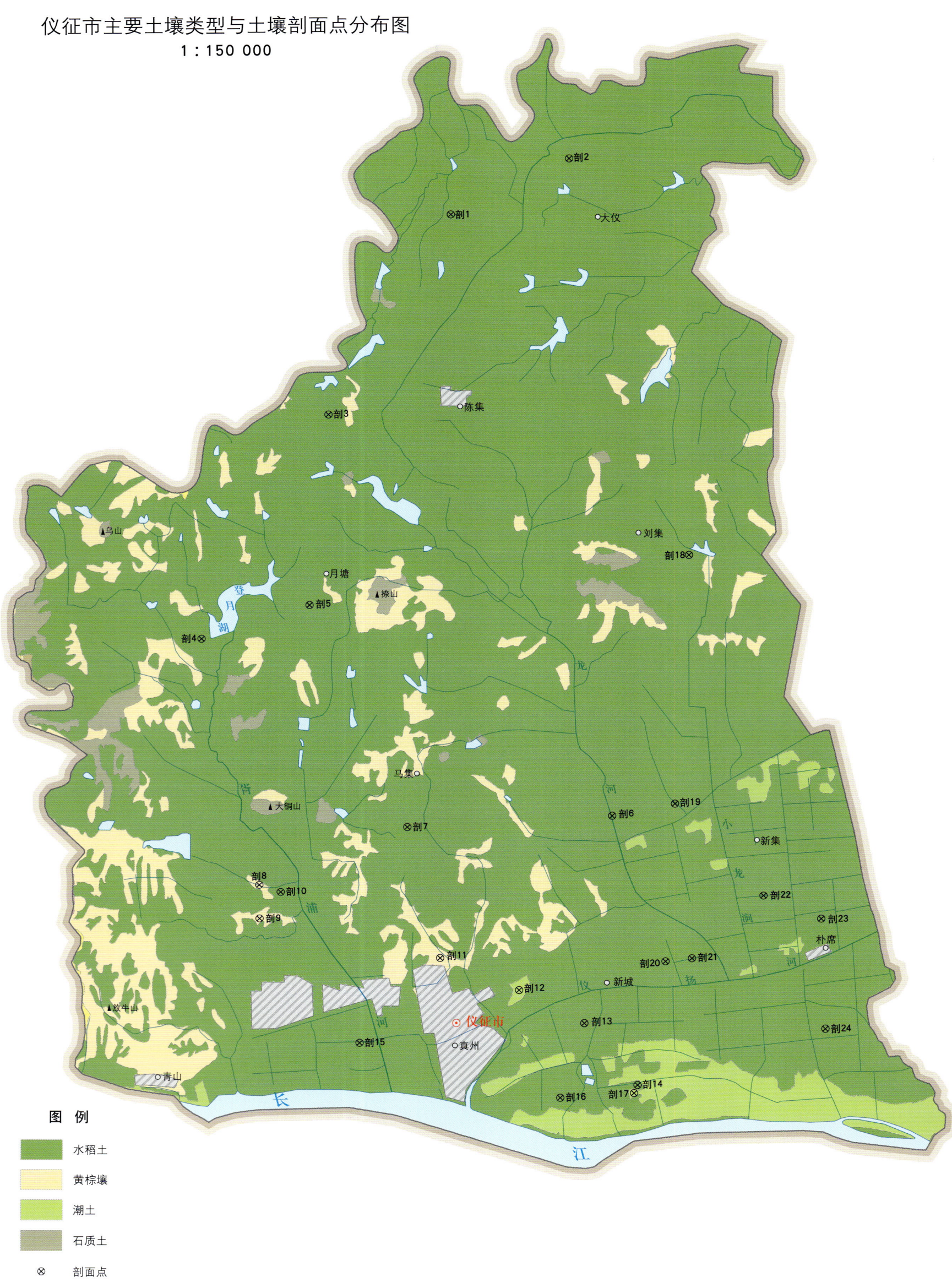

仪征市土壤剖面理化性状表

剖面号 Soil profile	土纲 Soil order	土类 Soil great group	亚类 Soil subgroup	土属 Soil genus	土种 Soil species	土层码 Layer code	土层厚度 Depth/cm	颜色 Soil color	质地 Soil texture	土壤结构 Soil structure	pH	有机质 OM/(g/kg)	全氮 TN/(g/kg)	全磷 TP/(g/kg)	有效磷 AP/(mg/kg)	速效钾 AK/(mg/kg)	阳离子交换量 CEC/(cmol/kg)	土壤母质 Parent material	剖面点坐标 Profile coordinate	匹配指数 Matching index/%
剖1	人为土	水稻土	侧渗水稻土	板浆白土	薄层小粉白土	1	0—15	浅黄色	中壤土	棱柱状	6.0	11.0	0.82	0.27	6.0	84	10.8	下蜀黄土	E 119°10′51.2″ N 32°32′46.7″	91
						P	15—26	浅棕黄色	重壤土	棱块状	7.2	3.7	0.33	0.13	1.0	57				
						3	26—62	灰黄棕色	重壤土	棱块状	7.4	7.5	0.59	0.16	1.0	85				
						4	62—100	黄棕色	重壤土	棱块状	7.4	7.5	0.59	0.16	1.0	85				
剖2	人为土	水稻土	渗育水稻土	冲淤土	冲淤土	A	0—14	暗黄黄色	重壤土	团块状	7.2	14.0	0.68	0.38	3.0	116	16.7	黄土冲积物	E 119°13′36.8″ N 32°33′50.8″	83
						P	14—23	灰黄色	重壤土	块状	7.3	11.9	0.59	0.33	3.0	95				
						3	23—53	浅灰黄色	轻黏土	棱状	7.4	4.4	0.27	0.21	1.0	99				
						4	53—100	浅黄色	重壤土		7.6	3.5	0.22	0.17	1.5	84				
剖3	人为土	水稻土	渗育水稻土	黄白土	黄杂土	A	0—15	暗黄棕色	重壤土	块状	6.1	13.4	0.77	0.30	3.0	62	14.0	下蜀黄土	E 119°07′54.8″ N 32°28′46.6″	100
						P	15—25	浅灰棕色	重壤土	片状	6.7	10.0	0.58	0.29	3.0	62				
						3	25—45	灰黄色	重壤土	块状	7.1	5.8	0.38	0.24	1.0	90				
						4	45—75	灰黄色	重壤土	棱柱状	7.2	4.2	0.33	0.27	1.0	98				
						5	75—100	红棕色	重壤土	柱状	7.5	4.2	0.35	0.33	1.0	106				
剖4	人为土	水稻土	淹育水稻土	黄泥土	黄泥土	A	0—13	暗棕色	重壤土	团块状	6.4	13.1	0.47	0.66	5.0	64	18.3	下蜀黄土	E 119°04′55.2″ N 32°24′19.1″	91
						P	13—27	棕色	重壤土	小块状	6.9	8.9	0.49	0.76	3.0	69				
						3	27—56	红棕色	重壤土	小块状	7.3	5.7	0.35	0.70	2.0	69				
						4	56—100	红棕色	重壤土	小块状	7.4	4.0	0.26	0.57	1.5	76				
剖5	人为土	水稻土	侧渗水稻土	板浆白土	小粉白土	1	0—17	灰黄色	中壤土	块状	6.8	11.2	0.56	0.32	4.0	104	12.0	下蜀黄土	E 119°07′25.7″ N 32°24′56.9″	81
						P	17—30	灰黄色	重壤土	片状	7.0	10.5	0.52	0.36	7.0	93				
						3	30—60	灰黄色	重壤土	柱状	7.3	3.6	0.29	0.52	4.0	133				
						4	60—100	棕色	重壤土	棱块状	7.0	4.1	0.26	0.34	7.0	127				
剖6	人为土	水稻土	潴育水稻土	马肝土	腐泥底马肝土	A	0—16	暗棕灰色	轻黏土	块状	6.8	19.5	1.47	0.48	4.0	101	22.8	下蜀黄土	E 119°14′15.4″ N 32°20′34.1″	95
						P	16—28	暗棕灰色	轻黏土	棱块状	7.4	13.3	1.05	0.50	4.0	133				
						3	28—46	暗棕灰色	重黏土	棱柱状	7.3	9.5	0.99	0.44	4.0	143				
						4	46—61	灰黄色	重黏土	块状	6.8	12.5	1.40	0.52	6.0	177				
						5	61—100	黑色	中壤土	块片状	6.5	39.2	2.67	0.61	8.0	167				
剖7	人为土	水稻土	潴育水稻土	马肝土	砂底马肝土	A	0—15	暗黄棕色	重壤土	团块状	7.9	14.3	0.73	0.60	3.0	81	18.7	下蜀黄土	E 119°09′33.8″ N 32°20′25.8″	89
						P	15—35	暗黄棕色	重壤土	团粒状	7.9	12.6	0.65	0.56	1.0	79				
						3	35—75	浅灰棕色	轻壤土	片状	7.8	5.1	0.33	0.33	2.0	115				
						4	75—95	灰黄色	砂壤土	块状	7.8	2.3	0.17	0.38	4.0	52				
						5	95—100	暗黄色	中壤土		8.0	1.4	0.15	1.32	5.0	20				
剖8	淋溶土	黄棕壤	黄棕壤	黄刚土	草地白土	1	0—20	浅灰黄色	中壤土	团粒状	6.0	5.9	0.55	0.19	4.0	41	6.3	下蜀黄土堆积物	E 119°14′08.6″ N 32°19′17.8″	81
						2	20—30	浅灰黄色	中壤土	团粒状	5.6	6.6	0.54	0.29	6.0	44				
						3	32—55	灰黄色	重壤土	块状	7.2	4.0	0.46	0.21	6.0	117				
						4	55—100	暗棕色	砂壤土	块状	7.1	2.9	0.44	0.35	4.5	86				
剖9	淋溶土	黄棕壤	黄棕壤	黄刚土	草地黄刚土	1	0—12	浅灰黄色	中壤土	团粒状	6.2	9.3	0.60	0.35	6.0	67	12.3	下蜀黄土堆积物	E 119°06′07.2″ N 32°18′36.4″	94
						2	12—28	浅灰黄色	中壤土	团粒状	6.8	5.1	0.39	0.29	2.0	67				
						3	28—100	红棕色	重壤土	棱块状	6.7	4.1	0.27	0.54	6.0	128				
剖10	人为土	水稻土	潴育水稻土	马肝土	马肝土	A	0—15	暗黄黄色	重壤土	小块状	5.9	19.3	1.04	0.55	15.0	84	14.5	下蜀黄土	E 119°06′37.8″ N 32°19′09.1″	93
						P	15—30	暗灰黄色	重壤土	块状	6.6	12.7	0.78	0.51	17.0	115				
						3	30—48	灰黄色	重壤土	棱柱状	7.0	8.7	0.61	0.62	16.0	152				
						4	48—64	灰黄色	重壤土	棱柱状	7.1	6.7	0.51	0.74	20.0	126				
						5	64—100	浅灰黄色	重壤土	棱柱状	7.2	3.4	0.34	0.47	16.0	115				

续表 Continued

剖面号 Soil profile	土纲 Soil order	土类 Soil great group	亚类 Soil subgroup	土属 Soil genus	土种 Soil species	土层码 Layer code	土层厚度 Depth/cm	颜色 Soil color	质地 Soil texture	土壤结构 Soil structure	pH	有机质 OM/(g/kg)	全氮 TN/(g/kg)	全磷 TP/(g/kg)	有效磷 AP/(mg/kg)	速效钾 AK/(mg/kg)	阳离子交换量CEC/(cmol/kg)	土壤母质 Parent material	剖面点坐标 Profile coordinate	匹配指数 Matching index/%
剖面11	淋溶土	黄棕壤	黄棕壤	黄刚土	黄刚土	1	0~10	棕色	重壤土	小块状	7.1	14.1	1.10	0.41	6.0	92	13.1	下蜀黄土堆积物	E 119°10′15.2″ N 32°17′45.6″	87
						2	10~27	红棕色	重壤土	块状	7.0	4.3	0.52	0.63	8.0	87				
						3	27~70	棕色	重壤土	块状	7.2	4.0	0.47	0.65	13.0	95				
						4	70~100	红棕色	重壤土	大块状	7.9	6.1	0.41	0.62	11.0	99				
剖面12	半水成土	潮土	灰潮土	高砂土	高砂土	1	0~16	暗棕色	轻壤土	小块状	8.0	11.1	0.78	0.75	3.0	39	8.2	冲积物、淤积物	E 119°12′02.5″ N 32°17′04.2″	83
						2	16~45	暗棕灰色	轻壤土	小块状	8.2	9.6	0.69	0.75	4.0	28				
						3	45~100	浅棕黄色	砂壤土	块状	8.5	3.4	0.33	0.65	1.0	18				
剖面13	人为土	水稻土	潴育水稻土	淤泥土	棕淤泥土	A	0~14	暗灰棕色	重壤土	小块状	8.0	21.2	1.53	0.92	14.0	60	13.4	近代冲积物	E 119°13′32.2″ N 32°16′22.8″	99
						P	14~24	暗灰棕色	重壤土	片状	8.0	17.0	1.14	0.96	14.0	65				
						3	24~50	灰棕色	轻黏土	棱块状	8.0	8.1	0.69	0.76	13.0	81				
						4	50~75	灰棕色	轻黏土	棱块状	7.9	9.2	0.82	0.68	13.0	103				
						5	75~100	棕色	重壤土	块状	7.8	7.4	0.59	0.78	13.0	70				
剖面14	人为土	水稻土	潴育水稻土	淤泥土	砂底棕淤泥土	A	0~16	灰黄色	中壤土	块状	7.9	26.6	1.73	0.82	6.0	60	14.1	近代冲积物	E 119°14′42.7″ N 32°15′07.2″	81
						P	16~27	暗棕色	重壤土	小块状	7.9	25.1	1.76	0.79	4.0	60				
						3	27~83	灰棕色	重壤土	柱状	8.3	24.4	0.68	0.25	2.0	31				
						4	83~100	棕灰色	紧砂土	小块状	8.1	8.6	0.28	0.66	2.0	10				
剖面15	人为土	水稻土	潴育水稻土	淤泥土	黑淤泥土	A	0~14	暗棕色	重壤土	块状	7.9	22.0	1.15	0.72	4.0	61	19.4	近代冲积物	E 119°08′20.8″ N 32°16′04.1″	95
						P	14~25	暗棕色	中壤土	块状	7.8	23.3	1.20	0.76	5.0	48				
						3	26~58	棕色	中壤土	棱块状	8.2	11.8	0.92	0.55	2.0	89				
						4	58~82	棕灰色	中壤土	块状	8.2	6.7	0.53	0.53	3.0	78				
						5	82~100	灰黄色	中壤土	块状	8.2	9.1	0.55	0.54	4.0	118				
剖面16	人为土	水稻土	潴育水稻土	马肝土	黑马肝土	A	0~12	暗棕色	重壤土	小块状	7.8	20.1	1.05	0.83	4.0	85	20.9	下蜀黄土	E 119°12′56.2″ N 32°14′54.6″	91
						P	12~20	浅灰棕色	重壤土	块状	8.0	19.0	0.97	0.74	4.0	72				
						3	20~54	棕色	轻黏土	棱柱状	7.9	9.6	0.48	0.51	1.0	69				
						4	54~100	灰黄色	轻黏土	柱状	8.0	9.9	0.79	0.57	2.0	85				
剖面17	半水成土	潮土	灰潮土	马肝土	旱地淤土	1	0~14	暗棕色	中壤土	小块状	8.0	14.2	1.16	0.60	5.0	83	12.8	下蜀黄土	E 119°14′37.3″ N 32°16′58.2″	93
						2	14~52	暗棕色	中壤土	块状	8.2	11.3	0.88	0.61	4.0	74				
						3	52~100	棕色	轻黏土	块状	8.1	10.6	0.86	0.64	6.5	78				
剖面18	人为土	水稻土	潴育水稻土	马肝土	黏马肝土	A	0~11	暗黑色	中壤土	团团块状	7.5	21.0	0.99	0.45	7.0	129	24.2	冲积物、淤积物	E 119°12′08.8″ N 32°25′47.3″	88
						P	11~21	暗黑色	重壤土	粒状	7.2	20.8	0.98	0.44	5.0	106				
						3	21~40	棕色	中壤土	柱状	6.9	20.4	0.96	0.43	3.0	128				
						4	40~65	棕黑色	重壤土	棱柱状	7.0	9.8	0.64	0.37	4.0	184				
						5	65~100	灰黑色	中壤土	块状	7.1	11.8	0.62	0.48	8.0	153				
剖面19	人为土	水稻土	潴育水稻土	马肝土	砂底黑马肝土	A	0~17	暗棕色	重壤土	小块状	7.9	19.6	1.43	0.82	22.0	112	14.5	下蜀黄土	E 119°15′42.8″ N 32°20′48.1″	84
						P	17~25	暗棕色	重壤土	块状	7.9	19.4	1.35	0.90	17.0	131				
						3	25~38	棕灰色	重黏土	块状	7.9	15.9	1.33	0.94	23.0	126				
						4	38~68	棕灰色	轻黏土	小块状	7.9	7.2	0.67	0.54	6.0	131				
						5	68~100	灰灰黄色	轻壤土	小块状	8.2	2.5	0.32	0.78	8.0	31				
剖面20	人为土	水稻土	渗育水稻土	潮灰土	直砂土	A	0~15	浅灰色	中壤土	块状	7.6	11.0	0.91	0.67	3.0	30	8.3	冲积物	E 119°15′24.8″ N 32°17′35.5″	87
						3	15~27		轻壤土	块状	7.7	10.8	0.80	0.68	1.0	31				
						P	27~49	暗灰色	轻壤土	块状	8.1	5.0	0.33	0.66	1.0	23				
						4	49~100		轻壤土	片状	7.8	2.7	0.22	0.70	1.0	18				
剖面21	人为土	水稻土	渗育水稻土	潮灰土	乌砂土	A	0~15	暗黄棕色	中壤土	小块状	7.1	16.1	0.77	0.62	4.0	51	12.8	近代冲积物	E 119°16′00.5″ N 32°17′39.1″	91
						P	15~26	暗灰黄色	中壤土	小块状	7.7	13.2	0.63	0.66	2.0	41				
						3	26~70	灰黄色	中壤土	小块状	8.0	6.2	0.31	0.52	1.0	31				
						4	70~100		砂壤土	小块状	8.0	2.6	0.22	0.54	1.0	41				

续表 Continued

剖面号 Soil profile	土纲 Soil order	土类 Soil great group	亚类 Soil subgroup	土属 Soil genus	土种 Soil species	土层码 Layer code	土层厚度 Depth/cm	颜色 Soil color	质地 Soil texture	土壤结构 Soil structure	pH	有机质 OM/(g/kg)	全氮 TN/(g/kg)	全磷 TP/(g/kg)	有效磷 AP/(mg/kg)	速效钾 AK/(mg/kg)	阳离子交换量 CEC/(cmol/kg)	土壤母质 Parent material	剖面点坐标 Profile coordinate	匹配指数 Matching index/%
剖22	人为土	水稻土	潴育水稻土	淤泥土	砂底黑淤泥土	A	0—11	暗灰色	轻黏土	块状	7.8	30.7	1.52	0.88	8.0	102	20.1	近代冲积物	E 119°17′41.6″ N 32°18′51.8″	97
						P	11—23	暗灰色	轻黏土	块状	8.2	19.1	0.95	1.01	12.0	97				
						3	23—54	暗灰黄色	轻黏土	块状	8.0	10.5	0.57	0.45	1.0	94				
						4	54—100	褐黄色	轻壤土	块状	8.2	3.7	0.27	0.70	1.0	26				
剖23	人为土	水稻土	潴育水稻土	淤泥土	砂底淤泥土	A	0—15	暗灰黄色	中壤土	块状	7.9	25.8	1.89	0.83	8.0	70		近代冲积物	E 119°19′00.1″ N 32°18′24.1″	86
						P	15—25	暗灰黄色	中壤土	块状	8.1	23.5	1.64	0.89	18.0	85	15.0			
						3	25—45	暗灰黄色	中壤土	块状	8.1	9.9	0.76	0.91	3.0	64				
						4	45—75	灰黄色	轻壤土	块状	8.5	4.4	0.37	0.74	3.0	43				
						5	75—100	褐色		块状	8.5	1.8	0.20	0.71	3.0	23				
剖24	人为土	水稻土	潴育水稻土	淤泥土	淤泥土	A	0—15	暗灰黄色	重壤土	块状	8.1	23.9	1.23	0.76	2.0	63	19.3	近代冲积物	E 119°19′01.2″ N 32°16′11.6″	88
						P	15—31	暗灰黄色	轻黏土	棱块状	8.2	17.8	0.87	0.84	2.0	53				
						3	31—55	棕灰色	轻黏土	块状	8.1	13.7	0.66	0.78	2.0	69				
						4	55—70	暗灰黄色	轻黏土	粒状	8.1	14.9	0.71	0.61	1.0	88				
						5	70—100	灰黄色	轻黏土	片状	7.9	8.1	0.51	0.75	3.0	42				

高 邮 市

主要土类说明

水稻土是高邮市主要土壤类型，占本市地域面积的72%。水稻土的主要成土过程是水旱耕种熟化过程和较强烈的还原淋溶和氧化淀积过程。因地形、水文等发育条件和阶段的不同，其剖面层次多种多样，通常都有以下几个发生层段：耕作层、犁底层、渗育层、淀积层、潜育层、母质层等。本市水稻土分为潴育型、脱潜型、潜育型、漂洗型等亚类。潴育水稻土常年地下水位较低，种稻期间，上层淹水，处于还原状态，但与地下水不相连，心土层爽水透气，渗育层较厚，铁锰淋溶淀积和胶膜发育程度较强，土体构型为A-P-W-Bg。脱潜水稻土原属潜育型的沤改旱田，水利条件改善后，土壤排水性能加强，渗育层开始发育并出现斑纹，潜育层下降，常年地下水位多在50—80cm，土体构型为A-P-Wg-G。潜育水稻土所处地区地势低洼，排水不良，地下水位常年在30—50cm，土体构型为A-P-G或A-P-Wg-G。侧渗水稻土分布于运西低丘平岗，地势倾斜，水分侧向运动，引起铁锰物质的侧向淋洗，形成白土层，土体构型为A-P-E-W-C。漂洗水稻土分布于运东平原，受水分垂直运动的影响，土体中黏粒和铁锰物质被漂洗淋溶而形成白土层，土体构型为A-P-E-B-G。

沼泽土是高邮市第二大土壤类型，占本市地域面积的5%。沼泽土由于所处地势低洼，排水不良，地下水位高（埋深在20cm左右或淹没水中），土壤中下部受潜水作用而形成潜育层。沼泽植物的残体，因在嫌气条件下，不易彻底分解从而在表层形成草渣层或腐殖质层。沼泽土一般只具有腐殖质层和潜育层。本市沼泽土分为耕种沼泽土和沼泽土等亚类。耕种沼泽土，已经排水开始种植，逐步得到熟化，地下水位仍比较高，土体构型为A-P-Wg-G。沼泽土亚类所处地区地势较低，排水困难，未经开垦种植，常年水分饱和，土体构型为A-G。

小于本市地域面积3%的土壤类型还有潮土。

本区域中心区气候特征

本区域中心区气候特征值
Regional climate characteristics in central area of the region

气候带：北亚热带湿润气候 Climate region: North subtropical humid climate	
年平均气温 /℃ Annual average temperature /℃	14.9
年平均最高气温 /℃ Annual average maximum temperature /℃	19.7
年平均最低气温 /℃ Annual average minimum temperature /℃	11.1
年降水量 /mm Annual precipitation /mm	1018
≥10℃的积温 /℃ Daily temperature accumulated in a year (≥10℃) /℃	5473
年日照时数 /h Annual sunshine /h	2121
年平均相对湿度 /% Annual average relative humidity /%	77
干燥度 Dryness	0.86

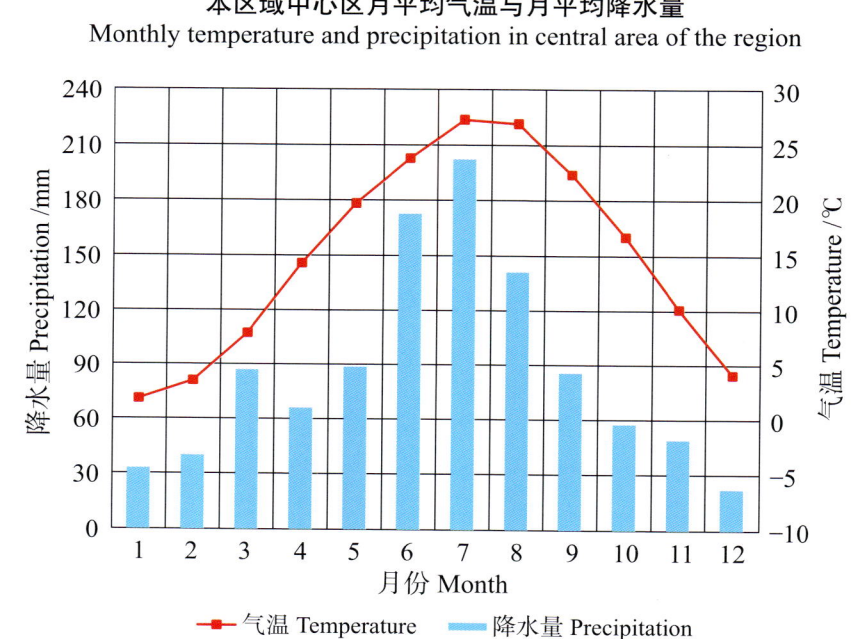

本区域中心区月平均气温与月平均降水量
Monthly temperature and precipitation in central area of the region

高邮市主要土壤类型与土壤剖面点分布图

1:260 000

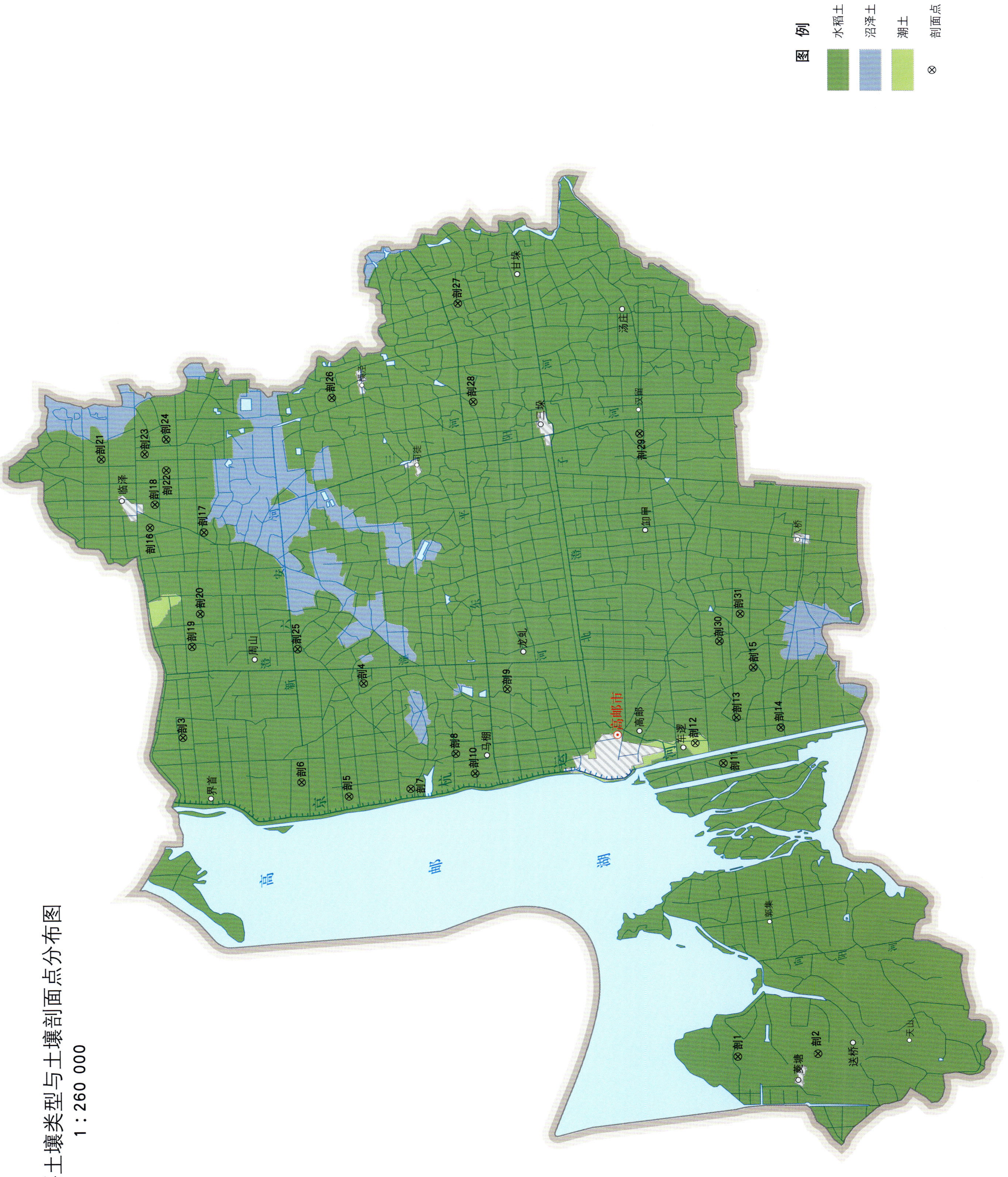

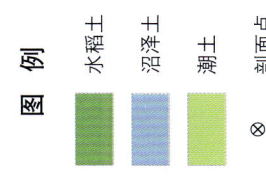

第三编 江苏省分县土壤图与土壤剖面数据

高邮市土壤剖面理化性状表

剖面号 Soil profile	土纲 Soil order	土类 Soil great group	亚类 Soil subgroup	土属 Soil genus	土种 Soil species	土层码 Layer code	土层厚度 Depth/cm	颜色 Soil color	质地 Soil texture	土壤结构 Soil structure	pH	有机质 OM/(g/kg)	全氮 TN/(g/kg)	全磷 TP/(g/kg)	全钾 TK/(g/kg)	有效磷 AP/(mg/kg)	速效钾 AK/(mg/kg)	阳离子交换量CEC/(cmol/kg)	土壤母质 Parent material	剖面点坐标 Profile coordinate	匹配指数 Matching index/%
剖1	人为土	水稻土	漂洗水稻土	白土	白土	A	0—16	灰白色	重壤土	粒状	7.5	7.8	0.61	0.32	15.9	2.0	98	13.7	下蜀黄土	E 119°14′14.3″ N 32°43′18.5″	87
						P	16—27	灰白色	中壤土	块状	7.6	8.0	0.76	0.24	15.9	1.0	88				
						E	27—67	灰白色	重壤土	无明显结构	7.2	8.6	1.10	0.19	13.0	12.0	88				
						Bv	67—100	暗黄色	中壤土	块状	7.2	5.1	0.47	0.21	13.9						
						C	100—	暗灰棕色	中壤土		7.1	4.9	0.46	0.69	15.8						
剖2	人为土	水稻土	潜育水稻土	湖田土	湖田土	A	0—13	棕灰色	轻黏土	小块状	7.7	20.3	1.28	0.31	13.9	1.0	134	39.2	湖相沉积物	E 119°14′15.7″ N 32°40′44.8″	95
						P	13—36	棕灰色	轻黏土	块状	8.3	10.8	0.76	0.36	12.4	2.0	91				
						Wg	36—47	浅灰色	轻黏土	小块状	8.4	11.0	0.83	0.28	12.9		86				
						G	47—66	浅灰色	轻黏土	小块状	7.9	4.0	0.43	0.43	10.5						
						C	66—100	灰色	轻壤土	块状	8.4	2.0	0.35	0.43	18.7						
剖3	人为土	水稻土	潜育水稻土	黄杂土	砂心黄砂土	A	0—13	棕灰色	中壤土	粒状	8.5	10.9	0.95	0.48	20.2	1.0	110	14.6	黄泛冲积物	E 119°27′31.7″ N 33°01′00.5″	91
						P	13—23	棕灰色	中壤土	无明显结构	8.2	11.4		0.56	21.2	6.0	81				
						S	23—36	灰黄色	砂壤土	单粒状	8.3	2.0	0.18	0.51	17.8	1.0	39				
						Bv	36—100	灰黄色	紧砂土		8.6	1.4	0.23	0.52	16.9	3.0					
剖4	人为土	水稻土	潜育水稻土	黄乌土	黄乌土	A	0—21	暗棕灰色	重壤土	粒状	8.1	23.6	1.37	0.41	21.1	3.0	108	26.2	湖相沉积物	E 119°29′28.7″ N 32°55′05.2″	86
						P	21—31	暗棕灰色	重壤土	块状	8.1	23.4	1.34	0.38	14.5	3.0	114				
						W	31—42	暗棕灰色	重壤土	棱块状	8.1	24.6	1.38	0.24	9.8	1.0	153				
						Bv	42—70		重壤土	块状											
						C	70—	灰棕灰色		无明显结构											
剖5	人为土	水稻土	潜育水稻土	黄杂土	底黑黄杂土	A	0—16	暗棕灰色	重壤土	块状	8.1	27.5	1.89	0.54	10.9	14.0	157	33.0	湖相沉积物	E 119°24′57.6″ N 32°55′41.2″	87
						P	16—30	暗棕灰色	中壤土	棱块状	8.1	19.7	1.44	0.48	10.0	4.0	138				
						W	30—51	暗棕灰色	中壤土	棱块状	8.3	4.8	0.43	0.38	13.7	1.0	91				
						Bv	51—70	暗棕灰色	轻黏土	块状	8.1	11.5	0.90	0.23	8.6						
						Dm	70—100	黑棕色	重壤土	无明显结构	8.1	6.1	0.50	0.40	12.3						
剖6	人为土	水稻土	潜育水稻土	黄杂土	砂底黄杂土	A	0—15	棕灰色	重壤土	粒状	8.3	19.7	1.33	0.59	19.0	1.0	129	32.6	黄泛冲积物	E 119°25′33.6″ N 32°57′13.0″	93
						P	15—35	棕灰色	轻黏土	棱状	8.5	9.5	0.74	0.31	15.4	2.0	137				
						W	35—60	棕灰色	重黏土	棱块状	8.2	21.8	1.72	0.59	16.1	4.0	91				
						S	60—70	灰黄色	轻黏土	单粒状	8.4	1.0	0.77	0.29	19.7						
						C	70—95	灰黄色	砂壤土	块状	7.5	1.1	0.39	0.55	19.7						
剖7	人为土	水稻土	潜育水稻土	黄杂土	砂底黄砂土	A	0—15	灰黄色	中壤土	粒状	8.0	18.3	1.33	0.23	19.3	9.0	125	15.2	黄泛冲积物	E 119°25′13.1″ N 32°53′40.6″	99
						P	15—28	棕灰色	中壤土	片状	8.2	15.1	1.14	0.50	16.9	7.0	91				
						W	28—40	棕灰色	轻黏土	小粒状	8.2	3.8	0.36	0.59	18.6	20.0	93				
						Bv	40—54	灰黄色	重黏土	块状	8.3	5.9		0.65	20.1						
						S	54—100	灰黄色	砂壤土	块状	8.5	1.4		0.29	26.4						
剖8	人为土	水稻土	潜育水稻土	黄杂土	砂心黄杂土	A	0—18	棕灰色	重壤土	粒状	8.2	19.0	1.48	0.51	20.1	5.0	125	20.7	黄泛冲积物	E 119°26′35.2″ N 32°52′11.6″	92
						P	18—39	棕灰色	重壤土	肩粒状	8.3	22.3	1.31	0.26	14.7	10.0	123				
						S	39—55	褐色	轻壤土	小块状	8.3	4.2	0.33	0.52	17.8	2.0	73				
						W	55—80	褐色	稻灰黏土	块状	7.8										
						Bv	80—	棕灰色	壤土	块状											
剖9	人为土	水稻土	脱潜水稻土	黄斑黏田	高邮乌砂土	Aa	0—13	暗黄灰色	壤质黏土	块状	7.7	20.1	1.43	1.32	13.9	13.0	132		冲积物	E 119°29′07.1″ N 32°50′25.1″	90
						Ap	13—27	暗黄灰色	壤质黏土	小块状	7.8	16.7	1.10	1.28	8.7	4.0	128				
						Gw	27—50	暗黄灰色	轻黏土	块状	8.1	9.3	0.70	0.98	9.9	10.0	109				
						G	50—100	浅黄灰色	壤土	块状	8.4	2.3		1.06	15.3						

续表 Continued

剖面号 Soil profile	土纲 Soil order	土类 Soil great group	亚类 Soil subgroup	土属 Soil genus	土种 Soil species	土层码 Layer code	土层厚度 Depth/cm	颜色 Soil color	质地 Soil texture	土壤结构 Soil structure	pH	有机质 OM/(g/kg)	全氮 TN/(g/kg)	全磷 TP/(g/kg)	全钾 TK/(g/kg)	有效磷 AP/(mg/kg)	速效钾 AK/(mg/kg)	阳离子交换量CEC/(cmol/kg)	土壤母质 Parent material	剖面点坐标 Profile coordinate	匹配指数 Matching index/%
剖10	人为土	水稻土	潜育水稻土	马肝土	马肝土	A	0—19	棕灰色	重壤土	块状	7.7	15.3	1.04	0.45	19.0	3.0	99	23.3	下蜀黄土	E 119°25′46.2″ N 32°51′33.5″	82
						P	19—26	棕灰色	重壤土	块状	7.8	12.4	1.02	0.26	19.1	2.0	112				
						W	26—40	棕灰色	重壤土	块状	7.8	15.0	0.82	0.27	22.1	3.0	106				
						Bv	40—80	暗黄色	重壤土		8.0	3.3	0.40	0.25	13.0						
						C	80—	暗黄色	重壤土		8.0	3.5	0.37	0.17	19.1						
剖11	人为土	水稻土	潜育水稻土	湖田黄杂土	半昆湖田土	A	0—11	棕黄色	紧砂土	块状	8.2	21.6	1.61	0.29	24.3	10.0	273	≥50.0	湖相沉积物	E 119°25′53.8″ N 32°43′30.4″	81
						Pg	11—25	棕黄色	重黏土	块状	8.2	12.6	0.80	0.31	22.3	9.0	276				
						G	25—48	棕黄色	重黏土	块状	8.0	14.4	0.81	0.34	21.1	8.0	239				
剖12	半水成土	潮土	黄潮土	园田黄杂土	菜园黄砂土	A₁	0—14	灰棕黄色	砂壤土	小粒状	8.0	13.0	0.71	0.69	13.0	10.0	57		黄泛冲积物	E 119°26′43.8″ N 32°44′25.1″	100
						A₂	14—31	棕黄色	砂壤土	小碎块状	8.1	11.4	0.53	0.68	16.2	8.0	29				
						Bv	31—72	暗黄棕色	砂壤土	无明显结构	8.4	7.8	0.32	0.53	10.2	3.0	24				
						C	72—110	暗黄棕色	紧砂土	无明显结构	8.7	5.1	0.14	0.42	19.2						
剖13	人为土	水稻土	脱潜水稻土	乌砂土	腰黑乌砂土	A	0—20	暗灰色	中壤土	小粒状	8.1	24.8	1.45	0.49	16.2	7.0	70	22.4	冲积物	E 119°27′46.1″ N 32°43′04.1″	93
						P	20—40	黑黄色	重壤土	核状	8.4	25.0	1.36	0.45	10.2	2.0	77				
						Dm	40—68	浅棕黄色	重壤土	核状	8.3	29.8	1.42	0.39	19.2	2.0	93				
						C	68—100	灰棕黄色	轻壤土	块状	8.4	3.5	0.27	0.40	23.8						
剖14	人为土	水稻土	潜育水稻土	黄杂土	黄杂土	A	0—18	棕棕黄色	重壤土	块状	8.3	18.0	1.31	0.62	14.1	5.0	143	21.7	黄泛冲积物	E 119°27′18.4″ N 32°41′38.0″	90
						P	18—28	棕黄色	重壤土	核状	8.2	16.6	1.05	0.64	13.1	7.0	236				
						W₁	28—42	棕灰色	重壤土	块状	8.0	15.5	1.12	0.64	16.2	10.0	75	<1.0			
						W₂	42—62	棕灰色	轻壤土	核状	5.6										
						Bv	62—82	棕灰色		块状											
						G	82—			无明显结构											
剖15	人为土	水稻土	脱潜水稻土	乌砂土	薄层乌砂土	A	0—13	暗灰黄色	轻壤土	粒状	8.2	14.0	1.03	0.56	20.3	7.0	65	17.2	冲积物	E 119°29′42.7″ N 32°42′26.6″	86
						P	13—17	暗灰黄色	中壤土	块状	8.4	6.7	0.42	0.47	15.8	1.0	48				
						Wg	27—100	灰灰色	砂壤土	粒状	8.6	2.2	0.12	0.55	19.7	21.0	16				
剖16	人为土	水稻土	潜育水稻土	黄杂土	底黑黄杂土	A	0—15	棕灰色	轻黏土	粒状	8.1	24.7	1.51	0.48	16.6	1.0	156	30.2	黄泛冲积物	E 119°35′55.0″ N 33°01′52.3″	99
						P	15—25	棕灰色	轻黏土	小块状	8.1	19.3	1.38	0.43	15.0	9.0	153				
						Wg	25—55	褐色	轻壤土	块状	8.0	16.6	1.26	0.48	28.7	4.0	198				
						Dm	55—90	褐色	轻壤土	核状	8.1	57.5	2.64	0.43	19.8						
剖17	人为土	水稻土	脱潜水稻土	黑乌土	铁底黑乌土	A	0—16	暗棕灰色	轻壤土	小块状	7.4	28.1		0.51	19.3	1.0	175	32.8	湖相沉积物	E 119°35′49.3″ N 33°00′09.0″	93
						P	16—27	暗棕灰色	中黏土	核状	7.9	28.7		0.41	22.4	1.0	145				
						W	27—60	暗黑棕色	重壤土	棱柱状	7.6	24.1	0.77	0.29	20.1	1.0	185				
						Dm	60—80	黑黑色	轻壤土	块状	7.5	10.6		0.28	22.9	1.0	125				
						Bvir	80—100	棕灰色	轻壤土	小棱块状	7.7	8.1	0.64	0.37	19.5		173				
剖18	人为土	水稻土		漂洗水稻土	白土	G	100—	灰白色	壤质黏土	团粒状	7.4	12.0	0.90	0.30	16.9	7.0	109	22.1	下蜀黄土	E 119°36′49.3″ N 33°00′09.0″	99
						Aa	0—14	灰黄棕色	壤质黏土	屑粒状	8.5	27.9	1.37		14.6	9.0	76	20.4			
						Ap	15—26	灰黄棕色	壤质黏土	大块状	8.5	22.1	1.35	0.13	13.9	4.0	52	20.5			
剖19	人为土	水稻土	潜育水稻土	黄杂土	黄杂土	P		浊黄橙色	黏土	棱块、棱柱状	8.9	8.2	0.46	0.17	16.7			12.7	黄泛冲积物、湖相沉积物	E 119°31′07.0″ N 33°00′36.4″	83
						W	26—36	棕灰色	壤质黏土	核块、棱柱状	8.9	8.1	0.54		15.7			22.9			
						C	36—60	棕灰色	壤质黏土	棱柱状	8.5	5.9	0.40					24.6			
							60—100														

续表 Continued

剖面号 Soil profile	土纲 Soil order	土类 Soil great group	亚类 Soil subgroup	土属 Soil genus	土种 Soil species	土层码 Layer code	土层厚度 Depth/cm	颜色 Soil color	质地 Soil texture	土壤结构 Soil structure	pH	有机质 OM/(g/kg)	全氮 TN/(g/kg)	全磷 TP/(g/kg)	全钾 TK/(g/kg)	有效磷 AP/(mg/kg)	速效钾 AK/(mg/kg)	阳离子交换量CEC/(cmol/kg)	土壤母质 Parent material	剖面点坐标 Profile coordinate	匹配指数 Matching index/%
剖20	人为土	水稻土	脱潜水稻土	乌杂土	底黑乌杂土	A	0—15	暗棕灰色	轻黏土	粒状	8.0	35.1	2.06	0.43	14.9	5.0	121	22.6	湖相、黄泛冲积物	E 119°32′23.3″ N 33°00′21.2″	92
						P	15—28	暗棕灰色	重壤土	块状	8.0	34.9	2.12	0.44	15.8	5.0	121				
						Wg	28—48	棕灰色	轻黏土	棱块	8.0	19.2	2.02	0.31	18.9	5.0	118				
						Dm	48—85	灰黑色	重壤土	块状		26.6		0.31	19.8						
						G	85—	灰白色	粉粒土	屑粒状											
剖21	人为土	水稻土	潜育水稻土	勤砂土	黄乌土	Aa	0—14	棕黑色	壤质黏土	小团块状	8.4	32.9	1.63	0.59				24.5	冲积物、湖相沉积物	E 119°38′41.6″ N 33°03′20.2″	87
						Ap	14—23	黄棕色	壤质黏土	中块状	8.4	25.0	1.36	0.47				23.6			
						P	23—62	黄灰色	壤质黏土	大块块状	8.4	29.5	1.49	0.24				26.4			
						W	62—100	暗灰黄色	壤质黏土	中棱块状	8.6	5.4	0.32	0.21				16.8			
剖22	人为土	水稻土	潜育水稻土	黄杂土	底黑砂心黄砂土	A	0—15	棕灰色	中壤土	团粒状	8.1	14.0	1.00	0.59	18.3	10.0	103	14.9	黄泛冲积物	E 119°38′11.4″ N 33°01′17.8″	81
						P	15—30	棕灰色	中壤土	块状	8.7	9.7	0.72	0.47	19.1	8.0	80				
						W	30—85	灰灰色	砂壤土	棱块	8.6	2.3	0.22	0.49	19.2	1.0	73				
						Dm	85—115	黑棕色	重壤土	棱块	7.9	30.5	0.35	0.15	16.5						
						G	115—	灰白色													
剖23	人为土	水稻土	潜育水稻土	湖黏田	黄乌土	Aa	0—14	棕灰色	壤质黏土	小块状	8.0	32.9	1.63	0.59				24.5	冲积物、湖相沉积物	E 119°38′49.9″ N 33°02′00.2″	86
						Ap	14—23	黄棕色	壤质黏土	块状	8.4	25.0	1.36	0.47				23.6			
						P	23—62	黄灰色	壤质黏土	棱块状	8.4	29.5	1.49	0.24				26.4			
						W	62—100	灰灰黄色	壤质黏土	棱块状	8.6	5.4	0.32	0.21				16.8			
剖24	人为土	水稻土	脱潜水稻土	乌杂土	乌砂土	A	0—15	暗棕灰色	重壤土	团粒状	5.1	28.6	1.78	0.30	13.8	3.0	149	28.0	冲积物	E 119°39′24.1″ N 33°01′16.3″	80
						P	15—30	暗棕灰色	重壤土	块状	4.7	27.1	1.86	0.33	16.8	1.0	140				
						W	30—55		重壤土	块状	5.2	31.4	1.96	0.31	16.4	1.0	168				
						Bvg	55—75	暗棕灰色	重壤土	棱块	4.2	35.5	2.14	0.29	16.8						
						G	75—100	灰白色	中壤土	无明显结构	3.8	2.5	0.30	0.29	18.0						
剖25	人为土	水稻土	潜育水稻土	砂姜土	上位砂姜土	Aa	0—18	棕灰色	重壤土	粒状	8.0	17.4	1.42	0.34	15.0	5.0	88	16.9	冲积物	E 119°30′53.6″ N 32°57′11.5″	99
						Pca	18—28	棕灰色	紧砂土	块状	8.3	12.0	0.74	0.65	17.4	8.0	68				
						Bvca	28—100	灰黄色	砂壤土	块状	8.5	1.0	0.21	0.52	15.1	4.0	30				
剖26	人为土	水稻土	脱潜水稻土	乌砂土	乌砂土	A	0—13	暗灰黄色	壤质黏土	粒状	7.7	20.0	1.43	1.32	13.0	5.0	132		冲积物	E 119°40′53.4″ N 32°55′49.8″	95
						Ap	13—27	暗棕灰色	壤质黏土	块状	7.8	16.7	1.10	1.28	8.7	1.0	128				
						Gw	27—50	暗棕灰色	壤质黏土	块状	8.1	9.3	0.70	0.98	9.9	1.0	109				
						G	50—100		重壤土	小块状	8.4	2.3		1.06	15.3						
剖27	人为土	水稻土	潜育水稻土	乌黏土	乌砂土	A	0—17	暗棕灰色	砂壤土	团粒状	7.8	35.3	2.03	0.24	19.0	1.0	139	31.0	湖相沉积物	E 119°44′30.1″ N 32°51′42.5″	100
						P	17—26	棕灰色	砂壤土	棱块	7.9	35.6	2.03	0.24	22.7	1.0	146				
						Wg	26—65	灰黑色	砂壤土	棱块	7.7	35.7	1.96	0.30	23.7	1.0	186				
						G	65—100	浅灰色	中壤土	块状	7.8	6.3	0.58	0.23	23.4		147				
剖28	人为土	水稻土	潜育水稻土	冷土	冷土	A	0—17	暗黄棕色	中壤土	粒状	7.6	26.4	1.64	0.31	19.3	2.0	139	45.7	黄泛冲积物	E 119°40′31.4″ N 32°51′19.8″	95
						P	17—28	浅黄棕色	轻黏土	块状	7.5	25.5	1.59	0.29	19.3	3.0	78				
						Wg	28—52	浅灰棕色	中壤土	块状	8.7	13.6	1.01	0.27	9.7	2.0	147				
						G	52—100		中壤土	块状	8.1	13.6	1.20	0.21	13.5						
剖29	人为土	水稻土	潜育水稻土	砂姜土	中位砂姜土	A	0—20	棕灰色	粉砂土	粒状	8.0	14.6	1.11	0.55	17.9	5.0	53	17.0	冲积物	E 119°39′05.4″ N 32°45′54.4″	100
						P	20—30	棕灰色	中壤土	块状	8.0	14.5	0.93	0.59	19.3	3.0	54				
						Wca	30—45	浅灰色	中壤土	块状	8.1	7.8	0.66	0.47	18.2	1.0	51				
						Bvca	45—60	褐色	砂壤土	无明显结构	8.3	2.6		0.59	17.6						

续表 Continued

剖面号 Soil profile	土纲 Soil order	土类 Soil great group	亚类 Soil subgroup	土属 Soil genus	土种 Soil species	土层码 Layer code	土层厚度 Depth/cm	颜色 Soil color	质地 Soil texture	土壤结构 Soil structure	pH	有机质 OM/(g/kg)	全氮 TN/(g/kg)	全磷 TP/(g/kg)	全钾 TK/(g/kg)	有效磷 AP/(mg/kg)	速效钾 AK/(mg/kg)	阳离子交换量 CEC/(cmol/kg)	土壤母质 Parent material	剖面点坐标 Profile coordinate	匹配指数 Matching index/%
剖30	人为土	水稻土	潴育水稻土	漂洗水稻土	白土	A	0–15	灰黄色	砂壤土	粒状	7.5	15.8	1.25	0.45	14.7	5.0	204	25.5	下蜀黄土	E 119°30′46.8″ N 32°43′34.0″	89
						P	15–28	灰黄色	砂壤土	小块状	7.8	7.9	0.65	0.39	16.0	12.0	123				
						E	28–80	灰黄色	砂壤土	块状	7.9	7.1	0.65	0.44	17.0	20.0	97				
						Bv	80–100	暗黄棕色	砂壤土	块状	8.0	3.9	0.36	0.30	21.3						
剖31	人为土	水稻土	潴育水稻土	黄鸟土	薄层黄鸟土	A	0–13	灰黑色	重壤土	小粒状	7.8	22.1	1.85	0.48	23.1	7.0	73	22.0	湖相沉积物	E 119°31′51.2″ N 32°42′51.1″	80
						P	13–20	灰黑色	轻壤土	块状	7.9	23.1	0.27	0.56	21.6	2.0	12				
						W	20–35	灰黑色	重壤土	块状	7.9	20.6	1.22	0.37	20.3	3.0	59				
						Bv	35–60	灰黄色	轻壤土	无明显结构	7.9	4.3	0.29	0.60	14.9						
						C	60–70		重壤土		7.8	18.9	1.20	0.31	19.4						

镇 江 市

市 辖 区

主要土类说明

水稻土是镇江市主要土壤类型，占本市地域面积的 32%。水稻土是在长期季节性淹灌、水下翻耕、季节性脱水、氧化还原交替影响下，原来成土母质或母土的特性发生重大改变，形成的新的土壤类型。由于干湿交替，土壤发生糊状淹育层、较坚实板结的犁底层、渗育层、潴育层与潜育层等多种发生层分异。这些不同发生层段是在人为耕作、水浆管理下形成的。

黄褐土是镇江市第二大土壤类型，占本市地域面积的 19%。黄褐土主要发生于北亚热带，由较细粒的黄土状母质发育而成，多组成丘岗。土体中游离碳酸钙已不复存在，土色为灰黄棕色，具 A-B-C 或 A-Bt-C 剖面构型，在底部可散见圆形石灰结核，黏化淀积明显，B 层黏聚，有时呈黏盘，黏粒硅铝率在 3.0 左右，土壤表层 pH 为 6.0—6.8，底层 pH 为 7.5，盐基饱和度由表层向底层逐渐趋向饱和。

潮土是镇江市第三大土壤类型，占本市地域面积的 12%。潮土主要分布于近代河流冲积平原或低平阶地，地下水位浅，潜水参与成土过程，底土受氧化还原交替作用，形成锈色斑纹和小型铁子，土壤表层有机质含量为 10—15g/kg。

粗骨土占本市地域面积的 3%。其成土母质是基岩风化残积物、坡积物。粗骨土属于 A-C 型，甚至（A）-C 型土壤。A 层发育不明显，与母质土层性状相似，含微量有机质。有时母质层富含砾石，甚少剖面分异与发育特征。

小于本市地域面积 3% 的土壤类型还有黄棕壤、石灰（岩）土。

本区域中心区气候特征

本区域中心区气候特征值
Regional climate characteristics in central area of the region

气候带：北亚热带湿润气候 Climate region: North subtropical humid climate	
年平均气温 /℃ Annual average temperature /℃	15.3
年平均最高气温 /℃ Annual average maximum temperature /℃	20.0
年平均最低气温 /℃ Annual average minimum temperature /℃	11.5
年降水量 /mm Annual precipitation /mm	1061
≥10℃的积温 /℃ Daily temperature accumulated in a year（≥10℃）/℃	5608
年日照时数 /h Annual sunshine /h	2027
年平均相对湿度 /% Annual average relative humidity /%	77
干燥度 Dryness	0.85

本区域中心区月平均气温与月平均降水量
Monthly temperature and precipitation in central area of the region

镇江市市辖区（部分）主要土壤类型与土壤剖面点分布图

1∶130 000

图 例

水稻土	
黄褐土	
潮土	
粗骨土	
黄棕壤	
石灰（岩）土	
剖面点	⊗

镇江市土壤剖面理化性状表

剖面号 Soil profile	土纲 Soil order	土类 Soil great group	亚类 Soil subgroup	土属 Soil genus	土种 Soil species	土层码 Layer code	土层厚度 Depth/cm	颜色 Soil color	质地 Soil texture	土壤结构 Soil structure	pH	有机质 OM/(g/kg)	全氮 TN/(g/kg)	全磷 TP/(g/kg)	全钾 TK/(g/kg)	阳离子交换量CEC/(cmol/kg)	土壤母质 Parent material	剖面点坐标 Profile coordinate	匹配指数 Matching index/%
剖1	人为土	水稻土	潴育水稻土	马肝土	马肝土	Aa	0—15	灰棕色	黏壤土	小块状	6.3	20.8	1.45	0.40	22.1	16.0	下蜀黄土	E 119°25′10.6″ N 32°10′23.5″	91
						Ap	15—25	棕灰色	黏壤土	小块状	6.5	16.7	1.27	0.48	20.4	16.6			
						P₁	25—50	灰棕色	壤质黏土	小棱柱状	7.4	5.8	0.51	0.45	21.8	15.6			
						P₂	50—74	浊棕色	壤质黏土	棱柱状	7.5	5.8	0.47	0.42	22.0	17.2			
						W	74—100	浊棕色	壤质黏土	大块状、柱状	7.3	6.6	0.49	0.42	25.3	21.9			

丹 徒 区

主要土类说明

水稻土是丹徒区主要土壤类型，占本区地域面积的 74%。水稻土是人类通过一系列农田建设、土壤熟化措施和长期的水稻栽培，在起源土壤上发育形成的一种特殊土壤。本区水稻分布很广，丘陵、沿江、洮滆平原都有广泛种植，水的来源差别很大，故在水稻土的成土过程中，水分类型及作用程度，就成了决定土体发生层段构型和生产性能的主导因素。根据地下水位的高低、外来水种类的多少和对土体作用所产生的剖面形态特征，本区水稻土分为潴育型、渗育型、淹育型、漂洗型等亚类。

黄褐土是丹徒区第二大土壤类型，占本区地域面积的 13%。黄褐土地处北亚热带，由较细粒的黄土状母质发育而成，多组成丘岗。其土体中游离碳酸钙已不复存在，土壤呈灰黄棕色，在底部可散见圆形石灰结核。土壤黏化淀积明显，B 层黏聚，黏粒硅铝率在 3.0 左右，土壤表层 pH 为 6.0—6.8，底层 pH 为 7.5，盐基饱和度由表层向底层逐渐趋向饱和。

黄棕壤是丹徒区第三大土壤类型，占本区地域面积的 4%。黄棕壤发生于北亚热带暖湿落叶阔叶林下，弱度富铝化，黏聚现象明显，呈黄棕色。土壤具 A-B-C 或 A-（B）-C 剖面构型，黏粒硅铝率在 2.5 左右，铁的游离度较红壤低，B 层交换性酸大于 A 层。土壤 pH 为 5.5—6.0。

小于本区地域面积 3% 的土壤类型还有石灰（岩）土、潮土等。

本区域中心区气候特征

本区域中心区气候特征值
Regional climate characteristics in central area of the region

气候带：北亚热带湿润气候 Climate region: North subtropical humid climate	
年平均气温 /℃ Annual average temperature /℃	15.4
年平均最高气温 /℃ Annual average maximum temperature /℃	20.0
年平均最低气温 /℃ Annual average minimum temperature /℃	11.7
年降水量 /mm Annual precipitation /mm	1097
≥10℃的积温 /℃ Daily temperature accumulated in a year（≥10℃）/℃	5645
年日照时数 /h Annual sunshine /h	2003
年平均相对湿度 /% Annual average relative humidity /%	78
干燥度 Dryness	0.83

本区域中心区月平均气温与月平均降水量
Monthly temperature and precipitation in central area of the region

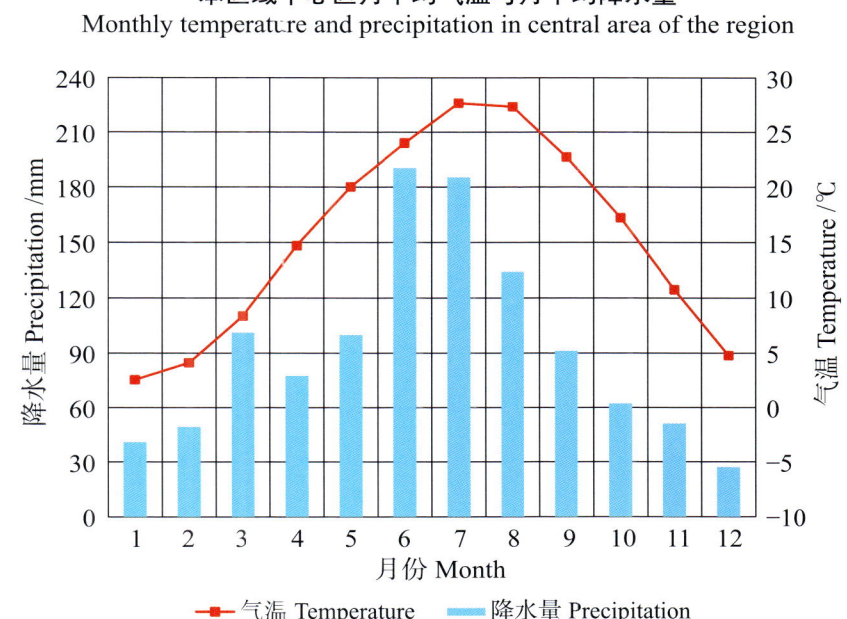

丹徒县主要土壤类型与土壤剖面点分布图

1:230 000

图 例
- 水稻土
- 黄褐土
- 黄棕壤
- 石灰(岩)土
- 潮土
- ⊗ 剖面点

注：国务院2002年4月批准，撤销丹徒县，设立丹徒区。

丹徒区土壤剖面理化性状表

剖面号 Soil profile	土纲 Soil order	土类 Soil great group	亚类 Soil subgroup	土属 Soil genus	土种 Soil species	土层码 Layer code	土层厚度 Depth/cm	颜色 Soil color	质地 Soil texture	土壤结构 Soil structure	pH	有机质 OM/(g/kg)	全氮 TN/(g/kg)	全磷 TP/(g/kg)	有效磷 AP/(mg/kg)	速效钾 AK/(mg/kg)	阳离子交换量CEC/(cmol/kg)	土壤母质 Parent material	剖面点坐标 Profile coordinate	匹配指数 Matching index/%
剖1	人为土	水稻土	潴育水稻土	马肝土	乌底马肝土	A	0—13	暗棕色	中壤土	屑粒状	6.9	16.8	1.73	0.43	6.8	89		下蜀黄土	E 119°16′52.3″ N 32°12′57.6″	100
						P	13—21	暗灰黄色	重壤土	小块状	7.4	18.9	1.32	0.51	7.8	91				
						W	21—57	暗黄棕色	轻黏土	核状	7.9	7.0	0.66	0.45	3.8	138				
						Bvg	57—75	棕黄色	重黏土	棱块状	7.8	7.3	0.59	0.46	3.6	96				
						Dm	95—	乌黑色	轻黏土	棱块	7.8	17.6	0.93	0.38	1.1	127				
剖2	人为土	水稻土	渗育水稻土	夹砂土	夹砂土	A	0—16	灰棕色	中壤土	粒状	8.0	24.2	1.41	0.81	3.0	66		新冲积物	E 119°18′52.2″ N 32°13′11.6″	91
						P	16—26	暗棕灰色	中壤土	块状	8.3	17.3	1.10	0.77	1.3	59				
						W	26—65	灰黄棕色	中壤土	块状	8.2	5.1	0.39	<0.10	<1.0	34				
						S	65—	暗黄棕色	轻壤土	片状	8.3	<1.0	0.28	0.38	<1.0	25				
剖3	人为土	水稻土	渗育水稻土	渗马肝田	黄白土	Aa	0—16	灰棕色	黏壤土	小块状	6.6	18.0	0.95				8.7	下蜀黄土	E 119°22′29.6″ N 31°56′48.8″	95
						Ap	16—25	灰棕色	黏壤土	小块状	6.6	14.6	0.83				10.2			
						P	25—48	油棕色	黏壤土	棱块状	7.5	7.2	0.51				12.2			
						C	48—100	油棕色	壤质黏土	块状、柱状	7.3	4.7	0.32				17.6			
剖4	人为土	水稻土	潴育水稻土	黄泥土	黄泥土	1	0—14				6.9	29.0	1.34	0.50	8.0	224		湖积物	E 119°22′54.5″ N 31°56′03.8″	86
						2	14—25				7.2	13.4	1.05	0.41	3.9	216				
						3	25—65				7.2	5.4	0.69	0.26	2.3	151				
						4	65—100				6.5	8.2	0.90	0.30	2.6	188				
剖5	人为土	水稻土	潴育水稻土	漂洗水稻土	白土	A	0—13	暗黄棕色	中壤土	小块状	5.4	16.0	1.02	0.16	5.0	86	14.2	湖相沉积物	E 119°23′09.2″ N 31°55′25.3″	85
						P	13—21	棕黄色	中壤土	块状	6.3	16.1	1.01	0.17	2.5	86	13.3			
						E	21—31	灰白色	中壤土	粉块状	6.5	4.0	0.35	0.32	<1.0	169	24.4			
						W	31—65	浅灰色	重黏土	棱块状	7.1	4.5	0.45	<0.10	2.2	99	13.9			
剖6	人为土	水稻土	淹育水稻土	黄白土	黄白土	1	0—14				7.2	13.5	0.88	0.35	5.0	107		下蜀黄土	E 119°21′34.9″ N 31°52′47.6″	91
						2	13—22				7.3	4.7	0.46	0.26	4.0	71				
						3	22—100				7.4	3.9	0.33	0.25	1.0	57				
剖7	人为土	水稻土	渗育水稻土	黄泥土	小粉土	A	0—14	暗黄棕色	轻黏土	小块状	5.8	26.1	2.03	0.12	4.8	125		湖积物	E 119°23′25.4″ N 31°52′51.2″	92
						P	14—24	棕黄色	轻黏土	核块状	6.7	20.4	1.59	0.12	2.2	115				
						W	24—45	灰棕色	轻黏土	棱块状	7.1	7.9	0.61	0.10	1.6	125				
						Bvg	45—75	暗黄棕色	轻黏土	块状	7.0	12.6	1.12	0.11	1.8	96				
						Dm	75—100	黑棕色	轻黏土	块状	7.2	23.4	1.19	0.14	2.2	85				
剖8	人为土	水稻土	潴育水稻土	小粉土	小粉土	1	0—15	暗黄棕色	轻黏土	小块状	6.8	16.5	1.11	0.28	6.0	44		下蜀黄土	E 119°22′49.4″ N 31°51′48.6″	100
						2	15—33	棕黄色	砂壤土	块状	6.8	16.2	1.03	0.21	40.0	40				
						3	33—52	暗黄棕色	砂壤土	核块状	6.7	6.9	0.49	0.20	40.0	55				
						4	52—102	灰黄棕色			7.0	5.7	0.36	0.20	1.0	39				
剖9	半水成土	潮土	灰潮土	漏砂土	漏砂土	A	0—11	暗棕灰色	轻黏土	粒状	8.3	18.3	1.23	0.68	4.8	111		新冲积物	E 119°34′35.0″ N 32°12′49.3″	95
						S	11—20	棕黄色	砂壤土	散粒状	8.4	2.9	0.23	0.53		29				
						C	20—	灰黄棕色	砂壤土											
剖10	人为土	水稻土	潴育水稻土	马肝土	黄马肝土	A	0—15	暗黄棕色	中壤土	小块状	6.2	15.3	1.04	0.42	4.8	109		下蜀黄土	E 119°39′14.0″ N 32°14′29.4″	92
						P	15—26	暗黄棕色	中壤土	块状	6.5	9.7	0.77	0.42	4.3	80				
						W	26—60	浅黄棕色	中壤土	块状	6.6	5.2	0.95	0.36	2.4	84				
						Bvg	60—100	浅黄棕色	重壤土	块状	6.8	4.1	0.42	0.39	2.4	87				

续表 Continued

剖面号 Soil profile	土纲 Soil order	土类 Soil great group	亚类 Soil subgroup	土属 Soil genus	土种 Soil species	土层码 Layer code	土层厚度 Depth/cm	颜色 Soil color	质地 Soil texture	土壤结构 Soil structure	pH	有机质 OM/(g/kg)	全氮 TN/(g/kg)	全磷 TP/(g/kg)	有效磷 AP/(mg/kg)	速效钾 AK/(mg/kg)	阳离子交换量 CEC/(cmol/kg)	土壤母质 Parent material	剖面点坐标 Profile coordinate	匹配指数 Matching index/%
剖11	人为土	水稻土	渗育水稻土	夹砂土	黄砂土	A	0—17	暗黄棕色	中壤土	粒状	8.0	23.2	1.58	0.91	5.0	177		新冲积物	E 119°38′53.2″ N 32°13′37.6″	95
						P	17—26	灰黄棕色	中壤土	块状	8.2	10.5	1.01	0.71	5.0	92				
						W₁	26—67	暗棕灰色	中壤土	棱块状	8.2	10.6	0.97	0.70	4.3	95				
						W₂	67—100	暗灰棕色	中壤土	棱块状	8.3	8.3	0.72	0.68	6.5	87				
剖12	人为土	水稻土	淹育水稻土	黄白土	黄白土	1	0—18		中壤土		7.2	13.5	0.88	0.35	5.0	107		下蜀黄土	E 119°36′43.6″ N 32°06′03.6″	93
						2	18—37		中壤土		7.3	4.7	0.45	0.26	4.0	71				
						3	37—		重壤土		7.4	3.9	0.33	0.25	1.0	59				

丹 阳 市

主要土类说明

水稻土是丹阳市主要土壤类型，占本市地域面积的 90%。水稻土是受人们长期水旱耕作熟化深刻影响，在频繁的还原淋溶和氧化淀积等作用下发育形成的。不论何种起源土壤的水稻土都具有耕作层（淹育层）、犁底层、渗育层、潴育层（淀积层）和潜育层等主要层段。但其剖面的中、下部也可能保留着不同起源遗留的发生层段，如母质层等。本市水稻土是由沼泽、草甸和地带性土壤经脱沼、脱潜水耕熟化发育而成的。土体构型为 A–P–W–C、A–P–W–Bg–G 和 A–P–Wg–G（C）等。母质类型有老冲积物、新冲积物、湖积物和下蜀黄土等。本市水稻土分为渗育型、潴育型和脱潜型等亚类。除新冲积物和丘陵磅田发育的水稻土外，其余水稻土部分土体内不同层位埋藏厚度不一的泥炭层。

黄褐土是丹阳市第二大土壤类型，占本市地域面积的 5%。黄褐土地处北亚热带，由较细粒的黄土状母质发育而成，多组成丘岗。土体中游离碳酸钙已不复存在，土壤呈灰黄棕色，在底部可散见圆形石灰结核，黏化淀积明显，B 层黏聚，黏粒硅铝率在 3.0 左右，土壤表层 pH 为 6.0—6.8，底层 pH 为 7.5，盐基饱和度由表层向底层逐渐趋向饱和。

小于本市地域面积 3% 的土壤类型还有黄棕壤、石灰（岩）土、潮土等。

本区域中心区气候特征

本区域中心区气候特征值
Regional climate characteristics in central area of the region

气候带：北亚热带湿润气候 Climate region: North subtropical humid climate	
年平均气温 /℃ Annual average temperature /℃	15.5
年平均最高气温 /℃ Annual average maximum temperature /℃	20.1
年平均最低气温 /℃ Annual average minimum temperature /℃	11.8
年降水量 /mm Annual precipitation /mm	1116
≥ 10℃的积温 /℃ Daily temperature accumulated in a year (≥ 10℃) /℃	5683
年日照时数 /h Annual sunshine /h	1980
年平均相对湿度 /% Annual average relative humidity /%	78
干燥度 Dryness	0.82

本区域中心区月平均气温与月平均降水量
Monthly temperature and precipitation in central area of the region

丹阳市主要土壤类型与土壤剖面点分布图

1:200 000

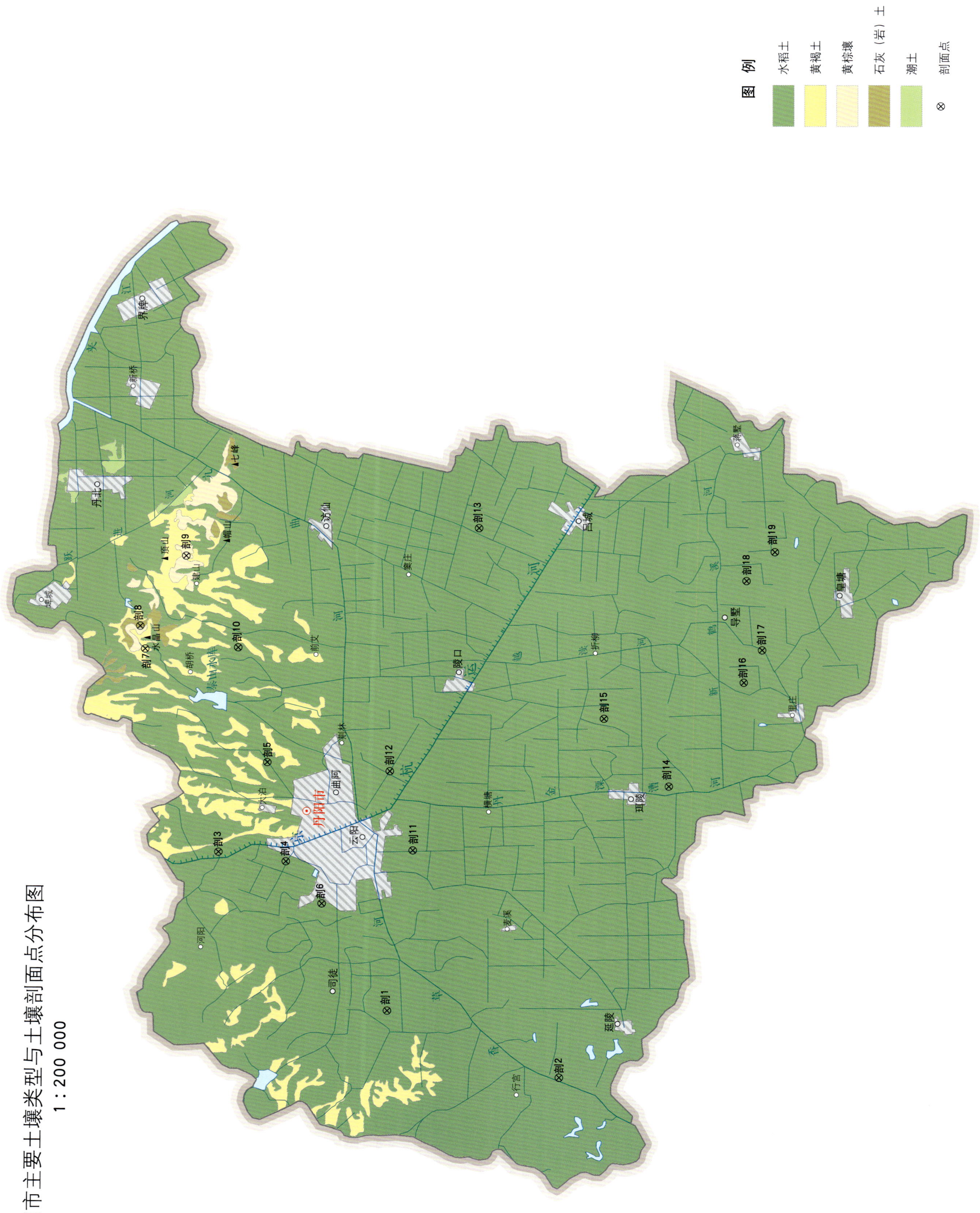

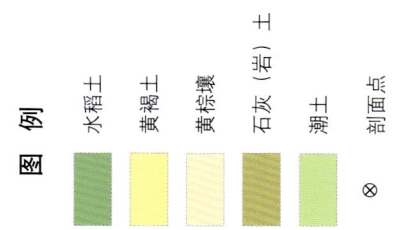

丹阳市土壤剖面理化性状表

剖面号 Soil profile	土纲 Soil order	土类 Soil great group	亚类 Soil subgroup	土属 Soil genus	土种 Soil species	土层码 Layer code	土层厚度 Depth/cm	颜色 Soil color	质地 Soil texture	土壤结构 Soil structure	pH	有机质 OM/(g/kg)	全氮 TN/(g/kg)	全磷 TP/(g/kg)	全钾 TK/(g/kg)	有效磷 AP/(mg/kg)	速效钾 AK/(mg/kg)	阳离子交换量CEC/(cmol/kg)	土壤母质 Parent material	剖面点坐标 Profile coordinate	匹配指数 Matching index/%
剖1	人为土	水稻土	潴育水稻土	黄泥土	刚黄泥土	A	0—12	灰黄色	重壤土	小块状	6.7	15.9	1.02	0.35	24.2	2.5	116	16.8	冲积黄土状母质	E 119°29′09.6″ N 31°58′51.2″	80
						P	12—28	灰黄色	重壤土	块状	6.5	11.3	0.82	0.36	22.7	3.1	104	16.3			
						Wc	28—50	灰黄色	重壤土	块状	6.5	8.0	0.81	0.38	28.9	4.8	63	16.5			
						Bvgc	50—100	浅黄棕色	重黏土	核块状	6.4	3.1	0.32	0.22	33.6	1.1	174	24.5			
剖2	人为土	水稻土	渗潜水稻土	黄白土	黄白土	A	0—15	浅黄棕色	中壤土	小块状	6.7	15.5	0.93	0.33		1.5	82		下蜀黄土	E 119°27′02.9″ N 31°54′30.6″	83
						P	15—24	灰白色	中壤土	块状	7.3	10.2	0.72	0.29		1.9	63				
						Wo	24—47	白色	中壤土	棱块状	7.4	4.5	0.31	0.19		<1.0	53				
						Bv	47—100	浅黄棕色	重壤土	棱柱状	7.2	5.2	0.46	0.24		<1.0	100				
剖3	人为土	水稻土	脱潜水稻土	乌泥土	湖泥土	A	0—13	灰黄棕色	轻黏土	粒状	5.8	26.7	1.83	0.57	26.0	9.0	107	22.4	黄土状冲积物, 湖相沉积物	E 119°34′07.0″ N 32°03′00.4″	80
						P	13—25	灰黄棕色	重黏土	棱块状	6.3	23.5	1.68	0.60	26.3	11.4	104	22.5			
						Wg	25—71	灰黄棕色	中黏土	棱柱状	6.8	10.6	0.85	0.36	30.5	4.9	133	27.9			
						G	71—100	灰棕色	中黏土	块状	6.9	39.1	1.93	0.37	26.9	6.6	140	37.7			
剖4	人为土	水稻土	潴育水稻土	油泥土	乌心灰油泥土	A	0—12	灰黄色	轻黏土	块状	6.8	27.4	1.87	0.58		4.5		25.2	下蜀黄土	E 119°33′47.2″ N 32°01′18.1″	94
						P	12—20	灰黄色	重黏土	块状	6.7	16.1	1.26	0.56		4.3		26.5			
						Wdm	20—40	灰黄色	重黏土	棱柱状	7.4	10.7	1.00	0.47		2.9		32.9			
						Bvg	40—80	灰黄色	中黏土	棱柱状	7.3	13.3	1.02	0.29		1.1		34.7			
						C	80—100	灰黄色	中壤土	无明显结构	7.6	4.5	0.43	0.41		<1.0		19.0			
剖5	人为土	水稻土	脱潜水稻土	油泥土	灰油泥土	A	0—19	灰黄色	重壤土	块状	7.3	25.4	1.65	0.50		9.3	117	20.7	下蜀黄土	E 119°36′50.8″ N 32°01′44.0″	95
						P	19—25	灰黄色	重壤土	块状	7.5	7.5	0.86	0.53		10.5	94	19.1			
						W	25—80	灰黄色	轻黏土	棱块状	7.7	8.5	0.74	0.55		9.5	122	22.2			
						Bvg	80—100	灰黄色	中壤土	棱块状	7.4	6.6	0.72	0.58		10.1	156	26.5			
剖6	人为土	水稻土	潴育水稻土	乌泥土	乌心灰油泥土	A	0—10	灰黄棕色	轻壤土	块状	6.0	26.4	1.81	0.55	26.2	7.1	138	28.0	黄土状冲积物, 湖相沉积物	E 119°32′28.0″ N 32°00′25.6″	86
						P	10—19	灰黄棕色	中壤土	块状	6.2	22.8	1.58	0.56	26.4	8.2	115	28.2			
						Wgdm	19—40	黑棕色	中壤土	小块状	6.1	19.4	1.37	0.52	24.7	9.8	123	26.0			
						G	40—85	暗棕色	重壤土	棱柱状	6.2	23.2	1.36	0.81	24.4	14.7	156	31.1			
						C	85—105	暗黄棕色	中壤土	棱柱状	6.5	6.5	0.36	0.44		8.7	66	12.7			
剖7	淋溶土	黄褐土	黏盘黄褐土	黄刚土	旱作黄土	A	0—11	灰黄色	中壤土	块状	5.2	10.3	0.82	0.30		9.6	102	10.3	下蜀黄土	E 119°40′23.9″ N 32°04′45.1″	89
						Bv_1	11—19	浅棕色	中壤土	块状	5.7	5.5	0.49	0.23		4.0	53	8.3			
						C_1	19—110	棕色	中壤土	棱柱状	5.9	3.7	0.44	0.22		2.5	62	10.4			
剖8	初育土	石灰(岩)土	棕色石灰土	石灰土	棕色石灰土	A_1	0—25	暗棕色	重壤土	小块状	6.0	16.9	1.28	0.48		1.5	42	14.1	石灰岩黄土残积物, 坡积物	E 119°41′07.1″ N 32°04′52.3″	97
						Bv_1	25—110	暗棕色	重黏土	棱柱状	6.1	9.7	0.88	0.33		<1.0	74	22.3			
剖9	淋溶土	黄棕壤	黄棕壤	黄砂土	黄砂土	A_1	0—20	浅棕色	重壤土	屑柱状	5.3	10.5	0.79	0.26		<1.0	85	14.3	石灰岩黄土残积物, 坡积物	E 119°43′12.7″ N 32°03′39.2″	100
						Cd_1	20—110	浅棕红色	轻壤土	块状	5.1	6.5	0.61	0.25		<1.0	105	19.3			
剖10	人为土	水稻土	潴育水稻土	油泥土	黄油泥土	A	0—15	灰黄色	重壤土	块状	6.4	20.3	1.47	0.54	18.2	18.5	109	16.4	下蜀黄土	E 119°40′23.5″ N 32°02′24.7″	99
						P	15—25	灰黄色	重壤土	块状	7.0	14.7	1.12	0.41	20.4	5.5	94	15.2			
						W	25—55	灰黄色	重壤土	棱块状	7.6	5.1	0.56	0.21	24.0	1.6	81	16.3			
						Bv	55—110	浅黄棕色	重壤土	棱块状	7.7	5.5	0.54	0.26	25.9	4.7	76	16.3			
剖11	人为土	水稻土	渗育水稻土	粉砂土	粉砂土	A	0—15	灰白色	中壤土	粒状	6.0	19.4	1.31	0.42	30.0	3.9	49	13.0	冲积黄土状母质覆冲积物	E 119°34′00.5″ N 31°58′08.4″	92
						P	15—30	灰黄色	轻壤土	小块状	6.7	8.5	0.67	0.46	28.8	<1.0	45	11.5			
						Ws_2	30—100	灰黄色	轻壤土	块状	7.0	<1.0	0.27	0.50	29.1	<1.0	37	9.3			

续表 Continued

剖面号 Soil profile	土纲 Soil order	土类 Soil great group	亚类 Soil subgroup	土属 Soil genus	土种 Soil species	土层码 Layer code	土层厚度 Depth/cm	颜色 Soil color	质地 Soil texture	土壤结构 Soil structure	pH	有机质 OM/(g/kg)	全氮 TN/(g/kg)	全磷 TP/(g/kg)	全钾 TK/(g/kg)	有效磷 AP/(mg/kg)	速效钾 AK/(mg/kg)	阳离子交换量CEC/(cmol/kg)	土壤母质 Parent material	剖面点坐标 Profile coordinate	匹配指数 Matching index/%
剖12	人为土	水稻土	潴育水稻土	油泥土	油泥土	A	0—22	灰黄色	重壤土	块状	7.6	21.9	1.48	0.36	19.9	2.7	93	17.2	下蜀黄土	E 119°36′30.6″ N 31°58′39.4″	84
						P	22—28	灰黄色	重壤土	块状	7.7	14.5	1.01	0.37	20.2	4.2	80	16.4			
						W	28—74	灰黄色	轻黏土	棱块状	7.7	6.7	0.62	0.34	25.6	2.3	108	19.0			
						Bvg	74—105	黄棕色	中黏土	棱柱状	7.7	6.7	0.69	0.39	25.6	3.5	157	26.7			
剖13	人为土	水稻土	潴育水稻土	黄泥土	乌心黄泥土	A	0—14	暗灰黄色	重壤土	块状	5.9	23.1	1.53	0.39		2.5	124	17.1	冲积黄土状母质	E 119°43′53.0″ N 31°56′15.0″	95
						P	14—26	暗灰黄色	中壤土	块状	7.0	12.3	0.97	0.33		<1.0	93	18.4			
						Wdm	26—45	暗灰黄色	轻黏土	棱块状	6.8	4.6	0.44	0.26		<1.0	78	14.6			
						Bvg	45—83	浅棕黄色	中壤土	棱块状	7.0	5.4	0.46	0.30		<1.0	43	11.9			
						C	83—100	浅棕黄色		块状	7.2	3.1	0.41	0.46		<1.0	105	17.1			
剖14	人为土	水稻土	潴育水稻土	黄泥土	白土心黄泥土	A	0—13	灰黄色	中壤土	小块状	6.2	17.2	0.27	0.19	24.2	4.8	93	16.2	冲积黄土状母质	E 119°35′50.6″ N 31°51′37.4″	81
						P	13—24	灰黄色	重壤土	块状	6.9	10.3	0.74	0.19	24.2	<1.0	79	23.6			
						We	24—56	白色	轻壤土	无明显结构	6.5	2.0	0.21	<0.10	18.3	<1.0	38	9.8			
						Bvg	56—86	灰棕色	重壤土	棱块状	6.7	3.2	0.29	<0.10	22.6	<1.0	61	17.8			
						C	86—100	灰黄色	重壤土	棱块状	6.7	3.1	0.27	0.42	29.9	<1.0	169	15.8			
剖15	人为土	水稻土	渗育水稻土	粉砂土	狗头砂土	A	0—15	灰白色	中壤土	小块状	7.3	13.9	1.10	0.65		7.6	53	15.0	冲积黄土状母质覆冲积物	E 119°37′58.4″ N 31°53′12.1″	86
						P	15—20	灰白色	中壤土	块状	7.4	12.7	1.05	0.50		3.0	49	14.9			
						Wbca	20—90	灰黄色	轻壤土	粉状	7.7	1.3	0.16	0.57		<1.0	25	8.7			
						Cs₂	90—100	灰黄色	砂壤土	粉状	7.7	1.2	1.63	0.45		<1.0	28	8.2			
剖16	人为土	水稻土	渗育水稻土	粉砂土	乌心灰砂土	A	0—20	灰白色	中壤土	块状	5.7	19.2	1.37	0.42		6.4	99	18.1	冲积黄土状母质覆冲积物	E 119°39′04.3″ N 31°49′41.9″	93
						P	20—40	灰白色	中壤土	块状	6.3	9.5	0.79	0.35		1.7	70	18.6			
						Wdm	40—100	暗黄色	轻壤土	棱块状	6.6	12.5	0.95	0.31		<1.0	11	31.2			
剖17	人为土	水稻土	渗育水稻土	粉砂土	小粉砂土	A	0—13	灰白色	轻壤土	屑粒状	6.7	15.7	1.09	0.43		3.7	37	11.9	冲积黄土状母质覆冲积物	E 119°40′00.5″ N 31°49′14.2″	98
						Ps₂	13—26	灰棕色	砂壤土	块状	6.6	14.0	0.91	0.41		4.5	39	12.3			
						Ws₂	26—45	灰棕色	砂壤土	块状	6.7	8.2	0.57	0.40		1.5	41	11.4			
						Cs₂	45—100	灰棕色	砂壤土	片状	6.9	2.3	0.17	0.70		<1.0	16	6.2			
剖18	人为土	水稻土	渗育水稻土	淤泥土	夹砂土	A	0—13	灰棕色	轻黏土	粒状	7.0	25.4	1.84	0.75		3.8	96	19.2	新冲积物	E 119°42′08.3″ N 31°49′35.0″	100
						P	13—29	灰棕色	轻黏土	块状	7.5	19.6	1.53	0.71		2.0	96	19.4			
						Ws₁	29—65	灰棕色	重壤土	棱块状	7.8	5.8	0.55	0.66		2.4	57	15.4			
						Cs₂	65—110	灰棕色	砂壤土	片状	7.8	2.8	0.31	0.65		2.9	28	7.7			
剖19	人为土	水稻土	渗育水稻土	黄白土	黄土	A	0—15	浅黄棕色	重壤土	小块状	6.2	16.0	1.18	0.59		18.7	124	14.6	下蜀黄土	E 119°42′58.0″ N 31°48′48.2″	87
						Wo	15—30	浅黄棕色	重壤土	块状	6.5	8.7	0.74	0.55		13.5	95	13.7			
							30—105	浅黄棕色	中壤土	块状	5.6	3.3	0.36	0.26		3.7	73	13.8			

扬 中 市

主要土类说明

水稻土是扬中市主要土壤类型，占本市地域面积的65%。水稻土是本市的主要耕作土壤。本市水稻土发育在长江冲积母质上，围垦前就受江水季节性变化的影响，围垦种植后又在稻麦水旱轮作的条件下，经过周期性的干湿交替和氧化还原作用，铁、锰等易还原物质在剖面中淋溶淀积，形成水稻土特有的发生层。水稻土的形成发育是随种稻过程延续而发展的。质地黏的土壤渗育层多发育为棱块状和棱柱状结构，质地轻的土壤渗育层多为板片状结构，渗育层中有一定数量的砂姜（石灰结核），母质层中能见到铁锰斑纹，结核较少。本市水稻土只有渗育水稻土一个亚类。

潮土是扬中市第二大土壤类型，占本市地域面积的6%。潮土主要分布于近代河流冲积平原或低平阶地，地下水位高，潜水参与成土过程。在潮土成土过程中，底土受氧化还原交替作用，形成锈色斑纹和小型铁子。在长期耕作条件下，表层有机质含量为10—15g/kg。

本区域中心区气候特征

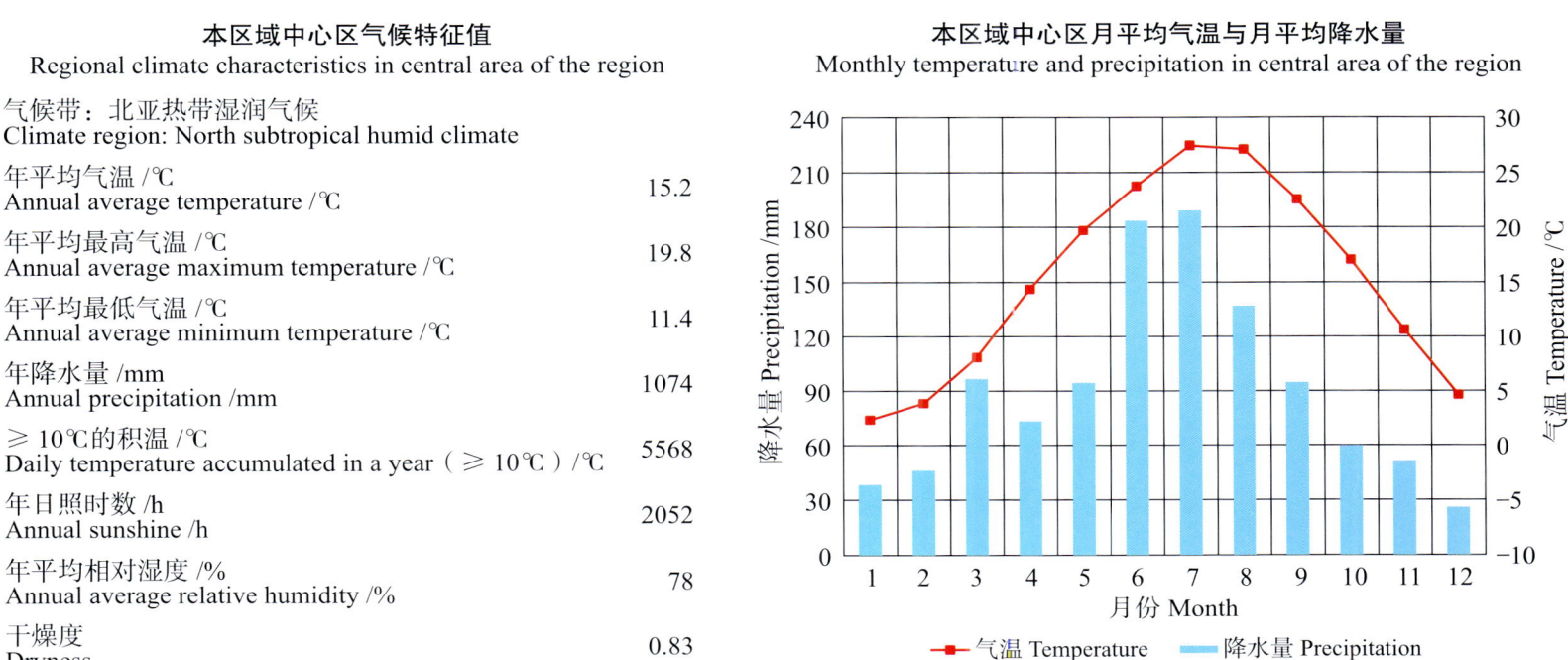

本区域中心区气候特征值
Regional climate characteristics in central area of the region

气候带：北亚热带湿润气候 Climate region: North subtropical humid climate	
年平均气温 /℃ Annual average temperature /℃	15.2
年平均最高气温 /℃ Annual average maximum temperature /℃	19.8
年平均最低气温 /℃ Annual average minimum temperature /℃	11.4
年降水量 /mm Annual precipitation /mm	1074
≥10℃的积温 /℃ Daily temperature accumulated in a year（≥10℃）/℃	5568
年日照时数 /h Annual sunshine /h	2052
年平均相对湿度 /% Annual average relative humidity /%	78
干燥度 Dryness	0.83

本区域中心区月平均气温与月平均降水量
Monthly temperature and precipitation in central area of the region

扬中市主要土壤类型与土壤剖面点分布图
1∶130 000

扬中市土壤剖面理化性状表

剖面号 Soil profile	土纲 Soil order	土类 Soil great group	亚类 Soil subgroup	土属 Soil genus	土种 Soil species	土层码 Layer code	土层厚度 Depth/cm	颜色 Soil color	质地 Soil texture	土壤结构 Soil structure	pH	有机质 OM/(g/kg)	全氮 TN/(g/kg)	全磷 TP/(g/kg)	全钾 TK/(g/kg)	有效磷 AP/(mg/kg)	速效钾 AK/(mg/kg)	阳离子交换量 CEC/(cmol/kg)	土壤母质 Parent material	剖面点坐标 Profile coordinate	匹配指数 Matching index/%
剖1	人为土	水稻土	渗育水稻土	夹砂土	腰砂夹砂土	A	0—16	灰黄色		粒状	8.0	26.3	1.80	1.88		6.1	107	13.8	冲积物	E 119°50′41.3″ N 32°15′17.3″	95
						P	16—29	棕灰色		块状	8.2	24.2		1.89		3.8	56	14.1			
						Ws	29—40	黄棕色		板状	8.3	9.7	0.71	1.46		1.2	37	11.3			
						S	40—100	灰白色		粒状	8.4	2.2	0.20	1.31		1.0	16	4.2			
剖2	人为土	水稻土	渗育水稻土	黄砂土	漏水黄砂土	A	0—12	棕黄色		粒状	7.8	21.1	1.47	1.82	22.9	12.1	90	17.4	冲积物	E 119°46′35.4″ N 32°13′25.3″	81
						P	12—22	棕黄色		块状	8.0	16.2	1.20	1.73	21.2	7.6	68	17.0			
						W	22—63	黄棕色		棱状	8.0	12.8	0.95	1.64	23.8	6.3	76	15.9			
						C	63—100	黄棕色		棱状	8.0	13.7	0.99	1.72	24.9	8.5	93	16.0			
剖3	人为土	水稻土	渗育水稻土	夹砂土	砂底夹砂土	A	0—13	灰黄色	中壤土	粒状	8.0	28.8	1.79	1.84	20.9	5.5	69	12.0	冲积物	E 119°50′31.2″ N 32°14′03.8″	80
						P	13—25	浅灰色	中壤土	块状	8.2	14.9	1.05	1.70	20.5	1.6	52	11.2			
						W	25—48	灰黄色	中壤土	板状	8.2	5.3	0.39	1.35	17.0	<1.0	33	8.7			
						S	48—100	灰白色	砂壤土	粒状	8.2	3.2	0.28	1.32		1.1	31	5.1			
剖4	人为土	水稻土	渗育水稻土	夹砂土	砂心夹砂土	A	0—15	灰黄色		粒状	8.1	26.4	1.72	1.83	20.7	5.6	70	12.7	冲积物	E 119°50′38.4″ N 32°11′58.2″	92
						P	15—24	灰棕色		块状	8.3	16.3	1.09	1.72	20.8	1.8	50	10.9			
						Ws	24—60	浅灰色		片状	8.5	2.9	0.22	1.34	18.0	1.2	16	3.5			
						C	60—100	灰棕色		片状	8.4	5.3	0.36	1.42	20.6	2.9	39	8.2			
剖5	人为土	水稻土	渗育水稻土	夹砂土	砂底漏砂土	A	0—13	灰黄色		粒状	8.2	29.7	1.89	1.89	23.2	88.0	43	14.6	冲积物	E 119°49′43.0″ N 32°09′10.8″	92
						P	13—24	黄棕色		块状	8.2	24.7	1.65	1.65	23.8	76.0	≤5	13.9			
						W	24—55	棕黄色		棱状	8.1	23.4	1.62	1.62	22.9	79.0	≤5	15.8			
						S	55—100	灰黄色		粒状	8.0	3.4	0.21	1.36	19.8	19.0	≤5	5.1			
剖6	人为土	水稻土	渗育水稻土	粉砂土	粉砂土	A	0—14	灰黄色		小块状	8.0	19.0	1.24	1.52	19.2	1.3	43	8.4	冲积物	E 119°51′39.2″ N 32°09′23.0″	80
						P	14—21	灰棕色		片状	8.3	4.9	0.31	1.31	17.4	1.7	21	5.0			
						W	21—52	浅黄色		片状	8.4	2.3	0.18	1.41	17.0	1.7	21	3.3			
						Cs	52—100	浅黄色		片状	8.4	2.4	0.17	1.72	16.1	1.9	22	5.1			
剖7	人为土	水稻土	渗育水稻土	夹砂土	黄顶砂土	A	0—12	灰黄色		小块状	7.9	26.8	1.70	1.72	18.4	7.9	85	17.2	冲积物	E 119°48′39.2″ N 32°07′27.8″	85
						P	12—24	灰黄色		粒状	8.0	24.4	1.58	1.89	18.7	5.4	64	13.3			
						S_1	24—63	灰白色		粒状	8.4	2.5	0.22	1.74	12.2	1.4	24	5.7			
						S_2	63—100	浅灰色		粒状	8.5	3.6	0.23	1.49	13.1	2.2	32	4.3			
剖8	人为土	水稻土	渗育水稻土	黄夹砂	砂底黄夹砂	A	0—12	灰黄色		粒状	8.0	32.1	1.88	2.03	19.0	10.6	182	1.4	冲积物	E 119°53′00.6″ N 32°07′09.5″	87
						P	12—24	灰黄色		块状	8.2	26.4	1.79	1.91	22.0	6.7	74	14.9			
						W	24—72	灰黄色		板状	8.1	5.9	0.43	1.83	22.0	1.4	37	9.3			
						S	72—100	浅黄色		板状	8.4	3.6	0.23	1.77	22.1	1.9	22	5.9			

句 容 市

主要土类说明

水稻土是句容市主要土壤类型，占本市地域面积的47%。水稻土是在灌溉水和地下水升降的长期影响下，经干湿交替、氧化还原、淋溶淀积及水耕熟化过程发育形成的，主要发生层段有淹育层（耕作层）、犁底层、渗育层、潴育层和潜育层等。种稻灌水期间，土中的高铁变成亚铁，随同极细胶粒向下淋渗，到了没有被灌溉水饱和的土层，土中有空气存在，铁又氧化成高价铁而积存下来。再加上人为的耕种、改良，不断地增施新鲜有机肥料，使土壤有机质得到更新、活性部分增多、品质好，产生了水稻土特定的成土过程。本市水稻土分为淹育型、漂洗型、渗育型、潴育型、脱潜型、潜育型等亚类。

黄褐土是句容市第二大土壤类型，占本市地域面积的27%。黄褐土地处北亚热带，由较细粒的黄土状母质发育而成，多组成丘岗。土体中游离碳酸钙已不复存在，土壤呈灰黄棕色，在底部可散见圆形石灰结核。土壤黏化淀积明显，B层黏聚，黏粒硅铝率在3.0左右，土壤表层pH为6.0—6.8，底层pH为7.5，盐基饱和度由表层向底层逐渐趋向饱和。

粗骨土是句容市第三大土壤类型，占本市地域面积的12%。粗骨土是基岩风化残积物、坡积物，属于A-C型，甚至（A）-C型土壤。

黄棕壤占句容市地域面积的6%，主要分布于丘陵山地。黄棕壤是过渡的地带性土壤，具有表土淋溶层和淀积层等主要层次。未经耕垦的土壤上的植被比较复杂，主要是常绿落叶混交林。在自然条件综合影响下，淋溶作用比较明显，石灰已经淋失，盐基不饱和，土壤呈中性至偏酸性，黏粒形成与淋溶积聚十分活跃，黏化层明显，甚至形成黏盘。铁铝的移动明显，不仅有深厚的黏化层，而且有铁锰结核累积层。根据发育阶段的长短、自然植被的差异，本市黄棕壤分为黄棕壤和黏盘黄棕壤等亚类。

潮土占句容市地域面积的4%，主要分布在沿江圩区。潮土是在长江冲积物上受地下水活动的影响，经过耕种熟化过程而成的土壤。潮土的形成同地下水活动强度、微域地形、剖面质地的层位排列、水文地质条件的变化等因素有关。主要层段有表土层（耕作层）、心土层、底土层。

小于本市地域面积3%的土壤类型还有石灰（岩）土、紫色土。

本区域中心区气候特征

本区域中心区气候特征值
Regional climate characteristics in central area of the region

气候带：北亚热带湿润气候 Climate region: North subtropical humid climate	
年平均气温 /℃ Annual average temperature /℃	15.5
年平均最高气温 /℃ Annual average maximum temperature /℃	20.2
年平均最低气温 /℃ Annual average minimum temperature /℃	11.7
年降水量 /mm Annual precipitation /mm	1088
≥10℃的积温 /℃ Daily temperature accumulated in a year (≥10℃) /℃	5664
年日照时数 /h Annual sunshine /h	1983
年平均相对湿度 /% Annual average relative humidity /%	77
干燥度 Dryness	0.84

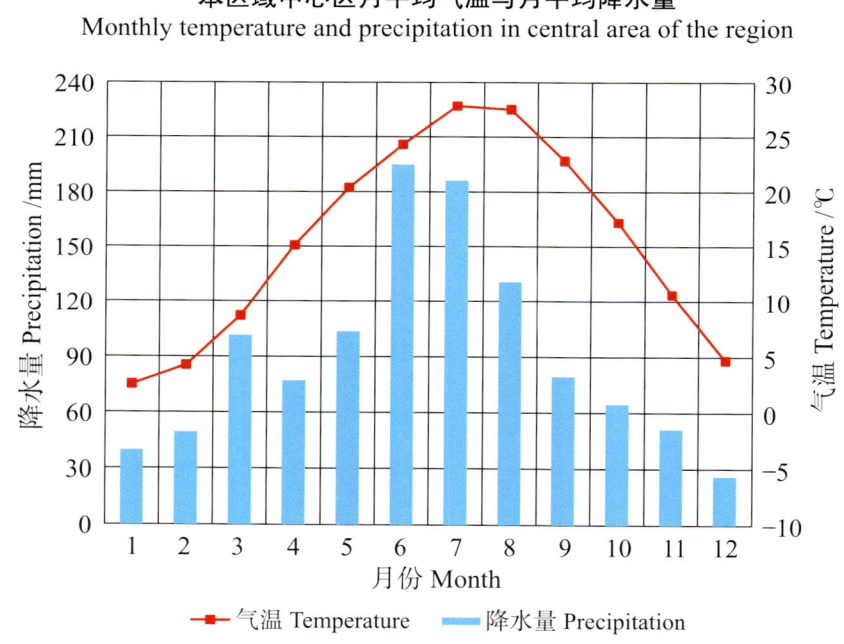

本区域中心区月平均气温与月平均降水量
Monthly temperature and precipitation in central area of the region

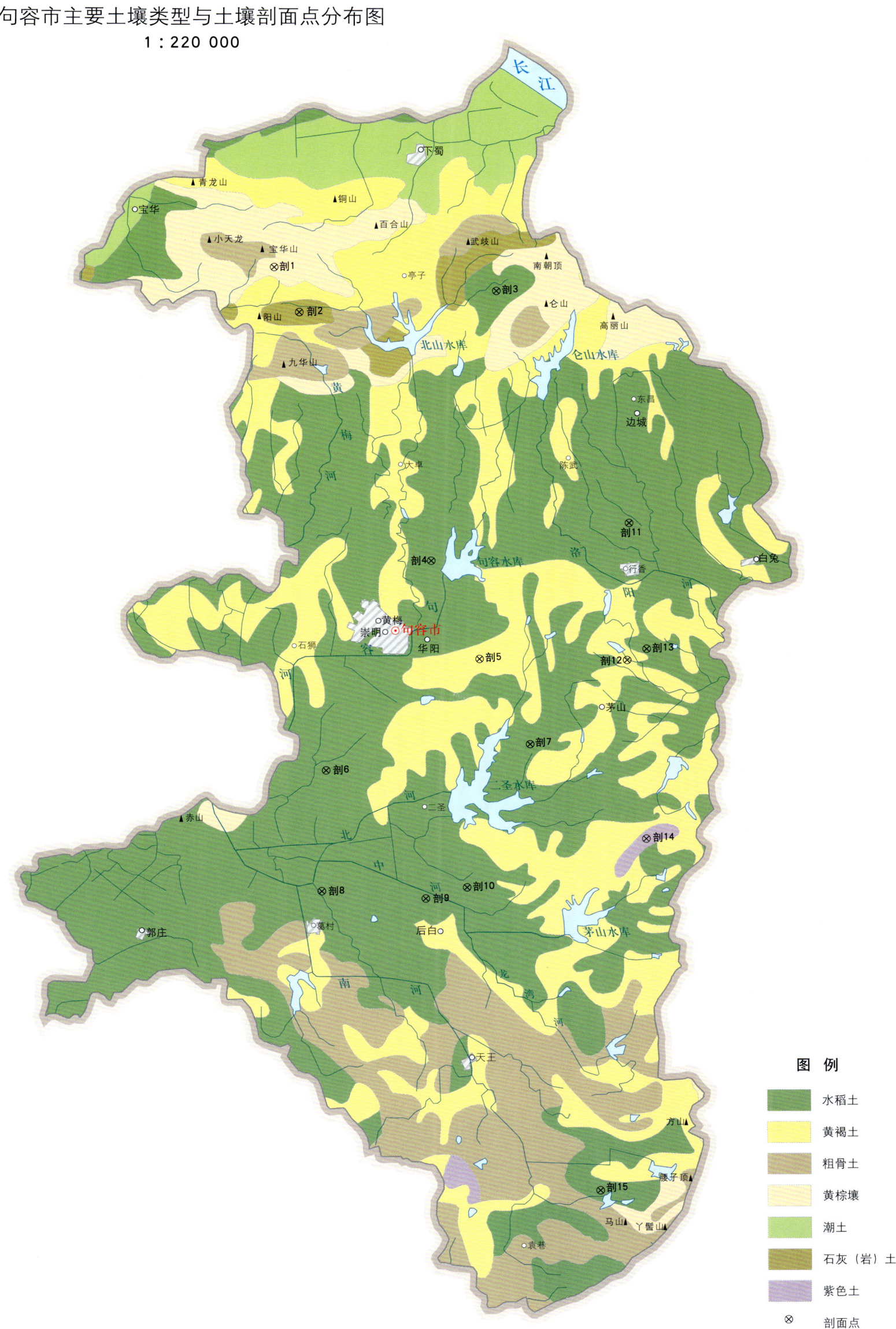

句容市主要土壤类型与土壤剖面点分布图
1 : 220 000

句容市土壤剖面理化性状表

剖面号 Soil profile	土纲 Soil order	土类 Soil great group	亚类 Soil subgroup	土属 Soil genus	土种 Soil species	土层码 Layer code	土层厚度 Depth/cm	颜色 Soil color	质地 Soil texture	土壤结构 Soil structure	pH	有机质 OM/(g/kg)	全氮 TN/(g/kg)	全磷 TP/(g/kg)	全钾 TK/(g/kg)	有效磷 AP/(mg/kg)	速效钾 AK/(mg/kg)	阳离子交换量 CEC/(cmol/kg)	土壤母质 Parent material	剖面点坐标 Profile coordinate	匹配指数 Matching index/%
剖1	淋溶土	黄棕壤	黄棕壤				1	0~6	黄棕色	中壤土	小块状	5.7	8.4								E 119°06′19.8″ N 32°07′12.0″	83
							2	6~100	棕色	重壤土	大棱柱状	6.0	4.4									
剖2	初育土	石灰（岩）土	棕色石灰土	石灰岩土	棕色石灰土	A	0~17	暗棕色	重壤土	碎粒状	7.0	24.9	1.31	0.71		1.8	105	12.5	石灰岩残积物	E 119°07′03.4″ N 32°05′53.9″	97
						Bv	17~80	黄棕色	重壤土	大块状、核粒状	7.7	5.1	0.42	0.62		1.4	103	12.8			
						C	80~	黄棕色	重壤土	大块状	7.7	2.9	1.70	0.54		1.8	86	10.5			
剖3	人为土	水稻土	渗育水稻土	淤砂土	青砂条	A	0~18	暗棕色	轻壤土	碎砂粒状	7.4	9.9	0.70	0.68		13.1	58	10.5	冲积物	E 119°13′23.9″ N 32°06′23.0″	96
						Ps	18~26	青灰色	轻壤土	小块状	7.5	7.0	0.59	0.69		13.4	60	8.7			
						Wo	26~50	棕黄色	中壤土	小块状	7.5	4.9	0.39	0.58		7.1	60	8.0			
						C	50~100	灰黄色	中壤土	无明显结构	7.5	3.1	0.28	0.58		9.4	53	7.4			
剖4	人为土	水稻土	潜育水稻土	青泥条	青泥条	A	0~15	灰棕色	轻黏土	小块状	5.8	15.2	0.93	0.68		5.4	75	16.4	下蜀黄土	E 119°11′08.5″ N 31°58′49.4″	81
						P	15~25	灰色	重壤土	大块状	6.6	8.4	0.59	0.81		2.5	69	14.7			
						G	25~50	青灰色	重壤土	棱柱状	7.0	5.0	0.43	0.82		2.4	70	14.6			
						C	50~100	棕黄色	重壤土	棱柱状	6.4	4.5	0.27	0.64		2.2	58	9.2			
剖5	淋溶土	黄褐土	黏盘黄褐土	黄刚土	旱作黄土	A	0~18	黄棕色	重壤土	小角块、粒状	5.9	14.1	0.93	0.59		4.6	52	11.4	下蜀黄土	E 119°12′33.5″ N 31°56′02.4″	96
						Bv	18~30	黄棕色	重壤土	大块状	6.8	4.5	0.28	0.42		1.4	48	9.2			
						C	30~100	棕色	重壤土	棱柱状	6.2	4.7	0.28	0.35		2.9	78	7.5			
剖6	人为土	水稻土	潜育水稻土	青马肝田	青泥条	Aa	0~12	黄棕色	壤质黏土	大棱块状	6.2	19.2	1.21					14.4	下蜀黄土	E 119°07′36.1″ N 31°52′57.7″	86
						Ap	12~23	青灰色	黏土	小块状	6.7	13.7	0.92					12.8			
						G₂	23~62	灰黄棕色	黏土	小块状	7.1	5.7	0.48					15.0			
						C	62~100	棕灰色	黏土	大块状	6.3	4.5	0.43								
剖7	人为土	水稻土	潜育水稻土	马肝土	灰马肝土	A	0~14	棕灰色	重壤土	屑粒状	6.2	20.6	1.21	0.91	21.9	4.1	70	17.7	下蜀黄土	E 119°14′07.1″ N 31°53′35.9″	90
						P	14~24	黄棕色	重壤土	大块状	6.7	14.3	0.91	0.94	24.6	2.9	62	14.5			
						W	24~48	浅黄色	重壤土	棱柱状	7.2	6.8	0.42	0.61	23.8	1.0	63	12.9			
						Bvg	48~100	棕黄色	中壤土	大块状	7.3	5.5	0.38	0.44	22.2	<1.0	80	13.5			
剖8	人为土	水稻土	潜育水稻土	漂洗水稻土	白土	A	0~17	黄棕色	重黏土	小块状	6.3	18.9	>10.00	0.66		4.8	60	12.0	湖相冲积物	E 119°07′21.4″ N 31°49′31.1″	92
						P	17~25	黄灰色	中壤土	小棱柱状	6.8	14.1	0.89	0.83		3.2	60	12.1			
						E	25~65	灰白色	中壤土	无明显结构	7.3	4.1	0.38	9.61		4.9	76	11.4			
						Bv	65~100	灰黄棕色	重黏土	核状	7.1	4.7	0.41	0.81		3.4	81	9.2			
剖9	人为土	水稻土	潜育水稻土	青泥土	青泥土	A	0~12	棕灰色	重黏土	核状	6.0	15.7	0.98	0.69	21.4	3.6	90	15.7	湖相冲积沉积物	E 119°10′41.2″ N 31°49′17.4″	89
						P	12~24	灰棕色	重黏土	棱柱状	6.5	8.7	0.63	0.63	23.4	1.8	138	15.6			
						G	24~46	青灰色	中壤土	棱柱状	6.6	5.8	0.47	0.79	44.6	4.0	113	17.0			
						C	46~100	棕黄色	中壤土	棱柱状	6.3	6.3	0.50	1.04	25.0	1.2	150	16.4			
剖10	人为土	水稻土	脱潜水稻土	马栅土	马栅土	A	0~15	黄棕色	轻黏土	小块状	6.2	23.1	1.34	0.70	21.4	2.9	112	15.0	湖相冲积沉积物	E 119°12′01.1″ N 31°49′35.4″	86
						P	15~26	黄棕色	轻黏土	大块柱	6.1	16.1	0.86	0.45	23.4	2.1	98	14.0			
						Wg	26~42	暗黄棕色	轻黏土	棱柱状	5.7	7.4	0.63	0.41	44.6	2.2	110	10.9			
						Dm	42~100	黑棕色	重黏土	无明显结构	7.5	7.4	0.66	0.44	25.0	3.0	110	11.1			
剖11	人为土	水稻土	潜育水稻土	马肝土	马肝土	A	0~13	暗黄色	中壤土	屑粒状	5.1	18.0	0.91	0.70	27.5	3.8	89	12.5	下蜀黄土	E 119°17′28.3″ N 31°59′46.3″	93
						P	13~19	灰黄色	重壤土	大块状	5.7	16.1	0.87	0.74	27.4	3.6	100	12.0			
						W	19~39	灰黄色	重壤土	棱柱状	5.8	11.9	0.78	0.71	25.0	3.5	93	11.8			
						Bvg	39~100	灰黄色	中壤土	棱状	6.6	4.3	0.31	0.58	29.5	2.5	73	11.4			

续表 Continued

剖面号 Soil profile	土纲 Soil order	亚类 Soil subgroup	土属 Soil genus	土种 Soil species	土层码 Layer code	土层厚度 Depth/cm	颜色 Soil color	质地 Soil texture	土壤结构 Soil structure	pH	有机质 OM/(g/kg)	全氮 TN/(g/kg)	全磷 TP/(g/kg)	全钾 TK/(g/kg)	有效磷 AP/(mg/kg)	速效钾 AK/(mg/kg)	阳离子交换量CEC/(cmol/kg)	土壤母质 Parent material	剖面点坐标 Profile coordinate	匹配指数 Matching index/%
剖12	淋溶土	黏盘黄褐土	黄刚土	黄刚土	A	0—8	暗棕色	黏壤土	屑粒状	5.7	25.2	1.13	0.30	11.9			10.6	下蜀黄土	E 119°17′17.2″ N 31°55′54.8″	81
					Bv	8—75	鲜红棕色	壤质黏土	块状	5.5							7.3			
					Bvt	75—200	鲜红棕色	壤质黏土	粒块状	6.1							10.9			
					Bvv	200—250	暗棕色	黏土		6.4							15.0			
剖13	人为土	淹育水稻土	黄土	黄土	A	0—14	浅灰色	重壤土	小块状	6.4	14.4	0.76	0.53	23.3	3.0	98	11.4	下蜀黄土	E 119°17′57.1″ N 31°56′12.8″	87
					P	14—19	灰黄色	中壤土	大块状	6.1	9.4	0.55	0.57	21.6	1.6	78	10.7			
					Wc	19—47	棕黄色	重壤土	棱块状	6.1	6.4	0.47	0.66	19.0	<1.0	72	7.6			
					C	47—100	棕黄色	中壤土	大块状	6.4	2.9	0.22	0.63	21.1	<1.0	103	9.2			
剖14	初育土	中性紫色土	紫砂土	紫砂土	A	0—6	紫灰色	中壤土	粒状	7.1	20.1	1.11	0.54		5.5	30		紫色砂页岩风化物	E 119°17′46.7″ N 31°50′51.0″	91
					Bv	6—19	暗紫灰色	中壤土	小角块状	7.2	13.3	0.83	0.62		3.0	61	10.2			
					C	19—100	暗紫灰色	中壤土	小角块状	7.0	4.0	0.38	0.71		3.0	38	8.2			
					D	120—														
剖15	人为土	渗育水稻土	淤砂土	漏砂土	A	0—25	灰黄色	轻壤土	碎粒状	7.4	10.5	0.66	1.14		6.3	105	10.2	冲积物	E 119°16′00.5″ N 31°40′59.2″	86
					P	25—35	棕黄色	砂壤土	小块状	7.8	4.6	0.42	1.24		4.2	113	8.2			
					S	35—100	暗灰色	砂土	无明显结构	7.8	1.6	0.13	1.15		2.4	46	6.5			

泰 州 市

市 辖 区

主要土类说明

潮土是泰州市主要土壤类型，占本市地域面积的48%。潮土主要分布于近代河流冲积平原或低平阶地，地下水位高，潜水参与成土过程。在潮土成土过程中，底土受氧化还原交替作用，形成锈色斑纹和小型铁子。在长期耕作条件下，表层有机质含量为10—15g/kg。

水稻土是泰州市第二大土壤类型，占本市地域面积的36%。水稻土是在长期季节性淹灌、水下翻耕、季节性脱水、氧化还原交替影响下，原来成土母质或母土的特性发生重大改变，形成的新的土壤类型。由于干湿交替，土壤发生糊状淹育层、较坚实板结的犁底层、渗育层、潴育层与潜育层等多种发生层分异。这些不同发生层段是在人为耕作、水浆管理下形成的。

本区域中心区气候特征

本区域中心区气候特征值
Regional climate characteristics in central area of the region

气候带：北亚热带湿润气候 Climate region: North subtropical humid climate	
年平均气温 /℃ Annual average temperature /℃	15.0
年平均最高气温 /℃ Annual average maximum temperature /℃	19.8
年平均最低气温 /℃ Annual average minimum temperature /℃	11.3
年降水量 /mm Annual precipitation /mm	1062
≥10℃的积温 /℃ Daily temperature accumulated in a year (≥10℃) /℃	5529
年日照时数 /h Annual sunshine /h	2078
年平均相对湿度 /% Annual average relative humidity /%	78
干燥度 Dryness	0.84

本区域中心区月平均气温与月平均降水量
Monthly temperature and precipitation in central area of the region

泰州市市辖区（部分）主要土壤类型与土壤剖面点分布图
1∶160 000

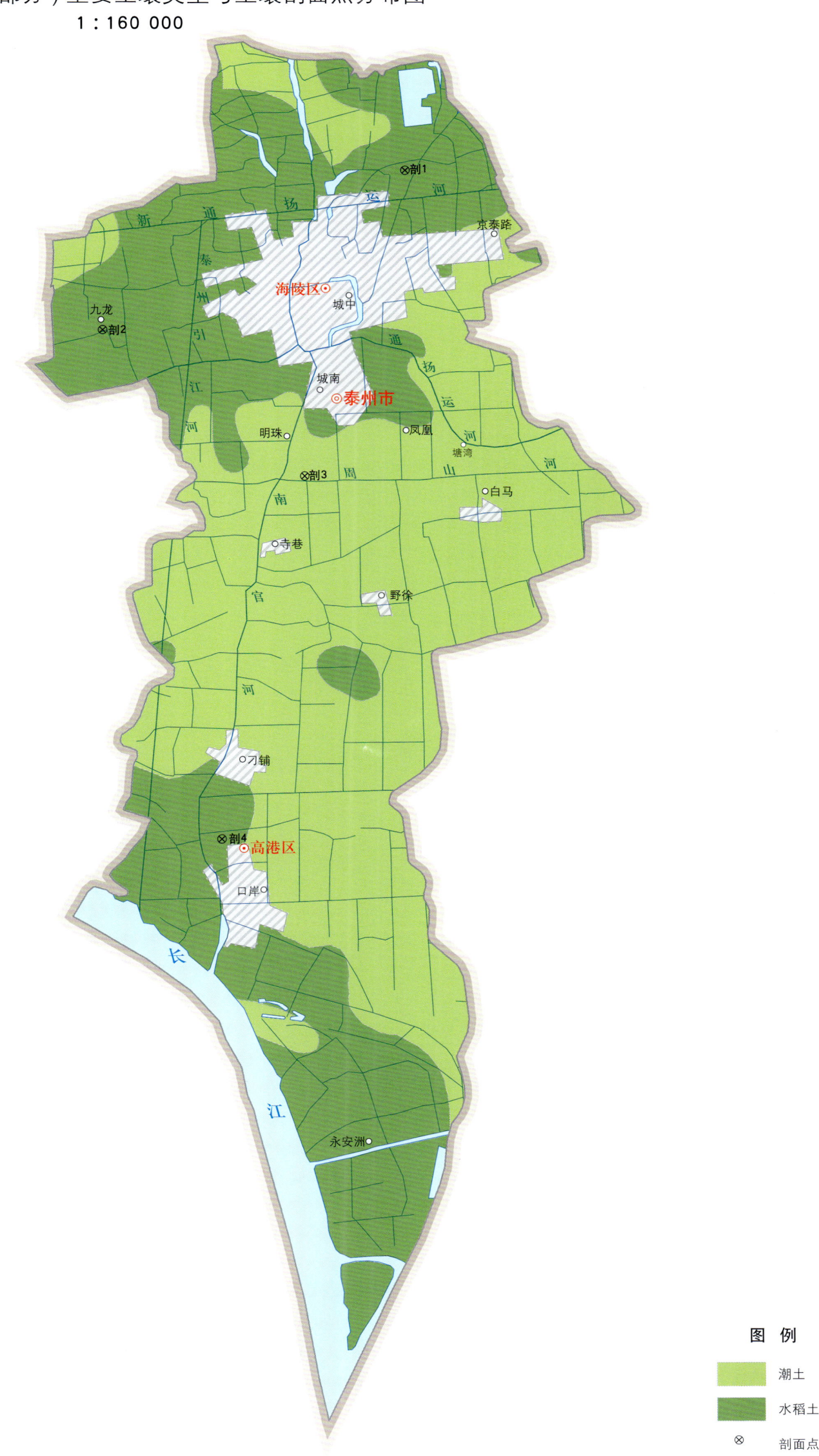

泰州市土壤剖面理化性状表

剖面号 Soil profile	土纲 Soil order	土类 Soil great group	亚类 Soil subgroup	土属 Soil genus	土种 Soil species	土层码 Layer code	土层厚度 Depth/cm	颜色 Soil color	质地 Soil texture	土壤结构 Soil structure	pH	有机质 OM/(g/kg)	全氮 TN/(g/kg)	全磷 TP/(g/kg)	碱解氮 AN/(mg/kg)	有效磷 AP/(mg/kg)	速效钾 AK/(mg/kg)	阳离子交换量CEC/(cmol/kg)	土壤母质 Parent material	剖面点坐标 Profile coordinate	匹配指数 Matching index/%
剖1	人为土	水稻土	渗育水稻土	小粉土	小粉土	1	0—11	浅灰色	中壤土	块状	7.4	9.4	0.75	1.81	124	5.0	170	9.5	冲积物	E 119°56′21.1″ N 32°31′42.6″	88
						2	11—21	浅灰色	轻壤土	块状	7.8	7.2	0.58	1.58	50	3.0	95	9.1			
						3	21—39	黄灰色	中壤土	块状	7.6	6.5	0.60	1.49	86	1.0	89	9.4			
						4	39—54	灰黑色	重壤土	块状	7.8	6.3	0.60	1.23	73	1.0	93	11.2			
						5	54—83	蓝灰色	中壤土	块状	7.5	3.8	0.47	1.15	79	1.0	73	8.8			
						6	83—100	黄灰色	轻壤土	块状	7.8	1.5	0.19	1.53	40	1.0	58	5.7			
剖2	人为土	水稻土	渗育水稻土	小粉土	小粉土	1	0—13	浅棕灰色	轻壤土	小块状	7.7	9.8	0.77	1.26	86	4.0	72	9.2	冲积物	E 119°49′58.8″ N 32°28′55.2″	87
						2	13—30	浅棕灰色	轻壤土	小块状	7.7	8.1	0.71	1.26	79	1.0	42	8.9			
						3	30—94	黄灰色	砂壤土	小块状	7.5	4.2	0.46	1.33	77	1.0	29	7.7			
						4	94—100	灰黄色	砂壤土	小块状	7.7	2.5	0.24	1.25	59	1.0	11	9.1			
剖3	半水成土	潮土	灰潮土	高砂土	底黑砂土	1	0—14	浅棕灰色	轻壤土	小块状	7.6	12.1	0.83	1.54	68	8.0	201	9.2	冲积物	E 119°54′06.1″ N 32°26′07.8″	86
						2	14—56	灰色	轻壤土	小块状	8.0	5.2	0.42	1.08	66	2.0	85	9.8			
						3	56—83	灰黑色	中壤土	块状	7.8	7.3	0.47	1.05	50	1.0	73	13.5			
						4	83—100	灰黑色	砂壤土	无明显结构	8.0	1.6	0.14	1.05	40	1.0	55	4.5			
剖4	人为土	水稻土	渗育水稻土	小粉土	夹黑小粉土	1	0—11	灰色	轻壤土	小块状	8.3	10.8	0.86	0.85		6.0	53	9.9	冲积物	E 119°52′06.2″ N 32°19′29.6″	93
						2	11—18	棕灰色	轻壤土	块状	8.3	7.4	0.66	1.51		1.0	71	9.0			
						3	18—46	浅灰色	轻壤土	块状	8.3	5.1	0.48	1.26		1.0	43	10.3			
						4	46—63	灰黑色	中壤土	块状	8.3	10.0	0.67	1.25		1.0	51	14.6			
						5	63—100	蓝灰色	砂壤土		8.4	1.2	0.16	1.07		1.0	24	6.0			

姜 堰 区

主要土类说明

水稻土是姜堰区主要土壤类型，占本区地域面积的50%。水稻土是在长期季节性淹灌、水下翻耕、季节性脱水、氧化还原交替影响下，原来成土母质或母土的特性发生重大改变，形成的新的土壤类型。由于干湿交替，土壤发生糊状淹育层、较坚实板结的犁底层、渗育层、潴育层与潜育层等多种发生层分异。这些不同发生层段是在人为耕作、水浆管理下形成的。

潮土是姜堰区第二大土壤类型，占本区地域面积的46%。潮土主要分布于近代河流冲积平原或低平阶地，地下水位高，潜水参与成土过程。在潮土成土过程中，底土受氧化还原交替作用，形成锈色斑纹和小型铁子。在长期耕作条件下，表层有机质含量为10—15g/kg。

本区域中心区气候特征

本区域中心区气候特征值
Regional climate characteristics in central area of the region

气候带：北亚热带湿润气候 Climate region: North subtropical humid climate	
年平均气温 /℃ Annual average temperature /℃	14.9
年平均最高气温 /℃ Annual average maximum temperature /℃	19.6
年平均最低气温 /℃ Annual average minimum temperature /℃	11.2
年降水量 /mm Annual precipitation /mm	1060
≥10℃的积温 /℃ Daily temperature accumulated in a year (≥10℃) /℃	5489
年日照时数 /h Annual sunshine /h	2104
年平均相对湿度 /% Annual average relative humidity /%	78
干燥度 Dryness	0.83

本区域中心区月平均气温与月平均降水量
Monthly temperature and precipitation in central area of the region

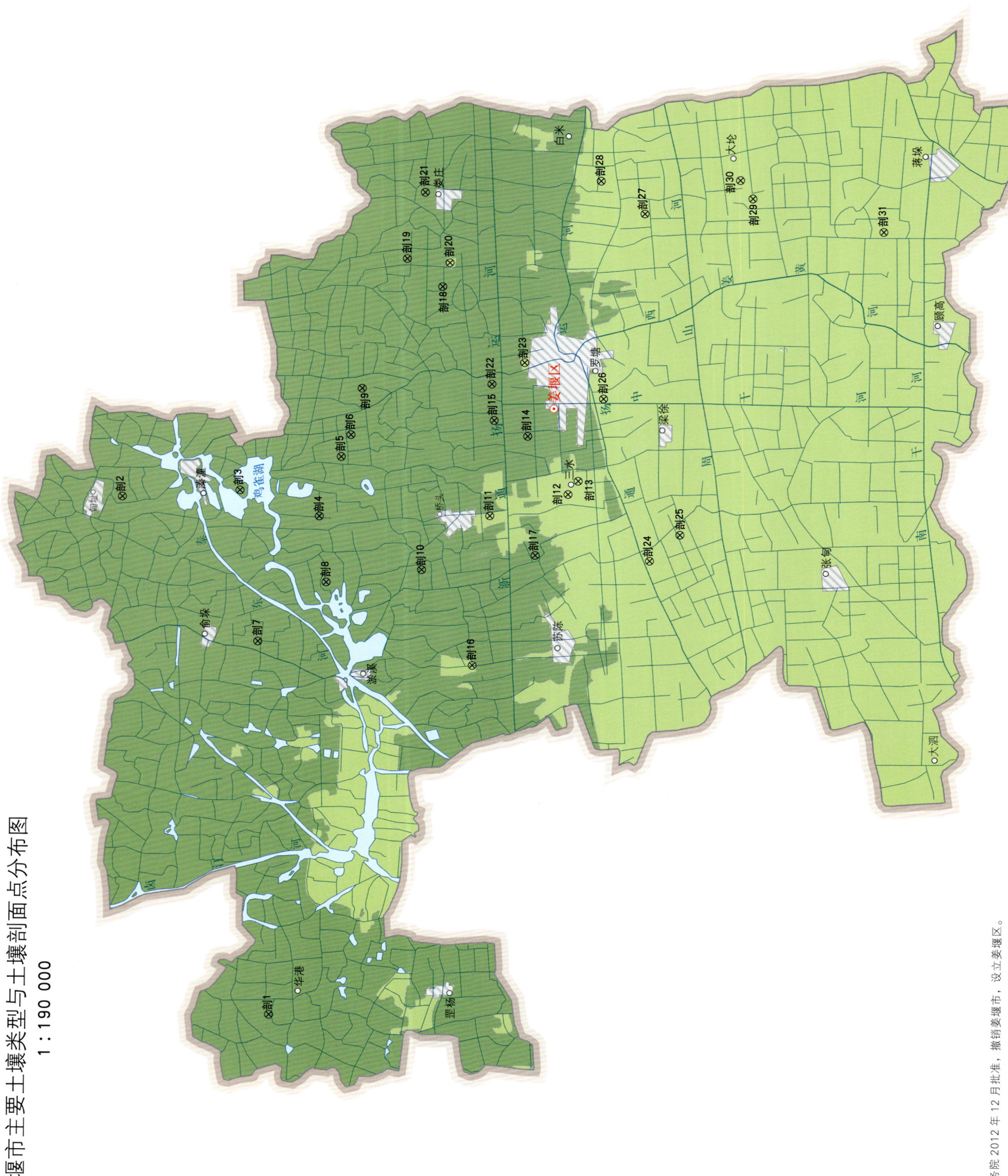

姜堰市主要土壤类型与土壤剖面点分布图
1:190 000

姜堰区土壤剖面理化性状表

剖面号 Soil profile	土纲 Soil order	土类 Soil great group	亚类 Soil subgroup	土属 Soil genus	土种 Soil species	土层码 Layer code	土层厚度 Depth/cm	颜色 Soil color	质地 Soil texture	土壤结构 Soil structure	pH	有机质 OM/(g/kg)	全氮 TN/(g/kg)	全磷 TP/(g/kg)	全钾 TK/(g/kg)	有效磷 AP/(mg/kg)	速效钾 AK/(mg/kg)	阳离子交换量CEC/(cmol/kg)	土壤母质 Parent material	剖面点坐标 Profile coordinate	匹配指数 Matching index/%
剖1	人为土	水稻土	脱潜水稻土	勤泥土	肩黑勤泥土	A	0—18	浅灰色	轻黏土	块状	6.3	30.0	1.93	1.16		5.0	84	25.0	湖相沉积物	E 119°50′15.4″ N 32°36′40.3″	96
						P	18—34	暗黑色	轻黏土	块状	7.3	27.6	1.72	0.98		4.0	56	25.2			
						Dm	34—73	灰黑色	轻黏土	棱柱状	7.5	35.6	2.04	0.90		1.0	76	24.9			
						G	73—100	黄灰色	重壤土	棱柱状	7.0	9.7	0.65	0.59		1.0	60	17.8			
剖2	人为土	水稻土	脱潜水稻土	勤泥土	腰黑勤泥土	A	0—17	暗灰色	中壤土	小块状	7.4	22.5	1.24	1.45		10.0	44	18.3	湖相沉积物	E 120°04′35.8″ N 32°40′27.1″	81
						P	17—30	浅灰色	重壤土	小块状	7.4	21.1	1.29	1.23		4.0	84	18.6			
						Wg	30—53	浅灰色	重壤土	棱柱状	7.7	25.3	1.42	0.86		2.0	80	19.2			
						Dm	53—68	黑色	重壤土	棱柱状	7.7	36.1	1.87	0.79		3.0	90	26.5			
剖3	人为土	水稻土	潜育水稻土	黑烘土		G	68—100	灰棕色													
						A	0—18	浅灰色	轻黏土	小块状	7.8	31.8	1.90	1.01		3.0	113	26.9	湖相沉积物	E 120°04′52.7″ N 32°37′47.6″	87
						P	18—30	暗棕色	轻黏土	块状	7.2	51.8	2.48	0.75		2.0	138	30.7			
						G	30—46	暗灰色	轻黏土	棱柱状	7.6	46.9	1.86	0.63		2.0	155	24.8			
						Cg	46—100	灰黄色	轻黏土		7.0	8.6	0.45	0.71		2.0	198	20.6			
剖4	人为土	水稻土	渗育水稻土	小粉浆	深位砂夹小粉浆	A	0—13	暗灰色	中壤土	小块状	7.5	13.9	1.13	1.28		3.0	60	11.7	冲积物、湖相沉积物	E 120°04′10.9″ N 32°35′56.8″	84
						W	13—23	浅灰色	中壤土	块状	7.5	14.8	0.97	1.24		4.0	52	11.3			
						Bvca	23—44	棕灰色	中壤土	块状	7.7	8.6	0.70	1.10		1.0	50	9.9			
						C	44—65	灰灰色	砂壤土	块状	7.7	4.7	0.30	1.01		1.0	52	8.2			
剖5	人为土	水稻土	渗育水稻土	砂夹缠	黏心砂夹缠	A	0—20	褐色	中壤土	团粒状	7.8	16.9	1.02	0.91		3.0	65	13.0	冲积物	E 120°05′54.2″ N 32°35′30.1″	84
						P	20—38	褐色	中壤土	小块状	7.6	11.5	0.67	0.97		1.0	52	12.4			
						W	38—55	灰色	轻壤土	团块状	8.1	11.6	0.53	0.97		1.0	49	11.8			
						Bv	55—74	深황色	轻壤土	团块状	8.2	10.7	0.56	1.21		1.0	59	13.0			
剖6	人为土	水稻土	渗育水稻土	小粉浆	浅位砂夹小粉浆	C	65—100 74—														
						A	0—13	暗黑色	重壤土	块状	7.6	18.3	1.10	1.57		9.0	65	13.6	冲积物、湖相沉积物	E 120°06′29.9″ N 32°35′17.9″	85
						P	13—28	浅灰色	重壤土	块状	8.0	15.5	1.09	1.50		3.0	55	14.0			
						W	28—51	灰黄色	轻壤土	棱柱状	8.4	3.3	0.35	1.52		2.0	35	4.7			
						C	51—65 65—100	灰黄色	砂壤土	块状	7.8	3.8	0.22	1.34		2.0	25	4.8			
剖7	人为土	水稻土	潜育水稻土	河滨土	淤泥土	A	0—14	灰黑色	重壤土	块状	7.8	22.6	1.21	1.43		10.0	56	16.7	湖相沉积物	E 120°00′39.2″ N 32°37′14.9″	80
						P	14—30	灰黑色	重壤土	块状	7.8	22.7	1.21	1.31		6.0	56	17.7			
						Cg₁	30—70	灰黄色	轻壤土	棱柱状	8.4	6.9	0.47	1.40		1.0	40	6.9			
						Cg₂	70—100	暗黑色	轻壤土		7.8	22.4	1.30	1.43		3.0	70	16.8			
剖8	人为土	水稻土	脱潜水稻土	勤泥土	底黑勤泥土	A	0—15	暗黑色	重壤土	块状	7.3	19.9	1.38	1.36		5.0	60	18.3	湖相沉积物	E 120°02′21.1″ N 32°35′43.1″	95
						P	15—40	浅灰色	重壤土	块状	7.5	19.7	1.10	1.37		2.0	60	18.7			
						Wg	40—54	深灰色	轻壤土	棱柱状	7.4	20.5	0.95	1.26		1.0	52	18.9			
						Dm	54—75	黑色	轻壤土	块状	7.2	19.4	1.70	0.98		1.0	76	25.8			
						5	75—100	浅棕色	中壤土	小块状	7.2	13.3	0.52	0.98		1.0	114	28.9			
剖9	人为土	水稻土	潜育水稻土	黑烘土	青泥土	A	0—12	棕黑色	轻壤土	块状	7.6	32.5	1.82	1.05		3.0	120	25.0	湖相沉积物	E 120°07′48.4″ N 32°35′04.2″	86
						P	12—24	棕黑色	轻壤土	块状	7.8	31.9	1.89	0.90		1.0	106	27.6			
						G₁	24—46	青灰色	轻壤土	块状	7.6	13.5	0.69	0.65		1.0	108	15.7			
						G₂	46—68	青灰色	轻壤土	块状	7.7	10.8	0.58	0.62		1.0	126	21.3			

续表 Continued

剖面号 Soil profile	土纲 Soil order	土类 Soil great group	亚类 Soil subgroup	土属 Soil genus	土种 Soil species	土层码 Layer code	土层厚度 Depth/cm	颜色 Soil color	质地 Soil texture	土壤结构 Soil structure	pH	有机质 OM/(g/kg)	全氮 TN/(g/kg)	全磷 TP/(g/kg)	全钾 TK/(g/kg)	有效磷 AP/(mg/kg)	速效钾 AK/(mg/kg)	阳离子交换量CEC/(cmol/kg)	土壤母质 Parent material	剖面点坐标 Profile coordinate	匹配指数 Matching index/%
剖10	人为土	水稻土	潴育水稻土	红砂土	红砂土	A	0—16	浅灰色	轻黏土	小块状	7.5	19.5	1.36	1.33		5.0	96	19.3	湖相沉积物	E 120°02′47.4″ N 32°33′34.2″	89
						P	16—23	浅棕色	重壤土	块状	7.6	17.6	1.06	1.12		2.0	96	18.2			
						W	23—80	暗棕色	重壤土	棱柱状	7.6	16.3	1.06	1.20		2.0	92	18.0			
						Bvg	80—115		重壤土	棱柱状	7.3	20.0	1.08	1.24		3.0	84	22.4			
						C	115—														
剖11	半成成土	潮土	灰潮土		扰动泥炭埋田土	A	0—12	浅灰色	重壤土	小块状	6.6	20.7	1.31	1.83		9.0	92	22.3	湖相沉积物	E 120°04′22.1″ N 32°33′02.4″	92
						Bv	12—36	棕灰色	重壤土	棱柱状	8.0	14.3	1.25	1.11		6.0	96	21.9			
						Dm₁	36—62	灰黑色	轻壤土	块状	7.8	27.8	1.92	0.69		5.0	88	27.9			
						Dp	62—69	棕黑色	重壤土	块状	7.4	64.4	5.14	1.64		18.0	114	42.0			
						Dm₂	69—83	黑黑色													
剖12	半水成土	潮土	灰潮土	高砂土	腰繁黑砂土	A₁	0—15	灰黄色	轻壤土	小块状	7.7	10.7	0.79	1.50		4.0	96	8.0	冲积物	E 120°05′01.0″ N 32°30′19.4″	87
						A₂	15—38	暗灰色	轻壤土	棱柱状	7.7	7.5	0.57	1.39		2.0	60	8.6			
						Dm	38—52	棕灰色	中壤土	块状	8.0	7.5	0.53	1.24		1.0	28	13.0			
						Bv	52—82	灰黄色	重壤土	块状	7.6	4.3	0.32	1.28		1.0	32	9.3			
						C	82—100	灰黄色													
剖13	半水成土	潮土	灰潮土	高砂土	底黑砂土	A₁	0—11	灰色	砂壤土	小块状	8.2	11.8	0.59	1.79		2.0	24	7.0	冲积物	E 120°05′28.0″ N 32°30′04.3″	99
						P	11—49	灰灰色	重黏土	块状	8.2	6.9	0.38	1.50		3.0	16	7.0			
						Dm	49—80	灰黑色	中壤土	块状	8.6	8.5	0.35	1.65		2.0	10	7.7			
						Bv	80—136	浅黄色	轻壤土	小块状	8.4	13.8	0.60	4.54		16.0	18	12.3			
						C	136—		砂土												
剖14	人为土	水稻土	渗育水稻土	砂夹缯	腰繁砂夹缯	A	0—15	浅灰色	中壤土	小块状	7.4	8.9	0.82	0.82		2.0		14.2	冲积物	E 120°06′37.4″ N 32°31′14.9″	86
						P	15—25	灰灰色	轻壤土	小块状	7.2	6.9	0.50	0.24		3.0		10.7			
						Dm	25—44	灰棕色	中壤土	块状	7.5	8.5	0.56	0.36		2.0		10.5			
						Bv	44—100	浅棕色	砂壤土	小块状	7.8	1.6	0.22	0.15				6.0			
						C	100—		砂土												
剖15	半水成土	潮土	灰潮土	小粉浆	淀砂土	A	0—13	暗棕色	中壤土	小块状	7.3	13.3	0.98	1.47		5.0	59	10.5	冲积物、湖相沉积物	E 120°07′01.6″ N 32°32′02.0″	86
						P	13—27	暗灰色	中壤土	小块状	8.1	12.2	0.89	1.40		4.0	55	13.3			
						W	27—44	灰灰色	轻壤土	小块状	8.0	4.6	0.42	1.28		3.0	45	9.4			
						C	44—65	浅灰色	中壤土	小块状	8.1	3.7	0.25	1.26		5.0	75	10.4			
							65—														
剖16	半水成土	潮土	灰潮土	高砂土	夜潮土	A	0—13	浅灰色	轻壤土	粒状	7.8	8.9	0.83	1.63		3.0	20	8.0	冲积物	E 120°00′09.7″ N 32°32′20.4″	91
						B₁	13—40	灰白色	轻壤土	小块状	7.8	7.9	0.64	1.56		1.0	20	7.6			
						B₂	40—80	黄棕色	轻壤土	小块状	7.8	5.4	0.46	1.53		1.0	16	7.1			
						C	80—100	浅灰色	砂壤土		7.9	2.7	0.23	1.52		1.0	12	4.1			
剖17	人为土	水稻土	渗育水稻土	小粉浆	小粉浆	A	0—16	浅灰色	中壤土	小块状	7.7	14.6	1.07	1.39		4.0	56	16.7	冲积物、湖相沉积物	E 120°03′18.7″ N 32°31′00.5″	80
						P	16—26	浅灰色	中壤土	小块状	7.8	12.3	0.93	1.35		4.0	60	16.9			
						W	26—49	浅棕色	中壤土	块状	7.8	12.3	0.83	1.40		4.0	48	16.4			
						Bvca	49—100	浅棕色	中壤土	小块状	7.9	7.4	0.42	1.20		3.0	36	12.3			
						C	100—														
剖18	人为土	水稻土	渗育水稻土	砂夹缯	缯浆土	A	0—14	灰色	中壤土	块状	7.6	18.3	1.16	1.40		3.0	62	12.2	冲积物	E 120°10′43.0″ N 32°33′19.1″	99
						P	14—29	灰色	中壤土	块状	7.8	15.4	1.04	1.31		3.0	53	13.9			
						W	29—46	灰色	中壤土	块状	7.8	12.3	0.69	1.13		1.0	62	13.1			
						Bv	46—70	浅黄色	砂土	粒状											
						C	70—		砂土												

续表 Continued

剖面号 Soil profile	土纲 Soil order	土类 Soil great group	亚类 Soil subgroup	土属 Soil genus	土种 Soil species	土层码 Layer code	土层厚度 Depth/cm	颜色 Soil color	质地 Soil texture	土壤结构 Soil structure	pH	有机质 OM/(g/kg)	全氮 TN/(g/kg)	全磷 TP/(g/kg)	全钾 TK/(g/kg)	有效磷 AP/(mg/kg)	速效钾 AK/(mg/kg)	阳离子交换量CEC/(cmol/kg)	土壤母质 Parent material	剖面点坐标 Profile coordinate	匹配指数 Matching index/%
剖19	人为土	水稻土	潴育水稻土	红砂土	缠脚土	A	0—15	浅灰色	重壤土	块状	7.7	16.0	0.99	1.42		3.0	55	14.7	湖相沉积物	E 120°11′29.0″ N 32°34′08.4″	84
						P	15—27	暗灰色	重壤土	核状	7.9	10.6	0.68	1.27		2.0	57	13.8			
						W	27—64	暗棕色	中壤土	块状	7.8	11.7	0.62	1.24		2.0	52	13.6			
						Bvg	64—84	黄棕色	中壤土	块状	8.0	4.9	0.41	1.33		2.0	35	11.2			
						C	84—100	棕色													
剖20	半水成土	潮土	灰潮土	砂码土	砂码土	A_1	0—15	暗灰色	轻壤土	小块状	7.4	9.1	0.73	1.51		4.0	28	6.9	石灰性母质	E 120°11′24.4″ N 32°33′07.9″	98
						A_2	15—30	暗灰色	轻壤土	小块状	7.5	6.3	0.67	1.60		3.0	24	6.8			
						Bvca	30—48	灰白色	砂壤土	小块状	7.6	4.2	0.56	1.44		3.0	28	4.8			
						C	48—100	浅灰黄色	砂土		8.0										
剖21	人为土	水稻土	渗育水稻土	小粉浆	腰黑小粉浆	A	0—12	暗灰色	中壤土	块状	7.2	18.5	1.25	1.32		7.0	115	10.9	冲积物, 湖相沉积物	E 120°13′22.4″ N 32°33′45.4″	96
						P	12—21	浅灰色	中壤土	块状	7.5	16.1	1.08	1.26		4.0	90	10.4			
						W	21—34	暗灰色	中壤土	块状	7.9	15.1	0.97	1.24		4.0	90	10.5			
						Dm	34—41	黑色	重壤土	核柱状	8.0	2.1	0.15	1.19		12.0	55	4.9			
						Bvca	41—73	浅灰黄色	轻壤土												
						C	73—														
剖22	人为土	水稻土	潜育水稻土	河漤土	河漤土	A_1	0—14	灰黄色	重壤土	小块状	7.7	10.2	0.66	1.75		14.0	100	10.9	湖相沉积物	E 120°08′01.7″ N 32°32′06.7″	94
						A_2	14—35	暗灰黄色	重壤土	块状	7.9	5.5	0.57	1.35		2.0	80	10.7			
						Bvg	35—68	暗灰色	轻黏土	块状	7.9	5.6	0.52	1.42		3.0	109	13.3			
						G	68—90		轻黏土												
剖23	半水成土	潮土	灰潮土	菜园土	菜园土	A_1	0—18	灰色	重壤土	块状	7.2	15.4	1.06	2.15	18.3	30.0	77	11.3	冲积物	E 120°08′40.2″ N 32°31′22.4″	97
						A_2	18—27	黄灰黄色	轻壤土	屑粒状	7.1	10.2	0.74	1.94	17.3	18.0	41	13.3			
						Bv_1	27—45	黄灰黄色	砂壤土	块状	7.3	4.6	0.29	1.83	19.3	5.0	26	9.4			
						Bv_2	45—69	灰色	轻壤土		7.4	2.2	0.20	1.45	16.7	1.0	22	5.4			
						C	69—		砂土												
剖24	半水成土	潮土	灰潮土	高砂土	高砂土	A_{11}	0—12	灰色	砂壤土	块状	8.0	17.0	0.99	0.43		5.5	32	7.8	冲积物	E 120°04′00.8″ N 32°27′44.3″	96
						A_{12}	12—30	黄灰黄色	砂壤土	块状	8.6	5.5	0.36	0.32		2.0	16	7.3			
						C_1	30—70	暗灰黄色	砂壤土	块状	8.6	2.4	0.18	0.32		1.0		5.6			
						C_2	70—100	黄灰色	砂壤土		8.8	2.0	0.15	0.26		1.0		5.2			
剖25	半水成土	潮土	灰潮土	飞砂土	飞砂土	A_1	0—9	灰色	砂壤土	屑块状	7.8	7.5	0.49	1.50		1.0		5.4	冲积物	E 120°04′00.8″ N 32°27′44.3″	82
						A_2	9—16	浅灰色	轻壤土	块状	7.9	7.5	0.48	1.50		1.0		5.0			
						C	16—	浅灰黄色	砂土												
剖26	半水成土	潮土	灰潮土	小粉土	底黑小粉土	A	0—14	灰黄色	轻壤土	块状	7.6	10.3	0.71	1.70		5.0	54	9.9	冲积物	E 120°07′44.8″ N 32°29′35.2″	84
						P	14—25	灰灰黑色	轻壤土	小块状	8.0	7.3	0.48	1.61		3.0	30	10.0			
						Bv	25—50	灰灰黑色	中壤土	核柱状	7.9	5.7	0.36	1.35		3.0	30	10.6			
						Dm	50—63	灰黑色	轻壤土												
						C	63—100	黄色	砂土												
剖27	半水成土	潮土	灰潮土	高砂土	肩黑砂土	A	0—15	浅灰黄色	轻壤土	小块状	7.4	10.2	0.70	1.44		1.0	46	8.9	冲积物	E 120°12′56.9″ N 32°28′46.2″	81
						Dm	15—32	灰黑色	轻壤土	小块状	7.7	12.1	0.81	1.40		1.0	38	11.2			
						C	32—100	棕灰色	轻壤土												
剖28	半水成土	盐化潮土	盐霜土	盐霜土	A_1	0—10	灰色	轻壤土	小块状	8.1	10.3	0.83	1.36		4.0	30	7.2	冲积物	E 120°13′45.5″ N 32°29′48.8″	82
						A_2	10—24	浅灰黄色	轻壤土	块状	8.2	8.3	0.70	1.35		4.0	30	7.7			
						Bv	24—38	灰黄色		块状	8.3	7.6	0.51	1.26		2.0	30	6.3			
							38—100														
剖29	半水成土	潮土	灰潮土	高砂土	扰动砂土	1	0—29		轻壤土											冲积物	E 120°13′23.9″ N 32°26′16.8″	96
						2	29—46		轻壤土												
						3	46—100		砂壤土												

续表 Continued

剖面号 Soil profile	土纲 Soil order	土类 Soil great group	亚类 Soil subgroup	土属 Soil genus	土种 Soil species	土层码 Layer code	土层厚度 Depth/cm	颜色 Soil color	质地 Soil texture	土壤结构 Soil structure	pH	有机质 OM/(g/kg)	全氮 TN/(g/kg)	全磷 TP/(g/kg)	全钾 TK/(g/kg)	有效磷 AP/(mg/kg)	速效钾 AK/(mg/kg)	阳离子交换量CEC/(cmol/kg)	土壤母质 Parent material	剖面点坐标 Profile coordinate	匹配指数 Matching index/%
剖30	半水成土	潮土	灰潮土	高砂土	砂土	A₁	0—16	浅灰色	砂壤土	小块状	7.7	9.4	0.70	1.43		4.0	44	8.2	冲积物	E 120°13′54.8″ N 32°26′37.7″	80
						A₂	16—33	棕灰色	砂壤土	小块状	7.9	6.2	0.41	1.32		1.0	24	8.2			
						Bv₁	33—46	暗灰色	轻壤土	小块状	7.9	6.0	0.41	1.16		1.0	28	9.3			
						Bv₂	46—88	浅灰色	轻壤土	小块状											
						C	88—	黄灰色	砂土												
剖31	半水成土	潮土	灰潮土	高砂土	抗动砂土	A₁	0—10	浅灰色	轻壤土	小块状									冲积物	E 120°12′35.3″ N 32°23′18.2″	84
						A₂	10—26	浅灰色	砂壤土	小块状											
						Bv	26—51	灰白色	轻壤土	小块状											
						C	51—100	灰黄色													

兴 化 市

主要土类说明

水稻土是兴化市主要土壤类型，占本市地域面积的88%。水稻土是在长期季节性淹灌、水下翻耕、季节性脱水、氧化还原交替影响下，原来成土母质或母土的特性发生重大改变，形成的新的土壤类型。由于干湿交替，土壤发生糊状淹育层、较坚实板结的犁底层、渗育层、潴育层与潜育层等多种发生层分异。这些不同发生层段是在人为耕作、水浆管理下形成的。

沼泽土是兴化市第二大土壤类型，占本市地域面积的7%。沼泽土主要发生于地势低洼、长期地表积水的地方，地表有喜湿植被生长。有机质累积明显及还原作用强烈，具有潜育层，剖面构型为H-G。地表有机质累积明显，甚至见泥炭或腐泥层。

潮土是兴化市第三大土壤类型，占本市地域面积的3%。潮土见于近代河流冲积平原或低平阶地，地下水位高，潜水参与成土过程。在潮土成土过程中，底土受氧化还原交替作用，形成锈色斑纹和小型铁子。在长期耕作条件下，土壤表层有机质含量为10—15g/kg。

本区域中心区气候特征

本区域中心区气候特征值
Regional climate characteristics in central area of the region

气候带：北亚热带湿润气候 Climate region: North subtropical humid climate	
年平均气温 /℃ Annual average temperature /℃	14.7
年平均最高气温 /℃ Annual average maximum temperature /℃	19.5
年平均最低气温 /℃ Annual average minimum temperature /℃	10.9
年降水量 /mm Annual precipitation /mm	1035
≥10℃的积温 /℃ Daily temperature accumulated in a year（≥10℃）/℃	5416
年日照时数 /h Annual sunshine /h	2154
年平均相对湿度 /% Annual average relative humidity /%	78
干燥度 Dryness	0.84

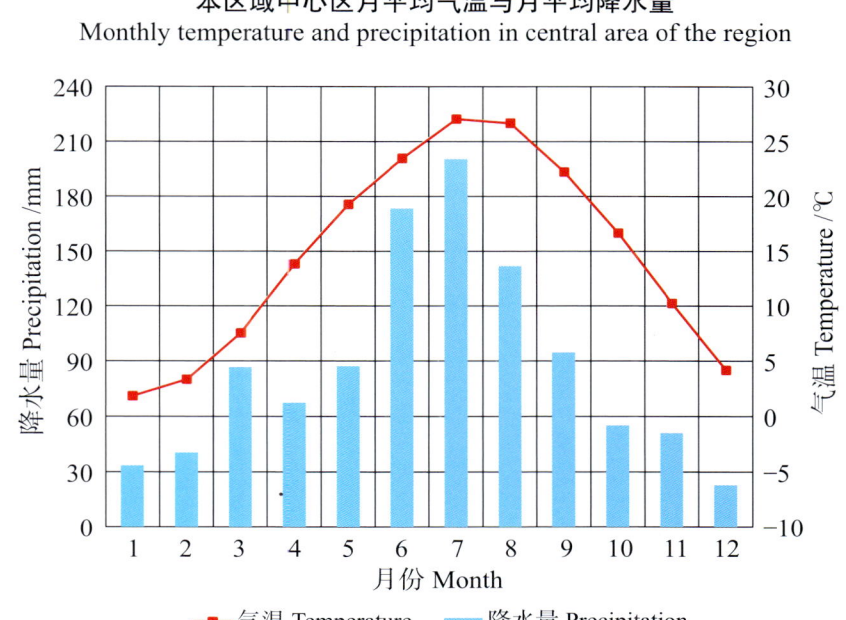

本区域中心区月平均气温与月平均降水量
Monthly temperature and precipitation in central area of the region

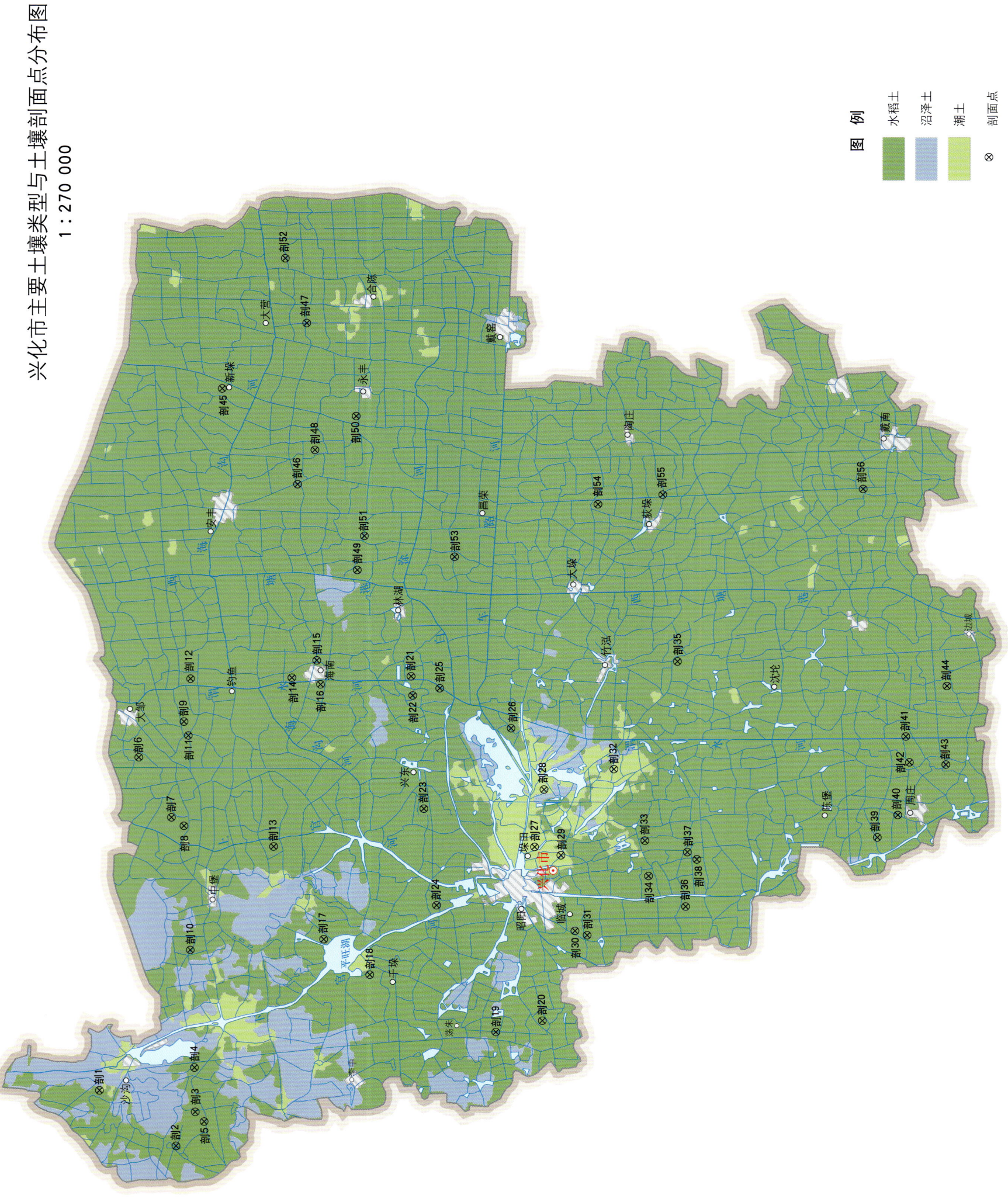

兴化市土壤剖面理化性状表

剖面号 Soil profile	土纲 Soil order	土类 Soil great group	亚类 Soil subgroup	土属 Soil genus	土种 Soil species	土层码 Layer code	土层厚度 Depth/cm	颜色 Soil color	质地 Soil texture	土壤结构 Soil structure	pH	有机质 OM/(g/kg)	全氮 TN/(g/kg)	全磷 TP/(g/kg)	全钾 TK/(g/kg)	碱解氮 AN/(mg/kg)	有效磷 AP/(mg/kg)	速效钾 AK/(mg/kg)	阳离子交换量 CEC/(cmol/kg)	土壤母质 Parent material	剖面点坐标 Profile coordinate	匹配指数 Matching index/%
剖1	半水成土	潮土	灰潮土	垛田土	垛田黏土	A	0—20		轻黏土		7.4	26.0	0.98	1.05		86	17.0	244	29.3	人工堆叠物	E 119°42′07.6″ N 33°10′01.2″	96
						Bv$_1$	20—34		轻黏土		7.4	28.0	1.44	0.98		65	11.7	146	16.8			
						Bv$_2$	34—54		轻黏土		7.3	15.0	1.09	1.09								
						Bv$_3$	54—70		轻黏土		7.4	15.6										
剖2	人为土	水稻土	脱潜水稻土	乌杂土	乌杂土	A	0—15	暗灰色	重壤土	粒状	7.8	22.4	1.34	1.58		59	11.7	138	16.6	湖积物、黄淮冲积物	E 119°39′49.7″ N 33°07′31.4″	83
						P	15—33	灰色	中壤土	块状	7.9	26.1	1.05	1.48		49	8.8	245	17.6			
						W	33—49	黄夹黄色	轻壤土	棱块状	8.0	29.7	1.33	1.53								
						S	49—98	棕黄色	砂壤土		8.0	4.0										
						Cg	98—	黄夹灰	中壤土	小块状	8.0	1.2										
剖3	人为土	水稻土	脱潜水稻土	灰杂土	勤杂土	A	2—20		重壤土											湖积物、黄淮冲积物	E 119°41′11.4″ N 33°06′51.5″	80
						P	20—43	灰夹青色	重壤土	粒状	7.7	41.4	1.96	1.29		89	5.5	125	12.8			
						W	43—78	褐灰色	重壤土	块状	7.8	43.7	1.82	1.10		78	2.6	150				
						Wg	78—120	褐灰色	重壤土	块状	7.8	34.0	1.89	0.71								
						Dh	120—	灰黄色	轻壤土	无明显结构	7.3	59.0										
剖4	人为土	水稻土	脱潜水稻土	灰杂土	灰杂土	G	120—	灰黑色	轻壤土		7.5	13.6								湖积物、黄淮冲积物	E 119°42′57.6″ N 33°06′51.1″	86
						A	0—17	灰色	重壤土	粒状	7.8	31.2	1.85	0.99		45	3.4	135				
						P	17—32	褐灰色	重壤土	块状	7.9	29.6	1.77	1.16		51	2.2	130				
						W	32—75	棕灰色	重壤土	棱柱状	8.0	28.1	1.74	0.96								
						Wg	75—105	深灰色	重壤土	大块状	7.2	24.1										
						Dh	105—	灰黑色	重壤土	无明显结构	7.2	26.2										
剖5	人为土	水稻土	脱潜水稻土	灰杂土	勤杂土	A	0—14	灰棕色	中壤土	粒状	7.9	11.0	0.62	1.52		24	4.3	172	18.4	湖积物、黄淮冲积物	E 119°40′47.3″ N 33°06′34.2″	80
						P	14—35	棕灰色	中壤土	块状	8.1	16.3	0.94	1.12		55	5.2	180	12.4			
						W	35—46	棕灰色	中壤土	棱柱状	8.2	9.4	1.09	1.08								
						Bvg	46—	灰黄色	重壤土	块状	8.0											
剖6	人为土	水稻土	潴育水稻土	小棕浆	缠砂土	A	0—13	浅棕灰色	重黏土	小块状	7.8	33.1	0.33	1.22		83	5.2	176	33.4	海湖积物	E 119°55′41.2″ N 33°08′26.2″	95
						P	13—25	浅棕灰色	轻黏土	块状	7.5	24.2	1.64	0.92		82	1.1	154	29.4			
						W	25—48	浅棕色	轻黏土	块状	7.6	27.9	1.74	0.89								
						Wg	48—79	暗灰色	轻黏土	块状	7.7	31.8										
剖7	人为土	水稻土	脱潜水稻土	灰杂土	勤杂土	G	79—	灰夹黄	轻黏土	块状	7.7	20.1								湖相沉积物	E 119°53′12.1″ N 33°07′25.0″	96
						A	0—15	棕灰色	中壤土	团粒状	7.5	18.3	1.18	1.29		53	23.1	179	27.5			
						P	15—30	棕色	重壤土	棱柱状	7.4	13.7	0.63	0.60		48	2.1	114				
						W	30—45	棕褐色	重壤土	块状	7.4	12.8	0.75	0.78								
剖8	人为土	水稻土	潴育水稻土	红砂土	红砂土	Bvg	54—88	浅黄色	重壤土	块状	7.3	17.8								湖海相沉积物	E 119°52′50.5″ N 33°07′00.5″	87
						Cg	88—	黄夹灰	重壤土	小块状	7.3	4.0										
						A	0—15	棕灰色	重壤土	小块状	7.9	26.9	1.25	1.37		56	8.3	134	15.2			
剖9	人为土	水稻土	脱潜水稻土	灰黏土	乌黏土	P	15—30	棕色	重壤土	棱柱状	7.9	27.1	1.17	1.27		39	2.5	144	37.5	湖相沉积物	E 119°57′06.5″ N 33°06′54.7″	89
						W	30—45	灰黑色	重壤土	棱柱状	8.2	26.3	1.16	0.98								
						Wg	45—65	灰黑色	重壤土	棱柱状	8.1	25.5										
						Cg	65—	黄夹灰	重壤土	小块状	8.2	5.7										

续表 Continued

剖面号 Soil profile	土纲 Soil order	土类 Soil great group	亚类 Soil subgroup	土属 Soil genus	土种 Soil species	土层码 Layer code	土层厚度 Depth/cm	颜色 Soil color	质地 Soil texture	土壤结构 Soil structure	pH	有机质 OM/(g/kg)	全氮 TN/(g/kg)	全磷 TP/(g/kg)	全钾 TK/(g/kg)	碱解氮 AN/(mg/kg)	有效磷 AP/(mg/kg)	速效钾 AK/(mg/kg)	阳离子交换量CEC/(cmol/kg)	土壤母质 Parent material	剖面点坐标 Profile coordinate	匹配指数 Matching index/%
剖10	人为土	水稻土	脱潜水稻土	灰黏土	乌黏土	1	0—18		重壤土		7.5	20.5								湖相沉积物	E 119°47′46.7″ N 33°06′54.0″	96
						2	18—31		重壤土		7.6	25.5										
						3	31—48		重壤土		7.3	18.2										
						4	48—70		重壤土		7.3	2.8										
						5	70—															
剖11	人为土	水稻土	潜育水稻土	鸭屎土	鸭屎土	A	0—14	深灰色	中壤土	小块状	7.5	20.5	1.24	0.58		67	6.1	146	20.6		E 119°56′32.3″ N 33°06′46.8″	94
						P	14—30	棕灰色	中壤土	棱块状	7.6	25.5	1.03	1.10		50	1.3	164	23.7			
						Wg	30—42	浅棕灰色	中壤土	棱柱状	7.3	18.2	0.92	0.61								
						G	42—	灰夹黄色	重壤土		7.3	2.8											
剖12	人为土	水稻土	潜育水稻土	小粉浆	黑心小粉浆	A	0—18	灰黄色	中壤土	小块状	8.1	12.3	0.75	1.11		41	3.7	144	15.6		E 119°58′51.2″ N 33°06′39.2″	83
						P	18—41	黑灰色	中壤土	块状	8.1	8.8	0.51	1.22		16	4.6	273	12.9			
						Dm	41—59	黑灰色	重壤土	块状	8.1	11.7	0.36	1.88								
						Bvg	59—77	灰黑色	重壤土	块状	7.8	5.8										
						Cg	77—	黄夹灰	中壤土			3.3											
剖13	人为土	水稻土	塘盐土	塘盐土	A	0—18	灰棕色	中壤土	小块状	8.1	12.5	0.97	1.29		86	1.9		2.5	海湖相沉积物	E 119°51′54.7″ N 33°04′03.4″	99
						P	18—30	灰棕色	中壤土	块状	8.1	12.2	0.84	1.12		72	1.3	158	1.9			
						W	30—42	黄灰色	中壤土	块状	8.2	7.1	0.53	1.13					1.5			
						Bvg	42—87	青灰色	壤质黏土		8.2	6.0							6.0			
剖14	人为土	水稻土	潜育水稻土	潮泥田	缠脚土	Aa	0—12	棕灰色	黏壤土	块状	7.6	19.4	0.98	0.63					13.0	湖积物	E 119°58′47.3″ N 33°03′18.0″	82
						Ap	12—21	暗黄灰色	黏壤土	块状	7.9	17.8	0.92	0.62					14.9			
						P₁	21—38	暗灰色	黏壤土	棱柱状	7.6	16.1	0.80	0.63					14.9			
						P₂	38—56	黄灰色	黏壤土	棱柱状	7.7	9.1	0.53	0.48					14.4			
						W	56—100	灰色	中壤土	小块状	7.7	6.8	0.39	0.50					14.5			
剖15	人为土	水稻土	脱潜水稻土	勤泥土	潜底小粉勤泥土	A	0—12	灰棕色	中壤土	小块状	7.6	23.4	1.35	1.10		79	10.5	105	13.0	海湖相沉积物	E 119°59′13.6″ N 33°02′35.2″	95
						P	12—23	棕灰色	中壤土	块状	7.8	20.7	1.27	1.05		64	5.6	135	10.8			
						Wg	23—60	棕灰色	中壤土	棱柱状	7.8	26.5	1.36	0.79								
						G	60—	蓝灰色	中壤土	小块状	7.4	3.4										
剖16	人为土	水稻土	潜育水稻土	鸭屎土	鸭屎土	A	0—17	棕灰色	中壤土	小块状	8.1	10.7	0.58	1.14		34	2.8	155			E 119°58′36.8″ N 33°02′17.2″	88
						P	17—31	棕灰色	中壤土	块状	8.4	8.5	0.62	1.05		31	3.3	150				
						Wg	31—44	浅棕灰色	中壤土	棱柱状	8.4	8.6	0.57	1.10								
						G	44—	黄灰色	轻壤土	大块状	8.4	3.2										
剖17	人为土	水稻土	潴育水稻土	小粉浆	浅层小粉浆	A	0—13	暗灰色	轻黏土	小块状	7.3	62.4	3.47	1.40		169	15.7	138	37.3	海湖相沉积物	E 119°47′41.3″ N 33°02′07.4″	89
						P	13—25	暗灰色	轻黏土	块状	7.2	60.4	2.50	0.98		193	6.3	169	34.6			
						A₁	25—50	深灰色	轻黏土	块状	7.5	71.9	2.68	0.95								
剖18	人为土	水稻土	潜育水稻土	烘渣土	厚层烘渣土	G	50—	蓝灰色	重壤土	小块状	7.3	17.5								湖相沉积物	E 119°46′35.8″ N 33°00′59.0″	81
						A	0—10	棕黑色	轻黏土	大块状	7.4	40.3	2.22	1.14		95	13.0	179	32.3			
						P	10—23	灰褐色	轻黏土	棱柱状	7.6	32.7	1.77	0.92		90	2.7	169				
剖19	人为土	水稻土	脱潜水稻土	灰黏土	潜底灰黏土	Wg	23—63	深灰色	轻黏土	块柱状	7.5	35.9	1.79	0.96						湖相沉积物	E 119°44′07.8″ N 32°56′51.7″	90
						G	63—	灰蓝色	轻黏土	块状	7.4	6.7										

续表 Continued

剖面号 Soil profile	土纲 Soil order	土类 Soil great group	亚类 Soil subgroup	土属 Soil genus	土种 Soil species	土层码 Layer code	土层厚度 Depth/cm	颜色 Soil color	质地 Soil texture	土壤结构 Soil structure	pH	有机质 OM/(g/kg)	全氮 TN/(g/kg)	全磷 TP/(g/kg)	全钾 TK/(g/kg)	碱解氮 AN/(mg/kg)	有效磷 AP/(mg/kg)	速效钾 AK/(mg/kg)	阳离子交换量CEC/(cmol/kg)	土壤母质 Parent material	剖面点坐标 Profile coordinate	匹配指数 Matching index/%
剖20	人为土	水稻土	脱潜水稻土	灰黏土	灰黏土	A	0—16	棕灰色	轻黏土	小块状	7.8	19.2	1.05	1.15		49	2.0	130	18.0	湖相沉积物	E 119°44′33.4″ N 32°55′19.2″	96
						P	16—29	暗灰色	轻黏土	块状	7.9	18.0	1.08	1.08		117	2.1	105	11.8			
						Wg	29—77	灰蓝色	轻黏土	棱柱状	7.9	8.5	0.76	1.04								
						Gc	77—				7.8	15.8										
剖21	人为土	水稻土	潴育水稻土	红砂土	小粉红砂土	A	0—16	棕灰色	中壤土	小块状	7.4	16.4								湖相沉积物	E 119°58′43.3″ N 32°59′21.8″	95
						P	16—28	浅灰色	中壤土	块状	7.7	20.0	1.25	0.98		55	1.6	185				
						W	28—56	浅棕灰色	中壤土	棱柱状	7.9	19.3	1.13	0.98		48	1.2	125				
						Bvg	56—106	浅棕灰色	中壤土	棱柱状	7.9	17.2	1.00	0.88								
						cg	106—	黄夹砂	中壤土	块状	7.8	28.9										
剖22	人为土	水稻土	脱潜水稻土	勤泥土	黑心小粉勤泥土	A	0—14	灰夹黄色	中壤土	小块状	7.9	8.0							17.0	湖相沉积物	E 119°57′56.2″ N 32°59′19.7″	95
						P	14—24	浅棕灰色	中壤土	块状	7.6	23.0	1.23	1.15		65	3.8	110	17.1			
						W	24—50	棕灰色	中壤土	块状	7.8	20.6	1.09	1.02		59	1.6	90				
						Dm	50—81	黑褐色	中壤土	棱柱状	7.9	18.8	1.11	0.82								
						G	81—	灰夹黄色	中壤土	块状	7.9	2.7										
剖23	人为土	水稻土	潴育水稻土	勤泥土	浅灰勤泥土	A	0—12	灰夹色	中壤土	小块状	8.1	23.3	1.22						15.6	湖相沉积物	E 119°53′18.2″ N 32°59′04.2″	100
						P	12—24	浅棕灰色	中壤土	块状	8.4	20.2	1.01	1.13		52	2.3	100	15.6			
						Wg	24—55	浅棕灰色	中壤土	棱柱状	8.6	16.8	0.88	0.80		43	1.3	112	17.9			
						Gc	55—	浅棕灰色	中壤土	棱柱状	8.6	24.7	1.13	0.94					20.0			
								黑色	中壤土	大棱块状	8.5	44.0	1.93						22.6			
剖24	人为土	水稻土	脱潜水稻土	黄斑黏土		Aa	0—13	灰夹色	中壤土	小块状	7.8	16.2	0.98	1.13					11.6	湖积物	E 119°49′23.2″ N 32°58′43.0″	93
						Ap	13—22	浅棕灰色	中壤土	小块状	8.0	19.5	0.76	0.80								
						Gw₁	22—53	浅棕灰色	中壤土	棱柱状	7.9	21.3	0.76	0.94								
						Gw₂	53—87	灰夹色	中壤土	棱柱状	7.7	31.0										
						5	87—100	灰白色	轻壤土	屑粒状	8.0	14.2										
剖25	人为土	水稻土	脱潜水稻土	勤泥土		A	0—16	褐棕色	中壤土	中壤状	7.5	21.0	1.05	1.30		50			11.3	湖海相沉积物	E 119°58′12.0″ N 32°58′25.7″	93
						Ap	16—26	黄夹色	黏壤土	块状	7.4	19.0	1.05	1.49		46	12.6	150	15.0			
						P	26—46	黄夹色	黏壤土	块状	7.4	17.4	0.87	1.41			24.1	120	15.4			
						W	46—96	灰夹色	壤质黏土	粒状	7.3	15.0	0.78						15.8			
						G	82—				8.0						1.0					
剖26	半水成土	潮土	灰潮土	坔田土	浅层坔田黏土	A	0—10	浅灰色	轻黏土	小块状	7.6	23.2	1.09	0.87		52	4.0	105		冲积物、湖相沉积物	E 119°56′30.1″ N 32°56′06.4″	88
						Bv	10—44	棕灰色	轻黏土	棱柱状	7.6	21.1	1.09	1.57			21.2	300	11.8			
						C	44—100	黄夹色	轻黏土	块状	7.6	22.9	0.98	1.28		53						
剖27	半水成土	潮土	灰潮土	坔田土	坔田土	A	0—20	浅灰色	重壤土	棱柱状	7.7	17.6	0.51							人工堆叠物	E 119°51′38.5″ N 32°55′26.0″	85
						Bv₁	20—67	灰夹灰	重壤土	粒状	7.0	14.7	1.61									
						Bv₂	67—116	灰灰色	重壤土	小块状	6.8	14.0	1.31									
						C	116—	黄夹灰	壤质黏土	块状	7.7	12.7										
剖28	半水成土	潮土	灰潮土	灰湖黏土		A₁₁	0—18	黄灰色	壤质黏土	块状	8.3	24.1	1.23	0.22	18.8				15.8	人工堆叠物	E 119°53′57.8″ N 32°55′04.4″	91
						A₁₂	18—58	灰灰色	黏壤土	块状	8.5	19.0	0.96	0.21	24.1				16.0			
						C₁	58—78	灰色	黏壤土	块状	8.5	6.9	0.40	0.21	21.4				12.0			
剖29																				湖积物	E 119°51′17.3″ N 32°54′34.2″	91
						C₂	78—100	灰色	黏壤土	块状	8.2	6.2	0.35	0.17	26.1				12.5			

续表 Continued

剖面号 Soil profile	土纲 Soil order	土类 Soil great group	亚类 Soil subgroup	土属 Soil genus	土种 Soil species	土层码 Layer code	土层厚度 Depth/cm	颜色 Soil color	质地 Soil texture	土壤结构 Soil structure	pH	有机质 OM/(g/kg)	全氮 TN/(g/kg)	全磷 TP/(g/kg)	全钾 TK/(g/kg)	碱解氮 AN/(mg/kg)	有效磷 AP/(mg/kg)	速效钾 AK/(mg/kg)	阳离子交换量CEC/(cmol/kg)	土壤母质 Parent material	剖面点坐标 Profile coordinate	匹配指数 Matching index/%
剖30	人为土	水稻土	脱潜水稻土	勤黏土	勤黏土	Aa	0—13	灰色	壤质黏土	粒状、块状	8.2	31.5	1.49	0.57					17.6	湖积物	E 119°48′12.2″ N 32°54′10.1″	95
						Ap	13—22	灰灰色	壤质黏土	块状	8.3	31.1	1.42	0.52					19.0			
						Gw	22—72	灰灰色	黏土	棱柱状	8.3	35.2	1.62	0.33					21.9			
						G	72—100	灰色	黏土	中、大块状	8.0	34.6		0.23					22.4			
剖31	人为土	水稻土	潜育水稻土	青潮黏田	烘泥土	Aa	0—14	灰黄棕色	黏土	屑粒状	7.2	42.7	2.18	0.41	16.9	136	6.0	143	31.3	湖相沉积物	E 119°48′00.7″ N 32°53′46.3″	87
						Ap	14—39	灰黄棕色	黏土	块状	7.3	38.6	1.93	0.23	14.8	91	1.0	163	31.1			
						G_1	39—63	灰黄色	黏土	棱柱状	7.5	9.8	0.52	0.37	15.5		1.0	163	26.8			
						G_2	63—90	蓝灰色	壤质黏土	块状	7.7	3.0		0.36	13.9		2.0	147	17.6			
剖32	半水成土	潮土	灰潮土	垛田土	薄层垛田黏土	A	0—17	灰灰色	轻壤土	小块状	7.6	19.6	0.53	1.12		49	11.9	272		人工堆叠物	E 119°54′43.2″ N 32°52′44.8″	95
						C	17—	黄灰灰	轻壤土	小块状												
						3	17—43				7.6	17.8	1.00	1.36		39	4.4	125				
						4	43—100				7.7	10.2	0.86	0.98								
						5	100—180				7.3	27.4	0.38									
剖33	人为土	水稻土	潜育水稻土	烘渣土	薄层烘渣土	A	0—14		轻壤土												E 119°51′47.5″ N 32°51′47.5″	94
						G	14—100		重壤土													
剖34	人为土	水稻土	潜育水稻土	黑黏土	黑黏土	A	0—12	棕灰色	轻壤土	小块状	7.5	74.2	2.08	0.98		77	8.3	254		湖相沉积物	E 119°50′22.6″ N 32°51′41.4″	80
						P	12—28	灰灰色	轻壤土	大块状	7.6	46.4	2.25	0.62		141	2.8	153				
						Dh	28—44	深灰色	轻壤土	棱柱状	7.5	41.1	2.08									
						G	44—88	蓝灰黑色	轻壤土	无明显结构	7.8	10.9										
剖35	人为土	水稻土	潜育水稻土	红黏土	红黏土	A	0—15	棕灰色	轻壤土	团粒状	7.5	23.5	1.21	0.96		89	6.2	178	19.1	湖相沉积物	E 119°59′02.4″ N 32°50′33.0″	84
						P	15—38	棕灰色	轻壤土	小块状	7.5	22.2	1.25	1.12		79	2.1	174	15.5			
						W	38—71	褐灰色	轻壤土	棱柱状	7.8	16.1	1.51	0.79					9.4			
						Bvg	71—104	灰灰色	轻壤土	块状	7.6	28.5										
						Cg	104—	灰灰黄色	轻壤土	小块状	7.6	19.6										
剖36	人为土	水稻土	脱潜水稻土	黄斑黏土	勤黏土	Aa	0—13	灰色	壤质黏土	屑粒、小块状	8.2	31.5	1.49	0.57					17.6	湖积物	E 119°49′05.9″ N 32°50′29.4″	81
						Ap	13—22	暗黄灰色	壤质黏土	块状	8.3	31.1	1.42	0.52					19.0			
						Gw	22—72	暗黄灰色	壤质黏土	棱柱状	8.3	35.2	1.62	0.33					21.9			
						M	72—100	黄灰色	黏土	中、大块状	8.0	34.6	1.44	0.23					22.4			
剖37	人为土	水稻土	脱潜水稻土	灰黏土	黑心乌栅土	A	0—13		重壤土												E 119°51′17.6″ N 32°50′23.3″	86
						P	13—28		重壤土													
						Dm	28—60		重壤土													
						CgB_1	60—75		重壤土													
						CgB_2	75—100		重壤土													
剖38	人为土	水稻土	潜育水稻土	绳脚土	绳脚土	Aa	0—12	暗黄灰色	黏壤土	块状	7.6	19.4	0.98	0.63					13.0	湖积物	E 119°50′58.9″ N 32°50′04.9″	93
						P_1	12—21	暗黄灰色	黏壤土	块状	7.9	17.8	0.92	0.62					14.9			
						P_2	21—38	黄灰黄色	黏壤土	中、大块状	7.6	16.1	0.80	0.63					14.9			
						W	38—56	黄黄色	黏壤土	棱柱状	7.7	9.1	0.53	0.48					14.4			
						G	56—100	灰色	壤质黏土	棱柱状	7.7	6.8	0.39	0.50					14.5			
剖39	人为土	水稻土	脱潜水稻土	灰黏土	潜底乌黏土	P	15—26		重壤土												E 119°51′41.8″ N 32°44′05.6″	85
						Wg	26—65		重壤土													
						G	65—100		重壤土													

续表 Continued

剖面号 Soil profile	土纲 Soil order	土类 Soil great group	亚类 Soil subgroup	土属 Soil genus	土种 Soil species	土层码 Layer code	土层厚度 Depth/cm	颜色 Soil color	质地 Soil texture	土壤结构 Soil structure	pH	有机质 OM/(g/kg)	全氮 TN/(g/kg)	全磷 TP/(g/kg)	全钾 TK/(g/kg)	碱解氮 AN/(mg/kg)	有效磷 AP/(mg/kg)	速效钾 AK/(mg/kg)	阳离子交换量 CEC/(cmol/kg)	土壤母质 Parent material	剖面点坐标 Profile coordinate	匹配指数 Matching index/%
剖40	人为土	水稻土	潴育水稻土	勤砂土	勤砂土	A	0—17	棕灰色	中壤土	小块状	7.9	15.1	1.05	1.23		44	7.1	117		湖积物、冲积物	E 119°52′35.0″ N 32°43′24.6″	81
						P	17—42	浅棕灰色	中壤土	块柱状	8.1	14.6	1.89	1.10		43	5.7	82				
						W	42—53	浅灰色	中壤土	棱柱状	8.0	13.0	0.92	1.06								
						Bvg	53—73	灰黄色	中壤土	棱柱状	8.0	12.2										
						Cg	73—	灰黄色	中壤土	块状	8.1	2.9										
剖41	人为土	水稻土	脱潜水稻土	灰黏土	潜底乌黏土	A	0—15	浅棕灰色	重壤土	团块状	8.0	25.4	1.49	1.27		52	8.2	119		湖相沉积物	E 119°55′45.8″ N 32°43′04.4″	98
						P	15—27	棕灰色	重壤土	重块状	7.8	24.0	1.24	1.17		39	5.5	153				
						Wg	27—50	暗灰色	重壤土	棱柱状	7.8	26.6	1.16	0.88								
						Dh	50—65	蓝灰色	重壤土	无明显结构	7.9	26.2										
						G	65—	灰夹黄色	重壤土	大块状	7.9	9.4										
剖42	人为土	水稻土	脱潜水稻土	勤土	黑心勤土	A	0—15	灰棕色	中壤土	小块状	7.7	19.0	1.28	1.11		49	1.0	134		湖积物、冲积物	E 119°54′42.1″ N 32°42′58.7″	93
						P	15—27	灰棕色	中壤土	大块状	7.8	20.8	1.13	1.04		46	2.0	119				
						W	27—42	灰棕色	中壤土	棱柱状	7.9	18.7	1.22	1.07								
						Dm	42—55	黄夹黄色	重壤土	大块状	7.8	30.2										
						Cg	55—	黄夹黄色	中壤土	小块状	7.9	4.4										
剖43	人为土	水稻土	脱潜水稻土	勤土	黑心勤土	A	0—11		中壤土											湖积物、冲积物	E 119°54′34.9″ N 32°41′46.0″	89
						P	11—28		中壤土													
						W	28—50		中壤土													
						Dm	50—100		中壤土													
剖44	人为土	水稻土	潴育水稻土	砂姜土	下位砂姜土	A	0—15	浅棕色	中壤土	小块状	7.5	19.4		0.84		27	4.6	268	20.3	湖积物、冲积物	E 119°57′46.4″ N 32°41′40.2″	92
						P	15—30	浅棕色	轻壤土	大块状	8.0	7.0		1.09			2.3	120	17.7			
						W	30—45	黄灰色	轻壤土	大块状	8.1	3.7		1.07								
						Bvca	45—50	灰灰色	轻壤土	小块状	8.1	1.0										
						Bvg	50—	灰灰色	中壤土	块状	8.1	1.0										
剖45	人为土	水稻土	潴育水稻土	小粉浆土	小粉浆土	A	0—16	浅棕灰色	中壤土	小块状	8.2	12.8	0.75	1.18		31	9.6	168	13.4	海湖相沉积物	E 120°10′37.2″ N 33°05′20.4″	86
						P	16—30	褐棕色	中壤土	块状	8.1	10.7	0.61	1.19		31	4.0	162	13.2			
						W	30—60	灰棕色	中壤土	棱柱状	8.2	6.5	0.51	1.30					12.4			
						Bvg	60—100	灰黄色	中壤土	块状	8.1	8.0							14.4			
剖46	人为土	水稻土	潴育水稻土	小粉浆土	缠砂缠	A	0—18	暗棕色	中壤土	小块状										海湖相沉积物	E 120°06′38.2″ N 33°02′56.4″	93
						P	18—35	浅棕色	中壤土	块状												
						Bvg	35—69	褐棕色	中壤土	棱柱状												
						Cg	69—88	灰黄色	重壤土	块状												
							88—															
剖47	人为土	水稻土	潴育水稻土	小粉浆	砂夹缠	A	0—14	浅棕色	中壤土	小块状	8.0	10.2	0.68	1.09		31	4.5	185	12.5	海湖相沉积物	E 120°13′09.5″ N 33°02′28.3″	81
						P	14—34	灰棕色	中壤土	块状	8.1	9.0	0.62	1.04		31	3.8	110	17.6			
						W	34—70	暗棕色	中壤土	大块状	8.1	8.0	0.60	1.09								
						Bvg	70—	黄棕色	中壤土	块状	8.3	4.6										
剖48	人为土	水稻土	潴育水稻土	小粉浆	黑心砂夹缠	A	0—16	暗棕色	中壤土	块状	8.1	16.5	1.02	1.29		99	8.5	151	15.9	海湖相沉积物	E 120°08′01.0″ N 33°02′20.0″	82
						P	16—29	褐棕色	重壤土	棱柱状	8.0	15.0	0.92	2.69		80	5.5	169	15.4			
						W	29—48	浅灰色	重壤土	棱柱状	7.9	9.1	0.58	1.03								
						Dm	48—58	灰黑色	重壤土	棱柱状	8.0	12.0										
							58—	黄夹黄色	中壤土	小块状	8.2	5.1										

续表 Continued

剖面号 Soil profile	土纲 Soil order	土类 Soil great group	亚类 Soil subgroup	土属 Soil genus	土种 Soil species	土层码 Layer code	土层厚度 Depth/cm	颜色 Soil color	质地 Soil texture	土壤结构 Soil structure	pH	有机质 OM/(g/kg)	全氮 TN/(g/kg)	全磷 TP/(g/kg)	全钾 TK/(g/kg)	碱解氮 AN/(mg/kg)	有效磷 AP/(mg/kg)	速效钾 AK/(mg/kg)	阳离子交换量CEC/(cmol/kg)	土壤母质 Parent material	剖面点坐标 Profile coordinate	匹配指数 Matching index/%
剖49	人为土	水稻土	脱潜水稻土	勤泥土	黑心勤泥土	A	0—12	灰棕色	中壤土	小块状	7.8	18.7	1.11	1.10		52	3.1	113	15.2	湖海相沉积物	E 120° 03′ 04.3″ N 33° 01′ 02.6″	96
						P	12—29	灰棕色	中壤土	块状	8.0	15.3	0.88	0.99		56	1.0	110	15.6			
						W	29—46	棕灰色	中壤土	棱块状	8.0	18.9	1.07	0.92								
						Dm	46—67	灰黑色	中壤土	块状	6.8	56.4										
						G	67—	黄黑色	中壤土	小块状	7.5	7.8										
剖50	人为土	水稻土	脱潜水稻土	绳脚土	绳脚土	A	0—17		中壤土												海湖相沉积物	E 120° 09′ 20.5″ N 33° 00′ 55.8″	96
						P	17—34		中壤土													
						W	34—61		中壤土													
						Cg	61—100		中壤土													
剖51	人为土	水稻土	脱潜水稻土	灰黏土	黑心乌黏土	A	0—15	灰棕色	重壤土	粒状	7.8	23.4	1.57	1.19		63	10.2	139		湖相沉积物	E 120° 04′ 26.8″ N 33° 00′ 46.8″	98
						P	15—31	灰褐色	重壤土	大块状	7.9	28.2	1.68	1.13		53	6.1	113				
						W	31—49	棕灰色	重壤土	棱块状	8.0	25.9	1.12	1.02								
						Dm	49—63	黑色	轻黏土	大块状	7.9	37.1										
						Cg	63—	黄夹灰	中壤土	棱柱状	7.9	6.8										
剖52	人为土	水稻土	潴育水稻土	小粉浆	小粉浆土	A	0—16	灰棕色	中壤土											海湖积物	E 120° 15′ 49.7″ N 33° 03′ 06.8″	89
						P	16—32		中壤土													
						W	32—61		中壤土													
						Bvg	61—72		中壤土													
						Cg	72—115		中壤土													
剖53	人为土	水稻土	脱潜水稻土	勤泥土	勤泥土	A	0—16	棕灰色	中壤土	小块状	7.9	12.3	0.93	1.14		50	3.4	190		湖相沉积物	E 120° 03′ 30.2″ N 32° 57′ 49.0″	90
						P	16—31	灰棕色	中壤土	棱柱状	7.9	12.8	0.92	0.96		52	2.3	105				
						W	31—60	灰色	中壤土	棱柱状	8.0	12.5	0.82	0.96								
						Wg	60—68	灰色	重壤土	大块状	7.9	10.4										
						Cg	68—	黄夹灰	轻黏土	大块状	7.7	1.9										
剖54	人为土	水稻土	脱潜水稻土	勤泥土	勤泥土	Aa	0—13	灰棕色	壤质黏土	小块状	8.4	23.3	1.22						15.6	湖相沉积物	E 120° 05′ 29.8″ N 32° 53′ 01.7″	98
						Ap	13—22	灰棕色	壤质黏土	小块状	8.6	20.2	1.01						15.6			
						Gw_1	22—53	灰棕色	壤质黏土	棱块状	8.0	16.8	0.88						17.9			
						Gw_2	53—87	灰棕色	壤质黏土	棱柱状	8.5	24.7	1.13					3.0	20.0			
						G	87—100	黑色	壤质黏土	大棱块状	7.8	44.0	1.93						22.6			
剖55	人为土	水稻土	脱潜水稻土	绳脚土	绳脚土	A	0—15	棕灰色	中壤土	小块状	8.0	13.4	1.07	1.20		70	2.8	156	19.1	海湖相沉积物	E 120° 05′ 48.8″ N 32° 50′ 52.8″	81
						P	15—27	灰黄色	中壤土	块状	8.0	12.5	0.78	1.18		45		187	17.8			
						W	27—64	灰棕色	中壤土	棱柱状	8.0	10.7		1.64								
						Cg	64—	黄夹棕	中壤土	大块状	8.0	5.7										
剖56	人为土	水稻土	潴育水稻土	勤砂土	淀砂土	A	0—16	灰棕色	中壤土	粒状	7.8	17.3	1.12	1.31		66	10.6	116	7.4	湖积物、冲积物	E 120° 05′ 49.6″ N 32° 44′ 15.0″	91
						P	16—32	灰棕色	中壤土	块状	7.5	15.3	0.91	1.62		46	4.6	100	15.4			
						W	32—53	棕灰色	中壤土	块状	7.6	7.1	0.70	1.21					14.1			
						Bvg	53—	灰色	中壤土	块状	7.7	3.6							12.0			

靖 江 市

主要土类说明

水稻土是靖江市主要土壤类型，占本市地域面积的 80%。水稻土是在人工植稻多年的条件下发育形成的一类土壤，其主要成土过程是水耕熟化过程和较强烈的还原淋溶与氧化淀积过程。种稻灌水期间，土中高铁变亚铁，随同极细胶粒向下淋渗，到了没有被灌溉水饱和的土层，土中有空气，铁又氧化成高铁而积存下来。再加上人们不断增施新鲜有机肥料，使土壤有机物活性部分增多，品质好，促进了水稻土的形成。由于周期性的水旱交替进行，土壤氧化还原作用频繁，剖面中物质的淋溶淀积形成了特殊层次——水稻土渗育层层段。本市水稻土的主要发生层段有淹育层、犁底层、渗育层、淀积层。

小于本市地域面积 3% 的土壤类型还有潮土。

本区域中心区气候特征

本区域中心区气候特征值
Regional climate characteristics in central area of the region

气候带：北亚热带湿润气候 Climate region: North subtropical humid climate	
年平均气温 /℃ Annual average temperature /℃	15.3
年平均最高气温 /℃ Annual average maximum temperature /℃	19.9
年平均最低气温 /℃ Annual average minimum temperature /℃	11.7
年降水量 /mm Annual precipitation /mm	1105
≥10℃的积温 /℃ Daily temperature accumulated in a year (≥10℃) /℃	5621
年日照时数 /h Annual sunshine /h	2023
年平均相对湿度 /% Annual average relative humidity /%	78
干燥度 Dryness	0.82

本区域中心区月平均气温与月平均降水量
Monthly temperature and precipitation in central area of the region

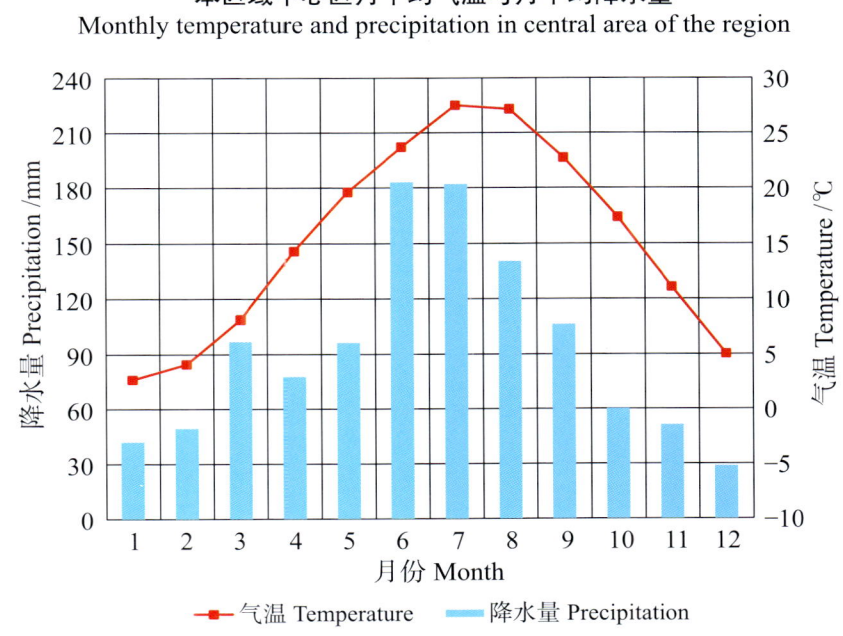

靖江市主要土壤类型与土壤剖面点分布图
1∶170 000

图 例
水稻土
潮土
⊗ 剖面点

靖江市土壤剖面理化性状表

剖面号 Soil profile	土纲 Soil order	土类 Soil great group	亚类 Soil subgroup	土属 Soil genus	土种 Soil species	土层码 Layer code	土层厚度 Depth/cm	颜色 Soil color	质地 Soil texture	土壤结构 Soil structure	pH	有机质 OM/(g/kg)	全氮 TN/(g/kg)	全磷 TP/(g/kg)	全钾 TK/(g/kg)	碱解氮 AN/(mg/kg)	有效磷 AP/(mg/kg)	速效钾 AK/(mg/kg)	阳离子交换量 CEC/(cmol/kg)	土壤母质 Parent material	剖面点坐标 Profile coordinate	匹配指数 Matching index/%
剖1	人为土	水稻土	渗育水稻土	油泥土	油泥土	Aa	0—15	棕灰色	黏土	小块状	7.9	29.8	2.10	0.72	27.4	153	6.0	87	20.2	冲积物	E 120°08′04.2″ N 32°03′27.4″	99
						Ap	15—25	灰棕色	黏壤土	小块状	8.1	22.8	1.62	0.63	27.4	131	3.0	67	15.8			
						P	25—39	灰棕色	黏壤土	块状	8.1	17.2	1.25	0.61	27.5		2.0	76	16.0			
						B	39—67	泛红棕色	黏壤土	块状	8.0	10.2	0.75	0.63	28.6		2.0	67	15.7			
						C	67—100	泛红棕色	黏壤土	棱柱状	8.3	10.4	0.75	0.63	27.3		5.0	90	17.9			
剖2	人为土	水稻土	渗育水稻土	淤泥土	砂底薄层淤泥土	A	0—10				8.0	18.6	1.47	1.60			7.6	62		冲积物	E 120°10′34.0″ N 31°58′23.9″	86
						P	11—19				8.4	19.0	1.20	1.60			5.5	51				
						W	19—38				8.4	6.9	0.51	1.19			2.6	36				
						Bv	38—81				8.5	4.6	0.10	1.29			1.5	51				
剖3	人为土	水稻土	渗育水稻土	淤泥土	淤泥土	A	0—11				7.9	17.8	1.35	1.50			11.1	74	11.3	冲积物	E 120°12′34.6″ N 31°59′07.8″	92
						P	11—20				8.0	17.3	1.37	1.45			7.2	78				
						W	20—45				8.2	9.5	0.73	1.37			1.3	74				
						Bv	45—80				8.0	5.4	0.41	1.08			8.1	54				
剖4	半水成土	潮土	灰潮土	夹砂土	菜园土	A	0—18				8.1	15.2	1.04	2.29			19.9	85	13.5	冲积物	E 120°18′07.9″ N 32°03′39.2″	97
						Bv1	18—30				8.1	15.0	0.93	2.02			15.2	73				
						Bv2	30—58				8.2	8.6	0.95	1.53			13.8	51				
						C	58—70				8.2	7.0	0.53	1.32			14.8	52				
剖5	半水成土	潮土	灰潮土	夹砂土	堆叠土	A	0—12				8.1	11.4	0.77	1.38			7.8	49		冲积物	E 120°19′21.4″ N 31°59′46.7″	85
						Bv1	12—22				8.5	6.6	0.50	1.54			3.4	36				
						Bv2	22—43				8.5	5.0	0.38	1.25			5.1	31				
						C	43—78				8.5	4.9	0.42	1.20			2.9	31				

泰 兴 市

主要土类说明

潮土是泰兴市主要土壤类型，占本市地域面积的 48%。泰兴市高沙土地区的土壤，由长江老冲积物发育而成，有两千多年的历史，70cm 左右土层处可见明显的冲积层理，砂黏间隔排列，表土质地较砂，物理性黏粒含量在 18%—31%，多为轻壤（卡庆斯基制），粉砂粒含量高达 80% 以上，黏粒含量仅 8%—15%，多为旱耕熟化土壤，剖面上下颜色相差不大，过渡不明显，有的可见石灰结核，剖面上下都有石灰反应，由上而下渐强，土壤呈中性偏碱，受地下水影响较大，有一定的返潮现象。

水稻土是泰兴市第二大土壤类型，占本市地域面积的 36%。在长期水耕条件下，剖面上下发生明显的分异，犁底层已经形成，氧化还原反应交替发生，物质的还原淋溶、氧化淀积不断进行，土壤有机质含量有所增加，黏粒的聚积和淋溶也有所增强，促进了土壤性状的改变，形成了水稻土特有的形态特征和理化特性，与未种水稻的土壤截然不同。由于改水时间长短不一，水稻土的成土年龄各不相同，有的起源于沿江的黄黏土（潮土类），有的起源于高沙土地区的高沙土（潮土类），高沙土经改水后，逐渐向水稻土方向发育，多数处于水稻土的初级阶段，属于渗育水稻土。沿江地区的土壤，由于改水时间较长，受地下水的影响较大，土体构型与渗育水稻土有明显不同，属于潴育水稻土。

本区域中心区气候特征

本区域中心区气候特征值
Regional climate characteristics in central area of the region

气候带：北亚热带湿润气候 Climate region: North subtropical humid climate	
年平均气温 /℃ Annual average temperature /℃	15.2
年平均最高气温 /℃ Annual average maximum temperature /℃	19.8
年平均最低气温 /℃ Annual average minimum temperature /℃	11.5
年降水量 /mm Annual precipitation /mm	1088
≥10℃的积温 /℃ Daily temperature accumulated in a year（≥10℃）/℃	5574
年日照时数 /h Annual sunshine /h	2050
年平均相对湿度 /% Annual average relative humidity /%	78
干燥度 Dryness	0.82

本区域中心区月平均气温与月平均降水量
Monthly temperature and precipitation in central area of the region

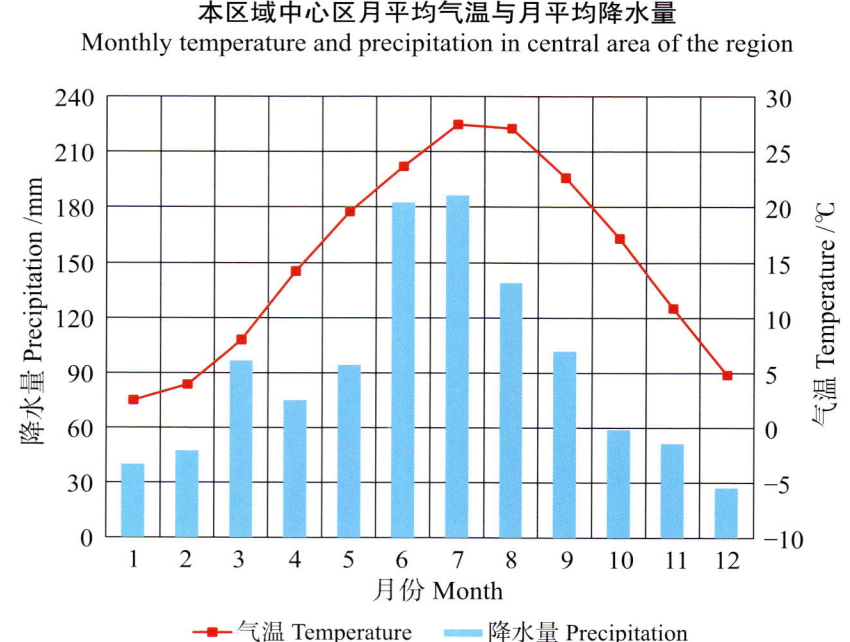

泰兴市主要土壤类型与土壤剖面点分布图
1:200 000

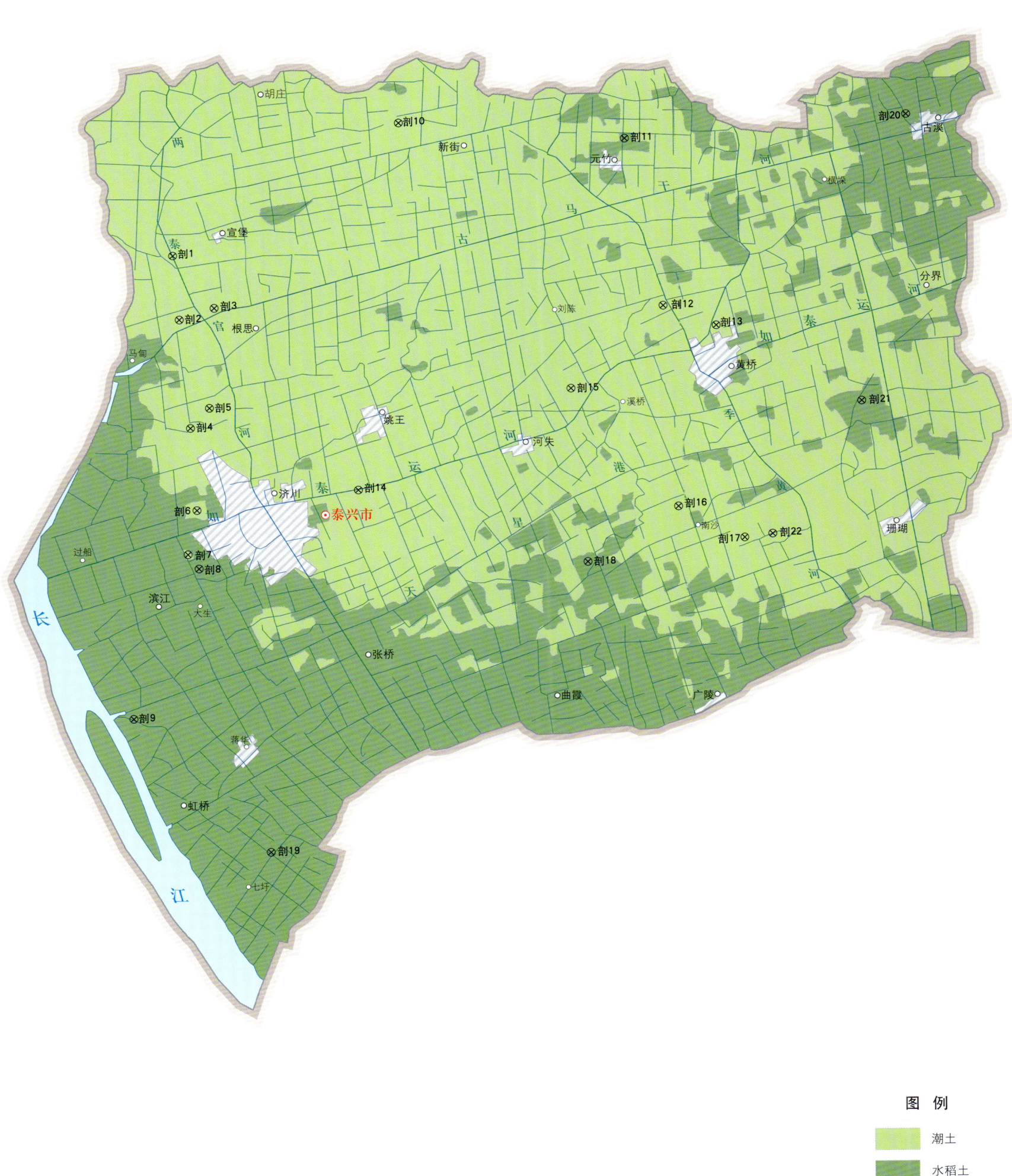

泰兴市土壤剖面理化性状表

剖面号 Soil profile	土纲 Soil order	土类 Soil great group	亚类 Soil subgroup	土属 Soil genus	土种 Soil species	土层码 Layer code	土层厚度 Depth/cm	颜色 Soil color	质地 Soil texture	土壤结构 Soil structure	pH	有机质 OM/(g/kg)	全氮 TN/(g/kg)	全磷 TP/(g/kg)	碱解氮 AN/(mg/kg)	有效磷 AP/(mg/kg)	速效钾 AK/(mg/kg)	阳离子交换量CEC/(cmol/kg)	土壤母质 Parent material	剖面点坐标 Profile coordinate	匹配指数 Matching index/%
剖1	半水成土	潮土	灰潮土	夹砂土	砂夹黄土	1	0—15	暗棕灰色	中壤土	块状		11.5	0.76	1.60	87	7.0	61	11.2	冲积物	E 119°58′14.2″ N 32°16′58.1″	100
						2	15—27	暗棕灰色	中壤土	块状	8.1	9.3	0.63	1.60	80	5.0	39	10.7			
						3	27—55	红棕色	轻壤土	块状	7.7	7.2	0.52	1.60	55	4.0	45	10.3			
						4	55—75	黄棕色	轻壤土	块状	7.8	4.1	0.31	1.40	6	3.0	43	7.6			
						5	75—100	黄黄色		无明显结构	8.1										
剖2	半水成土	潮土	灰潮土	高砂土	高砂土	1	0—12	灰色	轻壤土	小块状	8.5	10.0	0.87	1.66	100	7.0	97	9.4	冲积物	E 119°58′28.6″ N 32°15′22.7″	95
						2	12—49	棕灰色	轻壤土	小块状	8.0	8.3	0.67	1.51	79	1.0	51	9.3			
						3	49—71	棕灰色	轻壤土	小块状	8.1	4.5	0.38	1.57	70	1.0	73	10.3			
						4	71—100	浅灰色	轻壤土	小块状	8.1	2.0	0.25	1.25	57	2.0	61	6.1			
剖3	半水成土	潮土	灰潮土	飞砂土	飞砂土	1	0—11	灰黄色	紧砂土	无明显结构	7.9	3.5	0.20	0.64		2.0	25	3.6	冲积物	E 119°59′25.4″ N 32°15′34.9″	96
						2	11—60	灰黄色		无明显结构	8.0										
剖4	半水成土	潮土	灰潮土	高砂土	腰黑砂土	1	0—12	灰色	轻壤土	小块状	8.1	10.2	0.79	1.72	82	7.0	54	8.9	冲积物	E 119°58′51.6″ N 32°12′40.0″	98
						2	12—27	浅灰色	轻壤土	小块状	8.1	7.5	0.60	1.64	62	2.0	42	9.0			
						3	27—47	浅灰色	轻壤土	块状	7.9	3.4	0.32	1.30	42	1.0	29	7.8			
						4	47—61	黑灰色	重壤土	块状		6.2	0.45	1.34	46	1.0	48	18.1			
						5	61—100	黄棕色	轻壤土	小块状	7.9	2.1	0.14	1.41	35	1.0	31	6.3			
剖5	半水成土	潮土	灰潮土	薄层高砂土	薄层高砂土	1	0—9	灰色	轻壤土	块状	8.0	9.2	0.69	1.59	59	8.0	108	7.8	冲积物	E 119°59′22.2″ N 32°13′10.2″	87
						2	9—24	浅灰色	砂壤土	块状	7.9	4.9	0.55	1.62	71	3.0	36	4.9			
						3	24—43	灰棕色	砂壤土	无明显结构		2.3	0.36	0.99	33	1.0	39	4.8			
剖6	半水成土	潮土	灰潮土	菜园土	菜园土	1	0—17	灰色	中壤土	小块状		13.4	0.77	1.69		4.0	82	11.3	冲积物	E 119°59′05.7″ N 32°10′37.0″	89
						2	17—70	棕灰色	轻壤土	块状	8.2	6.3	0.23	1.59	43	3.0	45	8.0			
						3	70—100	黄黄色	中壤土	片状	8.1	7.5	0.43	1.89		5.0	60	10.5			
剖7	半水成土	潮土	灰潮土	黏土	黄黏土	1	0—10	灰色	中黏土	块状	8.4	18.5	1.08	1.40		3.0	54	15.8	冲积物	E 119°58′52.3″ N 32°09′29.9″	95
						2	10—17	灰棕色	中黏土	块状	7.7	11.9	0.92	1.50	71	7.0	67	17.2			
						3	17—57	灰棕色	轻黏土	块状	7.5	11.0	0.83	1.40	71	5.0	45	15.5			
						4	57—76	棕灰色	中壤土	块状	7.4	5.3	0.42	1.40	35	13.0	49	10.5			
						5	76—100	蓝灰色													
剖8	人为土	水稻土	渗育水稻土	缮夹砂土	缮夹砂土	1	0—12	灰色	中壤土	小块状	7.7	12.6	0.90	1.74	100	5.0	57	13.4	冲积物	E 119°59′10.7″ N 32°09′10.4″	87
						2	12—26	浅灰色	中壤土	块状	8.0	12.5	0.67	1.67	110	3.0	42	10.9			
						3	26—46	灰棕色	中壤土	块状	7.9	5.7	0.27	1.67	53	1.0	32	10.2			
						4	46—65	棕灰色	砂壤土	块状	8.2	2.4	0.25	1.66	48	1.0	11	6.0			
						5	65—100	棕灰色	中壤土	块状	8.1	4.6	0.39	1.40	40	1.0	23	11.3			
剖9	人为土	水稻土	渗育水稻土	小粉土	腰黑小粉土	1	0—12	灰棕色	轻壤土	小块状	7.7	13.5	0.88	1.96	122	7.0	46	10.5	冲积物	E 119°57′27.0″ N 32°05′22.2″	83
						2	12—24	灰棕色	中壤土	块状	8.0	11.6	0.77	1.75	128	4.0	45	10.5			
						3	24—45	黑黄色	中壤土	块状	7.9	8.4	0.65	1.39	113	2.0	61	13.6			
						4	45—55	黑黄色	中壤土	块状	7.6	7.4	0.49	1.35	102	2.0	49	13.7			
						5	55—82	灰黄色	砂壤土	块状	7.8	2.2	0.26	1.78	68	1.0	30	5.8			
						6	82—100		砂壤土			2.3	0.18	1.64	68	1.0	39	5.4			
剖10	半水成土	潮土	灰潮土	高砂土	砂马儿土	1	0—10	棕灰色	中壤土	小块状	8.1	8.7	0.54	1.50		1.0	45	8.0	冲积物	E 120°04′34.0″ N 32°20′23.6″	95
						2	10—15	灰色	中壤土	块状	8.2	5.8	0.33	1.20		1.0	32	9.0			
						3	15—39	黄黄色	中壤土	小块状	8.1	3.1	0.15	1.30		1.0	36	5.5			
						4	39—100	灰黄色	砂壤土	小块状	8.1	4.6	0.18	1.30		3.0	36	7.8			

续表 Continued

剖面号 Soil profile	土纲 Soil order	土类 Soil great group	亚类 Soil subgroup	土属 Soil genus	土种 Soil species	土层码 Layer code	土层厚度 Depth/cm	颜色 Soil color	质地 Soil texture	土壤结构 Soil structure	pH	有机质 OM/(g/kg)	全氮 TN/(g/kg)	全磷 TP/(g/kg)	碱解氮 AN/(mg/kg)	有效磷 AP/(mg/kg)	速效钾 AK/(mg/kg)	阳离子交换量CEC/(cmol/kg)	土壤母质 Parent material	剖面点坐标 Profile coordinate	匹配指数 Matching index/%
剖11	人为土	水稻土	潴育水稻土	淤泥土	砂心淤泥土	1	0—14	棕灰色	重壤土	块状	7.8	22.2	1.51	1.84	95	8.0	70	16.9	冲积物	E 120°10′58.1″ N 32°20′08.9″	87
						2	14—27	棕灰色	重壤土	块状	8.0	20.2	1.41	1.82	62	6.0	77	17.6			
						3	27—40	灰色	中壤土	块状	7.9	5.8	0.46	1.25	35	3.0	41	13.0			
						4	40—60	黄灰色	砂壤土	无明显结构	7.8	2.1	0.23	1.25	40	3.0	42	4.6			
						5	60—100	灰黄色	轻壤土		7.9	5.3	0.39	1.40	55	11.0	29	12.2			
剖12	半水成土	潮土	灰潮土	高砂土	腰黑砂土	1	0—9	棕灰色	中壤土	块状	7.7	10.4	0.94	1.54	97	3.0	143	11.1	冲积物	E 120°12′11.9″ N 32°16′00.8″	82
						2	9—32	棕灰色	中壤土	块状	7.7	5.4	0.47	1.41	75	1.0	128	11.7			
						3	32—43	黑灰色	重壤土	块状	7.6	6.8	0.58	1.27	70	2.0	98	15.0			
						4	43—100	黄灰色	砂壤土	块状	7.8	3.1	0.30	1.29	75	1.0	70	8.5			
剖13	半水成土	潮土	灰潮土	高砂土	肩黑砂土	1	0—13	灰色	砂壤土	小块状	7.6	8.2	0.63	1.44	97	5.0	57	8.1	冲积物	E 120°13′42.2″ N 32°15′29.9″	88
						2	13—25	浅灰色	轻壤土	小块状	8.0	6.2	0.53	1.39	80	2.0	32	8.6			
						3	25—36	黑灰色	中壤土	块状	8.0	4.7	0.42	1.08	60	1.0	29	8.5			
						4	36—70	黄灰色	重壤土	块状	7.5	8.8	0.56	1.13	60	1.0	39	13.6			
						5	70—100	黑灰色	砂壤土		8.0	2.2	0.19	0.99	40	1.0	20	6.0			
剖14	半水成土	潮土	灰潮土	高砂土	高砂土	1	0—14	浅棕灰色	轻壤土	小块状	8.0	10.1	0.78	1.29	88	2.0	57	7.4	冲积物	E 120°03′40.0″ N 32°11′13.2″	81
						2	14—83	浅黄灰色	中壤土	小块状	8.1	4.7	0.37	1.26	57	1.0	27	7.3			
						3	83—93	棕灰色	中壤土	块状	8.0	4.0	0.34	1.00	37	1.0	29	9.2			
						4	93—100	黄灰色	砂壤土		7.8	1.5	0.19	1.32	30	1.0	11	4.6			
剖15	半水成土	潮土	灰潮土	高砂土	夹黑砂土	1	0—14	灰色	中壤土	小块状	7.7	7.2	0.54	1.10		2.0	35	8.9	冲积物	E 120°09′37.1″ N 32°13′54.1″	99
						2	14—42	浅灰色	中壤土	块状	6.8	4.6	0.33	0.80		1.0	28	9.6			
						3	42—51	黑灰色	中壤土	小块状	6.9	5.4	0.50	0.70		1.0	29	11.1			
						4	51—88	黄灰色	砂壤土	小块状	7.2	4.4	0.28	1.40		2.0	22	6.7			
						5	88—100	灰黄色													
剖16	半水成土	潮土	灰潮土	高砂土	高砂土	1	0—11	浅灰色	砂壤土	小块状	7.9	8.6	0.54	1.72	73	2.0	64	8.1	冲积物	E 120°12′45.4″ N 32°10′56.3″	90
						2	11—34	浅灰色	轻壤土	小块状	7.9	3.9	0.24	1.44	40	1.0	43	8.2			
						3	34—63	棕色	中壤土	块状	7.8	2.9	0.55	1.24	43	1.0	30	7.7			
						4	63—100	黄灰色	砂壤土	无明显结构	7.8	1.7	0.16	1.56	42	6.0	27	5.4			
剖17	半水成土	潮土	灰潮土	夹砂土	黏心砂土	1	0—12	灰棕色	中壤土	块状	8.0	10.6	0.84	1.41	97	3.0	51	10.4	冲积物	E 120°14′41.6″ N 32°10′13.1″	91
						2	12—26	灰棕色	中壤土	块状	7.9	6.2	0.59	1.39	64	2.0	41	9.9			
						3	26—67	黑灰色	中壤土	块状	7.8	6.5	0.58	1.37	66	1.0	38	12.5			
						4	67—93	棕色	中壤土	块状	7.9	4.8	0.40	1.52	57	1.0	29	9.9			
						5	93—100	黄棕色	中壤土	块状	8.0	2.7	0.25	1.71	50	2.0	23	6.8			
剖18	人为土	水稻土	渗育水稻土	小粉土	黏底小粉土	1	0—10	灰色	轻壤土	块状		12.9	0.93	1.70	73	8.0	66	10.0	冲积物	E 120°10′13.4″ N 32°09′32.4″	97
						2	10—19	棕灰色	轻壤土	块状	7.8	8.6	0.69	1.50	40	5.0	57	8.4			
						3	19—73	浅棕灰色	中壤土	块状	8.1	5.6	0.47	1.40	43	2.0	46	8.2			
						4	73—100	棕色	中壤土	块状	8.0	5.6	0.52	1.30	42	1.0	66	10.9			
剖19	人为土	水稻土	渗育水稻土	绳夹砂土	绳夹砂土	1	0—13	棕灰色	中壤土	块状	7.8	15.0	0.94	1.91	113	12.0	119	10.8	冲积物	E 120°01′25.7″ N 32°02′06.4″	90
						2	13—21	浅棕灰色	中壤土	块状	8.1	9.4	0.69	1.99	93	3.0	60	9.1			
						3	21—58	灰棕色	中壤土	块状	8.0	6.8	0.46	1.94	73	2.0	60	8.5			
						4	58—100	黄棕色	中壤土	块状	7.8	5.7	0.42	1.96	48	3.0	33	9.8			
剖20	人为土	水稻土	渗育水稻土	小粉土	黏心小粉土	1	0—10	灰色	轻壤土	小块状	7.8	15.5	0.95	1.70		3.0	101	9.1	冲积物	E 120°18′56.9″ N 32°20′54.6″	80
						2	10—17	浅灰色	轻壤土	块状	8.0	14.3	0.91	1.40		2.0	65	9.6			
						3	17—35	浅棕灰色	中壤土	块状	8.1	13.1	0.71	1.40		2.0	58	9.2			
						4	35—60	浅棕灰色	中壤土	块状	8.1	6.4	0.44	1.70		1.0	53	11.3			
						5	60—100	蓝灰色													

续表 Continued

剖面号 Soil profile	土纲 Soil order	土类 Soil great group	亚类 Soil subgroup	土属 Soil genus	土种 Soil species	土层码 Layer code	土层厚度 Depth/cm	颜色 Soil color	质地 Soil texture	土壤结构 Soil structure	pH	有机质 OM/(g/kg)	全氮 TN/(g/kg)	全磷 TP/(g/kg)	碱解氮 AN/(mg/kg)	有效磷 AP/(mg/kg)	速效钾 AK/(mg/kg)	阳离子交换量CEC/(cmol/kg)	土壤母质 Parent material	剖面点坐标 Profile coordinate	匹配指数 Matching index/%
剖21	人为土	水稻土	渗育水稻土	小粉土	薄层小粉土	1	0—9	棕灰色	轻壤土	小块状	7.7	10.3	0.80	1.57	102	2.0	85	6.4	冲积物	E 120°17′53.9″ N 32°13′42.2″	81
						2	9—16	浅棕灰色	轻壤土	块状	7.8	7.8	0.60	1.42	79	2.0	61	6.4			
						3	16—28	浅黄灰色	轻壤土	块状	7.8	3.3	0.32	1.24	50	1.0	58	5.2			
						4	28—37	浅黄灰色	中壤土	块状	8.0	5.6	0.41	1.26	57	1.0	57	8.9			
						5	37—57	黄灰色	轻壤土	块状	7.9	2.5	0.20	1.31	50	1.0	46	5.5			
						6	57—100	灰黄色	砂壤土	无明显结构	8.0	1.6	0.16	1.53	45		52	6.0			
剖22	半水成土	潮土	灰潮土	夹砂土	黏底砂土	1	0—10	棕灰色	轻壤土	块状		14.8	0.70	1.70		11.0	139	9.0	冲积物	E 120°15′25.6″ N 32°10′19.2″	86
						2	10—24	浅棕灰色	轻壤土	块状		13.2	0.70	1.50		2.0	98	9.2			
						3	24—65	浅棕灰色	轻壤土	块状		7.6	0.50	0.80		2.0	70	9.2			
						4	65—100	黄灰色	中壤土	块状		11.3	0.50	0.90		1.0	98	14.8			

宿 迁 市

市 辖 区

主要土类说明

潮土是宿迁市主要土壤类型，占本市地域面积的85%。由于成土母质不同、黄泛频繁及受农业生产活动的影响，潮土的物理性状和化学性质出现显著差别，质地变化明显。土壤物理性黏粒含量在8.41%—68%，质地变化有砂、壤、黏的不同沉积层理。土壤毛管作用强，特别是面积较大的砂土、两合土，据测定，毛管孔隙度在26%—34%，具有夜潮现象，俗称"夜潮土"。全剖面都有石灰反应，含有较多的游离碳酸钙（棕潮土极微）。土壤pH一般在8.0—8.5，高者达8.8。土壤物理性状差异较大，耕层厚度平均为13.13±0.66cm，容重为1.31±0.02g/cm³。犁底层较厚，平均厚度为14.31±0.91cm，容重为1.53±0.08g/cm³。耕层孔隙度为44.13%—51.61%，通气孔隙度在10%—25%，田间持水量在11%—33%。本市潮土分为黄潮土、棕潮土、碱性潮土和盐性潮土等亚类。

棕壤是宿迁市第二大土壤类型，占本市地域面积的9%。棕壤土类剖面的构成特点因土属不同而有很大差异，全剖面均无石灰反应。表土多为粒状结构，旱改水田底土结构面上有胶膜，上层有锈斑、锈纹。耕层容重一般大于1.4g/cm³，耕层、犁底层均较板结，不利于作物根系生长下扎。耕层毛管孔隙度与通气孔隙度之比为2.49∶1，水气比较协调。有机质含量为1.21±0.255g/kg，全氮含量为0.080±0.0198g/kg，全磷含量为0.053±0.006g/kg。耕层多为轻壤土至中壤土，心底土多为轻黏土。

粗骨土占宿迁市地域面积的5%。成土母质是基岩风化残积物、坡积物。粗骨土属于A-C型，甚至（A）-C型土壤。A层发育不明显，与母质土层性状相似，有微量有机质累积。有时母质层富含砾石，甚少剖面分异与发育特征。

本区域中心区气候特征

本区域中心区气候特征值
Regional climate characteristics in central area of the region

气候带：暖温带亚湿润气候 Climate region: Warm temperate subhumid climate	
年平均气温 /℃ Annual average temperature /℃	14.5
年平均最高气温 /℃ Annual average maximum temperature /℃	19.4
年平均最低气温 /℃ Annual average minimum temperature /℃	10.4
年降水量 /mm Annual precipitation /mm	914
≥10℃的积温 /℃ Daily temperature accumulated in a year（≥10℃）/℃	5298
年日照时数 /h Annual sunshine /h	2249
年平均相对湿度 /% Annual average relative humidity /%	72
干燥度 Dryness	0.94

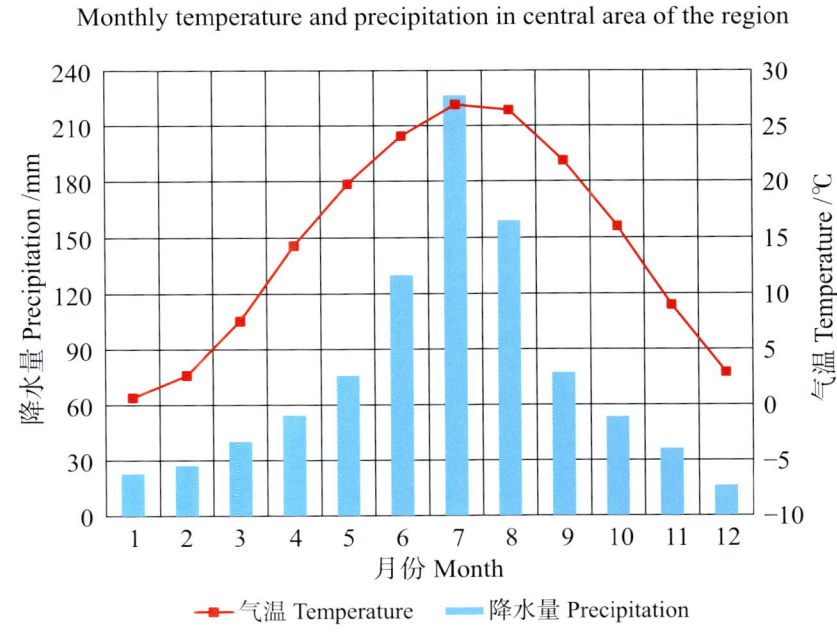

本区域中心区月平均气温与月平均降水量
Monthly temperature and precipitation in central area of the region

宿迁市市辖区（部分）主要土壤类型与土壤剖面点分布图
1∶80 000

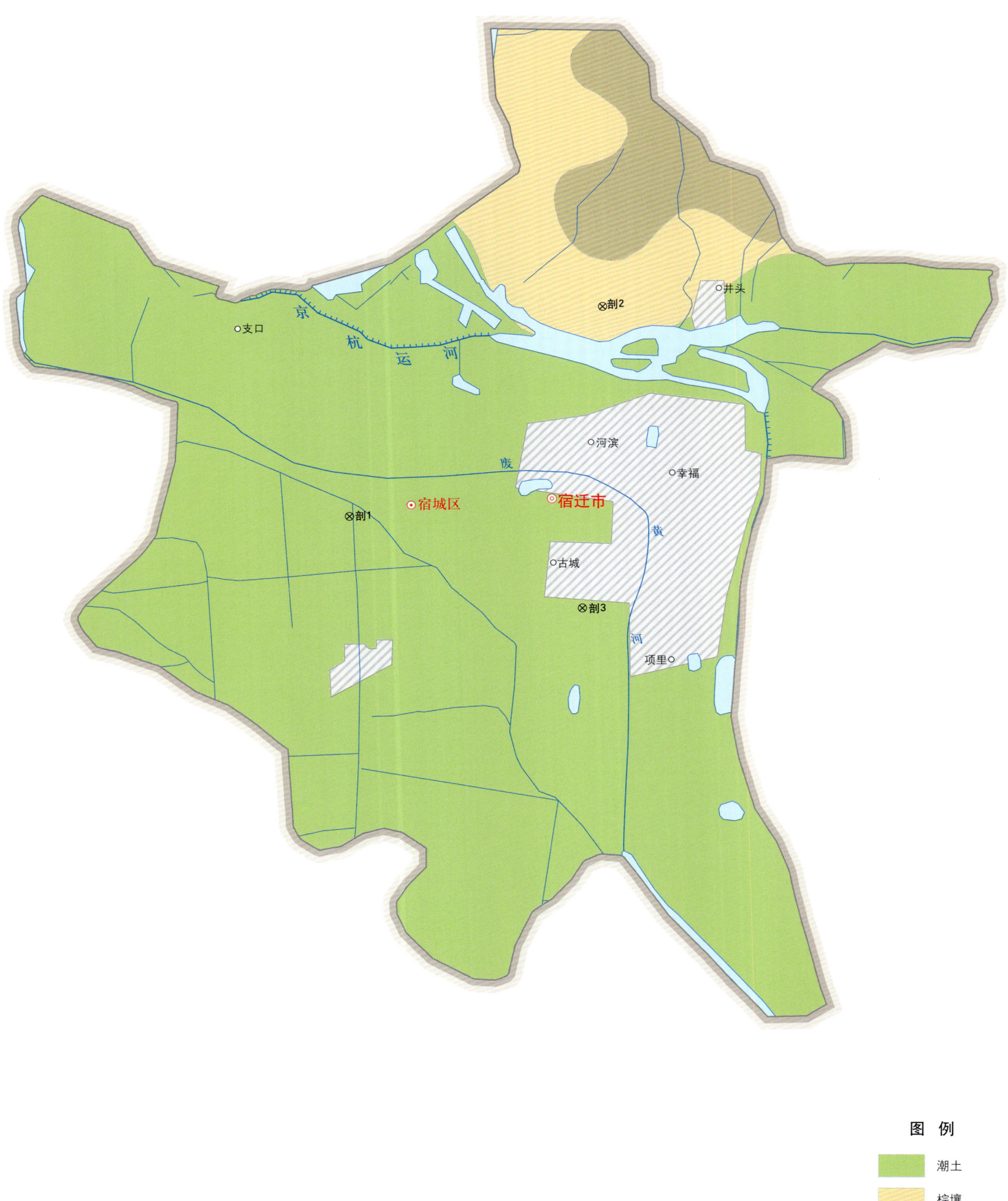

宿迁市土壤剖面理化性状表

剖面号	土纲	土类	亚类	土属	土种	土层码	土层厚度/cm	颜色	质地	土壤结构	pH	有机质 OM/(g/kg)	全氮 TN/(g/kg)	全磷 TP/(g/kg)	有效磷 AP/(mg/kg)	速效钾 AK/(mg/kg)	阳离子交换量 CEC/(cmol/kg)	土壤母质	剖面点坐标	匹配指数/%
剖1	半水成土	潮土	黄潮土	两合土	两合土	A	0—10	灰棕色	中壤土	块状	8.6	15.2	0.97	1.55	4.6	111		黄泛冲积物	E 118°13′55.9″ N 33°57′46.1″	81
						P	10—24	灰棕色	中壤土	块状	9.1	9.4	0.66	1.42	2.2	85				
						3	24—100	黄棕色	中壤土	块状	8.6	5.8	0.56	1.26	1.9	156				
						4	100—150	浅黄色	紧砂土	单粒状	8.7	3.1	0.22	1.20	1.6	41				
剖2	淋溶土	棕壤	白浆化棕壤	包浆土	包浆土	1	0—20	灰白色	轻壤土	小块状	7.7	5.1	0.49	0.35	1.2	33	7.7		E 118°16′47.6″ N 33°59′45.2″	85
						2	20—40	灰白色	轻壤土	小块状	7.5	2.8	0.36	0.35	2.3	34	5.7			
						3	40—65	棕色	中壤土	块状	7.3	3.4	0.37	0.53	6.7	81	12.3			
						4	65—100	黄棕色	中壤土	棱块状	7.1	2.7	0.22	0.33	3.4	74	15.5			
						5	100—150	黄棕色	轻黏土	棱块状	7.4	8.0	0.40	0.32	1.3	124	30.7			
剖3	半水成土	潮土	黄潮土	两合土	砂心两合土	1	0—12	青灰色	中壤土	小块状	8.4	13.4	0.95	1.63	3.7	75	11.5	黄泛冲积物	E 118°16′32.2″ N 33°56′55.0″	100
						2	12—30	浅灰色	中壤土	大块状	8.4	1.6	0.50	1.62	1.8	67	7.4			
						3	30—50	黄白色	紧砂土	无明显结构	7.3	2.1	0.18	1.50	1.2	51	4.4			
						4	50—80	棕红色	重黏土	块状	7.8	7.3	0.64	1.49	2.4	157	18.8			
						5	80—120	黄白色	砂壤土	无明显结构	8.1	2.9	0.28	1.48	3.5	59	4.6			

宿豫区

主要土类说明

潮土是宿豫区主要土壤类型，占本区地域面积的56%。潮土主要分布于近代河流冲积平原或低平阶地，地下水位高，潜水参与成土过程。在潮土成土过程中，底土受氧化还原交替作用，形成锈色斑纹和小型铁子。在长期耕作条件下，表层有机质含量为10—15g/kg。

砂姜黑土占宿豫区地域面积的17%。成土母质为河湖沉积物。砂姜黑土是经脱沼与长期耕作熟化而发育形成的，早期沼泽草甸特征仍显残余属性。土壤底土中见砂姜聚积，上层见面砂姜；底层可见砂姜瘤与砂姜盘，系早期形成物残存；土壤质地相对黏重。

棕壤占宿豫区地域面积的3%。棕壤多分布于湿润暖温带落叶阔叶林，但大部分已经被垦殖，以旱作为主。土壤处于硅铝化阶段，具有黏化特征，土体呈棕色。土体见黏粒淀积，盐基充分淋失，土壤pH为6.0—7.0，见少量游离铁。

小于本区地域面积3%的土壤类型还有黄褐土、紫色土。

本区域中心区气候特征

本区域中心区气候特征值
Regional climate characteristics in central area of the region

气候带：暖温带亚湿润气候
Climate region: Warm temperate subhumid climate

年平均气温 /℃ Annual average temperature /℃	14.5
年平均最高气温 /℃ Annual average maximum temperature /℃	19.4
年平均最低气温 /℃ Annual average minimum temperature /℃	10.4
年降水量 /mm Annual precipitation /mm	914
≥10℃的积温 /℃ Daily temperature accumulated in a year (≥10℃) /℃	5298
年日照时数 /h Annual sunshine /h	2249
年平均相对湿度 /% Annual average relative humidity /%	72
干燥度 Dryness	0.94

本区域中心区月平均气温与月平均降水量
Monthly temperature and precipitation in central area of the region

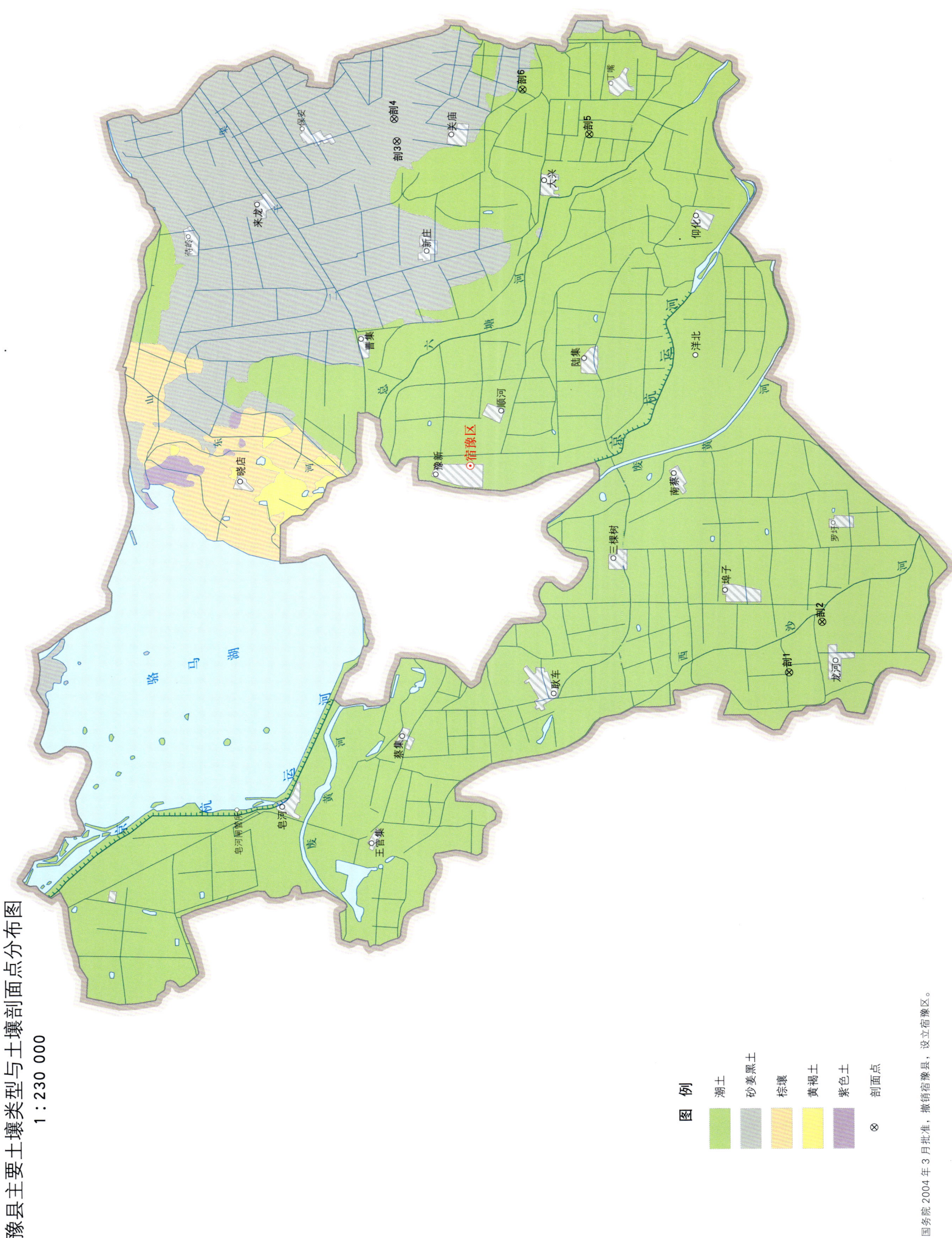

宿豫区土壤剖面理化性状表

剖面号 Soil profile	土纲 Soil order	土类 Soil great group	亚类 Soil subgroup	土属 Soil genus	土种 Soil species	土层码 Layer code	土层厚度 Depth/cm	颜色 Soil color	质地 Soil texture	土壤结构 Soil structure	pH	有机质 OM/(g/kg)	全氮 TN/(g/kg)	全磷 TP/(g/kg)	有效磷 AP/(mg/kg)	速效钾 AK/(mg/kg)	阳离子交换量CEC/(cmol/kg)	土壤母质 Parent material	剖面点坐标 Profile coordinate	匹配指数 Matching index/%
剖1	半水成土	潮土	黄潮土	岗底黄潮土	岗底两合土	A	0—17	黄灰色	中壤土	块状	8.5	11.7	0.70	0.51	4.6	85	12.9	黄泛冲积物	E 118°11′17.2″ N 33°47′17.9″	81
						P	17—31	灰黄色	轻壤土	块状	7.8	5.7	0.47	0.58	2.6	70	11.2			
						3	31—52	黄灰色	轻壤土	块状	7.8	4.1	0.37	0.62	3.4	63	10.2			
						4	52—125	黄灰色	轻黏土	棱块状	8.4	10.2	0.65	0.20	2.3	97	24.4			
						5	125—150	浅黄色	中黏土	棱块状										
剖2	半水成土	潮土	黄潮土	岗底黄潮土	岗底砂土	A	0—12	黄灰色	轻壤土	单粒状	8.5	8.5	0.60	0.50	1.4	96	10.2	黄泛冲积物	E 118°13′07.7″ N 33°46′15.6″	99
						P	12—25	黄灰色	中壤土	小块状	8.4	7.3	0.54	0.48	1.3	93	12.9			
						3	25—48	暗灰色	轻黏土	块状	8.2	7.2	0.61	0.18	1.1	108	18.9			
						4	48—100	棕黄色	轻黏土	棱块状	7.8	5.2	0.64	0.11	2.1	108	33.7			
剖3	半水成土	砂姜黑土	砂姜黑土	岗黑土	下位砂姜肉土	A	0—15	黄灰色	重壤土	块状	7.9	14.0	0.85	0.26	7.9	143	24.5	河湖沉积物	E 118°31′10.9″ N 33°58′45.1″	87
						P	15—23	暗灰色	重壤土	块状	8.1	11.8	0.70	0.21	2.8	91	23.7			
						3	23—78	暗灰色	轻黏土	棱柱状	7.8	6.7	0.42	0.16	<1.0	137	23.5			
						4	78—150	黄黄色	轻黏土	棱柱状	8.0	5.6	0.34	0.23	1.0	109	26.4			
剖4	半水成土	砂姜黑土	砂姜黑土	湖黑土	湖黑土	A	0—11	灰黑色	中黏土	小块状	8.2	22.1	1.38	0.31	2.4	214	≥50.0	河湖沉积物	E 118°31′58.8″ N 33°58′49.8″	96
						P	11—27	灰黑色	中壤土	块状	8.1	14.3	1.05	0.27	2.0	196	25.3			
						3	27—77	棕色	重壤土	棱柱状	7.8	8.8	0.61	0.55	6.6	176	49.5			
						4	77—100	灰黑色	中壤土	棱柱状	8.0	9.5	0.57	0.17	4.2	88	22.2			
剖5	半水成土	潮土	黄潮土	砂土	砂土	A	0—19	黄灰色	砂壤土	小块状	8.6	9.1	0.44	0.57	1.0	55	5.3	黄泛冲积物	E 118°31′22.1″ N 33°52′59.9″	99
						P	19—29	暗黄色	砂壤土	小块状	8.6	3.5	0.27	0.56	2.0	67	9.0			
						3	29—68	浅黄色	砂壤土	小块状	8.6	2.6	0.20	0.57	1.7	41	3.2			
						4	68—100	黄色	紧砂土	小块状	8.6	3.2	0.25	0.59	2.1	50	5.2			
						5	100—150	浅黄色	紧砂土	无明显结构										
剖6	半水成土	潮土	潮土			1	0—11	青灰色	中壤土	小块状	8.1								E 118°33′00.7″ N 33°54′57.6″	85
						2	11—18	浅灰色	中壤土	大块状	7.9									
						3	18—52	黄白色	紧砂土	无明显结构	7.9									
						4	52—100	棕红色	重黏土	块状	8.1									

沭 阳 县

主要土类说明

潮土是沭阳县主要土壤类型，占本县地域面积的77%。潮土的形成与地下水直接相关，地下水埋深一般为1—3m，随气候的干湿和季节的变化而升降频繁，土壤氧化还原交替进行，促进了土壤中物质的溶解、移动和积聚。特别是铁，湿时还原移动增强，干时氧化积聚显著，因此在剖面沿结构或孔壁形成锈纹、锈斑，有时还能看到一些细小的锥形铁锰结核，即使在干旱季节地下水较深时，仍可借毛管力的作用升至地表，使土壤有明显的"夜潮"现象，故群众称这类土为"夜潮土"。潮土多发育在冲积母质上，由于河流泛滥频繁及"紧砂慢淤"的沉积，其剖面上下质地分异明显，砂、黏、壤质地层次排列错综复杂。潮土由于质地变化差异大，物理性状变化亦大。含黏粒多的淤土，表土层土壤总孔隙度较高，而通气孔隙度较低，分别为52.46%和10.62%，田间持水量较高，可达29.32%±3.75%。含黏粒较少的砂土，表土层土壤总孔隙度较低，而通气孔隙度却较高，分别为43.74%和14.68%，田间持水量较低，只有21.31%。表土层养分含量较高，有机质含量为11.12±3.496g/kg，全氮含量为0.79±0.224g/kg，全磷含量为1.244±0.27g/kg，从表土层向下，养分含量逐渐降低，到第四层，有机质含量只有6.99±3.1g/kg，全氮含量为0.528±0.189g/kg，全磷含量为1.03±0.29g/kg。本县潮土分为黄潮土、棕潮土、碱化潮土等亚类。

砂姜黑土是沭阳县主要土壤类型，占沭阳县地域面积的20%，主要分布在本县西部和西南部的岗土地区及北部、东北部的一些荡湖地区。砂姜黑土是在古地理、水文地质和暖湿气候条件下，以富含$CaCO_3$的古河、湖相沉积物为母质，经过淋溶淀积、生物积累和旱耕熟化过程演变而来的一类土壤。古河、湖相沉积物中的$CaCO_3$受生物作用的影响，溶解度增大，随水分淋溶下移，当旱季来临后，地下水位下降，底土层变干，通气条件有所改善，淋溶积聚的重碳酸钙，重新成为碳酸钙，并与土粒胶结成为大小不一的砂姜，砂姜数量、黏粒分布状况与$CaCO_3$的来源和地下水运动有密切关系，本县多数砂姜均在土体下部。本县夏季炎热多雨，冬季寒冷干燥，在雨季和土壤过湿情况下，土壤以嫌气分解和腐殖质积累为主，如此往复循环，难以分解的有机物质如纤维、木质素等在土壤中极其缓慢地积累，形成了土壤有机质较高的特点，有机质含量为11.5—15.1g/kg。由于氧化还原交替作用的共同影响，同时形成黑土层的剖面特征。本县砂姜黑土只有砂姜黑土一个亚类。

小于本县地域面积3%的土壤类型还有棕壤等。

本区域中心区气候特征

本区域中心区气候特征值
Regional climate characteristics in central area of the region

气候带：暖温带亚湿润气候 Climate region: Warm temperate subhumid climate	
年平均气温 /℃ Annual average temperature /℃	14.2
年平均最高气温 /℃ Annual average maximum temperature /℃	19.0
年平均最低气温 /℃ Annual average minimum temperature /℃	10.2
年降水量 /mm Annual precipitation /mm	931
≥10℃的积温 /℃ Daily temperature accumulated in a year（≥10℃）/℃	5201
年日照时数 /h Annual sunshine /h	2331
年平均相对湿度 /% Annual average relative humidity /%	74
干燥度 Dryness	0.90

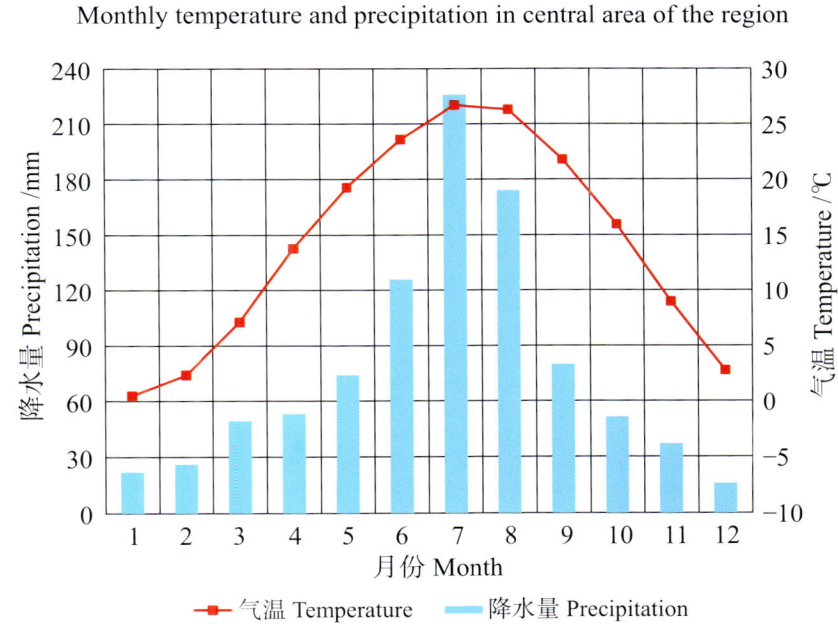

本区域中心区月平均气温与月平均降水量
Monthly temperature and precipitation in central area of the region

沭阳县主要土壤类型与土壤剖面点分布图

1∶270 000

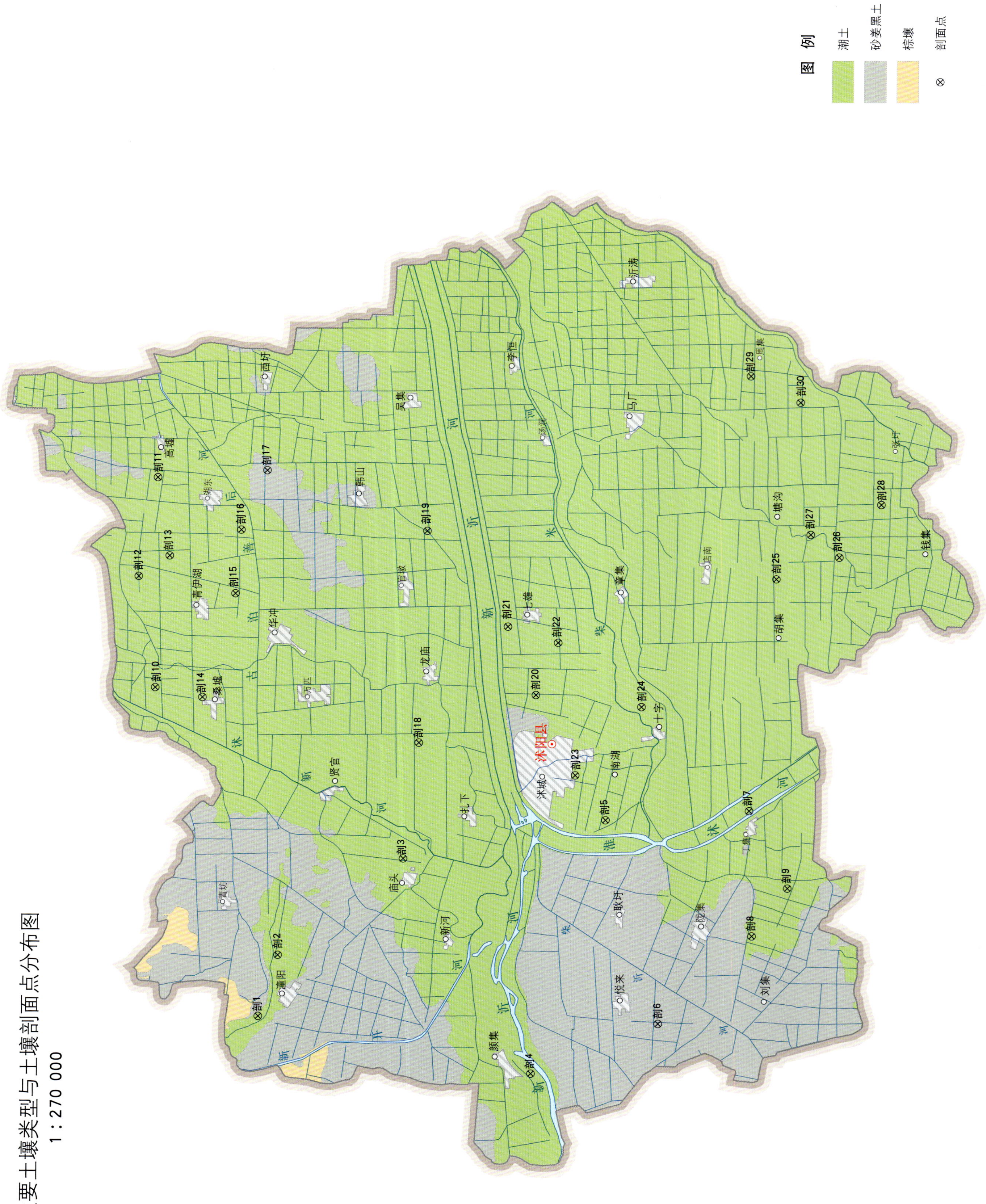

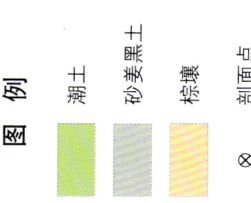

沭阳县土壤剖面理化性状表

剖面号 Soil profile	土纲 Soil order	土类 Soil great group	亚类 Soil subgroup	土属 Soil genus	土种 Soil species	土层码 Layer code	土层厚度 Depth/cm	颜色 Soil color	质地 Soil texture	土壤结构 Soil structure	pH	有机质 OM/(g/kg)	全氮 TN/(g/kg)	全磷 TP/(g/kg)	有效磷 AP/(mg/kg)	速效钾 AK/(mg/kg)	阳离子交换量 CEC/(cmol/kg)	土壤母质 Parent material	剖面点坐标 Profile coordinate	匹配指数 Matching index/%
剖1	半水成土	潮土	棕潮土	棕砂土	砂褐土	1	0—25	棕色	砂壤土	团粒状	6.8	5.8	0.58	0.69	3.0	51		沉积物	E 118°36′11.5″ N 34°17′23.3″	90
						2	25—40	棕色	砂壤土	团粒状	7.3	1.4	0.30	0.48	2.0	31				
						3	40—58	黄棕色	松砂土	单粒状	7.0	<1.0	0.26	0.34	2.0	22				
						4	58—100	棕黄色	砂壤土	团块状	5.7	1.9	0.77	0.51	2.0	38				
剖2	半水成土	潮土	棕潮土	棕黄土	底黑棕黄土	1	0—14	棕黄色	重壤土	团块状								沉积物	E 118°38′45.6″ N 34°16′43.7″	90
						2	14—40	棕黑色	重壤土	块状										
						3	40—70	灰棕色	中黏土	块状										
						4	70—120	灰色	中黏土	块状										
剖3	半水成土	潮土	棕潮土	棕黄土	黏底棕黄土	1	0—16	棕灰色	重壤土	团粒状	7.1	15.6	1.10	1.24	15.0	≤5		沉积物	E 118°42′44.3″ N 34°12′26.6″	92
						2	16—35	棕黄色	重壤土	块状	7.1	7.8	0.59	1.04	3.0	8				
						3	35—110	棕黄色	轻黏土	块状	7.4	8.3	0.69	1.00	1.0	122				
剖4	半水成土	潮土	棕潮土	棕砂土	火砂土	1	0—20	棕色	砂壤土	粒状	7.0	2.4	0.24	1.19	<1.0	41		沉积物	E 118°33′39.6″ N 34°08′13.2″	84
						2	20—30	棕色	砂壤土	粒状	7.0	1.8	0.18	0.91	1.0	40				
						3	30—73	棕色	砂壤土	粒状	7.6	<1.0	<0.10	0.72	1.0	33				
						4	73—100	棕色	中壤土	团粒状	7.3	3.3	0.37	0.56	5.0	80				
剖5	半水成土	砂姜黑土	黄潮土	砂土	黏底砂土	A_{11}	0—17	浅黄色	砂壤土	碎块状	8.0	6.0	0.42	0.59	6.0	80		黄泛冲积物	E 118°44′13.6″ N 34°05′38.0″	86
						A_{12}	17—27	浅黄色	砂壤土	片状	7.9	6.0	0.42	0.61	3.0	71				
						C_1	27—58	浊黄棕色	壤土	块状	8.1	2.8	0.46	0.53	3.0	118				
						C_2	58—100	浊黄棕色	壤质黏土	块状	8.1	11.9	0.93	0.59	2.0	66				
剖6	半水成土	砂姜黑土	砂姜黑土	岗黑土	黄黑土	1	0—12	灰黑色	轻黏土	团块状	7.2	21.0	1.35	1.18	5.0	240		洪积、坡积亚黏土	E 118°35′10.9″ N 34°03′56.5″	93
						2	12—22	灰黑色	轻黏土	块状	7.9	18.1	1.26	1.03	4.0	118				
						3	22—	褐色	轻黏土	块状	7.6	13.4	1.06	0.67	3.0	196				
剖7	半水成土	潮土	碱化潮土	面碱土	黏心白面碱土	1	0—20	浅黄色	砂壤土	小块状	8.4	7.8	0.54	1.61	<1.0	93		石灰性黄泛母质	E 118°44′33.0″ N 34°00′49.7″	97
						2	20—47	棕黄色	重黏土	片状	8.6	2.5	0.26	1.35	<1.0	56				
						3	47—58	红棕色	重黏土	块状	8.6	7.3	0.61	1.49	<1.0	165				
						4	58—100	黄色	砂壤土	块状	8.7	2.0	0.30	1.54	1.0	67				
剖8	半水成土	潮土	黄潮土	淤土	岗底淤土	1	0—1b	棕色	轻壤土	团粒状	7.7	16.1	1.23	1.64	13.0	219		近代黄泛冲积物	E 118°39′11.9″ N 34°00′49.0″	80
						2	15—30	棕色	重黏土	块状	8.1	11.6	0.96	1.39	4.0	216				
						3	30—60	褐色	重黏土	块状	8.2	7.2	0.64	0.72	<1.0	163				
						4	60—100	浅黄色	中黏土	粒状	8.1	9.3	0.80	1.22	3.0	311				
剖9	半水成土	潮土	黄潮土	砂土	底黑砂土	1	0—14	深棕色	砂壤土	团粒状	8.3	9.8	0.51	1.31	2.6	96		近代黄泛冲积物	E 118°41′15.7″ N 33°59′32.3″	89
						2	14—22	棕黄色	中壤土	粒状	8.3	7.3	0.58	1.34	1.6	82				
						3	22—78	棕黄色	中壤土	粒状	8.2	3.2	0.26	1.09	<1.0	58				
						4	78—100	灰黄色	轻黏土	块状	8.2	11.4	0.64	0.79	1.0	125				
剖10	半水成土	潮土	棕潮土	棕黄土	棕黄土	1	0—15	暗棕色	中壤土	团粒状	6.1	13.2	0.82	1.35	12.0	114		沉积物	E 118°50′04.2″ N 34°20′39.8″	98
						2	15—25	暗棕色	中壤土	团粒状	6.6	8.6	0.53	1.14	2.0	80				
						3	25—	浅黄色	中壤土	小粒状	6.9	6.9	0.38	1.10	1.0	71				
剖11	半水成土	潮土	黄潮土	两合土	砂心两合土	1	0—20	浅黄色	砂壤土	粉状	8.6	9.3	0.43	1.34	3.0	102		近代黄泛冲积物	E 118°58′54.5″ N 34°20′29.0″	90
						2	20—30	棕黄色	砂壤土	单粒状	8.5	5.7	0.50	1.38	2.0	82				
						3	30—76	棕黄色	砂壤土	块状	8.0	2.2	0.23	1.25	1.0	54				
						4	76—	灰色	轻黏土	块状	8.0	14.2	0.79	0.79	1.0	142				

续表 Continued

剖面号 Soil profile	土纲 Soil order	土类 Soil great group	亚类 Soil subgroup	土属 Soil genus	土种 Soil species	土层码 Layer code	土层厚度 Depth/cm	颜色 Soil color	质地 Soil texture	土壤结构 Soil structure	pH	有机质 OM/(g/kg)	全氮 TN/(g/kg)	全磷 TP/(g/kg)	有效磷 AP/(mg/kg)	速效钾 AK/(mg/kg)	阳离子交换量CEC/(cmol/kg)	土壤母质 Parent material	剖面点坐标 Profile coordinate	匹配指数 Matching index/%
剖12	半水成土	潮土	黄潮土	砂土	砂土	1	0—16	黄棕色	砂壤土	粒状	8.3	9.6	0.69	1.64	<1.0	89		近代黄泛冲积物	E 118°54′46.4″ N 34°21′12.6″	87
						2	16—80	黄棕色	砂壤土	块状	8.5	5.9	4.05	1.46	1.0	67				
						3	80—100	黄棕色	砂壤土	块状	8.4	4.5	0.40	1.38	<1.0	63				
剖13	半水成土	潮土	棕潮土	棕黄土	腰黑棕黄土	1	0—18	棕黄色	重壤土	团块状	5.6	8.9	0.72	0.77	3.0	73	16.8	沉积物	E 118°55′39.7″ N 34°20′08.9″	85
						2	18—54	灰褐色	重黏土	团块状	6.2	8.5	0.90	0.69	2.0	69	26.1			
						3	54—73	浅黄色	轻黏土	块状	6.2	6.5	0.70	0.43	<1.0	116	23.5			
						4	73—100	浅黄色	轻黏土	块状	6.3	7.0	0.69	0.47	3.0	114	31.1			
剖14	半水成土	潮土	棕潮土			1		黄色	砂壤土	粒状	8.1								E 118°49′42.2″ N 34°19′07.7″	90
						2		黄褐色	中壤土	块状	8.0									
						3		黄褐色	中壤土	块状	7.6									
剖15	半水成土	潮土	棕潮土	老黄土	老黄土	1	0—17	黄褐色	中黏土	粒状	7.6	14.4	0.87	1.03	3.0	101		洪积、坡积亚黏土	E 118°54′00.4″ N 34°18′01.4″	91
						2	17—38	褐黄色	中黏土	块状	7.5	9.5	0.66	1.17	2.0	177				
						3	38—	棕色	轻黏土	块状	7.7	7.1	0.46	1.18	4.0	131				
剖16	半水成土	潮土	黄潮土			1		暗棕色	砂黏土	块状	8.4							沉积物	E 118°56′39.1″ N 34°17′43.8″	95
						2		棕色	黏土	粒状	8.5									
						3		灰黄色	紧砂土	块状	8.4									
剖17	半水成土	砂姜黑土	砂姜黑土	湖黑土	湖黑土	1	0—21	棕灰色	轻黏土	团块状	7.8	13.1	0.79	0.82	3.0	189		洪积、坡积亚黏土	E 118°59′09.6″ N 34°16′49.4″	94
						2	21—41	黄褐色	轻黏土	块状	7.9	10.3	0.63	0.53	<1.0	156				
						3	41—	棕色	轻黏土	块状	7.8	8.6	0.55	0.66	<1.0	170				
剖18	半水成土	潮土	黄潮土	砂土	黏心砂土	1	0—20	浅黄色	砂壤土	团块状	8.4	7.8	0.54	1.61	<1.0	93		近代黄泛冲积物	E 118°47′34.4″ N 34°11′52.1″	91
						2	20—47	浅黄色	中壤土	片状	8.6	2.5	0.29	1.35	1.0	56				
						3	47—58	红棕色	中壤土	片状	8.6	7.3	0.61	1.49	<1.0	165				
						4	58—100	黄色	中壤土	块状	8.7	2.0	0.30	1.31	1.0	67				
剖19	半水成土	潮土	黄潮土	两合土	两合土	1	0—17	棕黄色	中壤土	小块状	8.3	9.2	0.70	1.31	1.0	102		近代黄泛冲积物	E 118°56′30.1″ N 34°11′30.1″	91
						2	17—29	红棕色	中壤土	块状	8.2	5.9	0.53	1.24	1.0	107				
						3	29—100	黄棕色	轻壤土	块状	8.3	5.6	0.43	1.33	<1.0	97				
剖20	半水成土	潮土	黄潮土			1		浅黄色	砂壤土	碎粒状	8.0								E 118°49′28.2″ N 34°07′54.8″	89
						2		浅黄色	中壤土	片状	7.9									
						3		油黄棕色	砂壤土	粒状	8.1									
剖21	半水成土	潮土	棕潮土	棕砂土	黄砂土	1	0—16	黄色	砂壤土	粒状	8.1	6.1	0.47	0.92	2.0	75		沉积物	E 118°52′26.0″ N 34°08′48.8″	92
						2	16—31	黄褐色	砂壤土	块状	7.7	4.8	0.46	0.88	1.0	79				
						3	31—100	暗棕色	中壤土	块状	7.7	7.2	0.62	0.75	1.0	95				
剖22	半水成土	潮土	黄潮土	两合土	底黑两合土	1	0—31	黑色	重壤土	团粒状	7.6	6.4	0.52	1.34	2.0	144	19.1	近代黄泛冲积物	E 118°51′36.7″ N 34°07′08.4″	84
						2	31—44	黄黄色	重壤土	块状	8.0	6.0	0.32	1.39	1.0	105	12.0			
						3	44—72	灰黑色	重壤土	块状	7.5	6.4	0.47	0.76	<1.0	116	28.3			
						4	72—	青黄色	重壤土	块状	7.4	14.8	0.75	0.83	<1.0	110				
剖23	半水成土	潮土	棕潮土	棕黄土	砂底棕黄土	A_{11}	0—18	灰黄棕色	砂质黏壤土	屑状	7.5	7.9	0.51	0.41			11.7	河流冲积物	E 118°46′10.2″ N 34°06′36.0″	99
						A_{12}	18—27	灰黄棕色	砂质黏壤土	块状	7.5	6.4	0.37	0.39			12.8			
						C_1	27—57	黄棕色	砂质黏壤土	块状	7.4	5.0	0.20	0.41			10.0			
						C_2	57—100	棕灰色	砂壤土	块状	7.1	3.1	0.13	0.46			8.5			
剖24	半水成土	潮土	棕潮土	棕砂土	漏砂土	A_{11}	0—25	棕色	砂壤土	单粒状	6.8	5.8	0.58	0.30	3.0	51		河流冲积物	E 118°48′57.6″ N 34°04′20.6″	80
						A_{12}	25—40	棕色	黏壤土	单粒状	7.3	1.4	0.30	0.21	2.0	31				
						C_1	40—58	浊黄棕色	黏壤土	单粒状	7.0	<1.0	0.26	0.15	2.0	22				
						C_2	58—100	浊黄棕色	砂壤土	小粒状	5.7	1.9	0.71	0.22	2.0	38				

续表 Continued

剖面号 Soil profile	土纲 Soil order	土类 Soil great group	亚类 Soil subgroup	土属 Soil genus	土种 Soil species	土层码 Layer code	土层厚度 Depth/cm	颜色 Soil color	质地 Soil texture	土壤结构 Soil structure	pH	有机质 OM/(g/kg)	全氮 TN/(g/kg)	全磷 TP/(g/kg)	有效磷 AP/(mg/kg)	速效钾 AK/(mg/kg)	阳离子交换量CEC/(cmol/kg)	土壤母质 Parent material	剖面点坐标 Profile coordinate	匹配指数 Matching index/%
剖25	半水成土	潮土	黄潮土	两合土	黏心两合土	1	0—15	棕黄色	中壤土	小块状	8.2	7.7	0.54	1.47	3.0	80		近代黄泛冲积物	E 118°54′13.3″ N 33°59′51.0″	97
						2	15—39	棕黄色	中壤土	块状	8.4	5.6	0.30	1.33	<1.0	71				
						3	39—80	浅棕黄色	中壤土	块状	8.4	6.9	0.52	1.27	<1.0	184				
						4	80—100	浅黄色	中壤土	块状	8.4	3.7	0.27	1.32	<1.0	72				
剖26	半水成土	潮土	黄潮土	两合土	黏底两合土	1	0—22	棕色	重壤土	团块状	8.2	12.7	0.99	1.39	3.0	22		近代黄泛冲积物	E 118°55′07.0″ N 33°57′40.0″	87
						2	22—36	灰棕色	中壤土	块状	7.8	11.2	0.87	1.19	8.0	149				
						3	36—60	红棕色	轻黏土	片状	8.3	6.2	0.58	1.41	3.0	201				
						4	60—100	红棕色	重黏土	块状	8.4	8.1	0.76	1.21	2.0	215				
剖27	半水成土	潮土	棕潮土	棕黄土	砂底棕黄土	1	0—18	棕黄色	中壤土	团粒状	7.5	7.9	0.51	0.93	4.0	54	11.7	沉积物	E 118°56′03.5″ N 33°57′37.6″	81
						2	18—27	棕黄色	中壤土	块状	7.5	6.4	0.37	0.90	3.0	46	12.8			
						3	27—57	棕黄色	轻壤土	块状	7.4	5.0	0.20	0.93	4.0	36	10.0			
						4	57—100	棕黄色	砂壤土	块状	7.1	3.1	0.13	1.05	8.0	32	8.5			
剖28	半水成土	潮土	潮土	浅潮砂土	漏砂土	A_{11}	0—15	棕色	砂壤土	屑粒状	6.8	5.8	0.58	0.30	3.0	51		河流冲积物	E 118°57′17.6″ N 33°56′11.8″	87
						A_{12}	15—40	棕色	砂壤土	小块状	7.3	1.4	0.30	0.21	2.0	31				
						C_1	40—58	油黄棕色	砂壤土	单粒状	7.0	<1.0	0.26	0.15	2.0	22				
						C_2	58—100	油黄棕色	砂壤土	小块状	5.7	1.9	0.71	0.22	2.0	38				
剖29	半水成土	潮土	黄潮土	砂土	黏底砂土	1	0—17	浅黄色	砂壤土	小块状	8.0	6.0	0.42	1.36	6.0	80		近代黄泛冲积物	E 119°02′43.4″ N 34°00′33.8″	96
						2	17—27	浅黄色	砂壤土	片状	7.9	6.0	0.42	1.40	3.0	71				
						3	27—58	浅黄棕色	砂壤土	片状	8.1	2.8	0.46	1.22	3.0	118				
						4	58—	棕黄色	轻黏土	块状	8.1	11.9	0.93	1.36	2.0	66				
剖30	半水成土	潮土	棕潮土	棕砂土	黏底黄砂土	1	0—20	棕黄色	砂壤土	散粒状	6.7	7.1	0.55	0.65	2.0	66		沉积物	E 119°01′36.5″ N 33°58′53.0″	99
						2	20—36	棕黄色	砂壤土	块状	6.7	3.8	0.44	0.92	3.0	67				
						3	36—62	棕黄色	砂壤土	块状	6.8	4.6	0.57	0.93	2.0	89				
						4	62—100	黄棕色	重壤土	块状	7.0	6.2	0.71	0.79	3.0	95				

泗 阳 县

主要土类说明

潮土是泗阳县主要土壤类型，占本县地域面积的 70%。本县潮土发育于黄泛冲积母质上。主流经过的地方流速大，沉积物多，质地粗；地形部位较高，距离主流愈远，流速愈小，沉积物既细又少；地形部位较低，而两合土则介于二者之间。随着地下水位的升降，土壤剖面中产生氧化还原的交替过程，进而影响土壤物质的溶解、移动和淀积，在土壤剖面中形成各种色泽的锈纹、锈斑。由于地表水透过上部土层，对石灰物质的淋溶作用，剖面各层中的石灰反应由上到下逐渐增强。本地区地下水一般埋深在 1—2m，降水量少的季节，地下水沿毛管上升，引起地面返潮，这是潮土的典型特征。潮土的形成也受人们千百年来耕种影响。经过人们的旱耕熟化、施肥，潮土和原冲积物在剖面形态上出现了很大的差异。首先，表土层养分含量高于底土层，在均质土壤中，土壤饱和含水量和田间持水量均高于底土。其次，由于可溶性矿物质的迁移，土壤各剖面层次矿物质成分出现差异。一般情况下，表土层碳酸钙、铁锰物质、可溶性盐含量均低于底土层，由于黏粒的下移形成厚薄不等的黏土层。本县地处淮北平原，气候温暖湿润，母质中石灰物质和铁锰物质明显下移，土壤以黄色或灰黄色为主。本县潮土分为黄潮土和盐碱性潮土等亚类。

褐土是泗阳县第二大土壤类型，占本县地域面积的 8%。褐土所处地形部位较高，平均海拔为 15.6m。其成土母质为次生黄土。褐土的特点是淋溶作用比砂姜黑土强，但盐基不饱和，土体呈中性到微碱性，pH 为 7.0—8.0，黏化现象明显。地表 1m 以下有黏盘层，碳酸钙通过淋溶作用下移，土层有砂姜、铁锰结核。全剖面无石灰反应，土壤质地为重壤土至黏土。褐土因质地黏重，怕干、怕涝，土壤性能较差，干时龟裂，湿时黏，耕耙困难，适耕期短，多雨季节易形成包浆土，作物不易发棵。本县褐土分为淋溶褐土和潮褐土等亚类。

砂姜黑土是泗阳县第三大土壤类型，占本县地域面积的 6%。砂姜黑土所处的地形部位在岭坡洼地。地下水位在 1—1.5m。其成土母质是古河湖相沉积物。质地黏重，土壤呈中性到微碱性。一般无石灰反应，碳酸钙含量低，有机质含量不高，耕层中两者都在 10g/kg 左右。砂姜黑土是在沼泽草甸土的基础上发育形成的，因此，除耕层和犁底层外，一般有腐泥状黑土层（简称黑土层）和潜育性砂姜层。黑土层是沼泽草甸土过程的残存特征。砂姜黑土层厚度为 40—60cm，黑土层结构面上有一层发育的胶膜层。砂姜黑土的砂姜层按形态分为面砂姜、刚砂姜和砂姜盘三种，而这三种形态分别出现在地下 70cm 左右、1m 左右和 2m 以下。

本区域中心区气候特征

本区域中心区气候特征值
Regional climate characteristics in central area of the region

气候带：暖温带亚湿润气候 Climate region: Warm temperate subhumid climate	
年平均气温 /℃ Annual average temperature /℃	14.6
年平均最高气温 /℃ Annual average maximum temperature /℃	19.3
年平均最低气温 /℃ Annual average minimum temperature /℃	10.6
年降水量 /mm Annual precipitation /mm	940
≥ 10℃的积温 /℃ Daily temperature accumulated in a year (≥ 10℃) /℃	5315
年日照时数 /h Annual sunshine /h	2237
年平均相对湿度 /% Annual average relative humidity /%	74
干燥度 Dryness	0.91

本区域中心区月平均气温与月平均降水量
Monthly temperature and precipitation in central area of the region

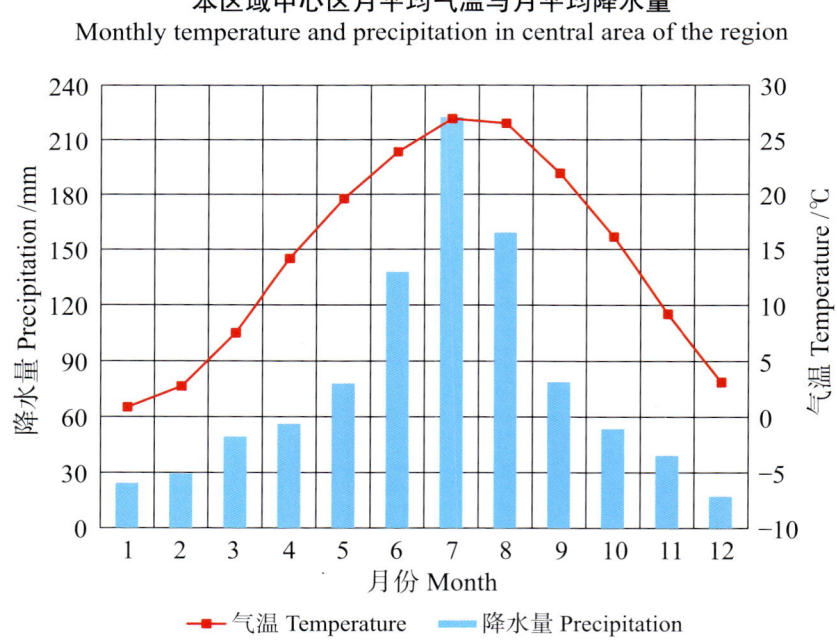

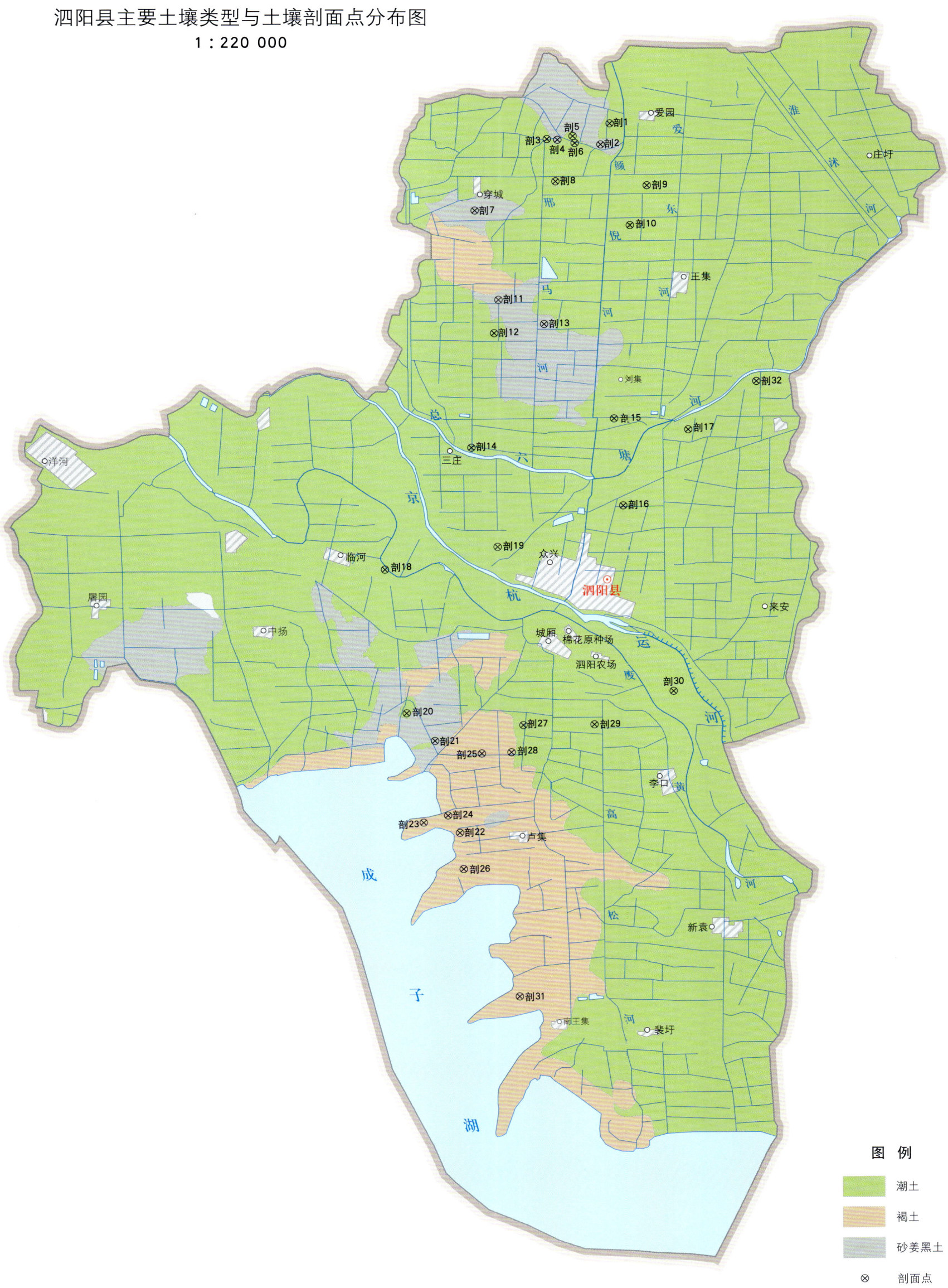

泗阳县土壤剖面理化性状表

剖面号 Soil profile	土纲 Soil order	土类 Soil group	亚类 Soil subgroup	土属 Soil genus	土种 Soil species	土层码 Layer code	土层厚度 Depth/cm	颜色 Soil color	质地 Soil texture	土壤结构 Soil structure	pH	有机质 OM/(g/kg)	全氮 TN/(g/kg)	全磷 TP/(g/kg)	全钾 TK/(g/kg)	有效磷 AP/(mg/kg)	速效钾 AK/(mg/kg)	阳离子交换量 CEC/(cmol/kg)	土壤母质 Parent material	剖面点坐标 Profile coordinate	匹配指数 Matching index/%
剖1	半水成土	潮土	盐碱化潮土	面碱土	黏底面碱土	1	0—14	灰黄色	砂壤土	无明显结构	7.2									E 118°41′42.7″ N 33°56′26.9″	94
						2	14—28	灰黄色	砂壤土	无明显结构	7.5										
						3	28—100	棕黄色	重壤土	块状	7.0										
剖2	半水成土	砂姜黑土	砂姜黑土			1	0—22	灰黄色	中壤土	棱柱状	7.1									E 118°41′22.9″ N 33°55′51.6″	81
						2	22—100	棕黄色	重壤土	棱柱状	7.5										
剖3	半水成土	潮土	黄潮土	淤土	淤土	1	0—13		轻壤土		7.7	7.3	0.61	0.94		8.0	191	12.1	黄泛冲积物	E 118°39′35.3″ N 33°56′01.0″	98
						2	13—36		中壤土		7.8	6.3	0.54	0.16		6.0	124	10.8			
						3	36—100		中壤土		7.9	5.2	0.46	1.29		1.0	188	7.6			
剖4	半水成土	砂姜黑土	砂姜黑土	岗黑土	岗黑土	1	0—19		重壤土		7.5	7.7	0.64	0.61		12.0	100	20.3	河湖相沉积物	E 118°39′56.2″ N 33°55′59.2″	83
						2	19—62		中壤土		7.8	2.7	0.23	1.20		1.0	145	25.4			
						3	62—100		轻壤土		7.5	1.5	<0.10	1.25		1.5	142	25.5			
剖5	半水成土	潮土	黄潮土	两合土	两合土	1	0—20	棕灰色	中壤土	粒状	8.0	7.5	0.64	1.54		2.0	103	12.3	黄泛冲积物	E 118°40′27.1″ N 33°56′04.6″	98
						2	20—42	棕色	轻壤土	块状	8.2	3.2	0.30	1.53		4.0	62	12.0			
						3	42—55	浅棕色	中壤土	粒状	8.2	3.2	0.24	1.43		4.0	95	12.3			
						4	55—100	棕灰色	轻壤土	块状	7.8	3.2	0.24	1.43		4.0	95	12.3			
剖6	半水成土	潮土	盐碱化潮土	盐性土	面碱土	A_{11}	0—11	暗灰色	砂壤土	小块状	9.8	5.1	0.28	0.68				4.2	河湖相沉积物	E 118°40′28.9″ N 33°55′54.8″	82
						A_{12}	11—24	灰黄色	砂壤土	小块状、小块状	9.4	3.9	0.22	0.73				4.7			
						C_1	24—66	棕色	砂壤土	片状	9.2	2.8	0.15	0.67				5.3			
						C_2	66—100	灰色	壤土		8.9	2.1	<0.10	0.76				3.5			
剖7	半水成土	砂姜黑土	砂姜黑土	岗黑土	岗黑土	1	0—21	灰黄色	中壤土	棱柱状	7.0									E 118°37′05.5″ N 33°53′56.4″	92
						2	21—40	棕黄色	重壤土	棱柱状	7.5										
						3	40—100	黄棕色	砂壤土	柱状	8.0										
剖8	半水成土	潮土	黄潮土	两合土	两合土	1	0—20	棕色	黏土	块状	8.0									E 118°42′56.2″ N 33°54′36.7″	93
						2	20—59	棕色	中壤土	块状	8.0										
						3	59—100	深棕色	中壤土	粒状	8.0										
剖9	半水成土	潮土	黄潮土	两合土	砂底两合土	1	0—18		中壤土	棱柱状	8.2	8.3	0.69	1.58		5.0	48	31.9	黄泛冲积物	E 118°39′49.7″ N 33°54′46.1″	98
						2	18—33	棕黄色	中壤土	棱柱状	8.2	5.0	0.52	1.31		4.0	43	9.3			
						3	33—100		砂壤土	块状	8.2	2.1	0.19	1.10		2.0	35	9.5			
剖10	半水成土	潮土	灰潮土	潮黏土	潮黏土	A_{11}	0—16	黄棕色	黏土	块状	8.0	9.4	0.78	0.57		2.0	164	14.6	黄泛冲积物	E 118°42′19.4″ N 33°53′26.9″	87
						C_1	16—31	灰黄色	砂质梨壤土	块状	8.2	8.0	0.69	0.58		2.0	165	20.4			
						C_2	31—100	浅黄色	黏土	块状	8.2	3.3	0.31	0.55		3.0	139	18.9			
剖11	半水成土	砂姜黑土	砂姜黑土	岗黑土	下位砂姜土	1	0—18	棕色	重壤土	棱柱状	7.8								河湖相沉积物	E 118°37′51.6″ N 33°51′18.7″	87
						2	18—48	暗灰色	重壤土	棱柱状	7.3										
						3	48—100	浅灰色	重壤土	块状	7.9										
剖12	半水成土	潮土	黄潮土	淤土	砂心淤土	1	0—15	棕色	重壤土	块状	7.0								湖积物	E 118°37′37.6″ N 33°50′20.0″	100
						2	15—33	深棕色	重壤土	块状	7.2										
						3	33—50	浅黄色	砂壤土	粒状	7.6										
						4	50—100	深棕色	重壤土	块状	8.0										
剖13	半水成土	砂姜黑土	砂姜黑土			1	0—14		中黏土		7.5								黄泛冲积物	E 118°39′20.5″ N 33°50′35.9″	87
						2	14—29		轻黏土		7.8										
						3	29—100				7.5										

续表 Continued

剖面号 Soil profile	土纲 Soil order	土类 Soil great group	亚类 Soil subgroup	土属 Soil genus	土种 Soil species	土层码 Layer code	土层厚度 Depth/cm	颜色 Soil color	质地 Soil texture	土壤结构 Soil structure	pH	有机质 OM/(g/kg)	全氮 TN/(g/kg)	全磷 TP/(g/kg)	全钾 TK/(g/kg)	有效磷 AP/(mg/kg)	速效钾 AK/(mg/kg)	阳离子交换量CEC/(cmol/kg)	土壤母质 Parent material	剖面点坐标 Profile coordinate	匹配指数 Matching index/%
剖14	半水成土	潮土	黄潮土	两合土	黏心两合土	1	0—18	灰棕色	中壤土	块状	7.0								黄泛冲积物	E 118° 36′ 49.3″ N 33° 46′ 59.5″	81
						2	18—51	黄棕色	黏土	块状	7.5										
						3	51—100	黄棕色	中壤土	块状	7.2										
剖15	半水成土	潮土	黄潮土	淤土	岗底淤褐土	1	0—14	暗棕色	重壤土	块状	7.5	8.5	0.70	0.61		6.5	116	23.1	黄泛冲积物	E 118° 41′ 40.2″ N 33° 47′ 47.4″	99
						2	14—60	暗棕色	轻黏土	块状	7.5	10.6	0.63	0.41		1.0	171	26.4			
						3	60—100	暗棕色	轻黏土	粒状	7.5	5.6	0.49	0.71		1.0	171	29.2			
剖16	半水成土	潮土	黄潮土	飞砂土	飞砂土	1	0—15	浅棕色	砂壤土	无明显结构	8.0	5.7	0.24	1.00		1.0	59	3.3	黄泛冲积物	E 118° 41′ 54.2″ N 33° 45′ 13.7″	97
						2	15—100	棕色	紧砂土		8.3	5.5	0.11	0.20		1.0	39	5.5			
						3			松砂土		8.0	3.1	0.10	0.15		1.0	36	5.5			
剖17	半水成土	潮土	黄潮土	淤土	砂心淤土	1	0—17		轻黏土		8.1	13.4	1.01	1.20		3.0	181	21.0	黄泛冲积物	E 118° 44′ 11.4″ N 33° 47′ 26.9″	85
						2	17—57		中壤土		8.2	1.5	0.11	1.17		1.0	39	4.0			
						3	57—100		中壤土		8.3	1.5	0.21	1.15		1.0	61	7.4			
剖18	半水成土	潮土	黄潮土	砂土	黏心砂土	1	0—16		松砂土		8.2	4.0	1.50	0.13		5.5	78	12.6	黄泛冲积物	E 118° 33′ 51.8″ N 33° 43′ 29.6″	89
						2	16—69		中壤土		7.9	3.0	0.31	0.16		<1.0	105	10.4			
						3	69—100		砂壤土		7.9	1.0	0.12	0.10		<1.0	51	7.1			
剖19	半水成土	潮土	黄潮土	砂土	砂土	1	0—17	灰黄色	砂土	粒状结构	8.4								黄泛冲积物	E 118° 37′ 39.0″ N 33° 44′ 05.3″	91
						2	17—57	黄棕色	砂土	无明显结构	8.4										
剖20	半水成土	潮土	黄潮土	淤土	砂底淤土	1	0—17	棕色	轻黏土	块状	8.4								黄泛冲积物	E 118° 34′ 10.9″ N 33° 39′ 10.8″	100
						2	17—32	灰黄色	黏土	块状	8.5										
						3	32—100	暗黄色	紧黏土	柱状	8.4										
剖21	半水成土	砂姜黑土	砂姜黑土			1	0—15	暗黄色	重黏土	块状	7.8	3.7	0.73	0.60		2.7	165	16.1	咸潮黄土	E 118° 35′ 22.9″ N 33° 38′ 27.2″	88
						2	15—40	浅黄色	重黏土	棱柱状	7.3	3.7	0.21	0.33		<1.0	160	7.2			
						3	40—100	暗黄色	黏土	棱柱状	7.9	2.0	0.18	0.61		<1.0	131	8.2			
剖22	半淋溶土	褐土	淋溶褐土	岗褐土	岗褐土	A	0—14	暗灰黄色	壤质黏土	小块状	7.7	11.8	0.77	0.34	15.2			26.7	咸潮黄土	E 118° 36′ 09.4″ N 33° 35′ 44.9″	80
						Bv₁	14—51	黄棕色	黏土	块状	8.0	5.8	0.38	0.15	18.3			34.3			
						Bv₂	51—85	暗灰黄色	轻黏土	块状	8.2	3.9	0.32	0.13	18.3			29.2			
						Bv₃	85—100	黄灰色	黏土	柱状	8.3	3.3	0.29	0.18	18.6			28.4			
剖23	半淋溶土	褐土	淋溶褐土	岗黄土	姜底岗褐土	1	0—18		轻壤土		7.8	3.7	0.73	0.60		2.7	165	16.1	次生黄土	E 118° 34′ 56.3″ N 33° 36′ 04.3″	94
						2	18—62		重黏土		8.0	3.7	0.21	0.33		<1.0	160	7.2			
						3	62—100		中壤土		8.1	2.0	0.18	0.61		<1.0	131	8.2			
剖24	半淋溶土	褐土	潮褐土	潮褐土	潮褐土	1	0—13	暗黄色	中壤土	块状		9.4	0.78	1.30		2.0	164	14.6	次生黄土	E 118° 35′ 45.2″ N 33° 36′ 16.2″	97
						2	13—27	浅黄色	黏土	块状	7.5	8.0	0.69	1.33		2.0	165	20.4			
						3	27—100	黄灰色	轻黏土	小块状	7.5	3.3	0.31	1.26		3.0	139	18.9			
剖25	半淋溶土	褐土	潮褐土	潮褐土	潮褐土	A₁₁	0—14	暗灰黄色	壤质黏土	块状	7.7	11.8	0.77	0.34				26.7	次生黄土	E 118° 36′ 56.9″ N 33° 38′ 03.5″	86
						Bv₁	14—51	黄棕色	黏土	块状	8.0	5.8	0.38	0.15				34.3			
						Bv₂	51—85	暗灰黄色	轻黏土	块状	8.2	3.9	0.32	0.13				29.2			
						Bv₃	85—100	黄灰色	黏土	柱状	8.3	3.3	0.29	0.18				28.4			
剖26	半淋溶土	褐土	淋溶褐土	老褐黄土	岗褐土	1	0—18		重壤土	块状	8.0								黄土	E 118° 36′ 15.4″ N 33° 34′ 41.2″	81
剖27	半水成土	潮土	黄潮土	淤土	淤土	1	0—18		砂土	块状	8.0								黄泛冲积物	E 118° 38′ 22.6″ N 33° 38′ 51.4″	98
						2	18—37	暗棕色	黏土	块状	8.0										
						3	37—51	浅黄色	黏土	块状	8.0										
						4	51—78	灰黄色	黏土	块状	8.0										
						5	78—100	红棕色	黏土	块状	8.0										

续表 Continued

剖面号 Soil profile	土纲 Soil order	土类 Soil great group	亚类 Soil subgroup	土属 Soil genus	土种 Soil species	土层码 Layer code	土层厚度 Depth/cm	颜色 Soil color	质地 Soil texture	土壤结构 Soil structure	pH	有机质 OM/(g/kg)	全氮 TN/(g/kg)	全磷 TP/(g/kg)	全钾 TK/(g/kg)	有效磷 AP/(mg/kg)	速效钾 AK/(mg/kg)	阳离子交换量CEC/(cmol/kg)	土壤母质 Parent material	剖面点坐标 Profile coordinate	匹配指数 Matching index/%
剖28	半淋溶土	褐土	淋溶褐土	岗黄土	姜底岗褐土	1	0—11	灰黄色	黏土	块状	7.0								次生黄土	E 118°37′57.0″ N 33°38′04.6″	99
						2	11—80	褐色	黏土	块状	7.5										
						3	80—100	灰黄色	黏土	块状											
剖29	半水成土	潮土	黄潮土	砂土	岗底砂土	1	0—21	棕灰色	砂土	粒状	8.0								黄泛冲积物	E 118°40′45.8″ N 33°38′51.0″	95
						2	21—46	灰棕色	黏土	粒状	8.0										
						3	46—100	暗棕色	壤土	块状	7.8										
剖30	半水成土	潮土	黄潮土	淤土	砂底淤土	1	0—15		重壤土		8.2	11.2	0.85	1.76		4.0	96	14.1	黄泛冲积物	E 118°43′28.2″ N 33°39′46.8″	81
						2	15—40		重壤土		8.4	6.9	0.60	1.28		1.0	106	15.4			
						3	40—100		紧砂土		8.6	1.5	0.12	1.04		1.0	37	4.4			
剖31	半淋溶土	褐土	淋溶褐土	岗黄土	岗黄土	1	0—13	棕黄色	轻黏土	块状	8.2	8.9	0.46	1.41		1.0	202	33.6	次生黄土	E 118°38′03.8″ N 33°30′54.0″	92
						2	13—24	灰黄色	重壤土	块状	8.4	5.6	0.43	1.25		1.5	85	21.3			
						3	24—100	灰黄色	重壤土	块状	8.0	4.6	0.26	1.41		1.0	89	18.4			
剖32	半水成土	潮土	黄潮土	飞砂土	黏底飞砂土	1	0—19	灰黄色	砂土	无明显结构	7.5								黄泛冲积物	E 118°46′30.0″ N 33°48′48.2″	91
						2	19—90	浅黄色	砂土	无明显结构	7.5										
						3	90—100	棕色	黏土	块状											

泗 洪 县

主要土类说明

潮土是泗洪县主要土壤类型，占本县地域面积的29%。潮土是在江河冲积母质上一方面受地下水升降活动影响，一方面受人们旱耕熟化的作用而发育形成的土壤。潮土往往有夜潮现象。其成土母质来源于黄河泛滥沉积物，土壤剖面中游离碳酸钙含量为7.36%，全剖面均有石灰反应。土壤表层pH平均为8.3，呈碱性，有机质含量为10.9g/kg，全氮含量为0.806g/kg，全磷含量为1.12g/kg。本县潮土只有黄潮土一个亚类。

褐土是泗洪县第二大土壤类型，占本县地域面积的29%。褐土属暖温带、半湿润气候区的地带性土壤。由于淋溶作用强，土体上部的黏粒、钙质、铁质等有向土体下部移动的趋势。质地为壤土至黏土，土体底层偶有砂姜结核零星分布，心土层、底土层多有一定数量的铁锰结核存在。本县淋溶褐土地处丘陵岗地，无季节性积水，地下水位低，一般在10m以下。本县褐土只有淋溶褐土一个亚类。

砂姜黑土是泗洪县第三大土壤类型，占本县地域面积的19%。砂姜黑土成土年代久远，由黄土性古河湖相沉积物发育而成，是淮北平原古老的耕种土壤。砂姜黑土的成土过程，经过了前期的草甸潜育化（土壤长期渍水生草过程）和后期的旱耕熟化过程。砂姜黑土在自然成土因素作用下，土体有两个基本层段：一是土体上部的黑土层，二是土体下部的砂姜层。本县砂姜黑土只有砂姜黑土一个亚类。

本区域中心区气候特征

本区域中心区气候特征值
Regional climate characteristics in central area of the region

气候带：暖温带亚湿润气候 Climate region: Warm temperate subhumid climate	
年平均气温 /℃ Annual average temperature /℃	14.7
年平均最高气温 /℃ Annual average maximum temperature /℃	19.6
年平均最低气温 /℃ Annual average minimum temperature /℃	10.7
年降水量 /mm Annual precipitation /mm	933
≥10℃的积温 /℃ Daily temperature accumulated in a year（≥10℃）/℃	5404
年日照时数 /h Annual sunshine /h	2182
年平均相对湿度 /% Annual average relative humidity /%	73
干燥度 Dryness	0.93

本区域中心区月平均气温与月平均降水量
Monthly temperature and precipitation in central area of the region

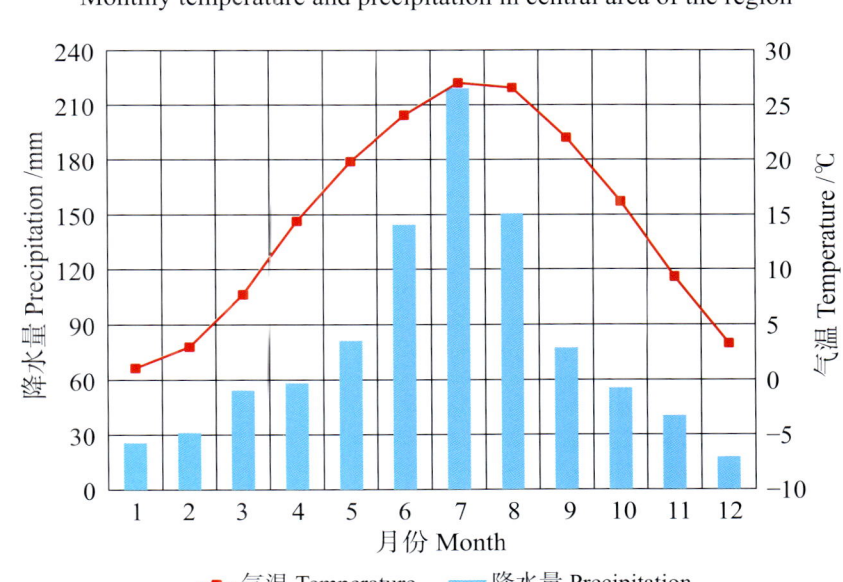

泗洪县主要土壤类型与土壤剖面点分布图
1∶330 000

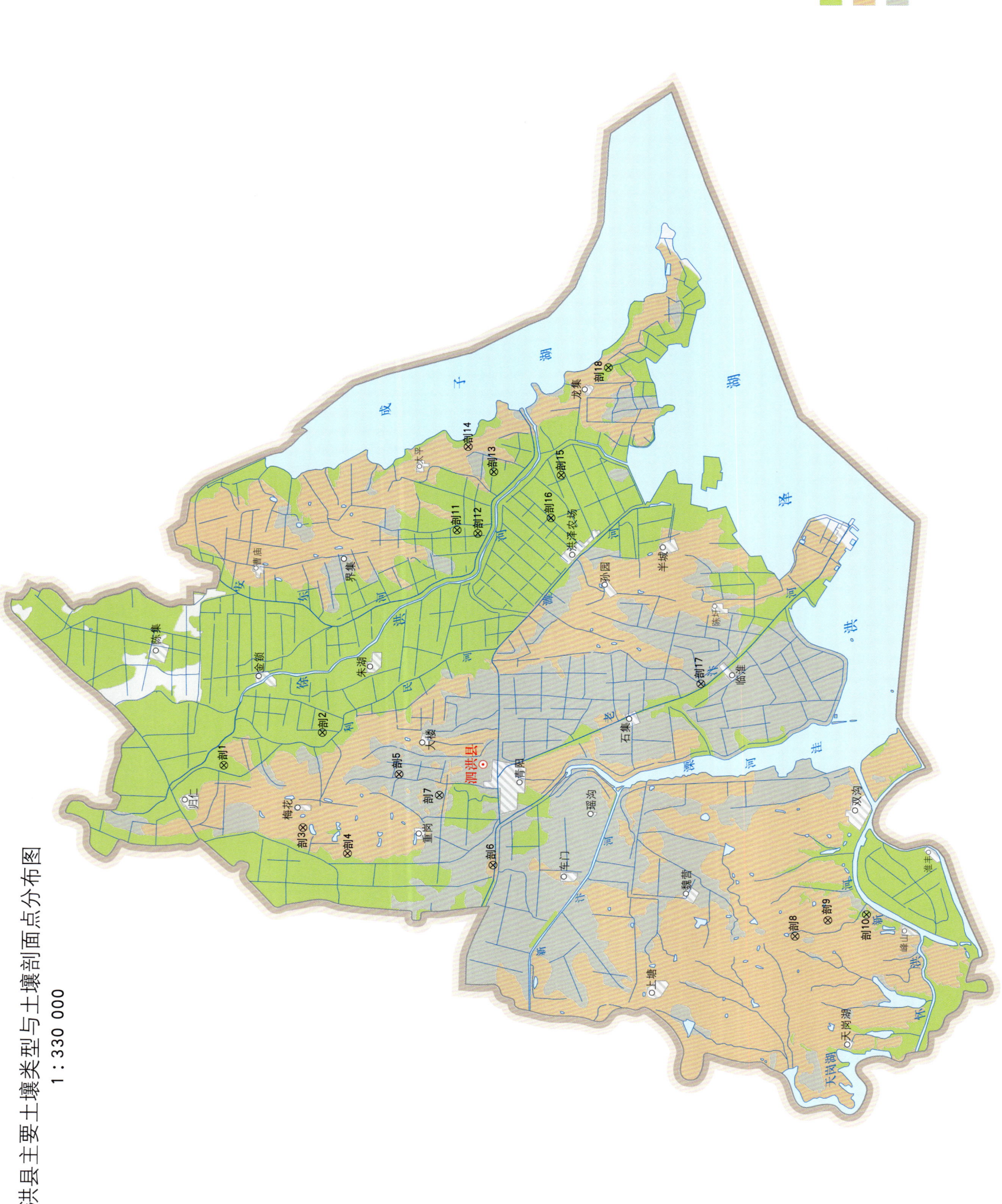

泗洪县土壤剖面理化性状表

剖面号 Soil profile	土纲 Soil order	土类 Soil great group	亚类 Soil subgroup	土属 Soil genus	土种 Soil species	土层码 Layer code	土层厚度 Depth/cm	颜色 Soil color	质地 Soil texture	土壤结构 Soil structure	pH	有机质 OM/(g/kg)	全氮 TN/(g/kg)	全磷 TP/(g/kg)	有效磷 AP/(mg/kg)	速效钾 AK/(mg/kg)	阳离子交换量CEC/(cmol/kg)	土壤母质 Parent material	剖面点坐标 Profile coordinate	匹配指数 Matching index/%
剖1	半水成土	潮土	黄潮土	淤土	淤土	1	0—15	浅棕色	重壤土	小块状	8.2							黄泛沉积物	E 118°13′22.4″ N 33°39′00.0″	87
						2	15—85	浅黄色	砂壤土	片状	8.4									
						3	85—100	橙色	重壤土	块状	8.2									
剖2	半水成土	潮土	黄潮土	淤土	淤土	1	0—20	棕红色	重壤土	小块状	8.4	17.5	1.09	1.28	5.1	260		黄泛沉积物	E 118°14′56.4″ N 33°35′03.8″	99
						2	20—60	棕红色	重壤土	块状	8.6	4.8	0.74	1.25	1.6	185				
						3	60—100	棕红色	重黏土	块状	8.6	8.3	0.71	1.22	1.5	199				
剖3	半淋溶土	褐土	淋溶褐土	岗白土	黄白土	1	0—20	黄白色	中壤土	粒状	7.7	12.0	0.60	0.47	2.2	72		黄土堆古河湖相沉积物	E 118°10′14.9″ N 33°35′49.6″	81
						2	20—43	灰白色	轻壤土	无明显结构	7.0	6.4	0.42	0.98	1.2	46				
						3	43—100	黄棕色	重壤土	块状	7.4	5.5	0.53	0.40	1.1	210				
剖4	半淋溶土	褐土	淋溶褐土	山红土	山红土	1	0—30	红色	松砂土	粒状	8.2	2.4	0.11	0.52	<1.0	45		红色砂岩风化物	E 118°08′58.2″ N 33°34′01.2″	100
						2	30—70	红色	松砂土	块状	7.9	7.2	0.55	0.54	4.1	44				
						3	70—100	橙红色	砂壤土	粒状	8.4	3.2	0.19	0.44	1.0	39				
剖5	半淋溶土	褐土	淋溶褐土	山红土	山红土	1	0—30	红褐色	重壤土	无明显结构	7.6	17.0	1.11	1.89	1.5	55	24.7	黄土	E 118°12′50.4″ N 33°31′57.4″	89
						2	30—70	红褐色	中壤土	柱状	7.2	9.9	0.71	0.61	1.0	105	12.7			
						3	70—100	紫黑色	中壤土	块状	7.0	3.5	0.32	0.65	<1.0	90	25.6			
剖6	半淋溶土	褐土	淋溶褐土	岗渌土	岗渌土	1	0—18	红棕色	重壤土	小块状	8.3	15.8	1.16	0.72	1.3	229	19.5	咸嘴黄土	E 118°08′19.3″ N 33°28′12.7″	85
						2	18—58	黄棕色	中壤土	柱状	8.4	5.1	0.41	0.37	<1.0	139	20.1			
						3	58—100	浅棕色	重壤土	核状	8.3	4.4	0.45	0.54	<1.0	161	31.1			
剖7	砂姜黑土	砂姜黑土	砂姜黑土	岗黑土	二合黑土	1	0—20	灰黑色	轻壤土	核状	8.0	11.7	0.74	0.75	3.4	124	21.5	河湖相沉积物	E 118°12′00.4″ N 33°30′00.0″	94
						2	20—35	灰黄色	中壤土	棱柱状	8.5	8.1	0.59	1.15	<1.0	98	25.2			
						3	35—100	黄色	重壤土	块状	8.2	5.5	0.43	1.30	<1.0	143	25.7			
剖8	半淋溶土	褐土	淋溶褐土	岗黄土	底绿黄黏土	1	0—15	黄棕色	重壤土	核状	8.1	12.0	0.82	0.59	2.6	220	25.2	咸嘴黄土	E 118°04′46.2″ N 33°16′24.2″	97
						2	15—45	浅绿色	重壤土	块状	8.0	1.1	0.27	0.69	1.7	144	45.6			
						3	45—100	灰绿色	重黏土	棱柱状	7.1	1.7	0.27	0.91	1.7	159	44.2			
剖9	半淋溶土	褐土	淋溶褐土	绿黏土	绿黏土	1	0—15	灰绿色	轻黏土	小块状	8.2	6.3	0.63	0.64	33.0	200	44.2	灰绿色亚黏土	E 118°05′30.1″ N 33°14′51.0″	99
						2	15—50	浅绿色	重黏土	块状	8.2	3.5	0.26	0.83	1.1	12	44.1			
						3	50—100	浅绿色	轻黏土	块状	8.4	4.9	0.33	0.37	1.1	173				
剖10	半水成土	潮土	黄潮土	两合土	黏心两合土	1	0—24	灰黄色	中壤土	粒状	8.8	13.2	0.95	1.28	3.3	94		黄泛沉积物	E 118°05′44.2″ N 33°13′20.3″	93
						2	24—78	红棕色	中黏土	块状	8.8	7.8	0.63	1.32	2.0	45				
						3	78—100	黄色	紧砂土	粒状	8.7	1.8	0.23	1.22	<1.0	46				
剖11	半水成土	潮土	黄潮土	淤土	岗底淤土	1	0—15	红棕色	重壤土	小块状	8.6	8.0	1.05	1.24	3.6	337		黄泛沉积物	E 118°24′55.1″ N 33°29′35.2″	99
						2	15—50	红棕色	重壤土	棱柱状	8.7	9.6	0.75	1.16	1.3	269				
						3	50—100	灰黄色	重黏土	块状	8.7	1.7	0.22	0.26	<1.0	113				
剖12	半水成土	潮土	黄潮土	淤土	砂底淤土	1	0—16	暗红棕色	重壤土	小块状	8.1	14.8	1.04	1.15	2.6	120	21.6	黄泛沉积物	E 118°24′40.7″ N 33°28′43.7″	96
						2	16—46	红棕色	重壤土	块状	8.1	11.7	0.90	1.10	2.2	148	30.6			
						3	46—78	浅黄色	轻壤土	片状	8.4	7.4	0.41	1.21	3.9	103	13.5			
						4	78—100	橙黄色	中壤土	块状	8.4									
剖13	半水成土	潮土	黄潮土	淤土	腰黑淤土	1	0—20	红棕色	重黏土	小块状	8.5	15.0	1.09	1.65	<1.0	172		黄泛沉积物	E 118°27′43.9″ N 33°28′06.6″	82
						2	20—45	黑色	重黏土	块状	8.5	9.1	0.98	1.36	2.0	191				
						3	45—85	黄棕色	轻黏土	棱柱状	8.5	5.8	0.65	0.41	2.4	94				
						4	85—100	灰黄色	轻黏土	棱柱状	8.5	5.8	0.65	0.41	2.4	94				

续表 Continued

剖面号 Soil profile	土纲 Soil order	土类 Soil great group	亚类 Soil subgroup	土属 Soil genus	土种 Soil species	土层码 Layer code	土层厚度 Depth/cm	颜色 Soil color	质地 Soil texture	土壤结构 Soil structure	pH	有机质 OM/(g/kg)	全氮 TN/(g/kg)	全磷 TP/(g/kg)	有效磷 AP/(mg/kg)	速效钾 AK/(mg/kg)	阳离子交换量CEC/(cmol/kg)	土壤母质 Parent material	剖面点坐标 Profile coordinate	匹配指数 Matching index/%
剖14	半淋溶土	褐土	淋溶褐土			1	0—16	黄白色	中壤土	无明显结构	7.4	7.2	0.87	0.62	1.0		16.1		E 118°28′58.8″ N 33°29′08.2″	95
						2	16—50	黄棕色	砂壤土	片状	7.5	13.7	0.72	0.64	<1.0		22.9			
						3	50—100	红褐色	中壤土	块状	7.3	6.3	>10.00	0.73	1.6		26.2			
剖15	半水成土	潮土	黄潮土	砂土	黏心砂土	1	0—14	浅黄色	轻壤土	粒状	8.2	10.9	0.80	1.33	2.4	109	10.8	黄淮冲积物	E 118°27′35.3″ N 33°25′25.0″	100
						2	14—70	红棕色	轻黏土	片状	8.4	7.4	0.61	1.26	1.6	182	17.8			
						3	70—100	黄褐色	中壤土	片状	8.3	5.3	0.65	1.09	3.4	88	15.2			
剖16	半水成土	潮土	黄潮土	淤土	砂心淤土	1	0—24	浅棕色	重壤土	小块状	8.2	10.9	0.73	1.30	2.1	203	19.5	黄泛沉积物	E 118°25′30.0″ N 33°25′51.6″	81
						2	24—52	浅黄色	砂壤土	片状	8.4	2.9	0.22	1.47	1.5	41	6.0			
						3	52—100	橙色	重壤土	块状	8.2	3.6	0.35	1.29	1.6	78				
剖17	半水成土	砂姜黑土	砂姜黑土	湖黑土	黑土	1	0—17	棕灰色	重壤土	小块状	8.2	12.4	0.83	0.52	1.6	153		河湖相沉积物	E 118°17′15.4″ N 33°19′54.1″	91
						2	17—34	灰褐色	重壤土	块状	8.3	9.1	0.51	0.55	1.8	184				
						3	34—100	灰黄色	重壤土	块状	8.3	7.0	0.40	0.56	1.1	133				
剖18	半水成土	潮土	黄潮土	两合土	底黑两合土	1	0—20	浅黄色	中壤土	粒状	7.9	7.8	0.52	0.55	8.9	83		黄泛沉积物	E 118°32′49.9″ N 33°23′26.5″	96
						2	20—68	灰白色	中壤土	片状	7.9	4.0	0.24	0.35	7.4	60				
						3	68—100	灰褐色	重黏土	棱块状	7.8	7.8	0.57	0.38	10.1	133				

附 录

附录1　上海市县级行政区及分县主要土壤类型与土壤剖面点分布图地域名对照表

地级行政区划	县级行政区划[1]	分县主要土壤类型与土壤剖面点分布图地域名[2]	地级行政区划	县级行政区划[1]	分县主要土壤类型与土壤剖面点分布图地域名[2]
上海市	黄浦区		上海市	嘉定区	嘉定区
	徐汇区			浦东新区	浦东新区
	长宁区			南汇区	南汇县
	静安区			金山区	金山县
	普陀区			松江区	松江县
	虹口区			青浦区	青浦县
	杨浦区			奉贤区	奉贤县
	闵行区			崇明区	崇明县
	宝山区	宝山区			

注：1）县级行政区划为民政部于2022年3月发布的《2021年中华人民共和国行政区划代码》中的县级行政区名称。该名称也作为本数据集分县目录。分县排序按《2021年中华人民共和国行政区划代码》中的地级、县级行政区排列。

2）分县主要土壤类型与土壤剖面点分布图地域名是全国第二次土壤普查中分县采样调查、制图的县级行政区名称。分县主要土壤类型与土壤剖面点分布图采用的县级行政域是从国家测绘局获取的1∶25万DLG（公众版）数据（使用许可协议编号：非2011—1011）。附录1显示了全国第二次土壤普查时的县级行政区名称与《2021年中华人民共和国行政区划代码》中的县级行政区名称之间的关联。附录1中仅有《2021年中华人民共和国行政区划代码》中的县级行政区名称，而没有对应的分县主要土壤类型与土壤剖面点分布图地域名的分县，表示该县级行政区无土壤剖面数据，未纳入分县目录。

附录2　江苏省县级行政区及分县主要土壤类型与土壤剖面点分布图地域名对照表

地级行政区划	县级行政区划[1]	分县主要土壤类型与土壤剖面点分布图地域名[2]	地级行政区划	县级行政区划[1]	分县主要土壤类型与土壤剖面点分布图地域名[2]
南京市	玄武区	市辖区*	徐州市	贾汪区	贾汪区
	秦淮区			铜山区	铜山县
	建邺区			丰县	丰县
	鼓楼区			沛县	沛县
	栖霞区			睢宁县	睢宁县
	雨花台区			新沂市	新沂市
	浦口区	江浦县		邳州市	邳州市
	江宁区	江宁县	常州市	天宁区	市辖区*
	六合区	六合县		钟楼区	
	溧水区	溧水县		新北区	
	高淳区	高淳县		武进区	武进市
无锡市	锡山区	市辖区*		金坛区	金坛市
	惠山区			溧阳市	溧阳市
	滨湖区		苏州市	虎丘区	市辖区*
	梁溪区			吴中区	
	新吴区			相城区	
	江阴市	江阴市		姑苏区	
	宜兴市	宜兴市		吴江区	吴江市
徐州市	鼓楼区	市辖区*		常熟市	常熟市
	云龙区			张家港市	张家港市
	泉山区			昆山市	昆山市

续表

地级行政区划	县级行政区划[1]	分县主要土壤类型与土壤剖面点分布图地域名[2]	地级行政区划	县级行政区划[1]	分县主要土壤类型与土壤剖面点分布图地域名[2]
苏州市	太仓市	太仓市	盐城市	射阳县	射阳县
				建湖县	建湖县
				东台市	东台市
南通市	崇川区	市辖区*	扬州市	广陵区	市辖区*
	通州区	通州市		邗江区	
	海门区	海门市		江都区	江都市
	如东县	如东县		宝应县	宝应县
	启东市	启东市		仪征市	仪征市
	如皋市	如皋市		高邮市	高邮市
	海安市	海安县			
连云港市	连云区	市辖区*	镇江市	京口区	市辖区*
	海州区			润州区	
	赣榆区	赣榆县		丹徒区	丹徒县
	东海县	东海县		丹阳市	丹阳市
	灌云县	灌云县		扬中市	扬中市
	灌南县	灌南县		句容市	句容市
淮安市	淮安区	市辖区*	泰州市	海陵区	市辖区*
	淮阴区			高港区	
	清江浦区			姜堰区	姜堰市
	洪泽区	洪泽县		兴化市	兴化市
	涟水县	涟水县		靖江市	靖江市
	盱眙县	盱眙县		泰兴市	泰兴市
	金湖县	金湖县			
盐城市	亭湖区	市辖区*	宿迁市	宿城区	市辖区*
	盐都区			宿豫区	宿豫县
	大丰区	大丰市		沭阳县	沭阳县
	响水县	响水县		泗阳县	泗阳县
	滨海县	滨海县		泗洪县	泗洪县
	阜宁县	阜宁县			

注：1）县级行政区划为民政部于2022年3月发布的《2021年中华人民共和国行政区划代码》中的县级行政区名称。该名称也作为本数据集分县目录。分县排序按《2021年中华人民共和国行政区划代码》中的地级、县级行政区排列。

2）分县主要土壤类型与土壤剖面点分布图地域名是全国第二次土壤普查中分县采样调查、制图的县级行政区名称。分县主要土壤类型与土壤剖面点分布图采用的县级行政域是从国家测绘局获取的1∶25万DLG（公众版）数据（使用许可协议编号：非2011—1011）。附录2显示了全国第二次土壤普查时的县级行政区名称与《2021年中华人民共和国行政区划代码》中的县级行政区名称之间的关联。附录2中仅有《2021年中华人民共和国行政区划代码》中的县级行政区名称，而没有对应的分县主要土壤类型与土壤剖面点分布图地域名的分县，表示该县级行政区无土壤剖面数据，未纳入分县目录。

* 在附录2中，凡分县主要土壤类型与土壤剖面点分布图地域名表示为"市辖区"的地域，均指在全国第二次土壤普查中，在城市中心区及近郊区完成的采样调查和制图。此时，县级行政区名称与分县主要土壤类型与土壤剖面点分布图地域名不是完全的对应关系。如南京市市辖区主要土壤类型与土壤剖面点分布图代表土壤调查中南京市城区及近郊区的土壤分布状况。此时将"市辖区"作为这一节的标题。

附录3 专题图基础地理要素图例

附录 4　土壤图土类图例

图例	土类名	色码（RGB）	色码（CMYK）	图例	土类名	色码（RGB）	色码（CMYK）
	砖红壤	253，139，149	0，56，26，0		棕钙土	250，221，212	2，17，13，0
	赤红壤	253，160，170	0，47，17，0		灰钙土	230，214，165	11，15，40，1
	红　壤	252，199，209	1，29，6，0		灰漠土	246，237，182	4，6，36，0
	黄　壤	250，238，14	2，5，92，0		灰棕漠土	232，207，118	8，19，62，1
	黄棕壤	247，231，171	3，9，40，0		棕漠土	238，220，86	5，12，76，1
	黄褐土	249，236，121	2，5，64，0		黄绵土	249，223，2	1，13，93，0
	棕　壤	238，218，147	6，14，50，1		红黏土	247，149，143	1，52，33，0
	暗棕壤	226，181，98	9，33，68，2		新积土	184，199，156	30，11，44，2
	白浆土	223，226，205	15，7，22，0		龟裂土	254，252，55	0，7，86，0
	棕色针叶林土	206，169，142	18，35，40，4		风沙土	242，242，180	6，2，39，0
	灰化土	183，169，182	31，31，16，4		石灰（岩）土	176，175，85	28，21，75，9
	漂灰土*	220，219，162	15，9，44，1		火山灰土	223，167，170	11，41，19，2
	燥红土	250，161，9	0，46，95，0		紫色土	199，177，221	28，31，0，0
	褐　土	225，201，153	12，21，43，1		磷质石灰土	240，250，156	7，1，51，0
	灰褐土	228，219，186	12，12，30，0		石质土	171，181，150	35，18，43，5
	黑　土	142，164，151	46，21，38，8		粗骨土	196，187，132	23，21，53，4
	灰色森林土	162，178，175	40，19，27，4		草甸土	128，171，117	51，14，63，7

续表

图例	土类名	色码（RGB）	色码（CMYK）	图例	土类名	色码（RGB）	色码（CMYK）
	黑钙土	230，188，50	6，30，88，1		潮　土	169，219，118	34，1，68，0
	栗钙土	214，195，161	17，22，37，2		砂姜黑土	191，202，188	29，13，26，1
	栗褐土	240，213，157	5，18，43，1		林灌草甸土	171，191，44	31，12，93，5
	黑垆土	201，204，125	22，12，60，3		山地草甸土	132，184，161	52，9，42，3
	沼泽土	144，183，212	49，14，8，2		灌漠土	158，184，110	39，12，67，6
	泥炭土	150，140，173	46，41，10，6		草毡土	150，172，169	45，20，29，6
	草甸盐土	222，145，201	21，49，0，0		黑毡土	129，157，106	48，19，63，14
	滨海盐土	232，206，217	10，22，5，0		寒钙土	198，214，203	26，8，21，1
	酸性硫酸盐土	187，159，184	29，38，9，3		冷钙土	194，194，96	23，15，72，5
	漠境盐土	209，130，159	16，58，11，3		冷棕钙土	183，186，169	31，20，32，3
	寒原盐土	187，159，184	29，38，9，3		寒漠土	235，223，181	9，12，33，0
	碱　土	227，211，211	13，18，11，0		冷漠土	223，197，102	11，22，68，2
	水稻土	107，176，107	59，9，72，3		寒冻土	196，171，79	19，29，77，8
	灌淤土	136，146，47	38，24，90，21				

注：* 漂灰土，《中国土壤分类与代码》（GB/T 17296—2009）中无此土类，在全国第二次土壤普查中完成的中国 1∶100 万土壤图和分县土壤图中含漂灰土，主要分布于西藏自治区南部，总面积约为 112 km²。

附录 5　中国主要土壤类型简表

土纲名[1]	土类名[2]	主要成土条件及特征[3]	分布区域	WRB 土组名[4]	MR[5]/%	百分比[6]/%
铁铝土纲 Ferrallisols	砖红壤 Latosols	热带雨林或季雨林下，强烈脱硅富铝化，游离铁占全铁的 80%，土壤呈砖红色，具 A-Bs-Bv-C 剖面构型	海南、广东等	Acrisols	29	0.46
	赤红壤 Latosolic red soils	南亚热带季雨林下，脱硅富铝化程度次于砖红壤、强于红壤，铁的游离度介于二者之间，土壤呈赤红色，具 A-Bs-C 剖面构型	广东、云南、广西、福建等	Acrisols	40	2.23
	红壤 Red soils	中亚热带常绿阔叶林下，中度脱硅富铝化，具有深厚红色土层，具 A-Bs-Bv 或 A-Bs-C 剖面构型	南部的江西、福建、湖南等	Cambisols	35	6.79
	黄壤 Yellow soils	亚热带湿润气候条件下，多见于海拔 700—1200m 的山区，中度富铝化，土壤有机质累积较多，土壤呈黄色，具 O-A-AB-B-C 剖面构型	贵州、四川、云南、西藏、台湾等	Cambisols	45	2.65
淋溶土纲 Alfisols	黄棕壤 Yellow-brown soils	北亚热带暖湿落叶阔叶林下，弱度富铝化，母质多为砂页岩及花岗岩风化物，黏化特征明显，土壤呈黄棕色，具 A-B-C 或 A-(B)-C 剖面构型	长江中下游沿江低山丘陵区，以及云南、贵州、四川、陕西、西藏等	Cambisols	39	2.37
	黄褐土 Yellow-cinnamon soils	北亚热带地区，黄土状母质，无游离碳酸钙，黏化淀积明显，土壤呈灰黄棕色，具 A-B-C 或 A-Bt-C 剖面构型	河南、安徽面积最大，陕南、鄂北、江苏、川东北、江西等地也有分布	Luvisols	58	0.59
	棕壤 Brown soils	湿润暖温带地区，处于硅铝风化阶段，盐基已淋失，土体见黏粒淀积，土壤呈棕色，具 O-A-Bt-C 剖面构型	辽东至苏北低山丘陵，以及内蒙古、河南、西藏、云南、湖北等地的山地垂直带	Luvisols	51	2.73
	暗棕壤 Dark brown soils	湿润温带地区，针阔叶混交林下，弱酸性淋溶，有机质富集明显，土体 B 层呈棕色，具 O-A-B-C 剖面构型	黑龙江、吉林、内蒙古等	Cambisols	48	4.12

续表

土纲名[1]	土类名[2]	主要成土条件及特征[3]	分布区域	WRB 土组名[4]	MR[5]/%	百分比[6]/%
淋溶土纲 Alfisols	白浆土 Bleached baijiang soils	湿润温带平缓岗地森林草原下，上层土壤周期性滞水，还原铁、锰，漂洗形成灰黄色至灰白色白浆土层 E，具 Ah–E–Bt–C 剖面构型	黑龙江、吉林等	Luvisols	46	0.49
	棕色针叶林土 Brown coniferous forest soils	寒温带针叶林下，酸性淋溶，表层盐基饱和度降低，B 层呈棕色，具 O–A–AB–B–C 剖面构型	内蒙古、黑龙江、四川、云南、吉林、新疆等	Cambisols	47	1.15
	灰化土 Podzolic soils	寒冷湿润针叶林下，表层有机质层深厚，强烈淋溶和 SiO_2 淀积形成灰化层 A_2，具 A_1–A_2–B–BC 剖面构型	西藏	Podzols	100	＜0.01
半淋溶土纲 Semi-alfisols	燥红土 Torrid red soils	热带、亚热带干旱河谷与雨区稀树草原下形成的盐基饱和的红色土壤，具 A–B–C（D）剖面构型	海南、贵州、云南、四川等	Luvisols	100	0.08
	褐土 Cinnamon soils	暖温带半湿润，黏化与钙质淋移淀积，盐基饱和，B 层呈棕褐色，具 A–B–Bk–C 剖面构型	河北、山西、北京等	Cambisols	48	2.88
	灰褐土 Gray-cinnamon soils	温带干旱、半干旱山地云冷杉下，腐殖质累积与钙积作用明显，弱黏淀特征，具 Ao–A–B–C 剖面构型	甘肃、内蒙古、新疆、西藏、青海、宁夏等地的山地垂直带	Cambisols	43	0.65
	黑土 Black soils	温带半湿润草甸草原下，具深厚的腐殖质层，无石灰性的黑色土壤，底层轻度淋溶，具 A–ABh–BhC–C 剖面构型	东北平原	Phaeozems	31	0.68
	灰色森林土 Gray forest soils	温带森林植被下，腐殖质层深厚，弱度淋溶，剖面下部见硅粉，具 O–A–AB 或（B）–BC–C 剖面构型	内蒙古、新疆、河北	Phaeozems	77	0.34
钙层土 Pedocals	黑钙土 Chernozems	温带半湿润草甸草原下，具深厚的腐殖质层、碳酸钙淋溶淀积层	内蒙古、新疆、吉林、黑龙江、青海、甘肃	Chernozems	50	1.51
	栗钙土 Castanozems	温带半干旱草原下，具有栗色腐殖质层和灰白色钙积层	内蒙古、新疆、河北、山西、吉林等	Kastanozems	61	4.18
	栗褐土 Castano-cinnamon soils	暖温带半干旱草原及灌木下，弱度黏化和弱度淋溶，通体有石灰反应	山西、内蒙古、河北	Cambisols	40	0.47
	黑垆土 Dark loessial soils	黄土高原上，由黄土母质发育，有机质含量低，腐殖质层深厚，无明显黏化层	甘肃面积最大，其次为陕北和宁南地区	Cambisols	59	0.21
干旱土 Aridisols	棕钙土 Brown caliche soils	温带干旱草原向荒漠过渡区，具浅棕色薄腐殖质层、灰白色薄钙积层，钙积层接近地表	内蒙古、甘肃、青海、新疆	Cambisols	36	2.81
	灰钙土 Sierozems	暖温带干旱草原下，母质多为黄土，低腐殖质、弱淋溶，具腐殖质层和钙积层	甘肃、宁夏、新疆、青海、内蒙古、陕西	Cambisols	63	0.50

续表

土纲名[1]	土类名[2]	主要成土条件及特征[3]	分布区域	WRB 土组名[4]	MR[5]/%	百分比[6]/%
漠土 Desert soils	灰漠土 Gray desert soils	温带干旱漠境边缘区	宁夏、内蒙古、甘肃、新疆等	Cambisols	44	0.72
	灰棕漠土 Gray-brown desert soils	温带干旱中心	新疆、内蒙古等	Cambisols	78	3.11
	棕漠土 Brown desert soils	暖温带极干旱漠境中心	新疆、甘肃等	Cambisols	65	2.69
初育土 Amorphic soils	黄绵土 Loessial soils	黄土高原上，由黄土母质直接翻耕形成，具 A-C 剖面构型	陕西、甘肃、山西、宁夏等	Cambisols	33	1.97
	红黏土 Red primitive soils	由第三纪红色黏土及部分第四纪老黄土发育	陕西、甘肃、河南、山西、辽宁等	Regosols	48	0.07
	新积土 Neo-alluvial soils	新近冲积、洪积、坡积、塌积或人工堆垫，具 A-C 或（A）-C 剖面构型	全国各地，以吉林、陕西面积最大，其次为黑龙江、宁夏、四川等	Fluvisols	51	0.57
	龟裂土 Takyr	干旱、漠境地区山前细土洪积微弱发育，表层为不规则龟裂结皮	新疆、甘肃、内蒙古、宁夏	Cambisols	72	0.06
	风沙土 Aeolian soils	半干旱、干旱及滨海地区，由风成沙性母质发育	新疆、内蒙古、甘肃、青海等	Arenosols	75	7.03
	石灰（岩）土 Limestone soils	由热带、亚热带石灰岩母质发育	贵州、广西、四川、湖南等	Cambisols	80	1.73
	火山灰土 Volcanic ash soils	由火山喷发碎屑、粉尘状堆积物发育，具 A-C 剖面构型	黑龙江、江苏、海南等	Andosols	53	0.04
	紫色土 Purplish soils	由热带、亚热带紫红色岩层侵蚀发育，土层浅薄，具 A-C 剖面构型	四川、云南、湖南、贵州、广西等	Cambisols	68	2.44
	磷质石灰土 Phospho-calcic soils	热带珊瑚岛礁上，由海鸟粪与珊瑚礁风化物形成	南海的西沙、南沙、东沙、中沙诸岛	Arenosols	81	<0.01
	石质土 Lithosols	石质山地岩石风化残积物，风化层厚度一般小于 10cm，具 A-R 剖面构型	西北和华北山地	Leptosols	100	1.87
	粗骨土 Skeletal soils	基岩风化残积物、坡积物，属于 A-C 或（A）-C 剖面构型	辽宁、内蒙古、山东、浙江等地的河谷阶地、丘陵、低山和中山	Regosols	93	1.76
水成土 Aqueous soils	沼泽土 Bog soils	所处地势低洼，长期地表积水，还原作用形成潜育层 G，泥炭层或腐泥层厚度小于 50cm，具 H-G 剖面构型	黑龙江、青海、内蒙古等地的沟谷、平原河湖滨低洼地区均有分布，主要分布于东北	Gleysols	53	1.53
	泥炭土 Peat soils	泥炭层 H 厚度大于 50cm，其下为潜育层 G，具 H-G 剖面构型	青海、四川、黑龙江、吉林等	Histosols	48	0.06

续表

土纲名[1]	土类名[2]	主要成土条件及特征[3]	分布区域	WRB土组名[4]	MR[5]/%	百分比[6]/%
半水成土 Semi-aqueous soils	草甸土 Meadow soils	冷湿条件下受地下水浸润并在草甸植被下发育，有明显腐殖质累积，铁、锰氧化还原形成锈纹层Cu，具A-Cu或A-C-Cu剖面构型	黑龙江、内蒙古、新疆、四川等	Cambisols	92	3.54
	潮土 Fluvo-aquic soils	河流冲积平原或低平阶地耕作土壤，地下水位高，底土氧化还原交替形成锈纹层Cu，具A_{11}-A_{12}-Cu或A_{11}-C-Cu剖面构型	主要分布于黄淮海平原，内蒙古、辽宁、湖北等地的河谷平原，滨湖低地与山间谷地也有分布	Cambisols	85	3.71
	砂姜黑土 Lime concretion black soils	河湖沉积物经脱沼与长期耕作形成，底土见砂姜	主要分布于安徽、河南、山东、江苏等，河北、湖北、广西等地也有分布	Cambisols	79	0.54
	林灌草甸土 Shrubby meadow soils	漠境河谷平原沿河一带的胡杨林下发育，有交替氧化还原作用，具Ao-AC-C剖面构型	新疆、内蒙古、甘肃等	Cambisols	87	0.24
	山地草甸土 Mountain meadow soils	中海拔山顶平台草甸植被下发育的薄层土壤，草皮层As下见铁锰锈纹、胶膜，具As-A-C-D剖面构型	除青藏高原及西北高山区以外，各省、自治区、直辖市均有分布，以西部为多，西南部次之	Cambisols	60	0.04
盐碱土 Alkali-saline soils	草甸盐土 Meadow solonchaks	草甸土、潮土、沼泽土地区，盐分累积量大于6g/kg，有盐化表土层Az，具Az-C剖面构型	从长江口到松辽平原均有分布	Solonchaks	55	1.21
	滨海盐土 Coastal solonchaks	母质为滨海沉积物，盐分来自海水和高矿化潜水，通常含盐量为10g/kg，具Az-Cz剖面构型	山东、浙江、福建等沿海地区	Solonchaks	47	0.31
	酸性硫酸盐土 Acid sulphate soils	热带、南亚热带滨海低平原的海潮可及处，红树林残体形成的硫化物经氧化形成硫酸，土壤呈强酸性	海南、广东、广西、福建、台湾等	Solonchaks	36	<0.01
	漠境盐土 Desert solonchaks	极端干旱的漠境条件，含盐量通常在100g/kg以上	新疆、青海、甘肃等	Solonchaks	50	0.31
	寒原盐土 Frigid plateau solonchaks	青藏高寒地区退缩内陆湖盆、河间洼地	西藏	Solonchaks	88	0.10
	碱土 Solonetzes	碱化度（交换性钠占阳离子交换量百分比）大于20%	零星分布于东北、华北、西北的内陆地区	Solonetz	50	0.06
人为土 Anthrosols	水稻土 Paddy soils	长期季节性淹灌、排水，水下翻耕，氧化还原交替，形成多种发生层分异：淹育层Aa、犁底层Ap、渗育层P、潴育层W与潜育层G	全国各地，以四川、江西、湖南等地面积为大	Anthrosols	83	4.93
	灌淤土 Irrigated warped soils	引用高泥沙含量灌溉水淤灌，加厚土层大于50cm	新疆、宁夏、甘肃、河北、青海、西藏等	Anthrosols	70	0.22

续表

土纲名[1]	土类名[2]	主要成土条件及特征[3]	分布区域	WRB 土组名[4]	MR[5]/%	百分比[6]/%
人为土 Anthrosols	灌漠土 Irrigated desert soils	干旱荒漠地区，坎儿井水长期耕灌	新疆、甘肃、宁夏、青海等地的荒漠绿洲地带	Anthrosols	68	0.12
高山土 Alpine soils	草毡土 Felty soils	高寒区平缓高原面上，强度生草腐殖质累积与弱度氧化还原形成草毡层	青海、西藏、四川、新疆等	Cambisols	69	5.46
	黑毡土 Dark felty soils	高寒区略较温湿的原面上，草毡层初步分解，色泽较暗，有机质含量较高	西藏、四川、新疆、甘肃等	Cambisols	61	2.73
	寒钙土 Frigid calcic soils	高寒半干旱区，弱度腐殖质累积，底层积钙	西藏、青海、新疆、甘肃等	Calcisols	70	7.88
	冷钙土 Cold calcic soils	高寒区冷凉半干旱原面下，具弱腐殖质累积与钙积特征	新疆、西藏、甘肃等	Cambisols	45	1.43
	冷棕钙土 Cold brown calcic soils	高寒区温凉的半干旱河谷处，土壤弱腐殖质累积，弱度淋溶与积钙	西藏	Cambisols	67	0.09
	寒漠土 Frigid desert soils	高寒干旱条件下成土	青藏高原西北部海拔4000m以上地区，涉及新疆、四川、西藏、青海等	Cryosols	87	0.29
	冷漠土 Cold desert soils	亚高山冷凉干旱条件下成土	西藏海拔4500m以下的湖盆、河谷及山地中下部	Cambisols	42	0.03
	寒冻土 Frigid frozen soils	高山冰川冰缘地带条件下，以物理风化为主	青藏高原冰缘地区，涉及新疆、西藏、甘肃等	Leptosols	100	3.23

注：1）中国土壤分类系统中土纲名及土纲英译名。
2）中国土壤分类系统中土类名及土类英译名。
3）本栏所用土层及后缀代码释义。
　　自然土壤：A 表土层，As 草根层、草毡层，A_2 灰化层，B 母质特征消失的表下层，C 受成土作用影响小的母质层，D 未受成土作用影响的碎屑层，R 坚硬岩石层，E 漂白层、白浆层，H 泥炭状有机质层，Hi 纤维状泥炭层，He 半分解泥炭层，O 凋落物有机质层。
　　旱地土壤：A_{11} 旱耕层，A_{12} 亚耕层，C_1 心土层，C_2 底土层。
　　水田土壤：Aa 耕作层（淹育层），Ap 犁底层（淹育层），P 渗育层，W 潴育层，G 潜育层，Gw 脱潜层，M 腐泥层。
　　土层后缀代码：d 漂灰特征，c 铁结核或硬结核，f 冰冻特征，h 有机质淀积，k 石灰聚积，n 碱化特征，q 硅聚积，t 黏粒淀积，v 网纹特征，x 脆盘，z 易溶盐聚积，su 硫化物聚积，b 埋藏或重叠，e 漂洗特征，g 潜育特征，i 弱分解有机质，m 胶结或固结，p 人工扰动，s 三氧化二物聚积，u 锈色斑纹，w 色泽或结构发育，y 石膏聚积，mo 铁锰胶膜。
4）世界土壤资源参比基础（world reference base for soil resources，WRB）工作组发布土组名，WRB 土组划分原则与中国土壤分类系统中土纲接近。
5）WRB 土组对中国土壤分类系统中各土类的最大可参比性（maximum referencibility，MR）。
6）该土类面积占各土类总面积的百分比。

附录 6　上海市、江苏省主要土壤类型表

省域	土纲名[1]	土类名[2]	WRB 土组名[3]	MR[4]/%	百分比[5]/%
上海市	半水成土 Semi-aqueous soils	潮土 Fluvo-aquic soils	Cambisols	85	9.5
	盐碱土 Alkali-saline soils	滨海盐土 Coastal solonchaks	Solonchaks	47	15.1
	人为土 Anthrosols	水稻土 Paddy soils	Anthrosols	83	66.5
江苏省	铁铝土纲 Ferrallisols	红壤 Red soils	Cambisols	35	0.2
	淋溶土纲 Alfisols	黄棕壤 Yellow-brown soils	Cambisols	39	1.3
		黄褐土 Yellow-cinnamon soils	Luvisols	58	3.4
		棕壤 Brown soils	Luvisols	51	2.1
	半淋溶土纲 Semi-alfisols	褐土 Cinnamon soils	Cambisols	48	1.4
	初育土 Amorphic soils	石灰（岩）土 Limestone soils	Cambisols	80	0.2
		火山灰土 Volcanic ash soils	Andosols	53	0.6
		紫色土 Purplish soils	Cambisols	68	0.1
		粗骨土 Skeletal soils	Regosols	93	1.2
	水成土 Aqueous soils	沼泽土 Bog soils	Gleysols	53	0.4
	半水成土 Semi-aqueous soils	潮土 Fluvo-aquic soils	Cambisols	85	32.8
		砂姜黑土 Lime concretion black soils	Cambisols	79	3.2
	盐碱土 Alkali-saline soils	滨海盐土 Coastal solonchaks	Solonchaks	47	8.2
	人为土 Anthrosols	水稻土 Paddy soils	Anthrosols	83	37.5

注：1）中国土壤分类系统中土纲名及土纲英译名。
　　2）中国土壤分类系统中土类名及土类英译名。
　　3）世界土壤资源参比基础（world reference base for soil resources,WRB）工作组发布土组名，WRB 土组划分原则与中国土壤分类系统中土纲接近。
　　4）WRB 土组名对中国土壤分类系统中各土类名的最大可参比性（maximum referencibility, MR）。
　　5）该土类面积占上海市、江苏省各省、市区域面积百分比，土类面积不足本省、市区域面积 0.05% 的土类未列入本表。

附录7　分省土壤有机质含量图有机质含量分级图例

图例	分级序号	色码（CMYK）	色码（RGB）	图例	分级序号	色码（CMYK）	色码（RGB）
	1	2, 2, 17, 0	255, 255, 220		8	38, 0, 74, 0	157, 218, 104
	2	4, 1, 35, 0	248, 255, 190		9	42, 0, 80, 0	146, 210, 90
	3	8, 0, 47, 0	238, 255, 165		10	48, 1, 85, 0	132, 200, 80
	4	17, 0, 53, 0	220, 249, 150		11	52, 4, 89, 1	123, 190, 70
	5	23, 0, 60, 0	203, 242, 135		12	54, 11, 94, 3	115, 175, 55
	6	28, 0, 62, 0	185, 235, 130		13	61, 18, 98, 7	92, 158, 37
	7	34, 0, 68, 0	169, 225, 118		14	64, 24, 100, 15	70, 138, 20

附录 8　上海市和江苏省典型剖面 0—20cm 土层土壤理化性状中位数与平均数

土壤理化性状[1]	上海市[2]			江苏省[2]			苏沪[2]			长江中下游地区[3]			全国[4]		
	中位数	平均数	样本量*	中位数	平均数	样本量*	中位数	平均数	样本量*	中位数	平均数	样本量*	中位数	平均数	样本量*
有机质/(g/kg)	22.8	24.0	144	15.0	17.3	1441	15.5	17.9	1585	21.8	24.5	14080	18.6	25.4	53243
pH	7.7	7.6	143	7.7	7.4	1466	7.7	7.5	1609	6.2	6.4	15420	6.8	6.8	54014
全氮/(g/kg)	1.37	1.44	140	1.00	1.11	1432	1.03	1.14	1572	1.24	1.43	12673	1.06	1.37	49409
全磷/(g/kg)	0.74	0.74	143	0.62	0.75	1385	0.64	0.75	1528	0.63	0.77	13785	0.60	0.78	50185
全钾/(g/kg)	21.2	21.0	97	16.1	16.7	237	18.0	17.9	334	18.3	19.0	8703	18.0	17.5	29736
碱解氮/(mg/kg)	110	110	114	84	87	366	87	92	480	100	106	3304	90	114	19316
有效磷/(mg/kg)	12.3	16.0	124	4.4	6.8	1302	4.7	7.6	1426	4.5	7.6	6195	4.4	7.5	23100
速效钾/(mg/kg)	101	118	118	87	105	1307	89	106	1425	80	94	6215	90	110	23841
阳离子交换量/(cmol/kg)	14.7	14.1	117	14.2	15.2	844	14.3	15.0	961	13.0	14.2	5482	13.1	14.8	22361

注：1）土壤全氮、全磷、全钾、碱解氮、有效磷、速效钾含量均以 N、P、K 纯养分量计。

2）本卷收录的上海市和江苏省典型剖面采样，共计 1765 个。0—20cm 土层土壤理化性状中位数与平均数是对上海市和江苏省 20 世纪 80 年代土壤肥力状况指标具有一定参考价值。普查剖面采样为典型土壤采样，而非网格化采样。0—20cm 土层土壤理化性状中位数与平均数分别为 144 个和 1621 个，共计 1765 个。

3）长江中下游地区包括上海、江苏、浙江、江西、安徽、湖北和湖南 7 个省、直辖市，本数据集收录该地区的剖面共计 18326 个。

4）本数据集收录全国的剖面共计 63792 个。

* 样本量的单位为"个"。

附录 9 上海市、江苏省主要土地利用类型 0—30cm 土层土壤有机质含量[1]

土地利用类型	上海市			江苏省			苏沪			长江中下游地区[2]			全国	
	占市域面积百分比/%[3]	有机质/(g/kg)		占省域面积百分比/%	有机质/(g/kg)		占地域面积百分比/%	有机质/(g/kg)		占地域面积百分比/%	有机质/(g/kg)		占地域面积百分比/%	有机质/(g/kg)
耕地	23.14	18.63		40.08	15.61		38.99	15.73		24.22	18.65		13.52	18.65
园地	2.15	14.50		2.26	16.01		2.25	15.89		3.63	19.48		2.13	16.68
林地	11.69	16.76		7.71	16.67		7.97	16.68		47.41	22.81		30.04	26.96
草地	1.88	16.76		0.92	16.36		0.98	16.40		0.59	20.37		27.97	19.18
湿地	10.39	13.56		4.08	17.74		4.49	16.19		1.12	19.51		2.48	17.56

注：1) 各土地利用类型 0—30cm 土层土壤有机质含量由本卷编制的上海市、江苏省土壤有机质含量图和自然资源部土地科学数据中心编制的 2019 年 1:100 万比例尺全国土地利用缩编图通过叠加、计算生成。其中，耕地包括水田、水浇地和旱地；园地包括果园、茶园和其他园地；林地包括有林地、灌木林地和其他林地；草地包括天然牧草地、人工牧草地和其他草地；湿地包括沼泽地、沿海滩涂和内陆滩涂。

2) 长江中下游地区包括上海、江苏、浙江、江西、安徽、湖北和湖南 7 个省、直辖市。

3) 土地利用类型占直辖市省域面积、省域面积百分比根据第三次全国国土调查发布的 2019 年土地利用现状分类面积汇总数据计算生成。

附录 10 上海市、江苏省耕地、园地、林地和草地中主要土壤类型占比[1]

	上海市								江苏省								苏沪							
	耕地		园地		林地		草地		耕地		园地		林地		草地		耕地		园地		林地		草地	
	土类名	占比/%	土类名	占比/%	土类名	占比/%	土类名	占比/%	土类名	占比/%	土类名	占比/%	土类名	占比/%	土类名	占比/%	土类名	占比/%	土类名	占比/%	土类名	占比/%	土类名	占比/%
	水稻土	73.3	水稻土	80.0	水稻土	61.3	滨海盐土	49.7	潮土	40.5	潮土	40.5	水稻土	39.7	水稻土	42.7	潮土	39.2	水稻土	39.9	水稻土	42.1	水稻土	42.9
	滨海盐土	18.0	潮土	16.3	滨海盐土	25.6	水稻土	44.6	水稻土	37.0	水稻土	36.4	黄棕壤	13.0	滨海盐土	41.6	水稻土	38.5	潮土	38.6	黄棕壤	11.6	滨海盐土	42.3
	潮土	8.4	滨海盐土	3.6	潮土	12.5	潮土	5.5	滨海盐土	8.3	棕壤	4.8	黄褐土	12.7	潮土	6.6	滨海盐土	8.7	棕壤	4.4	黄褐土	11.3	潮土	6.5
					黄棕壤	0.1			砂姜黑土	4.4	黄棕壤	3.9	潮土	9.3	火山灰土	1.9	砂姜黑土	4.3	黄棕壤	3.6	潮土	9.7	火山灰土	1.7
									黄褐土	2.9	黄褐土	3.5	粗骨土	7.1	黄褐土	0.8	黄褐土	2.7	黄褐土	3.2	粗骨土	6.3	黄褐土	0.7
									棕壤	2.5	滨海盐土	2.7	火山灰土	5.1	棕壤	0.3	棕壤	2.4	滨海盐土	2.8	滨海盐土	5.3	棕壤	0.2
									褐土	1.6	粗骨土	2.1	滨海盐土	2.8	石灰(岩)土	0.2	褐土	1.5	粗骨土	1.9	火山灰土	4.6	石灰(岩)土	0.2
									粗骨土	0.8	褐土	1.1	石灰(岩)土	1.9			粗骨土	0.8	褐土	1.0	石灰(岩)土	1.7		
	合计	99.7	合计	99.9	合计	99.5	合计	99.8	合计	98.0	合计	95.0	合计	91.6	合计	94.1	合计	98.1	合计	95.4	合计	92.6	合计	94.5

续表

长江中下游地区[2]									全国							
耕地		园地		林地		草地		耕地		园地		林地		草地	
土类名	占比/%	土类名	占比/%	土类名	占比/%	土类名	占比/%	土类名	占比/%	土类名	占比/%	土类名	占比/%	土类名	占比/%
水稻土	45.9	红壤	38.4	红壤	47.6	滨海盐土	23.5	水稻土	14.9	水稻土	14.3	红壤	16.7	寒钙土	21.8
潮土	17.0	水稻土	29.0	黄棕壤	13.3	水稻土	23.3	潮土	14.3	红壤	13.1	暗棕壤	10.3	草毡土	14.4
红壤	12.7	紫色土	8.3	水稻土	10.6	红壤	11.3	草甸土	9.1	砖红壤	11.5	黄壤	7.0	栗钙土	9.7
砂姜黑土	7.1	潮土	7.8	黄壤	9.6	黄棕壤	10.6	褐土	6.1	褐土	10.5	黄棕壤	6.3	棕钙土	7.4
黄棕壤	5.3	黄棕壤	5.4	石灰（岩）土	6.3	石灰（岩）土	9.5	紫色土	4.8	赤红壤	9.6	棕壤	5.8	寒冻土	5.3
黄褐土	2.7	粗骨土	3.0	粗骨土	5.0	黄壤	7.0	红壤	4.7	紫色土	5.6	赤红壤	5.1	风沙土	4.8
紫色土	2.6	石灰（岩）土	2.9	紫色土	3.9	潮土	4.3	黑土	3.4	粗骨土	5.0	褐土	4.6	灰棕漠土	4.4
滨海盐土	2.0	黄壤	2.1	棕壤	1.4	山地草甸土	2.0	黑钙土	3.2	潮土	4.8	紫色土	4.5	黑毡土	4.0
合计	95.3	合计	96.9	合计	97.7	合计	91.5	合计	60.5	合计	74.4	合计	60.3	合计	71.8

注：1）耕地、园地、林地和草地中主要土壤类型占比由本卷编制的上海市、江苏省土壤图和自然资源部土地科学数据中心编制的2019年1:100万比例尺全国土地利用图编图通过叠加、计算生成。其中，耕地包括水田、水浇地和旱地；园地包括果园、茶园和其他园地；林地包括有林地、灌木林地和其他林地；草地包括天然牧草地、人工牧草地和其他草地。当某省、某区中某土地利用类型所含各土壤类型较多时，本表仅列出占比较大的土壤类型。

2）长江中下游地区包括上海、江苏、浙江、江西、安徽、湖北和湖南7个省、直辖市。

附录 11 《中国土壤剖面数据集》参编单位

国家科技基础性工作专项重点项目"我国 1∶5 万土壤图籍编撰及高精度数字土壤构建"主持与参加单位	
中国农业科学院农业资源与农业区划研究所	湖南农业大学
中国科学院南京土壤研究所	西北农林科技大学
中国农业科学院农业环境与可持续发展研究所	沈阳大学
中国科学院地理科学与资源研究所	山东省国土测绘院
国家基础地理信息中心	辽宁省基础测绘院
全国农业技术推广服务中心	黑龙江省农业科学院土壤肥料与环境资源研究所
中国农业大学	海南省农业科学院
华中农业大学	上海市农业科学院生态环境保护研究所
中国地质大学（北京）	城信迪赛（北京）科技有限公司
参加数据集各分卷审核和修订工作的单位	
北京市农林科学院植物营养与资源研究所	广西农业科学院农业资源与环境研究所
河北省农林科学院农业资源环境研究所	重庆市农业技术推广总站
山西省农业科学院农业环境与资源研究所	贵州省农业科学院土壤肥料研究所
辽宁省农业科学院植物营养与环境资源研究所	云南省农业科学院农业环境资源研究所
吉林省农业科学院农业资源与环境研究所	甘肃省农业科学院土壤肥料与节水农业研究所
江苏省农业科学院农业资源与环境研究所	青海省农林科学院土壤肥料研究所
福建省农业科学院	宁夏农林科学院农业资源与环境研究所
江西省土壤肥料技术推广站	新疆农业科学院土壤肥料与农业节水研究所
山东省农业科学院农业资源与环境研究所	西藏自治区农牧科学院
湖南省土壤肥料研究所	

续表

参加分县大比例尺纸质土壤图与土种志收集的单位	
北京市耕地建设保护中心	福建省农田建设与土壤肥料技术总站
天津市农田建设管理处	山东省土壤肥料总站
河北省土壤肥料总站	河南省土壤肥料站
山西省耕地质量监测保护中心	湖北省耕地质量与肥料工作总站（湖北省土壤肥料调查测试中心）
内蒙古自治区土壤肥料和节水农业工作站	湖南省土壤肥料工作站
辽宁省土壤肥料总站	广东省农业科学院农业资源与环境研究所
吉林省土壤肥料总站	河池市土壤肥料工作站
黑龙江八一农垦大学	成都土壤肥料测试中心
上海市农业技术推广服务中心	云南省土壤肥料工作站
江苏省农业科学院	陕西省耕地质量与农业环境保护工作站
扬州市土壤肥料站	甘肃省耕地质量建设保护总站
安徽省土壤肥料总站	

注：表中各参编单位仅出现一次，参与多项工作的单位不重复列出。

参考文献

[1] 张维理，徐爱国，张认连，等.土壤分类研究回顾与中国土壤分类系统的修编［J］.中国农业科学，2014，47（16）：3214-3230.

[2] 张维理，KOLBE H，张认连，等.世界主要国家土壤调查工作回顾［J］.中国农业科学，2022，55（18）：3565-3583.

[3] MCBRATNEY A B，MENDONÇA SANTOS M L，MINASNY B. On digital soil mapping［J］. Geoderma，2003（117）：3-52.

[4] USDA. Natural Resources Conservation Service［EB/OL］. Soils National Soil Information System（NASIS）［2021-12-01］. http://www.nrcs.usda.gov/wps/portal/ nrcs/detail/soils/survey/cid=nrcs142p2_053552.

[5] CSIRO Land and Water. Australian Soil Resource Information System（ASRIS）［EB/OL］.［2021-12-01］. http://www.asris.csiro.au/asris.

[6] European Soil Data Centre［EB/OL］.［2021-12-01］. http://eusoils.jrc.ec.europa.eu/.

[7] 全国土壤普查办公室.全国第二次土壤普查暂行技术规程［M］.北京：农业出版社，1979.

[8] 张维理，张认连，徐爱国，等.中国1∶5万比例尺数字土壤的构建［J］.中国农业科学，2014，47（16）：3195-3213.

[9] 张维理，傅伯杰，徐爱国，等.中国土壤调查结果的地统计特征［J］.中国农业科学，2022，55（13）：2572-2583.

[10] 张维理.海量空间数据提取、整合与制图表达方法概要［J］.中国农业科学，2014，47（16）：3231-3249.

[11] 张维理.智能化海量空间信息分析与地图制图软件包IMAT设计及构建［J］.中国农业科学，2014，47（16）：3250-3263.

[12]《第一次全国地理国情普查地图集》编纂委员会.第一次全国地理国情普查地图集［M］.北京：中国地图出版社，2019.

[13] 中国地图出版社.中国地图集［M］.3版.北京：中国地图出版社，2022.

[14] 全国土壤质量标准化技术委员会.土壤制图 1∶25 000 1∶50 000 1∶100 000中国土壤图用色和图例规范：GB/T 36501—2018［S］.北京：中国标准出版社，2018.

[15] 张维理，KOLBE H，张认连.土壤有机碳作用及转化机制研究进展［J］.中国农业科学，2020，53（2）：317-331.

[16] 周北燕，石家星.中华人民共和国地形图［M］.北京：中国地图出版社，2009.

[17]《中华人民共和国气候图集》编委会.中华人民共和国气候图集［M］.北京：气象出版社，2002.

[18] 中国标准化与信息分类编码研究所，全国农业技术推广服务中心.中国土壤分类与代码：GB/T 17296—1998［S］.

[19] 中国标准研究中心.中国土壤分类与代码：GB/T 17296—2000［S］.

[20] 全国信息分类编码标准化技术委员会.中国土壤分类与代码：GB/T 17296—2009［S］.北京：中国标准出版社，2009.

[21] ISSS，ISRIC，FAO. World Reference Base for Soil Resources. Wageningen/Rome，1998.

[22] SHI X Z, YU D S, XU S X, et al. Cross-reference for relating Genetic Soil Classification of China with WRB at different scales [J]. Geoderma, 2010 (155): 344-350.

[23] 全国土壤普查办公室. 中国土种志 第一卷 [M]. 北京：中国农业出版社，1993.

[24] 全国土壤普查办公室. 中国土种志 第二卷 [M]. 北京：中国农业出版社，1994.

[25] 全国土壤普查办公室. 中国土种志 第三卷 [M]. 北京：中国农业出版社，1994.

[26] 全国土壤普查办公室. 中国土种志 第四卷 [M]. 北京：中国农业出版社，1995.

[27] 全国土壤普查办公室. 中国土种志 第五卷 [M]. 北京：中国农业出版社，1995.

[28] 全国土壤普查办公室. 中国土种志 第六卷 [M]. 北京：中国农业出版社，1996.

[29] 全国土壤普查办公室. 中国土壤 [M]. 北京：中国农业出版社，1998.